# 中国地球物理

## THE CHINESE GEOPHYSICS

· 2012 ·

中国地球物理学会　编

中国科学技术大学出版社

· 合　肥 ·

**图书在版编目（CIP）数据**

中国地球物理. 2012/中国地球物理学会编. —合肥：中国科学技术大学出版社，2012.10
ISBN 978-7-312-03113-7

Ⅰ. 中…　Ⅱ. 中…　Ⅲ. 地球物理学—学术会议—文集　Ⅳ.P3-53

中国版本图书馆 CIP 数据核字（2012）第 215100 号

**责任编辑**：张善金
**出 版 者**：中国科学技术大学出版社
**地　址**：安徽省合肥市金寨路 96 号
**邮　编**：230026
**电　话**：发行 0551-3606806-8808
**传　真**：0551-3602897
**网　址**：http//www.press.ustc.edu.cn
**印 刷 者**：合肥学苑印务有限公司
**发 行 者**：中国科学技术大学出版社
**经 销 者**：全国新华书店
**开　　本**：880mm×1230mm　1/16
**印　　张**：51.5
**字　　数**：1820 千
**版　　次**：2012 年 10 月第 1 版
**印　　次**：2012 年 10 月第 1 次印刷
**定　　价**：286.00 元

# 中国地球物理学会第二十八届年会

（北京 2012.10.16 ~ 2012.10.20）

## 会议领导小组

组　　长　陈　颙

副组长　常　旭　李绪宣　石耀霖　孙升林　王　平　王小牧　张永刚

成　　员　（按拼音排序）

陈运泰　李林新　刘玉辰　王　辉　王守君　吴忠良　武德运

夏显佰　熊盛青　闫万朝　杨文采　赵　平　赵殿栋　赵国泽

秘书长　郭　建

副秘书长　曲克信　孔繁恕　刘元生　孙建国　于学伶　吴海成　黄清华

倪四道　赵　镨

# 中国地球物理学会第二十八届年会

（北京 2012.10.16～2012.10.20）

## 组 织 委 员 会

主　　任　郭　建

副 主 任　（按拼音排序）

黄清华　倪四道

委　　员　（按拼音排序）

孔繁恕　刘元生　曲克信　孙建国　吴海成　于学伶　赵　镨

# 中国地球物理学会第二十八届年会

（北京 2012.10.16～2012.10.20）

## 学 术 委 员 会

主　任　黄清华

副主任　倪四道　臧绍先

委　员　（按拼音排序）

常　旭　陈　颙　陈会忠　陈棋福　陈晓非　程业勋　高　锐

耿庆国　黄　珹　孔祥儒　陆其鹄　吕庆田　彭苏萍　石耀霖

孙和平　滕吉文　万卫星　汪集旸　王家林　魏奉思　肖立志

熊　熊　熊盛青　徐文耀　杨振宇　姚　陈　于　晟　詹仕凡

张忠杰

# 目 录

## 大会邀请报告



## 2012 年度傅承义奖候选人报告



## 专题一 Advances in the Geophysics of Asia

（召集人: Wenke Sun Shuhei Okubo Xiaodong Song Kuofong Ma Qinghua Huang）

## 专题二：中国大陆深部地球物理探测与 SinoProbe 进展

（召集人：高 锐 王椿镛 张忠杰 魏文博 王良书）

## 专题三：古地磁学与全球变化

（召集人：杨振宇 黄宝春 刘青松 潘永信）

## 专题四：电磁方法研究与应用

（召集人：赵国泽 王绪本 孔祥儒 黄清华 汤 吉）



## 专题五：流体地球科学：地震预测、矿产资源形成和分布

（召集人：刘耀炜 陶士振 欧光习 黄铺琼）

## 专题六：地球内部结构及其动力学

（召集人：石耀霖 蔡永恩）

## 专题七：岩石圈结构及大陆动力学

（召集人：李惠民 张忠杰 吴庆举）



## 专题八：地震学与地震构造学

（召集人：周仕勇 万永革 丁志峰 陈棋福）

## 专题九：特大地震发震构造研究

（召集人：徐锡伟 陈晓非 熊 熊 王夫运）

## 专题十：区域尺度重复震源探测

（召集人：葛洪魁 王 彬 王宝善）



## 专题十一：计算地震学研究进展

（召集人：张剑锋 周 红 张海明 陈晓非）



## 专题十二：地球介质各向异性

（召集人：郑需要 姚 陈 高 原）

## 专题十三：中国巨灾、灾害链综合预测与减灾对策

（召集人：耿庆国 高建国 陈维升）



## 专题十四：信息技术与地球物理

（召集人：陈会忠 沈 萍 胡天跃）

## 专题十五：地球物理仪器与观测技术

（召集人：陆其鹄 孙进忠 林 君 郭永刚）



## 专题十六：油气田与煤田地球物理勘探

（召集人：詹世凡 刘 洋）

## 专题十七：储层地球物理

（召集人：陈小宏 肖立志 曹俊兴）

## 专题十八：地质调查与矿产勘查地球物理
（召集人：王　平　熊盛青　吕庆田）



## 专题十九：地震波传播与成像探查
（召集人：刘伊克　杨顶辉　赵志新）

## 专题二十：工程、环境及公共安全地球物理
（召集人：赵永贵 徐义贤 冷元宝 薛国强 程业勋 彭苏萍）



## 专题二十一：空间大地测量、地壳运动与天文地球动力学
（召集人：黄 珹 薄万举 傅容珊 阎昊明）

## 专题二十二：地球重力场变化与在地学中应用

（召集人：汪汉胜 吴晓平 王谦身）

## 专题二十三：InSAR 技术、卫星热红外与地壳运动
（召集人：单新建 廖明生 靳 平 李志伟 屈春燕）



## 专题二十四：地磁与高空物理
（召集人：史建魁 徐文耀）

## 专题二十五：空间天气与人类活动

（召集人：陈　耀　万卫星　冯学尚）



## 专题二十六：海洋地球物理

（召集人：王家林　宋海斌　丘学林　杨胜雄）

[注] 本书有 3 篇论文只刊登题目，在目录中对应的页码为“*”——出版者

# Contents

## "Fuchengyi Award" Candiadate's Conference Reports in 2012



## 1. Advances in the Geophysics of Asia

(Conveners: Wenke Sun Shuhei Okubo Xiaodong Song Kuofong Ma Qinghua Huang)

## 2. Deep Geophysical Survey of the Contnent in China and Progress of the Sinoprobe

(Conveners: Gao Rui Wang Chunyong Zhang Zhongjie Wei Wenbo Wang Liangshu)

## 3. Paleomagnetism and Global Changes

（Conveners: Yang Zhenyu Huang Baochun Liu Qingsong Pan Yongxin）

## 4. Geo-electromagnetic Study and Its Applications

(Conveners: Zhao Guoze Wang Xuben Kong Xiangru Huang Qinghua Tang Ji)

## 5. Fluid Earth Science and The Formation and Distribution of Mineral Resources
（Conveners: Liu Yaowei Tao shizhen Ou Guangxi Huang Fuqiong）

## 6. Geodynamics And Structure Of The Earth's Interior
(Conveners: Shi Yaolin Gai Yongen)

## 7. The Structure of Lithosphere and Continental Dynamics
## (Conveners: Li Huimin Zhang Zhongjie Wu Qingju)

## 8. Seismology and Seismotectonics

（Conveners: Zhou Shiyong Wan Yongge Ding Zhifeng Chen Qifu）

## 9. Study on Mega-Earthquake Geology and Seismotectonics

（Conveners: Xu Xiwei Chen Xiaofei Xiong Xiong Wang Fuyun）



## 10. Repeat Seismic Detecting In Regional Scale

（Conveners: Ge Hongkui Wang Bin Wang Baoshan）

## 11. Recent Research and Development in Computational Seismlolgy

(Conveners: Zhang Jianfeng Zhou Hong Zhang Haiming Chen Xiaofei)



## 12. Seismic Anisotropy

(Conveners: Zheng Xuyao Yao Chen Gao Yuan)

## 13. Integrated Prediction and Mitigation Measures for Catastrophe and Disaster Chain in China

(Conveners: Geng Qingguo Gao Jianguo Chen Weisheng)



## 14. Information Technology and Geophysics

(Conveners: Chen Huizhong Shen Ping Hu Tianyue)

## 15. Geophysical Instrument and Observation Technology
(Conveners: Lu Qihu Sun Jinzhong Lin Jun Guo Yonggang)



## 16. Geophysical Exploration for Oil-Gas and Coal Fields
(Conveners: Zhan Shifan Liu Yang)

## 17. Reservoir Geophysics

(Conveners: Chen Xiaohong Xiao Lizhi Cao Junxing)

## 18. Exploration Geophysics for Geological Survey and Mineral Resources
(Conveners: Wang Ping Xiong Shengqing Lu Qingtian)



## 19. Seismic Wave Propagation and Imaging Exploration
(Conveners: Liu Yike Yang Dinghui Zhao Zhixin)

## 20. Engineering, Environmental and Public Safety Geophysical

（Conveners: Zhao Yonggui Xu Yixian Leng Yuanbao Xue Guoqiang Cheng Yexun Peng Suping）

## 21. Space Geodesy, Crustal Movement and Astro-Geodynamics
(Conveners: Huang Cheng Bo Wanju Fu Rongshan Yan Haoming)

## 22. Earth's Gravity Changes and the Applications in Geosciences
## ( Conveners: Wang Hansheng Wu Xiaoping Wang Qianshen )

## 23. Insar,IR Technique and Crustal Movement

（Conveners: Shan Xinjian Liao Mingsheng Jin Ping Li Zhiwei Qu Chunyan）

## 24. Geomagnetism and Aeronomy
(Conveners: Shi Jiankui Xu Wenyao)



## 25. Space Weather and Its Effects on Human Activities
(Conveners: Chen Yao Wan Weixing Feng Xueshang)

## 26. Marine Geophysics

（Conveners: Wang Jialing Song Haibin Qiu Xuelin Yang Shengxiong）

# 大会邀请报告

# Inviter Papers

# 中国 $PM_{2.5}$ 来源、污染特征与控制策略

# The Sources, Characteristics and Control Strategy of $PM_{2.5}$ Pollution in China

郝吉明

Jiming Hao

清华大学环境科学与工程研究院 北京 100084

$PM_{2.5}$ 指空气动力学直径等于或小于 2.5 微米（μm）的颗粒，它既来源自污染源直接排放的颗粒物，也产生于各种气态污染物的各种物理或化学过程。研究表明，随着呼吸过程 $PM_{2.5}$ 能进入人的支气管和肺泡，$PM_{2.5}$ 可能引发整个人体范围的疾病。根据美国 1980-2000 年人类预期寿命随空气质量改善的变化：$PM_{2.5}$ 每降低 13～14 微克/立方米，预期寿命会增加 0.82 年。$PM_{2.5}$ 对能见度产生影响，$PM_{2.5}$ 与能见度呈对数负相关关系,。以上海为例，$PM_{2.5}$ 浓度每下降 10%,能见度可改善 4%～15% 。$PM_{2.5}$ 还是影响全球辐射胁迫的短寿命组分。因此，PM2.5 既是局地污染物，也是区域性及全球性污染物。

1997 年美国率先将 $PM_{2.5}$ 纳入环境空气质量标准，2005 年世界卫生组织（WHO）引入环境空气质量指南，考虑各国经济、社会和环境的差异，WHO 基于指导值，还提出三个过渡阶段的目标值。世界各国先后与 WHO 指导值和目标值衔接，2012 年 2 月我国颁布新修订的环境空气质量标准，包含了 $PM_{2.5}$，与 WHO 第一过度阶段的目标值衔接。中国环境空气质量新标准，对保护公众健康和 环境具有里程碑意义。新标准响应了公众对空气质量尤其细颗粒物的关注，因此，新标准体现了国家意志和人民意志，承载了全社会对改善空气质量的新期待。

我国是全球 $PM_{2.5}$ 污染的高值区，呈明显的区域性特征，高值区主要集中在我国经济比较发达的东部沿海。我国城市大气 $PM_{2.5}$ 浓度较高，约 80%的城市不能满足环境空气质量新标准。有机物是我国 $PM_{2.5}$ 中的重要化学物种，硫酸根、硝酸根和铵（SNA）是我国东部地区 $PM_{2.5}$ 中最主要的化学物种。连续十年的观测结果表明，SNA 与 EC（元素碳）在北京 $PM_{2.5}$ 中的份额在持续增加，其消光系数最高，因而对能见度降低的贡献相应在增加；北京地区 $PM_{2.5}/PM_{10}$ 浓度比值的上升表明，细粒子在可吸入颗粒物中的贡献在增加，细粒子的富集反映北京颗粒物污染的区域性与复合型特征在增强。全球不同地区的观测都发现，大气颗粒物中二次有机组分远高于一次有机组分。各国实践表明，小颗粒带来大挑战。它来源广，成因复杂，控制周期长，任务重。不下真功夫，很难见成效。

控制 $PM_{2.5}$ 污染既需要控制直接排放的颗粒物，也要控制形成二次颗粒物的前体物（$SO_2$、NOx、VOC 和 $NH_3$），中国面临严峻考验。1990～2010 的 20 年间，除一次颗粒物的排放量基本持平外，与二次 PM2.5 密切相关的前体物 $SO_2$、NOx 和 VOCs 的排放量均显著增加。全国亿元 GDP（1990 年价格）的污染物排放强度虽有下降，但全国各类污染物排放总量都大幅增加。中国必须实施气候友好的 $PM_{2.5}$ 污染防治战略。包括实施多污染物协同控制，建立区域联防联控新机制，统筹区域环境资源、优化产业结构，加强能源清洁利用、控制区域煤炭消费总量，强化机动车排放控制，依靠科技支撑和公众参与。

空气质量管理是持续发展和改善的过程，任重道远，是政府、企业和公众的共同责任。政府处于主导地位。

# 北斗卫星导航系统的发展及其应用

杨元喜

中国卫星导航定位应用管理中心　北京 100029

北斗卫星导航系统是全球卫星导航四大核心系统之一。本文介绍了中国卫星导航系统建设背景、步骤、现状及未来发展。讨论了中国卫星导航系统对全球用户的贡献，介绍了北斗卫星导航系统的主要应用，分析了中国北斗卫星导航系统面临的问题与挑战。

我国卫星导航系统按照“先试验、后区域、再全球”的三步走战略，遵循开放性、兼容性、自主性、渐进性的原则。自上世纪 80 年代初决定建设中国独立自主的卫星导航系统以来，中国北斗导航建设者走过了艰难的历程。2003 年，北斗卫星导航试验系统（北斗一号）建成，以最小的代价解决了国家急需，解决了有无问题，为北斗导航系统发展积累了经验，为中国卫星导航争得了国际地位。

目前北斗区域导航系统正在密集组网，现已成功发射 13 颗北斗导航卫星，其中 11 颗卫星正在组网工作，今年年底前还将发射 3 颗卫星，2012 年底前，北斗区域卫星导航系统将形成由 14 颗卫星组成的区域卫星导航系统，并可望在 2012 年底或 2013 年初正式投入服务。全球卫星导航系统也在紧锣密鼓地进行技术攻关和试验。

北斗试验系统由 2 颗地球同步卫星组成空间段，由地面运控中心组成中心处理系统。用户在接收卫星信号的同时即可发出导航定位申请，地面中心系统根据用户与卫星的距离和用户与地面中心的距离以及用户的高程信息确定用户的位置，实施有源定位。

北斗区域导航系统设计由 5 颗地球静止同步卫星（GEO）、5 颗倾斜同步卫星（IGSO）以及 4 颗中轨卫星（MEO）组成，采用有源与无源定位相结合的体制。2011 年 12 月 27 日，北斗卫星导航系统正式提供试运行服务。

北斗全球系统由 3 颗 GEO 卫星、3 颗 IGSO 卫星和 24 颗 MEO 卫星组成空间段，地面段包括 1 个主控站、2 个注入站和若干个监测站，用户段由用户接收机组成。预计 2020 年全部建成，并提供全球 PNT 服务。

北斗时间系统（北斗时）溯源到协调世界时 UTC（NTSC），起算历元时间是 2006 年 1 月 1 日零时零分零秒（UTC）。坐标系统采用中国 2000 大地坐标系统（CGCS2000）。系统提供开放和授权两种服务，开放服务的定位精度 10m，测速精度 0.2m/s，授时精度 20ns。授权服务将在可靠性、安全性方面得到显著提高，而且为用户提供短报文通信服务，将极大提高导航用户的集成管理能力。

单频导航定位精度优于 20m，双频载波定位精度达到厘米级，北斗/GPS 融合定位精度约提高 20%以上，北斗/GPS 融合单频模糊度固定成功率也有显著提升。

# 我国页岩气的资源潜力与发展前景

邱中建

中国石油天然气集团公司

非常规天然气是用常规技术难以开采的天然气资源，主要包括页岩气、致密砂岩气（简称致密气）、煤层气和天然气水合物等。页岩气是指以游离和吸附方式，主要赋存在富含有机质的页岩层系内部的天然气，岩性包括页岩及其它岩性构成的薄夹层，目前全球探讨最为热烈。研究表明，全球页岩气资源量约 456 万亿立方米，比常规天然气资源量 436 万亿立方米还要多（Ronger H, 1997），具有良好的发展潜力。

目前，页岩气形成了较为一致的评价标准，该标准包括：①核心区面积和页岩集中段厚度大小。核心区面积和页岩集中段厚度大小是页岩评价的重要标准，直接决定了页岩气赋存的规模丰度和范围大小。②超压现象。地层压力是否具备超压现象，是页岩气井能否高产的重要因素。③高有机质丰度。页岩有机质丰度越高，在温度作用下生成液态石油和天然气的数量越多。除排出烃源岩的部分外，留在页岩中成为页岩气的数量也越高。④高演化程度。有机质热成熟程度越高，向液态石油和液态石油向天然气转化的数量越多。⑤孔隙度状况。页岩孔隙度一般较低，美国页岩气核心区孔隙度 4%～8%，一般孔隙度>4%的页岩才具有开采价值。⑥高含气量。美国页岩气核心区含气量一般为 2～8 立方米/吨岩石，页岩含气量一般应大于 0.4 立方米/吨岩石才具有工业化开采价值。⑦高脆性矿物含量。石英、方解石等脆性矿物含量高的页岩会增加页岩的脆性，易于人工压裂改造。

美国页岩气的发展呈现几个值得重视的现象。①最近十年美国页岩气产量从 2002 年的不足 150 亿立方米到 2011 年的 1760 亿立方米，实现了快速增长。②美国页岩气技术可采资源量从 2004 年的 2 万亿立方米到 2011 年评价的 24 万亿立方米，总体处于动态发展、快速增长的态势。③美国页岩气的发展带动了致密油气的发展，页岩气的成熟技术应用到致密油气的发展上，取得了重大突破。④由于页岩气的大发展，美国天然气产量连续两年超过俄罗斯，成为世界第一天然气生产国，并出现了美国天然气可以使用百年、天然气是化石能源向清洁能源过渡的桥梁等论断。⑤美国页岩气的大发展，促使美国提出能源独立政策，即不再呈东西向依赖中东油气，只通过南北向即南北美洲的油气供给即可满足美国需要。

从美国页岩气发展历程来看，2005 年以前年产量均低于 200 亿立方米，2005 年后快速发展，每年呈 100 亿方以上的产量增长。美国页岩气的快速发展最重要的原因是科技进步，成功改造了页岩；其次是美国出台了一系列的政策扶持鼓励页岩气的开采。

我国页岩气资源相当丰富，富含有机质的暗色页岩分布十分广泛，海相、海陆过渡相和陆相三种类型的页岩均有分布，其中海相页岩又分为受构造运动改造较为强烈的破碎区和受构造运动影响较小的稳定区。目前评价，我国稳定区海相页岩主要分布在南方地区，以志留系龙马溪组和寒武系筇竹寺组为主；陆相和海陆过渡相页岩目前全世界进行的研究较少，我国也已经开展初步工作。美国的页岩气主要产出于较稳定的海相页岩，我国破碎区海相页岩与美国差异较大，稳定区海相页岩和美国具有一定可比性。据初步评价，技术可采资源量约 8.8 万亿立方米，具备很大的发展潜力(中国工程院，2012)。

我国目前进行的页岩气试验区已经开始了初步工作，在四川盆地威远、长宁、富顺－永川和元坝等地区进行了页岩气勘探试验工作，并出现页岩气高产井，表明我国页岩气具有很好的资源潜力。

当前我国页岩气开发利用尚面临重大困难，必须迫切进行几项关键技术的攻关。一是精细三维地震技术，主要用于精确评价页岩厚度、分布和页岩区构造、沉积状况；二是水平井钻完井及分段压裂技术，主要用于页岩气井的改造；三是水平井呈排列群的体积压裂技术，主要用于大面积页岩的改造；四是人工微地震监测技术，主要用于页岩储层改造效果的监测；五是井场与完井压裂工厂化运行，主要用于大规模页岩气藏的立体化、规模化开发；六是页岩实验室的评价技术，主要用于页岩各项指标的分析和核心区的优选；七是单井开采期间产量递减规律的研究，主要用于单井最终可采储量、区域资源量和成本等方面的评价。

鉴于我国页岩气目前的现状，当务之急是积极推动不同类型先导试验区的建设，大力开展技术攻关。大体上，我国页岩气发展可以按照三步走的路线进行。第一步，十二五期间实现试验区建设、突破技术关键环节，获得商业性产量；第二步，十三五末期，页岩气有望形成 200 亿立方米左右规模产能；2030 年页岩气产量将攀上新台阶，突破千亿方大关。

## 参 考 文 献

[1] Ronger H. An assessment of world hydrocarbon resources[J]. Annual Revinw of Energy Environment, 1997, 22: 217~262.

[2] 中国工程院非常规天然气项目组. 我国非常规天然气资源开发利用战略研究之我国致密气页岩气资源开发利用战略研究[R]. 2012, 待发布.

# 复杂油气储层地球物理测井评价方法的一些实例

# Some examples of complex reservoir evaluated by well log interpretation

李舟波

Li Zhoubo

吉林大学 地球探测科学与技术学院 长春 130026

油气勘探对象，按不同尺度，可划分为沉积盆地、含油气区带、圈闭和油气藏等。于是，在不同勘探尺度或阶段，不同勘探方法发挥着不同的作用。在油气藏评价阶段，地球物理测井发挥着特别重要的作用，因为它可以快速给出连续的、高分辨率的和定量的地层在原位条件下的各种信息。根据地球物理测井结果求出的孔隙度、饱和度和渗透率等储层参数，是计算探明储量和估计产能的基本依据。

我国油气资源不仅在地域上分布广泛，而且储层的地质时代跨度很大，从第三系到前古生界地层中均已发现工业油气藏。遇到的储层类型多样，包括一些在现有测井技术条件下难以准确评价的复杂储层。研究复杂油气藏测井评价技术，对于提高油气资源探明程度和油气采收率有重要意义，并为国家油气资源安全保障提供有力技术支撑。

本文是作者和他的研究集体，在最近三十年来从事油气储层评价工作中遇到的一些主要问题和如何解决的一个简要回顾。

**1．测井响应与储层地质特征的关系及复杂储层的概念**

地球物理测井是通过对钻孔中的天然和人工地球物理场的观测，来研究周围地层的物理性质，进而解决储层评价等地质问题和相关工程问题。钻孔中地球物理场是周围一定范围内各种因素，包括地层的岩性、岩石结构和构造、孔隙流体性质和数量，以及钻孔条件（如井径、钻井液和钻井液侵入带等）的综合反映。此外，地球物理测井响应还和测量的技术条件有关。

假如测井技术条件选择恰当，并且井眼环境因素可以通过适当方法加以校正，则测井结果只和储层的固体和流体的成分和数量，以及地层的结构和构造有关，或者说只和储层的岩性、储集性、含油气性有关。通常把储层的物理性质、岩性、储集性和含油气性称为储层的四性。评价油气储层的地球物理测井方法就是根据测井得到的物理性质去求取另外的三性。可以看出，四性关系的研究状况直接决定着测井能解决储层评价问题的程度。由于测井响应是岩性、储集性和含油气性的综合反映，在研究其中一种性质时，其它性质将是干扰因素。例如，利用测井资料确定储层含油饱和度时，岩性和孔隙度都对结果产生影响。如果岩性和孔隙度在剖面上是稳定的，影响是固定的，则比较简单，容易加以考虑。如果这些影响是变化的，则比较复杂，需要采取一些特殊的措施加以处理，这就是所谓的复杂油气储层问题。显然，复杂油气储层的概念随着科学技术的进步是变化的。由于某项测井方法理论和技术的突破，原来复杂的问题可能变得简单。另外，随着勘探领域的扩大，还会出现一些新的复杂油气储层类型，要求研究新的方法和技术去解决。科学技术正是在这种客观需求的推动下不断向前发展。

从承担"七五"国家攻关项目至今三十年中，我们遇到的裂缝-孔洞型储层、薄交互储层、低阻油气储层和岩性复杂储层，在当时测井方法和技术条件下仍属于复杂油气储层。

**2．裂缝—孔洞型储层**

裂缝—孔洞型储层储集空间的形状和分布十分复杂，并具有很大的随机性和不同孔隙类型同时并存的多重性，严格说这种储层并不是层而是形态复杂的储集体，使测井响应与储集性之间的关系变得非常复杂。不同于在砂泥岩剖面上，只要划分出渗透性砂岩，就解决了储层识别问题。在承担的"七五"重点科技攻关项目《新疆塔里木盆地东北地区测井解释方法及应用研究》中，主要研究下古生界碳酸盐岩裂缝地层。提出了一组从判断岩性、划分裂缝带、估计流体性质，到计算孔隙度和饱和度的测井解释方法，编制了相应的计算机程序系统。在划分裂缝带的方法中，充分考虑了裂缝的不均匀性和对地球物理测井参数影响的随机性，对当时已有的测井响应建立了概率指标，并建立了一个综合裂缝概率模型。其特点是，系统运行对已知条件的依赖性较小。方法是建立在常规测井手段基础之上的，在没有专门裂缝探测手段的情况下，给出了一个有效的裂缝性储集层评价方法，补充了当时测井解释系统的一个不足。该方法后来推广应用到辽河油田古潜山变质岩裂缝储层，取得显著的经济效益，并获地矿部科技成果二等奖，此方法目前在裂缝储层评价中仍广泛应用。

**3．薄交互储层**

在陆相含油气盆地，砂泥岩经常以交互层形式存在，一些薄砂岩储层往往具有很高的产量，已逐渐引起人们的注意。利用地球物理测井数据对储层进行评价时，在厚层情况下，只要适当加大探测深度就可以消除井眼和侵入带的影响，获得地层真实参数；在薄层情况下，除了井眼环境影响之外，邻层对测井结果的影响成为突出的问题，面临着既要获得地层真实的物理和储集参数，又要把储层清楚划分出来这样两介相互对立的要求。这不仅给仪器设计提出了尖锐的挑战，同时也对数据处理与解释理论和方法提出了更高的要求。根据测井数据进行储层评价是一个综合性的复杂工作，所要确定的是一组参数，如岩性、孔隙度、渗透率、流体饱和度等，因此使用的测井方法也是一个系列，包括岩性测井组合、孔隙度测井组合、流体饱和度测井组合等。由于各种测井方法受环境影响的程度和方式并不相同，因此处理的方式也有所区别。对于岩性和孔隙度测井来说，侵入带的影响相对较小，重点是消除井眼影响和提高分辨率以消除邻层影响，而对于饱和度测井组合来说，侵入带和邻层的影响则都很重要。所以难度也更大些。

为了解决薄层问题，可以从两个方面进行，一是改进仪器性能，二是利用数据处理技术来实现。我们承担的国家自然科学基金“八五”重大项目《陆相薄互层油储地球物理理论与方法研究》的子课题《薄互层流体性质识别方法及解释方法》是依据现有仪器利用数据处理技术来实现提高测井曲线分辨率的目的。该课题全面总结了国内外的研究成果，并进行了深化、改进和研究了一些新的提高分辨率的方法。经大庆多口井验证，效果明显，提高测井曲线分辨率程序系统被列入中国石油天然气总公司推广项目。

**4．低阻油气储层**

目前，对裸眼井油气储层含油性的评价主要是依据岩石的导电性或电阻率。所谓低阻油气层是指其电阻率与水层电阻率难以区分的油气层，它是一个相对的概念。简单情况下，粒间孔隙储层的岩石导电性主要由孔隙中地层水的导电性决定，并可以用阿尔奇公式表示，即含水岩石的电导率 $C_0$ 与孔隙水的电导率 $C_w$ 之间是线性关系；含油地层的电阻增大率 RI（电阻率指数）与含水饱和度 $S_w$ 之间在双对数坐标系中为线性关系。最先被注意到不满足上述线性关系的岩石是泥质砂岩，其电阻增大率随含油饱和度的增加，增大的速率减慢。泥质砂岩的这个特点被认为是由泥质的附加导电性引起的。几十年来围绕泥质砂岩提出了多种导电模型。初期，泥质体积模型占优势，认为附加导电性是和泥质体积含量多少有关。这种模型只能针对局部地区的地质特点建立适当的经验关系，不能全面地说明 $C_0$ 与 $C_w$ 和 $RI$ 与 $S_w$ 之间的非线性关系。到 1968 年 Waxman 和 Smits 提出粘土矿物阳离子交换能力 $Q_v$ 产生附加导电的偶电层导电模型，在理论上说明了上述非线性与附加导电性、温度和孔隙流体矿化度的关系。Clavier 等(1977)进一步研究注意到，Waxman-Smits 模型不能解释泥岩中抽出的水具有比较固定的矿化度，并且不同于相邻砂岩中水的矿化度；一些粘土以外的因素也可以造成高的阳离子交换能力，但不造成附加导电现象。为了解释这些现象，对 Waxman-Smits 模型进行了修改和补充，提出了双水模型。同时还解决了 W-S 模型中的 $Q_v$ 值不能根据测井方法直接确定的困难。于是，双水模型得到了广泛应用。

随着研究工作的深入，又陆续出现一些新的问题，Diederix (1982)通过实验研究发现，表面粗糙的纯砂岩由于孔隙具有双峰分布，也表现出泥质砂岩某些特征，RI 和 $S_w$ 之间的关系在双对数坐标中呈非线性。Swanson (1985)在研究含大量高岭石（低阳离子交换能力黏土）和燧石的岩样时发现，微孔隙对电阻率有相当大的影响，也使 $RI$ 和 $S_w$ 之间在双对数坐标中表现为非线性。岩石在不同含水饱和度时，其电阻率受不同尺寸的孔隙控制，导致 $RI\text{-}S_w$ 关系中的饱和度指数 $n$ 发生变化。在低含水饱和度时，尤其在低矿化度孔隙水条件下，Waxman-Smits 模型的结果与实验数据明显不同。Swanson 认为微孔隙水是原生孔隙系统中自由水和粘土水之外的第三种导电因素，而且粘土矿物与非粘土矿物都可以造成微孔隙。

Brown (1988)对 Waxman 和 Smits 的泥质砂岩实验室分析数据进行了重新评价，也显示除了阳离子交换能力形成附加导电性之外，还有另外的导电因素。此外 Worthington(1985)，Crane (1990)，Herrick (1993)等的研究也得到类似的结论。

为了更精细地描述泥质砂岩的导电特性，相继提出了一些不同的导电模型。Givens(1988)提出一个所谓骨架导电模型 GCRMM，认为除自由水和粘土吸附水之外，微孔隙中受毛细管作用的束缚水和导电矿物都可以造成骨架导电，并且粘土水和毛细管束缚水具有相同的导电路径。Berg (1996)和 Kuijper 等(1996)分别提出有效介质 HB 和 SATORI 模型。Crane (1990)提出一个扩展的阿尔奇方程考虑微孔隙影响，如假定微孔隙的 m 和 n 为 2.2，大孔隙的 m 和 n 为 1.8 则与 Swanson 含微孔隙的燧石岩样实验结果相符合。1999 年 Brown 提出一个双阿尔奇模型(BAM)用于描述微观尺度上有两种或多种孔隙形态的岩石导电机制。总之，近 20 年来的研究对于含泥质砂岩导电因素除自由水、粘土水之外应包括微孔隙水已基本取得共识。

在承担“九五”国家科技攻关项目《新疆塔里木盆地沙雅隆起油气田测井解释方法研究》过程中，根据国内外泥质砂岩导电模型和本区储层地质特征，以及测井响应的综合分析结果，提出一个对泥质砂岩具有普遍意义的三种孔隙水模型，简称“三水模型”，并编制了相应软件系统。利用新模型的软件处理结果，克服了当时国内外通用的以双水模型为基础的解释系统给出的结果与试油结果明显不相吻合的的现象。

后来，在大庆油田和松辽盆地其它油田，以及大港、鄂尔多斯等地区的低阻油气储层评价中，基于“三水”模型的解释方法也都取得明显效果。

**5. 岩性复杂储层**

岩性复杂是指岩石骨架矿物成分复杂多样而且是变化的。化学成熟度很低的杂砂岩、变质岩和不同类型的火成岩，以及含膏盐地层属于这一类。由于矿物成分变化对测井响应的影响与储集性和含油气性对测井响应的影响重叠在一起，使问题变得复杂。储层评价是一个系统工程，岩性不能准确识别将直接影响孔隙度的确定，而孔隙度如不能准确确定将影响含油气饱和度的结果。反过来在判断岩性时，孔隙度和含油气饱和度也会产生干扰，而且它们之间相互干扰的关系相当复杂。

在承担“九五”国家自然科学基金重大项目《陆相油储地球物理理论及三维地质图像成图方法》过程中，结合大庆徐家围子地区深层裂缝性火成岩储层开展了火成岩储层研究，建立了火成岩储层岩性识别方法。依据火山岩岩样的压汞、核磁实验，对火山岩进行了分类评价。建立了火山岩分类“四性”关系，建立了多组份模型计算孔隙度与岩石组分含量的方法。在多种饱和度方程中，优选出三重孔隙导电模型为适用的饱和度方程。采用图版指数法、中子-密度交会法、DSI 弹性参数方法、核磁测井与密度结合法、核磁与 ECS 结合法等多种指标综合进行流体识别，采用自组织神经网络方法快速自动地建立流体识别剖面，提高了解释的速度和可靠性，与试气结果对比符合率较高，该气层识别软件获国家计算机软件著作权登记。

**6. 结束语**

地球物理测井方法理论、技术在不断进步，一些老问题解决了，随着勘探领域的扩大，又会有新的问题出现。我们将面临新的挑战，同时也是新的发展机遇。

# 地热学——理论与应用

# Geothermics—Theory and application

汪集旸

Wang Jiyang

中国科学院地质与地球物理研究所 北京 100029

地热学是一门研究地球内热的科学，可以分为理论与应用两大部分。上世纪 70 年代初，原中国科学院地质研究所开始组建地热研究团队，从事理论与应用地热的系统研究。40 年来，在全球与我国境内热场分布、地壳上地幔热状态、岩石圈热结构以及地热系统成因模式、含油气盆地热史恢复、拉张与前陆盆地热史模型的开发等方面取得了一系列可喜成果：

（1）在地温测量和岩石热导率测试基础上，1979 年发表了我国首批大地热流测试数据 25 个（地震学报，第一卷第一期）。迄今为止，我国已有大地热流数据 1200 个，新版大地热流图即将在《地球物理学报》刊出。

（2）20 世纪 90 年代初，我们在大量热流数据积累和分析研究的基础上，提出我国大陆地区总体热背景并不高（平均热流为 $63mW/m^2$）。但具有“东高西低”、“南高北低”的特点，这与我国中新生代构造发展史相一致。

（3）在岩石圈热结构方面，在大地热流和岩石生热率测试的基础上，提出我国华北盆地为“冷壳热幔”热结构，而藏南为“热壳冷幔”热结构。与这些地区的其他地球物理探测成果相一致。在攀西古裂谷地区确定出我国第一个“热流省”，并将我国大陆岩石圈划分为五类热结构类型。

（4）将我国含油气盆地划分成“热”盆、“温”盆和“冷”盆三大类，其中东部的华北、松辽、环渤海盆地为“热”盆；而西部的塔里木和准葛尔盆地为“冷”盆；中部的鄂尔多斯、四川盆地为“温”盆。大地热流测试表明，塔里木盆地最冷（ $44mW/m^2$），而藏南、滇西最热（$82mW/m^2$）。

（5）20 世纪 90 年代中期，我们对国际热流委员会（IHFC）公布的全球 24774 个大地热流进行统计分析，发现南半球为“热”半球（$99 mW/m^2$）、北半球为“冷”半球（$74 mW/m^2$）。与此相对应，“海”半球为“热”半球（$94mW/m^2$）、“陆”半球为“冷”半球（$79 mW/m^2$）。这与全球应力场分布、形变测量具有很强的对应性。

（6）在进行东南沿海地区地壳上地幔热状态研究时指出，被誉为地热学三大定律之一的“热流—生热率”线性相关律在我国东南沿海这类复杂的碰撞造山带地区并不适用的新观点，从而对此定律的普适性提出质疑。

（7）众所周知，南海是一个非常复杂的边缘海盆地，热史也不例外。我们在对南海油气资源前景十分看好的莺歌海盆地进行热史恢复时，对 McKenzie1978 年提出的瞬时均匀拉张盆地模型进行改进，从而得到很好的结果。最近，在四川盆地边缘的前陆盆地进行热史恢复时，成功开发出这类盆地的热史模型。

（8）地幔热柱是当今地球科学界的热点话题。我们在对四川盆地热体制、热历史作系统研究时，发现峨眉山地幔柱对整个盆地的热状态产生了影响，并在二叠纪地层中留下了“热”记录。同时对该地幔热柱上升过程的热效应作了定量模拟计算，与实际观测结果十分一致。

（9）在地热资源开发利用方面，我们提出了西藏羊八井高温热田的地球化学成因模式，在福建漳州热田提出了中低温对流型热田成因模式，在华北盆地雄县牛驼镇热田总结出中低温传导型热田模型。所有这些对热田生产性开发均具有指导意义。

（10）在矿山地热研究方面，提出矿区深部地温预测理论与方法，根据我国矿山地温状况，划分出五类矿山地温类型，分析矿井致热因素，并有针对性地提出矿山热害治理的地质-工程措施。

总之，40 年来我们无论在理论还是应用地热研究领域均作出不少可喜的成果，并建立起一个比较全面的中国地热研究体系。

# 汶川地震震后形变过程与龙门山断裂带及周边介质流变学性质研究

沈正康[1,2] 王 敏[2] 王 凡[2] 万永革[3] 张培震[2] 廖 华[4] 孙建宝[2]
陶 玮[2] 王闫昭[2] 郝 明[5] 葛伟鹏[6]

1. 北京大学地空学院；2. 中国地震局地质研究所；3. 高级防灾学院；
4. 四川省地震局；5. 中国地震局第二监测中心；6. 甘肃省地震局

有关青藏高原变形的大陆动力学研究一直是地球科学的前沿课题之一。研究的焦点主要集中在大陆地壳的形变模式，究竟是以连续分布还是块体运动形式为主[1]。争论的焦点之一在于大陆岩石圈特别是下地壳—上地幔介质强度，即下地壳以及上地幔介质是否具有较强流变性造成地壳与上地幔之间解耦，上地壳是否在下地壳塑性流驱动下产生广泛分布的形变[2]。由于下地壳—上地幔介质流变性质很难通过观测获得，这一争论长期悬而未决。

2008 年青藏高原东部龙门山断裂发生的 Mw7.9 级汶川地震为深入研究青藏高原岩石圈结构与动力学机制提供了机会[3]。大地震发生时断裂带、其周围介质及活动构造会发生应力应变场的突然变化，引起震后一段时间内发震断层本身、其邻域活动构造及岩石圈内部应力应变场的快速调整。而这一过程与岩石圈介质流变学性质密切相关，其相应形变场可以在地表观测到，为动力学研究提供约束。

汶川地震后我们在震区布设了由 GPS 连续观测站组成的震后形变监测网，台站数由开始的 15 个发展到 36 个。此外本文还收集了震区附近其它 GPS 连续观测数据，通过处理、分析 GPS 观测数据，获得了汶川地震震后形变场的时空演化过程。震后四年来观测结果表明，断裂带东西二侧形变场存在明显差异，西侧近场位移累积超过 100mm，而东侧仅约 10mm，反映形变源的非对称性分布及二侧介质性质的明显不同。

震后形变主要来源于受同震应力场驱动地震断层面上的震后滑移与下地壳—上地幔的驰豫形变。我们以震后形变数据为约束，通过建模同时反演这二种机制。发震断层的铲形结构与破裂分布由同震形变场反演确定。假定断层两侧岩石圈介质为不同成层结构，采用网格搜索方法反演各层粘滞系数，通过最小二乘法反演断层面上的震后滑移分布及随时间衰减方式。模拟结果表明：

（1）松潘—甘孜地块下地壳与上地幔粘性系数约为 $10^{19}$Pa/s，比下地壳层流支持者认为可能存在的介质粘性高约二个数量级。由此可以初步判定，大范围、全下地壳范围的层流在这一地区并不存在。

（2）四川盆地下地壳与上地幔粘性系数为 $10^{20}$~$10^{21}$Pa/s，证实四川盆地深部存在坚硬岩石圈。由龙门山二侧岩石圈介质力学性质、地表形变场分布及其它地质与地球物理观测资料推测，青藏东向挤出在本地区主要由松潘—甘孜地块的下地壳—岩石圈增厚所吸收。

（3）龙门山断裂带破裂面内震后滑移时间特征表现为对数形式衰减，时间常数约为 50 天，与余震随时间衰减特征相似，表明二者同源。

（4）破裂面内震后滑移呈不均匀空间分布，部分来源于同震破裂驱动造成破裂面以下脆-韧转换带的滑移。震后滑移在~35km 深、地表断层西南~50km 处达到极大，表明此处震后滑移已超越通常认为的断裂带脆-韧转换层范围，其形变可能源自存在于中地壳的滑脱面，也可能来自中地壳内区域状存在的低流变层。

（5）上地壳层内震后滑移分布与同震破裂空间分布互补，震后滑移在同震滑移极大区甚至出现反向滑移（即倾滑），表明这些地区震后滑移是同震滑移过冲的补偿。同震与震后滑移可能均受断裂带几何障碍体控制，震后滑移的过冲补偿有可能在一有限宽度破碎带内实现。

（6）上地壳内震后滑移分布与同震破裂空间分布互补表明同震破裂极大区之间的断层并非承受高应力的脆性“凹凸体”，而是具有一定流变特征的相对薄弱区，在这些区域内同震破裂残存应力场在震后以较快速度释放，可以认为中期大震危险性并不高。

## 参 考 文 献

[1] Tapponnier P Z Xu, F Roger, B Meyer, N Arnaud, G Wittlinger, J Yang. Oblique stepwise rise and growth of the Tibet Plateau, Science, 2001, 294: 1671~1677.

[2] Royden L H, B C Burchfiel, R W King, E Wang, Z Chen, F Shen, Y Liu. Surface deformation and lower crustal flow in eastern Tibet, Science, 1997, 276: 788~790.

[3] Zhang P Z, X Z Wen, Z K Shen, J H Chen. Oblique, High-Angle, Listric-Reverse Faulting and Associated Development of Strain: The Wenchuan Earthquake of May 12, 2008, Sichuan, China, Annu. Rev. Earth Planet. Sci., 2010, 38: 351~80.

# 子午工程最新进展和初步探测结果

## New Development of the Meridian Project and Preliminary Results

王　赤

Wang Chi

中国科学院空间科学与应用研究中心　北京 100081

空间环境是指地球 20～30 千米以上的中高层大气、电离层、磁层、行星际空间和太阳大气，由太阳不断向外输出的巨大能量和物质，与地球相互作用形成。空间环境的形态、结构和变化主要受到太阳活动制约，而地球系统动力学过程，以及人类活动也对地球空间环境有重要影响。为对地球空间环境进行监测，了解空间灾害性天气变化规律，获取重要原创性科学发现，减轻和防止空间灾害性天气带给航天、通信、导航、电力、资源、人类健康和空间安全等领域的重大损失，中国科学院、信息产业部、教育部、中国地震局、国家海洋局、中国气象局等七个部委的有关单位联合建议建设“东半球空间环境地基综合监测子午链”(简称子午工程)。作为“十一五”国家重大科技基础设施建设项目，子午工程 2008 年 1 月正式开工建设，2012 年完成建设，投入正式运行，预期运行 11 年。

子午工程沿东半球 120° 子午线附近，北起漠河、经北京、武汉，南至海南并延伸到南极中山站，以及东起上海、经武汉、成都、西至拉萨的沿北纬 30° 附近共 15 个综合性观测台站(见图 2)，建成一个以链为主、链网结合的，运用无线电、地磁、光学和探空火箭等多种探测手段，连续监测地球表面 20～30km 以上到几百公里的中高层大气、电离层和磁层，以及十几个地球半径以外的行星际空间环境中的地磁场、电场、中高层大气的风场、密度、温度和成分，电离层、磁层和行星际空间中的有关参数，联合运作的大型空间环境地基监测系统。子午工程的建设包括空间环境监测系统、数据与通信系统、研究与预报系统三大系统。空间环境监测系统由无线电监测分系统、地磁(地电)监测分系统、光学大气监测分系统和探空火箭综合监测分系统组成。数据与通信系统将 15 个监测台站的 95 台监测仪器监测到数据参数传送到子午工程数据中心。研究与预报系统给子午工程各台站下达科学监测计划，实现联合观测，并生成相应的空间天气研究和预报产品，配合有关业务单位开展空间天气预报与保障服务。子午工程建成世界上跨度最长、功能最全、综合性最高的近地空间环境监测子午链，为世界仅有，美国《空间天气》学术刊物称之为“雄心勃勃、影响深远”的努力。

利用子午工程的监测数据，子午工程团队在我国上空空间环境特征及其对太阳风暴的响应过程，地球空间不同空间圈层的耦合关系，和空间天气事件沿子午链的扰动传播等方面取得了一批原创性的科研成果。同时，子午工程为我国载人航天等空间活动的空间天气预报和保障服务提供了空间环境监测数据的支撑。

### 参考文献

[1] Wang C. New Chains of Space Weather Monitoring Stations in China[J]. Space Weather, 2010, 8: S08001.

[2] 王赤，冯学尚，万卫星，腾云田，窦贤康，史建魁，袁庆智. 东半球空间环境地基综合监测子午链简介，国际地震动态，2009, 06: 32~38.

# 大陆地震震源深度测定方法研究进展

# Progress in Resolving Focal depth of Continental Earthquakes

倪四道

Sidao Ni

中国科学院测量与地球物理研究所大地测量与地球动力学国家重点实验室 武汉 430077

震源深度是描述地震的关键重要参数之一，对地震学研究具有重要意义。例如，可靠的震源深度有助于更好的约束地震事件的震源位置以及发震时刻，从而为地球内部成像提供基本资料；而余震的空间展布则反映主震发震断层的几何形态，可以为主震破裂过程研究提供重要信息；此外，发震层深度反映了介质的流变性质，是确定发震断层及周围地壳介质脆性—韧性转换的重要指标；同时，地震深度也是地震灾害评估的重要参数，是地震成灾的关键指标,一般而言，地震越浅，所造成的破坏越严重。例如 1993 年的印度 Latur Mw 地震震级仅为 Mw6.1,却造成了上万人丧生的巨大损失，与其深度很浅(2.6km)有密切关系。而近年的研究发现了一些极浅(深度在 1km 左右)及下地壳地震，为重新认识大陆地壳孕震机理提供了新的证据。

然而，稀疏台网下震源深度的精确测定是一个难点，其研究方法分为基于走时和基于波形两大类。目前常用的国际地震目录（USGS/NEIC，ISC）确定远震的震源深度，主要利用地震 P 和 S 波走时，由于震源深度和发震时刻之间存在折衷，所以震源深度精度较差。而对于近震，震源深度定位的精度主要依赖于台网密度，研究表明，只有当震中距小于约 1～2 倍震源深度时，基于走时方法确定的震源深度才有较高的精度。大部分大陆地震的深度主要分布在 10km 左右，而多数地区台网密度难于达到 20km，因此震源深度误差一般较大。而极浅震的深度测定非常需要基于波形的方法，以得到准确的深度。

地震波形中包含对深度更敏感的丰富信息，利用各种震相的偏振、振幅、频谱乃至全波形信息都可以用于确定震源深度，从而得到更高精度的结果。常用的方法有深度震相法、面波与体波振幅比法、面波和体波振幅谱法、尾波强度、P 波偏振等，针对不同的震中距范围、不同的波形质量可以选择不同的方法。对于 6 级以上强震, USGS 利用远震体波的深度震相可以较好地测定震源深度。而对于 5 级以下的中小地震由于远震体波信噪比较低，一般需要近震深度震相资料才能准确测定震源深度。对于中强地震，结合 INSAR 等大地测量学手段和地震学手段，可以得到更准确的震源深度。

不同方法所测定的震源深度有不同含义，可以分为破裂起始点（Hypocenter）深度和破裂质心（Centroid）深度。破裂起始点深度对应于震相起跳点到时，一般通过到时定位方法得到。破裂质心深度对应于波形最大能量到时，一般由矩张量（CMT）反演等波形反演方法得到。两种深度的差异与破裂方向性和震级有关，可达破裂尺度的一半。对于～M4 地震，破裂尺度约为 1km，两种深度差异不大;而对于～M6 地震，破裂尺度～10km，可能达到 5km 左右，因此，对于>M6 的地震，则需要考虑震源尺度影响。

将以近年来我国中部及东部、澳大利亚等地区的一些地震为例，探讨不同距离上的深度震相特征及在测定震源方面的适应范围，获得这些地震的准确深度，讨论一些极浅震与下地壳地震的可能成因。

本研究由自然科学基金项目(41074032)及中国科学院科技创新交叉与合作团队项目联合资助。

## 参 考 文 献

[1] Seeber L, G. Ekström S K Jain, C V R Murty, N Chandak, J G. Armbruster. The 1993 Killari earthquake in central India: A new fault in Mesozoic basalt flows?[J]. J. Geophys. Res., 1996, 101(B4): 8543~8560.

[2] Tsai Y B, Aki K. Precise Focal Depth Determination from Amplitude Spectra of Surface Waves[J]. J. Geophys. Res., 1970a, 75(29): 5729~5744.

[3] Langston C A. Depth of faulting during the 1968 Meckering, Australia, earthquake sequence determined from waveform analysis of local seismograms[J]. J. Geophys. Res., 1987, 92(B11): 11561~11574.

[4] 崇家军，倪四道，曾祥方. sPL，一个近距离确定震源深度的震相[J]. 地球物理学报，2010，53(11)：2620~2630.

[5] Ni S, D Helmberger, A Pitarka. Rapid source estimation from global calibrated paths[J]. Seismol. Res. Lett., 2010, 81: 498~504.

# 页岩气理论、战略及国家能源方向探讨

# Discussion on theory and strategy of shale gas, development of state energy

崔永强

Cui Yongqiang

大庆油田有限责任公司勘探开发研究院　大庆 163712

美国的商业性天然气最早(1821)产自阿巴拉契亚盆地富含有机质的泥盆系页岩。中泥盆统马塞勒斯（Marcellus）页岩气藏作为北美资源量最大的页岩气藏为世人所瞩目。目前已经发现，该盆地志留系和奥陶系3000m以下产层深盆气（致密砂岩气）甲烷及其同系物碳同位素值完全反序($\delta^{13}C_1>\delta^{13}C_2>\delta^{13}C_3$)[1]，表明该区天然气的地幔来源[2]。

由于页岩气来自地幔而非页岩本身，所以，在页岩气成藏模式中，页岩仅仅作为储层，并且是目前所知最差的储层，必须发育天然裂缝或经过人工压裂，才具有储集空间。利用水力压裂法开采页岩气，就是通过压裂使页岩产生裂缝和断裂并沟通深部“供气断裂”或“气源断裂”。

泥页岩低含气饱和度、低（负）压、低产，通常作为油气藏盖层，并无资源潜力。以往页岩气成因、成藏理论基于石油有机成因。认为泥页岩是油气母岩，有大量气体尚未排出，并以此作为“页岩气国家十二五规划”的储量基础。

事实上，石油有机成因理论从来没有在实验室和地质事实中得到验证。有机成因三个主要立论依据是：①石油馏分具有旋光性；②石油中有生物标志物；③世界上99%以上的油气田都分布在沉积岩区。目前，已从陨石和地幔岩捕掳体的有机抽提物中发现旋光性和生物标记物[3~4]。至于99%以上的油田都分布在沉积岩区，是由于地幔隆起对应沉积盆地。地幔隆起愈高，盆地含油气性越好，反之亦然[5]。

干酪根热解实验并没有产生一滴石油，该实验因地层中不存在250℃以上实验温度无法外推，所谓时-温补偿原理亦因地层无法达到生烃反应活化温度而失效[6]。干酪根生烃的吸热特征与自然发生过程的放热特征相悖，令地层中分散有机质生成的分散烃类质点汇合成油气藏与自然发生过程的熵增特征相悖。粘土吸附实验表明，干酪根即使能够生烃，仍然无法从粘土中排出[7]。

100年来，美国页岩气开发技术始终不经济。美国页岩气革命建立在“安然漏洞”和“哈里伯顿漏洞”之上。为发展水力压裂技术，2005年美国通过《能源政策法案》解除了《安全饮用水法》对水力压裂法的监管，这就是著名的“哈里伯顿漏洞”

页岩气革命是美国继2001年IT泡沫破裂后，为了有效解决过剩的美元和金融业创新欲望、经济低迷及高失业率，催生的另一个更大的经济泡沫。随着页岩气大规模开采，开采区的地表水和地下水受到污染，同时地震多发的案例急剧增加。据美国能源部统计，页岩气单井平均压裂施工用水量可达$1.5\times10^4m^3$，每次压裂加入化学药剂300t，其中包括750种化学产品以及苯、铅等有毒物质。美国环保署2012年报告：水力压裂法是引起怀俄明州潘威林地下水污染的罪魁祸首。美国2011地质调查局报告：俄克拉荷马州地震密集，往往发生在水力压裂作业24小时内。

美国政府已经认识到页岩气的危害，但没有彻底的解决方案，继续大规模开采页岩气将妨碍“再工业化”国策。于是，美国各级政府一方面通过立法增加环境安全费用支出、禁止水力压裂施工，一方面限制天然气管道增容、增加入网页岩气竞争而迫使价格走低。金融体系则系统性地调高天然气及其金融衍生工具的交易保证金以增加推升天然气价格的杠杆成本[8]。以上措施最终目的就是挤出页岩气产业。

穆迪投资提示，3.5~6 $/MMBTU(美元/百万英热)是美国页岩气项目盈亏平衡区间。2012年8月6日，美国纽交所天然气9月期货合约价为2.91 $/MMBTU。4月份，这一价格低到1.9 $/MMBTU。据美国能源部数据，2011年11月至2012年4月，美国天然气井的钻机动用量下降了32.58%。

美国能源署夸大有天然气需求且能买得起美国页岩气技术国家的页岩气储量，实为奥巴马总统向全球推销美国页岩气铺路，实现转嫁本国资本损失、赚取技术服务收入、分享他国开采收益这一战略目标。

页岩气并非清洁能源，对大气的污染比煤还严重[9]。鉴于页岩气开发带来无法控制的环境污染，法国、英国、德国、瑞士、瑞典、保加利亚、匈牙利、南非等多国已通过立法等多种形式禁止页岩气。美国环保署 2012 年 5 月发布新法规，要求到 2015 年 1 月，所有采用水力压裂法的气井都必须安装相关设备，以减少可挥发性有机化合物及其他有害空气污染物的排放。按目前技术能力，届时只能停止页岩气钻井。

建立保障国家石油安全的石油地质学新理论是当务之急。石油地质学新理论以幔源油气为核心，建立在深部流体、深部构造和无机成因研究基础之上。石油地质学理论是国家软实力、巧实力的组成部分，是国家安全战略的组成部分，必须予以重视。

世界石油取之不尽。我国近期勘探目标应着眼渤海湾，中期勘探目标应着眼南海。常规油气勘探和开发仍是国家最重要的能源方向。

## 参考文献

[1] R C Burruss, C D Laughrey. Carbon and hydrogen isotopic reversals in deep basin gas: Evidence for limits to the stability of ydrocarbons[J]. Organic Geochemistry, 2010, 41: 1285~1296.

[2] 戴金星, 邹才能, 张水昌, 等. 无机成因和有机成因烷烃气的鉴别[J]. 中国科学 D 辑:地球科学 2008, 38(11): 1329 ~ 1341.

[3] M H Studier, R Hayatsu, E Anders. Organic compounds in carbonaceous chondrites [J]. Science, 1965, 149: 1455～1459.

[4] Ryuichi Sugisaki, Koicm Mimura. Mantle hydrocarbons: Abiotic or biotic?[J] Geochimica el Cosmochimica Ada., 1994, 58(11): 2527~2542.

[5] 崔永强, 李杨鉴. 软流层、中地壳与盆—山系[J]. 地球物理学进展, 2004, 9(3)：554～559.

[6]李庆忠. 打破思想禁锢,重新审视生油理论：关于生油理论的争鸣[J]. 新疆石油地质, 2003, 24(1): 75~83.

[7] H・A・库德梁采夫，等. 反对石油有机起源假说[M]. 北京地质勘探学院石油地质教研室译，1958：1~73.

[8] 冯跃威. 美国|“工业化”撞了页岩气的腰[N].《中国能源报》, 2012-6-25.

[9] R W Howarth, R Santoro A. Ingraffea. Methane and the greenhouse-gas footprint of natural gas from shale formations[J]. Climatic Change, 2011, 13.

# 浅层地震的特有性质

# Unique Characteristics of Shallow Seismology

夏江海

Xia Jianghai

中国地质大学(武汉)地球内部成像和探测实验室 中国地质大学(武汉)地球物理与空间信息学院 武汉 430074

高分辨率浅层地震方法并非仅是地震学及油气地震勘探的小尺度应用。由于近地表物质具有各向异性剧烈、泊松比高、速度梯度大以及速度倒转等特点，所以地震学及油气勘探中的一些方法在浅层地震中并不适用。我将展示一些能够说明与近地表物质相关的地震特性的例子，这些例子包括了几乎所有常用的近地表地震方法，例如：反射波法、SH 折射波法、面波法以及高频数值模拟方法。

高分辨率反射波法可以有效地处理各种近地表问题，但在对其做正常时差校正（NMO）时要格外小心。当近地表物质的速度梯度值到达某个确定的阈值时，反射地震子波将会发生三种独特的现象：倒转、压缩以及多重映射。这些现象明显地降低了叠加剖面的质量。分离处理方法常常被推荐用来处理这种问题，即将远道数据与近道数据分开处理，分别完成正常时差校正（NMO）后再重组。

SH 折射波法因为方法简单有效，被广泛的应用到环境与工程实际问题中。对水平层状地层而言，纯正的平面 SH 波只反射与折射 SH 波，不会发生波的类型转换。然而，近地表物质的复杂性可以很轻易地破坏这个假设。对于倾斜界面而言，SH 波向 P 波的转换是不可避免的。这样一来，由于接受到的折射波信息具有 SH 波的特点，使我们无法仅从 SH 波数据中判断出是否有波形转换的发生。倾斜界面所提供的折射波速度不再是界面下部地层的 SH 波速度，而是 P 波速度。因为 SH 折射波数据中往往含有丰富的拉夫波（Love wave）信息，所以，多道拉夫波分析方法（MALW）可以被用来解决这一问题。

由于高频瑞雷波方法，如多道面波分析方法（MASW）等，具有非侵入性、非破坏性、高效、成本低等特点以及在环境与工程实例中的成功应用，使它在近 20 年内越来越被近地表地球物理及岩土工程等领域所重视。它被近地表地球物理学界视为未来最有希望的技术之一。然而，由于地层速度的倒转（一高速地层位于某低速地层之上），对某些特定的速度模型，现有的算法都无法成功计算出其频散曲线。有两种速度模型在近地表中十分常见：一种是低速半空间模型，另一种是顶层为高速层的模型。前一种模型由于它的频散方程中出现了复数矩阵，使其无法在实数域中找到方程的根。通过利用这些复数解的实部可以解决这一问题。后一种模型会导致其高频部分的相速度趋近某个与第二层 S 波速度相关的值而非第一层。对于这一问题，可以在波长小于 2.5 倍第一层厚度时用两层模型来计算其相速度。这两种解决方案的正确性都已经通过数值模拟方法在频率速度域中得到证实。高频瑞雷波方法的另一个令人困扰的现象就是模式接吻，即两种模式的频散曲线在某个频率点相遇。这种情况会引起模式选择时的错误，从而使得反演出的速度模型具有更高的速度。拉夫波所具有的频散曲线简单的特点以及多道拉夫波分析方法的成功应用为我们提供了解决该问题的途径。

地震数值模拟在油气地震勘探领域中是一种成熟的技术，将这种方法直接应用到近地表地震波模拟需要格外的小心。在近地表中松散的沉积物十分常见，它会导致诸如 0.49 的极高的泊松比。在石油工业界中，利用完美匹配层技术对 P-Sv 波进行数值模拟十分成功，但当介质的泊松比大于等于 0.38 时，这种方法将会失败。多轴完美匹配层技术（MPML）被成功地用来解决模拟泊松比大于 0.38 的介质中高频 P-Sv 波的模拟问题。高泊松比介质高频 P-Sv 波的数值模拟结果在时空域及频率速度域中都均证明了多轴完美匹配层技术的有效性。

## 参 考 文 献

[1] Miller R D, Xia J. Large near-surface velocity gradients on shallow seismic reflection data[J]. Geophysics, 1998, 63: 1348~1356.

[2] Xia J, Miller R D, Park C B, Wightman E, Nigbor R. A pitfall in shallow shear-wave refraction surveying[J]. Journal of Applied Geophysics, 2002, 51(1): 1~9.

[3] Zeng C, Xia J, Miller R D, Tsoflias G P. Application of the multiaxial perfectly matched layer (M-PML) to near-surface seismic modeling with Rayleigh waves: Geophysics, 2011, 76(3): T43~T52.

# 海洋可控源电磁法研究进展

# Advances in the Marine Controlled-Source ElectroMagnetic Method

李予国

Li Yuguo

中国海洋大学海洋地球科学学院 青岛 266100

随着全球能源需求的不断增长和陆上、浅海区油气资源储备的日益减少，深海油气资源成为国际能源争夺的焦点，海洋油气勘探也步入高潮，其投资占全球油气勘探的很大部分，而且还有继续增加的趋势。同时各国都在极力扩张海洋领地，占据海洋资源开展深海勘探。但深海油气勘探投资巨大，较之陆地和浅海区勘探存在更大的风险，多方法综合勘探成为深海油气勘探最明显的特征和发展趋势。众所周知，地震成像技术能探测到潜在的油气构造圈闭和主要目的层的空间展布，但是要区分圈闭内是含油气的还是含水的以及对位于高阻盐体或火成岩体下方的目标层的追踪，目前仅靠单一的地震资料还难以进行有效地评价。

近年来，海洋可控源电磁法（Controlled- Source ElectroMagnetic method, CSEM）探测海底油气储层和天然水合物已经取得明显效果（Constable,2010; Srnka et al., 2006; Zerilli et al., 2009）。利用海洋 CSEM 技术，可以识别高阻油气藏，进而提高钻井成功率。Hesthammer （2010）通过研究海洋钻井成功率与海洋可控源电磁异常之间的关系后认为：有明显海洋可控源电磁异常的远景区，钻井平均成功率为 70%左右，而没有明显电磁异常时钻井成功率则降到 35%以下。由此可见，对地震勘探所落实的待钻目标进行可控源电磁法的含油气评价，对深海钻探避免干井具有重要意义。目前，ExxonMobile、 Statoil 和 Shell 等国际石油公司以及挪威 EMGS、WesternGeco 等海洋地球物理勘探技术服务公司正在世界各大海域开展海洋电磁勘探工作，已完成了将近 1000 个勘探项目。本文介绍海洋 CSEM 法的基本原理、方法特点、应用实例以及在资料处理正反演方法研究和仪器设备研制方面的新进展和发展趋势。

## 参 考 文 献

[1] Constable S. Ten year of marine CSEM for hydrocarbon exploration[J]. Geophysics, 2010, 75(5): A67~A81.

[2] Li Y, et al. 2D marine controlled-source electromagnetic modeling: part 1 – an adaptive finite-element algorithm[J]. Geophysics, 2007, 72(3): WA51~WA62.

[3] Li Y. Transient electromagnetic in shallow water: insights from 1D modeling[J]. Chinese Journal of Geophysics, 2010, 53(3): 737~742.

# 2012 年度傅承义奖候选人报告

# “Fuchengyi Award” Candiadate’s Conference Reports in 2012

# 利用背景噪声成像研究青藏高原及邻区地壳上地幔顶部速度结构

# Structure of the crust and uppermost mantle beneath the Tibetan Plateau and adjacent regions from ambient noise tomography

李红谊

Li Hongyi

中国地质大学（北京）地球物理与信息技术学院　北京 100083

背景噪声无源成像法是国际上近年来快速发展的一种新的成像方法，其核心思想就是可以通过两台长时间记录的连续噪声进行互相关计算来提取两台之台间的格林函数。该方法既不依赖地震的发生，也不需震源车或进行人工爆破，只需对连续记录到的噪声进行互相关分析即可获得地下结构信息，因此背景噪声无源成像法无疑是一种既廉价又环保且精确度较高的方法，从而成为近些年来研究的热门。

青藏高原是地球上海拔最高、规模最大和年代最新的造山带，同时也是全球壳幔结构最为复杂、相互作用最为活跃的区域之一。探测青藏高原的地壳上地幔结构，揭示高原内部构造和形变特征以及高原与周边地体之间的变形关系及其相互作用方式，了解控制高原壳幔剩余物质“逃逸”的高原边界的地质与动力学过程，这将大大增进我们对青藏高原隆升机制和高原大陆构造的了解。

在过去几十年对青藏高原的研究过程中，对于高原形成、演化与动力学成因机制地球科学家们从不同角度提出了不少模型，比较著名的有垂直连贯变形模型和简单软流圈流动模型；大陆块体的非连续形变模型和连续变形模型等。垂直连贯变形模型和简单软流圈流动模型是在板块驱动力假设下壳幔变形的两种不同的运动学模型。垂直连贯变形模式要求板块强烈耦合与地幔，并受地幔中密度不均匀产生的流动场驱动，该模型认为高原下方地壳和地幔之间强烈耦合，高原下方的地壳浮力能够很好地传递到上地幔。但是当地壳和地幔之间存在一层软弱的、流动的物质时，地壳和地幔因而就变成解耦的。最近不少研究揭示在高原下方的中下地壳存在低速、高导层，这样的观测结果似乎与垂直连贯变形模式相矛盾。

简单软流圈流动模型则预示板块自驱动，并由力学上软弱的软流圈与地幔有效解耦，地幔变形归因于软流圈顶部和底部的差异速度。此模型认为在岩石圈各向异性可以忽略的前提下,地表速度场等于岩石圈底部(即软流圈顶部)的速度，软流圈顶部和底部的速度所确定的差异速度必须与 SKS 的快波偏振方向平行，并认为作用在地壳上的地壳浮力不能传递到下软流圈地幔。该模型可能能解释在高原东南缘的云贵高原地区 SKS 分裂的快波方向与地表变形场的最大剪切方向明显不一致的现象，从而推测该地区地壳和地幔的变形各自受不同的力所驱动，但无法解释高原内部的观测到的二者之间的耦合。

而非连续形变的模式，认为印度陆块向北挤压，造成亚洲岩石圈块体大规模向东滑移，青藏高原的抬升是时间相关的，是相关的岩石圈地体之间剪切作用的结果。但是在大尺度的地形模型中，该模型的证据是含糊的，尤其是在青藏高原北部、东北部边界，仍需很多的工作去研究青藏高原北部边界和验证作为昆仑山和戈壁地台之间高原抬升机制的欧亚地幔岩石圈俯冲假设。

连续变形或粘滞流的动力学模型则将青藏高原的隆升归因于中下地壳或地幔物质的流动，把欧亚大陆岩石圈看作连续粘滞性介质，它受印度陆块挤压，并不发生大规模的块体滑移，而是产生地壳的缩短与增厚。该模型对高原地形起伏、地壳厚度、地壳缩短及岩石圈向东滑移给出了很好的解释，但它无法预测岩石圈的俯冲，且不同的连续变形模型之间存在着较大的差别。一些学者认为厚地壳可以由中到下地壳流单独产生，而地表变形来自于深部地幔岩石圈的解耦；而在薄粘滞层模型中，整个岩石圈是连贯增厚的，在增厚的地壳下面岩石圈山根迅速消失。管道地壳流模型认为由于青藏高原中部中下地壳普遍存在低粘性、弱强度的地壳物质，青藏高原东北缘、东南缘长跨度的缓慢变化的地形倾斜和青藏高原北缘、东缘短距离内的急剧变化的地形倾斜主要是由于青藏高原中下地壳的弱强度的地壳流所导致的。尽管成像结果已经揭示青藏高原南部、东缘和东南缘存在中下地壳低速层，而最近大地电磁观测结果却认为地壳流并不是广泛分布在高原中部，而是沿着高原的缝合带呈条带状分布。但到目前为此在地形急剧变化的高原北部和地形缓慢倾斜的东北部由于受地形的限制，缺乏大量的地震数据来检验这一模型。

本研究通过收集青藏高原及周边地区固定数字地震台网和宽频流动地震台阵的连续背景噪声数据，利用背景噪声无源成像法获得了青藏高原东缘、东南缘、东北缘和北缘地壳及上地幔顶部S波速度结构模型，模型揭示了高原下方中下地壳低速层的存在，以及该低速层在高原边界与周边块体之间所呈现出的不同模式，并探讨了青藏高原地壳深部构造特征与地表地形以及高原下方物质流动的关系，以及青藏高原块体和周边块体之间的深部结构、变形关系及其相互作用方式。

本研究使用的地震数据来自中国地震局区域台网、吉尔吉斯斯坦和哈萨克斯坦台网、美国罗德岛大学牵头与中国地质大学（北京）等单位合作的NET宽频流动台阵和ASCENT流动台阵，台站总数达到280多个，覆盖了大半个青藏高原、塔里木盆地和四川盆地，观测数据涵盖了从2008年6月到2009年9月的地震噪声数据。利用多重滤波技术等时频分析方法我们求得了10000多条台站对的瑞利波频散曲线和3000多条台站对的勒夫波频散曲线，然后根据研究区域的大小分别划分为0.2° ×0.2° ，0.4° ×0.4° 的网格，通过O'ccam反演方法求得了7～50 s周期范围内瑞利波和8～40 s勒夫波群速度在研究区域内的分布，这些速度分布大致反映了不同深度范围介质S波速度的横向变化情况。利用求得的纯路径频散，进一步反演得到了青藏高原北部、东部及邻区的S波速度随深度的变化，三维S波速度清楚地揭示了高原下方中下地壳低速层的存在，以及该低速层在高原的边界与周边块体之间所呈现出的不同模式。

(1) 在高原东缘，四川盆地是稳定的地台区，地壳物质强度较大，壳内地震波速随深度的增加而逐渐增加；而在高原的下方，构造活动强烈，地壳物质强度较低，在中下地壳深度，地震波速随着深度的增加不但没有增加反而降低——即高原下方存在着地壳低速层。因此在高原的东缘，存在于青藏高原东部下方的低波速、低强度的中下地壳流流动受到四川盆地下方坚硬物质的阻档，无法传播更远而终止于龙门山断裂带下方从而导致地形的急剧变化，地形在短短的几十千米范围内从4～5千米高的高原急剧降到几百米高的平原。这也是首次通过面波成像清晰的揭示了高原下方东部中下地壳低速层的存在；

(2) 青藏高原的北缘有着和东缘类似的地形变化和构造，塔里木盆地是很稳定的古老地台区，高原北部下方的低波速、低强度的中下地壳流流动受到古老地台下方强度较高的物质阻档从而终止于西昆仑和阿尔金断裂带的下方，导致地形的急剧变化；

(3) 青藏高原的东南缘地形变化坡度平缓，地形是在1000～2000千米的范围内从才从4～5千米降到1公里以下，高原的东南缘地壳物质强度比较弱，因此青藏高原下方低波速、低强度的中下地壳流的流动受阻较小，中下地壳流一直从高原延续到高原外的贵州、云南，与东南缘地表表现出长跨度的缓慢变化的地形倾斜相一致；

(4) 而在高原的东北缘，有着与东南缘类似的长跨度、缓慢变化的地形趋势，我们的结果并未显现类似东南缘那样的速度变化，高原中部下方低速的中下地壳流并未在柴达木盆地下方被观测到，而在祁连造山带北部观测到的低速中下地壳流我们认为更可能是局部地壳增厚的作用，并不是与高原中部下方的中下地壳流相关联。

综上所述，我们的观测结果揭示了青藏高原下方中下地壳低速层的分布以及它在高原不同边界的模式，尽管支持了粘滞流模型对青藏高原东缘、北缘和东南缘的地形起伏、地壳厚度、地壳缩短及岩石圈地体东移的解释，但对该模型在东北缘的适用提出了疑问，这将为重新审视粘滞流模型和今后理论模型研究提供了新的地球物理学依据。

本研究由国家自然科学基金（41174050，40804007）和中央高校基本科研业务费专项资金共同资助。感谢合作者王椿镛、黄忠贤研究员，李思田、宋晓东教授，苏伟，吕智勇，李信富和宫猛；感谢中国地震局台网中心、中国地震局地球物理所数据备份中心和四川省地震局提供的地震数据。

### 参 考 文 献

[1] Hongyi Li, S Li, X D Song, M Gong, X Li, J Jia. Crustal and uppermost mantle velocity structure beneath northwestern China from seismic ambient noise tomography[J]. Geophys. J. Int., 2012, 188: 131~143.

[2] Hongyi Li, W Su, C Y Wang, Z Huang, Z Lv. Ambient Noise Love Wave Tomography in the Eastern Margin of the Tibetan Plateau, Tectonophysics, 2010, 491: 194~204.

[3] Hongyi Li, W Su, C Y Wang, Z Huang. Ambient noise Rayleigh wave tomography in western Sichuan and eastern Tibet[J]. Earth and Planet. Sci. Lett., , 2009, 282: 201~211.

# HTI 介质中地震各向异性模拟与流体预测

钱忠平[1] 李向阳[1,2] Mark Chapman[3]

1. 东方地球物理公司研发中心 涿州 072751; 2. CNPC 物探重点实验室 北京 102249;
3. EAP，British Geological Survey，Edinburgh，UK，EH9 3LA）

多波地震勘探是裂缝型油气藏和隐蔽油气藏勘探中一种具有发展潜力的手段。多波勘探在储层与构造成像、岩性与流体识别、裂缝检测等方面具有独特优势，有利于提高复杂油气藏勘探开发精度，受到了业界的重视。利用宽方位角纵波资料可以分析地震方位各向异性,并由此进一步推断地下裂缝信息在工业界已有成功案例。但是如何选择合适的数据进行分析非常关键，采用数值模拟方法有助于进一步了解这个问题。此外，横波对介质各向异性更加敏感，综合应用纵波与转换波进行方位各向异性特征分析有利于增强应用纵波描述的可靠性。目前采集的宽方位多波资料越来越多，而如何应用 PS 转换波进行方位各向异性分析及应用研究则相对较少。

在油气藏开发过程中，获得流体替换信息非常重要。地下储层中含油与含水在地震上的响应非常接近，波阻抗差异也非常小，利用基于各向同性介质波场传播的传统地震方法区分油水分布是石油地球物理勘探的一个难点。但是裂缝孔隙型储层而言，当裂缝中的流体受到方向性应力作用时，会导致地震方位各向异性，并产生横波分裂现象。当地震波在某一反射界面上发生 PS 波转换，并且上覆地层呈各向异性时，转换横波会发生分裂，产生快横波和慢横波。利用横波分裂来分析油气藏方位各向异性，可以帮助我们了解油气藏的分布规律。

## 1. 纵波与 PS 转换波方位各向异性

按照等效介质理论，包含有尺寸远小于地震波长的、平行排列的垂直裂缝的介质可以等效为 HTI 各向异性模型，通过对振幅和旅行时随方位变化的椭圆拟合分析来检测裂缝信息。方位角与炮检距分布对于获得可靠的结果起着非常关键的作用。

### 1）纵波方位各向异性

振幅、AVO 梯度、速度和旅行时等四种地震属性可以用于纵波方位各向异性分析。振幅和 AVO 梯度源自相同的反射属性，速度和旅行时是相对应的。在 HTI 介质（包含平行排列的垂直裂缝）中，旅行时随方位呈现椭圆分布特征，可以用于估计裂缝分布的方向与密度。但不是所有的方位振幅都会展示椭圆特征分布。当炮检距较小时，振幅随方位的变化并不明显，而炮检距较大时，振幅随方位的变化复杂，因此这两种情况均不适用合于方位各向异性分析。数值模拟结果证明可用于振幅椭圆方位各向异性分析的地震道要求其炮检距与深度之比介于一定范围之间，过大或过小都会对结果产生负面影响。在实际应用中，还会涉及到噪声问题，地震道振幅的可靠性会进一步降低，可用于分析的炮检距范围会进一步减小。

纵波旅行时具有随方位呈椭圆各向异性分布特征。炮检距是影响纵波旅行时方位各向异性分析的关键因素。炮检距与深度之比只在一定范围之内，旅行时随方位角分布才近似于椭圆形状。当炮检距与深度之比较小时，旅行时随方位角的变化关系不明显，不适合于方位各向异性分析。因此，若层间旅行时方位各向异性分析要求输入数据具有足够大炮检距。由层间旅行时拟合的椭圆的长轴方向垂直于裂缝方向。炮检距范围固定时，拟合椭圆的长短轴之比与介质中裂缝分布密度相关。

### 2）PS 转换波方位各向异性

PS 转换波方位各向异性分析需要将径向分量和横向分量分别进行。有两种属性可以用于 PS 转换波方位各向异性分析，分别是振幅、和旅行时。径向分量和横向分量振幅均随方位发生各向异性变化。径向分量振幅随方位呈现近似椭圆分布特征，其长轴方向垂直于裂缝方向，这与纵波结果相反。炮检距对径向分量振幅椭圆方位各向异性特征影响较大。PS 转换波对介质各向异性更敏感，径向分量适用于方位各向异性分析的炮检距范围比纵波更大，方位各向异性特征也更加明显。横向分量振幅随方位变化表现为过零值和极性反转的各向异性特征，但是不受炮检距变化的影响。

径向分量旅行时随方位也具有近似椭圆分布的各向异性特征，椭圆的长轴方向垂直于裂缝方向，炮检距越大，层间旅行时出现的方位各向异性特征越明显。径向分量振幅与层间旅行时方位各向异性强度与裂缝密度具有相关性，裂缝密度越大，所对应的拟合椭圆的长短轴之比也越大。当炮检距范围合适时，椭圆的长轴与短轴之比可以作为一个参数来刻画裂缝的相对密度，这与纵波一致。

因此，利用PS转换波属性对HTI介质进行方位各向异性分析是可行性的。若不考虑数据信噪比的影响，转换波比纵波更适合于进行椭圆方位各向异性分析。无论是纵波还是转换波，在进行振幅椭圆方位各向异性分析时都需要对输入数据进行筛选试验，选择合适炮检距范围内的地震数据，以提高结果的可靠性。若采用所有数据进行椭圆方位各向异性分析，甚至会得到错误结果。

**2. 转换波各向异性与流体预测**

各向同性介质中对流体替换的理解是基于流体密度与体积模量的变化上，一般采用Gassmann方程进行分析，流体主要影响体积模量，对剪切模量没有影响，因此只能通过纵波来研究流体属性。但是，含油情况下的体积模量与含水情况下的体积模量差异很小，利用纵波方法分辨含油区和含水区比较困难。对于具有连通性裂隙的HTI型介质而言，地震波通过时产生的应力变化将引起储层裂缝和孔隙的张开与闭合，并驱使流体移动，从而改变介质的等效的弹性参数和地震各向异性响应，并增强横波分裂。分析转换横波的方位各向异性特征可以用于推测介质中所含流体的性质。

**1）地震波产生的流体喷射**

孔隙、裂隙和裂缝中含有流体并且缝隙之间相互连通的HTI介质中，流体处于应力平衡状态。地震波通过时将产生应力梯度并促使流体在裂隙之间移动，以缓解应力差，达到新的应力平衡状态。流体应力能否达到新的平衡状态取决于流体是否具有足够移动时间。释放因地震波而产生的应力梯度所需的时间长短取决于岩石的孔隙度、裂缝尺寸、密度以及流体性质等。

一种可能的情况是，在地震波低频段产生的压力梯度会因为流体有足够的时间移动而缓解并达到新的应力平衡，而地震波高频段产生的压力梯度会因流体移动不足而不能得到完全缓解。这样，介质的等效弹性参数因高频效应和低频效应的不同而变化，并产生相应的速度散失及衰减。因此，含流体的裂隙型岩石的地震各向异性响应与频率有关，分析地震响应特征频率可以推测岩石的一些物性参数，包括渗透率与饱含流体的粘滞度。

**2）HTI介质中流体检测**

地震波通过 HTI 各向异性介质时，裂缝和孔隙之间的流体交换会影响其等效各向异性特征,进而反映到地震波属性上。流体中存在应力梯度差时，较大的裂缝尺寸和密度能增加流体的渗透性，但流体粘滞度也是影响流体交换速度的一个关键因素。通常油与水的体积模量和密度差异比较小，但是粘滞性差异可以很大。若流体的粘滞度高，可移动性慢，则需要更多时间来平衡地震波产生的压力梯度，或只有在地震波频率较低时才能达到新的应力均衡，并在地震波属性上有所体现。

数值模拟结果显示，纵波振幅属性方位各向异性对于HTI介质中流体的粘滞度反应很小，无论是沿着裂隙方向还是垂直于裂隙方向，不同的流体粘滞度所产生地震波振幅响应几乎一致。PS转换波振幅在沿着裂隙方向对流体粘滞度变化不敏感，但是在垂直于裂隙方向振幅对流体粘滞度差异具有非常明显的响应。因此，若已知地下储层的裂缝分布信息，则可以利用PS转换波进行各向异性分析来获知其流体替换情况。

**3. 结 论**

利用纵波与PS转换波进行方位各向异性分析均可以对HTI介质的特征进行描述，并且PS转换波比纵波的方位各向异性响应更明显。炮检距是一个非常关键的因素，在应用时需要对输入数据的炮检距范围进行试验和筛选。PS转换波对HTI介质中流体的粘滞度敏感，可以利用其方位各向异性分析HTI裂隙型油气藏的流体分布信息。

**参 考 文 献**

[1] Liu E, Hudson J A, Pointer T. Equivalent medium representation of fractured rock[J]. Journal of Geophysical Research, 2000, 105: 2981~3000.

[2] Qian Z, Chapman M, Li X Y, Dai H, Liu E, Zhang Y, Wang Y. Use of multicomponent seismic data for oil-water discrimination in fractured reservoirs[J]. The Leading Edge, 2007, 26: 1176 ~1184.

# 波动方程速度建模方法研究

## Wave-Equation Based Velocity Model Building

王一博

Wang Yibo

中国科学院地质与地球物理研究所　北京 100029

**1. 引言**

随着油气资源勘探范围的不断扩大，对深海、沙漠、山地等地区的精细勘探已经成为世界新增油气储量的主要来源。然而这些地区的复杂地质条件（崎岖海底、复杂地表以及复杂含油气构造等）给常规的基于各种简化假设的地震波勘探处理方法带来了新的理论问题。地震波勘探的最终目的是实现对地下介质的精确成像，而能否实现精确成像很大程度上取决于速度模型的质量。为了更好的实现速度建模，科研工作者们发展了多种速度分析方法，如考虑各向异性因素的动校正方法、旅行时反演方法、偏移速度分析方法、波形反演方法等。其中，波形反演方法被认为是目前最为有效的能提供高精度与高分辨率速度模型的方法，已经成为速度建模领域新的研究热点和方向。但是波形反演方法易于陷入局部极值，通常需要一个好的初始模型或者采用极低频率的数据进行反演。本研究不仅对波形反演方法进行了深入探讨，还对波形反演方法初始模型的建立方法开展了系统的研究工作，在数据域，研究了波动方程旅行时反演方法；在成像域，研究了基于波动方程的偏移速度分析方法，以下将具体对本研究工作进行介绍。

**2. 波形反演方法**

与传统的旅行时反演方法相比，波形反演方法提供了更多速度分布的细节信息，这主要有两个原因：①与旅行时数据相比，波形（振幅）对模型参数的改变更为敏感。比如在较小范围内改变地下介质的速度参数并不能显著的改变反射波旅行时，但是可以较明显的改变反射波的振幅，②与旅行时数据相比，波形数据蕴含更多的信息。比如一个地震记录既含有传播时间的数据，又含有波形的数据，此时虽然可能有多个速度模型能够与旅行时数据匹配，但能够匹配波形数据的速度模型基本上是唯一的。波形反演中丰富的信息既是优点也是缺点。说它是优点是因为它含有丰富的波场信息，说它是缺点是因为它通常会导致模型与数据之间高度的非线性关系。这意味着在迭代过程中可能存在许多局部极小值点，会导致不准确的速度反演结果。因此寻找合适的方法克服局部极小值的出现是目前波形反演方法的重点研究内容。多尺度方法就是为了克服局部极小值而提出的一种反演策略，克服局部极小值还可以通过选择部分数据进行反演来实现，比如只选取地震数据中的 Early-arrival 部分。本研究提出了基于 Early-arrival 数据和小波变换方法的多尺度波形反演方法[1]，是要在各个尺度下使误差函数 $J$ 都能达到最小：

$$J(v)=\sum_{\mathbf{x}_s}\sum_{\mathbf{x}_g}\left\| M\left(\boldsymbol{d}_{cal}(\boldsymbol{x}_g,\boldsymbol{x}_s;v)-\boldsymbol{d}_{obs}(\boldsymbol{x}_g,\boldsymbol{x}_s)\right)\right\|_2^2 \qquad (1)$$

其中 $\boldsymbol{d}_{\mathrm{cal}}$ 为基于当前模型计算的地震数据；$\boldsymbol{d}_{\mathrm{obs}}$ 为观测到的地震数据；$M$ 为一个选择函数，用来在各个尺度下选择 Early-arrival 数据。本研究利用小波变换的多尺度特性将地震数据和震源子波分解到各个尺度，并从低尺度（低频）开始进行反演求解，将当前尺度的解作为下一个尺度反演的初值而不断进行迭代。不同于频率域波形反演方法，本方法在时间域内实现，可以灵活处理各种边界条件与复杂介质。本方法已经在二维海上实际数据和三维合成数据上进行了测试，反演结果验证了有效性。

**3. 波动方程旅行时反演方法**

由于波形反演方法对初始速度模型的要求较高，因此如何建立适合波形反演方法的初始模型也是一个需要研究的重要问题。波动方程旅行时反演方法[2]与传统的以射线理论为基础的旅行时反演方法相比，具有不需要进行射线追踪，不需要拾取初至等优点。采用波动方程旅行时反演方法可以获得一个较为光滑的速度模型，而且这个速度模型的分辨率要高于旅行时层析反演的结果。本方法的目标函数为：

$$J_{\Delta\tau}(\mathbf{v})=\sum_{\mathbf{x}_s}\sum_{\mathbf{x}_g}\left\|\Delta\tau(\mathbf{x}_g,\mathbf{x}_s,\mathbf{v})\right\|_2^2 \tag{2}$$

其中，$\Delta\tau$ 为观测地震数据与计算地震数据的旅行时残差，在获得旅行时残差后，随后的反演求解步骤类似于常规波形反演方法。现已将波动方程旅行时反演方法应用于井间地震速度建模以及地面采集的折射波数据和回折波数据的速度建摸，合成数据的测试结果验证了本方法的有效性。

**4. 波动方程偏移速度分析方法**

以上两种反演方法都是在数据域进行速度模型的求解计算，此外本研究还在成像域对速度模型反演方法进行了探讨[3]，成像域的反演目标函数为：

$$J=\sum_{h}\left\|hI(x,h)\right\|^2 \tag{3}$$

其中，$I$ 为共成像点道集，可以选取为水平偏移距共成像点道集、垂直偏移距共成像点道集、时移共成像点道集等。基于伴随态方法，采用拉格朗日乘子函数可以推导得到梯度计算公式。此外，本研究针对波动方程偏移速度分析中剩余成像提取这一核心问题，提出了基于部分波恩近似的剩余成像提取方法，可以较好的保持波场的运动学和动力学特征，给出的速度更新不会出现表象微分优化方法中的强噪音。合成及实际数据的测试结果验证了本方法的有效性。

**5. 结论和展望**

本研究对波动方程速度建模方法进行了较为系统的研究，其中波动方程旅行时反演方法和波动方程偏移速度分析方法都可以为波形反演方法提供一个较好的初始模型。目前，本研究正在开展对上述三种方法目标函数的进一步探讨，拟将数据域和成像域的反演方法统一起来，建立无需低频数据的波动方程速度建模方法。此外，还在以下两方面开展了研究工作：①目前的反演方法仅利用了一次波数据，而多次波中含有更为丰富的信息，地震波干涉方法[4,5]的思想已经被用于逆时偏移，实现了多次波成像[6]。但是，逆时偏移仅相当于波形反演的一次迭代，如何采用多次波数据进行波形反演迭代求解是本研究未来一个重要的发展方向。②波动方程的计算成本较高，而近几年出现的 GPU 计算为波动方程的快速计算提供了一个有效平台。本研究已在基于 Fermi 架构的 Tesla C2070 GPU 上实现了二维时域多尺度波形反演方法，目前正在结合区域分解方法开展三维波形反演方法在 GPU 上的快速实现研究。

**6. 致谢**

本研究的主要合作者为中国科学院地质与地球物理研究所常旭研究员、刘伊克研究员以及沙特阿拉伯国家石油公司 Luo Yi 博士、Sun Bingbing 博士。本研究得到了国家自然科学基金项目 40904030，40830422 的资助。感谢美国犹他大学 Gerard T. Schuster 教授对工作的建设性意见和帮助。

**参 考 文 献**

[1] Wang Y, Chang X, Liu Y, Zheng Y. A multi-scale waveform inversion method for subsurface velocity model building[C]//9th International Workshop on the Application of Geophysics to Rock Engineering, 2011.

[2] Luo Y, Schuster G. Wave-equation traveltime inversion[J]. Geophysics, 1991, 56(5): 645~653.

[3] Sun B, Wang Y, Yang H. Theoretical study of the wave equation migration velocity analysis using augmented Lagrange function[C]//73rd EAGE Conference and Technical Exhibition, 2011.

[4] Wang Y, Luo Y, Schuster G. Interferometric interpolation of missing seismic data[J]. Geophysics, 2009, 74(3): SI37~SI45.

[5] Wang Y, Dong S, Luo Y. Model-based interferometric interpolation method[J]. Geophysics, 2010, 75(6): WB211~WB217

[6] Liu Y, Chang X, Jin D, He R, Sun H, Zheng Y. Reverse time migration of multiples for subsalt imaging[J]. Geophysics, 2011, 76(5): WB209~WB216.

# 空间大地测量：地球科学的一个窗口

# Space Geodesy: A window to the Earth Science

金双根

Jin Shuanggen

中科院上海天文台　上海 200030

地球表面形变、流体质量迁移、内部过程以及地球系统各圈层相互作用，如大气、海洋、陆地和固体地球等，这些与和自然灾害孕育密切相关，直接影响人类生存环境，例如全球变暖、海平面升高，以及最近频繁发生在东南亚和太平洋沿岸的大地震或海啸，如 2004 年 12 月 26 日苏门答腊岛西海岸附近发生了 40 多年来世界上最强烈的 9.1 级地震，引发了巨大的海啸，造成巨大的人员伤亡和财产损失；2008 年中国西部汶川发生最近几十年来中国内陆最强的地震，震级达 8.0，造成近 10 万人丧生；以及 2011 年 3 月 11 日，日本东北发生 9.0 级大型逆冲区地震，并引发最高 40.5 米的海啸，造成了火灾和核泄漏等严重经济损失和重大人员丧生，东北地区部份城市甚至遭受毁灭性破坏等。然而人类至今仍然无法准确预报地震，以及存在诸多地球科学疑难问题和观测局限性等。例如，与人类生存环境息息相关的板块构造运动，长期以来主要是以地质时间尺度（几百万年平均）的地质地磁资料，如地球内部热散失量和全球洋底地磁条带图像等，用地球物理方法进行研究，大部分处于假设和推测阶段。而且不能测定现今板块运动特征，更不能测定微小块体形变。另外地质地球物理资料很难划分微小板块，不能给出其构造运动和形变特征，特别是在远离太平洋板块和青藏高原的东北亚地区，如国际上长期争议的 Amurian 板块。此外，传统地球物理观测技术价格昂贵和劳动强度大，且精度和分辨率低，很难高精度、高分辨率和连续地监测地表形变、流体质量重新分布和地球各圈层相互作用的详细过程。

随着卫星大地测量技术飞速发展，特别是最近连续的、高精度的和全天候的全球导航卫星系统（GNSS）和新一代低轨卫星重力测量技术(如 GRACE)，其精度相对于传统的观测技术提高了数个量级，为地球科学提供了新的高精度和高分辨率的观测手段。能够精确测定大气参数、电离层总电子含量、地球自转、地球表面形状、外部重力场及其变化等。本文主要展现空间大地测量在地球科学角色及其最近结果，包括高精度地监测和研究地表形变、构造运动、地球自转、陆地水循环、海洋洋流、大气/电离层延迟跳动及其与固体地球活动耦合，及其它们之间相互作用和动力学特征等，包括：

（1）高分辨率的 GPS 无线电掩星和密集的地基 GPS 观测能精确估计对流层和电离层延迟及其相关参数，如水气、温度、气压和电离层电子密度等，弥补传统大气和电离层探测技术时空分辨率低和价格昂贵等缺点[1~2]。例如用全球连续 IGS 台站 GPS 观测资料估计 1 小时间隔的垂直总对流层延迟(ZTD)时间序列研究周日和半周日潮汐波及其分布特征，并与地面气压仪观测结果一致[1]，有助于弥补传统气压仪的时空间分辨率低等缺陷和进一步完善大气潮汐理论。另外，由于 GPS 主要得到斜路径或天顶总对流层和电离层延迟，不能反映三维垂直剖面信息。通过层析迭代重建技术，得到对流层水气和电离层电子密度垂直剖面信息，拓展了 GPS 映射三维高分辨率的对流层和电离层剖面信息及其在气象学和空间环境应用[3]，对天气和空间环境监测与预报具有重要的科学应用价值。例如首次利用 GPS 资料监测到电离层风暴期间四维电离层剖面变化和分布，并揭示其时空变化过程和可能机理，为监测和预报电离层事件提供新的可能手段。

（2）利用高精度 GPS 观测资料监测自然灾害、地壳形变及其内部响应，深入研究地球动力学疑难和热点问题。如用全球 VLBI,SLR 和 GPS 观测资料建立了一个现今全球板块运动运动模型，详细给出了全板块形变图像与特征。并与百万年平均的地质模型 NNR-NUVEL 比较，定量给出全球板块构造运动特征和演化规律，如最近三百万年内，北大西洋中脊在加速扩张，南大西洋中脊减速扩张。以及利用密集的 GPS 等观测资料首次给出了 Amurian 板块现今运动学特征，这项工作为研究东北亚内部动力学和地震活动(特别是日本)提供了一个新的参考平台[4]。另外，密集的空间大地测量观测能近实时监测地震发生前后异常、破裂过程和应力应变变化。以 2008 年汶川地震为例，利用 GPS 精确估计地震震级、破裂和滑动，有助于进一步理解地震产生机理和过程。

（3）陆地水储存总量是水资源管理和陆地表面水循环研究的一个重要参数。然而，由于传统观测技术成本高和劳动力强等，很难监测全球高时空分辨率的陆地水储总量及其变化。最近发射的低低卫—卫跟踪“重力恢复与气候试验”(GRACE)重力卫星为高分辨率地监测全球陆地水储量及其变化，提供了一种新的独特观测手段。利用 2002 年 8 月到 2011 年 2 月的 GRACE 观测数据，得到近 10 年的月间隔全球陆地水储存总量，研究全球陆地水储量季节性变化及其趋势。其长期信号反映一些极端气候事件，如南极洲、格陵兰岛、阿拉斯加和喜马拉雅等地区冰川融化，南美拉普拉塔地区干旱以及亚马逊北部洪水等。另外，过去用半经验地球物理同化模型资料分析极移和日长季节性变化激发，然而由于缺少全球实测资料，不同地球物理同化模型给出极移和日长变化激发结果相差甚大。这里首次利用卫星重力资料得到实测的海洋和陆地水质量对地球自转的定量激发，极大提高了对地球自转受迫运动的激发和物理机制的认识[5-6]。

（4）海面地形和海洋环流对研究和理解气候模式、海洋热量的传递、海水质量的变迁、全球能量的传输与交换以及海洋、陆地和大气之间的相互作用等具有着重要意义。利用 1~6 年 GRACE 观测数据确定的重力场模型和 1 年半 GOCE 观测数据确定的地球重力场模型 GO_CONS_GCF_2_TIM_R3，联合卫星测高确定的平均海面高模型 MSS CLS01，分别估计全球海洋表面地转流，并且与海洋环流 ECCO 模型和实测浮标数据结果进行比较。分析表明 GOCE 重力卫星确定的重力场模型具有更高的空间分辨率，能够确定高精度和高空间分辨率的全球海洋地转流，如墨西哥湾暖流，南极绕极流的细节和特征，并且与实测浮标结果基本一致。且 6 年 GRACE 观测资料基本上和 1 年半 GOCE 观测结果相当，但估计的全球地转流仍含有较大的噪声，不能很好地反应中小尺度地转流细节特征。

（5）由于地震和海啸等传播会引起地面上空大气波动，从而引发大气扰动。目前国际上通常用地震仪和地表位移探测仪估计地震破裂和能量，但这些传统探测仪受时空分辨率和精度等因素限制以及缺少近场实时观测，因此无法准确估计地震前兆和孕育过程及其释放传播特征，大气观测或可提供一种手段。利用 GPS 观测资料获得 2008 年汶川 8 级地震的电离层扰动及其传播方向和速度，并与地震仪得到的破裂结果基本一致[7]，主要是由地震破裂后引发大气声波和重力波向上传播，引起电离层扰动。同时在主震期间，GPS 也观测到同震对流层延迟异常，主要在天顶干延迟（ZHD）上，这与地面并置 GPS 站气压仪观测到由地震波传播引起的大气压变化相一致[8]。从而进一步论证了地震发生激发大气声波和重力波从地面向高层大气传播，引起低层大气质量和高层电离层电子含量变化。由此在国际上首次提出 GNSS 大气地震学，为监测和预报地震提供新的可能。

## 参 考 文 献


[1] Jin S G, O Luo, S Gleason. Characterization of diurnal cycles in ZTD from a decade of global GPS observations[J]. J. Geod., 2009, 83(6): 537~545.

[2] Jin S G, O Luo. Variability and climatology of PWV from global 13-year GPS observations[J]. IEEE Trans. Geosci. Remote Sens., 2009, 47(7): 1918~1924.

[3] Jin S G, O Luo, P Park. GPS observations of the ionospheric F2-layer behavior during the 20th November 2003 geomagnetic storm over South Korea[J]. J. Geod., 2008, 82(12): 883~892.

[4] Jin S G, P Park, W Zhu. Micro-plate tectonics and kinematics in Northeast Asia inferred from a dense set of GPS observations[J]. Earth Planet. Sci. Lett., 2007, 257(3~4): 486~496.

[5] Jin S G, D Chambers, B Tapley. Hydrological and oceanic effects on polar motion from GRACE and models[J]. J. Geophys. Res., 2010, 115(B02):403.

[6] Jin S G, Lijun Zhang, B Tapley. The understanding of length-of-day variations from satellite gravity and laser ranging measurements[J]. Geophys. J. Int., 2011, 184(2): 651~660.

[7] Jin S G, W Zhu, E Afraimovich. Co-seismic ionospheric and deformation signals on the 2008 magnitude 8.0 Wenchuan Earthquake from GPS observations[J]. Int. J. Remote Sens., 2010, 31(13): 3535~3543.

[8] Jin S G, L Han, J Cho. Lower atmospheric anomalies following the 2008 Wenchuan Earthquake observed by GPS measurements[J]. J. Atmos. Sol.-Terr. Phys., 73(7~8): 810~814.

# 专题一：

# Advances in the Geophysics of Asia

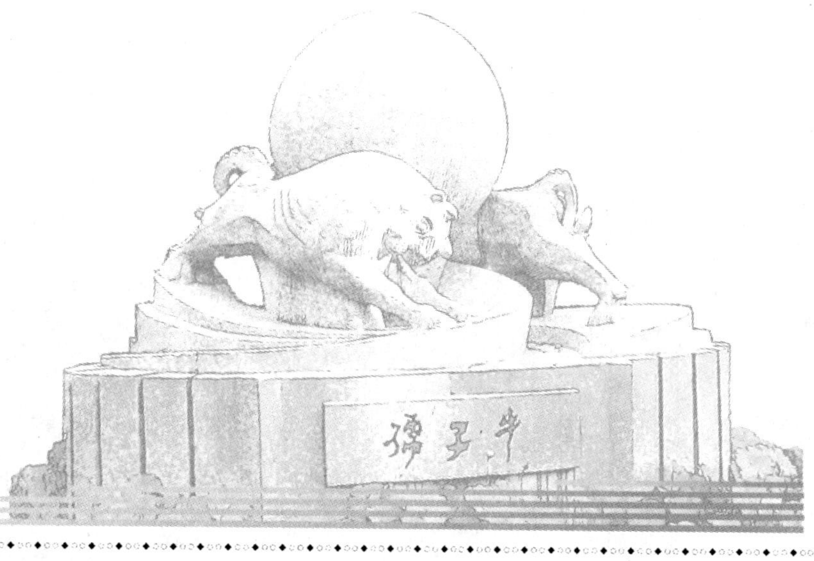

(1) Advances in the Geophysics of Asia

# Three dimensional tomography of a volcano with unprecedented resolution - joint inversion of gravity and muon-radiography data

Shuhei Okubo[1] Ryuichi Nishiyama[1] Yoshiyuki Tanaka [1], Hiroyuki Tanaka[1]
Hiromitsu Oshima[2] Tokumitsu Maekawa[2]

1. Earthquake Research Institute, University of Tokyo, Tokyo, Japan
2. Graduate School of Science, Hokkaido University, Hokkaido, Japan

**1. Introduction**

Cosmic-ray radiography has been successfully applied to imaging inside of volcanoes with a fine spatial resolution of several tens meter or so (Okubo and Tanaka, 2012, Measurement Science and Technology). It utilizes the strong penetration ability of high-energy muons in the cosmic ray. By measuring the amount of muons that travel through a target object, the average density can be calculated along the muon path. The radiography thus gives us a 2D density image of a target. To our regret, however, it can only be applied to near-surface structures "above" the muon sensor and strongly depends on the characteristics of the local topography. This is due to the fact that almost all cosmic-ray muons arrive only from the upper hemisphere. We show in this talk that the drawback of muon radiography that only the horizontally integrated density above the sensor is measured may be partly remedied by combining its results with gravity data, as they are both sensitive to target density while complementary to each other in several aspects.

**2. Data**

We take a small lava dome "Showa Shinzan" in Hokkaido, Japan as the muon data are available to us (Tanaka and Yokoyama, 2008; Proc. Japan Acad. ). We carried out precise gravity measurements at 40 points on and around the lava dome with a LCR gravimeter. The gravity at the base station was determined by running a FG5 absolute gravimeter. The positions of the gravity points are determined with GPS with accuracy better than 30cm.

**3. Modeling and Analysis**

We modeled the lava dome composed of countable voxels with unknown density. Once the unknowns are estimated with an inversion scheme, we obtain a "three-dimensional" density structure. Essentially, it is a linear inverse problem because both gravity and muon data are linearly dependent on density. After demonstrating the performance of our scheme when applied to synthetic data, we shall present the 3D image of the lava dome and discuss the detail.

（1）Advances in the Geophysics of Asia

# Heat Flow Paradox along the San Andreas Fault: Interplay between Variable Thermal Conductivity and Feedback between Frictional Heating and Fault Strength

David A Yuen[1] B So S M Lee[2]

1. Dept. of Earth Sciences, University of Minnesota, U. S. A. and Chinese University of eosciences, Wuhan, China
2. Dept. of Earth and Environmental Sciences, Seoul National University , Seoul, Republic of Korea.

We have performed thermal-mechanical finite element modeling with high spatial resolution of less than 500 meters to investigate the positive feedback between temperature-dependent thermal conductivity in the crust and shallow upper mantle $k(T)\propto\left(\frac{1}{T}\right)^{b}$ and shear heating in bi-material lithosphere and the subsequent thermal conductivity contrast, which can prevent the heat diffusion toward the surface. In employing variable conductivity, we found that frictional heating is enhanced by including this crucial ingredient into the positive feedback of $k(T)-\dot{\varepsilon}_{ij}^{plastic}$ governing equations. Reduction of conductivity with temperature elevation allows shear heating to be pronounced over heat diffusion. In the case of $b=1\,200$ K higher temperature elevation than the case of uniform conductivity is produced. Since the hot shear zone is thermally shielded by the conductivity contrast between the shear zone and the adjacent region, the surface heat flow anomaly in the case of variable conductivity is at least 20%～30% lower than that for constant thermal conductivity. Our new line of thinking can explain the low heat flow anomaly observed along major faults such as San Andreas Fault, as compared to previous thoughts focusing primarily on the strength of the fault.

（1）Advances in the Geophysics of Asia

# The 5′×5′ China Geoid Model and Its Validation

WenBin Shen[1, 2*]　Jiancheng Han[1]

1. Dept. of Geophysics, School of Geodesy and Geomatics, Wuhan University, Wuhan 430079, China

2. Key Lab. of Geospace Environment and Geodesy, Wuhan University, Wuhan 430079, China

Geoid is defined as a closed equi-geopotential surface that is nearest to the mean sea level. Determination of one centimeter-level geoid is one of main purposes of the IAG (International Association of Geodesy) in this century. Hence, internationally, various geodesists pay great attention to determining global or regional geoids. In this study, based on a new approach[1], a 5′×5′ China geoid model (CGM 2012) was established.

The new approach is quite different from the conventional geoid modeling approaches (Stokes approach, Molodensky approach, etc. ), and it takes full advantage of the precise Earth gravity field model EGM2008[2], digital topographic model DTM2006.0[3] and global crust density model CRUST2.0[4,5]. The basic idea of this new approach is described by the following steps: (1) we choose a closed inner surface below the geoid, and the region bounded by the inner surface and the Earth's surface is referred to as the shallow layer with the density distribution provided by the CRUST2.0; (2) after subtracting the potential field generated by the shallow layer from the external gravitational potential field EGM2008, we obtain a new field which is generated by the masses enclosed by the inner surface and which is defined outside the Earth; (3) extending this new field naturally downward until to the inner surface, and adding the potential field generated by the shallow layer to the new extended field, we obtain the Earth's gravitational potential field V(P) as well as the geopotential field W(P)=V(P)+Q(P), both of which are defined in the whole region outside the inner surface, where Q(P) is the centrifugal potential; (4) by solving the geoid equation V(P)+Q(P)=W(0), where W(0) is the geopotential constant[6] on the geoid, we obtain a regional geoid.

The new 5′×5′ China geoid model constructed by this new approach is referred to as the CGM2012. Both the CGM2012 and the EGM2008 geoid in the China region were validated by available GPS/leveling benchmarks distributed in China. Results show that the CGM2012 fits the GPSBMs better than the EGM2008 geoid in China.

This work was supported partly by the National Natural Science Foundation of China (grant No.40974015; No.41174011; No.41021061).

**References**

[1] Shen W B. An approach for determining the precise global geoid[C]//Presented at 1st International Symposium of the IGFS, Aug.30- Sept.2, 2006, Istanbul.

[2] Pavlis N K, Holmes S A, Kenyon S C, Factor J K. An Earth gravitational model to degree 2160: EGM2008[C]//Presented at the 2008 General Assembly of the European Geosciences Union, Vienna, 13~18 April, 2008.

[3] Tsoulis D, Novák P, Kadlec M. Evaluation of precise terrain effects using high-resolution digital elevation models[J]. J. Geophys. Res., 2009, 114, 02404.

[4] CRUST2.0 homepage. http://igppweb. ucsd. edu/~gabi/crust2. html.2011.

[5] Mooney W D, Laske G, Masters G T. CRUST5.1: A global crustal model at 5°×5°[J]. J. Geophys. Res., 1998, 103:727~747.

[6] Burša M, Kenyon S, Kouba J, et al. The geopotential value W0 for specifying the relativistic atomic time scale and a global vertical reference system[J]. J Geod., 2007, 81:103~110.

（1）Advances in the Geophysics of Asia

# Next Generation Ice Sheet Evolution Modeling

Huai Zhang[1] Lili Ju[2] Yaolin Shi[1] Mian Liu[3]

1. Laboratory of Computational Geodynamics, Graduate University of Chinese Academy of Sciences, Beijing, 100049, China
2. Department of Mathematics, University of South Carolina, Columbia, SC 29210, USA. ;
3. Department of Geological Sciences, University of Missouri-Columbia, Columbia, MO 65211-1380, USA

We proposed a fully 3D coupled ice-sheet model to explore how ice-sheet changes under the realistic conditions. The governing equations for the thermo-mechanical ice-sheet modeling was formulated by a three-dimensional nonlinear full Stokes system for momentum, an advective-diffusive energy equation for temperature evolution, and a mass-conservation equation for ice thickness evolution. Parallel finite element solvers were employed to solve these respective sub-models. These solvers were integrated by a well-designed coupler for the exchanging of nonlinear parameters among them. By taking the full advantages of the up-to-date high-performance computing power, elaborately designed solvers for the coupled system were able to handle the large-scale realistic data from land and space-based observatories and laboratory experiments. The proficiency and scalability of our parallel solver were proved by some preliminary numerical tests.

（1）Advances in the Geophysics of Asia

# Probing into seismic anisotropy in the crust and in the upper mantle from various techniques

Yuan Gao　Yutao Shi　Qiong Wang

Institute of Earthquake Science, China Earthquake Administration, Beijing 100036

Seismic anisotropy, as an important nature of the Earth, is frequently applied in study of tectonics to detect deformation or geodynamic model. In the present, shear-wave splitting of local records is applied to study the crust, and the splitting of XKS (i. e. SKS, PKS and SKKS) phases from far-field records are applied to detect the upper mantle. Except body waves, surface waves are adopted to study the lithosphere due to the great advantages in various periods. However, it seems many researchers omit from some comprehensive analysis of these different techniques in same tectonic zone. Here, we show examples, which combine with various seismic anisotropy methods, to image the seismic anisotropy in some zones from the crust to the upper mantle.

When shear-wave travels nearly vertically in the crust, the PFS (polarization of fast shear-wave) is parallel to the strike of the cracks, parallel to the direction of maximum horizontal stress. The recent study shows that there is close connection between the shear-wave splitting in the crust and the stress and faults, and the shear-wave splitting could indicate tectonic implications, such as in North China (Gao et al.2011). It is as well as in the zone around Longmenshan Faults (Shi et al.2009). Splitting of SKS phase is routinely applied to detect anisotropy in the upper mantle. In North China, there is orientation difference between PFS in the crust and PFS of SKS through the mantle. Based on the seismic Rayleigh surface waves, azimuthally anisotropic phase velocities of Rayleigh waves indicate orientation change of fast velocity at different periods (Gao et al.2010).

The southeast margin of Tibet Plateau is geometrically located in Yunnan region in China. Shear-wave splitting by data of the permanent Yunnan Seismograph Network shows significant complicated seismic anisotropy in the crust. Although much complicated, the PFS orientations in the crust are predominantly in north-south direction, different with orientations of fast axes of XKS phases through the upper mantle. It suggests different deformation mechanisms between the crust and the upper mantle. Rayleigh waves of ambient noise data have been developed to study azimuthal anisotropy. With rapid increase of broadband seismograph stations in local or regional scale, ambient noise could indicate the structure and anisotropy from the shallower crust to the top of the upper mantle. We obtained azimuthally anisotropic phase velocities of Rayleigh waves from ambient noise data. It brings us with a chance for a comprehensive analysis in Yunnan region, the southeast margin of Tibet Plateau.

**References**

[1] Gao Y, et al. Crust-mantle coupling in North China zone: preliminary analysis from seismic anisotropy[J]. Chinese Science Bulletin, 2010, 55(31): 3599~3605.

[2] Gao Y, et al. Shear-wave splitting in the crust in North China: stress, faults and tectonic implications[J]. Geophys. J. Int., 2011, 187(2): 642~654.

[3] Shi Y T, et al. Shear-wave splitting beneath Yunnan area of southwest China[J]. Earthquake Science, 2012, 25(1): 25~34.

(1) Advances in the Geophysics of Asia

# Focal depth estimates of earthquakes in the Himalayan-Tibetan region from teleseismic waveform modeling

Ling Bai[1*] Jeroen Ritsema[2] Junmeng Zhao[1]

1. Key Laboratory of Continental Collision and Plateau Uplift, Institute of Tibetan Plateau Research, Chinese Academy of Sciences, Beijing 100101, China

2. Department of Earth and Environmental Sciences, University of Michigan, Ann Arbor MI 48109, USA

## 1. Introduction

Over the years, the nature of the mechanical strength of the continental lithosphere in general has remained controversial. The controversy is primarily due to the uncertain strength profile of the continental lithosphere and whether the strength of the lower crust is weak with respect to the overlying crust and uppermost mantle lithosphere. In this study, we examine the depths of moderate earthquakes beneath the Himalayan-Tibetan region. We determine focal depths and fault slip directions by matching synthetic seismograms to P waveforms. The combination of the detailed velocity structures and the high signal-to-noise ratio of broadband seismograms enable us to estimate the depth distribution of moderate earthquakes in the Himalayan-Tibetan region accurately.

## 2. Data and Methods

We analyze waveforms that are recorded at epicentral distances between 30° and 95°. The data are provided by the IRIS Data Management Center. Focal depths are determined by analyzing the interference of the direct P wave with the surface reflections pP and sP (Kikuchi and Kanamori, 1998). We examine 45 earthquakes that have occurred between 2001 and 2010 with USGS PDE focal depths range from 0 and 150 km. In addition, we analyze the only earthquake outside of the Pamir-Hindu Kush and Indo-Burma DSZs between 1990 and 2000 with a reported depth larger than 35 km. This event (event 0) occurred beneath the Indian Shield.

## 3. Results

During continental collision, crustal uplift, flow in the lower crust and lithosphere delamination may cause strong horizontal heterogeneity and vertical stratification of the continental lithosphere.

On average, the depths of the 46 earthquakes differ about 8 km with a maximum difference of 27 km with respect to the USGS PDE, and about 9 km with a maximum difference of 35 km with respect to the global CMT. Among the 45 earthquakes that occurred between 2001 and 2010, 37 are shallower than 35 km. Most earthquakes are located at depths of 3-15 km, with a peak of about 5 km. Eight earthquakes have focal depths between 80 and 120 km. All of these earthquakes are within the Pamir-Hindo Kush or the Indo-Burma Deep Seismic Zones. Event 0 occurred near the Moho beneath the Indian Shield. This event had a moment magnitude of $M_W$=5.6 at a depth of 38 km. A refraction survey across the source region indicates that the Moho is at a depth of 43 km. This observation supports the ideas that the lower crust is strong with respect to the uppermost mantle and that the strength of the continental lithosphere is governed by the crustal seismic layer.

As expected, the global CMT solutions show dominantly NNW-SSE compressions, supporting the idea that continental collision is still ongoing. Shallow thrust faulting earthquakes in the northern margin area exhibit nearly NS shortening in association with the fold and thrust belts. Normal and left-lateral strike-slip faulting mainly took place in central Tibet, where the topography reaches maximum values (Bai et al., 2002).

**References**

[1] Kikuchi M, Kanamori H. Inversion of complex body waves[J]. Bull Seismo Soc Am, 1982, 72: 491~506.

[2] Bai L, et al. Focal depth estimates of earthquakes in the Himalayan-Tibetan region from teleseismic waveform modeling[J]. Earthq. Sci., Accepted.2012.

（1）Advances in the Geophysics of Asia

# Constrain continental and oceanic lithosphere structure from arthquake surface waves and ambient seismic noise

Yao Huajian[1*] Huang Hui[2] Huang Yuchih [3] Robert D van der Hilst[2]
Pierre Gouédard[2] John A Collins[4] Jeffrey J McGuire[4]

1. School of Earth and Space Sciences, University of Science and Technology of China, Hefei, Anhui, China, 230026
2. Department of EAPS, Massachusetts Institute of Technology, Cambridge, MA, USA
3. Institute of Geophysics, Central University, Taipei
4. Woods Hole Oceanographic Institution, Woods Hole, MA, USA

Ambient noise interferometry has been widely used to recover short and intermediate period (e. g., 5～40 s) surface-wave Green's functions between seismic stations, and therefore provides important constraints on crustal structure of the Earth. Intermediate and longer period (e. g., 20～150 s) surface waves generated by earthquakes are very useful to study upper mantle structure. In this study we show examples of joint ambient noise and earthquake surface-wave studies for constraining both the crust and upper mantle structure beneath the southeastern Tibetan Plateau (Yao et al., 2010), the Taiwan Strait, and the equatorial eastern Pacific Rise region in the Pacific Ocean using seismic array data.

（1）In the southeastern Tibetan Plateau, joint ambient noise and earthquake surface-wave analyses in the period band 10～150 s reveal widespread deep crustal low-velocity zones. On long wavelengths, the pattern of azimuthal anisotropy in the crust differs from that in the upper mantle, with fast directions in the shallow crust generally parallel to the main strike slip faults. Radial anisotropy with $V_{SH} > V_{SV}$ are most prominent in mid - lower crust, implying sub-parallel alignment of anisotropic minerals in the deeper crust. The variations in isotropic, azimuthally and radially anisotropic structure in the crust and upper mantle suggest that in the southern Tibetan Plateau (localized) crustal channel flow and motion along the major strike slip faults are both important. （2）To investigate the lithospheric structure beneath the Taiwan Strait, we measure the inter-station dispersion curves between some BATS stations from both the ambient noise and earthquake surface-wave two-station methods in the period band 5～120 s. Higher lithospheric Vs structure is observed along the coastlines of Fujian province and lower Vs structure appears along the southwestern offshore of the Taiwan Island. For the other paths across the Taiwan Strait, the Vs structures are a little higher in the north and south than in the middle part. The Moho discontinuity is at about 30 km depth, which shows relatively thinner crust and simpler tectonic structure than the Taiwan Island. （3）In the eastern Pacific Rise region, correlation of ambient noise recorded by ocean bottom seismometers successfully recovers both the fundamental-mode (in the period band 2～30 s) and the first higher-mode surface waves (in the period band 3～7 s). Together with the dispersion curves (in the period band about 30 – 100 s) from earthquake surface-wave two-station analysis, we reveal a pronounced low-velocity zone in the uppermost mantle (with shear wave speed about 3.85 km/s) beneath the equatorial eastern Pacific Rise, possibly caused by a combination of high temperature and the presence of partial melt beneath the mid-ocean ridges.

**Reference**

Yao H， et al. Heterogeneity and anisotropy of the lithosphere of SE Tibet from surface wave array tomography[J]. J. Geophys. Res., 2010, 115, B12307, doi:10.1029/2009JB007142.

（1）Advances in the Geophysics of Asia

# Saturated state and rate law on fault lubrication during earthquake propagation

Zhu Bojing[1,2] Li Yongbing[1,2] Cheng Huihong[1,2] Liu Chang[1,2,3]
Shi Yanchao[1,2] Liu Shanqi[1,2] Liu Xuyao[1,2] Shi Yaolin[1,2]

1. Key laboratory of Computational Geodynamics of Chinese Academy of Science
2. College of Earth Science, Graduate University of Chinese Academy of Sciences
3. Laboratoire De Geologie, Ecole Normale Supérieure, 24 Rue Lhomond, 75231 Paris CEDEX 5, France

The mechanism between complex physical phenomena, macro (micro-meso-macro) scale behavior (LS-MB) and local (pico-nano-micro) scale structure is the fundamental of transient saturated friction (10 ~100 μs) under multi-coupled electro-magneto-thermo-force fields (temperature −600℃, pressure −1 GPa). But the classical solid and fluid mechanics theory do not apply to pico-nano-micro scale world for phase-transition-melting happen in the friction process.

Here we give a major step forward in this field. X-CT technology establishes a bridge between LS-MB and virtual experiments that based on the first principle of quantum mechanics. In our work, absorption-based X-ray Radiography, developed X-ray phase contrasts imaging data technique and lattice Boltzmann method have been used for reconstruct the 3D rock physical model (virtual digital rock model) in the computer; The typical rocks dehydration-melting and phase-transition-melting propagation on the friction surface (around 50 μm thickness) is explored by multi-temporal-spatial-field flow driven pore-network crack model under parallel GPU-CPU platform. And the saturated rock friction in reservoir-induced earthquake (RIE) triggering case is studied by the method of combining experimentally measured physical 3D model with computer simulation (virtual experiments).

The defined results show that chemical and physical reactions triggered by frictional heating (thermal decomposition of fault-rock minerals) in reservoir induced earthquake triggering fault zones can dramatically weaken faults, favoring the propagation of earthquake ruptures.

This multi-disciplinary research work which integrate numerical modeling at a range of scales, with mechanical and microstructural data, obtained from laboratory studies provide a novel new approach to analyze the role of water in the rock friction slip propagation of the deep earth, surface physical properties of rocks and their dependence on pressure, temperature and chemical composition. And provide a new approach to understanding the mechanism of strength decrease of asthenosphere and interaction between lithosphere and asthenosphere.

Saturated state and rate law; Extended Coulomb failure criterion; fault lubrication; Earthquake propagation

**Reference**

[1] HH Cheng, YC Qiao, C Liu, YB Li, BJ Zhu, YL Shi, DS Sun, K Zhang, WR Lin. Extended hybrid pressure and velocity boundary conditions for D3Q27 Latice Boltzmann model[J]. Applied Mathematical Modelling,2012, 36(5): 2031~2055

[2] BJ Zhu, HH Cheng, YC Qiao, C Liu, YL Shi, DS Sun, K Zhang, WR Lin. Porosity and permeability evolution and evaluation in anisotropic porosity multiscale-multiphase-multicomponent structure[J]. Chinese Science Bulletin, Doi: 10.1007/s11434-011-4874-4.

[3] BJ. Zhu, C Liu, YL Shi Y, DS Sun, K Zhang. Application of flow driven pore-network crack model to Zipingpu reservoir and Longmenshan slip[J]. Science China Physics, Mechanics & Astronomy (Science in China Series G).2011, 54 (8): 1532~1540.

（1）Advances in the Geophysics of Asia

# Gravitational seismology retrieving Centroid-Moment-Tensor solution n of the 2011 Tohoku earthquake

G. Cambiotti　R. Sabadini

1. Department of Earth Sciences, University of Milan, Via Cicognara 7, 20133, Milan, Italy.

Mass rearrangement within the crust and lithospheric mantle and ocean water redistribution caused by giant earthquakes are made visible by their co-seismic gravity signature, nowadays detectable by the Gravity Recovery And Climate Experiment (GRACE) space mission. Here we present a novel procedure for estimating the principal seismic source parameters (hypocentre and moment tensor) that relies solely on space gravity data from GRACE, applied for the first time to the 2011 Tohoku earthquake. In this respect, our approach becomes an important tool in seismology as it complements the traditional Centroid Moment Tensor (CMT) analysis from inversion of teleseismic wave observations by exploiting long-wavelength gravity data. Nevertheless, differently from the CMT analysis, our procedure only constrains the co-seismic slip, without considering rupture dynamics in the minute timescale due to the monthly time resolution of GRACE space mission. We obtain a seismic source model that is consistent with a thrust earthquake and geological information of the subduction zone. It closely resembles the Global CMT Project solution based on the teleseismic wave inversion, although the moment magnitude is higher (9.2 compared to 9.1) and the hypocenter is further off-shore by about 40 km, within the oceanic plate. This procedure will become an important tool in seismology as it complements CMT analysis by exploiting the new gravity data from GRACE.

（1）Advances in the Geophysics of Asia

# Mechanism of the 2011 Tohoku-oki earthquake (Mw 9.0) and tsunami: Insight from seismic tomography

Huang Zhouchuan Zhao Dapeng

Department of Geophysics, Tohoku University, Sendai 980-8578, Japan

The great Tohoku-oki earthquake (Mw 9.0) that struck Northeast (NE) Japan at 14:46 local time (05:46 UTC) on 11 March 2011 has challenged greatly our present knowledge of the seismotectonics of subduction zones. Few seismologists realized that such a great earthquake would occur in this region since the scale of the Japan Trench is much smaller than that in Chile, Alaska and Sumatra. The other surprise is that the great earthquake occurred so close to the Japan Trench and had so large coseismic slip near the trench, which driven the huge tsunami to cause so heavy damage to the coastal areas of NE Japan.

To study the mechanism of the 2011 Tohoku-oki earthquake and the induced tsunami, we determined high-resolution tomographic images of the NE Japan forearc. We examined a huge amount of seismograms of more than 10,000 aftershocks ($M \geq 3.0$) of the Tohoku-oki earthquake and identified the sP depth-phases for 1130 events under the Pacific Ocean. We relocated the 1130 suboceanic events precisely using the high-quality local arrival-time data of the P, S and sP depth-phases. Then we combined these arrival-time data with the data generated by 1107 suboceanic events relocated with sP depth-phase in previous studies and 462 suboceanic events located by a temporal OBS network near the Japan Trench. The 2609 suboceanic events generated a total of 139,430 P- and 69,287 S-wave arrival-time data and made it possible to obtain improved tomographic images of the megathrust zone in the NE Japan forearc region.

The P-wave and S-wave velocity images are similar to each other; they show significant velocity variations in the megathrust zone. The Tohoku-oki mainshock and most large thrust aftershocks ($M \geq 6.0$), as well as the interplate earthquakes in history, occurred in the high-velocity anomaly (high-V) areas. These high-V patches may represent the rigid asperities in the megathrust zone where the subducting Pacific Plate and the overriding Okhotsk Plate were strongly coupled.

A prominent high-V zone extends from the Tohoku-oki mainshock hypocenter to the Japan Trench, which coincides with the area with large coseismic slips and so may represent the mainshock asperity. The mainshock asperity sustained the extensive shear due to subduction together with all other rigid asperities in the megathrust zone in the inter-seismic period. The stress may have accumulated gradually to account for such an Mw 9.0 earthquake. When the mainshock asperity started to rupture, most stress on it was released in a short time and the plate interface there became loosely coupled or even decoupled because it was an isolated asperity surrounded by low-V aseismic areas. The overriding plate above the mainshock asperity was shot out toward the Japan Trench so that the huge tsunami was caused by the large coseismic slip.

**References**

[1] Huang Z, D Zhao, L Wang. Seismic heterogeneity and anisotropy of the Honshu arc from the Japan Trench to the Japan Sea[J]. Geophys. J. Int., 2011, 184, 1428~1444.

[2] Zhao D, A Hasegawa, S Horiuchi. Tomographic imaging of P and S wave velocity structure beneath northeastern Japan[J]. J. Geophys. Res., 1992, 97, 19909~19919.

（1）Advances in the Geophysics of Asia

# Seismic imaging in the source area of the 2011 Tohoku earthquake (Mw 9.0), Northeast Japan

Zhi Wang

State Key Laboratory of Oil and Gas Reservoir Geology and Exploitation

Chengdu University of Technology, Chengdu 610059, China

The 2011 Great East Japan (GEJ) earthquake (Mw 9.0) occurred in the forearc region close to the Japan Trench on March 11, 2011, in northeastern (NE) Japan. Although Japanese authorities have lifted tsunami warnings and advisories for the people who need to work near coastal areas, the earthquake caused great damage, including loss of life and economic loss, from the strong shock and the great tsunami. More than 27000 people were killed, and as much as 2000 billion dollars in the economy was lost. It is considered to be the most destructive earthquake in the last hundred years in Japan and is the fourth great earthquake since the 1960 Chile earthquake (Mw 9.5). Many previous studies suggest that fluid-driven processes in the Pacific subduction zone are of great importance because they can induce major earthquakes. Therefore, detection and delineation of fluid-bearing zones, especially in the forearc region, have become an important task to understand the nature and extent of crustal and sub-crustal heterogeneities that initiated the 2011 GEJ earthquake and its rupture process.

To investigate the generation and rupture process of the 2011 great East Japan (GEJ) earthquake (M 9.0), we determined the three-dimensional (3-D) seismic structure behind the Japan Trench using a large number of P and S pair arrivals from earthquakes occurring in the entire arc region of Northeast (NE) Japan. In this study, three groups of data sets are included in the hypocenter location process simultaneously with tomographic inversion. The first data group, including 3026 offshore earthquakes, was relocated using the Master-Event-Location procedure and sP depth phases (Wang and Zhao, 2005, 2006a, 2006b). The second group includes 18,281 onshore earthquakes that are located within the land-based seismic stations. The third group includes 4019 aftershocks of the 2011 GEJ earthquake from March 11 to March 31, 2011. For the first group of offshore earthquakes, we made careful selections. As a result, 3026 offshore earthquakes were selected from a large number of earthquakes. For the second group of earthquakes, all the earthquakes (Mj >2.0) with the depths of 0-200 km recorded by more than 25 seismic stations for the P and S source-receiver pairs were selected. These events occurred within the seismic network, so they have reliable hypocenter locations with mislocation errors less than 1.0 km in the epicenter and 2.0 km in depth according to the Hi-net report. For the third group of earthquake, all the aftershocks (Mj>1.0) recorded by more than 10 seismic stations for the P and S source-receiver pairs were selected. The hypocenters of the aftershocks with mislocation errors less than 1.5 km in epicenter and 3.5 km in depth according to the Hi-net report. In addition, the hypocenters of 1462 offshore earthquakes relocated by the Oceanic Bottom Seismometers are selected as the master events to relocate the third group earthquakes using in the MEL procedure. The total number of 137,691 P and S pair arrival times was collected from the aftershock sequence.

The inverted seismic models reveal that the GEJ earthquake occurred at the edge area with high-velocity (Vp, Vs) and high-Poisson's ratio (σ) anomalies. The aftershocks relocated by the Master-Event-Location (MEL) procedure indicate that most of them are located at the corner of the mantle wedge along the interface of the subducting Pacific slab, and their focal depths are slightly shallower than the background seismicity. The features of the structural anomalies and spatial distribution of the aftershock sequence imply strong interplate coupling (asperity) in the source area and weak coupling of the rupture zone along the aftershock sequence on the subducting plate. We propose that the wide existence of fluids in the crust and uppermost mantle in subduction zones could have an influence on faulting processes and earthquake generation through the physical role of fluid pressure and a variety of chemical effects. We conclude that the 2011 GEJ earthquake initiation and the rupture process of the aftershock sequence can be attributed to fluid extrusion into the source area and the aftershock rupture zone due to dehydration of the subducting Pacific slab. Fluid-bearing structural homogeneities with thermal variations behind the Japan Trench played a key role in the initiation of the 2011 GEJ earthquake and its aftershocks.

（1）Advances in the Geophysics of Asia

# Earthquake-related ULF Geomagnetic Phenomena Statistical Study over 10 years in Kanto, Japan

Katsumi Hattori[1] Peng Han[1] Febty Febriani[1] Yuki Ishiguro[1]
Hiroki Yamaguchi[1] Chie Yoshino[1,2]

1. Graduate School of Science, Chiba University
2. Information Systems Inc., Tokyo

A passive ground-based observation of ULF (ultra low frequency) geomagnetic signatures is considered to be the most promising method for seismo-magnetic phenomena study due to deeper skin depth. In order to clarify the earthquake-related ULF magnetic phenomena, a geomagnetic network has been installed in Japan and plenty of data associated with moderate-large earthquakes have been accumulated. In this study, we have analyzed geomagnetic data observed during the past decade in Kanto area, Japan.

First, the ULF magnetic signals at frequency 0.01Hz have been investigated. We have applied wavelet transform analysis to the 1Hz sampling data observed at three magnetic observatories in Boso Peninsula and Izu Peninsula. The signature at 0.01 Hz frequency band has been revealed and daily average energy has been computed. In order to minimum artificial noise, we only use the midnight time data (LT 1:00-4:00). And to remove influences of global magnetic perturbations, we have developed another method to obtain reliable background based on principal component analysis (PCA). Three standard geomagnetic stations (Memambetsu, Kakioka, and Kanoya) operated by the Japan Meteorological Agency have been selected as reference stations and PCA method has been applied to the yearly energy variation of the 0.01 Hz signals at the three stations. The first principal component which contains more than 95% energy is considered to be global background. After comparing the results at the stations with global background, it is found that there are several local energy enhancements which only appear in Boso or Izu area. Especially for the case studies of the 2000 Izu Island earthquake swarm and the 2005.

Boso M6.1 earthquake, significant anomalous behaviors have been detected in Z components. Finally, we have applied superposed epoch analysis to the above results and make a statistical study. The statistical results have indicated that before an earthquake there are clearly larger probabilities of anomalies than that after the earthquake. For Izu area, three weeks and few days before statistical value of anomalies is significant; for Boso region, around ten and few days before it is significant. Based on these results, we conclude that magnetic observations are important for geophysical study and may have potential advantages in short-term earthquake prediction.

（1）Advances in the Geophysics of Asia

# Implementation of Ground Motion Prediction Program in Taiwan: Compilation and Investigation of Historical Earthquakes

Kuofong Ma
Institute of Geophysics, Central University, Thongli, Taoyuan

Ground Motion Prediction Equation (GMPE) had widely used in the earthquake seismology society. Previously, we characterized the seismic sources for earthquakes in Taiwan to give source scaling of earthquakes (Mw4.6～8.9) from Taiwan orogenic belt to make contribution to the global compilation of source parameter, and to discuss the scaling self-similarity. We found some distinct high stress drops events from blind faults in the western foothill of Taiwan, and intra-plate earthquakes from subduction slab yield local high Peak Ground Acceleration (PGA) as we made the comparison to the Next Generation Attenuation (NGA) model. Regardless the relative small in magnitudes of these crustal events, or, deep focus of the intra-plate events, the high PGA of these events will give the high regional seismic hazard potential, and, thus, required special attention in earthquake engineering for seismic hazard mitigation. The more comprehensive study of the ground motion prediction, in addition to GMPE, a simulation with full time series is necessary for the further evaluation of the seismic risk. To give a full time series in simulation, the characteristics of the fault geometry and possible asperities distribution are important. For further investigation on the technique and seismic risk potential, we start from the exercise of modeling historical events. Here, we present the investigation of two important historical earthquakes, 1909 Taipei Earthquake (M6.8), and 1920Hualiean Earthquake (M8.0). We investigated these events from literature studies and simulation of the historical records. The events locations and magnitudes are justified, and the further seismic hazard potential of these events will be addressed.

(1) Advances in the Geophysics of Asia

# Physical-based Real-time Ground Motion Prediction and its Application in Earthquake Source Studies

Mingche Hsieh[1] Li Zhao[2] Kuofong Ma[1] Yan Luo[3]

1. Institute of Geophysics, Central University, Jhongli, Taoyuan
2. Institute of Earth Sciences, Academia Sinica, Nangang, Taipei
3. Institute of Earthquake Science, China Earthquake Administration, Beijing

Physics-based ground motion simulations have now been widely used in seismic risk assessment and hazard mitigation efforts. The damage to engineering structures caused by an earthquake depends on the entire time history of the ground motion, which is affected by a number of factors including the source rupture process, three-dimensional (3D) velocity structure, surface topography, and local site condition. Among these four factors, the source process may be most important because it not only leads to directivity effect, a major factor in determining the spatial pattern of the ground motion, but also has influence on how the other three factors affect the ground motion. In this study, we develop an efficient and physics-based approach based on the strain Green tensor (SGT) and its reciprocity to the calculation of earthquake-induced ground motions in which all the above four factors are properly accounted for. Using this approach, realistic ground motion time series can be produced rapidly by a pre-calculated SGT database. The rapid ground motion prediction not only facilitates hazard assessment and emergency response following earthquakes, but also enables us to conduct real-time source studies including the identification of actual fault planes and even slip history inversions. We will use the 28 May 2012 earthquake near Tangshan (Mw4.6) and the 4 March 2010 Jiashian (Mw6.3) and the 26 February 2012 Pingtung (Mw5.9) earthquakes in Taiwan as examples to illustrate the efficiency and effectiveness of our approach.

（1）Advances in the Geophysics of Asia

# Extraction of surface wave attenuation from ambient noise

Xiaodong Song[1,2]　Richard Weaver[3]　Liangqing Zhou[4]

1. Institute of Geophysics and Geodynamics, School of Earth Sciences and Engineering, Nanjing University
2. Department of Geology, University of Illinois at Urbana-Champaign, USA
3. Department of Physics, University of Illinois at Urbana-Champaign, USA
4. Institute of Geophysics, China Earthquake Administration

Attenuation, or its inverse, quality factor (Q), is one of the most fundamental parameters of the Earth's media. Measurement of attenuation at regional distances traditionally uses seismic waves generated by earthquakes, which generally requires either a good knowledge of the source or a special choice of geometries to cancel out source effects. Research based on seismic ambient noise correlation methodology has emerged as one of most rapidly expanding branches of seismology. The approach has been demonstrated to be highly effective at extracting seismic velocities.

Extracting amplitude information is more challenging. The greatest challenge is that the Earth's ambient noise field is highly anisotropic, non-uniform, and variable with time. Here, we explore the methodologies and procedures for extracting surface wave attenuation from empirical Green functions (EGFs) constructed from seismic ambient noise. Our approaches are to combine sound theoretical understanding and practical considerations with real data. Preliminary results from theoretical derivations and numerical simulations show that even in the case of incompletely diffuse noise fields, we can robustly recover not only travel times, but also ray arrival amplitudes, the ambient field's specific intensity, the strength and density of its scatterers if any, site amplification factors, and most importantly attenuation. We propose two approaches with detailed formulations: linear array methods and more general methods for 2D station networks, each to be developed through applications to numerically simulated data, and to real data. In the preprocessing of real data, we propose to use a temporal "flattening" procedure, which speeds up EGF convergence and, in the mean time, preserves amplitudes.

(1) Advances in the Geophysics of Asia

# High-resolution Rayleigh wave attenuation tomography in China Mainland

Lianqing Zhou[1,2] Xiaodong Song[1] Xiaoning Yang[3]

1. University of Illinois at Urbana-Champaign, Illinois, USA
2. Institute of Geophysics, China Earthquake Administration, Beijing, China
3. Los Alamos National Laboratory, Geophysics Group, Los Alamos, New Mexico, USA

We performed an unprecedentedly high resolution Rayleigh wave attenuation tomography in China Mainland at the periods of 10 s and 20 s using 212 earthquakes recorded by high density 792 stations of China National Seismic Network and China Regional Seismic Network. We adapted a phase matching technique, which was proved effective in extracting the surface wave amplitudes in previous studies, by carrying out the process semi-automatically. The semi-automatic method allowed us to obtain a large quantity of high-quality Rayleigh wave amplitude measurements at the periods of 10s and 20s respectively. First, a phase match filter which has the same phase spectrum as the raw seismic signal was searched out, and the cross correlation was calculated between the raw seismic waveform and the phase match filter. Then, the maximum amplitude of the cross correlation around the primary Rayleigh wave was identified, and a windowed cross correlation was multiplied with the filter to construct the spectra of the cleaned data in the frequency domain. Finally, we measured the amplitude spectrum of the cleaned data at required periods. After an initial data process that includes grouping and clustering stations to generate station pairs of similar azimuths, calculating the amplitude ratios in each group, and rejecting data with large residuals, we extracted more than 60000 paths. By using amplitude ratios of double stations, we eliminate the effects of source parameters and radiation patterns of earthquakes, which greatly improve the stability of inversions. Next, we performed tomographic inversions at the periods of 10 s and 20 s. The 10 s tomographic results show that the large sedimentary basins and the Western China are shown as significantly high attenuation tectonics at the shallow depth of the crust, and the stable Yangtze Platform and Sino-Korean Platform indicate the remarkably low attenuation features. The 20 s image reveals that the main basins and the stable blocks in China Mainland are shown as low attenuation areas, but the orogens in the Western China are still shown as high attenuation. Our surface wave attenuation models of China Mainland generally agree with the previous attenuation models, but improve the resolution greatly.

Waveform data for this study are provided by Data Management Centre of China National Seismic Network at Institute of Geophysics, China Earthquake Administration.

**References**

[1] Levshin A, Yang X, Basin M, Ritzwoller M. Mid-period Rayleigh wave attenuation model for Asia, Geochem[J]. Geophys. Geosyst., 2010, 11: Q08017.

[2] Yang X N, Taylor S R, Patton H. J. The 20-s Rayleigh wave attenuation tomography for central southeastern Asia[J]. J. Geophys. Res., 2004, 109: B12304.

[3] Zheng X F, Yao Z X, Liang J H, Zheng J. The role played and opportunities provided by IGP DMC of China National Seismic Network in Wenchuan earthquake disaster relief and researches[J]. Bull. Seismol. Soc. Am., 2010, 100(5B): 2866~2872.

（1）Advances in the Geophysics of Asia

# Systematic variations in seismic velocity and reflection in the crust of Cathaysia: new constraints on intraplate orogeny in the South China continent

Zhongjie Zhang[1] Tao Xu[1] Bing Zhao[1] José Badal[2]

1. State Key Laboratory of Lithospheric Evolution, Institute of Geology and Geophysics, Chinese Academy of Sciences, Beijing 100029, China

2. Physics of the Earth, Sciences B, University of Zaragoza, Pedro Cerbuna 12, 50009 Zaragoza, Spain

The South China continent has a Mesozoic intraplate orogeny in its interior and an oceanward younging in terms of its postorogenic magmatic activity. In order to determine the constraints afforded by the deep structure on the formation of these characteristics, we herein reevaluate the distribution of crustal velocities and wide-angle seismic reflections in a 400 km-long wide-angle seismic profile between Lianxian, near Hunan Province, and Gangkou Island, near Guangzhou City, South China. The results demonstrate that to the east as far as the Chenzhou-Linwu Fault (CLF) or the southern segment of the Jiangshan-Shaoxing Fault, the thickness and average P-wave velocity both of the sedimentary layer and the crystalline basement display abrupt lateral variations, in contrast to a more gradual layering to the west as far as the fault, which suggests that the deformation is well developed in the whole of the crust beneath the Cathaysia block, in agreement with seismic evidence on the migration of the orogeny and the development of the vast magmatic province. Further evidence of this phenomenon is provided in the systematic increases in seismic reflection strength from the Moho eastwards away from the boundary of the CLF, as revealed by multi-filtered (with band-pass frequency range of 1-4, 1-8, 1-12 and 1-16 Hz) wide-angle seismic images through pre-stack migration in the depth domain, and in the P-wave velocity model obtained by travel time fitting. The systematic variation in seismic velocity and reflection strength are herein interpreted to be the seismic signature of the magmatic activity in the area of interest, most likely caused by the intrusion of magma into the deep crust by lithospheric extension due to the subduction of the West Pacific Ocean, which produces the whole-crustal scale deformation towards the coast from the CLF. The CLF itself penetrates with a dip angle of about 22 degrees to the bottom of the middle part of the crust, and then sinks with a dip angle of less than 17 degrees down as far as the Moho and beyond.

This research project was supported by the National Nature Science Foundation of China (41021063, 40830315, 41174075), the Ministry of Science and Technology of China (Sinoprobe-02-02), and the Chinese Academy of Sciences (KXCX2-109).

**References**

Zhang Z J, Wang Y H. Crustal structure and contact relationship revealed from deep seismic sounding data in South China[J]. Physics of Earth and Planetary Interiors, 2007, 165, 114~126.

(1) Advances in the Geophysics of Asia

# Joint Geophysical Imaging of the Southwest China Using the Seismic and Gravity Data

Haijiang Zhang[1*] Monica Maceira[2] Huajian Yao[1] Rob van der Hilst[3]

1. University of Science and Technology of China, Hefei, Anhui, China
2. Los Alamos National Laboratory, Los Alamos, New Mexico, United States
3. Massachusetts Institute of Technology, Cambridge, Massachusetts, United States

Motivated by the shortcomings of existing single-parameter 3D inversion methods in accurate prediction of both seismic waveforms and other geophysical parameters, we focus on the development and application of advanced multivariate inversion techniques to generate a realistic, comprehensive, and high-resolution 3D model of the seismic structure of the crust and upper mantle that satisfies several independent geophysical datasets. We have developed a joint geophysical imaging method that makes use of seismic body wave arrival times, surface wave dispersion measurements, and gravity data to determine three-dimensional (3D) Vp and Vs models. An empirical relationship mapping densities to Vp and Vs for earth materials is used to link them together. We will also try to loose this constraint by linking the velocity and density structure through a cross-gradient based structure constraint. The joint inversion method takes advantage of strengths of individual data sets and is able to better constrain the velocity models from shallower to greater depths. Combining three different datasets to jointly invert for the velocity structure is equivalent to a multiple-objective optimization problem.

Because it is unlikely that the different "objectives" (data types) would be optimized by the same parameter choices, some trade-off between the objectives is needed. The optimum weighting scheme for different data types is based on relative uncertainties of individual observations and their sensitivities to model parameters.

Our study area is the southwest China, which lies between the heartland of the Tibetan plateau to the west and the stable south China block to the east, spanning from western Sichuan to central Yunnan. A channel flow model in which a weak zone exists in the mid-to-lower crust has been proposed to explain the low-gradient topographic slope and lack of large-scale young crustal shortening at the southeast plateau margin. Both seismic body wave tomography and surface wave array tomography have revealed widespread zones of low shear wave velocity at mid- or low-crustal depth. However, the spatial distribution and interconnectivity between low velocity zones are not very clear mainly due to intrinsic resolution limitation of individual methods. In this study, we aim at improving the velocity model by joint imaging using seismic travel times, surface wave dispersion curves and gravity data. The body wave travel times are collected from the Sichuan Provincial Seismological stations for the period of 2001～2004. The surface wave dispersion curves for periods between 10～150 s are obtained from ambient noise and teleseismic surface-wave two-station analysis using array data from 75 broadband stations in SE Tibet. The joint imaging results using seismic travel times and surface wave dispersion data show that surface wave data is helpful for constraining the absolute velocity anomalies and it also helps improving the model resolution in places where the travel time derived velocity model has low resolution.

（1）Advances in the Geophysics of Asia

# Advances in the Geophysics of Asia
# Seismic imaging of deep structure under active volcanoes in China

Lei Jianshe

Key Laboratory of Crustal Dynamics, Institute of Crustal Dynamics, CEA, Beijing 100085

As everyone knows, in China there exist several volcanoes, such as the Wudalianchi, Changbai, Datong, Tengchong, Hainan, Tienshan and Kunlunshan volcanoes. Among them, the Wudalianchi, Changbai, Tengchong and Hainan volcanoes could be regarded as active volcanoes (J. Liu, 1999; R. Liu, 2000). Here we focused on seismic imaging of the Changbai, Tengchong, Hainan, and Datong volcanoes.

The Changbai volcano is situated on the boundary between Jilin, China and North Korea, and it is about 1200 km away from the Japan trench of the Pacific subduction zone. From global tomography (e. g., Fukao et al., 1992; Zhao, 2004; Lei and Zhao, 2006), we can see that in the upper mantle the Changbai volcano was imaged as obvious low-V anomalies, while there exist obvious high-V anomalies in the mantle transition zone. These results suggest that the Pacific slab has subducted to the mantle transition zone under the Changbai volcano. However, these images are too rough to provide sufficient seismic evidence for better understanding the origin of the Changbai volcano. Therefore, Lei and Zhao (2005) collected seismic data from 19 temporary seismic stations deployed around the Changbai volcano during 1998-1999, and their results showed that the low-V anomaly under the volcano extends down to 400 km depth, while in the mantle transition zone there exist obvious high-V anomalies. Combining global tomography, they concluded that the Changbai volcano could be closely related to the subduction, stagnancy and dehydration of the Pacific slab that caused upwelling of hot material in the upper mantle. Recently, some researchers (e. g., Duan et al., 2009; Zhao et al., 2009) tried to improve the results by adding the data from permanent seismic stations or by deploying some more temporary seismic stations, but their results show a similar pattern as shown in Lei and Zhao (2005), further demonstrating the reliability of the results in Lei and Zhao (2005).

The Tengchong volcano is situated in southwest China. Around the volcano there existed many large earthquakes, active faults, but also to the west, on the Indian-Burma boundary, some intermediate-deep hypocenters formed a clear Wadatti-Benoiff seismic zone. Wang and Huangfu (2004) inferred that the Tengchong volcano could be related to the subduction of the Indian plate down to 200 km depth. Huang and Zhao (2006) revealed that the Tengchong volcano could be related to the subduction of the Indian slab down to 400 km depth. One more large-scale tomography showed the Indian slab has subducted to the mantle transition zone and the existence of the large-scale low-V anomalies under the volcano (Li et al., 2008). However, these models have low resolution so that we cannot understand the origin of the Tengchong volcano. Therefore, Lei et al. (2009) used the data from the Yunnan permanent seismic stations to obtain a new tomographic image, and their results showed that there existed an obvious low-V anomaly under the volcano extending down to 400 km depth and an obvious high-V anomaly in the mantle transition zone. Receive function analyses suggested a thickened mantle transition zone (Shen et al., 2008). Thus Lei et al. (2009) concluded that the Indian slab may subduct to the mantle transition zone and then be stagnant and dehydrated there, which could cause the hot material upwelling in the upper mantle.

The Hainan volcano is situated in the southernmost edge of the Chinese continent. Lebdev et al. (2000) proposed the Hainan plume because they observed an obvious low-V anomaly in the upper mantle and a thinned mantle transition zone. Although several global and regional models suggested that the Hainan plume may originate from the lower mantle, we know little about the upper mantle structure under the volcano. Therefore, Lei et al. (2009) collected the data from the Hainan permanent seismic stations and carried out local and teleseismic tomography. Their results showed that there exists an obviously titled low-V anomaly extending down to 300 km depth. This SE tiled low-V anomaly was supported by magnetotelluric soundings (Hu et al., 2007). Such a morphological structure could be related to the double-direction subduction of the Indian and Philippine Sea slabs (Liu et al., 2008), while globally numerical simulation shows that the shallow declination of the Hainan plume could be related to the plume distorted by the lower mantle flow and floated upward to the upper mantle (e. g., Zhao, 2001).

The Quaternary Datong volcano is situated at the northern end of Shanxi rift. Some researchers once suggest that the Datong volcano could be associated with significant eastward mantle flow caused by the India-Asia collision (e. g., Yin, 2000; Liu et al., 2004), while others indicate that it might be related to the mantle upwelling induced by the stagnancy and dehydration of the Pacific slab in the mantle transition zone (e. g., Zhao, 2004; Huang and Zhao, 2006). Regional tomographic models showed a continuous low-V anomaly extending down to the upper mantle or at least the mantle transition zone under the Datong volcano (e. g., Tian et al., 2009; Zhao et al., 2009; Li and van der Hilst, 2010). Lei (2012) hand-picked a large number of P-wave arrival times from high-quality original seismograms, and his results showed broad high-V anomalies representing the stagnant Pacific slab in the mantle transition zone but with a low-V gap from Datong volcano to the edge of Bohai Sea beneath eastern and central NCC (North China Craton). A continuously Y-shaped low-V structure was clearly imaged under Datong volcano and Bohai Sea from the lower mantle through this gap in the mantle transition zone to the upper mantle. Thus Lei (2012) emphasized that the Datong volcano could be associated with a mantle plume from the lower mantle, though it could not rule out the role of the westward subduction of the Pacific plate.

This work was supported by National Natural Scientific Foundation of China (40974021) and Special grants of Basic Science and Research (ZDJ2009-01 and ZDJ2012-19).

**References**

[1] Lei J. Upper-mantle tomography and dynamics beneath the North China Craton[J]. J. Geophys. Res., 2012, 117.

[2] Lei J, et al, Insight into the origin of the Tengchong intraplate volcano and seismotectonics in southwest China from local and teleseismic data[J]. J. Geophys. Res., 2009, 114: B05302.

[3] Lei J, et al. New seismic constraints on the upper mantle structure of the Hainan plume[J]. Phys. Earth Planet. Inter., 2009, 173: 33~50.

[4] Zhao D, Global tomographic images of mantle plumes and subducting slabs: insight into deep Earth dynamics, Phys[J]. Earth Planet. Inter., 2004, 146: 3~34.

（1）Advances in the Geophysics of Asia

# Geo-center Movement and CMB Deformations Caused by Huge Earthquakes

Wenke Sun　Xin Zhou　Jie Dong

Key Laboratory of Computational Geodynamics, Graduate University

Chinese Academy of Sciences　Beijing 100049

In this study we investigate co-seismic geo-center and core-mantle boundary (CMB) changes based on the dislocation theory for a spherically symmetric, non-rotating, perfectly elastic and isotropic (SNREI) model.

We first compute the spherical harmonic y-solutions throughout the mantle, i. e., from deoth of 3480 km (CMB) to earth surface, including the spheroidal and toroidal components. With the solutions, we then compute the co-seismic displacement Green's functions for corresponding radius. For a practical application, the co-seismic displacement at CMB can be obtained by numerical integral of the Green's functions over the finite fault slip model. Finally, we make use of the above computing scheme and the fault slip distribution to investigate the CMB displacements resulting from the 2004 Sumatra earthquake (Mw9.3) and the 2011 Tohoko-Oki earthquake (Mw9.0). Results show that the vertical displacement pattern appears concentric-circles, dominated by negative variation at the epicentre of the earthquake. The maximum displacement caused by the 2004 Sumatra earthquake is approximately 15 mm; the horizontal displacement is about 5 mm.

To investigate the effect of structure of inner solid core, we compute and compare the CMB deformations calculated for two core models: one homogenous core and one inhomogeneous core. Results show that the CMB deforms 8 mm for the homogeneous core, but 15mm for the inhomogeneous core. This fact implies that the effect of inner core is large and cannot be ignored.

We further compute the geo-center movement caused by the two huge earthquakes, using theoretical analysis and numerical computation scheme of Sun et al. (2009). Both approaches give identical results, which are about <1 mm.

**References**

[1] V Cannelli, D Melini, P De Michelis, A Piersanti, F Florindo. Core-mantle boundary deformations and J2 variations resulting from the 2004 Sumatra earthquake[J]. Geophysical Journal of The Royal Astronomical Society , 2007, 170(2): 718~724.

[2] Sun W, S Okubo, G Fu, A. Araya. General Formulations of Global Co-seismic Deformations Caused by an Arbitrary Dislocation in a Spherically Symmetric Earth Model –Applicable to Deformed Earth Surface and Space-Fixed Point[J]. Geophysical Journal International, 2009, 177: 817~833.

（1）Advances in the Geophysics of Asia

# An improved technique of searching for the optimal model parameters in RTL algorithm

Xia Ding Zhichao Li* Qinghua Huang

Department of Geophysics, School of Earth and Space Sciences, Peking University, Beijing 100871

The Region-Time-Length (RTL) algorithm[1], which takes into account the epicenter, time, and magnitude of earthquakes, is an effective technique in detecting seismic quiescence. The basic assumption of the RTL algorithm is that the influence weight of each prior event on the main event under investigation may be quantified in the form of a weight. The weight is greater when the earthquake is larger in magnitude or is closer to the investigated place or time.

Because the selection of the model parameters in the RTL algorithm is somehow empirical, some ambiguity in the RTL results may arise from such parameter selection. In order to reduce the above ambiguity in the RTL algorithm, motivated by the previous empirical approach[2] and its improved version considering the correlation coefficients over pairs of the RTL results[3], we propose an improved technique of searching for the optimal model parameters in the RTL algorithm.

First, we test different parameter combinations of the characteristic distance $r_0$ (assuming total number m) and the characteristic time-span $t_0$ (assuming total number n). Then, we calculate the correlation coefficients over pairs of the RTL functions among various combinations of $r_0$ and $t0$. For convenience of comparison, we define the ratio $w_{ij}$ as,

$$w_{ij}=\frac{\sum_{k=1}^{m}I(C_{ik}\geq C_0)+\sum_{l=1}^{n}I(C_{ik}\geq C_0)}{m+n} \tag{1}$$

$C_0$ is the given criterion of correlation coefficients, $w_{ij}$ represents the ratio of correlation coefficients is more than or equal to the given criterion $C_0$ for the model parameters of $r_{0i}$ and $t_{0j}$. Finally, we can estimate the optimal model parameters of $r_0$ and $t_0$ by the following equations,

$$\hat{r}_0=\frac{\sum_{j=1}^{n}\sum_{i=1}^{m}w_{ij}I(w_{ij}\geq w_0)r_{0i}}{\sum_{j=1}^{n}\sum_{i=1}^{m}w_{ij}I(w_{ij}\geq w_0)} \tag{2}$$

$$\hat{t}_0=\frac{\sum_{i=1}^{m}\sum_{j=1}^{n}w_{ij}I(w_{ij}\geq w_0)t_{0j}}{\sum_{i=1}^{m}\sum_{j=1}^{n}w_{ij}I(w_{ij}\geq w_0)} \tag{3}$$

The RTL algorithm with the improved technique of searching for the optimal model parameters was applied to the Tottori earthquake and the Wenchuan Earthquake. Comparing with the previous RTL results based on the empirical parameters[4-5], the feasibility of the improved technique is proved.

We apply the modified RTL algorithm to investigate the seismicity patterns associated with the M9.0 East Japan Great Earthquake, based on the declustered and complete earthquake catalog of the Japan Meteorological Agency (JMA). The optimal model parameters we got here is r0 = 64.3 km and t0 = 1.21 year. The temporal variation of the RTL parameter at the epicenter indicated that a seismic quiescence occurred during 2006-2008. The spatial distribution of seismic quiescence obtained by Q-map showed that the quiescence anomaly appeared close to the epicenter during the same period.

**References**

[1] Sobolev G A., Y S Tyupkin. Low-seismicity precursors of large earthquakes in Kamchatka[J]. Volc. Seis., 1997, 18: 433~446.

[2] Huang Q, Sobolev G A, T Nagao. Characteristics of the seismic quiescence and activation patterns before the M=7.2 Kobe earthquake[J]. Tectonophysics, 2001, 337: 99~116.

[3] Chen C C, Y X Wu. An improved region-time-length algorithm applied to the 1999 Chi-Chi, Taiwan earthquake[J]. Geophysical Journal International, 2006, 166(3): 1144~1147.

（1）Advances in the Geophysics of Asia

# Non-uniform scaling behavior in Ultra-Low-Frequency (ULF) seismic electromagnetic signals

Qiao Wang　Yangming Rong　Xia Ding　Qinghua Huang

School of Earth and Space Sciences, Peking University, Beijing 100871

## 1. Introduction

Some studies have shown that the earthquake and other natural hazard system exhibit self-organized criticality (SOC) [1]. Fractal structures embedded in the signals of the SOC systems are the most important characteristics. Detrended Fluctuation Analysis (DFA) has been proved to be an effective method to extract the fractal characteristics [2]. The Ultra Low Frequency (ULF) electromagnetic signals are considered as one of the most promising candidate precursors of earthquakes. DFA method has been used to investigate non-uniform scaling behavior in ULF earthquake-related geomagnetic signals [3]. In this study, we will apply the DFA method to the ULF geomagnetic data at three stations near the epicenter of the 2011 M9.0 Tohoku earthquake, and the geoelectric data at Wudu station close to the epicenter of the 2008 M8.0 Wenchuan earthquake. We proposed a new parameter to quantify the simultaneous changes of the non-uniform scaling behavior in the three components of geomagnetic data. We also test the effectivity of the above new non-uniform scaling parameter using the observation data and the synthetic data with randomized disturbances.

## 2. Methods and Data analysis

The DFA method is based on the idea that the fluctuations in time series driven by environmental conditions can be decomposed from intrinsic fluctuations driven by the dynamic system itself [2].

The main procedure of DFA is to calculate the root mean-square fluctuation $F(n)$ of the integrated time series and the locally detrended time series over all time series scales $n$ and investigate if $F(n)$ behaves as a power law function of $n$, $F(n)\sim n^{\alpha}$, where $\alpha$ is the scaling exponent. Since $\alpha$ is rarely uniform, the standard deviations of local deviations $\beta$ is adopted to quantify the non-uniform scaling behavior. In order to quantify the simultaneous changes of the non-uniform scaling behavior in the three components of geomagnetic data, we proposed $\beta_{XYZ}=\beta_{EW}*\beta_{NS}*\beta_{Z}$, which takes into account the information of three component of geomagnetic data as a new scaling parameter. Higher $\beta$ indicates large deviation from uniform scaling behavior.

The data used in this study include, the 1 Hz or 1/60 Hz geomagnetic data from 2010/01/01 to 2011/04/30 at Kakioka (KAK)、Haramachi (HAR) and Yokohama (YOK) stations near the epicenter of the 2011 M9.0 Tohoku earthquake, and the 1/60 Hz geoelectric data from 2008/1/1 to 2008/12/31 at Wudu station near the 2008 M8.0 Wenchuan earthquake.

## 3. Discussion and Conclusion

Our results showed that there are some anomalous changes of the non-uniform scaling behavior in ULF seismic electromagnetic data [4]. The further stochastic test indicates that the fractal anomaly revealed by the non-uniform scaling index of the seismic electromagnetic data is unlikely a frequently-appeared random anomaly, but an anomaly with statistical significance.

This study is partially supported by the Joint Research Collaboration Program by the Ministry of Science and Technology of China (2010DFA21570) and the National Natural Science Foundation of China (41025014).

**References**

[1] Bak P. How Nature Works (The Science of Self-organized Critiality)[M]. Oxford University Press, 1997:210.

[2] Peng C K, et al. Quantification of scaling exponents and crossover phenomena in nonstationary heartbeat time series[J]. CHAOS, 1995, 5 (1): 82~87.

[3] Telesca L, Hattori K. Non-uniform scaling behavior in ultra-low-frequency (ULF) earthquake-related geomagnetic signals[J]. Physica A, 2007, 384: 522~528.

[4] Rong Y. Non-uniform scaling behavior in Ultra-Low-Frequency (ULF) geomagnetic and geoelectric signals[M]. Master Thesis of Peking University, Beijing, 2012: 1~31.

（1）Advances in the Geophysics of Asia

# Rayleigh wave tomography in South China from ambient seismic noise cross-correlation

Shubin Xu[1] Xiaodong Song[1,2] Liangshu Wang[1] Mingjie Xu[1]

1. School of Earth Sciences and Engineering, Nanjing University, Nanjing, 210093, China
2. Department of Geology, University of Illinois at Urbana-Champaign, Urbana IL 61801, USA

South China is a composite of continental blocks with relics of Proterozoic and late-Paleozoic sutures, and underwent complex transformations in geological history. The connection of Yangtze Block (YZB) and Cathaysian Block (CTB) around 1 Ga led to Neoproterozoic rift systems in the central South China. Subsequently, strong folding and thrusting with intracontinental shortening occurred in the central South China during Mesozoic as a response to the collision of China-Indochina with Philippine Plate. Post orogenesis during Jurassic and Cretaceous, accompanied by extension and delamination, led to the thinning of lithosphere and granite intrusion, which becomes the main mineralization process in South China. The mechanism of the intracontinental collision and boundary of YZB with CTB have been debated for a long time. Detailed lithospheric structures are important for us to understand characteristics of the continental blocks and their boundaries. Furthermore, South China is the region responding to the collision of Philippine Plate and Eurasian Plate, and is also affected by India-Asia collision. Seismic velocity images may give us information about the collisions and their far-field effects.

We use ambient noise cross-correlation method to obtain high resolution 3-D velocity images of South China. Theory and experiments in acoustics prove that Green's functions between two receivers can be extracted by cross-correlation of signals from diffuse fields. Subsequently in seismology, surface wave have been found to be most easily retrievable from the cross-correlations of long-time seismic coda or ambient noise between two stations. Waveforms emerged from cross-correlations functions of randomized ambient seismic noise are very similar with surface wave excited by earthquakes. With this idea, ambient noise surface wave tomography has been utilized to image earth structures around the world recently. This method can get shorter period dispersions than seismic events and overcomes the limitations of events and stations distributions.

We use continuous records of 298 stations from January 2010 to June 2011 in South China to retrieve Rayleigh wave Green functions between possible station pairs. Waveform and dispersion curve comparisons with earthquake-emitted Rayleigh wave indicate that the ambient noise method is efficient and reliable. Both group and phase velocity images of 0.5°×0.5° grid from 8 to 40 s are estimated. Then, shear velocities are inversed in each grid. The surface wave maps in short periods clearly delineate basins and mountains. Deeper Moho in west of South China is observed, which can be interpreted as a result of strata folding and shortening in Mesozoic or long-distance effects from Indian-Asian collision in Cenozoic. The collision mode between YZB and CTB is different for Lower-YZB (L-YZB) and Upper-YZB (U-YZB): the L-YZB is a simple attachment while the CTB overthrusts over U-YZB. Strong extension and delamination in the eastern part of South China result in thinner and weaker lithosphere than in the west. Remnant materials of partial melting induced by Paleo-Pacific plate subduction form the origin of Late-Mesozoic Volcanic Belt in the Southeast China. Low velocity along the fault implies that Tanlu is a lithosphere-scale structure. We also find a vertical low velocity zone as a part of mantle plume under Hainan Island.

**References**

[1] Shapiro N M, et al. High-Resolution Surface-Wave Tomography from Ambient Seismic Noise[J]. Science.2005.307, 1615~1618.

[2] Zhou X M, et al. Petrogenesis of Mesozoic granitoids and volcanic rocks in south China: a response to tectonic evolution[J]. Episodes.2005, 29: 26~33.

(1) Advances in the Geophysics of Asia

# The variation of seismic velocities in the source area of the 2011 Tohoku earthquake (Mw 9.0), Northeast Japan

Huang Wenli[1]　Wang Zhi[1]

State Key Laboratory of Oil and Gas Reservoir Geolsogy and Exploitation,
Chengdu University of Technology, Chengdu 610059, China

Northeastern Japan belongs to the North American plate, for the old Pacific plate is subducting beneath the Okhotsk plate with a dipping angle of ~30° and a rate of ~9 cm/yr, the Northeast Japan forearc region became the world's most intense modern tectonic movements region, characterized by frequent occurrence of large thrust-type earthquakes and volcanic activity. On March 11, 2011 the Tohoku earthquake (Mw 9.0) occurred in this region, although Japan has arranged high-density and high-performance seismic broadband sets, and relatively complete earthquake warning system, the Tohoku earthquake (Mw 9.0) still caused enormous casualties and economic loss. So far many studies have been made to investigate the three-dimensional (3-D) seismic structure under the NE Japan arc. However, few focus on the seismic structure's characteristics change over time, to further explore the dynamical process of the subduction.

To investigate the correlations of the seismic velocities and the seismic architecture in the source area of the 2011 Tohoku earthquake (Mw 9.0), we carried out seismic tomographies before and after the main-shock using a large number of P-wave arrival-time from the local earthquakes occurred in both onshore and offshore regions. We conducted several seismic inversions using the P-phase from the earthquakes in five different periods considering these major earthquakes time characteristic and the resolution. Especially, considering the March 9, 2011 earthquake could be precursory earthquakes, take it as one time boundary. The earthquakes distribution characteristics contained rich geological structure information in each period, so the selection criterion is reducing the earthquakes density while retaining its distribution characteristics.1) Retaining all the earthquake magnitude (Mj) >6; 2) Each grid (0.05°×0.05°×3km) choosing only one events; 3) the events were recorded by more than 10 seismic stations for the P source-receiver pairs and the magnitude (Mj) >1; 4) The uncertainty of the epicenter is <1 km and that focal depth is <4.5 km, according to the Hi-net report. Finally, a total 31552 events were selected and recorded by 548 stations.

In this paper, we conducted several seismic inversions using the P-phase from the earthquakes in five different periods. The three-dimensional (3-D) seismic structures indicate strong variations under the source area in the five different periods as well as the rupture zone. The results revealed that the different spatial patterns of these low-velocity zones in each period, finally it from patch to corridor. The earthquake belt has no obvious move at the depth profile in the first four periods, while moving toward to the Japan Island after the 2011 Tohoku earthquake. The velocity profile along latitude 38.1°shows that the low-velocity zone below the 2011 Tohoku earthquake growing slowly in the first four periods, and got huge expansion after 2011 Tohoku earthquake and its aftershocks, formed a huge low-velocity belt from 140.8～143.4°. Before the main-shock, the hypocenter of 2011 Tohoku earthquake is located at the edge portion of a low-velocity area (in 2009.03～2011.03 period) in the thrust zone. The rupture zone is imaged as lateral low-velocity belt on the upper boundary of the subducting Pacific slab. Simultaneously, it revealed that the low-velocity areas gradually became a low-velocity belt after the main-shock along the upper boundary of the subducting Pacific plate. We consider that such a variation of architecture is contributed to the migration of the plate compressive stress, which could have the influence on the 2011 Tohoku earthquake generation.

**References**

Zhao Dapeng, A Hasegawa, S Horiuchi. Tomographic imaging of P and S wave velocity structure beneath northeastern Japan[J]. Journal of Geophysical Research, 1992, 97: 19909~19928.

（1）Advances in the Geophysics of Asia

# Co-seismic Earth rotation Changes based on the Spherical Dislocation Theory

Changyi Xu* Wenke Sun

Key Laboratory of Computational Geodynamics, Chinese Academy of Sciences, Beijing, 100049, China

The co-seismic Earth rotation changes have been investigated by many studies since Mansiha rediscussed the problem about the Chandler Wobble excited by earthquakes. The co-seismic rotation changes including polar motion and variation in length of day (ΔLOD) have been studied a lot with the elastic dislocation theory and normal method (Dahlen, 1971; Chao et al., 1987). Although Dahlen (1971) gave a set of formula to evaluate the earth rotation change induced by earthquakes, his theory was limited in the sample earth model and the point source. Sun et al (2009) derived the spherical dislocation theory taking the layer structure and the curvature effect into account. In view of these, we discuss the co-seismic Earth rotation changes based on the spherical theory in a compressible Earth model in this paper.

In this paper, the excitation functions of polar motion and ΔLOD given by Chao et al (1987) and the co-seismic geo-potential perturbations and vertical displacements formula given by sun et al (2009) are adopted, we derived a set of new formula to compute the rotation change produced by huge earthquakes. Because the coordinate systems are different between them, we need to do the coordinate transformation. First, we need to compute the transformation coefficients and the dislocation love numbers, then we need the finite fault model to calculate the co-seismic polar motion and ΔLOD of every sub-fault, next we need do the summation and get the results induced by the earthquake.

Finally, we use the above formula and the fault slip distribution model to compute co-seismic rotation change induced by the 2011 Japan event (Mw9.0). Three finite fault model are used, and the results are compared with the results given by the Dahlen's method and the normal mode method. We find that the co-seismic rotation change is very sensitive to the dislocation love numbers, which means that the change is depended on the elastic property of the Earth model, the location of earthquake and the source parameters. The method we derived can save a lot of computation time compared to the normal mode method.

**References**

[1] Dahlen F A. The Excitation of the Chandler Wobble by Earthquakes[J]. Geophys. J. R. Astr. Soc., 1971, 25: 157~206.

[2] Chao B F, Richard S Gross. Changes in the Earth's Rotation and low-degree gravitational field induced by Earthquakes[J]. Geophys. J. R. Astr. Soc., 1987, 91:569~596.

[3] Sun Wenke, Shuhei Okubo, Guangyu Fu, Akito Araya. General formulations of global co-seismic deformations caused by an arbitrary dislocation in a spherically symmetric Earth model—applicable to deformed Earth surface and space-fixed point[J]. Geophys. J. Int., 2009, 177: 817~833.

（1）Advances in the Geophysics of Asia

# New insights into rotational bulge readjustment and True Polar Wander driven by mantle convection

G. Cambiotti[1]　R. Sabadini[1]　Y. Ricard[2]

1. Department of Earth Sciences, University of Milan, Via Cicognara 7, 20133, Milan, Italy.
2. Laboratoire de Géologie de Lyon (LGLTPE), CNRS, Université de Lyon 1, ENSL Bat Géode, 2 rue Raphæl Dubois, France.

Issues related to long time scale instabilities in the Earth's rotation have continuously been debated, after the pioneering works of the sixties by Munk, MacDonald and Gold. The Earth's rotation axis is constantly tracking the main inertia axis of the planet that evolves due to internal and surface mass rearrangements. This motion called True Polar Wander (TPW) is due to mantle convection on the million year time scale. Most studies have assumed that on this long time scale the planet readjusts without delay and that the Earth's rotation axis and the Maximum Inertia Direction of Mantle Convection (MID-MC) coincide. We overcome this approximation that leads to inaccurate TPW predictions and we provide a new treatment of Earth's rotation discussing both analytical and numerical solutions. We first obtain a linearized theory for modelling finite polar excursions due to slow evolving mantle density heterogeneities. The novel theoretical framework allows to deeply understand the interaction between mantle convection and rotational bulge readjustment, and provides the physical laws for the characteristic times controlling the polar motion in the directions of the intermediate and minimum principal axes of the mantle convection inertia tensor. By solving the non-linearized Liouville equation for the past 100 million years and taking into account the delay of the rotational bulge readjustments, we obtain an average TPW rate in the range from 0.5°/Myr to 1.5°/Myr and a sizeable offset of several degrees between the rotation axis and the MID-MC. This is in distinct contrast with the general belief that these two axes should coincide or that the delay of the rotational bulge readjustment can be neglected in TPW studies. We thus clarify a fundamental issue related to mantle mass heterogeneities and to TPW dynamics.

（1）Advances in the Geophysics of Asia

# Error processing of GOCE gradients data in time and space domain

Wan Xiaoyun[1,2,*] Yu Jinhai[1,2] Zeng Yanyan[1,2]

1. Key Laboratory of Computational Geodynamics, Chinese Academy of Sciences, Beijing 100049, China
2. College of Earth Science, Graduate University of Chinese Academy of Sciences, Beijing 100049,China

GOCE[1] (Gravity field and steady-state Ocean Circulation Explorer) is a dedicated gravity field mission launched on March, 17th, 2009 by European Space Agency (ESA). One of the main objectives is to derive a high-accuracy, high-resolution model of the Earth's static gravity field with satellite-to-satellite tracking (SST) and satellite gravity gradiometry (SGG) data. However, large errors are contained in the gradients data, such as low frequency error in magnitude of about $10^{-7}\sim10^{-6}$ $s^{-2}$, random error in magnitude of $10^{-12}\sim10^{-11}s^{-2}$ as well as some gross errors, so that they can not be used in the inversion of gravity field model directly. Consequently, how to process these errors is a critical job in gravity field recovery. This paper aims at discussing this problem in time and space domain.

In order to remove the low frequency error and weaken the random error, the data will be processed in time domain. Firstly, the data are filtered with 1000 orders of a band pass filter of Finite Impulse Response (FIR). The pass band is 0.005~0.1 HZ, which is the measurement bandwidth of the gradiometer equipped in GOCE satellite. The technique of zero-phase filtering is also used in order to avoid of phase drift in the filtering. It means it not only filters the data in forward direction but also in backward direction. And then, the Innovation Algorithm (IA) of best linear predictors is adopted in order to weaken the random error. The data predicted by algorithm of IA based on the statistical property of the raw data, will be used to replace the raw data in the final gravity field recovery.

After the processing in time domain, the main errors of the gradients have been removed, but there are still some gross errors from observations and kinds of calculations. These errors are processed in space domain in the paper. The mean value, standard deviations of the data in each grid on the surface of satellite orbit will be calculated firstly and then the data deviate from the mean value more than two times of the standard deviations will be removed. The ratio of the data removed is around 3.84%.

Finally, the SGG data from GOCE during the period of Nov, 1st, 2009~June, 1st 2011 are processed. And then a gravity filed model will be recovered with the methods of invariants [2] of gravity gradients through harmonic analysis. The results show that the model is consistent with the models[3] from European Space Agency.

**Reference**

[1] Balmino G, Rummel R, Visser P, et al. Gravity Field and Steady-State Ocean Circulation Mission[M]. The Four Candidate Earth Explorer Core Missions, ESA Publications Division, 1999.

[2] Yu J H, Zhao D M. The gravitational gradient tensor's invariants and the related boundary conditions[J]. Sci China Ser D-Earth, 2010, 53(5): 781~790.

[3] Bouman J, Fuchs M J. GOCE gravity gradients versus global gravity field models[J]. Geophysical Journal International, 2012, 189: 846~850.

（1）Advances in the Geophysics of Asia

# Slip characteristics from GPS and DInSAR for the Tohoku-Oki (Mw=9.1) megathrust earthquake

Xin Zhou[1,2]　G. Cambiotti[2]　B. Crippa[2]　W. Sun[1]　R. Sabadini[2]

1. Key Laboratory of Computational Geodynamics, Chinese Academy of Sciences, Beijing, China

2. Department of Earth Sciences, University of Milan, Milan, Italy

The March 11 2011 Tohoku-Oki megathrust earthquake, which was the most destructive shock in Japan over several centuries, occurred at ~24 km depth of the Japan trench near the east coast of Honshu. This event resulted from dip-slip on the convergent boundary of ~8 cm/yr between the Pacific and North American (or Okhotsk) plate, and resulted in huge tsunamis which seriously devastated some nuclear plants and the Pacific coast of Japan. The remarkable coseismic displacements, not only in the near field – the Japan Island but also in far field – China and its surroundings, have been detected by continuous GPS stations, and could be interpreted partly by fault slip models from seismic waveforms. At the same time, the large coseismic deformation also has measured by InSAR along the Line-of-Sight (LOS). After occurred, a great deal of coseismic slip models for the Tohoku-Oki giant earthquake were presented from different kinds of data, such as seismic waveforms, geodetic displacements, tsunami observations and strong motion. Because of different data sets and inverting schemes, these models showed wide discrepancies in slip patterns.

In this paper we focus on a variety of issues strictly related to the way in which we model the fault and the Earth for the 2011 Japan giant thrust earthquake, when using land, ocean bottom GPS (OB-GPS) and DInSAR data for co-seismic slip inversion. These issues are the shape of the co-seismic slip pattern, the distribution with depth of the co-seismic slip, the up-dip continuation of the rupture and the shape of the rake pattern. These issues are analysed within the frame of the resolving power of GPS and DInSAR techniques, and within a comparison with the results that already appeared in the literature. These issues are analysed after a thorough mathematical study of roughness criteria and boundary conditions at the edges of the fault.

We obtained a fan-like slip distribution with ~50 m peaked in the shallow part from cGPS and OB-GPS data under a spherically layered Earth model. It differs from some of previous works from GPS data, which showed the slip distributed around the epicentre. The results show the OB-GPS data including information above the fault plane is necessary to improve the slip model. The slip model with a free boundary condition for the roughness shows the rupture can reach the fault's surface. Furthermore, the inverted slip model from cGPS and OB-GPS data sets can interpret DInSAR data well. Our model demonstrated the moment magnitude of this megathrust event is 9.1.

（1）Advances in the Geophysics of Asia

# Seismic structure of the North China Craton and the NE Tibetan Plateau and its tectonic implications

Xuewei Bao* Mingjie Xu Liangshu Wang Ni Ming Hua Li Dayong Yu Xiaodong Song

School of Earth Sciences and Engineering, Nanjing University, Nanjing 210093

The North China Craton (NCC) is unique among the world's cratons for its complex and contrasting evolution during the Phanerozoic: the eastern NCC experienced dramatic thermotectonic reactivation that led to significant lithospheric modification and widespread strong rifting tectonics and volcanic activities during the Late Mesozoic-Cenozoic, while the western NCC (mainly the Ordos Block) is much less involved in this process with contrasting extension tectonics only focused around the Ordos Block, such as the Weihe-Shanxi rift system (WSRS) (Menzies et al., 2007). Nearly coeval with the climax of the rifting of the WSRS, the NE Tibetan Plateau is featured by large regional shortening and fast uplift during Late-Cenozoic, which can be viewed as the best model of a small, still actively growing and rising plateau, and the structure and deformation of the crustal and lithosphere of this region might reflect those during the formation of the Tibet plateau (Tapponnier et al., 2001).

Understanding the Mesozoic-Cenozoic tectonic evolution of the North China Craton and the NE Tibetan Plateau requires detailed lithospheric structure of this region. With the ambient noise tomography (Bensen et al.,2007) using period 8-50 s and long period earthquake dispersion data (up to 120 s), we resolve the crust and upper mantle structure to 120 km depth. The main features include:

1. Our resultant model reveal that the lithospheric structure beneath the WSRS varies from south to north with gradually thickened crust and thermal-tectonically perturbing lithospheric mantle. The mid-lower crust velocities are lower in the Weihe rift where the rifting of the WSRS initiated. We suggest the along strike variations of the lithosphere structure of the WSRS have played an important role in its multistage evolution.

2. A low velocity zone (LVZ) appearing in the middle crust beneath the Qilian Orogen are characterized by relatively higher velocity (high mechanical strength), compared to LVZs in other parts of the Tibetan Plateau. Thus coherent lithospheric deformation may occur due to the high viscosity of the LVZ at nascent stage of plateau growth and accumulates strong anisotropy consistent with surface deformation though under the presence of strong LVZs.

3. The western NCC (including the Ordos Block and part of the Alashan Block) shows high velocity cratonic root extending to the base of our model. In contrast, the eastern NCC lithosphere seems to have been completely modified during the Mesozoic-Cenozoic and is featured by thin and relatively low velocity structure underlain by hot asthenosphere. It is interesting that a high velocity cratonic relic appears in the south-central Trans-North China Orogen and strongly upwelling asthenosphere occurs around the Datong volcano in the northernmost of the WSRS. The heterogeneity of the uppermost mantle of the NCC revealed in this study may reflect the diachronous lithospheric modification.

This research was supported by the National Science Funds of China (40634021and 41174038).

**References**

[1] Bensen G D, Ritzwoller M H, Barmin M P, Levshin A L, Lin F, Moschetti M P, Shapiro N M, Yang Y. Processing seismic ambient noise data to obtain reliable broad-band surface wave dispersion measurements[J]. Geophysical Journal International, 2007, 169: 1239~1260.

[2] Menzies M, Xu Y, Zhang H, Fan W. Integration of geology, geophysics and geochemistry: A key to understanding the North China Craton[J]. Lithos, 2007, 96: 1~21.

[3] Tapponnier P, Zhiqin X, Roger F, Meyer B, Arnaud N, Wittlinger G, Jingsui Y. Oblique stepwise rise and growth of the Tibet plateau[J]. Science, 2001, 294: 1671~1677.

（1）Advances in the Geophysics of Asia

# Seismic anisotropy modeling in Qinghai-Tibet Plateau

Yuanyuan V. Fu[1]　Garrett Ito[2]　Aibing Li[3]　Shu-Huei Hung[4]　Yuan Gao[1]

1. Institute of Earthquake Science, China Earthquake Administration, Beijing 10036

2. Department of Geology and Geophysics, School of Ocean and Earth Science and Technology, University of Hawaii, Honolulu, HI, USA

3. Department of Earth and Atmospheric Sciences, University of Houston, Houston, TX, USA

4. Department of Geosciences, Taiwan University, Taipei

The complicated tectonics of Qinghai-Tibet Plateau is due to the collision between Indian and Eurasian plate. We have modeled the seismic anisotropy in Tibet to explore its complex anisotropic structure and provide some constraints on the mechanisms of its uplift since that no simple model has yet explained the increasing number of shear wave splitting measurements. Finite-element (Citcom) is used to simulate upper mantle deformation. The development of lattice preferred orientation (LPO) of mantle minerals and seismic anisotropy are then computed by solving the fabric evolution of olivine and enstatite aggregates using the method of Kaminski and Ribe (DRex). Synthetic SKS waveforms traveling through models are generated using a pseudo-spectral method. The predicted shear wave splitting parameters (fast direction and delay time) are obtained by the method of Silver and Chan [1991].

We first apply this procedure to model the seismic anisotropy in Iceland to test its validation. Shear wave splitting measurements are computed for different situations. Cases with a very low-viscosity, thin plume pancake that is centered on and strongly channeled along a mid-ocean ridge predict fast split directions near the ridge that are dominantly orthogonal to the plume channel and parallel to plate motion. Cases with a thick plume pancake that spreads more radially, predict fast split directions near the ridge to be more ridge parallel or angled toward the ridge. The results of the geodynamic models demonstrate that an idealized situation of purely radial flow of a plume (i. e., no plate motion) as well as an idealized situation of strong, along-axis channel flow (very slow plate motion) predict split directions that are clearly inconsistent with the observations. The models with a more realistic spreading rate of 10 km/Myr both can account for the observed shear wave splitting parameters in eastern Iceland. We need point out that these models are symmetric about the ridge. If considering western Iceland, none of the four geodynamic models can predict anisotropy for the entire Iceland. More geodynamic models with geophysical constraints need to be tested in the future to narrow down the best fitting model for Iceland.

For Tibet, a few simplified block models that integrate two or more components associated with the subduction of Indian plate have been tested. They can predict only part of the observed shear wave splitting results due to the simple and assumed connection between the anisotropy and mantle deformation which is not consistent with the continuum mechanical theory. However, the findings reveal some insights as to the directions of anisotropy that are least and more likely to be present beneath Tibet. To overcome the short coming of the above exercise, we have developed some geodynamic models and simulated wave propagation through them to obtain synthetic waveform and anisotropy for more details in this study.

**References**

Silver P G, W W Chan. Shear wave splitting and subcontinental mantle deformation[J]. J. Geophys. Res., 1991, 96: 16429~16454.

（1）Advances in the Geophysics of Asia

# Characteristics of Ambient Seismic Noise Source in North China

Shi Chengcheng Lu Laiyu

Institute of Geophysics,China Earthquake Administration Beijing 100081

The North China Craton (NCC) located in the southeast of the Central Asian Orogenic Belt is a unique tectonic unit in China. As early as the Early Cambrian, nearly 90% continental lithosphere of the NCC had been formed. It went through quite a long time which contributes to a copious record of geological evolution[1]. Moreover, compared to other cratons which are always stable, the Eastern Block of NCC was considerably changed during the Mesozoic. All above make it interesting and complex to reveal the mechanism. Over the last decades, this topic has attracted many attentions worldwide, particularly in China.

Probing the deep structure of NCC is extremely significant and challenging. Although not the only way, seismic tomography has developed to be one of the main research methods in geophysics, and there have been a large number of imaging studies on NCC. However, the precision of tomography is usually limited due to the sparse stations and earthquake events. Recent years, ambient seismic noise tomography is becoming popular for its advantages in retrieving higher frequency data and fully utilizing the background noise from the Earth which was once ignored[2]. This not only improves the precision explicitly by means of increasing the coverage density of station-pair paths used in the inversion, but also gets rid of relying on the earthquake events. In view of these reasons, we set up 51 temporary broad-band stations in the Ordos region and applied the seismic noise tomography for obtaining the 3-D velocity structure of crust and mantle. Our ultimate purpose is to discuss the evolution process of NCC. At present, this paper focuses on what we have done: analyzing the characteristics of the ambient seismic noise source[3] in order to ensure the reliability of tomography based on the seismic noise cross-correlation function (NCF).

We chose the data from 51 new Inner Mongolia temporary stations and 138 permanent stations in North China from 2010 May to 2011 April, as well as 142 North China Array stations during 2007[4]. Using thousands of pairs of vertical component NCFs stacked monthly, we calculated the average Signal-to-Noise ratio (SNR) of them in the band from 5 to 58s. Though recorded in different years, they share the similarities: SNR in winter is higher than that in summer; and there are two distinct peaks corresponding to 5～10s band and 15～25s band when related SNR to the period. After correcting normalized amplitudes from the geometrical attenuation of surface wave with distance, we beamformed the noise energy at separate period and in different month, and got the output of an obvious ring with strong intensity around the slowness of Rayleigh wave in slowness-azimuth domain. This allows us to perform the following inversion safely. Besides the holistic features, we also discussed an abnormal noise only emerges at short periods near zero slowness, especially in winter. Combined the analysis of spectrum with seismic orientation, we try to locate it.

This research is supported by the National Natural Science Foundation of China (Grant No.90914005, 40974032).

**References**

[1] M G Zhai. Cratonization and the Ancient North China Continent: A summary and review[J]. Sci. China Earth Sci., 2011, 54: 1110~1120.

[2] L Stehly, M Campillo, N M Shapiro. A study of the seismic noise from its long-range correlation properties[J]. J. Geophys. Res., 2006, 111: B10306.

[3] Spahr C. Webb. The Earth's 'hum' is driven by ocean waves over continental shelves[J]. Nature, 2007, 445(15): 754~756.

[4] L Y Lu, Z Q He, Z F Ding, Z X Yao. Investigation of ambient noise source in North China array[J]. Chinese J. Geophys., 2009, 52(10): 2566~2572.

（1）Advances in the Geophysics of Asia

# Investigation of the preparation of the 2011 off the Pacific coast of Tohoku earthquake (Mw 9.0) by using GEONET data

Peng Han[1]　Katsumi Hattori[1*]　Qinghua Huang[2]

1. Graduate School of Science, Chiba University, Japan

2. School of Earth and Space Sciences, Peking University, China

The dense continuous GPS Earth Observation Network of Japan (GEONET) has been established by the Geospatial Information Authority of Japan (GSI) since 1994. So far, the GEONET data have been widely used in precisely detecting co- and post-seismic deformations. In this study, to understand the mega earthquake preparation, we have investigated the long-term surface motion prior to the 2011 off the Pacific coast of Tohoku earthquake (Mw 9.0). Precise daily coordinates of GEONET stations have been utilized. Long-term linear trends of continuous GPS records have been analyzed and clear deformation velocity changes starting from about 1.4 year before the mega event have been detected. These changes of the surface deformation velocities suggest accelerations of stress accumulation. The spatial distributions of deformation velocities have shown westward directional changes in a large area along the Pacific coast. Based on these results, we have proposed an additional stage which is asperity upgrowth (or asperities synchronization) in the generation cycle of mega subduction earthquake. The proposed stage may be an essential difference between a mega event and a large one. Our results may help to understand the processes of mega subduction events.

**Reference**

[1] Takeshi Sagiya. A decade of GEONET: 1994~2003—The continuous GPS observation in Japan and its impact on earthquake studies[J]. Earth Planets Space, 2004, 56: xxix–xli.

[2] Aitaro Kato, Kazushige Obara, Toshihiro Igarashi, Hiroshi Tsuruoka, Shigeki Nakagawa, Naoshi Hirata. Propagation of Slow Slip Leading Up to the 2011 Mw 9.0 Tohoku-Oki Earthquake[J]. Science 335, 705, 2012.

[3] Kelin Wang, Yan Hu, Jiangheng He. Deformation cycles of subduction earthquakes in a viscoelastic Earth[J]. Nature, 2012, 484: 327~332.

# 专题二：中国大陆深部地球物理探测与 Sinoprobe 进展

# Deep Geophysical Survey of the Contnent in China and Progress of the Sinoprobe

（2）中国大陆深部地球物理探测与 Sinoprobe 进展

# 华南地块下方活动地幔流的地震学证据*）

# Seismic evidence for active mantle flow beneath South China

王椿镛[1] 常利军[1] 刘琼林[1] Lucy M Flesch[2]

Wang Chunyong[1] Chang Lijun[1] Liu Qionglin[1] Lucy M. Flesch[2]

1. 中国地震局地球物理研究所 北京 100081；2. Purdue University, West Lafayette, IN47907, USA

印度洋板块与欧亚板块的碰撞产生了地球表面最高的地形和复杂的地表变形。不少学者对两大板块之间南北缩短的动力学过程以及对升高地形的重力效应进行了研究和数值模拟。然而，至今人们并未对块体向东挤出和环绕喜马拉雅东构造结的弯曲变形的问题给出明确的答案。青藏高原东南部与华南地块相邻，因此容易联想到这类问题可能与华南地块的上地幔物质状态有关。进一步认识中国大陆，尤其是华南地块下方的地幔变形作用或许能对这些问题提供新的约束。

近 20 年来，对中国大陆及其周边地区上地幔各向异性的研究已经获得了许多成果。近 10 年来，全国范围内布设的宽频带地震台站数量大幅度增加，记录了大量的远震 SKS 和（或）SKKS 波形数据。同时，一些地震学家提出了多种可行的剪切波分裂分析方法（如最小切向能量法）。基于宽频带地震台站的记录，利用通用的分析算法获取剪切波分裂信息（快波偏振方向和延迟时间）已经成为一项常规的数据分析工作。本文在单层各向异性结构的假定下，对同一个台站所有的各向异性参数对进行“叠加”处理。“叠加”处理可以降低 SKS 波分裂参数估计的不确定性，提高台站的分裂测量质量。我们在多年来剪切波分裂分析工作的基础上，收集了他人发表的中国大陆及周边地区剪切波分裂研究的结果，形成含有近 1500 个剪切波分裂参数对的数据集。对这些数据进行认真的检验和质量挑选，获得近 1200 个台站的分裂参数对。与这些数据有关的地震台站在地理位置上基本上覆盖了整个中国大陆，其分裂参数的分布反映了中国大陆的上地幔各向异性特征。进一步分析表明，在大尺度意义下，中国大陆东部的各向异性特征与西部是不同的。西部的青藏高原及天山地区，其 SKS 波分裂和地表变形数据共同支持岩石圈变形模式，即地壳与岩石圈地幔是连贯变形的，上地幔各向异性归因于岩石圈变形。Wang et al. (2008) 采用 Holt et al (2000)提出的方法对青藏高原东部的壳幔变形场作数值模拟，结果显示了观测的各向异性与从岩石圈变形所预测的各向异性的一致性，由此推断垂直连贯变形的岩石圈变形模型是合理的。

在东部地区（包括华北、东北、扬子、华夏和印支块体），近 800 个台站剪切波分裂的平均快波偏振方向为 105°。由 NNR-NUVEL1a 模型求取的欧亚板块相对于岩石圈的无纯旋转参考架（No-net-rotation）的绝对板块运动（APM）方向为 NWW-SEE。该地区剪切波分裂获得的快波偏振方向和 APM 方向在总体上是一致的。简单软流圈流动说认为各向异性可以归因于运动的板块在软流圈上的被动剪切，这是基于大量观测到的快波偏振方向与 APM 方向相一致的事实而提出的。初步的分析显示中国东部地区快波偏振方向与 APM 方向在总体上具有一致性，尽管在一些局部地区二者之间存在一定的差异。在 NNR 参考架下华北地区的快波方向与 APM 方向的一致性很好，而华南地区（包括扬子、华夏和印支块体）大部分台站的快波方向也具有近 EW 向的一致性，但平均快波方向与 APM 方向存在~15°的偏差。

基于华南地块及其邻近的 340 个台站剪切波分裂结果，我们用数值模拟方法对华南地块下方的地幔流结构作细致的研究。首先，用我们在青藏高原变形场研究中的思路(Wang et al., 2008)考察华南的岩石圈地幔各向异性，用 Holt et al (2000)的方法对华南地块作正向模拟。从地表变形场预测岩石圈地幔的快波方向，获得预测的与观测的快波方向的拟合差为 41°，它表示从 SKS 波偏振分析获得的“观测”各向异性与从岩石圈变形所预测的各向异性是不相关的，因此“观测”各向异性不可能来自岩石圈地幔。

为此，我们进一步考察华南的软流圈地幔，用 Silver and Holt (2002) 的方法作模拟，其中假定地幔水平速度场可以用简单的刚体旋转来描述。首先，用样条函数方法对从 GPS 观测推断的观测应变率数据之间作插值，以确定连续模型的应变场和速度场。为探讨华南各向异性的来源，我们预测当更深的地幔在 NNR

参考架下是稳定时各向异性的方向。用 Kreemer et al. (2005) 作为极点旋转连续地面速度场至 NNR 参考架内。假定在 NNR 参考架下岩石圈在稳定的软流圈上面运动时预测各向异性，结果的模型产生了预测和观测各向异性之间~22°的平均拟合差，表明在 NNR 参考架下软流圈地幔是不稳定的。整个区域顺时针的系统错位表示存在于下软流圈地幔的附加旋转。

第二步是用 Silver and Holt (2002) 的方法求解下软流圈地幔的旋转，使用观测的 SKS 分裂数据和在其观测点上地面速度值求解对下软流圈地幔的最佳旋转。求得所产生的流动为向南的顺时针旋转，它正对着 Burma-Sunda 俯冲带的流动方向。结果的模型产生 16°的平均拟合差。最大的错位出现在四川盆地及其东侧。该地区是从 GPS 观测推算的地表变形量较小，而岩石圈厚度最大的地区，暗示这些 SKS 分裂观测并不代表现今的软流圈地幔流动，而属于局部地区“化石”型的岩石圈变形。扬子地块东南部的江南造山带，其快波方向呈现为 NE-SW，与构造走向相一致，而造山带两侧的华夏地块和扬子地块的快波方向均为 NWW-SEE，因此推测是由印支期造山作用遗留在岩石圈内的“化石”各向异性。如果在撤去这部分 SKS 分裂观测后再求解地幔旋转的最佳拟合，便可以获得一个向 SWS 方向、仅有~12°平均拟合差的活动地幔流。这里，我们使用了一个附加的 SWS 方向的活动地幔流作拟合，预测华南地区活动地幔流的速度为~15 mm/yr。

根据连续模型的表面速度场合最佳拟合的软流圈旋转，显示了华南地块的下软流圈地幔的旋转正对着印度板块沿巽他海沟的 NNE 向的俯冲方向，可能预示这一俯冲过程产生的下软流圈流动源自缅甸-巽他(Burma-Sunda) 俯冲板片的“回卷”( roll back) 所驱动。Becker and Faccenna (2011) 和 Ghosh and Holt (2012) 先后使用全球层析成像和地幔对流模型预测在亚洲的地幔流。大尺度的地幔流并没有预测出华南地区地表的正确方向，或与本文的流动方向一致。2004 年苏门答腊-安达曼 Mw9.1 级地震发生在缅甸-巽他巨型逆冲断层的北段，在该地区，印度—澳大利亚板块俯冲到巽他板块之下。在震源附近，板块的相对运动速度为 50 mm/a，但运动方向并不与海沟方向垂直(McCaffrey, 2009)。Li et al. (2008) 和 Richards et al. (2007)讨论了缅甸-巽他俯冲带的复杂性和历史，认为它能够驱动用上地幔各向异性探测到的华南地区下方尺度较小的对流单元。因此，本文获得的是在全球模型中没有捕获到的尺度较小的对流结构。华南地块下方软流圈地幔的地震各向异性描绘了对流地幔 SWS 向的顺时针流动，它是前人在两大板块碰撞带的动力学模型中未曾考虑到的，可能是重要的一个分量。

关于云南地区地震各向异性的来源问题。Flesch et al. (2005）试图用仅有的 7 个流动台站的 SKS 分裂数据推断云南各向异性的来源，他们无法找到一个能够拟合那些数据的壳幔耦合模型，因此推断是壳幔解耦的。Wang et al.（2008）在获得大量的 SKS 分裂数据基础上，将四川和云南地区一起考虑。此时，软流圈流动的模型并不合适，解耦的岩石圈模型也不合适。于是，他们用地表变形来定量评价，在耦合岩石圈模型的假定下，简单剪切或纯剪切的岩石圈各向异性变形对所有的 SKS 分裂观测数据都能够拟合。在本文中增加更多的数据后，则必须重新评价云南地区的变形模型。如果我们将地表变形数据分区，则云南的数据与四川和西藏数据属于同一区，但云南的各向异性方向却与华南地区非常一致。而如果我们换用岩石圈厚度分区，则云南的岩石圈厚度与华南区的数据一致。因此，将云南数据切换到华南地区的一个令人信服的理由是云南的岩石圈较薄以至于不可能产生如同在西藏所观察到的岩石圈各向异性。虽然将云南数据添加到华南地区的数据并没有改变软流圈地幔流的预测，但显著地加强了产生软流圈流动的解释。

国家自然科学基金项目(41174070，90914005，91014006)和国家科技专项“深部探测技术试验与集成（Sinoprobe-2）”资助。

## 参 考 文 献

[1] Holt W E. Correlated crust and mantle strain fields in Tibet[J]. Geology, 2000, 28: 67~70.

[2] Silver P G, Holt, W E. The mantle flow field beneath western North America[J]. Science, 2002, 295: 1054~1057.

[3] Flesch L M, Holt W E, Silver P G, et al. Constraining the extent of crust-mantle coupling in central Asia using GPS, geologic, and shear wave splitting data[J]. Earth Planet. Sci. Lett., 2005, 238: 248~268.

[4] Wang C Y, Flesch L M, Silver P G, et al. Evidence for mechanically coupled lithosphere in central Asia and resulting implications[J]. Geology, 2008, 36(5): 363~366.

[5] 王椿镛，常利军，丁志峰,等.中国大陆上地幔各向异性和大尺度壳幔变形模式[J]. 中国地球物理，2011: 312.

（2）中国大陆深部地球物理探测与 Sinoprobe 进展

# SinoProbe 深地震反射剖面揭示中国大陆岩石圈断面——5000 千米区域长剖面概述

# The trans-continental profiles in China revealed by Sinoprobe seismic deep reflection profiles –summarized for 5000 km regional SinoProbe CMP profiles

高 锐 王海燕 卢占武 侯贺晟 熊小松 李文辉 李洪强

Gao Rui Wang Haiyan Lu Zhanwu Hou Hesheng Xiong Xiaosong Li Wenhui Li Hongqiang

中国地质科学院地质所岩石圈中心，国土资源部深部探测与地球动力学重点实验室 北京 100037

全球实验表明，深地震反射剖面是当今世界上探测地球深部结构，追踪大陆演化的深部过程与地球动力学的最精细的先进技术，如同 CT 技术对地球深部结构进行扫描，对地壳与上地幔顶部精细结构进行地震波成像，分辨能力最高，成像最精细。在资源勘查和地壳探测中，深地震反射剖面技术发挥着其他方法无法替代的作用。

深地震反射剖面是 SinoProbe -02 项目重点实验的关键技术。在 2008～2012 年期间，SinoProbe -02 项目部署了四条区域长剖面进行探测实验，实际完成采集和处理的区域剖面长度超过 5000 km。将我国深地震反射剖面探测工作程度翻了一番。加上 Sinoprobe 计划之前的探测剖面，我国深地震反射剖面探测总量已经超过 1 万千米。

目前，这些剖面的采集数据正在处理之中，初步成果已经获得了若干科学重要发现。进一步的处理成果将会切开剖面沿线主要造山带和盆地的地壳和岩石圈地幔，揭示岩石圈精细结构和构造变形细节，为资源勘查、减轻地质灾害和追踪地壳演化提供新的科学依据。受篇幅所，本文概述四条实验长剖面背景和主要成果，一些科学发现将在年会详细报告。

## 1. 喜马拉雅-青藏高原剖面（520km）

由南（HKT 剖面）和北（QT 剖面）两部分组成。南部的 HKT 剖面位于西藏阿里地区,又分为东(A 剖面)和西（B 剖面）两条剖面。

东剖面南起札达以北的香孜，向北翻越阿依拉山，经过那不如，穿过冈底斯山，北止左左，全长 120km，跨越了北喜马拉雅构造带-喀喇昆仑断层-冈底斯岩浆岩带。西剖面南起普兰，经巴嘎（玛旁雍）穿过冈底斯山，北止久玛错，全长 90km，跨越了北喜马拉雅构造带—雅鲁藏布江缝合带—冈底斯岩浆岩带。

喀喇昆仑断层为横担中亚的一条巨型走滑断裂带，与雅鲁藏布江缝合带相接。近来，国际一些著名学者预测喀喇昆仑断层可能犹如一条板块边界截切了俯冲的印度板块（Simon，K., 2011）。显然，俯冲的印度板块是否越过喀喇昆仑断层进入拉萨地体，是关系到青藏高原地球动力学研究的一个重大问题。我们实施的 HKT 剖面之结果将检验这些预测，为青藏高原地球动力学研究带来新的约束。因此备受国际关注。

HKT 剖面于 2011 年 10 月底完成采集，目前正在处理。初步处理的时间剖面至少在以下几个方面得到结果：

（1）A、B 两段剖面内均得到了来自 Moho 的反射，出现在双程走时 24 s 左右，约 72 km 深（用地壳平均速度 6.00 km/s 估算）；

（2）A 段剖面在浅部发现了喀喇昆仑断层花状的反射结构，证实这条大断层具有深部的走滑性质；

（3）A、B 两段剖面内均得到了来自冈底斯岩浆带底部的地震强反射，据此可以估计底斯岩浆带的发育深度。

北部的 QT 剖面呈近南北走向，跨过怒江缝合带与羌塘地体。南起色林错西岸，向北穿过班公湖-怒江缝合带，进入羌塘地体，越过羌塘中央隆起，北止多格错仁，全长 310 km。

羌塘的岩石圈深部结构一直为人瞩目，其中一个原因是种种迹象显示，印度板块与亚洲板块汇聚前锋隐藏在羌塘地体之下。追踪和揭露印度板块与亚洲板块汇聚前锋的深部行为，是研究青藏高原隆升动力学科学问题的前缘，一直吸引着国际学者纷纷投入，探测其内部结构，近 20 年来从没有间断。以往的深地震反射剖面的探测实验遇到了极大困难，难以得到下地壳的有效反射。

SinoProbe 深地震反射剖面探测实验采用深井、大药量、多尺度集合震源激发，小道距长排列接收，避开干扰选择有利时间和气候条件放炮。使用现场监控，一炮一炮的进行质量检查，经过长达 7 个月的冬季认真施工，获得了高质量数据。经过精细处理的地震时间剖面揭示出羌塘全地壳精细结构，为追踪陆陆汇聚前缘的深部行为与地壳变形的动力学过程提供了新数据。至少三个深部证据是明显的，即青藏腹地平的变薄的平均 60km 的 Moho 深度、下地壳连续北倾的强反射，及横过怒江缝合带 Moho 约 10km 的跃变。

**2. 青藏高原东北缘—华南剖面**

北起阿拉善地块南缘，向南跨越祁连山、临夏盆地、西秦岭造山带、松潘地块、龙门山造山带、四川盆地，从重庆附近越过长江，翻越华南武陵山、井冈山、、雪峰山、武夷山，止于福建漳浦附近海边。连接新老剖面可以形成一条完整的深地震反射剖面长剖面，总长度达 2537 km 。

这是目前中国大陆最长的一条深地震反射剖面。它揭示出青藏高原东北缘岩石圈结构与横向变化、挤压增厚、壳幔非耦合变形的深部过程。刻画出一些重要边界断裂（海原断裂、昆仑断裂、龙门山断裂等）自浅至深的构造变形细节、走滑逆冲规模与席卷的深度。揭露出松潘地块与西秦岭造山带和龙门山造山带的岩石圈尺度的构造关系。进入华南，发现了隐伏于扬子克拉通核部（四川盆地）之下的古老俯冲构造，揭示出雪峰推覆构造带东西不同的变形样式，描述出漂浮的上地壳与叠置的下地壳之间联系。从地壳尺度，识别了扬子板块与华南造山带的构造界限与接触关系，等等。华南剖面的进一步精细处理结果将为破解大陆内部变形机制提供新的地壳图像。

**3. 华北剖面**

长 710 km，分东西两段，西段南起华北北缘的怀来盆地，向北跨越华北地台北缘，延伸至中蒙边界的红格尔地区，全长 630 km。东段横跨红格尔地区，全长 80 km。

华北北缘自南向北发育了许多令世人瞩目的构造与著名边界断裂，如“槽台边界”（即传统的华北地台与内蒙地槽的边界）、“索伦缝合带”及其位于两侧的造山带。其中，“索伦缝合带”被认为是标志古亚洲洋消亡，华北克拉通与蒙古微板块汇聚的一条板块缝合带。长期以来，沿这条缝合带发生的大洋板块消亡、大陆板块汇聚，大陆地壳增生等地质作用引起人们的广泛兴趣。然而，由于缺乏精细的岩石圈结构资料，人们对这些地质作用与深部动力学过程的认识颇为分歧。

在整条深地震反射剖面上，上地壳除怀来盆地出现明显的半地堑沉积强反射外，一般表现为弱反射。岩浆岩表现为近于透明的弱反射特征，从这一特点可以看出化德附近出露的大面积花岗岩体的弱反射向下延伸至少可达 10 km。“槽台边界”可能出现在张家口北边的张北附近，表现为华北板块楔入到燕山地壳中。令人意外的是在整条剖面上，下地壳以及 Moho 之下以多组北倾的大反射显著特征，记录了华北板块是向北多次俯冲的深部过程。燕山的 Moho 最深，并且出现多组 Moho 反射叠置，Moho 在化德花岗岩出露区下最浅。华北剖面的下地壳反射特征和特殊的 Moho 反射结构，揭露了板块俯冲汇聚、地壳伸展、岩浆侵入、逆冲推覆的地壳增生之深部过程。

**4. 东北剖面**

是由多条深反射地震剖面连接而成。包括已有的海拉尔盆地和松辽盆地的石油地震深剖面，新近完成的横过大兴安岭的地调深地震反射剖面，以及 SinoProbe 松辽盆地—虎林盆地深反射剖面。它西起中蒙边境，横过海拉尔盆地—大兴安岭—松辽盆地—小兴安岭—虎林盆地，东止中俄边境附近。全长约 1500 km。

横过中国东北的这条深地震反射剖面，犹如一把利刃切开了盆地与山脉，及其盆山结合带的地壳和上地幔，揭露出我国大陆东北及大陆边缘岩石圈精细结构与变形细节。一个显著特征是整条剖面内下地壳起伏的强烈变化与 Moho 上下附近汇聚交叉的强反射，以及松辽盆地下向西倾斜的地幔反射，这些都说明太平洋板块俯冲作用自古至新对松辽盆地及其以东大陆边缘的形成影响很大。大兴安岭下地壳和 Moho 下的相向倾斜大反射，记录了山脉隆起形成过程中挤压汇聚和构造伸展、岩浆侵入的深部过程。

东北深地震反射剖面的进一步精细处理结果将为揭示岩石圈断面和演化提供新资料。

**参 考 文 献**

[1] 高锐，王海燕，张忠杰，等. 切开地壳上地幔，揭露大陆深部结构与资源环境效应：深部探测技术实验与集成(SinoProbe-02)项目简介与关键科学问题[J].地球学报，2011, 32(S1):34~48.

[2] 王海燕，高锐，卢占武，等. 深地震反射剖面揭露大陆岩石圈精细结构[J]. 地质学报, 2010, 818~839.

[3] 高锐,王海燕,王成善,等.青藏高原东北缘岩石圈缩短变形：深地震反射剖面再处理提供的证据[J]. 地球学报，2011, 32（5）：513~520.

(2) 中国大陆深部地球物理探测与 Sinoprobe 进展

# 利用 P 波与 S 波接收函数联合反演研究华北克拉通岩石圈地幔结构

# Lithospheric mantle velocity structure beneath the North China Craton by joint inversion of P- and S- receiver functions

王 峻*[1] 黄金莉[2]

Wang Jun Huang Jinli

1. 中国地震局地震预测研究所 北京 100036

2. 中国地质大学（北京）地球物理与信息技术学院 北京 100083

华北克拉通形成于 18 亿年前，在 18～2.9 亿年一直保持稳定，此后其巨厚的岩石圈根被破坏、减薄，使得来自地球深部物质进入浅部，形成了大规模岩浆、成矿作用与构造变形，从而使克拉通失稳。岩石学，地球化学和古地磁学等结果表明华北克拉通自约距今 2 亿年以来开始发生明显活化，其东部有大于约 100km 的岩石圈根发生了破坏减薄，伴随产生了大量构造运动以及现今强烈地震活动。多年以来，我国地学研究者对华北克拉通的破坏和演化进行了许多研究，特别是自 2007 年国家自然科学基金委“华北克拉通破坏”重大计划启动以来取得了大量研究成果，综合目前地球物理学、地球化学及岩石学的最新研究结果，人们认为太平洋板块俯冲是华北克拉通破坏最为可能的动力学机制。

为了探寻华北克拉通中新生代以来构造演化过程的深部证据，华北克拉通破坏重大计划陆续布设了贯穿克拉通东西和南北方向的宽频带流动地震台阵观测，并结合固定台网资料得到一系列研究成果。Zheng et al.（2009）通过接收函数成像构建了横跨克拉通剖面观测剖面下方地壳的细结构，揭示了华北克拉通中部碰撞带和西部块体下有两条延伸二、三百千米的低速带，提出了华北克拉通东-西块体碰撞拼合、古洋壳消减以及古陆壳残留的古板块构造模型。基于上述流动地震台阵资料并结合固定台网记录，Chen et al.（2009）采用接收函数偏移成像方法，获得了跨越华北克拉通东、中、西部的 3 条剖面的岩石圈和上地幔结构图像，结果显示东部岩石圈普遍减薄（60～100km），中、西部表现出厚、薄岩石圈共存的强烈横向非均匀性。综合分析认为华北克拉通东部薄的地壳、岩石圈和厚的地幔转换带以及复杂的 660km 间断面结构可能与中生代以来太平洋板块深俯冲及其相关过程对岩石圈的改造和破坏有关。这些结果为认识华北克拉通破坏的动力学机制提供了重要的证据。

研究华北克拉通地区地幔转换带上覆岩层的精细结构对于探讨太平洋板块俯冲滞留对克拉通破坏产生的影响无疑是重要的证据。我们采用基于贝叶斯反演理论的 P 波和 S 波接收函数复谱比联合反演方法（王峻和刘启元，2011），该方法是对接收函数非线性复谱比反演方法（刘启元等，1996）的进一步发展，将三分量接收函数分离方法（刘启元等，2004）的思想用于分离情况较复杂的 S 波接收函数，获得了更可靠 S 波接收函数。从概率论的角度出发导出的基于贝叶斯反演理论的 P 波和 S 波接收函数复谱比联合反演算法一方面相对于 P 波接收函数单独反演扩展了反演的深度范围；另一方面由于同时利用了同一地震的 P 波高频信息和 S 波低频信息，使得反演结果更稳定、可靠。反演结果的垂向分辨率在 100km 深度范围为 1～2 km，在 100～400 km 深度为 10 km；横向分辨率取决于台站间距。

2006 年 11 月至 2009 年 4 月，中国地震局地球物理研究所在华北地区布设了 190 套宽频带地震仪，结合首都圈数字化台网的 48 个宽频带固定台站，在华北地区形成了密集的台阵分布。根据上述联合反演方法对远震数据的要求，我们选取了记录时间内 86 个震级 5.5 级以上、震中距 60°～80°、信噪比较高的远震事件，采用接收函数复谱比的最大或然性估计方法获取 P 波接收函数，三分量接收函数的多道最大或然性反褶积方法获取 S 波接收函数，联合反演了共 238 个台站下方 400km 深度范围的岩石圈地幔 P 波和 S 速度结构。进一步获得了研究区内不同深度、不同走向的速度结构分布特征，对华北克拉通破坏及岩石圈减薄现象得出了新的认识。

本研究由国家自然科学基金重大计划（91114205）资助。

（2）中国大陆深部地球物理探测与 Sinoprobe 进展

# 中国东北下方地壳和岩石圈速度结构研究

# Crust and lithospheric structure in the Northeastern China from S receiver functions

张瑞青　吴庆举　张广成

Ruiqing Zhang　Qingju Wu　Guangcheng Zhang

中国地震局地球物理研究所

中国东北地区位于天山—兴蒙造山带的东部。在地质构造上被西北利亚地块、中朝克拉通和西北太平洋板块所夹持。该区从东到西主要由额尔古纳地块、兴安地块、松辽地块和佳木斯地块构成[Fuyuan Wu,2011]。构造特征上。

20 世纪 90 年代，在东北开展了多学科的“中国满洲里—绥芬河地学断面”科研项目[杨宝俊，等. 1996]。断面西起满洲里东至绥芬河，全长 1300 km。该项目首次获得了东北地区地壳和上地幔岩石圈结构的一些地球物理特征。1998～1999 年中国地震局地球物理勘探中心与国外合作在东北长白山附近布设了 18 台宽频带流动地震仪观测研究，进行了近一年的野外观测。2002 年又在镜泊湖火山口附近架设了 16 台宽频带数字地震流动台，但布设时间短。2009～2011 年间，在国家专项项目“深部探测技术实验与集成”（SinoProbe-02）的资助下，中国地震局地球物理研究所承担了“东北跨松辽盆地宽频—甚宽频带剖面探测实验”研究，在东北布设了 60 台宽频带地震仪，开展了近一年半的连续观测研究。密集流动地震台阵位于满洲里—绥芬河地学断面的北面，且测线位置几乎平行于该地学断面。目前该台阵已记录到了大量高信噪比的地震事件。

岩石圈厚度是反映岩石圈结构特征的一个重要参数。与 P 波接收函数相比，S 波接收函数的优点在于 Sp 转换波到时较早，因此不受浅部间断面多次波的干扰。其次 S 波接收函数可很好的约束岩石圈和软溜圈之间的分界线（LAB），比面波观测具有更高的分辨率[陈凌等, 2010]。本文选取震级大于 5.5 级，震中距范围为 60°～85°和 85°～120°的远震地震事件分别计算 S 波和 SKS 震相的 S 波接收函数。由于 S 类型的波包含在 P 波的尾波中，因此信噪比较低，为此需人工手动挑选地震波形数据。在数据处理中，首先需由原始的 Z，N 和 E 分量旋转到 P，SV 和 SH 分量，然后 SV 分量对 P 分量反褶积处理得到 S 波接收函数。为与 P 波接收函数相比较，S 波接收函数的时间轴需反转。

利用东北流动台阵记录到的远震波形事件，采用 S 波接收函数共转换点叠加方法，本文得到了台阵下方详细的地壳和岩石圈结构成像。成像研究结果显示，东北地区地壳厚度两侧深中间薄。额尔古纳、兴安岭和佳木斯地块下方，Moho 埋深在 35～40 km 之间。而中部的松辽地块下方，Moho 界面埋深明显变浅，在 30～35 km 深度附近。总体而言，Moho 界面埋深深度与地表高程表现为一个反镜像关系，这与基于同样台阵资料 P 波接收函数的结果较为一致。但值得提出的是，P 波接收函数成像显示在松辽盆地和佳木斯地块交界处出现为双 Moho 界面特征。而对应的 S 波接收函数成像中没有观测到，但该处 Moho 界面能量较其他区域则明显较弱。其次，成像研究表明松辽盆地下方 LAB 界面明显变浅，最浅约在 50km 的深度附近。而两侧的兴安岭和佳木斯地块下方 LAB 界面埋深加深，约在 80 km 深度附近。整体而言，研究区域下方 LAB 与 Moho 界面形态特征一致，即软溜圈顶界隆起对应 Moho 界面埋深较浅的位置。LAB 界面研究结果与地学断面推测的该区上地幔高导层埋深情况，以及大地热流值的结果基本相符，但与层析成像所揭示的松辽盆地下方存在巨厚岩石圈的结果不一致。如果东北地区类似于中朝克拉通也存在中新生代巨厚岩石圈的减薄，我们推测减薄的主要驱动力不是西北太平洋板块。如果是就应该观测到一个 LAB 界面的明显的东西向变化特征。松辽盆地下方 LAB 界面隆起可能与下方软溜圈物质的上涌有关。

本论文受财政部专项“深部探测技术试验与集成”中子项目“东北横跨松辽盆地宽频—甚宽频剖面探测试验”（SinoProbe-02-03）和国家自然基金（40974061 和 90814013）联合资助。

## 参 考 文 献

[1] 杨宝俊，等. 中国满洲里—绥芬河地学断面地球物理综合研究[J]. 地球物理学报, 1996, 39(6): 772~782.

[2] 陈凌，等. 从华北北克拉通中、西部结构的区域差异性探讨克拉通破坏[J]. 地学前缘,2010,17(1): 211~228.

[3] Fuyuan Wu, et al. Geochronology of the Phanerozoic granitoids in northeastern China Journal of Asian[J]. Earth Science, 2011, 41: 1~30.

（2）中国大陆深部地球物理探测与 Sinoprobe 进展

# 深地震反射剖面揭示的海原断裂带深部几何形态与地壳形变

# Deep geometry structure feature of Haiyuan Fault and deformation of the crust revealed by deep seismic reflection profiling

王海燕*[1,2]　高　锐[1,2]　尹　安[3]　熊小松[1,2]　李文辉[1,2]

Wang Haiyan[1,2]　Gao Rui[1,2]　Yin An[3]　Xiong Xiaosong[1,2]　Li Wenhui[1,2]

1. 中国地质科学院地质研究所岩石圈中心　北京 100037;

2. 中国地质科学院地球探测与动力学重点实验室　北京 100037;

青藏高原东北缘是青藏高原块体与鄂尔多斯块体、阿拉善块体的交汇区[1]，是印度与欧亚两大板块碰撞作用由近南北方向向北东、东方向转换的重要场所,是青藏高原向北东方向扩展的前缘部位[2-3]。长期以来，由于活动的青藏高原不断的隆升和推挤作用，在强大的由西南向东北的推挤作用和东侧扬子地块、东北部华北块体、阿拉善块体的阻挡以及东北缘内部如松潘-甘孜块体挤压形变的作用下，形成了多个走向不同的青藏高原东北缘构造体系。新生代构造变形和地震活动强烈，区内分布多条大型深断裂带,其中多数不仅是重要的大地构造区边界断裂,也是控制现今强震活动的活断层。据记载，该区曾多次发生过 7 级以上地震。可见，在该区开展地壳深部结构精细探测等研究，对认识青藏高原地壳变形动力学和地震灾害发生机制等具有十分重要的科学意义。2009 年在 Sinoprobe-02 项目的资助下，中国地质科学院地质研究所完成了 300km 长的深地震反射剖面，南起西秦岭北缘，向北穿过临夏盆地、北祁连褶皱带，止于阿拉善地块南缘。本论文利用跨越海原断裂带部分剖面资料，对该段地震剖面进行初步构造解释，研究海原断裂带的深部几何形态和其两侧地壳上地幔细结构，为探讨青藏高原东北缘岩石圈变形机制提供地震学依据。

**1. 精细处理**

在详细分析原始资料的基础上，针对影响资料成像效果的主要问题，通过测试确定关键处理技术和处理流程，主要采用无射线层析静校正、多反射界面剩余静校正、地表一致性振幅补偿技术、叠前多域组合去噪技术、人机交互的高精度速度分析技术、地表一致性多道预测反褶积和基于起伏地表的克希霍夫叠前时间偏移等技术，明显改善了成像质量，波组特征清楚，反射特征突出，有利于分析构造特征。

**2. 深地震反射剖面揭示的地壳结构**

**1）断裂带地表位置、深部几何形态和规模**

海原断裂为北祁连褶皱带与河西走廊过渡带的分界带。在深地震剖面上可以清楚地看到海原断裂垂向延伸至 45km 埋深处的深大断裂。地震剖面显示，几何形态并不是简单的陡立或者较缓，几何形态随着深度变化。该断裂被地壳深部错断莫霍面的剪切带所截断，但其本身未直接错断莫霍面，表明该断裂并非直接切穿莫霍面的超壳断裂，而属于壳内深大断裂。

**2）断裂两侧地壳精细结构**

海原断裂南侧为北祁连褶皱带，上下地壳变形不同，上地壳主要表现为断弯褶皱构造体系，下地壳地层被多条剪切带所错断叠覆，强烈缩短变形。海原断裂北侧的河西走廊带上下地壳变形不同，在埋深为 12～16 km 之间存在滑脱层使得上下地壳变形解耦。上地壳表现为双重构造特征，下地壳主要以韧性变形为主。

**3）莫霍面的几何形态和埋深**

剖面清楚地展现了莫霍面埋深及几何形态。莫霍面总体表现为近水平的反射特征，从南向北莫霍面埋深最浅出现北祁连北缘，约 48 km（双程走时约 16 s），莫霍面对应地壳中地层被多次错断，且莫霍面也发生错断，位移量约 10 km。向北，进入阿拉善地块，莫霍面加深到 51 km，表现为近平的反射特征。

本文得到国家深部探测专项 Sinoprobe-02 项目、国家自然科学基金重点项目（40830316）和科技部国际合作项目（2006DFA21340）联合资助。

## 参 考 文 献

[1] 田勤俭,等. 青藏高原东北隅似三联点构造特征[J]. 中国地震,1998,14(4): 17~35.

[2] 张培震,等. 有关青藏高原东北缘晚新生代扩展与隆升的讨论[J]. 第四纪研究,2006,26(1): 5~13.

[3] Zhang P, et al. Continuous deformation of the Tibetan Plateau constrained from Global Positioning measurements[J]. Geology, 2004, 32 (9) : 809~812.

（2）中国大陆深部地球物理探测与 Sinoprobe 进展

# 青藏高原东缘地壳上地幔结构成像

## Structure image of eastern Tibetan P1ateau along latitude 30° N

楼 海[1] 王椿镛[1] 吴建平[1] 常力军[1] 吕志勇[2] 戴仕贵[2]

Lou Hai[1] Wang Chunyong[1] Wu Jianping[1] Chang Lijun[1] Li Zhiyong[2] Dai Shigui[2]

1. 中国地震局地球物理研究所 北京 100081；2. 四川省地震局 成都 61004

为了研究青藏高原东缘的地幔变形模型，寻找青藏高原侧向逃逸的深部地震学证据，利用在青藏高原东缘地区已有地震台站和多次 PASSCAL 型地震试验布设的流动地震台站观测的天然地震资料的远震 P 波接收函数 CCP 叠加得到沿北纬 30° 线的地壳上地面构造图像。

在研究中使用了北纬 30°附近的 51 个地震台的资料，其中 10 个台是四川地震台网和西藏地震台网的固定台站，其他是自然基金项目和国际合作项目布设的流动地震台。各台的观测时间不同，固定台站的观测时间在 2 年以上，流动地震台的观测时间为 3 个月到 1 年半不等。研究中选用的地震事件的震级 >5.5 级，震中距为 30°～90°，地震事件总数为 1013，有效记录（接收函数）6856。这些地震事件大多数来自西北和西南太平洋。研究中采用时间域迭代算法计算接收函数，用极化分析方法把接收函数从 ZRT 分量旋转到 LQT 分量，偏移叠加成像的参考速度模型为修改的 IASP91 模型（仅修改地壳厚度为 60 km）。采用经过 moveout 改正的接收函数作单台叠加以检查参考速度模型的合理性。

在接收函数偏移叠加剖面上，莫霍面明显的分为几段，更张—林芝—鲁朗一段的莫霍面深度在 60 km 左右，基本为水平状。通麦—波密—中坝—沙绕—八宿一段莫霍面深度向东逐渐变深，从 60 km 变为 74 km 左右，八宿到怒江缝合带是整个剖面上莫霍面最深的地方。从邦达到芒康(MNK)莫霍面也是向东逐渐变深，倾斜比较平缓，深度在 65～70 km 范围。巴塘—理塘—雅江段莫霍面深度在 60 km 左右，变化较小。雅江以东到郭达山—姑咱段莫霍面有明显的向东倾斜的特点。郭达山处莫霍面深度为 64 km 左右，再向东到雅安处莫霍面深度减少到 45 km 是莫霍面深度变化最明显的地段。油罐顶—金鸡寺—老寨子段在四川盆地内部，莫霍面深度在 40 km 左右。从整个剖面看，莫霍面深度变化的模式为西深东浅，分段东倾，表现出一种多段逆冲的构造特点。松番—甘孜造山带向东逆冲到四川盆地之上，拉萨地块向西逆冲到印度板块的阿萨姆（Assame）块体上。可以推断，青藏高原东缘地区的构造作用是印度板块的阿萨姆块体插入青藏高原并向东推挤，而四川盆地块体相对稳定阻挡青藏高原内部各块体向东运动形成的。

在叠加剖面上，莫霍面在通麦,邦达,巴塘，雅安等处有明显的不连续,分别相当于嘉黎断裂,怒江缝合带,金沙江缝合带和龙门山断裂带的位置。莫霍面在前三个地方都表现出莫霍面向东倾斜的特点。地面地质调查指出怒江缝合带，金沙江缝合带都是向西俯冲的板块缝合带，金沙江缝合带形成于晚三叠以前（许志琴等），怒江缝合带形成于晚三叠到晚侏罗。可以认为，叠加剖面显示的构造模式，是板块拼合之后，陆内碰撞过程中形成的反向俯冲的结果（赵文津，2002）。鲜水河断裂带南端从郭达山台附近通过，龙门山断裂带在泸定到雅安之间通过，在这里，叠加成像结果表示莫霍面深度变化达到 20 km 左右，而且显示出可能存在着川西高原下地壳插入四川盆地之下的特征。

在叠加图像上，上地幔中的 410 km 和 660 km 不连续面都有较好的显示。410 km 间断面转换波震相振幅较大，横向连续性较好，深度在 400～415km 之间，剖面两端处深度较浅，中间部位深度略大。660km 间断面上转换波振幅较小，但在整个剖面上都可以连续追踪。深度在 650～670 km 之间。也表现为剖面中间深度略大，两侧深度较小。叠加剖面显示出 410 和 660 间断面深度变化小，平均深度与全球平均值相当。上地幔转换带厚度没有明显的减薄或加厚。由于 410 km 和 660 km 间断面都是上地幔中的岩性相变面。如果上地幔转换带中存在温度异常,转换带的厚度会发生变化。温度上升 100℃,转换带厚度估计会减少 15 km。于在我们的叠加剖面中上地幔转换带的厚度没有大的变化，这可能表明在这个区域没有大规模的深部热活动。

### 参 考 文 献

[1] 许志琴，等. 中国松潘—甘孜造山带的造山过程[M]. 地质出版社，1992，1:183.
[2] 赵文津，等. 喜马拉雅和青藏高原深剖面(INDEPTH)研究进展[J]. 地质通报，2002, 21(11): 690~700.

（2）中国大陆深部地球物理探测与 Sinoprobe 进展

# 中国东南部岩浆岩分布与上地幔隆起

# Southeastern China Magmatic Rocks Distribution and the Upper Mantle Uplift

韩江涛　刘国兴*　韩　松　韩　凯

Han Jiangtao　Liu Guoxing　Han Song　Han Kai

吉林大学地球探测科学与技术学院　长春 130026

中国东南部自中生代以来岩浆活动强烈，发育大面积的侵入岩与火山岩，岩浆岩研究在华南地质上处于重要地位，华南地区作为大面积花岗岩省，也是研究岩浆作用最理想的实验室。从近年来大陆岩石圈三维结构研究中发现，陆壳垂向生长的物质和热源与壳-幔相互作用有关外，还可能与更深部的上地幔岩石圈和软流圈相互作用及软流圈物质上涌有关。在幔隆或软流圈上涌的位置，壳-幔物质往往可以发生大面积的相互作用[1]。

## 1. 华南岩浆岩成因模式

华南岩浆岩成因模式诸多学者从地质、地球化学、岩石学和地球物理学等角度展开讨论，较为重要的观点有[2]：① 安第斯活动大陆边缘模式，与太平洋板块俯冲有关；② 阿尔卑斯碰撞造山模式；③ 深大断裂走滑作用下的减压增温作用模式；④ 板内伸展—裂谷模式，与岩石圈伸展、玄武岩底侵有关；⑤ 中生代地幔柱模式。上述观点均有佐证支持，但也存在争议。无论哪种模式，都需建立在明确中国东南部深部结构的基础上，本文利用三维大地电磁观测，获取华南地区三维电性结构，在此基础上讨论华南的重大地质问题。

## 2. 大地电磁探测

大地电磁测深可研究地球深浅部导电性的变化，是深部探测不可缺少的武器。如何由实测数据最大程度的获取真实的地电模型，众多地球物理学家做了大量工作。越来越多的研究表明，高置信度的响应数据和有效的张量阻抗分解是二维反演成功与否的关键；另外，在复杂结构反演中，三维反演越来越重要，三维反演面临最主要的问题是计算效率。本次工作通过不同阻抗分解方法对比研究，选择适合于复杂结构地区的 G-B 方法确定最佳主轴方向，G-B 分解后主阻抗最大程度表征构造信息，相应的二维偏离度最小，采用不同模式的二维反演获取研究区域真实地电结构；大地电磁三维反演采用基于交错网格有限差分非线性共轭梯度反演算法，采用模块化设计，将数据、模型和模型联系分别包装在不同模块中，并通过模块的依存关系将整个系统分为三级，最高级的反演模块控制整个系统的运行，通过 MPI 并行控制主模块，实现三维反演的快速计算，最终可获取研究区域二维、三维电性结构模型[3]。

## 3. 岩浆岩分布与上地幔隆起

花岗岩和火山岩是华南大陆地壳的主要组成部分，在许多地区的构造—岩浆事件中，它们是最有代表性的地质体，记录着构造—岩浆事件特征、壳幔演化和大陆地壳生长等多方面的信息。同时花岗岩类又与众多的金属、非金属矿产密切相关，因而长期以来倍受地质学界的关注，成为地质学领域研究热点之一。大地电磁二维、三维反演结果表明：华南地区壳幔结构非层状特征，表现出强烈的不均匀性，上地壳断续分布电阻率值较高块体，且受北东向为主的断裂控制，推断为华南地区多期次构造-岩浆活动形成的花岗岩体和火山岩。高阻体空间分布与地表地质有很好的对应性，也证实了反演结果的客观性。各剖面在下地壳底部普遍存在呈低阻特征的流动通道，广泛存在软流圈隆起，壳/幔减薄和软流圈隆起主要发生在剖面中部的武夷山隆起区，沿连平—梅州—岩前—上杭—永安—明溪—武夷山—上饶为轴线，为岩浆活动剧烈的场所，该隆起带直接影响了自中生代以来的岩浆活动，软流圈上涌加剧了壳幔的相互作用，并指示了岩浆活动的深部背景。初步认定岩浆岩的成因模式符合板内伸展模式，与软流圈隆起、玄武质岩浆底侵有关。

本研究由国家专项 SinoProbe0204、吉林大学基本科研业务费 450060481097 联合资助。

## 参 考 文 献

[1] 肖庆辉，王涛，邓晋福，等. 中国典型造山带花岗岩与大陆地壳生长研究[M]. 北京:地质出版社，2009.

[2] 李献华,李武显. 华南早中生代岩浆作用的时代、成因及构造意义[C]. 2004 年全国岩石学与地球动力学研讨会.2004, 107~108.

[3] 刘云鹤. 三维可控源电磁法非线性共轭梯度反演研究[D]. 长春: 吉林大学, 2011.

（2）中国大陆深部地球物理探测与 Sinoprobe 进展

# 地震波三维 Q 值成像

## The 3-D Seismic Q Tomography

张元生[*1] 惠少兴[1] 陈九辉[2] 李顺成[2] 秦满忠[1] 郭晓[1] 刘旭宙[1] 魏从信[1]

Zhang Yuansheng[*1] Hui Shaoxing[1] Chen Jiuhui[2] Li Shuncheng[2]
Qin Manzhong[1] Guo Xiao[1] Liu Xuzhou[1] Wei Congxin[1]

1. 中国地震局兰州地震研究所 兰州 730000;
2. 中国地震局地质研究所地震动力学国家重点实验室 北京 100029

品质因子 Q 是描述地球介质特性的主要参数之一。其与裂隙状态、流体迁移和热物质上涌等岩石性质密切相关。由于地震波能提供地球内部物质组成、晶体结构和物态、温度以及物质流动等信息，且地震波在地球介质中的衰减与 Q 值直接相关，因此通过地震波研究地球介质 Q 值，已经成为研究地球内部结构及其动力系统的重要手段之一。

Q 值计算涉及未知参数多，如震源函数、几何衰减函数、场地响应函数和仪器响应函数等，在这些参数中除仪器响应函数外，其余 3 个函数都是统计关系式，无疑 Q 值计算比速度计算复杂。近年来，我们提出了一种全新 Q 值计算方法，该方法利用微震波形资料，分离出 Pg 和 Sg 波形，获得其振幅谱，计算地震波路径上的总 Q 值。再利用射线追踪计算三维块模型的走时 T 矩阵，以总 Q 值为“观测值”，用阻尼最小二乘法进行三维 Q 值反演计算，获得 P 波和 S 波不同频率的三维 Q 值结构。该方法严格消除了几何衰减系数和反射透射系数，以及震源函数中 Ω 等参数对 Q 值的影响，方法对 P 波计算是严格的，而 S 波计算所涉及的场地响应采用 Nakamura 法求取。计算方法对提高 Q 值计算精度和促进三维 Q 值成像技术有重要作用。

青藏高原东北缘地区是一个典型的三联点构造，西北部是沉积层很薄、基地隆起且古老的阿拉善地块，西南部是内部结构复杂、活动强烈、介质强度较低的青藏高原，东部是较为完整而稳定的鄂尔多斯地块，西起龙首山，向东南经古浪、海原、天水等地，以景泰—会宁为界。由于区内地形地貌复杂变化剧烈，地形高程从青藏高原东北缘的海拔 4000m 降至鄂尔多斯的 1000m。长期以来，该区受印度板块与欧亚板块碰撞挤压作用的影响，构造活动剧烈，地震活动频繁，是我国历史上 8 级大震最密集的地区，同时南北地震带也从该区穿过，多年来一直是地学家研究的热点之一。

本研究应用甘东南台阵和甘肃台网（150 个流动台，27 个固定台）记录的 3273 个微震资料（资料时段为 2009 年 11 月 13 日～2010 年 11 月 01 日），共 65486 条 Pg 波和 57839 条 Sg 波记录，在青藏高原东北缘地区（N32.2088°～N36.0212°，E102.7289°～107.0962°）进行了地壳三维 Q 值成像。结果表明：①Q 值平面分布：在下地壳顶部（25km 左右）迭部一带 Q 值相对较低，低 Q 值分布向东或东北浅部延伸，形成翘舌状，这与“Channel-flow”的观点基本吻合。西秦岭北缘断裂两侧 Q 值分布差异明显，反映了地震波通过断裂时的变化。10～25 km 深度范围内，武山以南局部区域 Q 值相对较低，可能是由于该区多温泉分布，来自壳—幔的热物质上涌。广元—青川一带由于地震活动频繁，Q 值相对较低；②地震深度与 Q 值剖面分布：多数地震条带两侧 Q 值分布存在差异，Q 值相对较低或者陡变区域多为地震密集区；③剖面速度和 Q 值剖面分布：两者具有一致的分布形态，速度存在明显差异的地方，Q 值差异也明显，进一步说明了 Q 值和速度对深部结构的反映具有一定的关联性。④经 Q 值、小震活动、P 波速度剖面和地质构造等分析研究，综合认为，1879 年 7 月 1 日武都南 8 级地震的发震构造是哈南—高楼山—月亮坝断裂、堡子坝—青山湾—磨坝里断裂和雄黄山地区推测隐伏断裂等多条断裂；可能由固城—红河断裂、礼县西侧推测断裂和尚未出露地表的礼县—罗家堡等多条断裂共同导致了 1654 年 7 月 21 日天水南 8 级地震的发生。

本研究由国家自然基金（40874029）和中国地震局行业专项重大项目“中国地震科学台阵探测—南北地带南段”（201008001）资助。

### 参 考 文 献

[1] 刘杰, 等. 利用遗传算法反演非弹性衰减系数、震源系数和场地响应[J]. 地震学报, 2003, 25(2): 211~218.
[2] 樊计昌, 等. 三维 Q 值层析成像人机交互软件及其在地震数据处理中的应用[J]. 中国科学院研究生院学报, 2011, 28(4): 475~480.
[3] 郭晓, 等. 甘东南地区非弹性衰减系数、震源参数和场地响应研究[J]. 中国地震, 2007, 23(4): 383~392.
[4] 周民都, 等. 天水地震区 Q 值结构[J]. 地球物理学报, 1996, 39(增刊): 216~223.

（2）中国大陆深部地球物理探测与 Sinoprobe 进展

# CSAMT 在戈壁滩探测深部地质构造特征的应用

# Application of CSAMT to detect the Earth's deep geological structure features in the Gobi Desert

董湘龙[*1,2]　庹先国[1,2]　李怀良[2]　朱丽丽[2]　张　赓[2]

Dong Xianglong　Tuo Xianguo　Li Huangliang　Zhu Lili　Zhang Geng

1. 地学核技术四川省重点实验室　成都理工大学 5256 信箱　610059

2. 地球探测与信息技术教育部重点实验室　成都理工大学 5256 信箱　610059

可控源音频大地电磁法（CSAMT）是在大地电磁法（MT）和音频大地电磁法（AMT）的基础上发展起来的一种人工源频率域电磁测深方法。它克服了天然场源的随机性和信号弱的缺陷,具有工作效率高、信息量大、勘探深度大、垂直分辨能力好、水平方向分辨能力高、地形影响小、高阻层地屏蔽作用小等优点。

**1. 野外工作方法**

在戈壁滩作业有几点特殊之处,物资困乏，运输困难，昼夜温差大特别，气候干燥，地表接地电阻大。对 CSAMT 来说，其对接地电阻要求高，特别是采用电性源的发射端，接地电阻大会影响发射功率，造成接收端信号强度弱。通过多次试验，发现测区无论加多少电极，电阻一般高于 150 Ω，为了更进一步减少电阻，采用铜丝网片状电极平敷在接地点上，并用浇上盐水的湿土压实，同时尽量把发射极布置在低洼地段或干河道内，深挖沟多浇盐水，使得接地电阻基本在 100 Ω 以内。在接收端为使接地电阻小于 2 kΩ(最大不大于 10 kΩ)，一般挖 20 cm 极坑，剔除砾石和杂物，并向坑内提前浇水以减小接地电阻。

其他需要注意是：戈壁滩风大，为避免磁探头震动而产生噪声，应将其埋入地面以下，且磁探头需尽量远离高压线、繁忙公路、管道等。在夏季作业地表温度最高达到 45℃～50℃，发射端某些设备自身发热量大，会造成停止运行，因此给发射端搭遮阳伞、盖湿布等降温措施是必要的。观测的电磁场值与发射电流成正比，因此需增加供电电流，但不应该靠提高电压来实现，而要尽量减少接地电阻与导线电阻，保证低压下供出大电流。

本次探测深度要求约 2 km，根据有效探测深度公式：

$$H \approx 356\sqrt{\rho / f}\ \sqrt{\rho/f}\ (\mathrm{m})$$

式中 $\rho$ 为地层电阻率（Ω·m），$f$ 为工作频率（Hz）。从公式中可见，对于特定工区地层电阻率是恒定的，只有把有效 $f$ 变小，方可增加探测深度。为了减小最低有效远场频率，适当增加收发距是方法之一。为保证在“远区”工作，收发距通常取 $r \geqslant$ 4Hmax（Hmax 为目标体最大埋深），加上高阻地区相比较低阻地区会过早地进入过渡区，这种测区条件下既要考虑增大最低频率也要考虑进一步加大收发距满足远区工作条件。考虑到戈壁滩干扰小，实际证明收发距取 10 km$\leqslant r \leqslant$15 km 是可行的。

根据经验 AB 距可取 1～3 km，在 AB 大时，低频特性好，AB 小时，高频特性好，所以在探测较深地质目标时，AB 距可选择大一些。

**2. 资料处理与解释**

数据导入 PC 后，首先要进行资料处理，压制 CSAMT 数据中的各种噪声影响，从各种叠加场中分离、突出或增加地质目标体的场信息或趋势，资料处理主要包括：数据编辑与平滑、平面波场处理、静态位移校正、地形校正及过渡区校正等。资料解释主要根据已知的信息对电性层对应的地质层位与探区做地质推理，主要步骤为定性解释、定量解释和综合地质解释。

**3. 结论**

在戈壁滩开展工作条件艰苦，每一步的成功都会关系到后续工作成败，因此必须有全面细致的前期工作。由于电磁法勘探本事的局限性，其数据质量受高压线、管道、铁路、施工区等影响大，需尽量避免。同时，类似如第四系到第三系等地层电性差异不大，探测的效果不是很明显，需据地质条件选择方法。

本研究由国家杰出青年科学基金（40125015）资助。

### 参 考 文 献

[1] 电性可控源音频大地电磁法技术规程（送批稿）.

[2] 张国鸿，等. 可控源音频大地电磁法若干方法技术问题的探讨[J]. 安徽地质, 2009, (6): 12~14.

（2）中国大陆深部地球物理探测与 Sinoprobe 进展

# 维西—东川—贵阳重力剖面揭示的深部构造特征

# The characteristics of deep crust structure revealed by gravity profile along Vici, Dongchuan and Guiyang,China

申重阳[1] 杨光亮[*1,2] 谈洪波[1] 玄松柏[1] 孙文科[2]

Shen Chongyang[1] Yang Guangliang[1,2] Tan Hongbo[1] Xuan Songbai[1] Sun Wenke[2]

1. 湖北省地震局 武汉 430071；2. 中国科学院研究生院地球科学学院地球动力学实验室 北京 100039

本文的研究区域是 99.2°E～106.7°E，26.4°N～27.3°N，在该区设置重力剖面，以其西段的攀西地区丽江—攀枝花—者海人工地震探测获取的地震速度结构等作为约束，进行深部断裂构造与物性的探测研究。早期对该区域深部构造研究以地震成像为主，地震成像结果难免受川滇地区地表地形剧烈起伏、构造复杂干扰，重力结合地震成像结果的联合研究使深部构造与物性信息更准确。

川滇地区在地理上处于青藏物质东流的东南通道上，是中国西部主要的地震多发区之一。该区是青藏高原和扬子准地台之间重要的构造过渡带，区内发育众多深大断裂带，形成了复杂的深部构造结构，并以南北向走滑断裂为主。2000 年至今，发生 6 级以上地震 20 多次，也预示着该断裂正处于剧烈的构造活动中。因而，对该区断裂深部构造的研究有助于地震发生的地质构造条件的判断，也有助于加强青藏物质东流的东南通道的认识，是研究地震孕育过程的必要基础，具有重要物理意义。

该区历来是地球物理研究的重点区域，相继开展了大量远震走时成像、体波成像等研究。地震层析成像等研究结果表明（李永华，吴庆举等，2004）南北地震带地壳厚度具有南薄北厚，东薄西厚的特点，莫霍界面为 32～65km;地壳和上地幔存在显著的横向不均与性，板块边界清晰（何正勤等，2004）；东南部地区莫霍界面分层明显（陈立华，1992；傅维洲，1999；吴建平，2001）。小江断裂向下至少深切至下地壳（白志明等，2004）；中下地壳存在速度异常，S 波速度结构具有很强的横向不均匀性（胡家富等，2003）。在小江断裂与红河断裂围成的川滇菱形块体内，26～30 km 深度的速度明显低于周边地区（王椿镛，2002；黄金莉，2003），并依据地震初至 P 波和 S 波走时资料获得了川滇地区上地幔三维速度结构。小江断裂带西盘（川滇块体）的主动向南对曲江—石屏断裂带具有长期强烈的作用（闻学泽，2011）。

该剖面从西往东，依次穿越维西—巍山断裂北段、金沙江断裂带、龙蟠—乔后断裂、玉龙雪山东麓断裂、鹤庆—洱源断裂、永胜—宾川断裂带北段、李明久断裂南端、磨盘山—绿汁江断裂、宁会断裂、普渡河断裂北段、小江断裂带北段、威宁—水城断裂北段(据邓起东中国断裂分布)。重力剖面从维西至贵阳，设置 420 个测点，平均点距约 3km，跨断层方向直线距离约 800 km，同步进行 GPS 观测。重力观测以已有重力观测网络的重力点作为基本控制点，选取以剖面沿线的 5 个绝对重力点作为绝对重力基准，以 18 个中国大陆流动重力网基本点作为相对重力联测基点。对观测结果分别进行仪器漂移、潮汐、极移改正后，进行平差计算，得到各测点空间重力异常值，计算得到的重力点值精度达到 $33\times10^{-8}\mathrm{ms}^{-2}$。在此基础上，对各测点的重力观测值依次进行正常重力改正、大气改正、高度改正、地形改正，获得自由空气异常和完全布格改正，得到各测点的自由空气异常和布格重力异常。该研究区地形复杂，在进行地形改正计算时测点 20km 圆周以内区域采用美国航天局（NASA）与日本经济产业省（METI）2009 年共同推出的地形数据 ASTER GDEM（先进星载热发射和反射辐射仪全球数字高程模型），其分辨率为 1″ ×1″；以外区域采用 2008 年 8 月美国国家地球物理数据中心（NGDC）发布分辨率为 1′ ×1′ 的数字地形模型 ETOPO1 地形数据。

从流动重力剖面解算获得的布格重力异常分析可知，从布格异常的陡变区可初步推断出断裂构造的位置，并与实际吻合；在小江断裂带布格重力异常出现突变现象，初步研究表明该断裂带深切至下地壳；反演得到的莫霍基底结果表明，莫霍面起伏以小江断裂为界，断裂带以西莫霍面加深，往东则逐渐变浅；分析认为小江断裂带为青藏高原块体与扬子准地台相互作用的边界带；小江断裂带以西至金沙江断裂带之间的区域是否存在青藏高原物质“东流通道”则需进一步结合该区域内地震、地质相关研究成果及三维重力反演结果进行分析。

## 参 考 文 献

[1] 邓起东，等. 中国活动构造图（1:400 万）[M]. 北京：地震出版社，2007.

[2] Royden L H,. et al. Surface deformation and lower crustal flow in eastern Tibet[J]. Science,1997,276(2): 788~790.

[3] 陈立华，等. 中国南北带地壳上地幔三维面波速度结构和各向异性[J]. 地球物理学报，1992,35(5): 575~583.

（2）中国大陆深部地球物理探测与 Sinoprobe 进展

# 亚东—伯朝拉地壳断面：揭示亚洲大陆深部结构及动力学过程

# Yadong-Pechora Crustal Geotransect: Reveal the deep structure and dynamic process across Asia continent

李秋生[1]　刘 训[1]　彭 聪[2]　叶 卓[1]　李 超[3]

Li Qiusheng　Liu Xun　Peng Cong　Ye Zhuo　Li Chao

1. 中国地质科学院地质研究所　北京 100037
2. 中国地质科学院矿产资源研究所　北京 100037
3. 中国地质大学（北京）　北京 100083

亚东—大柴旦—乌拉尔地壳断面，以全球岩石圈地学断面为基础，补充新资料后，对接各段形成。断面起自喜马拉雅南坡的亚东，穿过青藏高原主体、塔里木盆地、天山山脉、西西伯利亚盆地，止于乌拉尔山脉西侧的伯朝拉纵贯整个亚洲大陆，全长逾 5000 千米。

其意义是显而易见的。之前还不曾有一条亚洲大陆尺度的断面将全球最稳定（西伯利亚）和最活动（青藏高原）的单元集于一图。断面穿过油气资源丰富的西西伯利亚盆地，金属矿产资源聚集的中亚造山区和特提斯造山区，作为一种基础图件，该断面可为研究板块相互作用、欧亚大陆的构造演化，特别是板内变形，提供最基本的约束和深部资料依据。有助于总体上把握亚洲矿产资源分布深部背景和地质灾害发生的深部机制。

亚东—大柴旦—乌拉尔地壳断面南半部分属特提斯构造域，北半部分属古亚洲洋构造域，两者依序接替演化，形成了中亚地区地壳构造的主要格架，印度板块与欧亚沿雅鲁藏布江缝合带的碰撞和持续北挤，引起尚未完全固结的前新生代造山带的重新活化，最终造就了现今中亚地区以东西向高大山系夹持一系列中新生代盆地为特色的构造地貌特征。

青藏高原具有全断面最大地壳厚度，高原主体平均深度大于 60 km，Moho 的深度极大值一个出现在冈底斯带南缘之下，另一个位于冈底斯带（拉萨地体）北部，最新的反射地震资料显示，羌塘地体可能具有高原主体最薄的地壳（TWT 20 s，折合为厚度 60～65 km）从冈底斯到东昆仑造山带，莫霍面变化的总体趋势是呈阶梯状抬升。块体边界（缝合带）一般都对应着莫霍面的陡变带。在各个块体内部莫霍面深度接近，产状平缓，结构趋于一致。柴达木是被裹挟到青藏高原内部的刚性地块，在高原缩短增厚过程中遭受了一定程度的变形，其地壳厚度为 52±2 km。祁连带位于青藏高原东北缘，被认为是再活化的古生代造山带，地壳厚度在不同地段分别达 55～70 km。

青藏高原地壳可分为上（≤6.3 km/s）、中(6.3～6.6 km/s)、下(6.6～7.0 km/s)速度递增结构，未见垂向重复，这表明印度板块地壳俯冲并未底垫到整个高原之下。青藏高原普遍存在达一定规模的层状地壳低速区，一般位于上地壳底部或中地壳上部，拉萨地体南部，中地壳可能发生了广泛部分熔融。目前已有资料显示，壳内低速区的埋藏深度、厚度和速度回转的程度在侧向上都有明显的变化，并不存在遍布高原、连续分布的壳内低速层。拉萨地体下地壳底部为一速度 6.6～7.0 km/s 的壳幔过渡带。青藏高原喜马拉雅带和拉萨地体的岩石圈地幔速度为 8.0 km/s，羌塘略小 7.9～8.0 km/s,昆仑-柴达木-祁连 8.1 km/s。

地壳平均速度偏低（6.10 ~6.30 km/s），反映其长英质到中性的大陆型地壳物质组成。而地壳厚度远大于全球陆壳平均值（39.2 km）,表征其年轻造山带的特性。下地壳增厚和上地壳的逆冲叠置为青藏高原地壳变形的主要表现形式。

塔里木—天山—准噶尔地理上被称为中亚地区，隔阿尔金走滑断裂与青藏高原为邻，构造上属哈萨克斯坦板块。该区地壳是在晚元古代到奥陶纪时由若干微陆块及岛弧碰撞所形成，固结程度较高。地壳厚度明显较青藏高原薄，平均相差 10 km 以上。

塔里木盆地地壳中央略薄(40～45 km)边缘略厚（45～55 km），盆地边缘 Moho 面分别向南、北两侧的山脉下倾伏，山体向盆地逆冲叠覆。天山带具有较大地壳厚度，可达 55 km 以上，与塔里木比较可知，增厚主要发生下地壳，据研究是陆内俯冲使然。吐（鲁番）—哈（密）盆地地壳较周缘山脉略薄。准噶尔盆地地壳厚 42～45km，地壳平均速度较高，明显偏基性。盆地北缘 Moho 面向阿尔泰山脉下高角度倾伏。两克拉通盆地的地壳结构上、下两分，壳内低速区不发育，仅在南天山的中地壳底部开始出现，向南延伸数百千米，并逐渐减薄、尖灭于南祁连地体的中地壳底部。

该区地壳平均速度较高，达 6.4 km/s, 地壳厚度接近/略大于全球陆壳平均值，岩石圈地幔速度为 8.0～8.2 km/s，表明尚未经历明显的减薄过程。

阿尔泰造山带地壳是在晚寒武世到晚古生代时，沿西伯利亚南部边界许多来源极其不同的块体间多次碰撞而形成的，固结程度较差。该区地壳厚度达 57 km,与其南邻的准噶尔盆地和北接的西西伯利亚的地壳对比，形成鲜明的对照。阿尔泰造山带地壳结构分异度较高，上、中、下地壳厚度均衡，下地壳略厚，速度梯次增加，级差较明显。鉴于该区自早中生代以来无大规模的岩浆活动，现今的结构被认为是新生代壳幔内物质循环重组改造的结果。

西西伯利亚盆地夹持于东欧地台、哈萨克斯坦克拉通和西伯利亚地台之间，具不均匀的加里东—海西基底。作为中亚造山带的一部分。历经西西伯利亚洋的开合，中生代以来进入克拉通化演化阶段。该区地壳厚度中等，在 35～38 km 之间缓慢变化，两分结构较清楚，地壳为上部由中新生代沉积和深变质的结晶基底构成（底部速度 6.35 km/s），下部由(6.4～6.8 km/s)和（(6.9～7.2 km/s）两层组成。上层较厚，顶面起伏较大，下地壳较薄，随 Moho 舒缓起伏。在盆地中央微隆，两侧下分别向乌拉尔山脉和阿尔泰山系倾伏。盆地的地幔结构复杂，上地幔顶部速度较高（8.0-8.2 km/s）。

乌拉尔以西的东欧地台和以东的西西伯利亚之下的地壳厚度为 35～40 km，在地表近乎被夷平的乌拉尔山脉之下，地壳厚度加大到 50km 以上。造山带两侧的莫霍面向内倾斜，造山带核部地壳厚度达到 57 km，形成典型的近似对称的“山根”。与东欧地台和西西伯利亚的地壳厚度（35～40 km）形成鲜明的对比。

## 参 考 文 献


[1] E A Morozovaa, I B Morozova, S B Smithsona, L. Solodilov. Lithospheric boundaries and upper mantle heterogeneity beneath Russian Eurasia: evidence from the DSS pro®le QUARTZ[J]. Tectonophysics 2000, 329: 333~344.

[2] Jérome Vergne Gérard Wittlinger, Qiang Hui, et al. Seismic evidence for step wise thickening of the crust across the NE Tibetan plateau[J]. Earth and Planetary Science Letters, 2002, 203: 25~33.

[3] R Kind, X Yuan, J Saul, et al. Seismic Image of crust and Upper Mantle beneath Tibet: Evidence for Eurasian Plate Subduction[J]. Science, 2002, 298: 1219~1221.

[4] T Ryberg, F Wenzel, J Mechie, A Egorkin, K Fuchs, L Solodilov. Two-Dimensional Velocity Structure beneath Northern Eurasia Derived from the Super Long-Range Seismic Profile Quartz[J]. Bulletin of the Seismological Society of America, 1996, 86(3): 857~867.

[5] Wang Zejiu, Wu Gongjian, Xiao Xuchang, et al. Golmud—Ejin Transect[M]. Chin, Geological Pubkishing House, Beijing, China, 1997.

[6] Wang Y, W D Mooney, X Yuan, et al. The crustal structure from the Altai Mountains to the Altyn Tagh fault[J]. northwest China, J. Geophys. Res., 2003, 108(B6): 2322.

[7] Werner Schueller, Igor B. Morozov, Scott B. Smithson. Crustal and Uppermost Mantle Velocity Structure of Northern Eurasia along the Profile Quartz[J]. Bulletin of the Seismological Society of America, 1997, 87(2):414~426.

[8] Wu Gongjian, Xiao Xuchang, et al. Yadong to Golmud Transect, Qinghai-Tibet[J]. China，American Geophysical Union, WashingtonDC, USA., 1991.

[9] Zhu Lupei, Donald V. Helmberger. Moho offset across the northern margin of the Tibetan plateau[J]. Science, 1998, 281: 1170~1172.

[10]崔作舟，李秋生，吴朝东，等.格尔木—额济纳旗地学断面的地壳结构与深部构造[J]. 地球物理学报，1995, 38（增刊 II）: 15~27.

[11]李朋武，崔军文，高锐，等.柴达木地块新生代古地磁新数据及其构造意义[J]. 地球学报，2001, 22(6): 563~568.

[12]卢德源、王香泾. 青藏高原北部沱沱河-格尔木地区的地壳结构和深部作用过程[J]. 中国地质科学院院报，21: 227~237.

[13]吴功建，高锐，余钦范，等. 青藏高原“亚东—格尔木地学断面”综合地质地球物理调查研究[J]. 地球物理学报，1991, 34(5): 552~561.

[14]袁学诚，耶哥洛夫，GEMOC, 等，北冰洋—欧亚大陆—太平洋地学断面[M]. 北京: 科学出版社，2003.

[15]中国地质科学院地质研究所. 中国西部及邻区地质图编图（1：2500000）说明书[M]. 北京：地质出版社，2006.

（2）中国大陆深部地球物理探测与 Sinoprobe 进展

# 华北裂陷盆地上地壳精细速度结构特征
## ——基于石油地震叠加速度资料和人工地震测深剖面的结果

# High precision velocity structure of the upper crust under the North China basin based on oil seismic stack velocity and deep seismic sounding

杨 峰[1*] 黄金莉[2]

Yang Feng Huang Jinli

1. 中国地震局地震预测研究所 北京 100036; 2. 中国地质大学（北京）地球物理与信息技术学院 北京 100083

华北裂陷盆地位于中国大陆北部，地处燕山隆起以南、太行山隆起以东。盆地内被巨厚的新生代沉积所覆盖，自西向东相间排列着冀中坳陷、沧县隆起和黄骅坳陷次级构造，形成了急剧起伏的基底界面，地壳结构十分复杂。目前在华北盆地强地面运动模拟的研究中，由于所用资料的限制，在近地表几千米深度范围的上地壳模型精度不高，特别是对沉积层的刻画还不够细致，而盆地内低速松散的沉积物对地震波有着显著的放大作用，会造成其持续时间的延长，从而使震害明显加重，所以查清该区浅层上地壳特别是沉积层的精细结构，对于防震减灾具有非常重要的意义。本研究应用石油地震勘探叠加速度资料、人工地震测深剖面解释结果，采用专业地质建模软件构建了华北裂陷盆地上地壳高精度三维 P 波速度模型。

我们收集了华北盆地内 40 个测点的地震叠加速度资料，每个测点上的数据均由一系列的双程垂直反射时间和相对应的叠加速度构成，这些测点主要集中在黄骅和冀中坳陷内，沧县隆起内也有少量分布，这为理清华北盆地特别是盆地坳陷区沉积层的细结构创造了较好的数据条件。采用常规处理叠加速度的方法求得水平层状介质假设条件下各个测点下方的层速度和层厚度[1]，进而获得了各测点下方速度随深度变化的曲线。我们还从已发表的文献中挑选了图件清晰可靠的 9 条人工地震测深剖面的解释结果，利用 MapInfo 软件的矢量化功能对剖面中的速度等值线进行数字化处理，获得各条剖面下方不同深度点的 P 波速度。根据收集的叠加速度资料和人工地震测深剖面的分布情况，划定（115.50°～117.6°E，38.40°～40.75°N）为研究区。构建速度模型时，我们先从基础地理信息数据中提取研究区的地表高程数据，以地表高程面作为速度模型的顶面，以 10 km 深度界面作为模型的底面；然后在顶、底界面之间设置经度、纬度和深度方向的网格节点，形成 195×281×119 的三维网格体系，使得网格节点距在水平方向上为 1 km，在垂直方向上为 0.1 km。构建好三维网格体系后，采用“算数平均”方法将前面得到的各测点下的速度曲线和剖面下方离散点的速度数据赋值到网格节点上；然后，采用专业地质建模软件 GOCAD 软件的核心技术——离散光滑插值方法对网格节点上的速度值进行约束[2]，经过 100 次迭代计算后，获得了研究区 10km 深度内的上地壳三维 P 波速度模型。

本研究首次将石油地震叠加速度资料用于华北裂陷盆地上地壳速度模型的构建，与以往用人工地震测深资料得到的模型相比，结果对华北盆地复杂的上地壳结构刻画得更为细致。模型显示：盆地内沧县隆起与东西两侧黄骅、冀中坳陷下的速度结构差异显著；坳陷区被巨厚的沉积层所覆盖，盖层速度在冀中坳陷下为 1.5～5.0 km/s，在黄骅坳陷下为 1.7～5.0 km/s，且坳陷区的速度随深度逐渐增加；而沧县隆起区的沉积盖层较薄，只有 1～2 km，速度为 2.0～5.3 km/s；从整体看，华北盆地上地壳的速度结构可看作是两个大的低速坳陷中间夹着一个高速的隆起。位于盆山过渡带的张渤断陷带其盖层厚度介于盆地坳陷区与隆起区之间，速度较盆地内有所变大。

由于我们在华北盆地内使用了较多的石油地震资料，因而得到的模型能够较细致地刻画结晶基底面的起伏。参考人工地震测深的结果，本文以 6.0 km/s 的速度等值线来勾画结晶基底面的最大埋深，结果表明：冀中坳陷结晶基底在任丘、文安以南地区达到最深，为 9～10 km，在霸县凹陷下约 6～7 km，永清凹陷达到 7 km，武清凹陷下方为 7～8 km，沿构造走向整体呈西南深、东北浅的趋势；沧县隆起下的基底埋深在沧州、青县地区最浅，尚不足 2 km，沿北东方向逐渐加深至 4 km 以下；黄骅坳陷的基底埋深约 8～9 km，沿构造走向起伏变化平缓，剧烈的基底起伏反映出盆地内部不同次级构造单元的差异沉降和中、新生代以来强烈的拉张构造运动。张渤断陷带下的基底埋深沿构造走向从东到西逐渐变浅，三河震区和顺义盆地下方可达 5 km 以下，而延怀盆地下则仅为 1km 深。

本研究由国家自然科学基金重大计划项目（91114205）资助。

（2）中国大陆深部地球物理探测与 Sinoprobe 进展

# 松潘地块的属性—深地震反射剖面和航磁异常的联合解释

# Affinity of the Songpan block (East Tibet) as interpreted jointly by deep seismic reflection profiling and aeromagnetic data

张季生[1,2] 高 锐[1,2*] 李秋生[1,2] 管烨[1,2] 王海燕[1,2] 卢占武[1,2]

Zhang Jisheng[1,2] Gao Rui[1,2] Li Qiusheng[1,2] Guan Ye[1,2] Wang Haiyan[1,2] Lu Zhanwu[1,2]

1. 中国地质科学院地质研究所 北京 100037;

2. 中国地质科学院深部探测与地球动力学开放实验室 北京 100037

松潘地块位于青藏高原东部，其北部东昆仑—柴达木地体和南部羌塘地体之间的一个三角形构造单元。在地体南面以金沙江缝合带为界，北面以阿尼玛卿—木孜塔格缝合带为界，东面以龙门山断裂带为界与属于扬子地台的四川盆地相接。从晚二叠到早侏罗，华北、华南和羌塘地块沿俯冲带俯冲，随后收敛，导致特提斯洋的一个分支——松潘甘孜盆地闭合。在松潘地块南部，新元古代基底在丹巴背斜构造内出露；在东部，沿着龙门山逆冲推覆带出露的雪隆宝变质核杂岩内出露。在岷山南段的雪宝顶，以及若尔盖以北的白龙江隆起均有少量元古代地层出露。但是，在研究区内广泛分布的三叠纪沉积岩下面，基底是洋壳还是陆壳，由于很难获得古老岩石的样品，至今仍在争论之中。

为了揭示青藏高原东北缘的岩石圈结构，探讨松潘地块的构造属性，2004 年，我们完成了一条是穿过若尔盖盆地和昆仑断裂的反射地震剖面。高分辨率的深反射地震剖面揭示的松潘地块下地壳的结构特征，特别是若尔盖盆地中部 6.00～7.00 s（15～20 km）之下存在一个大陆地块。

本研究区的磁场特征主要为 −10～−60 nT 低缓负磁异常，中间有岩体引起的短波长局部异常。整个低缓负磁场区近似为不规则的多边形，四周被强度不同的正磁异常所包围。东部边界则沿龙门山断裂带。西南部边界沿金沙江断裂带。北部边界大致沿西秦岭造山带的中部。由于受斜磁化的影响，航磁异常的特征位置将发生偏移，因此对航磁异常进行了化极计算，化极计算选择磁化倾角为 50.63º 磁化偏角为 358.93º。经过化极和上延处理测航磁异常图像显示出：不仅若尔盖盆地，而且整个松潘地块同处于同一低缓的弱磁异常区内。因此根据深反射的探测结果，我们推测不仅在若尔盖盆地的下地壳，在整个松潘地块下地壳都存在弱磁性的基底。岩石磁性研究结果表明：以碎屑岩和碳酸盐岩建造分布的沉积岩类岩石磁性最弱属无磁或微弱磁性。变质岩各类岩石为弱磁性且不均匀，前震旦纪(Presinian)的片麻岩的磁化率均值为 $54\times10^{-5}$ SI。由此可见，弱磁性的基底由中—新元古代地层构成。因此我们提出在整个松潘地块下地壳都存在前震旦纪变质基底。

在松潘地块内部广泛分布花岗岩，大都为印支期，与特提斯洋闭合相关。本文汇总近年来在松潘地块及邻区花岗岩同位素地球资料。从松潘甘孜和西秦岭造山带南部花岗岩类地球化学和 Sm-Nd 同位素组成特征可以看出，$I_{Sr}$=0.7053～0.71197， $\varepsilon_{Nd}(t)=-0.44$～$-9.5$，表明反映它们的岩浆来自地壳物质的部分熔融。因此，这些花岗岩类的源区组成可用来指示地壳基底的组成。从松潘地块及邻区印支期花岗岩类模式年龄分布可以看出，Nd 模式年龄大部分分布范围为 1.25～1.70 Ga。另外，在丹巴以北约 70 km 的嘎伍岭黑云母花岗岩中发现前震旦纪的锆石年龄数据（804.3±7.3 Ma， 2026±20 Ma）。前人的研究表明：松潘甘孜地区出露的结晶基底与扬子地块（在南部很远的露头）的基底具有相同的地球化学和同位素性质。

通过对深反射地震剖面、航磁异常和花岗岩同位素资料综合研究，我们提出松潘地块的下地壳存在晚、中元古代的变质基底，松潘地块具有扬子块体的构造属性。

本文为国家深部探测技术与实验研究专项（编号：SINOPROBE-02-01，SINOPROBE-02-03，SINOPROBE-02-06, SINOPROBE-08-02），国家自然科学基金重点资助项目（编号: 40830316），国家自然科学基金项目（编号：40874045），中国地质调查局地质调查工作项目（编号: 1212010611809, 1212010711813, 1212010811033, 1212011120754），国土资源部公益性科研专项经费项目(编号：200811021, 201011042)。

## 参 考 文 献

[1] 高锐, 等. 松潘地块与西秦岭造山带下地壳的性质与关系：深地震反射剖面的揭露[J]. 地质通报, 2006, **25**, 1~8.

[2] 张先康, 等. 西秦岭—东昆仑及邻近地区地壳结构：深地震宽角反射 P 折射剖面结果[J]. 地球物理学报, 2008, 51: 439~450.

（2）中国大陆深部地球物理探测与 Sinoprobe 进展

# 中国大陆深层区域构造格架

# Deep tectonic shelf of Continent of China

彭　聪

Peng Cong

中国地质科学院矿产资源研究所　北京 100037

**研究任务**：国家专项项目名称：深部探测技术集成与断面构造物理综合解释技术实验研究。项目编号，201011045（Sinoprobe-02-06）。课题专题 3 中"探测剖面实验区区域地球物理数据测试与处理解释"研究内容，研究范围与任务包括对 5 片实验区的遥感、重力和磁力等 3 类数据，在地震资料约束下进行数据加工测试、融合处理与统一解释，经过对比研究，结合地质等资料，解释深层区域构造格架。

搜集整理了国内 60 多种地学期刊近二十多年来地球物理（重、磁、电、震）和地质文献资料；上网查询全球（地质构造、矿产和地球物理）图件和数据文字资料，编制中国大陆地壳上地幔结构系列图件，探讨地壳地幔深部过程与矿产资源的关系。

**地球物理基础资料**：重力，磁力，大地电磁，地震震中，地震反射/折射，地震层析成像，大地热流。

**地球物理物性参数**：地壳上地幔地震波速度参数（整理自欧洲地学断面，H. Henkel et al.,1990）；地壳上地幔地震波速度层状结构和岩石学解释；岩石矿物产生的速度-密度关系变化图像；深成岩火山岩变质岩与 P 波速度关系变化图像。地壳上地幔岩石矿物随密度速度增加排序图。

**航磁—地壳或岩石圈磁性结构**：中国大陆和全球磁场和磁性特征图件。拼接 1:100 万磁力异常和 1:400 万磁力△T 异常。收集 1:500 万航磁ΔT 异常和ΔT 化极磁场图；　全球图件：卫星磁异常图，岩石圈磁场垂直分量图，磁性地壳厚度图（Magnetic crustal thickness），岩石圈磁场图（significant magnetic anomalies）。地壳上地幔磁性结构，地壳磁化模型，磁性地壳厚度，岩石圈磁场，磁性地幔。

**重力—构造边界划分**：中国大陆和全球重力场和密度特征图件：拼接：1:00 万重力异常图。中国及其毗邻海区布格重力异常图，中国及其毗邻海区布格重力剩余异常图，中国及其毗邻海区均衡重力异常图，中国及其毗邻海区布格重力水平导数模量图，世界重力梯度图（Gradient of the Gravity Anomaly Field），全球地幔重力异常图（上地幔温度变化重力影响，上地幔组分变化重力影响），全球上地幔密度分布图。

**地球物理剖面**：查阅 1990 年以来 20 多年文献和资料得到数百条中国大陆各种地球物理剖面。其中包括：11 条地学断面和数十条地震反射/折射/层析剖面，数十条大地电磁（MT）测深剖面和数条大地热流剖面。

**地震层析成像不同深度和剖面图**：赵大鹏及其学生计算的中国大陆不同深度地震层析平面和剖面。15km 深处速度结构：地壳；50 km 深处速度结构：岩石圈；110 km 深处速度结构：上地幔。600 km 深处速度结构：太平洋板块俯冲模型。地震震中图 平面分布和剖面图。勾画构造格架。34～70 km 地震震中图：岩石圈地幔，34～150km 地震震中图：上地幔，151～900 km 地震震中图：C 刚性层，0～900 km 地壳上地幔地震震中图：俯冲带，地块边界划分。

**建立地壳模型**：沉积层厚度，居里面，地壳厚度（Moho），地壳平均密度，地壳相对密度，地壳平均速度。上地幔模型：岩石圈厚度，岩石圈速度结构，岩石圈地幔厚度，岩石圈地幔速度结构,上地幔高导层顶界面深度，软流圈厚度，软流圈速度结构。壳幔边界：中国大陆 Pn，Sn 值特征图。地幔转换带(厚度)（MTZ Thinckness）：太平洋板块俯冲模型。地震层析成像：15 km 深处速度结构图：地壳；50 km 深处速度结构图：岩石圈；110 km 深处速度结构图：上地幔。

## 参 考 文 献

[1] 李秋生，高锐，张成科，赵金仁，管烨，张季生. 残余壳根与"三明治"结构：燕山造山带中段地壳结构的主要特征[J]. 地球学报, 29(2): 129~136.

[2] 刘昌铨，嘉世旭，刘明军，李长法. 延庆—怀来盆地大震危险性分析研究[J]. 地震学报（增刊）. 1997, 19(5 ): 517~523.

（2）中国大陆深部地球物理探测与 Sinoprobe 进展

# 利用接收函数及横波分裂方法研究下扬子邻近区域壳幔结构

# Investigation on the crustal and upper mantle structure beneath lower Yangtze and its adjacent regions by the receiver function and shear wave splitting methods gas reservoir

黄 晖 徐鸣洁 王良书 米 宁 李 华 于大勇

Hui Huang Mingjie Xu Liangshu Wang Ning Mi Hua Li Dayong Yu

南京大学地球科学与工程学院 南京 210093

研究区位于华南块体（South China Block，简称 SCB）东部下扬子邻近区域，SCB 由扬子克拉通（Yangtze Craton，简称 YC）和东南造山带（Southeast China Orogenic Belt，简称 SCOB）在前寒武纪碰撞拼贴而成，江绍断裂（JiangShao fault，简称 JSF）是 YC 和 SCOB 的边界，在人工地震及重力电磁等结果中都被确认为明显的边界。而 SCB 北部边缘的秦岭—大别造山带（Qinling-Dabie Orogenic Belt，简称 QDOB）记录了 YC 与华北克拉通（North China Craton，简称 NCC）在三叠纪的碰撞。华南块体在中生代的构造演化多期且非常复杂，地球化学及岩石学研究表明，中生代的火山岩广泛出露且分布具有时空规律，举个例子来说，印支期的花岗岩主要分布在 SCB 内部而燕山期则主要分布在沿海区域。关于 SCB 的造山带向内陆的迁移以及火成岩的时空分布规律有一些构造模式，比如古太平洋板块俯冲角度的变化及平板俯冲伴随着板片陷落模型，在本研究中，我们利用地震学的一些方法研究地壳及地幔结构，探索深部可能的地球动力学过程。

本次研究通过布置穿过浙江和安徽省的宽频流动台站，共 28 个台站来进行观测，近 NW-SE 向排列，观测时间从 2008 年 12 月到 2011 年 4 月。采用的研究方法包括应用广泛的 P 波接收函数方法及横波分裂方法，利用 H-k 叠加方法得到各个台站下方的平均地壳厚度与波速比；利用 CCP 叠加方法得到地壳及上地幔顶部结构；此外，还利用接收函数莫霍面和核幔边界的 PS 转换波研究地壳及地幔内的各向异性特征。

接收函数 H-k 叠加结果显示，地壳厚度在 31.6～36.6 km 之间，平均为 34 km，在主要断裂两侧没有明显的变化，这与人工地震得出的结果一致，浙江省往沿海方向地壳厚度有变薄的趋势，这可能与大陆地壳向洋壳的逐渐过渡有关。对应的波速比在 1.69～1.81 之间，除了个别台站波速比异常高之外，没有明显的变化，其平均为 1.73，对应的泊松比为 0.25，这相当于大陆地壳平均的泊松比。CCP 的 0～100 km 的深度剖面同样显示了较为明显的平坦的莫霍面，深度范围与 H-k 叠加结果一致。

切向接收函数产生的能量可能与接收台站下方的倾斜界面或者各向异性介质有关联，为此我们采用旋转互相关方法（e. g., Bowman et al., 1987）和切向最小能量方法（Silver and Chan, 1991）分别来获得地壳和地幔各向异性参数。利用 SKS 等震相只能得到台站下方整个地幔内的各向异性参数，而利用接收函数的莫霍面转换波可以将各向异性源区约束在地壳内。结果显示了华南地块东部几组分块的特征，在每个分块内地壳和地幔的快波方向基本一致。SCOB 内的地壳及地幔快波方向为 NE 到 NEE，地幔快慢波时差平均为 1.6 s，快波方向与活动断裂及造山带走向以及最大水平主压应力方向近似平行，表明了岩石圈内保留了晚中生代变形所冻结的各向异性结构，另一方面可能由于受到菲律宾板块的 NW-SE 向挤压；在江绍断裂附近快波方向的陡转以及地幔快慢波时差的变小表明了 YC 东缘可能由于晚中生代的拉张作用，且伴随着地幔物质上涌，导致了地幔及下地壳物质重新排列，从而形成了 NW 到 NWW 的快波方向，这一方向同时与该地区的绝对板块运动（APM）及 GPS 结果近似平行，这表明了软流圈内的剪切变形也可能是各向异性的原因。但是在 YC 的西缘，郯庐断裂附近，地壳和地幔快波方向主要为 NEE 方向，这一方向与区域断裂走向近似平行，可能反应了岩石圈内的化石各向异性，我们推测这是保留了 YC 与 NCC 在三叠纪的碰撞形成的各向异性结构。在华北东南角的结果显示了 NW 到 NWW 方向的各向异性，地幔快慢波时差在 1 s 左右，这与 APM 方向一致，反应了 APM 带动的软流圈变形为各向异性的原因，同时也可能反应了晚中生代到新生代华北东部经历的大规模的拉张方向。

本文为国家专项“深部探测技术与实验研究”（编号 SinoProbe-02-03）资助成果。

参 考 文 献

[1]. Bowman J R, M Ando. Shear-wave splitting in the uppermantle wedge above the Tonga subduction zone[J]. Geophys. J. R. Astr. Soc, 1987, 88: 25~41.

[2]. Silver P G, W W Chan. Shear wave splitting and subcontinental mantle deformation[J]. J. Geophys. Res, 1991, 96(16): 429~454.

（2）中国大陆深部地球物理探测与 Sinoprobe 进展

# 长江中下游成矿带远震层析成像及深部成矿机理研究

# Study on the deep mechanism of mineralization in the Middle-Lower Yangtze River metallogenic belt by the teleseismic tomography

江国明[1*] 张贵宾[1] 吕庆田[2] 史大年[2] 徐 峣[1]

Jiang Guoming[1*] Zhang Guibin[1] Lv Qingtian[2] Shi Danian[2] Xu Yao[1]

1. 中国地质大学（北京）地球物理与信息技术学院 北京 100083;

2. 中国地质科学院矿产资源研究所 北京 100037

## 1. 前言

长江中下游地区存在着一条“V”字形状的成矿带，主跨湖北、江西、安徽和江苏四省。在构造上，长江中下游成矿带位于大别山—苏鲁超高压变质带的前陆，北西以襄樊—广济深断裂、郯庐左旋走滑断裂为界，南东以阳新—常州断裂为界。关于成矿带形成的深部动力学过程和机理一直是学术界争论的焦点。无论是地球化学、地质学，还是地球物理，亦或是岩石学实验研究结果均表明，长江中下游地区曾经历了岩石圈增厚、拆沉、减薄和玄武岩的底侵作用。特别是底侵作用被认为是大陆地壳垂向增长、壳幔物质交换和能量交换的重要方式。尽管如此，许多学者对于每种作用的机制仍存在着不同的观点。有学者认为大规模岩浆活动可能与超高压变质带，或者古太平洋板块俯冲有关，也有学者提出长江中下游地区的地质构造与华南地块的碰撞与旋转存在密切关联。

## 2. 数据与方法

为进一步揭示成矿的深部动力学机理，我们采用远震层析成像方法深入研究了长江中下游地区深至 500 km 范围内的壳幔速度结构。所用数据包括 46 个流动台站和 51 个固定台站记录到的 519 个远震的 14 740 条 P 波波形资料。其中，46 个流动台站沿北西—南东排列，台站间距为 5 km，由中国地质科学院矿产资源所布设完成。为了从波形资料中快速获取远震层析成像中所使用的相对走时残差信息，我们在多道互相关方法的基础上引入波形相位信息，对原有方法进行改进，所得数据的精度基本与采样间隔一致，约为 0.01 s，这比手动拾取方式获得数据精度要高数倍。为了获得恰当的空间分辨率，我们采用棋盘格测试法确定最佳网格分布：横向 1°×1°，垂向 50～100 km。

## 3. 结果与讨论

本研究所获得远震层析成像结果表明在长江中下游成矿带下方 100～200 千米深度范围内存在着低速异常体（–1%～–2%），而在 300～400 km 深度范围内存在高速异常体（1%～2%）。沿流动台站排列方向（与郯庐断裂基本垂直）的纵向剖面上可以更加清楚地看到异常体的分布特征。为验证结果的可信性，我们首先将计算得到的三维速度模型作为理论模型通过正演获得理论到时，然后对理论到时进行反演，所得结果与理论模型基本一致，这充分说明由实际数据得到的三维速度结果是可信的。在此基础上，我们将低速异常体和高速异常体分别解释为软流圈高温流体物质和拆沉的岩石圈。仅仅根据我们的结果，很难判断软流圈物质上涌与岩石圈拆沉两者之间的动力学过程。因此，结合重、震、航磁资料以及岩石学证据，我们对长江中下游成矿带下方的深部动力学过程有了以下初步认识：在早三叠世时华北地块与华南地块刚刚接触；而晚三叠世—早侏罗世是两地块大规模碰撞拼合的主要时期，由于华南地块的北向俯冲，使得长江中下游地区岩石圈增厚。在古太平洋板块的俯冲和华南地块本身向北运动挤压作用下，华南地块发生顺时针旋转；进入早侏罗—中白垩世时期，华南地块的北段处于拉伸状态，增厚的岩石圈发生拆沉，引发软流圈物质上涌，进而导致该地区大规模岩浆活动和成矿作用；从晚白垩到第四纪，该地区处于伸展稳定阶段，岩浆活动减弱。相对于早先的研究成果，我们研究的主要贡献在于展示长江中下游地区的岩石圈不仅发生了拆沉，而且拆沉后的岩石圈在重力作用下已经沉降到上地幔底部。而拆沉的岩石圈所遗留下的空缺，已由上升的软流圈物质进行填补。

本研究由“深部探测技术与实验研究专项”（SinoProbe-03-02，SinoProbe-02）、国家自然科学基金（40904021，40874067）和中央高校基本科研业务费(2010ZD09，2-9-2012-39)共同资助。

（2）中国大陆深部地球物理探测与 Sinoprobe 进展

# Sinoprobe-02 华南深地震反射剖面（湖南邵阳—福建漳浦）采集实验

# Data acquirement test of Sinoprobe-02 deep seismic reflection profile in South China area(Shaoyang-Zhangpu)

卢占武[1,2*] 高 锐[1,2] 王海燕[1,2] 熊小松[1,2] 李洪强[1,2]

Lu Zhanwu Gao Rui Wang Haiyan Xiong Xiaosong Li Hongqiang

1. 中国地质科学院地质研究所；2. 国土资源部深部探测与地球动力学重点实验室 北京 100037

华南深地震反射剖面（湖南邵阳—福建漳浦）是“深部探测技术实验与集成”项目（Sinoprobe-02）2012 年度布设的最后一条剖面。剖面位于湖南省、江西省、福建省境内，工作范围：东经 111°～118°30′，北纬 23°～29°。剖面西北端始于湖南省邵阳市，与 2011 年完成的华南（四川盆地—雪峰山）剖面东南端重合，向东跨越井冈山、武夷山，止于福建省漳浦县海边，剖面满覆盖长度约为 730 km。通过该剖面的实施，将揭示华南地区深部精细结构，对于研究华夏板块与扬子板块构造边界，以及华南大陆内部的岩石圈结构、重要断裂带的深部特征至关重要。

野外工作从 2012 年 2 月 8 日开始，至 5 月 15 日全部放炮完毕，历时三个多月。野外施工期间克服了恶劣的自然条件和艰苦的工作环境，一丝不苟保证质量，超额完成数据采集实验。现场监控处理剖面可以看出，华南深地震反射剖面（湖南邵阳-福建漳浦）提供出许多重要发现，为今后研究板块边界构造与华南花岗岩地壳生长极其相关的资源战略勘查奠定了精细的资料。由于野外刚刚结束，本文概略主要报道该剖面的一些基本情况。

## 1. 剖面所经区域的自然条件

深地震反射剖面横向跨度大，地形起伏，海拔高差区域变化较大。剖面西北部海拔较低，平均海拔为 352 m，井冈山段地形起伏剧烈，最高海拔 1343.3 m。武夷山段高程变化大，最高海拔 1343.5m。最低海拔为 1.17m，但是地形变化相对平缓。沿线经过湘江、耒水、泬水、赣江、上犹江、西溪、九龙江等水系。剖面西北部地势平缓，植被以农作物为主，夏季农作物主要有水稻、玉米、烟叶等；中部地势起伏较大的山区和大山区，植被以松树、柏树及杂树为主，森林覆盖率较高；福建地区种植业以香蕉、甘蔗以及景观木等热带植物为主；沿海为海产品养殖区。

## 2. 采集基本参数

覆盖次数：60 次。接收道数：小炮、中炮 600 道对称接收，大炮 1000 道单边接收。最小偏移距：25 m；道距：50 m；炮点距：小炮 250 m，中炮 1 km，大炮 50 km。

仪器类型:法国 428XL 24 位数字地震仪；采样间隔：中小炮 2 ms、大炮 4 ms；记录长度：中、小炮 30 s，大炮 60 s；记录格式：SEG-D。

激发井深：小炮：25 m；中炮：单井 40 m 或 25 m*2 口井组合激发；大炮：50 m*5 口井组合激发；激发药量：小炮：25 kg；中炮：100 kg；大炮：500 kg；炸药类型：高密度硝铵炸药；检波器类型：SM-24 检波器；组合个数：1 串 12 个线性组合；组内高差：小于 1 m。

## 3. 现场监控处理

利用 Promax 和 Focus 软件进行现场监控处理，指导地震资料的采集工作。监控处理的基本参数为：基准面：800 m；替换速度 4500 m/s；速度控制点密度：1000 m；叠加方式：NMO 水平叠加；静校正方法：层析静校正和高程静校正；滤波方法：带通滤波；增益控制：AGC500 ms；

## 4. 数据情况

从现场监控处理剖面来看，剖面浅、中、深反射波组齐全，连续性好，波组能量强弱分明，信噪比较高。10 s～11 s 的强反射可能是 Moho 反映，该波组大部分地段都能够追踪，为后期处理和解释提供了高质量的采集数据。

本研究由深部探测技术实验与集成项目（Sinoprobe-02）资助。

## 参 考 文 献

[1] 任纪舜. 中国东南部泥盆纪前几个大地构造问题的初步探讨[J]. 地质学报，1964, 44(4): 418~431.
[2] 徐先兵, 等. 华南早中生代大地构造过程[J]. 中国地质，2009, 36(3): 573~593
[3] 梁兴,等. 赣江断裂带中生代的演化及其地球动力学背景[J]. 地质科学，2006, 41(1): 64~80.

# 专题三：古地磁学与全球变化

# Paleomagnetism and global changes

（3）古地磁学与全球变化

# 珠江口及邻近海域表层沉积物的磁学性质及其环境意义

# Magnetic properties of surface sediments and their environmental implications in the Pearl River Estuary and its adjacent waters

欧阳婷萍[1*]　Erwin Appel[2]　付淑清[3]　贾国东[1]　朱照宇[1]

Ouyang Tingping[1*]　Erwin Appel[2]　Fu Shuqing[3]　Jia Guodong[1]　Zhu Zhaoyu[1]

1. 中国科学院广州地球化学研究所　广州 510640;

2. University of Tuebingen, Germany 72076;  3. 广州地理研究所　广州 510075

## 1. 引言

环境磁学方法以其快速、经济、无损等特点被广泛应用于古环境演变、现代环境污染监测[1]，近年来，国内外又陆续开展了大量利用磁学方法追踪河口、近海表层沉积物来源—沉积过程的研究，并认为海洋表层沉积物磁学性质是沉积来源判别的有效方法[2~3]。由于受陆源物质输入量、自生有机和无机的铁磁性矿物以及这些矿物的成岩作用等多种因素影响，海洋沉积的磁学解释比陆地更为复杂。本文选取位于珠江口及其邻近海域的表层沉积物进行详细的环境磁学研究，分析珠江口内与其邻近海域沉积物磁学特征的异同及变化规律，探讨环境磁学方法在本地区物源追踪和沉积环境研究的指示意义。

## 2. 材料与方法

研究样品选自水深从 2 m 逐渐加深至 102 m 的位于珠江口（4 个）至珠江口外邻近海域（5 个）的 9 个站位表层沉积物。采用卡帕桥 MFK1-FA 测量沉积物的低频磁化率（$\chi_{lf}$）和高频磁化率（$\chi_{hf}$）及热磁曲线（κ-T 曲线），并换算为质量磁化率；利用公式 $\chi_{fd}$（%）=（$\chi_{lf}-\chi_{hf}$）/$\chi_{lf}$ *100 计算频率磁化率系数；非磁滞剩磁（ARM）的获得使用 2G-755 超导磁力仪，峰值交变场和偏置稳定场分布设定为 100 mT 和 0.1 mT。应用 MMPM9 脉冲磁化仪使样品获得等温剩磁（IRM），并在 Molspin 旋转磁力仪完成测试，假定在峰值为 2.5T 的磁场中获得的 IRM 为饱和等温剩磁（SIRM），在 100 mT 的反向磁场中获得 $IRM_{-300mT}$，定义 $S_{-100}$ =（SIRM－$IRM_{-300mT}$）/（2×SIRM）。磁化率和热磁曲线在中国科学院广州地球化学研究所环境磁学实验室完成，其他测试在德国图宾根大学地球物理实验室完成。

## 3. 结果与讨论

热磁曲线、IRM 获得曲线分析和 Day 图表明沉积物中的主要携磁矿物为准单畴磁铁矿和另一种矫顽力较高的磁性矿物，SIRM 的热退磁结果和交变退磁过程中以后出现的 GRM 表明沉积物中胶黄铁矿的存在。

沉积物 χ 和 SIRM 与水深呈显著的对数负相关关系，从珠江口向外，随着水深的增加，χ 和 SIRM 逐渐降低，且在珠江口与口外海域之间发生突变，珠江口表层沉积物的 χ 和 SIRM 分别是口外海域的 5 倍和 4 倍多。与珠江口外邻近海域相比，珠江口表层沉积物的显著特点是综合反映磁性矿物种类及含量的磁性参数如 χ 和 SIRM 高，S 比值也相对较高，表明珠江口沉积物中亚铁磁性矿物含量较高；而反映磁性颗粒大小的比值参数 χARM/χ、χARM/SIRM 及 SIRM/χ 均较小，这表明磁性颗粒较粗。这种差别与珠江口及口外海域沉积环境及水动力条件间的差异基本吻合。两组沉积物的磁化率都与 ARM 及 SIRM 呈显著的线性正相关关系，但珠江口沉积物的 ARM 和 SIRM 值都显著高于海域沉积物，表明珠江口沉积物中单畴亚铁磁性颗粒较多。珠江口外邻近海域沉积物磁化率与 χfd 呈显著线性正相关关系，表明超细的超顺磁颗粒是珠江口外邻近海域沉积物磁化率的主要贡献者。所有样品的 S 比值与 χlf 呈正相关关系，但如果将珠江口内与珠江口外海域沉积物样品分开统计后，这种相关关系在两组中均消失，说明两组沉积物磁化率之间的显著差异主要受控于亚铁磁性矿物的含量。

综合利用反映矿物相对含量和磁性颗粒大小的磁学参数之间的关系能清楚区分珠江口内与口外邻近海域沉积物，利用近岸沉积物磁学特征进行物源研究是应特别注意沉积环境的影响。

本研究由项目 2009CB421206、2010CB833400、GIG-08-0301、GZH200900504 共同资助

### 参 考 文 献

[1] Evans M. E, et al. Environmental magnetism: principles and applications of enviromagnetics[M]. San Diego: Acdemic Press, 2003.

[2] Jenkins P A, et al. Fingerprinting of bed sediment in the Tay Estuary, Scotland: an environmental magnetism approach[J]. Hydrology and earth system sciences, 2002, 6(6): 1007~1016.

[3] Liu J G, et al. Magnetic susceptibility variations and provenance of surface sediments in the South China Sea[J]. Sedimentary Geology, 2010, 230: 77~85.

（3）古地磁学与全球变化

# 中国地区近八千年地磁场强度变化：山东、浙江、河北等地考古磁学研究

# Paleointensity variation over the past 8ka in China: Archaeomagnetism study from Shandong, Zhejiang and Hebei province

蔡书慧 [1] Lisa Tauxe[2] 邓成龙 [1] 朱日祥 [1*]

Cai Shuhui[1] Lisa Tauxe[2] Deng Chenglong[1] Zhu Rixiang[1*]

1. 中国科学院地质与地球物理研究所岩石圈演化国家重点实验室 北京 100029

2. Scripps Institution of Oceanography, University of California, San Diego, La Jolla, CA, 92093-0220, USA

地磁场是地球的基本物理场之一，起源于地球外核流体运动，研究地磁场的基本性质及其复杂的时空变化规律具有重要的地球动力学意义。地磁场自形成到现在不是恒定不变的，而是既存在百万年尺度的长期变化又包括百年尺度的精细变化。地磁场是矢量场，包括方向和强度的变化。目前获得地磁场信息的途径从时间尺度上分为现代地磁场观测和古地磁学研究两方面。地磁场强度的直接观测只有两百年历史，更多更古老的数据还是要依赖古地磁学研究。考古磁学是古地磁学的一个分支，主要以考古遗址上发掘出土的砖、瓦、陶器、红烧土、炉渣、矿渣等烧制品为研究对象，探索全新世以来地磁场强度及方向的精细变化特征，为正确揭示地磁场的基本性质及其复杂的时空变化规律提供基础资料。

本文对采自山东（其中一块样品来自大连）、浙江、河北等地的考古样品进行了岩石磁学及地磁场古强度研究。样品包括来自十多个遗址的陶片、瓷片、瓦片、红烧土、砖、窑具、炉渣等，考古工作者提供的年龄范围为 4000BC-1300AD,涵盖大汶口文化、龙山文化、青铜时代、商代、春秋、战国、东汉、东晋—南朝、唐代、五代、北宋、金代、元代等历史时期。选取部分代表性样品进行磁滞回线、磁化率随温度变化曲线等岩石磁学分析，结果表明载磁矿物主要为假单畴（PSD）—多畴（MD）钛磁铁矿，部分样品可能含有针铁矿等磁性矿物。古强度实验一部分样品采用 Coe-Thellier(“ZI”)方法[1]+pTRM 检验+TRM 各向异性校正，另一部分样品采用“IZZI”方法[2]+pTRM 检验+TRM 各向异性校正+冷却速率校正。结果显示，山东 14/33 块样品（55/135 块子样品）、浙江 66/105 块样品（316/478 块子样品）、河北 14/33 块样品（82/187 块子样品）获得了可靠的强度结果。计算各个样品的平均强度值并计算其对应的 VADM（虚轴向偶极矩）值获得中国地区近八千年地磁场强度变化曲线。

目前已有中国地区八千年以来地磁场古强度数据非常分散，影响因素可能有数据可靠性没有保证、地磁场区域异常、年代精度不够等。本文研究结果为完善地磁场强度变化曲线提供了大量可靠数据。本文所得 VADM 随时间变化曲线指示以下几点结论：① 地磁场强度整体变化趋势为 4000BC 以后呈波动变化，分别在 2250BC 和 400BC 附近出现两次低值，1350BC 和 500AD 附近出现两次峰值，从 2250BC 到 1350BC 急剧上升，2000BC-1500AD 之间呈“M”型变化，这种变化趋势在中国其他地区也有报导，且在 Georgia，Greece 等地区有类似变化趋势[3,4]，只是时间上有相位差，说明地磁场的这种形态特征可能是全球性的；②地磁场强度存在短期波动，1700BC～1000BC、550BC～476BC、475BC～221BC 三个时间段内地磁场 VADM 变化范围分别为 9.09～15.58×$10^{22}$Am$^2$、8.24～11.16×$10^{22}$Am$^2$、6.79～12.23×$10^{22}$Am$^2$；③ 2250BC 附近出现两个极低值，VADM 分别为 3.06×$10^{22}$Am$^2$、2.30×$10^{22}$Am$^2$,推测可能为一次地磁漂移事件，对比 Georgia 地区数据发现 2500BC 附近也存在低值，说明该事件有可能为亚洲地区的一次地磁漂移事件，但由于目前数据量不足，需要更多的数据支持来证实该结论。

本研究由国家自然科学基金项目（90814000、40925012）、中国科学院地质与地球物理研究所地球深部研究重点实验室和 NSF EAR1141840 to Lisa Tauxe 资助。

## 参 考 文 献

[1] Coe R S. The determination of paleo-intensities of the Earth’s magnetic field with emphasis on mechanisms which could cause non-ideal behavior in Thellier’s method[J]. J Geomag Geoelectr, 1967, 19: 157~179.

[2] Tauxe L, Staudigel H. Strength of the geomagnetic field in the Cretaceous Normal Superchron: New data from submarine basaltic glass of the Troodos Ophiolite[J]. Geochemistry, Geophysics, Geosystems, 2004, 5(2): Q02H06.

（3）古地磁学与全球变化

# 华北泥河湾盆地磁性地层学新结果

# New magnetostratigraphic results from the Nihewan Basin, North China

敖　红[1*]　安芷生[1]　Mark J. Dekkers[2]　肖国桥[3]　赵　辉[1]　强小科[1]

Hong Ao[1*]　Zhisheng An[1]　Mark J. Dekkers[2]　Guoqiao Xiao[3]　Hui Zhao[1]　Xiaoke Qiang[1]

1. 中国科学院地球环境研究所　西安 710075；2. Paleomagnetic Laboratory 'Fort Hoofddijk', Department of Earth Sciences, Faculty of Geosciences, Utrecht University, Budapestlaan 17, 3584 CD Utrecht, The Netherlands; 3. 中国地质大学　武汉 430074

位于黄土高原东北缘的泥河湾盆地是研究中国北方第四纪地质与环境、哺乳动物和早期人类演化的关键地区。近年来，磁性地层学在确定泥河湾盆地古人类遗址、泥河湾标准地层和动物群的年代方面取得了重要突破。已有研究结果表明一百万年前的泥河湾盆地存在大量的古人类活动[1]，其中最早的古人类活动已经上溯到约 1.66 Ma（马圈沟遗址）[2]；泥河湾河湖相地层的底界年代已上溯到约 2.8 Ma[3~4]；广义泥河湾动物群的最早年代已上溯到约 2.4 Ma（红崖动物群）[3]。然而，目前仍然不清楚泥河湾盆地是否存在更早的古人类遗址和动物群，以及泥河湾古湖形成的年代最早可上溯到何时。围绕这一科学问题，我们近年来在泥河湾盆地开展了大量晚新生代磁性地层学研究，最新结果表明稻地动物群是最早的泥河湾动物群，其年代为 2.5～1.8 Ma；扬水站剖面保存了泥河湾古湖形成初期的沉积，其河湖相沉积的底界可达 3.7 Ma。此外，我们的研究还表明兰坡和麻地沟剖面的泥河湾组记录了一系列松山期的古地磁极性漂移事件，它们与深海记录的地磁极性漂移事件能进行有效对比，并为古人类遗址提供良好的年代制约。

扬水站剖面厚 155 m，上部 131 m 为泥河湾组河湖相沉积，底部 24 m 为上新世或中新世风成红黏土。该剖面泥河湾组记录了 Brunhes 早期、Matuyama（包括 Jaramillo 和 Olduvai 极性亚时）、Gauss（包括 Kaena 和 Mammoth 极性亚时）和 Gilbert 晚期的极性。泥河湾组的底界位于 Gilbert 晚期，因此估计其年代约 3.7 Ma。这表明泥河湾古湖至少在 3.7 Ma 的上新世中期已经形成。

稻地剖面厚 131.3 m，主体为泥河湾湖相沉积，湖相地层下伏上新世或中新世风成红黏土。该剖面泥河湾组记录了 Brunhes 早期、Matuyama（包括 Jaramillo 和 Olduvai 极性亚时）和 Gauss 晚期的极性时。稻地剖面有 6 个层位包含哺乳动物化石（统称为稻地动物群，属于广义的泥河湾动物群），通过磁极性序列提供的控制点年代线性插值估计它们的年代分别约为 2.5、2.12、2.05、1.93、1.91、1.85 和 1.78 Ma。结合盆地其他动物群的磁性地层学定年结果表明从早更新世开始大量哺乳动物就已经在泥河湾盆地繁衍生息。这似乎暗示在 2 Ma 以前的早更新世泥河湾盆地已经存在早期人类活动的可能，因为早期人类的扩散与大型哺乳动物的迁移密切相关。

对兰坡和麻地沟剖面的高分辨率古地磁学测量表明两剖面记录了Brunhes和Matuyama后期的极性，包括Jaramillo极性亚时。虽然两剖面都未记录Olduvai正极性亚时和Matuyama早期的极性，但却有效地记录了在Olduvai之后的Matuyama期发生的地磁极性漂移事件。兰坡剖面记录的地磁漂移事件有Kamikatsura, Santa Rosa, Intra-Jaramillo, Cobb Mountain, Bjorn, Gardar和Gilsa。兰坡遗址正好对应Gilsa正极性漂移事件，因此估计其年代约1.6 Ma。飞梁遗址发生在Cobb Mountain正极性漂移事件的初期，其年代估计约为1.2 Ma。麻地沟剖面记录的地磁漂移事件有Santa Rosa, Intra-Jaramillo, Punaruu, Cobb Mountain和Bjorn。麻地沟遗址位于Cobb Mountain和Bjorn两正极性漂移事件之间，估计其年代约1.24 Ma。这一研究表明短暂的古地磁漂移事件在精确制约古人类遗址年代方面具有重要作用。

## 参 考 文 献

[1] 朱日祥, 等. 泥河湾盆地磁性地层定年与早期人类演化[J]. 第四纪研究, 2007, 27: 922~944.

[2] Zhu R X, et al. New evidence on the earliest human presence at high northern latitudes in northeast Asia[J]. Nature, 2004, 431: 559~562.

[3] Deng, C L, et al. Timing of the Nihewan formation and faunas[J]. Quaternary Research, 2008, 69: 77~90.

[4] Liu P, et al. Magnetostratigraphic dating of the Xiashagou Fauna and implication for sequencing the mammalian faunas in the Nihewan Basin, North China[J]. Palaeogeography, Palaeoclimatology, Palaeoecology, 2012, 315~316: 75~85.

（3）古地磁学与全球变化

# 罗布泊 Ls2 钻孔沉积物的环境磁学研究

# An environmental magnetism mechanism of core Ls2 from Lake Lop Nor of Tarim in northwestern China

常秋芳[1,2] 常 宏[*1]

Chang Qiufang[1,2] Chang Hong[2]

1. Graduate university of Chinese academy of sciences Beijing 100049;

2. Institute of Earth environment, Chinese academy of sciences Xi' an 710075

罗布泊位于塔里木盆地东北部，北靠天山，南邻阿尔金山，东抵北山，西为塔克拉玛干沙漠，多风少雨，蒸发强烈，是塔里木盆地孔雀河、车臣河和塔里木河等各大河流的归宿地，昔日是中国第二大内陆湖泊，受亚欧板块碰撞和青藏高原隆升的构造和气候变化的综合影响，于近代干涸，它的环境演变是整个塔里木盆地和周边山地环境变化的缩影[1]。而西风带来的粉尘和河流带来的泥沙均在这里沉积，因此，罗布泊晚新生代以来沉积物为研究西风强弱变化、青藏高原隆升以及内陆干旱化提供了理想材料。

湖泊沉积具有沉积连续、沉积速率大、分辨率高、信息量丰富等特点，是重建气候环境变化的理想载体[2]。Ls2 岩芯是 2004 年 7 月，由中国科学院地球环境研究所负责的“中国大陆环境科学钻探工程罗布泊深钻”项目，在若羌北部的罗布庄第二期的打孔钻探采集的，全长为 1050.6m，其位置为 39° 46′39.3"N, 88° 23′18.2"E。于采集后每 5cm 分样，装入样品袋中并编号，在冷藏室低温保存。本文是每隔 1m 取样，在烘箱中 40° C 温度下烘干、磨碎（以不损伤自然颗粒为度），装入特制的 2*2*2cm 的方形盒子、压实并称重，共 1056 块样品。常宏副研究员已经用古地磁方法测得的该岩心的底界年龄为 7.1Ma[3]，本文在磁性定年的基础上进行环境磁学研究，并讨论了西北内陆记录的晚中新世以来的环境演化特征。

本文对 Ls2 整个岩心开展详细的环境磁学分析，测量了质量磁化率（$\chi$LF 和 $\chi$HF）、非磁滞剩磁（ARM, 交变磁场峰值是 80mT，直流磁场是 0.5mT）、饱和等温剩磁（SIRM），以及-30mT、-60mT、-100mT、-300mT）磁场下的等温剩磁（IRM），也根据磁化率变化挑选出 14 个样品进行获得曲线和 $\chi$-T 曲线测量。计算了 S 比值（$S_{-300}$）、频率磁化率（$\chi$fd）以及比值参数 SIRM/$\chi$。基于饱和等温剩磁( SIRM) 获得曲线遵循累积对数高斯模型( CLG) 的假设, 利用改进的 CLG 模型分析,对挑选出的 14 个典型样品所含的主要载磁组分进行了分离，结合先前的岩石磁学结果，进一步验证了高矫顽力的赤铁矿和低矫顽力的磁铁矿、赤铁矿为罗布泊样品主要载磁矿物，主要来自于湖盆周围的山体，沉积后的次生和自生作用较弱。岩心样品的磁性矿物颗粒较细、且均一，属 SD 颗粒。我们认为，这一变化主要受湖盆周围的环境控制，反映了新生代的构造运动、没有显示溶解作用和磁细菌存在。磁学参数 $S_{-300}$ 能够很好的指示西北地区干旱的趋势。

磁化率变化较大，最大值达为 44.4710$^{-8}$m$^3$.kg$^{-1}$，最小值仅为 1.1710$^{-8}$m$^3$.kg$^{-1}$，平均值是 11.6610$^{-8}$m$^3$.kg$^{-1}$。频率磁化率虽然很低，也表明了超顺磁颗粒的存在。据 Ls2 钻孔 S-300 比值显示，自 7.1Ma 年来总体趋势是干旱，但中间也有湿润时期的出现，其中 7.1Ma-3.6 Ma 间，气候相对温暖湿润，深水湖面。3.6Ma 左右 S 比值达到最小，且波动频率降低，高矫顽力磁性矿物赤铁矿达到最大值，而低矫顽力磁性矿物（如磁铁矿）可能被溶解。3.6Ma-0.73Ma 间 S 比值持续变大，波动频率很高，可能由于构造运动带来了大量的原生岩石，沉积速率较高，强磁性矿物得以很好的保存下来，指示气候干旱逐渐加强。与黄土高原的粒度研究成果遥相呼应的反映了干旱化加强的特征，他们推测可能与青藏高原隆升阻挡了西南部的湿润气流有关[4]。最顶部的沉积已不属于湖泊沉积物，受自然、人类活动双重影响的结果，以致湖泊的萎缩。

## 参 考 文 献

[1] 刘东生,郑绵平,郭正堂.亚洲季风系统的起源和发展及其与两极冰盖和区域构造运动的时代耦合性[J].第四纪研究,1998,(3):194~204.

[2] Thompson R, F Oldfield, Environmental Magnetism, Allen and Unwin[M]. Winches-ter,Mass.,1986.

[3] Chang H, Z An, et al. Magnetostratigraphic and paleoenvironmental records for a Late Cenozoic sedimentary sequence drilled from Lop Nor in the eastern Tarim Basin[J]. Global and Planetary Change, 2008, 80~81: 113~122.

（3）古地磁学与全球变化

# 藏东地区晚石炭—晚二叠世古地磁新结果：对羌北—昌都地块构造演化的制约

# Paleomagnetic data from the Late Carboniferous–Late Permian rocks in Eastern Tibet: implications for tectonic evolution of the northern Qiangtang-Qamdo block

程 鑫　吴汉宁　王海军　刁宗宝　马 轮　张晓东　魏娜娜

Cheng Xin　Wu Hanning　Diao Zongbao　Wang Haijun
Ma Lun　Zhang Xiaodong　Wei Nana

State Key Laboratory of Continental Dynamics, Department of Geology, Northwest University　Xi'an 710069

We report paleomagnetic results from Late Carboniferous-Late Permian strata in eastern Tibet (China), aim to clarify the tectonic and paleogeographic evolution of the northern Qiangtang-Qamdo block, which is a key to the study of plate boundary between the Gondwanaland and Eurasia during the Late Paleozoic time[1]. Two hundred and nineteen samples—including limestone, muddy siltstone, basalt, lava, and tuff—were collected at 24 sites in the Upper Carboniferous and Middle–Upper Permian successions, respectively. The sampling area is located in the Kaixin uplift belt, which consists mainly of the late Paleozoic successions that occur as NW-SE belts [2, ]. A systematic study of rock magnetism and paleomagnetism yields three reliable paleomagnetic pole positions. Both hematite and magnetite occurred in the Late Carboniferous limestone samples. The demagnetization curve shows a characteristic double-component, with the remanent magnetization (ChRM) exhibiting a normal polarity with upward inclination. In the Late Permian limestone, tuff, and basalt, magnetic information was primarily recorded in magnetite, although a small fraction of them are found in hematite in basalt. The demagnetization curve illustrates double or single component, with the ChRM showing reversed polarity in downward inclination, which has passed the classic fold test successfully. The positive fold test and especially the presence of single reversed polarity in the Middle-Upper Permian rocks indicate that the magnetization is primarily of Permian age. The normal polarity of the Upper Carboniferous rocks corresponds very likely to the normal polarity before the Kiaman Superchron. Consequently, we consider the normal polarity component isolated from the Zharigen Formation as a primary magnetization of Late Carboniferous age. By comparison with previously published paleomagnetic results from Late Paleozoic rocks in the northern Qiangtang Range [4], we argue that: (1) the Qamdo and northern Qiangtang blocks were independent of each other during the Late Carboniferous to Early Permian periods. The north Lancangjiang ocean basin between the two blocks may have closed before the Middle Permian and involved in the continent-continent collision stage in the Late Permian–Early Triassic periods. (2) The northern Qiangtang-Qamdo Block was paleogeographically situated at low to intermediate latitudes in the Southern Hemisphere in the Late Carboniferous–Late Permian periods, and began to displace northward in the Early Triassic, with amount of more than 5000 km northward transport. This study was supported by the National Natural Science Foundation of China (Grant No. 41074045, 41174045).

**References**

[1] Chang C F. Tethys and the evolutional characteristics of collision orogen in Qinghai-Tibet plateau (in Chinese).[C]//Xu G Z, Chang C F, eds. Tectonics and Resources of Continental Lithosphere. Beijing: Ocean Press, 1992: 1~8.
[2] Liu G C. Age assignment of Kaixinling group and Wuli group in the middle Tanggula mountain[J]. Qinghai Geol, 1993, 2: 1~9
[3] Niu Z J, et al. Depositional model of Permian Luodianian volcanic island and its impact on the distribution of fusulinid assemblage in southern Qinghai, Northwest China[J]. Sci China Earth Sci, 2008, 51: 594~607.
[4] Chen X, et al. Paleomagnetic results of Late Paleozoic rocks from northern Qiangtang Block in Qinghai-Tibet Plateau, China (in Chinese)[J]. Sci China Ser D-Earth Sci, 2012, 55: 67~75.

（3）古地磁学与全球变化

# 磁化率各向异性在火山岩和浅层侵入岩研究中的应用

## AMS Implications of Volcanic and shallow-intrusive Rocks

潘小青 沈忠悦 张志亮 石林权

Pan Xiaoqing Shen Zhongyue* Zhang Zhiliang Shi Linquan

浙江大学地球科学系 杭州 310027

与传统的岩石组构分析相比，岩石磁化率各向异性(Anisotropy of Magnetic Susceptibility，简称为 AMS)，AMS 具有灵敏度高、适用性广、经济省时且无损测量的优点，被广泛应用于沉积学、火成作用过程和构造地质学领域。其中，由于岩浆侵位过程的多样性使得火成岩 AMS 多样化。按火成岩的形成机制可分为大面积不规则侵入岩体、火山碎屑岩以及熔岩流、岩墙和其他小规模板状侵入岩体等三类。第一类岩石的冷却时间很长，其与流动相关的结构不易保存。本文只讨论后两类岩石的 AMS 应用。

**1. AMS 的来源**

岩石的 AMS 是岩石中所含磁性矿物综合贡献的结果。磁性矿物主要包括铁磁性矿物、顺磁性矿物和抗磁性矿物。大部分火成岩的铁磁性矿物基本上都是 Fe-Ti 氧化物，它们占岩石体积的 1%～2%，可它们足以主导岩石的磁学性质，而其他矿物对 AMS 的贡献基本可以忽略。然而，也有一些硅质含量很高的熔岩流和火山碎屑流具有较低的体积磁化率，此时必须考虑所有存在的磁性矿物。岩石 AMS 的形成因素主要有 4 种，分别是形状各向异性、磁晶各向异性、分布各向异性以及磁性颗粒的相互作用。

**2. 在岩墙中的应用**

对夏威夷 Ohau 镁铁质岩墙的 AMS 研究发现 K1 主轴(最大磁化率主轴)与宏观线理的夹角小于 25° [1]，表明了磁化率椭球主轴的定向和岩浆流动构造之间具有一致性。另外，岩墙冷凝边对拉长型颗粒的粘滞力影响使样品的 K1 主轴呈现对称性叠瓦状分布，这种叠瓦状分布的 K1 主轴与岩墙壁形成的夹角可指示岩浆流向。然而，在冰岛岩墙中，发现 K2 主轴(中间磁化率主轴)指示流向。其中 61 条岩墙和熔岩管中，有 4 条的岩浆流向更平行于 K2 主轴。随后大量文献论证了只有正常磁组构才能用于推断岩浆流向。正常磁组构的特征是 K3 主轴(最小磁化率主轴)近垂直于岩墙壁，而磁面理(K1-K2 面)近平行于岩墙壁，反之则为倒转组构。为了提高利用磁组构数据解释岩浆流向的可靠性，建议在距岩墙壁 10cm 内采集定向样品，利用磁面理和岩墙壁之间的叠瓦角度来推断岩浆流向，这可避免因选择 K1 或 K2 作为岩浆流向而产生的疑惑。浙江嵊泗辉绿岩墙中出现的倒转组构可能与岩墙转弯造成的湍流有关，并得到野外流面剥离面的验证。

根据 AMS 推断的岩浆流向，可以进一步探讨岩墙侵位机制及岩浆源的位置。巴西东北部中生代镁铁质岩墙群的 AMS 结果显示，岩墙群中心为向上直立的岩浆流，而靠近边部为向外的岩浆流向。磁线理的轨迹为扇形型式，向岩浆供给区汇聚。根据 AMS 结果认为南极洲毛德皇后地西部中生代岩墙群的侵位模式是临近岩浆源区，岩浆为垂直地向上流动，而远离岩浆源区则越来越侧向流动[2]。这种流向型式也发现于与地幔柱以及局部小岩浆源有关的巨型岩墙群中。

**3. 在熔岩中的应用**

AMS 能提供熔岩流动力学、变形机制以及相对剪切速率等方面的信息。一些熔岩流的 AMS 主轴遵循 Jeffrey 对扁长型颗粒在流体中的运动模式，即长轴垂直流动方向。然而，对加拿大西岸的 Aiyansh 碱性玄武质熔岩流的 AMS 研究发现，根据流线理得到的熔岩流向与 K1 主轴最吻合。但由于采样原因，统计得出所有熔岩流向和 K1 主轴偏角之间的角度差从 0° 到 90° 都有分布，显示 AMS 并不能可靠地指示近地面熔岩流的流向。在缺少野外证据的情况下，Halvorson(1974)作出了一种保守的解释，即 K3 主轴垂直岩浆流面。Kolofikova(1976)发现了一个熔岩流磁化率主轴方向的变化，指出熔岩流中段的 K1 主轴才平行流向，末端容易产生不可靠结果。由于解释的不确定性以及缺少可靠的模型，导致在之后一段时间内未出现熔岩流的 AMS 研究。直到 20 世纪 90 年代中期，一些学者根据对熔岩流的 AMS 研究和实验结果提出，AMS

与熔岩流的剪切历史有关，并且可以用于指示岩浆流向。通常利用磁化率主轴置信圆的等面积投影，或磁化率主轴的密度等值线图来推断熔岩流向。两种图件的综合使用便于确定利用哪类主轴代表熔岩不同部位的流向。熔岩流不同位置的磁化率主轴方向存在系统性的变化。根据这种变化，特别是出现磁化率主轴或磁面理的对称性叠瓦，能较准确的推断出明确的岩浆流向。若未找到对称叠瓦，在得到流向方位的情况下，可借助古地表坡度、下伏沉积物的倾角等信息来排除 180° 的误差。

熔岩流的局部延伸方向取决于流态，若流态为简单剪切，则延伸方向平行传送方向；若流态为纯剪切，则延伸方向垂直传送方向[3]。因此，即使总的传送方向是一致的，两种流态在流的不同位置同时存在可能造成流向指示器定向的系统变化。通过识别流向指示器的系统性变化，有助于确定侵位过程中不同剪切体制发生的区域。通过细致研究同一熔岩流单元内的 AMS 特征，能获得大量关于侵位动力学的信息。

在确定熔岩流的流向、侵位动力学等信息之后，可进一步确定火山口的位置。一个典型的例子是 Zhu 等(2003)对华北汉诺坝玄武质熔岩流的 AMS 研究。采自三个不同地点的 17 条熔岩流的 AMS 研究得出 K1 主轴指示流向，再将三个地点的 K1 主轴走向延长得到一个交点，这个交点即为火山口的确切位置。

**4. 在火山碎屑岩中的应用**

对科罗拉多圣胡安山脉中部一系列熔结凝灰岩的 AMS 研究发现，磁面理基本上都是近水平的，它是沉积压实作用和重力影响下垂向熔结作用的结果，其中集中的 K1 主轴指示凝灰岩的物源。随后一些学者也进行了类似研究，AMS 广泛应用于推断火山喷发的碎屑物质运移过程，进而确定物源的位置。

近年来，AMS 用于研究火山碎屑流距火山口远近有关的运移和沉积过程。火山碎屑流的沉积系统受运移系统和距火山口不同距离的地形之间的复杂关系控制。对于喷出大量火山碎屑物并抛射和飘移到几十千米外的火山作用，提出了火山碎屑流运移和沉积系统的综合模型。Porreca 等(2003)对意大利阿尔巴诺低平火山口最近一次活动形成的射气岩浆序列进行了磁性矿物学和 AMS 研究，大部分的采点中，K1 主轴和磁面理的叠瓦指示相同的岩浆流向，然而，有些情况下 K1 主轴既可平行也可垂直流向，因此，磁面理更适用于指示流向。另外，熔结凝灰岩的 AMS 分析显示流向多变的原因可能是受地形影响的结果。因此，火山碎屑流的沉积体系更多受地形控制，而不是运移系统。运移系统只在近源区位置对流向起主要控制作用，可以确定源区的位置。熔结凝灰岩垂向剖面上流向的变化表明火山碎屑密度流随着沉积过程可能迂回流动或改变方向[4]。火山碎屑流并不是按严格统一的方向流动，并且熔结凝灰岩中单个流体单元的基底部分的 AMS 数据质量是最好的。因此，在研究熔结凝灰岩时，非常有必要在不同层位进行采样，以评估磁性颗粒排列方向的多样性。火山口位置的推断不能简单根据单一采点的 AMS 数据，更应考虑火山碎屑流迂回流动的影响。

**5. 小结**

火山岩和浅层侵入岩的 AMS 通常与其侵位模式有关，根据磁化率椭球主轴方向可推测岩浆流动方向，因而是推断岩浆流向和岩浆源位置的有力工具。AMS 的解释还不完美。因此，除了利用岩石组构、磁组构等相关信息之外，也应结合区域地质综合考虑，以便更好地理解 AMS 和解决特定的地质问题。

本研究得到浙江省自然科学基金项目（LY12D02002）的资助。

**参考文献**

[1] Knight M D, et al. Magma flow direction in dykes of Koolau Complex, Oahu, determined from magnetic fabric studies[J]. J. Geophys. Res., 1988, B5: 4301~4319.

[2] Curtis M L, et al. The form, distribution and anisotropy of magnetic susceptibility of Jurassic dykes in H. U. Sverdrupfjella, Dronning Maud Land, Antarctica. Implications for dyke swarm emplacement[J]. J. Struct. Geology, 2008, 30: 1429~1447.

[3] Merle O. Internal strain within lava flows from analogue modeling[J]. J. Volcanol. Geotherm. Res., 1998，81: 189~206.

[4] LaBerge R D, et al. Meandering flow of a pyroclastic density current documented by the anisotropy of magnetic susceptibility (AMS) in the quartz latite ignimbrite of the Pleistocene Monte Cimino volcanic centre (central Italy)[J]. Tectonophysics, 2009, 466: 64~78.

（3）古地磁学与全球变化

# 帕米尔—西昆仑地区新生代古地磁结果及其构造意义

# Paleomagnetic study of Cenozoic sediments from western Kunlun-Pamir and its tectonic implications

孙知明[1*] 李海兵[2] 裴军令[1] 许 伟[1] 潘家伟[2] 司家亮[2] 刘栋梁[2]

Sun Zhiming[1*] Li Haibing[2] Pei Junling[1] Xu Wei[1] Pan Jiawei[2] Si Jialiang[2] Liu Dongliang[2]

1. 中国地质科学院地质力学研究所 北京 100081; 2. 中国地质科学院地质研究所 北京 100026

在新生代印度/欧亚碰撞作用下，关于青藏高原北部的构造演化过程长期以来一直存在争议。一些学者提出在印度板块向北碰撞挤压作用下，青藏高原北部刚性块体向东逃逸并伴随着顺时针旋转（~1°/m. y)，另一些学者则认为青藏高原北部的构造变形主要分布在阿尔金断裂和喀喇昆仑断裂带区域，而块体的旋转作用很有限。Rumelhart et al(1999)通过古地磁资料推算西昆仑断裂带以普鲁地区为旋转点发生了 28° 的顺时针旋转，并由此提出了塔里木地块西南缘的构造演化模式，认为西昆仑断裂带顺时针旋转作用是由于帕米尔高原晚新生代以来持续向亚洲大陆北向挤压引起的, 但后来作者对这一认识提出了纠正。理论和实际表明，古地磁学能定量分析地块的旋转和运动学规律，进而更好地验证帕米尔—西昆仑地区中新生以来新生代以来的运动学模式。

为了进一步验证帕米尔—西昆仑地区中新生以来的运动学模式，本次研究在塔里木盆地南部（杜瓦、叶城、和田朗如、策勒）及塔里木地块西缘(帕米尔高原东北缘乌恰、喀什、阿图什)新生代地层开展了古地磁研究，共采集 86 个采点 860 块古地磁样品。通过系统的古地磁测试和岩石磁学实验研究表明，样品中的主要剩磁载体主要为赤铁矿，磁化率各向异性测试结果说明了岩石没有遭受后期构造变形作用的影响，且绝大多数样品均能分离出 2 个磁性分量，其中低温磁性分量可能为现代地磁场的粘滞剩磁方向，而高温磁性分量远离现代地磁方向，很可能代表岩石形成时的原生剩磁。从古地磁研究结果看，塔里木地块南缘（阿尔金断裂和西昆仑前陆盆地）除了策勒古近纪以来相对稳定欧亚大陆块体发生了近 30°顺时针旋转外，自东至西（且末—叶城）在古地磁误差范围内并没有发生了明显的水平旋转作用。这一研究结果表明西昆仑断裂带与阿尔金断裂一样并没有发生明显的顺时针旋转作用，表明西昆仑断裂带有可能是阿尔金断裂带的西向延伸。

塔里木地块内部麻扎塔格剖面古地磁结果表明了研究区中新世以来发生了 20°～30°的顺时针旋转作用，然而这种旋转作用是采样区局部的构造旋转，还更大范围代表塔里木地块的旋转作用还需进一步厘定。基于构造地质资料、第四纪断裂走滑速率分析以及 GPS 测量，推测塔里木地块发生了顺时针旋转作用，但这种旋转作用发生的具体时间和规模难以确定。最新的磁性地层研究表明麻扎塔格剖面的地质年代为 20Ma，从麻扎塔格新近纪剖面磁倾角－厚度变化曲线，揭示了其磁偏角在 13～14Ma 开始明显发生变化，由 NE 方向转向 NW 方向，这表明在 13～14Ma 开始麻扎塔格山发生了明显的逆冲构造运动。这一逆冲运动可能与印度板块向北对欧亚大陆的俯冲，导致帕米尔高原向北的持续挤压有关。

在塔里木地块西缘地区(帕米尔高原东北缘)包括托云、乌恰、阿图什，该地区早白垩世—新近纪的旋转角度存在明显的差异，如早白垩世—晚白垩世始相对欧亚大陆在古地磁误差范围内并没有发生明显的构造旋转作用（1°～1.6°），始新世以来相对欧亚大陆则发生了明显的逆时针旋转（22°～38°）。从乌恰渐新世—喀什新近纪古地磁结果可以看出，其逆时针旋转量没有发生明显的改变，由此推测该地区逆时针旋转发生的时间可能晚于中新世。该地区的逆时针旋转作用可能与塔拉斯－费尔干纳断裂新生代以来的右旋走滑作用有关。帕米尔高原西翼 Tajik 盆地中新世以来相对欧亚大陆同样发生了大规模的逆时针旋转（22°～38°）。由此可见，帕米尔—西昆仑地区新生代构造演化伴随着在帕米尔高原西翼和帕米尔高原东北缘以逆时针旋转作用为主（Huang, et a., 2009），而在帕米尔高原以东则主要以沿大型走滑断裂的走滑作用为主, 并没有发生明显的旋转作用。

## 参 考 文 献

[1] Huang, et al. Paleomagnetic constraints on neotectonic deformation in the Kashi depression of the western Tarim Basin, NW China[J]. Int J Earth Sci (Geol Rund) , 2009, DOI.10.1007/ s00531-008-0401-5.

[2] Rumelhart, et al. Cenozoic vertical-axis rotation of the Altyn Tagh fault system[J]. Geology, 2009, 27: 819~822.

（3）古地磁学与全球变化

# 宜昌陡山沱组条带状碳酸盐岩的岩石磁学性质及其意义

# Rock Magnetism of the limestone-dolomite ribbon carbonates in the Doushantuo Formation in Yichang, South China and their implications

李海燕* 张世红 白凌燕 王婷婷 赵庆乐 吴怀春 杨天水 赵坤玲

Li Haiyan Zhang Shihong Bai Lingyan Wang Tingting Zhao Qingle Wu Huaichun Yang Tianshui Zhao Kunling

中国地质大学生物地质与环境地质国家重点实验室 北京 100083

华南陡山沱组保存了多细胞真核生物化石，包括早期动物化石，是世界上研究程度最高的 Ediacara 系地层之一。陡山沱组分为四个岩性段：陡一段为底部一套约 5m 厚的盖帽碳酸盐岩层（Cap Carbonate）；陡二段为富含有机质的页岩和碳酸盐岩交替沉积，且富含豌豆大小的燧石结核；陡三段下部为厚层状碳酸盐岩，上部为条带状碳酸盐岩；陡四段为顶部一套约 10m 厚的富有机质的页岩层。

本次研究选择宜昌头顶石剖面陡三段上部的条带状碳酸盐岩层（厚 20.72m）进行连续采样后，开展了岩石磁学研究和矿物学分析，以期揭示其磁性矿物的赋存状态，讨论古环境的变迁及剩磁获得的可能机制。

**1. 岩石学实验结果**

该套条带状碳酸盐岩为薄层状浅灰色岩层与薄层状深灰色岩层交互沉积，显微镜和扫描电镜（SEM）观察结果显示，浅色岩层为结晶粒度细的方解石层，深灰色岩层为结晶粒度粗的白云石层。另外，选择该剖面上部的方解石层和白云石层样品进行了粉晶 X 射线衍射实验，结果表明方解石层中的粘土矿物含量较白云石层的低。

**2. 岩石磁学实验结果**

磁化率及非磁滞剩磁磁化率（$\chi_{ARM}$）、饱和等温剩磁（SIRM）等剩磁参数揭示出该剖面存在一磁性增强的异常层（11.18～11.65m），该层的磁性较其上、下层位均强很多。而且，异常层上下层位的磁化率值与岩性的关系截然不同。异常层之上的层位，方解石层的磁化率值高于白云石层，而异常层之下的层位，方解石层的磁化率值却低于白云石层。κ-T 曲线结果显示，对异常层之上的层位的样品而言，其磁化率值随温度的变化特征以可逆为主，即加热曲线随温度的升高而缓慢降低，冷却曲线与加热曲线基本重合。而对异常层之下的层位的样品而言，其磁化率值随温度的变化以不可逆为主，加热曲线在约 500℃处出现峰值，而冷却曲线要比加热曲线高得多，且呈现磁铁矿的居里温度，这表明，样品在加热过程中新生成了大量的磁铁矿。

但异常层上下层位的剩磁值（包括 $\chi_{ARM}$ 和 SIRM）与岩性的关系相同，即对整个剖面而言，方解石层的剩磁值均高于白云石层。不过，Lowrie 实验[1]结果表明，异常层及其上下层位的样品的携磁矿物却是不同的。异常层之上的层位中，方解石层和白云石层样品的携磁矿物均为磁铁矿。异常层中，方解石层样品的携磁矿物为磁铁矿，白云石层样品的携磁矿物为磁铁矿和亚铁磁性铁硫化物（磁黄铁矿或胶黄铁矿）。异常层之下的层位中，方解石层和白云石层样品的携磁矿物均为磁铁矿和亚铁磁性铁硫化物（磁黄铁矿或胶黄铁矿）。

**3. 讨论**

以上的岩石磁学实验结果显示，该剖面的下部含有较多的亚铁磁性铁硫化物（磁黄铁矿或胶黄铁矿），向上逐渐过渡为携磁矿物以磁铁矿为主。这表明，此陡三段条带状碳酸盐岩沉积早期的环境较为还原，而后期的沉积环境还原性变弱。这与 Jiang et al. (2011)[2]揭示的陡三段沉积时海水逐渐变浅相吻合。

在古地磁研究方面，异常层之上层位的样品的系统退磁曲线可以分离出两个分量，低温分量为现代地磁场的方向，高温分量为高角度的正东向。靠近异常层以及异常层之下层位的样品的系统退磁曲线在退掉一个很弱的粘滞剩磁后，基本只能分离出一个现代地磁场的方向。尽管如此，仍无法确定原生剩磁及剩磁的获得机制。可能需要进一步借助 SEM 观察，确定磁性矿物与周围矿物的生长关系。

**参 考 文 献**

[1] Lowrie W. Identification of ferromagnetic minerals in a rock by coercivity and unblocking temperature properties[J]. Geophysical Research Letters, 1990, 17: 159~162.

[2] Jiang Ganqing, et al. Stratigraphy and paleogeography of the Ediacaran Doushantuo Formation (ca.635–551 Ma) in South China[J]. Gondwana Research, 2011, 19: 831~849.

（3）古地磁学与全球变化

# 环境磁学在重金属含量定量化评估中的应用研究

# Quantitative assessment of heavy metal contamination in atmospheric particulate matter of northern China by combined chemical and magnetic analysis

乔庆庆[1*] 张春霞[1] 黄宝春[1] 孙 颖[2]

Qiao Qingqing[1*] Zhang Chunxia[1] Huang Baochun[1] Sun Ying[2]

1.中国科学院地质与地球物理研究所古地磁与年代学实验室 北京 100029;

2. 中国科学院大气物理研究所大气边界层物理和大气化学国家重点实验室 北京 100029

随着城市化进程的加快，工业生产、交通等人类活动产生的重金属颗粒粉尘的输入所导致的城市环境重金属污染日益加剧并成为目前全球共同关注的问题之一。重金属污染是环境污染中一种较为严重的污染类型，环境中的重金属元素不能为微生物所分解，往往参与食物链循环并最终在生物体内积累，为生物所富集，对人体健康和生态系统造成极大威胁[1]。特别是大气中粒径<10μm 的微粒可通过呼吸作用进入人的肺部，严重损伤肺部功能，引发肺炎等呼吸系统疾病，甚至威胁人类的生命[2]。因此，监测并深入了解城市大气环境质量状况具有重要的科学和现实意义。

城市大气环境中的磁性颗粒主要来自工业活动、燃料燃烧、汽车尾气等污染物中的亚铁磁性矿物。研究发现这些生产或燃烧过程所释放的粉尘中，磁性颗粒总是和重金属相互共生[3,4]。这些磁性颗粒被排放到大气环境中，在表土层中汇集，通过大气和径流进行迁移，或被植物、微生物等吸附并汇集；因此，可通过分析环境物质（大气、土壤、植物和沉积物）的磁学特征来研究重金属污染。我国北方，尤其是华北地区，是沙尘天气的多发地区，会受到来自沙漠、戈壁等自然源的影响。另外京津唐地区又是我国华北地区的四大综合工业区之一。不仅工业发达、交通密集，使得环境物质的磁性特征具有明显的人类活动印记（人类活动极大地改变了环境系统中磁性物质的存在形式和循环规律）。多样性的环境背景，不仅使得在该地区开展环境磁学在城市环境污染监测方面的研究具有一定的现实意义和实践价值，而且是开展磁性物质与重金属元素之间赋存关系及其机理研究的理想场所。

以城市重金属污染监测为立足点，以大气降尘为研究对象，基于系统环境磁学理论和方法，结合地球化学分析手段，提取城市大气环境中不同来源磁性矿物及重金属元素的信息，揭示自然和人为因素对城市环境的影响。通过研究，得到以下主要结论：

（1）空间分布上，大气降尘中磁性矿物和重金属元素的含量从内蒙经河北至北京方向增加，磁性矿物的粒径增大。岩石磁学结果显示内蒙地区降尘与地表土壤在磁性特征方面具有一致性，表明降尘主要来自于自然源；而河北和北京地区降尘主要来源于人类活动；

（2）通过主成分和聚类分析，大气降尘中的重金属元素和磁性矿物主要源自工业和交通运输活动；降尘中重金属含量与样品磁性强弱空间分布具有明显的相似性；磁性参数与重金属元素的显著相关性，为重金属污染的含量和空间分布提供了磁性代用指标，为利用磁性测量进行环境污染调查和评价奠定了基础；

（3）建立了磁学参数 $\chi$ 与污染来源重金属元素的污染负荷指数（PLI）之间的定量化关系，实现了大范围的重金属污染程度的监测与评价。

该研究的意义在于，将磁学方法与化学方法有机结合，搭建了磁学参数与重金属污染定量化评价的桥梁，从磁学角度实现了大范围重金属污染定量化评价，进一步完善和拓展了大范围重金属污染的环境磁学监测与评价的方法和技术，为实现对城市环境状况、污染程度、环境治理及将来环境变化的快速监控，提供了可靠且有效的途径。

## 参 考 文 献

[1] 任旭喜. 土壤重金属污染及防治对策研究[J]. 环境保护科学, 1999, 25(5): 31~33.

[2] Pope C A, Thun M J, Namboodiri M M, et al. Particulate air pollution as a predictor of mortality in a prospective study of US adults[J]. Am J Resp Crit Care Med. 1995, 151: 669~674.

[3] Hulett L D, Weinberger A J, Northcutt K J, et al. Chemical species in fly ash from coal-burning power plants[J]. Science, 1980, 210(4476): 1356~1358.

（3）古地磁学与全球变化

# 河北宽城罗家沟团山子组内岩床古地磁学结果及其构造意义

# Paleomagnetic Results from sills in Tuanshanzi Formation in Kuancheng Luojiagou area, Hebei, and their tectonic implications

吕　静* 张世红　李海燕　王　瑜　严利伟　王　洋

Lv Jing*　Zhang Shihong　Li Haiyan　Wang Yu　Yan Liwei Wang Yang

中国地质大学生物地质与环境地质国家重点实验室　北京 100083

阴山—燕山构造带位于华北板块北缘，区域构造走向为近东西向，但构造带东部的局部构造走向有东—北东向和北东向。河北宽城地区处在燕山构造带东段由近东西向转向北东向的转折关键部位。对该构造转折形成的时间和机制还存有争议。本文采用古地磁学方法，通过提取在宽城罗家沟村附近中元古代长城系团山子组中发现的三叠纪岩床所记录的古地磁信息，证明其特征剩磁方向就是记录的侵位时获得原生剩磁，并与现有的三叠纪的古地磁特征剩磁方向进行比对，进而获得研究区域在该时代前后可能经历的构造活动，块体旋转等。利用古地磁方法研究构造形成和发展过程，在燕山地区是一个创新研究思路，具有重要的理论和方法意义。

本文研究剖面位于宽城县罗家沟村以南省道 252 东侧，出露的地层为团山子组，其下部为灰黑色白云岩，上部为紫红色粉砂质泥晶白云岩。顺层发育多条闪长岩岩床，地层产状为 332°∠35°。WangYu（2012, in press）对该组岩床进行了 U-Pb 定年，确定岩床侵位年龄为～227±2.8Ma。对 16 条岩床进行了古地磁采样和岩石磁学、古地磁学测试，k-T 曲线、IRM 获得曲线、Lowrie 实验结果揭示岩床样品的主要携磁矿物为磁铁矿，紫红色白云岩主要携磁矿物是高矫顽力的赤铁矿。岩床样品可以分离出两组互相对趾的特征剩磁方向，其中一组为 $D_s = 293.5°$，$I_s = -78.6°$，$N = 6$；另一组为 $D_s$=113,0°，$I_s = 83.3°$，$N = 3$。采点水平上，在95%的置信水平下通过了 McFadden & McElhinny(1990) 倒转检验，等级为 B ($\gamma_0$=0.5017＜$\gamma_{critical}$=0.5341)。对比岩床和距其远近不同的围岩的特征剩磁方向，靠近岩床的围岩特征剩磁方向与岩床基本一致，距离岩床越远二者剩磁方向差别越大，通过了广义上的烘烤接触检验。因此可以认为本次研究区域所采集的岩床所记录的特征剩磁方向，应该代表了岩床冷却时记录的原生剩磁方向。

本次研究获得的古地磁极位置为 *L*at=28.2°N，*L*on=132.6°E，*A*95=5.3°；前人研究的三叠纪古地磁极平均位置为 *L*at=60.5°N，*L*on=4.1°E，*A*95=2.7°，以研究地点位置（40.6°N，118°E）作为参考点，与之相对应的特征剩磁平均方向为 $D_s = 330.5°$，$I_s = 42.1°$，$\alpha$95=2.7°。本次研究结果与前人研究存在很大差别。本次研究的古地磁结果满足古地磁学数据的七条判别标准（Van der Voo，1990），具有较好的可靠性，可以认为是原生剩磁的记录，那么造成这种情况的原因最有可能就是研究区域内构造运动的影响。推测在岩床侵入发生时（～227Ma），地层并不是水平的。经古地磁特征剩磁方向反演推算，岩床侵位时地层产状应为 150°∠54.5°，说明该地区在岩床侵位之前已经发生了褶皱变形。本次所得特征剩磁方向恰好垂直于褶皱枢纽方向，说明当时褶皱走向为近东西向。假设研究地区三叠纪前后构造演化模式为：侵位发生前（即剩磁获得之前），该地区受到南北方向应力的作用形成逆冲推覆构造，研究区域位于南翼，(产状为 150°∠54.5°)；获得稳定剩磁之后，岩石所记录的剩磁方向不再改变，研究地区随着推覆构造的发展逐步推移到北翼（产状 332°∠35°）。

## 参 考 文 献

[1] Wang Yu. Tectonic Transformation in Eastern China during 170~150Ma: A Response to Initial Subduction of the West Pacific Plate[M]. Terra Nova. Press, 2012.

[2] Van der voo R. The Reliability of Paleomagnetic Data[J]. Tectonophysics.1990, 184(1): 1~9.

[3] 马醒华，等. 鄂尔多斯盆地晚古生代以来古地磁研究[M]. 北京：地震出版社, 1992.

[4] 杨振宇，马醒华，孙知明，等. 华北地块显生宙古地磁视极移曲线与地块运动[J]. 中国科学 (D 辑:地球科学). 1998(S1): 44~56.

（3）古地磁学与全球变化

# 华北北部 1.35Ga 年岩床的古地磁结果及对 Columbia 超大陆演化的制约

# The paleomagnetic results of 1.35Ga sills in northern North China and the implication for Columbia supercontinent's evolvement

陈力为

Chen Liwei

中国科学院地质与地球物理研究所岩石圈演化国家重点实验室 北京 100029

有证据表明在地质历史时期至少存在 4 个超大陆，由新到古分别为：Pangea, Gondwana, Rodinia, Columbia. 超大陆的聚合和裂解与地球深部息息相关，并无一不对地球的气候与环境发生着深刻的影响。其中超大陆 Columbia 主要存在于古元古—中元古时期,并由各古老克拉通汇聚，碰撞形成，也名为 Nuna。它形成于 1.9～1.8Ga，以广泛存在于各克拉通上的古元古造山带为标志。以华北克拉通为例，它由东西陆块于 1.85Ga 最终拼合形成一个整体，并形成了华北中部南北向的 Trans-North China 造山带[1]。随后这个超大陆在岩浆作用下最终裂解成各个小陆块，并在各陆块上广泛发育了 1.3～1.2Ga 的巨型岩墙群或者岩床，最著名的是劳伦大陆上的 Mackenzie 岩墙群，分布面积超过 2.7 百万平方千米。但是华北克拉通的裂解时间，以及它相对于其他古陆的位置也存在着纷争。有研究认为它在~1.5Ga 就发生了裂离，也有研究表明直到 1.3Ga 时才与其他古陆裂开。并且，依据零星的地质证据或者古地磁证据认为华北克拉通可能与波罗的古陆或者西伯利亚或者印度相连。

另一方面，前人如吴怀春等和裴军令等[2]对华北北部杨庄组灰岩开展的古地磁工作，表明华北至少在杨庄组沉积之前是和劳伦古陆一起运动的，未发生显著分离。然而，最近的元古代年代学工作[3]给出下马岭组的形成年龄在 1.35Ga 左右，下覆的铁岭组是 1.4Ga。基于此，处于铁岭组下部的杨庄组应不晚于 1.4Ga。张栓宏等推断它在约 1.5Ga 沉积。为了进一步约束华北相对于其他克拉通的位置，我们对辽西地区、河北地区侵位到下马岭组的基性岩床进行古地磁研究，一共采集 20 个采样点，其中 18 个采点得到了有效数据，由 Fisher 统计得到地层坐标系下平均方向为：$D=295.2°$, $I=-32.6°$, $\alpha95=4.3°$; 对应于古地磁极位置：$\lambda=5.9°N$, $\varphi=359.6°E$, $A95=4.3°$。岩石磁学，光学显微镜，电镜观察都表明，岩床中的主要磁性矿物为中等大小的钛磁铁矿。与此同时，我们的古地磁结果在 85%的水平上通过了 McFadden 褶皱检验；并结合扫描电镜所显示的良好并新鲜的矿物保存结果，可判定该获得剩磁为原生剩磁，代表 1.35Ga 岩床侵位时记录到的地磁方向。

根据此古地磁极，以及华北克拉通目前已有的 1.78Ga，杨庄组古地磁极（包括吴怀春等和裴军令等的结果）和张世红等的 1.27Ga，1.20Ga 古地磁极，我们建立了一个属于华北的 1.8～1.2Ga 视极移曲线。将该极移曲线和波罗的克拉通、西伯利亚克拉通该时段的极移曲线分别经过欧拉旋转后重建到北美现代地理坐标系下，并与北美劳伦古陆视极移曲线对比，可发现这四个克拉通在 1.8～1.3Ga 期间始终在一起运动，然而华北的 1.27Ga 和 1.2Ga 古地磁极已远远偏离此时的劳伦或者波罗的古地磁极，这表明在华北 1.35Ga 岩床事件后，华北克拉通和其他克拉通之间发生了裂解，这起裂解事件极有可能成为超大陆 Columbia 裂解在华北的响应。此外，依据古地理重建图，推测华北和西伯利亚在这个超大陆存在期间可能连接在一起。值得注意的是，西伯利亚 Anabar 地盾上发现了斜锆石定年为 1.38Ga 的岩墙群，两个克拉通几乎同一时间的岩浆事件也从侧面验证了华北和西伯利亚可能相连。李正祥等（1996）也依据两者元古代期间的沉积物类型对比，提出它们相邻的看法。尽管有人提出印度和波罗的克拉通也有可能和华北相邻，但已有的古地磁证据却无法给出有力的佐证，还需更进一步的工作。

## 参 考 文 献

[1] Zhao G, Cawood P A, Wilde S A, Sun M, Lu L. Metamorphism of basement rocks in the Central Zone of the North China Craton: implications for Paleoproterozoic tectonic evolution[J]. Precambrian Research, 2000, 103: 55~88.

[2] Pei J, Yang Z, Zhao Y. A Mesoproterozoic paleomagnetic pole from the Yangzhuang Formation, North China and its tectonics implications[J]. Precambrian Research, 2006, 151: 1~13.

[3] Zhang S H, Zhao Y, Yang Z Y, He Z F, Wu H. The 1.35Ga diabase sills from the northern North China Craton: Implications for breakup of the Columbia (Nuna) supercontinent[J]. Earth and Planetary Science Letters, 2009, 288: 588~600.

（3）古地磁学与全球变化

# Nuna 超大陆形成和演化的古地磁制约

## Paleomagnetic constraints for Reconstruction of Nuna

张世红
Zhang Shihong
中国地质大学生物地质与环境地质国家重点实验室　北京 100083

主要基于 18 亿年全球造山带的分布，前寒武纪地质学家在本世纪初提出了前 Rodinia 超大陆的构想（Zhao, et al, 2002），后来这个超大陆被命名为 Nuna 或 Columbia (Evans and Mitchell. 2011)。目前对 Nuna 构型和存在的时限有多种认识和再造方案。古地磁是研究地质历史时期超大陆构型、形成和裂解的重要手段，借助于极移曲线拟合可以检验超大陆地质模型的正确与否。本文首先报道华北地台 18～13 亿年间古地磁学和年代学研究的新数据，尝试建立了这一时期的极移曲线。从熊耳群（~1780 Ma）、太行岩墙群（~1770 Ma）、杨庄组（~1500 Ma）、铁岭组（~1440 Ma）、下马岭组（~1380 Ma）、燕山地区~1325 Ma 岩墙群等有同位素年代约束的岩石单元获得的可靠的古地磁数据指示华北地台在这一时期处在赤道和 30°以内的低纬度地区。这一结论与这些岩石地层单元中广泛发育的红层沉积、叠层石礁、白云岩等对古气候分带敏感的古地理学和沉积学标志相符合。

将华北地台 1780～1320 Ma 之间的极移曲线和劳伦大陆、波罗的大陆、澳大利亚古陆块群以及西伯利亚大陆建立起来的极移曲线拟合（或与这些大陆上取得的可靠磁极比较），确定了华北地台在 Nuna 中的位置。和地质上的推测（Zhao, et al. 2002）一致的是，华北地台的南缘（现今方位，下同）面向开阔的大洋，长期发育一条主动大陆边缘；华北的北缘则面向大陆内部，与印度、澳大利亚古陆相连接。华北地台 1400 Ma 前后的古地磁记录和劳伦大陆有相似的变化特征，可能揭示了超大陆快速运动或真极移事件。而其他大陆这一时期的古地磁数据较少。

目前的古地磁数据对比和解释表明 Nuna 超大陆至少从 18 亿年起开始了大规模的聚合，1780 Ma 时期已经具备了全球的规模。尽管随后发育了大规模的基性岩浆活动、裂谷盆地，但这些活动在 1400 Ma 之前没有能够导致 Nuna 大陆运动学意义上的裂解。西伯利亚、华北、印度、澳大利亚和北美北部出现了具有半球规模的盆地群，为真核生物的出现和演化提供了重要的盆地背景。但 Nuna 超大陆复原的结果显示这些盆地极可能发育在大陆内部，与大洋隔绝或局限连接。这一古地理格局为解释中元古代时期富铁的大洋地球化学特征提供了有意义的约束。1200 Ma 以后，劳伦等主要大陆的极移曲线明显指示了 Nuna 的裂解特征。但由于华北地台以及世界其他许多的克拉通都缺少 12～14 亿年之间的高质量的古地磁数据，目前还不能更准确的约束 Nuna 裂解的时间。

在本文的再造方案中，采纳了多项区域性的连接关系，例如亚马逊克拉通-西非克拉通-波罗的大陆连接的 SAMBA 模型（Johansson, 2009）、劳伦-西伯利亚-波罗的连接的 Nuna 核心模型(Evans and Mitchell, 2011)、东南极—澳大利亚—北美连接的 Proto-SWEAT 模型（Payne, et al. 2009）以及华北—印度连接模型（Zhao, et al. 2002）。这些主要基于地质关系提出的古大陆再造方案得到从古地磁学方法提供的独立证据的支持，而其他的方案同样道理地受到了古地磁独立证据的否定。

### 参 考 文 献

[1] Evans D A D, Mitchell R N. Assembly and breakup of the core of Paleoproterozoic-Mesoproterozoic supercontinent Nuna[J]. Geology, 2011, 39: 443~446.

[2] Johansson Å. Baltica, Amazonia and the SAMBA connection-1000 million years of neighbourhood during the Proterozoic?[J]. Precambrian Res., 2009, 175: 221~234.

[3] Payne J L, Hand M., Barovich K M., Reid A, Evans D A D. Correlations and reconstruction models for the 2500~1500 Ma evolution of the Mawson Continent[C]//Reddy S M, Mazumder R, Evans D A D, Collins A S (Eds. ). Palaeoproterozoic supercontinents and global evolution. Geological Society, London, Special Publications, pp.319~355.

[4] Zhao G, Cawood P A, Wilde S A, Sun M. Review of global 2.1~1.8 Ga orogens: implications for a pre-Rodinia supercontinent[J]. Earth-Sci. Rev. 2002, 59: 125~162.

（3）古地磁学与全球变化

# 天山黄土岩石磁学特征揭示的中亚内陆黄土磁学性质与物源物质、气候条件的关系

# Rock magnetic study of loess from the Tian Shan and its paleoenvironmental implications

昝金波[1*] 方小敏[1] 颜茂都[1] 聂军胜[2] 滕晓华[2*]

Zan jinbo[1*] Fang xiaomin[1] Yan maodu[1] et al

1. 中国科学院青藏高原研究所大陆碰撞与高原隆升重点实验室 北京 100085;

2. 兰州大学西部环境与气候变化研究院西部环境教育部重点实验室 兰州 730000

中国黄土高原与中亚内陆地区是全球两个重要的黄土分布区。自从 Heller 和 Liu（1984）首次成功的将黄土高原洛川剖面的磁化率曲线与深海氧同位素记录进行对比以后，磁化率已被作为一个古气候变化的代用指标在黄土高原以及周边地区得到广泛应用。已有的研究表明，在中国黄土高原地区，成土作用导致的细颗粒亚铁磁性矿物含量的增加是黄土/古土壤磁化率增强的主导因素（邓成龙，等. 2007），用黄土—古土壤磁化率可以定量的恢复黄土高原地区的古降雨量。

然而，相对于黄土高原地区比较系统而富有成效的岩石磁学研究，目前对中亚内陆地区黄土堆积的系统的岩石磁学研究却仍然相对较少，并且仅有的几个研究对这一地区黄土磁学性质与物源物质、气候条件的关系还存有很大分歧。如对塔吉克斯坦南部 Chashmanigar 黄土剖面的研究，发现古土壤层的磁化率值要明显高于黄土层，成壤过程被认为是导致黄土/古土壤磁化率增加的主要因素。近来对伊犁盆地两个晚更新世以来的黄土剖面进行的岩石磁学研究，发现该地区黄土磁化率增强不仅与源区的原生磁性矿物含量有关，同时又有黄土高原超细颗粒成壤模式，但以前一种模式为主导（Song, et al. 2010）。而最近对塔里木盆地南缘、西昆仑山北坡 207 米黄土岩芯的岩石磁学研究发现，与黄土高原地区黄土沉积明显不同，成壤作用形成的细颗粒磁性矿物对西昆仑山黄土磁化率的贡献极小，其磁化率的变化主要受来自源区的磁铁矿和磁赤铁矿的含量和粒径所影响，这同时也得到塔里木盆地风积物表土样品岩石磁学研究结果的证实。这些研究似乎暗示，在中亚内陆，由于气候主要受西风环流所控制，并且大多数的黄土堆积主要分布于一些大沙漠的下风向，距离物源比较近，黄土古土壤序列的岩石磁学性质可能并不像中国黄土高原地区一样仅仅由成壤过程就可解释。而对于中亚内陆黄土堆积磁学性质与物源物质、气候条件的关系，还需要在更大范围开展更为深入的研究。

天山北麓海拔 2400～2700 m 间不同高度的地貌面上分布有大片风成黄土。由于该区降水量（100～250 mm）低于塔吉克斯坦南部地区（600～800 mm）以及伊犁盆地（300～500 mm），但明显高于西昆仑山地区（20～100 mm），并且黄土堆积与盆地内的沙漠演化有着密切的联系，因此是详细研究中亚内陆黄土岩石磁学性质与西风区气候条件、物源物质相互关系的理想区域。通过对天山北麓沙湾县东湾镇清水河第 6 级阶地厚 71 米的（约 0.8 Ma）黄土剖面进行的系统的岩石磁学研究，发现东湾镇黄土磁化率的高峰值与古土壤不一致，磁化率值的大小在黄土—古土壤中并无明显的规律可循，其更多的表现出一种明显的长期增加趋势。黄土频率磁化率百分比小于 3%，且频率磁化率及频率磁化率百分比与磁化率没有明显的相关性，说明该地区细颗粒磁性矿物含量极少且无明显变化。此外，非磁滞剩磁、磁滞回线以及热磁曲线的测量还表明，随着磁化率和饱和等温剩磁的增加，样品中来自源区的粗颗粒（MD）磁铁矿含量有了明显的增加，表明成壤作用形成的细颗粒磁性矿物对天山黄土磁学性质的影响微弱，其磁化率和饱和等温剩磁的变化主要受来自源区的磁铁矿和磁赤铁矿的含量和粒径所影响，并可以用来间接反映源区范围的变化。而天山黄土磁化率和饱和等温剩磁等磁学参数 0.8 Ma 以来逐渐增加的趋势，很可能是对亚洲内陆中更新世以来干旱化过程的响应。

天山黄土岩石磁学特征的研究表明，西风环流携带的水汽自塔吉克斯坦南部至伊犁盆地、准噶尔盆地以及塔里木盆地的逐渐减少，可能是造成中亚内陆不同地区黄土堆积岩石磁学性质与物源物质、气候条件的关系发生差异的根本原因。在塔吉克斯坦南部地区，由于降水丰沛，土壤发育显著，因此成壤过程产生的细颗粒亚铁磁性矿物主导了该地区黄土岩石磁学性质的变化。在塔里木盆地以及准噶尔盆地，由于为这两个地区输送水汽的西风环流被盆地周围环绕的山地所阻挡，降水量稀少，气候极端干旱，土壤发育微弱，造成这两个地区黄土堆积的岩石磁学性质主要由来自源区的粗颗粒软磁性矿物所控制，成壤作用形成的细颗粒磁性矿物对其影响极小。而伊犁盆地则处于一种过渡状态，该地区降水适中，风尘输入和成壤作用共同控制了该地区黄土堆积的磁学性质，但以前一种模式为主导。

（3）古地磁学与全球变化

# 金沟河剖面磁组构记录与晚新生代天山抬升

# AMS-inferred Cenozoic Tian Shan uplift

唐自华[1]　黄宝春[2]　董欣欣[1]　丁仲礼[1]

Tang Zihua　Huang Baochun　Dong Xinxin　Ding Zhongli

1. 中国科学院地质与地球物理研究所新生代地质与环境重点实验室　北京 100029;

2. 中国科学院地质与地球物理研究所地球深部结构与过程研究室　北京 100029

晚新生代天山大规模抬升是对印度—欧亚大陆碰撞拼合的构造响应，大量沉积学、磁性地层学和热年代学证据表明抬升发生的时间从晚渐新世到第四纪不等。进一步认识天山抬升历史有助于加深对山脉形成过程和陆壳形变机制的理解。

构造应力的加强和集中是形变发生的前提。沉积物磁化率各向异性（磁组构）具有纪录沉积物沉积后到固结前应力状态的潜力，因而，天山山麓地区的沉积物磁组构特征能够提供该地区的应力演化的记录，为讨论天山抬升过程、时限、机制提供可靠制约。

生物地层和磁性地层学表明，天山北麓的金沟河剖面连续保存了晚渐新世—早上新世河湖相沉积物。详细的岩石磁学研究显示，该剖面的磁性矿物以赤铁矿和磁铁矿为主，其中，赤铁矿对沉积物的磁组构特征起主导作用，这意味着构造应力对磁性颗粒定向排列程度的影响可以通过磁组构反映出来。

全剖面 562 块样品的磁化率各向异性测量结果显示，金沟河剖面 AMS 椭球最短轴与层面接近垂直，表明金沟河剖面磁组构保留了部分沉积组构特征；AMS 椭球的最长轴与沉积物搬运方向垂直，最短轴略向北倾，为典型的弱变形组构，表明晚渐新世以来天山持续受到了南北向构造应力的影响。在时间序列上，AMS 椭球在渐新世末(～23.3 Ma)和中中新世中期(～16.5 Ma)由压扁状(形状参数 $T>0$)转变为拉长状($T<0$)，分别持续了 3.3 Ma 和 2.5 Ma，表明这两个时期构造应力明显增强。结合同时期沉积环境由低能态向高能态转变，沉积速率显著增加，我们认为，天山渐新世末—早中新世和中中新世晚期经历两次间歇式抬升。

我们提出了一个概念模型来描述多种证据观察到的天山抬升过程。从早新生代印度－欧亚大陆碰撞开始，天山一直处于南北向的构造应力场内，这种应力条件使得天山北麓由南向北搬运的沉积物的磁化率椭球的长轴方向有南北向变成东西向。当应力进一步增强，山前沉积物中垂直于层面方向的磁化率椭球短轴开始沿应力方向拉伸——磁化率椭球的变化开始记录应力集中过程。当应力集中导致山体抬升，剥蚀加强，位于山前的研究点开始记录到沉积物粒径增加，沉积物堆积速率加快。随着山体进一步抬升，陆壳变形由山体向盆地逐渐扩大，当研究点受影响卷入变形即开始发育生长地层。这一模型描述了山体抬升过程中，应力集中、抬升剥蚀、地壳缩短变形的完整过程，我们认为反映构造应力强弱变化的磁组构记录可以更准确地记录山体抬升历史。

**参 考 文 献**

[1] Borradaile G J, B Henry. Tectonic applications of magnetic susceptibility and its anisotropy[J]. Earth Sci. Rev., 1997, 42(1~2): 49~93.

[2] Huang B, J Piper, S Peng, T Liu, Z Li, Q Wang, R Zhu. Magnetostragraphic study of the Kuche Depression, Tarim Basin, and Cenozoic uplift of the Tian Shan Range, western China[J]. Earth. Planet. Sci. Lett., 2006, 251: 346~364.

[3] Parés J M. How deformed are weakly deformed mudrocks? Insights from magnetic anisotropy, in Magnetic Fabric: Methods and Applications[J]. Geol. Soc. Spec. Publ., 2004, 238: 191~203.

（3）古地磁学与全球变化

# 羌塘块体古地磁研究新结果：中晚侏罗的快速北向漂移过程？

# The new paleomagnetic result of Qiangtang block: Did it fast drift in the middle-lateJurassic?

任海东[1] 颜茂都[1] 方小敏[1] 宋春晖[2] 孟庆泉[2]

Ren Haidong Yan Maodu Fang Xiaomin Song Chunhui Meng Qingquan

1. 中国科学院青藏高原研究所大陆碰撞和高原隆升重点实验室

2. 兰州大学地质科学与矿产资源学院学

青藏高原是由多个小块体在不同的时间段内通过不同的漂移演化过程拼贴碰撞隆升形成的。这些块体的漂移拼贴，不光对于帮助我们认识青藏高原的碰撞隆升演化过程，而且对于帮助我们了解特提斯的演化有着重要的意义。近年来围绕着青藏高原的隆升演化以及特提斯的演化研究，大多数是围绕着新生代以来印度板块与拉萨块体的碰撞演化过程，对新生代以前的其他块体研究相对较少。而在组成青藏高原众多块体中，羌塘块体的漂移演化历史，尤其是其三叠纪时期与松潘—甘孜块体的碰撞以及晚侏罗世—早白垩世拉萨块体的碰撞，涉及到了古特提斯洋的开始、发育、消亡和新特提斯洋的开始，起承上启下的重要作用。但是，由于羌塘块体所处的特殊地理位置：高海拔、大部分为无人区，工作条件艰苦，迄今为止，有关羌塘块体的古地磁研究很少，目前的古地磁结果还不足与帮助了解青藏高原的碰撞隆升以及特提斯的演化。本报告主要汇报我们最近针对羌塘盆地东部雁石坪地区侏罗纪地层开展精细古地磁研究的一些新的结果。

羌塘盆地位于青藏高原中部，盆地内广泛发育中生代海相沉积地层，沉积厚达 6 000～13 000 m，是青藏高原内部海相地层保存最为完整，也是我国最大的中生代海相含油气盆地。侏罗纪沉积广泛发育，地层自老至青分别为雀莫错组、布曲组、夏里组、索瓦组和雪山组；其中雀莫错组、夏里组和雪山组主要岩性为细砂岩夹泥岩，布曲组和索瓦组岩性以灰岩为主，简称“三砂夹两灰”。雁石坪地区位于青藏高原羌塘块体的东部，侏罗纪地层出露完好。

本次研究针对雁石坪地区侏罗纪地层雀莫错组、布曲组、夏里组和索瓦组四个组开展精细的古地磁研究。岩石磁学和系统热退磁结果表明，携带剩磁的磁性矿物主要为磁铁矿和赤铁矿；退磁分析揭示大多数岩石样品具有很好的退磁行为，很容易获得特征剩磁的方向。这些特征剩磁方向通过了褶皱检验及反向检验，表明这些特征剩磁方向为皱褶发生之前获得，很可能代表了原生剩磁的方向。我们的初步结果表明，雀莫错组样品的平均剩磁方向具有较高的磁倾角值（~60°），而其他三个组的平均剩磁方向却较低的平均磁倾角值（~10°）；这两个古地磁磁倾角值，分别对应了~40°和~5° 的古纬度，大大不同于以往的古地磁结果。

针对青藏高原各块体普遍存在沉积岩磁倾角变浅的问题，我们用磁化率各向异性法结合 E/I 统计分析法对侏罗纪雀莫错组灰岩、泥岩和细砂岩磁倾角数据进行了矫正分析，发现该地区的磁倾角结果并没有显著的浅化现象，揭示以上获得的磁倾角确实反映了当初的古维度。我们的初步结果可能揭示了在侏罗纪中早期，羌塘块体位于赤道大约北纬 5° 的位置；此后在侏罗纪晚期，该块体快速向北漂移，到达北纬 40° 左右。

（3）古地磁学与全球变化

# 华北克拉通南缘早元古代熊耳火山岩的古地磁研究

# Palaeomagnetism of Xiong ‘er volcanic rocks in the southern margin of North China Shield

徐慧茹*

Xu Huiru*

中国科学院地质与地球物理研究所古地磁与年代学实验室　北京 100029

早元古代各古陆的位置和运动是涉及地球动力学早期演化的重大科学问题。华北克拉通是中国最古老的块体，也是国内开展早元古代地球科学研究的主要地区。对华北克拉通早古生代的古地磁研究主要集中在克拉通北部基性岩墙群区域[1,2]，其他地区的古地磁研究较薄弱。华北克拉通南缘的熊耳火山岩在豫、晋、陕三省广泛出露，喷发时代为约 1780 Ma，与北部岩墙群在年龄上相似。此外，地球化学等证据也指示两者存在联系。因此，熊耳火山岩的古地磁研究工作可以与前人的成果进行对比，有利于更深刻的认识早期华北克拉通的演化。本研究选取河南三门峡灵宝地区出露的熊耳火山岩剖面开展了详细的岩石磁学和古地磁学研究。

灵宝熊耳火山岩剖面长约 12 km，主要为许山组玄武安山岩，熔岩流的冷凝面清晰，面上可见流动构造。地球化学定年结果显示，该地区的熊耳火山岩许山组的喷发年龄为 1783±20Ma[2]。本次野外以熔岩流为采样单元，根据表面风化程度强弱，选取 26 个新鲜熔岩流，共采取 338 块独立定向岩心。

热磁实验（J-T 和 κ -T）揭示，大部分灵宝熊耳火山岩剖面样品的解阻温度在 580℃左右，指示磁铁矿为主要载磁矿物；少量样品的磁化强度/磁化率在约 680℃仍有下降，指示样品中可能同时含有赤铁矿。热磁曲线在加热前后具有较好的可逆性，因此选取热退磁技术对样品进行磁清洗。磁滞回线结果显示，大部分灵宝熊耳火山岩剖面样品在约 150mT 饱和，指示软磁性矿物(磁铁矿)为主要载磁矿物；少量灵宝熊耳火山岩样品的磁滞回线表现为细腰状，指示为两种不同矫顽力组分(磁铁矿和赤铁矿)混合。Day 图上的投影显示样品载磁颗粒属于 PSD。

基于岩石磁学实验结果，对样品采用热退磁技术对特征剩磁进行分离。大部分样品最高加热到 580℃，低于 540℃时温度间隔为 50℃～100℃，高于 540℃时 5℃；小部分样品最高加热到 680℃。热退磁结果显示，灵宝熊耳火山岩剖面的低温分量 (≤200℃)平均方向 ($D/I$ =345.6 /51.4°)与现代地磁场方向（$D/I$ =356.1/52.2°）相近，推测是在现代地磁场下获得的粘滞剩磁。90%以上的样品的特征剩磁方向在 540℃～570℃分离，小部分含赤铁矿样品在 550℃～680℃分离获得特征剩磁方向。对热退磁结果进行统计分析结果显示，共 196 块样品获得了特征剩磁。以熔岩流为单元进行统计，结果可以分为三类：① $Ds/Is$ = 0/−3.1, $n$ = 7, $k$ = 10.9, $a$95 = 19.1；② $Ds/Is$ = 178.6/10.6, $n$ = 3, $k$ = 73.2,$a$95 = 14.5；③ $Ds/Is$ = 20.9/15.2, $n$=2, $k$ = 431.1, $a$95 = 5.9。第一类和第二类熔岩流的方向可以通过倒转检验，说明特征剩磁可能是原生的。第三类样品未见报道，指示意义仍在探索中。对前两类样品（共 10 个采点，87 块样品）记录的特征剩磁方向进行 Fisher 平均，得到 $D/I$ = 359.6°/−5.5° ($\alpha_{95}$ = 12.8°)，对应的古地磁极位置为 53.2 °N，291.7 °E($A$95 = 7.8).

灵宝熊耳火山剖面从底到顶记录了负/正/负三个极性，说明地球磁场在灵宝熊耳火山岩喷发期间至少经历了两次倒转，指示早元古代时期地球磁场也许已经具有与现今类似的地球动力学特征，可以推测地球磁场已经以偶极子为主导。该研究结果与同时期的基性岩墙群的古地磁结果[1]相近，可能指示着华北克拉通在早元古代确实与印度板块相接，是 Columbia 超大陆的一部分。考虑到华北克拉通早元古代古地磁数据较少，为了进一步确定早元古代华北克拉通极移曲线，需要开展更多详细的研究。

## 参 考 文 献

[1] J Piper. Palaeopangaea in Meso-Neoproterozoic times: The palaeomagnetic evidence and implications to continental integrity, supercontinent form and Eocambrian break-up[J]. Journal of Geodynamics.2010, 50(3~4): 191~223.

[2] Halls H C, et al. A precisely dated Proterozoic palaeomagnetic pole from the North China craton, and its relevance to palaeocontinental reconstruction[J]. Geophysical Journal International, 2000.143(1): 185~203.

[3] He Y, et al. Shrimp, La Icp Ms zircon geochronology of the Xiong'er volcanic rocks: implications for the Paleo-Mesoproterozoic evolution of the southern margin of the North China Craton[J]. Precambrian Research, 2009.168(3~4): 213~222.

（3）古地磁学与全球变化

# 长江三角洲沉积物环境磁学研究

# Environmental Magnetic Study on Yangtze Delta Sediments

张卫国* 董辰寅 叶雷平 董 艳 刘 莹 马洪磊 俞立中

Zhang Weiguo* Dong Chenyin Ye Leiping Dong Yan Liu Ying Ma Honglei Yu Lizhong

华东师范大学河口海岸学国家重点实验室 上海 200062

河口三角洲是陆海交互作用的产物，资源丰富，是人口密集、经济活跃的地区，同时也是生态环境脆弱的地区，因而河口三角洲的环境演变研究历来受到广泛的重视。长江是我国第一大河、世界第三大河，国内外研究者围绕长江三角洲的环境演变及其与全球变化和人类活动的关系，开展了大量的研究，涉及到三角洲的海平面变化、地貌发育、早期文明，以及近期流域和河口大型工程对河口沉积地貌和生态环境的影响等。本文研究了长江三角洲南翼全新世沉积物以及潮滩、水下三角洲近百年沉积物的环境磁学特征，探讨了环境磁学特征的影响因素，及其蕴含的环境意义。

**1. 长江三角洲南翼全新世沉积物**

对采自长江三角洲南翼太湖南岸东桥镇（DQ 孔，6.52 m）、上海马桥镇（MQ 孔, 20.03 m）和浦东新区（NH 孔, 29m）三个钻孔，进行了磁性测量、沉积相划分、粒度、地球化学分析和 AMS14C 测年。研究结果表明，前三角洲或浅海相沉积物，岩性以泥为主，沉积环境较为还原，磁性较弱，退磁参数 S 比值较低，反映了较高的不完整反磁性矿物的贡献。三角洲前缘相沉积物粒度较粗，磁性颗粒主要在 63～256μm 中富集。盐沼相沉积物为灰色泥砂互层，具有高的 SIRM/χ比值，磁性特征为胶黄铁矿所主导，反映了特定环境下早期成岩作用的影响，可作为本研究区盐沼相判别标志之一。沉积物上部三角洲平原相，以灰黄色粉砂质粘土为主，退磁参数 S 比值出现低值，反映了不完整反铁磁性主导了本层段的沉积物磁性特征，但其成因不同于前三角洲或浅海相沉积物。上述研究为全新世三角洲地区沉积相判别和地层划分提供了重要依据。

**2. 长江水下三角洲近百年沉积物**

在长江口及东海内陆架地区采集 8 个沉积物柱样，分别进行了磁性特征、粒度和地球化学的研究。根据磁化率垂向变化，可将柱样分为三类，即：随深度稍许增大，稍许减小和急剧减小三类。总体上沉积物<16 μm 粒级含量高，磁性强，以 YZE 柱样最为明显。不同柱样表层沉积物的磁化率自西向东呈下降趋势，自北向南呈增加趋势，与表层沉积物中<16 μm 含量空间变化一致，说明粒度是影响磁性特征的重要因素。F17 和 CX21 柱样随深度增加，有机物及硫化物结合态铁和总硫含量增加，同时热磁曲线也说明这两个柱样下部沉积物处于较强的还原环境，从而导致磁化率和 S 比值下降。但 CX21 柱样靠近长江河口地区，具有较高的沉积速率，而 F17 则采自于长江口南部的福建沿岸东海内陆架泥质区，沉积速率低，因此 F17 柱样受早期成岩作用更为显著。采自长江口泥质区的 CX21 和 CX32 柱样在上世纪 50 年代末和 60 年初均出现了 C/N 比的峰值，则可能反映了 1960 年左右流域大规模森林砍伐导致严重的水土流失事件，这些高沉积速率柱样为研究河口地区及其流域人类活动、环境变化提供了可能。

**3. 杭州湾北岸现代潮滩沉积物**

对杭州湾北岸芦潮港潮滩 2007～2011 年固定点沉积物进行了逐月的磁性测量和粒度分析，探讨了磁性特征的月际、年际变化及其与粒度的关系。结果显示 2007～2009 年期间，杭州湾芦潮港潮滩沉积物的磁性特征呈现出相似的月际变化特征，在这三年中潮滩较细的沉积物中含有较多的亚铁磁性矿物。但 2010 年沉积物粒度月际变化与前三年相比发生了改变，同时 2010 年起沉积物磁性特征的月际变化与前三年存在很大的不同。$\chi_{ARM}$和 <16 μm 粒级含量在 2007～2009 年间表现出相似特征，2010 年部分样品已经发生改变，而 2011 年则显著不同于往年。造成这种差异的原因可能是芦潮港泥沙物源组成发生了变化，但是否是长江流域来沙下降对导致杭州湾潮滩沉积物物源发生变化，仍需要予以长期关注。

**参 考 文 献**

[1] Roberts A P. Magnetic properties of sedimentary greigite ($Fe_3S_4$)[J]. Earth and Planetary Science Letters, 1995, 134 (3~4): 227~236.

[2] Robinson, S. G. et al., Early diagenesis in North Atlantic abyssal plain sediments characterized by rock magnetic and geochemical indices[J]. Marine Geology, 2000, 163 (1~4): 77~107.

（3）古地磁学与全球变化

# 酒泉盆地晚新生代旋转变形研究

## Neogene rotations in the Jiuquan Basin, Hexi Corridor, China

颜茂都[1]　方小敏[1,2]　Rob Van der Voo[3]　宋春晖[2]　李吉均[2]

Yan Maodu[1]　Fang Xiaomin[1,2]　Rob Van der Voo[3]　Song Chunhui[2]　Li Jijun[2]

1. 中国科学院青藏高原研究所大陆碰撞和高原隆升重点实验室　北京市朝阳区大屯路甲4号 100101

2. 兰州大学地质科学和矿产资源学院　730000　China

3. Department of Earth and Environmental Sciences, University of Michigan, Ann Arbor, MI 48109-1063, USA

Vertical-axis rotations of blocks in/around the Tibetan Plateau can be attributed to the India-Asia collision. Study of the vertical-axis rotations of these blocks will increase our understanding of the mechanisms and kinematics of continent-continent collisions. We report here a new paleomagnetic study of rotations using data from four localities in the Jiuquan Basin.

The Jiuquan basin is a foreland basin of the northern Qilian Shan at the northern margin of the Tibetan Plateau，in the northwest corner of the Hexi Corridor. The paleomagnetic samples were collected from five magnetostratigraphic sections at four localities: the Laojunmiao (LJM) section in the west of the basin, two sections at the Hongshuiba (HSB-A and -B) locality, the Wenshushan (WSS) section in the middle of the basin, and the Yumushan (YMS) section in the east of the basin.

Paleomagnetic samples were only treated thermally, guided by principal component analysis for the characterization remnant magnetizations (ChRM). The obtained ChRM directions show positive fold test and reversal tests. Detailed paleomagnetic rotation analyses indicate that: ①the obtained means of Neogene declinations of the LJM, HSB, WSS and YMS sections are +3.0°, –35.5°/–23.5°, +15.6°, and –9.2°, respectively, which are different from each other; ② when using the mean directions of every-100-m of section, the four localities have similar sequential patterns of changing declination means during the last 13 Ma: a) declination increased through time during 11.0～8.0 Ma; b) no significant variations during 8.0～4.0 Ma; c) slightly decreased through time after ~ 4.0 Ma.

We thus argue that the reason why the mean of each section appears to indicate discordant paleomagnetic rotations is mostly (but not entirely) due to the averaging of different rotation angles and senses during different time intervals. The similar pattern of changing declination means of the five sections through time leads to the conclusion that the Jiuquan Basin has experienced significant (but successively counterclockwise (CCW) and clockwise (CW)) rotations in a similar pattern across the basin during the last 13 Ma: ① significant and continuous CCW rotations during 11.0～8.0 Ma; ② insignificant rotations during 8.0～4.0 Ma, representing a relatively stable stage; ③ a small CW rotation during the last four million years. Combined with other geological evidences, the rotation patterns may suggest two major tectonic activity phases of the northeastern Tibetan Plateau during the last 13 Ma: an eastward extrusion and strike-slip dominant phase before 8.0 Ma, a significant shortening and rapid uplift dominant phase after 8.0 Ma.

（3）古地磁学与全球变化

# 柴达木盆地西部 SG-1 钻孔磁性地层学与环境磁学意义

# Magnetostratigraphy and paleoclimatic implications of deep drilling core SG-1 in the western Qaidam Basin

张伟林[1,2] 方小敏[1] Erwin Appel[2] 颜冒都[1] 宋春晖[3]

Zhang Weilin[1,2] Fang Xiaomin[1] Erwin Appel[2] Yan Maodu[1] Song Chunhui[3]

1. 中科院青藏高原研究所 北京;

2. Department of Geosciences, University of Tübingen, Tübingen, Germany;

3. 兰州大学地质学与矿产资源学院&西部环境教育部重点实验室 兰州

柴达木盆地即青藏高原东北部最大的山间盆地自新生代以来连续沉积了巨厚的湖相沉积物，其完整的保存了新生代以来周边山区的剥蚀历史和环境变迁信号。柴达木盆地西部察汗斯拉图钻孔（SG-1）938.5米沉积物主要为灰黑色泥岩、灰色粉砂岩，其上部含有大量的灰白色石盐和膏盐；磁性地层学结果表明其年代为 2.77～0.0Ma，沉积速率变化较大（26.1cm/ka 至 51.5cm/ka）及与高原东北缘脉冲式构造隆升有关的快速剥蚀事件主要发生在~2.6～2.2 Ma 与~0.8 Ma 之后。岩石磁学揭示高磁化率值沉积物主要携带了准单畴的磁铁矿与磁赤铁矿，低磁化率值沉积物中的磁性矿物主要为单畴至多畴的磁赤铁矿以及少量的赤铁矿。磁化率变化趋势不仅与沉积速率变化保持一致性且与膏盐岩含量变化和冰期-间冰期时间尺度上的全球深海洋 $\delta^{18}O$ 记录也具有很好的吻合性，进一步说明柴达木盆地西部沉积物的磁化率和磁性矿物变化可能受构造隆升或古环境变化所致。综合柴达木盆地西部沉积环境及其周边剥蚀区变化与磁性矿物变化的分析，认为磁化率变化驱动机制可以由以下三种模式来解释：

（1）干—冷气候条件下的风蚀或冰川剥蚀与暖—湿气候条件下的地表径流导致了不同的山区侵蚀范围从而致使盆地沉积物源区的变化。

（2）干旱气候下盆地湖相沉积物的磁性矿物低温氧化。

（3）湿润气候条件下风蚀过程中源区物源的磁性矿物低温氧化。

从而我们认为柴达木盆地西部沉积物磁化率可作为揭示干—冷与暖—湿古气候环境变化事件的代用指标。

（3）古地磁学与全球变化

# 南海北部末次冰期—全新世转换期间地球磁场长期变化特征

# Paleosecular variations of geomagnetic field during the period from the last maximum glacial to the Holocene in the north of South China Sea

黄文娅[1] 杨小强[1] 刘青松[2]

Huang Wenya[1] Yang Xiaoqiang[1] Liu qingsong[2]

1. 中山大学地球科学系 广州 510275

2. 中国科学院地质与地球物理研究所 北京 100029

近数十年来，从陆地湖泊及海洋沉积物中重建晚更新世以来地球磁场长期变化特征，为探索地球内部的动力学过程及在不同时间和空间尺度，进行地层对比、年代地层学的建立和验证提供了行之有效的工具（Laj, et al., 2004; Lund, et al., 2006）。另一方面，一系列的研究提出地球磁场的变化也许与全球气候的变化之间存在一定的联系，在轨道尺度地球磁场强度的低值总是发生在气候由暖转冷的转变时期或间冰期，而在千年及百年时间尺度，磁场强度的高值则与较冷的气候相关。在众多地球磁场长期变化研究的数据中，从末次盛冰期至全新世过渡阶段高分辨率的研究资料相对比较缺乏，而这一时期是全球气候发生最显著变化的时期，是进一步探索地球磁场特征和其是否与古气候之间存在一定程度关联的重要窗口。

本文选择位于南海北部中沙海槽的两个重力活塞钻孔 ZSQD2 (114.16°E，19.58°N，水深 681m，岩芯长 190 cm) 和 ZSQD34(114.74°E，19.05°N，水深 1820 m，岩芯长 184 cm)，以 1 cm 间隔连续取样，进行详细的古地磁学研究，以期为探究这一区域从末次盛冰期至全新世气候转变阶段地球磁场的长期变化特征作出贡献。钻孔沉积物主要由灰色-青灰色粉砂质粘土组成，丰富的有孔虫多呈现不规则团状分布。袋拟抱球虫（G. sacculifer)的 AMS$^{14}$C 年龄表明其记录了约 18 cal. kyr 以来的沉积(ZSQD2 钻孔约 4 千年来的沉积缺失)，沉积速率逐渐降低，末次冰期达 56.1 cm/kyr，而全新世只有 3.7 cm/kyr。岩石磁学结果表明钻孔沉积物中的主要控磁矿物为低矫顽力、PSD 状态的磁铁矿类矿物，$S_{300}$ 均大于 0.9，体积磁化率、非磁滞剩磁(ARM)和饱和等温剩磁(SIRM)的变化比较均一，在同一数量级范围之内。NRM 的交变退磁实验显示沉积物携带的次生剩磁在 10 mT 交变场时可以被清洗，15～70 mT 之间的退磁数据稳定的记录了样品的特征剩磁，ZSQD2 和 ZSQD34 两个钻孔的平均磁倾角分别为 20.84$^{o}$和 20.68$^{o}$，小于理论期望值 35.4$^{o}$和 34.6$^{o}$。选择最大角偏差(MAD)值小于 5 的特征剩磁数据，在 $^{14}$C 年龄限定的条件下，建立~18 kyr 以来的地球磁场长期变化曲线。

全新世期间地磁倾角和偏角的长期变化特征与华南区域陆地湖泊的记录类似，而在 17～10 cal. kyr 期间，ZSQD2 钻孔记录的地球磁场的方向和强度均表现出高频、大幅度的变化特征。在~16.4 和~15.4 cal. kyr 有两次比较显著的短周期的负倾角，伴随着相对强度的低值，但是磁偏角尽管也有相应的变化，却并没有出现大幅度的反转。在 12.2～13.4 cal. kyr 之间，磁倾角和磁偏角均表现出异常，但没有呈现反转特征，相对强度也没有出现最低值（强度的最低值出现在 14 cal. kyr 左右）。这一现象说明在千年、百年时间尺度范围内，地球磁场方向和强度的变化也许不是同步的，方向的异常不一定对应于强度的低值。相对强度的总体特征表现为在约 17.2～14.6 cal. kyr 之间为高值，而在 14.6～9.6 cal. kyr 之间为相对低值，这一变化过程与从大洋建立的其他曲线基本一致。尤其是在~16.8， ~16.4，~16.0，~15.4 和~15.2 cal. kyr 的五次快速变化的显著低值，在综合叠加的高分辨率相对强度曲线 GLOPIS-75 上可以发现对应的特征。

对比地磁长期变化过程和一些常用的气候参数，如表征全球气候变化的格陵兰冰芯氧同位素曲线（GISP-δ$^{18}$O）和表征东亚季风变化的中国洞穴石笋的氧同位素曲线，基本的现象是在 17.2～14.6 cal. kyr 气候最为寒冷、季风最弱期间，地球磁场处于相对强度的高值和快速、大幅度变化时期；之后，随着一次快速的反转减弱，伴随着气候的变暖，地球磁场强度逐渐增强。

## 参 考 文 献

[1] Laj C, Kissel C, Beer J. High Resolution Global Paleointensity Stack Since 75 kyr (GLOPIS-75) Calibrated to Absolute Values[J]. Geophysical Monograph Series, 2004, 145: 255~265.

[2] Lund S, Stoner J S, Channell J E T, Acton G. A summary of Brunhes paleomagnetic field variability recorded in Ocean Drilling Program cores[J]. Physics of the Earth and Planetary Interiors, 2006, 156: 194~204.

（3）古地磁学与全球变化

# 氧气及氮源对趋磁细菌 Magnetospirillum magneticum AMB-1 生物矿化的影响

# The influence of oxygen vs. nitrogen source in magnetite magnetosome synthesis of Magnetospirillum magneticum AMB-1

陈海涛[1,2,3] 李金华[1,3] 陈冠军[2] 潘永信[1,3*]

Chen Haitao[1,2,3] Li Jinhua[1,3] Chen Guanjun[2] Pan Yongxin[1,3*]

1. 中国科学院地质与地球物理研究所古地磁与年代学实验室 北京 100029;

2. 山东大学威海分校海洋学院 威海 264209;

3. 中国科学院中-法生物矿化与纳米结构联合实验室 北京 100029

趋磁细菌是一类能够沿地磁场方向和氧浓度梯度方向进行定向运动的微生物，广泛分布在海洋及湖泊等水生环境中。趋磁细菌是生物控制矿化的典范，通过体内的一系列基因严格控制矿化合成磁小体。研究趋磁细菌的生物矿化作用不仅有利于对微生物矿化机制的进一步理解；而且其矿化产物是研究沉积物矿物天然剩磁的重要载体，作为古地磁学和环境磁学研究的重要对象；同时也为全球铁元素循环在生态环境中的作用提供了重要途径。

迄今发现的趋磁细菌都属于专性微好氧、兼性厌氧或专性厌氧微生物，氧气对趋磁细菌细胞生长和磁小体合成的影响倍受关注 (Li and Pan 2012)，而硝酸盐作为电子受体参与反硝化作用也可能影响磁小体的合成。目前环境中氧气和硝酸盐对趋磁细菌磁小体合成的影响少有研究 (Bazylinski and Blakemore 1983)，其作用过程和机理尚不清楚。本研究以模式菌株 Magnetospirillum magneticum AMB-1 及其硝酸盐还原酶突变株 AMB00(amb2690) 为研究对象，综合利用透射电子显微镜和岩石磁学方法 (包括常温磁滞回线、一阶反转曲线 (FORC) 和低温磁性测量等) 对 AMB-1 野生株及其突变株在三种不同氮源 ($NO_3^-$、$NO_3^-$和$NH_4^+$(1:1)、$NH_4^+$)和不同氧浓度 (有氧静止:AS、厌氧静止:ANS) 条件下的矿化产物进行了详细研究，探讨了氧气和氮源对 AMB-1 磁小体合成的影响。

细菌生长实验结果显示，在有氧静止和厌氧静止的三种不同氮源培养条件下，样品 AMB-1_ANS_$NH_4^+$(WT)、AMB-1_ANS_$NO_3^-$ (AMB00)、AMB-1_ANS_$NO_3^-$&$NH_4^+$(AMB00)和 AMB-1_ANS_$NH_4^+$(AMB00) 由于缺乏相应的电子受体均不生长，因此后续实验结果不包括上述培养条件下的菌株。氧气对 AMB-1 细胞生长影响显著，细胞生长曲线结果显示，8 种培养条件下细胞的生长保持相似的生长周期：0～16 h 为细胞生长的延迟期，16～36 h 为指数期 (在有氧下培养的 AMB00 突变株提前在 32 h 时到达稳定期)，36 h 以后为稳定期。但是在厌氧条件下细胞生长速度明显减慢，同时细胞数量也显著降低。室温磁滞回线和 FORC 图结果也表明氧气的增加在不同程度上影响了磁小体的矿化，如不同氧条件 AMB-1 野生株和突变株合成的磁小体尺寸、数目及结晶程度均存在显著差异，表现为在有氧静止培养条件下磁小体尺寸明显变小、单位细胞磁小体数量降低及磁小体出现拉长现象；磁滞参数 $B_c$、$B_{cr}$和 $M_{rs}/M_s$ 比值均逐渐降低，反映了氧气的增加可能抑制了细胞磁小体的合成矿化。低温磁性测量表明，AMB-1_ANS_$NO_3^-$(WT) 比 AMB-1_AS_$NO_3^-$(WT) 的 $T_v$ 值要高，分别为 106.4 K 和 102.3 K；$\delta_{FC}/\delta_{ZFC}$ 比值要高，分别为 2.40、2.00；可能暗示了厌氧条件下细胞的磁小体的晶型、尺寸及成链状况都要优于有氧条件下的培养。岩石磁学结果还显示，在有氧条件下野生株细胞磁小体的晶型、尺寸及成链状况都优于突变株。上述实验室结果表明氧气能够促进细胞的生长，而厌氧静置条件可能更有利于 AMB-1 磁小体的矿化合成。

氧气和硝酸盐都可以作为单一电子受体供细胞生长和磁小体合成，但是铵盐仅作为细胞同化作用的氮源营养物质，不能作为电子受体供细胞生长和磁小体合成。当氧和硝酸盐都存在时，细胞可以同时利用氧和硝酸盐作为电子受体供细胞生长和磁小体矿化。对比有氧条件下野生株和突变株，随硝酸盐供给的减少，其磁小体尺寸相应减小、矫顽力降低，表明氧气作为电子受体虽有利于细胞生长，但是不利于磁小体的合成，而硝酸盐作为电子受体可能更有利于磁小体的合成。

（3）古地磁学与全球变化

# 地磁场对生物多样性影响的初步研究：以趋磁细菌为例

# Effects of geomagnetic field strength on the diversity and biogeography of magnetotactic bacteria

林　巍[1,2]　王寅炤[1,2]　潘永信[1,2*]

Lin Wei[1,2]　Wang Yinzhao[1,2]　Pan Yongxin[1,2*]

1. 中国科学院地质与地球物理研究所古地磁与年代学实验室，北京 100029;
2. 中国科学院中一法生物矿化与纳米结构联合实验室，北京 100029

地质历史时期的一些重大地质事件常伴随着生物种群数量和多样性的剧烈变化，体现了环境对生物演化的重要作用。地磁场是生命进化过程中一个重要的地球物理场，地球上生物的演化都是在地磁场环境中进行的，地磁场的变化不仅可能影响部分生物的行为和生理活动，甚至可能改变生物的种群多样性及演化趋势（潘永信，等. 2011）。因此探索地磁场对生命的影响已成为地球系统科学研究的热点问题（汪品先. 2003）。

趋磁细菌发现于 20 世纪 60～70 年代，是一类能沿地磁场磁力线方向运动的微生物的总称，广泛分布在湖泊和海洋环境中（林巍，等. 2012）。已发现的趋磁细菌主要生活在水体和沉积物的有氧-无氧过渡带中。绝大多数趋磁细菌在北半球沿着磁力线方向运动，在南半球却逆着磁力线运动，而在赤道附近上述两类细菌均有发现。趋磁细菌的显著特征是在细胞内控制矿化合成纳米级（35～120 nm）磁性矿物，其化学成分主要是磁铁矿（$Fe_3O_4$）或胶黄铁矿（$Fe_3S_4$），称为磁小体。磁小体粒度均一、化学纯度高、由生物膜包裹并在细胞内呈链状排列，就像一个小磁针，使得该类微生物能够有效感受外界磁场(潘永信，等. 2004)。趋磁细菌具有趋磁运动的特点，较其他微生物更易于从自然界中富集纯化，是研究生物感应地磁场变化的理想模式生物。

本研究从中国和美国 25 个地点采集表层沉积物样品，采样地点包括淡水湖泊、池塘、河流、红树林、潮间带以及近海地区，横跨北纬 19°至 40°，地磁场强度范围从 44000 nT 至 54500 nT。综合利用光学显微镜、电子显微镜、分子生态学技术和生物统计等方法，系统研究并比较不同地点沉积物中趋磁细菌的多样性和地理分布特征。光学显微镜和透射电子显微镜观察显示这些地点的趋磁细菌形态多样，主要包括球菌、杆菌、弧菌和螺旋菌等；磁小体的形状也各不相同，主要有立方八面体状、六面体棱柱状和子弹头形状等。利用分子生态学手段，本研究共获得 900 余条趋磁细菌的 16S rRNA 基因序列，分属于 100 多个不同类群，它们在系统发育上分别属于 α-变形菌纲、γ-变形菌纲、δ-变形菌纲和硝化螺旋菌门，表明趋磁细菌具有较高的系统发育多样性。通过研究趋磁细菌群落结构与各种环境因子的关系，首次发现趋磁细菌的分布与高等的动植物类似，在大尺度范围（~12000 km）具有一定的地理分布格局。进一步研究发现趋磁细菌的这种分布及其种群多样性与地磁场强度显著相关（$P < 0.001$），表明地磁场可能影响趋磁细菌的全球分布和种群多样性。该结果暗示，地质历史时期地磁场的变化（如强度降低、极性倒转等）可能会引起当时趋磁细菌的群落多样性发生改变。趋磁细菌多样性响应地磁场变化的机制目前尚不清楚，推测可能是磁场强度变化可以影响趋磁细菌的运动速度和运动方式，进而改变趋磁细菌的群落结构和分布；也可能是地磁场变化直接影响趋磁细菌的生长和磁小体矿化。本研究还发现其他一些环境因子，如水体盐度、温度、硫酸盐含量和氧化还原电位等，也可以影响趋磁细菌的多样性和分布。

磁小体在趋磁细菌死后可以长期保存在沉积物或沉积岩石中，形成化石磁小体。化石磁小体具有独特形貌和链状排列等特点，可以通过岩石磁学、古地磁学和电子显微学等手段进行检测。本研究揭示趋磁细菌多样性可能与地磁场强度及其他一些环境因子显著相关，由于趋磁细菌磁小体具有种群特异性的特点，因此沉积物中化石磁小体的数量和类型可能可以作为重构古地磁强度变化以及古环境变化的潜在替代性指标。

## 参 考 文 献

[1] 潘永信，等. 生物地球物理学的产生与研究进展[J]. 科学通报, 2011, 56(17): 1335~1344.
[2] 汪品先. 我国的地球系统科学研究向何处去[J]. 地球科学进展, 2003, 18(6): 837~851.
[3] 林巍等. 趋磁细菌多样性及其环境意义[J]. 第四纪研究, 2012, doi: 10.3969/j. issn.1001-7410.2012.3904.3901.
[4] 潘永信，等. 趋磁细菌磁小体的生物矿化作用和磁学性质研究进展[J]. 科学通报, 2004, 49(24): 2505~2510.

（3）古地磁学与全球变化

# 西安护城河趋磁细菌多样性研究

# Unexpected High Diversity of Magnetotactic Bacteria in a Freshwater City Moat, Xi'an, China

王寅炤[1,2,3] 林 巍[1,2] 李金华[1,2] 潘永信[1,2*]

Wang Yinzhao[1,2,3] Lin Wei[1,2] Li Jinhua[1,2] Pan Yongxin[1,2*]

1.中国科学院地质与地球物理研究所古地磁与年代学实验室 北京 100029;

2. 中国科学院中—法生物矿化与纳米结构联合实验室 北京 100029;

3. 中国科学院研究生院 北京 100039

趋磁细菌是一类能够在地磁场中定向运动的细菌总称，它们的显著特征是在细胞内控制矿化合成结晶程度高、晶型特殊且由生物膜包被的磁铁矿 ($Fe_3O_4$) 或胶黄铁矿 ($Fe_3S_4$) 磁小体，其大小、形状和高度有序的链状组成都受到严格的基因调控 (Bazylinski DA, et. al. 2004)。趋磁细菌是生物矿化的代表性微生物，广泛分布在淡水和海洋环境中，在铁、氮、硫、磷等元素的生物地球化学循环中发挥着重要作用。此外，趋磁细菌体内合成的纳米级磁小体在医学、材料学和工业生产上蕴含着潜在的应用价值。研究趋磁细菌的群落多样性有助于深入了解这类微生物的分布特征及其在生态系统中的功能和作用，并对开发利用趋磁细菌资源具有重要意义 (潘永信，等. 2011)。最近，我们对西安护城河中发现的趋磁细菌进行了详细的透射电子显微镜和分子生物学研究，分析了趋磁细菌的多样性和系统进化。

光学显微镜观察发现西安护城河沉积物中含有大量趋磁细菌 ($10^4$～$10^5$ 个/ml)，细胞形态多样，包括球菌、杆菌和螺旋菌等。透射电子显微镜结果显示这些趋磁细菌的大小介于 1.0～4.5 μm，细胞内均含有一条或多条磁小体链。进一步观察发现磁小体形态较丰富，主要包括立方八面体、六面体棱柱和子弹头等形状。基于 16S rRNA 基因的系统进化分析显示，西安护城河中的趋磁细菌分别属于 $\alpha$-、$\delta$-和 $\gamma$-变形菌纲。其中，优势种群 $\delta$-变形菌纲趋磁细菌（占所获得总趋磁细菌序列 50%以上）属于一种新类型的硫酸盐还原菌，$\gamma$-变形菌纲趋磁细菌则与硫氧化菌的相似性最高，这也是首次在淡水环境中发现同时含有 $\alpha$-、$\delta$-和 $\gamma$-变形菌纲趋磁细菌的高多样性群落组成。

综合利用高分辨透射电子显微镜及其傅立叶变换和 X 射线能谱方法发现一类非常特殊的趋磁杆菌，这类细菌在细胞内同时合成磁铁矿和胶黄铁矿磁小体，平均每个细胞内由 40 个磁小体（磁铁矿和/或胶黄铁矿）组成的双链或多链结构。其中，磁铁矿磁小体呈子弹头状，单个颗粒的平均长度和宽度分别为 79.6±33.7 nm 和 31.3±9.7 nm (n=116)；胶黄铁矿磁小体呈立方八面体，单个颗粒的平均长度和宽度分别是 51.3±17.6 nm 和 35.7±17.0 nm (n=183)。另外，通过荧光原位杂交实验结果证实这类特殊细菌即属于 $\delta$-变形菌纲中的硫酸盐还原菌。进一步分析发现，本实验中 $\delta$-变形菌纲趋磁细菌与 Lefèvre et. al. 在美国咸水环境中发现的同时合成磁铁矿和胶黄铁矿磁小体较为相似，说明这类特殊的 $\delta$-变形菌纲趋磁细菌可以同时在咸水和淡水环境中生存，并形成优势种群。

上述研究表明，西安护城河中趋磁细菌的多样性非常丰富，其中淡水 $\delta$-变形菌纲趋磁细菌在国内尚属首次报道。推测同时合成磁铁矿和胶黄铁矿磁小体的趋磁杆菌可能含有两套矿化基因系统。对趋磁细菌群落多样性的深入认识将为后续趋磁细菌生态环境意义研究、磁小体矿化机理以及趋磁细菌资源开发提供理论依据 (林巍,等. 2012)。

## 参 考 文 献

[1] Bazylinski D A, et al. Magnetosome formation in prokaryotes[J]. Nature Review Microbiology, 2004, 2: 217~230.

[2] Lefèvre C T, et al. A cultured greigite-producing magnetotactic bacterium in a novel group of sulfate-reducing bacteria[J]. Science, 2011, 334: 1720~1723.

[3] 潘永信，等. 生物地球物理学的产生与研究进展[J]. 科学通报，2011，56 (17): 1335~1344.

[4] 林巍，等. 趋磁细菌多样性及其环境意义[J]. 第四纪研究，2012，doi: 10.3969/j. issn.1001-7410, 2012.3904.3901.

（3）古地磁学与全球变化

# 高静水压力下深海铁还原细菌 Shewanella piezotolerans WP3 的生物矿化研究

# High hydrostatic pressure effect on deep-sea iron reducing bacteria Shewanella piezotolerans WP3 biomineralization

吴文芳 [1,2]　潘永信 [1,2 *]　王风平 [3]

Wu Wenfang[1,2]　Pan Yongxin[1,2 *]　Wang Fengping[3]

1. 中国科学院地质与地球物理研究所古地磁与年代学实验室　北京 100029;

2. 中国科学院中一法生物矿化与纳米结构联合实验室　北京 100029; 3. 上海交通大学　上海 200240

铁还原细菌是指一类能够进行厌氧铁呼吸，将 Fe(III)还原并引发矿物在细胞外沉淀的微生物[1]。它们广泛参与了全球铁元素的生物地球化学循环。地球在演化早期处于缺氧状态，早期生命形式主要是一些靠厌氧呼吸提供能量的单细胞生物，如可进行厌氧铁呼吸的铁还原细菌等。集中在前寒武纪沉积的大规模条带状铁矿建造（BIF），是地球早期生命和环境协同演化的产物，它提供了中国和世界最重要的铁矿资源。BIF 中普遍存在的铁、碳、氧、硫等同位素分馏特征，以及其中的生物标志化合物，都表明微生物诱导矿化广泛参与了 BIF 的形成，尤其是 BIF 中铁的生物地球化学循环[2]。实验室微生物矿化模拟为研究地球早期微生物参与成矿提供了新途径。它具有条件可控、操作简单、过程可连续监测、产物易于收集和检测等优点，尤其是可以通过建立与地球早期环境类似的反应体系和条件，研究单一变量对成矿过程的影响。通过在实验室建立严格的厌氧反应体系，在可控环境中对微生物的铁氧化或铁还原以及矿化过程和机制开展研究，模拟前寒武纪地球早期环境下的生物参与铁矿形成过程，探讨参与成矿的微生物种类和最佳矿化条件，建立矿化模型，可以进一步认识生物参与地球早期铁、碳等元素的循环，了解 BIF 成矿过程中的微生物参与方式，评价微生物对前寒武纪铁矿形成的贡献。

分离自西太平洋深海沉积物（~2000 m）的铁还原细菌 Shewanella piezotolerans WP3 在常压（0.1 MPa）下可快速还原 Fe(III)，并诱导生成纳米级的磁铁矿颗粒[3]。本文分别以水合氧化铁（终浓度为 15 mM）和乳酸钠（终浓度为 3 ml/L）作为电子受体和供体，利用高压釜在厌氧条件下培养 WP3，通过施加不同的静水压力（0.1 MPa，5 MPa，20 MPa 和 50 MPa）模拟深海环境，综合利用透射电子显微镜（TEM）、粉晶 X 射线衍射（XRD）和室温-低温岩石磁学方法，结合矿化体系理化参数测定，研究了静水压力对 WP3 异化铁还原和矿化过程及产物的影响。实验结果显示，即使在高达 50 MPa 的静水压力下，铁还原细菌 WP3 仍可以利用 Fe(III)作为电子受体，将 Fe(III)还原。随着静水压力的增加，Fe(III)的还原速率略有减慢，如在 0.1 MPa 下，72 h 内有~6 mM 的 Fe(III)被细菌还原，而在 50 MPa 下细菌还原 Fe(III)的量为 2 mM。TEM 和 XRD 结果显示 WP3 在高静水压力下的矿化产物为纳米级的磁铁矿颗粒，粒径小于 10 nm。矿化产物室温磁滞回线均呈“S”型，为典型的超顺磁（SP）颗粒，且随着静水压力的增加，矿化产物的饱和磁化强度值（$M_s$）逐渐减小。四个压力下的矿化产物在低温 5 K 下均呈现明显的磁滞现象，且随着压力增加，$M_s$ 和饱和剩磁（$M_{rs}$）均降低，同时矫顽力（$B_c$）和剩磁矫顽力（$B_{cr}$）升高。低温磁化曲线显示随着压力的增加，解阻温度（$T_p$）逐渐降低，如在 0.1 MPa 下的产物 $T_p$ 为 78 K，而在 50 MPa 下产物的 $T_p$ 值降为 31 K。以上室温和低温岩石磁学测量结果表明，随着压力的增加，磁铁矿的矿化速率减慢，且颗粒平均粒径减小。

S. piezotolerans WP3 在深海（如 5000 m）条件下可以利用 Fe(III)作为电子受体，还原 Fe(III)的同时获得能量维持细胞生长，并诱导纳米级磁铁矿的矿化。这一研究结果不仅为铁还原细菌参与深海铁元素的生物地球化学循环提供了重要的实验证据，而且也为评价深海沉积物中磁性矿物的生物贡献提供了重要参考。

## 参 考 文 献

[1] Lovley, et al. Dissimilatory Fe(III) and Mn(IV) Reduction, In: eds, Advances in Microbial Physiology[M].Academic Press, 2004.

[2] 吴文芳, 等. 微生物参与前寒武纪条带状铁建造沉积的研究进展[J]. 地质科学, 2012, 47 (2): 548~560.

[3] Wu, et al. Iron reduction and magnetite biomineralization mediated by a deep-sea iron reducing bacterium Shewanella piezotolerans WP3[J]. Journal of Geophysical Research, 2011, 116, doi: 10.1029/2011JG001728.

（3）古地磁学与全球变化

# 古强度数据的可靠筛选方法

## Towards the robust selection of paleointensity data

格雷格·佩特森　安德鲁·比金　山本裕二　潘永信

Greig A Paterson[1] Andrew J Biggin[2] Yuhji Yamamoto[3] Pan Yongxin[1]

1. Paleomagnetism and Geochronology Laboratory, Key Laboratory of Earth's Deep Interior, Institute of Geology and Geophysics, Chinese Academy of Sciences, Beijing 10029, China (greig. paterson@mail. iggcas. ac. cn)
2. Geomagnetism Laboratory, Geology and Geophysics, School of Environmental Sciences, University of Liverpool, Oliver Lodge Laboratories, Oxford Road, Liverpool L69 7ZE, UK
3. Center for Advanced Marine Core Research, Kochi University, Kochi 783-8502, Japan

Obtaining reliable records of ancient geomagnetic field behaviour is essential to developing a long-term understanding of the geodynamo and hence the evolution of Earth's deep interior. The reliability of data pertaining to the strength of the geomagnetic field (paleointensity), however, is difficult to assert due to several factors that can lead to inaccurate results or failure of experiments. A key process of all paleointensity studies is therefore the selection of data deemed to be sufficiently reliable to yield an accurate measure of the ancient field strength. Until now, however, the choice of which selection parameters and which critical thresholds to use has been completely arbitrary. It is essential that the process of selecting paleointensity data is refined and conducted on a more objective basis.

We are developing the next generation of paleointensity numerical models that incorporate stochastic processes to capture the variability of real paleointensity data. This allows us to characterize the statistical behaviour of paleointensity selection parameters to better understand how each parameter responds to different factors.

The first of these models (*Paterson et al.,* 2012) investigates how experimental noise, which has been constrained using over 75,000 data measurements, affects the data obtained from hypothetical ideal samples acquiring a thermoremanent magnetization (TRM). Using Monte Carlo analyses, we investigate the relative contributions that each noise source makes to the variability of paleointensity data and characterize the distributions of parameters typically used to select paleointensity data. We define threshold limits for detecting non-ideal behaviour by taking the $95^{th}$ percentiles of the parameter distributions. In effect these represent values below which we cannot distinguish non-ideal behaviour from noise and are the first theoretically justified limits on paleointensity data selection.

This model serves as the basis for future models now under development. These new models incorporate mechanisms that can produce non-ideal data, such as anisotropic TRM, non-linear TRM acquisition with applied field, and non-ideal grain sizes. Each of these models will yield new insight into the mechanisms controlling selection parameters and lead to significant improvements in the selection process. This, in turn, will increase the reliability of paleointensity estimates.

**References**

[1] Paterson G A, A J Biggin, Y Yamamoto, Y Pan. Towards the robust selection of Thellier-type paleointensity data: The influence of experimental noise[J]. Geochem. Geophys. Geosyst., 2012, 13: Q05Z43.

（3）古地磁学与全球变化

# 柴达木盆地东北部构造旋转与新近纪构造演化

# Neogene tectonic evolution and vertical-axis rotation of the northeastern margin of the Qaidam Basin

李军鹏* 杨振宇

Li Junpeng* Yang Zhenyu

南京大学地球科学与工程学院 南京 210093

柴达木盆地处于青藏高原东北缘。这一地区包括了由盆地和其周缘阿尔金走滑断层、昆仑山脉和祁连山—党河南山造山带三个巨型构造地质单元组成的一个非常复杂的陆内造山带和山间以及山前盆地。前人提出的高原构造演化模型中，针对祁连山—党河南山构造带及相应的主体构造——逆冲褶皱开始活动的时间存在中新世—上新世 Tapponnier, et al., 2001]和始新世[Yin, et al., 2008]两种不同的认识。而这对于理解印度板块和欧亚板块碰撞之后构造应力的时空传递方式具有重要意义。

本文研究主要针对柴达木盆地东北部锡铁山西南红色中新世沉积岩取样，通过剖面的古地磁和微观组构研究，探讨青藏高原东北部新近纪之初的构造演化。所取古地磁样品均分离出高温剩磁分量，并通过了反转检验和褶皱检验，表明其可能为原生特征剩磁。将所得结果与 10Ma 欧亚参考极计算所得的期望值进行对比，认为这一地区在晚中新世之后可能受到走滑作用的影响并导致−7.4±4.0°的逆时针旋转。

这一结果与前人在花土沟及红沟子等地区的中新世古地磁结果[Chen, et al., 2002]相近，但旋转幅度明显偏大。而 Chen et al. 认为花土沟和红沟子等地区的微幅的逆时针旋转与阿尔金断裂在晚中新世或上新世左行走滑时期产生的的拖曳应力有关，为局部构造响应。

六盘山地区磷灰石裂变径迹研究表明这一地区在~8Ma 前后存在一次与六盘山逆冲断层活动相关的明显的构造隆升过程[Zheng et al., 2006]。贵德盆地晚中新世的构造隆升和古地磁研究表明其在 11～17Ma 前后有明显的顺时针旋转（25.2±4.6°），而这可能与海晏右行走滑断裂的走滑活动相关[Yan et al., 2006]。

由于已有的 GPS 测量、阿尔金断裂带两侧新生代地层对比和遥感解译分析等研究成果基本倾向于认为新近纪阿尔金走滑断裂为左行走滑运动；而如果将本次研究所得逆时针旋转的构造动力归因于阿尔金断裂带短期和快速的右行走滑活动，则需要对应整个柴达木盆地的逆时针旋转，而这可能会指示柴达木盆地与周边塔里木地块和华北地块等存在一定幅度的拉伸作用。但现有的研究结果并不支持阿尔金断裂在新近纪早期存在这样的右行走滑运动；相反，周边山系例如祁连山、六盘山等在晚中新世表现为挤压隆升造山活动，可见晚中新世的阿尔金断裂带的东端事实上表现出向东扩展的构造态势。

基于以上结果和讨论，本次研究认为锡铁山断层在晚中新世可能有一定幅度的左行走滑活动。考虑到这些小型断层与周边祁连山断裂、海原断裂等深大断裂的构造关联，结合本次研究结果，我们认为在晚中新世以后，青藏高原东北部地壳开始遭受应力挤压开始缩短增厚，同时伴随祁连山—党河南山造山带内部的断层走滑和逆冲作用。

本研究由“国家深部探测技术与实验研究专项”资助，项目编号：Sinoprobe08-01-01。

## 参 考 文 献

[1] Chen Y, S Gilder, N Halim, J P Cogné, V Courtillot. New paleomagnetic constraints on central Asian kinematics: Displacement along the Altyn Tagh fault and rotation of the Qaidam Basin[J]. Tectonics, 2002, 21(5): 1042.

[2] Tapponnier P, X Zhiqin, F Roger, B Meyer, N Arnaud, G Wittlinger, Y Jingsui. Oblique Stepwise Rise and Growth of the Tibet Plateau[J]. Science, 2001, 294(5547): 1671~1677.

[3] Yan M, R VanderVoo, X M Fang, J M Parés, D K Rea. Paleomagnetic evidence for a mid-Miocene clockwise rotation of about 25° of the Guide Basin area in NE Tibet[J]. Earth and Planetary Science Letters, 2006, 241(1~2): 234~247.

[4] Yin A, Y Q Dang, L C Wang, W M Jiang, S P Zhou, X H Chen, G E Gehrels, M W McRivette. Cenozoic tectonic evolution of Qaidam basin and its surrounding regions (Part 1): The southern Qilian Shan-Nan Shan thrust belt and northern Qaidam basin[J]. Geological Society of America Bulletin, 2008, 120(7~8): 813~846.

[5] Zheng D, P Z Zhang, J Wan, D Yuan, C Li, G Yin, G Zhang, Z Wang, W Min, J Chen. Rapid exhumation at ~ 8 Ma on the Liupan Shan thrust fault from apatite fission-track thermochronology: Implications for growth of the northeastern Tibetan Plateau margin[J]. Earth and Planetary Science Letters, 2006, 248(1~2): 198~208.

# 专题四：电磁方法研究与应用

# Geo-electromagnetic study and its applications

（4）电磁方法研究与应用

# 时移二维大地电磁法用于油藏监测的可行性研究

# The feasibility study of time-lapse two dimensional magnetotelluric for reservoir monitoring

彭荣华*1 胡祥云1 刘云祥2 何展翔2

Peng Ronghua Hu Xiangyun Liu Yunxiang He Zhanxiang

1. 中国地质大学（武汉）地球物理与空间信息学院 武汉 430074;
2. 东方地球物理公司综合物化探事业部 涿州 072751

时移地球物理方法主要被应用于监测地下介质随时间的变化情况。时移地震法是最早发展起来的，也是目前发展最为成熟的一类时移地球物理方法。但由于时移地震技术的实施及有效性对于油田的储层条件、注采方式，以及地震方法本身都有较高的要求，且实施时移地震技术的经济成本高，其他时移地球物理方法也逐渐发展起来，如时移（微）重力法、时移电（磁）法，并得到越来越多的应用。

电阻率能够提供地层孔隙度、孔隙结构和孔隙流体的重要信息。通常，油气藏的开采过程是以一种流体（水，热液，气等）来进行替驱孔隙中油气的，不同流体的电性差异很大。相比于时移地震法，时移电磁法对于孔隙流体的变化很灵敏，这是时移电磁法能够得到快速发展的一个重要因素。现阶段，时移电磁法主要用于监测井间油气藏随时间的动态变化过程。在这方面，时移电磁法不仅能监测油气边界的变化和注入流体（如水、蒸汽、$CO_2$和气等）的移动，而且可以探测和发现死油区，进而指导油田开发井位的合理布置，提高最终采收率（EOR）。目前，时移电磁法研究的热点是如何将可控源电磁法（CSEM）用于油气藏的监测。其中，以海洋可控源电磁法（Marine CSEM）用于油气藏监测的研究居多[1~2]。与此同时，陆地可控源电磁法（Land CSEM）用于油气藏监测的研究也在并行发展[3~4]。

大地电磁法（MT）是一种以天然电磁场作为场源的电磁探测方法。由于其利用天然交变电磁场源，不需要供电设备及相关控制系统，数据采集设备相对轻便，适用于长期不间断的观测。这对于地下介质电性的监测具有天然优势。本文探讨利用大地电磁法来研究其用于油气储层监测的可行性及有效性。

在油藏开采过程中，因为水的替驱作用，会使储集层的含油饱和度不断降低，而含水饱和度逐步增加。由于油与水之间导电性差异明显，从而使得油藏的电性特征发生明显的变化，特别是在油水界面处的电性变化。本文通过构建五个二维地电模型来模拟油藏开采过程中的五个不同阶段。应用二维大地电磁进行数值模拟计算。研究结果表明，随着开采替驱过程的增进，地下油藏形态及油水界面的变化能够通过地表处的视电阻率和相位响应定性的反映出来。无论是TE模式还是TM模式，都能够反映出油藏开采过程中油气储层电性特征的变化过程，但TE模式对介质电性纵向上的变化反映更好，而TM模式对其横向上的变化反映更佳。而通过进一步的反演解译，能够定量的计算出油藏开采量的变化，以及确定油水界面的具体位置信息。通过研究发现，对于二维构造背景下，在油藏开采过程中，通过地表处的视电阻率和相位响应可以定性地分析出储层电性的变化情况，推断出油水分界面的位置。而通过反演可以恢复储层中水体和油藏的相对变化，清晰地显示出油水分界面的位置。这表明时移大地电磁法用于油气藏开采过程的监测是可行和有效的。

下一步需对大地电磁用于监测的灵敏度问题进行研究。另外，对于大地电磁用于实际的油藏监测，需要考虑更多的影响因素，如解决数据测量的可重复性和数据的可靠性问题，这包括近地表环境变化（包括季节性雨水，地形变化，近地表非均匀性等）、重复性误差（包括接收仪器位置变化，源场变化等）和测量噪声（包括人文干扰，系统误差等）。因此，如何有效的压制或去除掉这些因素是时移大地电磁法应用实际的关键。

## 参考文献

[1] Lien M, Mannseth T. Sensitivity study of marine CSEM data for reservoir production monitoring [J]. Geophysics, 2008, 73(4): 151~163.

[2] Orange A, Key K, Constable S. The feasibility of reservoir monitoring using time-lapse marine CSEM [J]. Geophysics, 2009, 74(2): 21~29.

[3] Black N, Wilson G A, Gribenko A V, et al.3D inversion of time-lapse CSEM data for reservoir surveillance [C].80th Annual International Meeting, SEG, Expanded Abstracts, 2010, 716~720.

（4）电磁方法研究与应用

# 时间域航空电磁 2.5D 有限元正演模拟

# 2.5D time-domain airborne electromagnetic modeling by finite-element method

罗 勇* 王绪本 宋 滔 刘 冲

Luo Yong* Wang Xubeng Song Tao Liu Chong

成都理工大学地球物理学院 成都 610059

## 1. 引言

正演模拟不仅能指导测量仪器的设计，同时也辅助反演解释，提高反演精度。随着时间域航空电磁法在金属勘探，水资源调查等方面的广泛应用，一、二维的方法已经不能满足实际生产解释的需要，但是三维正演模拟的计算量太大，所以对 2.5D 时间域航空电磁正演研究成为当前的研究热点。本文对等参有限元法进行研究并实现了时间域航空电磁 2.5D 正演模拟。

## 2. 原理和方法

在该方法中，将 $x$ 轴设为测线方向，$z$ 轴垂直向下，$y$ 轴作为走向方向，在这个方向上电导率$\sigma$，介电常数$\varepsilon$和磁导率$\mu$都不变，仅在$x$-$z$ 平面上变化；同时也对系统参数，例如飞行高度，发射线圈半径，发射电流等的影响进行了模拟。从基本的麦克斯韦方程组出发，通过拉普拉斯变换将 $H(x, y, z, t)$转化为 $H(x, y, z, \omega)$，然后对 $y$ 方向做傅里叶变换得到 $H(x, k_y, z, \omega)$。最后对麦克斯韦方程做简单的数学推导，可以得到关于 $E_y$ 和 $H_y$ 的一对耦合的电磁场方程[1]，再加上电磁场的边界条件，就得到了 2.5D 时间域航空电磁法的边值问题。现在最主要的目的就是求解这两个二阶偏微分方程。在本文中只计算二次场部分，从而避免由于一次场含源带来的在源附近的奇异性。根据上述原理，可以获得正演模拟的计算步骤为：① 在频率域计算 28 个频点，频率范围从 1 Hz 到 100 kHz。② 波数 $k_y$ 代表离散的三维源，频率域的每一个频率都可以分解为 $k_y$ 域中 21 个波数的 2D 问题，波数范围从 1E-5m$^{-1}$ 到 0.0m$^{-1}$。③ 在 $k_y$ 域计算时采用等参有限元的方法，等参有限元网格不仅能模拟复杂的地质体同时也能适应起伏地形和不规则的边界。有限元网格采用矩形网格，并进行双二次插值，对于边界条件采用最简单的 Dirichlet 边界条件。在最后求解方程的时候考虑到网格剖分时采用的是双二次插值，这样形成的总体刚度矩阵的带宽势必会很大，对此采用波前法求解方程。波前法是以高斯消去法为基础的直接解法[2]，它的主要思想是在组装方程的同时消去变量，只要求存储与消去当前行有关的元素，它不形成总体刚度矩阵，而只是形成一个波前内相关单元的“分块刚度阵”，因而所需的内存相对较小。④ 在得到 $H(x, k_y, y, \omega)$以后通过反傅里叶变换得到 $H(x, y, z, \omega)$[3]。⑤ 对 $H(x, y, z, \omega)$ 的虚部进行余弦变换即可得到时间域的脉冲响应 $h(x, y, z, t)$。⑥ 用脉冲响应 $h(x, y, z, t)$加上背景场 $h_b(x, y, z, t)$ 然后与发射波形做褶积可以得到 $B$ 场的响应，进一步可以得到感应电动势。

## 3. 结论

通过在层状介质模型中的解析解[4]和本文方法数值解的结果进行对比，模拟结果说明了方法的正确性。等参有限元方法不仅能模拟复杂地质同时也体提高了计算精度。应用波前法求解线性方程组极大地减小了存储空间，从而提高计算速度。直接计算纯二次场相对于总场计算降低了方程组的阶数，计算速度快，精度高。

### 参 考 文 献

[1] Hohman G W. Numerical modeling for electromagnetic method of geophysics[M]. SEG, 1988.

[2] Irons. A frontal solution program for finite-element analysis[J]. Int. J. Numer. Methods, 1970,2: 5~32.

[3] Sugeng F, etal. Comparing the time-domain EM response of 2-D and elongated 3-D conductors excited by a rectangular loop source[J]. Journal of Geomagnetism and Geo-electricity,1992, 45: 873~885.

[4] 罗延钟,等. 时间域航空电磁一维正演研究[J]. 地球物理学报, 2003, 46(5): 719~724.

(4) 地球电磁法

# 直升机时间域航空电磁响应曲线分析

# The helicopter-borne time-domain electromagnetic response curve analysis

王宇航* 王绪本 宋滔 刘冲

Wang Yuhang* Wang Xuben Song Tao Liu Chong

成都理工大学地球物理学院 成都 610059

## 1. 引言

在航空电磁实际勘查中，有较多因素影响系统的勘探精度和分辨率。由于影响航空电磁异常响应的因素众多，后期航空电磁的解释与处理也较地面瞬变电磁困难。本文重点从地下异常体之间横向距离的变化、异常体倾角和埋深变化这三个方面的电磁响应曲线特点进行讨论分析，以期对电磁系统设计及定性解释起到指导意义。

## 2. 电磁响应曲线分析

基于时间域航空电磁正演算法，设置航空电磁系统装置系数，对异常体横向距离变化，不同倾角的异常体，不同埋深的直立异常体进行正演模拟，并分析上述地质参数的改变对电磁响应曲线的影响。实验中系统参数设置如下：发射线圈面积 $19.8m^2$，线圈匝数为 5，发射线圈和接收线圈高度 35m，水平收发距为 0m，线圈是 $Z, X$ 两分量测量，发射电流峰值 260A，发射波形采用三角波发射，发射基频 90Hz，脉冲宽度 1.877ms，脉冲间歇时间 3.038ms。

异常体横向距离变化对响应曲线的影响采用的正演模拟参数：测点 200 个，测点间距 25m，薄板模型：200m×200m，电导 100S，深度 100m。两薄板之间的距离分别为 10,25,50,100,200m。$Z$ 分量形成的“鞍点”（saddle points）能够很好的确定两板间隔点的位置，直升机航电系统对距离为 25m 的两薄板都具有很好的分辨率，两薄板之间距离大于 50m 直升机系统的分辨率特点将更加明显

异常体倾角变化对响应曲线的影响分析采用的正演模拟参数：测点 21 个，测点间距 25m；薄板模型：100m×100m，电导 100S，深度 70m，倾角分别为 0°，30°，60°，90°。当倾角从 90° 逐渐减小过程中，（60°倾角时）对于 $Z$ 分量在薄板的下倾方向的异常较上倾方向更加明显，当倾角为 30° 时，$Z$ 分量基本上看不到双峰异常的存在。而 $X$ 分量在倾角减小的过程中，曲线形态从原来的由负到正逐渐向由正到负进行变化。

异常体埋深变化对响应曲线影响分析采用的正演模拟参数：，测点 21 个，测点间距 25m；薄板模型：100m×100m，电导 100S，深度分别为 25m，50m，75m，100m。当埋深逐渐由 25 米增加到 100 米的过程中，可以看到电磁响应（Z 分量）曲线幅值明显降低，且两波峰间距逐渐加大。

## 3. 结论

在上述参数设置下，得到如下结论：

（1）当两薄板间距为 10m 时，通过电磁响应剖面图（Z 分量）及时间切片，依旧能够清晰的观测到两板间隔点的位置。

（2）结合 $X$ 分量和 $Z$ 分量的峰值用来确定倾角，往往能取得较好的效果，而 Z 分量的单峰异常可以用来作平板状或者倾角较小异常体的定性解释。

（3）理想条件下系统对 100×100 直立板状体探测深度在 160m 左右，当埋深达到 200m 时，响应已经十分微弱，很难将该响应作为有用信息进行处理解释。

文章内容所属基金项目：国家 863 高技术研究发展计划项目（2006AA06A205-5）。

### 参考文献

[1] Balch S J, Boyko W, Paterson. The AeroTEM airborne electromagnetic system[J]. The Leading Edge, 2003, 22(6): 562~566.

[2] Palacky G J, West G F. Airborne Electromagnetic Methods. Electromagnetic Methods[J]. Applied Geophysics, 1965, 12: 811~879.

（4）电磁方法研究与应用

# 三维地面核磁共振正演模拟

# The forward modeling of 3D Magnetic Resonance Sounding

刘　磊[1*]　李　貅[1]　孙怀凤[2]　戚志鹏[1]

Liu Lei[1*]　Li Xiu[1]　Sun Huaifeng[2]　Qi Zhipeng[1]

1. 长安大学 地质工程与测绘学院　西安 710054; 2. 山东大学岩土与结构工程研究中心　济南 250061

## 1. 引言

核磁共振技术是近些年来发展起来的一种直接探测地下水的方法。该方法利用原子核磁矩在旋进衰减过程中产生的电磁信号来进行地下水勘探。在线圈的激发下，氢原子宏观磁矩偏离地磁场方向，当激发电流断开，宏观磁矩又将旋进到地磁场方向，在旋进衰减的过程中，释放出固定频率的电磁信号，随时间衰减的核磁共振信号被铺设于地面的线圈拾取。只有在含水的地方才会出现核磁共振信号。通过对实际拾取的信号进行反演计算就可以得到地下水的分布情况。而反演必须建立在准确的正演模拟之上，目前核磁共振的正演计算大多假定地下水是层状分布的，反演的结果也只是得到一张含水率柱状图，即含水率与深度的关系，但实际情况并非如此。实际的地下水体并不完全都是成层分布的，地下古河道或是溶洞对应的模型是二维或是三维的。用简单的层状模型去解释非一维模型会与实际情况有很大的偏差，要模拟复杂模型的核磁共振响应，三维的正演模拟是很有必要的。

## 2. 研究方法

地面核磁共振正演模拟过程中，需要计算地下任意一点磁场值的大小。层状介质中任意一点磁场求解是在柱坐标下进行的，是一个含有双贝塞尔函数的积分表达式，其积分区间是无限大的，而非层状介质中频率域磁场没有解析表达式，只能在直角坐标系下进行，因此，必须采用数值计算的方法求得磁场的分布。利用有限差分法计算了回线源激励下不均匀导电介质中任意一点的磁场值。在计算的过程中，用回线源在空气中产生的静磁场的值作为迭代的初始值，将磁场满足的偏微分方程离散成七点四阶的差分迭代格式，设定一定的迭代精度，当前后两次计算的磁场结果偏差达到给定的精度要求时，迭代停止，得到磁场的计算结果。通过对比发现，利用该方法计算的均匀半空间磁场的结果与解析结果相比，误差很小，证明了有限差分法计算的频率域电磁响应结果可信。用 2m×2m×2m 的网格对实际的计算模型进行等间距剖分，利用计算出的每一个节点的磁场值，对不均匀导电介质中三维分布含水体模型进行了地面核磁共振正演模拟，得到不同脉冲矩激发下的初始振幅。改变含水体的体积，电阻率，深度，不同的偏离位置，得到这些因素与核磁共振初始振幅之间的关系。

## 3. 结论

（1）在解决回线源激励下层状介质中磁场分布的问题时，需要计算双贝塞尔函数的积分，这一点实现起来比较困难，而直接利用有限差分的办法可以避开双贝塞尔函数积分而直接求得磁场的解。

（2）导电介质在拉莫尔频率电流的激发下，磁场响应的实部和虚部相差很小，虚部的值可以近似忽略。

（3）通过改变不同的模型参数得到的模型计算结果表明，电阻率对有限体积的低阻含水体核磁共振信号不灵敏，而含水体体积，埋深和含水体偏离发射回线的距离对初始振幅有很大的影响。在含水体位置一定时，存在最佳发射位置的问题。

本文受国家自然科学基金(41174108)和国家重大仪器专项基金(51139004)联合资助。

### 参考文献

[1] 翁爱华, 李周波, 王秋雪. 层状导电介质中地面核磁共振响应特征理论研究[J]. 地球物理学报, 2004, 47(1): 156~158.

[2] Marian Hertrich, Alan G Green, Martina Braun etal,High-resolution surface NMR tomography of shallow aquifers based on multi-offset measurements[J]. geophysics, 2009, 74(6): 47~59.

[3] 翁爱华, 李舟波, 王雪秋. 地面核磁共振响应数值模拟研究[J]. 物探化探计算技术，2002, 24(2):97~98.

[4] A Guillen, A Legchenko. Application of linear programming techniques to the inversion of proton magnetic resonance measurements for water prospecting from the surface[J]. Journal of Applied Geophysics, 2002,50:149~162.

（4）电磁方法研究与应用

# 电磁波传播测井收发链路分析

# Analysis of Transceiver Link Loss of Electromagnetic Propagation Logging Tool

郭　巍*　李智强　朱永光　宋殿光　姬勇力

Guo Wei　Li Zhiqiang　Zhu Yongguang　Song Dianguang　Ji Yongli

中国电子科技集团第二十二研究所　新乡 453003

## 1. 理论模型

在电磁波传播测井仪器的设计中,在极板尺寸、极板曲率和极板电导率的影响均忽略不计的情况下，电磁波传播测井仪中的缝隙天线可以用磁偶极子来等效。在本文层状地层模型中，下标为 1 的表示泥饼，下标为 2 的对应于地层冲洗带，水平磁偶极子位于导电板上，紧贴泥饼，其等效磁矩为 $m$，平行于地层。可推导出接收天线处的电磁场解为[1]

$$H_{1\rho}(\rho,\varphi,0)=\frac{m}{2\pi}\cos\varphi\left\{\left[-\frac{2\mathrm{i}k_1}{\rho^2}+\frac{2}{\rho^3}\right]\mathrm{e}^{\mathrm{i}k_1\rho}-\mathrm{i}\int_0^\infty\left[\frac{k_1^2P}{2r_1}\left(J_0(\lambda\rho)+J_2(\lambda\rho)\right)+\frac{r_1Q}{2}\left(J_0(\lambda\rho)-J_2(\lambda\rho)\right)\right]\lambda\,\mathrm{d}\lambda\right\} \tag{1}$$

$$H_{1\rho}(\rho,\varphi,0)=-\frac{m}{2\pi}\sin\varphi\left\{\left[\frac{k_1^2}{\rho}+\frac{\mathrm{i}k_1}{\rho^2}-\frac{1}{\rho^3}\right]\mathrm{e}^{\mathrm{i}k_1\rho}+\mathrm{i}\int_0^\infty\left[\frac{k_1^2P}{2r_1}\left(J_0(\lambda\rho)-J_2(\lambda\rho)\right)+\frac{r_1Q}{2}\left(J_0(\lambda\rho)+J_2(\lambda\rho)\right)\right]\lambda\mathrm{d}\lambda\right\} \tag{2}$$

$$E_{1z}(\rho,\varphi,0)=\frac{\omega m}{2\pi}\sin\varphi\left\{\left[\frac{k_1}{\rho}+\frac{i}{\rho^2}\right]\right\}\left\{\left[-\frac{2ik_1}{\rho^2}+\frac{2}{\rho^3}\right]\mathrm{e}^{\mathrm{i}k_1\rho}+\int_0^\infty\frac{1}{r_1}\lambda^2\,\mathrm{d}\lambda\right\} \tag{3}$$

其中，$P=\dfrac{2(r_2\overline{\varepsilon}_1-r_2\overline{\varepsilon}_1)\mathrm{e}^{\mathrm{i}r_1l}}{(r_2\overline{\varepsilon}_1-r_1\overline{\varepsilon}_2)\mathrm{e}^{\mathrm{i}r_1l}+(r_2\overline{\varepsilon}_1+r_1\overline{\varepsilon}_2)\mathrm{e}^{-\mathrm{i}r_1l}}$，$Q=\dfrac{2(r_1-r_2)\mathrm{e}^{\mathrm{i}r_1l}}{(r_1-r_2)e^{ir_1l}+(r_1+r_2)\mathrm{e}^{-\mathrm{i}r_1l}}$，$\rho$ 分量是天线只发射与接收 $\rho$ 分量的磁场，$\varphi$ 分量指天线只发射与接收 $\varphi$ 分量的磁场。

## 2. 整个链路损耗

上述计算过程得到的仅为场点的电磁场分量。也就是说只是把发射或接收天线当做理想天线来处理，即没有考虑到天线自身的损耗及效率，这就使给发射机发射功率和接收机灵敏度的估计带来一定的误差。

### 1) 计入接收天线

把接收天线放到目标点，接收到的能量为 $P_r=\overline{S_m}\cdot S$，其中 $\overline{S_m}$ 为平均坡印廷矢量，$S$ 为接收天线的有效接收面积。接收天线在某个方向上的有效面积定义为：天线的极化与来波极化完全匹配以及负载与天线阻抗共轭匹配的最佳状态下，天线在该方向上所接收的功率与入射电磁波能流密度之比。非理想天线中考虑到效率问题，应当用增益 $G$ 替代方向性系数 $D$，即 $S=G\lambda^2/4\pi$。所以，计入真实天线后的接收功率应为，

$$P_r=\overline{S_m}\cdot S=0.5\,\mathrm{Re}(E\times H^*)G\lambda^2/4\pi \tag{4}$$

### 2) 计入发射天线

发射天线也不仅仅是理想天线（效率为 1），也应当记入实际损耗。因此，从发射机出来进入发射天线，到接收天线传入接收机后整个系统链路的损耗应为

$$L(\mathrm{dB})=P_r/P_t(\mathrm{dB})+\eta_t(\mathrm{dB}) \tag{5}$$

其中，$P_t$ 为磁偶极子的辐射功率[2]，$P_t=160\pi^4m^2/\mu_0^2/\lambda^4$。

## 3. 结论

在这篇文章，作者分析了理想偶极子在分层介质中的场分布，接着在分析中引入了有耗天线模型并给出了较为准确的收发链路损耗。根据本文给出的公式(1)～(5)，结合具体收发天线各自的效率、增益和相对位置以及具体的地层条件，较之以前可以更加准确的计算出从发射机到接收机整个链路的功率损耗。如此以来就能够更准确的估计发射机的发射功率和接收机灵敏度，对发射机和接收机以及相关电路的设计都会起到较大的帮助。

## 参 考 文 献

[1] 吴信宝，等. 泥饼对电磁波传播测井的影响[J]. 大庆石油地质与开发，1990, 9(3): 70~71.
[2] 谢处方. 电磁场与电磁波[M]. 4 版，北京：高等教育出版社，2006.

（4）电磁方法研究与应用

# 层状模型地空系统响应特征分析

# Characteristic analysis of Ground-to-Air Transient Electromagnetic method to layered models

张莹莹* 李 貅

Zhang Yingying Li Xiu

长安大学地质工程与测绘学院 西安 710054

## 1. 引言

地空系统将电偶极源作为发射源置于地表，使用无人机或飞艇在空中接收电磁响应各分量，从而达到探测地下结构的目的。Richard S. Smith（2001）等在加拿大对地空系统进行了试验，结果表明该法是可靠的。Saurabh K. Verma（2010）等讨论了磁场垂直分量对应的衰减电压，与收发距、飞行高度等的关系。在地形条件复杂的山区，该法工作效率高，通行性好，覆盖面积大，而且工作方式也较为灵活，对进行三维地质填图有着重要的意义。本文在前人研究的基础之上，推导出层状模型地表电偶极子在空中形成的谐变场，并分析了层状模型的地空系统响应特征，对深入进行地空系统研究奠定了一定的基础。

## 2. 层状模型地空系统电磁响应的计算

在得到空中各点谐变场的表达式之后，以磁场的垂直分量为例，分析了其频率域和时间域特征。鉴于汉克尔变换系数有一定的适用范围，如采用某些系数，在偏移距过大时，计算所得的误差较大，故使用自适应复化辛普森方法实现频率域各场值的计算，并与地表的解析解作对比，证实了该法的可行性。考虑到积分核函数的震荡性，利用贝塞尔函数的零点划分出有限个积分区间，在每个小区间上进行积分，有助于提高计算精度。

在得到频率域响应之后，借助于傅氏反变换，就可以求得时间域响应。考虑到积分核的高震荡性以及积分区间比较长，传统的数值积分法一方面由于精度难以达到要求，另一方面由于计算速度太慢，故采用了数字线性滤波的方法。由于无法证得地空系统所对应的空中各点的磁场垂直分量均具有实部偶对称，虚部奇对称的特性，无法直接使用对应于大回线源时间域场值求解的正弦变换或者余弦变换。但在求解过程中发现，在空中各点处，由实部余弦变换和虚部正弦变换得到的场值相差很小，这就间接证明了磁场垂直分量实部偶对称，虚部奇对称的特性。在对比结果时发现，250 点正弦变换的结果较 250 点余弦变换的结果精度高，故采用 250 点正弦变换求出了时间域电磁响应及衰减电压曲线。

最后，给出不同的地电断面类型（2 层、3 层），并将其与均匀半空间模型的电磁响应作比较，总结出不同模型的地空系统响应特征。

## 3. 结论与展望

以自适应复化辛普森方法和正弦变换为基础，实现了层状模型频率域和时间域磁场垂直分量的计算，并分析了不同层状模型的响应特征，为深入研究地空系统奠定了基础。

在分析了不同模型的响应特征之后，可以进一步进行视电阻率的定义，给出电磁场测深曲线与收发距的关系，为指导该法在实际中的应用奠定基础。

本研究由国家自然科学基金面上项目（NO.41174108）资助。

### 参 考 文 献

[1] Misac N Nabighia. Electromagnetic Methods in Applied Geophysics-Theory[M]. The United States of America: Society of Exploration Geophysicists, 1991.

[2] 朴化荣. 电磁测深法原理[M]. 北京: 地质出版社, 1990.

[3] Smith R S, et al. A comparison of data from airborne, semi-airborne, and ground[J]. Geophysics.2001, 66(5): 1379~1385.

[4] Verma S K, et al. Response characteristics of Greatem system considering a half-space model [Z]. Giza, Egypt: 2010.

（4）电磁方法研究与应用

# 陕西商南松树沟地区的电导率实验研究

# The electrical conductivity of Songshugou area in Shangnan county of Shanxi province

李丹阳　王多君*　郭颖星　于英杰

Li Danyang　Wang Duojun*　GuoYingxing　Yu Yingjie

中国科学院计算地球动力学重点实验室；中国科学院研究生院地球科学学院　北京 100049

秦岭造山带横贯中国大陆中部，是华北陆块和扬子陆块结合区，它的演化历史一直是地质学的研究热点。20 世纪 60 年代以来，以地球物理探测为主的地壳深部研究和以高温高压实验为主的地球深部物质研究使人们对岩石层，特别是对大陆岩石层的了解逐步加深。同时电导率是非常重要的地球物理参数，模拟地球内部的温度和压力条件，利用阻抗谱方法测量电性参数，可以获得地球内部物质的组成、传导机制、运动变化状态，还可以为野外的电磁测量结果提供有力的支持和补充。

在不同的温度区间和 1.0GPa、0.1～$10^6$Hz 频率范围内，本文对采自陕西商南松树沟地区的主要构成岩石斜长角闪片岩、闪长岩、榴闪岩、蛇纹岩和纯橄榄岩进行了实验室高温高压下的电导率研究。整个实验过程包括了选样-实验样品的准备—实验测量—数据分析等步骤。

在河北省区域地质矿产调查研究所实验室对样品进行了全岩分析，了解样本的详细信息。在中国科学院地球化学研究所的 YJ-3000T 压力机的紧装式六面顶设备上完成实验，并获得了各样品在不同温度下的复阻抗测量结果。通过对数据的处理，了解到模值、相角和频率的关系，在复阻抗平面上获得完整的半圆弧（代表颗粒内部的传导机制）。由此取得不同岩石的 log$\sigma$和 1/T 的关系图。并且发现在低温和高温阶段都具有良好的线性关系，符合 Arrhenius 公式：

$$\sigma = \sigma_0 \exp(-\Delta H/kT) \qquad (1)$$

式中，$\sigma$代表电导率，$\sigma_0$代表指前因子，$k$ 为 Boltzmann 常数，$T$ 为温度（K），$\Delta H$ 为活化焓。拟合直线斜率的变化表明，从低温段到高温段样品内的传导机制发生了变化。

对于角闪石，E. Schmidbauer 等人发现，含铁的角闪石在高温下，会失去 $OH^-$ 生成 $H_2$ 或 $H_2O$。在角闪石晶格中，M (1)和 M (3)束缚于 $OH^-$ 组的 O (3)位置。当脱水温度升高时，M (1)和 M (3)位置的 Mg 含量增加，$Fe_2^+$含量下降。脱水反应如下：

$$Fe^{2+} + (OH)^- \rightarrow Fe^{3+} + O^{2-} + 1 \qquad (2)$$

因此在低温段，激化焓值较低，说明斜长角闪片岩在该温压条件下，主要由电子传导控制。并且对前人研究结果与本文结果分析发现，在低温段，含铁量少的角闪石会有较低的电导率。通过拟合得到激化焓与 Fe 含量近似呈线性关系。在高温段，电导率会显著增高。这可能也与矿物中角闪石的脱水有关。随着温度的升高，$Fe^{3+}$ 含量的逐渐增多，激化焓变大。

大地电磁测深（MTS）是深部地球物理研究的手段之一，大陆地壳化学成分及其变化在认识地壳形成、演化以及地球的动力学研究中具有非常重要的意义。通过实验条件与中、下地壳的温度和压力等条件类比，发现陕西商南松树沟地区中、下地壳存在的低速（高导）层可能是由含水矿物的脱水相变引起。Etheridge 和徐常芳等人的研究结果也表示矿物脱水相变和部分熔融发生于中地壳的底部或者下地壳，所产生的高温高压水或部分熔融物质上升至中地壳并被上覆的盖层圈闭引起了低速高导层。

其次，本文参照中国大陆地壳构成以及大地热流等数据讨论了研究区域地壳的对应地温梯度。最后，由电导率—温度和温度&深度变换关系式得到了电导率&深度的变化关系，并由此初步建立了陕西商南松树沟地区较为合理的地壳电性结构模型。文章在最后与大地电磁结果进行了比较。

该研究由国家自然科学基金（40774036）和中国科学院知识创新工程重要方向项目（KZCX2-YW-QN608）资助。

## 参 考 文 献

[1] Wang D J, Guo Y X, Yu YJ. Electrical conductivity of amphibole-bearing rocks: influence of dehydration[J]. Contrib Mineral Petrol, DOI: 10.0007/s00410-012-0722-z.

[2] 赵志丹，高山，等. 秦岭和华北地区地壳低速层的成因探讨—岩石高温高压波速实验证据[J]. 地球物理学报，1996, 39(5): 642~652.

[3] 胡圣标，何丽娟，汪集旸. 中国大陆地区大地热流数据汇编[J]. 地球物理学报，2001, 44(5): 611~626.

（4）电磁方法研究与应用

# 不同断层源作用下的震电波场响应

# Coupled seismic and electromagnetic wave induced by different faults in porous media

张　丹[1*]　任恒鑫[2]　黄清华[1]

Zhang Dan　Ren Hengxin　Huang Qinghua

1. 北京大学地球与空间科学学院　北京 100871; 2. 中国科学技术大学地球与空间科学学院　合肥 230026

## 1. 引言

震电效应是自然界中电磁波和地震波耦合的现象。大量研究发现，许多地震孕育过程中震中附近区域会表现出不同程度的电磁辐射异常现象，基于动电效应机制的震电效应被认为是导致震前、震中和震后电磁异常扰动的主要原因之一。此外，在勘探研究领域，由于震电效应能同时反映介质的电性和物性参数，因此，与含流体孔隙介质密切相关的震电勘探被认为是一种有潜力的勘探手段而受到关注。虽然过去已有不少关于震电效应的研究，但整体而言，理论研究相对较少，迄今已有的研究大多局限于爆炸源和单力点源。随着对天然地震的震电效应的日益关注，近几年已有研究尝试将相关震电模型逐步拓展到包含双力偶点源和有限断层源的模型，并开发了相应的数值模拟算法[1][2]。本文利用该算法对天然地震频率下不同断层源作用的震电波场进行数值模拟开展研究。

## 2. 研究方法

Pride[3]提出了一套描述流体饱和孔隙介质中地震波和电磁波相互耦合以及波场在介质中传播的宏观控制方程。任恒鑫[1]将理论地震图计算中的广义反透射系数方法[4]推广到孔隙介质中点源震电波场的数值模拟研究，进而基于点源叠加原理开发了包含有限断层源的震电波场数值模拟算法[2]。本文即利用这套方法来研究不同断层源作用的震电波场特性。

首先讨论了爆炸点源、双力偶点源、有限断层源作用下的全空间、半空间和层状介质中震电波场的基本特性，包括伴随电磁波、转换电磁波和地震波在波形、幅值等方面的关系。其次，针对不同断层模型参数（倾角、埋深、破裂传播速度、最大滑移量）分别进行研究，逐一改变断层模型参数，计算多道接收的模拟信号，考察不同断层参数对电磁波信号的影响，并结合实际地震震级对震电波场能量进行分析。对震源时间函数采用不同类型的子波激发模型，分析研究子波中心频率与震电波场优势频率之间可能的关系。最后，考虑不同天然地震频率激发下的电磁波和地震波的时间和频率域响应，考察电磁能量信号增强的可能优势频段，并尝试结合实际观测资料进行对比分析。

## 3. 结论

基于动电效应的孔隙介质中的震电波场，存在两种电磁波：依赖于地震波传播的电磁场，具有与地震波相同的速度；在介质分界面产生的独立传播的辐射电磁场。双力偶和有限断层作用下还可以观测到微弱的由震源激发产生的辐射电磁波。模拟结果表明，震电波场不仅与介质参数有关，也受介质模型结构的影响；不同参数下的断层模型也直接影响了地震波的传播特性，相应的伴随地震波到达的电磁信号也在幅值、扰动时间上呈现不同；不同激发频率会导致震电波场特征的差异。

本研究由国家杰出青年科学基金(41025014)和科技部重大国际合作项目(2010DFA21570)联合资助。

**参 考 文 献**

[1] Ren H, et al. A new numerical technique for simulating the coupled seismic and electromagnetic waves in layered porous media[J]. Earthq. Sci., 2010, 23: 167~176.

[2] Ren H, et al. Numerical simulation of coseismic electromagnetic fields associated with seismic waves due to finite faulting in porous media[J]. Geophys. J. Int., 2012, 188: 925~944.

[3] Pride S R. Governing equation for the coupled electromagnetics and acoustics of porous media[J]. Phys. Rev. B., 1994, 50: 15678~15696.

[4] Chen X. Seismogram synthesis in multi-layered half-space part I. Theoretical formulations[J]. Earth. Res. China., 1999, 13: 149~174.

（4）电磁方法研究与应用

# 电磁勘探在康滇地轴中南段铜多金属深部隐伏矿体构造解译中的应用

# Electromagnetic exploration in multi- metal mines with copper minein Kangdian axis

张　中　夏时斌

Zhang Zhong　Xia Shibin

成都理工大学"地球探测与信息技术"教育部重点实验室　成都 610059

## 1. 引言

康滇地轴中南段是西南地区最为重要的铜多金属成矿带，攻深找盲、寻找深部富铜隐伏矿已成为当前急待解决的重要课题和重点。电磁法近年来发展迅速，高分辨的电磁探测仪器发挥了电磁法，勘探深度大、不受高阻屏蔽、能有效穿透不同厚度覆盖层等优点，能较高精度的反演地下 2km 范围内电性特征和构造特征，现已成为深部找矿中解译矿体构造空间展部的一种有效的地球物理探测手段。本文主要介绍以拉拉海相火山岩型铁－铜矿床（四川拉拉铜矿）为实验区，开展了音频大地电磁法（AMT）、可控源音频大地电磁法（CSAMT）对测区深部构造进行构造解译的应用分析。

## 2. 实验工作布置

本次电磁勘探工作是在对四川拉拉铜矿以往地质、物化探资料分析，结合铜矿体相对围岩低电阻率等基础上设计了沿垂直矿体走向布设的一条测深剖面。两种方法的测深剖面在位置上重合，为同一剖面，但是 CSAMT 测深剖面长度更长。具体为：AMT 测深剖面长 4km，点距 200m，共 20 个测深点；CSAMT 测深剖面长 4.6km，点距 20m，共 230 个测深点。本次数据采集工作使用凤凰公司 V8 大地电磁采集系统，AMT 采用磁道远参考；CSAMT 采用电偶源测量，AB 极距 2km,收发距 10km，发射最大电流 16A，工作频率：0.625～7680Hz,共 51 个频点。

## 3. 数据处理及解释

勘探区大型机械与车辆工作频繁，噪音大，对数据采集和处理带来了很大的困难。为此 AMT 数据采用磁道远参考，处理解释过程中，采用了曲线平滑、静校正、曲线分析、张量阻抗分析等处理对原始资料进行预处理。数据反演由成都理工大学自主开发研制的大地电磁数据软件 MTSOFT2D 对 AMT 测深数据进行一维 BOSTICK 反演,二维 NLCG 反演处理结合地质资料进行综合解释，勾画层位。CSAMT 数据用凤凰公司 cmt-pro 数据预处理软件进行预处理，剔除突变，进行静位移校正和近场源校正。数据反演采用 MTSOFT2D 对预处理后的数据进行非线性共轭梯度（NLCG）二维反演，奥克姆（OCCAM）二维反演。对两种方法的反演结果用 suffer 成图，反映的电性特征显著，在划分层位、断层构造上基本相同。测深剖面基本查清了由南至北依次跨越河口群天生坝组，新桥组，落凼组，大团箐组地层东西向构造的格局；且都准确找出了 F1 断层所在位置，与拉拉—黎洪地段 A-A′ 地质剖面图相符合。

## 4. 结论

本次研究将 AMT 和 CSAMT 勘探应用于同一剖面，通过对反演结果进行比对分析认为：CSAMT 在中浅部分辨率要高于 AMT，反映的层位更清晰，可以以此相互约束；两种电磁方法都能有效区分地层的电性差异，找到构造界面，划分地层，通过找寻含矿地层和分析地层空间展布，综合成矿理论和地质资料进行分析，达到间接找矿的目的,是寻找深部隐伏矿体有效的地球物理探测手段。

本研究由地质调查项目：康滇地轴中南段铜多金属深部隐伏矿体预测方法研究（1212011085169）资助。

**参 考 文 献**

叶天竺, 等. 金属矿床深部找矿中的地质研究[J]. 中国地质，2007, 10: 855~869.

（4）电磁方法研究与应用

# 基于动电效应机制的地震电磁波的特征研究

# Preseismic EM waves generated by an earthquake due to the electrokinetic effect

高永新[1] 陈晓非[1] 胡恒山[2] 张 捷[1]

Gao Yongxin[1] Chen Xiaofei[1] Hu Hengshan[2] Zhang Jie[1]

1. 中国科学技术大学地球和空间科学学院 230026；2. 哈尔滨工业大学航天科学与力学系 150001

已有观测资料表明，地震发生后可以在远处的观测点接收到早于地震波到达的电磁波信号[1]，这种电磁波信号对地震预警、防震减灾有重要意义。双电层动电效应可能是产生此地震电磁波信号的一个原因。本文基于动电效应机制，研究地震震源在半空间地质模型中激发的电磁波的特征。

Gao 和 Hu[2]依据 Pride 震电耦合方程组获得了双力偶点源激发的电磁波的全空间解析解，并考察了电磁波在空间上的辐射特征。然而在实际地层中，由于存在自由表面和内部分界面，电磁波信号要复杂得多。现有计算水平分层介质中震电波场的方法（如文献[3]）不能很好地计算出此种电磁波信号。这些方法主要是基于如下思想：在频率—波数域内，利用震源的表达以及边界条件求出各层内的广义反透射系数，然后求出接收点的电场和磁场频率—波数域的解，最后分别对波数和频率进行积分求出时域波形。其中，对波数的积分是沿波数实轴进行的，因此该方法也被称为实轴积分法。通过实轴积分得出的是包含了所有波（或震相）贡献的全波波形，由于提前于地震波到达的电磁波的幅度通常比 P 波、S 波到达后引起的同震电磁信号小 2~3 个量级，无法有效地将该电磁波信号从全波波形中提取出来加以分析研究。为能精确地计算得出此电磁波信号，以方便考察其特征，本研究将采用割线积分法代替实轴积分法。首先利用广义反透射方法求出电场和磁场在频率—波数域中的解；然后在复波数平面内构造一个新的积分路径，该路径由绕各个体波支点且垂直于波数实轴的割线和位于波数上半平面内无穷大的半圆弧组成，其与波数实轴构成一个封闭积分围道，利用留数定理将原先沿波数实轴的积分转为沿垂直割线的积分加上极点的留数，在完成波数积分后利用傅里叶变换求出电场和磁场的时域波形。通过计算，我们发现利用割线积分法计算得到的电磁波信号与采用实轴积分法获得的结果完全一致。

进一步通过数值计算对电磁波信号的特征及其影响因素展开了研究。结果表明：由于自由表面的存在，提前于地震波到达的电磁波信号是多个电磁波信号的叠加，包括：①震源激发的直达电磁波 $EM_d$；②直达 $EM_d$ 波、P 波和 S 波分别在自由表面处激发的反射电磁波 $EM_r$；③沿自由表面传播的临界折射电磁波 $EM_0$。产生临界折射电磁波原因是因为地层中的 P 波、S 波和电磁波的速度均低于空气电磁波速度（视为光速）。我们发现随着震中距的增加，$EM_d$ 波和 $EM_r$ 波衰减较快（因为地层是导体），而 $EM_0$ 波衰减较慢，在震中距较大时 $EM_0$ 波占主导地位。这表明临界折射电磁波的产生，使得地震激发的电磁波信号传播地更远。我们模拟了一个矩震级为 6 级的地震，观测点的震中距取为 100 km，当地层电导率为 $4.64\times10^{-5}$ S/m 时电磁波的电场信号幅度达到 0.1 μV/m 量级，而当电导率为 $4.64\times10^{-2}$ S/m 时电场强度仅为 0.0001 μV/m 量级，磁场信号在两种电导率下保持在 0.1 pT 量级。这说明地震发生在低电导率地层中，电场容易被检测到的，在高电导率地层中，电场强度变弱，不易被观测到。磁场对电导率不敏感，启示我们在高电导率地层中，电磁波的磁场信号将比其电场信号更容易被观测到。研究还发现电磁波的电场和磁场信号均随流体粘滞系数增大而减小，地震发生在低粘滞系数的地层中电磁波信号具有较强的幅度，更容易被检测到。在小于 500 米的深度范围内，电磁波信号几乎不受接收深度影响，这启示我们可以将电磁观测仪器埋藏在较深的地方，以屏蔽来自地面的干扰信号，获得更高的信噪比。研究结果还表明，电磁波的空间分布具有方向性，并且与走向、倾角等震源参数有关。

本研究由国家自然科学基金（编号：41174110, 41090293）和中国博士后科学基金（编号：2012M511413）资助。

## 参 考 文 献

[1] Okubo K, et al. Direct magnetic signals from earthquake rupturing: Iwate-Miyagi earthquake of M 7.2, Japan[J]. Earth. Planet. Sci. Lett., 2011,305(1~2): 65~72.

[2] Gao Y, et al. Seismoelectromagnetic Waves Radiated by a Double Couple Source in a Saturated Porous Medium[J]. Geophysical Journal International.2010, 181: 873~896.

[3] Haartsen M W, et al. Electroseismic waves from point sources in layered media[J]. J. Geophys. Res., 1997,102(B11): 24745~24769.

（4）电磁方法研究与应用

# 大回线源中心点时间域响应曲线特征研究

# Characteristic study of large loop central point's time-domain response

吴 琼[*1,2] 李 貅[2] 刘 磊[2]

Wu Qiong　Li Xiu　Liu Lei

1. 中国地质科学院物化探所　廊坊 065000；2. 长安大学地质工程与测绘学院　西安 710054

## 1. 引言

时间域电磁场的求解通常有两种方案：一种是根据一定的初始条件和边界条件直接在时间域中求解；另一种是根据频谱分析理论，先在频率域中求解给定场源的电磁场，然后通过傅里叶反变换得到相应的时间域电磁场。频率域电磁场方程形式较为简单，应用更为普遍，所以本文采用第二种方案。大回线装置是瞬变电磁法野外工作的常用装置之一，而水平层状介质最具有代表性，本文推导了大回线源装置下水平层状介质的时间域电磁场的表达式。该式是一个双重积分，内层积分为汉克尔型积分，外层积分为正弦积分或余弦积分。对于这两类高振荡积分，常规的数值方法可以求解，但是耗时较长。本文主要采用当前比较流行的线性数字滤波法求解这两类积分，通过与均匀半空间情况下的解析解对比，验证了线性数字滤波法不仅计算速度快，而且精度高，是一种较为理想的求解振荡积分的方法。本文编写了大回线源中心点一维正演程序，计算出了两层和三层介质共六种地电断面的频率域和时间域响应，细致分析了各响应曲线的形态，得到了一些有价值的结论，这对瞬变电磁资料的处理和解释具有重要的指导意义。

## 2. 频率域响应的计算

大回线源电磁场频率域响应的表达式属于汉克尔型积分，通过对积分核作简单的变形，可以让被积函数的实部和虚部均只在有限区间内有非零值，这使得数值积分成为可能。本文首先采用自适应 Simpson 法计算了均匀半空间情况下的频率域响应，通过与解析解对比，验证了该法的有效性。但由于被积函数的形态受电阻率取值的影响很大，数值积分法的适应性不强，且耗时较长。计算此类高振荡积分，目前比较流行的是数字滤波法。通过变量代换，可以把汉克尔型积分转化为线性褶积的形式，求得滤波系数后，即可由给定的输入函数得到相应的输出响应。通过与均匀半空间情况下频率域响应的解析解作对比，验证了数字滤波法计算速度快、精度高和适应性强的优势。

## 3. 时间域响应的计算

时间域响应和频率域响应本是傅里叶反变换的关系，但利用积分区间的对称性、被积函数的奇偶性以及狄拉克函数的积分性质，可将傅里叶反变换简化为正弦积分或余弦积分，它们属于又一类高振荡积分。借助于正余弦函数与贝塞尔函数之间的关系，可求得正余弦积分的滤波系数。通过与均匀半空间情况下时间域响应的解析解作对比，验证了该滤波算法的有效性。本文计算了两层和三层水平介质的时间域响应(衰减电压)，总结出了六种典型地电断面时间域响应曲线的特征，并细致研究了第二层电阻率和第一层厚度与 $D$ 型和 $G$ 型断面时间域响应曲线之间的关系，以及第三层电阻率和第二层厚度与 $A$、$K$、$Q$、$H$ 型断面时间域响应曲线之间的关系，得到了一些规律性的认识。

## 4. 结论

① 均匀半空间情况下的早期响应在双对数坐标下是一条平行于 $t$ 轴的直线，晚期响应是一条斜率为负的直线，它与 $t$ 轴的夹角约为 68.2°；② $D$ 型、$G$ 型的早期响应与均匀半空间情况基本重合，随时间的推移，$D$ 型响应有个先“下凹”后“上凸”的过程，而 $G$ 型响应有个先“上凸”后“下凹”的过程；③ $A$ 型与 $G$ 型很相似，不易分辨；④ $K$ 型响应曲线和均匀半空间响应曲线首尾重合，中间有个不很明显的“下凹”过程，反映了中间层的高阻特征；⑤ $Q$ 型响应曲线的前部分与 $D$ 型响应曲线形态一致，有个先“下凹”后“上凸”的过程，而后部分又重复了这个变化过程；⑥ $H$ 型响应曲线和均匀半空间响应曲线首尾重合，中间有个明显的先“下凹”后“上凸”的过程，反映了中间层的低阻特征；⑦ 相邻层电阻率差异越大，曲线变化越明显，但总体上对低阻层的反映较灵敏；⑧ 第一层或中间层厚度越小，响应曲线波动幅度越大。

### 参 考 文 献

[1] Guptasarma D, Singh B. New digital linear filters for Hankel J0 and Jl transforms[J]. Geophysical Prospecting, 1997, 45: 745~762.

[2] 王华军. 正余弦变换的数值滤波算法[J]. 工程地球物理学报, 2004, 1(4): 329~335.

（4）电磁方法研究与应用

# 聊考带地磁异常与开采抽水关系探讨

# Relations between the magnetic anomalies of LiaoKao fault and the exploitation of pumping

吕子强 刘希强 韩海华

Lv ziqiang Liu xiqiang Han haihua

山东省地震局 250014

聊考带地区以其独特的地质特征和丰富的矿产资源而备受地质学家的关注，主要受北北东走向的聊考断裂和北东走向的长垣断裂控制，该区共 20 对磁测点。目前只进行磁场总场强度 $F$ 的观测，一年复测四期，通化台为泰安台。聊考带测区主要表现为磁场总强度长期的上升过程，平均每年 2nT 左右，变化最大的区域为聊考带南部地震集中区，从应变能释放曲线来看，该地震集中区自 1997 年开始，经历两次增强过程，同时该区也是大量地热、油田、煤炭的开采区，集中的抽水过程也会对地磁场的变化有一定的影响。

**1. 通化台变化特征及其可能产生影响**

山东省流动地磁测量共有四个测区：分布于聊考带、沂沭带及环渤海区域，地磁通化台分别为泰安、郯城、陵阳、牟平，基本可以反映山东区域地磁场的变化趋势。通过对比山东区域 4 个通化台及 IGRF11 模型可以看出，山东区域地磁场变化比较一致， 从而可以判断并不是由于通化台的磁场强度变小而导致测区的磁场强度持续上升，说明通化台对聊考带上磁场强度异常的影响相对较小，该测区内磁场强度异常是可靠的长期上升趋势。

**2. 地震活动特征与磁场变化关系**

从地震 M-T 图及地磁强度变化曲线可以看出，地震活动与地磁场的变化没有明显的对应关系，地震活动的随机性较大，而地磁呈现总体的上升变化，2008 年 5～9 月出现短期的下降状态，可能是受到汶川地震对该区域应力场调整的影响，2008 年 12 月至今仍保持持续上升的趋势。

**3. 周边开采抽水定量分析**

冀鲁豫交界地区资源丰富，是大量油田、煤炭及地热的开采区，投入开发的油田采取加压注水采油的方式，基于处于油水平衡的状态。煤炭开采主要为巨野煤田，据巨野煤田提供资料的不完全统计，煤田每天的抽水量超过 70 000 $m^3$，抽水量持续增加。同时该区还是大量地热的开采区，周边开采情况调查统计，日均抽水量达到 10 000 $m^3$，分布于聊考带上的豫 01、豫 11 及鲁 27 井水位近年来处于持续下降趋势，与周围的开采抽水有一定的联系，对该区域的磁场及应力环境会产生一定的影响。从 Shapiro 等对恰尔瓦克水库贮水、抽水所引起的磁场变化的试验以及詹志佳等再 1983～1987 年间在北京密云水库利用流动磁测资料和几年间蓄水排水引起水位及水量变化计算可以看出，水库加载时会使周围磁场减小，而卸载时会使周围磁场上升，地磁变化与水库蓄水变化存在一定的负相关。而聊考带地区处于长期的抽水过程与水库卸载过程比较相似，所产生的卸载作用可能致使该区的磁场强度增加，长期的开采抽水过程可能与该区的磁场强度持续增强有着密切的关系。

**4. 讨论**

震磁关系的研究存在着多样性和复杂性，在不同地质条件下，不同的受力状况下，可能存在着不同的震磁关系。通过上述分析，得出以下几点认识和结论：

（1）山东区域地磁场变化比较一致，测区的磁场强度持续上升并不是由于通化台的磁场强度变小而导致，通化台对磁场强度变化的影响相对较小。

（2）活动断裂相互作用和应力调整应该是导致该集中区带频繁发生地震的主要原因。地震活动与地磁场的变化没有明显的对应关系，汶川地震可能对该区的磁场强度变化产生一定的影响。

（3）该区开采抽水的过程与水库抽水试验比较相似，持续的抽水所产生的卸载作用可能致使该区的磁场强度增加，可能与该区磁场强度的长期上升有着密切的关系。由于震磁关系的研究还处于探索阶段，是否存在更多的异常信息，还有待于进一步研究。

本研究由科技支撑课题(2012BAK19B04)及山东省地震局合同制项目（12Q23，10Q07）资助。

**参 考 文 献**

[1] 詹志佳，高金田，胡荣盛，等. 密云水库的构造磁实验[J]. 地震学报，1990, 1(1): 70~78.
[2] 于平，等. 华北地台聊城—兰考断裂地球物理场基本特征及其构造意义[J]. 吉林大学学报：地球科学版，2003, 33(1): 106~110.

（4）电磁方法研究与应用

# 大极距条件下二维电阻率测深的波数

# The Wave Number of 2D Resistivity Sounding in the Condition of Large Polar Distance

宋 滔* 王绪本

Song Tao* Wang Xuben

成都理工大学地球物理学院 成都 610059

## 1. 引言

在进行点源直流电法模拟时，需要进行傅氏反变换。波数的选择很大程度上决定了计算的精度，同时波数的个数与计算时间是成正比的。徐世浙[1]使用最优化方法，选择了 5 个波数，在模拟深度 100 以内达到了很好的精度。但是在实际勘探中，如果使用大极距大功率的电阻率法或者激电法时，该组波数是不适应的。韩思旭[2]使用系数校正的方法，在大极距条件下，使用 5 个波数进行模拟仍取得较好效果。本文基于徐世浙[1]最优化方法，重新选择了 7 个波数，在模拟深度 500 范围内，傅立叶反变换的相对误差在 0.0%以内。

## 2. 最优化方法求取波数

假设 $U(x,y,k)$ 是沿 $z$（走向）方向进行傅氏变换之后的电位，$u(x,y,z)$ 为三维空间中的电位。由于 $u(x,y,-z)=u(x,y,z)$，所以采用余弦形式，傅立叶变换对为：

$$U(x,y,k)=\int_0^{\infty}u(x,y,z)\cos kz\,\mathrm{d}z\,,\quad u(x,y,z)=\frac{2}{\pi}\int_0^{\infty}U(x,y,k)\cos kz\,\mathrm{d}k$$

选择主剖面为观测剖面，即 $z=0$，将均匀半空间的解析解代入，并进行简单的运算，然后离散化得到：$1\simeq\sum rK_0(k_j r)\cdot g_j,\ j=1\ldots n$，$r=\sqrt{x^2+y^2}$，$K_0$ 为第二类零阶修正贝塞尔函数。在研究范围内选取一系列的 $r_i$ 便得到方程组 $\mathbf{ag}=\mathbf{V},\ a_{ij}=r_iK_0(r_ik_j)$。给定一组 $k$ 值，在使 $\phi=(\mathbf{I}-\mathbf{V})^T(\mathbf{I}-\mathbf{V})$ 取得极小的情况可以确定一组 $g$。

经过分析使用最优化方法求取波数 $k$-$g$ 的过程为：①给定一组初值 $k$；②根据 $\phi$ 的极小，由 $k$ 求取对应的 $g$；③使用这一组 $k$-$g$ 计算相对误差，如果没有达到要求转向④，如果误差在阀值以内或者迭代次数达到阀值则退出；④求 $\boldsymbol{V}$ 对于 $k$ 的偏导数矩阵；⑤根据最小二乘原理，计算得到 $k$ 的修改量 $\Delta k$，将其加入 $k$ 中，然后执行②。

初始 $k$ 值序列取/ 0.001, 0.01, 0.05, 0.2, 0.4, 0.9, 2.5 /，求取偏导数矩阵时 $k$ 的增量取为 $0.001k$，研究范围取 500m 范围类的稀疏点。经过计算分析，当误差达到 0.074%时，误差不再下降，得到的波数为：

$k$ / 0.000893, 0.007744, 0.028639, 0.095209, 0.337647, 1.338806, 5.766963 /

$g$ / 0.001869, 0.007411, 0.021980, 0.073982, 0.283508, 1.210810, 5.670225 /

## 3. 结论

采用上述波数，使用异常电位法，有限元网格为矩形内剖分两个三角，电导率连续变化双线性插值进行模拟。采用齐次边界条件，这样有限元形成的矩阵不包含源信息，使用 cholesky 分解算法分解矩阵，求解方程组时，顺代之后，利用分解后矩阵的稀疏性和对称性，采用先消去列的方法，实现快速回代，得到方程组的解。结果分析如下：

（1）均匀半空间，电阻率 $\rho$=100 Ω · m，对称四极测深，最大极距 1000 m，模拟结果与解析解对比，均方误差在 1%以内；

（2）H 型地电模型，$\rho_1=1000\,\Omega\cdot\mathrm{m}, H_1=30\,\mathrm{m}$，$\rho_2=50\,\Omega\cdot\mathrm{m}, H_2=10\,\mathrm{m}$，$\rho_3=2000\,\Omega\cdot\mathrm{m}$，对称四极测深，最大极距 1000 m，模拟结果与解析解对比，均方误差也在 1%以内，最大误差为 3%。

本研究由国家 863 重点项目“起伏地形二三维电磁法正反演解释工作站”（2009AA06Z108）资助。

## 参 考 文 献

[1] 徐世浙. 点电源二维电场问题中傅氏反变换的波数 k 的选择[J]. 物探化探计算技术, 1988, 10(3): 235~239.

[2] 韩思旭, 等. 修正的点源二维直流电测深有限元模拟[J]. 桂林理工大学学报, 2010, 30(4): 518~521.

[3] 徐世浙. 地球物理中的有限单元法[M]. 北京：科学出版社, 1994.

（4）电磁方法研究与应用

# CSAMT 一维全区 Levenberg-Marquardt 反演方法

# The CSAMT one-dimensional Levenberg-Marquardt inversion method

袁 伟[1] 王绪本[1] 陈进超[1]

Yuan Wei Wang Xuben Chen Jinchao

成都理工大学地球物理学院 成都 610059

## 1. 引言

CSAMT 方法在增加信号强度的同时也带来的一些特殊的问题，尤其是低频段非平面波入射引起的近区和过度带视电阻率畸变给数据处理带来比较大的困难。传统上对此问题一般采用三种处理方法：一是舍去近区和过度带频段的数据，这造成了较大的资料浪费；二是对近区数据做近场校正，再采用 MT 的方法来反演。但现有的近场校正方法都是建立在均匀半空间基础上得到的，此方法与地下不均匀介质不相符；三是采用对视电阻率重新定义来达到不做近场校正的目的，但此类方法还未投入广泛应用。因此引入对全区视电阻率的反演才是解决问题的关键。本文引入一种新的最优化反演来处理 CSAMT 数据。

## 2. Levenberg-Marquardt 反演方法

Levenberg-Marquardt 反演方法是由典型的阻尼最小二乘反演方法改进而来[1]。阻尼最小二反演过程中

$$[J^TWJ+\lambda I]h_{lm}=J^TW(y-y1) \tag{1}$$

其中，$J$ 为雅克比矩阵，$W$ 为权系数矩阵，$I$ 为单位矩阵，$y$ 为实测数据，$y1$ 为模拟数据；$\lambda$ 为阻尼因子；$h_{lm}$ 为模型增量。此方法在每次迭代过程中，对所有的解都给定一个固定不变的阻尼因子，而我们知道解向量在各个分量方向上的收敛速度是不一样的，为了保证反演收敛，必须事先给定一个保守的比较大的阻尼因子，但这影响了反演的收敛速度和结果的分辨率。

Levenberg-Marquardt 反演方法根据雅克比矩阵的特点，引入了变阻尼的思想，实现反演过程中阻尼的自适应化

$$[J^TWJ+\lambda diag(J^TWJ)]h_{lm}=J^TW(y-y1) \tag{2}$$

此式相对(1)式将第二项的单位矩阵改为雅克比矩阵的对角线上的值。雅克比矩阵的对角线上的值可理解为其值越大，其对应分量上的作用就越大。由于此反演过程属于多元非线性函数的极值问题，为避免非线性的影响，其对应分量的限制就应大一点，因此雅克比矩阵对角线上的值的曾加应该与其本身的大小成正比。随着迭代次数的增加，目标函数的收敛速度也越来越慢，故在反演过程中要设置一个截止阻尼系数 $\lambda_c$，当 $\lambda_j<\lambda_c$，令 $\lambda_j=\lambda_c$，这样可以保证收敛速度。

## 3. CSAMT 反演关键步骤处理

最优化反演方法初始模型的选择是关键，本文采用改进的 Bostick 变换得到初始模型。具体方法是，先对 CSAMT 视电阻率做 Bostick 变换，再从地表出发依次比较相邻两个深度的电阻率和厚度，如比值小于某一阀值则合并这两层。这样可以得到较为合理的初始模型，并减小了反演迭代的次数。反演过程中采用差分方法计算雅克比矩阵。正演使用 Guptasarm 提出的 61，47 点滤波系数来对汉克尔变换进行求解[2]，并采用双极源模式计算结果。

本研究由国土资源部“页岩气方法理论及地质综合研究”（2009GYXQ15-11-2-1-4）资助。

### 参 考 文 献

[1] Henri Gavin. The Levenberg-Marquardt method for nonlinear least squares curve-fitting problems[D]. Department of Civil and Environmental Engineering, Duke University, 2011.

[2] Guptasarma D, Singh B. New digital linear filters for Hankel J0 and J1 transforms[J]. Geophysical Prospecting, 1997, 45: 745~762.

（4）电磁方法研究与应用

# 基于等效导电平面原理的瞬变电磁三分量解释方法研究

# Resaerch on Three Components of Transient Electromagnetic Interpretation Method Based on Equivalent Conductivity Plane Principle

王祎鹏　李　貅　戚志鹏

Wang Yipen　Li Xiu　Qi Zhipeng

长安大学地质工程与测绘学院　西安 710054

## 1. 引言

瞬变电磁法(Transient Electromagnetic Method）是利用测量得到的电阻率异常，分析出地下电性异常体的导电性能和位置，进而分析解决地质问题的一种勘探方法。在以寻找低阻层为目的的勘探中，对于层状地电断面模型，瞬变电磁的视纵向电导反演方法比传统的视电阻率法更直观。因为根据电磁场理论，地下均匀介质可用一个导电平面来代替，再利用镜像法可以方便的求出空间任一点的感应电磁场的强度。随时间 t 的增减，导电平面以速度$1/\mu_0\sigma$ 上下“浮动”，从而影响空间任一点感应电磁场的振幅和相位。本文主要推导了均匀大地表面及水平层状介质表面等效导电平面原理的瞬变电磁三分量的近似计算公式。

## 2. 均匀大地表面大定源三分量近似计算等效导电平面法的基本原理

设在均匀大地表面上有圆形回线，其中通以阶跃电流，并在 t=0 时刻断开电源：

$$I(t)=\begin{cases} I & t<0 \\ 0 & t\geq 0 \end{cases}$$

则在 $t\geq 0$ 时，地中产生涡旋电流，在地表任一点便可观测到由此产生的电磁场。根据电磁场理论，我们可用一个导电平面来代替地下均匀介质，然后用镜像法可以方便地求出空间任一点的感应电磁场。

选取柱坐标系，设虚源中的电流强度为 $I$，虚源平面与 $XOY$ 平面重合，圆心位于坐标原点。任取一线电流源 $Ids$，可求得它在 $Z$ 轴上任一点 $P$ 处产生的磁场强度垂直分量、水平分量。则整个回线在 $P$ 点产生的磁场强度的三分量可得。同理可求空间内任一点处磁场强度的三分量。考虑到等效导电平面的“浮动”，再把 $z=2h+2t/\mu_0\sigma$ 代入，即可求得等效导电平面法计算均匀大地表面上任一点瞬变电磁三分量的近似计算公式。进而得到晚期瞬变电场的近似表达式。

## 3. 水平层状介质表面大定源三分量近似计算等效导电平面法的基本原理

对于水平层状地层地电断面，我们也可以用等效导电平面法求得瞬变场的近似解。只不过这时的等效平面随时间增大而“下沉”的速度不再是常数，而分别与各层介质的导电率有关。计算过程与均匀大地计算过程类似。

## 4. 结论

为了方便起见，用均匀半空间表面的解析结果，验证等效平面近似计算式的精度。分别将用等效导电平面法求得的均匀半空间表面的瞬变场和均匀半空间表面瞬变场的解析表达式曲线进行比较。经过比较，均匀大地表面瞬变场的近似计算结果与解析式计算结果相对误差小于 20%，证明所得近似计算结果是可信的。

同样，利用上述方法，我们计算了二层和三层模型的晚期视电阻率曲线图，通过对比，与用线性数字滤波法计算的相同参数的曲线吻合很好。这进一步说明该近似计算方法的计算结果是可信的。

### 参 考 文 献

[1] 李貅. 瞬变电磁测深的理论与应用[M]. 西安：陕西科学技术出版社，2002.

[2] 朴化荣. 电磁测深法原理[M]. 北京：地质出版社，1990.

[3] 纪英楠，等. 电磁场原理与计算[M]. 西安：西北工业大学出版社，1993.

[4] 戚志鹏，等. 瞬变电磁水平分量视电阻率定义[J]. 煤炭学报，2011，36(1):87~93.

（4）电磁方法研究与应用

# 瞬变电磁地空系统一维快速正演

# One dimensional fast modeling of GREATEM system

赵 越[1] 李 貅[1] 孙怀凤[2]

Zhao Yue Li Xiu Sun Huaifeng

1. 长安大学 地质工程与测绘学院 西安 710054; 2. 山东大学 岩土与结构工程研究中心 济南 250061

## 1. 引言

瞬变电磁地空系统（Air-ground transient electromagnetic method system）又称瞬变电磁半航空系统,即将电性发射源或磁性源放置在地表，利用直升机或者无人机在空中接收，实现地面发射、空中接收的一种瞬变电磁测量方法。与地面 TEM 和航空 AEM 相比，地空系统减轻了直升机的负载，实现了大发射磁矩、高海拔探测（>100m），并且提高了勘探深度。地空系统的思想最早起源于俄罗斯，接着在日本和加拿大不断发展；20 世纪 90 年代，具有代表性的地空系统有 FLAIRTEM 系统和 TerraAir 系统，R. S. Smith(1997)对地空系统、地面 TEM 及航空 TEM 进行对比，发现对于深部目标体的探测，地空系统优于航空 TEM 系统。我国地域广袤，山区较多，地形复杂，地空系统电磁探测在我国山区资源勘探中有着广泛的应用前景，该方法能够进入森林、沙漠、沼泽、湖泊和居民区等地区进行探测工作，且勘查速度快、成本低、通行性好，能够有效的应用于实际地质填图工作中。本文研究了瞬变电磁地空系统时间域电磁场的计算及特征，提出了一种快速一维正演方法，对多种典型地电断面进行正演计算，对比分析了地面瞬变电磁与瞬变电磁地空系统两种模式下的电磁响应特性，分析飞行高度与地层模型对于电磁响应的影响。为快速、高分辨率探测深部隐伏矿产资源提供理论依据，为开展多种 TEM 相结合的测量方法奠定基础。

## 2. 一维正演模拟

地空系统的一维正演，要求计算水平层状大地上空线圈内生成的感应电动势随时间的衰变过程。由于层状大地上空瞬变电磁场没有解析表达式，直接求解困难。首先应用线性数字滤波方法计算出层状大地表面频率域二次场响应值；再利用余弦变化方法将其从频率域转换到时间域得到层状大地表面时间域二次磁场的分布；由于在有耗媒质中的瞬变电磁场满足扩散方程，而在空气中电磁场满足拉普拉斯方程，则可以将计算结果向上延拓到飞行高度，进而就能够快速的得到水平层状大地上空的二次场分布以及电动势衰减曲线，即得到空中的瞬变电磁响应特征；将其与地面瞬变电磁响应进行对比验证了算法的可行性和正确性。通过对二层模型和三层模型共六种地电断面进行正演模拟，研究各种典型地电断面模型的电磁响应特性，并与地面六种相应地电断面模型的电磁响应进行对比分析，研究飞行高度与地层模型对于电磁响应的影响。以上工作得到的层状大地瞬变电磁地空系统电磁响应，为拟合反演算法提供理论基础，为时间域电磁测量系统设计提供依据。

## 3. 结论与展望

本文对于层状大地条件下，地空系统的一维正演问题，给出了一种快速正演方法，对多种典型地电断面进行计算与分析，并将地空系统电磁响应与地面瞬变电磁响应进行对比，发现地空系统装置结果与地面装置结果类似，仅存在响应数值的差别，证明地空系统一维正演结果可靠。以上结论有助于估计给定层状大地条件下，地空系统的探测能力及探测条件，为地空系统的设计方案提供依据，同时也为日后三维地质填图工作提够了一种有效的新方法。

本研究得到了国家自然科学基金面上项目(NO.41174108)的资助。

### 参 考 文 献

[1] 朴化荣. 电磁测深法原理[M]. 北京：地质出版社, 1990.

[2] 嵇艳鞠，林君，许洋铖. 大定源时间域吊舱式半航空电磁勘探理论研究[C]//第九届中国国际地球电磁学术讨论会论文集, 2009.

[3] Saurabh K. Verma Toru Mogi, Sabry Abd Allah. Response characteristics of GREATEM system considering a half-space model[J]. Giza,Egypt,2010.

[4] 罗廷钟, 张胜业, 王卫平. 时间域航空电磁法一维正演研究[J]. 地球物理学报, 2003, 46(5).

（4）电磁方法研究与应用

# CSTEM 与 CSFEM 优劣之悖论

## The paradox of advantages and disadvantages of CSTEM and CSFEM

刘远滨[1]　何展翔[2]　胡祥云[1]　王耀辉[2]

Liu Yuanbin　He Zhangxiang　Hu Xiangyun　Wang Yaohui

1. 中国地质大学　武汉 430000; 2. 东方地球物理公司　涿州 072750

根据研究的场的特性，可控源电磁法（CSEM）可分为时间域或瞬变电磁法（CSTEM）和频率域电磁法（CSFEM)。尽管这两种方法研究和应用已经几十年之久，但孰优孰劣一直各执一词，以致使应用者莫衷一是。

主张 CSTEM 更具优势的学者认为：CSTEM 激发信号是宽频脉冲，单次发射便可得到完整的时间衰减曲线；直接测量二次场，与探测目标有最佳的耦合。反对者认为，其对发射波形要求高，测量的信号弱，要求大功率激发，以提高信噪比，理论研究相对滞后。

主张 CSFEM 更具优势的学者认为：CSFEM 测量总场，信噪比高，抗干扰能力强，采用大地电磁电阻率解释与处理，方法简单，工作成本低廉。反对者认为其不足之处是近场影响严重，需要在远区测量，由于偏移距较大测量结果与目标的偶合关系降低。

从上面的认识中不难看出，两者之优劣正好具有互补性，而且，两种方法采用相同的布极装置（如 LOTEM 和 CSAMT)，有时甚至采用相同的激发波形（方波）和偏移距。但 CSTEM 一般只测量 $H_z$，而 CSFEM 一般只测量 $E_x$ (和 $H_y$)，这就形成了两种方法对于解决具体问题的差别，以至于形成各执一词的优劣论。

本文采用偶极装置的 CSEM 法，设计不同地电模型进行一维正演计算，针对薄层电阻率及厚度的不同，分析了 CSTEM 与 CSFEM 对高、低阻薄层结构体的分辨能力，同时比较了两种方法对高、低阻薄层的灵敏性。

不同电阻率与不同厚度高阻薄层的水平电场 $E_x$ 与垂直磁场 $B_z$ 曲线图表明，高阻薄层电阻率与厚度的不同对 $E_x$ 曲线变化明显，通过 $E_x$ 能很好的分辨出高阻薄层；而高阻薄层的电阻率对 $B_z$ 影响甚微，$B_z$ 对高阻薄层的分辨能力很低，不适合被利用来研究高阻薄层，但 $B_z$ 与高阻薄层厚度有关，可以帮助确定 Ex 高阻层效应是薄层还是较厚层。对比 CSTEM 与 CSFEM 发现，CSFEM 对高阻薄层的分辨性要优于 CSTEM。对于不同电阻率与不同厚度低阻薄层的 $E_x$ 及 $B_z$ 的曲线图，无论是 $E_x$ 还是 $B_z$，薄层曲线变化相对明显，能较好的分辨出低阻薄层，比较 CSTEM 与 CSFEM，也易看出，CSTEM 比 CSFEM 分辨低阻薄层的能力强。

通过模型分析比较，认为电场比磁场对高阻薄层灵敏，CSTEM 与 CSFEM 对薄层的分辨能力不同，无论 CSFEM 还是 CSTEM 对高阻薄层的分辨能力比对低阻薄层的分辨能力差；而 CSFEM 对高阻薄层的灵敏性要比 CSTEM 高，CSTEM 对低阻薄层的分辨能力更强。

既然两种方法可以采用相同的装置，相同的激发波形，如果能够同时测量时域与频域数据，且研究 Ex 和 $B_z$，那么就能很好地利用这两种方法的优点和克服其不足。 在野外工作中一次采集获得两种数据，研究时域衰减曲线的二次场，提高与目标的耦合，又通过多次激发叠加提高资料信噪比，既在近区观测，又可在远区测量，既测量电场又测量磁场，使两种方法互相弥补。

实际工作证明，时频电磁法（TFEM）采用大功率激发，同时研究电场和磁场，通过时域与频域联合、电场与磁场的联合反演，不但克服了单纯应用其一的不足，且弥补了 CSTEM 与 CSFEM 仅观测磁场或电场对高阻或低阻薄层分辨率低的不足，大大地提高了对薄层的分辨能力。在油气勘探中，无论是研究碎屑岩沉积地层中的含油气储层（高阻薄层），还是研究海相碳酸盐储层中的含油气目标（低阻薄层）都具有良好的应用效果。

**参 考 文 献**

[1] 何展翔. 时频电磁法专利[P]，专利号 ZL03150098，[2003].

[2] A. A. 考夫曼，G. V. 凯勒. 频率域和时间域电磁测深[M]. 王建谋，译. 北京：地质出版社，1987.

[3] Dong W B, Zhao X M, Liu F, et al. The Time-frequency electromagnetic method Technique and its application in western China[J]. Applied Geophysics, 2008, 5(2), 127~135.

（4）电磁方法研究与应用

# 三维 MT 勘探在复杂区进行岩性识别

# The identification of lithology in complex area with 3DMT exploration

孙卫斌[1] 满立新[2] 王亚波[1] 胡祖志[1]

Sun Weibin[1] Man Lixin[2] Wang Yabo[1] Hu Zuzhi[1]

1. 中国石油集团东方地球物理公司 涿州；2. 河南省煤田地质局物探测量队 郑州

## 1. 引言

中国西部 BD 地区为典型的山前复杂区，位于冲积扇扇根区域中浅部地层砾岩层较为发育，局部分布厚度达 3000 米以上。这种岩层与砂泥岩层在地震发射断面上并无明显反射差异，从而在复杂区地层速度建模中忽略了高速层的存在，油公司在钻探 BD6 井过程中，在上第三系钻遇厚达 3100 米左右的砾石层，该套岩层在钻前地震资料上并没有明显显示，致使目的层界面解释误差偏大，钻井投入增加。为降低在该区的勘探风险，油公司决定在该区部署高密度三维 MT 勘探工作，测网密度 500×500 米，目的为追踪第四系第三系砾石层的分布，为地震叠前深度偏移速度建模和钻井工程决策提供岩性变化信息。

## 2. 砾石层物性特征及模型模拟

从工区测井的各种物性曲线分析，钻遇第四系砾石层的 BD3 井和钻遇上第三系砾岩层的 BD6 井，砾石层与砂泥岩层间突出的物性差异都表现于电阻率特征上，绝对变化率达 100%以上；而砾石层与砂泥岩层间密度和速度的物性差异并不十分明显，该特征表明利用以电阻率差异为基础的 MT 勘探有利于对该区砾石层识别与追踪。为进一步说明利用 MT 勘探在该区进行砾石层追踪的可行性，结合该区砾石层横向沉积的局部分布和纵向粒度变化，设计砾石层三维地电模型进行了三维模拟。模拟结果表明，由浅至深反演电阻率的异常分布与设计模型的电性分布具有良好的对应关系，表明 MT 三维反演电阻率的异常分布可以揭示中浅部地层岩性的变化。

## 3. 研究区第四系、第三系砾岩层分布解释

为追踪研究区第四系、第三系砾岩层的分布，应用过井三维反演电阻率切片对第四系、第三系砾岩层的电性特征及分布规律进行了电测井资料的标定，明确了第四系、第三系砾岩层的反演电阻率异常规律。应用海拔 750 米的地层三维反演电阻率切片高阻异常追踪了第四系砾岩层的分布范围，同时应用该套反演高阻层厚度和电测井资料标定，获得了全区第四系砾岩层的厚度分布。应用海拔-1300 米地层三维反演电阻率切片高阻异常追踪了第三系砾岩层的分布范围，同时应用该套反演高电阻率层厚度、BD6 井电测井资料，获得了全区第三系砾岩层的厚度分布。第三系隐伏砾石层沉积区段主要位于该地区 TZ 逆冲断裂带前沿的下盘位置，厚度变化 300～4300 米，对这套砾石层沉积规模和分布范围的追踪，正是油公司勘探家感兴趣的方面，并在该区的初始速度建模中应用了上述岩性变化信息，为该区地震资料的高精度叠前深度偏移处理奠定了基础。

## 4. 效果评价和主要认识

地震资料通常反映了地下地层波阻抗的差异和地层界面的起伏信息，而 MT 资料则主要反映了地层纵横向的电阻率分布信息，都是从不同的侧面反映了地层的展布特征。综合认识地震、MT 资料信息，将能提供丰富、客观的地层岩性分布，弥补单方法认识的局限性。本区 MT 资料的反演电阻率为研究区地层展布的电性属性，这种属性对地层纵横向岩性变化较为灵敏，如本区主要砂泥岩沉积段（BD3 井 1200～5000 米深度段），反演电阻率就表现为低电阻率特征，而富含砾岩的地层就表现为明显的高电阻率特征（BD3 井 0～1200 米深度段、BD6 井 1300～4400 米深度段），对比相应岩性变化在地震剖面的反射特征，并没有明显的反射特征差异，都表现为正常的水平穿层反射，而这方面电性异常差异就表现的尤为突出，这种效果使 MT 资料在研究本区砾石层分布中发挥了重要作用。

复杂区油气勘探中，对影响速度变化的岩性异常体的提前预测，将一定程度降低钻探风险和提高复杂区深部构造或目标层的解释精度。BD 地区应用三维 MT 勘探进行厚层砾石层岩性的有效识别，主要建立在砂泥岩层与砾石层间突出的电阻率物性差异基础之上，这种差异较之波阻抗差异更明显的表现于 MT 资料上，从而在本区追踪局部砾石层分布方面，三维 MT 资料发挥了重要作用。应用表明，三维 MT 勘探在识别某些局部分布的岩性异常体方面，具有明显的勘探优势，可作为地震勘探的重要补充在岩性勘探方面发挥更大作用。

## 参 考 文 献

[1] 孙卫斌, 杨书江,王财富,等. 三维重磁电勘探技术发展及应用[J]. 石油科技论坛, 2012, 2.
[2] 孙卫斌, 王财富, 胡祖志, 等. Deep structure study in complex area by 3DMT data[C]//第 77 届 SEG 年会,2007.

（4）电磁方法研究与应用

# 含水矿物岩石脱水对电导率的影响

# Electrical conductivity of hydrous minerals and rocks: influence of dehydration

王多君* 郭颖星 李丹阳

Wang Duojun　Guo Yingxing　Li Danyang

中国科学院研究生院计算地球动力学重点实验室　地学院

实验室地球深部物质的电导率不仅可以用来研究矿物、岩石、电解质溶液、熔体、岩石破裂中电荷产生和迁移，而且还可以通过对这些物质体系的研究，进一步认识地球内部电导率的分布规律以及地球介质的极化机制。在此基础上为大地电磁测深结果的解释提供实验依据。来自世界各地的大地电磁结果探测表明，在全球普遍存在着高导层。自二十世纪六十年代以来相续发现的中下地壳的高导层一度成为地球物理学家研究的焦点。围绕着高导层的成因，人们开展了一系列的研究。对于中下地壳高导层的成因的解释主要集中在以下方面：①水流体；②石墨薄膜；③高导矿物；④部分熔融；⑤含水矿物的脱水。虽然前四种机制在一定程度上能够对高导层的成因给出部分解释，但却并不能对所有的结果给出合理的解释；另外由于这些模型本身的存在的问题和以及探测技术的问题，关于高导层的研究曾一度衰落。

自从 Karato（1990）提出溶解在名义无水矿物中的氢能够显著增加电导率后，人们对于这方面的研究给予了高导关注。特别是近几年来，国内外在含水矿物的电导率研究上取得了显著进展。如 Huang 等（2005）对含水的矿物瓦兹利得石和林伍德石电导率开展了研究，Wang 等（2006）和 Yoshino 等（2006）对名义无水橄榄石的电导率研究，Wang 等（2008）对上地幔名义无水岩石电导率进行了研究，这些研究成果定量的确认了水能够增加矿物电导率的事实，并且探索了用实验室电导率数据和野外电磁观测数据进行对比的方法来推测地球内部的水含量，为近一步探索引起电导率增高的导电机制的研究提供了新的思路。在地壳中，名义无水矿物含有的水含量非常有限，而且如果这类矿物的电导率达到高导层所对应的电导率值所需要的温度非常高，远远超出了正常地壳的温度， 因此这类矿物在地壳整体电性的贡献可能并不大。因此，地壳高导层必定有其他的候选机制。而含水矿物则有可能是非常有可能的导电机制。

有关含水矿物岩石的电导率的以及其相应的结构表征研究却非常少，因此其结果是否能用于高导层成因的解释却不得而知。含水矿物在脱水前后对于电导率具有怎样的影响也不清楚。在模拟地壳的温度和压力条件下，采用交流阻抗谱对典型含水矿物岩石的电导率进行了研究，并且结合红外、拉曼、XRD、TGA、扫描电镜等方法对于样品进行了综合分析。

在本研究中，通过在高温高压下对地壳典型含水矿物岩石在脱水前后的电导率变化的研究以及比较精细的结构表征，获得了原创性的结果，主要表现在以下方面：

（1）含水矿物中虽然含有大量的水，但是这些结构水却处于被束缚状态而不能自由移动。

（2）含水矿物和岩石的电导率在脱水之前小于相同水含量的名义无水矿物；但在脱水后可以显著增加电导率。

（3）含水矿物的电导率可能并不是由水控制，而是与铁密切相关，其导电机制为极化子。

（4）通过与典型大地电磁结果测深结果的对比发现，含水矿物的脱水可能是地壳高导层的主要成因。

本研究的结果为认识含水矿物导电的本质以及高导层的成因等提供了非常重要实验依据，为高导层的成因的解释提供了新的证据。

该研究由国家自然科学基金项目（40774036）和中国科学院知识创新工程重要方向项目（KZCX2-YW-QN608）资助。

## 参 考 文 献

[1] Wang D, Mookherjee M, Xu Y, et al. The effect of water on electrical conductivity of olivine [J]. Nature, 2006, 443: 977~980.

[2] Huang X, Xu Y. Karato S. Water content of the mantle transition zone from the electrical conductivity of wadsleyite and ringwoodite[J]. Nature, 2005, 434, 746~749.

[3] Wang D, Li H, Yi L, et al. the electrical conductivity of upper-mantle rocks: water content in the upper mantle [J]. Phys Chem Minerals, 2008, 35: 157~162.

# 专题五：流体地球科学：地震预测、矿产资源形成和分布

# Fluid earth science —Earthquake prediction and the formation and distribution of mineral resources

（5）流体地球科学：地震预测、矿产资源形成和分布

# 汶川科学钻探随钻气体氢浓度与断裂及地震的关系

# The Relations of WFSD Hydrogen Concentration Along with Drills to Faults and Earthquakes

刘耀炜[1,2]　方　震[1,2]　张永久[3]　官致君[3]　杨多兴[1,2]　张　磊[2,4]　任宏微[1,2]

Liu Yaowei　Fang Zhen　Zhang Yongjiu　Guan Zhijun　Yang Duoxing　Zhang Lei　Ren Hongwei

1. 中国地震局地壳应力研究所　北京 100085;

2. 中国地震局地壳动力学重点实验室—地下流体动力学　北京 100085;

3. 四川省地震局　成都 610041; 4. 中国地震局地球物理研究所　北京 100081

汶川断裂带科学钻探项目在龙门山断裂带上钻 5 口科学深钻，其中 WFSD-2 井位于汶川地震主断裂的北川—映秀断裂中段，2009 年 7 月 6 日开钻，设计孔深 2 000 m，截止 2012 年 1 月 15 日终孔钻进深度为 2 180.52 m。使用最新观测技术痕量氢在线分析仪，开展 WFSD-2 井随钻泥浆气体 $H_2$ 浓度的观测，采样间隔为 5 min。WFSD-3 井位于安县—灌县逆冲断裂带中段，断裂上盘为三叠纪砂板岩，下盘为侏罗纪砂砾岩，设计孔深 1 500 m，于 2009 年 12 月 8 日开钻，截止 2012 年 1 月 15 日钻进深度为 1 470.30 m，使用痕量氢在线分析仪开展随钻泥浆气体 $H_2$ 浓度的观测，采样间隔为 20 min。本文使用 WFSD-2 钻孔 311.9～2 039.01m 深度之间近 11 万个随钻泥浆 $H_2$ 浓度观测数据和 WFSD-3 钻孔 379.53～1378.41 m 深度之间 2 万个随钻泥浆 $H_2$ 浓度观测数据进行分析。排除钻孔过程的影响因素，结合岩性和断裂密度，分析了 $H_2$ 浓度高值异常与断裂构造和地震孕育过程的关系。

WFSD 钻孔中地下流体组分采用自动脱气装置，首先对携带地球深部流体信息的泥浆进行脱气，采用了合适的流路设计，实现逐级充分搅拌、逐级充分脱气，并保证脱气装置与空气隔绝，尽量避免大气组分的再次污染，使得传输到检测设备的气体为来自地下岩层的气体，而非大气组分。WFSD-2 钻孔设计钻进深度为 2 000 m，于 2009 年 7 月 6 日开钻，2012 年 4 月 18 日 8 时钻进 2 283.56 m，终孔直径为 150 mm，随钻泥浆脱气 $H_2$ 采样间隔为 5 min，共获得近 11 万个浓度数据，随钻泥浆脱气 Hg 浓度值为秒值，共获得近 1 150 万个数据；WFSD-3 钻孔设计钻进深度为 1 500 m，于 2009 年 12 月 8 日开钻，2012 年 2 月 26 日 8 时钻进 1 502.3 m，终孔直径为 150 mm。随钻泥浆脱气 $H_2$ 采样间隔为 20 min，近 2 万个浓度数据，随钻泥浆脱气汞为小时值，共获得 3 093 个数据。

WFSD-2 和 WFSD-3 钻孔 $H_2$ 浓度异常出现的层位主要与破碎带密切相关。汶川地震主破碎带位于 WFSD-2 钻孔的 1 700 m 和 WFSD-3 钻孔的 1 249 m，$H_2$ 浓度浓度背景值高出正常背景值 2～3 倍，上部一些岩芯破裂密度较大的层位，$H_2$ 浓度异常明显。WFSD-3 钻孔 $H_2$ 浓度异常高值达到近 300 ppm，而 WFSD-2 钻孔 $H_2$ 浓度异常高值达到近 60 ppm，异常高值相差较大。$H_2$ 浓度高值异常与钻孔区内地震和远强震对于关系明显。

科钻中 $H_2$ 高值异常成因主要有三种可能的机理：第一类与钻孔内断裂破碎带 $H_2$ 释放有关，$H_2$ 高值异常主要出现在 WFSD-2 井 606.18～616.68 m，1 560～1 562 m 和 WFSD-3 井 711.2～764.85 m，961～978 m 的断裂发育区段层位，认为是由于赋存在岩石中的 $H_2$ 沿着断裂破碎带运移使得钻孔泥浆中 H2 浓度升高；第二类与构造块体边界强震孕育和龙门山断裂上近场显著地震活动有关，其中在 2010 年 4 月 14 日玉树 Ms7.1 级地震发生前 20 天，距震中 680 km 的 WFSD-2 井钻进到 642.36～676.22 m 层位，$H_2$ 浓度出现高值异常，高值达到 58.476 ppm，异常持续 7 天，恢复到正常背景值 13 天后发生玉树 7.1 级地震。2011 年 6 月 5 日茂县、北川交界处 Ms4.3 级地震发生前 7 天，WFSD-2 井钻进到 1 383.5～1 405 m 层位，$H_2$ 浓度出现高值异常，高值达到 46.156 ppm，异常持续 5 天恢复到正常背景值 2 天后发生 4.3 级地震。2010 年 5 月 25 日都江堰市 MS5.0 地震前 20 天，WFSD-3 井钻进到 570.05～665.9m 层位，H2 浓度出现高值异常，高值达到 288.359 ppm，异常持续直到地震发生，震后 2 天恢复到正常背景值。第三类是钻孔穿过断裂破碎带，近场区地震孕育过程 $H_2$ 浓度异常时间会增长。如 WFSD-2 井在 720.88～791.01m 层位 H2 浓度快速升高，异常持续 50 天，异常恢复 7 天后，2010 年 5 月 25 日发生了都江堰 Ms5.0 地震。$H_2$ 具有很强的扩散能力，岩石微破裂或应力作用等均会促使 $H_2$ 扩散、渗透作用加强，以断裂带或破碎带为通道运移而产生高值异常。

本项研究结果揭示了还原性气体与地震活动的关系，为重塑断裂带活动与地震孕育过程的动态信息提供了气体地球化学观测数据。这对分析氢等还原性气体与地震孕育、发生过程的关系，以及解释地震前兆成因机制也具有重要的意义。

（5）流体地球科学：地震预测、矿产资源形成和分布

# 汶川地震断裂带岩心汞及其同位素的构造作用研究

# Research on Tectonic Instructions of Mercury and Its Isotopes in Rock Core of Wenchuan Fault Zone

张 磊[1*] 刘耀炜[2] 郭丽爽[2] 杨多兴[2] 任宏微[2]

Zhang Lei Liu Yaowei Guo Lishuang Yang Duoxing Ren Hongwei

1. 中国地震局地球物理研究所 北京 100081;

2. 中国地震局地壳应力研究所（地壳动力学重点实验室） 北京 10085

国内外大量的研究已经证明深部流体在大地震的孕育与发生中起着重要作用。研究者使用地球物理的方法，如 MT、CT 等技术手段得到震源体的波速、泊松比、电阻率等特征值来分析深部流体的特征，当然也有学者通过应用小震活动序列定量描述流体孔隙压力的扩散特征（刘耀炜等，2011）。本文主要是从地球化学—汞及其同位素的手段来进行研究深部流体在地震中的作用。汞是揭示构造活动及强震孕育机制的重要化学示踪元素。借助科学钻探手段，研究断裂带中汞及其同位素，可能示踪地震断裂带汞异常来源、汞的迁移路径、从而揭示流体在地震孕育中的作用。

2008 年 5 月 12 日四川汶川 Ms 8.0 级地震是近年来发生在我国的巨大灾害性地震之一，由于其特殊的构造环境也成为国际地学界关注和研究的热点。本研究基于汶川地震后开展的断裂带科学钻探工程（WFSD）（许志琴等，2009），在其提供的 WFSD-1 样品的基础上，开展了岩心、随钻泥浆液体和固体的总汞和岩心的汞同位素的研究，试图揭示汞反映的断裂带深部构造和流体在地震中的作用。

通过总汞和其他地球化学指标的研究，发现岩心汞浓度峰值出现在 589 m 深度处，明显的低浓度异常体存在于 589 m 深度之上及下部地层。随钻泥浆汞在 585～730 m 之间出现高浓度值异常，汞晕宽，这可能暗示着载有汞的流体作用于 585～730 m 范围之间的地层中。580 m 之前，汞浓度趋势平缓，低于 10 ng/g。614～731 m 范围内汞含量明显升高，并呈带状分布，平均落在 20～70 ng/g（岩芯）和 10～25 ng/g 之间（随钻气体），结合裂隙发育程度，与构造密切相关。

汞是分析深部流体活动规律的示踪元素，通过对钻孔岩心的分析，汶川地震的主断层面在 589.6 m 处，汞的异常高值也集中从该处出现，因此，推断在地震的主断层面上存在一定的流体活动。随钻泥浆汞浓度剖面与上侵的下地壳流密切相关，龙门山断裂带的映秀－北川地段可能存在高角度（倾角大于 60）的富集深部流体的断裂带。微量元素 Sr、Cs、Rb、Li、Ba 和 TOC 的结果也证明了该处存在流体活动。这表明沿龙门山断裂带上侵的下地壳流可能对汶川地震的孕育与发生起着关键作用。

通过研究汞同位素特征，发现在断层泥和其他岩心中汞同位素 $\delta^{202}$Hg 具有明显的差异，表现出在不同的岩性（如砂岩、碎裂岩或断层泥）具有明显的区别，表现出不同的分馏特征。几乎所有的样品都落在了理论质量分馏线上，而且不同深度的样品在质量分馏线上的分布存在差异，其差异说明两处断层泥中汞的异常来源是有区别的，这就为我们寻求这两处 THg 含量高值来源提供了依据，我们推断造成差别的原因主要是地震作用下的深部流体和高温压力下汞相变的差异影响，或许是多次地震影响造成的。这一差异同时也表现出汞的奇同位素 201Hg 和 199Hg 的非质量同位素分馏，$\Delta^{199}$Hg/$\Delta^{201}$Hg 在地震的主断层面上和其他深度上呈现不同特征，表现不同源（地震源和自然源）影响的汞具有不同的同位素组成特征及分馏机制。岩心中汞同位素的分馏产生影响的原因会很多，如：地下流体的作用、甲基与去甲基化作用、$Hg^0$ 的挥发、岩石中 Hg 的再释放、水岩反应等。但是到目前为止，对于上述这些过程对汞同位素分馏的影响尚不清楚，也无法确定各个影响因素的贡献率。汞的同位素反应出在断层泥处存在流体的活动，断裂带 618m 处的 $\delta^{202}$Hg 亏损严重，从化学扩散和热扩散角度分析该处的汞高值和 $\delta^{202}$Hg 亏损是多次地震叠加影响的。

断裂带中汞及同位素的研究，将有助于厘清汞—深部流体—构造活动—地震的可能关系及其机制，对挖掘汞观测研究在地震监测预报中的作用具有重要的理论意义和应用价值。

本研究由汶川断裂带科学钻探（WFSD-10）资助。

**参 考 文 献**

[1] 刘耀炜, 许丽卿, 杨多兴. 龙滩水库诱发地震的孔隙压力扩散特征[J]. 地球物理学报, 2011, 54(4): 1028~1037.
[2] 许志琴, 李海兵, 吴忠良. 汶川地震和科学钻探[J]. 地质学报, 2008, 82(12): 1613~1622.

（5）流体地球科学：地震预测、矿产资源形成和分布

# 西藏冈底斯带白垩纪侵入岩锆石 U-Pb 年代学及其 Hf 同位素研究

# The Zircon U-Pb LA-ICP-MS Geochronology and Hf Isotope of Cretaceous Intrusion, Gangdese Belt, Tibet

郭丽爽[1,2,*]　刘玉琳[2]　刘耀炜[1]

Guo Lishuang　Liu Yulin　Liu Yaowei

1. 中国地震局地壳动力学重点实验室　北京 10085;

2. 造山带与地壳演化教育部重点实验室　北京大学地球与空间科学学院　北京 100871

冈底斯带位于青藏高原拉萨地体的南部，雅鲁藏布江缝合带以北的位置，东西延伸 2000 多千米，南北宽为 30～50 千米。冈底斯带经历了新特提斯洋的打开、俯冲以及印度与欧亚大陆碰撞的全过程，保存了很好的中生代岩浆岩记录。这些中生代岩浆岩对认识新特提斯洋的形成和演化非常重要，因此，长期以来受到了国内外地学界的广泛关注，对其岩石组合、岩体时代、岩石成因和构造背景等进行了大量研究。以往的研究主要集中在冈底斯带中段的曲水岩基。而由于自然条件差，且缺少对该带中生代岩浆岩的时空分布、岩石组合及成因、构造背景等方面的系统研究，从而对中生代岩浆岩带知之甚少。

本研究在南木林到泽当段采集了 10 个岩体样品，对其进行 LA-ICP-MS 锆石 U-Pb 年代学测试和岩石地球化学测试，其中 2 件样品进行锆石 Lu-Hf 同位素分析，用来讨论冈底斯构造带的岩石成因、中生代构造背景及其动力学过程。

本研究选择的 10 个岩体的岩浆岩岩石组合为辉长岩、辉长闪长岩、闪长岩、英云闪长岩、二长闪长岩、石英二长闪长岩、二长花岗岩和花岗闪长岩，从西部的南木林县城南到东部的泽当地区呈断续带状展布。通过 LA-ICP-MS 锆石 U-Pb 年代学测试获得 10 个岩体的成岩年龄为 109～84Ma，表明白垩纪岩浆岩在冈底斯带有一定的分布范围。主量元素分析结果显示该阶段侵入岩 $SiO_2$ 含量变化大，在 TAS 分类图上落入辉长岩—花岗闪长岩区，具有中等的 $Al_2O_3$ 含量和较高的 $K_2O$ 含量，属于准铝质高钾钙碱性系列，MgO 含量变化大，Mg# 为 38～55。在球粒陨石标准化的稀土元素图谱上，显示轻稀土元素富集的右倾模式，几乎不显示 Eu 异常。原始地幔标准化微量元素蛛网图上显示强烈的大离子亲石元素富集和高场强元素亏损的特征，其中 Nb、Ta 和 Ti 具有明显的负异常。2 件样品的锆石 Lu-Hf 同位素分析结果显示白垩纪侵入岩具有亏损的 Hf 同位素组成 $\varepsilon Hf(t)$=+9.89-+16.41，在 $\varepsilon Hf(100Ma)$-$t$ 图解上，落在亏损地幔线附近下方 150Ma 和 260Ma 下地壳演化线之间，并有两个分析点的 $\varepsilon Hf(100Ma)$较高，直接落在地幔演化线上，说明有地幔物质的直接注入。两阶段模式年龄 TDM2 较年轻，为 114～666 Ma，说明不仅有地幔物质的直接注入，也有一些老地壳的物质参与到岩浆活动中。

白垩纪侵入岩表现出化学成分的连续过渡，在主量元素协变图解上表现了明显的连续演化的地球化学特征，具有一致的 REE 特征和微量元素地球化学特征，因此它们属于同源岩浆演化序列。La-La/Sm 图解表明白垩纪岩浆岩地球化学演化趋势主要是受分离结晶作用所控制。Mg#较低，且 MgO 与 SiO2 呈负相关关系、与 TFe2O3、CaO 之间呈正相关关系，全岩 Ni、Cr 含量变化大，表明镁铁质岩浆在上升侵位过程中发生了橄榄石和单斜辉石的分离结晶作用。在 $\varepsilon Hf(t)$-$t$ 图解上，大部分样品点落在亏损地幔线之下，表明来源于亏损地幔的岩浆在上升过程中受到了地壳组分的影响。SiO2-Mg#图解（Stern and Kilian, 1996）也显示岩浆来源于地幔源区，受到了地壳的 AFC 过程影响。大离子亲石元素富集、Nb 和 Ta 亏损的特征，表明岩浆起源于俯冲带相关的环境。Th/Nb-Ti/Yb 图解上所分析样品落在上地壳和下地壳范围之上，说明样品不仅受到了地壳混染，应该还有俯冲沉积物的加入。Th/Yb 为 0.7～9.2，说明源区受到了俯冲沉积物熔体和板片流体的双重作用。因此，该系列岩浆岩为受到俯冲沉积物和板片流体交代的地幔楔物质发生部分熔融形成。岩浆上升过程中发生了橄榄石和单斜辉石的分离结晶作用，也受到了明显的地壳混染。白垩纪岩浆岩显示大离子亲石元素富集，Nb 和 Ta 亏损的特征，表明岩浆起源于与新特提斯洋板片向北俯冲到拉萨地体下有关的活动大陆边缘(Ji et al., 2009)。

## 参 考 文 献

[1] Stern C R, Kilian R. Role of subducted slab, mantle wedge and continental crust in the enteration of adakites from the Andean Austral volcanic zone. Contributions to Mineralogy and PetrStern C.R. and Kilian R. Role of subducted slab, mantle wedge and continental crust in the enteration of adakites from the Andean Austral volcanic zone[J]. Contributions to Mineralogy and Petrology, 1996, 123: 263~281.

[2] Ji W Q, et al. Zircon U-Pb geochronology and Hf isotopic constraints on petrogenesis of the Gangdese batholith, southern Tibet[J]. Chemical Geology, 2009, 262: 229~245.

（5）流体地球科学：地震预测、矿产资源形成和分布

# Matlab 在断层气测量数据异常分析中的应用

# Application of Matlab to Abnormal Analysis of Fault-gas Measuring Data

苏鹤军　张　慧

Su Hejun　Zhang Hui

甘肃地震局　兰州 730000

地下气体是地壳中最活跃的组分，也是能直接将地下深部信息携带至地表的载体。但是地下气体由深部向地表的垂向迁移现象在空间上并非均匀分布，地壳气体的释放空间上主要集中在洋脊、火山、温泉、活动性构造等地壳薄弱部位。深部的氡和汞在浓度差、压力差、温度差等因素作用下，以扩散、对流、抽吸等方式沿断裂带迁移至浅部，在上方形成高出正常背景值几倍甚至几十倍的异常。因此，利用断层气氡、汞、氢、氦等作为研究活动构造的一种方法，已得到国内外地震地质界的广泛重视。

目前断层气测量在活动构造方面的应用，大致分为两个方面：一是利用断层气测量确定隐伏断层的活动位置；二是研究已知断层产状、性质及其分段活动程度。然而，异常识别是断层气测量工作的重点及难点。长期以来，国内外相关工作者对此已进行了多种尝试，并提出了不同的异常识别方法，但其效果不尽相同，一些方法会出现“丢失异常”现象，一些方法会出现“假异常”现象，这对实际应用带来一定的困难。目前，国内外文献中使用的主要异常分析方法有：

**1. 均方差法**

这是人们最普遍使用的断层气异常分析方法，即用平均值与 $n$ 倍均差作为异常下限进行异常判定的方法。该方法简单、直观，易于计算，但系数 $n$ 的确定存在人为因素的影响，$n$ 值取小，可能出现假异常，$n$ 值取大，则会使真异常丢失。

**2. 累积频率法**

一般地，一组正态分布的随机变量的累积频率曲线应符合单一直线形态，否则就会出现拐点或呈曲线形态。因此，累积频率曲线中拐点的位置显示了数据的分类特征，这就是利用累积频率法进行异常判定的理论依据。该方法从几何学角度入手，通过拟合不同斜率的几条直线的交点进行异常判识，其图形直观、易懂，减少了人为干扰因素，但由于受计算机技术水平的限制，以前人们通常采用“概率纸”的方法进行手工描绘制作累积频率曲线，不仅耗时、耗力，而且无形中增加了人为误差，这也是国内文章中不太常用该方法的主要原因。

**3. 聚类分析法**

聚类分析的实质是建立一种分类方法，它能够将一批样本数据按照它们在性质上的亲密程度在没有先验知识的情况下自动进行分类，达到“物以类聚”的目的。该方法从几何角度对点之间的接近程度进行判识，通常用相似系数与距离两种量来表示，相应的方法为相关性分析法和距统计法两种形式。该方法适用于多组分断层气测量数据的异常分析，数学理论严谨，效果显著。

**4. 趋势面分析法**

趋势面分析用某种形式的函数代表的曲面来逼近环境要素的空间分布，该函数从总体上反映环境要素空间区域性变化趋势，而同一位置中相应函数值与实际测量值之差，反映局部变化特性，这种局部变化可以认为是局部因素或随机因素引起的地质现象中的局部异常。如果断层气测量布局范围较小、测线较为密集、测点分布合理，利用趋势面分析方法是一种比较理想的异常分析方法，特别是在隐伏断层探测中的应用效果明显。

本文通过对前面几种国内外常用断层气测量数据异常分析方法的对比分析，深入剖析了不同方法的优缺点及适用范围，总结了在具体工作中如何进行异常分析的合理方法，并利用 matlab 软件编程，实现了可视化自动分析功能，使人们更容易、更直观地观察异常特征，揭示科学的客观规律，为今后在相应工作中的合理应用提供帮助。

**参 考 文 献**

[1] B Zmazek， L Todorovski， Application of decision trees to the analysis of soil radon data for earthquake prediction[J]. Applied Radiation and Isotopes, 2003, 58: 697~706.

[2] Mohamed M Moussa，Abdel-Gabar M.El Arabi，Soil radon survey for tracing active fault: a case study along Qena-Safaga road, Eastern Desert, Egypt[J]. Radiation Measurements, 2003, 37: 211~216.

[3] C Papastefanou. An overview of instrumentantion for measuring radon in soil gas and groundwaters[J]. Journal of Environmental Radioactivity, 2002, 63: 271~283.

（5）流体地球科学：地震预测、矿产资源形成和分布

# 同位素示踪法测定三峡坝区监测井地下水流速流

# Determination of the Velocity and Direction of Groundwater Flow in Monitoring Wells around the Three Gorges Dam Using Isotope Tracing Method

任宏微 [1,2]　刘耀炜 [1,2]　孙小龙 [1,2]　张　磊 [1,2]

Ren Hongwei　Liu Yaowei　Sun Xiaolong　Zhang Lei

1. 中国地震局地壳应力研究所　北京 100085; 2. 中国地震局地壳动力学重点实验室　北京 100085

三峡水库蓄水后，水库载荷以及库水渗透作用是否会对坝区地下水运动状态产生影响，从而引发坝区生态环境恶化？这些问题关系到库区的环境保护评价与地震灾害防治等领域的研究。放射性同位素单孔示踪法能快速、经济、准确、高效的测定地下水的流速、流向等参数。本项研究将该方法应用于三峡坝区监测井地下水的流速流向测试，探讨水库蓄水对坝区地下水的运动状态的影响。

## 1. 地下水流速、流向测定原理

单孔示踪法测定地下水流速的基本原理是，投到井中水体中的放射性示踪剂如 131I、82Br 等的浓度随地下水的渗流稀释而降低，其稀释速率与地下水渗流速度密切相关。单孔示踪法测定地下水流向的原理是，将一种易溶于水的具有弱吸附性的放射性同位素示踪剂投放到被测井段，随着地下水的天然流动，示踪剂浓度在不同方向的扩散会产生差异，表现为不同方向的放射性强度发生变化，用流向探测器可测得各方向放射性的强度，由各个方向放射性强度的矢量和的方向即可获得地下水的流向。

## 2. 试验区概况

三峡坝区位于湖北省宜昌市境内的三斗坪—太平溪区内，坝区岩体为相对完整、均匀的闪长岩体，区内发育有长木坨、高家冲、太平溪等小型断裂，构造裂隙不够发育。为了监测水库诱发地震，2000 年在三峡坝区建成了水库诱发地震地下水监测网，布设 8 口监测井，主要分布库首区与坝区，其中坝区有 4 口监测井。本次试验选择坝区内的高家溪（W1）与韩家湾(W)4 两个监测井。

W1 井位于长江一级阶地上，其北为长江，其东为高家冲河，其西为基岩丘陵。井区有高家冲断裂带呈南北向发育，井点距该断裂的地面水平距离约 350m。W4 井位于长江北岸基岩丘陵山地中的一冲沟西侧，井点以西 500m 处为白水溪深切峡谷，井区内主要有太平溪断裂 SSE-NNW 向贯穿，井点距离断裂带的水平距离约为 60m；此外还有太平溪口断裂等也 NNW 向穿入井区内。

## 3. 测试结果与分析

同位素示踪法实测的 W1 井中地下水的流速是 0.72m/d，W4 井中地下水的流速是 1.29m/d，两口井的平均流速为 1.0±0.3m/d。这个结果反映的是局部含水段中地下水的实际流速。两口井中地下水流速有一定的差异，这种差异性反映了两个井是岩体破碎强度的不同，W1 井距高家冲断裂较远（约 350m），W4 井距太平溪断裂较近（约 60m），且井区有小型断裂发育，因此 W4 井区围岩裂隙相对 W1 井围岩裂隙发育，岩体裂隙率高，岩体渗透性相对强，地下水流速也大。另外，W1 与 W4 井的井孔高程、井孔与河水岸距离不同，因此可能导致地下水水力坡度不同，进而也会造成地下水流速的差距。

W1 井中测得的地下水流向为近东向西，东偏南 25°，这与建井时根据井区水文地质条件分析的认识基本一致。井区位于高家溪左岸冲沟口的南侧，由高家溪左岸闪长岩山体中渗入的大气降水在地下由西向东流，排泄于高家溪中。由于局部高家溪向左（向西）凸出，因此地下水流向也会略向南偏。因此，水库蓄水并没有改变坝下游岩体中地下水的基本流向。W4 井中测得的地下水流向为近南北向，南偏东 2°，这可能与井区的水文地质条件有关，井点在地貌上，处在近南北向深切的沟谷右岸（西侧），在地质构造上处在 NNW-SSE 向的太平溪断裂带东侧，井区夹在一沟一断中，井区中地下水流向无疑受沟断走向的控制，总体上表现为南偏东的方向流动，排泄到近东西走向的水库中去。由此看来，水库蓄水对以 W4 井区为代表的库区左岸岩体地下水流向也没有产生明显影响。

### 参 考 文 献

[1] 陈建生，赵维炳. 单孔示踪方法测定裂隙岩体渗透性研究［J］. 河海大学学报，2002, 28(3): 44~50.
[2] 车用太，鱼金子，刘五洲，等. 三峡井网的布设与观测井建设［J］. 地震地质，2002, 24(3): 423~431.
[3] 韩庆之，陈辉，万凯军. 武汉长江底钻孔同位素单井法地下水流速、流向测试［J］. 水文地质工程地质，2003, (2): 74~76.

（5）流体地球科学：地震预测、矿产资源形成和分布

# 甘东南地震重点危险区主要活动断裂带断层气地球化学特征

# Geochemical Characteristics of the Soil-gas Along the Faults in the Earthquake Dangerous Area Southeast Gansu

张　慧　苏鹤军　赵振燊

Zhang Hui　Su Hejun　Zhao Zhenshen

甘肃省地震局　兰州 730000

甘东南地区位于青藏块体东缘，地处南北地震带中段，其边界和内部发育多组活动断裂，如东昆仑断裂、西秦岭北缘断裂和白龙江断裂等，是青藏高原东北部区域构造活动强烈的地区之一。

本论文以甘东南重点危险区主要活动断裂为研究对象，通过对研究区的主要活动断裂带多测线高密度现场勘查，系统研究了甘东南重点危险区主要活动断裂带土壤气汞、氡地球化学特征，进而通过断层气汞、氡浓度强度空间分布特征以及与地震活动性参数时空变化综合性对比研究，证明了断层气异常和区域应力场之间存在相关性。为该地区断裂带地震危险性分析和危险区判定提供深部地下流体活动方面的依据。初步形成如下结论：

（1）断裂带断层气地球化学特征异常形态对断层特性有较好的反映。①断层气异常形态一般不对称，测线峰值的连线为异常界面的走向；转折陡变部位为断层上断点地表投影，缓变一侧为界面的倾向。②断层气汞、氡异常同步或准同步出现且异常带宽度较小时,表明断裂带的倾角大。③断层气汞异常或者氡异常峰值组数及异常范围大小对断层的性质有指示：如果异常峰值只是单组或相邻多组出现并且异常范围相对较小，则表明断裂可能是走滑断层或者高倾角的正断层；如果异常峰值呈多组不相邻出现并且异常范围相对较大，则表明断裂可能是低倾角的逆断层。这些断层气的形态特征尤其在深大活动断裂带上表现明显，如东昆仑断裂、西秦岭北缘断裂。

（2）针对断层气浓度强度，综合平均异常值法和累积频率法表明，主要活动断裂带的断层气浓度空间分布特征明显，汞、氡浓度强度在甘东南研究区中的空间分布上都呈现同步性，总体趋势是：从西向东，汞、氡浓度强度逐渐减小；从北向南，汞、氡浓度强度逐渐减小。反应了甘东南地区的放气能力呈现横向和纵向的分带性，其中，西秦岭北缘断裂和光盖山—迭山断裂汞、氡浓度强度最大，东昆仑断裂其次，礼县—罗家堡断裂最小。

（3）断层气浓度强度空间特征与地震活动性参数 *z* 值、*b* 值空间特征关系对比研究结果显示，结果表明：①断层气汞、氡浓度强度空间特征与地震活动性参数 *z* 值、*b* 值空间特征具有关联性；断层气汞、氡浓度强度空间特征与 *b* 值空间分段特征有较好的对应性，与 *z* 值的空间分段特征不如 *b* 值明显。②断层气浓度强度与地震活动性参数 *b* 值、*z* 值的对应关系是：断层气的高浓度强度对应高 *b* 值、负 *z* 值；反之，低浓度强度对应低 *b* 值、正 *z* 值。

（4）在近十年里，甘东南地区主要研究活动断裂带的地震活动性参数 *b* 值随时间演化的分段性特征比较明显。主要分布在三个活动断裂带所在的区域：西秦岭北缘断裂、光盖山—跌山断裂和迭部—白龙江断裂、麻沿河断裂，成县盆地北缘断裂和文县断裂。三个区域的 *b* 值分段特征反应了在甘东南地区主要活动断裂带的地震活动情况，也在一定程度上反应了区域应力的变化。我们将 2010 年测量的断层气浓度强度与 2010 年的 *b* 值分布图进行对比，结果表明：断层气浓度强度空间特征与 *b* 值空间特征都具有空间分段性，并且二者具有很的对应关系。断层气浓度强度的地区（漳县—武山段、礼县—长道镇—盐官镇段）都具有较高的 *b* 值。按照高断层气浓度强度对应高 *b* 值，并结合甘东南地区这 10 年的 *b* 值空间演化特征，有利于我们优化断层气化探测线的布置，并能更有效的对重点地区进行跟踪连续监测，为今后甘东南地区活动断裂带的地震危险性分析和地震危险区判定提供流体方面的依据。

## 参 考 文 献

[1] G Etiope，G Martinelli. Migration of carrier and trace gases in the geosphere: an overview[J]. physics of Earth and Planetary Interiors, 2002, 129: 185~204.

[2] 卫敬生. 地球化学测汞方法应用与讨论[J]. 物探与化探，1998, 22(6): 21~26.

[3] 易桂喜，闻学泽，王思维，等. 由地震活动参数分析西秦岭北缘—岷山断裂带的现今活动习性与强震危险性[J].中国地震，2006，22(2): 118~125.

[4] 汪成民，等. 断层气在地震科学中的应用[M]. 北京：地震出版社，1991.

（5）流体地球科学：地震预测、矿产资源形成和分布

# 湖相碳酸盐岩致密油形成与聚集特点
## ——以四川盆地中部侏罗系大安寨段为例

# Dense petroleum form and accumulation characteristics of the lacustrine carbonate rocks

陶士振　邹才能　庞正炼　吴因业　吴松涛　张天舒　张响响　高晓辉　公言杰

Tao Shizhen　Zou Caineng　Pang Zhenglian　Wu Yinye　Wu Songtao
Zhang Tianshu　Zhang Xiangxiang　Gao Xiaohui　Gong Yanjie

中国石油勘探开发研究院　北京 100083

致密油是赋存于生油岩中或与其直接接触的致密碎屑岩、碳酸盐岩等岩石中的石油聚集。致密油的三个基本条件和标志：一是大面积致密储层（$\Phi$ < 12%、$K$<1mD，$Rav$ < 1μm）；二是广覆式优质烃源岩（Ⅰ型或Ⅱ型干酪根，平均 $TOC$ > 1%，$Ro$ = 0.7～1.3）；三是烃源岩和储层直接接触，或烃源岩内含致密砂岩或灰岩。“连续聚集”是非常规油气的本质特征和标志，其具体表现为非浮力运聚和非达西渗流；运聚特点是活塞式连续运聚；分布模式为源—藏接触或近源分布。

四川盆地侏罗系储层为超致密储层，大安寨段、凉高山组和沙溪庙组平均孔隙度分别小于 2%、3%和 5%，渗透率多数小于 0.5mD，油层没有边、底水，并且早期高产，后期低产稳产时间长，可达几十年，几乎没有空井，基质含油，甚至粗（巨）晶纯结晶灰岩亦含油。

（1）大安寨段发育滨浅湖、浅湖和半深湖亚相，烃源岩主要发育于深湖—半深湖相，介壳灰岩主要发育于滨浅湖相。大安寨段发育滨浅湖、浅湖和半深湖亚相，以及介壳滩、灰坪、泥坪、半深湖泥等微相，烃源岩主要发育于深湖—半深湖相，介壳灰岩主要发育于大一、大三段的滨浅湖介壳滩微相。通过重新编制烃源岩厚度、TOC 和生烃强度图，发现烃源区和生烃强度较以往有所扩大。大安寨段源岩厚度较以往增加，除大一三外，大一、大三泥岩段也具备生烃能力。川中大安寨段源岩厚度普遍增加 10m，最大厚度区位于川中偏北和东北部，并在遂宁、广安、潼南一带发现一个次级凹陷。烃源岩厚度的增加及新增的生烃次凹，为致密油的形成提供更充足的烃源。从重新编制的生烃强度图发现，烃源岩生烃强度较以往增大，在绵阳、遂宁，遂宁、潼南、广安之间新增 2 个生烃中心（>40×$10^4$t/km$^2$），南充北部生烃中心往南扩大。通过编制大一、大三沉积相和介壳灰岩厚度图，发现介壳滩储层大范围分布。川中地区灰岩普遍发育，大一灰岩厚度普遍大于大三，全段灰岩厚度普遍间于 10～25m，局部大于 40m。大三亚段为湖侵早期，湖盆及介壳滩面积相对小；大一亚段湖退，湖水处于高位，湖盆、介壳滩面积大；介壳滩（储层）与湖相（源岩）均广泛分布。

（2）大安寨段介壳灰岩基质以微-纳米级孔喉为主体，储层具有裂缝和孔隙双重介质，储层类型为裂缝—孔隙型储层。大安寨段发育多级孔喉，基质以微—纳米级孔喉为主体，多数分布于 100nm～1μm 之间。大安寨段介壳灰岩为裂缝—孔隙型双重介质储层，岩芯中发育的裂缝以各种成岩缝为主，还有少量是溶蚀缝，构造成因的垂直缝和高斜缝仅占总缝隙的 3%，而且泥页岩中的裂隙率普遍较高。大安寨段裂缝裂纹广泛发育，与泥岩交互的灰岩相对疏松，是有利储集相带。泥岩—灰岩薄互层比纯灰岩疏松，应力作用后，更易形成裂缝；大套质纯介壳灰岩结构致密，物性相对较差。应用环扫电镜与能谱仪联测实验方法，实测公 22 井沙溪庙组油充注孔喉直径下限值 44～58nm。大面积基质孔隙含油，孔隙与裂缝耦合，控制富集高产。侏罗系裂缝发育，主要作为输导通道，沟通孔隙，控制富集高产。四川盆地川中刚性基底，总体变形弱，但周边受多重复合挤压，裂缝裂纹非常发育。

（3）大安寨段致密油具有非达西渗流、源区控油、连续聚集和近源富集规律。通过实例解剖和理论计算，揭示生烃增压和毛细管压差是驱动致密油初次运移和短距离二次运移的主动力。纳米级占孔喉主体决定了致密储层低速非达西渗流的运移机制，致密储层高束缚水含量不利于致密油运移聚集，致密油运聚过程改变致密储层润湿性（水润湿—油润湿）有利于致密油运聚、提高含油饱和度。致密储层的饱和油启动压力在 30～100kPa 之间，平均值为 65kPa，含油饱和度在 44%～52%之间，平均值 48%。源储叠置、储层致密，决定了致密油连续聚集、近源富集。

油气低速、短距离垂向运移为主，由此决定了致密油“源区控油、连续聚集、近源富集”的规律。侏罗系优质烃源区控制致密油的核心区和有利区分布。

（5）流体地球科学：地震预测、矿产资源形成和分布

# 苏里格连续型致密砂岩大气区成岩成藏耦合关系

# Coupling relationship between reservoir diagenesis and natural gas accumulation in Sulige Giant gas area in the north of Ordos Basin

杨 智[1*] 邹才能[1] 陶士振[1] 袁选俊[1] 付金华[2]

Yang Zhi Zou Caineng Tao Shizhen Yuan Xuanjun Fu Jinhua

1. 中国石油勘探开发研究院 北京 100083；2. 中石油长庆油田勘探开发研究院 西安 710021

苏里格大气区位于鄂尔多斯盆地伊陕斜坡中西部，勘探面积 $3\times10^4 km^2$，是我国首个万亿方级大气区，具有含气层系多、普遍含气、叠置连片分布等特点，为低渗、低压、低丰度的大面积连续型致密砂岩气聚集。晚侏罗世—早白垩世—现今，苏里格大气区古构造坡度都很平缓，古构造坡降一般在 3～6m/km，这一时期是本区天然气大量生成的阶段，即使不考虑储层成岩演化导致的强烈非均质，假使能够形成大范围的连续气柱，连续气柱的垂直高度也很有限，浮力很难发挥大作用，天然气很难进行大规模侧向长距离的运移，现今已发现气田的分布并不受古构造高部位的控制。

成岩成藏耦合关系的研究是苏里格连续型大气区形成机理研究的核心，本文主要基于岩矿观察、流体包裹体、碳氧同位素、生排烃物理模拟和数值模拟等证据展开说明。

苏里格大气区储层岩石类型主要为石英砂岩和岩屑石英砂岩，以粗、中粒砂岩为主，填隙物主要有各种粘土矿物、硅质和钙质胶结等。成岩作用强度大（中成岩 *B* 期），先后发生的压实作用、硅质胶结和钙质胶结作用是最主要的 3 种成岩作用类型，导致本区储层的致密化。强烈的压实作用（构造热事件期间还叠加有热压实作用）损失了大部分原生粒间。石英加大在砂岩中普遍发育，最高可达 10%以上，加大边宽 20～40μm，形成于主要压实期之后，强烈的硅质加大使颗粒呈镶嵌状接触，使孔隙进一步降低。成岩晚期形成的含铁碳酸盐胶结为孔隙充填式和交代产状，其形成一般晚于石英加大和溶蚀作用之后。

致密储层中发育丰富的成岩流体包裹体，主要分布于砂岩的石英颗粒、石英加大边、愈合裂隙以及碳酸盐胶结物中，大致可分为 3 期。

早期包裹体（75℃～100℃），主要分布于早期石英加大边及未切穿加大边的石英颗粒裂隙中，含烃包裹体数量较少。

中期包裹体（100℃～140℃）又可分为两部分：100℃～120℃的部分主要分布于晚期石英加大边及裂隙中，发育大量气态烃包裹体和液态烃包裹体；120℃～140℃的部分主要分布于晚期石英加大边及裂隙中，部分分布在碳酸盐胶结物中，发育大量气态烃包裹体和液态烃包裹体。

晚期包裹体（大于 140℃）主要出现在穿石英加大边的裂纹和碳酸盐胶结物中，石英加大边中的很少，含烃包裹体的数量已大幅减少。整体上，石英加大边中包裹体的温度范围主要为 100℃～150℃，碳酸盐胶结物中的包裹体形成时间较晚，均一温度主要分布区间为 120℃～160℃，这与产状分析是一致的。碳酸盐胶结物碳同位素 $\delta^{13}C$（PDB）介于−6.9‰～−15.7‰，氧同位素 $\delta^{18}O$（PDB）介于−14.4‰～−19.8‰，也证明碳酸盐胶结为深埋高温环境、有机—无机相互作用的产物。

苏里格大气区太原—山西组煤系源岩地史时期表现为高强度、持续型生排烃的特点，$R_o$ 从 0.7%到 3.5%，全天候生烃，高强度充注，生气强度可达 20～35 $kg/m^2$；但是整个生气过程是不均衡的，主要生气期集中在构造热事件期间（140～95Ma），对应温度为 160℃～200℃，即发生在储层致密化之后，天然气的主要充注作用的背景是大面积连续分布的致密储层。现今苏里格大气区的天然气分布，是漫长地史时期大面积储层致密化和大规模生气过程相互耦合、共同作用下的自然结果。

本文受国家大型气田与煤层气开发项目（2011ZX05001—001）资助。

## 参 考 文 献

[1] 邹才能，陶士振，方向. 大油气区形成与分布[M]. 北京：科学出版社，2009.

[2] 邹才能，陶士振，谷志东. 中国低丰度大型岩性油气田形成条件和分布规律[J]. 地质学报，2006，80(11): 1739~1751.

[3] 邹才能，陶士振，袁选俊，等. 连续型油气藏形成条件与分布特征[J]. 石油学报，2009a，30(3): 324~331.

（5）流体地球科学：地震预测、矿产资源形成和分布

# 应用地震沉积学进行碳酸盐岩台地上的古潮道的识别

# Applying seismic sedimentology To Recognizing Palae-channels in Carbonate Platform

姜 华[1,2*] 胡素云[1] 汪泽成[1] 邹建斌[3] 王 华[2] 王拥军[1]

Jang Hua Hu Suyun Wang Zecheng Zou Jianbin Wang Hua Wang Yongjun

1. 中国石油勘探开发研究院 北京 100083；2. 中国地质大学资源学院 武汉 430074；
3. 北京中恒利华石油技术研究所 北京 100083

地震沉积学[1~2]（seismic sedimentology）或地震地貌学(seismic sedimentology)是继地震地层学和层序地层学之后出现的一门现代地震技术与沉积学相结合的新兴交叉学科，目前已经成为应用沉积学的一个热点，并且在油气勘探与岩相古地理的研究中得到了广泛的应用。地震沉积学的核心思想体系是将三维地震的地球物理解释技术与沉积学研究相结合，刻画沉积体系的平面展布、空间形态及其演化过程，地震岩石学和地震地貌学组成了地震沉积学的核心内容。笔者认为随着地震技术的不断发展，通过沉积学的基本原理与新的地球物理技术的结合，对古沉积的认识将不断深入，并不拘泥于某一种或几种手段。以地震沉积学基本原理为指导，以分频及混频技术为核心技术，以地震切片技术和精细地震解释为主要手段，对塔北哈拉哈塘地区碳酸盐岩台地上发育的古潮道展开研究，并对其独特的发育特征及沉积古地貌背景进行了分析。

运用地震沉积学基本原理，借助高分辨率三维地震数据体，并应用 G&G 软件（即三维地震沉积解释系统）完成。G&G 软件是基于“地震沉积学”和“地震沉积影像”技术研发的三维地震沉积解释软件。应用 G&G 软件，综合使用三维可视化、相干体解释、地层切片技术、地震分频与 RGB 混频等技术手段对哈拉哈塘地区某三维地震区的古河道进行了识别和刻画。应用分频技术将三维地震进行频谱分解，形成不同的频率体，在单频数据体上寻找反映地质体的成像特征并优选出最具特征的频率体。在此基础上，选择不同频率段中最能反映地质体特征的单频体并重新混合成为一个数据体，获得地质体的全部特征，这种方法就是混频技术。混频具有多种处理方法，其中 RGB 混频是最有效的方法之一，主要方法是将不同频率的单频体分别放入红（red）、绿（green）、蓝（blue）三原色中不同的通道内重新混合成像用以实现地质体形态清晰的刻画。本次研究中在 20～180Hz 之间对地震数据体在进行频谱分析，并优选的 20Hz、32Hz、48Hz 三个频率体分别通过应用 RGB 混频技术生成混频地震体，获得古河道的清晰成像。吐木休克组底界面发育的潮道应为潮间带至潮下带的古潮道,是古海水进出台地的重要通道。在通道周围，水体能量相对较高，礁滩体发育，形成有利于碳酸盐岩储层形成的有利沉积微相。在此基础上分析了古潮道发育期哈拉哈塘地区均处于相对平缓的地貌背景。通过古潮道的识别，判断在吐木休克组沉积前该区域沉积地貌环境以及古潮道的发育对高能礁滩沉积体的控制作用，从而为吐木休克组底界面下发育的古岩溶储层的判断提供依据。

本项研究以混频为核心技术，将相干体技术、混频技术相结合，应用时间切片、沿层切片等方法，刻画了该区域吐木休克组沉积前古潮道的全貌，并分析了古潮道的主要特征。并通过刻画在哈拉哈塘地区碳酸盐岩台地上发育的古潮道，预测了高能礁滩体的展布，从而为研究其界面下古岩溶储层的发育提供了更为合理的解释。总之,我国古老海相碳酸盐岩的勘探方兴未艾,寻找好的沉积相带与优质的岩溶条件发育区叠合部位是进行这一领域油气勘探的重要预测手段。利用古潮道的识别对岩相古地理进行识别，并判断其有利的岩溶发育条件是进行这种油气藏储层预测的尝试。

本研究得到国家自然科学基金项目（2007CB209502）和国家重大专项基金项目（2011ZX05004）资助。

## 参 考 文 献

[1] Zeng H L, Hentz T F. High-frequency sequence stratigraphy from seismic sedimentology: Applied to Miocene, Vermilion Block 50, Tiger Shoal area, offshore Louisiana [J]. AAPG Bulletin, 2004, 88(2):153~174.

[2] Schlager Wolfgang. The future of applied sedimentary geology[J]. Journal of Sedimentary Research, 2000, 70(1): 229.

（5）流体地球科学：地震预测、矿产资源形成和分布

# 四川盆地侏罗系致密油的形成条件

# Forming conditions of tight oil in Jurassic, Sichuan Basin

庞正炼* 邹才能 陶士振 吴松涛

Pang Zhenglian Zou Caineng Tao Shizhen Wu Songtao

中国石油勘探开发研究院 北京 100083

致密油是致密储层油的简称，是指赋存于覆压基质渗透率≤0.1mD的砂岩、灰岩等储集层中的石油。致密油的形成经过短距离运移，油质较轻，单井一般无自然产能或自然产能低于工业产能下限，在一定经济条件和技术措施下可获得工业石油产量。自20世纪末美国Bakken组中段致密储层获得日产油7000t的高产以来，近十余年致密油获得了长足发展。这类以往被忽视的非常规石油资源现已成为各国石油工业争相介入的热点领域。目前，美国是致密油资源开发最多和最成功的国家。我国的致密油资源潜力也很大，分布范围广，在鄂尔多斯盆地、四川盆地、渤海湾盆地、酒泉盆地、准噶尔盆地均发现致密油[1]。其中，鄂尔多斯盆地延长组已建成国内第一个工业化开发的致密油产区。而通过对成熟致密油区和四川盆地侏罗系的各项地质条件对比，认为四川盆地侏罗系是国内下一个具备工业产能的致密油区。

对北美典型致密油产区Bakken致密油区、Eagle Ford致密油区以及国内成熟致密油区鄂尔多斯盆地延长组的剖析发现，致密油的形成往往需要具备三大地质条件：① 致密储层大面积分布；② 广覆式分布成熟度适中的腐泥型优质生油层；③ 大范围分布的致密储层与生油岩紧密接触的共生层系。在这三方面与典型致密油区的对比，认为四川盆地侏罗系具备形成致密油的条件。

## 1. 致密储层大面积分布

Eagle ford和Bakken致密油区的储层物性较差：Bakken组储层孔隙度介于10%～13%，渗透率介于0.1～1×$10^{-3}$μm$^2$；Eagle ford储层孔隙度普遍介于2%～12%，渗透率甚至比Bakken差，普遍低于0.1mD[2]。但是，在宏观展布上，这些致密储层都呈大面积连片分布。正是这种储层的大面积分布为Bakken致密油区约7×$10^4$km$^2$和Eagle ford致密油区约4×$10^4$km$^2$的巨大含油面积奠定了载体。

鄂尔多斯盆地延长组主力产层长6沉积时期为多期三角洲沉积体系的主建设期。当时鄂尔多斯盆地为大型坳陷湖盆，构造背景稳定、坡度平缓且物源充足，为湖盆大面积浅水区及大型浅水三角洲体系的形成奠定了条件。长6湖盆大规模水退过程中三角洲向湖盆中心发生进积，水下分流河道侧向迁移迅速，河道砂体与河口坝砂体频繁叠覆。这些三角洲砂体延伸至湖盆中心与大型砂质碎屑流砂体构成大范围连片分布的储集砂体。这套大面积连续型分布的砂体储层物性较差，通过对近35 000个实测物性数据统计得出，长6油层组平均孔隙度是11.25%，平均渗透率为1.03×$10^{-3}$μm$^2$，属于低孔—超低渗透储层。

四川盆地侏罗系发育砂岩、灰岩两类岩性，自下而上分为珍珠冲段、东岳庙段、大安寨段、凉高山组及沙溪庙组五套致密储层，为一套湖泊、泛滥平原及河流、三角洲沉积体系。东岳庙段和大安寨段储层主要为湖相致密介壳灰岩；其余三套储集层为湖泊、河流和三角洲相的致密粉—细砂岩。五套储层中以大安寨段介壳灰岩、凉高山组砂岩和沙溪庙组砂岩为主力储集层段。大安寨段介壳灰岩储层孔隙度为0.13%～3.18%，基质渗透率介于0.0001mD～0.3mD。凉高山组致密砂岩储层孔隙度普遍介于1.0%～5.14%，基质渗透率普遍介于0.001～0.4mD。沙溪庙组沙一段致密砂岩储层在三套主力产层中物性最好，孔隙度也仅介于2%～6%，渗透率普遍介于0.001mD～0.5mD。从上述数据看出，四川盆地侏罗系的主力产层物性极低，为典型的致密储层。

三套主力致密储层在平面上形成大规模连片分布的格局：大安寨段介壳灰岩分布面积约6×$10^4$km$^2$，厚度介于10m～60m；凉高山组砂岩分布面积约10×$10^4$km$^2$，厚度介于30m～130m；沙溪庙组砂岩分布面积约12×$10^4$km$^2$，累计厚度达80m～230m。这些致密储层在空间上的大面积分布，为致密油的大规模分布形成提供了充足的聚集和运移场所。

**2. 广覆式分布成熟度适中的腐泥型优质生油层**

Bakken 致密油区和 Eagle ford 致密油区的烃源岩干酪根类型均以Ⅰ型或Ⅱ型为主；Eagle Ford 致密油区烃源岩 TOC 介于 1.8%～8.5%，Bakken 致密油区 TOC 平均值达 11.8%[3]；两者成熟度都处于生油窗内，有利于生油。另外，两个致密油区的优质烃源岩均呈全盆展布的特征，可以形成规模可观的油气。以下 Bakken 段泥岩为例，其在全盆范围内分布稳定，厚度普遍介于 5m～12m，为中 Bakken 段致密储层提供了丰富的烃类来源。

鄂尔多斯盆地延长组发育多套烃源岩，其中长 7 油层组油页岩及暗色泥岩为主力烃源岩。烃源岩的地球化学研究表明，长 7 段烃源岩形成于半深湖环境，以低等湖生生物为主，有机母质类型为Ⅰ～Ⅱ型干酪根。长 7 段烃源岩的有机质丰度高，TOC 值达 2.87%；且处于生油窗内，$R_o$ 介于 0.76%～1.11%。这套优质烃源岩在平面上展布面积巨大，约 $5\times10^4km^2$，体积约 3 944 $km^3$，可生成大量油气，为鄂尔多斯盆地延长组致密油的形成奠定了物质基础。

干酪根碳同位素分析结果表明，四川盆地侏罗系烃源岩的 $^{13}C$ 同位素为–23.61‰至–32.81‰，一般为–26‰左右，泥岩干酪根腐泥组分含量分布为 47%～79%，烃源岩类型主要为偏腐泥混合型[4]；烃源岩的热演化程度适中，$R_o$ 普遍介于 0.9%～1.4%，处于生油窗内。和北美两个致密油区相比，四川盆地侏罗系在烃源岩方面唯一的不足是 TOC 偏低。但是，四川盆地侏罗系的烃源岩厚度要比 Bakken 和 Eagle ford 大得多。Bakken 组中烃源岩厚度为 5～12m，Eagle Ford 厚度偏大，介于 30～100m；但四川盆地侏罗系仅大安寨段单套烃源岩厚度即可达 60m，此外，还有厚度不亚于大安寨段的凉高山组厚层暗色泥页岩，以及具备较好生油能力的东岳庙段和珍珠冲段。烃源岩这种巨大的厚度和规模在一定程度上可以弥补有机质含量偏低的不足。

平面上，侏罗系凉高山组和大安寨段两套主力优质烃源岩也呈大面积分布。其中，凉高山组上段富含有机质的暗色泥页岩分布面积达 $8\times10^4km^2$；大安寨段烃源岩层分布面积约为 $7\times10^4km^2$；全盆侏罗系有效烃源岩展布总面积约为 $10\times10^4km^2$，累计厚度介于 40m～240m。

**3. 大面积分布的致密储层与生油岩为紧密接触的共生层系**

从已开发致密油区看，北美 Bakken 致密油的储层夹持于上、下 Bakken 段的烃源岩之间，与上、下 Bakken 段烃源岩一起呈全盆展布，形成区域范围内的源储紧邻配置。这种储层紧贴烃源岩的配置关系是致密油的典型特征，也只有在这种情况下致密油才能形成。这是由于致密储层的物性极差，渗透率极低，依靠传统成藏动力（浮力）无法使石油在储层中运移聚集，只能依靠烃源岩与储层之间巨大的源储压差，在巨大压力差的作用下，油气由烃源岩排出后直接向相邻储层充注。实际上，四川盆地延长组的石油分布特征与通过浮力聚集的传统油气藏中石油的分布规律有明显不同。川中地区的石油分布与构造起伏没有严格的对应关系：背斜、斜坡和向斜部位均可含油，也没有明显的圈闭界限。四川盆地侏罗系的源储配置为这种特殊的石油分布规律提供了形成条件。

在四川盆地侏罗系，五套致密储层和两套主力烃源岩层、两套新发现生烃层系相互叠置，在纵向上形成典型的“千层饼状”结构，源储紧邻，符合致密油的源储配置关系。目前，几套主力产层与烃源岩的组合关系已基本明确。大安寨段的湖相介壳灰岩和暗色富有机质泥页岩紧密相邻，构成了一套自生自储的独立源储组合；凉高山组凉上段烃源岩除了向源岩内部砂岩夹层和下伏致密砂岩储层供烃外，还向上部与其紧密接触的沙一段提供烃类来源；沙溪庙组自身的烃源条件较差，目前普遍认为其不具备生烃能力，仅与下伏凉高山组烃源岩接触的底部“关口砂岩”属于致密油范畴。这几套烃源岩和储层在区域上均紧密接触，有利于烃源岩生成烃类后直接向储层充注。

本文受国家大型气田与煤层气开发项目（2011ZX05001-001）资助。

**参 考 文 献**

[1] 邹才能，陶士振，侯连华，等. 非常规油气地质[M]. 北京：地质出版社，2011.

[2] Gregg Robertson. From First Idea to 10TCF in 10 Months: Discovery of Eagle Ford Shale in Hawkville Field[R]. New Orleans: AAPG Annual Convention, 2010.

[3] Schmoker J W，Hester T C. Organic carbon in Bakken Formation,United States portion of Williston Basin［J］. AAPG Bulletin, 1983, 67(12): 2165~2174.

[4] 蒋裕强，漆麟，邓海波，等. 四川盆地侏罗系油气成藏条件及勘探潜力[J]. 天然气工业，2010, 30(3): 22~26.

（5）流体地球科学：地震预测、矿产资源形成和分布

# 板桥凹陷结构构造及油气地质意义

# Tectonic Structure and Its Petroleum Geology Significance in Banqiao Sag, Bohai Bay Basin

李奇艳　张明军　郭建军　尹　徵　盛晓峰

Li Qiyan　Zhang Mingjun　Guo Jianjun　Yin Wei　Sheng Xiaofeng

中国石油勘探开发研究院　北京 100083

板桥凹陷位于渤海湾盆地黄骅坳陷的中北部，凹陷内油气资源丰富，是大港陆上勘探的重点区域之一。板桥凹陷内部构造样式复杂，既有伸展构造体系成因的多种伸展断层和其控制的伸展断陷、断凸组合，又有构造坡折带和横向和纵向分布的传递带以及早期的反转构造。

本文综合应用大量实际资料，系统分析了板桥凹陷的构造几何学、运动学特征及其与油气聚集的关系，进而总结了油气成藏的主控因素及聚集规律，并对油气勘探有利区块进行了综合评价。主要结论包括：

（1）从现今盆地构造几何学精细结构的建立和主要断裂构造系统研究入手，识别出犁式正断层构造、断鼻构造、转换带构造、坡折带构造、负花状构造、雁列构造和帚状构造等典型构造样式，着重研究了转换带和坡折带，总结了板桥凹陷的转换带和坡折带类型，并探讨了其对古地理格局及油气聚集的意义。

（2）运用构造几何学，构造运动学方法，对盆地进行了整体和动态分析，认为板桥凹陷是由沧东断层和大张坨断层联合控制的伸展型断陷盆地，发育了北部的增幅台裙边构造带、中部深凹区和南部的板桥断裂构造带三个次级构造单元。

（3）研究了断裂系统的展布特征，定量分析了一、二级断层的活动性，研究结果表明：沧东和大张坨等主干断裂分段性特征非常显著，整体特征为沙三段直至沙一段活动强烈，断裂对沉积的控制作用非常明显；东营组时期，板桥凹陷进入断坳转换期，断层活动性减弱，明化镇组和馆陶组时期，断裂活动性明显变弱，主干断层的发育过程和盆地内部二级断裂带的活动性和沉积中心的迁移保持了高度的一致性。

（4）通过 3 条过板桥的地震剖面沉降史的模拟、分析，将盆地的演化划分为以快速沉降为特征的裂陷期（Es3-Ed）和以缓慢沉降为特征的裂后期（Ng-Nm）两个主要阶段。而且裂陷期和裂后期都具有多幕性。① Es3 时期：板桥凹陷的总沉降和构造沉降最大，总的沉降厚度最大达到 2 000m，总沉降速率最大达到近 550m/Ma，构造沉降速率最大为 280m/Ma，这种高的沉降速率与裂陷作用有关，体现了相对快速沉降的裂陷期特征；此时沧县隆起和北大港潜山沉降速率较小，不超过 10m/Ma。② Es2 时期：板桥凹陷总沉降速率急剧减弱，总沉降速率不到 100m/Ma，此时为构造平静期。

盆地裂后期演化并不符合 Mckenzie 模式所预测的幂指数衰减，而表现为幕式异常快速沉降。馆陶组沉降速率变小裂后期时馆陶组沉降速率非常小，总沉降速率平均为约 10m/Ma，明下段到明上段沉降速率逐渐加快的特征，明化镇组上段沉降速率总体都高于明化镇组下段以及馆陶组，最大沉降速率可达 240m/Ma。

（5）板桥凹陷的沉降中心的范围随着同沉积断层和盆地基底沉降活动强度的变化而扩大或者缩小，由沙三段的同一沉积中心分割成东营组的多个沉积中心，且沉积中心的位置沿着沧东断层由南西向北东方向迁移。

（6）综合构造解析、层序地层、含油气系统理论等成藏条件的研究成果，预测了岩性型隐蔽圈闭有利的勘探层系和区带：沙河街三段是岩性型隐蔽圈闭的有利勘探层系，沙一段是构造—岩性复合圈闭的有利勘探层系；海河—长芦断阶带的二台阶区域、上古林—高沙岭及以南地区、小站鼻状凸起倾伏区、北大港潜山西北斜坡区、增幅台鼻状凸起倾伏区、沈青庄凸起东北区是岩性型隐蔽圈闭的有利勘探区带。

本文受国家大型气田与煤层气开发项目（2011ZX05001-001）资助。

## 参 考 文 献

[1] 郭小文，何生，侯宇光. 板桥凹陷沙三段油气生成、运移和聚集数值模拟[J]. 地球科学（中国地质大学学报），2010, 35(1): 116~124.

[2] 黄传炎，王华，肖敦清. 板桥凹陷断裂陡坡带沙一段层序样式和沉积体系特征及其成藏模式研究[J]. 沉积学报，2007, 25(3): 386~391.

[3] 侯宇光，何生，王冰洁，等. 板桥凹陷构造坡折带对层序和沉积体系的控制[J]. 石油学报，2010，31(5): 754~761.

（5）流体地球科学：地震预测、矿产资源形成和分布

# 利用矿物共生关系确定成矿条件——以多宝山铜矿为例

# Determine the metallogenic environment using mineral association relationship: the case of Duobaoshan copper ore

李永兵* 刘善琪 田会全 石耀霖

Li Yongbing Liu Shanqi Tian Huiquan Shi Yaolin

中国科学院计算地球动力学重点实验室 中国科学院研究生院 北京 100049

地球演化过程中的成矿成岩作用是非常复杂的物理化学过程，对这些过程的理解需要利用成矿成岩过程中形成的各种矿物的热力学参数，这些参数包括成矿成岩时的介质浓度、温度、压力、Eh-pH、氧逸度、硫逸度、$CO_2$逸度等。氧化还原作用是控制变价元素的矿化和地球化学分带的重要因素，研究成矿介质的氧化还原电位和含矿岩石的氧化还原性质，对揭示矿床形成机理、发现矿化规律和普查找矿具有重要意义。

矿床是在特定的地质体和特定的物理化学条件下形成的，其共生矿物组合是其形成和演化过程最直接的指示标记，因此共生矿物系中不同矿物共生条件的交集最有可能指示成矿的是物理化学条件，当然也包括热力学参数，这样基于基本的热力学原理计算不同矿物系在不同热力学条件的参数，并将这些数据绘成相图，进而确定矿床形成时的热力学条件无疑是一种有效的方法。但是，由于成矿体系的复杂，一些地质现象是无法从实验中模拟出来，例如不同浓度的硅酸盐熔融体中，不同离子对成矿成岩过程的相互影响，迄今为止仍旧没有得到很好的研究，这一方面说明地质现象的复杂性，同时也表明基于现有的实验数据获得的热力学参数计算方程在成矿成岩研究中的重要性和必要性。

研究不同的物理化学条件对相平衡的影响时，可以作出不同类型的相图。这些不同类型的相图之间，有一定的内在联系，可以相互转换。实际工作中，根据所研究的对象不同，也可以做出不同类型的相图。一个矿床中矿物的每一共生系列是与一定的成矿阶段相联系的；而且相同的成矿条件（物理化学条件）下形成的矿物，必具有一定的共生组合关系，可以做出相同的相图。相图和热力学密切相关：相图不仅能够直观给出目标体系的相平衡状态，而且能够表征体系的热力学性质；由热力学原理和数据可构筑相图，由相图也可以提取热力学数据。

多宝山铜矿是我国北方重要的斑岩型铜矿床之一，位于黑龙江省嫩江县境内；地处中亚—蒙古斑岩铜矿带东部、内蒙—大兴安岭褶皱区的北东端，内蒙—大兴安岭褶皱系和吉黑褶皱系东北部的接壤部位。根据野外地质实地考察、对前人工作总结和室内实验工作研究，把多宝山铜矿的成矿期分为四个阶段：钾硅化阶段、硅化—钼矿化阶段、绢英岩化—铜矿化阶段、碳酸盐石英阶段。钾硅化阶段的矿石矿物为黄铜矿、黄铁矿、辉钼矿，脉石矿物为钾长石、石英；硅化—钼矿化阶段的矿石矿物为辉钼矿，脉石矿物为石英；绢英岩化—铜矿化阶段的矿石矿物为黄铜矿、黄铁矿，脉石矿物为绢云母、石英；碳酸盐石英阶段没有发现矿石矿物，脉石矿物为石英、方解石。

本文以多宝山铜矿为例，利用矿物共生组合相图初步确定了每个成矿阶段的成矿热力学参数。钾硅化阶段，pH 在 7～9 之间，而氧化还原电位在–1.3～+0.3 之间，硫逸度范围应大于 $10^{-10}$～$10^{-17}$，不同温度下的范围有差异。硅化—钼矿化阶段，本阶段成矿环境处于还原环境，即 Eh 值小于+0.4，而 pH 值范围跨度大，不容易确定，如果取最低温的下限为最小值，最高温的最大值为上限最大值，则本阶段氧逸度范围为 $10^{-70}$～$10^{-18}$，而硫逸度区间为 $10^{-48}$～$10^{-2}$。绢英岩化—铜矿化阶段，成矿环境为偏中酸性环境，属于弱还原环境，在低温时硫逸度下限可以很低，但随着温度增高，生成这些矿物的硫逸度最低值增加，从形成相图估测，本阶段硫逸度范围应大于 $10^{-10}$～$10^{-33}$，由于是弱还原环境，硫逸度不会超过 1。碳酸盐石英阶段，本阶段碳酸盐矿物的出现预示着成矿期已基本完成，从黄铁矿与方解石矿物共生环境可以看出，成矿后期成矿介质的 pH 值从高温到低温逐步从酸性（pH=4.8）向中酸性（pH=5.5）转变，成矿 Eh 值也从弱还原（–0.3）向弱氧化（+0.5）过渡；本成矿阶段硫逸度下限范围在 $10^{-22}$～$10^{-16}$，而氧逸度范围在 $10^{-61}$～$10^{-33}$，并且不同温度氧、硫逸度范围存在差异。

## 参 考 文 献

[1] Nakamura T. Concept of mineral paragenesis and macrostructure in ore vein[R]. Proceedings of the 7th IAGOD Symposium D-7000 Stuttgart. 1988，179~182.

[2] 赵元艺，王江朋，赵广江，崔玉斌. 黑龙江多宝山矿集区成矿规律与找矿方向[J]. 吉林大学学报（地球科学版），2011, 41(6): 1676~1688.

# 专题六：地球内部结构及其动力学

# Geodynamics and Structure of the Earth's interior

（6）地球内部结构及其动力学

# 再论新生代以来中国及相关地区岩石层的演化

# Lithosphere evolution of China and interrelated area since Cenozoic of more treatises

周导之

Zhou Daozhi

中国科学技术大学地球和空间科学学院　合肥 230026

距今 55 Ma 以来，中国及相关地区岩石层的演化，主要受印度板块 NE 向挤压碰撞，地幔流下沉，与大西洋裂谷相连的北冰洋裂谷张开、延向东北亚、地幔流上涌所制约。新生代以来岩石层自南向北同步形成中国现代地貌及蒙古高原——西伯利亚“蘑菇”状热库。晚第三纪期间形成的东萨彦岭—贝加尔裂谷带有玄武岩喷发。地幔异常为 NE 走向，向 SW 向倾伏，最大延深达 800 km。该裂谷向东北延伸到鄂霍茨克海（Y A Zorin, 1979; L P Zonenshain etulo, 1981）。近北冰洋的普托腊纳伸向 SE 方向的阿尔丹地区，晚第三纪以来，暗色岩拱升 1000～1700 m（E・E・米兰诺夫斯基，1983）。与南极呈反对称结构而面积相等的北冰洋底，有三条 SE 走向的裂谷，根据火山、地震活动性，洋底沉积盖层不整合，地壳厚度向西伯利亚处变浅在 5 km 以下的特点是北冰洋底裂谷向欧亚大陆迁移的证据。青藏高原莫霍面埋深，西藏为 76 km，天山西端为 70 km、向东 46 km，并具有向北倾隆特征。准噶尔盆地西端埋深 45 km、东部 42 km，上述莫霍面具有向 NE 方向升高，岩石层厚度逐渐降低的特征。

在距今约 25 Ma 的晚第三纪以来，印度板块的俯冲，中国西部急剧隆起，在雅鲁藏布江以南及缅甸那加山、阿拉干山一带，形成巨大的逆冲断层带及高压低温变质带，江北及云南腾冲一带为一条高温低压火山带，1951 年 5 月 27 日，西昆仑阿升火山喷发，1973 年 7 月 16 日可可西里湖附近火山喷发，在雅鲁藏布江以北深 15～20 km，厚度约 20 km 的岩石层部位，孕育大规模的熔融层（赵文津，1999).据国家测绘局应用 GPS 测定，珠穆朗玛峰每年以 6～7 cm 的速度向 NE 方向移动，每年以 3～4 cm 速度上升，潜移改变着生态环境。

中国东部距今 43 Ma 以来，受太平洋板块俯冲形成台湾—琉球—日本一系列弧山和海沟。日本地壳厚 45～50 Km，琉球隆褶为强褶皱的由晚第三纪以前的变质杂岩组成，钻井揭示台湾澎湖及北港地区均缺失早第三纪地层。古长江经我国钓鱼群岛赤尾屿附近奔向太平洋。根据上田诚也等对日本地震波研究，在日本海沟下的地壳没有显示向下弯曲的构造，日本本州两 GPS 站测定没有太平洋板块向西的运动。对沉入太平洋深 7145.5 m 的亲潮古陆、四国海盆、贝加尔湖的形成时间、东海黄海沉积地层生成时代、中国东部玄武岩年龄峰值，青藏高原与天山上隆时间，及有关古生物化石年龄等综合研究确定：距今约 25 Ma 来，太平洋板块已停止向东亚俯冲，北冰洋裂谷经莫玛裂谷、鄂霍茨克海、日本海以火山地震穿越日本，伸向西南方伊是各洋区，海水深 1300 m 洋底，向外喷吐 300℃的热水及黑烟囱，延向小笠原洋底也有很多热水矿床。中国东部上地幔低速层顶界埋深主要为 60～80 km，部分地区为 40 km (邓晋福等 1990). 岩石层上隆，张裂形成五大连池—天池，锡林浩特—张家口，渤海，嘉山—盱眙，澎湖—厦门，雷州半岛—海南岛的地幔热柱群及郯庐断裂带，使中国东部成为亚洲最大的引张区。东海平均下沉 370 m，黄海平均下沉 44 m，台湾—琉球—日本成为一系列岛弧，在台湾以东 120 km 的洋底，发现距今 1600 年前的古城堡（木村政昭，1986)。我国东部新生代火山口，主要向 SE 方向倾斜。遥感显示我国海岸线除苏北上海一段为上升海岸外，皆为下沉海岸，在雷州半岛海南岛东侧海底，发现明代的村庄及庙宇。卫星激光测距我国东部每年向 SE 方向移动 8 mm (叶叔华，1996)。国家海洋局公布 1950～2000 年间，我国海平面每年上升 1～3 mm。从而预测今后我国东部将向大洋型裂谷方向演化。

岩石层为牛顿体。在印度板块及北冰洋裂谷相互作用下，由东经 90° 海岭，经缅甸，云南，四川，陕甘等地延至贝加尔裂谷带的南北地震带，为发展中的左旋平移断裂带。

（6）地球内部结构及其动力学

# 青藏高原东缘上地壳结构及其动力学意义

# Seismic Structure of Upper Crust beneath Eastern Tibetan Plateau and its Implications

裴顺平[1*] 苏金蓉[2]

Pei Shunping Su Jinrong

1. 中国科学院青藏高原研究所 北京 100085; 2. 四川省地震局 成都 610041

## 1. 引言

川滇地区是青藏高原东缘构造变形强烈，地震活动频繁，地下结构复杂的地区，同时也是研究青藏高原在印度板块向北挤压下物质东流机制的重要场所。本文的目的就是利用地震层析成像方法来研究青藏高原东缘上地壳脆性层的结构，探讨地壳结构与中强地震的关系和青藏高原东缘物质东流的机制。

## 2. 方法

本文利用新近发展 Pg 波二维层析成像方法（Pei and Chen，2012，BSSA），研究川滇地区上地壳脆性层（发震层）的结构。该方法将发震层近似一层厚度很薄的薄层（相对于水平距离而言），忽略速度随深度的变化，同时引入台站项和事件项来弥补二维假设的误差和震源深度的误差。当 Pg 波震中距不大时，可以近似为直线传播，此时 Pg 波的走时方程可以写为：

$$t_{obs} = \sqrt{h^2 + \Delta^2} / v + t_{sta} + t_{evt} \quad (1)$$

进行震源深度校正后可以得到

$$t_{obs} - (\sqrt{h^2 + \Delta^2} - \Delta) / v = \Delta / v + t_{sta} + t_{evt} \quad (2)$$

式中，$t_{obs}$ 为震源深度为 $h$，震中距为$\Delta$时的观测走时，同时引入台站项 $t_{sta}$ 和事件项 $t_{evt}$，台站项代表台基地质状况的差异和到时钟差等因素造成的走时差，事件项代表震源深度误差和发震时刻的误差。式（2）的左侧表示震源深度校正后的走时。如果将研究区划分成二维网格，则校正后的走时方程可以写成

$$t_{ij} = a_i + b_j + \sum_k d_{ijk} \cdot s_k \quad (3)$$

$t_{ij}$ 为地震 $j$ 到台站 $i$ 的深度校正后的走时，$a_i$ 为第 $i$ 个台站的台站项，$b_j$ 为第 $j$ 个地震的事件项，$d_{ijk}$ 是射线 $ij$ 在第 $k$ 个网格内的旅行距离，$s_k$ 为网格 $k$ 的慢度（速度的倒数）。 公式（3）可以采用经典 LSQR 方法求解，即可获得 Pg 波速度的横向变化。

该方法的优点是在走时方程中考虑了震源深度的定位误差（震源深度是地震定位中误差最大的参数，也是影响成像结果的重要因素），反演中只对速度项加阻尼，而对台站和事件项不加阻尼，这使得事件项能够较好地吸收误差，并使得深度误差尽可能少地影响速度结构。

## 3. 数据与结果

大量的数据选自四川和云南省地震区域地震台网记录到的 Pg 波到时，共有 204 个台站记录到的来自 2.7 万个地震的 15.8 万条到时数据。这些数据同时满足震中距小于 200km，以适应 Pg 波近似走直线的要求。通过直线拟合震源深度校正后的走时与震中距关系，获得川滇地区的平均速度为 5.8km/s。利用上述二维层析成像方法反演减掉平均速度模型后的走时残差方程，获得了 Pg 波速度横向变化，同时获得了台站项和事件项。结果显示，除稳定的四川盆地 呈现明显的高速异常外，另外有 3 条明显的高速异常条带，分别是沿龙门山断裂-玉农希断裂条带；沿小金河断裂条带；沿沙德-宁会断裂条带。这 3 条异常带接近平行且都呈北东走向，推测其成因和逆冲至地表的高速的龙门山彭灌杂岩类似，都是中下地壳高速物质逆冲至上地壳，然后随着青藏高原物质东流而呈现条带状。这也说明物质东流并不是连续的，其间发生过多次大规模的逆冲过程。另外，对比速度异常和中强地震的位置发现，绝大多数强震都发生在高速异常体内或边缘，这可能与高速物质强度大，容易积累应力有关。

### 参 考 文 献

[1] Pei S, Y J Chen. Link between seismic velocity structure and the 2010 Ms=7.1 Yushu earthquake, Qinghai, China: Evidence from aftershocks tomography[J]. Bull. Seism. Soc. Am., 2012, 102(1): 445~450.

（6）地球内部结构及其动力学

# 有限元数值模拟中描述地震位错的一种有效方式

# A New Effective Method of Seismic Dislocation in The Finite Element Numerical Simulation

林晓光　孙文科　张　怀　石耀霖

Lin Xiaoguang　Sun Wenke　Zhang Huai　Shi Yaolin

中国科学院计算地球动力学重点实验室　中国科学院研究生院　北京　100049

## 1. 引言

位错理论经 Steketee(1958)引入地震学发展至今，许多地震学家针对不同的地球模型和断层类型计算出了同震变形的位移表达式，使得计算地壳形变场的解析法和半解析方法几乎到了完美的程度。其中，应用比较广泛的方法有以弹性半无限空间介质模型为基础，对前人各种断层类型进行总结的 Okada(1985、1992)方法，它已经成为计算半无限空间介质地球模型的经典方法；有以粘弹性分层模型并考虑地壳重力影响的汪荣江方法及孙文科以球对称、自重、成层、完全弹性地球模型为基础的准静态球体位错理论方法等。同时，针对地震位错的等效问题也引起了地震学家的极大兴趣，Maruyama(1963)对于一个有限断层首先证明断层滑动的力等效于位错面上的双力偶分布；随后 Burridge and Knopoff (1964)完美论证了地震位错等效于一对双力偶，并且此结果同样适用于各项异性介质中，此结果至今已完全深入每一个地震工作者心中。

由于上述解析和半解析方法的有效性只是针对于规则几何地球模型，对于实际地震区域的地质构造条件并不能建立很好的模型，例如各项异性、地形因素等；而有限元数值模拟方法就可以很方便地构建比较真实的地球模型，这也是基于有限元数值模拟的原因。

## 2. 方法

首先利用有限元数值模拟方法——即断层采用双节点处理，计算了二维弹性半无限空间模型下垂直倾滑断层产生的地表形变，并以 Okada 的关于计算半无限空间介质地球模型的经典解析方法来检验有限元计算结果的正确性，随后对任意倾角的断层进行了理论验证；结果显示出方法的正确性。

在对内部形变验证的同时，发现有限元方法在同震形变前后断层有一个旋转，这说明在进行数值模拟时，断层处的特殊处理必须加以考虑。然而这种特殊处理并不是通常所认为的双力偶模式。

## 3. 讨论与结论

在验证有限元方法结果的正确性时，发现有限元方法中断层在形变前后有发生了旋转，而 Okada 的理论解析解却显示断层面并无偏转，针对这一情况，在对断层经过特殊处理后仍能得到完美的结果，但这样的处理方式却违背我们通常所公认的双力偶情况；在不对断层特殊处理的情况下，所得到的数值解仍然能够很好的与解析解相吻合，说明在不考虑断层旋转的前提下，采用断层的双节点处理方法仍然是一种很有效的方式。

以上讨论只是在简单的位错理论模型下进行的初步探讨；将此方法应用于真实的地震情况，还需要进一步的研究；同时，将地球模型扩展到三维空间并考虑地球参数可以更好地探讨形变场。

### 参 考 文 献

[1] Steketee J A. On Volterra's dislocations in a semi-infinite elastic medium [J]. Can. J. Phys., 1958, 36: 192~205.

[2] Okada Y. Surface deformation due to shear and tensile faults in a half-space [J]. Bull. Seism,　1985, 75: 1135~1154.

[3] Okada Y. Internal deformation due to shear and tensile faults in a half-space [J]. Bull. Seism, 1992, 82: 1018~1040.

[4] Maruyama T. On force equivalents of dynamic elastic dislocations with reference to the earthquake mechanism [J]. Bull. Earthq. Res. Inst.(Tokyo), 1963, 41: 467~486.

[5] Burridge R, L Knopoff. Body force equivalents for seismic dislocations [J], Bull. Seism, 1964, 51: 69~84.

（6）地球内部结构及其动力学

# 基于 GOCE 卫星重力数据研究华北地区重力场特征及其均衡状态

# Gravity field and isostatic state of North China Craton derived from GOCE gravity data

李媛媛 [1] Carla braitenberg[2] 杨宇山 [1]

Li Yuanyuan[1] Carla Braitenberg[2] Yang Yushan[1]

1. 地球物理与空间信息学院 中国地质大学（武汉） 武汉 430074;

2. Dipartimento di Matematica e Geoscienze, Università di Trieste, via Weiss , 34100 Trieste, Italy

作为保留有 30 多亿年前地壳岩石的世界上最古老的克拉通之一，华北地区是认识古老大陆形成与演化、稳定与破坏的窗口。华北克拉通自中生代以来遭受了强烈的活化改造，发生了大规模的构造变形和岩浆活动，致使原有的克拉通结构和性质遭到不同程度的破坏，造成现今岩石圈结构的横向非均匀性。本文基于 GO_CONS_GCF_2_TIM_R3 重力场模型（Pail et al，2011）分析了华北克拉通不同构造单元的重力场特征及其均衡状态。

基于 Vening-Meinesz 区域均衡理论（Vening Meinesz，1931），我们采用卷积方法（Braitenberg, et al. 2002）计算得到华北克拉通的 Moho 面深度分布。计算过程分为 3 步：①解析地计算不同弹性厚度对应的弹性弯曲响应函数（Wienecke，2006）；②定义褶积计算的半径；③估算每个弹性厚度对应的 Moho 面的起伏。这种方法有 2 个优势：①克服地形数据谱分析中经常遇到的相关估计不稳定性问题；②这种方法可以处理不规则数据。因此，卷积的方法（convolution method）比以往谱分析方法有更高的空间分辨率。我们采用卷积方法估算了华北克拉通在不同弹性厚度下的 Moho 面起伏形态（*Te*=5，15，30，45，80km），同时利用 Parker 密度界面正演方法（Parker，1972），计算得到了由均衡 Moho 面产生的区域重力异常。

重力异常场作为一种综合性的地球物理数据模型，包含了多种异常场源信息。一般研究深部构造问题，通常需要对数据进行局部和区域异常场分离。根据以往地震学研究成果，岩石圈厚度在克拉通东、中部边界附近快速增加，从约 80 km 变化至>200 km。这种急剧的深度变化必然引起相应重力场的变化。因此，我们首先需要将这一部分的重力影响从布格重力异常中消除。利用 Chen（2010）和 An and Shi（2006）公布的岩石圈－软流圈边界（LAB）深度模型，我们采用 Tesseroids 软件正演计算了球座标系下 LAB 深度变化引起的重力异常，并将其从布格重力异常中去除。之后，我们再将均衡 Moho 面产生的区域重力异常从布格重力异常中去除，最终可以得到华北地区的均衡剩余重力异常（isostatic residuals）。

从华北克拉通的均衡剩余重力异常可以看出，东部和中部主要为高的正异常带，而克拉通西部（阴山，鄂尔多斯和二者之间的孔兹岩带）主要表现为负异常带。在克拉通东部的正异常带很可能与太平洋板块俯冲引起的热地幔物质上涌有关，进而引发华北东部地区的岩浆活动和裂陷盆地发育。华北克拉通西部的过补偿现象可能指示西部的地壳可能比均衡地壳厚度更深。为了更细致的分析，我们取了一条跨越华北克拉通三个主要构造单元的剖面 ABC，着重分析了其地表地形，布格重力场，地震以及均衡 Moho 面起伏的变化特征。通过分析，我们发现在鄂尔多斯北部边缘地区，地震得到 Moho 面深度变化与均衡 Moho 面深度变化呈相反的趋势。在古元古代阴山地块与鄂尔多斯地块碰撞的构造背景下，我们认为这可能是向南俯冲的晚太古代基底残留或者碰撞过程中引起的地壳变短伴随的变质作用而引起的高密度体的存在。

## 参 考 文 献

[1] An M J, Shi Y L.Lithospheric thickness of the Chinese continent[J]. Physics of the Earth and Planetary Interiors, 2006, 159: 257~266.

[2] Braitenberg C, Ebbing J, Götze H J. Inverse modeling of elastic thickness by convolution method-the eastern alps as a case example[J]. Earth Planet. Sci. Lett., 2002, 202: 387~404.

[3] Chen L. Concordant structural variations from the surface to the base of the upper mantle in the North China Craton and its tectonic implications[J]. Lithos, 2010, 120: 96~115.

[4] Pail R, et al. First GOCE gravity field models derived by three different approaches[J]. J. Geodes. 2011, 85: 819~843.

[5] Parker R. The rapid calculation of potential anomalies[J]. Geophys. J. R. astr. Soc., 1972, 31: 447~455.

[6] Vening Meinesz F A. Une nouvelle methode pour la reduction isostatique regionale del'intensite de la pesanteur[J]. Bullten of Geodesy, 1931, 29: 33~51.

（6）地球内部结构及其动力学

# 不同地幔对流模式下日本海俯冲带热模拟与深源地震研究

# Thermal Modeling of Japan Sea Subduction Zone and Deep Earthquake Study upon Two Types of Mantle Convection Models

张　晨[1]　张双喜[1,2]　高冰玉[1]

Zhang Chen　Zhang Shuangxi　Gao Binyu

1. 武汉大学测绘学院　武汉　430079；2.地球空间环境与大地测量教育部重点实验室　武汉　430079

深源地震多发生在俯冲带的相变过渡区域，与俯冲带的热结构密切相关。实验表明，当岩石圈俯冲板块内部温度低于700℃时，橄榄石→尖晶石的相变过程将会受到抑制，低压相的橄榄石会以亚稳态的形式存在于板块内部。大量的俯冲带地震观测资料与热力学数值模拟研究证实了与亚橄榄石相变有关的剪切失稳可能是诱发深源地震的原因。鉴于亚稳态橄榄石的形成受到俯冲带温度的控制，对俯冲带热结构的模拟研究有助于定量地讨论俯冲带各参数的单一影响，进一步理解亚稳态橄榄石与深源地震活动性的关系，探讨深源地震的形成机制。

亚稳态橄榄石的存在一定程度上决定了深源地震能够发生的最大范围，对地震的活动性有一定的指示作用。然而，对于亚稳态橄榄石在俯冲带内存在的范围目前还有较多争议，不同的模型给出的结果也不尽相同。俯冲带温度分布主要受模型参数的影响较大。与此同时，俯冲板块能否穿透660km相变界面也是地学界关注的热点问题之一。本文以日本海俯冲带为例，基于Negredo等(2004)提出的有限差分方法计算全地幔对流模式和双层地幔对流模式下的俯冲带热结构及密度异常分布，分析日本海俯冲带负浮力与俯冲带在660km相变界面的形变特征之间的关系，同时结合绝热压缩、相变潜热和剪切生热等多热源的综合影响，推测亚稳态橄榄石在不同地幔对流模式下的存在范围，并通过与国际地震中心(ISC)提供的深源地震观测数据以及该地区地震层析成像结果对比，探讨日本海俯冲带深源地震的成因。

太平洋板块处于相当活跃的状态，以平均10cm/a的速度向日本岛弧下俯冲。该区域的地震层析成像结果显示，日本海俯冲带为低角度的俯冲，倾角约为29°，俯冲带在660km相变界面上发生偏转并沿水平方向伸展。臧绍先等(2001)与Bina等(2010)的研究认为这种双层地幔对流模式下的板块形变特征可能与亚稳态橄榄石相变有关。亚稳态橄榄石的存在会造成俯冲板块内部岩石密度分布的变化，进而影响到俯冲板块产生的负浮力。本文对日本海俯冲带负浮力的计算结果表明，负浮力在410km深度附近达到最大值，在410km～660km深度之间，由于亚稳态橄榄石的存在，负浮力随着深度的增加而减小。由此可以看出，当俯冲带穿越相变界面时，俯冲带的形变在410km相变界面处有向下弯曲的趋势，在660km相变界面处有向上弯曲的趋势。这与地震层析成像的结果有较好的一致性，在一定程度上可以解释日本海俯冲带的水平偏转并停留于660km相变界面之上的现象。

日本海俯冲带内深源地震的最大深度约为610km。本文对不同地幔对流模式下日本海俯冲带热结构的研究表明，与全地幔对流模式的计算结果相比，双层地幔对流模式下热结构模拟所预测出的亚稳态橄榄石存在范围与日本海俯冲带深源地震的深度分布更为相符，因而能更好地反映出日本海俯冲带的地震活动性。同时，在俯冲带热模拟中，考虑俯冲带的绝热压缩生热、橄榄石→尖晶石相变潜热及剪切生热这三种热源对俯冲带热结构的影响。臧绍先等(1993)曾经基于准动力学的计算方案，利用有限元法对日本海俯冲带的热结构及热源的影响进行了一些研究，认为橄榄石→尖晶石的相变生热是控制400km深度以下温度分布的主要热源因素。本文的研究结果也表明，相变潜热和剪切生热对俯冲带的温度分布有较大的影响，忽略这两种热源会造成模型所预测的亚稳态橄榄石存在范围深度偏大，导致俯冲带上深源地震可能发生的最大深度估计错误。

## 参 考 文 献

[1] Negredo, et al. TEMSPOL: a MATLAB thermal model for deep subduction zones including major phase transformations[J]. Computers & Geosciences, 2004, 30: 249~258.

[2] 臧绍先，等. 亚稳态橄榄石对俯冲带负浮力的影响及其动力学意义[J]. 地球物理学报, 2001, 44(2): 164~173.

[3] Bina, et al. Buoyancy, bending, and seismic visibility in deep slab stagnation[J]. Phys. Earth Planet. Int., 2010, 183: 330~340.

[4] 臧绍先，等. 日本海俯冲带的热结构及热源的影响[J]. 地球物理学报, 1993, 36(2): 164~173.

（6）地球内部结构及其动力学

# 高台倾斜仪记录酒泉金塔 5.4 级地震岩石受力过程

# The Complex Loading Process Of The Underground Rock Is Recorded By Gaotai Tilt Meter At JiuquanJinta 5.4 Earthquake

高曙德* 王君平 苏永刚 狄国荣 杨 斐 刘鸿斌

Gao Shude* Wang Junping Su Yonggang Di Guorong Yang Fei Liu Hongbin

甘肃省地震局 兰州 73000

**1. 引言**

大量的震例研究与岩石破裂试验表明，孕育地震所引起的地形变通过高精度、高稳定性的仪器，可记录到来自地球内部的地震形变信息。甘肃省高台深井倾斜观测使用 CZB-2A 型竖直摆倾斜仪，能够清晰地记录到固体潮日变形态。2012 年 5 月 3 日发生酒泉金塔 5.4 地震距高台地震台 170km，该台倾斜仪完整的记录下这次地震孕育、发展、发生的力学演化过程，对完善地震理论模型和地震预测有积极的研究价值。

**2. 方法**

藤井阳一郎根据 30 个震列归纳了应变积累的三个阶段特征：Ⅰ 在两次地震活动的破裂之间呈现的缓慢运动(稳速变化段$\alpha$)。Ⅱ 未来地震的震前地壳运动(加速变化段$\beta_1$、失稳段$\beta_2$)。Ⅲ 地震引起的运动(震前突变段$\gamma_1$、震时变化段$\gamma_2$、震后变化段$\gamma_3$)。Rundle（1988 年）阐述了借用热力学概念的热力学弹性回跳模型,认为应力变化已经积累到超过引发破裂的程度，地震并非立即发生，需要一段驰豫时间，应力积累到最大，即最大规模的构造活动完成后，要经过一段驰豫时间地震才会发生。

**3. 结果**

高台倾斜观测井由于地表覆盖很薄（几分米）岩石分化层，其他地层都是花岗岩，该台敷设 CZB-1A 型竖直摆倾斜记录到的潮汐变化非常清晰，5 月 3 日酒泉金塔 5.4 级地震前后，观测到岩石应力积累和破裂结果与上述总结规律及理论相一致。

2012 年 4 月 7 日高台倾斜东西向出现台阶后快速下降，2012 年 4 月 11 日发生了苏门答腊 8.6 级地震，同震效应十分显著。4 月 11 日至 4 月 19 日东西向、南北向测值都呈快速下降趋势，这 9 天笔者称为应力积累$\alpha$阶段（岩石压密过程）；4 月 19 日南北向的突跳（台阶）和 4 月 24 日东西向突跳（台阶）至 4 月 30 日 11:38 东西向、南北向测值突跳，其幅度达到 100%，这 12 天笔者称为是应力的持续加压$\beta_1$阶段；4 月 30 日外界爆破加压南北向和东西向测值上升到高值段，持续到 5 月 2 日 10:07 两个方向开始突变，这 3 天笔者称为失稳$\beta_2$阶段；5 月 2 日 10 时后东西向测值急速变小且持续到 3 日 11:40 达到最低点，然后转折剧烈上升回到 5 月 2 日观测值水平，而南北向测值从上升突然转着下降，与东西向同步镜像变化，这 12 小时笔者称之为震前突变$\gamma_1$阶段；5 月 3 日 12:30 东西向、南北向测值都达到了最大值，持续近 6 个小时后，18:19 分发生了酒泉金塔 Ms5.4 级地震,这 6 个小时笔者称之为震时变化$\gamma_2$阶段(岩石破裂到发震弛豫时间)，5 月 3 日 18:30 至 5 月 5 日震后应力调整$\gamma_3$阶段。

从力学观点分析，4 月 19 日至 4 月 30 日是岩石弹性应变的过程，4 月 30 日外界加压两个测向的变化表明观测场地岩土应力失稳进行调整，5 月 2 日 10 时岩石的微裂隙开始扩张，把这段时间看作岩石的硬化过程；5 月 2 日 10 时地层东西向向西倾斜，南北向向北倾斜，东西向变化幅度要大于南北向，5 月 3 日 11:40 岩土层受力达到最大，岩土层裂隙快速扩展至贯通，东西向表现为测值剧烈上升，南北向为快速下降，这段时间看作岩石的超过了弹性范围，发生脆性变形；5 月 3 日 12:30 后、在近 6 个小时中岩石受力塑性变形，18:19 岩石断裂发生 Ms5.4 级地震，这与实验室岩石加卸载试验的结论是一致的。

**4. 结论**

高台倾斜完整记录下酒泉金塔 Ms5.4 级地震发生过程中岩土石受力变化的全部过程，对地震的孕育和发生不仅提供了完整资料和对发生地震时间、位置研究提供佐证，对完善地震理论模型和从统计预测向物理预测提供了震例，对地震的监测和预测有着实际意义。

国家自然科学基金（41174059）和兰州地球物理国家野外科学观测研究站开放基金（2011Y01）联合资助。

（6）地球内部结构及其动力学

# 晚喜山期以来四川盆地构造—热演化模拟及其深部动力学机制

# Tectono-thermal modeling of the Sichuan Basin since the Late Himalayan period and its deep dynamic mechanism

黄　方[1,2*]　何丽娟[1]　刘琼颖[1,2]

Huang Fang[1,2*]　He Lijuan[1]　Liu Qiongying[1,2]

1. 中国科学院地质与地球物理研究所　北京 100029; 2. 中国科学院研究生院　北京 100049

沉积盆地热演化历史研究是盆地动力学研究的重要内容。在盆地不同演化期次的历史过程中，某些特定时期的盆地热状态则是研究板块运动、地球动力学的重要参数[1]，是进一步揭示盆地深部动力学机制的另一约束手段。目前构造—热演化方法和古温标方法是恢复和重建盆地热演化历史的两大主要方法。

构造—热演化方法的基本原理是通过对盆地形成和发展过程中岩石圈构造（伸展减薄、均衡调整、挠曲变形等）及相应热效应的模拟，获得岩石圈的热演化（热流的时空变化）。它是基于盆地成因分析的地质地球物理模型的岩石圈尺度的数值模拟方法。相对古温标而言，它的优势体现在深部的岩石圈尺度，是基于二维剖面进行的数值模拟正演方法，可对全盆地进行研究，且需利用现今实测大地热流数据[2]等资料对其进行约束。该方法是对浅部单井资料的古温标方法的补充和完善。但截至目前，前人对四川盆地构造—热演化的研究则相对较少。何丽娟等[3]采用地球动力学模型，分别模拟研究了区域岩石圈拉张和峨眉山玄武岩对四川盆地热演化的影响，从而揭示了早二叠世—中三叠世四川盆地热演化及其动力学机制。本文试图通过覆盖四川盆地的8条二维剖面进行构造—热演化数值模拟恢复晚喜山期以来四川盆地构造—热演化特征，揭示盆地深部动力学机制。

作为研究区的四川盆地位于扬子板块西缘，是我国重要的含油气盆地之一。四川盆地是在上扬子克拉通基础上发展起来的叠合盆地，经历了古生代—早中生代早期克拉通阶段和晚三叠世—新生代晚期的前陆盆地阶段。喜山期是四川盆地从晚白垩世演化至今的最后一个构造时期，邓宾等通过磷灰石裂变径迹研究认为喜山期是盆地大规模隆升时期，其中25Ma至今（晚喜山期）盆地经历了快速的隆升剥蚀，该喜马拉雅运动对于四川盆地的形成和定型起着重要作用。本文采用有限元数值模拟方法，基于二维瞬态热传导（含平流项）的基本方程，建立了构造隆升期构造—热演化数值模拟模型[4]。在岩石圈构造热演化模拟中需考虑均衡问题，传统的Airy均衡是建立在流体静力平衡基础上的局部补偿模型而没有考虑岩石圈强度而无法满足本次模拟要求。综合前人对Airy均衡模型和岩石圈弹性挠曲区域均衡模型的应用研究，我们引入了修正的Airy均衡模型，即在传统Airy均衡的基础上考虑了深部岩石圈的挠曲强度的区域均衡模型，它是岩石圈静力与动力学过程的一个综合反映。最后通过覆盖全盆地的八条剖面模拟研究了晚喜山期以来四川盆地的构造—热演化特征，且利用现今大地热流对模拟结果进行了有效约束。

模拟结果显示在25Ma时川中地区地表热流较高，为60～64mW/m$^2$；川西南地区次之，为60～62mW/m$^2$；川东北地区最低，为50～54mW/m$^2$。该期基底热流，也是川中隆起区热流高，川东北强烈剥蚀区热流低。四川盆地基底热流与地表热流的分布有较好的对应关系，说明深部热体制控制了盆地浅部地表热流分布。热流的空间分布特征揭示了四川盆地深部动力学机制。我们还通过理论和实际剖面模拟探讨了地表抬升剥蚀作用对热流的影响，模拟结果均表明：盆地地表的抬升剥蚀作用使盆地基底热流、地表热流均有所降低，且剥蚀速率越大，降低作用越明显。四川盆地从25Ma演化至今（晚喜山期）经历了快速的隆升剥蚀，特别是川东北和川西等盆地边缘地区，故现今盆地边缘的地表热流普遍有所降低，其地表热流降低了3～6 mW/m$^2$，且川东北降低最为明显。大巴山晚喜山期以来的强烈隆升作用使川东北地表热流降低了约6 mW/m$^2$，此响应实则对应着深部岩石圈加厚冷却的深部动力学机制。

**参 考 文 献**

[1] Wang J Y. Geothermics in China[M]. Beijing: Seismological Press, 1996.

[2] Hu S B, He L J, Wang J Y. Heat flow in the continental area of China: a new data set[J]. Earth and Planetary Science Letters. 2000, 179( 2):407~419.

[3] He L J, Xu H H, Wang J Y. Thermal evolution and dynamic mechanism of the Sichuan Basin during the Early Permian-Middle Triassic[J]. Sci China Earth Sci, 2011, 54(12): 1948~1954.

[4] 黄 方, 刘琼颖, 何丽娟. 晚喜山期以来四川盆地构造热演化模拟[J]. 地球物理学报, 2012(已接收).

（6）地球内部结构及其动力学

# 从同震和震后形变分析日本东北 Mw9.0 级大地震对近场地震活动性的影响

# The effect of Tohoku Mw9.0 earthquake on the near-field seismic activity from the coseismic and postseismic deformation

孙玉军[1] 董树文[2] 范桃园[1] 张斯奇[3] 张 怀[3] 石耀霖[3]

Sun Yujun[1] Dong Shuwen[2] Fan Taoyuan[1] Zhang Siqi[3] Zhang Huai[3] Shi Yaolin[3]

1. 中国地质科学院地质力学研究所 北京 100081；2.中国地质科学院 北京 100037；
3. 中国科学院计算地球动力学重点实验室 北京 100049

2011 年 3 月 11 日在日本东北海域发生了 Mw9.0 级大地震，这次地震同时引发了海啸，造成了重大人员伤亡和损失。本次地震是该地区记录到的震级最大的地震之一。日本地区是全球构造活动性最复杂、地震活动性最活跃的地区之一。从板块构造背景上来看，这次日本东北大地震发生在太平洋板块和北美板块的碰撞边界上。在此地区，太平洋板块以每年 83mm/a 的速度大致向西运动，在日本东北部地区沿着日本海沟俯冲到北美板块下方。日本岛的南部又处于菲律宾海板块与太平洋板块和欧亚大陆板块的交界地带，部分学者在此又划分了许多子板块。因此，构造地质背景和板块运动特征相当复杂。

这次地震不仅从震级和破坏性上引人关注，同时也引起了地震学家对之前的许多研究展开讨论和反思。因为长期以来许多学者都认为日本南海海槽大震的发生概率较高，甚至日本政府每年出版的地震危险性评价中（地震烈度图）都将南海海槽作为重点防灾对象。日本南海海槽由东海、东南海和南海三段组成，一般统称为南海海槽，在过去的 1300 年间该区至少发生了 12 次 8 级左右的地震，通过记录显示该地区 8 级左右强震发生的间隔为 90～200 年，而最近的一次 8.1 级强震发生在 1946 年。这使得该地区近些年来更加引人关注。2011 年日本东北大地震发生在太平洋板块和北美板块边界的日本海沟附近，该区与菲律宾海板块和欧亚大陆板块边界的南海海槽并不属于同一构造背景，而且，在日本政府的地震烈度图中，沿着日本海沟的岛内地区烈度定的比较低，而烈度高的地区都集中在南海海槽。这从侧面反映出，人们根据目前已有的地震记录来认识甚至预测下一次地震的到来还非常有限。因此，这次地震后，《自然》杂志上就有学者发表评论，呼吁日本摒弃试图长期预报到东海大地震的计划。但是，每一次大的地震发生都可能会对周围断层的活动有触发作用。特别是这次地震发生在俯冲带，部分学者研究了对日本地区火山活动的影响。我国学者在这次地震后也积极的进行了相关研究，分析了日本地震是否对中国东北和华北地区断层的影响。因为有部分研究认为我国华北地区地震活动性与日本地震有一定的相关性。因此，非常有必要对日本后续地震的活动性进行研究，近期（2012 年 3 月 31 日）的日本内阁府地震专家委员会认为日本南海地区有可能发生 9 级地震（http://www.bousai.go.jp/jishin/chubou/nankai_trough/15/index.html）。这次日本东北大地震对南海海槽的地震活动性有何影响呢？

本文根据反演得到的断层模型，通过计算同震和震后形变以及库仑应力的变化来分析 2011 年日本东北大地震对日本近场地震活动性的影响。计算结果表明：2011 年日本东北大地震，使得平行于日本海沟的岛内逆冲断层应力释放明显，在 5km 深度，库仑应力降低值都在 50kPa 以上，按照该地区每年应力积累 1～10kPa 计算，相当于释放了 5～50 年的应力积累，震后 30 年内库仑应力相对于震前都处于降低状态；平行于南海海槽的岛内逆冲断层，同震库仑应力增加了 1kPa 左右，相当于 0.1～1 年的正常构造运动应力积累，地震危险性有所增加；对于岛内的走滑断层，若其滑动方向与同震或震后形变方向一致，则库仑应力增加，反之则降低，如 1948 年福井地震发震断层库仑应力增加 10kPa 左右，相当于 1～10 年的正常构造运动应力积累，地震危险性明显增加。同时，分析了不同软流圈粘滞性对震后形变和库仑应力的影响，发现对于不同的软流圈粘滞性系数，震后的形变和库仑应力相比同震都会有所增加。因此，对于平行南海海槽的岛内逆冲断层和岛内部分滑动方向与同震形变一致的走滑断层，震后地震危险性相比同震会进一步增强。

## 参 考 文 献

[1] Dapeng Zhao, Akira Hasegawa, Shigeki Horiuchi. Tomographic Imaging of P and S Wave Velocity Structure Beneath Northeastern Japan[J]. Journal of Geophysical Research, 1992, 97(B13): 19909~19928.
[2] Geller R J. Shake-up time for Japanese seismology[J]. Nature, 2011, 472: 407~409.

（6）地球内部结构及其动力学

# H 在地幔矿物结构中作用的新认识

# A new insight of the role of hydrogen in the mantle mineral structures

许俊闪

Xu Junshan

中国地震局地壳应力研究所　北京 100085

地球内部名义上无水矿物中的 H 影响着地幔矿物的一系列物理性质，在地幔动力学中起着至关重要的作用。理解 H 在矿物结构中的作用是发展地幔动力学模型的基础。通过对比 Si、Mg 等阳离子在地幔主要矿物（橄榄石、瓦兹利石、林伍德石、钙钛矿以及超石英等）中的扩散系数发现在相同的温压条件下不同矿物中的 Si 扩散系数比较接近，而 Mg 扩散系数则差别很大甚至几个量级。Mg 扩散系数的这种量级差别与矿物的含水能力有类似的关系。基于这一考虑，我们利用前人测得的 Si、Mg 等阳离子扩散系数以及水含量数据，研究较大扩散系数和含水量与较小扩散系数和含水量之比的关系，因为钙钛矿和超石英的含水能力很低，这样可以以取误差上限的方式尽量离散两者的关系。尽管如此，不同矿物的含水量与阳离子扩散系数仍然显示了一个很好的线性关系：

$$C_{Mineral\_A}^{Water} : C_{Mineral\_B}^{Water} \approx \sqrt{D_{Mineral\_A}^{Cation} : D_{Mineral\_B}^{Cation}} \tag{1}$$

也就是地幔中主要矿物的含水能力正比于其最快阳离子的扩散系数的平方根比。这一结果与传统的扩散系数与 H 浓度成正比的关系不同，这需要我们重新思考 H 在矿物结构中的作用。

粒子扩散系数 $D$ 的微观表达式为：

$$D = fa^2 vC\exp(-\Delta G_m / RT) \tag{2}$$

这里 $f$ 是相关系数, $v$ 是跃迁频率, $a$ 是跃迁距离, $C$ 是扩散浓度, $G_m$ 是粒子的迁移能。其中对不同的矿物和扩散离子 $f$、$v$、$a$ 等参数差别不大，又因为粒子迁移几乎不能引起活化体积的改变，即 $G_m$ 相差不大。因此，从此表达式来看 H 对离子扩散速率的加强主要是通过改变矿物内的缺陷浓度。由于 H 可以看作是矿物内缺陷，前人的实验和理论都显示 H 影响下的阳离子扩散系数应该正比于可视为缺陷的 H 的浓度[3,4]。这样的话，由于 H+ 与 $O^{2-}$ 离子的电荷相反不能占据 O 空位而相对于 Si，Mg 空位更容易被 H 占据，所以 H 应该更容易加强 Mg 扩散速率而不是 Si 和 O。但橄榄石的实验结果显示 H 对 Mg 扩散能力的影响不大，Si 扩散速率可以被加强几个量级而相同条件下的 Mg 扩散速率仅被加强了 2 倍，甚至 H 对 O 的影响都比对 Mg 的影响大[2]。方程（1）也表明了矿物的阳离子扩散和含水能力之间存在着某种特殊关系，这些都与先前的认识相矛盾。因此要解释以上问题，需要从结构的角度重新认识 H 在矿物中的作用。

我们认为由于 H 原子体积非常小，当两个 H 取代了一个 $Mg^{2+}$，虽然保持了电荷平衡但引起了 Si-O 多面体结构的变化，尤其是对高压下结构紧密的矿物来说原子之间的相对位置强烈依赖原子的体积，Si-O 多面体的改变降低了 Si 的束缚能也就是 Si 空位的构成能，造成了 Si 空位的量级上增加。但是相对于对其他 Mg 的影响，Mg 空位上的 H 更直接影响了与其相邻的 Si-O 多面体。尤其是方程（1）似乎表明了矿物的含水（H）能力由 $Mg^{2+}$等阳离子的扩散能力决定而不是 H 的存在影响了 $Mg^{2+}$的扩散速率。这是因为活跃性较大、扩散快的 Mg 更容易腾出空位而被扩散更快的 H 占据。下地幔的高压相 $MgSiO_3$ 钙钛矿的 Si 和 Mg 扩散具有耦合性使得 Mg 扩散速率远比瓦兹利石和林伍德石低，因此没有足够的 Mg 空位供 H 原子占据而不具有高的含水能力。在超石英中由于没有 Mg，H 的含量只能由扩散很慢的 Si 决定因此含水能力更差。后钙钛矿中的强各向异性和(100)方向的快扩散速率可能预示着该相具有一个相当惊人的含水能力，也预示着下地幔底部潜在的含水能力。

## 参 考 文 献

[1] N Bolfan Casanova. Water in the Earth's mantle[J]. Mineral. Mag., 2005, 69(3): 229~257.

[2] F Costa, S Chakraborty. The effect of water on Si and O diffusion rates in olivine and implications for transport properties and processes in the upper mantle[J]. Phys. Earth Planet. Inter., 2008, 166: 11~29.

[3] S Karato. Deformation of Earth Materials: An Introduction to the Rheology of Solid Earth[M]. Cambridge University Press, New York, 2008.

[4] S Hier Majumder, et al. Influence of protons on Fe-Mg interdiffusion in olivine[J]. J. Geophys. Res., 2005, 110(B02): 2202~2208.

（6）地球内部结构及其动力学

# 华南中生代地球动力学机制研究进展

# Progress on Mesozoic geodynamics of South China

刘琼颖[1,2*] 何丽娟[1] 黄 方[1,2]

Liu Qiongying[1,2*] He Lijuan[1] Huang Fang[1,2]

1. 中国科学院地质与地球物理研究所 北京 100029；2. 中国科学院研究生院 北京 100049

华南陆块在中生代形成了宽约 1 300km 的陆内造山带，且出露有大面积的中生代火成岩，也是全球罕见的世界级多金属成矿省。其中生代的动力学背景一直是地学界研究的热点。众多学者就华南中生代陆内变形机制、岩浆活动产生及大规模成矿的动力学机制提出了多种观点与模式，但目前尚未建立起公认的模式。进一步开展华南中生代地球动力学研究，对建立中生代华南构造格架，揭示其大规模成矿机制和规律，必能起到良好的推动作用。

由于华南不同构造事件产生的变形形迹的叠加和改造作用，使中生代构造变形样式错综复杂，也使得学界对造成这一大规模陆内变形的动力学机制产生认识上的差异。阿尔卑斯型陆陆碰撞模式用三叠纪扬子与华夏板块之间大洋闭合造成的陆陆碰撞来解释华南中生代造山带的形成。古大洋板块俯冲模式认为大洋板块俯冲对华南中生代的构造运动起着决定性的作用，具代表性的是 Li 等[1]提出的板片平俯冲模型及 Zhou 等[2]提出的俯冲角度随时间变化模式。多板块相互作用模式则认为中生代陆内变形的动力来自华南陆块西南的特提斯大地构造域、北部的昆仑—秦岭大地构造域、北西的太平洋大地构造域多向汇聚的远程效应。

华南大面积出现的燕山期岩浆作用引人注目，其出露的总面积约 240 000 km$^2$。目前有多种概念模型来解释其动力学机制。不少学者认为与大洋板块俯冲相关的岩浆活动可以较好的解释燕山期大面积火成岩的出现。Li 等[1]用平板片俯冲—断离下沉—后撤模式解释大规模燕山早期的板内岩浆活动及燕山晚期岩浆作用向沿海方向的年轻化。Zhou 等[2]则认为从 180～80Ma 间，古太平洋板块向华南块体的俯冲角由很小的角度变到中等大小的角度，并伴随玄武质岩浆的底侵作用[2]。多板块相互作用模式认为印支期华南陆块南北缘的碰撞挤压造成地壳增厚，其后的后碰撞伸展环境形成后造山花岗岩。在中侏罗世早期太平洋板块开始向华南陆块俯冲，俯冲造成的拉张背景下深地壳的熔融及幔源玄武质熔体的底侵作用形成大面积 NE 向火成岩。此外，板内拉张/裂谷模式、地幔柱模式、走滑模式也被提出来解释中生代华南的岩浆作用。

大洋板片俯冲模式及多板块相互作用模式可以兼顾解释华南中生代的陆内变形及岩浆作用，而板内拉张/裂谷模式、地幔柱模式、走滑模式则更多侧重于解释岩浆活动。各模式都存在一些问题有待解决，目前并没有一个统一的模式可以很好的解释华南中生代的构造和岩浆作用，主要的矛盾集中在：华南中生代陆内造山的时限及构造线方向；华南不同地区岩浆岩的时空及成因类型的分布；古太平洋板块中生代俯冲带位置、俯冲发生的时间、俯冲方式、俯冲方向的变化及其对华南内陆影响的纵深程度；多板块作用所产生的边界应力可否产生有效的远程传递效应及如何传递的问题等。

传统的地质—地球物理—地球化学理论和分析方法是重现地质构造变形、岩浆活动过程的重要手段。但由于不同的学者从不同的侧重点来研究地质演化的动力学机制，这些手段在研究地球动力学机制方面难免存在一定程度的局限性。数值模拟方法可以综合利用地质、地球物理、地球化学等方法的研究成果，建立和模拟不受时空限制的各种地质模型，重建一个区域的地质演化过程，定量化地解决一些复杂的地质问题，是现代地球科学研究的重要方法之一。通过数值模拟可使复杂的动力学过程更加直观，并可对概念模型作有效的验证，约束浅部过程的深部动力学机制。目前，针对华南中生代特殊动力学背景的数值模拟研究还十分缺乏。在未来的工作中可针对上述华南中生代代表性概念模型如大洋俯冲模型进行数值模拟研究，定量揭示华南浅部地质变形与深部过程的时空耦合关系，约束陆内变形机制；揭示其岩石圈、地幔热演化历史及其与岩浆时空分布的定量关系，约束岩浆活动的动力学机制。结合构造变形、岩浆活动等实际观测数据，对现有概念模型开展可证明的检验，对华南中生代演化的深部地球动力学机制做出综合性的解释。

## 参 考 文 献

[1] Li Z X, et al. Formation of the 1300-km-wide intracontinental orogen and postorogenic magmatic province in Mesozoic South China: A flat-slab subduction model[J]. Geology, 2007, 35(2): 179~182.

[2] Zhou X M, et al. Origin of Late Mesozoic igneous rocks in Southeastern China: implications for lithosphere subduction and underplating of mafic magmas[J]. Tectonophysics, 2000, 326(3~4): 269~287.

（6）地球内部结构及其动力学

# 西藏榴辉岩电导率研究

# The electrical conductivity of eclogite in Tibet

郭颖星　王多君　刘在洋　于英杰　李丹阳

Guo Yingxing　Wang Duojun　Liu Zaiyang　Yu Yingjie　Li Danyang

中国科学院研究生院计算地球动力学重点实验室　北京 100049

**1. 引言**

大地电磁资料显示，青藏高原地区普遍存在着高导层。对于此高导层的形成，普遍认为是由部分熔融或者含水流体引起，而对于青藏高原岩石本身的电导率，却考虑的较少。榴辉岩被认为是俯冲带变质作用的产物，可能是高压结晶熔体、俯冲洋壳的残余或者是此种洋壳部分熔融的残留物，为下地壳重要组成物质之一，同时在地幔也占一定的比例。本研究通过复阻抗谱方法测出了羌塘榴辉岩在高温高压情况下的电导率值，研究了其在不同温度段的导电机制，并将其与研究区域内大地电磁结果进行了对比研究。

**2. 实验样品分析**

榴辉岩样品采自西藏羌塘地体中部片石山、戈木错南东方向,坐标为（33°23′46″N，86°7′7″E），主要矿物组分及含量为：石榴子石：40%；绿辉石：30%；蓝闪石：25%；金红石、石英<5 %。为了研究榴辉岩中结构水对电导率的影响，本文对样品进行了傅里叶红外光谱分析，样品厚度实验前为 0.170 mm，实验后为 0.150 mm，榴辉岩样品中各矿物分析点都在典型的 OH 红外吸收区域(3 000～3 800 $cm^{-1}$）出现 2 个或 2 个以上的吸收峰，采用 Paterson 公式计算样品各矿物的的结构水含量发现，榴辉岩中各名义无水矿物及含水矿物在实验前后水含量变化不大，说明在实验温度范围内，榴辉岩未发生明显脱水反应。经计算得出榴辉岩整体的水含量为 1001.25 ppm，其中，金红石在榴辉岩中的含量按 5%，蓝闪石的水含量按 2.2 %计算。

**3. 实验结果及探讨**

榴辉岩在 1.5、2.5、3.5 GPa 下不同温度范围内阻抗弧均表现为半圆形，随着温度的升高，半圆弧直径逐渐变小，说明随着温度的升高，样品电阻逐渐减小,呈现出半导体的性质。相同压力下的电导率结果 $\log\sigma$ 与不同温度段 $10^4/T$ 具有良好的线性关系。随着温度的增高，电导率值逐渐增大，在测量温度范围内，电导率从−5.5 S/m 升到−1.75 S/m。斜率改变处温度 1.5 GPa 下为 651～665 K，2.5 GPa 下为 650～665 K，3.5GPa 下为 639～667 K。1.5 、2.5、3.5 GP 时低温段的活化焓分别为 0.380 eV、0.405 eV、0.446 eV，高温段的活化焓分别为 0.986 eV、0.986 eV、1.023 eV。说明了在不同压力下，榴辉岩在相同温度段的导电机制相同，在高温段，榴辉岩活化焓在石榴子石活化焓范围内，导电机制有可能为小极化子传导，而在低温段榴辉岩导电机制可能由杂质离子控制。

**4. 榴辉岩实验电导率的地球物理应用**

将本研究榴辉岩实验测量结果与前人结果及羌塘地区不同大地电磁剖面电导率结果进行了对比，发现虽然青藏高原地区榴辉岩电导率比大别山地区及 Bohemian Massif 地区榴辉岩电导率都高，但仍然不能完全解释青藏高原地区的高导现象。在仅考虑水含量对榴辉岩电导率影响的情况下，将榴辉岩实验电导率从实验测量值增加到羌塘地区高导层电导率值时，榴辉岩样品中水含量需发生极大的增加，因此，我们认为青藏高原羌塘地区可能存在导电性更强的岩矿物或者存在其他引起高导的构造。

该研究由国家自然科学基金（40774036）和中国科学院知识创新工程重要方向项目（KZCX2-YW-QN608）资助。

参 考 文 献

[1] Nelson K D, Zhao W J, et al. Partially molten middle crust beneath southern Tibet: synthesis of project INDEPTH result[J]. Science, 1996, 274: 1684~1688.

[2] Paterson M S. The determination of hydroxyl by infrared absorption in quartz, silicate glasses and similar materials[J]. Bull Mineral, 1982, 105: 20~29.

（6）地球内部结构及其动力学

# 首都圈主要活动断层现今变形特征及其成因模拟研究

# Active faults in the capital region of China: from kinematics to geodynamics

曹建玲* 张 晶 王 辉

Cao Jianling* Zhang Jing Wang Hui

中国地震局地震预测研究所 北京 100036

首都圈（39°～41°N, 114°～118°E）位于华北地区强震活跃的张家口—渤海地震带上，NE 向和 NW 向两组活动断裂交织成复杂的断层网络，控制了区域运动变形。作为我国地震重点监视区，中国地震局在 20 世纪 60 年代以来布设了较为密集的形变监测台站和跨断层流动形变监测网，跨断层观测由于其精度高，观测历史比较长，成为了解这些活动断层运动特征的重要途径。这些观测场地主要分布在首都圈中、西部和北部区域，其中大部分观测场地分布在 NE 走向活动断层。跨断层形变监测的主要对象包括怀涿盆地北缘断裂、延矾盆地北缘断裂、施庄断裂、南口山前断裂、南口—沿河城断裂、黄庄—高丽营断裂、八宝山断裂及唐山断裂等。从 20 世纪 70 年代起，在这些跨断层观测场地，每个月进行一次基线和水准测量。前人采用跨断层资料研究了断层形变观测曲线与地震的对应关系，也有许多研究者利用断层形变资料分析了断层活动特点。前人的结果主要集中于跨断层观测得到的断层运动学特征研究，缺乏对断层活动方式的动力学解释。

通过分析首都圈地区近 40 年跨断层水准和基线测量资料，计算了首都圈地区 10 个观察场地的断层水平滑动量(曹建玲,2011)。结果显示：断层形变观测反映的首都圈北东或北西走向的活动断层在观测期内以左旋走滑为主；现今活动速率相对较低，与根据 GPS 资料得到的张家口—渤海断裂带的活动速率较吻合。

在此基础上，本文建立了三维弹性有限元模型，对首都圈主要活动断层的背景活动方式进行了模拟，探讨了背景边界力作用及其变化对区域断层活动方式的影响。为了与跨断层观测结果对比，本研究建立的数值模型主要包括了首都圈地区有跨断层测量的活动断层，包括 5 条北东走向断层和 3 条北西走向断层，它们分别是：北东走向断层为怀涿盆地西北缘断裂、延矾盆地北缘断裂、南口—沿河城断裂、高丽营—八宝山断裂和夏垫新断裂；北西走向断层为施庄断裂、南口—孙河断裂和密云—兴隆断裂。由于首都圈多数跨断层基线长度在几十米到百余米不等，为模拟跨断层测量的结果，设定模型中断层宽度几十米到百余米不等。由于首都圈地区地震活动集中分布在地下 25km 深度以内，因此模型中在深度方向达到 25km。观测断层中，NE 走向倾角在 40°～60°范围，NW 走向断层近乎直立，故而在模型中假定这些断层直立。断层采用力学性质较低的特殊单元来代表，其他非断层介质杨氏模量取 70GPa，泊松比取值 0.26。有限元模型采用非结构化六面体单元，被剖分成 111 912 个单元，在断层附近单元密集，而远离断层单元稀疏，这样既可以保证对断层附近位移的计算精度，又大幅降低了计算量。

本文的研究区域位于张家口—渤海断裂带（张—渤带），这条大型断裂在晚第三纪以来一直表现为左旋走滑性质。GPS 观测反映近年华北相对于东北块体存在东南向位移，参考 GPS 位移线性段的运动速率，即 2004～2009 年的 5 年中，东向年均速率约 4mm/a，南向速率约 2mm/a，并假定这样的速率可以外推到过去 40 年，在模型南边界施加东向位移和南向位移边界条件。研究区域的北侧是相对稳定的燕山隆起区，因此模型北边界固定，其他边界自由，然后计算有限元模型内部位移，再利用断层两侧节点位移差异来计算断层水平滑动量。

本文模拟结果表明，首都圈地区可能存在左旋剪切和南北向的拉张，这种边界作用可能是造成首都圈断层形变反映的活动断层近期以左旋滑动为主的特征。首都圈断层的活动受到边界动力作用变化的影响，当边界作用加载将导致首都圈断层左旋滑动加速；边界动力作用的减弱将导致首都圈断层左旋滑动减速，由于该区域断层活动水平本身就很低，断层左旋滑动的减速甚至可能导致断层出现短期右旋滑动的观测结果。此外，数值模拟获得的断层水平滑动量数值大小受到模型连续性假设、介质力学性质假设、边界作用力方向、断层倾角和断层宽度等诸多因素影响。

本研究由中国地震局地震预测研究所基本科研业务专项(02092431)资助。

参 考 文 献

[1] 曹建玲，等. 首都圈跨断层形变反映的断层活动方式及其成因探讨[J]. 地震, 2011, 31(4): 77~85.

（6）地球内部结构及其动力学

# 利用 Maxwell 体对沉积地层压实作用的数值模拟

# Numerical simulation on the effects of the compaction effect of sedimentary formation utilizing Maxwell body

瞿武林　石耀霖

Qu Wulin　Shi Yaolin

中国科学院研究生院计算地球动力学重点实验室　北京 100049

压实作用作为成岩作用的重要组成部分，它对孔隙演化和储层物性有极大的影响。沉积物沉积后，由于上覆沉积物不断加厚，在重荷压力下，沉积物发生脱水、孔隙度降低、体积缩小、密度增大等一系列变化，松软的沉积物变成固结的岩石。一直以来，在进行储层成岩作用的研究过程中，对于压实作用关注却不多，往往只是局限于一些简短、定性的描述和分析。同时由于沉积岩固结过程相当漫长，物理模型实验难以进行真实的模拟。有限元数值模拟的方法具有不受时间条件的限制的优点。采用有限元方法，可以对地层固结成岩过程进行有效的模拟。

地层沉积过程对时间具有依赖性。地层在沉积过程中的变形既不是纯弹性变形，也不是纯塑性变形，而是存在内摩擦作用的粘弹塑性变形，其应力应变关系不能用简单的虎克定律(完全弹性变形模型)来表示，也不能用完全塑性变形模型来表示，而需要用粘弹塑性应力-应变模型来表达。粘弹性依赖于外力作用的时间，其力学性能随时间的变化，称为力学松弛，包括应力松弛、蠕变等。其力学行为介于理想弹性体和理想粘性体之间，其形变的发展具有时间依赖性，即同时具有弹性与粘性。故本文采用间的粘弹性体——Maxwell 体，对地层沉积进行模拟。其本构方程为

$$\sigma+\frac{\eta}{E}\dot{\sigma}=\eta\dot{\varepsilon}$$

其中，$\tau=\frac{\eta}{E}$为松弛时间；当$t=\tau$时，$\sigma=\sigma_0 e^{-1}$。Maxwell 体能表现出应力松弛与蠕变的效果，对地层沉积的实际过程可以很好的描述。

由于岩层在变形过程中横向应变量要比垂向应变小得多，故可以忽略横向应变，将变形过程视为一维模型，随深度变化而不同。随着地层的不断沉积与压实，沉积物的物性也在不断的变化，杨氏模量与粘滞系数也在变化。由于沉积层最上层为具有很强流动性的淤泥，不适用粘弹性模型，设其厚度为 10m，密度为 1500kg/m$^3$，上覆水深 20m，密度为 1025kg/m$^3$。将淤泥与水层的重力效应作应力边界条件处理，同时考虑地层不断沉积过程中，新生沉积层的重力影响。考虑地层压实的实际过程，地层的物性参数（杨氏模量、粘滞系数等）也随着时间变化。为使其更接近于地层沉积的真实情况，在计算中每隔一定时间步长更新模型的材料参数，边界条件中的应力也随时间变化，且这些参数的变化速率随时间减小。本文模型采用的杨氏模量在同一数量级变化，粘滞系数呈指数增大。初始的沉积地层的杨氏模量为 $5.0\times10^{11}$N/m$^2$，密度为 2300kg/m$^3$，粘滞系数为 $1.0\times10^{15}$Pa·s，随时间分别增大到 $1.0\times10^{12}$N/m$^2$、2 700kg/m$^3$、$1.0\times10^{20}$Pa·s，且这些参数随时间的变化先快后慢。当达到最大之后，压实作用对物性的影响较小，其物性参数保持不变。设地层以 1mm/a 的速率沉积，则最上层的上边界条件压力随时间呈线性变化的，得到更新后的沉积上边界条件为（$347\,900+4.66\times10^{-7}t$）N（$t$ 为时间，单位为秒）。对所建立的模型利用有限元方法进行数值计算。

本文讨论了杨氏模量、粘滞系数等物性参数随时间变化的规律，及不同杨氏模量与粘滞系数组合的地层，对沉积压实作用的响应。初步结果显示在压实作用进行早期，地层厚度变化速率较大，在松弛时间$\tau$后基本保持不变。在物性参数随时间不变的情况下，压实作用所造成的压缩量较之在物性参数随时间变化的情况下的压缩量为大，且物性参数变化的情况更接近地层压实的真实过程。这对我们探究沉积岩成岩过程，及沉积岩层的物理性质，提供了定量化研究的方式。

## 参 考 文 献

[1] 何小胡，刘震，梁全胜. 沉积地层埋藏过程对泥岩压实作用的影响[J]. 地学前缘, 2010, 17(4): 167~173.

[2] Knut B, Kaare H. Effects of burial diagenesis on stresses, compaction and fluid flow in sedimentary basins[J]. Marline and Petroleum Geology, 1997, 14(3): 267~276.

（6）地球内部结构及其动力学

# 断层等间距形成的有限元数值模拟

# Numerical Simulation of the Development of Equally Spaced Faults with Finite Element Method

尹凤玲* 董培育 石耀霖 张 怀

Yin Fengling* Dong Peiyu Shi Yaolin Zhang Huai

中国科学院计算地球动力学重点实验室 中国科学院研究生院 100049 北京

## 1. 引言

地质体断裂的等间距分布是野外观测中普遍存在的一种地质现象，如节理、海洋断裂、矿区断裂等，近年来这种断裂的等间距现象引起越来越多学者的关注。这种小到节理，大到洋底断裂的地质体断裂呈现大体一致的分布规律，很有可能是由同一机理或有本质联系的机理所控制。虽然国内外对断裂等间距分布的现象时有介绍，但对其形成机理具体研究尚少，其力学成因机制及影响因素还没有定论。为此探讨等距性的形成机理以及影响因素, 颇具实际意义。

对于实际的岩石破裂过程因为控制因素很多，采用解析的方法较为困难。本文采用有限元数值方法对设计的二维地质体模型的等间距断层的产生过程进行了数值模拟，并对模拟结果进行了对比分析和讨论。

## 2. 模型

本文采用简化了的二维巨形模型，模型长宽尺度为 2 000m×80m。采用四边形网格，网格尺寸为 1m×1m，共 160000 个单元。边界条件分别为：断层左端水平方向固定，上下方向自由；右边界施加水平向右的位移载荷；下边界上下方向固定，左右方向自由；上边界是自由的；整个模型加载了重力项，预计破裂从上端逐渐向下扩展。实际岩石的物性参数一般都是非均质的，根据大量岩石实验统计结果，岩石材料的物性参数一般服从 Weibull 分布，我们给定单元的抗拉强度服从 Weibull 概率分布，尺度参数取 $1.0\times10^7$Mpa，形状参数分别给 3、30 和 100 来控制岩石抗拉强度的均质性好差，形状参数越大表示均质性越好，对岩石杨氏模量分别为均一的和服从 Weibull 概率分布两种情况分别进行了模拟，泊松比取常数 0.25。

## 3. 方法

数值模拟断层破裂的形成过程通常有两种方法，一种是位移加载，另一种是应力加载，本文采用的是位移加载方式。开始给右边界一个较小的初始位移，进行应力计算，使其刚好有一个或几个单元破裂，而后对每一个位移加载步进行计算，若有破裂则进行迭代计算，直到该计算步没有单元破裂为止，再进行下一步位移加载和应力计算，根据破裂准则判断单元是否破裂。这里采用的破裂判断准则是当单元抗拉强度小于拉应力时即将单元标记为破裂。其中每一步的位移加载增量根据拉应力和单元抗拉强度的差来确定，从而使得本步位移加载后，刚好有一个或少数几个单元破裂，从而避免了一次位移加载后有很多单元破裂的情况。值得注意的是，当某个单元破裂时，程序并不是要将“杀死”的单元从整体有限元模型中删除，而是将相应单元的杨氏模量乘以一个很小的因子，本模拟中取为原来的 $10^{-6}$ 倍，将其弱化，相当于杀死单元，这样可以利用连续介质力学的方法来研究该问题。

## 4. 结论与讨论

本文只是对断层等间距性这种地质现象形成过程的初步探索，数值模拟结果虽然出现了较好的等间距性破裂，但限于本文设计的模型比较简单，另外对参数选取有限。在下一步工作中应设计与实际更接近的三维模型，取更多不同的参数组进行比较分析，进一步来对断层等间距现象的形成机制及其影响断层等间距分布的因素进行深入研究。

参 考 文 献

[1] A M Merzer, et al. Equal Spacing of Strike-slip Faults[J]. Geophys. J. R. astr. SOC., 1976, 45: 177~188.
[2] 宇新生. 等间距断裂控制机理探讨[J]. 中国煤田地质, 2003, 15(4): 4~6.
[3] 陈永强，等. 三维非均匀脆性材料破坏过程的数值模拟[J]. 力学学报, 2002, 34(3), 351~361.
[4] 梁正召，等. 岩石三维破裂过程的数值模拟研究[J]. 岩石力学与工程学报, 2006, 25(5), 931~936.

（6）地球内部结构及其动力学

# 中地壳的流体和水岩反应动力学实验及地球物理涵义：1. 400℃玄武岩—水体系实验研究

# Mid-crust fluid and water-rock reaction kinetic experiments and their geophysical significance：1. Experiments of basalt-water interaction at temperatures up to 400℃

张荣华　张雪彤　胡书敏　黄文斌

Zhang Ronghua　Zhang Xuetong　Hu Shumin　Huang Wenbin

地球化学动力学实验室　中国地质科学院矿产资源研究所　北京 100037

玄武岩与水反应是一个普遍关注的问题。它发生在岛弧火山带、大洋中脊、大洋底热点、大陆内裂谷和火山活动中心，以及古火山和绿岩带里。例如，现代洋中脊喷口正在喷出热液，在喷口堆积金属矿物，在喷口周围和喷口的下面形成蚀变带。在热液循环过程中，流体自喷口的深处从下而上流动，并且周围的冷海水从四周向下渗透，与热水混合，发生了有温度梯度下的水岩石相互作用。当大陆与洋壳相撞时，玄武岩壳会进一步受到流体作用。在中国东部大陆内，中新生代广泛分布了玄武岩，为此，高温高压下的玄武岩与水反应动力学实验对于认识大陆的深部、上中地壳地球物理性质意义很大。

玄武岩与水、海水（3.5NaCl%）流动反应动力学实验可用不同类型叠层反应器，在开放流动条件下，在 23MPa～35MPa 和 25℃～400℃范围进行。实验用玄武岩样品，选自安徽省庐江罗河铁矿。

在叠层反应器内装入玄武岩样品 10.2526g，填满 22cm 高与 6mm 直径内腔。经过 BET 方法测量玄武岩样品的表面积，为 $9.978 g/m^2$。流动体系：水流速 0.5～2.5ml/min。实验是按一个恒压的升温过程进行操作。

**溶解速率**：尽管玄武岩由辉石、钾长石、斜长石等几种矿物组成，我们仍然可以考察玄武岩总的溶解反应速率（各矿物溶解速率总合）。叠层反应器流动反应器的溶解反应率用下式表示

$$-r = k\left(\frac{\Delta C}{t}\right) \quad (\mathrm{v/m \cdot s}) \qquad (1)$$

其中，$-r$ 溶解速率，负表示溶解，$\Delta C$ 是一种主要金属元素，如硅，输出摩尔浓度与输入摩尔浓度的差。$t$ 是平均停顿时间，$v$ 是流体在反应釜内体积，$m$ 为质量，$s$ 是表面积，$k$ 为速率常数。

实验结果表明：各种金属元素的溶解速率随温度升高而增加。但是，它们的速率抵达最大数值时的温度是不同的。硅的最大溶解反应速率在 300℃，其它元素最大溶解反应速率如下：钠在 350℃，铝在 350℃，钾在 300℃～350℃，钙在 100℃～200℃，镁在 25℃，铁在 300℃。见表 1。

**表 1　23MPa 玄武岩—水反应各元素最大溶解速率及对应温度:最大溶解速率 $r$(MAX)**　（$\mathrm{mol/ min \cdot m^2 \times 10^{-5}}$）

| 造岩元素 | 硅 | 钾 | 钠 | 铁 | 锰 | 钙 | 铝 | 镁 |
|---|---|---|---|---|---|---|---|---|
| $r$ (MAX) | 7.2 | 0.9 | 1.33 | 0.002 | 0.00025 | 0.266 | 0.923 | 0.0159 |
| 温度(℃) | 300 | 300 | 350 | 300 | 300 | 100 | 350 | 25 |

| 元素 | 钛 | 钒 | 镍 | 铬 | 锶 | 钡 | 硼 | 钼 | 铜 | 锌 | 银 | 铅 |
|---|---|---|---|---|---|---|---|---|---|---|---|---|
| $r$ (MAX) | 0.00078 | 0.0028 | 0.318 | 0.0094 | 0.0017 | 0.000036 | 0.011 | 0.008 | 0.0054 | 0.0048 | 0.000395 | 0.000032 |
| 温度(℃) | 300 | 300 | 350 | 400 | 100 | 350 | 300 | 300 | 400 | 300 | 374 | 350 |

可以看出，大量的亲硫元素和过渡金属元素都在水的临界区有最大的溶解（释放）速率。仅仅是 Mg，Ca，Sr，等会在 20℃～100℃有最大释放速率。各种不同类型金属与 Si 的$\Delta$Mg/$\Delta$Si 比数值是否与原矿物里的比值一致，是评价矿物一致溶解作用的标准（属于计量化的标准）。对于岩石来说，它是对所有矿物的溶解过程的总评价。我们已经研究过钠长石，辉石的溶解反应动力学过程，发现它们具有共性：在临界区硅有最大溶解速率。为此说，这一比较是有意义的。实验表明：大多数金属的输出溶液的 $\Delta M_i/\Delta Si$ 随温度上

升 (20℃到 374℃) 而下降。于是$\Delta Ca/\Delta Si$ 和$\Delta Fe/\Delta Si$ 在 374℃有最低数值。$\Delta Al/\Delta Si$ 和$\Delta K/\Delta Si$ 在 350℃ $\Delta Mg/\Delta Si$ 和$\Delta Na/\Delta Si$ 在 300℃有最低数值。这些变化显示出长石和辉石的溶解过程的规律性。事实说明：Mg、Ca、Fe、Na、K、Al 相对于 Si 在升温过程溶解慢慢下降。而在 300℃～400℃，Si 有相对高溶解速率。

岩石与水反应机理：主要硅酸盐矿物的溶解速率，受溶液化学性质影响。在≥300°C,硅酸盐骨架的溶解是主要水化过程，形成 $SiO_2$ 水化物种。在 300℃，$r_{Si}$ 随溶液内 $m_{Si}$ 增加，逐步下降。$r_K$、$r_{Na}$、$r_{Al}$、$r_{Mg}$、$r_{Fe}$ 随溶液内硅浓度增加而下降。$r_{Ca}$ 情况相反，随硅的水化物种 $m_{Si}$ 增加而增加。

$$r_i = K\left(\frac{1}{m_{H_4SiO_4}}\right)^{n_i} \tag{2}$$

这里 $n_i$ 是个负值，表现出硅酸盐骨架迅速破坏的硅浓度增加时引起总的溶解速率下降。可以获得 $\log r_i$ 与 $\log m_{(Si)}$之间线性关系及斜率 $n_i$ 关系 $\log r_i = \log k + n\log m_{Si}$.

同理,进行 3.5%NaCl-$H_2O$ 溶液与玄武岩的在 20℃～400℃和 23MPa 下反应动力学实验: NaCl-$H_2O$ 与玄武岩的最大溶解速率，每一个元素的溶解速率随温度变化。硅仍在 300℃有最大溶解（释放）速率。铝在 374℃，钾 350℃，钙铁在 200℃、镁在 100℃分别有最大溶解速率。

**表 2 NaCl-$H_2O$ 溶液与玄武岩的最大溶解速率及对应温度：最大溶解速率 $r$(MAX)**（$mol/m^2\,min\times10^{-5}$）

| 元素 | Si | Al | Ca | Mg | Fe | K | Mn | Cu | Zn | Sr | Ba | Mo |
|---|---|---|---|---|---|---|---|---|---|---|---|---|
| R(MAX) | 1.467 | 0.73 | 0.52 | 0.13 | 0.16 | 2.81 | 0.01 | 0.0027 | 0.0043 | 0.0027 | 0.00479 | 0.0037 |
| T°C | 300 | 374 | 200 | 100 | 200 | 350 | 400 | 374 | 350 | 300 | 350 | 350 |

在 20℃～400℃，23MPa 条件下，在玄武岩与水反应条件下硅铝的最大释放速率高于岩石与 NaCl-$H_2O$ 溶液反应的释放速率。NaCl-$H_2O$ 与玄武岩反应的钾钙镁铁相应的最大释放速率，高于水与岩石反应速率。成矿元素、过渡族金属元素仍然在 300℃～400℃范围内有最大释放速率。同时，岩石里的各种金属的不一致溶解情况，与水的反应结果是相似的。

实验结果适于讨论一般的中地壳条件下玄武岩与水反应。实验证明水溶液与玄武岩反应，在 300°C 时硅最容易被溶解，这时，硅酸盐格架被破坏。大陆相撞或洋壳与大陆相撞时,会出现大规模水平断裂带,伴随大量的空隙,减压和流体活动。这时候，岩石与水体系的压力会很快下降，逐步接近临界压力。中地壳发生水岩相互作用时的压力会远低于 1～2 千大气压。最新的实验发现：36MPa 玄武岩与水反应动力学实验结果与 23MPa 条件下实验比较显示，压力加大没有引起硅钾铝主要造岩元素和成矿金属的溶解速率的增加。或者说，23MPa 条件下在 300℃～400℃时硅最容易被溶解，同时，可以淋滤出大量有色金属元素，进入溶液内，如 Cu、Zn、Ag、Pb，Ti，V，可达几百 ppb，可以形成金属流体，或者说矿床的物质来源。

在低温（20℃，1 大气压）的金属溶解速率是按 Na-O、K-O、Mg-O、Ca-O、Al-O、Si-O 键被水破坏先后次序、速率逐步减小。这一次序是相对的离子键到极性键的性质变化次序。在 23MPa 的升温过程，在临界区水密度和介电常数下降，水分子氢键网络逐步破坏。水化反应开始起了主导地位。最后，低密度的水最先打破 Si-O。硅酸盐矿物的硅最大溶解速率在 300°C。过渡族的金属在岩石的金属-O 和金属-S 键都具相对的极性键性质，它们多数在 300℃/23MPa（在 300℃～374℃）时最容易溶解在水溶液里。

总之，在≥300℃, 水的性质改变(低密度)，一般地说，那些相对的具备极性键的金属加大溶解速率，如 Si 和许多过渡金属 Cu、Ni、Zn、Sr、Ba、Mo、Pb 等。在大陆碰撞时, 在地壳里出现水平断裂，减低压力和流体活动的情况是常见的。为此，中地壳在 300℃～450℃条件下, 硅酸盐矿物的硅溶解最快，岩石垮塌是容易出现，并促进流体运动。再考虑到：流体里溶解了大量矿化元素, 导致中地壳出现高导层。反之，没有断裂的中地壳，维持了高压，并不容易造成强烈水岩相互作用，及随后形成的高导层。

本项目由深部探测技术与实验研究专项（SinoProbe-07-02-03，SinoProbe-03-01-2A）和 2010G28，K1006 的资助。

## 参 考 文 献

[1] Zhang Ronghua, Zhang Xuetong, Hu Shumin.Tectonophysics. 2011, 502: 276~292.

[2] 张荣华, 张雪彤，胡书敏，苏艳丰. Acta Petrologica Sinica[J]. 岩石学报, 2007，23(11): 2933~2942.

（6）地球内部结构及其动力学

# 中地壳的流体和水岩反应动力学实验及地球物理涵义：2. 在 20℃～435℃正长岩与水体系实验研究

# Mid-crust fluid and water-rock reaction kinetic experiments and their geophysical significance：2. Experiments of syenite-water interaction in the temperature range from 20 to 435℃

张雪彤　张荣华　胡书敏

Zhang Xuetong　Zhang Ronghua　Hu Shumin

地球化学动力学实验室　中国地质科学院矿产资源研究所　北京 100037

本文报道在中地壳条件高温 435℃下正长岩－水的相互作用的反应动力学实验结果。

岩石圈深部流体上升，通过中地壳时水溶液会处于临界态温度 374℃下。因为，中地壳大致是在地下 10～25 千米深处，温度范围大致是 300℃～450℃。在中国东部，特别是长江中下游的中生代的火山盆地，主要分布了中基性火山岩石。玄武岩浆的在深处岩浆演化会导致一个正长辉长岩—二长岩—正长岩岩体的多期活动。二长岩—正长岩经常出现在火山盆地的基底，分布在中地壳。为了认识中地壳的水/岩相互作用，需要实验研究在 300℃ •450℃下二长岩—正长岩与水相互作用的化学动力学过程。实验是选用安徽省庐枞火山盆地的龙桥矿区深部的正长岩。它是一种钾长石为主的岩石。

使用叠层反应器(平放式)，在开放流动体系条件下，研究正长岩与水在 23MPa～35MPa 和 25℃～435℃范围的溶解反应动力学过程。在叠层反应器内装入正长岩样品 7.246g，表面积为 0.6m$^2$/g。高压釜填满度 $l$ = 170mm, 腔内半径 4.5mm, 内腔 $v$ = 10.81 ml。

在 25℃～400℃23MPa 条件下实验结果列于表 1。

正长岩与水反应实验使用叠层反应器流动体系：水流速 0.9～2.7ml/min，压力 23MPa，温度 25℃～430℃范围研究。实验是按一个恒压的升温过程进行操作。选用 20～40 目岩石样品进行反应实验。

实验结果发现造岩元素、成矿元素和痕迹元素，在由低温至水临界态的升温过程中溶解在水中的浓度不断变化，或者说，溶解速率不断变化（或称释放速率）。Si, Al,K, Na,Ca, Mg 等金属释放速率随温度改变并不相同。Si, Al, K, Na 释放速率随温度而升高，在 400℃出现最大释放速率；Ca Mg 释放速率随温度升高，分别在 300℃和 200℃时有高数值。再升温时，释放速率会随之减低。在跨越临界态 374℃前后，各种元素的溶解反应都出现一次涨落。即，经历一次最大反应速率的涨落。

尽管正长岩以钾长石为主，含少量辉石、斜长石等矿物，我们仍然可以考察正长岩的总的溶解反应速率。叠层反应器流动反应过程，溶解反应率用下式表示

$$-r = K\ (\Delta C/t)\ (v/m \cdot s)$$

表 1　23MPa 下造岩元素最大溶解速率和出现的温度 R:mol.min$^{-1}$ m$^{-2}$10$^{-5}$

| | Na | Mg | Al | Si | K | Ca |
|---|---|---|---|---|---|---|
| 最大溶解速率 | 14.88 | 1.1 | 17.74 | 133.08 | 14.92 | 5.8 |
| 温度（℃） | 400 | 25/100 | 400.00 | 400.00 | 400.00 | 306.00 |

表 2　23MPa 下成矿元素最大溶解速率和出现的温度 R:mol.min$^{-1}$ m$^{-2}$10$^{-8}$

| | Ti | V | Mn | Ni | Cu | Zn | Sr | Mo | Ag | Ba |
|---|---|---|---|---|---|---|---|---|---|---|
| 最大溶解速率 | 0.67 | 4.42 | 81 | 144.98 | 79.36 | 80.56 | 17.79 | 9.83 | 2.04 | 9.34 |
| 温度（℃） | 400 | 354 | 204 | 306 | 306 | 378 | 200 | 354 | 306 | 204 |

在相同的流动条件下，在不同压力环境时，Si, Al, K, Na, Ca, Mg 等的溶解速率随压力改变而变化。可以发现在 23MPa 条件下的反应后的 Si, Ca 释放速率总趋势略高于压力增加后的释放速率，如 31MPa，35MPa 条件。反之，K Al 随压力增加，而释放速率略有加大，在 36MPa 下最大。Cu、Ni、Zn、Sr、Ba、Mo、Pb 等的溶解释放速率随压力增加而降低。Mn 释放速率随压力增加。

从金属离子释放速率与硅的释放速率的比值随温度的变化，可以看出在 23MPa 条件下从低温到高温的升温过程里，释放速率比 $r_{Mi}/r_{Si}$，如 $r_K/r_{Si}$、$r_{Na}/r_{Si}$、$r_{Ca}/r_{Si}$、$r_{Mg}/r_{Si}$、$r_{Al}/r_{Si}$ 等逐步降低。因为，金属 Na，K，Ca，Mg 的释放速率随温度上升，逐步减低；而硅的释放速率随温度上升而升高。在 20 到 200℃过程中，$r_{Mi}/r_{Si}$ (Na，K，Ca，Mg) 高于岩石里的 Mi/Si。说明 Na，K，Ca，Mg 容易在 20 到 200°C（23 MPa）条件下被溶解。如果，升高压力，可以看出情况就不同。在 35MPa 条件下，释放速率比 $r_{Mi}/r_{Si}$ 要减低。这表明压力升高时金属/Si 原子的释放速率差别减小。

**表 3 在 23～35MPa 主要造岩元素最大溶解速率和出现温度**：R: mol.min$^{-1}$ m$^{-2}$10$^{-8}$

| | Mg | Ca | Fe | Si | Al | K | Na |
|---|---|---|---|---|---|---|---|
| 23MPa | 1.1 | 5.8 | 0.1 | 133.1 | 17.7 | 14.9 | 14.9 |
| *T*（℃） | 100 | 306 | 378 | 405 | 405 | 405 | 405 |
| 30MPa | 1.6 | 5 | 0.01 | 126.3 | 17.5 | 13.4 | 138 |
| *T*（℃） | 25 | 25 | 412 | 412 | 412 | 412 | 412 |
| 35MPa | 0.2 | 2.1 | 0.01 | 139.4 | 20.8 | 14.8 | 18 |
| *T*（℃） | 31 | 202 | 412 | 412 | 412 | 412 | 412 |

过去，我们讨论过硅酸盐矿物的溶解过程：在低温（常温 20℃，1 大气压）的金属溶解速率是按 Na-O、K-O、Mg-O、Ca-O、Al-O、Si-O 次序逐步减小。这一次序是相对的离子键到极性键的性质变化次序。这种性质，在常温 20°C，1 大气压水里，由于水的氢键网络的存在，使水能够按照上一次序先后打破不同的金属—氧键。在 23MPa 的升温过程（20℃～400℃），水密度和介电常数下降，水的氢键网络逐步破坏。在 300℃，低密度的水最先打破 Si-O。如果大于 300℃，水的密度很低，Si 的溶解速率也被减弱。压力增加导致水的性质改变，密度加大，一般地说有利离子键被打破。那些相对的具备极性键的金属并不随压力增加而加大溶解速率，如 Si 和许多金属 Cu、Ni、Zn、Sr、Ba、Mo、Pb 等。因此，实验证明 300℃ 时，硅酸盐矿物格架被打破，岩石垮塌，同时形成一个富含成矿金属的流体。

板块碰撞，诱发大陆水平断裂、裂隙和减压情况出现。在中地壳，流体处于 300℃～450℃，而且,压力下降接近临界态，导致强烈水岩相互作用，岩石垮塌，进一步促进流体流动。加上，300℃～450℃范围的水的物理化学性质突变，会导致中地壳高导低速层的出现。这些实验可用于说明火山盆地的基底出现高导低速层的原因.

此外，我们还在流动反应装置里的高压釜的两端安置了高温高压电导率检测计。高温高压电导率仪是由检测信号的变送器和电导率探头组成。根据张荣华的设计由 ECD 公司在现有产品中进行改装。变送器为 T23-CDH-UM：5.67(L)×3.50(W)×5.67(H)（英寸）[1]；电导率探头有两只。相互之间距离 10cm。金属电极长 5cm。传感器金属电极尺寸：直径：5/16 英寸，长度：5cm，传感器总长度：7 英寸。实际上，这是一个水平方向安置的流动反应装置。

于是,可以在测量高压高温反应速率的同时,测量岩石—水的多孔介质的电导率。测量结果发现：在 23～36MPa、300℃～400℃时，反应流体具有最大的电导率。压力增加并没有明显增加流体的电导率。这些实验也证明水岩相互作用体系在 300℃～400℃的最大硅溶解速率和硅酸岩石结构垮塌可能是中地壳的高导低速层的出现原因。

本项目由深部探测技术与实验研究专项（SinoProbe-07-02-03，SinoProbe-03-01-2A）和 2010G28，K1006 的资助。

[1] 英寸为非法定计量单位，1 英寸=2.54cm。(编者注)

（6）地球内部结构及其动力学

# 中地壳的流体和水岩反应动力学实验及地球物理涵义：3. 在435°C水—岩体系的电导率原位测量实验

# Mid-crust fluid and water-rock reaction kinetic experiments and their geophysical significance：3. In Situ measurements of electric conductance in rock-water system at temperatures up to 435℃

胡书敏　张荣华　张雪彤

Hu Shumin　Zhang Ronghua　Zhang Xuetong

地球化学动力学实验室　中国地质科学院矿产资源研究所　北京 100037

中地壳的温度是300℃～450℃。中地壳地球物理性质的特点是经常的出现高导层和低速层。理解地球物理探测对上中地壳的物理性质的调查结果，需要在这一温度下对岩石性质直接测量。以往多数的岩石性质实验研究是干岩石（无水）和常温高压下测量的。关于地壳条件下岩石的物理性质（如电性质：电导率）实验室测量和理论预测尚很少设计高温高压下岩石性质和含水条件下的实验测量。多数情况下，是直接把深部岩石（如麻粒岩、花岗岩、辉长岩等）直接在常温高压下/无水情况下测量电、磁、波的传速。近十年，高温高压实验已经取得巨大进展，已经具备能够实现极端条件下的原位测量实验技术。能够解决许多地球物理和地球化学面临的难题。

在实际地层里可能有一定数量水，流动水, 并处于高温高压下。为此，需要解决两个基本问题:含水岩石的性质及其高温性质测量，如电导率测量。关于上中地壳问题，我们已经模拟了在20℃～450℃温度范围的水岩相互作用的化学动力学实验。曾经在这一温度范围内进行了大量的矿物与水溶液反应动力学实验（胡书敏，等. 2010；Zhang, et al. 2011）。

最近，我们设计的实验是在进行水岩反应动力学实验的同时测量反应流体的电导率。

首先, 在高温高压下观测水—岩体系，选择二长—正长岩石体系。在柱状反应器内紧密放置岩石颗粒，让水充满在反应柱内，反应柱的两端连接电导率仪器，在高温高压下让流体缓慢通过岩石柱，原位测量电导。我们选择火山盆地基底岩石，取自安徽省龙桥矿区深部的正长岩。在反应釜里，放入一定质量的岩石，粉碎粒径相同(20～40 目)，让水充满在岩石粒间。在改变温度压力和流速的情况下，在开放体系里测量水与正长岩石的反应速率。与此同时，我们测量了这一多孔介质、正长岩和水体系的电导率。实验中考察电导率受温度或压力的影响，还考察受水岩石相互作用性质的影响。

高温高压电导率测量装置：高温高压电导率仪是由检测信号的变送器和电导率探头组成。根据张荣华的设计，由ECD公司的现有产品中进行改装。变送器为T23-CDH-UM： 5.67(L)×3.50(W)×5.67(H)（英寸）。电导率探头有两只。相互之间距离10cm。金属电极长5cm。传感器金属电极尺寸：直径：5/16英寸，长度：5cm，传感器总长度：7英寸。设计和制做一个高压釜，让两端可以安插传感器的探头。

**高温高压电导率仪检测标定平台：**

平台结构组成为：①电导率电极，耐腐蚀耐高温，通过导线连接电导率的检测仪；②设置高压釜，两端有电极安置孔，另有输入输出溶液口，热电偶的插孔。安置电极孔的接口为锥管螺纹；③加热装置（炉）；④控温仪：采用数字式显示，0℃～400℃。升温效率合适，在确定升温点后升温快，抵达设定温度后，温度波动不大于±1℃；⑤安置平流泵：一种为40MPa（卫星公司制LB-10平流泵），另一种为可选的高流量泵；⑥背压控制器；⑦管道；⑧冷却装置；⑨标准溶液，用于校正电导率检测仪。

**高温高压水岩相互作用体系的电导测量实验:**

使用叠层反应器(平放式)，在开放流动体系条件下，研究正长岩与水在23MPa～35MPa和25℃～430℃范围的溶解反应动力学过程。在叠层反应器内装入正长岩样品 7.246g，填满度 $l$ =170mm， 腔内半径4.5mm，$v$ = 10.81ml内腔。

正长岩岩石碎屑，过筛，选 20～40 目，用蒸馏水清洗多次，洗去微细粉末。然后置于丙酮液体内用超声波振荡器清洗岩石表面粉尘和污染物。其后再用蒸馏水清洗，在 80℃条件下烤干。经过 BET 方法测量玄武岩样品的表面积，结果为 0.6m$^2$/g。

正长岩与水反应的流动体系，直接与高温高压的电导率检测装置连接，在 24～35MPa 20℃～420°C，在流速 1.5～3.5ml/min 条件下，原位测量和连续记录(5 秒/一个记录).在一天里连续记录 15 小时。正长岩与水反应的流动体系，直接与高温高压的电导率（西门子）直接连接获得原位检测结果。

正长岩—水反应的实时原位的电导测量，可以模拟一种岩石多孔介质含水体系，获得高温高压下水岩体系的电导率。在压力 23MPa，温度 20℃，100℃，200℃，300℃，350℃，374℃，400(414)℃，流速为 1.5 到 3.5ml/min，测量反应速率。经过比较，可以发现电导率是随温度和流速变化的，在 370℃～400℃范围内有高电导率出现。

实验室还实验测量研究了 31MPa 和 35MPa 下 20℃～420℃的正长岩—水体系的电导率。实验发现：升高压力后，水—岩体系的电导率并没有明显增加。以往的实验表明，在临界压力条件下，在临界温度附近，水的电导率有最大(Zhang, et al. 2011)。这些结果有助于我们重新认识盆地深部和地壳里的各种地球物理探测结果。

20℃～420℃的正长岩—水体系的电导率的测量结果表明:在高温度（374℃～400℃）时电导率最大。考察正长岩—水体系的电导率测量结果,结合水岩反应速率测量进行比较,可以得出结论: 高压 23～35MPa 下，在 374℃至 400℃时硅、铝、钾等具最大反应速率时，反应溶液具有最高的电导率。见表 1。

**表 1 23 MPa 下正长岩—水体系的各元素的最大溶解速率和电导率的测量结果**（R:mol.min$^{-1}$ m$^{-2}$10$^{-5}$）

| | Mg | | | Ca | Na | Al | Si | K | |
|---|---|---|---|---|---|---|---|---|---|
| 最大溶解速率 R | 1.1 | 1.1 | | 5.8 | 14.88 | 17.74 | 133.08 | 14.92 | |
| T℃ | 25 | 100 | 200 | 306 | 400 | 400 | 400 | 400 | 420 |
| 电导率（西门子） | 1.4 | 1.3 | 1.0 | 1.2 | **1.7** | | | | **1.7** |

最近，我们在 20～408℃下对玄武岩与水反应的最大溶解速率和水—岩体系的电导同时测量：玄武岩岩石样品取自安徽省庐江罗河铁矿区。20～40 目样品作实验。处理方法同上所述。样品 8.009 7g，放入反应腔内,腔体积为 10.815ml，表面积为 1.37m$^2$/g。在 24 和 34 MPa 下测量溶解速率，同时原位为检测岩石—水体系的电导率。见表 2 和 3。

**表 2 24 MPa 下玄武岩—水体系的最大溶解速率（R）和电导率的测量结果最大数值（Mx）**（R:mol.min$^{-1}$ m$^{-2}$10$^{-5}$）

| | Mn | Mg | Ca | K | Na | Al | Si | Fe |
|---|---|---|---|---|---|---|---|---|
| R | 0.026 | 0.18 | 2.44 | 18.37 | 5.49 | 4.9 | 55.41 | 0.058 |
| T°C | 24 | 109 | 210 | 308 | 408 | 397 | 408 | 398 |
| 电导率（西门子）Mx | | | | **3.3** | 1.7 | | | |

**表 3 34 MPa 下玄武岩—水体系的最大溶解速率和电导率的测量结果最大数值（Mx）**（R:mol.min$^{-1}$ m$^{-2}$10$^{-5}$）

| | Mn | Mg | Ca | Al | Si | K | Na | Fe |
|---|---|---|---|---|---|---|---|---|
| R | 0.0105 | 0.106 | 3.35 | 6.03 | 54.62 | 10.96 | 6.424 | 0.049 |
| T°C | 100 | 200 | 300 | 408 | 406 | 406 | 408 | 400 |
| 电导率（西门子）Mx | | | | **3.4** | | | | |

实验表明:玄武岩—水体系的最大反应速率,硅最容易在400℃出现,压力改变由24MPa增加到34MPa,没有改变硅的溶解速率。玄武岩—水体系的电导率最大数值出现在 24MPa～34MPa 下 300℃～400℃。

上述实验表明：中地壳在水平断裂、减低压力下的岩石—水体系既会出现有硅的最大淋失、最大溶解速率，同时，岩石—水体系出现最大电导率。另外，岩石里的大量成矿元素也容易在 300℃～400℃进入溶液。我们曾讨论过水和电解质溶液的自身的高温高压电导率性质，它们都是在临界温度附近具有最大电导率，而与压力的增加影响较小。高温高压水岩体系的电导率性质为我们提供了新的信息，用于重新理解地壳的地球物理探测的结果。

本研究由深部探测技术与实验研究专项（SinoProbe-07-02-03，SinoProbe-03-01-2A）和 2010G28，K1006 的资助。

参 考 文 献

[1] Zhang Ronghua, Zhang Xuetong, Hu Shumin. 文章名略[J]. Tectonophysics, 2011, 502: 276~292.
[2] 胡书敏, 张荣华, 张雪彤, 黄文斌. 论文名略[J]. 岩石学报, 2010, 26(9): 2681~2693.

（6）地球内部结构及其动力学

# 基于 LBM 方法的电磁热力耦合岩石脱水—相变—熔融数值研究

# Application of Lattice Boltzmann Theory to Rock Dehydration-melting and Phase-transition-melting of Deep Earth

朱伯靖[1,2]　程惠红[1,2]　柳　畅[1,2]　Yanchao Qiao[3]　David.A.Yuen[4]　石耀霖[1,2*]

Zhu Bojing[1,2]　Cheng Huihong[1,2]　Liu Chang[1,2]　Qiao Yanchao[3]　David.A.Yuen[4]　Shi Yaolin[1,2*]

1. 中国科学院计算地球动力学重点实验室　北京 100049; 2. 中国科学院研究生院地球科学学院　北京 100049;
3. 中国科学院遥感所　北京 100101; 4. 美国明尼苏达大学地质与地球物理系，Minneapolis, MN, 55455,USA

强电磁热力多物理场耦合作用下的岩石脱水—相变—熔融研究是国际地学研究中的热点课题和亟待回答的重大科学问题之一。但由于实验设备和条件的限制［费用高、无法实现苛刻电磁热力加载条件］，数值模拟研究作为一种方法和途径，随着计算机科学的发展及相关学科最新研究理论成果的出现，日益成为一种重要的方法，逐渐成为独立于实验方法的一种新方法。

岩石在超高温高压等多物理场耦合情形下脱水—相变—熔融问题，涉及到流体运动和固体骨架相互作用变形破坏、相变引起的化学结构变化、弹性－粘弹性－粘流性转变问题；对于流体部分运动状态及相变描述非常复杂，不能用传统经典流体力学理论去分析，因构建起宏观流体力学的基于质量守恒原理的连续性方程、基于动量守恒原理的动量方程和基于能量守恒原理的能量方程在微观尺度下已经不能很好满足。流体运动特征尺度减小到微米量级后，支配流体运动各种作用力发生变化，在宏观流动中居于次要地位而被忽略的表面力超过了体积力，而成为微流体运动支配力，这就意味着传统宏观流体驱动技术和研究方程在微流体研究中会被修正［体积力依赖于特征尺度三次幂，表面力依赖于特征尺度一次/两次幂，随着流体特征尺度降低，表面力作用不断增强］；随特征尺度继续减小［pico-nano-micro］表面现象作用迅速增加[表面积与体积比迅速增大]，使微观流体运动呈现出与常规流体运动不同性质。基于连续介质假设纳维—斯托克斯方程不能处理壁面与流体间速度滑移，固液界面边界条件本身成为求解变量，微观粘度与体积粘度不一致，这些都是经典连续介质模型不能解决的问题。LBM 方法基于第一性原理，是以原子尺度［pico-nano-micro］为特征尺度研究流体运动，可以很好解决以上问题，同时可分析相变［pico-nano-micro］过程。

本文应用基于电磁热力多场耦合断裂及格子波尔兹曼理论的多时空场流体驱动模型［MTS-EMTE_FDPFM］及其并行 GPU-CPU 程序［PGPU-CPU_MTS-EMTE_FDPFM］，对多时空尺度、超高温压［0～100GPa,0℃～1500℃］、电磁场耦合典型岩芯试样［橄榄岩、榴辉岩、玄武岩］脱水—相变—熔融过程进行数值模拟研究，研究其发生脱水、相变和熔融的温—压—电磁条件，模拟脱水、相变和熔融过程，得到岩石中不同组分对其脱水、相变和熔融的影响数值模拟结果显示：

对于玄武岩类岩石，在 0～1.4GPa,400℃～900℃温压［下地壳，深度 0～35km］内，水在岩石内主要存在形式为超临界水［SCW, 压力大于 22MPa,温度高于 374℃］，次要存在形式为结构水［H+,(OH)–,(H3O)+，温度在 1000℃,压力大于 1GPa］，流体在岩石的多晶结构间、微裂隙及同等尺度缺陷内运移，水的渗透和扩散形式包括分子间扩散［Fick 扩散］、分子与固体骨架间碰撞扩散［Knudsen 扩散］、分子与固体骨架间的表面作用[Surface 扩散、考虑微观边界层效应]及非线性黏性扩散［Forchheimer 扩散］，岩石开始出现脱水和相变。

对于橄榄岩类岩石，在 1～5GPa,400℃～1200℃温压［莫合面附近及磨合面 35km］下，水在岩石内的主要存在形式为结构水，次要存在形式为临界水，流体在岩石的单晶结构内、多晶结构间及同等尺度缺陷内运移，水渗透和扩散形式包括分子间扩散、分子与固体骨架间碰撞扩散、分子与固体骨架间表面作用及非线性黏性扩散，岩石开始出现脱水和相变，流变性质增强，单不存在熔融。

对于橄榄岩及榴辉岩类岩石，在 5～10GPa, 900℃～1200℃温压［地幔岩石圈底部，深度 100～200km］下，水在岩石内存在形式为结构水，流体在岩石的单晶结构内及同等尺度缺陷内运移［矿物小分子开始在矿物晶格间流变和扩散］，水渗透和扩散形式包括分子与固体骨架间碰撞、分子与固体骨架间表面作用及非线性黏性扩散，岩石开始出现部分熔融现象；当压力超过 10GPa,温度大于 1350℃［地幔，深度 200～600km］下，岩石以矿物晶体形式存在，水存在形式为结构水，且岩石内 S 等小分子晶体同样以流体形式存在并参与输运过程，岩石的流变性质严重依赖矿物化学组成及成分变化，岩石熔融现象以高黏性流变形式存在。

这些结果有利于从超高温高压角度重新审视大尺度情形下岩石圈地幔内部物质运移方式为大洋板块与大陆边缘的相互作用研究提供理论支持和帮助。

（6）地球内部结构及其动力学

# 同时考虑大陆岩石圈、下地幔异常堆下的地幔对流

# Mantle Convection with Continental Lithosphere and Thermo-chemical Piles in the lowermost Mantle

杨 亭* 傅容珊 班 磊 黄 川

Yang Ting Fu Rongshan Ban Lei Huang Chuan

中国科学技术大学地球和空间科学学院 合肥 230026

在地质历史上，约占地表面积30%的大陆岩石圈，周期性地聚合成超级大陆或分裂成孤立的小块陆地。作为地幔对流的上边界层，它的这种周期性的分合运动必定受到地幔对流格局的影响，同时也会影响地幔对流的格局。在非洲和太平洋底部的CMB上，存在着与大陆岩石圈相对应的，约占CMB面积50%的热化学异常堆。作为地幔对流的下边界层，其也将与地幔对流相互作用。

观测表明，俯冲带主要发生在大陆岩石圈边缘（如日本海沟），偶尔存在于海洋板块之间（如马里亚纳海沟），没有俯冲带存在于大陆内部；深起源的热柱倾向于发生在下地幔热化学异常堆边缘[1]。在超级大陆分裂时，在超级大陆的中间观测到大量的上升热柱，有些研究表明这些热柱可能是深起源的；数值试验显示，在热化学异常堆分裂时，热化学异常堆顶中间存在着巨大的下涌流；在非洲和太平洋这两个对跖的热化学异常堆上方，对应着升高的大地水准面。

为了探讨地表大陆岩石圈，周围地幔，下地幔热化学异常堆的相互作用关系，并且解释上面的观测现象。我们在二维直角坐标和三维球域坐标系下设计了一系列的模型试验。实验假设地幔流体满足Boussinesq近似，不考虑内生热、相变对地幔对流的影响，并采用与观测一致的地幔粘度，瑞利数等地球物理参数。

在二维模型中，我们查看了大陆岩石圈横向半径对地幔对流格局及下地幔热化学异常堆的影响。大陆岩石圈采用浮力比为−0.4，粘度比周围地幔高1000倍的化学异常体来模拟；若假定下地幔的化学异常堆为高粘度块体，则其粘度比周围地幔高50倍，若假定下地幔的化学异常堆为低粘度的化学层，则其粘度比周围地幔低25倍。下地幔底部的热化学异常体的浮力比为0.4。实验结果显示：

（1）俯冲总是在大陆边缘及海洋板块区域产生，并倾向于迁移到大陆边缘，在大陆内部没有俯冲。当海洋板块在大陆边缘俯冲时，由于板块之间的摩擦作用，大陆板块呈现上宽下窄的倒梯形形状。虽然上涌流不唯一地存在于热化学异常堆边缘，但热化学异常堆边缘总是伴随着上涌流。

（2）当大陆体积较小时，由于俯冲作用，大陆岩石圈下部总是伴随着低温。当大陆的体积足够大时，虽然在大陆的边缘仍然存在俯冲区，但大陆内部有可能有热柱的存在。要使得大陆岩石圈下部的温度较周围地幔高，则大陆的长度必须大于2 890km，以消除俯冲板块的降温作用[2]。

（3）当大陆体积较小时，大陆总是伴随着下涌，而下地幔的热化学异常堆总是伴随着上涌流，因此，大陆与热化学异常堆趋向于彼此远离；当大陆体积较大时，由于俯冲带倾向于分布在大陆边缘，上涌区及其对应的热化学异常堆倾向于分布在超级大陆内部或远离大陆边缘的海洋区域。这解释了非洲及太平洋热化学异常堆的分布和现今俯冲带及大陆岩石圈之间的位置关系。

（4）在热化学异常堆集中的区域，总是对应着升高的大地水准面。

（5）大陆边缘下涌流的倾斜方向和大陆运行的方向保持一致。热化学异常堆边缘上涌流的倾斜方向和异常堆的运行方向有相关性，但更多地受到下涌流的影响。

在三维模型中，我们使用了同二维相同的地幔参数。为了使得岩石圈能够在地幔对流作用下产生汇聚与分裂，大陆岩石圈用粘度比周围地幔高50倍的化学异常体来模拟，同时为保证大陆岩石圈不被耗散，其浮力比设为−0.8；下地幔底部的热化学异常堆参数同二维相同。结果与二维模型基本一致。其不同在于：在三维下，热柱倾向于在热化学异常堆的边缘产生；超级大陆分裂之前，有源自深源的热柱，表明超级大陆的分裂可能源自深源热柱的作用。

## 参考文献

[1] Burke K, et al. Plume generation zones at the margins of large low shear velocity provinces on the core-mantle boundary[J]. Earth and Planetary Science Letters, 2008, 265(1~2): 49~60.

[2] O'Neill C, et al. Influence of supercontinents on deep mantle flow[J]. Gondwana Research, 2009, 15(3~4): 276~287.

（6）地球内部结构及其动力学

# 水库对构造活动影响三维有限元研究

## Numerical Study of Reservoir-Fault Tectonic Mechanism

程惠红[1,2]　张　怀[1,2]　朱伯靖[1,2]　石耀霖[1,2*]

Cheng Huihong　Zhang Huai　Zhu Bojing　Shi Yaolin

1. 中国科学院计算地球动力学重点实验室　北京 100049;

2. 中国科学院研究生院地球科学学院，北京 100049

水库作为利用水利资源最重要途径之一，随着人类活动不断增加，特别是近五十年以来人类活动迅猛发展，国民经济和社会发展对以水电为代表的能源需求和依赖日趋严重，大-超大型水库作为水电能源基本条件其重要性日益被人类所重视，水库建设已成为开发水利资源最重要活动。然而，由于水库库区/坝址及其附近不可避免地会存在断层、裂隙等活动构造/构造面，在水库蓄水/放水的运行过程中不但水库水体载荷对库区岩体产生压力，水体与库底岩体发生相互作用，而且会造成一定的水头压力，使得库区的孔隙压力增大，沿着岩层、断层扩散，同时，库水也会沿着断层、裂隙、节理等活动构造/构造面渗流，改变这些活动构造的物理、化学性质，在库区出现一些构造活动以及地震活动。大-超大型水库水利资源通常位于活跃断层构造区，这种情形在我国尤为突出。因此，对大-超大型水库库区断层在水库蓄水后应力、应变及应变能等进行研究，分析本底地质构造活动与水库引起的地质构造活动，对在充分利用水利资源同时，不破坏自然本底环境，避免自然对人类进行响应性报复，具有重要意义。

本研究基于孔隙弹性耦合理论，利用典型水库及周围地质构造参数，建立孔隙弹性耦合[1~2]三维有限元模型，对考虑岩层－断层各向异性、渗流、动态孔隙压等因素水库对地质构造影响问题进行系统研究，通过分析水库蓄不同阶段水位时空变化引起的水库质构造区应力、应变场变化，得到水体载荷弹性效应对库仑应力变化影响较小，孔隙压力扩散起主导作用，主要研究内容包括：

（1）建立新丰江水库有限元模型，考虑岩层－断层物理、渗流参数不均匀性，模拟水库周围地质构造应力、应变场变化，研究断层－岩层应力、孔隙压力分布规律，得到断层－震源处库仑应力、孔隙压力、应变及应变能随水位时空变化分布规律。新丰江水库蓄水改变了库区的应力场，使得库区岩体及断层上的库仑应力和孔隙压力变化较大，在Ms6.1 级地震震源点处库仑应力变化最大值为 3.0kPa，水体荷载产生的弹性效应对库仑应力变化影响较小，孔隙压力的扩散起主导作用。从新丰江水库开始蓄水到 Ms6.1 级地震发生引起的库区的最大形变量为 17.5mm，形变能约为 $7.3\times10^{11}$ 焦耳，对 Ms6.1 地震地震波释放能量的贡献不到 1%，说明新丰江水库地震发生前区域构造应变能的积累已经达到了临界状态，而水库蓄水仅仅触发累积的应变能释放。

（2）在参考不同学者对紫坪铺水库蓄水/放水研究的基础上，详细计算了紫坪铺水库蓄水/放水对库区断层和岩层以及汶川地震的孔隙弹性耦合作用，其中考虑了岩层的非均匀性，物理参数、模型大小对计算结果的影响等，并给出了紫坪铺水库蓄水对库区断层、不同深度处岩层等库仑应力和孔隙压力分布图。单纯地计算紫坪铺水库放水引起的弹性荷载，可引起震源处库仑应力变化在十几个 kPa 量级，而通过不同孔隙弹性耦合模型计算得出的最大库仑应力变化仅为 kPa 量级。引起库区最大形变量达到 32mm，应变能为 $4.0\times10^{11}$ 焦耳，不足汶川大地震地震波释放能量的百万分之一；水位变化是否为诱发汶川地震原因仍需在有实测扩散系数后进一步研究。

（3）建立了 Aswan 水库三维有限元模型，考虑岩层和断层物理、渗流参数不均匀性，得到断层库仑应力、孔隙压力、应变及应变能随水位时空变化分布规律 Aswan 水库水位不断上升，使得库区发震断层上的孔隙压力和库仑应力不断增大，可达到 0.1MPa，在 $M_L$5.7 地震震源处的库仑应力量级达到了 0.01MPa，达到触发地震发生条件。Aswan 水库蓄水中水体荷载产生弹性附加应力场对库仑应力变化贡献所占比例不到 3%，蓄水造成的孔隙压力在库仑应力变化中占主导因素。Aswan 水库从开始蓄水到 $M_L$5.7 地震的发生引起的最大形变量达到 0.8m、形变能约为 $1.12\times10^{15}$ 焦耳，虽然大面积蓄水引起总形变能可以提供此次地震的发生，但震源体积内的弹性能量密度仍然有限，$M_L$5.7 地震仍是水库触发地震。

### 参 考 文 献

[1] Simpson D W. Seismicity changes associated with reservoir loading [J]. Engineering Geology, 1976, 10: 123~50.

[2] Rice J R, Cleary M P. Some basic stress diffusion solutions for fluid-saturated elastic porous media with compressible constituents [J]. Reviews of Geophysics and Space Physics, 1976, 14(2): 227~241.

（6）地球内部结构及其动力学

# 东半球内核边界的地形起伏探测

# Constrains on the Topography at Inner Core Boundary in East Hemisphere

戴志阳* 温联星

Dai Zhiyang Wen Lianxing

中国科学技术大学地球与空间科学学院 合肥 230026

地球是一个不断演化的动力学体系，在其漫长的演化过程中形成了明显的分层结构：最里层的地球内核是个像月球大小的固体铁球，外面被高速流动的包含有少量其它较轻元素的液态铁镍合金外核、高黏度的地幔和薄薄的固态地壳所包围。

地球内核随着地球内部的冷却从外核而凝固，并逐渐向外生长。内核在其增长过程产生潜热并释放较轻的元素，为外核的热化学对流和"地磁发电机"提供驱动力。而外核对流则就像火炉上开水的对流，被认为是地球磁场产生的原因[1]。科学界一般观念认为：内核增长即使在地质时间尺度范围来讲亦是一个很缓慢的过程，并且由于外核温度变化极小，地球内核的凝固过程在不同地理位置上是均匀的[2]。也就是说内核表面应该是均匀光滑的，凝固过程产生的地磁场驱动力也应该是横向均匀的。

戴志阳等[3]通过分析和模拟由班达海三个深部地震散发的、从地球内核表面反射的地震波的走时（即地震波从震源到达观测点所需的时间）和振幅发现表明地球内核表面至少拥有一种横向 6 千米、垂向 14 千米的地形和另一种横向 2～4 千米、垂向 4～8 千米的系列地形。这一研究结果证明地球内核表面并不是均匀光滑的，而是至少拥有两个不同尺度的不规则地形。然而他们的研究区域只占到地球内核表面极小的一块。那么除了上述研究区外，在别的区域下方地球内核表面是否存在这种小尺度的不规则地形？这种不规则地形起伏的形状和尺度是什么样子的？因为 PKiKP 震相对内核边界的起伏、几何形状和性质差异非常敏感并且 PKiKP-PcP 走时差与振幅比能减少地球浅部结构以及地震发震时刻、位置、震级和辐射模式测量不精确的影响。我们利用临界反射前的 PKiKP-PcP 震相对研究东半球的内核边界地形起伏，

我们收集了东半球的 2004 年至今的 PKiKP-PcP 数据资料。所选地震的震源深度超过 100 千米，震级大于 5.8 级。地震数据处理包括以下 5 个步骤：①采用 1～3Hz 的巴特沃斯带通滤波器和 WWSP 仪器响应滤波；②手动拾取震相，并且将所拾取的震相做波形叠加；③将拾取震相与叠加的波形做互相关，基于互相关值重新拾取震相；④重复叠加与波形重拾取步聚，直到互相关值大并且走时拾取不再变化；⑤根据互相关拾取对齐波形，人工检查可能出现的走时周期跳跃。具有周期跳跃可能的数据在进一步的分析中舍弃。通过上述处理步聚，一共搜集了 14 个地震 8 个采样区的高质量 PKiKP-PcP 波形数据对，震中距分布在 10°～55°范围内。初步的研究结果表明：对不同局部区域采样的 PKiKP-PcP 相对走时与振幅比变化模式明显不同。PKiKP-PcP 相对走时的变化范围较大，变化从–2s 到 3s。在有些地区，PKiKP-PcP 的相对走时主要与 PKiKP 走时相关，与 PcP 走时相关性不大；有些地区，PKiKP-PcP 的相对走时同 PKiKP 走时和 PcP 走时的相关性差不多。大部分地区的 PKiKP-PcP 振幅比为 0.05～0.3，明显高于 PREM 模型预测的振幅比。有些地区的 PKiKP-PcP 振幅比变化异常大，分布在 0.02～0.7 的范围内。

PKiKP-PcP 相对走时与振幅比能够减小地球浅部结构以及地震定位不精确等的影响。但是 PKiKP-PcP 的走时差可能是由核幔边界结构引起的，也可能是由内核边界结构引起的，或者是两者的共同作用。进一步的数据分析表明：有些地区的 PKiKP 反射区域的内核边界存在形状不规则的地形起伏；有些地区无法确定内核边界是否存在这种地形起伏，因为无法确定 PKiKP-PcP 的走时差到底时由核幔边界结构引起的，还是内核边界结构引起的。

本研究得到国家自然科学基金项目 NSFC40904008 和 NSFC41130311 的共同资助。

## 参 考 文 献

[1] McFadden P L, Merrill R T. Geodynamo source constraints from paleomagnetic data[J]. Phys. Earth Planet. Inter, 1986, 43: 22~33.

[2] Stevenson D J. Limits on Lateral Density and Velocity Variations in the Earths Outer Core[J]. Geophys. J. R. Astron. Soc. 1987, 88: 311~319 .

[3] Zhiyang Dai, Wei Wang, Lianxing Wen. Irregular topography at the Earth's inner core boundary[J]. Proceedings of the National Academy of Sciences of the United States of America (PNAS), 2012, 109(20): 7654~7658.

（6）地球内部结构及其动力学

# 水压致裂法地应力测量的三维数值模拟研究

# Three-dimensional Numerical Simulation of Hydraulic Fracturing Technique in Geostress Measurement

刘善琪　程惠红　李永兵　田会全　刘旭耀　朱伯靖　石耀霖*

Liu Shanqi　Cheng Huihong　Li Yongbing　Tian Huiquan　Liu Xuyao
Zhu Bojing　Shi Yaolin

中国科学院计算地球动力学重点实验室　中国科学院研究生院　北京 100049

地应力测量是研究固体地球物理现象背后物理机制的力学基本参数，在地下隧道、铁路、公路、采矿工程围岩、高边坡及岩土开挖等地质工程中应用也十分广泛。掌握准确的地应力时空分布特征和规律是分析固体地球物理问题的基础，也是地质工程问题稳定性研究和设计分析、实现岩土工程决策科学化的必要前提，因此地应力测量理论、方法及地应力场的研究，具有重要的科学意义。

根据测量原理，地应力测量方法可以分为直接测量法和间接测量法。直接测量法是直接测量应力分量并通过分析计算得到原岩应力值的方法，包括：偏千斤顶法、水压致裂法、刚性圆筒应力计、声发射法；间接测量法是通过将测量得到的与岩石应力有关的间接物理量代入计算公式得到岩石应力值的方法，包括：应力解除法、应力恢复法、地球物理法、地质测绘法等。

在目前广泛应用的地应力测量方法中，只有地应力解除法和水压破裂法能提供水平应力的主应力大小和方向，其余地应力测量方法仅能提供主应力方向，不能提供主应力大小。而水压破裂法因其测量深度大、无需套心、无需精密复杂的井下仪器、不依赖于岩石的应力—应变关系、所测得的是较大范围内的平均地应力值等突出的优点，得到科研工作者的青睐。

水压致裂法测量地应力是由美国学者 Hubbert 和 Willis 于 1957 提出的；Haimson 于 1978 年完善了这一理论和方法；李方全于 1980 年将其引入我国；1987 年，国际岩石力学学会将水压致裂法推荐为确定岩石应力的建议方法之一，标志着水压致裂地应力测量理论在岩石应力确定上已趋于成熟。水压致裂是低渗岩石在水压作用下微裂纹产生、扩展、贯通，直到宏观裂纹产生，并导致其破裂的过程；水压致裂地应力测量是通过在钻孔周围岩层中诱发人工裂缝来获取地应力的一种方法。其实质是利用一对可膨胀的橡胶封隔器在预定的测量深度封隔一段钻孔，然后通过注入流体对封隔段增压，致使孔壁及其周围岩体产生人工裂缝，同时利用仪器记录压力随时间的变化，根据压裂过程曲线的压力特征值就可得到测点处的最大和最小水平主应力的量值以及岩石的水压致裂抗张强度等岩石力学参数。该方法以弹性力学为理论基础，并以三个基本假设为前提：①岩石是线弹性和各向同性的；②岩石是完整的、非渗透的；③岩层中有一个主应力方向与钻孔轴平行。

传统的水压致裂分析方法包括现场原位测试、室内物理模型实验和解析理论等，但是都有其局限性：原位测试和室内实验的费用较高，且数据采集的可靠性和破裂过程显示的直观性受多种因素的影响；理论分析不能考虑介质的非均匀性。因此，数值模拟方法具有广阔的应用前景。目前，数值模拟的模型大都采用二维平面应变模型，而实际水压致裂过程中钻孔的封隔段长度不大，这与模型的平面应变假设前提不符，且平面应变模型不能真实的模拟出裂纹的扩展情况。

水压致裂是流体与岩体耦合基础上的力学响应，模拟时应考虑流体驱动与岩体变形之间的耦合作用及流固耦合作用下流体对岩体破裂及裂隙发育的影响。封隔段钻孔周围岩体的变形不会是简单的弹性变形，假设为弹塑性变形，选定 Mohr-Coulomb 准则作为屈服条件。本文基于流固耦合弹塑性有限元方法，对典型岩石建立水压致裂三维数值模型，模拟不同种类流体（空气和水）对岩石孔壁作用，分析孔壁出现初始裂纹并发生破坏的最小压力，进而通过初始裂纹位置和扩展方向确定最大主应力方向，研究不同岩石最大主应力方向和大小。

**参 考 文 献**

[1] 景锋，盛谦，张勇慧，刘元坤. 我国原位地应力测量与地应力场分析研究进展[J]. 岩土力学，2011, 32(Supp.2): 51~58.
[2] 蔡美峰. 地应力测量原理和技术[M].北京：科学出版社，2000.
[3] 曹金凤，孔亮，王旭春. 水压致裂法地应力测量的数值模拟[J].地下空间与工程学报，2012，8(1): 148~153.

（6）地球内部结构及其动力学

# 基于SS前至震相识别的LAB深度研究进展

## Advances of the topography of LAB with SS precursors

眭 怡 周元泽 陈 健

Sui Yi Zhou Yuanze Chen Jian

中国科学院研究生院地球科学学院 100049 北京

岩石圈软流圈边界(LAB)是一个重要的全球性边界，它可以反映全球演化的过程(包括地幔分异、长期冷却、全地幔对流等)和板块构造的过程(包括 Wilson 循环，小模型的地幔对流等)。然而至今我们对岩石圈软流圈边界的深度，边界两侧的流变性差异大小及这种差异性分布的深度范围仍不确定. 而这些对于认识地球的演化，地幔对流等都有很重要的作用.

随着全球的地震台网的密度大大增加，其中包括固定台站做为参考台和大量的流动台站，海量的实时地震数据不断积累，使得高分辨率、大范围的地球内部结构成像成为了可能. 目前人们常用的地震成像方法包括层析成像，接收函数，偏移成像，特定震相的波形拟合等. 由于密集的台网主要分布于环太平洋经济发达国家和地区，这就对用来成像的地震震相的选择有了很大的限制，因此结合各种地震学方法，人们可以使用的地震震相包括 Sp、Ps 转换震相、面波、ScS 及其混响、SS 及其前至震相. 远震的 SS 前至震相对其反弹点处的结构敏感，而反弹点的位置位于源和接收器的中点，这就使得我们可以分辨出台站覆盖稀疏乃至没有台站的地区，如海洋等下方速度跃变结构. 前人用 SS 前至震相所做的结构相关工作大多集于上地幔，特别是地幔转换区的 410 和 660km 间断面的结构成像(Flanagan, Shearer，1998；Deuss, Woodhouse，2001；Gu, Dziewonski，2002；Lawrence, Shearer，2008)，而于 LAB 这样地球浅部速度结构的成像是近几年才逐步开展起来的(Rychert, Shearer，2010；Rychert, Shearer，2011)，其中全球波形迭加表明 SS 波形一阶差分反应的特点就是 LAB 结构引起的.

在我们的研究中，由于在印度、汤加等地区分布了大量的地震，我们选取其中震级大于 6Mb，震源深度在 70 到 300km 的地震，由日本 F-net(宽频带地震台网)记录到的三分量记录中的水平分量，并进行 0.1 到 2Hz 的滤波，以 S 震相做为参考震相，进行 SS 及其前至震相的提取，并由动力射线追踪方法对所选用的地震及相应的震相进行射线追踪，得到我们可以成像的区域，用汪荣江的 QSEIS 程序进行波形拟合，以得到与地震记录所反应结构相对应的 LAB 深度分布及相应的速度结构.

地热与地球化学方面的研究者对于由地震反演出的，在一定深度范围内出现的速度异常，做出一些定量的分析，以解释该界面的成因到底是哪一种，如部分熔融、水、亏损、温度的变化、晶粒的变化等. 现在比较普遍被接受的一种看法是，海洋岩石圈是干的、化学亏损的圈层，其覆盖在含水的化学富集的软流圈之上；而陆地岩石圈结构更为复杂，目前没有地学界一致认可的看法. 我们可以由 SS 前至震相得到的 LAB 深度及其相应速度结构的分布，并结合地热、地球化学方面的解释来分析所研究区域的 LAB 是由什么原因引起的. 在现有的解释中，地热被认为起了很大的作用. 坚固的岩石圈被认为是热边界层的一部分，这里的温度在地幔绝热温度以下，则热量的流动是靠热传导完成。热边界层的底部表示岩石圈和对流地幔之间的流变性边界，此处地幔的岩石是冷的、高粘滞性的，从而岩石圈内的粘滞性则相对较低；而其它的一些因素，晶粒大小、化学成份、水含量、部分熔融的程度等也会影响粘滞性. 熔融析出所造成的地幔矿物脱水，被认为是使海洋((Karato & Jung，1998))和陆地(Lee，2006)粘滞性增加的一个重要原因.

### 参 考 文 献

[1] Flanagan M P, Shearer P M.Global mapping of topography on transition zone velocity discontinuities by stacking S precursors[J]. Journal of Geophysics Research, 1998, 103: 2673~2692.

[2] Deuss A, Woodhouse J. Seismic observations of splitting of the mid-transition zone discontinuity in Earth's mantle[J]. Science, 2001, 294: 354~357.

[3] Gu Y J, Dziewonski A M. Global variability of transition zone thickness[J]. Journal of Geophysics Research, 2002, 107(B7): 2135.

（6）地球内部结构及其动力学

# 太平洋区域地幔底部异常体与地幔的相互耦合作用及其演化

# The interaction between 'Pacific Anomaly' and the mantle and the evolutions of them

班　磊*　傅容珊

Ban Lei　Fu Rongshan

中国科学技术大学地球与空间科学学院　合肥 230026

层析成像显示，在太平洋区域地幔底部存在一 LLSVP（Large Low Shear Velocity Province），其波速异常不能仅仅由温度异常来解释，故一般认为在这一区域也存在化学异常，即在 LLSVP 中存在热化学的异常体；同时也有研究认为此异常体内部亦可能伴随着钙钛矿、过钙钛矿间的相变。这一异常体存在于此区域至少已有数亿年，并且异常体底部的边缘区域位置保持不变(Kevin Burke, et al. 2008)。也有研究认为这一异常体存在时间可能会更长达数十亿年(A. W. Hofmann, 1997)。伴随有这样大的异常体存在的地幔其演化必会呈现出不同的格局。

为了研究“太平洋异常体”与地幔的相互耦合作用及其演化，我们使用数值模拟软件 Citcom 模拟了地幔中存在有异常体的情况下地幔的演化。我们对地幔进行了不可压缩流体的近似以及采用温度相关的粘度，并在地幔底部设置一异常体；我们使用浮力比、粘度比作为模型的控制参数，其它物理参数保持固定不变。模型在不同的浮力比、粘度比的条件下演化，我们得到了以下结果。

异常体的存留时间。浮力比对异常体的存留时间有很大的影响。在异常体物质与周围地幔物质使用相同的粘度公式条件下，当浮力比较小至 0.3 左右时，异常体物质在异常体上方的上升热柱的携带下，在演化数亿年后基本上完全被消耗掉，被均匀混合至地幔中；当浮力比较大达到 0.8 左右时，此时异常体上方虽然会有上升的热柱，但此时异常物质由于其较大的密度，异常物质很难被热柱携带并混合至地幔当中，绝大部分异常物质在模型演化数十亿年后仍被保留了下来。同时粘度比对异常体的存留时间也有较大的影响。在相同浮力比的情况下，异常物质粘度较小，其更容易被携带至地幔中，则异常体存留时间也相对较短；相反异常物质粘度较大时，则异常体存留时间也相对较长。

异常体内部的温度分布与 ULVZ(Ultra-Low Velocity Zone)。异常体在演化一段时间后出现了一个很明显的特征：异常体内部的高温区域主要分布在异常体底部的边缘区域。也就是说异常体的底部有一高温薄层，这一薄层在异常体的边缘区域厚度最大。地震学的研究发现在太平洋区域核幔边界存在 ULVZ，这种超低速物质块体被认为可能是 CMB 边界异常体物质在高温作用下的部分熔融。对 ULVZ 更详细的研究发现，超低速区更容易在 LLSVP 底部的边缘附近区域被发现(Edward J. Garnero and Allen K. McNamara, 2008)，而且其厚度较大。如果 ULVZ 确实是由高温下异常物质的部分熔融形成，那么我们的模型演化结果与这一观测相符合。但在异常体底部的非边缘区域的高温薄层并不是在整个模型演化过程中都是非常薄的薄层。在有些情况下，异常体底部非边缘区域高温层的厚度甚至比异常体底部边缘区域的高温层的厚度还要厚，甚至在有些情况下在异常体的内部产生热柱，在异常体的内部造成大面积区域的高温。

热柱产生在异常物质的隆起区域，并起着锚定热柱的作用。异常物质在其外部、内部的对流格局的影响下会形成隆起。当隆起形成时，热柱便会在隆起的顶部形成；当隆起水平移动时热柱亦会随之水平运动；当隆起消失时，热柱也会随之消失。

异常体内部产生的热柱使得异常体向上隆起，但由于异常体物质的高密度，异常体向上隆起到一定高度时，异常体内部的热柱消失，异常体也向下回落，这种现象有些类似 Anne Davaille(Anne Davaille, 1999)在实验中观测到的超级热柱的上下震荡。

## 参 考 文 献

[1] Anne Davaille. Simultaneous generation of hotspots and superswells by convection in a heterogeneous planetary mantle[J]. Nature, 1999, 402: 756~760.

[2] A W Hofmann. Mantle geochemistry: the message from oceanic volcanism[J]. Nature, 1997, 385: 219~229.

[3] Edward J Garnero, et al. Structure and dynamic of earth's Lower mantle[J]. Science, 2008, 320: 626~628.

（6）地球内部结构及其动力学

# 三维地球的并行区块化网格生成方法

# A Parrallel Method of Hexahedral Grid Generation for Geoscience

宋 珊 张 怀 石耀霖

Song Shan Zhang Huai Shi Yaolin

中国科学院研究生院计算地球动力学重点实验室 北京 100049

## 1. 引言

在研究全球或区域性的三维地球动力学问题时，做大规模并行有限元数值模拟之前需要生成全球或部分球壳的计算网格。计算网格的规模和分辨率对数值模拟的计算效率和计算精度有关键性影响，用传统的经纬度生成网格的方法有两个致命的缺点：一个是存在在地心和南北极三个奇点，在计算中需要特殊处理，如周期边界条件的应用；另外一个是我们关心的是地球表面部分网格稀疏，而不关心的地心处网格密集，造成计算资源上的浪费。因此，我们需要一种高效的支持大规模网格数据生成的三维球体网格的生成方法，能够既保证地球动力学科学问题研究的要求，又不至于局部网格过于密集造成计算资源浪费。本课题在多学科领域结构化和非结构化有限元网格生成算法的基础上，通过结合各方法优势、改进网格生成算法，提出一套区块化的三维地球网格生成方法——“CP6n”。

## 2. 网格生成和分块方法概述

CP6n 方法采用的是结构化的六面体网格。球体的中心为投影到球面的 $M\times M$ 正立方体，对中心六面体的各个表面应用从内至外按层拓展生成的方法，并采用逐层单方向和全方向两类加密、减稀方案。单方向加密是利用一个棱台把六面体的一个表面过渡为三个六面体的表面。在三维空间的 3 个方向上依次做 3 次单方向加密，即可完成整个球面网格的各方向三倍加密。全方向加密是在同一层过渡单元体内，利用 2 个方向的 4 个棱台，完成其表面所在的 2 个方向的加密，在同一层内使三维空间的 3 个方向网格密度均变为原来的 3 倍。

CP6n 方法在生成网格的同时还能够完成单元区块的划分。整体地球网格可分为球核和 6 个球瓣，每个球瓣又可进一步根据半径区间的不同分为不同的切片，切片内正交切割可分为 $N\times N$ 的块体。每个切片都按照相同的编号规律独立地完成网格的生成，在采用并行方法完成网格生成时可对不同的球瓣或切片指定不同的节点分别完成网格生成，而无需相互通信。若只进行部分区块的生成，便可达到生成局部地球网格的效果。

## 3. 效率分析和测试

使用 CP6n 方法生成网格所需时间与该节点所生成的网格节点数成线性关系，内存空间消耗与单个切片的最大节点数成线性关系。在 6 节点并行模式下做效率测试得到，大约每生成一万个单元耗时 0.015s，若生成 2 亿个单元的网格需要大约 5min 时间，该网格生成过程中最大内存消耗约 800MB。使用 CP6n 方法时若作出合理的分区可有效减少内存消耗，在生成同一套两千万单元的全球网格时，采用传统无分块方法至少需 1GB 以上的内存，而按照 CP6n 方法合理划分区块后仅需不超过 60MB 内存。

## 4. 分析与总结

使用 CP6n 方法能够快速得到并行有限元计算所需的超大规模三维地球网格。此种方法避免了其它常规网格生成方法可能造成的球心奇异点和两极奇异点问题，避免了球体深部网格过密造成的网格浪费，同时可以通过两种单元层加密和减薄方法，实现了对不同球体半径处各地层网格密度的灵活控制。并行的网格生成方法和网格生成与分区同时进行的方案，有效解决了传统的由整体超大规模网格做并行区块划分时所遇到的内存限制问题，突破了在网格生成和分区的规模瓶颈，能够快速生成出数亿单元的分区化计算网格。使用 CP6n 方法时还可实现基于宏观网格密度要求的智能网格节点规划和智能并行分区规划等网格规划功能，可选择只生成部分地球区域的网格，可生成椭球地球，还可对网格加入地层属性、地表地形等，方便快捷的实现具有精细地球结构的三维地球网格的生成。

（6）地球内部结构及其动力学

# 利用 pP 前驱波研究过渡带间断面起伏

# Mapping topography on discontinuity of transition zone using pP precursors

王永飞[1]　丁志峰[2]　刘红俊[2]

Wang Yongfei　Ding Zhifeng　Liu Hongjun

1. 中国科学技术大学地球和空间科学学院 蒙城地球物理国家野外科学观测研究站　合肥 230026;
2. 中国地震局地球物理研究所　北京 100081

过渡带的地震学间断面通常为地球内部化学和动力过程提供了重要的信息。通常被人们所接受的地震学间断面是深度为 410km 和 660km 的间断面。410km 间断面被认为是从 Olivine 到 Wadsleyite 的过渡界面。根据热力学克拉博龙方程，410km 间断面在较冷的区域会向浅处抬升。而俯冲带环境很大的一个特点是侧向的温度变化比较明显，从周边较温热的地幔物质到较冷的俯冲板块。很多研究都明显的显示出 410km 间断面的抬升，也证实了间断面的本质与矿物相变有一定的关系。然而这些研究中，有些的空间的分辨率比较低，将一大块区域的的深度进行平滑，就有可能将局部异常忽略掉,而且地幔楔中的 410km 间断面起伏数据几乎没有，所以不能完全判定相变模型所预测的深度分布就是正确的。

## 1. 方法和原理

本文主要利用 pP 深度震相的前驱波方法来研究间断面的起伏情况。pP 是指 P 波上行至地表然后反射到接受台站的震相。通常情况下，深度震相的前驱波是难于看到的是因为其本身就很弱，它们的振幅通常是 pP 的 5%不到。但是如果使用多条相似记录的叠加，就能较为清楚的看到这些前驱波的震相。选择 pP 震相的前驱波可以反映出震源区间断面的起伏情况，尤其对于深震多发生俯冲带地区，而且俯冲带地区过渡带间断面的起伏情况一直是地震学研究的热点。由于俯冲带所部台站数量的影响，来自相关地区的数据相对比较少。前驱波研究间断面的方法是通过识别pP在不同间断面上的前驱波和测量该前驱波和pP到时上的差异走时和理论模型计算的差异走时相对照，不断地以一定间隔的改变间断面的深度来拟合实际的差异走时。这种方法的一个好处就是差异走时对台站附近的速度模型影响较小，其差异走时主要来自于反射点位置深浅以及反射点地区的速度结构。

在对原始数据进行 0.01～0.3Hz 的带通滤波，压制了数据中高斯分布的噪声。对于非高斯分布的噪声，研究表明叠加的变法能够将其很好的压制。在叠加方法上面，我们依次尝试了简单共反射点线性叠加、台阵 N 次根倾斜叠加、震相加权叠加和适应性叠加的不同办法试图提高前驱波的信噪比。

为提高反演精度，我们选用不同的速度模型来计算差异走时，包括一般的 prem 模型、iasp91 模型、用 crust2.0 修正过后的 prem 和 iasp91 模型，对比不同模型下 410km 间断面的起伏差异。

## 2. 数据资料

地震数据选择 2007～2008 年发生在斐济—汤加地区的深度超过 500km 的深震，同时为了保证信噪比，我们选取矩震级大于 6 级的事件。本文所使用的地震台阵，是 2006 年中国地震局启动的华北科学探测台阵计划中布置的台阵，该台网包含了 180 多个宽频带地震台。后期为了进一步探讨 410km 间断面区域起伏变化又增加了加州理工学院台网和澳大利亚台网以及震中距在 30～80 度全球台网的数据。

## 3. 初步结果

利用中国地震局华北科学探测台站的远震数据成功的反演出斐济—汤加地区的410km间断面的起伏情况，所得数据前人利用近震所做的数据吻合较好，侧向的深度变化规律与矿物学相变模型所预测的规律有一定的一致性。410km 间断面异常升降的区域反映了斐济—汤加俯冲带区域结构的复杂性，同时说明了俯冲带的现象并不能完全用矿物学和热动力学上的模型来完全解释。想要完全弄明白 410km 界面的本质和影响界面深度的分布的因素，我们需要更多的地震学上的观测和更精细的俯冲模型以及精确的壳幔相互作用和热结构模型。

### 参 考 文 献

[1] Flanagan M P, P M Shearer. Topography on the 410km seismic velocity discontinuity near subduction zones from stacking of sS, sP, and pP precursors[J]. J. Geophys. Res., 1998, 103(21): 165~21,182.

[2] Tibi R, D A Wiens. Detailed structure and sharpness of upper mantle discontinuities in the Tonga subduction zone from regional broadband arrays[J]. J. Geophys. Res., 2005, 110(B06): 313~319.

（6）地球内部结构及其动力学

# 小行星撞击对地球地幔对流的影响

# The effects of asteroid impact on the mantle convection of Earth

黄 川 傅容珊

Huang Chuan Fu Rongshan

中国科学技术大学地球和空间科学学院 合肥 230026

小行星撞击对地球的气候、板块构造和物种演化等都有很大的影响，但其对地球内部动力情况的影响，迄今为止，我们知道的都不是很多。因此，讨论小行星撞击对地球地幔对流的影响将会是一件比较有意义的事情。Watters 曾在其文章中[1],通过将撞击结果等效为热扰动的形式，讨论了撞击对地幔对流的影响，并认为巨大的撞击可能会导致对流格局重组。我们承接了 Watters 的工作，并改进了其所用模型，使其更具有真实性和可信度，这主要包括陨石坑的大小，撞击的等效模型和选取的地幔模型三个部分。

目前为止，地球上已知三个最大的陨石坑(Vredefort, Sudbury, Chicxulub)的直径都不超过 300 km，我们当前的数值结果已经表明，直径小于 300 km 的陨石坑对地球地幔对流的影响是微乎其微的。因此我们专注于考虑直径在 1 000～2 000 km 的陨石坑（撞击小行星的直径大致在 100～200 km 之间），这主要基于以下的考虑：①月球、水星和火星等星球上都有直径超过 1 000 km 陨石坑的记录，这说明地球上可能也出现过这种巨大的陨石坑，只是因为构造运动的原因，已没有了明显的痕迹；②虽然 Watters 的工作考虑过直径为 300～600 km 小行星的撞击，但对于这种巨大的撞击，无论其最终是产生更大的陨石坑还是导致地球部分的解体，其结果都远比我们当前模型的假定要复杂的多[2]，因此我们暂时不考虑直径大于 2 000 km 的陨石坑。

我们将小行星撞击效果视为两种等效效果的叠加：一是热异常，二是陨石坑地形的回升。对于热异常，它的大小和衰减时间将会和撞击坑的大小直接相关。我们又将其分成两个部分：①地壳中的热异常，不参与地幔对流，通过热传导的方式实现热衰减，其平均温度满足微分方程

$$M\bar{c}_p\frac{\mathrm{d}\bar{T}}{\mathrm{d}t}=-\alpha\bar{T}+\bar{H}$$

其中，$\bar{c}_p$ 是地壳的平均热容，$\bar{T}$ 是热异常的平均温度，$\bar{H}$ 为放射性生热率，$\alpha$ 是平均热流与平均温度的比值，它的大小可以从一些其他的结果中得出[3]；②地壳下的热异常，参与地幔对流。而对于陨石坑回升的情况则相对比较复杂[4]，我们选取公式

$$\omega=\omega_m\,\mathrm{e}^{-t/\tau_r}$$

来表征陨石坑区域地形随时间的变化，该公式能较好的拟合冰后回弹的地形回升情况。其中，$\omega_m$ 表示加载后地形，$\tau_r$ 表示弛豫时间。

对于选取的地幔模型，因为我们前期的数值结果表明直径 1 000～2 000 km 陨石坑对全地幔的影响仍然不是很强，所以我们的工作主要集中在对上地幔对流的数值模拟。采用了分层常粘度，并同时考虑了固定和自由滑移两种底部边界情况，以避免结果的偏颇。目前的结果表明，直径 1 000～2 500 km 的陨石坑会对上地幔对流产生较强的影响，包括一定程度地幔柱的偏移，但不会导致对流格局的重组，而是否会产生局部的板块加速则还有待于进一步的研究。

## 参 考 文 献

[1] W A Watters, M T Zuber, B H Hager. Thermal perturbation caused by large impacts and consequences for mantle convection[J]. Journal of Geophysical Research, 2009, 114: E02001.

[2] F Nimmo, S D Hart, D G.Korycansky, C B Agnor. Implications of an impact origin for the martian hemispheric dichotomy[J]. Nature, 2008, 453: 180~186.

[3] Oleg Abramov, David A Kring. Numerical modeling of impact-induced hydrothermal activity at the Chicxulub cater[J]. Meteoritics & Planetary Science, 2007, 6: 93~112.

[4] M Pilkington, R A F Grieve. The Geophysical Signature of Terrestrial Impact Craters[J]. Reviews of Geophysics, 1992, 4: 161~181.

（6）地球内部结构及其动力学

# 接收函数法对青藏高原东缘及四川盆地 S 波速度结构反演

# Study the S-wave velocity of the Eastern Tibetan Plateau and the Sichuan Basin by Receiver Function Method

江晓涛* 朱介寿 程先琼 王 成

Jiang Xiaotao Zhu Jieshou Cheng Xianqiong Wang cheng

成都理工大学地球物理学院 成都 610059

接收函数是从地震记录三分量中分离出来的，主要包含了台站下方地壳和上地幔速度间断面所产生的一次转换波 Ps 以及多次反射波 PpPs、PsPs、PpSs。P 波速度及速度界面的差异会影响接收函数 Ps 转换震相的振幅，同时 P 波及 S 波速度、速度界面的深度、P 波入射角这些因素决定了震相的到时。其振幅对台站下方的 S 波速度差敏感,Ps 的多次反射/转换震相对 S 波速度结构提供了进一步的约束,因此，接收函数是获取地表与速度界面间 S 波速度结构的有效方法。

本文利用跨龙门山构造带三条宽频带被动源地震剖面，对青藏高原东缘及四川盆地的 S 波速度结构进行反演。剖面 1 全长 400km，共布置了 34 个流动台站，横跨龙门山及鲜水河两大断裂带，自成都龙泉山开始，经都江堰、卧龙、小金、丹巴至道孚，经过大约一年半的野外观测，我们选取震级大于 5.5 级并且震中距在 30°～90°之间的地震事件 231 个；剖面 2 全长 500km，共布置流动台站 18 个，从资阳开始，自东向西经简阳、成都、彭州、汶川、黑水、红原至玛曲，经过大约一年的野外观测，共选震级大于 5.5 级并且震中距在 30°～90°之间的地震事件 410 个；剖面 3 全长 300km，共布置了 10 个流动台站，自广元开始，经青川县、文县、九寨沟县至若尔盖，共选取震级大于 5.5 级并且震中距在 30°～90°之间的地震事件 97 个。

由接收函数反演得到的青藏高原东缘及四川盆地地壳及上地幔顶部的地震速度界面显示：四川盆地属于典型的克拉通地块，速度由上而下不断增加，在地壳和地幔部分都很高，无低速层，莫霍面变化起伏不大，在 40~48km 变化；盆地内的速度结构在地表的初始速度大约 3.2 km/s 左右，从上地壳到中地壳的过程中，速度由 3.2 km/s 变为 3.5 km/s，中下地壳速度继续升高，由 3.5 km/s 变为 4.2km/s，直至莫霍面，速度发生跳变，由 4.2km/s 变为 4.5km/s。莫霍面以下，直至 100 km 处，速度继续上升，从 4.5km/s 增加到 4.8km/s。四川盆地跨龙门山断裂带部分与盆地内部相比有较大变化，速度开始降低,地壳厚度增加；与四川盆地相接的松潘甘孜地块，速度结构则明显不同，相比于四川盆地呈高速状的速度结构，松潘甘孜地块的速度结构明显偏低，并且普遍存在低速层。松潘甘孜地块的速度结构在地表的初始速度大约 2.5 km/s 左右，然后缓慢上升，直至上地壳底界面，速度达到 3.2km/s,进入中地壳，速度开始下降，由 S 波速度结构显示松潘-甘孜地块及龙门山推覆体的中地壳内存在一个 20 km 到 40 km 厚度变化的低速层，低速层甚至延伸至下地壳，速度由 3.2km/s 下降到 2.8km/s,过了中地壳到下地壳部分，速度开始回升，由 2.8km/s 上升到 3.8km/s，直至莫霍面，速度发生跳变，由 3.8km/s 变化为 4.1km/s，穿过莫霍面一直到 100 km 的上地幔部分，速度由 4.1km/s 变化为 4.5km/s.通过观察反演得到的 S 波速度结构发生明显跳跃的部分，我们还可以发现松潘甘孜地块的莫霍面南北部分深度不同，北边的马尔康、黑水、若尔盖等地区莫霍面深度为 52 km 左右，往南边走，小金、丹巴、道孚等地区的莫霍面发生变化，平均深度为 62 km 左右，南面部分的莫霍面深度比北面部分深约 10 km 左右。

基金项目：国家自然科学基金(41074062), 高校博士学科点科研基金(20115122120012)。

**参考文献**

[1] Ligorria, Ammon. Iterative deconvolution and receiver-f unction estimation[J]. BSSA, 1999, 89(5): 1 395～1 400.

[2] 刘启元，李昱，陈九辉，等. 汶川 Ms8.0 地震：地壳上地幔 S 波速度结构的初步研究[J]. 地球物理学报，2009，52(2): 309~319.

（6）地球内部结构及其动力学

# ZH 比研究浅层剪切波速度结构

# Determination of shallow structure with ZH ratio

何骁慧* 倪四道 谢 军 滕 龙

He Xiaohui Ni Sidao Xie Jun Teng Long

中国科学技术大学蒙城地球物理国家野外科学观测研究站 合肥 230026

人类活动影响层可以从浅地表沉积层延伸到地表以下几千米。人类居住其上的沉积层多是低速、未固结的松散结构，由于其与基岩有着巨大的地震波阻抗差（沉积岩中横波速度约为几百米每秒，而基岩中一般都大于 3 千米每秒），地震会在沉积层内多次的反射产生强烈的场地作用,这种影响可能将地震波的振幅放大几倍到十几倍。场地作用实际上是浅层结构的综合传递函数，其复杂性是由于浅层结构的几何形态及物性组成复杂性造成的。所以需要研究清楚浅层结构才能深入准确地理解场地作用。而更深部则是固结的岩层，涉及到矿石开采及石油、天然气和页岩气等资源的开采以等方面的研究，同样与人类活动十分相关。研究清楚这个深度的速度结构有助于我们对于资源分布的了解也可以让我们认识人类活动对地壳浅部的影响。

沉积层的厚度以及纵横波的波速是描述沉积层的主要参数，它们是决定沉积层的放大效应的主要因素。沉积层内的 P 波速度结构可以由反射、折射数据得到；而对于 S 波的速度结构研究存在一定的难度。传统的钻井和地质调查需要较大的经济成本，而勘探学的方法获得的都是高频情况下的速度，其受小尺度的层状不均匀影响较大，研究区域较小。天然地震研究浅层速度结构的方法分为单台和多台法。多台法主要利用在浅地表传播的波形（如面波）来反演，多台法仪器投入较多而且处理起来数据较为复杂。远震面波频散曲线反映的是传播路径的结构信息，受距离和信噪比的限制，难于研究台站下方近地表浅层结构。而单台法显示出其直观易行的优点，而且反映的是台站下方的结构。

被动单台法利用天然地震波或者背景噪声来获得浅层速度结构的方法主要有两种：噪声 HV 比和地震瑞利波的 ZH 比。噪声 HV 比方法由 Nakamura 在 1989 年提出，可以方便快捷地估计未固结沉积土层基阶频率，从而估算出剪切波速度。本质上它利用的是基阶瑞利波或者剪切波体波的共振,但其原理存有争议，尚无定论。Boore 和 Toksoz（1969）研究发现基阶瑞利波的 ZH 比（由于 Z 分量有可能为零，导致 HZ 比趋于无穷，所以用 ZH 比）在 10～50s 的周期范围内对于浅层剪切波结构十分敏感，并且它主要依赖于单台下方的结构，其约束性能与频散曲线相对独立；但是其缺点是提取精度不高，必须结合其他数据（如频散曲线）来联合反演。Tanimoto 等人的研究发现，在周期 20～250s 范围，ZH 比的测量是比较稳定的，并且他们计算了敏感核函数，反演了 GEOSCOPE 台网的几个台站下方的剪切波速度结构，得出了与 Borre 和 Toksoz 相同的结论，即 ZH 比对于浅地表结构十分敏感且仅依赖于台站下放的结构。但是他们的研究着重于较长周期，没有研究短周期（1～10s）ZH 比对于浅层结构的敏感性。

除了这两种方法以外，也可利用地震波形记录的 R 和 Z 分量的直达 P 波的位移比来估计沉积层剪切波速度。其优点是对沉积层 S 波速度反应敏感，且 P 波波形易拾取。

本文利用四川盆地和美国东部几次中小地震的数据研究了部分台站下方沉积层剪切波速度结构。我们利用了直达 P 波的 RZ 分量振幅比计算了沉积层剪切波平均速度，用 SEM 计算了不同地形情况对于 P 波 RZ 比方法的适用性；用多重滤波法测量了基阶短周期瑞利波 ZH 比随方位角的变化并对比了 SEM 正演不均匀结构下的波形提取出的 ZH 比与直接用台站下方结构计算出的 ZH 比；计算了短周期（1～10s）瑞利面波 ZH 比的敏感核，并且反演了浅地表剪切波速度结构。研究发现，短周期的瑞利波 ZH 比随方位角变化不大，且决定于台站下方浅地表结构，可以用来研究浅地表结构；我们得到的沉积层速度结构与前人的研究结果较一致。

**参 考 文 献**

[1] Borre D M, Toksoz M N. Rayleigh wave particle motion and crustal structure[J]. Bull. Seis. Soc.Am., 1969, 59(1): 331~346.

[2] Yano T, Tanimoto T T. The ZH ratio method for long-period seismic data: inversion for S-wave velocity structure[J]. Geophys. J. Int. 2009, 179(1): 413~424.

（6）地球内部结构及其动力学

# 地幔 $MgSiO_3$ 熔体粘度和结构关系的分子动力学模拟

# Molecular Dynamics Simulation of the Relationship between Viscosity and Structure of $MgSiO_3$ Melt in the Mantle

邓 莉* 刘 红 杜建国 刘 雷

Deng Li* Liu Hong Du Jianguo Liu Lei

中国地震局地震预测研究所 北京 100036

岩浆熔体粘度是高温高压下地球热化学演化的重要参数。从地球物理学观点来看，要研究对于地球早期岩浆的冷却结晶过程以及现今岩浆生长和输运机制，关键在于明确地球深部岩石矿物熔体的物理化学性质，特别是硅酸盐矿物熔体的性质。硅酸盐矿物作为地球壳、幔的主要成分（$MgSiO_3$ 约占地幔成分的 70%），其粘度可能控制了地球深部早期存在岩浆洋的整个动力学过程，如地球内部初始的热演化（热对流等）和化学演化（岩浆结晶、侵入），其速率都将主要受粘度约束并持续影响至今；其次，熔岩的粘度还直接影响火山的喷发方式，从深部携带捕虏岩的能力除了成分以外主要受到岩浆粘度影响。此外，硅酸盐熔体在核幔边界的发现，也暗含了其与核幔边界超低速带（ULZV）的联系。

粘度本身是反映流体流动体系的量。体系受到剪切应力作用，则体系水平方向各层间形成速度梯度，剪切应力与速度梯度的比值对应体系的粘度。高温高压下硅酸盐熔体粘度的实验测量严重受限于压力的设置（实验所达最高压力小于 13GPa），这是长久以来粘度测量实验方法的最大困难，同时也导致实验数据的严重匮乏。本文采取了第一性原理分子动力学（Fist-Principle Molecular Dynamic Simulation，FPMD）方法，模拟 $MgSiO_3$ 熔体的动力学参数。FPMD 方法有别于早先应用原子模型的 MD 方法的经验势力场不稳定性，虽然计算模拟时间加长，但计算结果更稳定可靠。

本文用 16 个 $MgSiO_3$ 分子 80 原子构成熔体体系，采取正则系综（NVT），选择 PAW-PBE（Plane Wave Pseudopotential Perdew-Burke-Ernzerhof）赝势，加压 35~136GPa，温度范围 2000~6000K 下，分别做了 20ps 以上的分子动力学模拟。模拟主要获取了地幔高温高压下 $MgSiO_3$ 熔体分子结构变化，应用 Green-Kubo 公式计算不同温压下的粘度值，并着重讨论粘度与熔体微观结构的关系。其中熔体分子结构与前人 FPMD 结果相似性较好。通过径向分布函数（Radial Distribution Function，RDF）对熔体结构的进一步分析，发现原子间键长随温度、压力变化显著，尤其是 Si-O 键随温度增加键长减小，键能增强。从 RDF 推导出 Si 的 O 配位数从 4 变到 6，符合硅酸盐矿物熔体多面体从四面体低温低压结构转向八面体高温高压结构相变。根据配位数的变化，同时也可推导出熔体相变边界，这和高温高压下矿物结构的相变是一致的。RDF 值还表明了熔体分子间作用力与温度和压力的非线性关系，随温度增加而递减，随减小而递增；而分子间作用力与压力的非线性对应关系与之正好相反。这和粘度值与温压对应的非线性关系趋势一致。Si-O 配位数的变化还表明了四面体结构的聚合过程，随温度增加 Si-O 键能增强，桥氧连接的 Si-O-Si 键能相对减弱，桥氧断开，非桥氧数目增加。高聚合的硅酸盐硅氧四面体解聚，熔体体系内部作用力减小，粘度相应降低。在此基础上，本文对熔体微观结构的动态变化与粘度的非线性变化作了理论分析和讨论，得出以下结论：熔体粘度越大，原子间键能越强，分子间作用力加强，硅氧四面体聚合程度越高；其次，粘度越大则相应体系的剪切应力更大，这更有利于熔体及其与围岩间的应力积累，同时减慢熔岩相邻区域层流速率，降低熔岩热化学输运速率。预期还将得到粘度与温度、压力的三维分布图。根据地幔温度梯度和热传导方程，可将温度转换为地幔深度；根据地幔压力分布，可将压力转换为地幔深度，进而对比得到更合理的地幔 $MgSiO_3$ 熔体粘度分布。

本研究得到国家自然科学基金（41174071）资助。

## 参 考 文 献

[1] Bijaya B Karki, et al. Viscosity of $MgSiO_3$ liquid at Earth's mantle conditions: Implications for an early magma ocean[J]. Science. 2010, 328: 740~742.

[2] Frank J Spera, et al. Structure, thermodynamic and transporties of liquid $MgSiO_3$: Comparision of molecular models and laboratory results[J]. Geochimica et Cosmochimica Acta. 2011, 75(5): 1272~1296.

[3] Bijaya B Karki. First-principles molecular dynamics simulations of silicate melts: Structural and Dynamical Properties[J]. Reviews in Mineralogy and Geochemistry. 2010, 71: 355~389.

（6）地球内部结构及其动力学

# 天然气水合物开发过程中压力场变化的数值模拟

# Modeling the pressure change during the gas hydrate exploit

乔彦超 郭子祺 石耀霖

Qiao Yancchao[1, 2] Guo Ziqi[2] Shi Yaolin[1]

1. 中国科学院研究生院计算地球动力学实验室 北京 100049;
2.中国科学院遥感应用研究所 北京 100101

天然气水合物是水和天然气在低温高压下形成的鸟笼状结晶物，俗称可燃冰。广泛分布于边缘海底和冻土区，估计全球天然气水合物中的碳储量为 $2\times10^{16}m^3$，相当于全球已探明常规碳能源储量的两倍[1]，所以天然气水合物是非常有潜力的替代能源，引起了全球的广泛关注。近年来我们国家也在这方面做了大量的勘探工作，我国在 1998 年报道台西南盆地东缘和南海北部存在天然气水合物的证据-似海底反射层(BSR) [2]。其后，相继在东海和南海多处发现了水合物存在的证据[3]。对南海水合物资源初步评价，表明具有巨大的远景，水合物天然气达约 $6.7\times10^{13}m^3$。同时我国先后于 2008 年 11 月和 2009 年 6 月，在青海省天峻县木里镇永久冻土带多次成功钻获天然气水合物实物样品。我国成为世界第一个在中低纬度冻土区发现“可燃冰”的国家，是继加拿大、美国之后第三个在陆域钻获“可燃冰”的国家。

首先我们面对的一个重大问题是在现今全球变暖的趋势下，如果天然气水合物原来稳定的赋存状态被破坏，那么天然气水合物就会失稳分解。这些会释放出大量的温室气体加速温室效应。所以对全球变暖情况下青藏高原天然气水合物的变化我们做了计算。

卢振权等人根据研究，建立青藏高原天然气水合物的基本形成条件经验表达式:

$$P=\begin{cases} a+bT+cT^2 & T\le 273.15K(R^2=0.99999) \\ \exp(d\exp(eT)) & T>273.15K(R^2=0.99999) \end{cases} \tag{1}$$

其中，$P$、$T$ 的单位分别为 kPa 和 $K$；当气体组成为 96.38% CH4 + 2.93%C2 H6 + 0.69 %C3 H8 时，参数 $a$、$b$、$c$、$d$、$e$ 分别为 31879.57405、−272.5307809、0.5887745117、0.1245853818、0.01487345542。

在冻土层内某一深度 h (单位:m)处的压力 P (单位: kPa) 可分别按静岩压力计算:

$$P=P_0+\rho gh*10^{-3} \tag{2}$$

其中，$P_0$ 为地面大气压力(101kPa)；g 为重力加速度（$9.81m/s^2$）；$\rho$ 为冻土层密度,模拟计算取密度值 $1600kg/m^3$。

这样我们可以把中计算得到的地温曲线转换为压力温度曲线。然后和天然气水合物的形成条件压力温度曲线交会。就能得到天然气水合物在 0.02℃/a 和 0.052℃/a 升温条件下，地表初始温度分别为−0.5℃，−1.5℃，−2.5℃，−3.5℃和 −4.5℃的 5 种情况下，天然气水合物层厚度的变化情况。

计算结果表明当升温率为 0.02℃/a 时。在初始温度为 −1.5℃时经过 50 年、100 年天然气水合物（TGH）几乎没有变化；在初始温度为 −2.5℃时 TGH 减薄了 1.5m；在初始温度为 −3.5℃时经过 50 年后 TGH 减薄了 6.12m、100 年后减薄了 8.47m；在初始温度为 −4.5 ℃时经过 50 年后 TGH 减薄了 1.97m、100 年后减薄了 11.85m。

当升温率为 0.052℃/a 时。在初始温度为−1.5℃时经过 50 年、100 年 TGH 几乎没有变化；在初始温度为 −2.5℃时 TGH 减薄了 1.4m；在初始温度为−3.5℃时经过 50 年后 TGH 减薄了 6.18m、100 年后减薄了 8.73m；在初始温度为−4.5 ℃时经过 50 年后 TGH 减薄了 2.55m、100 年后减薄了 16.18m。

另一个问题虽然天然气有着非常诱人的储量，我国也做了大量的勘探工作，但是对于天然气的开采仍然是世界性的难题，主要原因是天然气水合物的赋存条件是高压，而随着天然气水合物的开采，矿集区压力降低，会引起天然气水合物的分解，将引发海底沉积层液化，破坏海底稳定性，可能会对海洋工程产生毁灭性的破坏作用。因此我们有必要通过数值模拟的方法，针对开采中压力减小引起的天然气水合物储层地质力学场的变化进行定量的计算。这对我们日后进行天然气水合物开采时具有现实的指导意义。

## 参 考 文 献

[1] Kvenvolden K A. Methane hydrate- A major reservoir of carbon in the shallow geosphere?[J]. Chemical Geology, 1988, 71: 41~51.
[2] Chi W C, Reed D L, Liu C S, et al. Distribution of the bottom simulating reflect or in the offshore Taiwan collision zone[J]. Terrestrial Atmospheric and Oceanic Sciences, 1998, 9(4): 779~794.
[3] 宋海斌, 耿建华, Wong H K, 等. 南海北部东沙海域天然气水合物的初步研究[J]. 地球物理学报, 2001, 44(5): 687~695.

（6）地球内部结构及其动力学

# 扩展有限元方法与自适应网格在计算地震形变中的应用探索

# Attempt to solve co-seismic displacement problem with extend finite element method and adaptive mesh refinement

张斯奇[1]　林晓光[1]　张　怀[1]　Dave A.Yuen[2,3]　石耀霖[1]

Zhang Siqi[1]　Lin Xiaoguang[1]　Zhang Huai[1]　Dave A. Yuen[2,3]　Shi Yaolin[1]

1. 中国科学院研究生院计算地球动力学重点实验室　北京　100049;

2. Dept. of Earth Sciences and Minnesota Supercomputing Institute, University of Minnesota, Minneapolis, U.S.A.;

3. 中国地质大学环境科学学院　武汉

地震后，发震断层导致的临近区域变形的计算问题是地震学和地球动力学的基本问题之一。对于该问题，解析算法的发展已经有了一定的历史，从半无界空间的弹性模型(Okada 1985)，到而后的水平分层的弹性与粘弹性模型，再到最近的能够考虑地球曲率的球坐标模型，解析方法能够考虑越来越多的影响因素。但是地球结构是复杂的,地表地形、地下的地层三维结构等都会对变形的传播产生重要影响，这种影响是解析方法难以处理的，就必须要利用有限元等数值计算的工具对此进行研究。

传统的有限元方法是基于连续性假设的，而地震的发震断层处存在位移的不连续。这就要求我们在计算过程中对发震断层处进行位错的特殊处理。之前也不乏有成功的例子，可以在断层区域采用拆分为双节点，或者建立特殊的滑动单元，对相对滑动进行处理。但是这些方法都要求先画断层再建网格模型，建模过程中带来的复杂性，特别是在三维和较复杂的断层模型下，对建模和网格生成提出了较高的挑战。在此情况下，我们利用扩展有限元的思路，提出了一个较为简便的处理办法。在传统有限元的基础上，我们允许有限元的单元内部存在不连续界面，并对其位错面的两边利用两个不同的虚拟单元分别进行处理，从而使得连续的有限元方法中能够处理内部的不连续面的情况。这样的方法可以将计算区域和发震断层分别独立建模，而且在程序实现上也非常简单，只需对传统的有限元程序单元计算部分稍作改动，计算过程也不需要过多额外开销。

同时，发展于 20 世纪 80 年代的自适应网格技术为更加优化的使用计算资源，利用较少的网格来实现较高的网格分辨率，同时自动化的处理这种网格变化(Berger and Oliger 1984)。特别是近年来面对超大规模多尺度模型，该方法得到了非常广泛的应用。我们的研究中，就利用了自适应网格的技术，对断层周边的区域实行了自适应加密，从而在整体运算规模不大的情况下，在断层附近实现了非常高的网格分辨率。

这两种方法的结合使我们能够在有限元模型中很好计算断层的滑动引发的位移场，特别是在复杂地层模型和复杂断层模型情况下，在不增加过多运算量的前提下大幅度提高了计算的网格分辨率。我们基于开源自适应网格软件包 Deal.II(Bangerth, et al. 2007)，编写了二维和三维简单模型的测试计算程序，初步的计算结果也与 Okada 的解析解吻合的非常好。我们的初步测试表明，我们的方法可靠易行，为地震变形类问题的数值计算研究提供了非常好的新思路，特别是为大规模数值计算中的复杂断层结构的处理提供了可能。

同时，我们的测试中断层位错量是作为已知参数进行处理的，将来也可以对计算过程进行改进，在合理的边界约束下，将断层滑移量作为未知量进行求解计算从而处理更加复杂的问题。由于我们的方法和传统有限元方法相比不增加过多的运算量和程序复杂性，它可以很容易植入其他有限元程序中也很容易实现大规模并行计算。

## 参 考 文 献

[1] Bangerth W, R Hartmann, G Kanschat. deal.II—a General Purpose Object Oriented Finite Element Library[J]. ACM Trans. Math. Softw., 2007, 33(4): 21~27.

[2] Berger M J, J Oliger. Adaptive mesh refinement for hyperbolic differential equations[J]. Journal of computational physics, 1984, 53(3): 484~512.

[3] Okada Y. Surface deformation due to shear tensile faults in a half-space[J]. Bulletin of the Seismological Society of America, 1985, 75(4): 1135~1154.

（6）地球内部结构及其动力学

# 非谐对后钙钛矿相变影响的第一性原理研究

# The anharmonic effect on the post-perovskite phase transformation

吴忠庆

Wu Zhongqing

中国科学技术大学地球和空间科学学院 合肥 230026

硅钙钛矿会在大约在 120GPa 转变成后钙钛矿相。2004 年发现的该后钙钛矿相变是近几年来高温高压领域最重要的发现之一。该相变可以在一定程度上解释核幔边界复杂的地震波速跃变现象。Hernlund 等人提出由于核幔边界处温度梯度大，后钙态矿相在更深处有可能会变回钙钛矿相，即出现双跨越现象。Lay 等人和 van der Hilst 等人用地震学手段观测到的双跨越现象，并估计了核幔边界处的温度梯度和热流。但这些估计明显依赖于后钙态矿相变的相界。因此后钙钛矿相界特别是其 Clapeyron 斜率等知识对确定核幔边界的结构和温度非常关键。实验和理论两方面都已对相界进行研究，但都存在不足。取决于所采用的压标，实验方面得到的 Clapeyron 斜率可以从 5MPa/K 变到 13MPa/K[1]。如此大的变化可以推出完全不同的地核和地幔边界的结构和温度的分布。理论研究给出的 Clapeyron 斜率在 8～10MPa/K。但这些理论研究没有考虑非谐效应。地核和地幔边界处的温度很高，非谐效应的影响, 特别是对相界的效果可能不能忽略。

最近我们发展了一个第一性的计算非谐自由能方法（即不需要引进任何可调参数）[2]。将第一性原理计算的晶格振动态密度带入准谐近似公式（跟谐振子公式一样，振动频率也不依赖温度，但依赖体积），就可以得到材料自由能，继而推导出材料所有高温热力学性质。由于准谐效应忽略了本征非谐效应，这样得到的高温热力学性质在只在一定温度范围内适用。以 MgO 为例，零压下的 MgO 的热膨胀系数在 1000K 以上开始偏离实验结果。一个很自然的问题是，在地球和行星内部温度非常高情况下，第一性原理计算忽略的非谐效应会有什么样的影响。这是第一性原理计算运用到地球科学中遇到的一个基本问题。基于一些经验假设的定性分析显示第一性原理计算的结果适用温度范围随着压强而增大。但由于没有有效的方法计算非谐自由能，我们一直不能定量的回答上述问题。我们的方法利用重整化思想，通过引进随温度变化的晶格振动频率包括非谐自由能。 我们利用非谐效应的两大特征：①随温度升高而增大；②随压强增大而降低，以隐含的方式描写振动频率随温度的变化以避免引进很多体积相关的参数。方法只需引入一个待定常数就能很好的描写非谐自由能。而且我们还进一步发展第一性原理的方法计算这个待定常数，实现完全第一性原理计算非谐自由能。即不需要引进任何经验参数就能很好的包括非谐效应，新方法得到的 MgO 和金刚石的热力学性质一直到测量的最高温度（～2000 K）都与实验符合的很好。新方法成倍的扩展计算结果的适用温度范围。

我们利用新发展的第一性计算非谐自由能的方法[2]，详细的研究了非谐效应对后钙钛矿相变的影响。我们发现在高温下非谐效应减小了钙钛矿相的自由能，但对后钙钛矿相的自由能没什么影响。因此非谐效增加 Clapeyron 斜率。包括非谐效应后的斜率是 12MPa / K，跟实验用 MgO 压标给出的斜率一致。据此我们相信 12MPa / K 应该是最可靠的后钙钛矿相界斜率。这种结论还得到下面两个重要事实的支持：①如果 D″区域地震波不连续现象是由于后钙态矿相变造成的，那么实验测得的诸多相界中，只有 MgO 压标的相界所给出的 D″区域的温度是合理的。金作为压标的相界给出的温度明显偏高，而铂作为压标的相界正好相反，给出的温度偏低。②MgO 压标是目前最可靠的压标。近些年发展起来的绝对压标方法——即通过同时波速和晶格常数测量直接确定状态方程系数进而计算出压强的方法——首先被运用到 MgO，所得的压标跟另外一种不需要压标的方法——第一性原理计算——得到的压标在 0～150GPa 和 0～2000K 内都一致。用 12MPa / K 相界斜率估计的核幔边界热流为 7.2TW(采用 10W/m/K 的热导)。

## 参 考 文 献

[1] S Tateno, K Hirose, N Sata, Y Ohishi. 文献名(略)[J]. Earth Planet. Sci. Lett., 2009, 277: 130~136.

[2] Z Wu, R Wentzcovitch. 文献名(略)[J]. Phys. Rev. 2009,(B 79): 104304.

（6）地球内部结构及其动力学

# 山西省宁武县万年冰洞持续存在机制的数值模拟

# The numerical simulation of a saving mechanism of Ice Cave in Ningwu

杨少华　石耀霖

Yang Shaohua　Shi Yaolin

中国科学院研究生院计算地球动力学重点实验室　北京 100049

所谓冰洞，是指在自然条件下形成的、常年保存有冰体的洞穴，是一种十分罕见的地质现象。在国外，已发现的著名冰洞有斯洛伐克多布希纳冰洞、奥地利萨尔茨保市附近的爱斯里森卫尔特冰洞、阿根廷巴塔哥尼亚冰川国家公园中的冰洞等。这些冰洞规模巨大，保存于永久冻土带。在我国，已发现的冰洞有十多处。著名的有宁武万年冰洞、五大连池冰洞、太白山冰洞、翠华山冰洞、白溢寨冰洞、神农架冰洞等。其中，宁武万年冰洞是世界上已发现的存在于温带气候环境的规模最大的冰洞。

宁武万年冰洞（以下简称冰洞）位于山西省宁武县境内的管涔山的阴坡。冰洞地理坐标：东经 112°10'、北纬 38°57'，洞口处海拔约 2120m。冰洞外部四季分明，6 月至 9 月平均气温约 14.6℃，年平均气温约 2.3℃。显然，外界气候环境条件不能直接保存冰体。正是由于不能直接保存冰体的外界条件，使得揭示冰洞中冰体的保存机制成为一个难以解答的科学难题。目前，国内已有数位学者就外界年平均气温高于 0℃时，冰洞中冰体的保存机制提出了几种定性的观点。归纳起来有以下三种：①由于负地温梯度，冰洞中冰体才能保持常年不化。②由于该区存在负地热异常，冰洞中冰体才能保持常年不化。③由于“囱式效应”等多种因素综合，冰洞中冰体才能保持常年不化。观点①和②表达的意义相同，都强调有一种“冷源”的存在，从而形成了负地温梯度，进而保存了冰体。本文在前人工作的基础上，着重关注外界气温的年变化对冰洞内部温度的影响，就冰体保存机制提出了新的定性解释，运用有限元数值模拟手段，以期定量解释宁武冰洞冰体的保存机制。

万年冰洞形成问题中要考虑热传递的两种机制——传导和对流。其中，对流部分包括冰洞内空气对流和围岩裂隙水对流。当冰洞外部的气温高于冰洞内部的气温时（春、夏、秋季），空气密度在重力方向上增大，空气没有整体运动，不发生对流。这种情况下，热能以传导的形式从外界向冰洞内部传递。当冰洞外部的气温低于冰洞内部的气温时（冬天），空气密度在重力方向上减小。当外部气温足够低时，冰洞内外的空气发生对流，热能以对流传热的形式从冰洞内部向外界传递。地表水下渗时可以带走数量可观的热量。对流热传递效率远高于传导热传递，而且冰——水相变时伴随有大量潜热的释放和吸收。这两点是模拟冰洞中冰体保存机制的关键。本文运用有限单元法求解考虑相变作用的热传导方程，以当前温度分布为初值，计算温度随时间的演化情况。

考虑热传导、空气热对流和相变作用，计算结果显示，当冰洞内部气温处于准稳态时，冰洞内气温变化范围为(–2.9, –3.9)℃，平均气温约–3.4℃。自然对流传热的效率很大程度上受空间形状的控制。冰洞开口向上，空间展布呈保龄球型，这种特殊的形状是冰体得以保存的前提。假如冰洞开口向下，内部冰体则难以长期保存。我们知道，冰洞外部的气温大致按正（余）弦函数而变化。一般地，冰洞内外空气的温度并不相等。自然对流的传热效率远远高于单纯热传导的传热效率。因此，夏季外界传入冰洞的热量少，冬季冰洞内部传到外部的热量多，在一年中，净热能是从冰洞内向外界传递的。冰洞外植被发育，地表水丰富。地表水下渗带走冰洞周围部分热量。在空气、渗流水等因素共同作用下，冰洞水（冰）——热处于动态平衡状态，冰洞内部温度处于 0℃之下。

实际情况中，夏季时由于地表流水的影响，有冰体融化迹象。由于冰融化为水需吸收大量的热能，所以地表流水并未使冰洞内部气温有大的升高。冬季时冰洞内空气自然对流使洞内的水结冰，水结冰释放出的热量随空气自然对流带到洞外。综上，冰洞夏季热传导效率很低，冬季空气自然对流能有效冷却冰洞内部。同时，地表水下渗带走了部分热量。这两条是冰体得以保存的最重要的原因；冰水相变起缓冲气温的作用，使得冰洞内部温度保持在零度以下较小的范围内波动。

## 参 考 文 献

[1] 杨世铭，陶文栓. 传热学[M]. 4 版. 北京：高等教育出版社，2006.

[2] 邵兆刚，孟宪刚，等. 山西宁武“万年冰洞”空间分布形态的探测研究[J].吉林大学学报(自然科学版), 2007, 37(5): 961~966.

[3] 方世明，郭旭. 山西宁武冰洞国家地质公园典型地质遗迹资源及科学意义[J]. 地球学报, 2010, 31(4): 605~610.

（6）地球内部结构及其动力学

# 覆盖层对逆冲断层地表变形的影响

# The Effect of overlying soil strata on the deformation induced by thrust fault-earthquake

曾绍刚 蔡蔡恩

Zeng Shaogang Cai Yongen*

北京大学地球物理系 北京 100871

断层地震是造成人员伤亡和财产损失最严重的地震类型，但并不是所有地震导致的断层破裂都会到达地表，在基岩上有覆盖层的地方，地表会出现鼓包或不连续的地裂缝。在这种情况下，如何判断地震断层的位错量是一个值得研究的问题，它影响到能否客观地反演断层面位错和计算地震应力场。逆断层在土层未破裂至地表时在近断层地表将产生地震小陡坎或产生隆起状的小包，这种现象在许多地震中均可以看到，例如汶川 Ms8.0 级地震中彭州市小鱼洞煤场逆断陡砍，擂鼓镇石岩村地震鼓包，北川县曲山镇湔江湾褶皱陡砍。这种现象有时被误认为断层迹线。而实际上隐伏断层上覆土层时，土包并不是断层在地表的延长线，它的峰值和位置出现均有一定规律，这将有助于我们确定断层位置。

本文基于有限元方法对具有覆盖层的逆冲地震地表变形特征进行了二维准静态平面应变模拟。计算中采用地震断层宽度 25km, 厚度 1m, 将断层当做内边界进行第一类边界条件约束，节点位移参考 okada 理论解。考虑实际计算能力和所关心近端层 2km 区域采取计算深度 120km，上盘 200km,下盘 150km。计算中采用三角形线单元网格，近断层地表 0.5m 一个网格，平均 3km 一个网格，局部加密，节点约 30 万。在模型中，可变变量有：土层深度，土层杨氏模量，土层泊松比，断层倾角。在计算中实行单一变化原则，探讨了覆盖层介质变化等因素对地表同震位移场影响，关心区域为近端层，并得到定量结果。

计算结果表明：30 度逆冲断层当有覆盖层时，地表垂向位移在近端层将明显增大，断层上盘地表将出现鼓包，且位置偏离断层在地表的延长线，水平位移在近端层将明显减小。地表位移均随着距离迅速衰减，到远离断层 20km 时位移已经很小。当土层厚度从 10m 增大到 900m 时，土包高度变化较小，其水平宽度变大。并且土包位置与断层在地表投影点距离逐渐变大，基本满足线性关系。当厚度不变，倾角越大，鼓包高度越大，且偏离断层投影点距离越大，近断层地表强地面运动范围变宽。当倾角不变，土层厚度不变，泊松比从 0.33 变化到 0.47，鼓包高度显著变大，鼓包与断层投影点距离随泊松比增大线性变小。当土层杨氏模量从 5MPa 变化到 200MPa,对地表位移影响仅为 $10^{-4}$m 量级，所以在一般准静态地震模拟中应更加注意土层泊松比对模拟结果的影响。

为查明第四系覆盖层厚度、基岩面的起伏和埋深及是否存在隐伏断裂通过等情况，我们对龙门山断裂带选择了四条剖面进行高密度电法测试工作，本次物探工作于 2012 年 4 月开展野外数据采集，所获资料基本能满足本次工作的地质问题。北川县擂鼓镇石岩村测线表明，基岩和覆盖层视电阻率差异明显，整条测线之下均有反映，覆盖层最大厚度可达 30m, 最小厚度仅为几米。高密度电阻率法二维反演等值断面图中可以清楚看到有贯穿基岩底部呈高倾角的低阻区，这正是由于基岩错断并充填部分沉积物所表现出来的电性特征，故可初步推测此处为断层破碎带的通过位置。测线穿过地震陡砍，结果显示陡砍位置和断层破碎带有 40m 偏离，利用有限元方法对该剖面进行模拟并考虑地表地形，结果与电法剖面吻合较好，表明当有覆盖层时断层破裂未破到地表时，逆断层地震上盘会产生陡砍，陡坎并不是断层出露点，其位置和断层有一定偏离。

本研究由基金(41074070)资助。

## 参 考 文 献

[1] 徐锡伟, 闻学泽, 等. 汶川 Ms8.0 地震地表破裂带及其发震构造[J]. 地震地质, 2008, 30(3): 597~629.

[2] Okada Y. Internal deformation due to shear and tensile faults in a half-space[J]. Bulletin of the Seismological Society of America, 1992, 82: 1018~1040.

[3] Okada Y. Surface deformation due to shear and tensile faults in a half-space[J]. Bulletin of the Seismological Society of America, 1985, 75: 1135~1154.

（6）地球内部结构及其动力学

# 汶川地震震间与同震变形过程的有限单元法模拟研究

# FEM simulation of inter- and coseismic deformation associated with the Wenchuan earthquake

朱守彪

Zhu Shoubiao

中国地震局地壳应力研究所　北京 100085

破坏力巨大的 2008 年汶川大地震发生在现今断层滑移及变形速率均很小的龙门山断裂带上。该断裂带是一个具有高倾角、铲状的逆冲构造体系，在 15km 以上具有高倾角（~70°），但在 15km 之下的倾角变缓，在 30°～40°之间。研究中利用黏弹性有限单元方法对汶川地震的震间、同震变形过程及龙门山断裂带上的地震活动性进行了数值模拟。模拟中，首先通过反演震间的水准测量及 GPS 观测结果来得到最佳的震间数值模型，然后利用该模型来分析震间研究区域的物性结构、应力应变及能量的空间分布特征；最后，在此最佳的模型之上，进一步模拟汶川地震断层的同震破裂过程以及龙门山断裂带的强震活动特征。

在实际有限元计算中，首先对汶川地震前的震间观测数据进行反演拟合。通过搜寻得到最小的拟合差为 0.34mm。研究中将拟合差最小的模型视为反演的最佳模型。最佳反演模型结果显示：龙门山断裂带、青藏高原东部及四川盆地地区有其特殊的物性结构，青藏高原东部的下部地壳柔软，而四川盆地的整个地壳及上地幔都非常坚硬。同时，龙门山断裂带也具有较坚硬的物性结构。震间变形主要发生于川西高原的中下地壳里，龙门山断裂带及附近地区的地表变形很小，四川盆地的变形很小几乎可以忽略不计。值得特别指出的是，震间弹性应变能密度在龙门山断裂带及附近地区积累的速度最快，但在坚硬的四川盆地及柔软的青藏高原下部地壳中积累的速度都非常缓慢。这就初步解释了为什么汶川大地震发生在地表变形小的龙门山断裂带上的原因。若改变模型中的物性参数，如将四川盆地的材料由硬变软，或将川西高原的中下地壳变硬等，都会导致震间弹性应变能密度的空间分布格局发生变化，即不会出现在龙门山断裂带附近有高能量的积累区。这就进一步说明汶川地震的发生是与川西高原、龙门山断裂带及四川盆地的特殊物性结构密不可分。

在最佳模型之上，继续对模型边界进行加载，断层就可以自动解锁而发生大地震。在对同震变形过程的模拟中发现，同震位错首先出现在下部缓倾角断层的中部区域，然后在 缓倾角断层面上向上、向下两侧沿不同的方向传播，但当破裂传播到缓倾角与陡倾角断层的交叉部位时，破裂速度显著降低；出现短暂停止的现象。可是一旦破裂超过该交叉部位，就向上快速传播，最后直至地表。模拟的同震累积位错清晰地显示，汶川地震的主要位错发生在断层两侧比较小的窄带内，这与汶川地震的余震分布、同震 GPS 观测、地震动加速度的衰减以及其他地质、地球物理观测结果有一致性。模拟的同震位错分布格局主要受断层几何控制，断层及周边的物质属性对同震位错的分布影响不显著。

在同震破裂过程中，无论是上部陡倾角断层面上，还是下部的缓倾角断面上，法向应力与剪切应力都出现了非常复杂的变化。其中剪切应力的总变化量与汶川地震的应力降有可比性。模拟结果显示，断层面上的微小位错会导致法向应力快速减小，而使断层面上的剪切应力增大，这两种因素都会导致断层更加易于破裂，最终造成了具有高倾角、铲状结构的整个龙门山断裂带破裂而发生汶川大地震这样的地震事件。

此外，模型计算了 300 000 年来龙门山断裂带上的位错历程，其平均复发间隔为 3100±500 年。该结果与地质调查及古地震研究的结果具有一致性。此外，在大地震之间，缓倾角断层上出现一些小地震事件，但缓倾角断层与陡倾角断层上的大地震事件几乎是同时发生。通过检验还发现，发生于缓倾角上的小地震事件服从位移可预测模型（slip-predictable）；而发生在缓倾角上的较大地震事件服从时间可预测模型（time-predictable）。但是发生在陡倾角上的像汶川地震这样的大地震事件不服从任何预测模型。

本研究得到国家自然基金项目（40974020）、国土部行业专项（Sino-Prob-07）及基本科研业务专项的资助（ZDJ2009-1）。

### 参 考 文 献

[1]Zhu Shubiao, et al. FEM simulation of inter- and coseismic deformation associated with the Wenchuan earthquake[J]. Tectonophysics, 2012, 6: 16~24.

[2]Zhu Shubiao, et al. Numeric Modeling of the Strain Accumulation and Release of the 2008 Wenchuan, Sichuan, China, Earthquake[J]. Bulletin of the Seismological Society of America, 2010, 100: 2825~2839.

（6）地球内部结构及其动力学

# 地震滑坡的动力学机制研究

# A study on dynamic mechanisms of earthquake-triggered landslides

朱守彪

Zhu Shoubiao

中国地震局地壳应力研究所　北京 100085

2008 年 5 月 12 日在四川省发生了汶川 Ms8.0 强烈地震。该地震发生于青藏高原东缘的龙门山断裂带上。地震造成的地表破裂带长度达约 300 km，最大垂直及水平向错距分别约为 6.2 m 和 4.9m。

强烈的汶川地震造成了大量的滑坡现象，在大约 48,678 $km^2$ 的区域内，地震诱发了高达 48 000 处滑坡。其中面积超过 50,000 $m^2$ 的大型滑坡多达 112 处，规模最大的两处分别是大光包及文家沟滑坡；导致人员伤亡最为严重的为北川县的王家岩滑坡。

震后地质调查发现，汶川地震滑坡主要沿地震地表破裂带呈带状分布，且基本上都发生在断裂带的上盘；特别是滑坡距离断层很近，有超过 80%的滑坡位于离中央断裂 5km 的范围内。对汶川地震滑坡的统计分析表明，汶川地震滑坡受坡度大小的控制，滑坡集中发生在坡度较大的区域，滑坡易发性随着坡度的增加而升高。如：北川唐家山滑坡地形坡度总体为 40°，滑床坡度为 50～85°；北川王家岩滑坡坡度为 50°，北川中学新区滑坡 60～70°，青川东河口滑坡坡度 70～80°；滑床面大体上都具有前缘平缓、后缘高陡的特征。 汶川地震滑坡的滑床面几何特征复杂，主要以阶型、凸型、勺型、座落型(振胀型)滑坡和巨大滚石 5 种类型最为典型。

但是，这些滑坡体在汶川大地震之前，在重力作用下是处于稳定状态的；许多地方经受住了几千年的风雨甚至地震的考验。由于汶川地震能量巨大，产生了多种类型、多种运动特征的滑坡现象；这些异常丰富的滑坡现象为人们深入研究滑坡机制提供了难得的机会。但由于汶川地震滑坡分布范围广、数量多、密度高、种类齐全，地形、地质环境各异，对于这种过于复杂的情况，难以对具体的滑坡一一开展数值模拟工作。所以本研究拟从这些滑坡类型中抽象出既能够尽多的包含汶川地震滑坡的主要特征，又易于数值处理的概念模型。

为研究汶川地震中滑坡的动力学行为，研究中根据汶川地震中多数滑坡体所处的山体形态，滑坡体的几何产状，构造了具体一定代表性的概念模型。总体上，模型中滑坡体的平均坡度为~50°，滑床几何具有前缘平缓(重力作用下要稳定)、后缘高陡的典型特征。模型中山坡顶峰的高度为 960m，水平跨度为 1650m。滑坡体的滑床面从下向上，由缓到陡，其倾角大约从 10°开始，变化到 15°再到 80°，呈铲状构造。模型中有三角形单元 3715 个，节点数为 2012。为简单起见，认为滑坡体在运动过程中只发生变形，不会碎裂，因此模型中的介质选为线弹性体。滑坡体的滑动利用有限元中的接触单元技术来实现。

参照汶川地震后对滑坡体及滑床介质的岩石力学实验结果来选取介质的物性参数。模型的边界条件为地震动加速度，将汶川地震中卧龙台记录的加速度从模型底部输入。为防止地震波在底面及两侧边界上发生反射，文中采用吸收边界；但整个山坡外侧均为自由面。

通过对滑坡的运动特征及动力学过程进行的数值模拟，给出了滑坡体运动的全部历程，特别是展示了滑坡的启动、滑移、抛射、碰撞、飞行以及爬升等典型的运动学特征。计算结果表明，在地震动惯性力及重力的共同作用下，当克服了滑坡体与滑床之间的摩擦后，滑坡启动，滑坡体沿滑床由慢到快滑行，直至从滑床上抛射出去。对地震动加速度进行频谱分析以及对山体进行振型研究后发现，汶川地震地震动加速度的频谱与典型山体的自振频率重叠范围较宽，这样汶川地震就有可能使得震中及附近地区的山体发生共振，再加上高山地形本身的放大效应，致使山坡上的地震动得到显著增大，从而导致了汶川地震诱发的滑坡事件特别频繁，滑坡灾害极其严重。模拟结果还显示：地震动的方向、振幅、频率、持续时间以及接触面上的摩擦关系对滑坡体的稳定性影响很大。因此，本研究对于认识地震滑坡的动力学机制、评估地震灾害以及对于研究地震动态触发问题等有重要的科学意义。

研究得到国家自然基金项目（40974020）、国土部行业专项（Sino-Prob-07）及基本科研业务专项的资助（ZDJ2009-1）。

## 参考文献

[1] 许强, 等. 汶川地震大型滑坡研究[M]. 北京：科学出版社，北京: 2009.
[2] 孔纪名, 等. 汶川地震滑坡类型及典型实例分析[J]. 水土保持学报, 2009, 23(6): 66~70.

（6）地球内部结构及其动力学

# 2012 年北苏门答腊西海域 Mw8.6 地震的孕震机理及其对周围地区的影响

# The mechanisms of 2012 northern Sumatra off west coast Mw8.6 earthquake and the impact on the surrounding areas

缪　淼　朱守彪*

Miao Miao　Zhu Shoubiao

中国地震局地壳应力研究所　北京 100085

2012 年 4 月 11 日 16 时 38 分，在北苏门答腊的西部海域附近发生了 Mw8.6 特大地震（2.311°N，93.063°E，震源深度 22.9km）（http://www.usgs.gov/），就在 2h 后，主震的西南方向约 180km 处，又发生了 Mw8.2 强烈地震。到目前为止，该地震为人类所记录到的震级最大的走滑型地震。因此，该地震的发生将对地球科学研究产生重要影响：为什么在海洋板块内部发生如此巨大的走滑型地震？两个走滑型大地震之间是否存在着关联？

鉴于此类问题，本文试图根据该地区的地质构造、地球物理观测等研究结果，对北苏门答腊西部海域附近 Mw8.6 地震的孕育背景进行了分析研究：本次地震发生于印度洋板块的沃顿海盆（Wharton Basin）内（巽他海沟西南），是印度洋板块与巽他次级板块挤压碰撞的最前沿；其北东方向为巽他海沟，西接 90°东海岭（90°E Ridge），东南部为探测者破裂带（Investigator Fracture Zone）。尽管沃顿海盆位于海洋板块内部，由于其特殊的地理位置，这里仍然被认为是板内变形带或弥散边界带：通过海洋地球物理调查，直接观测到了活断层及活动变形构造，发现了现今活动的左旋走滑断层体系，沃顿海盆存在至少长 1000km、近南北走向的破裂带[1]。因此，该地区中强地震活跃、变形情况复杂。

印度洋板块与巽他次级板块之间的碰撞为倾斜碰撞，其倾斜的角度由南向北越来越大。另外，印度洋板块向北东方向的运动速率在空间上也是变化的：由南边沃顿海盆里的速度 57mm/yr 逐渐变为 50mm/yr；但越过 90°东海岭后，突降为 39mm/yr，最后变为 37mm/yr[2]。这种空间速度的变化作用效果相当于在断层两侧施加了一对大小相等、方向相反的力的作用，即板块内部出现剪切应力。随着应变的不断积累，在断层面上不断积累弹性应变能，当应力超过其破裂极限后，断层发生错动，最终导致特大左旋走滑型地震的发生。

另外，由于印度洋板块向北东向运动的空间差异非常小，每年仅有不足 10mm；此外还有一部分被 90°东海岭变形带所吸收。因此，在沃顿海盆里的断层面上产生的剪切应力很低，弹性应变能积累的速度就比较慢，发生强烈走滑型地震的周期就会很长。所以，在此区域很少见到如此巨大的走滑型地震。至于像本次大地震的复发间隔究竟有多长，要通过详细的古地震研究、数值模拟等工作[3]。

本文对 Mw8.6 特大地震的静态库仑应力变化进行了计算。选择 Hayes 反演的有限断层模型，最大滑移量高达 70m。物性参数方面参考前人的做法，岩石的泊松比和有效摩擦系数分别取 0.25 和 0.4，剪切模量选为 $3.2\times10^4$MPa，取后续 Mw8.2 强震的震源机制节面作为库仑应力变化的投影面。计算结果表明，由于 Mw8.6 地震的作用，Mw8.2 余震的震源区附近的库仑应力增大，增加值超过 0.05MPa, 因此对该次余震起到了触发作用；同时考察库仑应力变化与余震的空间分布，所用余震目录来源于美国国家地震信息中心（NEIC: http://neic.usgs.gov/）。使用最优破裂面投影计算库仑应力变化，发现该区其他 Mw4.0 以上的余震活动大部分处于主震所产生的应力加载区，主震触发了 72.6%的后续余震。

该次地震对周围陆地影响较小，苏门答腊岛主要为地震影区，应力降低了 0.03MPa 左右。苏门答腊断层大部分受到应力卸载作用，仅最北端受到部分应力加载作用，波动范围为-0.038~0.011MPa，发生强余震的风险下降。

本研究得到国家自然基金项目（40974020）、国土部行业专项（Sino-Prob-07）及基本科研业务专项的资助（ZDJ2009-1）。

## 参 考 文 献

[1] Deplus C, et al. Direct evidence of active deformation in the eastern Indian oceanic plate[J]. Geology, 1998, 26 (2): 131~134.
[2] Subarya C, et al. Plate-boundary deformation associated with the great Sumatra - Andaman earthquake[J]. Nature, 2006, 440 (7080): 46~51.
[3] 朱守彪, 等. 地震发生过程的有限单元法模拟：以苏门答腊俯冲带上的大地震为例[J]. 地球物理学报, 2008, 51(2): 460~468.

（6）地球内部结构及其动力学

# 俯冲带上特大地震静态库仑应力变化对后续余震触发效果的研究

# A study of the impact of static coulomb stress changes of megathrust earthquakes along subduction zone on the following aftershocks

缪 淼 朱守彪*

Miao Miao Zhu Shoubiao

中国地震局地壳应力研究所 北京 100085

近年来不少研究人员采用静态库仑破裂应力变化（ΔCFS）来考察主震对其后续余震的触发效果以及研究强震间的触发问题，并取得显著成效。通常利用主震同震位错来计算主震产生的静态库仑应力变化，然后考察余震的空间分布。当余震的震源处于主震的静态库仑应力变化增加的区域时，就认为主震对该余震有触发作用。

前人的大量工作中，地震静态触发模型对于很多地震有明显的触发效果。但是，该模型是否适用于所有的大地震呢？对此目前还不甚清楚。以往的研究中对于俯冲带特大地震的触发效果考察较少，本文针对本世纪以来发生在俯冲带上的三次特大地震（即：2011 日本东北地震（Mw=9.1）、2010 年智利地震（Mw=8.8）与 2004 年苏门答腊—安达曼地震（Mw=9.0）），采用 Okada 的半无限空间均匀介质模型，分别计算大震所产生的静态库仑破裂应力变化，通过考察主震库仑应力变化对其后续余震空间分布的关系，从而研究俯冲带上特大地震对其余震的触发效果。

静态库仑破裂应力的计算需要地震产生的同震位错。选择互联网上公布的三次强震有限断层模型，将实际位错面分解成大量的小单元，分别计算三次特大地震的静态库仑应力变化。同时运用美国 NEIC（http://neic.usgs.com）的地震目录，考察主震对余震的触发作用，考察期限为主震发生后 4 个月内。物性参数方面参照前人的取法，岩石的泊松比和有效摩擦系数分别取为 0.25 和 0.4，剪切模量选为 $3.2\times10^4$MPa。

通过考察不同深度上的静态库仑应力变化图案与余震活动在空间上的分布情况，研究余震是否受到主震的触发作用。计算结果显示：对于 2011 年日本东北地震，仅有 47%的后续余震发生在库仑应力增加的区域；2010 年智利地震也只有 47.6%的余震位置处于库仑应力变化的正值区；2004 年苏门答腊地震触发了 49.8%的后续余震。对于三次俯冲带地震，静态触发效果都不太理想。为了避免模型以及参数的独特性所产生的计算误差，文中通过进一步改变模型参数进行检验：使用不同作者给出的震源模型，如选用 Shao 等反演的有限断层模型考察触发效果，发现对于日本地震有一些改善，触发率达到 58%，而智利地震仍然仅触发了小于 50%的后续余震；另外，采用不同的有效摩擦系数，选取 0.0、0.4、0.8 三个值进行了对比，落入库仑应力正值区的余震数目有一定程度的差异，但是处于应力加载区的余震数目都不超过 60%。

计算结果表明这三大地震对后续余震的触发比例均不高（在最有利的情况下，触发比例也不超过 60%）。但对于板内地震，使用同样参数对 2008 年汶川地震与 1999 年集集地震进行考察，计算中选用公开发表的有限断层破裂模型。主震对后续余震的触发效果极好，2008 年汶川地震后 4 个月内的余震活动处于库仑应力加载区的比例为 85%，1999 年集集地震触发了后续 87%的余震。

俯冲带大地震产生的库仑破裂应力变化增加区域与余震的空间分布之间相关性较差，原因可能是多方面的：如初始应力场的分布，动态库仑应力的影响，孔隙流体的迁移对余震的触发作用。另外，俯冲带特大地震本身是否与大陆地震存在着差别，还有待研究。同时，计算中采用了半无限空间均匀弹性介质，这对于实际情况仅为一级近似，如采用有限元方法，考虑更为复杂的情况，可能会得到更好的结果。

由以上分析可以推知，对于俯冲带上的特大地震，地震静态触发效果不显著。因此，对于俯冲带上大地震的触发问题，还需深入研究。

本研究得到国家自然基金项目（40974020）及国土部行业专项的资助（Sino-Prob-07）。

## 参 考 文 献

[1] Harris R A. Introduction to special section: Stress triggers, stress shadows, and implications for seismic hazard[J]. J. Geophys. Res., 1998, 103 (B10): 24347~24358.

（6）地球内部结构及其动力学

# 逆冲断层动力学破裂过程的有限元模拟

# Dynamic rupture process of thrust fault by FEM

刘敦宇　蔡永恩*

Liu Dunyu　Cai Yongen

北京大学地球与空间科学学院　北京 100871

地震的孕震及其破裂过程一直是地震研究中的热点。2011 年 3 月 11 日，日本东海岸发生了 Mw9.0 级地震，造成了较大的人员伤亡和财产损失，又因为其发生在俯冲带，而引起地震研究者的广泛关注。本文以这次地震为背景，采用 Hu（2009）等提出的有限元方法，模拟其震源动力学破裂过程。有限元方法分为两个步骤。首先需要构造初始的应力场，之后利用降低断层带内材料的剪切模量模拟地震。

从虚功原理出发，可以得到 3D-弹性动态有限元方法的理论公式：

$$\mathbf{K}_0(\mathbf{D}_0^{\mathrm{I}}, \mathbf{D}_0^{\mathrm{II}}, \mathbf{K}_\infty)\mathbf{U}_0 = \mathbf{F}_0 \tag{1}$$

$$\mathbf{M}\Delta\ddot{\mathbf{U}}(t) + \mathbf{C}\Delta\dot{\mathbf{U}}(t) + \mathbf{K}(\mathbf{D}_0^{\mathrm{I}}, \mathbf{D}_0^{\mathrm{II}}, \mathbf{D}^{\mathrm{II}}(t), \mathbf{K}_\infty, t)\Delta\mathbf{U}(t) = \Delta\mathbf{F}(t) \tag{2}$$

其中，$\mathbf{K}_0$、$\mathbf{F}_0$ 分别为震前总体刚度矩阵和总体载荷向量，即初始场。$\mathbf{K}$、$\Delta\mathbf{F}$ 分别为震时 $t$ 时刻的总体刚度矩阵和相对于 $t-\Delta t$ 时刻总体载荷向量的变化量，$\mathbf{U}_0$、$\Delta\mathbf{U}(t)$分别为震前总体节点位移和 t 时刻地震引起的位移场。$\mathbf{D}_0^{\mathrm{I}}, \mathbf{D}_0^{\mathrm{II}}$ 为弹性材料矩阵，下标“0”表示震前，上标 I、II 分别表示断层带外部介质和断层带。$\Delta\mathbf{D}^{\mathrm{II}}$ 表示 $t-\Delta t$ 到 $t$ 时刻断层带介质的材料变化，用来模拟地震。$\mathbf{K}_\infty$为研究区域第三类边界中外部环境的接触刚度。公式（1）用来计算大地震震前的初始位移场 $\mathbf{U}_0$（或应力场）；公式（2）用来计算同震位移波场$\Delta\mathbf{U}(t)$(或应力波场)，可以看出$\Delta\mathbf{U}(t)$不仅与断层带介质的材料损伤程度和损伤过程有关，而且与初始场有关。

本研究中，断层通过一个厚度很小的薄层带模拟，断层带内为横观各向同性材料，异性轴指向断层面法向。通过远场边界构造应力，得到初始场。在初始场作用下，震源从断层面中心点开始破裂（破裂通过下降断层带材料剪切模量实现），设定破裂速度 3km/s，破裂以圆形式向外扩展。模型断层沿走向长 500km，倾向宽度 170km，断层带厚度约 200m，断层倾角 10°。

初步研究结果：

（1）断层带倾向位移和倾向位错：震源开始破裂后，断层面上位移和位错逐渐增大，破裂在 30 秒达到地表，从 45 秒开始，地表位移达到最大值，相应的位错最大，其值为 52.74m。随后，破裂向断层两侧发展，位于地表的破裂前锋的位移和位错保持在该最大值。在 90 秒左右破裂完成；在 150 秒之后，断层带位移值和位错值趋于稳定，准静态位错约 40m 左右。值得注意的是破裂过程中，动态位移和位错明显大于地震结束后看到的静态位移和位错。

（2）地表位移特征：地表最先震动位置为初始破裂点在地表的投影区域。随着破裂发展，该区域范围逐渐扩大并且位移值逐渐增大。在约 30 秒时刻，地表震动区域扩展到断层迹线，位移幅值显著增大；随着破裂向断层两侧发展，断层迹线处位移逐渐增大到最大值，垂直断层走向的水平位移最大值 47.62m，垂向 10.0m；当破裂达到地表后，从断层迹线处向外激发位移波。

（3）断层带剪切应力降：在破裂过程中，断层带破裂部分介质释放应力，而周围还未破裂的介质因此产生应力集中，导致破裂前峰应力集中，引发破裂区扩展。最大动态剪应力降约 4MPa。破裂前锋由应力释放和应力集中交替前进，因此地震一旦被触发，将以不可逆的形式（雪崩式）破裂发展，直到遭遇高剪切强度的障碍体或搞应力区，迫使破裂停止。相比于传统研究地震破裂过程方法，本研究所用三维弹性动态有限元方法，可以考虑初始应力场及材料不均匀性和研究断层地震破裂的完整动力学过程。

国家自然科学基金（41074070）资助。

## 参 考 文 献

[1] Hu C, et al. A new finite element model in studying earthquake triggering and continuous evolution of stress field[J]. Sci. China Ser. D-Earth Sci., 2009,107(11): 1430~1439.

[2] Hu C, et al. Study of earthquake triggering in a heterogeneous crust using a new finite element model[J]. Seismol. Res. Lett., 2009b, 80(5): 799~807.

# 专题七：岩石圈结构及大陆动力学

# The Structure of Lithosphere and Continental Dynamics

（7）岩石圈结构及大陆动力学

# 青藏高原东北缘 Rayleigh 波相速度分布及方位各向异性

# The phaThe phase velocity distribution and azimuthal anisotropy in SE Tibet from Rayleigh wave array tomography

余大新* 李永华 潘佳铁 吴庆举

Yu Daxin　Li Yonghua　Pan Jiatie　Wu Qingju

中国地震局地球物理研究所　北京 100081

青藏高原东北缘是青藏高原最年轻的部分，对研究青藏高原的生长和变形以及印度-欧亚大陆板块的远程碰撞传递效应提供了重要的试验场。一系列大型的走滑型深断裂和重要块体都分布在其中，构造变形和地震活动强烈。大量的地震学研究表明，各向异性在地球的不同深度范围内均存在，是地球内部普遍存在的一个物理现象。而各向异性的强度和方向很大程度上受到板块运动的直接影响。对青藏高原东北缘开展相速度分布以及各向异性研究，可以进一步了解深部演化过程，加深对块体运动方式以及块体的相互作用和变形机制的认识。

本文收集了 IRIS 和国家数字测震台网 2007 年至 2012 年青藏高原东北缘 78 个宽频带台站的垂向记录。为了保证台站能记录到高质量的面波，我们选用了地震事件震级介于 5.5Ms～7.5Ms，震中距介于 20°～90°，震源深度小于 70km 的地震记录。从事件记录中筛选出信噪比高的记录，进行重采样、去仪器响应、去均值、去倾斜、带通滤波等处理。为了得到可靠的相速度频散曲线，要求每个台站记录的单台群速度频散曲线光滑连续，然后将符合要求的记录进行双台配对。为了减小不同传播路径的影响，进行配对的两个台站同震中要大致在一条大圆弧上，最大偏差不超过 3°，同时双台之间的距离大于 80km，距离太近短周期相速度测量误差增大。最后利用小波变换频时分析技术测量双台间的基阶 Rayleigh 波相速度。最终我们获得了 403 条高质量的独立路径基阶 Rayleigh 波相速度频散曲线。所获得的路径基本均匀地覆盖了研究区域（91E°～100E°，31N°～42N°）。

我们运用 Montagner（1986）提出的 REGIONALIZATION 方法, 同时反演得到了 12s～140s 内 16 个周期的相速度和方位各向异性的空间分布。该方法的分辨率不仅取决于射线路径的覆盖程度，还取决于相关长度的大小，相关长度过大，可能会忽略掉尺度较小的异常，而相关异常太小，则可能出现虚假异常。经过测试对比,本研究选取的相关长度为 100km，分辨率为 1°×1°。

结果表明，青藏高原东北缘相速度和各向异性在垂向与横向分布上均存在差异。相速度分布图上，短周期（12s～20s）的相速度分布主要反映了中、上地壳的结构差异。其中柴达木盆地和羌塘地块等沉积层较厚的地区表现为低速异常。25s～50s 的相速度分布主要受下地壳结构以及地壳厚度的影响。其中柴达木盆地显示为相对高速，而从柴达木盆地向北到祁连山和向南到松潘—甘孜地块以及羌塘地块均表现出低速异常，暗示柴达木盆地地壳厚度相对南北两侧要薄。周期 60s～100s 的相速度分布，体现了研究区岩石圈/软流圈深度范围的结构差异。其中柴达木盆地与其他区域的速度差异有所减小，但是仍表现为相对高速异常，这与该区域为构造稳定的块体有一定关系。而松潘—甘孜地块和羌塘地块中部的低速异常一直延伸到周期为 140s 的相速度图上，这可能暗示该区具有薄的岩石圈盖层和热的上地幔速度结构。方位各向异性分布上，在射线路径方位覆盖较好的地区，可以看到，中、下地壳（周期 15s～50s）快波方向和各向异性强度与上地幔（70s～140s）明显不同。中、下地壳各向异性很强烈，其最大各向异性强度甚至达到 4%，在研究中下地壳速度结构时是一个不能忽略的因素。上地幔的各向异性结果显示，各向异性的强度同中下地壳相比有所减弱，快波方向大多与主要断层的走向相近，与已经获得的 S 波分裂结果大体一致。

本研究由自然基金项目（No.41074067 和 90814013）资助。

## 参 考 文 献

[1] 易桂喜, 等. 中国大陆及邻区 Rayleigh 面波相速度分布特征[J]. 地球物理学报, 2008, 51(2): 402~411.

[2] 苏伟, 等. 青藏高原及邻区的 Rayleigh 面波的方位各向异性[J]. 中国科学(D 辑), 2008, 38(6): 674~682.

[3] Montagner J P, et al. Global upper mantle tomography of seismic velocities and anisotropies[J]. J. Geophys. Res., 1991, 96: 20337~20351.

[4] Yao Huajian, et al. Heterogeneity and anisotropy of the lithosphere of SE Tibet form surface wave array tomography[J]. J. Geophys. Res. 2010, 115: B12307.

（7）岩石圈结构及大陆动力学

# 青藏高原东缘地壳流及其动力作用

# Crustal flow in eastern margin of Tibet-Qinghai Plateau and Its dynamics

朱介寿

Zhu Jieshou

成都理工大学地球物理学院 成都 610059

**1．引言**

自高程400~500m的四川盆地西缘向西行50~60km，即进入高达4000~5000m的龙门山、岷山、邛崃山山脉，这里是全球最著名的大陆陡崖峭壁区，其坡度约为喜马拉雅山南坡的4~5倍。青藏高原东缘造山带形成时间大约为5~12Ma的中新世或上新世。

20世纪80年代以来，人们对大陆造山运动（特别是新生代的热动力造山运动）的认识有了新的飞跃，普遍认识到存在于中下地壳的地壳流对新生代造山运动的重大作用。然而地壳流位于地下数十公里深处，我们只能依靠间接手段对地壳流性质和动力作用进行推测。

**2．青藏高原东缘的地壳结构与性质**

从20世纪80年代以来，我们即通过几条跨龙门山的爆破地震剖面发现龙门山两侧的地壳结构有很大变化，四川盆地平均地壳厚度仅40km左右，而过龙门山即陡然下降到60km。盆地内高速壳幔层与高原内低速壳幔层成鲜明对比。

本世纪2003年以来，先后通过中美、中法合作以及独立观测在四川盆地及川西高原、云南地区完成了约90个宽带地震仪被动源观测点，此外还搜集了四川地区50多个宽频带数字地震记录。对以上140多个台站的远震数据用接收函数法反演，获得了扬子地台西部与青藏高原东缘区域（98°E~108°E，24°N~34°N）深达100km的地壳上地幔细结构资料。

由这140多个观测数据所反演的莫霍界面深度与过去用重力反演或少数几条人工地震剖面得到的地壳厚度图有很大不同。新的莫霍界面深度图更细致反映了青藏高原东缘地壳结构特征。

青藏高原东缘莫霍界面深度在50~64km范围变化。沿龙门山松潘、茂汶、都江堰、雅安、石棉一带，从盆地到高原这一段边界的莫霍界面深度变化最陡，从四川盆地西缘的42km过龙门山即变为60km以下。青藏高原东缘自北向南可分为几个不同深度的地块，即北部若尔盖、红原、马尔康地块地壳平均厚度52km。中部的小金、道孚至康定、泸定和巴塘、理塘一带平均厚度60km。南部的西昌至攀枝花一带地壳平均深50km，再向南至云南平均约44km。此外，在松潘有一莫霍面深达58km下凹区，在小金、道孚、康定一带有一深达64km的凹区。这些地壳局部加厚的地方都与地表最高山峰（雪宝顶5588m，四姑娘山6250m，贡嘎山7556m）相对应。

在稳定的四川盆地，地壳分上、中、下三层，速度依次升高，不存在地壳低层、岩石圈地幔Vs高达4.5~4.7km/s。表明是典型的克拉通刚性地块。

而青藏高原东缘地壳中下层普遍存在Vs为3.0~3.5km/s的低速层，低速层厚度可达25~40km，岩石圈上地幔速度也较低。

**3．地形地壳结构与地壳流的分布**

在青藏高原东缘地壳中下层普遍存在着低速层，它们即是部份熔融的塑性流变的地壳流。通过四川盆地至青藏高原东缘四条地形高程与地壳上地幔速度断面对比，可以把地壳结构与地表高程变化，地壳流的分布特征描述出来。

沿纬线32.5°N，壤塘—宣汉东西长约650km的断面，地表高程自壤塘4000m，经邛崃山（4500m）及岷山（4500~5000m）盆地边缘江油（800~1000m）进入四川盆地（500~600m）。

沿此断面的地壳流（低速层）的厚度自西向东变化如下：壤塘40km，马尔康36km，黑水24km，茂县24km。地壳流的Vs很低（3.0~3.4km/s），岩石圈地幔Vs为3.9~4.2km/s。在四川盆地，地壳厚度减小为40~42km，中下地壳Vs为4.0~4.2km/s，岩石圈地幔Vs达4.5~4.9km/s。

（7）岩石圈结构及大陆动力学

# 喜马拉雅山南麓地区原地应力实测与应力场分析

# In-Situ Stress Measurement and Analysis of Field Stress at the South of Himalayas

王建新　郭啟良

Wang Jianxin　Guo Qiliang

中国地震局地壳应力研究所　北京 100085

## 1. 引言

中国地震局地壳应力研究所承担了喜马拉雅山南麓地区位于尼泊尔贡嘎山谷上塔马克西水电站工程区深埋厂房原地应力测试任务，这是我国首次在喜马拉雅山脉南麓地区进行的原地应力测试。尼泊尔为南亚山区内陆国家，位于喜马拉雅山南麓，北邻中国，其余三面与印度接壤。该地区位于亚欧板块和印度洋板块的交界处，地质构造环境复杂，现代构造活动性强烈，现今构造应力作用显著。此区域测点位于较大埋深地下厂房，因此潜在存在深部高地应力恶劣环境下的诸多科学问题[1]。在地下深部高应力作用下，软弱岩层往往导致围岩的变形破坏，甚至产生流变大变形。在岩体结构完整的块状坚硬岩体段内，在开挖扰动作用下，岩体应力重新分配，有可能导致巨大的弹性应变能瞬时骤然释放，造成岩爆甚至诱发地震等地质灾害。准确的把握工程区域的原地应力状态对于这类水利工程的科学设计和施工至关重要。

## 2. 测试原理

水压致裂应力测量方法是国际岩石力学学会试验方法委员会颁布的确定岩石应力所推荐的方法之一。该方法具有操作简便、可进行连续或重复测试、测量结果可靠等特点，因此近年来得到了广泛应用，并取得大量的成果。水压致裂是目前国际上公认的能较好地直接进行深部应力测量的先进方法。按照传统的水压致裂理论[2~3]，我们可以得到单一钻孔测点的地应力状态。因此，我们可以根据三个不同方向的钻孔来得到一个测点的三维地应力状态。在国内外，这种方法已经被广泛应用在岩土工程上。下面简单介绍了三维水压致裂测试理论。要想确定其三维应力状态，需要对交汇的三个钻孔分别进行水压致裂应力测量。对其中每个钻孔进行实测，可获得垂直于钻孔的平面内的应力状态即大次主应力、小次主应力和裂缝与轴之间夹角，三个钻孔便可用数理统计最小二乘法原理，求解出三维应力分量。

## 3. 结果分析与结论

工程区测点最大主应力 $\sigma_1$ 值为 17.00MPa，方位角和倾角分布为 187° 和 7°，方向为近 N-S，倾角较小，近似水平作用。中间主应力 $\sigma_2$ 值为 13.39MPa，方位角和倾角分别为 278° 和 12°，近东西向，近似水平作用。最小主应力 $\sigma_3$ 值为 8.07MPa，方位角和倾角分别为 68° 和 76°，表明最小主应力作用趋势向下。利用强度应力比方法[4]得到 $\sigma_{cm}/\sigma_1$=37.65/17.00=2.21，该工程区域的应力状态为中等应力状态，并接近高应力状态。计算其应力张量特征值：平均应力 $\sigma_m$ 和最大剪应力 $\tau_{max}$。经计算得：$\sigma_m$=12.82MPa，$\tau_{max}$=8.93Mpa。可以看出该区域应力张量特征值较大。且 $\sigma_m > \tau_{max}$，由此可知该地区应力场以压应力为主，但是最大剪应力值较大，甚至超过了局部岩体的抗剪强度，应力场呈现较为典型的剪压特征。这也与实际的地质构造比较吻合，由于印度洋板块对亚欧板块的冲击，在该地区形成了较高的压应力。而在工程区附近的在区域小范围内由于喜马拉雅山脉的自重作用，使其南麓地区在高压应力作用的同时，也形成了较高的剪切作用，这也是该区域地质构造活动频繁的主要原因之一。

### 参 考 文 献

[1]　郭啟良, 安其美, 赵仕广. 水压致裂应力测量在广州抽水蓄能电站设计中的应用研究[J]. 岩石力学与工程学报, 2002, 21(6): 828~832.

[2]　王成虎, 郭啟良, 丁立丰, 等. 工程区高地应力判据研究及实例分析[J]. 岩土力学, 2009, 30(8): 2359~2364.

[3]　刘允. 水压致裂法三维地应力测量[J]. 岩石力学与工程学报, 1991, 10(3): 108~112.

[4]　Hoek E, Diederichsb M S. Empirical estimation of rock mass modulus [J]. International Journal of Rock Mechanics & Mining Sciences, 2006, 43: 203~215.

（7）岩石圈结构及大陆动力学

# 用接收函数研究鄂尔多斯块体及其周缘地区的地壳结构*）

# Crustal structure in the Ordos block and surrounding regions, North China, inferred from receiver function study

王椿镛 姚志祥 楼 海 刘琼林 王溪莉

Wang Cunyong Yao Zhixiang Lou Hai Liu Qionglin Wan Xili

中国地震局地球物理研究所 北京 100081

鄂尔多斯块体位于华北克拉通的西部。自中生代晚期开始，华北地块东、西两部分的构造运动发生分异。东部自新生代初，经历了强烈的构造运动，形成华北盆地。西部广泛堆积了侏罗纪至早白垩世地层，形成大型的坳陷盆地，之后又经历了持续的隆升运动，地貌上形成了现今的鄂尔多斯高原（邓启东，等. 1985）。地质学家一致认为鄂尔多斯是中国大陆内部的一个相对稳定的块体。块体内部的地震活动性强度低，未曾发生过大于6级的地震，而块体周缘断陷盆地带却是强烈地震活动带。

近 20 年来，在鄂尔多斯块体及其周缘地区已有不少的地球深部探测与研究成果。通过一些深地震测深剖面和大地电磁测深剖面的实施，获得了二维的速度和电性结构(如：张少泉，等. 1986；李松林，等. 2001；滕吉文，等. 2010；赵国泽，等. 2010)。一些作者根据固定和（或）流动宽频带地震台站的观测资料，用接收函数和地震波层析成像方法研究地壳结构。然而，在鄂尔多斯块体中部和北部地区，台站数量偏少，台站分布很不均匀，导致三维地壳结构的横向分辨率不高，因此对地壳上地幔结构的认识是不全面的。为此，我们于2010～2011年间在鄂尔多斯中部和北部布设了52个流动台站，连同“华北科学台阵”布设的50个台站，以及已有的区域地震台网固定台站，形成了一个由278个台站稠密布局的宽频带地震台阵。除西北角的阿拉善块体之外，现有的台站相对均匀地覆盖了本文的研究区域（102°～116°E，32°～42°N）。

本文在研究区域内各台站的地震记录中选择了2008至2011年间震级Ms ＞ 5.5和震中距30º～90º 的1835个远震事件，采用时间域最大熵谱反褶积算法提取接收函数。此外，还使用系数$\alpha$为2.5的高斯滤波器对接收函数作低通滤波。对每个台站，获得具有清晰初至P波震相的“正常”接收函数进行*H-K*叠加分析。在278个台站中，有256个台站的*H-K*叠加结果质量为“优”或“良”，尤其是在鄂尔多斯块体西北部沙漠地带获得了一大批质量优秀的地震记录。这些数据的分析结果全面揭示了鄂尔多斯块体及周缘地区的地壳厚度和波速比的横向变化特征。

地壳厚度变化的总趋势是从东部的华北盆地增加到西部的祁连褶皱系。块体内部地壳厚度变化不大，从东部到西部仅有~3 km的起伏，而东西两侧边界上地壳厚度急剧改变，在东侧的太行山从32 km增加到38 km，西侧的六盘山从43 km增加到52 km。在南北方向上，在鄂尔多斯块体南侧的秦岭造山带，地壳厚度从东部的30 km增加到西部的48 km。横穿块体北侧的阴山造山带，地壳厚度变化不明显。选择研究区域内深地震测深剖面和天然地震台站相重合的 24 个地震台站，对从深地震测深得到的“观测地壳厚度”和从接收函数*H-k*叠加获得的“估计地壳厚度”作比较，二者偏差的RMS为1.25 km，相关系数为0.93，二者的一致性表明从接收函数估计的地壳厚度具有高可信度。

地壳泊松比$v$ 与波速比$k = Vp/Vs$ 由公式$v = 0.5\times[1-1/(k^2-1)]$相联系，它对地壳的组成提供了比仅用 P波或S波速度更全面的判断。华北克拉通西部地区整体的地壳平均波速比为1.75，其中鄂尔多斯块体北缘和西南缘的地壳波速比大于块体内部。块体内部为1.74，西南缘和北缘分别为1.80和1.76。秦岭造山带和祁连褶皱系的地壳平均波速比较低，为1.73。四川盆地地壳具有中—高等泊松比（$v>0.27$），而鄂尔多斯盆地内部的泊松比偏低（$0.27<v<0.28$）。鄂尔多斯块体的地壳低波速比（泊松比）表明地壳属于长英质组分。以往的深地震测深探测研究指出，鄂尔多斯块体具有正常的P波速度，地壳平均速度为6.30 km/s。除渭河地堑外，该地区的大地热流值也属于正常值范围。*H-K*叠加分析结果仅表示台站下方较小范围内的平均值，现有台站分布及台站间距使得这一叠加分析不足以分辨鄂尔多斯块体周缘断陷盆地内地壳厚度的变化细

节，但其他的一些研究表明周缘的断陷盆地内地壳明显减薄。鄂尔多斯块体北缘较高的泊松比和较薄的地壳可能是由于相对富集长英质的中上地壳减薄，并存在铁镁质的物质底侵共同作用的结果（Ji, et al., 2009）。鄂尔多斯块体西南缘的高泊松比区可能具有与北缘不同的地质解释。

正常的 P 波速度，泊松比，以及大地热流值，表明地壳内不存在由于热异常而部分熔融的物质。鄂尔多斯块体南部及秦岭造山带的地壳泊松比与松潘甘孜块体北部和西秦岭造山带（Wang, et al., 2010）相一致。因此，该地区不存在与下地壳流模型（Royden, et al., 1997）相容的存在环境。青藏高原下地壳流模型的模拟结果显示，由于受四川盆地坚硬块体的阻挡，下地壳流分别从青藏高原东南方向和东北缘向外流出。从当前的结果看，即便青藏高原东部存在下地壳流，也不可能从东北缘向外流出。本文的结果不支持秦岭造山带作为青藏高原下地壳流的向东流出通道的模型。

对鄂尔多斯块体及周缘地区用接收函数 *H*-K 叠加方法得到的观测地壳厚度，与地形高程和布格重力异常作回归分析。台站高程与地壳厚度的相关系数为 0.764。在地壳厚度小于 45 km 的地区，台站高程与地壳厚度的分布呈较好的线性关系，而在地壳厚度大于 45 km 的地区（即西部的祁连褶皱系），地壳厚度与台站高程的关系较分散。地形高程为零时对应的地壳厚度为 33.7±0.49km，地幔与地壳下部的密度差为 0.406±0.029 g/cm$^3$。表明鄂尔多斯块体及其周缘基本上处于均衡状态。从均衡重力异常图上看，鄂尔多斯块体的东边界似在黄河以东的离石断裂带。断裂左、右两边均衡重力异常分别为负和正异常区。大地电磁测深获得的电性断面图也清晰显示出离石断裂两边电性结构差异（赵国泽，等. 2010）。一些地质构造的研究也认为，离石断裂是鄂尔多斯块体的东边界。然而，本文获得的结果表明，离石断裂两侧的地壳厚度和波速比并未发生明显变化。推测该断裂仅存在于中上地壳内，未伸展至下地壳和莫霍界面。

在使用系数 α 为 2.5 的高斯滤波器对接收函数作低通滤波的前提下，发现鄂尔多斯中部和北部地区（107º～110ºE, 36.5º～40.5ºN）各台站的接收函数具有同样的异常特征，即初至的大振幅震相的极值点偏离了时间坐标轴的零线。另外，这些接收函数在 4～6s 区间呈现较大振幅的负极性震相。理论上，近地表一定厚度的沉积层的速度模型可以拟合这一异常现象。用较大的 $\alpha$ 值（例如 5.0）对接收函数作滤波后，在原有大振幅震相的位置上出现了两个震相：初至的小振幅震相和续至的大振幅震相。这显然是沉积层的效应。利用深地震测深获得近炮点的沉积层速度结构，理论计算近地表沉积层产生的、在 4～6s 区间的负极性震相，而不少台站观测接收函数的负极性震相的振幅大于地表沉积层效应所产生的负极性震相。因此，这一地区的接收函数可能还包含由中下地壳的低速层所产生的负极性震相。

综合本文以及其他地球物理的观测结果，鄂尔多斯块体主体部分（中部和北部）的地壳结构属于华北平原的伸展构造类型，而块体西南边缘和秦岭造山带西段的地壳结构则属于青藏高原外缘的挤压碰撞类型。研究区域位于由西太平洋板块俯冲作用而产生伸展并强烈下沉的华北平原和印度洋板块和欧亚板块碰撞挤压的青藏高原东北部之间的过渡地带，地壳结构的横向变化反映了这一过渡的复杂性。

鄂尔多斯块体作为新生代以来的稳定块体，是否在中、下地壳内存在低速层（和/或高导层），这个问题至今并没有统一的认识。本文的结果表明在一定的范围内（但不是大尺度的）可能存在中下地壳低速层。华北克拉通的东部显示岩石圈大规模破坏，而克拉通西部的鄂尔多斯块体的岩石圈当前并不显示存在大规模破坏的证据。

本文为国家自然科学基金重大研究计划“华北克拉通破坏”的支持项目，编号 90914005，91014006。

## 参 考 文 献

[1] 邓起东，程绍平，闵伟，等. 鄂尔多斯块体新生代构造活动和动力学的讨论[J]. 地质力学学报，5(3): 13~21.

[2] Zheng TY, Zhao L, Zhu R X. New evidence from seismic imaging for subduction during assembly of the North China Craton[J]. Geology, 2008, 37(5): 395~398.

[3] 滕吉文，王夫运，赵文智，等. 阴山造山带—鄂尔多斯盆地岩石圈层、块速度结构与深层动力过程[J]. 地球物理学报，2010, 53: 67~85.

[4] Wang C Y, Zhu L, Lou H, Huang B S, Yao Z, Luo X. Crustal thicknesses and Poisson’s ratios in the eastern Tibetan Plateau and their tectonic implications[J]. J. Geophys. Res., 2010, 115: B011301.

（7）岩石圈结构及大陆动力学

# 中国南北地震带中南段噪声层析成像

# Ambient Noise Tomography in China North-South Seismic Belt

张雪梅* 刘 杰 黄志斌 杨志高 史海霞 魏 星 杨 文 周龙泉

Zhang Xuemei Liu Jie Huang Zhibin Yang Zhigao Shi Haixia
Wei Xing Yang Wen Zhou Longquan

中国地震台网中心 北京 100045

中国南北地震带，尤其是中、南段，在板块的挤压和拉伸作用下，形成规模巨大、活动明显的大断裂。该地区集中了我国强大地震，是大陆强震活动最为频繁的地区。近期相继发生的特大地震，在震前并没有明显的前兆异常，需要地震工作者探索强烈地震发生前后其深部地球物理场的变化，为地震监测预报提供地下速度变化的依据。噪声层析成像方法不依赖于震源位置，即使没有地震射线穿过的区域，做两台站长时间噪声的互相关也能提取较稳定的频散曲线，获取台站之间下方的速度结构。自 Aki（1957）就提出用背景噪声获取面波频散信息，Shapiro et al.（2005）应用该方法得到美国南加州的 Rayleigh 面波群速度分布后，国内外地学工作者收集不同时间段的连续波形数据资料，应用噪声层析成像方法获得了一些地区的地下速度结构。

我们收集了中国南北地震带中南段及其邻近区域 2010 年 1 月至 2011 年 9 月期间 293 个国家和区域地震台站记录的连续波形资料，对单台连续波形记录进行去除仪器响应、去均值、去倾斜、滤波、时间域归一化、频谱白化等预处理后，提取连续背景噪声。对两台站每 3 个月的背景噪声进行互相关计算得到台站间介质的格林函数后，截取瑞利面波，用“频率-时间分析”（FTAN）方法测定其群速度频散曲线。为了得到研究区下方稳定的速度分布，保证不同时间段具有稳定的台站对射线分布，在研究区每个时间段使用信噪比 SNR≥10 的相同台站对进行层析成像。

用 Yanovskaya 等（1990）编制的 2-D 球坐标系下函数展开法计算不同周期群速度分布。该层析成像方法不仅计算研究区不同周期的群速度分布，而且可定量计算横向分辨尺度。计算得到中国南北地震带中南段及其邻区的大部分区域的分辨尺度在 100 公里左右，在不同周期上我们把研究区划分为 $1^{\circ}\times1^{\circ}$ 的网格。

在不同周期的速度分布图上，噪声层析成像的群速度分布与研究区的地质构造具有明显的一致性。在青藏高原和四川盆地交界地带，以东经 $104^{\circ}$ 为界存在着东西速度异常变化，尤其在龙门山断裂带东西两侧存在着明显的群速度高低异常分布。短周期的群速度受沉积层影响较大，具有较厚沉积层的四川盆地在短周期（15～20s）表现为较低的群速度，红河断裂带地区也呈现低速异常分布. 基岩埋深较浅的青藏高原东部则表现为高速异常。在 30s 和 40s 周期，青藏高原东部下方的群速度则低于东部地区，这与其中下地壳低速层密切相关。

不同时间段，中国南北地震带中南段及其邻近区域的地下速度发生着变化。在 20 秒周期，川滇交界东部地区的低波速区在玉树地震前和 2011 年第 1 季度有所增加，但目前依然处于低波分布，而川滇交界西部地区低波速区自 2011 年第 2 季度以来有所增加。在 30 秒周期速度分布图上，川滇交界地区在 2010 年第 1 季度持续处于相对低波速区，而红河断裂以南以西地区相对处于高波速区。青藏块体东部大范围区域 2010 年度处于持续低波速状态，2011 年第 1 季度出现低速范围收缩集中在青藏东北缘，第 2 季度低速区形成明显的北东带，第 3 季度北东带上甚低速集中调整在了藏东附近。从 40 秒观测结果分析，川滇交界地区在 2010 年第 1 季度处于低波速区，玉树地震后该区域波速有明显降低，但 2011 年底 1 季度以来，该区再次出现波速降低，并逐渐形成显著的低波速区。分析强大地震发生前后地下物质的速度变化为强大地震发生提供深部的数据依据。

本研究由地震科技星火计划（XH1032）和自然基金项目（40804009）资助。

**参 考 文 献**

[1] Shapiro N M, Campillo M, Stehly L, et al. High-resolution surface wave tomography from ambient seismic noise[J]. Science, 2005, 307: 1615~1618.

[2] Yanovskaya T B, Ditmar P G. Smoothness criteria in surface-wave tomography[J]. Geophys J Int, 1990, 102: 63~72.

（7）岩石圈结构及大陆动力学

# 云南地区地壳厚度和泊松比研究

# Crustal thickness and Poisson's ratio beneath the Yunnan region

查小惠* 雷建设

Zha Xiaohui* Lei Jianshe

中国地震局地壳应力研究所 北京 100085

## 1. 引言

云南地区处于青藏高原东南缘，在地质构造上位于特提斯—喜马拉雅构造域与滨太平洋构造域的复合部位，兼跨古冈瓦讷和华南地块两大构造单元，地质构造较为复杂。该区历史上经历了多期构造演化，如三江造山带构造演化和新生代印藏碰撞引起的陆内强烈变形。由于印度板块与欧亚板块陆—陆汇聚、碰撞作用，云南地区地震断层(如金沙江—红河断裂、澜沧江断裂和怒江断裂)走向及活动方式主要表现为 NNW 和近 NS 向走滑性质，与云南以西的缅甸弧地区主要表现为近 NNE 向逆冲特征存在明显区别。近年来，人们已经开展大量工作，利用接收函数研究该区的壳幔过渡带特征。多数研究者主要使用固定地震台站数据，只有少数的流动台站结果。固定地震台的分布局限于云南东部和北部地区，而在有些地区如红河断裂、腾冲火山区和澜沧江等地区却很少有地震台站分布，而这些地区壳幔过渡带细结构对于认识青藏高原动力学演化具有极重要科学意义。为此，2010 年 4 月到 2011 年 7 月中国地震局地壳应力研究所在云南地区布设了 21 个宽带带野外流动地震观测点，为我们深入认识云南地区壳幔过渡带提供了有利条件(Lei, et al., 2012)。本研究通过提取高质量接收函数，采用近年来发展起来的 H-K 搜索技术(Niu, et al., 2007)，获得了上述流动台站下方的地壳厚度和波速比。

## 2. 数据和方法

2010 年 4 月到 2011 年 7 月中国地震局地壳应力研究所在云南红河断裂两侧、腾冲火山周边等地区布设了 21 个流动地震观测台站，所用地震计为 CMG- 3ESPC、数据采集器为 REFTEK-130B，基本均匀覆盖了腾冲地块、保山地块、思茅地块和扬子地台等不同构造区(Lei et al., 2012)。我们从震中距在 30°～90°之间 5.0 级以上 2 344 个远震事件中挑选出波形信噪比高、转换震相清晰的远震事件 732 个，其中径向接收函数总共 1 939 条。

使用接收函数 *H-K* 迭加扫描方法获取每个台站下方的地壳厚度和波速比，然后将 *H-K* 搜索得到的结果作为模型参数对各台的接收函数进行动校正，参考震中距为 67°。然后将接收函数在时间域进行 4 次根迭加，拾取 Ps 转换震相到时，再利用 isap91 模型将时间域接收函数转换到深度域，从而得到各台站下方的地壳厚度。

## 3. 结果和讨论

结果显示，研究区内地壳厚度和由波速比获得的泊松比横向变化明显，显示出不同块体深部结构特征和大致分界情况。除腾冲地块外，扬子地台、思茅地块和保山地块地壳由南向北均呈现出增厚趋势，且由西向东不同块体之间也呈现出明显增厚趋势，最大变化约 18 km。扬子地台的泊松比显示出由南向北逐渐增大的结构特征，北端泊松比的增大可能与下地壳增厚密切相关。思茅地块和保山地块的泊松比在各自块体内部变化较弱，显示出与扬子地台不同的深部结构特征，这可能与扬子地台属于华南板块，而思茅地块和保山地块同属于冈瓦那板块有关，表明金沙江—红河断裂的确为华南板块的南部边界。腾冲地块显示出高泊松比特征，部分台站特定方位角搜索得到的低波速比可能由台站下方的介质存在强各向异性所致。腾冲地块的地壳厚度没有显示出由南向北的增厚趋势，可能与地幔热物质上涌对该地区地壳结构造成强烈影响密切相关，这有待于以后进一步印证。

### 参 考 文 献

[1] Lei J S, Zhang G W, Xie F R, et al. Relocation of the 10 March 2011 Yingjiang, China, earthquake sequence and its tectonic implications[J]. Earthq. Sci. , 2012, 25: 103~110.

[2] Niu F, Bravo T, Pavlis G, et al. Receiver function study of the crustal structure of the southeastern Caribbean plate boundary and Venezuela[J]. J. Geophys. Res., 2007, 112: B11308.

（7）岩石圈结构及大陆动力学

# 云南地区小震重定位及 *b* 值研究

# Relocation of Small Earthquakes Occurredin Yunnan Province and the b Value Research

张广伟* 雷建设 孙长青

Zhang Guangwei Lei Jianshe Sun Changqing

中国地震局地壳应力研究所(地壳动力学重点实验室) 北京 100085

**1. 引言**

云南地区位于印度板块与欧亚板块碰撞带的北东侧，地处青藏高原东南部，可能是青藏高原物质受到挤压向东南流出的通道。由于印度板块的东向俯冲，区内构造运动强烈，是我国大陆内部地震活动最强烈的地区之一。2010 年 5 月至 2010 年 7 月，中国地震局地壳应力研究所在滇西地区布设了 21 个流动台站(Lei, et al., 2012)，通过将流动台站资料与云南省地震台站资料相结合，对云南地区的地震进行重新定位，并采用精定位后的地震目录计算云南地区 *b* 值。

**2. 资料与方法**

收集 2010 年 5 月至 2011 年 7 月发生在云南地区由 50 个地震台站和 21 个流动台站所记录到的 6943 个地震事件，其中 P 波和 S 波到时个数分别为 68 219 条和 62 153 条。首先采用 VELEST 方法(Kissling, 1988,1995)反演获得云南地区最小一维速度模型，同时得到 71 个地震台站的 P 波校正值；采用该模型运用双差法(Waldhauser and Ellsworth, 2000)对地震进行重定位；最后，采用 ZMAP 程序包(Winmer and Malone, 2001)来计算 *b* 值，得到云南地区最小完整震级 $\overline{M}_C$ MC 值为 1.4，在计算 *b* 值时只选择震级大于和等于 1.4 级的地震事件。

**3. 结果及讨论**

台站校正值能够反映台站下方地壳的横向不均匀性(王椿镛，等. 1993)，台站校正值正负的大小表明台站所布设的区域存在低速或高速异常，而正延迟也有可能是台站下方具有较厚的低速沉积层。从获得的 71 个地震台站 P 波校正值可以看出：在云南南部地区台站校正值呈现负值，而在北部地区多为正值；在保山、思茅块体的南部，台站校正值表现为较大的负延迟；腾冲块体台站校正值呈现正延迟，说明台站所分布位置存在明显低速异常，而且该区域与保山块体的台站校正值正负相间，这也表征该区域地壳结构具有强烈的横向不均匀性；另外，沿小江断裂台站校正值均呈现正延迟，这表明在小江断裂带附近为低速异常区。

从小震重定位结果可以看出，地震主要集中在滇西地区，地震的分布与主要活动断裂具有密切关系，在一些断裂交汇区域，小震更为集中。依据重定位后小震的分布，将云南地区划分出 12 个地震丛集，分别为苏典、盈江、腾冲、保山、龙陵、漫湾、大理、丽江、程海、耿马、思茅和建水。在一些主要断裂带上，小震分布具有明显特点，如红河断裂带上小震多分布在断裂带的南北两端，尤其在北段地震更为密集，而在中段小震稀少，存在一个明显的小震空区。

采用双差精定位后的地震目录计算云南地区 *b* 值。将 *b* 值在深度上的变化及在平面上的变化分别展示出来：深度上，*b* 值随着震源深度的增加而逐渐减小，在地壳的浅部（0～6km）*b* 值较大，在 6～9km 深度范围内 *b* 值趋于稳定，而在 9～10km，*b* 值发生明显减小；平面上，在火山区及应力拉张区 *b* 值较高，而在应力挤压区 *b* 值较低。如盈江、腾冲及龙陵地区，*b* 值相对较高，主要是由于该区域存在火山，有较高的地热值，同时在该区域高 *b* 值与低 *b* 值相间存在，*b* 值的分布具有明显空间非均匀性。红河断裂带的北段由于处于拉张应力环境不易积累应力，因此呈现高 *b* 值；而红河断裂的中段长期处于压扭环境，从而导致该段 *b* 值相对较低。对大盈江断裂带三维 *b* 值分布研究发现，盈江 5.8 级主震发生在高低 *b* 值的过渡带，在主震震源区，高 *b* 值与低 *b* 值相间存在，表征震源区介质高度复杂。以上的研究结果充分表明，*b* 值在研究大震孕震环境中具有重要的意义。

本研究受中国地震局地壳应力研究所基本科研业务专项(ZDJ2012-19)和国家自然科学基金(40974021)共同资助。

（7）岩石圈结构及大陆动力学

# 川滇及周边地区上地幔顶部速度及各向异性结构分层反演

# Tomographic velocity and anisotropy beneath the Sichuan-Yunnan and surrounding regions

吕　彦[1]　张忠杰[1]　裴顺平[2]　徐　涛[1]

Lü Yan[1]　Zhang Zhongjie[1]　Pei Shunping[2]　Xu Tao[1]

1. 中国科学院地质与地球物理研究所　北京 100029;

2. 中国科学院青藏高原研究所　北京 100101

**1. 摘要**

本文利用国际地震中心、国家地震数据共享中心及中国地震年报提供的大量地震走时数据，对川滇及周边地区上地幔顶部速度及各向异性结构进行了分层反演研究。通过对不同深度层上速度分布特征的分析，发现上地幔顶部速度分布与区域构造特征关系明显，多数区域不同深度层上的速度特征一致，而羌塘地块等区域不同深度上速度特征的变化，体现出其地幔顶部热状态随深度的差异。结合 GPS 观测、剪切波分裂等结果，还对研究地区上地幔顶部各向异性分布与板块运动、大地构造的关系进行了分析讨论。

**2. 引言**

川滇及周边包括青藏高原东部、四川盆地、云贵高原等地区，是青藏高原物质东流的主要区域，构造运动活跃，结构复杂，是地球科学研究的重点地区。由于地球内部速度及各向异性结构记录了大量地球构造及动力学特征的信息，利用 Pn 及 Sn 波走时数据对上地幔顶部速度及各向异性结构进行反演，对研究板块运动特征，研究造山机制以及岩石圈物质流动等问题具有重要意义。

**3. 数据及方法**

我们的研究区域为 95°E～110°E，20°N～35°N，地震和台站的选取范围为 80°E～125°E，5°N～50°N。国际地震中心、国家地震数据共享中心及中国地震年报 1960～2011 年间记录的共十余万条 Pn 及 Sn 波走时数据参与反演。受地幔顶部速度纵向变化以及地球弧形的影响，不同震中距的 Pn、Sn 波在上地幔顶部的传播深度是不同的。因此，我们对远近震中距的 Pn、Sn 波数据进行分别处理，并采用 Hearn 提出的方法，得到了表征不同深度特征的分层反演结果。

**4. 结果与讨论**

结果显示，研究区域上地幔顶部 Pn 波平均速度为 8.1 km/s，Sn 波平均速度为 4.6 km/s。上地幔顶部 Pn 波与 Sn 波速度分布特征吻合，速度分布与区域构造特征关系明显，多数区域不同深度层上的速度特征一致。四川盆地地区、东构造结以西的印度板块地区呈现高速，松潘甘孜地区、缅甸以及云南地区呈现低速。而羌塘地块区域不同深度上速度特征的变化，体现出其地幔顶部热状态随深度的差异，推测可能与该区域下地壳物质流及其热交换有关。Pn 波各向异性结果显示，在藏东川西地区，Pn 波快波方向呈现北西–南东向，与该地区 GPS 观测的大地运动方向一致，表明从青藏高原向东挤出的物质在该区域存在向东南方向的运动，造成橄榄岩晶体沿运动方向排列。Pn 波快波方向与 SKS 快波方向一致，说明该地区上地幔顶部可能存在深浅耦合形变。本研究得到的 Pn、Sn 波速度及各向异性分层成像结果为研究该地区板块构造及深部地球动力学过程提供了更多的地震学依据。

**参 考 文 献**

[1] Hearn T, et al. Uppermost mantle velocities beneath China and surrounding regions[J]. J. Geophys. Res., 2004, 109: B11301.

[2] Zhang Z, et al. Seismic signature of the collision between the east Tibetan escape flow and the Sichuan Basin[J]. Earth. Planet. Sci. Lett., 2010, 292: 254~264.

[3] Lü Y, et al. Pn tomographic velocity and anisotropy beneath the Iran region[J]. Bull. Seis. Soc. Am., 2012, 102(1): 426–435.

（7）岩石圈结构及大陆动力学

# 滇西地区壳幔各向异性特征及其动力学意义

# Crustal and Mantle Anisotropy Beneath Western Yunnan Inferred from Pms Splitting Analysis and Geodynamic Implications

孙长青* 雷建设 张广伟 黎 源 查小惠

Sun Changqing Lei Jianshe et al.

中国地震局地壳应力研究所（地壳动力学重点实验室） 北京 100085

## 1. 研究背景及意义

滇西地区位于印支地块和扬子地块之间，是青藏高原物质东向逃逸的必经带域，对印度板块和欧亚板块碰撞产生的岩石圈变形及青藏块体南东向挤出变形具有重要的吸收和调节作用。前人已经在该地区开展了大量地壳各向异性（Chen, et al. 2012）和上地幔各向异性（王椿镛，2007）研究工作。然而，由于研究区内海拔较高、高程变化大、交通不便等因素，致使固定和流动地震台站布设较为稀疏，不足以对局部地区地壳—地幔形变场特征进行细致研究。中国地震局地壳应力研究所 2010～2011 年期间在云南地区布设了 21 个流动地震观测，为研究该区壳幔变形提供了有利条件。因而，本研究使用流动地震台站记录到的 Pms 和 SKS 震相资料，详细研究该区地壳、上地幔各向异性，从而揭示地壳-地幔变形特征和岩石圈动力学信息。

## 2. 资料与方法

2010 年 4 月至 2011 年 6 月，中国地震局地壳应力研究所在滇西地区布设了 21 个宽频带流动地震台站（Lei, et al. 2012），获取了宝贵的地震资料。宽频带三分量数字地震仪由 Reftek-130B 型采集器和 CMG-3ESPC（带宽 60s～50Hz）拾震器组成，采样率为 100sps。记录到震中距 30°～90°，震级 Ms > 5.5 级的有效远震事件 293 个，用于求取接收函数。在选择合适的高斯参数的基础上，利用时间域迭代反褶积方法求取远震接收函数的径向分量和切向分量。挑选信噪比高、Pms 震相稳定可靠的波形，利用切向能量最小化方法（Silver and Chan, 1991）进行横波分裂分析。用作 SKS 波（或 SKKS 波）偏振分析的远震事件，其震级大于 6 级，震中距为 85°～110°。利用切向能量最小化方法分析不同方位的单个事件确定的各向异性参数及其误差，误差估计采用 95%的置信区间。对于同一台站的多个拾取结果采用叠加方法求取平均值，通过重新计算自由度可得到用于误差估计的置信区间。

## 3. 结果与讨论

在腾冲火山区周边，台站的快波偏振方向以火山区为中心，呈发散状，推测地壳各向异性受到地幔物质上涌的影响。在断裂带附近，快波偏振方向与断裂走向平行，说明地壳各向异性在局部地区受断裂带的影响较大。地壳各向异性结果显示，红河断裂带中部地区快波偏振方向与断裂带平行，而南段和北段的快波方向与断裂带垂直。对断裂带周边 6 级以上地震震源机制解进行统计，地震活动主要集中于南北两端，表明在红河断裂带两端的地壳各向异性受印支块体和扬子块体相互作用的影响。滇西地区整体地壳各向异性呈 NW 向，说明该地区受青藏高原东南缘大陆块体的南东向挤出作用的影响较强。利用 SKS 分裂得到的快波偏振方向为近 EW 向，与前人在该地区获得的上地幔各向异性研究成果具有较好的一致性。但是，与利用 Pms 震相横波分裂获取的地壳各向异性特征在快波偏振方向上存在较大差异，推测该地区壳幔圈层之间可能发生解耦。

本研究受中国地震局地壳应力研究所基本科研业务专项（ZDJ2012-19）和国家自然科学基金（40974021）共同资助。

## 参 考 文 献

[1] Yun Chen, et al. Crustal anisotropy from Moho converted Ps wave splitting analysis and geodynamic implications beneath the eastern margin of Tibet and surrounding regions[J]. Gondwana Research (In Press), 2012.

[2] 王椿镛，等. 青藏高原东部上地幔各向异性及相关的壳幔耦合型式[J]. 中国科学(D 辑), 2007, 37(4): 495~503.

[3] Lei J, et al. Relocation of the 10 March 2011 Yingjiang, China, earthquake sequence and its tectonic implications[J]. Earthquake Science, 2012, 25:103~110.

[4] Silver P G, Chan W W. Shear wave splitting and sub-continental mantle deformation[J]. Journal of Geophysical Research, 1991, 96: 16429~16454.

（7）岩石圈结构及大陆动力学

# 华北东北部地区基于噪声成像的 S 波速度结构研究

# S-wave velocity structure from ambient noise tomography in the northeast of the North China

潘佳铁*　吴庆举　李永华

Pan Jiatie*　Wu Qingju　Li Yonghua

中国地震局地球物理研究所　北京 100081

华北克拉通是我国大陆最古老的克拉通之一，中、新生代火成岩的广泛侵入与喷发、大量中强地震的密集发生等地学现象都表明，中生代以来它遭到了广泛的破坏作用。研究该地区的壳幔结构对于研究华北克拉通的破坏与地震活动性等都具有重要的科学意义。噪声成像不依赖于震源的发生，能够获得较天然地震方法更为密集的射线覆盖，近年来得到越来越广泛的应用，已被证明是一种研究壳幔 S 波速度结构的有力手段。台站密集分布的华北地震科学探测台阵，为我们研究华北东北部地区精细的壳幔结构提供了良好的数据保证。本文利用噪声互相关方法，提取瑞雷波的相速度和群速度，然后联合反演华北东北部地区的三维 S 波速度结构。

我们收集了华北台阵 189 套宽频带台站（频带 0.02～60 s）于 2007 年 1 月至 2008 年 12 月记录的垂直向资料，并对数据进行了如下处理(Benson, et al. 2007)：重采样至 1s，去倾斜、去均值和进行 5～50s 的带通滤波。由于所用地震计均为同一类型的仪器，故不用去除仪器响应。利用绝对滑动平均法进行时间域归一化，去除地震事件以及仪器故障带来的信号干扰。然后以天为单位，进行互相关计算并叠加，得到台站间叠加后的互相关函数（NCF）。再使用频谱白化，拓宽互相关信号的频谱，以降低某一单频固定信号的干扰。利用基于小波变换的频时分析方法（Wu, et al. 2009），我们提取了台站间的瑞雷波相速度和群速度频散曲线。然而，并非所有的频散曲线都可以用于后续的频散反演中,虚假的频散需要予以剔除。我们采取了信噪比分析（SNR>15）、3λ、cluster 分析和反演残差控制四种方法，来控制最后获得的频散资料质量。最终我们获得了 3656 条 5～30s 的相速度频散曲线和 4341 条 5～30s 的群速度频散曲线。

三维 S 波速度结构的反演，我们采用了二步法：首先获取研究区内每个网格点上的群/相速度频散，即纯路径频散，然后对其进行深度反演。本文采用 Yanovskaya-Ditmar（Yanovskaya & Ditmar，1990）提出的方法进行二维的频散反演。我们知道，与相同周期的相速度相比，群速度对更浅的结构较敏感。结果表明，短周期（如 10s）的群/相速度分布与地表地质构造具有明显的相关性，该速度分布图很清晰地勾画出了西北部山区与东南部华北盆地及其内部次级地质构造单元的轮廓。隆起区呈现高速，坳陷区呈现低速，说明短周期的速度分布与地表沉积层厚度和结晶基底深度有密切关系。周期 20～30s 的相速度分布图和周期 28～30s 的群速度分布图上，从东往西，速度逐渐降低，表现出与地壳厚度较强的相关性。在天津一带，存在较为明显的低速异常。

群速度与相速度的联合反演较单一的群/相速度的反演相比，可以对模型提供更好的约束，能够获得更可靠的结果。我们采用 Neighborhood Algorithm（NA）方法反演研究区的 S 波三维速度结构。速度结构的反演结果初步表明，研究区的地壳厚度大体上是西部厚、东部薄，从东部渤海湾附近的 28km 逐渐向西北方向变厚，在张家口地区达到 43km，横向变化达 15km。0～13km 深度范围内，太行山以东主要呈现低速，西部山区则主要为高速。25km 深度的截面图上，太行山隆起区呈现高速，与燕山隆起区的速度结构有着明显差异，燕山东部局部延续了地壳上部的低速结构，这可能暗示燕山与太行山隆升的动力学机制不同。35km 深度截面图上，东南部华北盆地显示为高速，太行山以西山区表现为大面积的地低速。值得引起注意的是，在 16～32km 深度范围内，在天津周围呈现出很明显的低速，这可能与该地区上地幔顶部的热物质上涌有关。

本项研究受中央级公益性科研院所基本科研业务费专项（DQJB11B04）和国家自然科学基金（No.41104029）共同资助。

## 参 考 文 献

[1] Bensen G D， et al. Processing seismic ambient noise data to obtain reliable broad-band surface wave dispersion measurements[J]. Geophys J Int, 2007, 169:1239~1260.

[2] Wu Qingju, et al. Measurement of interstation phase velocity by wavelet transformation[J]. Earthquake Science, 2009, 22(4): 425~429.

[3] Yanovskaya T B, Ditmar P G. Smoothness criteria in surface wave tomography[J]. Geophys J Int, 1990, 102: 63~72.

（7）岩石圈结构及大陆动力学

# 华北克拉通岩石圈有效弹性厚度各向异性研究

# Lithospheric Mechanic Anisotropy of North China Craton

郑 勇* 李永东 熊 熊

Zheng Yong Li Yongdong Xiong Xiong

大地测量与地球动力学国家重点实验室 中国科学院测量与地球物理研究所 武汉 430077

华北克拉通地处欧亚大陆的东南部、中国的东部，是全球最古老的克拉通之一，其演化过程和空间构型一直是地球科学界关注的焦点。岩石圈有效弹性厚度 *Te* 定义为一假想的、上覆于非粘性流体的、在相同载荷作用下产生与真实岩石圈相同弯曲的弹性板的厚度。*Te* 表征了岩石圈在长期载荷（>$10^5$yr）作用下抵抗变形的能力。研究 *Te* 的空间分布，能为我们理解关于岩石圈的物质组成、地热梯度以及克拉通的破坏机理提供极为重要的信息。传统上对于有效弹性厚度 *Te* 的研究主要集中在各向同性上，然而，由于大陆岩石圈拥有多层流变性，其不均匀性能导致力学强度沿不同方位角和深度存在差异。再者，岩石圈在构造演化历史中拥有一定的“继承”性，受先存构造、温度、组分以及构造应力等影响，使其晶格排列在空间上有优势取向，使岩石圈抵抗变形的能力沿不同方向而存在差异，即在同样载荷作用下，岩石圈的变形有优势取向，因此，*Te* 存在着各向异性。

目前，对于 *Te* 各向异性的研究主要通过两种方法，即多窗口谱分析方法[1]和小波分析方法[2]。由于小波分析能对每一波数或尺度内的信号使用最佳窗口进行分析，可以在一定程度上解决多窗口技术所面临的窗口大小和分辨率的相互制约矛盾，因此，能够获得更加合理的有效弹性厚度分布。本文收集了 EGM2006 重力异常模型，利用 Crust2.0 获取地壳的分层结构、地壳密度以及地幔密度模型，将自由空气异常校正到简单布格异常，再利用 GTOPO30 全球高程数字化模型做局部地形改正，最后得到完全布格异常。然后，基于小波分析方法来确定重力与地形间的相关性，通过计算获得华北克拉通岩石圈有效弹性厚度及其各向异性的二维精细结构，分析华北克拉通地区的岩石圈强度结构和动力学机制。

从研究结果来看，华北克拉通不同块体 *Te* 存在明显的差异。华北克拉通西部的鄂尔多斯盆地 *Te* 较高（30～65km）。块体内部南北向存在差异，其中南北两端 *Te* 较高。中部从西侧的北祁连至甘肃地陷、海原断裂一线 *Te* 值均较低，且低值有相对向鄂尔多斯块体内部延伸的趋势。鄂尔多斯块体北部与阿拉善块体相连的一侧具有明显的高值，而西克拉通东北端的阴山则表现为一东西向的低值带，*Te* 约 10km。华北克拉通中部表现为沿太行山重力梯度带走向的低值带，*Te* 为 5～25km，且 *Te* 的低值近乎与太行山重力梯度带相重合。华北克拉通东部 *Te* 的分布的横向差异显著。渤海湾盆地 *Te* 相对鄂尔多斯盆地、河淮盆地较低，为 20～30km。郯庐断裂西侧的河淮盆地 *Te* 为 30～50km。

从 *Te* 各向异性分布来看，华北克拉通 *Te* 普遍存在明显的各向异性特征：克拉通西端的阿拉善块体 *Te* 各向异性方向以北东—南西向为主，鄂尔多斯地块各向异性方向转向北西—南东向，其内部各向异性方向整体具有一致性，并且各向异性特征显著。鄂尔多斯东南缘，到达陕西—山西地堑逐渐转向北东—南西向，有可能预示着鄂尔多斯的逆时针旋转与有效弹性厚度的弱轴相关。而向东过渡至中克拉通，各向异性方向在南北向上存在差异，中部呈东西向展布，北部和南部的各向异性弱轴均沿北西—南东向分布。中克拉通 *Te* 各向异性整体分布特征延续至东克拉通的渤海湾盆地和郯庐断裂，横过郯庐断裂 *Te* 的弱轴逐渐转变为东西向。东西向上的中轴带各向异性方向呈近东西向，延伸至胶东半岛以西。东克拉通地区各向异性方向与中部大致一致，其东缘的郯庐断裂两侧各向异性方向存在明显差异。综合分析各向同性和各向异性 Te 分布，可以在很大程度上帮助我们认识华北克拉通的强度和应力场。

本研究由自然科学基金 40974034、41174086 联合资助。

参 考 文 献

[1] Stark, et al. Wavelet transform mapping of effective elastic thickness and plate loading: Validation using synthetic data and application to the study of southern African tectonic[J]. J. Geophys. Res., 2003, 108(B12).

[2] Kirby J F, et al. Mapping the mechanical anisotropy of the lithosphere using a 2D wavelet coherence, and its application to Australia[J]. Phys. Earth Planet. Int., 2006, 158: 122~138.

（7）岩石圈结构及大陆动力学

# 利用重磁资料研究大别造山带地壳结构

# Crustal Structure of the Dabie Orogenic Belt (eastern China) Inferred from Gravity and Magnetic Data

杨宇山　李媛媛

Yang Yushan　Li Yuanyuan

地球物理与空间信息学院　中国地质大学（武汉）　武汉 430074

大别造山带是由华南陆块俯冲进入华北陆块之下所形成的大陆碰撞型造山带，出露有世界上规模最大、保存最好的超高压变质地体之一。近 20 多年来，超高压岩石的形成与折返机制，一直是大陆动力学的研究热点。地壳结构是寻找大陆深俯冲和超高压岩石折返证据的关键探测目标，其中获取来自地壳结构特征的地球物理探测研究，是大别超高压变质带演化研究的重要基础。本文采用欧拉反褶积、连续小波变换（CWT）等分析方法（Yang, et al. 2010）获得了重磁场源的深度信息，并以此为初始模型，结合地面地质，地震学等多学科研究成果，通过重力场正演模拟，最终给出了大别造山带地区的二维密度结构。

我们采用 EGM2008 地球重力场模型解算至 2150 阶得到大别造山带的布格重力异常(Pavlis, et al. 2008)，由 EMAG2 模型得到研究区的磁异常（Maus, et al. 2009）。从研究区的布格重力异常我们可以看出，异常的幅值在–90 到 5mGal 范围内变化，大别山造山带处在一个北西走向的重力低异常上，并被团山－麻城断裂分成了东西两部分。重力低反映了莫霍面向下凹，并且东部比西部深。从磁异常图我们可以看出，异常在–280 到 300nT 范围内变化，大别山造山带处在一个 70nT 左右的北西向正磁异常上，反映了造山带地壳具有一定磁性。造山带被断裂隔开形成三个局部磁异常高，其位置与超高压、高压变质带分布有较好的对应关系。

位场资料的处理和解释是一个复杂的过程，其中包含了很多不确定性和多解性。这就要求我们尽量采用多种约束信息来改善这一问题。我们为此引入连续小波变换（CWT）、欧拉反褶积（Euler deconvolution）方法对南北向的 P1 剖面重磁异常进行场源识别和分析。从剖面重力异常 CWT 分析结果可以看出，在岳西存在一个十分明显的重力低，反映在岳西的下地壳存在低密度体。从 CWT 谱极值的连线来看，莫霍面明显向下凹，而从垂向导数的 CWT 频谱图上，我们可以更清晰地看到 CWT 频谱极值连线存在错断，说明莫霍面可能发生错断。莫霍面北浅南深，存在大概 4～5km 的落差。

从剖面磁异常 CWT 分析和欧拉反褶积反演的结果可以发现，南部 25km 左右深度，北部 40km 左右深度存在明显异常，它们与九江、桐城的局部磁异常低、重力高相对应，反映了下地壳和岩石圈上地幔中的低磁、高密度异常区。刘启元（2005）利用台阵记录的远震 P 波波形数据和接收函数方法也揭示了大别造山带壳幔界面具有断错结构，壳内存在横波低速体。壳内横波低速体与低磁、高密度异常区相对应，表明下地壳内可能存在热的高密度块体，推测可能与莫霍面错断上地幔物质向上迁移有关。

最后，基于重磁资料的欧拉反褶积（Euler deconvolution）、连续小波变换（CWT）分析结果，结合地表地质、地震观测及岩石样本物性测量等成果，我们建立了研究区二维地壳密度结构模型。采用二度半重力场正演方法最终得到了横跨大别造山带的二维密度结构。由重力场正演模拟结果可知，造山带中部存在低密度体，我们推测可能是华北与华南块体连续碰撞过程中形成的加厚的地壳。而在造山带下地壳和上地幔存在的两个高密度体，可能是因为造山带拆沉以后，软流圈会上涌来替代拆沉的地壳，在这样拉伸的构造背景下，上涌的地幔物质会变质而形成低磁、高密度物质。

## 参 考 文 献

[1] Maus S, et al. EMAG2: A 2-arc min resolution Earth Magnetic Anomaly Grid compiled from satellite, airborne, and marine magnetic measurements[J]. Geochemistry, Geophysics, Geosystems　2009, 10: Q08005.

[2] Pavlis N K, Holmes S A, Kenyon S C, et al. An Earth Gravitational Model to Degree 2160: EGM 2008[C]//Vienna: General Assembly of the European Geosciences Union, 2008.

[3] Rasmussen R, Pedersen LB. End corrections in potential field modeling[J]. Geophysical Prospecting, 1979, 27, 749~760.

[4] Yang Y S, Li YY, Liu T Y. Continuous wavelet transform, theoretical aspects and application to aeromagnetic data at the Huanghua Depression, Dagang Oilfield, China[J]. Geophysical Prospecting, 2010, 58: 669~684.

（7）岩石圈结构及大陆动力学

# 中国东北地区上地幔的P波和S波速度结构研究

# The study of the P- and S-wave velocity structure of the upper mantle beneath the Northeast China

张风雪* 吴庆举

Zhang Fengxue Wu Qingju

中国地震局地球物理研究所 北京 100081

中国东北地区是我国发生深源地震的重要区域，与欧亚大陆板块和西太平洋板块相互碰撞挤压，西太平洋板块俯冲到欧亚大陆板块下方有密切关系。西太平洋板块在日本海处开始俯冲到欧亚大陆板块下方，向西延伸贯穿整个东北地区到达大兴安岭重力梯级带。已有研究（Zhao，2004）表明俯冲的西太平洋板块在东北地区下方的地幔转换带中近水平地停滞汇集，这是目前东北地区深部动力学的主要特征。由于板块滞留的长期积累，这个停滞板块会不会因极大重力不平衡而下落到下地幔中呢？也就是说这个停滞板块究竟有没有贯穿 660km 间断面到达下地幔？关于中国东北地区的火山形成机制，也一直存在着争议。如Tatsumi等（1990）认为五大连池和长白山火山的起源可以用软流圈热物质上涌来解释；Zhao(2004)的研究结果表明太平洋滞留板块在火山的形成过程中起了极为重要的作用。

有限频走时层析成像是近年来兴起的一种新的研究地球内部速度结构的方法，它与射线理论走时层析成像的主要区别是：射线理论将地震波看作是无限高频的，用一条狭窄的射线路径来代替地震波的传播路径，地震波的走时主要受这条射线路径上速度结构变化的影响，而射线路径以外的速度扰动对走时没有影响；然而有限频理论认为，地震波的频带是有限的，地震波的走时不仅受射线路径上速度结构的影响，环绕在射线路径周围区域三维空间内的速度结构也会对地震波的走时产生影响。我们从东北地区的国家固定台网及临时流动台阵的台站中挑选震中距在30°～90°的远震地震事件，采用波形相关法拾取走时残差，并利用有限频走时层析成像的方法研究此区上地幔的P波和S波速度结构。使用波形互相关法选取观测数据后，最终我们采用了394个符合条件的远震事件，共计57251条P波射线路径和10301条S波射线路径。

经过检测板测试，水平分辨率约为1°，垂向分辨率为200km。从各个深度上的水平切片可以得出，400千米以上，以大兴安岭重力梯级带和郯庐断裂带为分界线，研究区基本上分为三个构造区域，重力梯级带以西和郯庐断裂带以东为低速异常区，松辽盆地内部除分布少量的弱低速异常外，大部分表现为高速异常。在500千米和600千米的切片上，重力梯级带以西仍然为低速异常，而松辽盆地内部和郯庐断裂带以东地区表现为高低速异常交互分布的现象。在700千米和800千米的切片上，最明显的特征是处在松辽盆地南沿的燕山造山带东部表现为低速异常。经松辽盆地的中部做了两个垂直剖面AB和CD，剖面AB从阿尔山开始经松辽盆地至长白山地区，剖面CD从五大连池开始经松辽盆地至长白山地区，从剖面AB上可以看出，阿尔山和长白山下方存在一个低速异常，这个低速异常延深至地幔转换带中；松辽盆地下方，除了在200千米处有一弱低速异常体外，整体表现为高速异常；从剖面CD上可以看出，长白山下方的低速异常延深至地幔转换带中，五大连池下方的低速异常延深到约150千米；松辽盆地下方为高速异常。从阿尔山、长白山、五大连池下方的低速异常延深的深度可以很看出，三个火山下方低速物质的来源不同，这也有可能暗示五大连池火山与长白山火山和阿尔山火山的成因不同。已有研究认为长白山火山是与太平洋板块在东亚大陆地幔转换带中滞留和深部脱水等过程密切相关的一种弧后板内火山（Zhao，2004），而本研究在长白山下方并没有发现板状的高速异常或由于研究区范围的限制使得本研究只能探测到板状高速带的局部。从本研究的结果可以看出，阿尔山和长白山下方存在大范围的低速异常体，这些低速异常体延深到地幔转换带中，推测阿尔山和长白山火山的成因应该为下地幔物质的上涌。

本研究受中国地震局地球物理研究所基本科研业务专项（DQJB11B15）、国家自然科学基金重点项目（90814013）、国土资源部“深部探测技术实验研究”专项（SinoProbe-02-03）资助。中国地震局地球物理研究所“国家数字测震台网数据备份中心”为本研究提供地震波形数据。

（7）岩石圈结构及大陆动力学

# 中国东北地区上地幔顶部 Pn 速度结构及其意义

# Lateral Variation of Pn Velocity beneath Northeast China

孙 莲　吴庆举　汪素云

Sun Lian　Wu Qingju　Wang Suyun

中国地震局地球物理研究所　北京 100081

中国东北地区地处兴蒙造山带的东部，中生代以来，受西太平洋板块俯冲作用的影响，使该地区形成了以拉张为主，间以挤压的构造带，并伴随生成了一系列裂谷带、盆地、火山带等。作为全球仅有的两个由大洋板片俯冲造成的大陆深震区之一，东北地区是研究深源地震，用地震学手段探测大陆下方大洋板片俯冲的绝佳场所。本研究利用 Pn 走时资料，选择在中国东北地区开展 Pn 波速度结构成像的研究。Pn 波的传播路径位于 Moho 面下方的上地幔顶部，与其他震相相比，Pn 波在该处有更高的射线穿透密度，可以获取更高的精度及分辨率。

根据 Hearn 的理论和程序，将 Pn 射线的走时残差用于反演上地幔顶部速度的横向变化和各向异性结构。Pn 震相的射线路径可以分为三段：震源路径、地幔路径和接收路径。将上地幔顶部划分成 n 个速度网格，Pn 波走时残差方程组为：

$$t_{ij} = a_i + b_i + \sum d_{ijk}(s_k + A_k \cos 2\phi + B_k \sin 2\phi)$$

式中，$t_{ij}$ 是地震间的走时残差；$a_i$ 是台站静延迟项；$b_j$ 是地震静延迟项；$d_{ijk}$ 是射线经过速度网格的长度；$s_k$ 是慢度变化；$A_k$，$B_k$ 为各向异性系数，$\phi$ 是台站相对于地震的方位角。

我们选取了 376 个台站记录的中国地震年报和吉林、辽宁省地震台网观测报告的 5768 个近震 30 648 条 Pn 走时资料，采用上述方法反演出东北地区上地幔顶部 Pn 速度结构及各向异性分布。在绝大部分研究区都可达到 2°×2° 的分辨率。结果表明，东北地区 Pn 速度平均值为 7.9km/s，相对于中国大陆的平均速度总体偏低，Pn 波速度呈现出明显的横向不均匀性，其中松辽盆地、下辽河盆地、海拉尔盆地以及渤海盆地等都表现为低速异常区，其 Pn 波速度介于 7.6～7.8km/s；而这些盆地的周围则表现为相对的高速异常区，其 Pn 波速度介于 7.9～8.2km/s，Pn 波高、低速异常区沿 NE~NNE 向相间排列。Pn 波速度是受控于上地幔顶部物质组成、温度和压力等参数。研究区的松辽盆地、下辽河盆地、华北盆地、渤海湾等地区都表现为大尺度的低速异常，这些低速异常以及薄的地壳厚度分布（28～32km）都暗示，上述地区具有热的/薄的地幔盖层。Pn 波速度与地壳厚度成正相关变化，与大地热流成反相关变化。尽管受太平洋板片的俯冲，在中国东部发生了广泛的岩石圈减薄与破坏，然而研究区仍存在高速的 Pn 波速异常，如，松辽盆地西北的大兴安岭地区、西南的燕山造山带，这表明中国东北地区的岩石圈破坏具有显著的横向不均一性，即中国东北岩石圈不是整体的拆沉，也暗示东北地区的构造演化具有复杂的构造背景。整体而言，东北地区的各向异性比较弱，但在局部的高低速异常过渡区，如佳木斯地块、渤海湾、长白山火山附近及大同火山附近，存在较显著的各向异性。佳木斯地块的各向异性快波方向与利用剪切波分裂、接收函数得到的结果一致，暗示该区整个上地幔具有一致的变形特征。但其与绝对板块运动方向有差别，而与西太平洋板块的俯冲方向一致，这可能与太平洋板块俯冲导致的地幔流动相关。渤海湾地区的快波方向与利用剪切波分裂得到的各向异性快波方向，绝对板块的运动方向都一致。已有研究显示，该区具有薄的、低速的岩石圈盖层。因此，该区的 Pn 波各向异性可能主要与软流圈物质流动有关。长白山火山及大同火山附近的强各向异性区的快波方向环绕周缘的高速体呈旋转状分布。

本项目受国家自然科学基金项目（41004034，90814013，41174075）和中国地震局地球物理研究所基本科研业务专项（DQJB09B11）资助。

## 参 考 文 献

[1] 赵大鹏，雷建设，唐荣余. 中国东北长白山火山的起源：地震层析成像证据[J]. 科学通报，2004，49(14): 26~30.

[2] 汪素云，Hearn T M，许忠淮，等. 中国大陆上地幔顶部 Pn 速度结构[J]. 中国科学(D 辑), 2001, 31(6): 449~454.

（7）岩石圈结构及大陆动力学

# 球面磁异常与梯度张量正演方法及其初步应用

# Magnetic Anomaly and Gradient Tensor Forward Modeling by Using Taylor's Series Expansion in Spherical Coordinates System and Its Preliminary Applications

杜劲松　陈 超*　王林松　王浩然

Du Jinsong　Chen Chao*　Wang Linsong　Wang Haoran

中国地质大学（武汉）地球物理与空间信息学院　武汉 430074

近二十年来，卫星磁测技术快速发展，人类已经获得海量的地球、月球与火星等磁场探测数据。由于在数百千米上空进行测量，卫星磁测具有不受地面及地下局部因素干扰和地域限制的突出特点，可以得到全球或任意指定区域范围内的磁测数据。纵观磁测卫星的整个发展历史，从早期的 POGO、Magsat 到现在的 Oersted 与 CHAMP 再到 2012 年即将发射的 Swarm 卫星群，由三分量观测发展到梯度观测，观测数据的分辨率与精度将越来越高。

然而，对于区域性的，乃至全球尺度问题，磁力观测面是一个球面，需要利用球坐标进行表达与处理。因此，针对卫星磁测数据的区域性特点，急需发展与建立球面坐标系统中的卫磁数据处理、正演与反演及解释方法，有助于保持观测数据与场源的空间原位对应关系，有益于对卫星磁测数据包涵的地质与地球动力学信息充分挖掘与应用。

正演是反演与解释的基础，而以往的球面磁异常正演方法均是以偶极源为模型（如 von Frese, et al. 1981a, 1998; Dyment and Arkani-Hamed, 1998）。von Frese et al. (1981b)采用 Gauss-Legendre 数值积分方法计算球面棱柱体即 Tesseroid 单元体对外部空间产生的磁位与磁异常矢量；Asgharzadeh et al. (2008)在 von Frese et al. (1981a)的基础上，扩展到磁异常梯度张量的计算。刘心铸(1986)首次在国内介绍该方法，邹新民等(1996)基于该正演方法进行等效源反演得到假重力异常、垂向导数、延拓和化向地磁极等异常，徐元芳等(1997, 2000)进行等效源反演获得中国及其邻区视磁化强度分布与居里面起伏模型。

本文尝试利用泰勒级数展开方法与二维高斯—勒让德数值积分方法，进行球坐标系中球面棱柱体的磁位、磁力三分量与梯度张量正演模拟。进而，分析各个分量与导出量随场源变化的空间分布规律，认为：正演计算精度受棱柱体大小及其与计算点的空间距离影响，体积越小、计算点越高，计算精度越高。建议在正演计算时，模型剖分应该较小，对于磁测卫星高度，采用 0.5°甚至更小的剖分，能够满足较高的精度；磁力梯度张量提升了对场源的识别能力，每个分量均代表一个方向滤波器，能够突出场源体相应方向上的结构；由磁力梯度张量的张量不变量、径向分量的径向导数、张量模、分量模至径向分量受场源磁化强度方向的影响逐渐增强；由磁力梯度张量的张量不变量、径向分量的径向导数、张量模、分量模至径向分量对场源的分辨率能力逐渐降低。

在正演方法的基础上，一方面，采用 Hemant et al. (2005)建立的岩石圈磁化强度模型，正演计算中国及其邻区岩石圈磁异常三分量与梯度张量，进而与由 MF7 岩石圈磁异常模型解算结果对比，表明该模型并不能解释观测磁异常，例如在中国东部沿海存在高磁异常条带，张昌达(2003)认为该条带可能是古生代褶皱带的反映，作者认为也可能是由于菲律宾板块与太平洋板块的俯冲导致的蛇绿岩化的地幔楔，其具有高磁性与低密度特征。另一方面，将磁法勘探中的三维磁化率成像方法(Li and Oldenburg, 1996)发展到大陆区域岩石圈磁化率三维反演之中。模型试验表明，该方法反演效果较好。最后，将其初步用于澳大利亚地区的岩石圈磁化率三维反演之中，结果显示该区中地壳磁性相对较弱，磁性深度较深，居里面达到 80 km 左右深度，这与 Goes et al. (2005)的结果相符。

该研究由科技部国际科技合作专项(2010DFA24580)、国家自然科学基金(40730317)与国家自然科学基金(40774060)联合资助。

## 参 考 文 献

[1] Dyment J, Arkani-Hamed J. Equivalent source magnetic dipoles revisited [J]. Geophysical Research Letters, 1998, 25(11): 2003~2006.

[2] Li Y G, Oldenburg D W. 3-D Inversion of magnetic data [J]. Geophysics, 1996, 61: 394~408.

[3] Hemant K, Maus S. Geological modeling of the new CHAMP magnetic anomaly maps using a geographical information system technique [J]. Journal of Geophysical research, 2005, 110: B12103.

（7）岩石圈结构及大陆动力学

# 东亚地区面波群速度成像研究

# Crust and mantle S-wave velocity model for East Asia from Rayleigh group velocities

李永华　吴庆举　潘佳铁

Li Yonghua　Wu Qingju　Pan jiatie

中国地震局地球物理研究所　北京　100081

东亚大陆是由众多微陆块及其间的褶皱带或造山带组合，经长期演化而形成的复合大陆。受太平洋板块、欧亚板块、菲律宾板块及印度板块的相互作用与影响，中新生代以来东亚地区表现出复杂的构造特征。如，印度与欧亚大陆碰撞与持续汇聚，导致形成了地壳巨厚的青藏高原，其远程效应甚至对天山造山带的复活起到了重要的影响。而太平洋板块、菲律宾板块的俯冲更是被认为直接导致了中国东部地区活化与岩石圈破坏，其影响力甚至可能达到贝加尔湖地区。

上述地震过程无疑导致了复杂的壳幔结构，探测研究区的壳幔结构，将对认识和理解该区的地质演化和可能地球动力学模式提供重要的深部约束。地震波成像是是研究地壳上地幔结构的有力工具，前人在东亚大陆及其邻近区域的速度结构已取得了大量成果。其中体波成像研究具有较好的横向分辨率，能准确地反映不同构造块体的速度横向变化，但其缺点是垂向分辨相对较低；相对而言，面波成像研究具有很好的垂向分辨，但在该区开展的不同尺度的面波研究结果不尽相同，甚至互相矛盾，从而导致了研究区许多重要的地震问题仍存在争议。到目前为止，中国数字地震台网的固定台站已经积累了大量的远震资料，为我们开展新的、分辨率更高的面波成像研究提供了重要的资料。

本文利用中国数字地震台网 140 多个固定台站 2007～2011 年记录的远震记录，以及中国周边地区 IRIS 固定台网 2000～2010 年记录的远震资料，采用基于小波变换的频时分析方法（Wu, et al. 2009）提取了 Rayleigh 波群速度。并用 Barmin et al. (2001)的方法，反演了东亚地区 (70°E～1 40°E ,1 0°N～55°N)、周期为 10～140s 的群速度分布图。检测板测试结果显示研究区大部分地区的横向分辨率可达 200～300km，较以往的 Rayleigh 波群速度成像研究分辨率有所提高。本文得到的群速度分布很好地刻画了研究区的构造特征。其中周期为 10～20s 的群速度分布，主要与上地壳及海洋的地壳组成有关；其主要特征表现为，东亚大陆地区的塔里木、四川、华北、松辽盆地等沉积层较厚的地区群速度表现为低速；而祁连、大兴安岭等造山带则表现为高速异常。边缘海地区在 10s～15s 群速度图上表现为低速异常；而 20s 群速度图上的高速异常可能暗示其具有薄的地壳厚度。周期为 30～60s 的群速度分布，可能主要反映了下地壳与地壳厚度的差异。其中 32s 的群速度分布很好地诠释了地壳厚度对群速度分布的影响。周期为 60～140s 的群速度分布，主要反映了研究区的岩石圈/软流圈结构差异。中国东部及边缘海等地区都表现为低速异常，而青藏高原北部和贝加尔湖西南部的低速异常最为显著；塔里木盆地、鄂尔多斯、扬子克拉通西部则表现为显著的高速异常，但是与塔里木盆地、扬子克拉通西部不同，鄂尔多斯地块下方的高速异常在>100s 的群速度图上基本没有体现。

我们也采用线性反演方法(Herrmann,2004)对上述 1°×1°格点上的 10～140s 的群速度频散曲线进行了反演，得到了研究区的剪切波速度结构。反演结果表明，塔里木盆地、鄂尔多斯、扬子克拉通西部等构造上稳定块体下方的地幔表现为高速异常，其岩石圈厚度介于 120～160km；青藏高原北部显著的低速异常暗示该区具有薄的岩石圈盖层；中国东部具有低速的上地幔特征，暗示中国东部大部分都发生了岩石圈减薄；贝加尔湖西南的地幔低速异常可能是贝加尔湖形成的深部动力源。

本研究由自然基金项目（No.41074067 和 90814013）资助。

## 参考文献

[1] Barmin M P, Ritzwoller M H, Levshin A L. A fast and reliable method for surfacewave tomography[J]. Pure appl.Geophys., 158(8): 1351~1375.

[2] Wu Q J, Zheng X F, Pan J T, Zhang F X, Zhang G C. Measurement of interstation phase velocity by wavelet transformation[J]. Earthquake Science, 2009, 22: 425~429.

[3] Herrmann R B, Ammon C J. Computer Programs in Seismology. Department of Earth and Atmospheric Sciences[M]. St. Louis University, St. Louis, MO, USA. 2004.

（7）岩石圈结构及大陆动力学

# 地球岩石圈密度和磁性全球三维模型初步研究

# Reliminary study of the global 3D model for density and susceptibility in Earth's lithosphere

陈 超[1*] 梁 青[1] 杜劲松[1] 胡正旺[1] 王浩然[1] 王林松[1]，
陈 波[1] 孙石达[1] 李 端[1] Mikhail Kaban[2] Maik Thomas[2]

Chen Chao[1*] Liang Qing[1] Du Jinsong[1] et al.

1. 中国地质大学（武汉）地球物理与空间信息学院 武汉 430074;

2. Helmholtz Centre Potsdam, GFZ German Research Centre for Geosciences, Potsdam 14473

地球岩石圈物性不均匀性反映了地球板块运动的复杂，了解岩石圈密度和磁化率的大小和分布特征有助于地球动力学研究。虽然地震层析成像已经获得了全球 P 波和 S 波速度结构，并且根据速度-密度经验关系和高温高压实验结果，我们可以将速度模型转换成密度模型，但实际研究发现，如此转换后的密度模型所预测的重力异常场与实际获得的异常场有较大差别。另外，岩石圈磁场主要由岩石的磁化强度产生，由于岩石磁化特性及其构造演化的差异，岩石圈磁场携带着岩石物质成分和构造分布的信息。除了对岩石圈磁异常进行模拟之外，我们难以根据地震资料建立磁化率模型。

随着 CHAMP、GRACE 以及 GOCE 等重力和重力梯度卫星的相继成功，地球重力场模型不断更新，球谐系数也达到了 2159 阶次（EGM2008）,分辨率和精度越来越高，足以开展全球岩石圈密度模型研究。近二十年来，卫星磁测技术快速发展，也已经获得了地球、月球与火星等磁场模型，从早期的 POGO、Magsat 到现在的 Oersted 与 CHAMP 再到 2012 年即将发射的 Swarm 卫星，观测数据分辨率与精度越来越高，由三分量观测发展到梯度观测，由静态磁场模型发展为对地磁场从 1 小时到数天时间尺度内变化的全球测量。丰富的重力和磁测资料将为岩石圈物性结构研究提供基础平台。

对于局部地区的重磁资料而言，可以将观测面近似为平面，所有数据处理、理论推导和计算问题都可以在直角坐标系中进行。然而，对于全球尺度问题，观测面已不能近似为平面，而是一个球面问题。针对卫星重磁数据的特点，需要发展球坐标系统中的数据处理、反演与解释方法，保持观测数据与场源的空间原位对应关系，有益于对卫星数据包涵的地质与地球动力学信息进一步挖掘。

本研究是在课题组前期工作的基础上，对球坐标系重力异常和磁异常三维反演方法进行补充和完善。

**1. 基于空间域球坐标系的三维物性反演方法**

球坐标系与直角坐标系中的三维物性反演方法的不同点与难点在于：模型剖分、重磁异常正演方法、反演中的模型目标函数和深度加权函数。在地心坐标系中，可以采用 Tesseroid 单元体进行模型剖分；其重磁异常正演方法采用基于泰勒级数展开和二维高斯—勒让德数值积分方法，进行球坐标系中球面棱柱体的重力位、重力、重力梯度和磁位、磁力三分量、梯度张量正演模拟；模型目标函数和深度加权函数也要适应球坐标系。根据重磁异常数据，我们可以进行全球重力三维反演（梁青，2010）、全球$\Delta T$磁异常三维反演、全球磁异常三分量联合反演等。

**2. 初步研究结果**

对于岩石圈密度全球三维模型，本研究首先对重力场进行分离得到岩石圈重力异常，然后引入地震层析成像速度扰动模型，对重力反演进行约束，最后利用正则化方法获得最优结果。结果表明俯冲带岩石圈，克拉通地块为正密度异常，弧后盆地为负密度异常。三维密度模型一方面印证了速度模型所揭示的板块碰撞和俯冲，另一方面提供了重力异常所反映的岩石圈结构信息。

对于岩石圈磁化率全球三维模型，最重要的是岩石圈磁化强度模型的建立。在有限资料和缺乏实测数据条件下，本研究借鉴重力异常反演方法，尝试性地反演获得澳大利亚地区的岩石圈磁化率三维模型，结果显示该区中地壳磁性相对较弱，磁性深度较深，居里面达到 80 km 左右深度。

本研究由科技部国际科技合作专项（2010DFA24580）、国家自然科学基金（40730317、40774060、41104048）联合资助。

**参 考 文 献**

[1] 梁青. 月球重力异常特征与三维密度成像研究[D]. 武汉：中国地质大学（武汉）, 2010.

（7）岩石圈结构及大陆动力学

# 采用 SS 前驱波研究地幔过渡带间断面特征

# Study of global mantle transition zone discontinuities from SS precursors

白 玲[1,*] Jeroen Ritsema[2]

Ling Bai[1,*] Jeroen Ritsema[2]

1. 中国科学院青藏高原研究所 北京 100101；2. University of Michigan, Ann Arbor MI 48109, USA

## 1. 概要

PREM 等标准地球模型中包括很多速度间断面。间断面起伏和间断面两侧速度与密度对比是地球内部温度与物质成分分布特征的反映。自从 20 世纪 90 年代 Shearer 将 SS 前驱波引入到全球间断面研究以来（Shearer, 1991），人们对地幔过渡带间断面 410km 和 660km 的认识取得了突破性进展。这些进展包括：地幔过渡带平均厚度 242±2 km，比 PREM 标准地球模型薄～30km；地幔过渡带厚度横向变化高达 50km，其分布特征直接反映板块俯冲等大尺度地球动力学过程；660km 和 410km 间断面分别在俯冲带下方和太平洋下方最深，二者并非如室内岩石实验所预测呈现简单逆相关。上述不同研究学者给出的这些间断面特征，在板块俯冲等大尺度结构上基本一致，但是在对于精细结构的认识仍然存在较大差异。本文从理论研究与实际观测两方面入手，对影响 SS 前驱波研究精度的因素进行系统评估，并提出相应的改进措施。

## 2. 方法与数据

SS 前驱波（即，间断面底部反射波 SdS，d 代表间断面深度）目前是研究全球尺度间断面最理性的震相。由于 SS 前驱波走时与振幅对 SS 反射点下方的结构敏感，研究区域不受地震与台站分布的局限，大大提高了人们对海洋等台站分布稀疏地区地球内部结构的认识。对于 IRIS 数据中心收录的震级 6～7.5 级，深度小于 50km 的地震，在震中距 110°～170° 范围内，S410S 和 S660S 震相受到其他震相的干扰较小。理论地震波形的计算采用对复杂介质具有较强适应能力的谱元方法来实现。波形计算采用 35 个分布于整个地球的地震，震源深度 20km，16020 个台站以 2°×2° 的间隔覆盖全球，在所有 10°×10° 地表范围内反射点密度大于 700。由于前驱波振幅较小，通常是 SS 波振幅的 2%～5%，在单独的地震波形上很难识别。在数据处理过程中，需要对波形进行滤波、对 SS 波归一化、根据震中距大小进行偏移校正、对反射点位于同一地区的地震波进行叠加等。

## 3. 结果

为了获得间断面起伏特征，需要将 SS 前驱波传播路径上速度结构的影响去除。这个过程通常采用已知的 3D 速度结构模型（E G Ritsema, et al. 2011）和射线追踪方法来实现。研究发现，对基于水平间断面模型获得的理论波形进行速度校正时，恢复得到的间断面并非完全水平，其结果主要反映射线理论与实际射线传播过程的差别。可见在 SS 前驱波研究中，有必要将有限频方法引入到速度结构的校正过程（Bai, et al. 2012）。观测到的 S410S/SS 和 S6660S/SS 振幅比大小，会受到射线聚焦与发散作用的影响，对于实际观测地震波形，S410S/SS 和 S6660S/SS 振幅比位于 0.02～0.04 之间，而对于 PREM 标准地球模型，S660S/SS 振幅比是实际观测数据的二倍。这种差别是什么原因引起的，目前还是个未解之谜。为了对实际观测数据进行更好的拟合，有必要将 PREM 模型 660 千米间断面的参数进行修正。

### 参考文献

[1] Bai L, et al. An analysis of SS precursors using 3D spectral-element seismograms[J]. Geophys. J. Int., 2012, 188: 293~300.

[2] Shearer P M. Constraints on upper-mantle discontinuities from observations of long-period reflected and converted phases[J]. J. geophys. Res., 1991, 96: 18147~18182.

[3] Ritsema J, et al. S40RTS: a degree-40 shear-velocity model for the mantle from new Rayleigh wave dispersion, teleseismic traveltime and normal-mode splitting function measurements[J] Geophys. J. Int., 2011, 184: 1223~1236.

（7）岩石圈结构及大陆动力学

# 板块构造运动的动力研究

# The power of Plate Tectonics

周敬斌

Zhou Jingbin

澄城县科技局　澄城 715200

**1. 理论动力**

（1）固体地球潮汐。日月引起的固体地球潮汐变形，在地表的径向位移可达 40～50cm,导致的重力变化达 $1\times10^{-6}\mathrm{m/s^2}$，对低轨卫星轨道的挠动有数十米的量级。固体潮既有径向的，也有切向的；既有东西向的，也有南北向的。杜德森展开的潮汐有扇谐半日潮、田谐周日潮和带谐长周期潮。

（2）软流圈的切向固体潮。在固体地球内部，密度随深度增大，日月引潮力与密度成正比；在软流圈，弹性模量反常降低，根据广义虎克定律 $\theta=\frac{\sigma_m}{K}$（$\theta$ 体积应变，$\sigma_m$ 三个主应力的平均值，$K$ 体积弹性模量），日月引潮力使软流圈产生比上覆的盖层和下伏的下地幔更大的潮汐变形量。软流圈横向比较均匀，也容易塑性变形，引潮力沿切向能有效地传递和叠加，形成相对上下圈层位移量较大的切向固体潮。

（3）软流圈切向固体潮对岩石圈板块的作用。大洋岩石圈较薄，厚度只有 60km，大陆岩石圈较厚，平均 120km，大洋低速层上部与大陆岩石圈下部有超过 50km 的厚度处于相同深度。在板块中的大陆岩石圈与大洋岩石圈的过渡带，来自大洋低速层位移量较大的切向固体潮追尾冲撞处于同一深度的大陆盖层，推动大陆板块水平运动。在大洋海底向大陆地函的俯冲端，来自大洋软流圈的切向固体潮冲击海底俯冲端俯冲，俯冲端拖着大洋海底水平运动；来自大陆方向切向固体潮将软流圈上部低密度物质顺着海底俯冲端与大陆地函之间的楔形构造带强行挤入，有的冲破地壳，形成弧后火山。

**2. 板块构造运动动力分析**

（1）南美洲板块。在板块的大陆与大洋的过渡带，岩石圈较厚的大陆表现为凸入低速层的坎，大西洋低速层由东向西的切向固体潮冲击这个坎，推着南美洲大陆岩石圈向西运动。在前方，把纳兹卡板块压在地函之下；在后方，拖着半个海底一起前行；在大西洋裂谷，岩石圈拉伸撕裂，造成软流圈减压液化和岩浆泄露，泄露的岩浆冷凝成新的海底。

（2）纳兹卡板块。纳兹卡板块向南美洲板块的俯冲消减端，构成岩石圈浸入软流圈的坎，太平洋软流圈由西向东的切向固体潮冲击这个坎，推着纳兹卡板块俯冲端俯冲，俯冲端拖着整个板块向东运动，并在太平洋裂谷拉伸撕裂，造成软流圈岩浆泄露和海底增生。南美洲软流圈由东向西的切向固体潮冲入纳兹卡板块俯冲端与南美洲地函之间的楔形构造带，将低速层上部的低密度物质强行挤入，长此以往，在大陆边沿岩石圈中建立起岩浆房，有的冲破地壳造成弧后火山爆发。

（3）太平洋板块。太平洋板块的北边、西北边、西边和西南边的俯冲消减端，构成太平洋板块浸入软流圈的坎。①太平洋软流圈的切向固体潮冲击各俯冲端俯冲，各俯冲端拖着太平洋板块整体上向西北运动。②刚性的太平洋板块岩石圈不可能整体上向各俯冲方向运动，各俯冲端不同向的拉伸力把板块中的夏威夷、土阿莫土、马绍尔等群岛的东南端岩石圈撕裂，造成地幔岩浆泄露，形成太平洋板块中的热地幔柱火山。③随着太平洋板块向西北的运动，离开热点的岩石圈的火山停止活动，并随板块的水平运动作下沉运动；进入热点位置的岩石圈相继撕裂，生成新的热地幔柱火山。长此以往，形成多个西北低、东南高，与板块运动方向一致的火山岛链。④皇帝海山—夏威夷岛链记录了北太平洋海底的运动路径。距今 4000 万年的拐点以前北太平洋海底向接近正北运动，那时发育了阿留申岛弧或白令海后的山脉；拐点以后向北西西运动，东亚岛弧挤压隆起，北美洲东沿转为走滑分离运动，发育了加利福尼亚半岛和加利福尼亚的死亡谷等构造。

（4）印度洋软流圈。印度洋南宽北窄，北边封闭，南边与太平洋和大西洋贯通，印度洋软流圈的切向固体潮对周边大陆能够产生偏东、偏西和偏北的冲击或挤压力。①对于印度板块，印度洋软流圈的切向固体潮主要冲击板块向青藏高原和苏门答腊岛的俯冲端俯冲，俯冲端拉着印度板块向东北运动。②对于非洲大陆，印度洋低速层偏北的切向固体潮斜冲大陆边沿岩石圈，导致岩石圈剪切断裂，产生大陆裂谷。距今2000 万年剪切断裂的大陆边沿是东非高原，断裂带是东非大裂谷；早些断裂的大陆边沿是马达加斯加岛和马达加斯加海岭，断裂带扩张成莫桑比克海峡；再早些断裂的大陆边沿是马尔代夫—查戈斯群岛，断裂带扩展中产生塞舌尔—毛里求斯群岛和卡尔斯伯格海岭两个洋中脊；更早些断裂的大陆边沿还有九十度海岭，印度半岛也应是来自非洲大陆的大型断块，青藏高原中也有一些来自非洲的大陆边沿。

**3. 动力的真实性**

软流圈的切向固体潮在推动板块运动的同时，也会产生相关的地质构造，这些构造则验证了软流圈切向固体潮作为板块构造运动主要动力的真实性。

（1）构造地震爆发的特征。地震与板块构造运动密切相关，从近年来全球爆发的破坏性地震看，多数没有明显的震前预兆，表现出疲劳破坏的特征，即交变应力下的突然脆断。日月对地球的引潮力就是交变引力，说明多数破坏性地震的岩石断裂过程与引潮力的作用结果是一致的。

（2）地震的纬向分布密度。据全球地震目录，不同纬度单位面积爆发 7 级以上地震的概率与日月的引潮位成增函数关系，说明固体潮可能是构造地震的动力。

（3）火山特征。板块撕裂带的热地幔柱火山宁静地喷出玄武岩，具有泄露岩浆的特征。太平洋火环和苏门答腊岛的弧后火山常常剧烈爆发，多喷出花岗岩，具有软流圈上部物质强行挤出的特征。

（4）板块构造运动的速度。东西方向快于南北方向，较宽大洋的板块快于较窄大洋的板块，以海底俯冲端作为软流圈切向固体潮着力点的快于以大陆盖层边沿为着力点的，这些都与冲击坎的软流圈切向固体潮的强度成增函数关系，符合力学原理。

（5）逆冲推覆构造。在板块俯冲消减带，来自大陆软流圈的切向固体潮自下而上顺着海底俯冲端与大陆地函之间的楔形构造带将软流圈上部的低密度物质强行挤入，在大陆一侧岩石圈中形成岩浆房或低速夹层的中地壳，中地壳在向大陆方向的扩展中，驮着上地壳形成逆冲推覆构造。杭州地区有许多逆冲推覆构造，应该是大陆软流圈切向固体潮顺着太平洋板块俯冲消减端上沿向上挤入所致。在龙门山，虽然早已陆陆碰撞，但来自四川盆地软流圈切向固体潮向上挤入的楔形构造带的形迹还在，龙门山的 3 条逆冲推覆断裂带依然活动，5.12 汶川大地震也是龙门山中一次较大的逆冲推覆构造运动引起的地震。

（6）倒三角形的大陆。中低纬度大洋软流圈南北方向的切向固体潮冲击大陆岩石圈向高纬度运动，长此以往，削尖大陆顶端，贴宽大陆根部，使南北大陆以及大陆上的半岛大多呈尖角指向低纬度的倒三角形。

（7）南极大陆的抬升。在南极大陆周边，大洋软流圈的切向固体潮冲击大洋海底或大陆边沿向南极大陆俯冲和挤压，推着或拉着中纬度的大陆地块和海底向极地运动，使南极大陆岩石圈增厚抬升。南极大陆的煤炭、石油资源、水成大型铁矿、河流遗迹以及环南极洲的洋中脊说明这种汇聚运动由来已久。

（8）德雷克海峡及其相关构造。纳兹卡板块和可可板块向美洲板块的俯冲消减端，在软流圈构成数百公里高的冷硬“岩墙”，阻断了太平洋软流圈由西向东切向固体潮的运动路径，受阻的切向固体潮顺着“岩墙”向南运动，将南美洲大陆边缘岩石圈冲得支离破碎，在智利沿海形成大量的岛屿，最终把南美洲与南极洲之间的大陆岩石圈冲开，形成德雷克海峡，冲散的大陆岩石圈演变成开口向西的“U”型岛链。

（9）班达海旋卷构造。印度板块向苏门答腊岛和瓜哇岛的俯冲端与澳大利亚岩石圈之间，在软流圈形成开口朝西的喇叭口型的坎，印度洋软流圈由西向东的切向固体潮在此汇聚增强，前方又在新几内亚岛岩石圈的阻挡下向左旋转，长此以往，塑造了环绕班达海的左旋构造。旋卷构造的北面受来自菲律宾海盆软流圈偏南切向固体潮的挤压，使本可能成为圆形的旋卷构造演变成南北轴缩短的椭圆形构造。

**4. 结论**

在月球和太阳交变引力下，地球的软流圈产生比上覆盖层和下伏下地幔更大的切向固体潮。来自大洋方向软流圈的切向固体潮追尾冲击大陆岩石圈凸入软流圈的坎，推动板块水平运动；或者追尾冲击海底俯冲端浸入软流圈的坎，推动板块俯冲消减。水平运动的海底岩石圈在大洋裂谷拉伸撕裂，造成地幔岩浆泄露，形成洋中脊火山带。来自大陆方向软流圈的切向固体潮将上部低密度物质强行挤入俯冲海底与大陆地函间的楔状构造带，在大陆一侧建立起岩浆房，有的冲破地壳造成弧后火山爆发。

**参 考 文 献**

[1] 许厚泽，等. 固体地球潮汐[M]. 武汉：湖北科学技术出版社，2010.
[2] 刘鸿文，等. 材料力学（上册、下册）[M]. 北京：人民教育出版社，1979.

（7）岩石圈结构及大陆动力学

# 可可西里的反射地震剖面及深部结构

# The reflection seismic profile and structure from Kekexili

瞿 辰[1] 于常青[1] 孙艳云[2] 李惠民[1] 罗 愫[3]

Qu chen Yu Changqing Sun yanyun Li huimin Luo su

1. 中国地质科学院地质研究所 北京 100037;

2. 中国地质大学（北京） 100083; 3. 昆明理工大学 昆明 650002

为了探测可可西里盆地的地下结构和冻土带及可能的天然气水合物分布情况，我们于 2012 年 6 月至 8 月在可可西里地区采集了一条反射地震剖面。剖面从雁石坪至开心岭煤矿，长度 23km。通过这条剖面，我们基本了解了盆地的大致结构特点和冻土带的厚度变化，并对可能的天然气水合物进行了预测。

## 1. 地质概况及地震采集

研究区地处青藏高原腹地，夹在青藏铁路及公路的乌丽段与雁石坪段之间，大致地理坐标范围：东经 92°～93°之间，北纬 31°30′～32°30′之间，行政隶属于青海省格尔木市唐古拉山乡管辖。

研究区为常年冻土带覆盖，地表为冻胀作用、冰融作用、寒冻风化作用等形成了多种多样的冰缘地貌。流水作用虽然亦很普遍，但由于水量有限、季节变化大、流水侵蚀和搬运作用都较弱，在现代河床中砾石磨园往往很差。湖泊作用如前所述，湖滨沉积物亦以砂砾石为主。风力作用也很醒目，某种意义上亦反映冰缘环境的特点，高原风力较大，风蚀作用使地表粗化十分普遍。

根据当地的实际地质情况，为了得到更好的资料，我们在反复试验的基础上，确定采用 10m 道距，600 道中间接收，10m 井深，8kg 药量进行采集，所获得的资料在浅层特征上（冻土带）和深部结构（断层特征和基底形态）上均得到良好效果。

## 2. 处理及应用

地球物理资料的分析处理要围绕着地质目标和地质任务来开展。为了最大限度的从所获得的地球物理资料中提取我们所需要的地质信息，资料处理过程中，必须充分分析研究区的地质资料，结合地质目标来确定处理的方法及流程。同时，不同的地球物理资料间的对比分析，可以帮助我们提高对深部构造变化和岩性物性变化的认识，使地球物理资料的作用发挥到极致。

根据研究区的地质资料和前期所做的音频大地电磁（AMT）资料，通过静态分析和模拟分析，我们确定了研究区的初始模型和处理参数及流程；通过对所得到的反射地震剖面的精细处理，我们得到了地震成果剖面和特殊处理剖面，从所得到的结果来看，无论在深部结构的分辨精度还是体现不同岩性的属性差异方面，特别在深部断裂特征、基底形态、岩性变化等方面在剖面上都得到了良好体现，地质体的形态和边界明确；与同时在这一地区施工的 AMT 剖面相对比，岩性特征特别是冻土带特征和可能的天然气水合物特征都很明显，这为我们后续的勘探开发工作提供了重要依据。

## 3. 结 论

处理结果分析表明，尽管本地区的地质条件特别是地表条件复杂艰苦，但是只要经过充分的分析试验，还是可以得到所需要的地球物理资料的。通过研究分析，我们对这一地区的断裂特征、沉积特点特别是冻土带及天然气水合物的反射特征有了初步的认识：①本区冻土带受地表条件和其它地质因素影响变化较大，厚度在 50m～160m 之间；②浅层断裂受深层断裂的影响，裂隙发育，这对天然气水合物和油气的储存非常有利；③同时，断裂作为油气的运移通道，对判断有利区位置和分布非常重要。这些认识对我们在该地区进一步的开展勘探开发工作非常有益。

### 参 考 文 献

[1] 白旭宾，徐伯勋，于常青. 地震反射振幅信息-提取、处理、分析[M]. 北京：地质出版社，2002.

[2] 杨文采，金振民，于常青. 结晶岩中天然气异常的地震响应[J]. 中国科学(D 辑), 2008, 38.

[3] 于常青，杨午阳，杨文采. 关于油气地震勘探的基础研究问题[J]. 岩性油气藏, 2007, 19(2).

# 专题八：地震学与地震构造学

# Seismology and Seismotectonics

（8）地震学与地震构造学

# 新乡及邻区三维地壳速度结构研究

# 3-D Crustal Velocity Structure in Xin Xiang and Adjacent Regions

莘海亮[1*] 刘明军[1] 方盛明[1] 张元生[2] 李 稳[1] 何银娟[1]

Xin Hailiang[1] Liu Mingjun[1] Fang Shengming[1] Zhang Yuansheng[2] Li Wen[1] He Yinjuan[1]

1. 中国地震局地球物理勘探中心 郑州 450002；2. 中国地震局兰州地震研究所 兰州 730000

新乡及邻区处于一级新构造单元山西隆起、河北平原沉降区与豫中差异沉降区的分界，是太行山东麓的地壳陡变带、重力异常梯级带，是断裂构造极其发育、地震多发地区。前人在包括本区范围的区域进行过较多的研究，取得了大量研究成果。本文在以往成果的基础上，利用区域测震台网记录到的地震波到时数据，对新乡及邻区（N34.65º～37.00º，E113.16º～114.84º）地壳三维速度结构和震源参数进行联合反演研究，获得了该区地壳的三维速度结构分布特征。

我们采用了改进后的多震相地震走时成像法（张元生，等. 2004；李清河，等. 2007）进行联合反演。所用资料为1981～2011年区域地震台网记录到的827个地震事件，能够参加反演计算的Pg、Sg、 Pm、Sm、Pn、Sn震相数据共为12874条。综合参考前人各种层析成像的初始模型与相对应结果以及人工地震测深的速度与界面的分布结果，根据所使用的数据量和研究区域大小，经过多次试算最后把模型块体数确定为8×7×5，边缘块体较大，中间较小。研究区范围块体平面大小为40km×40km，深度方向界面分别为0km，4km，12km，20km，28km，moho面。反演结果给出了迭代总误差和穿过每一块体的射线数。反演迭代总误差小于0.6秒，整个反演计算区域的射线次数最多可达1 850条，总体分辨较好，边缘地区的地震射线相对少一些，分辨较低。通过使用遗传算法进行最优化计算，我们得到如下结果：

（1）研究区0～4km深度层属浅层沉积速度结构，与地表地形存在一定的相关性。区域内西北部太行山隆起区主要展现为高速，速度值为5.25～5.38km/s；太行山隆起区与华北裂陷盆地交界带即焦作—新乡—鹤壁一带是一个明显的北西向的高、低速过渡带，为5.16～5.23km/s；内黄凸起区整体速度显示由北东逐渐向南西降低，为5.23～5.09km/s；郑州—开封凹陷区速度相对较低，为5.09～5.16km/s。浅层的速度分布也反映了该区活动断裂及地质构造的总体特征，速度异常的走向大致呈北东或近东西向，与临近活动断裂走向大体一致。

（2）4～12 km深度层的速度分布基本上反映了本区上地壳速度的横向变化特征，与本区的地表构造也有着一定的关系。太行山隆起区仍为明显的高速区，速度为6.13～6.18km/s；此外，淇县—汤阴，封丘—开封—兰考一带为局部高速区；郑州—开封凹陷区整体还是处于低速区，速度为6.03～6.08km/s；汤西断裂、汤中断裂、须水断裂带等多条断裂处于高低速过渡带。

（3）12～20km深度层的速度分布基本上反映了本区中地壳的速度特征。以陵川—辉县—封丘—兰考一带为界，北部区域整体显示位于低速区，速度为6.48～6.52km/s；南部区域整体显示位于高速区，速度为6.55～6.61km/s；另外开封—兰考以南地区呈现小范围的低速，新乡—原阳地区呈现局部高速。

（4）20～28km深度层速度分布基本上反映了本区下地壳中、上部的速度特征。汤阴—延津一带为相对低速区，速度为6.62～6.70km/s；新乡以西至焦作以南地区则为相对高速区，速度为6.78～6.85km/s；陵川以西地区呈现局部低速。薄壁断裂、汤西断裂、新乡—商丘断裂处于高、低速过渡带区域，汤东断裂与汤中断裂则整体处于低速区域，凤凰岭断裂、盘古寺—新乡断裂穿过高速区域。

（5）震中平面分布整体显示地震呈现北东向的条带状分布特征，与邻近的断裂走向有着较好的一致性；速度剖面整体显示区域地壳可以分为上、中、下三个分层，上地壳速度横向变化较小；中、下地壳的界面速度横向起伏变化较大，呈现上隆或凹陷状，与断裂深部展布有着较好的对应；凹陷与隆起之间、山体与山体之间的速度分布特征各异，则可能意味着深部物质分布和环境的复杂性。

本研究由国家自然科学基金项目（41174078）资助。

## 参考文献

[1] 张元生,等．祁连山中东段地区三维速度结构研究[J].地震学报，2004，26(3): 247~255.
[2] 李清河,等．朝鲜半岛南部三维地壳速度结构成像[J]．地球物理学报，2007，50(4): 1073~108.

（8）地震学与地震构造学

# 长岛地区S波分裂研究

# Study of Shear-wave Splitting in Changdao Region

于 澄* 李 铂 蔡 寅 张 刚

Yu Cheng Li Bo Cai Yin Zhang Gang

山东省地震局台网中心 济南 250014

目前国家对数字地震波的研究取得了许多新的成果,其中对S波分裂的计算分析对单台也适用。至2012年,山东各地震台已经基本上都是数字化台站。长岛地区是山东地震活动相对活跃的地区, 其活动性与构造的分布特点相吻合，现代中小震密集分布[1]，尤其是2007年、2010年连续发生了4.1和3.9级地震。长岛是历来山东趋势预报中划分的重点危险区,所以本文中想尝试从 S 波分裂的特征来揭示其与该地区所受区域应力场及构造的关系。

## 1. 资料选取与测量方法

用于计算时的地震波形资料全部来自山东长岛地震台，每条记录都是三分向记录，波形比较清晰，选择的记录基本上都是2006年之后的地震波形。实际计算时采用临界角为45° 的剪切波窗。按照山东虚波速度8km/s，震中距10km左右，限制S-P到时差基本应该小于1.25s。剪切波分析的最大困难是快、慢剪切波震相的准确识别，因此高原等(2004)把偏振分析方法和旋转方法结合起来，在相关函数分析方法的基础上提出了剪切波分裂系统分析(SAM)方法[1]。SAM方法主要包括三个部分:相关函数计算、时间延迟校正和偏振分析检验。对于两个时间函数$f_i$ 、$f_j$，根据定义，相关函数为：

$$c_{ij}(\tau)=\int_{-\infty}^{+\infty}f_i(t)f_j(t+\tau)\mathrm{d}t$$

这里$t$为时间，$\tau$则为函数$f_i$与$f_j$之间的时间差值。经过推导得出以下公式：

$$C(\theta,\tau)=\frac{\sum_{t=t_0}^{t_0+t_w}A_{X1}(T,\theta)\bullet A_{X2}(T+\tau,\theta)}{\sqrt{\sum_{t=t_0}^{t_0+t_w}A_{X1}^2(t,\theta)\bullet\sum_{t=t_0}^{t_0+t_w}A_{X2}^2(T+\tau,\theta)}}$$

式中，$t$、$t_0$、$\tau$、$t_w$分别是波形的记录时间、剪切波的到时、快慢波到时差和时间窗长度。$t_0$是东西与南北向完整波形的开始时间；$t_w$剪切波形窗长度，是完整波形的结束时间减去开始时间[2]。程序采用遗传算法进行计算，自动选择互相关系数最大时的$\tau$和$\theta$为该记录的延时与快波的偏振方向。

## 2. 数据处理

长岛台附近断裂带比较密集，我们从中选择几个典型地震对其相关函数计算相应的结果。从三分向地震波形中截取了采样点，并对数据进行了相关函数计算。经过时间延迟校正的NS向和EW向剪切波的偏振图及NS向和EW向剪切波虽然进行了波形旋转和时间延迟校正，通过对NS向和EW向剪切波的时间延迟校正，可以看出两列剪切波的质点运动轨迹并不是线性的。根据相关函数计算结果，将两个水平分量旋转a角，得到快、慢剪切波，再将慢剪切波向前移一个时间量$\Delta t$，即进行时间延迟校正。如果经过波形旋转和时间延迟校正后的偏振图呈线性，就说明计算结果是比较可靠的。通过计算长岛台记录到的剪切波窗口内地震时间的快剪切波偏振方向与附近的台站作对比，结果与长岛相比有明显差异，主要是因为长岛地区地质结构较为复杂。

## 3. 讨论分析

长岛地区平均延迟时间3.1ms/km，S快波的偏振方向为NW向40°～55°与山东地区应力场方向基本一致，与GPS测量结果向基本符合。从结果可以看出台站偏振方向与原地水平主压应力的构造方向有关，与台站位置附近的复杂的断裂分布有关。

### 参考文献

[1] 葛孚刚. 山东省长岛第四纪断裂活动初步研究[J].防灾减震学报，2010, 26(4): 13~21.

[2] Crampin S. The new geophysics: shear-wave splitting provides a window into the crack, critical rock mass [J]. Leading Edge, 2003, 22: 536~549.

（8）地震学与地震构造学

# 新丰江水库2012年2月16日Ms4.8地震震源特征研究

# Focal characteristics of Xinfengjiang Ms4.8 earthquake on February 16th, 2012

罗　钧　赵翠萍　周连庆

Luo Jun　Zhao Cuiping　Zhou Lianqing

中国地震局地震预测研究所　北京 100036

新丰江水库位于广东省境内，自1959年10月建成蓄水后，地震活动活跃，1962年3月19日发生的Ms6.1强震，是目前公认的世界上最大的四次6级以上水库地震之一。随后余震活动不断，有记录的地震上十万余次，其中Ms>4.0地震58次。Ms6.1强震以后，新丰江地区的水库地震的活动特性、诱发机制、发震断裂以及构造应力场的特征引起了广泛关注(王妙月，1976；丁原章，等. 1983)。1970年之后库区地震活动逐渐有所减弱，尤其是2003年以后这种特征更为明显。然而，2012年02月16日02时34分，广东省河源市东源县再次发生了Ms4.8地震，震中位于N114.5°，E24°，河源市区强烈有感，东莞市、广州市多地有震感。此次地震发生在新丰江库区地震强度和频度都较弱的背景下，与库区上一次最大地震(1999年8月20日Ms4.5级地震)相距近13年，超过库区Ms6.1主震后4级地震的间隔时间。因此，这次地震的发生过程、断层的活动情况、震源的深度的分析是推断地震震源特征、发生环境的重要依据，对未来库区地震预测和大坝安全具有重要意义。本研究通过求解此次地震的震源机制解，研究其震源特征，进而推断震源区的应力场分布情况，并结合历史地震活动性分析地震断层与库区活动构造之间的关系、推断地震类型。

本研究采用CAP全波形拟合反演方法求解震源机制解（Zhu, et al.1996）。首先搜集了广东、福建、江西区域台网的震中距400km内分布均匀的20个台站宽频带波形数据。将原始记录扣除仪器响应后，进行去零漂、去均值、重采样（0.08s）处理，并旋转至R-T-Z分量，并对Pnl波进行带宽0.05～0.2Hz,对面波进行带宽0.05～0.1Hz的滤波。基于CRUST2.0速度结构模型，使用F-K法（频率—波数法）计算理论地震图。理论值与观测值拟合结果显示，反演所使用的100个震相中，相关系数大于0.8的占84%，其中大于0.9的占59%，表明反演结果可信度较高。经过全局搜索得到这次地震的最佳双力偶节面解为节面Ⅰ走向346°，倾角82°，滑动角−19°；节面Ⅱ走向79°，倾角71°，滑动角−172°，震源深度10km。P轴方位角301°，T 轴方位角 33°。结合余震沿北西向分布和烈度长轴北西走向情况，认为节面Ⅰ为此次地震的发震断层，震源机制的类型为左旋走滑断层，兼有倾滑分量。

震源机制解的断层面反映地震初始破裂的断层面，P、T轴方位角大致上反映区域应力场主轴的主体方向，表明地震的分布与区域的构造活动密切相关。新丰江水库库区的地质构造显示，水库主要位于巨大的燕山期花岗岩岩体之上，库区地质构造呈现北东向、北北西和北东东向构造交错的网格状格局。已有的研究结果(丁原章等1983)认为,新丰江库区的主压应力轴为北西向,主张应力轴优势方向为北东方向。此次地震P轴、T轴的分布方位角显示了震源区的构造应力场为北西向的主压应力和北东的主张应力的特征，断层为左旋走滑错动，与库区主要北北西向的活动断裂石角—新港—白田断裂的运动方式一致，表明错动可能主要受到北西向断层活动的影响。结合Ms6.1级主震以后库区Ms>3.0地震震源机制解的特征分析，主震和大部分主要强余震以走滑、正断为主，呈现北西向主压应力状态；少数余震震源区北东向主压应力特征亦是受到主震北西向断裂错动致使北东向断层应力调整而产生，故而北北西向断裂为主要控震断层。考虑到此次Ms4.8地震震中位于远离大坝峡谷区的西北角，而库区西部地区为相对稳定构造区，完整坚硬的花岗岩体透水性能较差，受库水渗透影响很小，且地震震源应力状态与6.1级强震和后续的多次余震的北西走向、震源应力分布较为相似，没有出现新的应力状态。因此，本研究认为4.8级地震有可能为6.1级强震的晚期余震，为构造活动触发的水库地震。

## 参考文献

[1] 丁原章, 等. 新丰江水库诱发地震的构造条件[J]. 地震地质, 1983, 5(3): 63~74.

[2] 王妙月, 等. 新丰江水库地震震源机制及其成因初步探讨[J]. 地球物理学报, 1976, 19(1): 1~17.

[3] Zhu L P, et al. Advancement in source estimation techniques using broadband regional seismograms[J]. Bull.Seis.Soc.Amer., 1996, 86(5): 1634~1641.

（8）地震学与地震构造学

# 鲜水河断裂带构造应力加载与强震间相互影响研究

# Tectonic Loading and Interaction between Strong Earthquakes along the Xianshuihe Fault

徐 晶 邵志刚 张浪平 马宏生

Xu Jing Shao Zhigang Zhang Langping Ma Hongsheng

中国地震局地震预测研究所 北京 100036

鲜水河断裂带是位于中国四川省西部的一条晚第四纪强烈活动的大型左旋走滑断裂，历史上发生过多次强震，它是川滇菱形地块和巴颜喀拉地块的分界带，位于印度板块与欧亚板块碰撞的东构造结-缅甸弧构造结附近，是中国大陆境内动力作用环境和地壳运动变形最强烈的边界带之一（张培震等，2003）。该断裂带自1700年以来经历了两个活跃期，且每一期的地震基本上都破通了鲜水河断裂带。

地震的孕育、发生和震后调整被认为是震源区及其邻区的应变积累释放过程。地震活动的分期、重复破裂的时空分布特征似乎可以用与断层破裂相关的库仑破裂应力变化来解释。断层上的库仑应力变化主要由地震的同震、震后粘滞松弛和震间构造应力加载所引起。地震引起的静态库仑应力变化可有力地解释余震分布、强震序列等地震观测，并为探索地震发生机制和地震预测提供新的线索。1992年美国南加利福尼亚地区包括1992年6月28日Landers Mw7.3地震在内的时空相对集中的地震序列，引起了地震学家们应用断层上的库仑应力变化研究强震间相互影响或触发的兴趣。越来越多的震例表明，大地震同震产生的库仑破裂应力的增加有利于后续地震的发生，同时，基于断层上的库仑应力演化进行断层段的强震危险性分析成为研究热点。随着流变学的发展，地震学家们开始采用格林函数半解析模拟及有限元数值模拟的方法、考虑粘滞松弛效应来解释震后的形变效应，震后粘滞松弛效应很好的解释了震后地壳形变观测及初始地震事件和被触发事件之间的长时间的关联，在研究应力演化时不应被忽略。此外，震间构造应力加载作用相对于地震的发生而言，更长时间尺度地影响断层上的应力状态，对强震孕育同样具有重要作用。

本文进一步采用更符合实际的分层粘弹介质模型研究鲜水河断裂带强震的同震和震后效应引起的库仑应力演化以及地震间的相互触发作用；计算该断裂带上各断层段震间构造应力加载作用产生的库仑应力变化，并研究断裂带上同震、震后和震间的累积库仑应力变化量与后续地震的关系。研究中，采用Wang等给出的PSGRN/PSCMP程序(Wang, et al., 2006)、分层的粘弹介质模型，重点考察鲜水河断裂带最近活跃期（1893年以来）内的M≥6.5级7个强震的同震和震后粘滞松弛效应引起的库仑破裂应力变化，以及10个断层段震间构造应力加载引起的库仑应力变化(Papadimitriou，2004)。通常静态库仑应力变化可写为：

$$\Delta\sigma_f = \Delta|\tau| + \mu'\Delta\sigma_n$$

$|\tau|$为地震破裂面上的剪切应力大小，$\sigma_n$为地震破裂面上正应力的大小，$\mu'$称为有效摩擦系数。$\mu'$在不同研究中取值有所差异，多次试验表明，采用不同的有效摩擦系数对本研究的应力计算结果影响不大，故本文采用研究中的最常用取值0.4，计算鲜水河断裂带地下10km处强震及各断层段长期构造应力加载产生的库仑破裂应力变化。

研究结果表明，自1893年以来，鲜水河断裂带的强震及强震发生的断层段均处于同震、震间、震后三方面效应的累积库仑应力变化的高值区。在同震库仑应力变化及触发的计算中，1923年的强震事件对1955年的强震、1955年强震对1967年的强震产生的影响并未达到触发阈值（0.1bar），但若考虑强震的同震、震后以及震间构造应力加载的综合影响，则所有后续强震均发生在累积库仑应力变化的高值区，即认为震后粘滞松弛及构造应力加载效应同样是研究断层上库仑应力变化的重要方面，且鲜水河断裂带的强震均在前面发生的一系列强震及构造应力加载的驱使下发生。

参 考 文 献

[1] 张培震, 等. 中国大陆的强震活动与活动地块[J]. 中国科学: D辑, 2003, 33(B04): 12~20.
[2] Wang R J, Lorenzo-Martin F, Roth F. PSGRN/PSCMP-A new code for calculating co- and post-seismic deformation, geoid and gravity changes based on the viscoelastic-gravitational dislocation theory[J]. Comput. Geosci., 2006, 32(4): 527~541.
[3] Papadimitriou E, et al. Earthquake Triggering along the Xianshuihe Fault Zone of Western Sichuan, China[J]. Pure and Applied Geophysics, 2004, 161(8): 1683~1707.

（8）地震学与地震构造学

# 地震基本参数近实时动态确定方法初步研究与应用

# Near real-time dynamic determiniation methods of the basic earthquake parameters and its application

刘希强* 王庆民 赵大鹏 李 霞 赵 瑞 李 铂

Liu Xiqiang　Wang Qingmin　Zhao Dapeng　et al.

山东省地震局　济南 250014

地震学的基本问题之一就是地震定位。特别在预警系统中，确定一个潜在的可能具有破坏性地震的速度具有根本的重要性。

**1. 基于单台 P 波初始记录的地震震中和震级快速测定方法研究及应用**

利用山东数字化测震单台三分向记录，选择两种测定地震方位角方法和 7 种数据预处理方法，通过对实际结果的系统对比分析，确定了最佳的测定地震方位角的技术方案和适于地震预警的测震台站。对测定震中距和震级的方法进行了改进，得到了最佳的根据直达 P 波前 2 秒波形的包络特征参数求震中距、峰值速度的统计关系，以及根据包络特征参数求震级的统计关系。① 选择山东虚拟测震台网记录的 326 次地震资料，在其中筛选出每次地震发生后最先拾取到震相台站所记录的三分向 P 波前 2 秒数据，选择两种测定地震方位角方法和 7 种数据预处理方法，通过与实际结果的系统对比分析，认为确定最佳测定地震方位角的技术方案是对原始数据进行 2～15Hz 带通滤波处理，再利用滤波后数据进行偏振分析或递推相关分析，53 个台站中有 48 个台站的测定误差较小，基于偏振分析和递推相关分析方法所测定地震方位角的平均绝对误差分别为 22.6° 和 22.4°。②对测定震中距和震级的方法进行了改进。研究认为，震中距主要受到包络特征参数中斜率因子的影响，受震级等其他参数的影响很小。根据 P 波前 2 秒波形的包络特征参数、峰值速度得到了求震中距、震级的最佳统计关系。回溯性检验结果表明，震中距的平均绝对残差为 22.2km，震级的平均绝对残差为 0.35。③本文的研究结果是根据山东地区发生的震中距小于 120 千米、震级分布范围为 $M_L$0.5～3.7 的地震记录而得到的，仅适用于山东地区，今后需不断积累更高震级段的地震记录，以不断修订测定震中距、震级的统计关系。④基于单个台站和有限长度 P 波记录的震中和震级测定方法在实时地震预警中具有应用前景，但真正要在实际中发挥作用，需要选择中强以上地震记录较多的地区，结合其台网布局，多台和多震相记录组合，多方法联合使用，以实现地震的动态定位目标。

**2. 地震震中实时动态定位的方法研究及应用**

提出了地震发生后根据 1 个、2 个、3 个台站 P 波到时记录进行动态、近实时确定地震发生区域、线区间和震中位置的方法。在震中确定过程中，充分考虑地震触发台站和非触发台站分布与地震波传播规律的一致性和差异性特征，提高了震中定位结果的精度。针对由 79 个台站组成的山东虚拟测震台网，研发了一套实用性软件系统，对 2009～2010 年期间山东虚拟测震台网记录的 425 次网内地震进行了快速定位。研究结果表明,对发生在网内的地震,基于有限台站和有限震相到时信息，在第一时间可以给出比较准确的震中位置，可同时满足预警地震速报时效性和精度的双重要求。①综合应用两种方法，并考虑多种实际的复杂定位情况，提出了地震发生后根据 1 个、2 个、3 个台站 P 波到时记录进行动态、近实时确定地震发生区域、线区间和震中位置的新思路。②研究结果表明，对发生在山东虚拟测震台网网内的地震，基于有限台站和有限震相到时信息在震后平均 4 秒钟左右可确定地震发生的最小区域，在震后平均 10 秒钟左右（不考虑数据传输延迟和数据处理时间）可以给出比较准确的震中位置，定位方法可同时满足预警地震速报时效性和精度的双重要求。③台站分布、速度模型、到时读取精度等因素影响震中测定精度。为进一步提高预警地震速报的时效性，一方面需进一步提高台站密度，另一方面需进一步发展利用单台记录比较准确确定地震发生方位角的方法。研究结果在实时地震预警中具有应用前景。

本研究得到国家科技支撑计划课题（2012BAK19B04）和中国地震局地震科技星火计划攻关项目(XH12029)资助。

## 参 考 文 献

[1] Allen R M, Gasparini P, Kamigaichi O, Bose M. The Status of Earthquake Early Warning around the World An Introductory Overview[J]. Seismological Research Letters, 2009.

（8）地震学与地震构造学

# 地震预警中的动态地震定位方法研究及应用

# Dynamic Earthquake Location Methods Application in Earthquake Early Warning

王庆民* 刘希强 沈得秀

Wang Qingmin Liu Xiqiang Shen Dexiu

山东省地震局 济南 250014

地震预警技术是近二十年来新发展起来的技术，通过地震预警可以达到防灾减灾、保护人民生命和财产安全的目的。地震预警技术中的关键核心问题就是对震中位置的准确定位。由于地震预警对时效性的要求比较高，而传统的地震定位方法中对震相到时的要求比较高而时效性较差，为了解决地震预警中时效性与精度之间的矛盾，我们提出了近实时动态地震定位的概念，即，在地震发生以后，我们根据整个地震台网中记录地震到时的先后顺序，采用单台定位，双台定位和三台定位，以渐进式的思想，利用整个台网中获得的地震信息逐步增加来对地震震中进行修定，使地震定位精度不断得到提高，并使地震预警时间也得到保证，真正解决地震预警中时效性与精度之间的矛盾。

**1. 基本方法**

本研究的创新点是基于 Voronoi 图和 2 个台站到时差构造的震中轨迹近似满足双曲线方程，并结合传统的单台方位角和震中距定位方法，从面到线再到点。随着获得的地震信息量的增加，地震定位精度逐步提高。而由于 Voronoi 图的引进，不但可以控制定位精度，还使定位过程中的数据计算量减小，以获得更多的预警时间。

**1）单台地震定位**

地震发生以后，当整个地震台网中有 1 个地震台站记录到地震波时，我们可以利用地震波形计算单台方位角和震中距，对地震进行粗定位。同时，我们引入 Voronoi 图，对单台定位进行适当控制，以提高单台定位的精度。

**2）双台地震定位**

随着地震波的传播，台网中第 2 个台站也记录到了地震，这时我们就可以利用 2 个台站记录到的地震波到时信息构建震中轨迹，因为 2 个台站的地震波到时差近似满足双曲线方程。使用双曲线方程的 1 个解单台地震定位中的震中距，并使用单台地震定位中的方位角信息，加入 Voronoi 图的控制，对单台地震定位震中进行修定，提高定位精度。

**3）三台地震定位**

地震发生以后，当整个地震台网中有 3 个台站记录到初至波到时信息时，就可以构建 3 条双曲线方程了。通过 3 条双曲线方程的交点坐标就可以对地震震中进行精确测定。在构建双曲线方程时，引入 Voronoi 图的控制提高定位精度，减小数据计算量，增加预警时间。

**2. 资料分析和结果**

通过上面的动态地震定位方法，我们对山东地震台网记录到的 72 个地震震例进行重新定位。从重新定位的结果来看，我们发现这种地震定位方法能够保证预警的时效性，同时地震定位精度也能得到某种程度的满足。依据传统地震目录中地震定位精度的分类，I 类定位精度由单台定位 9.72%提高到了 51.39%，提高了约 40 个百分点，地震数增加了 30 个；而 IV 类定位精度由单台定位的 51.39%下降到了 19.44%，地震个数减少了 23 个。说明这种动态定位方法是地震预警中比较理想的快速定位方法。

本研究由国家科技支撑计划课题(2012BAK19B04) 和中国地震局地震科技星火计划攻关项目(XH12029)资助。

## 参 考 文 献

[1] Paul Rydelek. Real-Time Seismic Warning with a Two-Station Subarray[J]. Bulletin of the Seismological Society of America, 2004, 94(4): 1546~1550.

[2] Paolo Gasparini, Gaetano Manfredi, et al. Earthquake Early Warning Systems[M]. Italy: Napoli. Christine Adolph, 2007.

（8）地震学与地震构造学

# 玉树 Ms7.1 级地震余震重新定位及其时空分布特征研究

# Relocation of Yushu Ms7.1 Earthquake Aftershocks and Their Spatial Distribution Characteristics

刘巧霞[1]　沙成宁[2]　杨卓欣[1]*　段永红[1]

Liu Qiaoxia[1]　Sha Chengning[2]　Yang Zhuoxin[1]*　Duan Yonghong[1]

1. 中国地震局地球物理勘探中心　郑州 450002; 2.青海省地震局　青海 810001

2010 年 4 月 14 日 07 时 49 分 37 秒，在我国青海省玉树县结隆乡至结古镇之间发生了 Ms7.1 级地震。根据中国地震台网测定，震中位于 33.2°N /96.6°E，震源深度 14km。玉树地震发生在巴颜喀拉地块南边界的甘孜—玉树断裂带上，发震断层面走向 119°/倾角 83°/滑动角−2°, 反应出该发震断层具有北西向高角度左旋走滑性质。甘孜—玉树断裂带是青藏高原东缘一条规模巨大的晚第四纪强烈活动的左旋走滑断裂，与历史上强震和大地震的发生有密切关系。通过分析甘孜—玉树断裂与历史地震的关系发现 2010 年玉树 7.1 级地震发生在甘孜玉树断裂带历史地震破裂空白段，起到了青藏高原中东部大型走滑断层地震破裂的填空作用。玉树地震主震后不久，余震活动沿甘孜—玉树断裂带呈现向西北方向扩展迁移的趋势，约自 2010 年 5 月起，余震明显集中分布于隆宝镇西北。地球物理勘探中心利用 2010 年 4 月 18 日至 4 月 29 日玉树震区应急流动台站余震资料，对该时段内发生的部分余震进行了重新定位，并结合定位结果对余震分布特征和发震断层的性质、形态做了分析和推测。但由于所使用资料仅为 4 月 18 日至 4 月 29 日期间应急流动台站记录到的余震数据，并且在该时段内，隆宝镇西北尚未明显表现出余震集中分布的特征。因而在对发震断层的认识上，尤其是对西北段断层特征的推测上存在较多不确定性。因此，为了更全面和客观地认识玉树地震深部发震构造特征，了解余震分布的时空动态变化，需对更加丰富的余震进行重新定位。

此次定位所使用的数据资料主要来源于从中国地震局 JOPENS 系统下载的 2010 年 4 月 14 日至 2010 年 12 月 31 日期间地震震相观测报告。根据观测数据来源不同，以 4 月 17 日第 1 个流动台站开始数据传输的时间为界，将余震划分为两个部分，用 HypoDD 定位法分别对这两部分余震进行重新定位。最后将不同时间段、不同监测台网的余震重新定位结果汇总在一起，得到了自玉树主震发生至 2010 年 12 月 31 日期间的 1183 个余震的重新定位结果，并给出了不同时段的余震定位精度。

本文结合玉树震区已取得的地质和地球物理研究结果，对重新定位后的余震分布特征和发震构造进行了分析，得出了以下主要结论：

（1）余震重新定位后，震中主要沿甘孜—玉树断裂北支分布，但也有少量余震沿其南支零星分布。余震空间分布特征在隆宝镇两侧存在差异，反应了隆宝镇两侧断裂构造特征存在差异。

（2）玉树地震余震活动区随时间而发生改变，4 月 30 日前，余震主要分布在隆宝镇东南，5 月份起，余震区转移到隆宝镇北西一定的区域范围内。推测位于隆宝西北的长 12km，宽 20km 的区域是 5 月份以后（含五月份）最主要的也是最大的一个应力增长区域。

（3）余震分布呈现出一定的空间非均匀性。隆宝东南余震带分布相对均匀，经历隆宝附近余震稀少区，在隆宝北西 9～22km 范围内出现一个高密度余震密集区。在震源深度剖面上，地震分布在横向上呈现出明显的非均匀性分布，初步推测和断裂带不同区段岩性差异和应力调整有关。

（4）玉树主震及余震的主要发震构造为甘孜-玉树断裂北支，发震断层倾向北东，倾角在 86°至 90°之间。存在于隆宝北西且沿主震破裂带垂直方向分布的高密度余震群与该方向上存在“软弱面”，以及存在一定的应力增长有关。

本研究得到国家自然科学基金面上项目（批准号：4104002）和地震科技星火计划青年基金项目（批准号：XH12067Y）资助。

（8）地震学与地震构造学

# 地球内部层状构造及不同地球模型对同震位移的影响——点震源及2011年日本东北大地震

# The effects of the Earth's layered structure and the Earth Model on co-seismic deformation — point source and the 2011 Tohoku-oki earthquake

董 杰 孙文科

Dong Jie Sun Wenke

中国科学院计算地球动力学重点实验室（研究生院） 北京 100049

同震变形的计算在地震学上一直是人们感兴趣的问题，随着现代观测技术的飞速发展以及人们对地球的探索认知，计算同震变形的地球模型也在不断改进发展，自1958年位错理论发展以来，经过几十年的讨论与改善，1985年Okada总结的半无限空间模型的同震变形计算公式被广泛应用，它是在一个均匀的介质内计算的，然而随着人们对真实地球物理特性的认识，人们开始关注于模型的内部介质，并已经由均质模型发展到层状模型，发现层状模型要比均质模型的精度高很多。1992年，Sun、Okubo等关于球形层状地球模型提出了新的地震位错理论[5-10]，通过定义地震位错Love数和格林函数。他们研究了四种独立点源在地表产生的位移、大地水准面和重力变化。2002年，Sun and Okubo通过比较均质球和层状构造球(1066A模型）两种模型的同震变形，研究了地球曲率和层状构造对同震位移的影响[11]，发现地球层状影响可以达到同震位移的25%。继而Guangyu Fu等又基于2008年汶川地震及2004年苏门答腊地震研究了层状构造效应的大小对实际断层滑动模型的依赖性。之后，更复杂、更接近地球本身的粘弹性球对称分层模型也得到一定发展。

其中重要的理论之一，汪荣江(2006)基于自引力分层半无限空间粘弹介质模型给出了地震变形的计算方法，同时提供了使用方便的软件PSGRN/PSCMP。该软件通过解算三种独立位错源（走滑断层、倾滑断层、引张断层）的格林函数，计算地表面任意点任意断层的同震变形，包括同震位移、同震应变变化、同震大地水准面及重力变化等。

尽管球形理论有了很好的发展，然而，由于数学上的简洁性和解析性，均质半无限空间的位错理论至今还被广泛应用，例如计算同震变形或反演地震断层。由于均质半无限空间模型不能反映地球的分层构造，其精度可靠性具有一定的局限性，无论是进行理论模拟计算或者是利用均质半无限空间位错理论反演地震断层模型，都不可避免产生较大误差。在前面研究的基础上，深入进行地球层状影响的研究对于如何选择和使用合理的地球模型及其位错理论，进而精化地震断层反演研究具有理论和实用意义。

因此，本文主要研究同震位移计算中的地球层状构造的影响。利用Okada的均质半无限空间模型的计算公式和汪荣江的分层半无限空间的计算理论(PSGRN/PSCMP)分别计算不同模型下的同震位移并比较之，从而观察层状构造对计算同震位移的影响。最后作为实际震例，本文还研究了2011年日本大地震在使用不同位错理论后产生的误差，此次地震是日本自有观测记录以来规模最大的地震，引发的海啸也是最严重的，加上其引发的火灾和核泄漏事故，给东北部的部分城市带来了毁灭性的摧残。由于此次地震的典型性（震级大、破坏性严重），目前，关于此次地震产生的同震变形方面的研究非常多，本文主要是在这些同震变形计算的基础上做层状构造的影响研究，由层状模型与均质模型的差值结果所占百分比来衡量层状构造的影响大小。研究结果表明，由地球内部的实际分层结构而引起的层状影响是非常大的，这在现今精密大地测量数据解析或断层反演中是不可忽视的。

## 参 考 文 献

[1] Steketee J A., On Volterra's dislocation in a semi-infinite elastic medium [J]. Can. J. Phys., 1958, 36: 192~205.

[2] Sun W. Potential and Gravity Changes Caused by Dislocations in Spherically Symmetric Earth Models[J]. The PhD Thesis, 1992.

[3] Sun W, S Okubo. Effects of earth's spherical curvature and radial heterogeneity in dislocation studies-for a point dislocation[J]. Geophysical Research Letters, 2002, 29(12): 1605.

[4] Wang R. The dislocation theory: a consistent way for including the gravity effect in (visco) elastic plane-earth models[J]. Geophys. J. Int., 2005, 161: 191~196.

[5] Wang R, F L Martin, F Roth. Computation of deformation induced by earthquakes in a multi-layered elastic crust-FORTRAN programs EDGRN/EDCMP[J]. Computers & Geoscience, 2003, 29: 195~207.

（8）地震学与地震构造学

# 中国第 27 和 28 次南极地震科考进展

# Progress in the 27th and 28th Chinese Antarctic seismological expedition

常利军

Chang Lijun

中国地震局地球物理研究所　北京 100081

由于南极以其独特的构造和极端的气候条件，开展有关南极地震学的研究极具创新性和挑战性，对提升我国在极地科考的国际地位具有重要意义。通过参加中国第 27 次和 28 次南级科学考察，中国地震局地球物理研究所在中国南极长城站地区开展了相关地震科学考察工作，重新选址和重建了中国南极长城站地震台，恢复了我国在南极的地震观测，提高了台站记录的信噪比。为进一步开展有关南极地震学研究积累了高质量的地震观测数据和经验。

**1. 完成了南极长城站地震台的重新选址和重建工作**

在中国第 27 次南极考察期间，针对旧的台站受干扰源（如发电机房等）影响，背景噪音大，以及老科研栋将要拆除的情况，对台站进行了重新选址工作。新的台址选在长城站南面 500 m 远的山顶上，有效地避开了干扰源。地震台坐落在东西走向的岩脉上，台基为基岩。为了降低地表干扰和保温，地震摆墩在基岩上下挖 1 m 坑内。为了给地震仪器供电，从科研栋到地震台新布设了一条 500 m 长的防水、防腐蚀、抗拉的电缆。在完成了台站的基建工程（摆坑、电缆布设等），架设了一套宽频带地震仪，新台站运行稳定，背景噪音小，记录的地震事件信噪比高。这为下一步开展相关地震学方面的研究将提供高质量的数据。并在第 28 次南极考察期间，对台站部分设备进行了升级，配置了防水、保温、耐腐的仪器箱。

**2. 获得了一批高质量的观测数据**

南极长城站地震台为无人值守固定连续工作台站，由于数据大无法实现远程传输，为此采用大容量 CF 卡自动记录保存，为确保正常记录，每年必须巡查 1 次进行常规检查并取回数据。28 次南极科考度夏期间提取了地震仪器记录的 2011 年度近 5G 的数据，经初步分析后，数据连续性、完整性很好，背景噪声环境较低，记录的事件波形清楚。仅记录的南极地区发生的地震就达百余次，否定了国内相关媒体关于南极没有地震的报道，并接受了新华社记者的采访（http://news.xinhuanet.com/tech/2012-01/06/c_122545907.htm），报道了这一南极地震科考成果，在新华网发布不到一天的时间里，被几十个网站转载，扩大了宣传力度，为改变媒体和大众有关“南极无地震这一错误认识”起到了很好的科普作用。

**3. 开展了近地表浅层结构探测**

把长城站地震台作为一个固定接收点，再利用我们放置在长城站的一套备用地震仪器作为临时移动观测，将临时台和固定台构成一个双台观测系统，利用噪音互相关方法得到这对台站记录组下方的浅层速度结构。通过沿一条剖面（本次实验选取了 2 个流动观测点位，沿中智公路在好汉坡选择一个点位，另一个点位在乌苏公路的俄罗斯别林斯高晋站的油库附近，间距在 1.5 km 左右。）多次移动临时台，就可以得到一条剖面的速度结构。

**4. 进一步工作**

我们拟充分利用中国南极长城站地震台记录的资料，对发生的长城站地区的近震进行单台定位测量，分析布兰斯菲尔德海峡、南设得兰群岛和南设得兰海沟的地震活动特征，判定南设得兰海沟下俯冲作用是否停止，同时尝试开展冰震分析。此外，我们希望利用长城站地震台和其周边地区全球台网的宽频带地震台的资料，在对资料的接收函数、面波方法分析的基础上，结合绝对板块运动（APM）、上地幔各向异性以及其他地球物理和地质资料，分析长城站地区及周边地壳上地幔结构特征，并讨论该区域的不同板块间碰撞形变的动力学含义。

通过近年的开展的南极地震科考工作，尽管取得了一些突破性成果，但是还存在一些问题，需要进一步改进。如：升级中国南极长城站地震台，使其成为可以实时监控和传输的地震台；完成中国南极中山站和昆仑站的地震台站建设等。

本研究由中国地震局地球物理研究所基本科研业务专项（DQJB10B16, DQJB11B06）、国家海洋局极地考察项目（10/11GW01, 11/12GW10）和国家自然科学基金项目（40904023）资助。

（8）地震学与地震构造学

# 华北地区矿山爆破活动的时空特征

# Spatio-temporal characteristics of mine blast activity in North China

赵爱华* 郭永霞 孙为国

Zhao Aihua Guo Yongxia Sun Weiguo

中国地震局地球物理研究所 北京 100081

## 1. 引言

华北地区矿产资源丰富[1]，矿山爆破活动较为频繁。大当量的矿山爆破激发的地震波可传播数百千米，这些波携带着地球内部结构等信息。利用地震台站接收到的地震波的到时信息可研究地球内部结构[2]。已知准确时间和地点的爆破，可作为参考事件，检验定位方法的效果及评估地震台网的小事件定位能力[3]。此外，矿山爆破作为震源具有经济方便的优点。但一方面，矿山爆破是为采矿服务的，其时间和地点具有变动性。若想事先到达爆破现场，进行地震学观测，需要掌握爆破活动的规律和特征。为充分利用华北地区的爆破资源，开展地震学研究，我们对该区的矿山爆破活动进行了统计分析。

## 2. 数据及研究区域

分析的数据来自北京数字遥测地震台网（简称北京地震台网）2006 年 1 月至 2010 年 12 月的爆破事件目录。根据爆破目录和地震台站分布，将研究区域选为 36°N～42°N，110°E～120°E。在研究区域内，爆破事件总计 4184 次，震级 $M_L$ 最小 0.6，最大为 $M_L$3.6，在爆破次数上占华北地区总量的 98.6%。

## 3. 矿山爆破的空间分布特征

华北地区的矿山爆破活动分布广泛，但爆破密度很不均匀。这与该区矿产资源分布广泛、富集程度不均的特点一致。其中，河北的三河地区的爆破最为密集。总体来看，爆破密度和矿床的规模有密切关系。对于地震学研究较有意义的 $M_L \geqslant 2.0$ 的爆破有三条较为明显的分布条带，即三河—迁安带、房山—行唐—平鲁带和涞源—大同带。其中，北京的房山、河北的三河和山西的大同，大的爆破（$M_L \geqslant 2.5$）较多，是地震学观测的重点信号源区。

## 4. 矿山爆破的时间分布特征

在年尺度上，爆破活动在 2006 年和 2007 年较为活跃，但在 2008 年爆破次数急剧减少，2009 年和 2010 年又逐渐增加。2008 年爆破活动的减少（从之前的约 1500 次减少到仅 220 多次），主要原因应与北京举办第 29 界夏季奥林匹克运动会有关。爆破活动的季节性不是很明显，但 2 月和 10 月，爆破活动相对较少。天尺度的爆破活动水平变化不大。在小时尺度上，爆破活动具有显著的分布特征：在 12 时～13 时，爆破活动最为密集。17 时～20 时，爆破活动也较为活跃。

## 5. 矿山爆破的地震效应特征

当地震台站均匀分布时，清楚记录爆破信号的地震台站数，即有效地震记录数 $N$ 可表征爆破的地震效应。对于震级相同的爆破，有效地震记录数差异很大，但 $N$ 的最大值和震级基本成比。在北京的房山、河北的三河、遵化和唐山之间，涞源及山西的大同，爆破的地震效应较为显著。

## 6. 结论

矿山爆破作为企业的生产活动受多种因素影响，预计华北地区的爆破活动将继续增加。气候适宜的 3 月至 9 月，进行地震学的观测较为适宜。北京的房山，河北的三河、迁安、涞源，山西的大同和平鲁等地区是重点地震观测区域。

本研究由国家自然基金项目（40974050，40674044）和中央国家级公益事业单位基本科研业务费重大专项（DQJB11C03）资助。

### 参 考 文 献

[1] 李俊建, 杨春亮, 沈保丰, 等. 环渤海地区矿产资源图集[M]. 天津：天津科学技术出版社, 2005.

[2] 滕吉文, 姚 虹, 周海南. 北京、天津、唐山和张家口地区的地壳结构[J]. 地球物理学报，1979, 22 (3): 218~236.

[3] Gitterman Y, Shapira A. Dead sea seismic calibration experiment contributions to CTBT monitoring[J]. Seism. Res. Letter, 2001, 72 (2): 159~170.

（8）地震学与地震构造学

# 复杂速度结构下多震相地震精确定位研究

# Accurate Location Research of Earthquakes with seismic phases under Complex Velocity Model

赵　瑞* 刘希强　于　澄　李　铂

Zhao Rui　Liu Xiqiang　Yu Cheng　Li Bo

山东省地震台网中心　济南 250014

地震快速精确定位是地震学中一个基础课题，国内外大量学者开展了研究工作。在复杂速度模型下，当大震发生后，准确快速的判定震源位置不仅为震区当地政府开展地震应急救援工作提供有效的依据，也使地震预警系统的实现成为了可能。

在地震定位研究的过程中，白超英等（2010 年）[1]提出了全局选择震源初始位置下的矩阵反演算法，与直接网格搜寻法（DGS 算法）和八象限重要分割采样法（OTIS 算法）相比，具有全局解、精度高、CPU 用时少以及对噪音敏感性低等特点。本文采用此算法，综合台站 Voronoi 图[2]直观性的优点，利用多个台站触发后记录到的多震相到时，快速准确的确定震源位置。并以山东测震、强震动台网环境为依托，研制出一套适用于区域和地方台网的稳定、可靠的地震实时定位系统。

**1. 地震定位方法简介**

本文依据矩阵反演定位算法，台站 Voronoi 图形成一种有效的地震快速精确定位方法，具体步骤如下：

（1）在区域台网中将观测台站两两相连，形成 Delaunay 三角网，记录每个台站所涉及的三角形，寻找每个三角形的外接圆心，按顺时针或者逆时针排序，依次将圆心连线，生成台站 Voronoi 单元。同理，依次遍历所有的监测台站，生成最终的 Voronoi 图。

（2）按照网格图型方法对所研究的区域进行剖分，利用射线追踪正演模拟方法，例如有限差分解程函方程法、常规最短路径方法或者改进后的不规则最短路径方法。选取适合的三维速度结构模型，计算地震多波的理论走时，建立走时数据库，即计算出各个单元节点到所有观测台站的理论走时。一般包括初至 P 波、S 波和反射波等特殊震相的走时。

（3）地震发生后，选择首先触发的 4～6 个台站，记录台站监测到的实际到时数据（P 和 S 或者 PMP、S-P、PMP-P）。同时根据 Voronoi 图得到潜在震源所在的 Voronoi 单元，在网缘的地震可将此区域适当的向外扩，建立局部小模型。然后将潜在震源区采用上述局部模型细化的方法剖分成 N 个区域，每个区域选取一个初始震源位置，采用矩阵反演方法进行地震定位。为提高定位计算速度，引入多地震同时定位方法。其中局部小模型各节点上的理论走时，可通过插值算法计算得到。在此计算过程中，拟合残差使用相对到时，在 N 个反演解中选取到时残差最小的解，并通过残差空间分布进一步确定震源位置。发震时刻由台站记录的观测到时减去模拟得到的理论走时的平均值给出，地震震级由体波振幅确定。

**2. 数值模拟**

选取地表起伏的理论模型和山东地区实际的地震资料进行模拟，验证方法的有效性。

（1）在理论模型中，选取一个 40km*40km*14km 的三维速度结构，模拟台站到各个单元节点的初至 P 波和 PMP 波的走时，建立理论走时数据库，再模拟震源位置到各个台站的走时，得到实际观测到时，根据 PMP -P 波到时数据，运用矩阵反演方法和 Voronoi 图方法进行地震反演定位，验证定位结果。

（2）选取近两年山东台网记录到的 ML3.0 级以上的地震资料，得到实际的 P 波和 S 波到时，根据正演模拟得到的初至 P 波和 S 波的理论走时数据库，采用 S-P 波到时数据进行反演地震定位，并与实际的地震震源位置进行比较。

**3. 结果与讨论**

在复杂三维速度结构模型下，矩阵反演地震定位结合 Voronoi 图的方法，通过理论模型和实际地震资料验证，到时残差空间可以有效的收敛，便于选取全局最小值解。特别是在保证定位精度的前提下，有效的提高了计算速度，比之前反演定位算法节约 CPU 计算用时 50%以上。

（8）地震学与地震构造学

# 基于SVM的地震序列类型早期预测研究

## Research on the early judgment of earthquake sequence types based on SVM

李冬梅[1*] 周翠英[1] 朱成林[1] 吕子强[1] 程显洲[2]

Li Dongmei[1] Zhou Cuiying[1] Zhu Chenglin[1] Lu Ziqiang[1] Cheng Xianzhou[2]

1. 山东省地震局 济南 250014; 2. 中国地震局兰州地震研究所 兰州 730000

地震序列的类型判断及其成因机理研究是地震学的基本问题之一，对于揭示地震孕育和发生过程物理本质具有重要理论意义。一次较大地震发生后，后续的地震活动趋势如何发展？其后是否有较大余震或者更大地震发生？其发生时间和地点判断等等，都是政府和震区民众最为关心的问题，而要较好地回答上述问题，地震序列类型的早期快速预测是基础和关键。追踪2008年汶川8.0级地震和最近40年来我国发生的历次大地震，震后序列类型和趋势快速判断对震后科学应急决策、及时救助救援和稳定社会、安抚民心、灾后安置等工作均起着至关重要的作用。对于完整的地震序列，其类型的判别已有较为成熟的方法和参数[1,2,3]。但在地震刚刚发生，序列还极不完整的情况下，进行序列类型的早期预测，目前尚无统一的规范性的成熟方法或规则。本文研究内容就是地震序列类型的早期快速预测问题，以期为震后趋势快速判定提供技术支撑。

SVM（Support Vector Machine，支持向量机）是一种基于统计学习理论、建立在VC维理论和结构风险最小原理基础上的模式识别方法，其在解决小样本、非线性、过学习及高维模式识别中表现出许多特有的优势，在模式分类问题上具有很好的泛化性能。它的主要思想是在特征空间中建构最优分割超平面，使得正例和反例之间的隔离边缘最大化。基于支持向量机方法计算简单，以及很强的鲁棒性和泛化功能，我们将其应用到地震序列类型早期预测。本文是在Matlab环境下，通过构造SVM，建立地震序列特征参数与序列类型之间的一种非线性映射关系，进行地震序列类型早期分类的预测尝试。

本文搜集整理了国内180个中强以上地震序列资料。根据传统的地震波能量比和震级差划分原则[1、2]，对180个研究对象进行了初始分类，将其划分为主余型、震群型和孤立型三种序列类型。根据地震序列活动特点和已有经验，在广泛细致分析各种单项特征指标基础上，综合分析寻求有可能反映序列活动本质规律的整体特征，经一定计算方法选择确定早期分辨震型能力强的7种序列参数作为初始参量，并计算参加学习的所有地震序列第一次大震后1、2、3、5、7天五个时间段的初始参量值作为数据准备。进一步通过选择核函数、惩罚参数c和核函数参数g寻优方法等构造了SVM地震序列类型早期预测模型。通过计算及相应的内符和外推检验，得到如下结果：

（1）通过选择合适的c&g参数，180个序列样本内符检验都能识别正确。

（2）外推检验结果表明，使用第一大震后1天的序列资料正确识别率可达到82.2%，第一次大震后1、2、3、5、7天5个时间段序列，主余型和孤立型正确识别率基本都能保持在较高水平。对于震群型序列，本文的识别正确率较低。

（3）震群型序列的识别正确率基本上随着资料长度（震后时间）增加而增大。深入分析震群型序列识别正确率相对较低原因，除去资料样本的关系，也和该序列的形态和活动特征有关。

（4）本文对提取的地震序列早期（1～7天内）分类参量进行综合后，优于一般的单参数分类指标效果，有较高的实用价值。

综上所述，将SVM方法用于对地震序列类型早期预测，效果较好、处理速度快、具有较强的实用性和广泛的应用前景。但是在建模实验中采用的地震序列参数主要是基于以往的研究结果，为获得更为完美的预测模型，充分的参数选取试验、进一步丰富地震序列样本，和建立更有效的SVM模型是有待继续进行的工作。

本研究由国家科技支撑计划项目（2012BAK19B04）资助。

### 参 考 文 献

[1] 吴开统，焦远碧，吕培苓，等. 地震序列概论[M]. 北京：北京大学出版社，1990.
[2] 周惠兰，房桂荣，章爱娣，等. 1980. 地震震型判断方法探讨[J]. 西北地震学报，2(2): 45~59.
[3] 蒋海昆，傅征祥，刘杰，等. 中国大陆地震序列研究[M]. 北京：地震出版社，2007: 29~68.

（8）地震学与地震构造学

# 汶川地震前后 *b* 值的变化

# Variation of b-value before and after Wenchuan earthquake

刘雁冰 [1,2]　申　维 [2]　裴顺平 [1*]

Liu Yanbing　Shen Wei　Pei Shunping

1. 中国科学院青藏高原研究所　北京 100085;
2. 中国地质大学（北京）地球科学与资源学院　北京 100083

## 1. 引言

古登堡—里克特关系式中的 *b* 值直接反映了大小地震之间的比例关系，它与应力状态和介质性质均有密切的关系，在几何意义上是地震断裂结构方式的度量。*b* 值在时间和空间上均会发生变化，因而在地震预报工作中也有一定的应用。本文选取龙门山地区的地震目录数据，重点研究并探讨了汶川地震前后 *b* 值的变化及其物理意义。

## 2. 数据和结果

本文选取龙门山地区（东经 102°到东经 107°，北纬 30°到北纬 34°）汶川地震前后（1990.1.2～2008.5.11、2009.1.1～2012.4.15）的数据，根据古登堡—里克特关系式 $\mathrm{Log}N = a - bM$，对地震数据做 $\log N - M$ 散点图，通过最小二乘拟合，即可获得汶川地震前后的 b 值。汶川地震前后的数据很好的符合古登堡里克特关系式，线性拟合方程分别为 $y = 5.25264 - 1.0056x$；$y = 5.23084 - 0.8517x$，*b* 值分别为 1.00561 和 0.85179。如果将汶川地震前的数据按 1990～1995，1996～1999，2000～2003，2004～2008.5.11 时间分段，得到的 *b* 值分别为 1.00348，1.00227，1.004494，1.07795。如果把汶川地震之后的目录数据按照每年分别计算 *b* 值，则 2008~2011 的 *b* 值为 0.86455，0.84731，0.86452，0.85762。结果显示汶川地震之后 *b* 值大幅下降，同时汶川地震前后不同时段的 *b* 值都很稳定。

## 3. 讨论与结论

汶川地震前后 *b* 值从 1.0 左右下降到 0.86 左右，这与 Scholz（1968）的实验结果并不吻合，实验结果认为 *b* 值主要有介质应力状态制约，应力越大 *b* 值越小，但该实验结果是岩石破裂前的现象。汶川地震后应力应该大幅度下降，对应的 b 值是降低，因此 *b* 值的变化可能反映了地震断裂结构发生了改变，而地震破裂具有分维的属性。根据安艺敬一(Aki)、特克特(Turcotte)、萨多夫斯基(Sadovsky)等著名地震学家对有关公式(古登堡—里克特关系式、频度震级关系、地震矩与破裂面积关系式、地震矩与震级关系式)的推导，可得断裂长度的分维数 $D = 2b$ 的关系式[3]。因此统计所得的 *b* 值能够反映断裂长度的几何特征。汶川地震后 *b* 值减小，表示断裂的长度趋于均匀化。地震的发生都是微裂隙的产生、扩展和贯通的过程，贯通的结果使得断裂的长度趋于均匀。

另外，分形理论中的分维数和热力学中熵以及信息学中的信息熵都具有形式一致性。分维数 *D* 表示物体的复杂程度，空间上是物体的混乱、不均匀程度，分维数 *D* 的定义是：如果某图形是由把原图缩小到 $1/\lambda$的相似的 *k* 个图形所组成，有 $k = \lambda^{D}$，如果我们取放大倍数$\lambda = e$（自然对数），可得 $D = Ink$，其含义是原图形放大自然对数 e 倍，分维数 *D* 等于组成新图形相似的原图形个数 k 的对数[1~2]。熵是用来说明一个体系的复杂、混乱程度的，开始熵的定义仅局限于热力学中，现在它作为对混乱程度最好的量度已经运用到各个学科方面，甚至信息学中。熵的定义是：$S = BIn\Omega$，其中 *B* 为玻尔兹曼常数，Ω代表系统的分子状态数。这两个公式在形式上极其相似，其中 *k* 与 Ω 都是用来表示“个数”的物理量，而且这个所谓的“个数”都是指组成系统“相似元素”的个数。二者的物理意义都是反映系统的混乱和复杂程度，根据上述分析，不难看出地震分维数 *D* 与地震熵 *S* 成正相关关系。汶川地震后 *b* 值减小也意味着熵的减小。一个系统在隔热或者绝热的条件下（和外界没有能量交换），系统进行自发过程的方向总是熵增大的方向，直到熵值达到最大值，此时系统达到平衡状态。但如果系统释放能量，则平衡状态的熵也会减少。汶川地震前后 *b* 值减小，正好对应地震能力释放，熵减小的过程，也说明汶川地震发生之后区域介质状态趋于均匀。

（8）地震学与地震构造学

# 沂沭断裂带及附近地区平均波速比研究

# Study of the average velocity ratio ($v_P/v_S$) in the Yishu fault zone and Its periphery

李 霞* 张志慧 周彦文

Li Xia Zhang Zhihui Zhou Yanwen

山东省地震局 济南 250014

沂沭断裂带及附近地区地质构造复杂，是历史及现代中强地震多发地区之一。地震活动与区域构造特点、地壳活动状况密切相关，而地震波速或波速比的变化可以反映中强震前后地下介质的变化状态。本文采用多台法，利用震中周围数字地震观测资料计算了沂沭断裂带分段平均波速比。

**1. 方法原理**

利用多台记录清晰的直达波 $P_g$、$S_b$ 震相的到时 $T_P$ 和 $T_S$，用最小二乘法计算多台平均波速比

$$V_P/V_S=1+\frac{n\sum_{i=1}^{n}\Delta T_i^2-\left(\sum_{i=1}^{n}\Delta T_i\right)^2}{n\sum_{i=1}^{n}\Delta T_i T_{Pi}-\sum_{i=1}^{n}T_{Pi}\sum_{i=1}^{n}\Delta T_i}$$

式中，$n$ 为台站个数，$\Delta T_i=T_{si}-\mathrm{T}_{pi}$。同时还计算了剩余标准差 $S$ 和相关系数 $R$。

**2. 区域选择与数据处理**

依据 2002 年 1 月至 2012 年 4 月沂沭断裂带及附近地区中小地震的疏密分布特征及断裂带的地质构造特征将研究区分为四段。自南而北分别为：Ⅰ区 宿迁—临沭，空间范围(34°～34.9°N，117.68°～119.43°E)；Ⅱ区 临沭—五莲，空间范围(34.9°～35.97°N，117.52°～119.51°E)；Ⅲ区 五莲—莱州，空间范围(35.97°～37.3°N，117.6°～120.16°E)；Ⅳ区 渤海段，空间范围(37.3°～38.71°N，118.94°～121.37°E)。利用沂沭断裂带周围布设的 49 个数字化台站记录到的近震震级为 0.6～4.3，震源深度在 30km 以内(含 30km)，共计 652 次地震事件参与波速比计算。为保证计算结果的可靠性，震相数据整理中要求每个地震事件至少有 4 个台站同时记录，记录震相初动清晰、记录的纵、横波到时差约 2～25s 之间、波速比标准误差小于 0.05（包含 0.05）及相关系数大于 0.95。符合计算约定的地震事件共 584 次，占可计算波速比总数的 89.66%，这样即保证有足够多的地震样本数目，也提高了数据的精度和可信度。

**3. 计算结果与讨论**

计算结果显示，各分区波速比原始曲线随时间的波动较大，不利于分析长时间段内波速比曲线的整体变化趋势，因此进行了 5 点 3 次的平滑处理。经近均值处理后的各分区平均波速比涨落幅度明显减小，在均值线附近波动。区域Ⅰ平均波速比($v_P/v_S$)为 1.727，标准方差为±0.0301；区域Ⅱ平均波速比($v_P/v_S$)为 1.713，标准方差为±0.0225；区域Ⅲ平均波速比($v_P/v_S$)为 1.723，标准方差为±0.0283；区域Ⅳ平均波速比($v_P/v_S$)为 1.708，标准方差为±0.0346。绝大多数波速比值都在 1.65～1.75 范围内变化，但也有极个别震例计算得到的波速比>1.8，最低的波速比值为 1.58 左右。所有数据中波速比>1.8 和<1.6 的只有 4 次地震，对这些比较突出的震例进行复查，发现其相关性都比较高，使用台站数据也不是最少的，因此不是由于数据误差引起的。分析发现，除区域Ⅳ外，沂沭断裂带位于内陆的三个分区波速比平均值较为接近，仅中小地震活动水平相对频繁的Ⅱ区波速比略微偏低，这表明同一构造单元内波速比的细节差异主要受制于区域地震活动水平及地下介质体的物理、化学性质；区域Ⅳ的波速比平均值则明显低于其他三个分区，也略低于张国民（2007）的研究结果 1.717，这和该区域复杂的地质构造及中小地震的活动水平相关。将研究区波速比按 0.05°×0.05° 网格化做空间扫描，则更突出了两个较为集中的波速比低值区：一个区域在胶东半岛北部及渤海海域，大致范围为(37.6°～38.7°N，120.5°～121.5°E)，波速比最低值为 1.60；另外一个相对较弱的区域位于莒县附近(35.5°～35.8°N，1118.53° ～119.10°E)，沿断裂带方向展布，波速比最低值为 1.62。这在一定程度上也表征了沂沭断裂带及附近地区地下介质的区域性差异。

本研究由 2012 年度国家科技支撑计划课题(2012BAK1904)和地震科技星火计划项目(XH12029)资助。

（8）地震学与地震构造学

# 朝鲜核爆定位、识别、震级测定与当量估计

# Relocation, discrimination, magnitude measurement and yield estimation for North Korean nuclear explosions

赵连锋 [1*] 谢小碧 [2] 范 娜 [1] 姚振兴 [1]

Zhao Lianfeng[1] Xie Xiaobi[2] Fan Na[1] Yao Zhenxing[1]

1. 中国科学院地质与地球物理研究所 北京 100029

2. 美国加州大学圣克鲁兹分校地球与天体物理研究所 圣克鲁兹 CA95064

基于区域地震台网资料，建立一套进行朝鲜核爆定位、识别、震级计算与地震学当量估计的快速处理流程。在中国东北、朝鲜半岛和日本地区，分布有 7 个中国国家数字地震台网的地震台站，4 个全球地震台网的地震台站，以及 73 个日本 F-NET 台网的台站。其中 32 个地震台站同时记录到 2006 年和 2009 年核爆事件，并具有高信噪比的 Pn 波波形。通过波形互相关计算两次核爆的到时差，采用相对定位的方法[Wen & Long, 2010]确定了 2009 年核爆的位置。美国地质勘探局（USGS）确定的 2009 年朝鲜核爆的震中位置和初始时间为[41.33°N, 129.01°E, 00:54:43UTC]。我们的定位结果为[41.2928°N, 129.0849°E, 00:54:43.091 UTC]，与 Wen & Long [2010]的结果[41.2939°N, 129.0817°E, 00:54:43.180 UTC]非常接近。

P/S 型（Pn/Lg、Pn/Sn 和 Pg/Lg）谱比值方法是地震与核爆事件识别的有效工具之一。我们搜集朝鲜核试验场及其邻近区域的 4 个地震和 2 次核爆事件在 11 个位于中国东北和朝鲜半岛的地震台站所记录的垂直分量波形资料，分别计算 Pn/Lg、Pn/Sn 和 Pg/Lg 振幅谱比值，经过震中距离校正后叠加获得台网平均的谱比值。通过比较，发现高于 2 Hz 的谱比值能够清晰地区分地震与核爆事件群组。

利用中国东北及邻近地区 11 个地震台站和 2000～2012 年间 101 个区域地震事件波形资料，采用第三峰值振幅和均方根振幅的方法计算 Lg 波体波震级[Zhao, et al. 2008, 2012]，采用在周期范围 8～25 s 内选取最大值的方法确定 Rayleigh 面波震级[范娜, 等. 2012]。经过台基校正后获得对该台网内部事件大小的估计。2006 年和 2009 年两次朝鲜核爆的体波震级分别为 3.93±0.08 和 4.53±0.12，Rayleigh 面波震级分别为 2.93±0.19 和 3.61±0.09。

考虑核试验区的近地表地质属性，由完全耦合的震级与当量关系式估计朝鲜核爆的当量。尽管区域性的震级当量经验公式是可移植的，但在无量规事件地区进行当量估计仍然存在不确定性。这类经验关系式通常是利用较大震级事件得到的，是非线性的，将其外推至低当量事件时增加了当量估计的不确定性。通过调查中国东北地区用于人工地震测深的已知当量的 3 个化学爆炸事件，选择由 Bowers, et al. [2001]修正的体波震级与当量的关系式，得到两次核爆事件基于最小埋藏深度的地震学当量，分别为 0.48 和 2.35 kt。利用 Rayleigh 面波震级估计朝鲜核爆当量，结果远远大于用其他方法得到的结果。基于当量—埋深—爆炸地震矩的 DJ91 模型，Bonner et al. [2008]通过数值模拟实验说明低当量的核爆在高速围岩环境下可能产生相对较大的面波震级，认为朝鲜核爆面波震级较大可能与特殊的核试验环境有关，并建议采用与核爆埋藏环境有关的方法估计朝鲜核爆的当量。假设核爆埋深在 0.01～1.0 km 之间，2006 年核爆的当量为 0.42～3.17 kt，2009 年核爆的当量为 2.06～15.53 kt。

基金资助：自然科学基金(No. 41174048, N0.40974029)。

**参 考 文 献**

[1] Bonner J, R B Herrmann, D Harkrider, M Pasyanos. The surface wave magnitude for the 9 October 2006 North Korean explosion[J]. Bull. Seism. Soc. Am., 2008, 98: 2498~2506.

[2] Bower D, P D Marshall, A Douglas. The level of deterrence provided by data from the SPITS seismometer array to possible violations of the comprehensive test ban in the Novaya Zemlya region[J]. Geophys. J. Int., 2001, 146: 425~438.

[3] Wen L, H Long. High-precision Location of North Korea's 2009 Nuclear Test, Seism[J]. Res. Let., 2010, 81: 26~29.

[4] Zhao L F, X B Xie, W M Wang, Z X Yao. Regional seismic characteristics of the 9 October 2006 North Korean nuclear test, Bull[J]. Seism. Soc. Am., 98, 2,571~2,589.

[5] Zhao L F, X B Xie, W M Wang, Z X Yao. Yield estimation of the 25 May 2009 North Korean Nuclear Explosion[J]. Bull. Seism. Soc. Am., 2012, 102.

（8）地震学与地震构造学

# 一种用于粘弹性地震波模拟衰减参数化的常数 Q 技术

# A constant Q technique for attenuation parameterization in viscoelastic wave modeling

范 娜[1] 赵连锋[1*] 谢小碧[2] 姚振兴[1]

Fan Na[1] Zhao Lianfeng[1] Xie Xiaobi[2] Yao Zhenxing[1]

1. 中国科学院地质与地球物理研究所 北京 100029;

2 美国加州大学圣克鲁兹分校地球与天体物理研究所 圣克鲁兹 CA95064

模拟地震波在粘弹性介质中传播，可以引入品质因子 $Q$ 来描述介质的吸收属性。在粘弹性波动方程数值模拟中，通常使用标准线性体（SLS）引入吸收，其有关参数为各个标准线性体的应力和应变驰豫时间。利用多个线性体叠加能够获得在地震观测频带范围内具有所需频率依赖性的 $Q$ 值模型，例如常数或指数型 $Q$ 模型。将该 $Q$ 值所对应的标准线性体模型参数加载到弹性波动方程中，可以进行粘弹性波动方程传播模拟。Blanch et al. [1995]导出利用多个标准线性体模型拟合 $Q$ 值的方程

$$Q(\omega)=\frac{1-L+\sum_{l=1}^{L}\left[\left(1+\omega^2\tau_{\varepsilon l}\tau_{\sigma l}\right)/\left(1+\omega^2\tau_{\sigma l}^2\right)\right]}{\sum_{l=1}^{L}\left[\omega\left(\tau_{\varepsilon l}-\tau_{\sigma l}\right)/\left(1+\omega^2\tau_{\sigma l}^2\right)\right]}, \tag{1}$$

其中，$\omega$为角频率，$L$ 是标准线性体的个数，$\tau_{\sigma l}$ 和 $\tau_{\varepsilon l}$ 分别为第 $l$ 个标准线性体的应力和应变驰豫时间。为利用反演方法确定标准线性体中的参数，我们建立目标函数

$$E=\sqrt{\frac{1}{N-1}\cdot\sum_{i=1}^{N}\left(Q(\omega_i)-Q^P(\omega_i)\right)^2}, \tag{2}$$

式中，$N$ 是离散化后的频率个数，例如天然地震体波的频带为 0.5～25.0 Hz，$N$ 是在该频带内等间隔离散频率点的个数。$Q^P$ 为待拟合 $Q$ 值，例如常数 $Q$ 或指数型的 $Q=Q_0f^{\eta}$，其中 $Q_0$ 为 1 Hz $Q$，$\eta$为指数。

反演计算采用快速模拟退火算法。首先以柯西分布函数产生随机模型

$$m_{k+1}=m_k+\xi(m^{\max}-m^{\min}), \tag{3}$$

其中，$m$ 为模型参数，包括 $L$ 个标准线性体所对应的中心频率$\omega_l$、应力和应变驰豫时间 $\tau_{\sigma l}$ 和 $\tau_{\varepsilon l}$，$Q$ 表示迭代次数，上标 max 和 min 分别表示模型参数的最大最小值，$\xi=\mathrm{sign}(u-0.5)\cdot T\cdot[(1-1/T)^{|u-1|}-1]$ 为柯西分布函数，$T$ 为当前的退火温度，$u\in[0,1]$为随机数。利用(2)式计算新模型与当前模型的目标函数之差，$\Delta E$，并求取模型接收的概率

$$P(\Delta E)=\begin{cases}1 & (\Delta E<0)\\ \mathrm{e}^{-\Delta E/T} & (\Delta E>0)\end{cases}. \tag{4}$$

降温方案采用 $T_{k+1}=T_k\cdot\beta$，其中 $k$ 表示迭代次数，$\beta$ 为退火速率，一般取 0.9～1.0 之间的常数。

我们采用 2 至 10 个标准线性体分别拟合 2 至 1000 的 $Q$ 模型，拟合的标准偏差和相对误差均随所用标准线性体个数（$L$）的增加而减小。对于 $Q=1000, L=2$ 时标准偏差为 196，相对误差为 19.6%；$L$=4 时标准偏差为 15，相对误差为 1.5%；$L$=10 时标准偏差为 3，相对误差为 0.3%。从标准偏差和相对误差相对 $Q$ 值的变化曲线上看，当 $L$ 大于 4，数值出现显著变化。我们取相对误差为 1.5%的 4 个标准线性体模型计算粘弹性参数库。数值实验表明，无论是常数 $Q$ 模型还是指数型 $Q$ 模型，都可以采用建立粘弹性参数库的方法将 $Q$ 值转化为粘弹性参数的过程从波动方程模拟计算中独立出来。在模拟计算中，直接调用 $Q$ 值所对应的 4 个标准线性体的应力和应变驰豫时间。

基金资助：自然科学基金(No. 41174048, N0.40974029)。

## 参 考 文 献

Blanch J O, J O A Robertsson, W W Symes. Modeling of a constant Q: Methology and algorithm for an efficient and optimally inexpensive viscoelastic technique[J]. Geophysics, 1995, 60: 176~184.

（8）地震学与地震构造学

# 震源机制求解构造应力场的网格搜索法及在越南北部的应用

# Wan Yongge. Tectonic stress field determination from focal mechanisms by grid searth method and its application in northern Vietnam

万永革

Wan Yongge

河北三河燕郊防灾科技学院地震科学系　河北 065201

地壳应力场研究是地球科学研究的重要分支，在地球动力学模拟、地质矿产分布研究及地震灾害评估中具有重要意义（Zoback, 1992，Xu, et al. 1992）。地震震源机制求解地壳深部应力场的最为重要的方法。

对于产状一定的断层，当满足滑动条件时，向哪个方向滑动是受所在地区的构造应力张量的结构所控制的。同一产状的断层，构造应力张量不一样，可以有不同的滑动角（断层面上滑动矢量与水平线的夹角）。若已知发生在研究地区的一组地震震源机制，并且能确定两个节面中哪个为地震断层面，则可以由这组断层的滑动方向数据反推这些断层所在地区驱动断层发生滑动的构造应力张量。应力张量的独立参数描述应该为6个，但应力的绝对大小是不能通过地质断层滑动资料约束（许忠淮，等. 1984，万永革，等. 2008），另外，造成地质断层错动的膨胀分量约束为零，因此应力场的描述的独立参数简化为4个，通常为主应力方向有三个参数，应力相对比值为一个参数。通常根据地质资料求解应力张量的方法和程序有三个：① Gephart 等（1984）的根据网格搜索得到主应力的相对大小和应力比值。这是一种非线性的搜索方法。② Michael(1984)的方法是将每个断层上剪切面上的应力分量归一化，使得方程成为线性方程，容易求解。在研究过程中，该方法可以采用 Bootstrap 方法随机选取震源机制的两个节面中的一个为断层面。③ 许忠淮等（1985）开发的求解应力场的滑动方向拟合法，与前面两种不同的是，他们采用应力张量投影到各个断层滑动方向的剪应力之和最大为准则进行反演，在反演过程中，他们把投影到所有断层面上的剪切应力之和转换为关于求解参数二次齐式，从而通过求解最大本征值对应的本征向量得到问题的解。由于该方法将断层面上剪切应力之和转换为二次齐式，通过求解其最大本征值来得到问题的解，因此方法比较简便。但该方法没有估计解的不确定性。

虽然上述方法得到较为广泛的应用，但随着地球科学研究的深入，前人的应力场方法目前存在如下缺陷：Gephart 等（1984，1990）的采用网格搜索应力场参数的搜索网格太大（最细的搜索网格为 5°），难于满足精确求解应力场的目的。目前资料的大大增加可以求解得到更为精确的应力场。而 Michael(1984)的方法在归一化的过程中采用了同一因子，应该对客观应力场的求解有影响，另外该方法无法考虑观测数据的精度。许忠淮（1985）的滑动方向拟合法将震源机制中的两个节面分别试算，选取的计算次数为 $2^n$，$n$ 为地震个数。对于少量地震该方法可以很快得到结果，但对于超过 50 个地震震源机制，计算机则难以承受。并且该方法无法对观测数据的精度进行加权，也无法给出求解得到应力场参数的误差。我们在上述问题的基础上给出一种能够采用不等精度的震源机制数据、采用更细的应力场参数网格（1°×1°）来搜索应力场参数的最优解，并且给出应力场估计参数的误差。

为更好地利用震源机制资料求解应力场，采用网格搜索技术给出了地壳应力场的精确求解原理和实现方法，并采用人工模拟数据进行了应力场反演实验，表明了该方法的可行性。该方法有三方面的优势：① 采用全局网格搜索得到应力场的最优解，避免陷入局部极值。② 可以考虑震源机制数据的不同权重。③ 为查看解的稳定性，除输出最优解外，还可以给出一定置信度下的解的误差范围。检测数据实验表明：该程序反演应力场的精度有了较大提高。

我们将该方法用于最近布设了较密集台网的台网北部地区，根据该地区 47 个 1~4.4 级地震震源机制解求得该地区的构造应力场主压应力轴走向 316，俯角 24, 主张应力轴走向 192，俯角 51，应力比值为 0.3. 该应力场与前人根据地质考察对红河断裂带南段的认识一致。

## 参 考 文 献

[1] Gephart J W, Fortsyth DW. An improved method for determining the regional stress tensor using earthquake focal mechanism data: an application to the San Fernando earthquake sequence[J]. J. geophys. Res., 1984, B89: 9305~9320.

[2] Michael A. Determination of stress from slip data: fault and folds[J]. J. geophys. Res., 1984, B89: 11 517~11 526.

[3] 万永革，沈正康，刁桂苓，等. 利用小震分布和区域应力场确定大震断层面参数方法及其在唐山地震序列中的应用[J]. 地球物理学报，2008, 51(3): 793~804.

（8）地震学与地震构造学

# 关于数字强震记录基线偏移校正方法的研究

# Discussion on baseline correction of strong motion data

李　铂* 刘希强　于　澄　蔡　寅

Li Bo　Liu Xiqiang　Yu cheng　Cai Yin

山东省地震台网中心　济南 250014

强震仪记录的不仅是地震时纯粹的地震地面运动信息，还包含有复杂的噪音，其中的低频噪音会导致加速度时程基线出现漂移。

1985 年 Iwan 等人曾对 PDR1 / FBAI3 数字强震仪的性能作过一些试验研究，发现在加速度较大时其记录零线会发生跳跃现象,虽然这种变动对加速度记录的影响十分微小(不超过最大加速度值的 2%)，但对积分速度会产生一定的影响，而对积分位移时程将产生很大的误差[1]。我们以往在对一些数字强震仪记录直接积分计算位移时程时，也发现有很大的零线漂移产生。因此，在使用加速度记录时，一般需要进行基线校正。

## 1. 基线偏移校正方法简介

Iwan(1985)假定基线漂移是由记录系统中传感器磁滞作用引起的，针对在地面震动最强烈部分定义了一个平均偏移量和强地面运动之后永久性位移量。Iwan 等人的试验显示，对加速度记录很小的弱磁滞作用发生的偏移小于 50 cm/s$^2$，Iwan 等人提出了确定基线漂移起始和终止时间的两种方法[2]。如果最终位移知道的话，如台站位于断层附近，则选择方法一。在该方法中，绝对加速度超出 50 cm/s$^2$ 起始和终止值对应的时间分别对应起始时间 $t_1$ 和终止时间 $t_2$ 阈值。如果不知道最终位移量是否明显，则选择方法二。

本文提出了一个基线校正的改进方案，该方案采用了线性校正的方法，时间参数 $t_1$ 和 $t_2$ 通过考虑斜坡函数的形态不断迭代计算得到[3]。首先，把原始数据经一次积分变为速度，再经一次积分变为位移。其次，选择加速度上首次超越 50 cm/s$^2$ 对应的时间作为 $t_1$，$t_3$ 作为一个自由参数，变化范围介于 $t_2$ 与记录终止时间之间。$t_3$ 表示地面运动永久位移对应的时刻。$t_2$ 的最佳位置位于 $t_3$ 之后，加速度具有最大平坦度的时刻。在最后一步中，通过这种方法得出的 $t_1$ 和 $t_2$ 用来检测基线校正。必要的话，$t_1$ 和 $t_3$ 的值可基于校正位移来选择，$t_2$ 的最佳值选择是重复的。

## 2. 数据结论

本文采用的是 1999 年集集地震、2007 年托科皮亚地震, 2008 年汶川地震和 2010 的马乌莱地震的分析实例，实例中给出了不同类型加速度计记录的强震动数据，显示出本文提出的基线偏离自动化校正方案比以前更加有效。基线偏移自动校正方法也成功应用在一般强震记录仪记录的分析处理中。在近震源地区，强地表震动是由远场体波决定的，该体波不会对静态变形有任何影响，但会长时间延续并导致用经验法基线校正时的不确定性。在所有的实验案例中，从强震记录中得到的同震偏移与 GPS 对基于模型的假设测量有 20%的相同。尤其是重现了远场小偏移和零偏移。还未被解决的问题是对基于同震位移数据的地面加速度的客观估计的不确定性。目前，只能使用经验方法来解决，前提是额外的大地测绘是可能的。然而，一个重要的结论就是如果源地区被强震台站覆盖，那么地震的震级和主要滑动粗糙峰就能被基于同震偏移数据的地表加速度真实还原。这说明将这个基线校正方法应用于海啸预警和快速地震信息系统，特别是在没有实时 GPS 数据的地区是可行的。

## 3. 结果与讨论

（1）所提出的改进的校正方法，在控制合理的校正时间，能够有效的消除地震记录或者人工波积分后速度时程、位移时程的零线漂移现象。

（2）经过校正的地震加速度时程的频谱特性几乎没有发生变化，同时也保证了地震加速度峰值没有改变。

（3）采用本文校正方法，可以很好地分析结构的地震响应，得出合理结果，对实际工程地震分析具有应用价值。

### 参 考 文 献

[1] 郑水明. 强震动加速度记录基线校正问题探讨[J]. 大地测量与地球动力学, 2010, 30(3):47~50.

[2] 王国权.921 台湾集集地震近断层强震记录的基线校正[J].地震地质, 2004, 26(1): 1~14.

[3] An Improved Automatic Scheme for Empirical BaselineCorrection of Digital Strong-Motion Records [J].Seismol 2010, 14: 495~504.

（8）地震学与地震构造学

# 高阶统计量和 AIC 方法在区域地震事件和直达 P 波初动自动识别方面的应用

# Detection of regional seismic events by high order statistics method and automatic identification of direct P-wave first motion by AIC method

赵大鹏*[1] 刘希强[2] 李 红[2] 周彦文[2]

Zhao Dapeng[1] Liu Xiqiang[2] Li Hong et al

1. 中国地震局兰州地震研究所 兰州 730000; 2. 山东省地震局 济南 250014

## 1. 引言

快速确定地震参数是地震预警系统的关键性技术环节之一，关系到预警时间的长短。本文利用山东台网记录的单台垂向记录和高阶统计量（偏斜度和峰度）方法进行了区域地震事件自动检测和震相识别探索研究，同时应用 AIC 方法对高阶统计量（偏斜度和峰度）方法所确定的包含地震 P 波在内的时间窗内记录进行自动分析，探索进一步提高 P 波震相初至识别的技术和方法。

## 2. 区域地震事件触发判断的高阶统计量方法、直达 P 波初动自动精确识别的 Ske-AIC 和 Kur-AIC 方法

数学期望是一阶统计量，方差是二阶统计量，偏斜度和峰度是高阶统计量中的三阶和四阶统计量。方差表达了随机变量的取值与数学期望的偏离程度。偏斜度是指频数分配的不对称程度或偏斜程度，即样本数据关于均值不对称的一个测度。峰度是指频数分布的集中程度，也就是分布曲线的尖峭程度。

Maeda (1985)提出了直接根据地震图记录而无需计算 AR 系数而得到 AIC 函数的方法，称为 VAR-AIC 方法。AIC 函数的最小值对应的时间就是地震震相初至。设长度为 $N$ 的地震波记录包含有背景信号和地震波信号，通过滑动变量 $k$ 的不断改变，得到长度分别为[1,$k$]和[$k$-1,$N$–$K$–1]数据段的最大似然函数的最大值，进而得到 $AIC$ 函数：

$$AIC(k) = k\lg(\mathrm{var}(x[1,k])) + (N-k-1)\log(\mathrm{var}(x[k+1,N]) \tag{1}$$

式中var($x$[1,$k$])和var($x$[1,$k$+1,$N$])分别表示两个时间段内数据的方差。

用高阶统计量进行精细震相识别的具体思路是，用两个时间段数据的偏斜度和峰度分别作为特征函数 $CF$ 代替公式（1）中的方差，本文分别称为Ske-AIC和Kur-AIC方法。Ske-AIC和Kur-AIC函数分别表示为：

$$Ske-AIC(k) = k\lg\left(\frac{1}{k}\sum_{j=1}^{k} CF_j^2\right) + (L-k+1)\lg\left(\frac{1}{L-k+1}\sum_{j=k}^{L} CF_j^2\right) \tag{2}$$

$$Kur-AIC(k) = k\lg\left(\frac{1}{k}\sum_{j=1}^{k} CF_j^2\right) + (L-k+1)\lg\left(\frac{1}{L-k+1}\sum_{j=k}^{L} CF_j^2\right) \tag{3}$$

式中，$L$ 是特征函数 $CF$ 的长度，$k$ 从 1 到 $L$。

识别震相初至的具体方法是，采用逐点滑动的方式分别对数据的高阶统计量（偏斜度和峰度）进行实时计算和分析，计算时间窗长为 10 s，步长 1 个采样点。为了总结地震事件触发阈值的分布规律，分别选择大于噪声段的偏斜度绝对值或峰度的最大值作为每次地震事件触发的最低阈值。偏斜度绝对值或峰度值超过阈值所对应的时间初定为 P 波震相初至 $t_p$。然后应用[$t_p$–2 $s$,$t_p$+2 $s$]时间段的偏斜度或峰度数据分别进行 Ske-AIC 或 Kur-AIC 方法分析，其最小值对应时刻即为精细识别的 P 波震相。

## 3. 资料和结果分析

对 198 个单台垂向记录的分析研究表明，与人工识别震相到时的结果相比，根据 Kur-AIC 和 Ske-AIC 震相自动识别方法分别得到的震相到时的平均绝对值误差为(0.09 ± 0.08) s 和(0.06 ± 0.14) s，得到了精度非常高的结果，而 Kur-AIC 优于 Ske-AIC 方法。

## 4. 结论

基于以上数值结果和分析，我们得到如下结论：发展了基于直达 P 波信号进行区域地震事件实时检测的高阶统计量（偏斜度和峰度）方法；提出了高阶统计量与 AIC 方法相结合的两种精细震相识别新方法。

本研究由国家科技支撑计划课题(2012BAK19B04)、中国地震局地震科技星火计划攻关项目(XH12029)资助。

（8）地震学与地震构造学

# 关于 Coulomb 应力扰动作用下的 Dieterich 余震触发机制的广义解

# Generalized Solution of Dieterich Earthquake Triggering Mechanism Under the Coulomb Stress Perturbations

仲 秋 史保平

Zhong Qiu Shi Baoping

中国科学院研究生院 北京 100049

基于滑移速率—状态相依赖的摩擦关系（Dieterich, 1979）

$$\tau=\sigma\left[\mu_0+A\ln\left(\dot{\delta}/\dot{\delta}^*\right)+B_1\ln\left(\theta_1/\theta_1^*\right)+B_2\ln\left(\theta_2/\theta_2^*\right)+\ldots\right] \tag{1}$$

其中，$\tau$ 和 $\sigma$ 分别为作用于断层上的剪应力和正应力，$\dot{\delta}$ 为沿断层面上的滑移速率，$\theta_i$ 是与时间和滑动速率相关的状态变量，同时间 $t$ 有相同的量纲，具体地描述了断层内部和接触时间相关的老化过程，参数 $\mu_0$、$A$ 和 $B_i$ 为实验所得系数。含星号的项为标准化的参考常量。结合单自由度弹簧—滑块模型

$$\tau=\tau_0-k\left[\delta(t)-\delta_0(t)\right] \tag{2}$$

公式（2）中 $k$ 为弹簧的有效弹性系数。我们可对断层内部地震成核和断层失稳过程进行定量化描述。Dieterich（1994）余震触发理论模型

$$R=\frac{\dot{\tau}}{\dot{\tau}_r}\left\{\exp\left(-\frac{\dot{\tau}_1 t}{A\sigma_0}\right)\left[\exp\left(-\frac{\Delta CFF}{A\sigma_0}\right)\left(\frac{\dot{\tau}}{\dot{\tau}_r}\right)-1\right]+1\right\}^{-1} \tag{3}$$

其中，$r$ 为背景场地震年发生率，$R$ 为 $t$ 时刻地震年发生率，$\Delta CFF$ 为 Coulomb 应力变化，首次给出中强震后区域应力场受到静态应力扰动后所导致的区域地震活动性的时空变化特征，该理论对 Omori 经验关系给出了定量化和合理的物理机制解释。近期研究也表明 Dieterich 理论模型可进一步推广至依赖时间的地震预测模型的建立。从断层群体化概念模型出发（Kaneko, 2009）

$$r=\frac{n_1}{T_1-T_0}=\frac{n_2}{T_2-T_1}=\ldots=\frac{n_i}{T_i-T_{i-1}} \tag{4}$$

其中，$n_i$ 为 $T_i$ 到 $T_{i-1}$ 时间段内的地震个数，我们推导出了包括静态剪应力和正应力扰动下的 Dieterich 广义解：

$$R=r\frac{\mathrm{d}T}{\mathrm{d}f}=r\frac{t_a\dot{\tau}}{A\sigma_0}\left\{\exp\left(-\frac{t\dot{\tau}}{A\sigma_1}\right)\left[\exp\left(-\frac{\Delta CFF^G}{A\sigma_1}\right)\left(\frac{H_1}{H_0}\right)^{-1}\left(\frac{\sigma_1}{\sigma_0}\right)^{-1}\left(\frac{\dot{\tau}_1}{\dot{\tau}_r}\right)-1\right]+1\right\}^{-1} \tag{5}$$

其中，$H=B/D_c-k/\sigma$，$D_c$ 为临界滑动位移，变量的下角标 0 和 1 分别表示应力扰动前和扰动后。同 Dieterich 经典解相比，广义 Coulomb 应力变化：$\Delta CFF^G=\Delta\tau-(\mu_0-\alpha)\Delta\sigma$ 取代了 Dieterich 方程中原有的剪切应力扰动$\Delta\tau$。从而表明余震发生率 $R$ 同作用于断层上的正应力的变化（扰动）有着密切的相关性。进一步，我们讨论了传统 Coulomb 应力变化（扰动）模型在地震预测过程中可能存在的局限性。以 1976 年 $M_S$7.8 唐山大地震的主余震序列为例，采用本文中得到的结果，拟合了该地区地震活动性的时间演化过程。为了获取最佳拟合结果，对余震发生率 $R$（$t$）和累计个数 $N$（$t$）的计算采用了视时窗分段方法（Segall, et al., 2006）：

$$\frac{R}{r}=\begin{cases}\left[\exp\left(-\dfrac{(t-t_0)\dot{\tau}_1}{A\sigma_1}\right)\left(1-\dfrac{\dot{\tau}_r}{\dot{\tau}_1}\right)+\dfrac{\dot{\tau}_r}{\dot{\tau}_1}\right]^{-1}, & t<t<t_1\\ \left\{\left[\exp\left(-\dfrac{\Delta\tau}{A\sigma_1}\right)\left(1-\dfrac{\dot{\tau}_r}{\dot{\tau}_1}\right)+\dfrac{\dot{\tau}_r}{\dot{\tau}_1}-\dfrac{1}{q}\right]\exp\left(-\dfrac{q(t-t_1)}{t_a}\right)+\dfrac{1}{q}\right\}^{-1}, & t>t_1\end{cases} \tag{6}$$

式中，$q=\dot{\tau}_2/\dot{\tau}_r$。结果表明，除 Coulomb 应力变化（扰动）的影响外，主震前后加载于断层上的剪应力速率变化可对早期余震发生率产生有很大影响。

## 参 考 文 献

[1] Dieterich J. A constitutive law for rate of earthquake production and its application to earthquake clustering[J]. J. Geophys. Res, 1994, 99: 2601~2601.

[2] Dieterich J H. Modeling of rock friction 1. Experimental results and constitutive equations[J]. J. Geophys. Res, 1979, 84: 2161~2168.

（8）地震学与地震构造学

# 基于改进的随机有限断层模型进行区域烈度速报

# Rapid regional estimation of MMI base on the Modified Stochastic Finite Fault Modeling

申文豪 仲 秋 史保平

Shen Wenhao Zhong Qiu Shi Baoping

中国科学院研究生院地球科学学院 北京 100049

**1. 研究背景**

一次地震发生后，发震区及周边地区烈度分布的迅速确定对于总体灾情评估、地震应急响应和救灾物资调拨分配等均有重要意义。随着地震科学和信息技术的融合，全世界地震多发国家对震后烈度速报都显示了不同程度的重视，事实上地震烈度速报技术在近年来也取得长足的进展。近年来，随着地震科学和计算机技术的发展，有关强地面运动的数值模拟方法也取得长足的发展。在台网稀疏甚至完全缺失地区，由于中强地震观测数据缺失，发展强地面运动的模拟技术已成为定量化估计强地面运动的重要手段。由于随机振动方法并未考虑地壳速度结构对传播中波的影响，避免了使用格林函数产生的复杂数值计算从而大大提高了计算效率，这种天然的计算优势恰好符合烈度速报对时效性的要求，因此在众多震源数值模型中，随机有限断层模型以其时效性和精确性成为烈度速报的首选模型。

**2. 研究内容**

本研究基于 Motazedian 和 Atkinson[1]随机有限断层模型进行了适当改进，给出了利用该运动学模型快速确定烈度分布的方法，并利用 Boore 和 Atkinson[2]建立衰减关系时对浅层速度结构 $V_{30}$ 的处理方法加入了 $V_{30}$ 对模型模拟结果的影响使最终结果更加合理。本研究分别以 2004 年 9 月 28 日 Parkfield $M_w$ 6.0 地震、2008 年汶川 $M_w$7.9 地震以及 1976 年唐山 $M_w$7.6 地震为例，论述了利用有限断层模型计算烈度分布的运作过程，证明了其可行性及有效性。针对 Parkfield 地震，我们采用了不同的滑移模型，最终结果表明单一滑移值分布模型与用反演的滑移分布得到的结果大致相同，并且模拟结果能够很好地反映断层破裂的方向性影响、浅层速度结构影响等特征。将模拟得到的地震动参数同台站实测记录和衰减关系作对比发现模拟结果与实测记录和衰减关系曲线在衰减特征和数值范围均符合较好。同样，汶川地震、唐山地震的模型模拟结果同实测烈度分布在整体分布特征、极震区的分布和重点城市的烈度值等方面均有很大程度的相似性。

针对汶川地震，我们计算的网格大小为 10°×10°，计算面积超过 100 万平方千米，网格精度为 0.05°，在普通 PC 机上计算耗时为 7.5 小时左右，Parkfield 地震（网格大小为 2.5°×2.5°，网格精度为 0.025°）计算耗时为 1.3 小时左右，唐山地震（网格大小为 4°×6°，网格精度为 0.05°）计算耗时为 2.1 小时左右，随着并行计算等高效计算手段的引入计算时间还会进一步缩短，随机有限断层模型的时效性特点也会进一步增强。

**3. 讨论**

随机有限断层模型在对子断层进行划分的时候将断层面划分成等长等宽大小相同的子断层，并依据子断层上滑移量的大小分配每个子断层上的地震矩，事实上由地震的静力学自相似性可知断层面上的滑移与断层长度成正比，子断层面积较大的子断层地震矩更大。因此，这种等面积的子断层划分方式存在一定缺陷。另外，由于随机振动方法没有考虑地震波在地壳浅层速度结构中的传播，不会产生明显的体波和面波，并且有限断层随机振动模型只考虑了 S 波频谱的影响，得到的是水平方向的地震动参数，无法得到垂直方向上的地震动参数，这些都是随机有限断层模型存在的不足之处。

**4. 结论**

相较于其他震源模型或时效性差（如复合震源模型和动力学模型）或精确度差（如随机点源模型）的缺点，随机有限断层模型有效弥补了上述模型的不足之处，最大限度做到了快速且准确，可以作为烈度速报的一种数值模拟手段。应当指出的是，任何一种震源数值模型都不能完全真实反映断层破裂过程和强地面运动的特征，地震台网的实测记录对于震后烈度分布的确定仍然具有不可替代的作用，因此，切实做好台网建设，建立完善我国本土区域衰减关系，综合运用台站记录、模型模拟结果等速报方法应是烈度速报未来工作的必行之路。

**参考文献**

[1] Motazedian D, Atkinson G M. Dynamic corner frequency: a new concept in stochastic finite fault modeling[M]. reviewing. 2003.
[2] Boore D M, Atkinson G M. Boore-Atkinson NGA ground motion relations for thr geometric mean horizontal component of peak and spectral ground motion parameters[J]. PEER Report, 2007, 1: 28~32.

（8）地震学与地震构造学

# 基于横向非均匀地球模型的地球自由振荡模拟

## Simulation of the Earth's free oscillation based on a lateral inhomogeneous earth model

陈世仲*[1] 李小凡[1] 汪文帅[1,2] 张美根[1]

Chen Shizhong*[1] Li Xiaofan[1] Wang Wenshuai[1,2] Zhang Meigen[1]

1. 中国科学院深部重点实验室 中国科学院地质与地球物理研究所 北京 100029;
2. 宁夏大学数学计算机学院 银川 750021

大地震、火山爆发等诸多因素都能够激发地球产生自由振荡现象。地球自由振荡的频率很低，振动周期可达几十分钟，但其振动通常比较微弱。从基本特征来看，地球的自由振荡是同类型的长周期面波，但面波是在地表局部地区的行波，而自由振荡则是在整个地球尺上扰动的驻波。面波为地球自由振荡的高阶振型，而自由振荡是把地球作为一个整体考虑的地球本征振动。自由振荡只能取一些特定的频率，称为地球的本征频率，与本征频率相应的振动即为本征振荡。

地球内部结构的很多因素都会改变地球自由振荡频谱特征，比如：地球介质的横向不均匀性及径向不均匀性、各向异性、介质能量衰减效应、地球的自转、地球的椭率以及断裂机制等因素。R Lapwood, et al. 研究了地球自转及椭率对自由振荡模式分裂的影响，指出自转的一阶效应和科里奥利力的二阶效应等是导致自由振荡谱的分裂主要原因。另外，自转还会导致球型振荡与环型振荡发生耦合。而地球的椭率会使自由振荡的简正模不再简并，从而造成分裂谱线的不对称性。地球介质的横向不均匀性主要表现在地壳和地幔范围内，地幔占主导作用，内外核影响相对较小。地球介质的粘弹性性质会导致自由振荡谱随时间衰减。在地幔范围，衰减随深度增加而增大；并且基频模式的周期越长，其品质因子越高，即衰减越慢。

数值模拟自由振荡现象，本质上就是求解满足适当初值条件的地球振动的微分方程组。目前比较流行的数值模拟算法有：有限差分、伪谱法、有限元以及谱元法。谱元法兼具有限元的处理边界和结构的灵活性和谱方法的高精度和快速收敛特性等优势，在单元上采用 Gauss-Lobatto-Legendre（GLL）积分并结合高阶拉格朗日插值，使得质量矩阵对角化，解决了单元内高精度插值所带来的 Runge 现象和计算量增大问题，并采用显格式波动计算算法，避开了大规模线性方程组的并行求解，大大简化了数值计算的计算量和实现方法，同时提高了模拟精度和算法的稳定性（D Komatitsch, et al. 1999）。因此，在实际数值模拟中，我们采用国际上最新的 S362ANI 理论地球模型（B Kustowski, et al. 2007），考虑地球自转，椭率，地形，衰减以及海洋效应等因素，基于 Centroid-Moment-Tensor（CMT）提供的震源机制，采用谱元法分别模拟 2004 年苏门答腊 8.9 级地震和 2010 年智利 8.8 级地震激发的地震波全球传播，并分别计算伴随模拟以及有限频率核模拟（J Tromp, et al. 2008）。籍此，以探索刻画全球尺度地球深部横向非均匀结构全貌之途径。

目前，关于自由振荡研究文献不太多，而且还没有见诸关于横向非均匀方面较为深入的研究。相关研究还存在很多问题：首先，长时程模拟地震波传播时，不同地球模型（如：PREM、IASPEI91、AK135、S362ANI）参数的选择和改进，至今还没有公认的标准，而且现有的研究大多采用径向非均匀模型，忽略横向非均匀性。其次，不同震源位置和震源机制的地震激发地球自由振荡具有不同的波谱结构和振荡特征，而同一震源机制在地球不同部位也会造成不同的振荡特征，至今没有一个有效的研究以明确震源的位置及机制与自由振荡特征和频谱的量化关系。根据研究横向非均匀的需要，我们尝试改进 S362ANI 地球模型的相关参数。基于改进参数，分别针对相同两次地震震源参数，模拟地震波传播过程，并与之前的数值结果进行比对，进而提出进一步研究方向及需要改进的问题。

本研究由国家自然科学基金项目（41174047）资助。

### 参 考 文 献

[1] D. Komatitsch, et al. Introduction to the spectral-element method for 3-D seismic wave propagation [J]. Geophys. J. Int., 1999, 139(3):806~822.
[2] J Tromp, et al. Spectral-element and adjoint methods in seismology [J]. Comm. Comp. Physics, 2008, 3(1): 1~32.
[3] B Kustowski, et al. Nonlinear Crustal Corrections for Normal-Mode Seismograms [J]. Bull. Seism. Soc. Am., 2007, 97(5): 1756~1762.
[4] R Lapwood, et al. Free Oscillations of the Earth [M]. London: Cambridge University Press, 1981.

（8）地震学与地震构造学

# 华北地区地壳动力学三维数值模型及其应用研究

# 3D numerical model of crustal dynamics in North China and it's applications

陈连旺　詹自敏　陆远忠　李玉江　李　妍

Chen Lianwang　Zhan Zimin　Lu Yuanzhong　Li Yujiang　Li Yan

中国地震局地壳应力研究所　北京 100085

**1. 华北地区地壳动力学三维数值模型**

本文收集了华北地区断层数据、地表高程数据、波速结构数据、弹性常数以及多种流变机制参数，建立了华北地区较为精细的地壳动力学参数库。在此基础上建立了华北地区地壳动力学三维数值模型，包含了华北地区 36 条活动断裂。三维数值模型本构关系使用 PRONY 体来模拟岩石圈介质的流变特性，其中弹性参数主要依据黄忠贤提供的波速结构数据导出，流变参数的确定参考了臧绍先等 2002 年建立的华北岩石圈流变结构初步模型。有别于以往较粗糙的按照地质构造格局确定三维模型介质物性分区的方法，本文依据华北地区三维波速结构的反演数据，分别对模型中的每一个单元分别赋予各自的物性参数，介质物性的分区数等于整个模型的单元总数，这种方法实现了物性参数较为连续的变化，相对而言，模型物性结构更为精细。因此，本文的华北地区三维有限元模型共有 234 056 个节点、254 156 个单元以及 254 156 组介质参数。利用本文的华北地区地壳动力学三维数值模型，开展了如下初步应用研究。

**2. 华北地区构造应力场现今年变化特征**

构造应力年变化场的主张应力方向为 NNW-SSE 方向，平均量级为 3～9 kPa · $a^{-1}$；构造应力年变化场的主压应力方向为 NEE-SWW 方向，平均量级为 1～6 kPa · $a^{-1}$；华北地区现今主要处于一种张性构造应力变化场的作用之下。

构造应力年变化场的最大主张应力（NNW 向）总体呈现西高东低且东北部地区较高的空间分布特征，构造应力年变化场的最大主压应力（NEE 向）的高值区位于东北部和西南部，上述变化特征有利于山西地区和辽宁地区断裂活动性的增强，进而有可能加速这些地区潜在地震的孕震过程。

郯庐带断裂面库仑破裂应力年累积速率具有分段特征：嘉山—广济段的年累积速率最高，平均达 6 kPa · $a^{-1}$；鞍山—辽东湾段的年累积速率次高，平均达 5 kPa · $a^{-1}$；渤海段和莱州湾—嘉山段的年累积速率相对较低，平均为 3～4 kPa · $a^{-1}$。

**3. 2008 年汶川 8.0 级地震与 2010 年玉树 7.1 级地震对鄂尔多斯地区构造应力场的扰动效应**

汶川地震与玉树地震在晋、冀、蒙交界产生的地震附加应力场主压应力方向为 NEE 向，主张应力方向为 NNW 向，表明两个地震导致 NEE 方向应力增强，NNW 方向应力减弱。本地区 NE 走向活动断裂的活动方式为右旋走滑兼正断，上述地震附加应力场既有利于右旋走滑运动，又有利于正断作用，因此，汶川地震与玉树地震对本地区 NE 向活动断裂的孕震进程起到了加载效应。

汶川地震与玉树地震在宁夏南部产生的地震附加应力场主压应力方向为 NNE 向，主张应力方向为 NWW 向，表明两个地震导致 NNE 方向应力增强，NWW 方向应力减弱。本地区近 NS 走向活动断裂（如鄂尔多斯块体西边界的罗山东麓断裂）的活动方式为右旋走滑兼正断，上述地震附加应力场既有利于右旋走滑运动，又有利于正断作用，因此，汶川地震与玉树地震对本地区近 NS 走向的活动断裂的孕震进程起到了加载效应。

本研究由中央级公益性科研院所基本科研业务专项重点项目(ZDJ2009-06)和中央级公益性科研院所基本科研业务专项重大项目(ZDJ2007-01)共同资助。

## 参 考 文 献

[1] 魏荣强, 等. 岩石圈流变结构的一种新的应变率约束[J].地球物理学报，2004, 47(6): 1029~1034.

[2] 张静华, 等. 用 GPS 测量结果研究华北现今构造形变场[J]. 大地测量与地球动力学，2004, 24(3): 40~46.

[3] 朱红彬, 等. 华北构造区主要地震带分段与强震活动[J]. 地震学报，2010, 32(6): 705~717.

（8）地震学与地震构造学

# 弱震区应力场研究探索以苏州地区为例

# Study on stress field in weak-seismic area—taking Suzhou area as an example

孙 晴 刁桂苓* 阎俊岗 冯向东 王晓山

Sun Qing Diao Guiling Yan Jungang Feng Xiangdong Wang Xiaoshan

河北省地震局 石家庄 050021

基于全球的震源机制解分别给出各个区域的应力场分布图像，表明压应力主轴与板块运动方向基本一致（Zoback, 1992）。东亚地震的震源机制解也给出范围内既有与全球一致的区域，也存在特殊的区域表现出的复杂情况（许忠淮, 2001）。地震活动资料表明：苏州市及周围邻近地区，历史上没有发生过 5 级以上地震，属于现代仅仅有中小震活动的弱震区，根据以往极少的资料难以得到可靠的应力场方向。近年来中国大陆地震观测取得长足发展,其中布设有江苏省、苏州市、浙江省、上海市数字地震台网，比较而言苏州附近是全国地震台网密度最高的地区之一。

采用层状介质点源位错模型，读取垂直向记录的直达 P、S 波最大振幅，由理论地震图和观测数据拟合，反演震源机制的方法（梁尚鸿等，1984）。至少需要 4 个以上台站有清晰的 Pg、Sg 垂直向记录振幅和 Pg 初动方向，可以反演 1 级以上地震的震源机制。以苏州市为中心 150km×150km 范围内,我们反演得到 114 个地震的震源机制解，1 级地震占三分之二。这些地震大致呈离散分布。

通过滑动矢量与最大剪切应力方向拟合的方法（Gephart,1990），利用苏州的震源机制解反演应力场参数：最大压应力主轴σ1 走向 233°，倾伏角 42°；中等压应力主轴σ2 走向 47°，倾伏角 47°；最小压应力主轴σ3 走向 140°，倾伏角 3°；应力比 $R$ = 0.8。与华北构造应力场比较，σ1 和σ2 翘起呈倾斜状，应力主轴方位差别不大。结果表明：由于新得到的震源机制的震级偏小，这种地震具有较强的随机性，在保证样本数量时（$n$>100），也可以反演得到可信的应力场。

按 3 个应力轴竖直情况比较划分震源机制类型，$P$ 轴直立归为正断层，$T$ 轴直立归为逆冲断层，$B$ 轴直立归为走向滑动断层。分析逆冲和正断类型随震源深度分布发现，三分之二的正断层类型地震浅于 6.5 km，而三分之二的逆冲断层类型地震深于 6.5 km。表明地壳浅部拉张作用较强，中部挤压作用较强。层析成像结果显示随深度速度递增，在 6.5km 处的确存在速度变化。浅部速度低介质软，易于发生低应力水平的地震（正断），中部速度高些，可以产生高应力水平的地震（逆冲）。地壳下部虽然速度更高，温度也高，塑性强导致难以发生地震。

分析 3 种类型震源机制的平面分布，与构造对比，苏南（包括上海市），总体是西部一西北部上升而又相对活动.东部一东南部沉降而又相对稳定。第三纪和第四纪（N+Q）等深线西部浅，而且地表可见丘陵、残山；东部深被沉积土层覆盖。苏州以东为沉降区震源机制多为拉张作用的正断层；西北部挤压导致逆冲的震源机制对应于上升的区域,它们反映了苏州地区存在的缓慢升降运动。

根据小震分布条带，似乎穿越太湖存在北东向地震密集带；太仓一奉贤断裂穿过苏州——湖州断裂之后转向北西存在密集小震条带，其中包括区域内现今最大的 1990 年 4.8 级地震。在奉贤—太仓断裂的延伸方向先转为逆冲，后转为拉张；另外穿越太湖存在北东方向的拉张正断层条带；表明虽然总体上升，但是存在局部差异。

结果表明即便在弱震区，在观测台网密度足够的条件下，记录大量 1 级小震也可以反演震源机制，进而推断出可信的区域应力场方向。

本项目由苏州城市活断层探测项目资助.

## 参 考 文 献

[1] 许忠淮. 东亚地区现今构造应力图的编制[J]. 地震学报, 2001, 23(5): 492~501

[2] 梁尚鸿, 等. 利用区域地震台网 P、S 振幅比资料测定小震震源参数[J]. 地球物理学报, 1984, 27(3): 249~257.

[3] Zoback M L. Firs t-and second-order pat t er n of s tress in the l ith osphere: the w or ld st ress pr oj ect[J]. J Geop hs Res, 1992, 97(B8): 11 703~11 728.

[4] Gephart J W. FMSI：A FORTRAN program for inverting fault / slickenside and earthquake focal mechanism data to obtain the regional stress tensor[J].Comput.& Geosci, 1990, 7: 953~989.

（8）地震学与地震构造学

# 基于 BIEM 的三维非平面断层动力学破裂过程模拟

# Dynamic Rupture Modeling of 3-D non-planar fault based on Boundary Integral Equation Method

张丽芬

Zhang Lifen

中国地震局地震研究所（地震大地测量重点实验室）　武汉 430071

断层动态破裂传播过程是非常复杂的，复杂的断层几何形态是重要影响因素之一，也是震源破裂过程研究中的一个不可忽视的因素。作为零阶近似，地震断层可以用简单的平面断层来模拟，但是，实际地震断层有很多的分支、弯折、跨跳等。一般大的破坏性地震多发生在由若干个子断层组成的复杂非平面断层体系中，如 1992 年 Landers 地震、1999 年集集地震、2008 年汶川地震等。本文采用边界积分方程方法(BIEM)建立三维理论断层几何模型来讨论这种复杂的非平面几何断层形态对破裂传播过程的影响。

**1. 研究方法**

边界积分方法最早由 Das 和 Aki[1]用于模拟断层破裂动力学，该方法通过离散化，将描述地震断层破裂面上物理量变化的积分方程转化为易于求解的线性方程组，再结合摩擦准则求解地震断层破裂扩展的动力学过程。不同于有限差分和有限元方法(二者为所谓的域方法，需要对所考虑的整个区域进行离散化求解，对于三维问题，需求解大型方程组，计算量较大)，边界积分方程方法将域问题转化为边界问题，使得求解问题的空间维数降低了一维，计算效率提高，并且该方法在处理复杂非平面断层问题上有其优势。

**2. 数值模拟实例**

在进行断层模型建立及离散化处理时，研究者们多采用对称性较高的矩形网格。就边界积分方程方法而言，基于矩形网格的格林函数计算相对简单。但为了更好的描述复杂的断层几何形态，我们采用三角形网格。本研究建立了弯折断层、分支断层两种断层几何模型。弯折断层选取的弯折角分别为 0°，10°，30°，60°，对于分支断层，分支断层与主断层的夹角分别取 5°，10°，45°，60°。本研究考虑的是三维断层破裂传播问题，$x_3$ 轴垂直断层面，$x_1$ 与 $x_2$ 轴与断层在同一平面内。对于平面断层而言，全球笛卡尔坐标系下就可以解决，断层平面上各点破裂的滑动方向一致。对于非平面断层系统，利用全球笛卡尔坐标系，不能满足断层上各点的破裂滑动的方向一致的条件，所以，要进行全球坐标系与局部笛卡尔坐标系的变换，保证断层上各点滑动的方向是沿着 $x_1$ 和 $x_2$ 方向。根据全球坐标系中断层上各点的坐标，通过坐标系变换后，我们便可以获取相应的本地坐标用于进行基于三角形网格的格林函数的计算，进而进行离散积分核的求解。通过设置合理的初始应力等条件，如初始应力、屈服应力强度、纵横波波速等，并采用滑动弱化准则[2]，对这两种断层几何形态进行了震源动力学破裂过程的数值模拟。为了保证数值模拟的稳定性，在对断层模型及时间进程进行离散化处理时，我们根据 Courant-Friedrichs-Lewy 条件来进行三角形网格大小及时间步长间隔的选取，此模拟中采用的网格大小 $\Delta x$ = 1 km，$\Delta t$ = 0.045 s。对于方程的离散化，主要采用共位点方法（Collocation Method）以及“箱形”离散化方案。

**3. 初步结论**

初步模拟结果显示，对于弯折断层系统，即便在均匀三轴压应力场的作用下，弯折角的不同也会导致初始剪切应力的不均匀分布。当弯折角较小时，破裂传播受其影响较小，与平面断层破裂传播过程类似。而当弯折角较大时，破裂传播会自动减慢或停止，大的弯折角有可能形成障碍体。对于分支断层，当分支断层与主断层夹角较小（10°）时，破裂在分支处并不继续沿着主断层传播，而是沿着主断层平面外的分支断层传播。当夹角较大时（45°）时，破裂既沿着面内分支断层传播，也沿着面外分支断层传播。但由于能量耗散，两个分支上总的滑动量都有所减小，这与 Aochi 等研究者[3]的结论基本一致。

本研究由中国地震局地震研究所所长基金(IS201102643)资助。

参 考 文 献

[1] Das S, et.al. A numerical study of two-dimensional spontaneous rupture propagation[J]. Geophys.J. R. astr. Soc., 1977, 50, 643~668.

[2] Ida Y. Cohesive force across the tip of a longitudinal-shear crack and Griffith's specific surface energy[J]. J. Geophys. Res. 1972, 77, 3796~3805.

[3] Aochi H, et al. Spontaneous rupture propagation on a non-planar fault in 3-D elastic medium[J]. PureAppl, Geophys, 2000, 157, 2003~2007.

（8）地震学与地震构造学

# 2011 年腾冲中强地震序列震源机制研究

# Study of Focal Mechanisms of mid-size Tengchong Earthquake sequences in 2011

高　洋[*]　闵照旭　徐　彦

Gao yang　Min zhaoxu　Xu yan

云南省地震局　昆明 650224

## 1. 引言

腾冲火山区处于印度板块和欧亚板块交汇地区，受两大板块碰撞挤压作用的影响，腾冲火山区的地震活动频繁。2011 年腾冲火山区发生了多次中强地震，其中包括 5 月 31 日 M4.5 级、6 月 20 日 M5.3 级和 8 月 9 日 M5.2 级地震。云南区域数字地震台网 2011 年全年记录到腾冲火山区 $M_L$>3.0 级地震 34 次，本文利用云南区域数字地震台网的相关地震波形记录，对 2011 年在腾冲火山区发生的中强地震及地震序列的震源机制解进行了计算研究。

## 2. 方法

震源机制解反映了震源的力学和动力学机制，是地震学研究的重要内容，也是了解地震破裂过程、震源区应力场特征及发震构造的重要数据资料。地震序列的每一个地震都有各自的特征，同时也是整个地震序列中不可缺少的环节。通过分析研究地震序列发生过程中各阶段地震的震源机制,可以从整体上了解中强震及其序列的震源区发震地质构造、震源破裂过程以及震源区应力场的特征信息。现阶段利用区域地震记录研究震源机制解主要有运用初动方向和波形模拟两种方法。利用初动方向求解的方法运用广泛，但有其局限性，在某些情况下无法进行测定。本文采用全波形模拟方法（Xu, et al. 2010）进行震源机制进行求解。全波形模拟方法模拟的是速度值和相对高频的信息，此方法模拟速度值是为了降低低频的台站和仪器噪音的干扰，而大部分区域地震和余震序列的震级小于 $M_L$4.0 级，这表明高频信息具有高信噪比的特点。

## 3. 结果及讨论

通过全波形模拟方法我们计算得到 2011 年腾冲火山区三次中强地震及序列中 ML>3.0 级的 23 个地震的震源机制、震源深度和矩震级。2011 年腾冲火山区三次中强地震及其序列地震基本位于同一震区，此震区位于大盈江断裂东北端以东和龙川江断裂中段以西两断裂交汇区附近，更靠近龙川江断裂端。三次地震所在小滇西地区，以近南北向的怒江断裂、北西向的澜沧江断裂为主体构造，构造活动十分强烈，是云南中强地震高活动区。三次中强地震及其序列地震的震源深度都小于 20 km，均发生在上地壳。在所计算的 23 个地震中，倾角大于等于 55° 的有 20 个、大于等于 65 度的有 16 个，表明三次地震序列的发震断层主要切割上地壳且较为垂直；而滑动角在–25° 至 30° 之间的地震有 22 个，说明此三次中强地震及其序列地震是以右旋走滑型地震为主。比较三次序列地震的震源机制结果，5 月 31 日和 6 月 20 日两序列地震的发震断层较 8 月 9 日序列地震的发震断层更为垂直；而 6 月 20 日和 8 月 9 日两序列地震的发震断层走向更为一致。

腾冲火山区由于特殊的地质构造环境，造成该地区地震类型复杂、发震原因众多，例如晏凤桐（1979）、阚荣举（1979）等发现 1976 年 7 月 21 日腾冲东南 5.1 级地震的 P 波初动全部为正，Pn 波初动全部为负，属于上冲型地震；而姜朝松（2005）等发现腾冲火山区存在火山活动所引起的 S 波湮灭的地震事件、火山微破裂引起的高频地震事件、火山颤动引起的包络地震事件及火山活动引起的小震群地震，说明腾冲火山区有大量与火山活动相关的地震事件。2011 年腾冲火山区发生的三次中强地震及其序列地震位于腾冲东北，并未位于腾冲火山区地震较为集中的马鞍山至热海之间，即现代火山活动最为活跃的地区。同时震区位置并无明显低速体存在，而震源机制结果表明三次中强震的主震和序列地震没有明显火山地震的特征。三次序列地震的主震和余震都发生在同一发震断裂，发震断裂呈近南北走向，倾向较为垂直，切割较浅均限于上地壳，具有右旋走滑为主的错动性质；余震与主震震源机制解较为一致或相似，具有序列地震的典型特征；三次中强震与同一区域大盈江断裂发生的多次中强地震的震源机制解具有较高的一致性，说明震源区地震的发生受到区域应力场的控制和影响。

本研究由中国地震局科技星火计划（XH1023）资助。

（8）地震学与地震构造学

# 实皆断裂上中强地震震源破裂过程研究

# Source rupture process of mid-size earthquake in sagaing fault

李丹宁* 徐 彦

Li Danning* Xu Yan

云南省地震局 昆明市 650224

**1. 引言**

对于较大地震的发生，其震源破裂过程不仅蕴含了地震发生时能量释放的强弱，而且能使人们更直观地理解断裂摩擦性质和地震发生的过程。而得到震源破裂模型的方法有很多，一是通过近场 GPS 和 InSar 观测；其二是用有限源反演远震波形；三是近年来发展起来的反投影远震 P 波法，此法更快更直接，因为反投影远震 P 波只需要很少的信息：一维速度模型和震中信息。其中全球范围内一维速度模型已是现有的，如 PREM，IASP91；而对于震中信息，目前台网的监测能力已经能够在震后 10 分钟内给出，也就是说反投影远震 P 波法需要的两个条件都能在较短时间内得到满足。本文就采用这一方法来对实皆断裂北段上近年来发生的较大地震的震源破裂过程进行研究。实皆断裂是缅甸中部近南北向高角度右旋走滑断裂，向南与西安达曼断裂相连，它形成于古新世，经历多期活动，是一条至今仍在活动的走滑断裂，沿着实皆走滑断裂最大的右行走滑位移达 450 km。实皆断裂是属于板块或地体边界的走滑断层，位于缅甸板块和欧亚板块之间，是板块的分界。由于印度板块和缅甸板块之间的俯冲，使得缅甸板块沿着实皆走滑断裂向北运动，与欧亚板块分离并耦合。这一走滑断裂上中强地震时有发生，由于它临近我国，与我们西部一系列的断裂有着密切联系，因此其地震活动的细节是一个值得探讨的问题。

**2. 数据和方法**

本文采用的反投影远震 P 波记录法是在某一特定时间，通过对与某一可能的震源位置所对应的波形进行叠加来抵消噪音和传播路径中次生波的影响，从而突出从震源传出的信号，再把叠加所得的能量投影到与之相对应的震源位置。对可能震源区域所有可能位置都进行能量反投影后，得到该时间的震源图像。我们把这一处理过程运用到从震前到震后的一个连续时间段上，从而得到该地震全时间段的震源破裂过程。在此我们分别对近二十年来发生于 1992 年 6 月 15 日 Mw6.3 级、2000 年 6 月 7 日 Mw6.4 级、2003 年 9 月 21 日 Mw6.7 级在实皆断裂北段上的 6 级以上地震进行了计算分析。首先对从 IRIS 网站下载的相应地震波形记录进行筛选，选取 P 波初动清楚，震中距在 30°～95° 之间（这是因为在此范围内的地震波主要是在介质相对均匀的下地幔中传播，避免了地震波在上地幔和核幔边界传播时因介质的非均匀性所造成的波的复杂性，从而使由传播路径所造成的波的复杂性达到最小化），台站响应函数结果最好且波形相似度大于 0.5 的台站记录用于反投影计算。由于早年的数字化地震资料受台站数较少的限制，导致台站分布局限性比较大，所以我们在计算台站响应函数时将台站按适当的经纬度分块计算后再将结果叠加，可避免把全部台站同时计算时因台站分布不均导致旁瓣效应大的问题。对于三个地震分别采用了 10 秒及 20 秒的窗长，1 秒的滑动步长依次对高频、中频、低频三个不同频段在总长为 100 秒的时间段进行反投影计算，得到三个地震的震源破裂过程。

**3. 结论：**

三个地震从震源机制上看，位于实皆断裂前段的 2000 年的地震为逆冲型，另外位于断裂中段的两个地震为走滑型，结合这一断裂上发生的历史地震来看，它们的震源机制解在这一断裂不同段上多有这一体现，这与实皆走滑断裂的复杂性有着密切关联。通过对三个地震的震源破裂过程进行计算分析后发现，对于不同频率范围：高频(中心频率 1.5)更能体现破裂的细节部份，但能量图上高频就会因细节太多，能量的主次体现就不是很明显，低频(中心频率 0.5)相对粗略，但能很明显看到能量的变化，综合来看，中间频率（中心频率为 1.0）的结果既能明显看出能量的主次，又能体现细节上的变化；针对不同窗长：窗长较长(20s）的情况下则会出现发震前较大时间范围内就有能量抬升，窗长较短（10s）的情况下能量在归一化时间曲线上体现得更为集中。此外，破裂过程的细节可通过各自的破裂速度来体现。通常反投影远震 P 波技术多被用于 7.5 级以上的大震，而本文的研究也同样体现出反投影 P 波法能够较好地得到破裂尺度在数十千米范围的中强地震的破裂过程。

本研究由国家自然科学基金（41004022）资助。

（8）地震学与地震构造学

# 川滇地区强震活动前 *b* 值的时空分布特征

# Spatiotemporal pattern of *b*-value before major earthquakes in the Sichuan-Yunnan region

王　辉[1]　曹建玲[1]　荆　燕[2]　李　振[1]

Wang Hui*　Cao Jianling　Jin Yan　Li Zhen

1. 中国地震局地震预测研究所　北京 100036; 2. 中国地震局地壳应力研究所　北京 100085

区域地震活动的震级、频次服从关系式 Log$N = a–bM$，此关系式描述了区域地震活动频次与地震震级大小的关系，是地震学中最重要的统计关系式之一。式中，$N$ 代表震级 $M$ 以上地震的频度，$a$ 表示区域内的地震活动水平，$b$ 则反映出区域内不同震级地震的相对分布。岩石实验结果证明，$b$ 值与环境应力的大小成反比，低 $b$ 值区具有更高的应力积累。因此，以 $b$ 值为衡量区域应力（应变）水平的评价指标，所获取的区域未来地震危险性评估结果，不仅具有一定的物理基础，而且结果也更加可靠。既然 $b$ 值能够反映区域的应力应变水平，那么是否可以简单的通过 $b$ 值空间分布判定未来的强震活动，同一个地震序列中 $b$ 值是否随着强震活动的不同阶段发生变化等科学问题也成为利用 $b$ 值开展潜在地震危险性判定工作中必须回答的关键问题。

川滇地区是中国大陆构造活动的典型地区，频繁的强震活动使其成为检验板内地震预测模型的理想场所。本研究在收集川滇地区近 40 多年小震资料的基础之上，对区域强震活动与 $b$ 值的关系进行统计分析，研究 b 值的时空变化与区域强震活动的关系。

本研究选取位于东经 97.2°～105°，北纬 20.8°～33.0° 的研究区，包括川滇地块及其周边地区。采用的小震目录为中国地震台网中心提供的 1970 年～2010 年的《中国地震月报目录》，并经过去余震处理。统计结果表明，川滇地区完整小震记录的最小震级空间分布表明川滇地区地震记录存在的空间分布差异：川西部分地区地震不活跃，小震记录不足以确定 Mc；川滇块体的东部的大部分地区小震完整记录的最小震级为 M2.0 左右；而红河以南的滇西、滇南部分地区小震完整记录的最小震级为 M2.5 左右。

本研究利用川滇地区 M2.5 以上小震目录，针对区域 1981 年以来发生的 19 次 M6.5 以上强震活动序列的 b 值时空变化开展了研究。对区域 $b$ 值的空间分布扫描结果表明，该区域 $b$ 值的空间分布与强震的发生关系并不显著，仅凭 $b$ 值的空间分布并不能很好的评估区域地震危险性。川滇地区 1981 年以来发生的 19 次 M6.5 地震中，1 次地震发生在计算不出 $b$ 值的地区，8 次地震发生在 $b$ 值大于区域平均值的地区，2 次地震发生在 $b$ 值与区域平均值相当的地区，另外 8 次地震发生在 $b$ 值小于区域平均值的地区。只有不到 50%的强震发生在低 $b$ 值区。

在对川滇地区强震前 $b$ 值空间分布特征进行分析的基础上，进一步研究川滇地区 M6.5 地震震源区 $b$ 值在时间域的变化特征。震源区的范围根据经验公式确定。对这些 M6.5 强震震前 5 年的地震资料分析表明，震源区震前的 $b$ 值呈现系统下降的趋势，随着地震记录时间的增加，计算的 $b$ 值也越稳定，其误差也越小。川滇地区 1981 年以来发生的 19 次 M6.5 地震中，12 次地震能够在震前一年计算出震源区的 $b$ 值，其中的 11 次地震震前出现了 $b$ 值的降低，占到地震总数的 58%。震前 $b$ 值系统降低的现象可能反映了地震孕育中的应力积累过程。

本研究还研究了地震目录时间长度对地震活动性研究的影响。蒙特卡洛数值试验的结果表明，只有当地震目录记录时间远大于前震复发间隔的时候，据地震记录得到的强震预期复发间隔才能和地震的实际复发间隔一致，较短时间的地震记录可能会对强震活动的行为产生误判。只有结合其他的地震、地质资料，较短时间内的地震活动性资料仍然可以为特定地区的地震潜在危险性的判定提供一定的依据。

本研究由国家自然基金项目（41104058）资助。

参 考 文 献

[1] Amitrano, Brittle-ductile transition, associated seismicity. Experimental and numerical studies and relationship with the *b* value[J]. Journal of Geophysical Research-Solid Earth, 2003, 108(B1): 2044.

[2] Schorlemmer, et al. Variations in earthquake-size distribution across different stress regimes[J]. Nature, 2005, 437: 539~542.

（8）地震学与地震构造学

# 美国 Utah 州 Cove Fort-Sulphurdale 地区三维衰减层析成像研究

# Three-Dimensional Seismic Attenuation Structure of the Cove Fort-Sulphurdale, Utah

张 欣*[1] 张海江[1] M Nafi Toksoz[2]

Xin Zhang[1] Haijiang Zhang[1] M Nafi Toksoz[2]

1. 中国科学技术大学地球和空间科学学院地球物理系 合肥 230026;

2. 美国麻省理工学院地球资源实验室

## 1. 引言

美国 Utah 州西南部 Cove Fort-Sulphurdale 是一个地热资源开发区，该地区西边为盆地和山脉，东部毗邻科罗拉多高原，是一个过渡区域。该区域受 Pavant 山脉和 Tushar 山的影响，发育了很多的破裂和褶皱。通过对该地区的研究发现，这里表现出了低速、高导电率、高表面热流以及负重力异常的特点。为了对该地区的地下结构有进一步的了解，MIT 研究组在此布置了十个临时地震台站。我们利用这些台站的数据对该区域进行了衰减成像的研究，以给该区域的地热开发提供一定的帮助。

## 2. 方法

三维 $Q$ 值成像的实现可以将计算过程分为两步：第一步利用波形或振幅值计算出与 $Q$ 值相关的 $t^*$值，第二步利用研究区所获得的 $t^*$值和三维速度模型进行反演。本文使用 Benington et al.(2008)发展的方法来得到 $t^*$值。在衰减层析成像采用的模型中，振幅谱和衰减、震源参数及场地效应的关系为：

$$\ln(A(f)) = \ln(\Omega_0) + \ln(S(f)) - \ln\left(1 + \left(\frac{f}{f_c}\right)^{\gamma}\right) + (-\pi f t^*)$$

其中，$A(f)$是给定频率 $f$ 的振幅，$f_c$ 是角频率，$\Omega_0$ 是低频时的稳定振幅，$\gamma$是震源谱下降参数，t*是衰减参数，$S(f)$代表的则是对于给定频率的场地效应。这里采用 Levenberg-Marquardt 方法来反演得到 t*值。当 t*值确定之后，可以使用以下公式来反演 $Q$ 值：

$$t^* = \int_{raypath} [1/Q(x,y,z) * 1/V(x,y,z)]\,\mathrm{d}r$$

其中，$V(x,y,z)$ 是速度模型，$Q$ 是品质因子。在这里，我们使用 tomoDD 得到速度模型和 $Q$ 值。

## 3. 数据

本文使用的数据来自 MIT 安放在 Cove Fort-Sulphurdale 地区的十个地震台站。为了反演指定的区域，我们从这些台站收集的地震中选取了 204 个来反演品质因子 $Q$。进一步，经过对信噪比的筛选，我们挑出了 97 个地震来进行该地区品质因子的反演。由于这些地震 S 波的信噪比均太低的缘故，无法用来反演 $Q$ 值，因此我们仅仅反演得到了该地区 $Q_p$ 的三维结构。

## 4. 结论与讨论

我们最终反演得到了 Cove Fort-Sulphurdale 地区一个 80 平方千米区域的 $Q_p$ 结构。它符合我们的一般认知：随着深度的增加，$Q$ 值逐渐增大。该地区东南角的 Q 值较其他地方为高，而且 P 波速度也要高于其他地方，这也许揭示了该区域的岩性有别于其他地方，也许这里由比较硬的，致密的岩石组成。另外，该地区的 $Q_p$ 值在西部以及东北角表现出较低的特点，同时相应区域也是低速区，这里可能裂缝较发育，流体含量高。

### 参 考 文 献

[1] Benington Nm, C Thurber, S Roecker. Three-Dimensional Seismic Attenuation Structure aro-und the SAFOD Site, Parkfield, California[J]. Bull. Seismol. Soc. Am. 2008, 98: 2934~2947.

[2] Zhang H, C Thurber. Double-Difference Tomography: The Method and Its Applicati-on to the Hayward Fault, California[J]. Bull. Seismol. Soc. Am. 2003, 93: 1875~1889.

（8）地震学与地震构造学

# 混合参数分离法同步反演震源位置,机制和时间函数

# Simultaneous inversion of hypocentral location, source mechanism and time function by separation of mixed parameters

毛伟建

Mao Weijian

中国科学院测量与地球物理研究所 武汉 430077

地球物理反演通常是非线性的并需要从一组观测数据来同步估算不同类型的模型参数。因为观测数据对不同模型参数的响应不同,在线性化过程中偏导数系数矩阵的元素之间有时会出现数量级的差别。因此经常导致病态或奇异的反演系统。为了解决这种问题，加权矩阵被引进用于平衡系数矩阵的元素之间的差别。加权矩阵法能够帮助稳定反演结果，但有时也会导致伪解。这是因为权矩阵可能需要非常大的元素来平衡非常小的系数矩阵元素。当这种大的权矩阵元素最后作用到反演过程中的扰动解时，它会放大扰动解的误差（Mao, et al. 1994）。

解决多参数同步反演不稳定性的另一个方法是参数分离法。一个经典的例子是震源位置和速度结构同步反演（Spencer and Gubbins, 1980）。他们把震源位置和速度结构两种完全不同物理量的参数分成两个子空间。Mao and Gubbins （1995）将此方法成功地推广应用到通过波束生成来反演时间延迟和叠加权因子。地球物理反演会出现多个子空间的情况。例如波形反演震源位置，震源机制和源时间函数则需要三个子空间。本文首先导出三个子空间参数分离计算公式，然后推广到 N 维子空间的情形。

设线性化系统是 $Gdp = r$，这里 G 是偏导数系数矩阵，$dp$ 是扰动向量，$r$ 是残差向量。在阻尼最小二乘意义下的扰动向量解是 $dp = G^{+}r$，式中 $G^{+} = (G^{T}G+\alpha I)^{-1}G^{T}$ 是 G 的广义逆，T 是矩阵转置，I 是单位矩阵，$\alpha$ 是阻尼因子。在三个子空间参数的情形，我们设

$$G = (G_1,\ G_2,\ G_3), \qquad p = (p_1,\ p_2,\ p_3)$$

经推导,得到三个子空间参数分离计算公式：

$$dp_1 = (O_1G_1)^{+}O_1r,\quad dp_2 = (O_2G_2)^{+}O_2(r - G_1\,dp_1),\quad dp_3 = G_3^{+}(r - G_1\,dp_1 - G_2\,dp_2);$$

式中，$O_1 = G^{T}{}_1Q_3Q_2$，$O_2 = G^{T}{}_2Q_3$; $Q_2 = I-G_2(O_2\,G_2)^{+}O_2$，$Q_3 = I-G_3\,G_3^{+}$ 并且，$G_3^{+} = (G_3^{T}G_3+\alpha_3 I)^{-1}G_3^{T}$

$$(O_1G_1)^{+} = ((O_1G_1)^{T}O_1G_1+\alpha_1 I)^{-1}(O_1G_1)^{T},\qquad (O_2G_2)^{+} = ((O_2G_2)^{T}O_2G_2+\alpha_2 I)^{-1}(O_2G_2)^{T}$$

请注意 3 个阻尼因子（$\alpha_1, \alpha_2, \alpha_3$）分别对应 3 个子空间,它们由子空间系统的条件数决定。虽然参数分离方法不能完全消除不同参数之间的互换影响,但在不同的子空间应用各自的阻尼因子可减少互换影响。

我们使用已知的模拟地震数据并通过波形反演震源位置，机制和时间函数作为例子检测了它们分别在两个子空间（震源位置，震源机制加时间函数）和三个子空间情况下的条件数和反演结果。6 个具有较好方位分布的垂直分量区域性台站（从 200 千米到 800 千米）在检测中被使用。为了合理和公正地评估混合参数分离法的可靠性和有效性，我们检测和分析了不同台站数(逐渐将台站数从 6 个减少到 2 个),不同台站方位分布和不同初始模型对反演结果的影响。结果表明三个子空间参数分离（3S）明显优于两个子空间参数分离（2S）。当反演系统（台站分布，初始模型）较好时两种情况都收敛，但 3S 收敛更快。当反演系统逐渐向病态方向改变时，3S 仍然收敛，但 2S 则较快处于发散的状态。另外，参数分离方法将一个大矩阵求逆问题转化为对数个小矩阵求逆，从而有效地减少了计算时间。

本文所提出的参数分离方法适用于求解多种类模型参数同步反演问题。相比于现有的加权矩阵法，它具有更高的可靠性和计算效率，将在地球物理及其他反演领域具有广阔的应用前景。

## 参 考 文 献

[1] Mao W J, Gubbins D. Simultaneous determination of time delays and stacking weights in seismic array beamforming[J]. Geophysics, 1995, 60: 491~502.

[2] Mao W J, Panza G F, Suhadolc P. Linearized waveform inversion of local and near-regional events for source mechanism and rupture process[J]. Geoph. J. Int., 1994, 116: 784~798.

[3] Spencer C, Gubbins D. Travel-time inversion for simultaneous earthquake location and velocity structure determination in laterally varying media[J]. Geophys. J. R. Astr. Soc., 1980, 63: 95~116.

（8）地震学与地震构造学

# CAP 方法的 GPU/CPU 平台移植

# Transplantation of CAP method onto hybrid GPU/CPU platform

王永飞[1]　黄金水[1]　倪四道[1,2]　曾祥方[3]

Wang Yongfei　Huang Jinshui　Ni Sidao　Zeng Xiangfang

1. 中国科学技术大学地球和空间科学学院 蒙城地球物理国家野外科学观测研究站 合肥 230026;
2. 中国科学院测量与地球物理研究所大地测量与地球动力学国家重点实验室 武汉 430077;
3. 中国科学院研究生院计算地球动力学重点实验室　北京 100039

随着地球物理对高性能计算需求的不断提升，集群系统节点规模不断提高，一方面大大提高了系统建设、运行、维护、管理及应用软件开发的复杂性，另一方面在提高系统总体性能方面也受到越来越大的制约。随着微电子技术的发展，GPU 计算技术与可重构计算技术，将有可能成为高性能计算的主流技术。充分利用 GPU 并行处理能力，可以将 GPU 作为计算加速器为基于 CPU 的通用计算平台提供高性能的科学计算能力补充，这样可以在现有通用计算平台的基础上实现高性价比的高性能计算解决方案。GPU 计算平台上的应用软件开发比可重构计算平台上的应用软件开发要容易得多，这一点使得 GPU 计算技术可以更早地广泛应用于地球物理领域。目前，GPU 通用并行计算和编程已经在勘探地球物理领域里面有着较为广泛的应用。很多利用 GPU 改进偏移算法，并且获得相对于单核 CPU 有 30～70 倍的提高。在天然地震中，主要利用 GPU 提高得到三维理论合成地震图的速度。Komatitsch 等将基于 spectral-element method（SEM）地震波模拟程序移植到 CUDA 平台，得到了最高 25 倍的加速比。

准确获取地震的震源参数是地震学中的一个基本问题。震源机制的确定，对于地震本身的研究、地震的孕震机理的解释及震后应力的分布，具有重要的意义。同时，地震的早期预警也需要较快和较准确的确定震源机制。因此，对于震源机制理论和方法的研究，一直是地震学研究的重点。在地震震源机制的研究中，P 波初动、P/SH 比和波形反演方法是目前常用的手段，其中可用于波形反演的方法和资料有多种。Zhao 等(1994) 通过分割波形记录为 $P_{nl}$ 和 $S_{nl}$ 部分，分别赋予不同的权重，利用格点搜索的方法进行地震震源机制的反演，并把这种方法命名为“Cut And Paste”,简称“CAP”。Zhu 等(1996) 进一步改进了该方法，通过去除归一化振幅并使用距离比例系数使得反演结果更加稳定。但是该方法面临一个很大的问题是，对于增加搜索自由变量数和提高搜索网格精度的时候，程序的计算时间会成指数增加，对我们进行程序调试和利用该程序反演实际波形调试参数的时候带来很大的难度和问题。

我们实现了混合的 GPU/CPU 版本的 CAP 算法。基本原理是在 GPU 平台上，将走向、倾角和滑动角离散后，保存在 GPU 的 Global Memory 中。由于在误差函数的计算过程中经常需要调用实际波形和格林函数互相关结果，为加快运行速度，我们将这部分数据保存在 Constant Memory 中，因为 Constant Memory 的读取速度远远快于 Global Memory。在 GPU 上生成数目和走向、倾角、滑动角离散后数目对应的三维线程，在 GPU 中是若干个线程同时处理，也就意味着能同时处理多个机制解元素并且获得误差函数。这样就大大加快了运行速度。在最小值索引的过程中，针对大规模计算量的情况下的并行高维搜索算法。在准确反演震源机制深度以及相对准确的震级的基础上，加速比达到 40～90 倍。这样的加速效率使得我们有能够处理更多的数据和更加精细的网格划分。我们用这个版本做了正反演的可靠性测试，得到了较好的效果；我么稍后又用它去反演两个实际的地震（包括 2010.3.4 台湾高雄地震和 2011.3.24 泰缅交界处的地震），反演的结果都与 Global CMT 反演的结果基本一致。

本研究受教育部国家大学生创新性实验计划资助

## 参 考 文 献

[1] Zhu L P，Helmberger D V. Advancement in source estimation techniques using broadband regional seismograms[J]. Bull Seis Soc Amer，1996, 86(5):1634~1641.

[2] Nvidia. CUDA Documentation.[Online]LOL. Available: http://developer.nvidia.com/nvidia-gpu-computing-documentation,2012.

[3] 吕坚, 郑勇, 倪四道, 等. 2005 年 11 月 26 日九江—瑞昌 Ms5.7、Ms4.8 地震的震源机制解与发震构造研究[J]. 地球物理学报，2008, 51(1): 158~164.

（8）地震学与地震构造学

# 基于 CAP 方法的深度准确性研究

## Accuracy of focal depth from Cut and Paste method

孟庆君[1*] 倪四道[1,2] 陈伟文[1]

Meng Qingjun[1*] Ni Sidao[1,2] Chen Weiwen[1]

1. 中国科学技术大学地球和空间科学学院；2. 蒙城地球物理国家野外科学观测研究站 合肥 230026

震源的深度确定具有重要意义，作为开展应急救援前灾害程度初步估计的关键参数，快速准确地定出震源深度能为震灾应对决策提供基础信息，同时震源深度的准确测定对于探索地震孕育和发生的深部环境、地震活动的构造背景及其附近的力学属性等提供了许多重要线索。然而，震源深度的准确测定一直是一个比较困难的问题。目前获取地震震源参数的方法较多，其中 CAP（Cut And Paste）方法通过波形拟合，能够同时反演地震的震源机制以及矩震级大小，已取得较好效果，得到广泛应用。然而，当需要精确测定震源深度时，CAP 方法的深度测定精度需要进一步推敲。本文通过对 2011 年 4 月 6 日的 3.5 级肥东地震和 2010 年 9 月 10 日 4.1 级荣昌地震的研究，发现 CAP 方法定位这两个浅震（小于 7km 左右）深度的精度不足，需要利用不同震中距台站上的深度震相，例如近震的 sPL 深度震相，远震的 pP 和 sP 深度震相，从而对 CAP 反演得到的震源深度做出进一步约束。

CAP 方法是通过网格搜索的方式，拟合理论地震图与实际观测波形得到震源参数的最优解。但是，由于在很多地区地下速度结构尚未探测清楚，且反演过程中震级与震源深度参数也有一定程度的均衡，因此 CAP 方法对地震的深度定位精度受一定影响。本文研究发现，综合利用 sPL，pP，sP 等震源深度震相，可以较好提高 CAP 深度反演结果精度。近震深度震相 sPL，是由 S 波入射到自由地表后形成水平传播的 P 波，或者由 S 波入射到地表后形成的多次 P 波或其散射震相。sPL 震相出现在 P 波和 S 波之间，一般在 30～50 km 震中距范围发育得较好（2010，崇加军，倪四道，曾祥方）。由于近震 sPL 与 P 波到时差基本不随震中距改变，而主要与震源深度有关，知道震源以上 S 波平均速度，就可以估算震源深度。对于远震（30°～80°震中距），pP 和 sP 震相与 P 波震相的到时差也基本与震中距无关，而只与震源深度以及震源区 P 波和 S 波的平均速度有关，因此可以用来估算震源深度。

2010 年 9 月 10 日荣昌地震震级虽然只约为 4 级，在震中距 30° 到 80° 范围且信号信噪比较高的台站，仍可以清晰记录到该地震，并能够在地震波形中分辨出 pP 和 sP 远震深度震相。通过将此观测波形与合成地震图对比，比较 pP 和 sP 的到时，可以确定荣昌震源深度较浅（浅于 5 km）。然而，CAP 方法的在不同的台站分布、速度模型不同的情况下，震源深度定位结果有较大波动，深度定位可能达到十几千米，与远震深度震相深度定位结果出现较明显的偏差。同时，对于震级更小的肥东地震，通过近处台站（震中距 30 到 60 千米）的 sPL 深度震相的识别，发现 sPL 震相出现在 P 波到达后的 2 秒钟附近，可以确定其震源在地下几千米范围，也可以用来与 CAP 方法反演的震源深度结果对比。

CAP 方法是反演中小地震震源参数的有效方法，但在震源深度反演的精度上，由于模型精度的问题以及台站分布的缺陷，存在一定不足。通过深度震相 sPL，pP，sP 的识别，可有效提高震源深度定位精度。其中，对于一般的浅源中小地震，在震中距约 60 千米范围内有台站的情况下，可以通过该台的 sPL 震相识别，通过震源附近地下速度结构，估算震源深度；而对于部分 4 级以上的地震，可以在 30° 到 80° 震中距范围的远震台站上，找到信噪比较高的台站（一般深处大陆中部的台站，受海洋噪声干扰较小），识别 pP 和 sP 这两个自由表面反射的深度震相，估算震源深度。我们认为利用深度震相约束得到的震源深度更为可靠，可以有效提高利用 CAP 方法得到的地震目录的准确性。

### 参 考 文 献

[1] Zhao L S, et al. Source estimation from broadband regional seismograms[J]. Bull. Seism. Soc. Am , 1994, 84: 91~104.

[2] Zhu L, et al.Advancement in source estimation techniques using broadband regional seismograms[J]. Bull. Seism. Soc. Am, 1996, 86(5): 1634.

[3] 崇加军, 等. sPL 一个近距离确定震源深度的震相[J]. 地球物理学报，2010, 53(11): 2620~2630.

（8）地震学与地震构造学

# 跨龙门山断裂带的被动源地震剖面

# Passive source seismic profiles across the Longmen Shan fault zone

杨宜海[1*] 朱介寿[1] 程先琼[1] 王 成[2] 蒋科植[3]

Yang Yihai Zhu Jieshou Cheng Xianqiong Wang Cheng Jiang Kezhi

1. 成都理工大学地球物理学院 成都 610059;

2. 北京同度工程物探技术有限公司 北京 100191; 3. 成都理工大学工程技术学院 乐山 614000

龙门山断裂带位于青藏高原东缘的松潘—甘孜地块与扬子地块交界处，松潘—甘孜地块与扬子地块的地貌和地球物理场存在明显差异。为了研究龙门山断裂带及两侧的深部结构，近年来我们跨龙门山断裂带布设了三条被动源地震观测剖面。

**1. 数据与方法**

剖面 1 全长约 350 km，是我们与法国地球物理研究所、巴黎高等师范学院等单位进行合作，自成都龙泉山，经成都、都江堰、卧龙、小金、丹巴、道孚，共布设 34 个宽频带地震仪，观测时间从 2005 年 10 月至 2007 年 4 月。剖面 2 全长约 500km，自成都资阳，经汶川、红原、玛曲，共布设 18 个宽频带地震仪，观测时间从 2009 年 10 月至 2011 年 3 月。剖面 3 全长约 300 km，自广元，经文县、九寨沟、若尔盖，由 10 个宽频带地震仪组成，观测时间从 2011 年 10 月至 2012 年 4 月。三条剖面分别选取记录到震级大于 5.8、4.8 和 5.0，震中距在 30°～90° 的数据提取接收函数。

本研究通过时间域迭代反褶积提取接收函数，采用共转换点（CCP）偏移叠加的方法，得到研究区的反演结果。

**2. 反演结果**

反演得到的接收函数偏移结果，清晰地显示了三条剖面的莫霍面及岩石圈深度的变化。位于龙门山断裂带南段的剖面 1 反演结果显示，扬子地台岩石圈厚度在 130～140 km 之间，向西跨过龙门山到耿达、达维一带约为 140 km，至小金、丹巴、道孚等地增厚到 150 km；位于中段的剖面 2 反演结果显示，扬子地台岩石圈厚度约为 130 km，跨龙门山到唐克、辖曼增厚到 180 km；而布设在龙门山断裂带最北段的剖面 3 反演结果显示，岩石圈厚度变化稳定在 140～150 km 范围内。可见岩石圈深度的总体变化是自东向西变深，其中在龙门山中段和南段两侧深度差异较大，而北段的变化较为平缓。深部反演显示岩石圈到软流圈界面存在数条不连续界面。

莫霍面的反演结果表明，地壳厚度总体上的变化是由东向西增厚。在龙门山断裂带的南段，莫霍面存在一个明显的陡降带，由耿达的 48 km 降至达维的 68 km，随后经小金、丹巴至道孚，莫霍面上升至 60 km；在中段，莫霍面深度由茂县的 45 km 降至黑水的 58 km，经红原、唐克、麦溪上升至 50 km；而北段的广元至若尔盖则没有出现这样的陡降带，自东向西平缓地从 37 km 降至 52 km，其中在九寨沟境内莫霍面向西倾斜才稍有加剧，由九寨沟县的 42 km 降至若尔盖县的 5 2km。可以看出，由南向北龙门山两侧莫霍面深度的变化幅度逐渐减小。剖面 3 的反演结果显示松潘—甘孜地块内存在明显的低速层，而扬子地块内则没有发现这样的结构。

**3. 动力学探究**

根据反演结果，低速层只在青藏高原东缘地壳内发育，而止于龙门山断裂带中部和前山断裂带之间。位于青藏高原东缘的松潘—甘孜地块地壳和岩石圈速度低，具有流变性和脆性；而扬子地块地壳和岩石圈速度很高，具有坚硬不易变形和稳定的特点。印度板块向青藏高原板块挤压俯冲，推动松潘—甘孜地块向东运动，受到东面扬子地台的阻挡，松潘—甘孜地块地壳内物质流沿阻隔面向上运移致使龙门山山体升高，形成龙门山推覆体，向下运移导致龙门山断裂带下部积累大量应力，发生在龙门山主中央断裂带的汶川 8.0 级地震正是这种应力突然释放的结果。我们将此分析与已有的 GPS 观测数据相对比，发现前者能很好地解释后者。

本研究由国家自然科学基金项目（41074062、40839969）、高等学校博士学科点专项科研基金（20115122120012）联合资助。

**参 考 文 献**

[1] 朱介寿. 汶川地震的岩石圈深部结构与动力学背景[J]. 成都理工大学学报，2008, 35(4): 348~356.
[2] 王成，等. 利用接收函数反演龙门山断裂带及邻区深部结构[J]. 成都理工大学学报, 2012, 39(1): 49~54.

（8）地震学与地震构造学

# 欧亚大陆及周边海域高分辨率面波层析成像

# High resolution surface wave tomography in Eurasian and its surrounding seas

蒋科植[1,2] 朱介寿[1] 程先琼[1] 黄晓萍[1] 杨宜海[1] 王 成[3]

Jiang Kezhi Zhu Jieshou Cheng Xianqiong Huang Xiaoping Yang Yihai Wang Cheng

1. 成都理工大学地球物理学院 成都 610059; 2. 成都理工大学工程技术学院 乐山 614000;
3.北京同度工程物探技术有限公司 北京 100191

利用 2008～2011 年间位于 40°W～180°E，40°S～80°N 范围内的数十个永久的国际台网和临时的区域台网所记录到 1248 个地震事件的 LHZ 分量地震波形记录共得到约 35000 条地震射线。这些地震事件满足震级为 5～7 级、震源深度小于 100 km、震中距为 10°～90°、信噪比大于 1.5 且位于 40°W～180°E，40°S～80°N 范围以内。由于扩大了记录台站和地震事件的范围，且选择该范围内符合条件的所有波形记录，使地震射线密度进一步提高。检测板测试表明，对于射线覆盖较好的欧亚大陆及周边绝大部分地区，反演结果能达到 2°×2°，而在东亚及南亚地震射线更密集的地区，其反演结果有能力达到 1°×1°。

首先使用 SAC2000 软件进行去除仪器响应、截取波形等数据预处理，然后采用 Charles J. Ammon 所设计的 pgswmfa 软件包提取周期 10～200 s 的基阶 Rayleigh 面波频散曲线。该软件基于多重滤波方法，具有良好的图形界面和人机交互方式，可以根据震中距和频散曲线的周期范围输入不同的高斯滤波参数；提取频散曲线时，可以输入已知的参考频散曲线作对比，并且可以灵活选择某些频散曲线光滑且在合理数值范围的群速度值。由于该软件自动化程序高，成功提取一条频散曲线只需要几秒钟，利用 pgswmfa 软件包可以在短时间内提取大量且合理的频散曲线，使这一工作建立在高效和高精度的基础之上，为反演计算提供可靠的数据保证。从提取的频散曲线可以看出，不同板块和地区的频散曲线具有不同的特征，且在群速度数值上有较大的差异。

Eric Debayle 等使用最小二乘评价标准提出了一种面波反演的新策略，在反演模型中使用高斯先验协方差函数控制横向平滑度。这种新算法结合了一些成熟的几何算法，大大地提高了计算效率。在普通的工作站上计算数万条地震射线，只需要几个小时就可以完成。这种算法适用于并行计算，使反演多达 5 万条面波地震射线在实践上成为可能。本研究采用此方法对每个周期的混合频散数据进行单独反演，得到各周期在各网格单元的群速度值。然后采用频散曲线快速计算方法拟合各网格单元的频散曲线，最终得到研究区域的三维 S 波速度结构。

结果显示，西太平洋、菲律宾海板块、印度洋板块、大西洋的挪威海盆在深度 20～80 km 显示为明显的高速分布。东欧地台、波罗的地盾、西西伯利亚地块、西伯利亚地块、哈萨克斯地块、印度地盾等克拉通地块在 50～200 km 均显示为高速特征。阿尔卑斯造山带、土耳其地块、扎格罗斯造山带、伊朗地块、喜马拉雅造山带及青藏地块等造山带在 20～100 km 表现为低速分布。青藏地块在 30～50 km 显示为研究区域的最低速分布。

基金项目：国家自然科学基金（41074062、40839969）、高校博士点专项基金（20115122120012）。

## 参考文献

[1] Ammon C J. Note on seismic surface wave processing. Part I[J]. Group velocity estimation. 1998.

[2] Debayle E., M Sambridge. Inversion of massive surface wave data sets: Model construction and resolution assessment[J]. J. Geophys. Res., 2004, 109: B02316.

[3] 朱介寿, 等. 欧亚大陆及西太平洋边缘海岩石圈结构[J]. 地球科学进展, 2004, 19(3): 387~392.

（8）地震学与地震构造学

# 龙门山及邻近地区三维速度结构及地震重定位研究

# 3D velocity structure and relocation of earthquakes in and around longmenshan zone

王小娜　于湘伟　章文波

Wang Xiaona　Yu Xiangwei　Zhang Wenbo

中国科学院研究生院地球科学学院　北京 100049

## 1. 引言

龙门山地区位于青藏高原东缘，是青藏高原东部松潘—甘孜块体与扬子地台交界处，其中松潘-甘孜块体沿断裂带推覆在扬子地台之上。我们选取龙门山及其邻近地区（28.5°～33°N，101°～106°E）作为研究区域，主要研究该区域地壳速度结构和地震分布特征。该区域地质构造复杂，断裂构造发育， 其中北东向断裂包括龙门山断裂、巴中—龙泉山断裂及七曜山断裂的一部分；近南北向断裂包括岷江断裂；北西向断裂包括鲜水河走滑断裂带、安宁河走滑断裂北段、马尔康断裂、泥曲—玉科断裂南段。独特的地理位置使得该区地震发生频繁，2008 年汶川地震就发生在龙门山断裂带上。

## 2. 资料与方法

我们利用 1992～1999 年全国遥测台网以及云南、四川地震台网 65 个台站记录到的 3 768 个地震的 32 990 个 Pg 波绝对到时资料和 234 764 个高精度的 Pg 波相对到时资料，采用 Zhang and Thurber（2003）基于双差地震定位方法（Waldhauser, et al. 2000）提出的双差地震层析成像方法联合反演了研究区域内地震波三维速度结构与震源参数。双差地震层析成像方法既使用了精度较高的相对到时数据，又使用了绝对到时数据，既充分利用了地震波在传播过程中所携带的有价值的信息，又去掉了双差地震定位方法中关于路径异常的假定，同时又计算出地震事件的绝对定位。由于射线路径在震源区几乎重叠，地震之间的走时差对震源区的速度结构更敏感，因此在震源区给予相对到时数据较高的权重，而在震源区外给予绝对到时数据较高的权重以获得更高的模型分辨率。同时该方法增加了对地震震源的约束条件，并对地震震源的深度给予了更为有效的约束，大大削弱了震源位置误差对地震波走时的影响，使得地震的绝对定位达到和双差地震相对定位同等的精度，得到比一般常规的地震层析成像方法更为精确可信的三维速度模型和地震重定位结果。

建立初始三维节点速度模型时，结合射线分布情况选择水平方向网格的划分尺寸为 20 km×20 km，在边缘区域节点间隔加大，垂直向共划分 8 个层面。一维初始速度模型是在赵珠等（1997）给出的龙门山构造带速度模型的基础上，综合了已有的地震层析成像方面的研究成果而得，而空间任意点的速度值则由线性 B-spline 插值方法求得。最终重定位了龙门山地区地震位置，并求得地壳精确的三维 P 波速度结构，并使用模型重建方法对层析成像结果分辨率进行分析。

## 3. 研究结果

马尔康断裂附近及龙门山断裂带南段整体表现为低速异常。龙门山断裂带中段和北段速度结构横向变化较为复杂，在上地壳，龙门山断裂带中段和北段为高低速异常分界处，断裂带西北总体表现为高速异常，这与青藏高原相对应，断裂带东南总体表现为低速异常，这与四川盆地第四纪沉积层相对应；15 km 处龙门山断裂带西北部高速异常减小，东南部低速异常向西北方向偏移；20 km 处速度结构发生反转，龙门山断裂带西北部速度转为低速异常，西南部转为高速异常，这种速度结构一直向下延伸到 30 km 处；35 km 处研究区域整体表现为低速异常。龙门山断裂带南北段速度结构的差异可以解释汶川地震的余震在龙门山断裂带中段和北段的集中分布。康定地区在 25 km 以上表现为局部的高速异常，这是由于在康定一带，沿鲜水河断裂侵入了一个平行于断裂的康定元古宙杂岩和贡嘎山花岗岩体；小金河断裂与安宁河断裂之间在 20 km 以上变现为明显的高速异常，这对应于区域长期形变观测所揭示的沉降区。

### 参 考 文 献

[1] Waldhauser F, Ellsworth W L. A double-difference earthquake location algorithm: method and application to the northern Hayward fault, California[J]. Bull. Seism. Soc. Am, 2000, 90: 1353~1368.

[2] Zhang H, Thurber C H. Double-difference tomography: The method and its application to the Hayward fault, California[J]. Bull. Seism. Soc. Am, 2003, 93(5): 1875~1889.

[3] 赵珠, 范军, 郑斯华, 等. 龙门山推覆构造带地壳速度结构和震源位置的精确修定[J]. 地震学报, 1997, 19(6): 615~622.

（8）地震学与地震构造学

# 复杂地壳介质中超临界 SmS 传播研究

## SmS propagated in Complex Media

曾祥方[1] 韩立波[2*] 罗 艳[3] 王德才[4]

Zeng Xiangfang[1] Han Libo[2*] Luo Yan[3] Wang Decai[4]

1. 中国科学院计算地球动力学重点实验室 中国国科学院研究生院 北京 100049;
2. 中国地震局地球物理研究所 北京 100081; 3. 中国地震局地震预测研究所 北京 100036;
4. 中国科学技术大学 合肥 230026

SmS 震相是下行 S 波在莫霍面的反射震相，当震中距超过临界震中距后，发生全反射从而产生较强振幅。在不同地区，受地壳厚度，地幔地壳速度跳跃等影响，临界震中距有所不同，常见 SmS 发育距离为震中距 100km 左右。作为高频震相，其主要能量集中在 1Hz 以上。自 1980 年代以来，陆续有报道指出在特定地区 SmS 发育震中距范围内，SmS 成为地震记录中最强震相，而非传统认为的 S 波或面波。在地壳速度结构较为简单时，SmS 的振幅可达 S 波的数倍，甚至高达 3～5 倍（Somerville and Yoshimura，1990）。这种情况下强地面振动衰减关系，与简化的以 1/R 或 exp(-k/R)形式的衰减关系不同，呈现复杂的关系（Atkinson, 2004），峰值加速度甚至在一定震中距范围内随震中距增加而增大，因此建立合理的强地面振动衰减模型时，需考虑 SmS 震相因素影响。然而在不同构造地区，受地壳速度结构和莫霍面起伏等影响，SmS 特性存在较大差异，例如 SmS 振幅随传播路径不同变动较大，小震中距上 SmS 提前发育等，开展 SmS 传播影响因素研究，特别是复杂介质中 SmS 传播研究，对于建立强地面振动衰减模型是有必要的。

对 SmS 的传播影响较大的因素可以分为一维和非一维因素。一维因素指一维分层模型中可以描述地壳结构部分，适用于特定区域的所有路径，包括浅地表沉积层、地壳中的低速层、中下地壳速度间断面—康拉德界面、莫霍面顶部的速度梯度层、地壳中的非弹性衰减等；非一维因素主要指莫霍面和自由地表起伏、沉积盆地、横向不均匀性等。针对不同的影响因素，采用不同计算方法结合实际震例，计算合成地震图，并进行了对比分析。一维因素采用半解析解的频率波数域积分（F-K）方法计算，计算了典型的地壳模型下的合成地震图，包括简单分层地壳速度模型，梯度速度模型，低速层模型。非一维因素的影响则通过数值计算方法进行模拟，采用已得到广泛验证的谱元法。谱元法具有有限元法的灵活处理计算网格的优点，可以处理四面体和六面体单元，能够对复杂界面和异常体进行建模，在单元内部采用高阶拉格朗日插值，单元内部积分利用 Gauss-Lobatto-Legendre 积分方法，由此形成了对角化质量矩阵，降低了计算成本。

本文首先研究了莫霍面起伏对 SmS 震相的影响，利用谱元法计算了莫霍面具有两种类型起伏的地震波波场。一种起伏类型为较大尺度的起伏，可以近似为倾斜平面，可以通过倾角，走向进行描述。研究中采用 1995 年 6 月 25 日台湾 Niu Dou 地震震源参数，计算了莫霍面起伏达 9 km 情况下的 SmS，结果表明在倾斜面上产生了 SmS 叠加，使其提前发育，可以在震中距 40 km 附近观测到较 S 波强数倍的振幅，并延续至 100km 附近。另外一种起伏为统计描述的随机起伏，是指小尺度的短波长起伏，研究中采用自相关函数(auto-correlation function，ACF)和高度变化的均方根（root-mean-square height，RMS）进行描述。ACF 描述了界面起伏等在横向的相关性，RMS 则描述了起伏高度的分布。ACF 的常见形式为为高斯型和指数型，高斯型 ACF 的衰减较快，而指数型 ACF 衰减较慢，相比高斯型具有较为丰富的小波长成分。一般认为地球表面及内部界面的起伏均服从指数型 ACF 分布，起伏高度的分布则遵循正态分布。一般认为 RMS 高度可达数千米，ACF 的特征波长达十千米，据此生成了莫霍面随机起伏模型，模拟结果表明 SmS 的变化包括波前扭曲、初至振幅的减小和较强尾波的产生等。高频震相在传播过程中受粘弹性衰减和散射衰减影响。由于 SmS 在浅层传播时间较短，受粘弹性衰减影响较小；而其波长与地壳尤其是上地壳浅部随机速度异常体波长相近，受其散射影响较大。地壳中的散射体主要集中在 5km 以浅区域，根据深钻等研究结果，其速度扰动也符合指数型 ACF。在此基础上生成了随机介质模型，计算了相应的 SmS 合成地震图。

**参 考 文 献**

[1] Somerville P, Yoshimura J. The influence of critical Moho reflections on strong ground motions recorded in San Francisco and Oakland during the 1989 Loma Prieta earthquake[J]. Geophys. Res. Lett., 1990, 17(8): 1203~1206.
[2] Atkinson G. Empirical attenuation of ground-motion spectral amplitudes in southeastern Canada and the Northeastern United States[J]. Bull. Seism. Soc. Am., 2004, 94(3): 1079~1095.

（8）地震学与地震构造学

# 单台法研究澳大利亚 Tennant Creek 地区地震的震源深度和浅层结构

# Determination of focal depth and shallow structure from a single seismic station: a case study for the earthquakes in Tennant Creek, Australia

吴为治[1]　包　丰[1]　汪小厉[1]　王永飞[1]　倪四道[2,*]

Wu Weizhi[1]　Bao Feng[1]　Wang Xiaoli[1]　Wang Yongfei[1]　Ni Sidao[2,*]

1. 中国科学技术大学蒙城地球物理国家野外科学观测研究站　合肥 230026;

2. 中国科学院测量与地球物理研究所大地测量与地球动力学国家重点实验室　武汉 430077

## 1. 研究意义

传统走时多台联合地震定位方法的精度依赖于可靠的震相识别和精确的到时拾取。虽然波形互相关的方法能够提高相对到时的拾取精度，但对于稀疏台网或台站方位角分布较差的地区，系统定位的误差也很难避免；一般说来，当最小震中距小于 1.4 倍震源深度时，基于走时方法确定的震源深度才有较高的精度。而且从地震应急救灾的角度来看，最短时间内提高单台定位的精度也是地震预警技术发展的一个重要方向。因此，对于台网稀疏地区，通过单台法利用多种震相研究震源深度具有一定的现实意义。

## 2. 研究方法

单台深度震相方法利用不同震相对震源深度的敏感性不同而提高测定深度的精度，其原理是：深度震相与其参考震相的到时差，基本不受震中距变化的影响，但对震源深度的变化却特别敏感，能较好地约束震源深度。相比走时多台联合定位法，深度震相法利用波形数据中多种震相信息可以较好克服走时法中发震时刻与震源深度难以解耦的不足，以及对速度模型的依赖性较强等问题，在台网稀疏、速度结构尚未精细探明的地区也能得到较为准确的深度[1]。研究表明，在震中距 20 km 到 60 km 范围内，可以利用 sPL 震相约束发震深度，最终得到较高精度的震源深度[2]。sPL 震相通常介于 P 波和 S 波之间，是上行的 S 波在地表处发生全反射后转化为 P 波并沿地表继续向前传播的地震波；实际情况下，它还可能包含转换 P 波在地壳浅部的多次波或散射波。对于水平分层较好地区，这个震相一般只在径向和垂向分量上出现。由于其沿地表传播，通常径向振幅要大于垂向振幅。通过在实测地震图中识别出 sPL，震源深度就能通过与理论波形的对比研究得以较好估计。通常，只有清楚了解研究区的区域地壳结构，才能得到准确的理论地震图。已有的研究表明，利用深度震相测定地震深度，速度模型带来的误差可以控制在 1 km 至 2 km 范围内[2]。

采用多重滤波的方法分析单台三分量数据瑞利波的径向和垂向分向频谱，表明两者的振幅谱比 R/Z 对浅层结构比较敏感，可以较好约束浅层结构。与直接通过面波频散特征反演浅层结构的方法不同，本文采用的 R/Z 方法可以有效克服频散曲线提取的精度受震中位置和发震时刻等影响的问题，得到较好的浅层结构。

## 3. 研究结果

古老地盾地区地震活动性一般较低，然而地处澳大利亚地盾北部克拉通内的 Tennant Creek 地区，自 1987 年起地震持续不断，曾经在 12 个小时之内接连发生三个 Ms 6.3～6.7 地震[3]。本文选取 1994 年至今该区发生的 3 级以上地震在震中附近 WRAB 观测台站单台记录的波形数据，利用单台法对这些地震进行系统研究。首先通过单台定位方法确定这些地震的方位和震中距，并重新计算这些地震的发震时刻；接着，通过识别 sPL 震相并与理论波形作对比，得到较为可靠的震源深度。在重新确定震源位置和发震时刻的基础上，采用多重滤波的方法提取一些地震的频散曲线，获得初步的浅层结构。之后，通过处理一系列地震的 R/Z 振幅谱比，进一步分析研究区的浅层结构特征。最后，结合本研究重新确定的震源位置和浅层结构特征，分析讨论澳大利亚 Tennant Creek 地区的发震构造及其与区域构造背景的关系，进一步认识古老地盾区的地震活动性。

### 参 考 文 献

[1] Frohlich C, et al. Single-station location of seismic events: a review and a plea for more research[J]. Phys Earth Planet Int, 1999, 113(1~4): 277~291.

[2] 崇加军, 等. sPL, 一个近距离确定震源深度的震相[J]. 地球物理学报, 2010, 53(11): 2620~2630.

[3] Bowman J R, et al. Aftershocks of the 1988 January 22 Tennant Creek, Australia intraplate earthquakes: evidence for a complex thrust-fault geometry[J]. Geophys J Int, 1990, 100(1): 87~97.

（8）地震学与地震构造学

# 复杂速度模型的地震定位交切法研究

# Researches on the intersection method for locating earthquakes in complex velocity models

周建超　赵爱华

Zhou Jianchao　Zhao Aihua

中国地震局地球物理研究所　北京 100081

交切法是传统的地震定位方法之一。该方法利用震源轨迹确定震源位置，具有稳健和效率高的优点。但传统交切定位的精度（特别是震源深度）较低，一般只是作为辅助定位手段使用。传统交切法基于均匀或横向均匀介质模型，假定震源轨迹为圆形或双曲线形，并且轨迹的交切是在地表进行的，而不是在空间交切。而实际上大部分地震发生于的地壳内部有较强的横行非均匀性，使用远离实际的速度模型，必然会导致定位误差。因此，提高传统交切法的关键是使之基于更符合实际的三维速度模型。为此，对传统的定位交切法进行了改进，发展了基于三维复杂速度模型的地震定位交切法。

基于复杂速度模型的交切法，其难点在于震源轨迹的计算。当速度结构复杂时，震源轨迹难以表达成解析形式。为此，利用最小走时树射线追踪技术以离散的方式准确计算三维复杂速度模型中的震源轨迹。改进的交切法将到时差作为震源轨迹的约束条件；将震源定位于震源轨迹交汇最密集的点，即总的到时差残差（RDT）最小的点处。定位结果的不确定性，可通过比较 RDT 值较小节点的空间分布予以定性表示。

实验中考察了准确速度模型、扰动速度模型、扰动观测到时及地震在台网外等 4 种情况下的地震定位效果。结果表明：改进的交切法可用于三维复杂速度模型的地震定位；综合利用 P 波与 S 波的到时差信息，可明显改善震源位置约束，震源轨迹呈现球形分布；当只适用 P 波的到时差信息是，震源轨迹呈现椭球形，在椭球形的长轴方向约束较小；使用多条震源轨迹进行定位，有助于减少由随机因素导致的定位误差。

将该方法应用到云南地区（东经 E99°～E102°、北纬 N22°～N25°范围内），利用 10 个台站的初至波（P、S）到时，对选取的多个地震事件进行重定位实验，得到以下结论：

（1）地震重定位的精度较高。在对试验中选取的所有地震事件进行重定位中，定位的误差在 0.1° 以内，特别是对于台网覆盖范围内的地震事件，定位的误差小于 0.05°。

（2）当使用较少台站和使用较多台站信息定位结果进行比较发现，定位的精度影响不是很大。这说明该方法能够利用较少的数据得到较为精确的定位结果。

（3）为了考察当地震发生在台网覆盖范围外，选取发生在目标区域边界附近的几个地震进行定位，并与其他地震定位结果进行比较发现，越是在目标区域内（台站覆盖比较密集的范围内），定位误差越小，在水平方向上的误差一般在 0.05°左右（约为 5 km）；越是靠近目标区域的边界，定位误差增大，但是仍保持较高的精度，在 0.1°（小于 10 km）范围内。

（4）同时，该方法应用于大尺度模型时在竖直方向上的误差还是比较大。究其原因：一是，所用的速度模型不是精确的速度模型，从而引入比较大的定位误差；二是，在建立模型是，深度方向只有 16 km，较浅的深度可能是导致定位精度（深度方向）降低的原因。

本科研由国家自然科学基金项目（40974050，40674044），中央国家级公益事业单位基本科研业务费重大计划专项（DQJB11C03）资助.

## 参 考 文 献

[1] 赵爱华，张中杰，王光杰，等. 非均匀介质中地震波走时与射线路径快速计算技术[J]. 地震学报，2000，22(2): 151~157.
[2] 赵爱华，张中杰，彭苏萍. 复杂地质模型转换波快速射线追踪方法[J]. 中国矿业大学学报，2003，32(5): 513~516.
[3] 赵爱华，丁志峰，孙为国，等. 复杂介质地震定位中震源轨迹的计算[J]. 地球物理学报, 2008, 51 (4): 1188~1195.
[4] Zhao A H, Ding Z F. Earthquake location in transversely isotropic media with a tilted symmetry axis[J]. J. Seismology, 2009, 13 (2): 301~311.

（8）地震学与地震构造学

# 晋冀蒙交界中强地震前的中等地震异常平静与活跃

# Anomalous quiet and active of moderate earthquakes before strong-moderate earthquakes in the juncture area of Shanxi,Hebei and Inner Mongolia

朱红彬 李 红 武敏捷 岳晓媛

Zhu Hongbin Li Hong Wu Minjie Yue Xiaoyuan

北京市地震局 北京 100038

1998 年 1 月张北 6.2 级地震后，华北地区进入第四活动期第 5 强震平静幕[1]。与此相对应的是，晋冀蒙交界及邻近地区 2001 年 4 月～2009 年 2 月也出现近 8 年的 4 级地震平静，2009 年 3 月原平 4.2 级地震打破平静后，其附近又发生 2010 年 4 月大同 4.5 级和 2010 年 6 月阳曲 4.6 级地震，呈现 4 级地震空间上集中和时间上丛集的活跃状态。通常圈定中强地震危险区，都将出现中等地震集中活跃或有序分布作为重要依据。但晋冀蒙交界及附近地区 2010 年 6 月后重新出现相对平静状态，这种活跃后的相对平静，是表示危险解除还是蕴藏更大危险，是判定该地区未来地震趋势亟待解决的问题。

由于 1970 年以来现代地震震例较少，对中强地震前中等地震演化规律研究缺乏充足的样本，需要利用 3.5～4.5 级历史有感地震目录[2]，研究晋冀蒙交界第三活动期以来中强地震前的中等地震平静—活跃现象。本研究所谓晋冀蒙交界地区，指汾渭地震带延庆—代县段，其南起繁峙—代县盆地，北至延庆—张家口盆地，断裂特征和中强地震活动规律都具有一定相似性。研究主要考察 5 级以上中强地震前 4 级以上中等地震的平静与活跃规律，对中强地震前 4 级以上地震一直平静的震例，起始震级可适当降低到 3.5 级；对中强地震前未出现中等地震长期平静的震例，起始震级可适当提高。研究还约定中等地震平静超过 4.5 年为长期平静，震前约 1 年时间内、主震附近地区发生的中等地震为“信号震”。

晋冀蒙交界地区 1484 年以来共发生 30 个 5 级以上中强地震，除 1952 年原平 5.5 级、1957 年怀来 5.0 级和 1967 年怀来 5.4 级 3 个中强地震，因缺少 3.5～4.5 级有感地震资料未作进一步分析外，对其他 27 个 5 级以上地震考虑 5 级以上余震和成组地震等因素分成 18 组，研究震前 4 级（部分 3.5 级）以上地震的长期平静与打破平静现象。发现除 1911 年蔚县 5.9 级地震为中强地震直接打破平静（震前 7 年晋冀蒙交界未记录 3.5 级以上地震）、1554 年太原大同间和 1678 年宣化 2 个 5.0 级地震前未出现（4 级或 3.5 级以上）中等地震长期平静之外，其他 15 组中强地震震前都出现 4.5 年以上的 4 级（部分 3.5 级）以上中等地震长期平静与打破平静现象，其演化过程可以概括为两种模式。

模式一：中等地震长期平静—震前 1 年左右信号震打破平静—主震。震例有 1484 年延庆 6.8 级地震、1502 年代县西南 5.3 级地震、1720 年怀来 6.8 级地震、1989 年大同 5.9 级震群和 1998 年张北 6.2 级地震，其中，1989 年大同 5.9 级震群前，未出现 4 级以上地震长期平静，但出现 4.5 级以上地震长期平静。上述 5 个震例中有 3 个发生在京西北地区。

模式二：中等地震长期平静—打破平静后重新平静 2～3 年—（震前数月信号震）—主震。震例有 1545 年阳原 5.3 级地震、1580 年朔州 5.8 级地震、1618 年蔚县 6.5 级地震、1626 年灵丘 7.0 级地震、1628 年天镇 6.5 级地震、1657 年涿鹿 5.0 级地震、1673 年天镇 6.0 级地震、1898 年代县 5.8 级地震、1981 年丰镇 5.6 级地震和 1999 年大同 5.6 级地震。其中，1545 年阳原 5.3 级地震、1657 年涿鹿 5.0 级地震和 1673 年天镇 6.0 级地震前，未出现 4 级以上地震长期平静，但出现 3.5 级以上地震长期平静。上述 10 个震例中有 6 个震前 1～6 月主震附近出现具有“信号震”意义的地震。

研究还发现，打破长期平静的中等地震或此后出现的中等地震集中分布区，与未来主震在空间上有一定关系，大多相距小于 100 km。晋冀蒙交界地区依据地震活动可以进一步分为山西北部和京西北两个地区。目前，山西北部虽然 4 级地震长期平静被打破后又重新平静了 2 年多，仍然存在发生中强地震危险；京西北地区存在长达 11 年的 4 级地震平静，如果平静被打破，发生中强地震的危险将增强，值得关注。

本研究由北京市地震局科技专项（JZX-201202）资助。

参 考 文 献

[1] 朱红彬. 等. 基于应变释放阶段的华北第三、四活动期地震幕划分[J]. 地球物理学进展，2010，25(5): 1560~1567.
[2] 刁守中, 等. 中国历史有感地震目录(618B.C.~1949A.D. 3≤M＜4¾)[M]. 北京：地震出版社，2008.

（8）地震学与地震构造学

# 湖北及邻区莫霍面深度及地壳速度结构研究

# Moho depth and crustal velocity structure in Hubei and its adjacent areas

廖武林* 张丽芬 魏贵春

Liao Wulin Zhang Lifen Wei Guichun

中国地震局地震研究所（地震与大地测量重点实验室） 武汉 430071

"十、五"地震台站数字化改造完成后，我国国家地震台和省级地震台都为数字化记录台站，为利用地震学方法研究地球内部结构、地震破裂过程等提供了基础资料。湖北位于秦岭褶皱系南缘与扬子地台北侧两大构造单元的衔接地带，地质构造演化经历了多旋迴、多阶段的发展。地形上中间低、四周高、区内有多条深大断裂，大兴安岭—太行山—武陵山重力梯度带自北向南穿过本区。莫霍面深度变化较大，西边深，东边浅，但西边不同研究者结果相差较大，有的研究在40km左右（Zhang,2009），也有研究认为达50 km，而东部一般在35 km左右，但该结果主要来自该区域的地震测深数据或者大范围层析成像等研究结果。

本研究使用湖北及周边省份地震台站2008～2011年间数据，选取震中距在30°～90°、震级Ms5.5级以上远震数据。对地震数据去仪器响应、0.5～20s带通滤波后，按反方位角和入射角将数据三分量旋转至径向、切向和垂直向，使用最大熵谱法（吴庆举，2003）计算了台站记录的每个地震的接收函数。通过波形相关和人机交互剔除了部分质量不好的数据，利用接收函数扫描法确定了38个台站下方莫霍面深度和波速比(Zhu,2000)。并在此基础上固定波速比，使用阻尼最小二乘法反演了台站下方的S波速度结构，得到湖北地区地壳S波结构特征，主要结果如下：

莫霍面深度变化与地形变化密切相关，在大兴安岭-太行山-武陵山重力梯度带以西莫霍面深度在40km以上，兴山、巫溪计算得到的莫霍面深度达50 km，该深度比三峡人工地震测深资料相对偏深，但与最近利用流动地震台站进行2维可变形层析成像结果一致，也与王小龙利用收函数计算得到的三峡库区重庆段结果相近（王小龙，2010）。

重力梯度带往东深度变化浅深相间，靠近梯度带的南漳、宜昌、松滋莫霍面深度为30 km左右，与其以西地区深度相差近20 km。再往东的钟祥、随州、咸宁、武汉，莫霍面深度为36 km左右，而麻城深度为32 km，往东地壳又增厚至35 km。

大部分台站波速比在1.70～1.80之间，但部分台站较高，如房县台为1.85，南漳台为1.88，竹溪台为1.84，该类台站一般都位于区域断裂附近，南漳台在南漳—荆门断裂附近，房县台在城口—房县断裂附近，波速比较大可能受局部环境影响。

通过反演方法获取了台站下方S波速度变化特征，将不同台站同一深度的速度进行比较，结果显示，浅部存在多个相对低速区，S波速度在4 km深度处为2.8 km/s左右，如襄樊、信阳等地，与台站位于平原或盆地相关，而在变质岩出露的神龙架、黄梅等地，浅层速度都较高，达3.2 km/s以上。

在地壳中上部，速度相对偏低，只在局部速度较高，如咸宁，兴山等台站。兴山台站速度较高，可能与黄陵背斜相关在32 km处，宜昌、松滋等台的S波速度达到4.4 km以上，说明已达莫霍面，与用扫描法得到的结果一致。

S波速度等值线在不同深度变化明显，在浅部主要呈南北走向，而在地壳中上部以东西向为主，南北向为辅，中下部速度等值线的变化与地形相关。与该区域不同地质时期，构造方向有较大变化相关。

本研究由中国地震局地震研究所所长基金重点项目"IS200956011"资助。

参 考 文 献

[1] 王小龙，倪四道，刘渊源，等. 利用远震接收函数研究三峡库区重庆段地壳厚度变化[J]. 地震地质，2010, 32(4): 543~551.
[2] 吴庆举，田小波，张乃玲，等. 计算台站接收函数的最大熵谱反褶积方法[J]. 地震学报, 2003, 25(4): 382~389.
[3] Zhang Z J, Bai Z M, Mooney W, et al. Crustal structure across the Three Gorges area of the Yangtze platform, central China, from seismic refraction/wide-angle reflection data[J]. Tectonophysics, 2009, 475: 423~437.
[4] Zhu L P, Kanamori H. Moho depth variation in southern California from teleseismic receiver functions[J]. Journal of Geophysical Research, 2000, 105(B2): 2969~2980.

（8）地震学与地震构造学

# 2011 年 5.8 级盈江地震前后区域地震活动性及其地学意义

# Regional micro-seismicity before and after the 2011 Ms5.8 Yingjiang earthquake and their geological implications

孙　尧　冯　梅　安美建　汪　锐　龙长兴　杨振宇

Sun Yao　Feng Mei　An Meijian　Wang Rui　Long Changxing　Yang Zhenyu

中国地质科学院地质力学研究所　北京 100081

2011 年 3 月 10 日，云南省盈江县附近发生了 5.8 级地震，地震震中位于东经 97.901°，北纬 24.677°，震源深度 13.1 km（房立华, et al. 2011）。由于该区地震活动频繁且人口相对密集，给当地造成了人员和财产的伤害。

盈江地震发生时中国地质科学院地质力学研究所正好有 24 个短周期流动地震台在距离盈江县城东南方向约 60 km 的瑞丽地区一直进行连续观测。通过分析该台网在从 2010 年 3 月 20 日至 2011 年 3 月 20 日间约一年时间记录的数据，我们获得了 893 个 1.0 级以上的盈江地区的地震资料。利用 HYPO71 程序对有关地震事件进行了定位，地震定位结果呈带状分布。

由于盈江地区位于我们的微地震观测台网之外，为此我们对波速结构和到时误差对定位偏差的影响进行了测试分析。为考察速度模型的影响，我们使用了等厚度的假想模型。首先，测试了对主震位置发生地震定位的影响。在给定理论到时的情况下，依次对每一层的波速从 1 km/s 范围内按 0.1 的步长进行调整，重新定位后得到了震源参数的偏差量。结果显示，单层速度变化引起的最大发震时间偏差为 4s，最大经向偏差为 0.04 km，最大纬向偏差为 0.11 km，最大深度偏差为 8 km，发震时间偏差与震源上部的速度结构变化基本呈线性关系。此外调整速度结构所引起的经度偏差比纬度偏差小，这是由于微地震台网为北东东走向排布，而盈江地震主震大致处于微地震台网排列的中垂线位置，因此沿台网排列的切线方向的精度要高于法线方向。为验证这一点，我们将坐标逆时针旋转了 20°，使台网大致沿着新坐标系的纬线方向排列，再次计算水平误差。新的经向最大偏差为 0.02 km，纬向最大偏差为 0.12 km，这表明了沿台网排列的切线方向的定位精度更高。对于到时误差对定位偏差的测试，我们随机给每个台站 0.5s 范围内的观测到时偏差，统计定位偏差，结果表明平均深度偏差为 3.21 km，平均水平位置偏差为 2.28 km，平均发震时间偏差为 1.26 s。综合以上误差测试的结果，虽然盈江地区地震定位的震源深度浮动范围和误差量偏大，但震源水平位置误差相对较小。另外，我们假定了一组沿直线状分布的地震进行了理论测试。该直线大致垂直于台站排布方向。分别利用云南省西南部的地壳速度模型（胡鸿翔, et al. 1993）和其他地壳速度模型进行了重新定位并进行了比较，发现新的地震定位结果依然沿着所选取的直线呈线状排列，因此该测试表明了我们定位出的盈江地震所组成的地震带在排布方向上是基本可信的。

盈江地区主震及其发生前后地震的分布显示出如下特点：

（1）盈江地区的微震活动在 2010 年 12 月 22 日与 2011 年 3 月 10 日期间有明显比之前较强，其间的 1 月 1 日、1 月 14 日、2 月 1 日、2 月 7 日均出现了密集的微震群；在这段时间内中，从 2 月 8 日开始至 3 月 10 日 5.8 级主震发生前微震活动相对较弱。

（2）自 2010 年 12 月 22 日以来盈江地区的地震呈现北北西走向带状分布，该带宽约 15 km，大致位于东经 97.83°至 98.06°，北纬 24.30°至 24.80°范围内。这个带基本覆盖了苏典断裂及及其周边的次级构造，以及苏典断裂与南面的大盈江断裂西段的交汇处，并且地震带向两条断裂交汇处的东南方向延伸约 20 km。表明 2010 年 12 月以来盈江地区地震活动的增强可能与南北走向的苏典断裂活动的关系更密切。

（3）大多数 3 级以上的地震分布明显沿着苏典断裂分布，其中多数 4 级以上的地震分布在苏典断裂与大盈江断裂的交汇处。表明断裂交汇处比断裂带中部更容易发生较强地震。

### 参 考 文 献

[1] 房立华, 吴建平, 张天中, 黄静, 王长在,杨婷. 2011 年云南盈江 Ms5.8 地震及其余震序列重定位[J]. 地震学报, 2011, 33: 262~267.

[2] 胡鸿翔, 陆涵行, 王椿镛. 滇西地区地壳浅部基底速度细结构的研究[J]. 中国地震, 1993, 9: 8.

（8）地震学与地震构造学

# 汶川地震滑坡剥蚀量与地壳抬升量的关系

# The correlation of the Wenchuan earthquake triggered landslide erosion and co-seismic crustal uplift

许　冲　徐锡伟

Xu Chong　Xu Xiwei

中国地震局地质研究所　活动构造与火山重点实验室　北京 100029

研究地震滑坡剥蚀量与同震地壳抬升的关系对震区河流与地貌演化研究与理解造山带生长具有重要意义。Parker 等[1]以汶川地震为实例，研究了汶川地震滑坡剥蚀量与同震地壳抬升量的关系，结果表明汶川地震滑坡剥蚀量（5～15 km$^3$）远远大于同震地壳抬升量（2.6±1.2 km$^3$），为该方向研究提供了一个全新的视角。然而，我们认为 Parker 等[1]过高估计了汶川地震滑坡剥蚀量，这一过高估计甚至可能会改变其研究得到的结论。地震滑坡详细编录图与滑坡“面积－体积”幂律公式是求取区域地震滑坡体积的两大要素，我们首先来分析 Parker 等[1]的滑坡方量的求取过程。首先，其基于遥感影像滑坡信息自动提取方法先提取出地震滑坡位置信息，在结合人工方法对结果进行校正，进而制作出汶川地震滑坡编录图。然后基于滑坡编录区要素与滑坡“体积－面积”公式得到的汶川地震滑坡剥蚀量。但是，Parker 等[1]的汶川地震编录图存在以下两个问题：①编录图不完全；②存在一些地震单体滑坡识别错误。首先，其编录图不完全，缺失震中以西、北、以及西北方向的大量滑坡数据，事实上这些部位恰是滑坡的多发区，这样会导致汶川地震滑坡编录图中缺失较多的滑坡数据，进而会使计算得到的汶川地震滑坡剥蚀量低于实际情况；其次，编录图是基于地震滑坡遥感影像信息自动提取方法得到的，该方法虽然具有效率高，阈值参数可调节性强等优点，但是基于该方法得到的滑坡编录图精度较低。虽然 Parker 等[1]基于人工目视方法对滑坡信息自动识别结果进行了修正，但是从其文章附件信息中可以看出解译结果存在将多个滑坡连在一起作为一个单体滑坡处理的情况，将这样的滑坡编录结果虽然总面积与实际相比不会有太大的变化，但是若要采用地震滑坡“面积－体积”幂律公式，将这一结果换算成为体积，也就是同震滑坡剥蚀量，那么结果会大大增加。因此，这种对单体滑坡区分不严格，将多个滑坡识别为一个单体滑坡的情况结合地震滑坡“面积－体积”幂律公式应用于区域滑坡体积求取势必会过高估计同震滑坡剥蚀量。地震滑坡编录不完全与将多个滑坡解译成一个单体滑坡这两个问题对汶川地震滑坡剥蚀量分别产生了过低估计与过高估计作用，仅仅从 Parker 等[1]的文章中提供的信息还无法确定这两者是相互抵消还是哪个更占优，需要一个详细完整的汶川地震滑坡编录图以进行更精确的分析。

鉴于 Parker 等[1]文章中汶川地震滑坡编录图存在的问题，以及详细完整的地震滑坡编录图是同震滑坡剥蚀量求取的基础，有必要基于高分辨率遥感影像与人工目视解译方法，建立一个详细完整的汶川地震滑坡编录图。汶川地震之后，我们开展了基于高分辨率遥感影像人工目视解译方法的汶川地震滑坡详细编录，因为汶川地震滑坡数量多，分布面积广，密度大，多有滑坡成片分布的情况，需要结合地形信息识别出单体滑坡，因此基于人工目视解译方法的汶川地震滑坡编录这一工作的工作量极大，耗时费力，所以，这一工作在汶川地震后近 4 年才完成。我们基于震后高分辨率遥感影像并结合一定的野外调查，圈定出滑坡数量超过 25 万个，再结合震前的 SPOT 5 与 ETM+影像，将震前滑坡与一些解译错误的地方排除。最终结果表明，汶川地震触发了 197 481 个滑坡[2]，这些滑坡分布在一个面积大约为 110 000 km$^2$ 的区域内，滑坡总面积约为 1 160 km$^2$。为与 Parker 等[1]的结果进行对比，我们依据其研究区大概框出一个同样面积（13 800 km$^2$）的滑坡高密度区作为研究区，对区中的滑坡使用相同的滑坡“面积－体积”幂律关系式，得到汶川地震触发滑坡的体积为 4～8 km$^3$，其中值约为 5.91 km$^3$，要远小于 Parker 等[1]的结果（5～15 km$^3$，中值约为 9.08km$^3$，因为滑坡分布数据不完全而认为这是一个最小的估计体积）。滑坡编录图不完全会导致结果滑坡剥蚀量估计过小，而滑坡自动提取中存在的问题会导致结果大大增加，两者虽然有一定的抵消作用，但是滑坡自动提取因素导致的结果过高估计量远远大于了因编录图不完整而导致的结果过低估计量。因此，总的来说，我们认为 5～15 km$^3$ 不但不是一个最小的估计，而且还过高估计了汶川地震滑坡剥蚀量。

若依据汶川地震地壳抬升量是 2.6±1.2 $km^3$ 计[1,3]，我们得到的 4～8 $km^3$（中值为 5.91 $km^3$）的地震滑坡剥蚀量依然大于同震地壳抬升量。然而，还不能得出如 Parker 等[1]文中认为的类似汶川地震这样的大地震事件不但没有起到造山作用，相反还造成了地貌的消减的结论。因为有两点不容忽视，其一是 Parker 等[1]假设的这些地震滑坡剥蚀堆积物在短期内被搬运出地震区，然而这个~5 $km^3$ 的地震滑坡剥蚀堆积物不可能在短期内被外力全部搬运出地震区，这些堆积物要全部搬运出地震区需要一个相当长的时间[4,5]，这个时间有很大的不确定性，甚至会超过一个类似汶川地震震级大小地震的复发周期。另一个方面是地壳均衡理论不容忽视[6]，若以地震滑坡剥蚀量为 5～15 $km^3$ 考虑，那么考虑到 85%的地壳回弹机制[6]，这一回弹方量加上同震地壳抬升量 2.6±1.2$km^3$ 与地震滑坡剥蚀量（5～15 $km^3$）相差不大。或者 5～15 $km^3$ 的 15%为 0.75～2.25 $km^3$ 为实际地形消减量，可以认为比 1.4～3.8 $km^3$（2.6±1.2 $km^3$）稍低，但是相差不是太大。然而，我们前面的分析结果表明，这一地震滑坡剥蚀量是过高估计的结果。若以 4～8 $km^3$ 的地震滑坡剥蚀量来分析，地壳的回弹方量为 3.4～6.8 $km^3$，其实质的地形消减量仅仅为 0.6～1.2 $km^3$，而这一结果就远远低于同震地壳抬升量 1.4～3.8 $km^3$（2.6±1.2$km^3$）。或者同震抬升量（2.6±1.2$km^3$）加上地壳回弹方量（3.4～6.8 $km^3$）为~(6.0～9.4)±1.2 $km^3$，这一结果也是高于 4～8 $km^3$ 的地震滑坡剥蚀量的。这一结果恰与 Parker 等[1]得到的结果相反。

区域滑坡体积求取方法方面，当前的研究多是通过采集的地震滑坡体积与面积样本点，依据地震滑坡体积与面积的关系，建立两者的幂律关系式，其可以统一表述为 $V_{ls} = \sum(I \times A_{ls}^{\gamma})$的形式。作为一种统计方法，通过构建滑坡体积与面积之间的幂律关系式来求取区域滑坡堆积物体积的方法有其客观性，但是由于区域地震滑坡种类多样，厚度各异，仅仅通过滑坡面积得到滑坡体积精度会有较大的误差。尤其具体到单体滑坡体积与地震区堆积物方量空间分布的研究，会存在较大的误差。因而，基于滑坡体积受滑坡三维几何参数、环境控制变量决定的特征，我们构建了滑坡体积与滑坡的长、宽、高等三维几何参数，岩性、与断裂距离等环境控制变量之间的多元关系，建立一个全新的区域地震滑坡体积数学模型，见式(1)：

$$\ln V_{ls}=\alpha * f_{Lithology} * f_{Slope} * f_{Earthqake} * f_{Aspect} * (\beta \ln L + \gamma \ln W + \delta \ln H) \tag{1}$$

其中，$V_{ls}$ 为单体滑坡的体积，$\alpha$，$\beta$，$\gamma$ 与 $\delta$ 为常数，$f_{Lithology}$，$f_{Slope}$，$f_{Earthqake}$，与 $f_{Aspect}$ 分别代表该滑坡对应的岩性、坡度、地震参数、坡向因素等。$L$，$W$ 与 $H$ 分别代表滑坡的长、宽、高。基于这个新的关系式可以得出更精确的汶川地震滑坡体积，以使结果更具可信度。目前，这一工作尚在进行中。

回到汶川地震区地形地貌演化上来，仅仅通过考虑同震滑坡剥蚀量与同震地壳抬升的关系来判断地震区地形的演化趋势是远远不够的。因为龙门山地形地貌演化是一个复杂的系统过程，造山作用包括同震地壳抬升、震间地壳抬升、地壳均衡理论导致的地震滑坡地壳回弹机制等，而龙门山地形消减因素包括地震滑坡剥蚀、河流长期侵蚀。两类因素哪个占优是一个复杂的科学问题，需要更深入的研究，依据现有的数据与研究程度得出确定性结论过于草率。假设当前龙门山地形地貌处于长期平衡状态，那么我们的研究成果认为地震地壳抬升与地壳均衡理论导致的地壳回弹机制大于同震滑坡剥蚀量，这一差值再加上震间的地壳抬升量，恰好被震区河流长期侵蚀量所抵消掉，这好像是一个较合理的分析。

总之，我们认为类似汶川大地震事件在龙门山造山带生长过程中起着重要的作用，认为地震滑坡剥蚀量大于同震地壳抬升量，以及汶川地震对龙门山地形不但没有造山作用，而且还有消减作用的结论武断的。汶川地震滑坡剥蚀与地震滑坡地壳补偿机制、震间长期地壳抬升、同震地壳抬升、长期的河流侵蚀等因素共同作用于龙门地区，形成了如今的龙门山地区的地形地貌，并维持着龙门山地区地形地貌的长期平衡，或者推动着龙门山地区地形地貌的进一步演化。

本文为科学技术部国际科技合作项目（2009DFA21280）所资助。

## 参 考 文 献

[1] Parker R N, Densmore A L, Rosser N J, de Michele M, Li Y, Huang R Q, Whadcoat S, Petley D N. Mass wasting triggered by 2008 Wenchuan Earthquake is greater than orogenic growth[J]. Nature Geoscience, 2011, 4(7): 449~452.

[2] 许冲, 徐锡伟, 吴熙彦, 戴福初, 姚鑫, 姚琪. 汶川地震滑坡详细编录及其空间分布规律分析[J].工程地质学报, 2012, 审稿.

[3] De Michele M, Raucoules D, De Sigoyer J, Pubellier M, Chamot-Rooke N. Three-dimensional surface displacement of the 2008 May 12 Sichuan earthquake (China) derived from Synthetic Aperture Radar: evidence for rupture on a blind thrust[J]. Geophysical Journal International, 2010, 183(3): 1097~1103.

[4] Hovius N, Meunier P, Lin C W, Chen H, Chen, Y G, Dadson S, Horng M J, Lines M. Prolonged seismically induced erosion and the mass balance of a large earthquake[J]. Earth and Planetary Science Letters, 2012, 304(3-4): 347~355.

[5] Fan X M, van Westen C J, Korup O, Gorum T, Xu Q, Dai F C, Huang R Q, Wang G H. Transient water and sediment storage of the decaying landslide dams induced by the 2008 Wenchuan Earthquake, China[J]. Geomorphology, 2012, Online.

[6] Peter Molnar. Isostasy can't be ignored[J]. Nature Geoscience, 2012, 5(2): 83.

（8）地震学与地震构造学

# 华东华南地区莫霍面震相的初步识别研究

# Recognition of seismic Moho phase in South and East China from moderate earthquakes

李志伟 倪四道 王向腾

Li Zhiwei Ni Sidao Wang Xiangteng

中国科学院测量与地球物理研究所大地测量与地球动力学国家重点实验室

## 1. 前言

PmP 和 SmS 波震相是来自莫霍面的反射震相，这些震相的到时对于莫霍面的深度和起伏形态非常敏感，是有效约束莫霍面深度的重要震相。而且，PmP 和 SmS 波在整个地壳内部传播，并且两次穿透地壳。因此，如果能在地壳结构反演中增加这两种震相，将能够有效提高对地壳内部尤其是下地壳的射线覆盖，明显改善下地壳速度结构和莫霍面深度分布的成像效果（Zhao et al., 2005 )。基于这些震相的到时信息来反演莫霍面深度起伏和深部地壳结构的研究已经取得了一些进展(Richards-Dinger et al., 1997; Hsu et al., 2011)。然而，由于 PmP 和 SmS 波震相均是续至震相，震相识别受到初至 P 波、S 波及其他震相的影响，使得准确可靠地识别 PmP 和 SmS 震相比较困难。因此，本文通过分析 PmP 和 SmS 波震相的特点，基于与 P 波、S 波震相的到时差、PmP 波的波形振幅、频率和极性特征，结合理论地震图计算，以华东和华南地区数次中等强度地震为例，对不同台站和震中距上的地震波形进行分析，对 PmP 和 SmS 波震相进行了识别，并初步探讨了利用这些震相对莫霍面深度进行约束。

## 2. 方法和数据

基于 PmP 和 SmS 波反射震相的到时、波形振幅、频率和极性等特征，并在使用深度震相、CAP（Cut and Paste)、地震噪声定位等方法较好确定地震深度、水平位置和震源机制的基础上，通过与理论地震图上 PmP 和 SmS 震相的到时和波形进行对比，形成不同震源深度、震中距和地壳结构条件下的 PmP 和 SmS 波震相的识别方法和流程。理论地震图的计算采用 FK 方法和广义射线理论（GRT）方法。通过 PmP 和 SmS 波震相理论和实际波形的分析比较，可为准确识别相应震相提供更多依据。

尽管华东和华南地区地震活动性并不高，但最近几年来也有数次中等强度地震发生，包括 2006 年 7 月 26 日的 M4.2 定远地震、2007 年 3 月 13 日 M4.7 顺昌地震、2009 年 4 月 6 日 M3.5 肥东地震、2010 年 10 月 24 日 M4.7 太康地震、2011 年 1 月 19 日安庆 Ms4.8 级地震、2011 年 6 月 17 日 M3.7 桐城地震、2005 年 11 月 26 日九江 M5.7 地震和 2011 年 9 月 10 日九江 M4.6 地震、2012 年 2 月 16 日 M4.8 河源地震等地震，为研究华东和华南地区的莫霍面深度和地壳结构提供了宝贵的资料。

## 3. 结果与讨论

华东和华南地区地震 PmP 和 SmS 波震相识别的初步结果表明：对于同一地震来说，某些台站的 PmP 震相或 SmS 震相非常清晰，表明这些地区具有较为简单的地壳结构和较为平坦的莫霍面；某些震中距合适的台站波形记录上，并不能看到明显的 PmP 或 SmS 震相，表明这些地区的地壳结构就为复杂，或者莫霍界面起伏较大。总体来说，华东和华南地区的地壳结构较为简单，莫霍面起伏也比较平缓，一维地壳模型能够较好得应用于这一地区。如果能够综合参考研究区已有地壳结构研究结果，如人工地震测深、远震接收函数等方法的结果，建立尽可能比较可靠的一维初始地壳模型，联合利用直达 P 波、Pn 波、S 波、Sn 波，以及来自莫霍面的 PmP 和 SmS 波震相到时数据，采用联合反演地壳速度结构和莫霍面深度起伏的方式对地壳结构进行成像，将进一步提高对整个地壳结构研究的精度和可靠性。

## 参 考 文 献

[1] Richards-Dinger, et al. Estimating crustal thickness in southern California by stacking PmP arrivals[J]. Journal of Geophysical Research, 1997, 102, B7: 15211~15224.

[2] Zhao D, Todo S, Lei J. Local earthquake reflection tomography of the Landers aftershock area[J]. Earth and Planetary Sicence Letters, 2005, 235: 623~631.

[3] Hsu H, Wen S, Chen C. 3D topography of the Moho discontinuity in the Taiwan area as extracted from travel time inversion of PmP phases[J]. Journal of Asian Earth Sciences, 2011, 41: 335~343.

（8）地震学与地震构造学

# 新丰江水库地震震源机制及应力场演化特征研究

# Study on the evolution characteristics of focal mechanism and stress field around Xinfengjiang Reservoir Area

赵翠萍* 罗钧

Zhao Cuiping　Luo Jun

中国地震局地震预测研究所　北京 100036

新丰江水库1959年截流蓄水，蓄水后第一个月即开始记录到地震活动，1962年3月19日，在水库蓄水两年半之后，在大坝下游1km处发生了Ms6.1级地震。随后库区的地震活动不断。六十年来，共发生有记录的地震十万余次，其中4.0级以上地震58次。新丰江水库地震的发生，开启了中国大陆水库地震的监测和研究。多年来，先后有多个研究课题组对新丰江水库进行加密观测，开展震源机制和应力场的研究，以讨论新丰江水库库区地震的成因机理。

王妙月等的研究结果表明，1962年3月19日6.1级地震发生前，新丰江水库的地震活动主要沿NNW方向分布，地震以走滑类型为主，占72%，倾滑型占21%。应力轴p轴为南东—北西向，T轴为北东—南西向。1962年3月19日6.1级地震后至1962年12月期间，70个余震机制解中，走滑型占61%，倾滑型占27%。

原中国科学院地质研究所破裂与震源力学组对1964年8～9月期间发生的95个地震的震源机制解的研究认为，新丰江水库库首峡谷区的地震以倾滑错动为主要方式，倾滑错动地震占76.4%，走滑性质的地震占5.9%。1972年1至3月，该课题组在新丰江库区开展了加密观测，9个流动台站和4个固定台站共记录千余次，获得近200个小震机制解。其中62%的地震以倾滑正断层错动为主要方式，倾滑和走滑过渡类型的占11%，走滑性质的地震占13.5%。压力轴P轴北西方向、近于垂直，张力轴北东方向近于水平。

2009年，国家“十一五”科技支撑项目“水库地震监测与预测技术研究”研究组再次将新丰江水库作为典型水库，开展了24个台站的加密观测。我们利用波形互相关开展的精定位结果表明，2009年以来库首区的震源深度都分布在4-10km范围。采用Snoke的FOCMEC方法，获得了83次1.5级以上地震的震源机制解。结果显示库首大坝峡谷区的微震活动以正断层占绝对优势，且P轴更加直立，T轴基本水平。

上述研究表明，新丰江水库库首区地震的震源破裂类型随时间发生了变化，由最初的以走滑破裂方式为主，逐渐过渡到以正断层倾滑破裂为主。相应的，震源压应力轴P轴方向由NNW向，转变为NW向，且逐渐直立；张应力T轴则更加接近水平。因此，可以认为库首区地震震源机制解及应力轴的演化特征，揭示出新丰江水库长期的水体重力作用对微震活动的影响明显，水库蓄水后，水体的重力作用改变了库首区的局部应力场。

6.1级主震后，库区的大部分地震、尤其是3级以上较大地震，沿NNW方向优势展布，后期大部分主要的强余震都显示出与构造应力场相似的应力场状态。表明新丰江6.1级地震与NNW向的石角-新港-白田断裂有关，且可能是水库触发的构造型地震。其中2012年2月16日Ms4.8地震发生在远离库区历史地震多发的大坝附近的峡谷地带,也显示出几乎直立断层的走滑错动，震源机制解类型以及断层面解与1969年6.1级地震基本一致，震源应力场P轴、T轴均较为水平，断层走向NNW。我们认为4.8级地震受到区域构造活动所控制,为与构造活动有关的构造型地震。此次地震的发生，可能是区域构造应力场增强的信号。

## 参考文献

[1] 丁原章，等. 新丰江水库诱发地震的构造条件[J]. 地震地质，1983, 5(3): 63~74.

[2] 王妙月，等. 新丰江水库地震震源机制及其成因初步探讨[J]. 地球物理学报，1976, 19(1): 1~17.

[3] 中国科学院地质研究所破裂与震源力学组. 新丰江水库区微震震源力学的初步研究[J]. 地质学报，1974, 3: 234~245.

# 专题九：特大地震构造研究

# Study on Mega-earthquake Geology and Seismotectonics

（9）特大地震发震构造研究

# 断层形变连续观测技术及其在强震预测中的应用

# Observation of fault continuous deformation and its application on strong earthquake prediction

荆　燕* 张鸿旭　李　宏

Jing Yan*　Zhang Hongxu　Li Hong

中国地震局地壳应力研究所　北京 100085

跨断层地形变观测对于寻找强震前兆异常、分析孕震机理、研究区域地球动力学等具有重要的科学意义。通过观测和分析活断层现今运动的强度和方式，可以对活断层周围地壳应力应变的分布和变化特征进行研究，尽早提供信号较强的地震前兆形变信息，最大程度地减轻地震带给人类的灾害。20 世纪 60 年代我国开始逐步建立并形成独据特色的跨断层短水准、短基线地形变观测台网，其积累的丰富和有价值的跨断层地形变观测资料，在寻找强震的前兆异常、研究地震孕震机理以及区域地球动力学等方面取得了不可否认的成绩。近年来，随着空间测地技术的不断进步，更多新型的观测手段应用到跨断层地形变研究中来，现代的跨断层地形变观测研究体系正在逐渐向着全自动、多信息量、高精度、低成本的方向日趋完善。

中国地震局地壳应力研究所研制生产的 MD 系列跨断层地形变全自动监测系统是智能型光、机、电一体化数字测量仪器系统，灵敏阈可达μm 级。该仪器采用了先进的 CCD 线阵数字传感技术和微处理技术，具有高精度、宽量程、良好的稳定性和重现性，抗干扰能力强等特点。系统的硬件部分主要包括 DSG 型断层法向变形测量仪、DFG 型断层垂直变形测量仪、DLG 型断层切向变形测量仪和 MD2000 型数据采集器四大部分，并配套安装有 BSQ 型垂直摆数字地倾斜测量仪、地下观测室环境温度监测传感器等，以方便对观测数据进行系统研究。同时，还设计了专门用于数据采集接收与分析管理的软件系统 PAMS（Project-safety Automatic Monitoring System）与上述各种测量设备相配套。

DSG 型断层法向变形测量仪应用比较法测量原理，以柔性金属线丝—含 Nb 超英瓦合金丝在确定张力下所形成的弦长作为长度基准，测量断层面两侧标志点之间的水平距离相对于弦长发生的微量变化量。DFG 型断层垂直变形测量仪应用连通管原理，根据连通容器内静止液体工作介质在重力作用下保持同一水平高度这一特点，测量断层两盘钵体液面随时间的高差变化。DLG 型断层切向变形测量仪应用激光准直方法在两个测量参考点之间建立相对测量基准，再将激光源和光接收器分别和断层两盘刚性耦合，从而实现对断层切向方向的位移特征进行测量。BSQ 型垂直摆数字倾斜仪的基本工作原理是应用铅锤摆测量相对倾斜变形，它的摆线采用超低膨胀系数材料，摆长可根据观测场地条件灵活确定。

MD 系列跨断层地形变全自动监测系统（包含 BSQ 型垂直摆数字倾斜仪）主要布设在南北天山地震带、鲜水河断裂带、郯庐断裂带、首都圈八宝山断裂等活动断裂带上，过去对于 1976 年唐山地震、1997～1998 伽师地震群、2005 年巴基斯坦地震、2008 年汶川地震等强震，它们或在强震前表现出比较明显的孕震反映，或是在强地震前后反映出明显的地壳构造应力特征差异。与此同时，MD 系列跨断层地形变全自动监测系统对于台站附近的中等强度地震也有一定的异常表现，常常表现为年周边畸形、断层运动速度加速或减缓等。

针对供电条件较差的观测场地，中国地震局地壳应力所还研发了纯机械式的断层观测仪器（如 DSJ、DFJ 型断层仪），以用来实现对断层水平和垂直向变形的连续观测。过去利用 DSJ 型断层测量仪曾经观测到大量的蠕变阶、同震阶跃、震前脉动、慢地震等现象，这些震前、震时的断层异常特征现象，也为我们今后进行地震的中短期预报提供了一定的参考。

## 参 考 文 献

[1] 焦青，张鸿旭，宋光甫，等. 巴基斯坦 7.8 级地震前新疆独山子台跨断层位移变化初析[J]. 地震，2007, 27(1): 77~84.

[2] 李杰，马玉香. MD 型数字化断层形变测量仪资料的应用分析[J]. 地壳形变与地震，2001, 27(1): 95~102.

[3] 荆燕，张鸿旭，孙毅，等. 汶川 8.0 级地震前 BSQ 型数字垂直摆倾斜仪观测到的地形变异常现象[J]. 高校地质学报，2009, 15(3): 358~364.

（9）特大地震发震构造研究

# 地震斜坡物质响应率概念的提出及其在汶川地震中的应用

# Concept of response rate of seismic slope mass movements was proposed and its application in the 2008 Wenchuan earthquake

许 冲 徐锡伟

Xu Chong Xu Xiwei

中国地震局地质研究所 活动构造与火山重点实验室 北京 100029

汶川地震滑坡以其造成的强烈地貌改观、巨大的人员伤亡与财产损失而广受关注。汶川地震后，国家部委、一些科研机构、高校等非常重视汶川地震滑坡的科学研究并开展了一系列相关科研课题，传统的汶川地震滑坡科研成果相继涌现，包括滑坡调查编录；重点滑坡详查、分类、机制、稳定性分析与失稳运动堆积模拟；区域滑坡特点与分布规律；影响因子敏感性分析，易发性、危险性与风险评价；汶川震区泥石流研究等[1]。除这些传统的地震滑坡研究外，地震区河流与地貌演化过程[2]、地震滑坡对造山带生长的影响[3]、地震滑坡堆积物质在震区的状态[4]等是后续重要的地震滑坡相关科研方向。限于当前的科研条件与水平，以及获得整个地震区的滑坡堆积物方量与分布的难度，这些成果[2~4]多是针对一些单体滑坡或者小流域开展的研究。即使覆盖大部分汶川震区[3]，地震滑坡体积求取依然存在一些问题，如滑坡编录图并未覆盖整个震区，不是基于目视解译方法，结果编录图存在多个滑坡连在一起的情况。因此，区域地震滑坡物质方量及其空间分布差异研究依然是地震滑坡科学与震区地貌与河流演化、造山带生长过程研究之间的巨大缺口与障碍。

因此，本文提出了地震斜坡物质响应率的概念，为每 1km$^2$ 的正方形区域内的地震滑坡堆积物质的平均厚度。基于此概念解决两个问题：①汶川地震滑坡物质方量，是指汶川地震滑坡的总体物质方量；②地震滑坡物质空间分布差异，是指汶川地震滑坡产生的松散堆积物质在地震区内的空间分布情况。从而可以将地震滑坡科学与震区地貌与河流演化、造山带生长过程研究方向进行科学合理的搭接。在提出地震斜坡物质响应率概念的基础上，选择一个面积为 44 031.13 km$^2$ 的滑坡密集分布区，基于详细完整的汶川地震滑坡编录图与汶川地震滑坡"面积—体积"幂律公式[2]：$V_{ls} = 0.106 \times {A_{ls}}^{1.388}$。得到每个滑坡的体积与平均厚度，表明汶川地震滑坡体积总计为 61.23 亿方。进而制作了整个区域的地震斜坡物质响应率空间分布图与等值线图，解决了地震滑坡松散堆积物质在空间内的分布差异。斜坡物质响应率最大值为 47.9 m，出现在大光包滑坡发生的位置，大光包滑坡的面积高达 6.97 km$^2$，完全覆盖了几个 1 km$^2$ 的正方形格网，因此这一值与大光包滑坡的平均厚度相等。斜坡物质响应率等值线图的等值线间隔为 1 m，结果表明斜坡物质响应率大于 1 m 的区域面积为 1 737 km$^2$，这些地震斜坡物质响应率高值区域大多分布在映秀—北川地表破裂带南西端（映秀镇与北川县之间）的上盘区域。

本文成果后续科研意义重大、应用前景广阔，可以应用于其他地震区域滑坡事件，可用来进行科学的汶川地震区河流与地貌演化研究、造山带生长与地震滑坡关系的科学研究，流域沟口泥石流潜在物源体积估算等方面。

关键词：汶川地震；滑坡；斜坡物质响应率

本文为科学技术部国际科技合作项目（2009DFA21280）所资助。

### 参 考 文 献

[1] 许冲, 戴福初, 徐锡伟. 汶川地震滑坡灾害研究综述[J]. 地质论评, 2010, 56(6): 860~874.

[2] Hovius N, Meunier P, Lin C W, Chen H, Chen Y G, Dadson S, Horng M J, Lines M. Prolonged seismically induced erosion and the mass balance of a large earthquake[J]. Earth and Planetary Science Letters, 2011, 304(3~4): 347~355.

[3] Parker R N, Densmore A L, Rosser N J, de Michele M, Li Y, Huang R Q, Whadcoat S, Petley D N. Mass wasting triggered by 2008 Wenchuan earthquake is greater than orogenic growth[J]. Nature Geoscience, 2011, 4(7): 449~452.

[4] Fan X M, van Westen C J, Korup O, Gorum T, Xu Q, Dai F C, Huang R Q, Wang G H. Transient water and sediment storage of the decaying landslide dams induced by the 2008 Wenchuan earthquake, China[J]. Geomorphology, 2012, Online.

（9）特大地震发震构造研究

# 青藏高原东缘松潘甘孜地块及四川盆地上地壳细结构特征

# Fine Upper Crustal Structure Features of Eastern Tibet Margin and Sichuan Basin

徐朝繁[1*] 田晓峰[1] 嘉世旭[1] 刘 志[1] 刘保金[1] 刘 妍[2]

Xu Zhaofan[1] Tian Xiaofeng[1] Jia Shixu[1] Liu Zhi[1] Liu Baojin[1] Li Yan[2]

1. 中国地震局地球物理勘探中心 郑州 450002; 2. 中国地震局兰州地震研究所 兰州 730000

5.12 汶川特大地震发生在地震活动相对较为平静，现今构造滑动速率很小的龙门山逆冲构造带中北段，其震源破裂过程、同震变形特征及地震序列类型等在板内地震中极为罕见。汶川特大地震在国内外地学界所引发的有关陆内汇集边界破坏性地震孕育发生的深部地震动力学过程特征，青藏高原东缘龙门山地区的隆升变形机制、深浅部构造和纵横向构造耦合转换关系及其在浅地表的表现形式等地学基本问题的争论仍在继续，其问题的症结是青藏高原东缘地区，特别是汶川地震震源区深部细结构、完整的深浅构造关系仍不清楚，尚不能厘定发震断层向下延伸深度和空间形态特征，加之龙门山地区地形险峻陡峭，地表植被茂密，震后山体松动，地质灾害频发，要获取高分辨的深部地球物理观测资料难度大，风险高，已获取的资料十分有限，导致对浅地表地质、GPS、形变等观测结果深入理解及其地震动力学模型建立的深部地球物理依据仍然不足。

为了获取青藏高原东缘松潘—甘孜地块、龙门山中段及四川盆地的地壳细结构特征，我们收集了最新完成的遂宁—汉旺—阿坝人工地震测深剖面 12 个激发点的数字地震记录资料，对 Pg、Sg 震相进行了仔细的对比追踪分析，用波前成像方法对高信噪比的 Pg、Sg 波走时数据进行了反演，得到了探测区上地壳 Pg、Sg 波速度细结构特征及泊松比分布模型。结果表明：①在川西高原（包括松潘—甘孜地块、龙门山断裂带）和四川盆地内，古老结晶基底的 P 波、S 波速度分别为 6.0 km/s、3.6 km/s，泊松比约 0.22，表现为“坚硬”基底结构特征；②龙门山山前隐伏断裂两侧的川西高原和四川盆地上地壳结构存在较大差异，其西侧的松潘—甘孜地块及龙门山中段，地震波速度高、泊松比低，且上部地壳结构具有强烈的横向非均匀性，反映了青藏高原东缘强烈的挤压及隆升变形特征；其东侧的四川盆地为低速、高泊松比分布，Pg、Sg 波速度及泊松比结构具有较好的成层性，显示了古老稳定的上扬子地台构造区沉积盆地的结构特点；③龙日坝断裂、龙门山断裂带、新津—成都断裂及龙泉山西坡断裂呈现为不同规模的低速高泊松比带状结构分布，表明这些断裂均已错断古老结晶基底，其新构造活动具有继承性；④龙泉山较成都平原有较高的 Pg、Sg 波速度分布及较低的泊松比结构，其地震波速度等值线在浅部强烈弯曲上拱，随着深度的增加逐渐展平，在基底附近近水平展布，显示了龙泉山背斜的薄皮挤压缩短构造变形特征；⑤松潘—甘孜地块和龙门山的古老结晶基底较四川盆地至少抬升了 7 km 左右，在松潘—甘孜地块内，龙日坝断裂西侧基底平均埋深约 8 km，而东侧大部分区段基底平均埋深约 4 km，龙日坝断裂带东侧基底较西侧平均抬升 2.5 km 左右，并有基底出露地表；在四川盆地内，新津—成都断裂东西两侧的基埋深分别为 7.5 km 和 9.0 km 左右，新津—成都断裂带东侧基底较西侧深 1.5 km 左右，龙门山前基底明显下凹；⑥松潘—甘孜地块及龙门山断裂带相对四川盆地整体抬升，在高原内部不同区段，上部地壳的抬升变形量存在明显差异，无论是在川西高原，还是四川盆地内，古老基底的抬升呈“陡坎阶梯状”，这些结构特征反映了青藏高原东缘的松潘—甘孜地块及龙门山构造带相对于四川盆地近垂直抬升的深部变形特征，发生在龙门山中央断裂带上的汶川特大地震应正是这种变形特征的直接表现。

本研究由国家自然科学基金 40974033，40841017 资助。

## 参 考 文 献

[1] 滕吉文, 等. 2008 汶川 Ms8.0 级地震发生的深层过程和动力学响应[J]. 地球物理学报, 2008, 51(5): 1385~1402.

[2] 邓启东, 等. 关于 2008 年汶川 Ms8.0 地震震源断裂破裂机制几个问题的讨论[J]. 中国科学(D 缉: 地球科学), 2011, 41(1): 1559~157.

[3] 徐锡伟等. 5.12 汶川地震地表破裂基本参数的再论证及其构造内涵分析[J]. 地球物理学报, 2010, 53(10): 2321~2336.

[4] Zhang Pei Zhen, et al. Oblique, High-Angle, Listric-Reverse Faulting and Associated Development of Strain: The Wenchuan Earthquake of May 12, 2008, Sichuan, China[J]. Annu. Rev. Earth Planet. Sci, 2010, 38: 353~82.

（9）特大地震发震构造研究

# 玉树震区 P 波速度结构及地质解释

# The P Wave Velocity Structure and Geological Explanation of Yushu Quake-hit Area

贾宇鹏[1,2*] 王夫运[1] 田晓峰[1] 段永红[1]

Jia Yupeng[1,2*] Wang Fuyun[1] Tian Xiaofeng[1] Duan Yonghong[1]

1. 中国地震局地球物理勘探中心 郑州 450002; 2. 中国地震局兰州地震研究所 兰州 730000

2010 年 4 月 14 日上午 7 时 49 分，在青海省玉树藏族自治州发生了 Ms7.1 级强烈地震，根据中国地震台网测定地震的震中位于北纬 33.2°，东经 96.6°，震源深度 14km。甘孜玉树断裂是青藏高原内部一条规模宏大、现代活动强烈、与地震关系密切的大型走滑断裂，长约 270 公里，总体呈北西-北西西走向。玉树地震发生在青藏高原羌塘地块与巴颜喀拉地块交接处的金沙江缝合带上，发震断层为巴颜喀拉块体南边界的甘孜—玉树断裂，倾角近于直立、左旋走滑性质。为了解震源区的深部结构特征、震源区发震背景，同时更需要了解甘孜—玉树断裂构造带的深浅构造状态。2010 年 7 月到 8 月，中国地震局地球物理勘探中心在巴颜喀拉块体南部布置一条穿过玉树震区的小炮距小观测距折射、反射联合探测剖面和一条贯穿巴颜喀拉山脉的高密度地震宽角反射/折射探测剖面，取得了十分宝贵的数据资料。高分辨折射、反射联合探测剖面穿过甘孜玉树断裂西北段，基本呈南北方向，全长约 55km，海拔高程在 4000～4300m，实施 6 次爆破观测，布置 220 余台数字地震仪，观测点距 100～300m，构成了震源区细结构高分辨成像的多重追逐和多重相遇观测系统。

使用 Colin Zelt 的正则化反演方法(FAST)，处理玉树震区的高分辩折射、反射联合探测剖面所获取的地震观测资料，获得玉树地震发震构造和震源区基底以上精细 P 波速度结构。在成像过程中，着重分析讨论了不同网格大小，不同初始模型，不同正演、反演参数对成像结果造成的影响，并采用检测板方法对最终模型的分辨进行评估。FAST 方法适用于处理二维和三维的数据资料。在模型参数化时，正演建模采用格点插值法，其网格大小可以根据实际的数据资料自定义，保证了正演计算的精度；反演建模采用常速度快法，每一个块的大小可以自定义，可以使反演速度更快，适合大数据量的计算。正演计算采用改进的有限差分波前跟踪法，能够更有效和准确的模拟地震波场的传播；反演计算采用最小平方 QR 分解法(LSQR)，是利用迭代方法求解大型线性方程组的一种解法。对于反演结果的评价，据反演过程所用参数及矩阵计算出分辨矩阵和协方差矩阵；还可以通过检测板的方法直观的看出来。

已经得到研究区域基底以上 P 波速度结构，结合地球物理和地质研究结果，分析讨论如下：

（1）自地表向下至基底界面之间，P 波速度总体表现为正速度梯度。不同的区段、不同的深度范围具有不同的速度结构特征。近地表速度横向变化比较平缓，但随着深度的增加，速度结构在纵向和横向均表现出强烈的非均匀性。

（2）小剖面穿过玉树—甘孜断裂带的玉树-隆宝段，该段断裂旋转产生错断，由两条大致平行的北西走向小断裂构成。在在反演结果 P 波速度图中，可以看到两个明显的高速异常，其中间夹着一个低速异常，边界处速度变化非常大，应为速度间断面，其或许对应这两个小断裂。低速异常或许反映了断裂之间的小盆地和较松散的沉积。

（3）在甘孜玉树中段(隆宝西北—玉树段)以强烈走滑运动为主，并在断裂北侧形成一系列断陷盆地。破碎带宽达数百米，地貌上表现为规模巨大的断层槽地。观测剖面正好在此区段上，速度图中的黑色等值线为 3.5km/s～4.5km/s 的三条大致勾画出了第三系以来的沉积盖层，从桩号 12km～45km 的范围内可以看出在沉积盖层的隆起和凹陷，对应着地质考察结果。

本研究得到国家自然科学基金项目（批准号：90814012）资助。

## 参 考 文 献

[1] Colin A Zelt, P J Barton. 3D seismic refraction tomography: A comparison of two methods applied to data from the Faeroe Basin[J]. J. Geophys. Res., 1998, 103, 7187~7210.

[2] 孙鑫喆，徐锡伟，陈立春，等. 2010 年玉树地震地表破裂带典型破裂样式及其构造意义[J]. 地球物理学报，2012, 55(1): 155~170.

[3] 熊探宇, 姚鑫, 张永双. 鲜水河断裂带全新世活动性研究进展综述[J]. 地质力学学报, 2010, 16(2): 176~188.

[4] 闻学泽, 徐锡伟, 郑荣章, 等. 甘孜—玉树断裂的平均滑动速率与近代大地震破裂[J]. 中国科学, 2003, 33(S1): 199~208.

（9）特大地震发震构造研究

# 华北 8 次历史 8 级大震的震源断层研究

## Study on focal faults of 8 M8 historical great earthquakes in North China

冯向东[1]　刁桂苓*[1]　曾宪伟[2]　徐锡伟[3]　王晓山[1]

Diao Guiling　Zeng Xianwei　Xu Xiwei　Feng Xiangdong　Wang Xiaoshan

1. 河北省地震局　石家庄 050021；2. 宁夏地震局　银川 750001；

3. 中国地震局地质研究所　北京 100029

1988 年傅成义先生为《中国特大地震研究》所作序言中指出："在天然地震的研究中，破坏性的大地震占特别重要的地位，誉为大的地震需要积累大量能量，必须取源于巨大的地质体，所以极可能反映更深的地质构造情况，这样就可以将它们纳入有大地构造的格局来探讨它们的发生条件和发展规律"。

大陆强烈地震的重复率低，必须具有长期的历史资料才能分析活动规律。地震仪器观测至今不足百年，几千年来著就了我国极其浩繁而又丰富的地震史料更显弥足珍贵。为把仅限于宏观现象描述的地震史料，转化成具有基本参数的地震，进行地震学分析研究。随着应用广泛和研究的深入，对历史地震参数有了更高的要求，因此，需要探讨历史地震研究的新思路和新方法。

华北地区(104°～122°N，30°～ 42°E)属于多震区，历史上曾经发生 1303 年山西洪洞、1556 年陕西华县、1654 年甘肃天水、1679 年河北北京交界三河平谷、1739 年宁夏银川平罗、1879 年甘肃武都 8 级地震和 1668 年山东郯城、1920 年宁夏海原 8.5 级地震。造成了大量人员伤亡和严重破坏。由于历史地震的参数具有很大的不确定性，导致认识发震构造的困难。

地震定位确定的震源位置表示的是地震初始破裂点的位置，震级低则震源体积也小，作为一级近似，可用初始破裂点表示中小地震的震源体的位置。虽然大量小震震源体未必相互衔接，但是它们共存于一个条带，应当具有成因上的联系。发生强震时，震源错动必然使断层面及其两侧岩体处的介质相对破碎，在构造应力场的作用下，随后易于发生小震。历史大地震区持续有小地震发生，是大震区长期活动的一种表现，属于震源体附近地壳的继承性活动。因此，可以由这些小地震的群体特征来描述历史大地震震源体的特征(刁桂苓，等)。

我们全面收集了地震台网的观测报告，对于震区现今的中小地震精确修订震源位置，由最小二乘法拟合出一个平面，代表强震的震源断层；反演当地中小地震的震源机制，以此为基础进一步反演区域应力场，计算震源断层的滑动方向（万永革，等）。

结果表明巨大地震既有单条震源断层又有多条震源断层的组合。1303 年山西洪洞为 NNE 走向的直立断层作右旋走向滑动；1556 年陕西华县为近 NEE 和 NNE 向 2 条震源断层组合，前者是正断层、后者是右旋走滑；1654 年甘肃天水是 NE 左旋走向滑动为主的震源断层；1679 年河北北京交界三河平谷为 NE 右旋走向滑动为主的震源断层、1739 年宁夏银川平罗 NNE 右旋走向滑动为主的震源断层、1879 年甘肃武都 8 级地震 2 条 NEE 左旋子走滑和规模小 NW 向正断层组合;1668 年山东郯城 NNE 右旋走滑、1920 年宁夏海原 8.5 级 NWW-NNW 逐渐过渡的 4 条左旋走滑为主的震源断层组合。得到的震源断层参数与高烈度区的等震线分布、现场考察得到的地表破裂带以及浅表断裂吻合，并且控制了高烈度区的分布。深部地球物理探测成果也与震源断层一致，从而验证了结果的可靠性。当然深部的震源断层相对简单，而浅表地质断层往往比较复杂，并非单一对应关系。但是可以从成因方面作出解释、从深浅构造关系角度理解。

这种采用地震学分析，由众多小地震资料推测震源断层空间取向及其运动方式的方法尝试，对促进地震构造研究是有意义的。

本研究由中国地震活断层探察——华北构造区项目资助。

### 参 考 文 献

[1] 刁桂苓, 等. 用现今小地震研究历史强震的震源断层: 以 1830 年河北磁县 7 1/2 级地震为例[J]. 地震地质, 1999, 21(2): 121~126.
[2] 傅承义. 有关地震预告的几个间题[J]. 科学通报, 1963(3 ).
[3] 万永革, 等. 利用小震分布和区域应力场确定大震断层面参数方法及其在唐山地震序列中的应用[J]. 地球物理学报, 2008, 51(3): 793~804.

（9）特大地震发震构造研究

# 重力—地震联合反演应用及效果

## Joint inversion of seismic and gravity data and its effect

郭文斌　段永红　王夫运

Guo Wenbin　Duan Yonghong　Wang Fuyun

中国地震局地球物理勘探中心

每种地球物理方法都有自己的局限性，尤其在地震发震构造的研究中，往往地质结构复杂，单一地球物理方法的局限性和局限性愈显得突出，如重力垂向分辨率较差，地震横向分辨率较差，电磁方法则介于两者之间。多种地球物理方法的联合反演从不同角度研究同一对象，并且多种方法相互补充、相互验证，能有效减少地球物理问题的多解性，且反演结果受某一方法局限性的影响较小。由于重磁方法有较高的横向分辨率，而且重力场是反映地球介质密度变化和各种环境下动力学特征的最基本和最直接的物理量，地震方法则有较好的垂向分辨率，是划分地球圈层结构的重要工具，因此，重力—地震联合反演具有显著的互补效果和更完备的地质学解释，在各种联合反演中应用最为广泛，效果最为显著。

重力—地震联合反演主要分为顺序反演和同步反演两种，虽然同步反演具备更完备的理论基础，但由于顺序反演实现相对简单，过程容易控制，并且实际应用中也取得了一定的效果，一些学者认为在联合反演中应优先考虑顺序反演。因此，本文主要分析研究重力—地震顺序联合反演的应用极其效果。

盐城—包头地震测深剖面横跨苏北坳陷、胶疗台隆、鲁西台背斜、黄淮海坳陷、山西台背斜和鄂尔多斯台向斜等多个地质区域，测线跨度大，地质条件复杂。因此，该剖面可以作为分析研究重力—地震联合反演效果的例证。

重力—地震联合反演中，首先对剖面进行网格，常用的方法是根据速度结构,将反演区域划分为大小形状不同的大单元，反演结果受地震速度结构及网格划分方式影响明显，因此，本文选用较小的网格（10 km×5 km）均匀剖分反演区域，以期尽量减少网格剖分对结果的影响。然后，需要将各网格的速度转换为密度。由于速度—密度并无严格的对应关系，其转换公式多是经验、实验所得，不同地区转换公式也有所不同，因此本文选用冯锐等人得出的华北地区的波速—密度关系，并采用受初始模型影响较小的拟神经网络反演算法，在尽可能保证波速—密度关系准确的同时，减少反演结果对波速—密度转换公式和地震速度结构模型的依赖。而且，拟神经网络反演算法具备反演速度快，不易陷入局部最小等非线性反演方法的有点，即使网格划分较多，也能保证反演结果的收敛效果。重力—地震的顺序联合反演，本质上是以地震数据作为约束的重力反演，因此地震的约束至关重要，若约束过于严格，则发挥不出重力数据的作用，反之，则发挥不出地震数据的作用。本文反演结合其他地质资料，确定地震数据对反演过程的约束程度，以达到最佳联合反演效果。

从地震测深速度结构图上来看，单独的地震反演结果对该剖面的纵向地层结构做了清晰的划分，而在横向上，反映了莫霍面西低东高的特征。然而，尽管该测线跨越了多个地质区域，除了黄淮海坳陷附近有较明显的变化外，速度结构模型对其他区域并无明显划分。而联合反演结果不但对纵向地层结构有清晰的划分，对横向上各个地质区域的变化也有明显的反映，而且，联合反演所反映的各地质区域内部结构特征，在稳定地质单元和地震多发区域也有明显不同。由于该剖面跨越了多个地质区域，其中包含地质稳定以及地震多发区域，结合联合反演结果和已有的地震地质资料，可以加深了我们对地震构造模型和区域深浅构造环境的认知程度。

从盐城—包头剖面的反演结果来看，重力—地震的联合反演结果更准确、全面的反映了地质结构的变化特征，更有助于我们了解各地质单元间的相互作用、地壳变形、地震构造模型和区域深浅构造环境等地质学问题。

### 参 考 文 献

[1] 于鹏, 王家林, 吴建生, 等. 地球物理联合反演的研究现状和分析[J]. 勘探地球物理进展, 2006, 29(2): 87~93.

[2] 刘皓, 方盛明, 嘉世旭. 地震力联合反演及效果：以天津—北京—赤城地震探测剖面为例[J]. 地震学报, 2011, 33(4): 443~450.

[3] 管志宁, 侯俊生. 重磁异常反演的拟 BP 神经网络方法及其应用[J]. 地球物理学报, 1998, 41(2): 242~251.

（9）特大地震发震构造研究

# 2012年3月20日墨西哥瓦哈卡州Mw7.4级地震震源过程研究

# Source process of the Mw 7.4 Oaxaca Mexico earthquake, on March 20, 2012

郝金来[1*]　王卫民[2]　姚振兴[1]

Hao Jinlai[1]　Wang Weimin[2]　Yao Zhenxing[1]

1. 中国科学院地质与地球物理研究所　北京 100029; 2. 中国科学院青藏高原研究所　北京 100085

**1. 研究意义**

2012年3月20日18时02分，在墨西哥瓦哈卡州发生了一次Mw7.4级地震. 根据美国地质调查局(USGS)提供的定位结果，此次地震的震中位置为 16.662°N，98.188°W，震源深度为 20 km (http://earthquake.usgs.gov/earthquakes/eqinthenews/). 墨西哥及其邻近地区位于太平洋板块、科科斯板块、里维拉板块、北美板块以及加勒比板块碰撞交汇的区域, 地质构造十分复杂。科科斯板块与里维拉板块分别以 46mm/y 和 20mm/y 的速度向东北方向运动，与北美板块以及加勒比板块发生碰撞(http://earthquake.usgs.gov/earthquakes/eqinthenews/), 并俯冲到这两个板块之下，此次地震即发生在该俯冲带上. 在过去的几十年间该地区多次发生7级以上的大地震, 研究此次地震的震源过程有助于了解这一复杂的构造区域。

**2. 研究方法**

过去二十几年间发展起来的有限断层方法是一种研究大地震震源过程的有效方法(Hartzell, Heaton, 1983；姚振兴, 纪晨. 1997; 王卫民, 等. 2008), 以若干个有着不同震源参数的子断层模拟破裂面, 通过拟合远场波形(震中距30°~90°), 可以给出大地震的时空滑动分布。这些震源运动学参数，能够为及时判断受灾范围提供参考，同时能够为震源动力学等后续研究提供基本的参数。我们在研究破裂过程时分两步进行: 首先使用点源模型确定地震的震源深度以及两个节平面, 再根据地质构造背景资料, 确定震源破裂面的几何形态; 然后依据点源模型确定的破裂面, 采用有限断层模型确定破裂面上的滑动时空分布, 得到最终的震源破裂过程结果。

**3. 初步结果**

在震源破裂过程研究中, 采用了USGS给出的定位结果(16.662°N, 98.188°W)，远场波形资料来源于国际地震学研究联合会(IRIS)。在点源模型反演中，共使用了19个垂向P波、9个切向SH波以及28个面波位移波形记录. 反演得到节面一的走向、倾角、滑动角分别为283.0°、9.0°、74.0°, 节面二的走向、倾角、滑动角分别为119.0°、81.0°、93.0°, 震源深度18 km, 点源模型结果与Global CMT以及USGS给出的结果较为一致. 两个节面中, 节面一的走向、倾角与俯冲带的实际走向、倾角最为接近, 因此认定节面一为断层破裂面, 滑动角显示了此次地震为一次逆冲事件。

依据节面一确定破裂面的几何形态, 使用有限断层模型反演波形记录, 得到此次地震的滑动时空分布。滑动时空分布结果显示此次地震形成了两个比较大的滑动区域, 较大的滑动量主要集中于起始破裂点附近, 最大滑动量约为3.2m。破裂从起始点向外传播, 主要向浅部发展, 形成了另外的一个较大滑动区域. 标量地震矩释放随时间的变化显示此次地震的震源破裂过程持续了大约45 s, 其主要能量在20s内得到了释放, 平均破裂传播速度约为2.2 km/s, 子断层的滑动角度均以逆冲为主。反演得到地震矩张量为 $1.8\times10^{20}$ Nm, 换算为矩张量震级约为Mw7.4级。

依据滑动时空分布结果, 计算了此次地震之后同震静态库仑应力变化. 在震中的西南部库仑应力增加, 而在东北部, 库仑应力减小, 其余震多位于震中南部, 与之有一个较好的对应关系。

本研究由国家自然科学基金（No. 41030319, No. 40974028）资助。

**参考文献**

[1] Hartzell S H, T H Heaton. Inversion of strong ground motion and teleseismic waveform data for the fault rupture history of the 1979 Imperial Valley, California, earthquake[J]. Bull. Seism. Soc. Am., 1983, 73: 1553~1583.

[2] 王卫民, 赵连锋, 李娟等, 四川汶川8.0级地震震源过程[J]. 地球物理学报, 2008, 51: 1403~1410.

[3] 姚振兴, 纪晨. 时间域内有限地震断层的反演问题[J]. 地球物理学报, 1997, 40: 691~701.

（9）特大地震发震构造研究

# 与深度相关的俯冲带超大逆冲地震能量释放过程研究

# Depth-dependent seismic radiation of subduction zone megathrust earthquakes

姚华建[1] Peter M. Shearer[2] Peter Gerstoft[2]

Huajian Yao[1] Peter M. Shearer[2] Peter Gerstoft[2]

1. 中国科学技术大学地球和空间科学学院 合肥 230026;

2. Scripps Institution of Oceanography, UCSD, California, USA

俯冲带超大逆冲地震通常在沿地震走向和倾角方向的俯冲板块断层面上发生大面积的破裂。通常而言，沿断层走向方向的破裂尺度要较沿倾角方向的破裂尺度要大很多，从而使得沿断层倾角方向的破裂特征相对较难通过地震学的方法获得。但这些超大地震沿断层倾角方向的破裂规律（如同震滑移量和能量辐射分布）恰恰反映了俯冲板块不同深度断层面上摩擦性质的差异，对于理解这些超大地震的诱发和破裂规律有着十分重要的意义。

本研究采用压缩感应（compressive sensing)方法来系统研究全球近十年来发生的四个超大逆冲地震不同频率能量释放的特征，这些地震分别是 2011 年日本 Tohoku Mw 9.0 级大地震，2010 年智利 Maule Mw 8.8 级大地震，2005 年印尼苏门答腊（Sumatra)Mw 8.6 级大地震，以及 2004 年印尼苏门答腊 Mw 9.2 级大地震。压缩感应方法是一种稀疏信号反演方法，比传统的反投影（back-projection)方法或波束形成(beamforming)方法研究地震破裂能量释放过程具有更好的空间分辨率，可以系统研究不同频率能量释放的时空分布以及更好地得到地震破裂时沿断层倾角方向的能量辐射规律（Yao, et al., 2011)。我们使用美国中西部密集台站(包括近 400 USArray 台站)远震 P 波资料研究 2011 年 Tohoku 和 2010 年 Maule 地震，用日本密集的 Hi-net 台阵（约 700 台站）记录到的远震 P 波数据研究 2004 和 2005 年的 Sumatra 地震。我们的研究结果发现这四个超大逆冲地震存在相似的不同频率能量辐射随深度变化的关系：约 0.1 Hz 或更低的低频能量辐射主要集中在俯冲板块的浅部，更靠近海沟，但 0.3 Hz 及以上的高频能量辐射主要分布在俯冲板块的深部区域，离海沟的距离较远。这意味着俯冲板块断层破裂在浅部较大范围区域比较连续，很可能破裂速度较慢，但断层破裂在深部断断续续，主要集中在一些较小的区域，且破裂速度可能较快。

此外，我们系统地比较了地震破裂过程中不同频率能量释放的深度分布与同震滑移量及主震发生后 48 小时内早期余震分布的关系。我们的结果揭示了俯冲板块表面摩擦性质随深度变化的特征：位于俯冲带浅部（15 km 以上）的断层表面处于稳定或有条件稳定滑动状态，该区域是海啸地震发生的主要区域，通常伴随着很大同震滑移量、很少的高频能量辐射和早期余震；位于中间深度（约 15～35 km）的断层表面是主要的非稳定滑动区域，是地震孕育和发生的主要区域，该区域通常也伴随着较大的同震滑移量，具有丰富的中频到高频的能量辐射，也是早期余震发生的主要区域；处于较深深度（约 35～45 km）的断层面也是非稳定的，通常伴随着丰富的高频能量辐射，但同震滑移量较小，且也不是余震发生的主要深度区域。

## 参 考 文 献

Yao H, P Gerstoft, P M Shearer, C Mecklenbräuker. Compressive sensing of the Tohoku-OkiMw9.0 earthquake: Frequencydependent rupture modes[J]. Geophys. Res. Lett., 2011, 38: L20310.

（9）特大地震发震构造研究

# 断裂运动习性对地震滑坡的控制差异作用研究

# Study on control differences of fault movement habits on seismic landslides

许　冲　徐锡伟

Xu Chong　Xu Xiwei

中国地震局地质研究所　活动构造与火山重点实验室　北京 100029

活动构造与地震滑坡关系密切，然而，两者关系的定量深入研究成果较少。汶川地震产生的长 240 km 的映秀—北川地表破裂带同时包含了逆冲与走滑两个分量，给我们提供了一次深入研究活动构造与地震滑坡关系极好的机会。因此，本文拟以 2008 年汶川地震滑坡为研究实例，开展不同运动习性与几何特征的断裂对地震滑坡的控制差异作用研究。汶川地震触发了近 20 万处滑坡[1]，这些滑坡在空间分布上表现出受发震构造强烈的控制作用，但是不同运动习性断裂分段对滑坡分布影响存在较大的差异。为研究断裂不同运动习性与几何特征、断层上下盘对地震滑坡的控制作用强度差异，我们依据映秀—北川地表破裂的运动习性将 240 km 长的映秀—北川地表破裂[2~4]分为 4 段，从南西到北东依次为：（A）映秀段，小鱼洞以南至破裂南西端，长 50 km，该段地表破裂以逆冲为主；（B）小鱼洞—高川段，从小鱼洞到高川阶区，长 66 km，该段落断层也表现出以逆冲为主，走滑分量为辅的特征，且该段落对应着灌县—江油地表破裂带；（C）高川—北川段，从高川阶区到北川县曲山镇（北川阶区），长 32 km，该段落断裂由逆冲为主逐渐过渡到以走滑为主；（D）北川—东河口段，从北川县曲山镇到地表破裂的北东端，即东河口滑坡以北，长 92 km，该段落断裂运动习性以走滑为主。映秀—北川断裂为逆冲走滑型断裂，大体上，A 与 B 两段以逆冲为主，C 与 D 两段以走滑为主，从断裂的南西端到北东端，断裂运动习性从以逆冲为主过渡到以走滑为主。垂直地表破裂的上盘统计距离是 100 km，下盘统计距离是 50 km。

分别基于这 4 个不同运动习性的段落的上下盘区域，对滑坡点密度、面积百分比、堆积物厚度进行了统计，三者的分布趋势相似。结果表现出如下几个特点：

（1）总体上，滑坡多发生在上盘，以逆冲习性为主的 A 与 B 两段表现尤为明显，滑坡点密度、面积百分比、堆积物厚度高值区可延伸至距离断裂 40 km 以外，对应下盘仅延伸至距离断裂 10 km 左右。

（2）A 与 B 段以逆冲为主，其上盘的滑坡发育明显高于以走滑为主的 C 与 D 段，而 C 与 D 两段的这种表现却不明显。

（3）由于 D 段比 C 段表现出了更明显的走滑特征，因而滑坡分布表现出 D 段要低于 C 段的特征。

（4）总体上说，断裂逆冲分量越显著，其滑坡的上盘效应越明显，滑坡高密度分布区距离断裂距离越远，而下盘基本没有这种现象。

（5）同震地表破裂对地震滑坡具有极强的控制作用，地表破裂穿越区与近地表破裂区域是地震滑坡高发区与易发区，地震滑坡沿同震地表破裂呈现出大致的带状分布趋势，在地表破裂出露的两端以外的延伸区域，滑坡发育程度迅速降低。

由于不同断裂运动习性与几何特征对地震滑坡的控制差异作用强烈，因此地震滑坡也可以作为断裂运动习性与几何特征的一个有个参考与证据，其研究成果可作为活断层致灾效应的一个有力的参考，也可为制定不同运动习性断裂对应的地震灾害及地震滑坡灾害相应的防治措施提供科学依据。

本文为科学技术部国际科技合作项目（2009DFA21280）所资助。

## 参考文献

[1] 许冲, 徐锡伟, 吴熙彦, 戴福初, 姚鑫, 姚琪. 汶川地震滑坡详细编录及其空间分布规律分析[J]. 工程地质学报, 2012, 审稿.

[2] 徐锡伟, 闻学泽, 叶建青, 马保起, 陈杰, 周荣军, 何宏林, 田勤俭, 何玉林, 王志才, 孙昭民, 冯希杰, 于贵华, 陈立春, 陈桂华, 于慎鄂, 冉勇康, 李细光, 李陈侠, 安艳芬. 汶川 Ms8.0 地震地表破裂带及其发震构造[J]. 地震地质, 2008, 30(3): 597~629.

[3] Xu X W, Wen X Z, Yu G H, Chen G H, Klinger Y, Hubbard J, Shaw J. Coseismic reverse- and oblique-slip surface faulting generated by the 2008 Mw 8.0 Wenchuan earthquake, China[J]. Geology, 2009, 37(6): 515~518.

[4] Xu X W, Yu G H, Chen G H, Ran Y K, Li C X, Chen Y G, Chang C P. Parameters of Coseismic Reverse- and Oblique-Slip Surface Ruptures of the 2008 Wenchuan Earthquake, Eastern Tibetan Plateau[J]. Acta Geologica Sinica, 2009, 83(4): 673~684.

（9）特大地震发震构造研究

# 地貌参数指示的龙门山最新活动的特征

# Geomorphic indices indicated recent tectonic activity of the Longmenshan

高明星　徐锡伟　谭锡斌

Gao Mingxing　Xu Xiwei　Tan Xibin

中国地震局地质研究所　北京 100029

龙门山山系是青藏高原东缘新生代造山作用的体现，对于理解青藏高原东缘和四川盆地晚新生代的演化具有非常重要的意义。因此，龙门山构造研究成为青藏高原地学领域的热点问题之一。龙门山北起广元，南至雅安, 大致呈北东—南西向延伸, 长约 500 km。龙门山是中国典型的推覆构造发育地区之一, 主要形成于早中生代和新生代, 各构造岩片沿着汶川—茂汶断裂(也称后山断裂)、映秀—北川断裂(也称中央断裂)和安县—灌县断裂(也称山前断裂)呈叠瓦状向盆地内逆冲推覆(刘文均等, 1999；Roger et al., 2010)。断裂强烈的逆冲活动造成了 2008 年 *Ms*.8.0 级特大地震。本研究尝试利用利用面积高程积分及流域对称指数对龙门山地区进行构造地貌分析，探讨该区最新活动构造的差异。

地形地貌是构造活动与地表过程共同作用的结果。流域及水系能够灵敏的反映活动构造，构造活动可影响河流的行为，流域及水系的不对称以及倾斜也能够体现地表的差异抬升。面积高度曲线为集水区内各高度比相对于面积比点的连线，面积积分值则为此连线下方的面积（Strahler，1952），这两个指标通常用来表示集水区内地表面积与高程的相对分布情况。然而在造山带地表不断抬升的区域，集水区面积高度积分曲线与面积高度积分值的形态与大小与构造抬升速率相关（Hurtrez，1999），可以用来凸显与比较局部地区构造差异（孙稜翔，2008）。前人对龙门山地貌做了大量的研究，本研究着重分析后山、中央及前山断裂活动差异造成的地貌表现。

研究利用 SRTM90 米分辨率数字高程模型在 Rivertools 及 ArcGIS 平台下提取了水系及流域。并计算了面积高程积分值、流域对称指数。结果表明后山断裂为三条断裂之中活动性质最强的一条断裂，其中北段较中段及南段较为不活动；中央断裂活动性次之，其中以北川县附近最为活动；前山断裂在三条断裂之中活动性最弱。流域对称指数表明后山断裂自茂县以南断裂以逆冲为主，位于逆冲断裂上盘的流域发生掀斜，水系呈不对称状发育。茂县以北断层附近的流域盆地形状显示受到断裂走滑运动的控制。中央断裂带以及前山断裂南段附近的流域盆地同样显示受到断层走滑的控制，并通过水系袭夺使得流域盆地面积不断扩大并形成不对称的形状。流域盆地对称指数表明龙门山中段、南段活动性强于北段。

前人对龙门山中段的研究指出，茂汶—汶川断裂晚更新世中期以来的右旋滑动速率为 0.8～1.0 mm / yr，全新世逆冲滑动速率为 0.5 mm / yr；北川—映秀断裂晚更新世中期以来的右旋滑动速率为 1 mm / yr，平均逆冲滑动速率为 0.6 mm / yr，晚更新世晚期以来为 0.4 mm / yr，全新世以来为 0.3 mm / yr，呈现出逐渐减弱的趋势；江油一灌县断裂晚更新世中期以来的逆冲滑动速率约为 0.2 mm / yr，全新世以来活动较弱。比较而言，3 条断裂中茂汶—汶川断裂的活动速率最高，北川—映秀断裂次之，江油一灌县断裂最低，反映了龙门山断裂带的构造活动由西北向东南逐渐降低的趋势（马保起, 等. 2005）。同样，对龙门山北段的研究也表明三条断裂的规模及其活动性是西侧大东侧小，由西向东递减（路静, 等. 2009）。该认识与本研究面积高程积分以及流域对称指数的分析结果具有一致性。

综上所述，地貌参数分析结果表明 3 条断裂活动性向盆地内部逐渐递减，体现了龙门山断裂最新活动特征在空间上的差异性。根据已发表的研究结果，在 2008 年汶川地震中出现地表地震断层的是龙门山活动构造带的中央断裂带和前山断裂带，后山断裂作为活动性最强的断裂是否存在单独发生强震的可能还有待进一步深入研究和评估。

## 参 考 文 献

[1] Strahler AN. Hypsometric (area-altitude) analysis of erosional topography[J]. Geological Society of America Bulletin, 1952, 63: 1117~1141.

[2] 张世民，丁锐，毛昌伟，等. 青藏高原东缘龙门山山系构造隆起的地貌表现[J]. 第四纪研究， 2010, 30(4): 791~802.

[3] 马保起，苏刚，侯治华，等. 利用岷江阶地的变形估算龙门山断裂带中段晚第四纪滑动速率[J]. 地震地质，2005, 27(2): 236~242.

（9）特大地震发震构造研究

# 汶川地震滑坡沿映秀—北川地表破裂的分布特征及构造涵义

# Spatial distribution of landslides triggered by the Wenchuan earthquake along the Yingxiu-Beichuan fault and its tectonic implications

许　冲　徐锡伟

Xu Chong　Xu Xiwei

中国地震局地质研究所　活动构造与火山重点实验室　北京 100029

基于各种参数的地震滑坡空间分析可找到地震滑坡的易发因子区间，为相似地震、地质、地形等条件下的地震滑坡空间预测提供证据，所以基于统计方法的汶川地震滑坡空间分布研究成果较多，包括基于坡度、坡向、地层岩性、震中距、与地表破裂距离、地震烈度、地震动峰值加速度等参数的统计成果[1]。然而，沿发震断裂滑坡分布统计分析几乎是缺失的，该分析是研究发震断裂运动习性与地震滑坡空间分布关系的直接方法。汶川地震滑坡虽然表现出较强烈的受地表破裂控制的现象，但是这种控制作用在地表破裂的不同段落，在断层的上下盘，均表现出了较大的差异，这说明了断裂运动习性与几何特征对地震滑坡造成的巨大影响。本文统计了 2008 年汶川地震滑坡沿映秀—北川地表破裂（断裂）的分布特征，并分析其构造涵义。基于地震前后高分辨率遥感影像人工目视解译，并辅以部分滑坡野外调查验证的方法，开展了汶川地震滑坡编录工作，编录结果表明汶川地震在大约 44 031 $km^2$ 的区域内触发了 196 007 处滑坡，覆盖面积为 1 150.622 $km^2$，基于此编录结果开展后续的滑坡沿映秀—北川地表破裂分布特征分析。

首先介绍地震斜坡物质响应率的概念，为每 1 $km^2$ 的正方形区域内的地震滑坡堆积物质的平均厚度，在数值上其等同于地震滑坡平均剥蚀厚度。我们以地震斜坡物质响应率为指标，统计沿着映秀—北川地表破裂（断裂）的滑坡发育情况。映秀—北川地表破裂长约 240 km[2,3]，将映秀—北川地表破裂的两端沿着映秀—北川断裂两侧各延伸大约 80 km，基于这段长约 400 km 的映秀—北川地表破裂（断裂），以每 5 km 为一个条带，得到 80 个条带，开展地震滑坡沿着映秀—北川地表破裂发育情况的统计。从统计结果可以看出，斜坡物质响应率最大值出现在距离北川县 SSW 方向 35～40 km 的分级内，这一区域恰好对应着汶川地震触发的最大规模的滑坡——大光包滑坡，斜坡物质响应率值为 666.4 mm；其次为 40～45 km 的分级，这一区域对应着汶川地震触发的第二大滑坡——文家沟滑坡，斜坡物质响应率值为 447.18 mm。斜坡物质响应率的高值出现在从距离震中 SSW 方向 5km 的位置到距离北川县 SSW 方向 30 km 的区域内，这些区域内的斜坡物质响应率均高于 200 mm，而其他区域内的值几乎均低于 200 mm。这一高值区域恰对应着映秀—北川断裂的以逆冲运动习性为主的段落。这表明了逆冲运动习性与几何特征的断裂对地震滑坡的强烈控制作用。

地震滑坡与地表破裂是地震触发的两种主要地貌改变形式，本文结果表明了活动断裂的几何特征与运动习性对地震滑坡起到的强烈的控制作用，逆冲性质的断裂触发滑坡能力远比走滑性质断裂触发滑坡能力大。作者分析是因为逆冲性质断裂致使地壳缩短，断层上下盘地壳相互挤压产生较大的形变，造成了地壳或者坡体结构破坏，而走滑性质的断裂却不存在这种形变。地震滑坡沿破裂的分布特征研究的构造涵义表现在其给予活断层运动习性与几何特征研究提供了地震滑坡方面的参考与证据。

本文为科学技术部国际科技合作项目（2009DFA21280）所资助。

**参 考 文 献**

[1] 许冲, 戴福初, 徐锡伟. 汶川地震滑坡灾害研究综述[J]. 地质论评, 2010, 56(6): 860~874.

[2] 徐锡伟, 闻学泽, 叶建青, 马保起, 陈杰, 周荣军, 何宏林, 田勤俭, 何玉林, 王志才, 孙昭民, 冯希杰, 于贵华, 陈立春, 陈桂华, 于慎鄂, 冉勇康, 李细光, 李陈侠, 安艳芬. 汶川 Ms8.0 地震地表破裂带及其发震构造[J]. 地震地质, 2008, 30(3): 597~629.

[3] Xu X W, Wen X Z, Yu G H, Chen G H, Klinger Y, Hubbard J, Shaw J. Coseismic reverse- and oblique-slip surface faulting generated by the 2008 Mw 7.9 Wenchuan earthquake, China[J]. Geology, 2009, 37(6): 515~518.

[4] Parker R N, Densmore A L, Rosser N J, de Michele M, Li Y, Huang R Q, Whadcoat S, Petley D N. Mass wasting triggered by 2008 Wenchuan Earthquake is greater than orogenic growth[J]. Nature Geoscience, 2011, 4(7): 449~452.

（9）特大地震发震构造研究

# 利用人工地震台阵技术重建云南及邻区三维地壳结构

## 3-D crustal structure in Yunnan and its adjacent area

杨卓欣* 王夫运 赵金仁 田晓峰 刘宝锋 张先康

Yang Zhuoxin* Wang Fuyun Zhao Jinren Liu Baofeng Tian Xiaofeng Zhang Xiankang

中国地震局地球物理勘探中心 郑州 450002

云南及邻区毗邻青藏高原东南边缘，地处印度板块与欧亚大陆碰撞的前沿地带，各种地质作用具有长期和多期活动的历史，地壳变形强烈，地质构造复杂。该区与龙门山断裂带同处于我国南北地震带内，继2008年5.12汶川大地震后至今短短的三四年内，该区已发生过5次6级左右的强震，显示出强烈的构造活动性。作为青藏高原东南缘的地块分界带，该区是青藏高原深部“下地壳流”的可能通道，其壳幔变形特征和动力机制与青藏高原演化密切相关。因此，云南及邻区地壳结构研究，尤其是精细结构研究，对于客观理解壳幔耦合关系，确立大陆岩石圈形变机制具有重要意义。

随着地震观测技术的迅速进步，利用地震临时台阵获得海量观测数据，已成为探测壳幔精细结构的有效手段。天然地震台阵主要侧重于远震资料的地幔细结构研究，与天然地震台阵相比，人工地震台阵对地壳结构具有更高的分辨。同时，人工地震以其震源位置确定、爆破时间精确已知的特点在成像结果的精度上具显著优势。因此，人工地震台阵观测能够得到比天然地震台阵更高分辨和更高精度的地壳结构图像。

常规的深地震测深剖面方法以其较高的横向分辨特性一直在地壳结构研究中占有重要地位。但由于只能得到沿剖面的二维结构，不能全面反映异常构造的空间特征，因此，对于地壳结构复杂的区域其空间分辨尚嫌不足，此外，其资料的解释过程仍然是正演试错过程，解释结果过多的依赖于解释者的主观经验。弥补上述二维深地震剖面方法不足的有效途径之一是采用三维人工地震台阵观测技术。

自20世纪80年代起，以探究地壳演化、地震断层和火山岩浆囊等深部异常构造为目的，三维人工地震观测方式被越来越广泛的用于获得地壳精细结构，并取得了一系列有意义的结果。这不仅得益于地震观测进步带来的观测方式的改变，而且极大的归功于地震波层析成像方法的不断更新和完善：模型描述由简单粗略接近复杂真实；反演方法由单参数反演走向多参数同步反演；地震波信息利用由局部走向整体。地震波层析成像方法的长足发展为我们利用人工地震台阵建立更加精细的地壳结构模型提供了重要的技术保障。

2011年，在中国地震局公益性科研行业专项的资助下，“中国大陆深部孕震环境探查”项目在南北地震带南段实施了大型宽频带地震密集临时台阵观测，结合固定地震台网分布，在云南及邻区约98°～107°E，21°～29°N范围内，以35 km左右的台距布设地震台站，并在重点监测防御区进行台距约20 km的加密布设，已于2011年底完成了340台套宽频带地震仪的布设，开始了为期1～2年的天然地震观测。

在上述地震台阵运行期间，中国地震局地球物理勘探中心和地球物理研究所、中科院地球物理研究所先后在云南及邻区开展了深地震测深工作，探测区域在宽频带台阵区域内，共进行了24次吨级激发爆破。此外，中国地震局地球物理勘探中心还将于2012年10月在滇西南地区进行10次吨级人工地震爆破工作。这样，宽频带临时地震台阵和区域固定台网在观测天然地震的同时还记录到大量的爆破地震信号，它们和爆破源一起构成了三维人工地震台阵观测系统。为我们开展人工地震三维地壳结构研究提供了极好条件。

根据现有的人工地震爆破点和地震台站的分布，笔者在宽频带台阵内选定了重点研究区（成像区域），范围在98°～105°E，21°～27°N之内，该区是地震射线较密集且交叉分布较好的区域，同时也是南北地震带南段主要活动构造分布区和地震活动密集区。为了弥补这一区域由于局部缺少炮点而导致的地震射线数量的不足，以达到地震射线对成像区域有更合理而均匀的覆盖，笔者将在宽频带临时台阵运行期间，补充4次人工地震爆破。4个爆破点的位置初步设计大致呈东西向展布在滇北地区。考虑到研究区范围较大，因此，在爆破点周边环境允许的情况下，尽可能采用 2.5～3.0 吨的大药量激发爆破，保证至少在 300 km 的距离上观测到反映地壳上地幔结构的地震波信息。

多年来，地学工作者对云南及邻区地壳深部结构进行了许多研究。在人工地震测深方面，中国地震局、中国科学院、国土资源部所属单位曾于 20 世纪 80 年代在云南及邻区完成了多条 DSS 剖面。DSS 剖面探测结果给出了云南及邻区地壳结构的主要特征。但由于剖面探测局限于二维空间，而且这些剖面分布的不均匀，数量也十分有限，因此，对于地壳结构、构造只能反映其局部特征，无法给出完整的空间分布图像。这些因素限制了对该区地壳变形特征、块体接触方式、深浅层耦合关系等问题的全面认识。而对于云南及邻区的地壳三维结构研究，目前也已有不少的成果，但都是依据区域固定台网记录到的天然地震资料得到的。由于受天然地震方法的特点、数据精度，以及区域固定地震台网观测完备性（台站数量和分布）的限制，这些结果在地壳尺度上的分辨和精度显然与上述的人工地震台阵观测所得结果存在明显的差距。

中国地震局地球物理勘探中心自 1988 年在唐山滦县震区首次实施人工地震台阵观测开始，对三维空间地震测深技术进行了深入研究，自主研发的资料处理方法先后被用于我国多个重要构造区的三维地壳结构研究中，并取得了显著的效果。但按照当前的研究需求，这些方法得到的结果在反映地壳结构的客观性及精细程度上已显示出较大的差距。这主要由两方面因素所致：①在较强非均匀介质中，射线追踪方法不能使射线收敛到其真实路径，因而导致模型描述过于简化，其反演结果在较大程度上偏离客观真实的地壳结构；②对基于格点的波前追踪方法，没有解决在非连续介质中稳定追踪续至波波前的问题，因而无法实现多种震相走时的联合反演，影响了对于结构，尤其是深部结构的分辨。

目前国际上三维地震走时层析成像方法的先进代表当属 Fast Marching Tomography（FMTOMO)，该方法由澳大利亚国立大学 Rawlinson 教授提出，其正演走时计算是基于程函方程的有限差分解。但与其他大多数方法不同的是，它通过使用多阶波前快速追踪技术（Multi-stage fast marching method)，能够在强烈非均匀介质中极其稳定的计算后续震相走时，从而解决了三维复杂结构多种震相走时的联合反演问题。如：利用人工地震折射、反射走时数据联合反演确定三维层状非均匀介质的速度结构和界面形态。进行复杂模型条件下人工地震多种震相走时的联合反演，必将使所得结果在反映地壳结构客观性及分辨上得到显著改善。

笔者利用上述的大型地震台阵观测系统，采用 FMTOMO 方法，根据研究区地震台站实际位置，人工地震爆破点实际位置，对选定的重点成像区进行了检测板模型恢复测试。测试中考虑了三种震相，即：基底回折波 Pg、莫霍面反射波 Pm、上地幔顶部折射波 Pn。云南地区已有的深地震测深资料显示，Pg 波约出现在炮检距 0～110 km，Pm 波在炮检距 70～160 km 范围可追踪，Pn 波约在炮检距 180～280 km 出现。

我们初步考虑一层地壳模型，包含地表与莫霍两个界面。设初始模型为层速度随深度变化的梯度层，速度从地表 5.2 km/s，随深度增大至莫霍面为 7.0 km/s；莫霍面深度为 42 km。初步设计棋盘格大小为 30 km×30 km。在背景速度上加入±0.3km/s 的扰动，在莫霍面背景深度上加±5 km 的扰动（深度在 37～47 km 之间)，以此为真实模型，产生相应的理论走时，并加上 50 ms 的走时扰动，将其作为反演数据，从初始模型出发，对真实模型进行恢复。测试结果显示，在笔者选定的重点成像区域内，除局部由于射线覆盖不足而导致对真实模型恢复稍显不够外，大部分区域真实模型得以良好恢复。

检测板恢复试验对于我们今后的实际资料处理，在模型网格划分、数据分辨能力以及反演结果的可靠性评价等方面具有重要的指导作用。

本研究由国家自然科学基金面上项目（41074043）资助。

## 参考文献

[1] Royden L H, et al. Surface deformation and lower crustal flow in Eastern Tibet[J]. Science, 1997, 276:788~790.

[2] 张先康，等. 唐山滦县震区的三维地震透射研究—中、上地壳速度层析成像[J]. 地球物理学报，1994, 37(6): 759~766.

[3] 杨卓欣，等. 地壳三维构造反演和速度层析成像[J]. 地球物理学进展，1997, 1: 41~52.

[4] Rawlinson N, et al. The fast marching method: an effective tool for tomographic imaging and tracking multiple phases in complex layered media[J]. Exploration Geophysics, 2005, 36: 341~350.

（9）特大地震发震构造研究

# 华北构造区壳幔结构的探测与研究

# The exploration and research of the crust and upper mantle in the tectonic area of North China

潘素珍* 刘保金 赵金仁 王夫运 等

Pan Suzhen et al.

中国地震局物探中心 郑州 450002

华北平原是一个在古老稳定大陆块体上发育起来的中、新生代板内裂陷盆地，地质结构极其复杂，既有新生代沉积巨厚的拗陷盆地，又有穿插其间的地垒式盆地隆起，不仅是新构造运动比较强烈的地区，又是我国东部地区板内地震的多发地区。自 20 世纪 70 年代以来在该地区实施完成了多条深地震测深探测剖面（张先康等，1996,1998），这些深地震测深研究工作的开展为研究本区的地壳深部结构、深浅断裂构造特征和地震构造环境等项研究提供了十分重要的基础资料。但这些探测研究工作存在一些不足之处，由于受当时仪器设备和观测技术的限制，剖面长度有限，同时这些探测研究工作是在不同时期、不同科研项目支持下由不同的研究人员基于不同的研究目标而分别进行的，其探测研究结果缺乏整体的区域性、连续性和综合性，没有得到该研究区较完整的地壳结构模型。因此，对该地区的基底形态与速度结构、地壳深部结构和莫霍面形态等没有一个较完整的地壳结构模型，从而限制了这些成果在未来潜在震源区的预测和防震减灾工作中的使用范围和应用效果。为进一步探明华北构造区地壳上地幔结构并试图了解华北克拉通破坏的成因（吴福元等，2003），中国地震局物探中心于 2010 年底在华北地区布设了一条北西向高分辨折射和宽角反射/折射联合探测剖面。该剖面长度达到1300km，沿剖面进行21次爆破观测，观测点距2.5～3.5km，共投入近 700 台数字地震仪。测线东南起黄海边缘江苏省盐城市东台县弶港镇北，北西止于包头市固阳县金山镇西南。途径江苏、山东、河北、山西四个省和内蒙古自治区，横跨郯庐断裂带、鲁西隆起、冀中凹陷、沧县隆起、太行山断裂带、山西地堑北部和河套盆地东部等主要地质构造单元和断裂构造带。

通过对获取研究区地震资料的处理和分析，得到了剖面沿线结晶基底结构和构造特征、地壳深部界面的起伏变化及速度分布形态，这些结果对于深入认识和理解该地区地壳深、浅部结构与构造特点以及介质的动力学环境和对未来地震危险性做出有效的评价等，提供了重要的基础资料。主要研究成果如下：

（1）基底的速度结构和构造特征：沿剖面地表层速度变化较大，从 2.5 km/s 直至 5.6 km/s，基底界面速度为 5.8～6.0km/s；基底深度沿剖面起伏变化较大，基底埋深基本在 2.0～9.0 km 之间变化，不同的地质构造单元展现出不同的基底埋深，华北盆地最深可达近 10 km，最浅处在鲁西隆起和太行山隆起区约 1～2 km。基底速度在不同地质单元交界处横向变化非常明显，这些变化处往往对应于断裂带。

（2）本剖面可识别出 P 波震相为 Pg、P1、P2、P3、Pm 和 Pn 等 5 个波组，由 P1、P2、P3、Pm 各反射波组所确定的地壳界面将该区地壳划分为 4 个速度间断面，即 C1、C2、C3 和 M 界面。这些界面的形态具有较好的相似性，以 C2 界面为上下地壳的分界面。以太行山断裂带为界，西北部界面明显下弯，地壳明显变厚（最大约为 48 km）；在华北盆地下地壳明显减薄（最小约为 30 km）；在鲁西隆起（桩号 570 km 附近）地壳厚度约为 37 km。

（3）在山西断陷带上地壳底部存在明显速度为 6.0～6.1 km/s 的低速结构。江苏响水-内蒙古满都地学断面在同一地区也有类似结果（刘昌铨等，1991）。对导致这一低速的原因可能是局部高温融融或这一部位有流体存在。对研究成果及不同地质单元的动力学过程尚需进一步研究和探讨。

本研究由中国地震活动断层探查-华北构造区项目（200908001）和国家自然科学基金项目（41074043）联合资助。

## 参 考 文 献

[1] 张先康，王椿镛，刘国栋，等. 延庆—怀来地区地壳细结构：利用深地震反射剖面[J]. 地球物理学报，1996，39(3): 356~364.
[2] 张先康，宋文荣，等. 三河—平谷 8.0 级大震区震源细结构的深地震反射探测研究[J]. 中国地震，2002,18(4)：326~336.
[3] 吴福元，葛文春，孙德有，等. 中国东部岩石圈减薄的几个问题[J]. 地学前缘，2003，10: 51~60.
[4] 刘昌铨，嘉世旭. 江苏响水—内蒙古满都拉地学断面地震折射测深结果[J]. 地震地质，1991，13(3): 193~204.

# 华北构造区壳幔结构的探测与研究

**The exploration and research of the crust and upper mantle in the tectonic area of North China**

# 专题十：区域尺度重复震源探测

# Repeat Seismic Detecting in Regional Scale

（10）区域尺度重复震源探测

# 震源分布对地震背景噪声相速度测量的影响研究

# The study of the effect of source distribution on seismic ambient noise phase velocity measurement

王清东* 朱良保 陈浩朋

Wang Qingdong* Zhu Liangbao Chen Haopeng

武汉大学地球空间环境和大地测量重点实验室 武汉 430079

近十几年来的研究表明，长时间叠加的地震背景噪声互相关函数(NCF)与台站对间的格林函数只相差一个比例因子，一般称为经验格林函数(EGF)。利用 NCF 提取面波群速度已经获得成功。但利用 NCF 提取面波相速度的研究还很少。这是因为 NCF 的相位与噪声源(震源)分布高度相关。理论上已经证明，在任意传播介质、噪声均匀分布的假设下(本文称为经验格林函数假设)，NCF 的负导数可作为等价格林函数，两者的相位相同。但是对实际的研究区域，经验格林函数假设很难被满足。NCF 的左右行波不对称，表明 NCF 不满足格林函数的空间互异性。因此，在使用经验格林函数假设时应该谨慎。

用数量足够多的小地震来模拟背景噪声波场，波场中心的双台间的互相关函数为(只考虑基阶面波)：

$$C(\vec{x}_1,\vec{x}_2,\omega)=\sum A_1^j(\omega)A_2^j(\omega)\exp\left(ik(\omega)(r_2^j-r_1^j)\right)=\sum A_1^j(\omega)A_2^j(\omega)\exp\left(i\varphi^j(\omega)\right)\left(ik(\omega)\Delta\right)$$

相速度测量公式：

$$c(\omega)=\Delta\Big/\left(t_{\max}-\frac{T}{2\pi}\varphi\right)$$

其中，$t_{\max}$ 为谐波波峰到时，$\varphi^j(\omega)$ 为等价震源相位。当 $\varphi=-\pi/4$ 时，上式为基于经验格林函数假设的相速度测量公式；当 $\varphi=0$ 时，即震源与台站对位于同一大圆弧上，上式为天然地震双台法的相速度测量公式。

震源 $j$ 的空间位置与它的等价震源相位 $\varphi^j(\omega)$ 的关系是：

$$r_2^j-r_1^j=\Delta+(\varphi^j(\omega)/2\pi)\lambda=\Delta+m^j\lambda$$

具有相同的 $\varphi^j(\omega)$ 的震源分布在一个以两台站为焦点的双曲线上，曲线参数为 $a^j=(\Delta+m^j\lambda)/2$。

如果只考虑相位分布，与震源坐标$(x^j,y^j)$对应的一维坐标是$(a^j,0)$，这两点对台站对的 NCF 的相位相同，震源的二维分布问题就简化成了一维问题。尽管震源簇的空间分布可能不同，但如果它们的等价一维震源相位分布相同，那么最终的台站对间的 NCF 的相位就会相同，从而得到相同相速度值。

同样的，震源在整个研究区域内均匀分布(即满足经验格林函数假设)可以等价为震源在两个台站之间连线上(包括台站点)均匀分布，两者的 NCF 的等价震源相位相同，均为 $-\pi/4$。数据实验证明了这一点。

数据实验发现，只要震源能够包裹住台站到台站对的中心的区域，台站间的 NCF 的等价震源相位(左行波或右行波)就是 $-\pi/4$，即满足经验格林函数假设，这样的震源分布是比较容易满足的。但由于台站对是有方向性的，震源的等价一维相位分布也是有方向性。上述的震源分布仅仅在特定的方向上满足经验格林函数假设，可以称其为弱经验格林函数假设。

对一般的情况，震源分布很难满足经验格林函数假设，这时就必须选择三个近乎在同一大圆弧上背景噪声观测台站，编号依次为 1,2,3，假设其等价震源相位均相等，得

$$\overline{\varphi}(\omega)=\omega\left(\frac{2}{\Delta_{12}+\Delta_{23}}-\frac{1}{\Delta_{13}}\right)^{-1}\left(\frac{t_{\max}^{12}+t_{\max}^{23}}{\Delta_{12}+\Delta_{23}}-\frac{t_{\max}^{13}}{\Delta_{13}}\right)$$

式中，$\overline{\varphi}(\omega)$ 越接近理论上的 $\varphi(\omega)$，得到的相速度就越接近真实速度。

类似上节中的分析，3 个台站可分为 3 对，每对台站都有一簇共焦点的双曲线。各自的理论等价震源相位是 $\varphi_{12}$、$\varphi_{23}$、$\varphi_{13}$。

通过分析三簇双曲线的几何性质可知：大台站间距的双曲线会显得更加扁平；空间上，震源位置越接近台站对所在直线，越远离台站对的垂直平分线，其产生的等价震源相位 $\varphi^j$ 越小。最终得到关系：对右行波 $\varphi_{13}^R>\varphi_{12}^R>\varphi_{23}^R>\overline{\varphi}_R$；对左行波 $\varphi_{13}^L>\varphi_{23}^L>\varphi_{12}^L>\overline{\varphi}_L$。因此，在相速度测量中，应该用 $\overline{\varphi}_R$ 来修正～3 台站对的右行波的相速度，用 $\overline{\varphi}_L$ 来修正 1～2 台站对的左行波的相速度，尽可能的减小测量误差。

（10）区域尺度重复震源探测

# 利用噪声信号提取台站间瑞利波的可靠性分析

# Reliability analysis for Rayleigh wave based on ambient noise between seismic station pairs

郑　现[1]　赵翠萍[1*]　周连庆[1]　郑斯华[1]

Zheng Xian　Zhao Cuiping　Zhou Lianqing　Zheng Sihua

中国地震局地震预测研究所　北京 100036

近年来，有研究表明对随机噪声场中两接收点记录的噪声信号进行互相关计算可以提取两个接收点间面波的格林函数。基于这一发现产生了无源地震学，并很快得到了广泛的应用。基于噪声的层析成像技术克服了传统地震层析成像法对地震的依赖性，只要有数量足够多、分布均匀的宽频地震台，在一些活动性较弱的地区也可以展开高分辨率的成像研究。利用背景噪声提取的经验格林函数，可以检测到火山地震活动前0.05%的介质速度变化。基于背景噪声开展的上述研究中，经验格林函数的质量和可靠性是关键。本研究以中国大陆中东部地区的宽频地震台站为例，对提取的台站对间的经验格林函数和频散曲线进行了可靠性和稳定性检测，并对叠加时长和时间稳定性进行了分析，以期为今后利用背景噪声进行层析成像和速度变化研究提供借鉴。

本研究从中国大陆中东部地区国家台网和区域台网中，挑选出100个分布基本均匀的宽频地震台站，地震计的主体类型是CTS-1、KS2000、BBVS-120和CMG-3ESPB，绝大部分仪器的频带宽度的低频端为120 s。使用了这些台站从2009年1月～2011年9月垂直分量的波形记录。首先把单台数据划分成一天的数据单元，进行去均值、去零漂、带通滤波、时域归一化、频谱白化等预处理。然后对处理好的单台每日时间序列在频率域进行互相关计算，并由傅里叶逆变换到时间域将单日的时间序列依次叠加直至21个月，得到台站对间高信噪比的经验格林函数。最后由时频分析法（FTAN）提取了频散曲线。本研究选取了几组穿过不同构造单元的路径，沿这几组路径的频散曲线和由三维剪切波速度模型计算的理论曲线一致性较好。理论上可获得频散曲线4950条，为了保证频散曲线的质量，对其基于信噪比和台间距进行了筛选，只保留信噪比大于10，台间距大于3倍波长的记录。

为了评估经验格林函数和频散曲线的质量，本文采用几组检测方法。首先将经验格林函数和地震面波信号进行对比。选取了重庆荣昌地震（105.43°E，29.36°N，震源深度6km，Ms＝4.5，发震时刻2010年9月10日）。该地震和荣昌台在同一位置上，它们和五个沿不同距离、不同方位角台站构成五组路径。对比了沿这几组路径的经验格林函数和地震面波信号，它们的波形基本一致，表明由背景噪声信号进行互相关叠加后提取的格林函数真实可靠，可以反映地下介质的信息；沿空间上近似路径的频散曲线，二者的形态大体一致，说明本研究得到的频散曲线可靠。为讨论噪声叠加时长的合理性，对全部台站的记录分别进行了时长从3个月到21个月叠加计算，并对提取的频散曲线基于台间距和信噪比进行筛选，统计了周期8s～40s的频散曲线数目随叠加时长的变化。结果表明，当叠加的时间长度由3个月增加到21个月时，经验格林函数的信噪比增大，各周期可以使用的频散曲线数目也随之增多。根据频散曲线数目随叠加时长的变化趋势，我们认为，叠加时长至少为12个月才能得到数目足够和可靠的频散曲线，来进行面波速度成像研究。进一步对叠加时长为12个月的数据进行稳定性测试，结果表明叠加时间长度为12个月时，可以确保在30 s以下周期沿各路径的频散曲线在时间上稳定。对于30s以上周期，提取频散曲线的叠加时间要足够长，应在12个月以上。因此，在利用噪声数据提取经验格林函数，分析其时间变化特征以达到监视介质性质变化的研究中，应使用30 s以下周期的经验格林函数进行相关分析。

## 参考文献

[1] 郑秀芬，欧阳飚，张东宁，等."国家数字测震台网数据备份中心"技术系统建设及其对汶川大地震研究的数据支撑[J]. 地球物理学报, 2009，52(5): 1412~1417

[2] Bensen G, Ritzwoller M H, Barmin M P, et al. Processing seismic ambient noise data to obtain reliable broad-band surface wave dispersion measurements[J]. Geophys. J. Int., 2007, 169(3): 1239~1260.

[3] Levshin A L, Ritzwoller M H. Automated Detection, Extraction, and Measurement of Regional Surface Waves[J]. Pure Appl Geophys, 2001, 158: 1531~1545.

（10）区域尺度重复震源探测

# 利用时变重力信号研究区域尺度地下介质密度变化

# Using time-dependent gravity signal to study the density variation on regional scale

陈　石　徐伟民　卢红艳　郭凤义

Chen Shi　Xu Weimin　Lu Hongyan　Liu Duanfa　Guo Fengyi

中国地震局地球物理研究所　北京 100081

重力场是地球基本物理场之一，20 世纪 60 年代起，国内外科学家就发现在大震前后区域重力场会发生显著变化这种地球物理现象，相继也提出了各种引起重力场变化的孕震模式，主要有地壳上升模式、密度变化模式、膨胀扩容模式、质量迁移模式、莫霍面变形模式、断层位错和蠕动模式等。根据观测到的大震前后区域重力场会发生变化这种地球物理现象，研究人员通过在中国大陆布设不同区域尺度的流动重力测量网络系统，采用定期重复测量方式获取每个测点上的重力变化值，目的是为了扑捉与流体运移、构造应变、介质密度变化或断层蠕变等相关的非潮汐量信号。这种由场到源的方式，为认识地震的孕育和发生的全周期过程提供可能。

现阶段作为形变监测手段之一的重力监测任务主要工作方式为，选取潜在震源区或活动断裂带，开展覆盖潜在震源及周边地区的重力场监测。我们知道，地球重力场变化是地下介质结构变化和运动的直接反映。在地球内部由于质量分布的不均衡状态变化，常会引起地表观测重力异常的变化。研究表明，地震活动区在震前较长的时间范围内，将会出现由于膨胀引起的区域重力异常变化。发震后会出现区域性的物质再分布，这些地球内部的物质密度不均衡变化与地震孕育过程密切相关，因此，时空连续地跟踪观测重力场变化对于认识孕震区和断裂带周边的内部构造活动模式意义重大。

目前，在中国大陆重点的强震危险区，已经形成了点线面相结合的区域重力测网，例如在我国的华北地区，已经实现了绝对与相对重力联合观测，平均点间距小于 20km 的时变重力信号观测网。通过绝对重力点约束后的平差结果，可以获取测点位置的时变重力信号。为研究区域尺度的地下介质密度结构的可能变化提供很好的数据源。在研究和解释孕震期测点重力值变化方面，郭宗汾等（1993）提出了联合膨胀模型（MCMD）以及“震质源和震质中”概念，用于解释孕震期的重力场变化。震质源（hypocentroid）可以定义为地下孕震体的形变有效的质量变化中心，其在地面上的投影，可以称为震质中（epicentroid）。通过研究 1982~1998 年京津塘张地区的震质中与震中分布关系表明，一般震质源和震质中与震源和震中不重合，震中一般在断层端部或交汇处，而震质中在完整的块体之中，也就是说实际观测到的重力变化最大地方不一定是未来发震的地方。

2008 年的汶川地震也证明了在震前的重力变化极大值位置也与震中位置不重合。在重力场变化信号上表现为，发震位置通常位于重力变化梯级带附近。为了获取这种区域尺度上时空连续的重力变化信号量，本研究以云南宾川主动源实验场为中心，拟选取永胜和弥渡山洞架设连续重力观测系统。配合主动源探测方法，在探测区周边布设 1～2 台潮汐重力仪连续观测重力信号微变化，为主动源重复探测提供高精度、连续的重力变化信息。同时，多台潮汐重力仪的连续观测，有助于研究地震危险区地下介质物性变化，扑捉孕震期间“质量迁移”引起的“震质源”变化和由于介质发生蠕变、微破裂产生的重力异常信号。

在次基础上，设计一个专门结合主动源观测区域的流动重力测网。即对地表观测台站位置，针对性布设区域性流动重力观测网，通过开展定期复测，获得测网内不同测点间的重力异常相对变化，并联测到绝对重力点，获取测网内各个测点的重力点值变化。联合重力台站固体潮变化数据，获取时空连续的微重力变化信息；以主动源监测得到的变化区域为约束，反演深部孕震区的介质密度变化。以期发现可能与孕震相关的区域尺度上介质物性差异性改变。

本研究由地震行业科研专项（201208004）资助。

## 参 考 文 献

[1] Kuo J T, Sun Y F. Modeling gravity variations caused by dilatancies[J]. Tectonophysics, 1993, 227: 127~143

[2] 陈石，王谦身，祝意青，等. 汶川 $M_S$8.0 震前区域重力场变化与震质中研究[J]. 地球物理学进展, 2011, 26(4): 1147~1156.

（10）区域尺度重复震源探测

# 利用三分量背景噪声研究汶川震中区同震和震后波速变化

# Study of coseismic and post seismic velocity changes of Wenchuan Earthquake by three component ambient noise data

刘志坤[1*] 黄金莉[2] 苏金蓉[3]

Liu Zhikun Huang Jinli Su Jinrong

1. 中国地震局地震预测研究所 北京 100036;
2. 中国地质大学（北京）地球物理与信息技术学院 北京 100083; 3. 四川省地震局 成都 610041

背景噪声互相关和尾波干涉思想相结合来研究地下介质波速随时间变化，是目前地震学的一个热点研究方向（如：Brenguier, et al. 2008; Chen, et al. 2010; Cheng, et al. 2010; 刘志坤,黄金莉. 2010），该方法经济、有较高精度且能连续不断地监测地下介质结构的变化。对于 2008 年汶川 Ms8.0 级地震引起的地下介质变化多个研究组也用背景噪声互相关进行了研究，观测到发震断层附近的龙门山地区和四川盆地出现明显的同震波速降低。这些研究中所用的资料主要来自四川区域地震台网（Cheng, et al. 2010; 刘志坤, 黄金莉. 2010）和川西台阵（Chen, et al. 2010），这两个台网中的台站距离汶川地震震中和地表断裂带相对较远，且台间距较大，前者台间距一般大于 50 km，而后者为 20～30 km，因此难以获得震中区精确的地震波速度随时间的变化趋势，特别是震后的波速变化规律。

本研究收集了 2006 年 5 月至 2009 年 10 月汶川地震震中区附近紫坪铺水库地震台网的连续波形资料。紫坪铺水库台网各台站的平均台间距小于 10 km，每个台站上都配置有相同类型的短周期地震计和数据采集器。我们首先通过数据预处理得到各台站周期为 2～10s 的三分量背景噪声资料。然后在相同时段进行互相关计算：对于单台资料，直接计算垂直向（Z）、北向（N）和东向（E）三分量间的自相关及互相关函数（ZZ、NN、EE、ZN、ZE、NE）；对于台站对资料，先将两台的水平分量旋转至大圆弧路径（径向 R 和切向 T），再计算所有分量间的互相关函数（ZZ、RR、TT、ZR、RZ、ZT、TZ、RT、TR）。对比不同时间的互相关函数波形，发现一些台站的水平分量存在极性错误，因此我们进行了相应的极性校正。最后，以汶川主震前两年的叠加波形为参照，应用移动窗口互相关谱方法计算各分量在整个研究时段内相对地震波速度随时间的变化，结果显示不同分量观测的波速变化趋势基本类似，因此将以上所有分量的结果进行平均，得到了震中区附近波速随时间变化规律。

我们的研究结果显示：在汶川地震前，相对地震波速度变化扰动非常小，其均值约为 0；而在汶川地震时，波速发生了急剧的降低，降低幅度超过 0.2%；在汶川地震后的前三个月，波速迅速恢复到约 0.1%，之后开始缓慢恢复，波速恢复过程可近似为对数形式。该结果与有良好观测条件的 Parkfield 地区得到的波速变化趋势相似。由于采用大量独立观测的平均，使本研究中测量到的波速变化结果有很高的精度，波速变化的计算误差约为 $10^{-5}$ 量级。

尽管我们得到了较为可靠的波速随时间的变化趋势，但是对这些波速变化的空间位置进行约束仍然非常困难。我们分析了几种可能的物理机制：研究中应用了三分量的噪声自相关和互相关，没有观测到不同分量间波速的系统性变化，说明速度变化可能不是由静态应力变化所引起的；根据震后波速对数形式变化的规律及前人研究结果，我们推测断层区和浅地表介质的同震破坏及孔隙弹性回弹可能是波速变化的主要原因。

本研究由国家自然基金（41074061）资助。

**参 考 文 献**

[1] Brenguier F, et al. Postseismic Relaxation Along the San Andreas Fault at Parkfield from Continuous Seismological[J]. Observations, Science, 2008, 321: 1478~1481.

[2] Chen J H, et al. Distribution of seismic wave speed changes associated with the12 May 2008 Mw 7.9 Wenchuan earthquake[J]. Geophys. Res. Lett., 2010, 37: L18302.

[3] Cheng X, et al. Coseismic Velocity Change in the Rupture Zone of the 2008 Mw 7.9 Wenchuan Earthquake Observed from Ambient Seismic Noise[J]. Bull. Seismol. Soc. Am, 2010, 100(5B): 2539~2550.

[3] 刘志坤，黄金莉. 利用背景噪声互相关研究汶川地震震源区地震波速度变化[J]. 地球物理学报, 2010，53(4): 853~863.

（10）区域尺度重复震源探测

# 利用反褶积消除激发环境对水库大容量气枪信号的影响

# Un-blur the signature of large volume airgun excited in a reservoir with deconvolution

王宝善[1*]　杨　微[1]　王伟涛[1]　袁松涌[1]　宋丽莉[1]　葛洪魁[1]
王　彬[2]　吴国华[2]　苏有锦[2]　刘学军[2]　金明培[2]　杨　军[2]

Wang Baoshan[1*]　Yang Wei[1]　Wang Weitao[1]　Yuan Songyong[1]　Song Lili-　Ge Hongkui[1]
Wang Bin[2]　Wu Guohua[2]　Su Youjin[2]　Liu Xuejun[2]　Jin Mingpei[2]　Yang jun[2]

1. 中国地震局地球物理研究所　北京 100081；2. 云南省地震局　昆明 650224

气枪震源是进行海洋石油勘探和海洋及海陆交界处的结构探测的最常使用的震源。气枪震源是通过将由于在水中瞬间释放高压空气实现激发地震波的目的。由于气枪震源通常位于水下十几米的深度，高压空气会在水下形成气泡并振荡上升最后在水面破裂。气泡振荡以及振动信号在水面的反射等因素会导致单支气枪震源产生的信号是由一个主脉冲和后续若干振幅递减组成振荡波形。这种振荡的信号通常会持续一段时间，这会导致不同信号的相互干扰，进而影响了地震剖面记录中的震相分离和识别。

气枪震源产生的子波特性与气枪的容量等因素有关。容量不同的气枪的主，旁脉冲的周期和间隔时间不同。为了提高气枪信号的主脉冲压制后续脉冲，在石油勘探以及大规模海洋地球物理勘探中通常使用数十支容量不等的气枪组成气枪阵列。不同容量气枪的同步激发会导致主脉冲信号叠加增强而次脉冲由于时间上不同步无法得到加强，这种做法通常称为气枪阵列的调制。

近来由数只等容量的大容量气枪组成的气枪阵列被应用于南海等地区的海陆联合探测（丘学林，等. 2007）和陆地结构探测（陈颙，等. 2007）和介质变化监测研究（Wang, et al. 2012）中。在海洋地球物理勘探中，由于海洋水深通常在数百米至上千米，气枪产生的高压气泡会迅速上升并消亡，因此气泡振荡持续时间较短对地震记录的影响小。而在陆地水库的水位通常只有数米至十数米而且水面面积相对较小，在这样的情况下气枪产生的高压气泡会在水库中产生强烈振动，同时气枪信号会在水底和水面之间来回反射形成长时间振荡的子波（Wang, et al. 2010）。

以上因素不仅会影响水库中激发的气枪信号探测中的震相识别，同时也会降低每次激发的重复性而影响地下介质波速变化监测精度。由于在水库大容量气枪激发实验中，我们可以通过在气枪震源附近布设传感器以记录近场的气枪信号。将近场的记录作为近似的震源时间函数，我们分别尝试了将远台记录与源函数之间进行反褶积（Deconvolution），交叉干涉（Cross-coherence），和互相关处理（Cross-correlation）。处理之后的结果显示：虽然互相关具有更高的信噪比，但是在互相关结果中激发环境的影响为最大；反褶积的结果具有最低的信噪比但是能最好地去除激发环境的影响；交叉相关方法的效果介于这两者中间。

我们将反褶积方法应用于在 2011 年 4 月，5 月和 8 月期间宾川气枪信号发射台（Wang, et al. 2012）激发实验期间获得的记录数据。由于水位的季节性变化，这些实验中水位明显不同，同时我们还尝试了不同工作压力，不同沉放深度等不通过激发环境。结果表明：反褶积方法能有效地消除水位，工作压力等因素导致的气枪子波的变化；同时由于反褶积之后得到的为近似格林函数，因此波形的振幅也得到很好的恢复；长时间振荡的子波得到有效压制，不同震相之间能清晰分辨出来与天然地震产生的震相之间具有较好的一致性。同时经过反褶积之后的波形可以应用于高精度地下介质的监测。

利用反褶积消除激发条件对水库激发大容量气枪信号影响的效果还将进一步通过近源点的人工爆破进行标定。本文所提出的方法不仅可以应用与水库激发大容量气枪信号的处理，对于海洋地球物理勘探中非调制气枪阵列的数据处理也具有一定的参考意义。

本研究由地震行业科研专项（201208004），自然科学基金（41174040）和中央级公益性科研院所基本科研业务专项（DQJB07A01）资助。

**参 考 文 献**

[1] 陈颙，张先康，丘学林，等. 陆地人工激发地震波的一种新方法[J]. 科学通报, 2007, 52: 1317~1321.
[2] 丘学林, 陈颙, 朱日祥，等. 大容量气枪震源在海陆联测中的应用：南海北部试验结果分析[J]. 科学通报, 2007, 52: 463~469.
[3] Wang B, Ge H, Yang W, et al. Transmitting Seismic Station Monitors Fault Zone at Depth[J]. EOS, Transactions, American Geophysical Union, 2012, 93: 49~50.

（10）区域尺度重复震源探测

# 精密控制人工震源数据处理分析方法研究

# Research on data processing methods with Accurately Controlled Routinely Operated Signal System（ACROSS）

杨 微[1] 王宝善[1] 葛洪魁[2] 袁松湧[1] 宋丽莉[1]

Yang Wei[1] Wang Baoshan[1] Ge Hongkui[2] Yuan Songyong[1] Song Lili[1]

1. 中国地震局地球物理研究所地震观测与地球物理成像实验室 北京 100081;
2. 中国石油大学（北京）非常规天然气研究院 北京 102249

精密控制人工震源（Accurately Controlled Routinely Operated Signal System，ACROSS）是国际上20世纪90年代以来发展起来的一种新型可控震源，其原理是利用两个相同的偏心轮，沿转动轴作相反方向的不平衡圆周转动，合成垂直方向或水平方向的振动力，冲击地面产生地震波，其扫描信号具有重复性好、激发频率低、频带范围窄、相位精确可控等特征。

早在1976年，俄罗斯科学院西伯利亚分院就开始研制超大功率低频可控震源，主要是垂直作用力的线性震源，目前有固定式（100吨）和移动式（40吨）两类震源。日本也在20世纪80年代开始研制，主要是水平旋转震源。2000年，国内中国地震局地震预测研究所和一些单位的研究人员也开始关注发展动态和相关技术的研发，成功研制了垂直旋转震源，有固定式（40吨）和移动式（10吨）两种。在数据处理分析方面，日本发展了一套相应的处理技术，主要采取倒谱技术、AIC统计提取技术、传递函数法和自适应加权匹配滤波等。

石油工业上使用的常规可控震源频带范围宽，激发能量在频谱上恒定，其扫描信号自相关函数可近似为Klauder子波，在数据处理上主要采用互相关检测技术。在理论上，源信号在频率域里不是恒定的，能量相差较大，长记录互相关检测技术会突出高能量部分的频率信号特征，类似于进行了具有源信号特征窗口的滤波处理，会导致处理后的波形在走时精确拾取和震相识别等方面具有较大的困难。而精密控制人工震源激发的能量随频率的增加呈二次方上升，对长时间扫描记录进行互相关检测处理，在时间分辨率上表现得明显不足。针对此问题，我们对ACROSS震源信号尝试了长记录互相关检测、短时互相关叠加、相干相关法和频率域反褶积等处理方法研究，并进行了对比分析。

首先对在四川省绵竹市开展现场动态监测实验的ACROSS震源激发的源信号进行了重复性分析，将震源运转时间（26分钟）作为参考信号时间窗口，其相关系数均在0.98以上，表明ACROSS震源每次激发产生的振动信号具有很好的可重复性，可通过对多次激发信号进行叠加来提高记录的信噪比，并在走时变化观测中消除震源变化的影响。

在流动台站测线数据处理上，分别与源信号进行了长记录互相关、短时互相关叠加、相干相关法和频率域反褶积等处理，对处理获得的波形开展重复性、频谱特征、信噪比以及走时剖面等对比分析研究，结果表明：对于ACROSS震源类型的窄带非线性扫描信号，互相关检测法稳定性较好，但在时间分辨率上显得不够，短时互相关叠加法有所改善，总体效果比相干相关法和频率域反褶积法略差一些。

我们利用频率域反褶积法对各台站进行了处理，发现监测结果基本一致，并与大气压力变化呈良好的正相关，并分析了观测区域附近发生的2次地震对断裂带波速的影响，得到在地震发生前后穿过断裂带的直达S波走时分别发生了时延为5~9ms和2~3ms的微弱变化，射线路径上的平均波速相对下降了~0.3%和~0.1%。推测速度变化主要是由地震的同震效应引起的，该结果对于发展断裂带主动震源动态监测技术具有重要意义，对断裂带波速长期变化的分析将为断裂带震后愈合提供直接证据。

本研究受到国家科技支撑计划“汶川地震断裂带科学钻探—主动震源探测及发震断裂的走时变化监测”、地震行业科研专项（201208004）和国家自然科学基金（41174040）资助。

## 参考文献

[1] Fenglin Niu, Paul G Silver, Thomas M. Daley, et al. Preseismic velocity changes observed from active source monitoring at the Parkfield SAFOD drill site[J]. nature, 2008: 454.

[2] Ikuta R, K Yamaoka. Temporal variation in the shear wave anisotropy detected using the Accurately Controlled Routinely Operated Signal System[J]. J. Geophys. Res., 2004, 109: B09305.

[3] Katherine F Brittle, Laurence R Lines, Ayon K Dey. Vibroseis deconvolution: a synthetic comparison of cross correlation and frequency domain sweep deconvolution[J]. Geophysical Prospecting, 2001, 49, 675~686.

（10）区域尺度重复震源探测

# 激发条件对水库大容量气枪激发地震信号的影响分析

# The analysis of the influence of excitation conditionsonseismic signals generated by large volume airguns in a water reservoir

陈 蒙[1] 杨 微[1] 王伟涛[1] 王宝善[1] 葛洪魁[1] 王 彬[2] 苏有锦[2] 吴国华[2] 张俊伟[2] 刘学军[2]

Chen Meng[1] Yang Wei[1] Wang Weitao[1] Wang Baoshan[1] Ge Hongkui[1]
Wang Bin[2] Su Youjin[2] Wu Guohua[2] Zhang Junwei[2] Liu Xuejun[2]

1. 中国地震局地球物理研究所 中国地震局地震观测与地球物理成像重点实验室 北京 100081;
2. 云南省地震局 昆明 650224

气枪及气枪阵列是在海洋中使用最为广泛的震源，既被用来进行海洋石油勘探，也被用来进行以深地壳结构为研究对象的地震测深。由于应用广泛，很早人们就开始对海洋中的气枪信号进行理论和试验的研究。Ziolkowski 和 Schulze-Gatterman 等人根据水中气泡自由振荡理论得到了海洋中气枪信号近场和远场子波的计算公式。Kramer、Peterson 和 Walter，Giles 和 Johnston，Nooteboom，Johnston，Vagge 等，从实际地震数据出发，获得了气枪沉放深度、激发压力和容量与气枪信号特性（主脉冲振幅、气泡周期以及初泡比等）之间的经验关系式。Langhammer 和 Landro 还对气枪信号特性与水体温度和粘滞系数之间的关系进行了研究。由于气枪震源具有能量高、频率低、重复性好等特点，近年来人们逐渐开始把气枪震源应用到陆地水库，进行大陆地区地壳结构的研究[1]。相比于海洋中的气枪信号，陆地水库水深较浅且水域面积有限，气枪震源与水库之间的相互作用更为复杂，并且对这种陆地水库气枪震源激发的信号的研究也较少。林建民等根据陆地水库中水听器记录到的气枪信号，对水库气枪的近场子波特性与沉放深度、工作压力等激发参数之间的关系进行了详细地研究，但是并没有给出更远处岸上地震台站记录到的气枪信号与这些激发参数之间的关系[2]。远处岸上地震台站记录到的气枪信号与近处水听器记录到的气枪信号是存在一定差别的，近场气枪信号主要反映的是气枪震源的性质，而对于远场气枪信号就必须考虑气枪震源与水库的相互作用，这时的震源是气枪与水库共同构成的震源系统。并且在应用中，应用的也是这种岸上地震台站记录到的远场气枪信号。因而有必要对远场气枪信号及其影响因素进行分析，以了解这种震源系统的特性，从而进行后续地研究。

2011 年，中国地震局地球物理研究所、云南省地震局、大理州地震局和宾川县地震局在云南省大理州宾川县的大银甸水库建立了一个长期连续激发的气枪震源地震发射台站，以监测附近红河断裂带地下波速的变化[3]。地震发射台站的震源系统由四支 Bolt 1500LL 型气枪组成的气枪阵列，单枪容量 2000 $in^3$，总容量达 8000 $in^3$。激发点水深 20 m 左右。2011 年 4 月和 5 月份，我们实验室分别在此进行了两次大容量气枪激发试验。两次气枪激发试验的激发压力位于 8～15 Mpa，沉放深度位于 7～10 m。激发时间是在当天晚上 10 时至次日凌晨 5 时。接收装置包括我们在水库中架设的两套由中科院地质与地球物理研究所研制生产的海底地震仪（OBS）、滇西地震预报试验场所属的 11 个固定地震台站以及我们自己架设的 40 个宽频带流动地震台站。本文对这两次气枪激发试验产生的地震信号特别是岸上地震台站记录到的气枪信号进行了分析，发现：①相同激发条件下岸上地震台站记录到的气枪信号的相关系数由信噪比决定，虽然信噪比较高时，气枪信号的相关系数随信噪比变化不大，但当信噪比低于一定程度时，气枪信号的相关系数受信噪比影响明显；②在不同激发压力下（8～14 MPa），岸上地震台站记录到的气枪信号的振幅的变化规律与 OBS 水听器分量记录到的气枪信号振幅的变化规律相似，都随着激发压力的增大而增大，但是并不是与激发压力的 3/4 方成正比，而是与激发压力的 1.2～1.4 次方成正比；③在不同沉放深度下（7～10 m），OBS 水听器分量记录到的近场气枪信号的振幅随气枪沉放深度的增加而增加，而岸上地震台站记录到的远场气枪信号的振幅随气枪沉放深度的变化不明显；④岸上地震台站记录到的远场气枪信号的振幅随水库水位的降低而降低。

## 参 考 文 献

[1] Chen Y, et al. Using an airgun array in a land reservoir as the seismic source for seismotectonic studies in northern China: experiments and preliminary results[J]. Geophysical Prospecting, 2008, 56(4): 601~612.

[2] 林建民, 等. 大容量气枪震源子波激发特性分析[J].地球物理学报, 2010, 53(2): 8.

[3] Wang B, et al. Transmitting seismic station established to monitor the dynamic evolution of the red river fault zone at depth[M]. Eos, 2011.

（10）区域尺度重复震源探测

# 地震背景噪声与北冰洋海冰季节性变化相关性研究

# The relationship between the sea ice seasonal variability on the Arctic Ocean and the microseism

沈智超* 高 超 孟庆君 夏英杰

Shen Zhichao* Gao Chao Meng Qingjun Xia Yingjie

中国科学技术大学 合肥 230026

全球气候变化是当今世界科学家、政治家都极为关心的问题，而极地海冰变化是衡量气候变化的一项重要指标；在没有卫星观测之前的历史上，人们对极冰的年际、季节等尺度变化知之甚少。近年来基于卫星观测的研究[1]表明南极极地海冰季节性变化与地震背景噪声（地脉动）强度存在一定的相关性，这为我们研究利用年代久远地震观测数据研究历史上没有直接观测的海冰变化提供了一种可能。地脉动（microseism）是地震仪记录到背景噪声 3～20 秒周期的能量峰，按频率主要分为初级地脉动和次级地脉动两部分。目前学术界认为低频噪声是海洋重力波相互作用产生的水压振动在海底产生的[2]；而高频部分则可能是由海浪与岸边相互作用产生[3]。

**1. 数据来源**

本项研究选取了 DAG、ALE、BORG、ESK 和 PAL 五个台站：DAG 和 ALE 台站位于在格陵兰岛，ESK 位于英国，PAL 位于美国东海岸中纬度地区，BORG 则处于冰岛上；而每年北冰洋海冰结冰变化仅仅只能影响到格林兰岛，冰岛和中低纬度的台站受海冰的影响远远弱于位于格林兰岛上的 DAG 和 ALE 台站。每个台站的 2008～2010 三年 LHZ 频段的数据均可以从 IRIS 上下载；而海冰数据则来自于美国雪冰数据中心（NSIDC）。

**2. 研究方法与结果**

**1）频谱分析**

利用 IRIS 上获取的 LHZ 频段数据计算出功率谱密度，画出各个台站功率谱密度图（spectrograms），再与相应的海冰年际变化趋势相比较。我们可以看出：当海冰面积减少时，格林兰岛 DAG 和 ALE 两处台站背景噪声信号强度减弱，但变化趋势却不是非常明显，而且另外三个台站的背景噪声强度似乎却和海冰年纪变化趋势无相关性。

**2）定性分析与描述**

为了进一步分析结果，我们将各个台站的频率从小到大依次以 0.5 Hz 为间隔划分为不同的频率段，画出每个频率段的地震背景噪声强度与时间的关系曲线。

（1）我们对格林兰岛 DAG 与 ALE 台站与其他三个台站的曲线进行对比，可以更加清晰的得到海冰年际变化规律与地震背景噪声强度的相互关系：即海冰年际变化趋势确实影响到了格林兰岛地区的地震背景噪声信号的强弱。

（2）另外，我们利用格林兰岛 DAG 和 ALE 两处台站的低频段（取 0.15～0.2Hz）与高频段（取 0.30～0.35Hz）曲线比较不难发现：高频地震背景噪声信号更容易受到海冰年际变化的影响。其原因可能是格林兰岛海岸附近产生的海冰结冰后阻碍了海浪运动，进而阻止了高频噪声的发育，导致地震背景噪声被减弱。这也间接证明了高频背景噪声的起源主要是来自于近海岸与海浪的相互作用。而至于低频段，格林兰岛上的背景噪声强度与时间变化趋势和其他三个参考台站的趋势一致，其受海冰影响较小，可能是因为其起源于北半球中纬度附近的风暴作用。

（3）为了定性描述海冰面积变化与高频段背景噪声的关系，将 Victor C.Tsai[4]模型应用到北冰洋全部海冰面积。参考台站取冰岛 BORG 台，将 ALE 和 DAG 台高频信号强度减去 BORG 台站噪声信号强度与海冰面积平方根随时间变化画到同一张图里，发现二者吻合较好。这也为由噪声数据研究气候变化提供了可能。

**参 考 文 献**

[1] M Grob, et al., Observations of the seasonality of the Antarctic microseismic signal and its association to sea ice variability[J]. Geophys. Res. Lett., 2011, 38: L11302.

[2] K Hasselmann. A statistical analysis of the generation of microseisms[J]. Rev. Geophys., 1963, 1: 177~210

[3] Haubrich, et al. Microseisms: Coastal and pelagicsources[J]. Bull. Seismol. Soc. Am., 1969, 7(3): 539~571.

[4] Victor C Tsai, et al. Quantifying the influence of Sea Ice on Ocean Microseism using Observations from the Bering Sea[J]. Alaska, 2011: L22502.

（10）区域尺度重复震源探测

# 不同水体形状对气枪激发信号的影响

# The influence caused by different shape of water bodies on airgun signals

胡久鹏* 王宝善 陈 颙

Hu Jiupeng　Wang Baoshan　Chen Yong

中国地震局地球物理研究所　北京 100081

成像地球内部介质结构及其动态变化是地球物理学家的主要任务，利用人工震源进行地下介质监测已成为一个重要发展方向。云南省宾川县固定气枪发射台站的建立运行为精确实时监测该地区介质结构变化以及复杂震相的传播研究提供了便利；另一方面，位于自盐塘起、经宾川到云县测线上的大型人工爆破项目也即将展开。为了掌握不同水体形状对激发波形性质的影响，我们进行了大量的模拟实验。

建立的模型分为三类：深井、椭圆形水底的水池和有直立侧壁的水槽。三类模型模拟的空间尺度相同，均设置为两相介质。模型上界面均取自由边界条件，其余边界取吸收边界条件。设定震源为爆炸震源，台站均匀分布在水池右侧模型上界面处。

为了对实验模拟得到的波形进行定量的评价，我们取三个参数来描述波形的性质：①最大振幅 $a$；②从最大振幅处波形能量衰减到 1/16 或更小所经历的时间 $b$；③最大振幅与和其同相第二大振幅的振幅比值 $c$。此三个参数从不同的侧面描述波形的性质，参数 $a$ 表征了台站接收信号的最大能量，参数 $b$ 表征信号波形的衰减速度，参数 $c$ 表征信号波形的尖锐程度。对于理想的波形，我们希望其 $a$ 值足够大，$b$ 和 $c$ 的值足够小，也即不单要求激发的信号要有足够的能量以使得接收信号有足够高的信噪比和更大的有效接收距离，而且还要保证信号单峰性较强，易于精确识别。

我们共进行了 17 组实验，实验结果可以分 4 组进行比较：

（1）三种模型综合对比。深井模型中激发信号振幅最大，波形衰减最快，波形最为尖锐，能量最为集中，是这三种模型中最理想的。椭圆模型激发的信号波形稍小，但是衰减很慢，波形能量不集中，旁瓣占有相当大部分的能量。圆柱模型信号较不规则，衰减较慢，但是能量较为集中，波形较为尖锐。

（2）深井中震源沉放深度对波形的影响。随着深度的增加，相同能量的震源激发的波形最大振幅越来越大。不同震源深度下衰减因子 $b$ 相差不大，而形状因子 $c$ 随深度增加而增加，即震源深度越大，波形旁瓣所占能量比例越大。

（3）椭圆形状水池水域开口大小对波形影响。随着水面的开阔，接收波形的最大振幅非线性减小，衰减因子非线性减小，波形衰减变快，形状因子减小，旁瓣所占能量比例减少。

（4）椭圆形水池中，震源沉放位置对波形的影响。这组模型的衰减因子以及形状十分相近。随震源沉放深度逐渐增加，波形最大振幅逐渐增加。水平方向震源逐渐靠近接收台站，波形最大振幅逐渐减小。

最终我们可以得到以下结论：

（1）深井中波形 $a$ 值较大，$b$ 和 $c$ 值较小，可得到理想的波形。在相同深度的深井中，震源沉放越深 $a$ 值越大，但是 $c$ 值也相应变大，波形旁瓣所占能量变大。井深 30 米震源沉放 20 米时效果较好。对于侧壁有一层坚硬介质的深井，管波明显，波形衰减较慢。

（2）水底为近椭圆或抛物线的水池中，波形 $b$ 和 $c$ 的值仅与水池形状有关。水池开口越大，池底越平缓，波形最大振幅 $a$ 越小，波形衰减越快，波形形状越尖锐，也即 $b$ 和 $c$ 值越小。相同的开放水域，沉放深度加大，震源向接收台站相反的方向移动均可以增加波形的最大振幅 $a$。

（3）对于有直立侧壁的水槽，波形形状复杂，波形性质相对较差。

本研究由地震行业科研专项(201208004)，自然科学基金(41174040)和中央级公益性科研院所基本科研业务专项(DQJB07A01)资助。

## 参 考 文 献

[1] Dimitri Komatitsch, et.al.　Introduction to the Spectral Element Method for Three-dimensional Seismic Wave Propagation[J]. Geophys.J.Int., 1999, 139: 806~822.

[2] Baoshan Wang, et al. An experimental study on the excitation of large volume airguns in a small volume body of water[J]. J.Geophys.Eng., 2010, 7: 388~394.

# 专题十一：计算地震学研究进展

# Recent Research and Development in Computational Seismlolgy

（11）计算地震学研究进展

# 二阶地震波方程的非分裂卷积完美匹配层吸收边界条件

# Unsplit convolutional perfect matched layer absorbing boundary condition for the second-order seismic wave equation

马　啸　杨顶辉

Ma Xiao　Yang Dinghui

清华大学数学科学系　北京 100084

由于计算机能力的限制，地震波场模拟的计算区域只能是一块有界区域，因此如若模拟无界或半无界区域内的波场，则需吸收边界条件（Absorbing boundary condition）消除或减弱计算区域边界所引起的虚假反射波。最早由 Clayton 和 Engquist 于 1977 年发展了旁轴近似方法，一直以来被广泛应用于差分算法。Yang 等于 2003 年提出一种 $n$ 次非耦合吸收边界条件，几乎无需增加计算量，但对于大入射角的波吸收效果较为有限。

完美匹配吸收层（perfect matched layer）边界条件自 1994 年由 Berenger 提出之后，由于其不受计算区域介质种类、波频率及入射角度的影响，可以很好地与时间域差分方法(FDTD)结合，稳健、有效并且增加的计算代价较小，因此，被广泛应用于光学、电磁学、地震学等领域的波动方程求解中，并得到了很多推广和发展。Komatitsch 于 2003 年推导出了波动方程的二阶位移形式所对应的 PML 方程，与旁轴近似边界吸收方法相比，取得了更为理想的吸收效果。但由于经典 PML 引入了一阶时间偏导数，时间迭代次数较多后往往引起 PML 区域及计算区域的数值不稳定，为此，只得加厚吸收区域，以维持一定时间内的数值稳定性，但其本质仍然是数值发散或稳定性较差的。另一方面，PML 所引入的分裂波场给非规则的网格剖分带来了麻烦，而且增加了存储量，在三维波场模拟中，为维持其数值稳定，既需要增加吸收区域厚度又需要存储多个分裂波场，占用了相当的计算资源，这是我们所不希望的。此外，离散形式下 PML 对于掠射波的吸收效果较差。卷积完美匹配层(Convolutional PML)吸收边界条件最早是由 Roden 和 Gedney 于 2000 年针对电磁波方程构造的，最初的目的是构造复频移的扩展坐标，以利于吸收掠射波。而在其推导过程中所引入的卷积迭代运算，既避免了时间域方程中出现一阶时间偏导数，又避免了波场分裂，这样处理，同时解决了经典分裂 PML 的数值稳定性差以及分裂波场的两大问题。Martin 等于 2005 年将卷积 PML 方法引入至地震波方程一阶速度-应力方程，针对地震波方程的特点进行了若干简化和推广，对小入射角波吸收效果与经典的 PML 相当的同时，改善了掠射波的吸收效果，可保持 PML 层较少时也可以保持稳定，节约了存储量和计算量，且对于不同的传播介质，同样具有良好的效果。

本文针对地震波方程的二阶位移波方程，推导了卷积 PML 的时间域方程及二阶交错网格差分格式，给出了两种复合卷积迭代方法，并针对卷积 PML 的特点，给出了吸收域角点处不同于经典 PML 的处理方式。通过导波管数值实验，我们对比了一阶速度—应力方程与二阶位移方程分别对应的分裂 PML 及卷积 PML 的长时计算效果。结果表明，卷积 PML 与经典分裂 PML 吸收边界条件吸收效果基本等同，而对于同一种方程形式，卷积 PML 的计算速度较经典分裂 PML 有显著提高，且能保持长时间迭代的数值稳定性。另外，为考查其实际应用的效果，我们给出了 SEG/EAGE 二维速度模型的波场模拟结果，计算区域采用具有二阶时间精度，四阶空间精度的近似解析保辛分块龙格—库塔方法 (Nearly-analytic symplectic partitioned Runge-Kutta method: NSPRK(2,4))进行了波场的模拟，吸收边界使用卷积 PML，得到了一系列随时间变化的波场快照以及地表地震记录，结果再次验证了本文所给出的波动方程二阶位移方程的卷积 PML 吸收效果良好，并具有良好的稳定性，同时可以与 NSPRK 类方法进行有效结合。

本研究得到国家自然科学基金项目（40725012）的资助。

## 参 考 文 献

[1] Roden J A, S D Gedney. Convolution PML (CPML): An efficient FDTD implementation of the CFS-PML for arbitrary media[J]. Microwave and Optical Technology Letters, 2000, 27, 334-339.

[2] Martin R, D Komatitsch, S D Gedney, É Bruthiaux. A High-Order Time and Space Formulation of the Unsplit Perfect Matched Layer for the Seismic Wave Equation Using Auxiliary Differential Equations (ADE-PML)[J]. Computer Modeling in Engineering and Sciences, 2010, 56: 17~40.

[3] Ma X, D H.Yang, F Q Liu. A nearly analytic symplectically partitioned Runge–Kutta method for 2-D seismic wave equations[J]. Geophysical Journal International, 2011, 187: 480~496

（11）计算地震学研究进展

# 球坐标系中的最短路径算法及全球主要震相理论走时表

# The Shortest Path Algorithm in Spherical Coordinates and Global Main Phases Traveltime Tables

黄国娇[1*] 白超英[1,2]

Huang Guojiao[1] Bai Chaoying[1,2*]

1. 长安大学地质工程与测绘学院地球物理系 710054 西安;

2. 长安大学计算地球物理研究所 西安 710054

## 1. 研究的意义

地震层析成像方法及技术经历了 30 多年的发展，已成为研究地球内部结构及各向异性行之有效的方法技术。对于区域或全球地震走时层析成像而言，地球曲率是不可忽略的，此时就不能再将地球表面视作平面来处理，而必须采用球坐标系才能保证所需的计算精度；同时，地球内部的结构是复杂变化的，需用三维球坐标系下的速度模型来描述；加之全球走时成像中需要成千上万的走时数据(大多采用不仅仅是单一震相的走时)，这就要求拥有计算速度快、精度高的三维球坐标系正演射线追踪计算方法及相应软件。然而，目前采用较多的还是基于 1D 球坐标系下的两点射线追踪算法，反演中假设射线路径不变，然后根据扰动的方法更新速度模型。

网格（或单元）波前扩展算法由于其全局解、算法稳健、计算效率高等优势越来越受到人们的关注，其中主要包括有限差分解程函方程算法和最短路径算法。De Kool 等人（2006）将 Rawlinson 和 Sambridge（2004）提出的快速行进算法（FMM）推广到 3D 球坐标系下，能够快速、准确、稳健的计算出复杂区域模型中的多种震相，包括后续反射波，但是到目前为止，未见该算法用于全球地震走时层析成像的研究报道。而白超英等人提出的分区多步最短路径算法，经对比分析表明计算效率和精度均优于 FMM 算法(相同模型和计算精度下，快速行进法的 CPU 用时一般是改进型最短路径算法的 5～6 倍)，且目前该算法已用于直角坐标系下 2D/3D 地震多震相走时联合同时反演速度和界面。但是传统的分区多步最短路径算法，只能追踪初至波或地下界面的多次反射(或反射转换)波，无法计算那些在反射界面上遵从稳态极大极小值震相的射线路径。

## 2. 方法原理简介

本文将上述分区多步最短路径算法推广至球坐标系中，并引入费马原理下稳态极值射线路径的概念，使其不仅适用于初至波或地下界面的多次反射(或反射转换)波的追踪计算，而且可以计算追踪那些在反射界面上遵从稳态极大极小值路径的震相，从而实现了球坐标系下 3D 复杂模型中全球多震相地震波走时及相应射线路径的追踪计算。

费马原理公式表达为：$\partial t/\partial l=0$，$t$ 为走时关于反射点的函数，根据 $\partial t/\partial l$ 的高阶导数可以将极值走时射线路径分为三种：① $\partial^2 t/\partial l^2>0$，为最小走时射线路径，例如：直达 P、Pn、Pg 波、PmP、PcP 等；② $\partial^2 t/\partial l^2<0$，则是关于界面上稳态的最大走时射线路径，例如：PKPab 等；③ $\partial^2 t/\partial l^2=0$，是关于界面上稳态的极大极小（鞍点）走时射线路径，例如 PP、SS 等。

## 3. 结果与分析

为了检验算法的计算精度和有效性，我们用 Kennett 等人(1995)得到的 AK135 地球速度模型计算全球 49 种不同的地壳、地幔、地核震相，并与 AK135 全球主要震相理论走时表进行对比研究，结果表明：该算法能快速、有效、准确的追踪计算全球常见的主要震相，最大绝对走时误差约为 0.1 s，而平均走时误差一般小于 0.06 s。因此，该算法可作为区域或全球地震走时层析成像中多震相地震射线追踪计算的一种准确、高效、实用的算法。

本项研究得到了教育部高等学校博士学科点专项科研基金资助(项目批准号：20110205110010)。

### 参考文献

[1] De Kool M, et. al. A practical grid-based method for tracking multiple refraction and reflection phases in three-dimensional heterogeneous media[J]. Geophys J Int, 2006, 167: 253~270.

[2] Kennett B L N, et. al. Constraints on seismic velocities in the earth from traveltimes[J]. Geophys J Int, 1995, 122: 108~124.

[3] Zhao D P, et. al. Seismic ray path variations in a 3D global velocity model[J]. Physics Earth Planet Inter, 2004, 141: 153~166.

[4] 白超英, 等. 三维复杂层状介质中多震相走时联合反演成像[J]. 地球物理学报, 2011, 54(1): 182~192.

（11）计算地震学研究进展

# 三维球坐标系下的地震波方程的谱元解法

# Spectral-Element Method for Seismic Wave Equations in a 3-D Spherical Coordinate System

汪文帅*[1,2]　李小凡[1]　陈世仲[1]　刘少林[1]　张美根[1]

Wang Wenshuai*[1,2]　Li Xiaofan[1]　Chen Shizhong[1]　Liu Shaolin[1]　Zhang Meigen[1]

1. 中国科学院地质与地球物理研究所 中国科学院地球深部重点实验室　北京 100029;

2. 宁夏大学数学计算机学院　银川 750021

波动方程数值解法是建立在以弹性或粘弹性理论和牛顿力学为基础的双曲型偏微分方程理论基础上的。就中小尺度而言，现有的诸如有限差分法、伪谱法、有限元法以及谱元法等地震波数值模拟方法已日趋成熟，基本能满足研究及应用之要求。然而，对于大尺度，尤其是全球尺度的地震波传播问题，适用于中小尺度问题的地震波数值模拟方法难以满足其长时程、高精度波场模拟的要求。所以发展高精度全球尺度地震波传播数值模拟的可靠算法就成为关键，也对深入理解天然地震产生的大量观测数据、地球内部径向、横向非均匀性起到不可替代的作用，对整个地球科学而言都有着重要的意义。

在研究全球地震波场模拟及地震自由振荡等问题时,我们选定的对象是整个球体，自然选择适用于球体特性的离散算法是必要的。基于对称球坐标模型的三维弹性波动方程的数值模拟，已经有了许多数值方法，诸如直接解法，轴对称的有限差分法以及格林函数法等，虽然这些方法提出了合理的近似和解决方案，但是这些方法在在对较灵敏的内核的较准确响应和较高分辨率的模拟问题远没有解决，主要还是由于计算现有工具的计算能力还不能对于如此的高频场(如 1 Hz) 进行很好的模拟(研究表明，精确模拟地核问题需要计算时间数年，计算内存达到数 T 以上，硬盘空间达 $10^{18}$ Bytes)。在现有的地震波全球模拟中，有限元、间断的 Galerkin 算法以及谱元法的模拟较为常见，但由于谱元法在计算速度和计算内存消耗方面的优势，在每个波长中只需要少量的网格点，加之在地球自由表面边界条件自然满足，所以是目前进行全球模拟时的首要选择方法。但是注意到，目前广泛使用的 SPECFEM3D Global 软件是针对于直角坐标下的波动方程进行求解，基于立方球体进行剖分为一系列由 27 个控制点定义的曲边六面体单元，计算时将单元进一步通过二阶 Lagrange 插值多项式变换到正六面体单元，这一过程已经引入模型近似。如果在球坐标系下求解波动方程，考虑到地球的天然形状，只需要将剖分后的曲六面体单元相似变换到一个标准的曲六面体单元，会一定程度上减少误差的引入。但不同于直角坐标中的求解，带来的问题是要处理地心处的奇异性的同时，还要处理南、北极点处单元尺度不协调问题。因为当单元靠近两极（南北极）时，尺度也变得非常小，所以要求时间离散间隔非常小，造成计算效率明显下降并易引起算法失稳。

本文中，我们研究了求解球坐标系下波动方程的离散方法，利用球对称模型中地震波传播的对称性，可将 3-D 弹性动力学问题等效于六个独立的 2-D 问题,提出了一种矩张量轴向离散的谱元方法，综合优化的网格生成方法，处理了地心、南、北极单元尺度较小的问题。具体将单元分为轴向和常规曲边六面体单元，在常规单元面上依然采用经典的 Gauss-Lobatto-Legendre(GLL) 插值函数，而在轴向处采用 Gauss-Lobatto-Jacobi (GLJ) 积分公式，结合 L'Hospital 法则，这样不仅可避免了两极单元尺度不协调的问题，还保持了谱元法质量矩阵对角的特点，给时间域的进一步离散提供了便利。同时，在时间域离散时选择了精度相对较高的三阶辛离散格式，使得在长时程模拟时算法本身的积累误差得到有效压制。通过数值算例的比较，得出推导的谱元方法适用于求解球体模型中地震波的传播问题。

本研究得到国家自然科学基金项目(41174047、40874024)联合资助。

### 参 考 文 献

[1] Komatitsch D, et al. The spectral-element method: an efficient tool to simulate the seismic response of 2D and 3D geological structures[J]. Bull. seism. Soc. Am., 1998, 88: 368~392.

[2] Nissen-Meyer T, et al. A 2-D spectralelementmethod for computing spherical-earth seismograms—I. Moment tensor source[J]. Geophys. J. Int., 2007, 168: 1067~1093.

[3] Nissen-Meyer T, et al. A 2-D spectral-element method for computing spherical-earth seismograms—II. Waves in solid-fluid media[J]. Geophys. J. Int., 2008, 174: 873~888.

（11）计算地震学研究进展

# 高精度保结构地震波叠前逆时深度偏移研究

# High-precision and structure preserving seismic wave reverse migration

刘少林 李小凡 汪文帅 张美根

Liu Shaolin Li Xiaofan Wang Wenshuai Zhang Meigen

中国科学院地质与地球物理研究所 地球深部重点实验室

与基于射线方法的Kirchhoff偏移和基于单程波方程叠前深度偏移相比，基于双程波动方程成像的逆时偏移能对回旋波，二次波，以及多次波成像，且其不受地下倾陡构造和横向速度剧烈变化的影响。随着计算机硬件技术的迅速发展，特别是CPU与GPU协同运算的实现，大大促进了逆时偏移在实际地震成像中的运用，逆时偏移技术越来越激起勘探工作者的浓厚兴趣。逆时偏移发展从最初的声波方程到弹性波方程，从二维运用至三维，从各向同性介质到各向异性介质，从双相介质到三相各向异性介质。

逆时偏移涉及到震源波场的正向传播和接受波场的逆时外推，这都需要求解波动方程。波动方程的数值求解已有多种方法，如有限差分，伪谱法，有限元法，谱元法，有限体积等。有限差分以其较高的计算效率，程序易于实现，易于并行，至今仍是工业界普遍采用的成像方法。但传统的有限差分以受其自身属性的限制，精度较低、数值频散较为明显，在逆时偏移时表现为有用信号的损失或有用信号不能准确归位；为了提高成像质量，增加有限差分阶数并不能有效消除数值频散，而细分网格又迅速增大内存开销和计算量；同时广泛使用的时间中心差分离散格式随迭代次数的增多误差迅速增长，虽然在小尺度成像时误差并不明显，但在大尺度成像中误差可能会淹没有用信号。由于传统方法的不足，有限差分逆时偏移算子不能较精细的反映地下构造信息。

本文将地震波速度应力方程变换至Hamilton体系，引入广义动量和广义坐标，此时的广义动量即为速度，广义坐标即为应力；在Hamilton系统中，运用保结构的辛差分格式作为广义动量与广义坐标组成的相空间随时间的推进格式，兼顾计算效率与精度，选择三级三阶辛格式，即保证时间精度具有三阶代数精度；定义互易子，反复运用CBH公式，基于能量误差最小原理得到了一组优化的辛差分系数；运用交错网格的褶积微分算子近似空间微分算子，基于平面波导数逼近原理优化截断褶积微分算子，并得到了可靠的优化系数，表现为优化了的褶积微分算子相比于未优化的褶积微分算子和有限差分算子在地震波高波数端有更强的适应性，且低波数端精度亦较高，为了提高成像效率同时保证较高的计算精度，选择9点的褶积算子计算空间微分。理论分析和大量的数值实验表明本文构造的波动方程求解方法具有较好的时空稳定性以及较高的波动方程求解精度效率，在实际地震波模拟时，能够捕获地震波中各频段有用信息以及长时间的地震波跟踪能力。

本文将优化的辛格式交错网格褶积微分算子作为地震波逆时偏移算子，对叠前资料作振幅补偿处理，以地面速度分量记录作为边值条件进行波场延拓，震源波场与接收波场做零延迟互相关，最后对成像结果运用Laplace滤波过滤低频假象；本文在薄互层模型，凹陷模型，SEG盐丘模型中作了测试，本方法表现出较好的成像效果，即成像剖面清晰，剖面之外低频假像得到了有效过滤，特别地，优化的辛格式褶积微分算子偏移结果相比于传统的有限差分偏移算子对SEG盐丘模型成像中盐下构造更为清晰。本方法相比于传统方法的优势在于继承了传统方法在计算效率，内存要求、易于并行等方面的优点，同时在精度与长时间计算能力方面有明显的改进，在成像中表现为在不显著增加内存要求和计算量的前提下，运用较少的震源成像即能获得准确的构造剖面，这大大提高了成像效率。虽然本方法只运用至二维各向同性介质的成像中，三维各向异性以及实际地质体的成像同样能较方便实现，但对于起伏地表运用本方法成像还有待后续的研究。

本文研究得到国家自然科学基金41174047、40874024联合资助

**参 考 文 献**

[1] Li X F, et al. Structure-Preserving modeling of elastic wave: s symplectic discrete singular convolution differentiator method[J]. Geophys. J. Int., 2012, 188: 1382~1392.

[2] Casas F., Murua A. An efficient algorithm for computing the Baker-Campbell-Hausdorff series and some of its applications[D]. Technical report, Universitat Jaume I, 2008.

(11)计算地震学研究进展

# 起伏地表下地震波初至走时计算

# A fast sweeping scheme for the computation of first- arrival travel times with an irregular surface

兰海强* 张忠杰

Lan Haiqiang* Zhang Zhongjie

中国科学院地质与地球物理研究所　北京 100029

## 1. 引言

在我国随着东部平原地带大规模油气勘探工作已接近尾声，目前的油气勘探重点已转移到了西部、西南部地区。与东部地区不同，西部地区剧烈的地形起伏给地震勘探工作提出了严峻的挑战，传统的基于平缓构造勘探的地震数据采集、处理和解释方法在这类复杂地表地区已不再适用[1]。研究复杂地表条件下地震波走时的计算问题，对于在这些地区进行偏移成像、走时层析反演均有非常重要的意义。到目前为至，绝大多数的可以处理起伏地表的地震波走时计算方法都是基于非规则网格的。然而，目前许多地震波场数值模拟方法都是基于规则网格的[2]，这使在这些网格上的走时计算变得愈加重要，因为基于以上的正演结果进行 Kirchhoff 偏移时需要这些走时信息。因此，基于规则网格剖分的起伏地表下的走时计算具有重要意义。在此，我们提出了一种求解起伏地表下地震波走时的方法。

## 2. 方法原理

对于复杂地表的模型，离散网格边界需与起伏的地表吻合以避免人为的产生误差，这种网格被称作贴体网格。贴体网格生成之后，笛卡尔坐标系中的每个网格点通过下面的关系与曲线坐标系中的点一一对应起来。

$$x = x(q,r),\quad z = z(q,r) \tag{1}$$

由链锁规则，我们可以把笛卡尔坐标系中的偏导数用曲线坐标系的坐标来表示，

$$\partial_x = q_x\partial_q + r_x\partial_r\ ,\ \partial_z = q_z\partial_q + r_z\partial_r \tag{2}$$

式中，$(x,z)$表示笛卡尔坐标系，$(q,r)$表示曲线坐标系，这里 $q_x$ 表示 $\partial q(x,z)/\partial x$，同理其他表达式意义类似。笛卡尔坐标系各向同性介质中的程函方程为

$$\left(\frac{\partial T}{\partial x}\right)^2 + \left(\frac{\partial T}{\partial z}\right)^2 = s^2(x,z) \tag{3}$$

这一方程给出了射线经过慢度为 $s(x,z)$ 的介质中的点 $(x,z)$ 时的旅行时 $T(x,z)$。

根据以上的关系式(2)，我们可以把笛卡尔坐标系的程函方程(3)变换到曲线坐标系。然后采用 Lax-Friedrichs 快速扫描法求解曲线坐标系中的程函方程[3]。

## 3. 结论及认识

笔者提出了一种求解起伏地表下地震波初至走时的新方法。首先，我们借助于贴体网格，把笛卡尔坐标系中的程函方程变换到曲线坐标系中，然后，采用 Lax-Friedrichs 快速扫描算法求解曲线坐标系的程函方程。数值实例表明，本文的方法准确高效，且对地表地形剧烈起伏，速度变化剧烈的模型也具有良好的适应性和稳定性。本研究由国家自然科学基金(编号：41074033, 40874041，41021063)资助。

### 参 考 文 献

[1] 兰海强，刘佳，白志明．VTI 介质起伏地表地震波场模拟[J]．地球物理学报，2011，54(8)：2072~2084.

[2] Lan H, Zhang Z. Three-dimensional wave-field simulation in heterogeneous transversely isotropic medium with irregular free surface[J]. Bulletin of the Seismological Society of America, 2011 101(3):1354~1370.

[3] Lan H, Zhang Z. Topography-dependent eikonal equation and its Lax-Friedrichs sweeping solver for calculating first-arrival travel times for an irregular surface[J]. Geophysical Journal International，in review, 1995, 13(2): 62~68.

（11）计算地震学研究进展

# 基于 MPI 的三维瑞雷面波有限差分并行模拟

# Three dimension finite difference parallel modeling of Rayleigh wavebased on message passing interface

熊章强 张大洲* 张明财

Xiong Zhangqiang Zhang Dazhou Zhang Mingcai

中南大学地球科学与信息物理学院 长沙 410083

## 1. 引言

瑞雷面波凭借其衰减小、信噪比高、抗干扰能力强、分辨率高以及在层状介质中所具有的频散特性，在地震学中有着广泛的应用，其正演模拟也成为国内外学者的研究热点。目前关于瑞雷面波正演主要以二维模拟为主，从研究角度来说必须从二维发展到三维，这样才能比较全面地认识实际地下介质中面波波场的传播特性和空间变化的真实特征。三维瑞雷面波的正演模拟若基于单 PC 机的串行算法时势必会受到数据存储量小，运算速度慢的局限。根据当前的计算机硬件及软件的发展趋势，采用并行计算技术增大数据存储量，减小正演模拟时间是一条非常有效的途径。MPI(Message Passing Interface)是目前一种比较著名的应用于并行环境的消息传递标准，其目的是为基于消息传递的并行程序设计提供一个高效、可扩展、统一的编程环境，MPI 有消息传递库函数具体实现，目前应用比较广泛的有 MPICH 和 LAMMPI。本文选用免费的 MPICH1.2.7p1 版本。

## 2. 并行设计

利用交错网格有限差分进行瑞雷面波数值模拟时在时间域和空间域中的特点可知，其求解任务具有良好的局部性和并行度，可将求解任务分解为若干个子任务，这些子任务可以并行地执行，以期达到并行求解波动方程的目的。

### 1）模型划分

设总的模型规模为 $N=N_x\times N_y\times N_z$，将模型沿 $x,y,z$ 方向分别分解为 $P_x,P_y,P_z$ 个小区间，即可将总的模型规模分解到 $N_p=P_x\times P_y\times P_z$ 个子进程中，每个子进程中的网格规模为 $N/N_p$，且各进程均具有自己独立的内存空间，数据在整个计算空间中不重复占用内存，程序并没有因为并行而额外增加内存开销。

### 2）数据通信

在空间 4 阶有限差分数值模拟时，每个子进程中的模型规模中沿 $x,y,z$ 方向都划分出 2 个网格点组成过渡层。各个子进程在每个时间步长计算完该进程模型空间的波场值后，必须与其相邻的进程间通过过渡层进行数据通信(发送或接收)。

### 3）PC 机多进程并行效率比较

为了进行 PC 机多进程并行效率的比较，特设计模型大小为 $100\text{m}\times100\text{m}\times100\text{m}$，网格大小 $dx=dy=dz=1\text{m}$，总的网格数 $N=1\times10^6$ 个，采样间隔为 0.4ms，总采样时间长度为 0.1s。三维速度—应力有限差分数值模拟过程中共需存储 9 个三维数组(3 个速度分量和 6 个应力分量)，在单机运行时，需消耗 $9\times N\times8$ 字节的内存，若将 $M$ 台 PC 机组成一个 PC Cluster，则每台 PC 仅需消耗 $9\times N\times8/M$ 字节的内存。在双核 PC 机上分别开设 1、2、4、8 个进程对该模型进行有限差分数值模拟。通过模拟可知：①随着进程数 $P$ 的增加，每个进程的网格规模会减小为待模拟网格规模的 $1/P$；②进行并行计算，串行计算的时间略有增加，并行计算的时间略有减小，但总的运行时间约变为只进行串行计算时的 1/2，这是因为计算所用的 PC 只具备 2 个运算核心，当进程数大于 2 时，每个核心运行多个进程，而处在单核中的两个进程之间的通信任务会消耗 CPU 时间；③加速比 $S$ 随着进程数 $P$ 的增加而增加，但与进程数的差距越来越大。

## 3. 瑞雷面波模拟算例

为了验证模拟程序的正确性，设计均匀各向同性介质模型，大小为 $200\text{m}\times200\text{m}\times100\text{m}$，网格间隔

$dx = dy = dz = 1\text{m}$，纵波速度 $v_p = 1000\,\text{m/s}$，横波速度 $v_s = 577\,\text{m/s}$，密度 $\rho = 2\,100\,\text{kg/m}^3$；震源为 25 Hz 的高斯一阶导数函数，。采样间隔为 0.4ms，采样长度为 200ms。将 2 台 PC 组建为一个 PCPC Cluster 对该模型进行数值模拟。对模拟得到的两个速度分量都与解析解对比可知两者吻合较好，这说明程序是正确的，即可以通过 MPI 并行算法来实现三维瑞雷面波有限差分模拟。

**4. 结论**

串行计算模拟弹性波传播时，受到单 PC 机内存和运算时间的局限，只能计算较少网格中较短时间内的波场信息。弹性波有限差分数值模拟具有良好的并行特征，基于 MPI 的并行计算通过将待模拟区域划分为若干个子进程中的子区域，每个子进程相互协调通信完成消息传递，有效地提高了三维弹性波数值模拟的网格规模和计算效率。

本研究由中南大学自由探索计划项目资助。

**参 考 文 献**

[1] 熊章强. 复杂介质中瑞雷面波的正演模拟及传播特征研究[D]. 武汉：中国地质大学（武汉）, 2006.

[2] 周竹生, 刘喜亮, 熊孝雨. 弹性介质中瑞雷面波有限差分法正演模拟[J].地球物理学报, 2007, 50(2): 567~573.

[3] 王德利, 雍运动, 韩立国, 廉玉广. 三维粘弹介质地震波场有限差分并行模拟[J].西北地震学报, 2007, 29(1): 30~34.

（11）计算地震学研究进展

# 真实地球表面上面波传播的数值模拟

# The simulation of surface wave propagation on the real Earth surface

王 易[1]* 吴文波[1] 滕 龙[1] 倪四道[1,2]

Wang Yi* Wu Wenbo Teng Long Ni Sidao

1. 中国科学技术大学地球和空间科学学院；2. 蒙城地球物理国家野外科学观测研究站 合肥 230026

面波是一种沿着近地表传播的地震波。天然地震激发的面波在一定震中距（三到五倍深度）外通常是观测地震图中振幅最强的震相，对于中等以上强度的地震（Mw>6）来说，其激发的面波能够被全球任何一个地震台清晰的记录到，对于汶川地震（Mw＝8.0）这样的强震来说，其激发的长周期地震波甚至可以绕地球整整一圈以上。同时，背景噪音研究是近些年来地震学研究的一个热点之一，而其主要成分也是面波。因此，可以说地震仪上记录的波形数据无论是对天然地震还是平时记录到的背景噪音，面波都是其中非常重要的一个震相。

对于面波的激发以及传播问题，前人已进行了大量研究，并取得了丰富的成果，主要包括面波在地震震源过程研究以及地球内部结构研究两个方面。在天然地震震源研究上，由于长周期面波传播较为稳定，因此它常常作为约束震源机制解以及震级估算的一种有效手段，尤其是对于大地震来说，它就显得尤为重要，例如 Global CMT 以及由 Kanamori 提出的 W phase 方法，都把长周期面波（基阶或高阶）作为约束震源机制解以及震级的一种重要震相。在地球内部结构研究方面，更是取得了巨大的成就，其典型代表就是在不同区域不同频段的面波层析成像，它包括了在地质构造研究中应用较多的各向异性成像结果。另外，近些年处于热点的地震背景噪音研究也正在试图理解噪音的激发与传播过程，尤其是占主要成分的面波，并期望将来能将它更广泛的应用到地震震源研究以及地球内部结构研究之中。虽然对噪音本身的理解还需进一步的研究，但是对于基于背景噪音的应用已经取得了一些成果，其中包括对背景噪音的面波层析成像以及利用背景噪音进行震源精确定位。总的来说，这些研究结果显示了面波在震源以及结构研究上具有巨大的应用和潜力。

然而，已有的这些研究大多数都基于射线理论，随着我们对面波传播问题认识的逐步深化，以及地震波形数据资料的增加，非常有必要对其进行更精确的研究。例如，对于环绕地球长距离传播的长周期面波 R2,R3 等，一方面它们可以为约束地球内部结构提供更多的数据，另外由于它们在地球上传播距离较远，是一种能够用来检测现有层析成像模型准确性的有效震相。但是至今为止我们对它们还缺乏深入的研究，尤其是在非均匀介质、椭球地球形状下的传播特性研究还不够精确。另外，对于小区域内的短周期面波传播，由于结构非均匀性导致的聚焦、反聚焦以及多次反射现象的研究也具有重要意义。而这些问题的准确研究，射线理论已经不再适用，因此，发展一种基于波形的理论方法显得尤为重要。现有的三维数值模拟，包括谱元法以及有限差分等，确实能够模拟复杂模型下的面波传播问题，但是限于现有的计算资源，以及考虑到面波沿着地球表面传播这一特性，我们推荐使用二维球面或者椭球面上的面波传播就能够平衡兼顾计算速度与精度问题，并使用谱元法以及 grid 方法实现了椭球及任意形状闭合曲面上面波传播模拟。

谱元法结合了有限元和谱方法的优点，具有边界处理简单，计算收敛快，精度高的特点。Grid 方法也是基于积分形式求解波动方程，该方法虽然在低空间采样时有一定频散现象，但是其公式推导非常简单，易于操作和具体实现。如果利用谱元法计算椭球面上的面波传播，经过测试，使用并行算法，在简单的小型服务器（8 核）上就能在一个小时内正演模拟得到 30s 周期全球传播的 R2 面波。同时我们计算了均匀椭球地球模型下的面波传播，其到时与射线理论符合非常一致。另外我们也模拟了不同的非均匀模型下不同周期的面波传播问题，并与射线理论作比较，计算结果表明在非均匀模型下，射线理论具有明显的缺陷，有必要采用基于波形的面波传播模拟。

**参 考 文 献**

[1] Komatitsch D, Tromp J. Introduction to the spectral-element method for 3-D seismic wave propagation[J]. Geophys. J. Int., 1999, 139: 806~822.

[2] Zhang J. Wave propagation across fluid-solid interfaces: a grid method approach[J]. Geophys. J. Int., 2004b, 159: 240~252.

（11）计算地震学研究进展

# 基于速率和状态准则的断层长期滑动历史的动态和准动态数值模拟

# Comparison of dynamic and quasi-dynamic numerical simulation of long-term fault slip evolution based on the rate- and state-dependent friction law

吴　彦* 陈晓非

Wu Yan　Chen Xiaofei

中国科学技术大学地球与空间科学学院　合肥 230026

## 1. 引言

由于地球内部板块的相对运动，位于板块边界上的走滑断层两侧受到稳定的加载作用。当由此积累起来的应力达到一定程度后，能量得到释放，即地震发生。控制断层两侧相对运动的另一个重要因素是断层面上的摩擦作用。早期关于断层长期行为的数值模拟多采用经典的静态/动态摩擦准则，但是基于此简单准则的数值模型是固有离散的，从而模拟出的丰富的地震现象被认为是数值假象(Rice, 1993)。地震的破裂动力学模拟多采用滑动弱化准则，但是此准则不能描述地震间期断层两侧相对滑动速率非常小(可低到板块运动速率的数量级)时摩擦力的变化情况。基于岩石实验得到的速率和状态摩擦准则(rate-and state-dependent friction law, 简称 RSF)，则完整地描述了断层两侧从缓慢滑动，直至高速失稳(地震发生)，再到摩擦力或应力逐渐恢复的过程，因而被用于数值模拟蠕滑和慢震、地震成核、地震破裂以及震后滑移等各种现象。本文即基于该准则，分别利用准动态和动态的数值方法，模拟孤立走滑断层的长期演化行为，并进行比较。

## 2. 方法

基于连续介质模型的地震数值模拟主要有两类。一类是准动态的方式，利用弹性静力学解模拟断层的长期滑动行为，包括地震的周期性复发现象，这里时间尺度是数百、数千年。准动态模拟忽略了断层高速滑动下导致的动态应力扰动，但保留了通过地震波辐射能量的耗散项。另一类是通过解弹性动力学方程模拟一次地震的破裂过程，这种方式模拟的时间通常只有几秒到十几秒，也就是一次地震的持续时间，计算量却非常大并且耗时。显然直接用动态的方法数值模拟断层的长期滑动是不可行的。Lapusta and Rice (2009)利用动态积分核在频谱域下求解边界积分方程，并设计自适应的时间步长来解决这个多重时间尺度问题。我们借鉴其思路，应用时间域的边界积分方法(Zhang and Chen, 2006)，在断层面上联合应力与 RSF 控制的摩擦力求解。太长时间以前的滑动对当前应力的影响仍采用静力学积分核计算，自适应的时间步长与当前时刻断层面上的最大滑动速率成反比。

即便采用自适应时间步长，动态模拟的计算量仍然很大。对一个长 24 千米，划分为 240 个单元的 2D 全空间反平面断层模型，设置相关摩擦参数使得成核尺度约为 2.4 千米，然后模拟近 400 年的断层滑动历史。准动态的方法采用串行运算，费时不过几分钟。而动态模拟即便采用多个 CPU 并行计算也需数个小时。目前动态模拟程序还有很大改进空间，我们未来将采用如下策略，对地震间期断层滑移速率只有板块运动速率的数量级时，采用准动态模拟，当滑动速率增加到某个阈值时，再切换成动力学模拟。

## 3. 初步结果与讨论

基于 RSF 准则，动态和准动态方法都完整模拟出了特征地震的复发现象，并有大致相同的应力积累和地震成核过程。在一定的参数选取范围内，地震的复发周期和应力降，与摩擦参数和断层尺度都有简单的比例关系，但是两种模拟得到的比例关系是有差别的。初步的结果还显示，对同样参数的模型，与准动态的模拟结果比较，动力学模拟得到的地震中的最大滑动速率和应力降更大，地震结束后的剩余应力和滑动速率更低，而且这些差异在地震成核区更明显。另外动态模拟得到的一次地震的持续时间更短，最终滑移量更大，释放能量更剧烈。又因为动态模拟的剩余应力低，需恢复的时间更长，所以特征地震的复发周期也更长。因此准动态模拟由于未考虑动态的地震波效应，不能准确模拟地震(断层高速失稳滑动时)中应力及滑移的变化，而且也影响了断层的长期行为。所以完全的动力学模拟对断层的长期演化也是必要的。

### 参 考 文 献

[1] Chen X, H Zhang. Modelling rupture dynamics of a planar fault in 3D half space by boundary integral equation method: an overview, Pure Appl[J]. Geophys., 2006, 163: 267~299.

[2] Lapusta N, J R Rice. Three-dimensional boundary integral modeling of spontaneous earthquake sequences and aseismic slip[J]. J. Geophys. Res., 2009, 114: B09303.

[3] Rice J R. Spatio-temporal complexity of slip on a fault[J]. J. Geophys. Res., 1993, 96( B6): 9885~9907.

（11）计算地震学研究进展

# 基于自适应网格细化算法的有限体积法地震波模拟

# Adaptive mesh refinement for seismic simulation using finite volume method

李 宏 陈晓非

Li Hong Chen Xiaofei

中国科学技术大学 合肥 230026

## 1. 研究意义

地震波数值模拟是地震学研究中的一项重要内容。为了模拟更接近真实地球模型及物理过程，例如带有地表起伏和速度变化剧烈的盆地模型，震源附近复杂的演化过程等，人们对地震数值模拟的精度及计算频率要求越来越高，但随之而来的是需要更大的计算量和存储空间。尽管近几十年来计算机技术有了迅速的发展，但仍然不能满足模拟的需要，为此我们需要寻找更加高效、稳定的数值算法。

自适应网格细化算法（Adaptive Mesh Refinement-AMR）提供一种以相对较少的计算量和存储空间得到较高计算精度的数值方法，用于求解偏微分方程已有三十多年的历史，被广泛应用于流体力学，空间物理等领域。本文将基于 AMR 算法，计算求解弹性动力学方程，并与常用的均匀网格算法结果进行比较。

## 2. 方法原理及算法

AMR 算法是通过将细网格覆盖在粗网格方式得到足够细的网格来满足计算精度的要求。这种细化方法同样可以应用在时间域，即细网格用较小的时间步长，而粗网格用较大的时间步长分别进行积分。设网格有 L 层，每层可以包含若干个子网格 $G_l = \cup G_{l,i}$； $G_0$ 为基网格，包含整个计算区域；其他 l 层的网格是 l-1 层的子集，通过细化 l-1 层中误差较大或者满足其他细化判别条件的格点得到。

判断某 l 层某个格点是否需要细化一般有两类准则。一类是根据精度，即通过局部误差估计来判断是否需要细化，若误差大于给定的截断误差阈值，则将该点标记为需要细化的点。另一类是根据波场性质，即利用波场特征来判别需要细化的格点，若格点靠近或包含在满足某种波场特征的区域，则该点需要细化以获得更高的精度。本文使用的是基于第一类方法中 Richardson 外延估计截断误差作为判别准则。最后根据 l 层中需要细化的格点得到若干包含这些格点的矩形区域，细化这些矩形区域得到 l+1 层中的子网格。

本文数值求解波动方程采用的是有限体积法。将计算区域离散成一系列单元体；在相邻单元体边界处，根据两单元体波场之间的扰动求解对应的 Riemann 问题；将该扰动分解为相应的左行波和右行波分量，进而得到相应波的通量；然后把左行波或右行波产生的通量平均到相应单元体的波场中，得到下一时间步的波场值。本文基于该方法给出了对应的边界条件的处理方法，如吸收边界、自由表面等。

自适应算法计算过程：在 l 层每一时间步计算开始后，首先求解更新 l 层中的波场值，根据细化准则得到 l 层需要细化的格点，将包含这些格点的区域划分成若干矩形，并细化得到 l+1 层网格；l+1 层新生产的网格中的格点如果存在于旧的该层网格中，可以直接将旧的格点上的数值赋值到新网格中；若不存在，则通过 l 层网格格点上的数值线性插值得到 l+1 网格中的数值。然后求解更新 l+1 层中的波场值，判断 l+1 层是否有需要细化的格点，若有则重复上述操作，若没有则继续求解更新 l+1 层中的波场值，直到更新至 l 层对应时刻。最后用 l+1 层中的数据平均得到 l 层对应格点的数据并进行更替，以保证粗网格中较高的计算精度。然后进行 l 层下一时间步的计算。

## 3. 结论

数值试验给出了 AMR 算法与精确解和均匀网格中解的对比，可以看出 AMR 算法在满足计算精度的同时，减少了大量的计算时间和存储空间。在复杂介质及存在地表等情况下的数值模拟，AMR 算法同样比均匀网格更高效的同时，给出理想的计算结果。这使得我们利用同样的计算条件可以给出更高频地震模拟结果。

### 参 考 文 献

[1] 宓铁良. 自适应网格细化算法模拟地震波传播[D]. 博士学位论文, 清华大学, 2010.

[2] Berger M J, Oliger J. Adaptive mesh refinement for hyperbolic partial differential equations[J]. Journal of Computational Physics, 1984, 53: 484~512.

[3] Baeza A, Mulet P. Adaptive mesh refinement techniques for high order shock capturing schemes for hyperbolic systems of conservation laws[M]. PH.D. Thesis, University of Valencia, 2010.

# 专题十二：地球介质各向异性

# Seismic Anisotropy

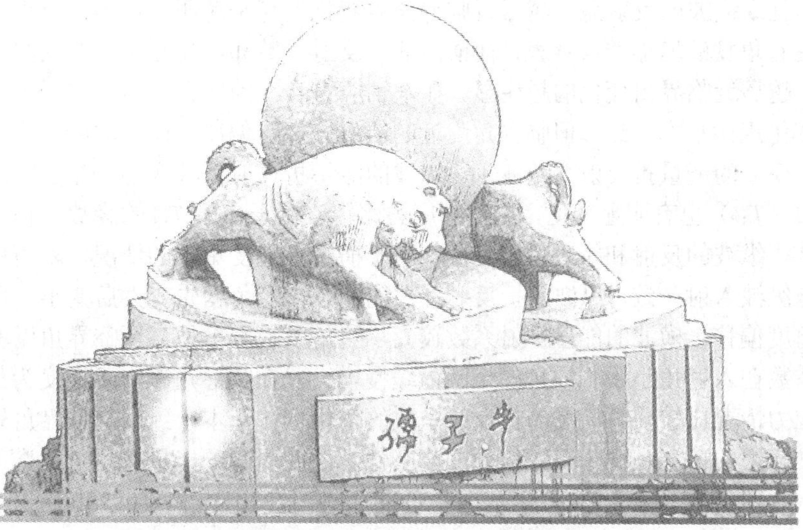

（12）地球介质各向异性

# 三维应力作用下弹性波在固—固界面的折、反射

# Under three-dimensional stress elastic waves reflection and transmission on a solid-solid boundary

曾德恒　刘金霞*　崔志文　王克协

Zeng Deheng　Liu Jinxia　Cui Zhiwen　Wang Kexie

吉林大学物理学院　长春 130021

地应力在地下是普遍存在的，在地球物理勘探中开展地应力研究具有重要意义。储层的三维应力是优化油气开采策略和减少各种危险的重要信息。近年，声弹性理论的发展和应用为地下应力的检测提供了新途径，为从地震数据估测三维应力提供契机。在地震勘探方法中，人们一直在努力利用纵、横波的振幅资料，以获取更多的介质信息。Liu 等(2007，2009)研究了受单轴应力介质的折反射问题，认识到应力也会影响波的振幅，并为单轴应力的估测提供理论依据和方法。而实际的地层更为复杂，三维地应力的影响尤为突出。受三维不等应力作用下的弹性波振幅特征如何？建立在三维应力作用下，基于声弹理论利用反射振幅获取地应力的研究工作，对地下应力探测有着直接意义。本文以声弹性理论为基础根据连续性条件推导在三维应力作用固-固界面折、反射；初步分析了由应力引起的位移和能量反射和折射系数的变化，寻求应力的信息。

对均匀预形变，在参考态的运动方程为

$$G_{MjNk}\frac{\partial^2 u_N}{\partial\xi_j\partial\xi_k}=\rho_0\frac{\partial^2 u_M}{\partial t^2}$$

其中

$$G_{MjNk}=T^{i}{}_{jk}\delta_{MN}+C_{MjNk}$$
$$C_{MjNk}=c_{MjQk}+c_{MjPk}e^{i}{}_{NP}+c_{QjNk}e^{i}{}_{MQ}+c_{MjNk\varepsilon\eta}e^{i}{}_{\varepsilon\eta}$$

系数 $C_{MjNk}$ 是等价于广义胡克定律中的刚度系数 $c_{MjNk}$，并具有相同的对称性，上角标 $i$ 代表预应力造成的静态偏离。设平面波从上介质中入射，在界面上产生反射纵波、反射横波、折射纵波和折射横波。利用边界条件以及能流公式，我们计算了折反射系数。

本文计算模型,上介质为 Castlegate 砂岩，下介质为 Berea 砂岩。数值结果表明：纵波入射情况下受单轴应力（如 $T_{11}$）时,随着应力的增加（如 $T_{11}$ 分别为−5 MPa 和−10 MPa）临界角变小。在本文的参数下当 $T_{11}=-5$ MPa 时，纵波的反射系数和横波的折反射系数在入射角小于临界角的范围内随着角度的增加而增大，且纵横波的反射系数越靠近临界角时变化的越来越明显；当入射角大于临界角范围时，纵波的反射系数随着角度的增加继续增大，而横波的折反射系数却不断减小。但纵波的折射系数随着入射角的增大而变小，越靠近临界角变化的越明显。在双轴应力和三轴应力作用下与受单轴应力比较，纵横波的折反射系数的变化规律基本一致，但临界角附近的能量分布有偏离。以双轴应力为例，临界角变小，几乎在所有的角度，横波的能量折反射系数变大，纵波的能量折反射系数变小。在三轴应力作用下，纵横波的反射系数随应力（$T_{33}$）也有明显变化，与双轴应力比较，由于应力 $T_{33}$ 的缘故，临界角变大，横波的反射和折射系数变小，纵波的反射和折射系数变大。对于横波入射受单轴的情况，随着应力（如 $T_{11}$）的增加临界角变小，这与纵波入射一致。纵波的折反射系数能量较小随角度先变大后变小，且随着应力（$T_{11}$）的增加其能量向小角度偏移；横波的能量折射系数较大，随角度趋于平稳直至临界角度左右时迅速较小为零。而横波的反射系数在入射角小于临界角的范围内缓慢增大，在临界角左右迅速变为最大值 1。其结果与双轴应力和三轴应力情况比较，纵横波的折反射系数的变化规律基本一致，但临界角处的能量变化明显，这可能携带了三维应力的信息。由于三维应力的复杂性，由此引起的能量折反射系数的变化变得更为复杂。

本研究由国家自然科学基金(41004044, 11134011 和 40974067)和声场声信息国家重点实验室课题(201108)资助.

（12）地球介质各向异性

# 含非完全充满流体平行裂缝等效介质模型建立

# Effective Medium Model for Materials with Non-completely Filled Parallel Fractures

袁振宇[1*] 杜启振[1] 张 强[2]

Yuan Zhenyu Du Qizhen Zhang Qiang

1. 中国石油大学（华东）地球科学与技术学院 青岛 266580; 2. 中石化胜利油田地质院 东营 257015

## 1. 引言

裂缝在碳酸盐岩储层中广泛发育，构成该类储层的储集空间及运移通道。平行排列的裂缝引起介质的各向异性，而裂缝中所含非完全充满流体在地震波的激励作用下产生相对运动，从而导致介质在地震频带内表现出粘滞性。因此，含非完全充满流体平行裂缝介质可以等效为粘弹性各向异性介质。为此，本文开展了适用于地震频带的含非完全充满流体平行裂缝等效介质模型的研究。

## 2. 等效介质模型建立

Schoenberg 线性滑动模型（Schoenberg, et al. 1995）忽略裂缝的微观结构及几何细节，将裂缝等效为无限薄无限柔软的界面，进而将含裂缝介质的柔度张量 **S** 表示为基质柔度 $\mathbf{S}_b$ 与裂缝引起的柔度 $\mathbf{S}_f$ 之和，其中裂缝的影响由法向弱度$\Delta_N$与切向弱度$\Delta_T$来体现。Hudson 模型（Hudson, et al. 1996）基于散射理论分析，建立等效刚度张量与裂缝微观参数及填充物参数之间的联系，并通过考虑介质中流体的相对运动来研究其衰减效应。该模型中裂缝及流体相对运动的影响由分别表示对切向应力与法向应力响应的 $U_{11}$ 与 $U_{33}$ 来体现。Pointer 等人（Pointer, et al. 2000）总结了含裂缝介质中的三种流体相对运动类型，分别为：①流体通过细小的喉道在相邻裂缝间运动；②单裂缝中充填两种流体时存在相对运动；③流体从裂缝流入多孔围岩基质。

本文首先应用 Schoenberg 线性滑动模型建立由围岩的拉梅常数$\lambda$、$\mu$及裂缝的法向弱度$\Delta_N$与切向弱度$\Delta_T$表示的含裂缝岩石的等效弹性张量；然后利用$\Delta_N$、$\Delta_T$与剪切应力响应 $U_{11}$ 及法向应力响应 $U_{33}$ 的定量关系，按照 Pointer 等给出的含裂缝介质中的第二种流体相对运动类型，即假定平行排列的裂缝内含有非完全充满的油，建立含非完全充满流体平行裂缝等效介质模型。

## 3. 平面波分析及正演模拟

### 1）平面波分析

将平面简谐波解带入等效介质模型的基本方程，通过求解 Christoffel 方程，来研究地震波的相速度与衰减随各裂缝参数及流体参数的变化规律，为正演模拟及后续研究提供参考。

### 2）正演模拟

基于建立的等效介质模型，采用高阶有限差分旋转交错网格数值模拟方法求解波动方程，分别从波场快照与地震剖面两个方面研究地震波场在各向异性粘弹性介质中的响应特征。研究结果表明，波场快照上各向异性的存在使波前面呈椭圆形；粘弹性与弹性情况对比，可见波前面能量的减弱及到达时间的延迟。另外，平行裂缝的存在在地震剖面上产生新的弱反射同相轴；与弹性情况相比，含非完全充满流体平行裂缝等效介质模型出现同相轴减弱及下移现象。

## 4. 结论

通过结合线性滑动理论与 Hudson 理论，考虑含非完全充满流体平行裂缝中流体的相对运动，本文建立了能够描述裂缝储层介质各向异性及粘弹性特征的非完全充满度平行排列裂缝等效介质模型。利用该模型可以直观地模拟介质中非完全充满流体的平行裂缝引起的各向异性及粘弹性效应。

本研究由国家自然科学基金（41074087）、国家科技重大专项（2011ZX0514-004-03HZ）、山东省自然科学杰出青年基金（JQ201011）和山东省自然科学基金重点项目（ZR2009EZ002）联合资助。

## 参 考 文 献

[1] Schoenberg M, et al. Seismic anisotropy of fractured rock[J]. Geophysics, 1995, 60: 204-211.
[2] Hudson J A, et al. The mechanical properties of materials with interconnected cracks and pores[J]. Geophysical Journal International, 1996, 124: 105~112.
[3] Pointer T, et al. Seismic wave propagation in cracked porous media[J]. Geophysical Journal International, 2000, 142: 199~231.

（12）地球介质各向异性

# 青藏高原东南缘背景噪声面波层析成像及方位各向异性研究

# Surface wave tomography and azimuthal anisotropy in the southeast margin of Qinghai-Tibet Plateau from ambient noise correlation

王 琼* 高 原

Wang Qiong　Gao Yuan

中国地震局地震预测研究所　北京　100036

青藏高原东南缘位于印度板块与欧亚板块碰撞带的东部，该区是扬子准地台、松潘—甘孜褶皱系、三江褶皱系及华南褶皱系的交汇地区，构造活动十分复杂，断裂纵横交错，强烈地震频繁发生，是中国大陆内部地震活动最强的地区之一。印度板块与欧亚板块的碰撞挤压造成青藏高原大量物质向东南方向逃逸的观点被越来越多的学者所接受，但在岩石圈的变形方式上还存在较多争议，提出了“块体挤出”、“重力均衡扩散”、“连续变形”、“下地壳流”等多种模型来解释青藏高原的动力学机制。为进一步探讨该区域深部构造及动力学机制，为相关研究提供科学参考，本研究使用背景噪声资料对青藏高原东南缘地区的地壳上地幔结构及方位各向异性进行了研究。

噪声互相关是一门新发展起来的技术。对两个台站长时间的地震噪声记录进行互相关计算，可以提取台站间的格林函数，获得面波相速度频散曲线，并进一步通过层析成像获得地球内部的相速度分布（Yao, et al. 2006）。同时，根据 Rayleigh 面波相速度与面波方位角之间的关系，反演得到不同周期下相速度方位各向异性特征。Smith & Dahlen（1973）提出的面波相速度与方位角的关系表述为：

$$c(\omega,M,\varphi)=c_0(\omega)[1+a_0(\omega,M)+a_1(\omega,M)\cos 2\varphi+a_2(\omega,M)\sin 2\varphi]$$

其中，$c_0(\omega)$为参考相速度值，$a_0$为各向同性介质中速度扰动，$a_1$、$a_2$为方位各向异性系数。反演式中即可求取方位各向异性强度及快波方向：

$$a_c=\sqrt{a_1^2(w,M)+a_2^2(w,M)}\,,\quad \theta=\frac{1}{2}\tan^{-1}\frac{a_2(\omega,M)}{a_1(\omega,M)}$$

利用云南地区 56 个宽频带地震台站、2009～2011 三年连续波形数据，应用噪声互相关方法，研究得到青藏高原东南缘地区 0.5°×0.5°周期 5～40 s 的 Rayleigh 波相速度分布图像和方位各向异性分布图像。相速度分布图像结果显示：短周期（5～12 s）的相速度与地壳浅部结构有关，高速与低速异常的分布与沉积层厚度、结晶基底埋深等区域地质构造有密切的关系。低速异常区位于澜沧江断裂以东和程海—红河断裂以西之间、普渡河断裂以西和弥勒—师宗断裂以北一带。易门断裂和普渡河断裂之间则存在高速异常。周期 16～26 s 相速度分布图像主要反映中下地壳范围内速度的变化情况。由红河断裂、小江断裂和丽江—剑川断裂围成的“川滇菱形块体”内呈现大区域的低速异常。高速异常主要在滇东南地区。周期 30～40 s 主要反映下地壳至上地幔顶部附近的速度结构，但仍然受到莫霍面深度的影响。从研究区整体的速度变化特征来看，川滇菱形块体内由低速异常又逐渐变为高速异常。纵观整个范围川滇菱形块体内相速度的变化情况，暗示中下地壳处的低速异常带很可能就是青藏高原下地壳流的通道。结果显示，红河断裂南部是非常明显的高低速分界面，表明断裂两侧介质可能不同，而红河断裂可能是川滇菱形块体的南部边界。

方位各向异性分布结果显示，短周期（5～12 s）Rayleigh 面波的快波方向与区域断裂走向有很好的一致性，滇缅泰块体北部呈 NS 方向，南部呈 NE 方向；印支块体内部，快波方向主要受红河断裂和澜沧江断裂的影响，并且随着断裂走向的变化而变化；滇中块体内，快波方向与局部断裂构造有关。在周期 16～26 s，相速度的快波方向与上地壳基本一致，其中滇中块体中易门断裂和普渡河断裂附近，各向异性快波方向有旋转迹象；易门断裂以西呈 NW 向。一方面反映了青藏高原物质东流，一方面又说明了川滇块体受到青藏块体的南东向挤压。周期 30～40 s 范围的各向异性同样显示出与区域深部动力特征有关的信息。

本研究由国家自然科学基金（41174042）和地震行业科研专项（201008001）资助。

参 考 文 献

[1] Yao H, et al. Surface - wave array tomography in SE Tibet from ambient seismic noise and two - station analysis - I. Phase velocity maps[J]. Geophysical Journal International，2006，166(2): 732~744.

[2] Smith M L, et al. The azimuthal dependence of Love and Rayleigh wave propagation in a slightly anisotropic medium[J]. Journal of Geophysical Research，1973, 78(17): 3321~3333.

（12）地球介质各向异性

# 远震基底 PS 波分裂偏振分析

# Polarization Analysis of the Teleseismic PS converted-wave splitting from the Basement

郝重涛 姚 陈

Hao Chongtao Yao Chen

中国地震局地质研究所 北京 100029

远震 PS 波分裂在不同记录频带范围内有不同显示。在一些宽频带地震仪远震记录上的初始部分仅可分辨出远震直达 P 波和来自 Moho 面的 PS 波，此时 PS 波分裂可作为对地壳整体各向异性的响应。最近十几年来，利用接收函数研究地壳内部的各向异性取得了很大进展。然而，基于宽频带 Moho 面 PS 波的接收函数研究尚不能完全满足实际观测记录解释的需要。例如，停留在径向和切向两分量上的研究则进一步的解释还很困难；没有考虑 P 波偏振的影响，对于 P 波入射角较大的远震记录则无法做进一步的 PS 波分裂特征研究,缩小了资料的利用范围。并且，由于 Moho 面的 PS 波通常受到来自地壳的多次波及其它干扰波的影响，为了提高信噪比，突出各向异性或倾斜界面的影响，所采用的加权叠加方法对于进一步获取各向异性参数则非常困难。同时，由于宽频带范围频率低的原因，上述研究也不能解决浅层的问题，因而也未能涉及浅层地壳各向异性。本文则利用固定台网短周期台站记录的远震来自结晶基底的 PS 波，利用其干扰小、信噪比高的特点进行 PS 波分裂研究，有利于浅层各向异性的研究解释。

我们注意到，尽管来自结晶基底的远震 PS 波的干扰较少，但浅部地壳的影响因素也很多，仍需要特殊的处理技术。例如，快慢波的振幅比变化、弱震相的检测等等存在很多困难。为此，本文采用基于垂向、径向和切向三个分量来统一处理的 PS 波分裂偏振分析方法，面对实际资料形成一套正确有效的 PS 波分裂参数（偏振、到时差、快慢波振幅比以及与 P 波的振幅比）检测技术。具体如下：

（1）分析远震三分量地震数据中各种噪音、有效信号及其空间、频率、速度等特征，对比分析不同分量上噪音特征的共性与差异；针对不同物理性质差异的噪音设计滤波器；进行滤波试验，选择滤波处理，剔除较低频和较高频噪声而不破坏用于分析的基底 PS 波信息。

（2）采用远震记录中相对高频的 P 波，即挑选初至的 P 波为大头波，避开源区和接收区 P 波后续波列的影响，从而减少对基底 PS 波的干扰。在此基础上，按震源方位角旋转为 Z(垂直)、R(径向)和 T(切向)分量，分析 R 和 T 分量记录特征，确定是否记录到 PS 波分裂。

（3）获取 P 波偏振方向，进行 P 波偏振分析。将原始三分量 N(北)、E(东)和 Z(垂直)记录旋转到 P 波偏振方向、X1 和 X2 分量上，从而去除 P 波在 X1 和 X2 分量上的投影；这里，X1 和 X2 垂直于 P 波偏振方向，区别于通过旋转震源方位角而得到的 R 和 T 分量。

（4）PS 波偏振分析，即对 X1 和 X2 分量再进一步旋转，得到两个偏振方向相互正交的 S1 波和 S2 波。

（5）分析校验，对原始数据恢复进行第二次处理，区别与第一次的先滤波再旋转，在 2）和 3）的基础上选择先旋转再滤波的处理以保持原始波形的一致性，结合质点运动图和互相关函数分析，检测 PS 波分裂参数。

偏振分析方法突出的特点是保持了原始波场的信息。这里的 P 波偏振分析非常重要，可以用于区分倾斜界面与水平界面，进而分析倾斜界面对 PS 波的影响；同时，可以利用 P 波和 PS 波的到时差估算界面深度以及各向异性强弱。

我们的研究结果表明，所采用的偏振分析方法可以使 PS 波分裂参数化。本文提出的远震基底 PS 波分裂偏振分析是浅部接收函数的一个重要组成部分，实质上是提出一种剥壳方法，其潜在发展前景是利用从浅至深的 PS 波分裂解决地壳介质多层各向异性反演的非唯一性问题，无论对于地震学各种震相的解释，还是对认识大震发生所处的应力和裂隙条件都具有特殊的重要性。

本研究由国家自然科学基金 41174045 和国家重点实验室开放基金项目 LED2011B02 资助。

### 参 考 文 献

[1] Cochran E S, Li Y G, Vidale J E. Anisotropy in the shallow crust observed around the San Andreas Fault before and after the 2004 M 6.0 Parkfield earthquake. Bull[J]. Seismol. Soc. Am., 2006, 96(4B): S364～S375

[2] Obrebski M, Castro R. Seismic anisotropy in northern and central Gulf of California region, Mexico, from teleseismic receiver functions and new evidence of possible plate capture[J]. J. Geophys. Res., 2008, 113: B03301.

（12）地球介质各向异性

# 三维地震弯曲界面 P 波反射时距分析

# The Analysis of P-wave Reflection Time-distance for the case of 3D curved-interface

宋利虎 姚 陈

Song Lihu Yao Chen

中国地震局地质研究所 北京 100029

随着三维地震勘探的深入发展，地震勘探面临着越来越复杂的勘探目标和越来越高的勘探精度的挑战。目标体的复杂性突出表现在地下发育复杂构造，如倾斜界面和背斜、向斜等，地层倾角变化大。针对三维弯曲界面上反射点的精确位置很难确定且计算耗时这一实际问题，为了系统、准确地分析 P 波的反射时距特征，本研究将三维弯曲界面视为倾向和倾角变化的三维倾斜界面的包络，并依据三维倾斜界面反射提出一种快速求解三维弯曲界面 P 波反射时距的新方法。该方法基于倾角 CDP 理论（姚陈等 2005），从界面反射点出发，确定地表法向投影点，即地表成像点；再由检波点和地表成像点计算炮点位置，得到三维地震的炮点网格和检波点网格的分布关系，最终计算出炮集的三维 P 波反射时距。

首先，研究中讨论了三维倾斜界面和三维弯曲界面地表成像点分布随界面形态及倾向、倾角的变化关系，从投影分布的形态可知，地表成像点分布不仅与界面的曲率有关，还与初始网格与三维曲面的相对位置关系有关。当初始网格中心与曲面顶点正对时，随着弯曲界面曲率的增大，地表成像点的分布越来越不规则；当初始网格中心与曲面顶点偏离时，地表成像点分布的不规则性更加明显。在数据处理中，一个规则的地表成像点网格可以使数据与软件很好地嵌接，同时使得地震剖面上的到时分布更加均匀，能够快速、准确地成像。为了使地表成像点分布均匀，本文采用从密集的地表法向投影点中稀疏出一个规则的地表成像点网格的思路。

其次，分析了三类界面（水平界面、三维倾斜界面和三维凸、凹界面）的反射时距特征，模型中水平界面为过曲面顶点的切平面，倾斜界面过曲面顶点，取倾角 10°、倾向 180°。研究结果显示，仅从同一测线方位的时距很难将倾斜界面和弯曲界面的反射区分开来，但比较不同方位的时距差异有助于这一问题的解决，本研究中通过比较过曲面顶点的两条正交测线的时距特征来区分三维倾斜界面和三维弯曲界面，或单炮激发、网格面接收，比较反射时距曲面的差异来区分二者。

最后，我们系统地分析了炮点位置和凸、凹界面曲率变化对反射时距的影响。三维凸界面的反射时距模拟中，随着界面曲率的增大，反射点分布越来越集中，反射点的法向投影点越来越分散，体现了凸界面的发散特性。相比于水平界面和倾斜界面，弯曲界面的反射点分布集中，入射角和反射角的变化使得时距曲线的斜率变大。三维凹界面的反射时距模拟中，随着界面曲率的增大，反射点分布越来越分散，反射点的法向投影点越来越集中，体现出了凹界面的会聚特性。同时凹界面曲率的逐渐增大使得中心放炮两端接收的时距曲线先是逐渐被“拉平”，然后变为“上翘”的形态。当地下界面为凸界面、倾斜界面时，时距曲线不会出现这种形态，因此我们可以把炮集时距曲线变得平直或“上翘”的形态当作地下存在凹界面的一个可能判据。同时炮点位置的改变使得反射时距曲线的形态发生变化，时距顶点移动；综合分析得出，时距曲线的特征受界面的形态、深度、炮点与测线的相对位置及测线方位的综合影响。当炮点离测线较远时，受射线传播临界距离的影响，测线上出现空道，这与很多实际反射记录特征一致。

本研究将倾角 CDP 理论扩展到三维弯曲界面的 P 波反射时距求取上来，数值模拟结果表明，该方法有较高的计算效率，便于分析反射时距随炮点位置的变化，特别能揭示界面反射点位置和时距的关系。单炮的反射记录对应界面上部分反射点，相应的共炮集反射点的分布不但与界面形态、深度和接收点网格的位置有关，还强烈依赖炮点的位置。移动炮点位置会改变弯曲界面上的反射点位置，用单炮对应的反射点去反演整个弯曲界面是不完备的，即单炮的反射时距仅是对三维弯曲界面的部分响应。因此，从反射点出发进行数据模拟能很好地控制界面反射点的均匀分布，使得地表观测系统的反射记录包含成像关键部分的反射信息。

本研究由国家自然科学基金（41174045、41104076）和国家重点实验室开放基金项目 LED2011B02 共同资助。

**参 考 文 献**

[1] 姚陈, 等. 倾角 CDP 和倾角 CCP 叠加[C]. 中国地球物理年刊,2005:556.

[2] 姚陈. 三维叠前时间偏移—倾斜路径面替代垂直路径面[C]. 中国地球物理年刊, 2009: 585.

（12）地球介质各向异性

# 利用 QVOA 方法进行裂缝敏感性参数提取

# Extraction of crack sensitive parameter by QVOA

孙郧松* 黄建平 李振春

Sun Yunsong* Huang Jianping Li Zhenchun

中国石油大学(华东)地球科学与技术学院 青岛 266580

## 1. 引言

裂缝性裂缝性油气藏的产量占目前全世界石油天然气总产量的一半以上,对裂缝性油气藏的研究成为当今世界石油界的热点。本文针对针对具有衰减的 HTI 介质，引入一种 QVOA 方法，讨论 $Q$ 值各项异性与裂缝参数的关系，力图从地震信息中找到有用的信息，进而预测裂缝敏感参数为寻找油气服务。

## 2. 方法原理

无衰减的有效裂缝 HTI 介质的刚度矩阵 $C$ (Schoenberg and Sayers,1995)中引入复值法向切向弱度，我们可以得到描述衰减的 HTI 介质的复刚度矩阵。根据 Hudson(1981,1996)的理论，可以推导出弱度用裂缝参数表达的表达式(Chichinina，2006)还可以得到 HTI 介质中任意波传播的三种波型速度表达式为：

$$\left.\begin{aligned}\tilde{V}_P^2(\alpha)&=V_P^2[1-(\Delta_N-i\Delta_N^I)(1-2g\sin^2\alpha)^2-g(\Delta_T-i\Delta_T^I)\sin^2 2\alpha]\\ \tilde{V}_{SV}^2(\alpha)&=V_S{}^2\{1-(\Delta_T-i\Delta_T^I)-[g(\Delta_N-i\Delta_N^I)-(\Delta_T-i\Delta_T^I)]\sin^2 2\alpha\}\\ \tilde{V}_{SH}^2(\alpha)&=V_S{}^2[1-(\Delta_T-i\Delta_T^I)\cos^2\alpha]\end{aligned}\right\}\tag{1}$$

采用 Carcione（2000)对 Q 的定义，则可以得到各类型波的衰减的表达式：

$$Q_p^{-1}(\alpha)=\frac{\Delta_N^I[1-2g\sin^2\alpha]^2+\Delta_T^I g\sin^2 2\alpha}{1-\Delta_N^I[1-2g\sin^2\alpha]^2-\Delta_T^I g\sin^2 2\alpha},\quad Q_{SV}^{-1}(\alpha)=\frac{\Delta_T^I+(g\Delta_N^I-\Delta_T^I)\sin^2 2\alpha}{1-\Delta_T-(g\Delta_N-\Delta_T)\sin^2 2\alpha},\quad Q_{SH}^{-1}(\alpha)=\frac{\Delta_T^I\cos^2\alpha}{1-\Delta_T\cos^2\alpha}\tag{2}$$

对 $V_p$，我们用 $\alpha$ 表示入射角(相对于对称轴 $z$)，用 $\phi$ 表示方位角(对称轴 $x$ 与测线的夹角)，我们可以得到衰减关于 $\alpha$ 和 $\phi$ 的关系：

$$Q^{-1}(\phi,\alpha)=\frac{\Delta_N^I[1-2g(1-\sin^2\alpha\cos^2\phi)]^2}{1-\Delta_N[1-2g(1-\sin^2\alpha\cos^2\phi)]^2-4g\Delta_T g\sin^2\alpha\cos^2\phi(1-\sin^2\alpha\cos^2\phi)}\tag{3}$$

选择 Hudson 的流体衰减模型 II (Hudson，1996) 来计算，对流体充填的薄裂缝，上式可近似为 $Q^{-1/2}$ 与 $\sin^2\alpha$ 的线性关系，将 $\phi$ 表示为测线与坐标轴夹角 $\phi$ 与裂缝对称轴与坐标轴夹角 $\phi_0$ 之差的形式，上式可表示为

$$Q^{-1/2}\approx A_0+B^{\perp}\cos^2[\phi-\phi_0]\sin^2\alpha=A_0+B(\phi)\sin^2\alpha\text{。}$$

$B$ 可以通过线性拟合的方法得到 QVOA 斜率 $B$ 以及其对应的方位角信息，再采用余弦拟合的方法估计裂缝的方位角。我们取任意角度用公式计算的理论值按照上述方法进行反演能得到很准确的结果。

对多种波型，如果我们能够获得他们在HTI介质中波速以及衰减随入射到HTI介质角度的关系的数据，就能反演得到法向切向弱度（它们可以表示成裂缝参数的函数，在弹性矩阵中包含所有的裂缝参数信息)，从而为进一步反演裂缝参数提供条件。我们用公式计算的理论值进行测试，发现如果能够得到两种波型的速度衰减随入射角的变化信息就能够准确反演出全部弱度信息。

## 3. 认识与结论

通过研究 P 波衰减与入射角、方位角间的函数关系，我们明确了衰减沿着对称轴方向的强弱关系，以及它对一些参数的敏感性。我们可以根据他们之间的关系来从反射数据中估计裂缝方位。从地震数据中反演裂缝参数是一项难度很大的工作，不同波型的速度及衰减随入射角变化信息为我们反演裂缝参数提供了一种方法。但是这种方法现在仅处于实验室阶段，如何从地震信息中提取我们需要的速度及衰减信息是关键，我们还需要将其在实际资料中检测然后加以改进。

（12）地球介质各向异性

# 地震各向异性与应力场特征的相关分析

# Analysis on the Correlation Between Seismic Anisotropy and Characteristics of Stress Field

孙振添[1,2] 魏东平*[1,2] 刘 鎏[1,2]

Sun Zhentian[1,2] Wei Dongping[1,2] Liu Liu[1,2]

1. 中国科学院计算地球动力学重点实验室 北京 100049;

2. 中国科学院研究生院地球科学学院 北京 100049

## 1. 引言

地震各向异性能够深刻反映地球内部的动力学机制，将其与板块运动结合起来，研究包括地幔对流甚至地核发电机模式等在内的一系列地球内部动力过程，正逐渐成为地震学与地球动力学研究领域中的热点问题。在包括俯冲带、大洋中脊、甚至包括大陆板块的内部等很多地方，其各向异性与板内应力场的优势取向一致。利用目前收集到的 6226 组地震各向异性观测数据，结合世界应力图计划组织给出的最新的 WSM2008 应力场数据，运用线性相关分析方法，计算各向异性快波偏振方向与应力场最大主应力方向的相关性，并进一步探讨应力场在何种尺度上影响着地震各向异性。

## 2. 方法

将收集到的全部地震各向异性数据和应力数据依所在地点归并入相应的板块，然后在全球范围内划分 5°×5°网格，对网格内所有的地震各向异性数据和应力数据做加权平均。计算公式为：

$$X=\sum_{i=1}^{n} f_i \sin\alpha_i,\ Y=\sum_{i=1}^{n} f_i \sin\alpha_i, \Rightarrow \overline{\alpha}=\tan^{-1}\left(\frac{X}{Y}\right)$$

式中，$f_i$为数据的权系数。对于各向异性数据，$f_i$是常数 1.0；对于应力场数据，$f_i$分别为 6.0、4.0 和 3.0，$f_i$为地震各向异性快波偏振方向或最大水平主应力方向，$\overline{\alpha}$为单元内平均的快波偏振方向或最大水平主应力方向。

根据地震各向异性数据所在单元网格的位置，对应力场数据进行筛选。将同一网格内地震各向异性快波偏振方向与平均水平应力方向做差值并取绝对值，然后将其结果在[0，1]之间归一化，记之以Δ，Δ越小，表示地震各向异性快波偏振方向与平均水平应力方向的相关性越好，反之则越差。为了与常规的描述数据相关性的约定一致，这里用1-Δ代替原来的Δ，相应的，其结果越大，表示相关性越好，反之则越差。划分1-Δ的数值区间给出评判相关性好坏的标准：0～0.33 相关性差；0.33～0.67 相关性一般；0.67～1.0 相关性好。在此基础上，计算各板块内相关性较好的数据（数值在 0.67～1.0 之间）占该板块内总数据的百分比，将其作为该板块上板块绝对运动与地震各向异性相关性程度好坏的依据。

## 3. 结论与讨论

在全球大尺度范围内，地震各向异性快波偏振方向与最大水平主应力方向相关性较好的有胡安德富卡、非洲、北美和菲律宾板块，其次是澳大利亚、加勒比、欧亚、纳兹卡和南美板块，其他板块上两者的相关性则较差。一般认为，有以下几种原因可以用来解释地震各向异性快波偏振方向与最大水平主应力方向的差异：①地震各向异性快波偏振方向与地壳结构有关，例如，变质或破裂过程中形成的岩石结构和断层中的剪切波的分裂等（Balfour, et al. 2011）；②快波偏振方向与俯冲板片或地幔楔的各向异性有关；③快波偏振方向与瞬态应力有关，但其受高的空隙流体压力影响（Balfour, et al. 2011）。影响地震各向异性的因素有很多，如地幔中矿物晶格的优选方位、各向异性层厚度、地幔流动方向和速率、岩石层中空隙与微破裂的优选排列，甚至岩石圈厚度的大小等均在一定程度上影响着地震各向异性的特征，同时，这些因素又在一定程度上受到应力场的影响。地震各向异性与应力场的好坏一方面可以用应力场对地震各向异性特征的影响不同来解释，另一方面则可认为是应力场之外的因素对地震各向异性特征的影响造成的。由于目前没有掌握足够的资料，要对两者相关性不同的原因进行深入解释尚比较困难，这也将是今后工作的重点。

本研究由国家自然科学基金面上项目（41174084）资助。

（12）地球介质各向异性

# 美国犹他州 Cove Fort-Sulphurdale 地区各向异性横波分裂分析

## Shear wave splitting analysis of the Cove Fort-Sulphurdale Site,Utah

刘 影* 张海江

Liu Ying Zhang Haijiang

中国科学技术大学地球和空间科学学院地球物理系 合肥 230026

### 1. 引言

横波在穿过各向异性介质时会发生横波分裂现象，较先到达的是快横波，较后到达的是横波。快、慢横波的偏振近似相互垂直。由大量平行的定向排列的 EDA 裂隙组成的裂隙各向异性结构，造成了地壳（特别是上地壳中）剪切波的分裂。本文的主要内容是利用对 204 个地震事件的横波分裂分析来确定美国 Cove Fort-Sulphurdale 地区的裂缝分布情况，以便于此地区地热开发的研究。

### 2. 原理

横波分裂又称为横波双折射，是指横向偏振的横波在通过某种形式的有效弹性各向异性固体传播时，分裂成两个近似互相垂直偏振的震相，这两个分裂的震相具有不同的传播速度和不同的振动方向。横波分裂有两个重要的参数：快波极化方向和慢波时间延迟。快波的极化方向平行于裂缝方向，慢波的时间延迟与裂缝介质的厚度有关。通过分析研究这两个参数可以得到该地区的裂缝分布的大致情况。

### 3. 方法

由于快、慢横波来自同一个波源，因而，如果对快、慢横波进行时间延迟的校正，这两个波列则应该是相关的。因此我们通过相关分析来判断经过重新投影而分解的两个波列是否为横波分裂而产生的快波和慢波。假设快波偏振方向与正北方向的夹角为 $\alpha$，慢波相对于快波的时间延迟为 $\tau$，对$(\alpha, \tau)$进行网格搜索，我们重新投影（旋转）横波的两个水平分量：

$$X' = x\cos\alpha - y\sin\alpha$$

$$Y' = x\sin\alpha + y\cos\alpha$$

选取适当的时间窗（最理想的时间窗应始于快波的到达，终于慢波的到达），进行互相关函数的计算：

$$C_{ij}(\tau) = \int_{-T}^{+T} f_i(t) f_j(t+\tau)\,\mathrm{d}t$$

得到的最大互相关函数值所对应的 $\alpha$ 和 $\tau$，即为我们所求的快波极化方向和慢波时间延迟。

### 4. 关键步骤

对地震数据进行到时拾取；利用互相关方法进行横波分裂分析得到两个参数：快波极化方向及慢波时间延迟；对得到的结果进行分析，得出一些结论。

### 5. 结论与展望

通过对美国犹他州 Cove Fort-Sulphurdale 地区 204 个地震事件利用互相关方法进行横波分裂分析，得到的快波总体极化方向为 NNE 向，说明此地区的裂缝分布方向是 NNE 向，与 Li et al.(2012, personal communication)通过微地震波形反演得到的震源机制解所反映的裂缝方向相符，这说明我们的分析方法是具有可行性的；慢波时间延迟在深度大于 5km 以后随深度没有明显的增加，这说明此地区的裂缝分布主要在 0～5km 的深度以内，也就是上地壳。但是仅仅通过横波分裂的两个重要参数进行分析，我们还无法得到裂缝三维分布的具体情况，因此我们将对 Cove Fort-Sulphurdale 地区运用横波分裂数据进行地下介质各向异性成像（Zhang et al., 2007），得到各向异性的三维分布。

### 参 考 文 献

[1] Liu Y, Zhang H. Shear wave anisotropy in the crust around the San Andreas fault near Parkfield:spatial and temporal analysis[J].Geophys. J. Int., 2008, 172: 957~970.

[2] Peng Z,Y Ben Zion. Systematic analysis of crustal anisotropy along the Karadere-Duzce branch of the North Anatolian fault[J]. Geophys. J. Int., 2004, 159: 253~272.

（12）地球介质各向异性

# 可控裂隙人造砂岩各向异性的分析

# Anisotropy analysis of synthetic sandstones with a controlled fracture geometry

赫云灿 [1,2*]　高　伟 [2]　魏建新 [1]　丁拼搏 [1]

He Yuncan　Gao Wei　Wei Jianxin　Ding pinbo

1. 中国石油大学（北京）CNPC 物探重点实验室　北京　102249;
2. 中国石油大学（北京）理学院　北京　102249

人造砂岩物理模拟是地球物理勘探科学研究中的重要手段，制备出具有可控裂隙的人造砂岩更是对研究各向异性意义重大。以往制备的人造砂岩主要是利用环氧树脂和石英砂固结成型，其成分和结构与天然砂岩相差甚远，且不能在高温高压下使用。本文打算用水玻璃胶结石英砂，压制成型然后烧结。实验过程中进行了多角度的研究，摸索出了一套制备可控裂隙人造砂岩的方法，并且各向参数都达到了理想的效果。分别检测纵横波在含气和含水条件下的波速，然后分析得到含水含气条件下的纵波各向异性系数和横波分裂系数。

裂缝作为油藏中流体流动的渠道在物理勘探过程中具有重要的意义。目前最广泛最实用的探测地下岩层的方法是用地震波来检测，在含有裂隙的介质中和在均匀的介质中，地震波的传播特征是有差异的，在含裂隙介质中，裂隙构成的方位各向异性其对称轴垂直于裂隙方向，平行于裂隙方向震动的地震波波速大于垂直于裂隙方向振动的地震波速度。各向异性已经成为了地震学中的前沿课题，为了使地震波各向异性作为一个探测和描述裂隙的理论得到应用，得到一个裂隙如何影响各向异性的结论就显得非常重要。目前已经有几个关于裂隙和各向异性的理论模型，而物理模型的超声波实验观测方法具有直接性和唯一性，它与数学模型计算结果结合起来，可以为裂缝系统的反演和解释提供实验依据。我们则承担着这样一个任务，摸索出制造裂隙参数完全已知的人造砂岩的制作工艺，观察声波在双孔隙物理模型中传播的特征，分析声波在双裂缝物理模型中的传播规律。

将石英砂（一定的颗粒级配）、高岭土和长石以一定的质量比混合，混合均匀后加入水玻璃，用压机压制成型。制作两个成分及制作工艺相同的模型，其中一个有裂隙记为 A1，一个没有裂隙记为 A2 作为对比，以消除由于制作工艺引起的各向异性。

分别检测试样含水和含气条件下的密度、孔隙度。为了观测由于裂缝引起的声波各向异性，我们分别测试了垂直裂缝面和平行裂缝面的纵横波速度。实验中分别测试和记录了物理模型在含气和含水条件下的纵横波速度，通过计算得到纵波各向异性系数$\beta$和横波各向异性$\gamma$。A1 模型中的裂缝密度为 2%，得到实验结果如下：

（1）含气条件下人造砂岩的密度在 1673 kg/m$^3$ 左右，含水条件下人造砂岩密度是 199 2kg/m$^3$ 左右。

（2）分别用美国麦克全自动压汞仪和饱水法测试孔隙度，检测结果在 23％左右。

（3）不含裂隙的试块 A2 的各向异性系数在 1.5%以下，这说明由于制作过程造成的各向异性非常小。含有裂隙的 A1 试块测试结果显示有明显的各向异性。

（4）A1 和 A2 模型在含水条件下纵波速度大于含气条件下的纵波速度；含水条件下的纵波各向异性系数$\beta$为 3.17%，含气条件下的纵波各向异性系数$\beta$ 为 5.4%，含水条件下的纵波各向异性系数小于含气条件下的纵波各向异性系数。

（5）A1 和 A2 模型在含水条件下横波速度小于含气条件下的横波速度；含水条件下 S1 与 S2 速度差异大于含气条件下，在含气条件下横波各向异性系数$\gamma$为 2.77%，在含水条件下为 3.92%，即含水条件下横波各向异性大于含气条件下的横波各向异性。

（6）含水条件下的 S1 波和 S2 波在垂直于裂缝平面方向速度相当，没有发生横波分裂；在平行于裂缝平面方向 S1 波与 S2 波速度相差最大为 3.92%。

## 参 考 文 献

[1] J S Rathore, et al. P-and S-wave anisotropy of a synthetic sandstone with controlled crack geometry[J]. Geophysical Prospecting, 1994, 43: 711~728.

[2] Leon Thomsen. Elastic anisotropy due to aligned cracks in porous rock[J]. Geophysical prospecting, 1995, 43: 805~829.

（12）地球介质各向异性

# VTI 介质的反射 P 波非双曲时距曲线

## Nonhyperbolic moveout of P-wave in VTI media

周华敏　陈生昌

Zhou Huamin　Chen Shengchang

浙江大学 地球科学系　杭州 310027

### 1. 引言

随着油气勘探的深入发展，忽略各向异性参数对时差方程的影响会导致反射波旅行时的误差增大，进而影响了动校正的质量、速度分析的准确性、叠前偏移成像的效果、造成构造图像失真等。本文针对长偏移距地震资料，研究了适用于 VTI 介质的时差方程，并且比较了各时差方程的逼近精度，在对前人工作加以改进的基础上，得到了适用于水平多层 VTI 介质和各向同性层状的非均匀介质的时差方程。

### 2. 方法原理

通常采用 Thomsen 针对横向各向异性介质定义的 $\varepsilon$，$\delta$，$\gamma$ 三个参数来评价各向异性强度，P 波主要受 $\varepsilon$，$\delta$ 参数的影响，用与 $\varepsilon$ 和 $\delta$ 的差值有关的各向异性参数 $\eta$ 表示动校正速度的变化。各向异性地层中地震波的相速度与群速度发生分离，相角不等于群角，但是它们满足一定的关系。通过设定不同的理论模型，进行实验研究地层各向异性的强弱对地震波传播速度的影响，从而得到结论：地层各向异性越强，对地震波传播速度的影响越大，高精度的时差方程必须考虑地层各向异性的影响。

为了研究 VTI 介质的非双曲近似时差方程的精度，采用了逐段迭代射线追踪法正演模拟的时距曲线作为地震波的实际走时曲线。该射线追踪法是基于 Snell 定律和 Fermat 原理的两点间射线追踪，从任意给定的初始路径出发，对射线路径进行逐段迭代计算，直到整条射线路径的校正量之和满足一定的精度要求，迭代过程结束，所得到的射线路径作为最终的射线追踪路径。通过用射线追踪得到的时距曲线结果与基于各向同性介质模型假设所得到的时距曲线结果进行对比，验证了该射线追踪方法的有效性和精确性。

总结前人对于 VIT 介质的非双曲时距方程理论的研究情况，通过设定不同的模型参数，研究对比不同排列长度的水平层状 VTI 介质中，用常规双曲线、含高阶项的非双曲线以及含各向异性参数的非双曲线表示的反射波走时与真实地震波走时的误差，也比较了包含各向异性参数的不同时差方程的精度情况，以及它们的特点及存在的缺陷，借鉴徐常练所提出的速度梯度的概念，采用分式展开法的二次方程来近似实际的非双曲时差方程，进而提出了一种不仅能适用于水平层状 VTI 介质，而且也适用于水平层状的各向同性介质的非双曲时差方程：

$$t^2(x)=t_0^2+\frac{x^2}{V_{nmo}^2}\left(\frac{1}{1+gx^2}\right)$$

式中，$g$ 为速度平方梯度，是慢度平方的变化量与炮检距平方的比值 $g\approx\frac{2\eta_{eff}}{t_0^2V_{nmo}^2}$，$\eta_{eff}$ 为水平层状 VTI 介质的各向异性参数 $\eta$ 的等效值。$g$ 中包含了地层的各向异性信息。

### 3. 结论

通过将该改进的时差方程与实际的走时方程进行误差分析，对比分析可以得出结论：该方法所得到的时距曲线能更好的逼近实际的走时曲线，并且该方法基本上不改变目前动校正公式的形式，只是对常规双曲时差方程中的速度平方项进行修改，使得物理意义更加的明显，而且该方法不仅适用于 VTI 介质，对于各向同性的层状介质同样适用，因为虽然在整个介质的情况下 $\eta=0$，但是由于介质的非均匀性，$\eta_{eff}(t_0)$是非零值。所以无论在各向同性的层状介质还是各向异性的 VTI 介质均具有较高的精度，具有更广泛的适用性。能提高复杂介质速度分析的精度，改善剖面叠加效果，进一步提高地震资料的成像精度。

#### 参 考 文 献

[1] Tariq Alkhalifah. Velocity analysis using nonhyperbolic moveout in transversely isotropic media[J].Geophysics, 1997, 62 (6): 1839~1854.

[2] 徐常练，许云，等. 速度虽炮检距变化（VVO）分析[J]. 石油地球物理，1998, 33（G）: 733~741.

（12）地球介质各向异性

# TTI 介质 qP 波叠前逆时偏移

## qP-wave prestack reverse-time migration in TTI media

张 岩* 吴国忱

Zhang Yan* Wu GuoChen

中国石油大学（华东）地球科学与技术学院地球物理系　青岛 266555

经过近几十年的发展，传统的各向同性逆时偏移不论是在理论上还是在实际生产中都已获得长足的进步，并逐步趋于成熟。然而，随着勘探对象的日益复杂化，各向同性逆时偏移已经难以满足精度增长的需求。例如，对于岩下构造或者盐丘侧翼成像时，如果未考虑各向异性因素的影响或是仅采用 VTI 介质假设条件，会在最终的成像结果中产生旅行时和振幅的较大误差，使得反射同相轴不连续，能量聚焦较差，从而造成偏移假象。此类情况下，如果采用具有倾斜对称轴的 TTI 介质逆时偏移将会较好地改善成像质量。

各向异性逆时偏移研究的理论基础是全弹性波波动方程。其包含了丰富的波场信息，能更加精确的描述地震波在地下实际介质中的传播。然而，弹性波方程存在计算量大、计算效率低等问题。这对于逆时偏移方法中所固有的对计算机能力要求高的缺陷来讲是无法接受的。鉴于目前仍以纵波勘探为主，关于 qP 波方程逆时偏移的研究已成为国内外研究的热点。TTI 介质 qP 波逆时偏移中存在着两个主要问题：一个是伪横波噪音的压制；另一个是数值稳定性。本文对此开展了一系列的相关工作。

**1. qP 波逆时偏移**

（1）伪横波噪声压制。在声学假设条件下得到的波场快照中，除了 qP 波传播之外，在其内部会有一个菱形的伪横波出现。从数学理论上分析其原因是在利用精确的相速度公式获取 qP 波频散关系时，为了去除根号项采用等式两边平方的方法，这样就引入了除 qP 波解之外的其他多余解。由于该噪声具有低振幅、低速度的特征，其带来的不仅是干扰问题，而且会导致数值频散，需额外的附加稳定性条件。研究发现在调查区域的浅部设置一层薄的各向同性层或者椭圆各向异性层（$\varepsilon=\delta$）能很好的消除伪横波噪声的影响。但此方法仅适用于近海勘探，对于陆地数据会产生较大误差。本文提出了一种空间域的简单高效的压制伪横波噪声的方法，其不仅适用于 qP-qSV 波方程，而且还适用于一般形式的二阶耦合声学方程。

（2）数值稳定性。传统的 qP 波方程在各向异性介质参数变化梯度较大，特别是对称轴方向变化剧烈的区域，会产生很强的数值频散，严重危害了正演模拟和逆时偏移效果。其产生的根本原因是空间差分求导算子选取不合理。关于数值稳定性的研究，目前已取得了一定的进展。本文选取其中一种简单实用的方法，即不采用声学假设的思想，而是将 qSV 波考虑在内，通过选取大小足够合理的横波速度值来减小其在传播过程中的各向异性和反射强度，进而在一定程度上保证稳定性。

**2. 二维 TTI 逆掩断层模型测试**

本文基于二阶耦合 qP-qSV 波方程，在逆时延拓过程中采用时间二阶、空间十阶的高阶有限差分方法，并结合 PML 完全匹配层吸收边界进行实现。滤波前后的脉冲响应显示了该方法的有效性。在各向同性偏移算子得到的图像中，由于各向异性因素对旅行时的影响导致最终的逆时偏移结果中产生偏移假象，深部反射层同相轴不连续，能量聚集较差。而 TTI 偏移算子获得了清晰准确的高质量的成像结果。

**3. 结论与认识**

TTI 介质叠前逆时偏移相对于传统的成像方法而言，可以获得更加精确的成像效果。本文给出的空间域压制伪横波噪声的方法简单易行、几乎不增加计算量，是一种高效稳定的偏移方法。

### 参考文献

[1] Zhou H, G Zhang. Removing S-wave noise in TTI reverse time migration: 79th Annual International Meeting[J]. SEG, Expanded Absracts, 2009: 2849~2853.

[2] Fletcher R P, X Du, P J Fowler,Reverse time migration in tilted transversely isotropic (TTI) media[J]. Geophysics, 2009, 74(6): 179~187.

（12）地球介质各向异性

# HTI 介质方位反射特征研究

## HTI medium azimuthal reflectivity and influence factors research

李春鹏

Li Chunpeng

中国石油大学（华东）地球科学与技术学院

裂缝介质是重要的油气储渗空间，裂缝识别与评价具有重要的研究意义。目前多利用纵波资料预测裂缝，由于裂缝介质多是近垂直分布的，类似于 HTI 介质，表现为方位各向异性，因此可以通过方位 AVO 分析和方位旅行时分析来确定裂缝的走向、强度、流体类型等参数。为了测量方位各向异性并得到正确的裂缝储层参数，需要建立 HTI 裂缝介质弹性矩阵，Brown 和 Korringa（1975）推导出各向异性岩石骨架有效弹性模量与该骨架充填流体时的有效模量之间的理论关系式，Cheng(1978,1993)给出了 TI 介质有缝岩石的等效模量模型，它是基于 Eshelby(1957)对有椭球包含物的各向同性固体矿物中内部应变的静态解，Hudson(1980,1981)给出了 TI 裂缝介质弹性矩阵的构建方法，其中 Eshelby 和 Hudson 理论假设裂缝之间是互不连通的，因此仅适用于高频情况下弹性矩阵的构建方法，由于裂缝尺寸远小于地震波长，有些文献中也称上述理论为“低频”理论。Thomsen (1995)将孔隙加入到围岩中，提出了低频和中高频两种情况下的弹性矩阵构建方法，因此它更适用于计算地震尺度下 HTI 裂缝介质弹性矩阵。该方法假设围岩是均匀各向同性含粒间孔隙的岩石，复合介质是对称轴垂直于裂缝面的横向各向同性介质。Thomsen 首先给定了围岩纵、横波速度，再利用 Gassmann 理论计算围岩骨架和流体替换后的围岩弹性模量。但是一般不太容易获知地下 HTI 裂缝介质围岩纵、横波速度，相比之下，地下岩石矿物成分更容易通过测井方法得到，本文对饱和流体的围岩计算主要是利用 VRH 和 KT 理论，VRH 理论可以估计岩石基质弹性模型，结合 KT 理论计算围岩骨架弹性模量，再基于 Gassmann 理论可以估计饱和流体围岩弹性模量，根据 Thomsen 裂缝理论就可以得到 HTI 介质观测系统坐标系下的弹性矩阵。改方法适用于低裂缝密度（一般小于 0.2）和围岩是粒间孔隙情况。

精确的 HTI 介质方位反射特征需要通过求解三维 Zoeppritz 方程得到，虽然 Ruger (1996) 和 Vavrycuk&Psencik (1998) 分别独立地推导了 HTI 介质方位 AVO 近似公式，但是他们并没有给出 HTI 介质三维精确 Zoeppritz 方程，国内许多学者对方位 AVO 反射特征的研究也是基于近似公式的。梁锴（2009）研究了 TI 介质地震波传播方法，给出了 TI 介质二维 Zoeppritz 方程，但是也不能反映地下界面的方位特征。本文基于 HTI 介质 Christoffel 方程推导 HTI 介质相速度公式，将相速度公式回代到 Christoffel 方程能得到相应的偏振方向。为了保证所有的偏振方向都在 x 轴正方向，需要将 x 分量强制为正，其余分量相应的变号。结合广义 snell 定律和相速度公式能够推导 HTI 介质纵横波入射反射透射时的角度关系。将 HTI 介质相速度、偏振方向和入射反射透射角度关系代入波函数方程，结合 HTI 介质反射透射特征便可以得到 7 个波函数方程，再基于 HTI 介质边界位移连续和应力连续条件，推导纵波入射时 HTI 介质三维 Zoeppritz 方程，该方程可以为方位 AVO 研究预测裂缝提供理论支持。

因此等效介质理论和 Thomsen 理论相结合可以计算 HTI 裂缝介质的弹性矩阵，然后应用推导的 HTI 介质三维 Zoeppritz 方程计算方位反射特征，本文设计了相应的模型研究裂缝流体类型和裂缝密度与方位反射系数的关系。研究发现方位反射系数近似为方位角的余弦函数，周期为 180°，在各向同性面和对称轴方向达到极值。模型试算表明地层饱含气和饱含水之间方位反射系数差异比饱含油和饱含水的明显，在大入射角、各向同性面上饱含气和饱含水反射系数差异最大；不同裂缝密度产生不同的方位反射系数，在大入射角、HTI 介质对称轴方向裂缝密度引起的的反射系数差异最大。研究结果为利用方位地震反射特征检测裂缝提供了新的理论依据。

### 参考文献

[1] Thomson L. Elastic anisotropy due to aligned cracks in porous rock[J]. Geophysical Prospecting, 1995, 43: 805~829.

[2] RUGER A. Refelction Coefficients and Azimuthal AVO Analysis in Anisotropic Media[D]. Doctoral Thesis, 1996.

[3] VAVRYCUK V, PSENCIK I. PP-wave refelction coefficients in weakly anisotropic elastic media[J]. Geophysics, 1998, 63(6): 2129~2141.

[4] 梁锴. TI 介质地震波传播特征与正演方法研究[D]. 中国石油大学博士论文, 2009.

（12）地球介质各向异性

# 地壳各向异性导致 SKS 分裂—理论地震图研究

# Crust Anisotropy leads to SKS splitting—based on Synthetic seismogram

姚　陈[1*]　郝重涛[1]　王　赟[2]

Yao Chen　Hao Chongtao　Wang Yun

1. 中国地震局地质研究所　北京 100029；2. 中国科学院地球化学研究所　贵阳 550002

远震 SKS 波是地震激发 S 波向下传播，经地幔进入液态地核转化为 P 波传播，经地核向上传播在核幔边界再转换为 S 波，穿透地幔和地壳最终被地表台站接收。如台站下介质为各向异性，在核幔边界转换的 SV 波分裂成两个准横波，两者分别以各自的偏振和速度传播，即 SKS 分裂。目前用于分析解释的 SKS 波的视周期多在 8 秒左右。地震学界普遍接受的观点是，SKS 波穿透几百千米的上地幔和 30 千米左右厚度的地壳，地壳各向异性对 SKS 波的影响可以忽略，SKS 分裂归结为上地幔各向异性。用 SKS 分裂快波偏振方向得到上地幔晶体定向排列方向，设定各向异性强弱，用快、慢波之间的到时差推断上地幔各向异性层的厚度，这成为几十年来利用该震相探测上地幔各向异性的主要方法。

SKS 分裂大量的观测解释表明，快波偏振优势方向往往与地表构造走向相关，许多近似平行或垂直断层走向，但地震学界仍认为这是因上地幔晶体定向排列方向所致，有些自洽解释为地壳与上地幔动力学耦合。但一些观测还表明，深大断裂附近相邻几十千米台站的快波偏振和（或）快、慢波到时差会出现明显变化。因同一地震到两个相邻台站的 SKS 波在上地幔内的路径几乎重合，只要求上地幔晶体定向排列方向和（或）各向异性厚度在横向上小范围剧烈变化，这与上地幔流变学导致晶体排列方向相对稳定和物质连续的认识尖锐冲突。

我们重新考虑地壳各向异性对 SKS 的影响。当 SKS 波穿透多个各向异性层，理论上 SKS 分裂两横波的偏振是由接收层各向异性决定的，除非该层对 SKS 波的作用能够用各向同性等价。尽管地壳厚度大大低于上地幔厚度，但大致相当于 SKS 波的波长。地壳作为接收层能否用各向同性等价主要取决于地壳各向异性强弱。

裂隙各向异性可能是上部脆性地壳的普遍特征，相应有稀疏微裂隙各向异性的理论表述，受限于 0.1 以下的裂隙密度。近年来进一步解决了裂隙裂缝导致强各向异性的理论问题，这适用模拟断层和深大断裂附近的高裂隙密度和大裂缝的地震波传播各向异性。我们用平面波各向异性传播矩阵计算入射地壳 8 秒视周期 SKS 波的理论地震图，研究其方位变化特征。

除非直立裂缝的对称面方位，相比径向分量 ***R***，切向分量 ***T*** 上也有振动，这是 SKS 波分裂最直观的记录特征。对于包括上、中、下地壳的均匀裂隙各向异性地壳，除非平均裂隙密度低于 0.02，***T*** 分量上均出现振幅。***T*** 分量上振幅随裂隙密度增大而增强。当裂隙裂缝各向异性限于上、中地壳甚至限于上地壳时，SKS 波也发生分裂，强裂缝能在 ***T*** 分量上引起较强振幅。地壳裂隙导致 SKS 波的 ***T*** 分量强弱不同的振幅和 0.2～1.2 秒范围内的快、慢波之间的时差与大量观测解释是一致的。

无论均匀裂隙各向异性地壳还是强裂缝上地壳模型，SKS 分裂 ***T*** 分量振幅和快、慢波时差均随方位变化，但各方位的整体振幅水平和时差均随裂隙密度的增大而增强。直立裂缝裂隙为 HTI。对于 HTI 模型，在对称面两侧的对称方位，***T*** 分量上的振幅强度显示出方位对称性和极性反向，而 ATI（任意空间取向 TI）时这种记录特征消失。以往 SKS 分裂的资料处理和各向异性解释多采用 HTI 模型，***T*** 分量上振幅和极性的方位对称性可成为所推断的 HTI 解释是否成立的重要判据。

既然地壳各向异性能引起 SKS 分裂并对偏振和到时差有重要影响，忽略地壳各向异性，将 SKS 分裂偏振和到时差都归结到上地幔各向异性并给出相应解释在理论上则出现问题。地壳裂隙裂缝各向异性在断层和深大断裂附近会出现强烈的横向变化，导致临近台站 SKS 分裂特征变化，此种解释可以消除地幔各向异性解释所引起的困惑。

本研究由国家自然科学基金（41174045）和国家重点实验室开放基金项目（LED2011B02）资助。

## 参考文献

[1] Barbara Romanowicz, Huaiyu Yuan.On the interpretation of SKS splitting measurements in the presence of several layers of anisotropy[J]. Geophys. J. Int., 2012, 188: 1129~1140.

[2] 常利军，王椿镛，丁志峰. 中国东部上地幔各向异性研究[J]. 中国科学（D辑：地球科学），2009, 39(9): 1169~1178.

（12）地球介质各向异性

# 三维地震和三维地震弯曲界面反射

# 3D seismic and seismic reflection of 3D curved interface

姚 陈* 宋利虎 蔡明刚

Yao Chen Song Lihu Cai Minggang

中国地震局地质研究所 北京 100029

三维地震勘探采用网格式炮激发和网格式检波点接收反射，其所在复杂构造区中的弯曲界面显然是三维的。从给定炮点和接收点网格出发（炮集）用射线方法计算反射，因倾角、倾向和深度在弯曲界面上逐点变化，确定符合斯奈尔定律的反射点位置较为困难。依据费玛原理发展了最小走时法计算三维复杂结构的反射时距面。还有其他数值模拟方法从二维扩展到三维。这些共炮集计算对认识和理解三维弯曲界面的反射特征是有助益的，但遇到的共同问题是，共炮集能获得的仅是部分界面点的反射，是部分界面而不是整体界面的地震响应。

三维地震勘探主要关注点是反射点的界面分布和各界面点处的反射数量。如果全部观测数据仅包括界面上部分反射点或共反射点的反射数量太低，则无法满足叠加成像的要求，直接影响地下界面整体的成像效果。共炮集反射点的位置分布不但与界面形态、深度和接收点网格的位置有关，还强烈依赖炮点的位置。移动炮点位置会改变弯曲界面上的反射点位置，但大量计算以求对界面反射点的均匀覆盖显然是不现实的。预测三维地震三维弯曲界面上反射点位置，这无论对勘探设计还是叠加成像都是新的理论课题。

姚陈提出了三维倾斜界面共转换点和共反射点的抽道集和相应的时距计算方法，简称倾角 CCP 和倾角 CDP。三维弯曲界面可以视为不同空间取向的三维倾斜界面元的包络，或三维倾斜界面为三维弯曲界面上各点的切平面。我们将三维弯曲界面反射转化为空间取向随界面点变化的三维倾斜界面元的反射来解决。本文从三维弯曲界面的反射点出发讨论炮点网格和检波点网格及相关问题。

给定地下三维弯曲界面的深度和形态，从地表成像网格的各节点做垂线得到界面反射点位置坐标，相应有界面反射点网格。各界面反射点处有三维倾斜界面元，相应有面元的深度、倾向和倾角并有界面元的法线和地表的交点，这些交点构成地表抽道集网格。参照抽道集网格，从设定接收点网格依据倾角 CDP 从检波点距计算炮距和炮点坐标，最终得到炮点网格。显然，界面上所有的成像反射点都有相应的炮点和检波点，各反射点的反射数量与接收点网格的节点数相同。依据倾角 CDP 方法，三维倾斜界面存在临界距离，也是降低一些界面反射点的反射数量的直接因素，这需要特殊设计来避免。按此途径得到的炮点网格是不规则的，可根据需要作规则化的近似处理。理论上，也可以从炮点网格出发得到接收点网格，但从接收点网格出发在实际操作上更为便捷。

以上我们得到的是三维弯曲界面反射点网格共反射点抽道集的炮点位置和检波点位置，依据倾角 CDP 计算时距可用于动校叠加成像。据此给定炮点位置和检波点网格，则有共炮集和反射时距面（宋利虎，等. 2012），同理能得到共接收点道集和反射时距面，还可以给出其它道集及相应的时距。相比以往研究，这里的炮点网格中不同炮点位置的共炮集是从界面共反射点道集转换来的，如此建立起各炮对三维弯曲界面的局部地震响应和网格式炮激发整体震响应这两者之间的关系。

三维地震勘探的观测设计和共反射点叠加成像归结为炮点网格、检波点网格、地表成像网格和界面反射点网格的构成及它们之间的位置关系。共中心点观测设计适用水平界面反射点叠加成像，对于倾斜界面反射点向上倾的方向移动，偏移叠加将出现成像空白区，对于弯曲界面许多成像点抽不出道集。对于多界面反射，共中心点观测先保证水平界面的叠加成像，设计上再补充倾斜界面和弯曲界面叠加成像要求的炮点，这可能是一个便于实现的方案。

本研究由国家自然科学基金(41174045,41104067)和国家重点实验室开放基金项目(LED2011B02)资助。

## 参 考 文 献

[1] Virieux J. Seismic wave modeling for seismic imaging [J]. The Leading Edge, 2009, 28(5): 538~544.

[2] Xu T, Zhang Z J, Gao E G, et al. Segmentally iterative ray tracing in complex 2D and 3D heterogeneous block models[J]. Bulletin of the Seismological Society of America, 2010, 100(2): 841~850.

（12）地球介质各向异性

# 基于介质各向异性的应力方向一致地震前兆

# Earthquake precursor of stress direction consistency on basis of medium anisotropy

刁桂苓* 冯向东 王晓山

Diao Guiling Feng Xiangdong Wang Xiaoshan

河北省地震局 石家庄 050021

最新的岩石物理试验表明,应力-应变曲线中的在强度极限点和失稳点之间可以划分出亚失稳和临失稳两种状态，其变化特点和过程不同，前者从应力积累转为应力释放，后者则由平稳释放转为加速释放。两种阶段分别对应地震之前的短期和临震阶段（马瑾, 2012）。

然而在天然地震的观测中,由于地球的不可入性,对于震源深处的介质状态无法直接了解；在弹性力学的框架内绝对应力的强度也是不可测的。因此阻碍了地震预测研究的深入。尤其是 2008 年四川汶川地震之前发现可以用作预测的现象微乎其微。极大地打击了从事预测研究人员的信心。实际上，没有持续的努力，地震预测问题永远也解决不了。

能够穿透孕育地震深部体积的只有地震波，发生在孕震体的中小地震应当携带丰富的信息。根据区域地震台网记录可以反演它们的震源机制，利用给出的断层面和应力轴的空间取向可以间接了解孕震体介质和应力两方面的状态。2011 年 3 月 11 日，日本东北部近海发生 9.0 级地震，造成巨大灾难，引起国际社会高度关注。此次地震是日本有记录以来震级最大的地震，也是 20 世纪以来全球第四大地震。如此巨大的新地震应当成为预测研究的重要对象。

定义：一致性参数——每个地震震源机制 3 个应力轴与主震 3 个应力轴夹角（$\alpha$、$\beta$、$\gamma$）之和（王俊国, 2005）。资料：全部取自 USGS 网站的矩张量解；范围按照余震区稍向外扩大；震前补充部分快速矩张量解。一致性参数随时间（地震序号）分布显示：9.0 震前出现低值段，之前的多次 7 级地震也存在类似现象。取 1990 年以来资料计算均值和误差，9 级大震前低值超出误差限。一致性参数平面插值，存在囊括余震区的大尺度低值区。2007 年——震前的低值出现在震中附近俯冲板块接触面浅部。结果表明存在明显的时间、空间异常。

这种异常现象是否孤例？由 2010 年智利 8.8 级地震进行验证。资料同样取 USGS 矩张量解，智利震前震源机制解一致性参数同样存在低值段，而且低于均值 2 倍中误差下限。一致性参数平面插值震中附近存在连续低值区。低值区与余震分布范围相当。主震发生在低值时间段的极低值区。

此外，在千岛群岛地区的大震（泽仁志玛, 2009）、河北文安 2006 年 5.1 级地震、张北 1998 年 6.2 级地震之后 1999 年的 5 级强余震、山西 1989 年大同 6.1 级地震之后发生在 1991 年和 1999 年的强余震,这些地震之前也存在类似的时间进程，即便在资料缺乏的 1976 年唐山（刁桂苓, 1980）、1967 年的北京海坨山 5.5 级地震之前也存在类似的过程。在不同地区这种地震之前出现的震兆现象具有一定的重现性。

震源机制一致性参数包括两种含义：构造应力场控制作用增强（也可以理解为应力水平增高）；地震破裂方向趋于相同，孕震区介质表现出各向异性。相对各个主震而言，中小地震的随机性减少，受构造应力场的控制作用增强。

上述结果有利于识别亚失稳应力状态，研究其演化过程的力学机理及其相关物理场的演化特性，进而分析地震潜在危险性以及危险时段。

## 参 考 文 献

[1] 马瑾, 等. 地震前亚失稳应力状态的识别：以 5°拐折断层变形温度场演化的实验为例[J]. 中国科学：地球科学, 2012, 42(5): 633.

[2] 王俊国, 等. 千岛岛弧大震前哈佛大学矩心矩张量( CMT) 解一致性的预测意义[J]. 地震学报，2005, 27(2): 178~183.

[3] 刁桂苓, 等. 唐山地震前后京、津、唐、张地区的综合断层面解[J]. 西北地震学报，1980, 2(3): 39~47.

[4] 泽仁志玛, 等. 千岛岛弧 2006 年 MW8. 3 地震前震源机制解的一致性变化[J]. 地震学报, 2009, 31(4): 467~470.

（12）地球介质各向异性

# 龙门山断裂带小地震各向异性震源机制解研究

# Anisotropic source mechanism of small earthquakes along Long Men Shan fault zone

郑需要　洪启宇　田　鑫

Zheng Xuyao　Hong Qiyu　Tian Xin

中国地震局地球物理研究所　北京 100081

## 1. 引言

地球介质各向异性是地震学研究的一项重要内容。研究介质各向异性是揭示地球内部动力学过程特别是地震过程的重要手段之一。尽管引起地震各向异性的原因很多(Crampin, 1981)，然而在大地震发生前后的震源区，由应力积累引起地壳介质中裂隙的定向排列可能是导致地壳介质各向异性的主要原因。在汶川地震前，沿龙门山断裂带及其邻近地区发生了许多可定位的小地震，其中大多数小地震震级在 3 级以下，少数在 3-4 级左右。过去对这些小地震仅仅进行了常规的定位和简单的分析研究，没有进行深入的系统的动力学分析。本文首先对汶川地震前发生在沿龙门山断裂带的小震进行震相重新识别，并利用具有高质量的 P 波初至对这些地震进行重新定位获得初始震源参数。参考理论走时曲线对 S 波进行识别并联合使用 P 波再次进行震源定位。对定位结果和走时数据进行反演建立龙门山断裂带三维速度结构。通过对小地震各向同性和各向异性矩张量反演研究汶川地震前震源区介质的各向异性，揭示汶川地震前介质各向异性随时间的变化过程及其与地震应力场的关系。

## 2. 基本公式

在各向同性介质中震源的地震矩张量 M 可以表示为（Aki and Richards, 2002）

$$M_{ij} = uS(\lambda \nu_k n_k \delta_{ij} + \mu(\nu_i n_j + \nu_j n_i)) \tag{1}$$

其中，$u$ 是断层滑动位移，$S$ 是断层面积，$\lambda$ 和 $\mu$ 是断层周围各向同性介质的兰姆常数，$\vec{\nu}$ 是断层滑动的单位矢量，$\vec{n}$ 是断层面法向矢量。对于纯剪切滑动($\vec{\nu} \perp \vec{n}$)，(1)式右边括号中第一项为零，这时（1）变为

$$M_{ij} = u\mu S(\nu_i n_j + \nu_j n_i) \tag{2}$$

上式是各向同介质中地震矩张量的双力偶分量表达式，常用 DC 表示。

在各向异性介质中震源的地震矩张量 M 可以表示为（Aki and Richards, 2002）

$$M_{ij} = uSc_{ijkl}\nu_k n_l \tag{3}$$

其中，$c_{ijkl}$ 是断层周围各向异性介质的弹性参数。如果引入一个张量 D 表示断层的几何运动学性质，即 $D_{kl} = uS(\nu_k n_l + \nu_l n_k)$，那么(3)式可表示为

$$M_{ij} = c_{ijkl} D_{kl} \tag{4}$$

上式表示地震矩张量和震源断层张量之间的关系（Vavrycuk, 2005）。

地震矩张量和震源张量分别有 6 个独立的分量，用下面的矩阵形式表示为

$$M = \begin{bmatrix} M_{11} & M_{12} & M_{13} \\ M_{21} & M_{22} & M_{23} \\ M_{31} & M_{32} & M_{33} \end{bmatrix} \tag{5}$$

其中，$M_{12} = M_{21}$，$M_{13} = M_{31}$，$M_{23} = M_{32}$

$$D = \begin{bmatrix} D_{11} & D_{12} & D_{13} \\ D_{21} & D_{22} & D_{23} \\ D_{31} & D_{32} & D_{33} \end{bmatrix} \tag{6}$$

其中， $D_{11}=n_1\nu_1$， $D_{22}=n_2\nu_2$， $D_{33}=n_3\nu_3$， $D_{12}=D_{21}=\frac{1}{2}(n_1\nu_2+n_2\nu_1)$， $D_{13}=D_{31}=\frac{1}{2}(n_1\nu_3+n_3\nu_1)$， $D_{23}=D_{32}=\frac{1}{2}(n_2\nu_3+n_3\nu_2)$。

地震矩张量 M 可以分解为多个不同张量组合，最常见的是把地震矩张量分解为各向同性分量(ISO)，纯双力偶分量(DC)和补偿线性矢量偶极分量(CLVD)，它有明确的物理意义（Knopoff and Randall, 1970）

$$M = M^{iso} + M^{DC} + M^{CLVD} \tag{7}$$

如果断层的滑动方向在断层面内，对于各向同性介质，它的地震矩张量仅仅有DC分量，ISO分量和CLVD分量均为零。但是对于一般各向异性介质，断层的这种滑动也会产生非零的ISO分量和CLVD分量。当介质为正交各向异性或者具有更高的对称性时，只有当断层面与各向异性介质的对称面重合，而且断层的滑动方向在断层面内，地震矩也只有纯粹的DC分量，但是DC分量可以偏离由断层面法线和断层滑动方向所决定的平面。一般情况下，如果断层滑动面不与对称面一致，那么ISO分量和CLVD分量通常不为零。

地震矩张量中的非零ISO分量和CLVD分量可以由断层滑动矢量在断层法线方向的分量引起，与断层体的膨胀和压缩关系密切。非零ISO分量和CLVD分量也可能由其它原因产生，如断层的几何形状，震源体介质的非均匀性和各向异性。当研究的地震震级较小（如震级M小于或等于3）时，震源断层尺度很小，由断层几何形状引起的非零ISO分量和CLVD分量可以忽略。又由于小地震的震源深度常常在几千米以下，断层体的膨胀和压缩一般也很小。因此把矩张量的非零ISO分量和CLVD分量主要归结为震源体及周围介质的各向异性所引起。这不仅因为小地震是地下应力积累达到一定水平的结果，而且应力在积累的同时也导致了介质的各向异性。

### 3. 反演方法和数据处理

在2008年5月12日汶川8级地震发生前，沿龙门山断裂带及其邻近地区每年发生许多次（多达几百次）可定位的地震，从20世纪70年代四川省地震台网建立以来，在这一地区已经积累了丰富的地震资料。这些小震数据已经成为研究汶川地震前地壳介质各向异性变化，震源应力积累过程的重要资料。

首先通过对汶川地震前后记录到的地震进行震相重新识别，使用高质量的P波初至和一维初始模型对地震进行定位。在获得震源位置参数后，利用理论走时对S波进行识别，并联合使用P波和S波对地震进行重新定位，以便得到更高精度的震源位置参数。利用一维走时反演得到的结果建立汶川及其周围地区岩石圈三维各向同性速度模型。在此基础上，利用三分量地震记录资料，使用各向同性介质模型，对小地震进行矩张量反演。在获得各向同性地震矩张量之后，通过特征方程确定其特征根和特征矢量。由特征根和特征矢量确定最大压应力方向 ***P***、最大张应力方向 ***T*** 和中等应力方向 ***B***，同时确定地震的断层面解。根据同一邻域或同一构造单元若干个地震矩张量获得的最大压应力方向 ***P***、最大张应力方向 ***T*** 和中等应力方向 ***B***，建立区域各向异性地壳模型。使用具有倾斜对称轴的正交各向异性描述地壳介质模型，这一模型包含9个各向异性参数和2个方向参数($\varphi$，$\theta$)，是描述地壳各向异性介质比较理想和简单模型。利用三分量地震记录资料，使用各向异性介质模型，再次进行地震矩张量反演。在获得各向异性介质中的地震矩张量之后，利用特征方程重新确定最大压应力方向 ***P***、最大张应力方向 ***T*** 和中等应力方向 ***B***。

最后对汶川及其周围地区地壳介质各向异性和应力场进行时空变化分析研究。龙门山断裂带发震断层长达三百多千米，在断层的不同地段，介质的各向异性存在较大的差别。汶川地震发生前沿断层带发生了许多小地震，相应的计算量较大，因此相关的研究还在进行中。

本文得到了国家自然科学基金重大项目（41090292）的资助。

### 参考文献

[1] Aki K, Richards P G. Quantitative Seismology[M]. University Science Books, Sausalito, CA, USA, 2002.

[2] Crampin C. A review of wave motion in anisotropic and cracked elastic media[J]. Wave Motion, 1981, 3: 343, 391.

[3] Knopoff, L, Randall M J. The compensated linear vector dipole: A possible mechanism for deep earthquakes[J]. J. geophys. Res., 1970, 75: 4957~4963.

[4] Vavrycuk V. Focal mechanisms in anisotropic media[J]. Geophys. J. Int., 2005 161: 334~346.

（12）地球介质各向异性

# 二维 TTI 介质中 qP 波的正演模拟

# Forward Modeling of qP Wave in 2D TTI Media

薛志辉[1,2] 宋国杰[1,2] 陈宇澍[1,2] 杨广文[1,2] 杨顶辉[3]

Xue Zhihui[1,2] Song Guojie[1,2] Chen Yushu[1,2] Yang Guangwen[1,2] Yang Dinghui[3]

1. 清华大学计算机系 北京 100084; 2. 地球系统数值模拟教育部重点实验室 北京 100084;
3. 清华大学数学系 北京 100084

TTI 介质(具有倾斜对称轴的横向各向同性介质)是常见的地震各向异性介质之一。一般认为地质沉积作用形成了垂直轴对称横向各向同性介质(VTI)。经过褶皱和上冲等地质作用,VTI 介质的对称轴方向与铅垂线方向产生了一定的夹角,从而形成 TTI 介质。相对于各向同性介质、VTI 介质，TTI 介质能更好地描述地下地层结构，基于 TTI 介质的地震偏移、全波形反演能够更准确地得到地层构造信息。因此近年来，TTI 介质逐渐成为研究的热点。

二维 TTI 介质的弹性张量可由自然坐标系下 VTI 介质的弹性张量旋转后得到。二维 TTI 介质的弹性张量至多含有 13 个非零元素，使得描述地震波在 TTI 介质中传播的方程非常复杂。数值求解该方程也相对困难。为了简化计算，Alkhalifah[1]利用声学近似得到了在 TTI 介质中传播的 qP 波波动方程。它能够有效地描述 qP 波在 TTI 介质中的传播，相对于弹性波方程而言，其计算量和存储量大大减少，有利于对地下结构进行大规模的正反演模拟研究。然而 Alkhalifah 给出的 qP 波方程存在一定的稳定性问题，Zhou[2]等改进了方程，得到更为稳定的 qP 波传播方程。本文在前人研究的基础上，主要针对 qP 波方程在 TTI 介质中的正演模拟进行研究。

目前地球物理学界常用的正演模拟方法有反射率法，有限元法，有限差分，伪谱法，谱元法等。这些方法各有其优缺点。其中，有限差分方法具有计算速度快，存储空间小，易于编程以及并行实现简单等优点。这使得有限差分方法成为地震波正演模拟中应用最为广泛的一类方法。但是它固有的数值频散现象限制了它在大规模地震波场研究中的使用。在一般的情况下，可以通过加密空间网格，使用高阶差分近似格式等方法去压制数值频散。但与此同时，根据稳定性条件，加密网格不得不减少时间步长。这些意味着将要极大地增加存储空间和计算时间。而使用高阶差分格式，将增加边界处理的难度和并行实现的难度和效率。

为压制地震波场模拟中的数值频散，Yang[3]等提出了最优近似解析离散化方法(ONADM)。ONADM 方法在时间上使用中心差分方法，在空间上利用偏微分方程将波位移的时间高阶偏导数转化为位移空间高阶偏导数，同时利用位移和位移的梯度场去近似逼近空间高阶偏导数。这样的处理保留了更多的波场信息，在粗网格下可以有效地压制数值频散，从而极大地提高了计算效率。研究表明，ONADM 方法在每个方向上只采用了 3 个网格点达到空间 4 阶精度；即使每个波长内仅使用三个网格点，ONADM 方法仍然能够有效压制地震波场中的数值频散。

在本文中，我们首次将 ONADM 方法应用于 TTI 介质中的声波方程模拟，研究 TTI 介质中的 qP 波传播规律。为此，我们使用 ONADM 方法研究由 Zhou[2]给出的 TTI 介质中的声波方程,并与传统的 4 阶 Lax-Wendroff 修正格式进行了比较。数值实验表明，在达到相同计算精度的前提下，ONADM 方法的计算速度约为 4 阶 Lax-Wendroff 修正格式的 16 倍；存贮量仅需 4 阶 Lax-Wendroff 修正格式的 28%。ONADM 方法比 Lax-Wendroff 修正格式具有更快的计算速度和更小的存贮量需求，并能够更加有效地抑制数值频散。除此之外，我们还对二维复杂介质中的地震波场进行了模拟（如两层模型和 SEG/SALT 模型）。通过模拟地震波在 SEG/SALT 介质中的传播，我们得到清晰的合成地震地表记录，从中可以识别出各种反射波，这表明 ONADM 方法可以有效压制 TTI 介质中 qP 波模拟时产生的数值频散，得到低数值频散波场快照和波形记录。

本研究得到了国家 863 计划项目(2010AA012302)和国家自然科学基金项目(61040048)资助。

**参 考 文 献**

[1]Alkhalifah T. An acoustic wave equation for orthorhombic media[J]. Geophysics,2003,68(4):1169~1172.

[2] Hongbo Zhou, Guanquan Zhang. An anisotropic acoustic wave equation for modeling and migration in 2D TTI media[C]//2006 SEG Annual Meeting,2006.

[3] Yang D H, Peng J M, Lu M, Terlaky T. Optimal nearly analytic discreteapproximation to the scalar wave equation[J]. Bull. Seis. Soc. Am., 2006, 96(3):1114~1130.

（12）地球介质各向异性

# 横波分裂成像在土耳其北安纳托利亚断层的应用

# Shear wave splitting tomography in the north Anatolian fault, Turkey

李泽峰[1]　张海江[1*]　彭志刚[2]

Li Zefeng[1]　Zhang Haijiang[1]　Peng Zhigang[2]

1. 中国科学技术大学地球和空间科学学院地球物理系　合肥 230026;

2. 美国佐治亚理工学院　亚特兰大 30332-0284

本文利用 zhang(2007)发展的三维横波分裂成像方法，采用 1999 年 Izmit 和 Duzce 地震长达 6 个月的 4602 个余震事件对土耳其北安纳托利亚断层进行各向异性成像。结果显示该地区具有强烈的各向异性，并且在断层附近出现明显的各向异性条带，覆盖断层附近 3~4km，深达 4km，并且结合之前的研究分析了各向异性的可能成因。

**1. 横波分裂成像方法**

横波分裂是地震波在各向异性介质中传播的主要特征，因而被广泛应用于研究从全球尺度到局部尺度的各向异性。张海江等（2007）发展的三维横波分裂成像方法，该方法假定了慢波相对于快波的延迟时间是沿着射线累积。参数 $dt$, $V_{fast}$ 和 $V_{slow}$ 分别代表延迟时间，快波速度和慢波速度。因此我们可以得到:

$$dt=\int_{\text{ray path}}(V_{\text{slow}}^{-1}-V_{\text{fast}}^{-1})ds \tag{1}$$

裂隙和微裂隙常形成方位各向异性，这种情况在浅层地壳中十分常见。为简化方程，我们假设研究的区域接近这种情况。对于具有水平对称轴的方位各向异性，地震波在某一方向传播时，横波分裂延迟时间可表示为

$$dt=\int_{\text{ray path}}(V_{\text{slow}}^{-1}-V_{\text{fast}}^{-1})\cos\alpha\, ds \tag{2}$$

参数$\alpha$是射线方向与垂直方向的夹角。我们定义各向异性参数 $K$

$$K=(V_{\text{fast}}-V_{\text{slow}})/V\approx(V_{\text{fast}}-V_{\text{slow}})V/V_{\text{fast}}V_{\text{slow}} \tag{3}$$

将方程（3）带入方程（2），我们得到

$$dt=\int_{\text{ray path}}K\cos\alpha/V\,ds \tag{4}$$

在横波分裂成像的反演程序中使用的是 $K\times100$, 即所谓的各向异性参数的百分比。$K$ 是描述各向异性强弱的重要参数。

**2. 成像区域和使用数据**

北安纳托利亚断层（North Anatolian Fault，NAF）是展布于土耳其中北部的巨型活动断层系，总长约 1500km。众多的研究显示该地区具有明显的地震波各向异性。1999 年该断层发生 Mw 7.4 伊兹米特（Izmit）地震和 Mw 7.1 迪兹杰（Duzce）地震，断层附近的 33 个台站记录了密集的余震。本研究选取其中 4702 个余震的横波分裂数据对北安纳托利亚断层的坎拉代雷(Karadere)至迪兹杰(Duzce)段（$14\times32\text{km}^2$）进行成像。反演区域单元尺度为 2km×4km，采用了一维的 8 层速度模型。

**3. 成像结果与讨论**

**1) 各向异性的范围**

密集的地震射线使成像结果十分精细，尤其是在接近断层部分。我们对深度为 0、1.5、2.5、3.5、6、9、13km 处以及与断层平行两个相距 2km 的剖面做了各向异性参数 $K$ 模型的切片。这些成像结果显示该区域有强烈的各向异性，并且在空间分布上有显著的差异。成像结果显示了该地区十分强烈的各向异性，部分位置的各向异性参数 $K$ 达到 4%。

Peng et al.（2004）等根据平行于断层的横波快轴方向Φ的分布范围确定了水平方向上各向异性存在于断层附近几千米内。成像结果与这一结论相符。以 z=2.5km 为例，断层各处均有 2~3km 宽度的各向异性带。

在某些断层上的台站附近，带宽可达 6~7km。

许多研究认为该地区各向异性的深度分布范围在地表下 3km 以内（Cochran et al. 2003，Liu et al. 2004，Peng et al. 2004）。反演结果显示断层附近各向异性分布要比之前所认为的略深一些。各向异性最强的地方位于 2.5km 左右；在 3.5km 处，仍显示出较强的各向异性。在深度大于 6km 的地方，我们发现各向异性的强度大为减弱。深度为 6km、9km 的成像结果显示该处可认为是各向异性减弱的过渡区域。更进一步，平行于断层的两个相距 2km 的剖面显示，即使不计深部的某些孤立的各向异性块体，沿断层走向 3km 以内都存在强烈的各向异性的连续区，而且有部分地方延伸至 4~6km。

**2）各向异性的可能成因**

首先，浅层部位（0~3.5km）成像结果有十分明显的特征，即各向异性沿着断层走向，紧密分布在断层的附近。此前，Peng 给出了此地区断层上的台站其平均快轴方向 $\Phi$的分布图，显示了快轴方向基本平行于断层走向，并且随之变化的特征。结合这两种特征，我们认为此处各向异性的成因归结于断层结构控制的平行于断层的裂隙与微裂隙。这证明我们采用各向异性主要由垂直方向的裂隙和微裂隙导致这一假设是成立的，从而保证了成像方法的合理性。Peng 根据裂隙成因估计了地壳 3-4km 以上岩石的孔隙度为 7.3%，接近 Hudson（1981）给出的 10%的极限值。这与我们成像得到的强烈的各向异性特征是吻合的。

其次，6、9km 切片显示，断层东北北面（大约 x<0，y>0）处的条带状各向异性体是浅层的断层各向异性北支的延续。至于深部切片的南面出现的各向异性体，尽管有研究表明该深度仍有可能出现岩石微裂隙（Bokelmann & Harjes 2000）,但是考虑到这些各向异性体为块状，而且 Almacik 地体主要为地幔源的镁铁质岩石，因此我们更倾向于把这些各向异性块体归因于岩石的特殊岩性，比如层理结构或者晶体定向排列。

Peng et al.（2004）发现在 TS 台站（40.7518N,39.9032E）附近快轴的方向出现几乎垂直于断层的异常，这与其他大多数断层附近的情形相反。Peng et al.（2004）认为该现象可能与该地方复杂的地质构造有关，因为 1999 年 Izmit 地震后造成 NAF 北支在 Duzce-Hersek 出现多处错位（Harleb et al.，2002），而这个发生错位的地区就在离 TS 不远的南面。从反演结果来看，我们注意到 TS 台站稍南有一个各向异性块体。该块体在 z=0 处出现，在 1.5km 各向异性增强，在 2.5km 处与断层附近的各向异性条带区分不开（可能与反演的分辨率有关），在 3.5km、6.0km 处重新分离开来并且有向东移的趋势，最后在 9km 处消失。尽管不能确定该块体与 Duzce-Hersek 出现的错位是否有联系，但是由于它十分靠近 TS 台站而且独立于断层各向异性条带，我们认为这个各向异性块体可能是 TS 台站下出现快轴方向垂直于断层的直接原因。

**4. 结论**

1999 年北安纳托利亚断层发生 Mw=7.4 Izmit 地震和 Mw=7.1 Duzce 地震，断层附近的 33 个台站记录了密集的余震。本文利用张海江等（2007）发展的横波分裂成像方法，采用长达 6 个月的余震数据，对 NAF 北支的 Karadere-Duzce 分支进行 3D 各向异性反演。反演使用的事件为 4702 个，而且台站密集分布在反演区域内，这使成像结果更加精细。但是由于假定裂隙和微裂隙是垂直方向的，以及使用了 1-D 的初始速度模型，限制了反演的精确度。

反演结果显示该区域有强烈的各向异性，并且在空间分布上有显著的差异。水平方向上的主要特征为沿着断层的走向，集中在断层附近几千米以内。例如，在 2.5km 处断层各处均有 2~3km 宽度的各向异性带，有的地方可达 6~7km。对于各向异性成因，在浅部（~6km 以内），我们的结果显示出该地区的各向异性是与断层结构本身有关的而非地区应力场控制的。最后，我们对 Peng et al.（2004）发现的 TS 台站附近各向异性快轴出现垂直于断层的异常现象做出了一种可能的解释，即成像结果显示的 TS 台站下的孤立块体具有异于断层的各向异性特征。

**参 考 文 献**

[1] Zhang H, et al. Three-dimensional shear-wave splitting tomography in the Parkfield, California, region[J]. Geophys. Res. Lett., 2007, 34: L24308.

[2] Zhigang Peng, Yehuda Ben-Zion。 Systematic analysis of crustal anisotropy along the Karadere–Düzce branch of the North Anatolian fault[J]. Geophys, J. Int., 2004, ): 253~274.

（12）地球介质各向异性

# TTI 介质 qP 波入射三维 Zoeppritz 方程

## 3-D Zoeppritz equation for incident qP wave in TTI media

司　芗*　吴国忱

Si Xiang*　Wu Guochen

中国石油大学(华东)地球科学与技术学院　青岛 266555

**1. 引言**

平面弹性波在弹性分界面上的反射和透射理论是地震勘探的理论基础。本章从平面波理论出发，针对TTI 介质推导了 qP 波入射三维精确拟 Zoeppritz 方程。通过求解该方程可以得到 TTI 介质精确的反射透射系数随观测方位的变化公式。该方程描述了 TTI 介质反射透射特征随介质弹性参数及对称轴角度的变化情况，表达了方位角对 TTI 介质 AVO 的影响。基于该方程重点分析了 TTI 介质的 PP 波反射系数随各向异性参数及对称轴角度的变化规律，以及方位角对 TTI 介质的 PP 波反射系数的影响。

**2. TTI 介质 qP 波入射三维 Zoeppritz 方程**

地震波在遇到方位各向异性介质的弹性分界面时会产生六种反射和透射波，当 qP 波以极化角$\theta$，方位角$\varphi$入射至介质弹性分界面时，将在上层介质中产生反射 qP 波、反射 qSV 波和反射 SH 波，在下半空间中产生透射 qP 波、透射 qSV 波和透射 SH 波。选择位移函数为基本求解函数，根据三维 TTI 介质弹性波的相速度和偏振方向，分别写出入射 qP 波、反射 qP 波、反射 qSV 波、反射 SH 波、透射 qP 波、透射 qSV 波和透射 SH 波的位移波函数。根据弹性理论，包括入射波在内的七种波在弹性分界面上应满足位移连续和应力连续的边界条件。将这七种的波函数带入边界条件，可以建立 qP 波入射的 TTI 介质三维拟 Zoeppritz 方程。方程中矩阵 M 包括 36 个元素，矩阵 N 包括 6 个元素。

**3. 数值示例**

设计两种四层层状介质模型，第一层和第四层介质均为各向同性介质，第二层和第三层介质为各向同性介质、VTI 介质、HTI 介质或 TTI 介质，本文只讨论第二层和第三层介质之间弹性界面的 PP 波反射系数。第二种模型的第二层和第三层为具有相同对称轴角度的 TTI 介质。

方位角对 PP 波反射系数的影响随着介质对称轴角度发生变化，0°方位角的 PP 波反射系数与 90°方位角的 PP 波反射系数二者之间的差异与介质对称轴角度成正比。当介质为 VTI 介质时，二者之间无差异，当 TTI 介质的对称轴角度增大，二者之间的差异也逐渐增大，当介质为 HTI 介质时，二者之间差异最大。当反射界面上下两种介质均为各向异性介质时也存在这一现象，PP 波反射系数的这一特点建立了介质对称轴倾角与方位角之间的联系。PP 波反射系数的截距不随方位角的变化而发生明显的改变，然而 PP 波反射系数的梯度随方位角的变化较为明显，当入射波小角度入射时，PP 波反射系数随方位角变化较小，但是当入射波大角度入射时，其 PP 波反射系数随方位角变化较大。

**4. 结论**

本文推导的 TTI 介质三维 Zoeppritz 方程，建立了 TTI 介质反射透射系数与方位角的联系，对于更接近于真实地球介质模型的 TTI 介质，方位角对其反射系数的影响是不容忽视的。方位角对 PP 波反射系数的影响随着介质对称轴角度成正比发生变化，这一特点建立了介质对称轴倾角与方位角之间的联系；PP 波反射系数的截距不随方位变化而发生明显的改变，但其梯度随方位的变化较为显著，当入射波小角度入射时，反射系数随方位变化较小，但是随着入射角的增大，其 PP 波反射系数随方位变化也增大。

**参 考 文 献**

[1] 梁锴, 等. TTI 介质 qP 波入射精确和近似反射透射系数[J]. 地球物理学报, 2011,54(1):208~217.

[2] Thomsen L. Weak elastic anisotropy[J]. Geophysics, 1986, 51(10): 1954~1966.

[3] Ruger A. Reflection Coefficients and Azimuthal AVO Analysis in Anisotropic Media[D]. Colorado: Center for Wave Phenomena Colorado School of Mines Golden, 1996.

（12）地球介质各向异性

# 二维和三维 TTI 介质多次波射线追踪

# Multiple-wave ray tracing in 2-D and 3-D TTI media

李晓玲 [1*] 白超英 [1,2]

Li Xiaoling Bai Chaoying

1. 长安大学地质工程与测绘学院地球物理系 西安 710061;
2. 长安大学计算地球物理研究所 西安 710061

## 1. 引言

常规的射线追踪算法，大多是基于各向同性的假设。然而，地球内部介质中地层的各向异性是普遍存在的，尤其是在含有裂隙、薄互层等介质，这就会使得地震波的传播变的更加复杂。若仍用各向同性的方法来处理和解释则必会降低地震资料的分辨率并引起成像误差。然而，目前现有的基于各向异性的算法又仅局限于初至波、一次反射(或转换)波的追踪计算，还未见有关多次波的研究报道，但多次波在地震勘探中又举足轻重，因此各向异性介质中多次波的研究势在必行。

## 2. TI 介质中的相、群速度计算

首先，根据 Daley 和 Berryman 给出的 VTI 介质的相、群速度精确表达式，由各主节点采样的 5 个独立弹性参数计算各主节点的相、群速度值[1,2]，随后进行角度旋转获得 TTI 介质群速度各分量幅值。其中，次级节点的相应的群速度值由主节点群速度值通过线性拉格朗日或 B 样条插值函数插值获得。

## 3. 分区多步非规则最短路径算法基本原理

最短路径算法基于费马原理，运用网格节点之间的最小走时连线近似地震射线路径。本文中算法的基本步骤如下：首先将模型按速度界面分成几个独立的计算区域并按区进行模型剖分（在起伏地表和速度界面处依照其变化情况采用非规则的三角、梯形单元（2D）或四面体单元(3D)）。然后,结合分区多步计算技术进行多次波的追踪计算。所谓多步计算是指按照所要追踪的多次(或后续)波类型，从震源所在的区域开始，逐区进行波前扫描。具体来讲，自震源所在的单元开始计算各节点的最小走时，等当前单元所有节点的走时计算结束后进行波前扩展，直到该区域所有网格单元内的节点都计算完毕，此时波前停留在该区的速度离散界面上，并保存速度界面上各离散点的最小走时和相应的射线路径。然后按照所要追踪的射线类型选择下一个计算区域，直至追踪到检波器为止[3,4]。

## 4. 结果与结论

本文将各向同性介质中的分区多步不规则最短路径算法推广至各向异性介质中，实现了二维、三维 TI (VTI、HTI、TTI)介质中多次(透射、反射、及转换)波的追踪计算。该算法具有很强的适应性和稳定性，主要表现在：1、采用非规则网格进行模型剖分，能够准确模拟起伏地表和速度间断面，可以用于复杂 VTI、HTI、和 TTI 介质的射线追踪；2、结合分区多步计算技术，可以追踪任意组合的多次波。3、计算精度高，运算速度快，可用于含定向排列的裂隙介质或薄互层介质的地震数据的反演。

本研究由“十二五”国家科技重大专项子专题“海上斜井井间地震资料成像处理技术及应用研究”资助(项目编号：2011ZX05024-001-03)。

### 参 考 文 献

[1]Zhou B, et al. On the computation of elastic wave group velocities for a general anisotropic medium[J]. J Geophys Eng, 2004, 1: 205~215.

[2]Zhou B, et al. Raypath and traveltime computations for 2D transversely isotropic media with dipping symmetry axes[J]. Explor Geophys, 2006, 37: 150~159.

[3]赵瑞, 等. 复杂层状模型中多次波跟踪: 一种基于非规则网格的最短路径快速算法[J]. 地震学报, 2010, 32(4): 433~444.

[4] Bai C Y, et al. Multiple arrival tracking within irregular triangular or tetrahedral cell model[J]. J Geophys Eng, 2012, 9: 29~38.

# 专题十三：中国巨灾、灾害链综合预测与减灾对策

# Integrated Prediction and Mitigation Measures for Catastrophe and Disaster Chain in China

（13）中国巨灾、灾害链综合预测与减灾对策

# 对 2013 年我国长江、淮河大洪水的预测

# Forcast for Flood of Yangtze river and Huai river in China in 2013

耿庆国

Geng Qingguo

中国地震台网中心　北京 100045

**1. 用可公度信息系方法预测 2013 年是淮河大水年份**

**1）方法说明**

重大天灾，是自然界由可数的结构单元构成的异常事件。翁文波院士特别重视研究可公度信息系，认为是这信息预测的重要方法之一。整数集｛$X_i$｝元素都是数值，它们之间依一定方式相减构成的差分，差分的全体构成差分系。任意个 $X_i$ 互相加减，得出可公度系。差分系或可公度系表达了许多整数体系中的信息。可公度性是自然界的一种秩序。

实践表明：在重大天灾预测方面，可公度系信息预测方法有着旺盛的生机和活力。

**2）已知数据**

近 100 年来淮河大水年份为：

1921、1931、1950、1954、1975、1991、2003、2007

**3）独立可公度元**

4、10、19、41

**4）预测分析**

1921+41+41+10=2013

1931+41+41=2013

1931+4+4+41+19+10+4=2013

190+41+41−19=2013

1954+19+10+10+10+10=2013

1975+19+19+=2013

1991+41−19=2013

2003+10=2013

2007+41−19−19+41−19−19=2013

2007+10−4=2013

**5）结论**

2013 年（±1 年），是淮河大洪水年份，其中：

1931+41+41=2013

1975+19+19=2013

为“双结构可公度元”，构成确定性预测主体，即 2013 年淮河洪水与 1931 年、1975 年相近。

**6）佐证**

（1）翁文波院士在《测预》论基础》（1984 年）中，对 1991 年江淮大水做了预测。翁老提出，华中某地有 6 次水涝年份，表现出高置信水平的可公度系。分别是：1827、1849、1887、1909、1931、1969。显然 22、82 为独立可公度元，由独立可公度元 22、82 可给出下列可公度系表达式：

1827=82+82=1991

1849=82+82−22=1991

1887+82+22=1991

1909+82=1991

1931+82−22=1991

1969+22=1991

实况是我国江淮地区 1991 年发生大水。

（2）再用上述资料续预测未来洪水，可给出下列可公度系表达式：

1827+82+82+22=2013

1849+82+82=2013

1887+82+22+22=2013

1909+82+22=2013

1909+82+22=2013

1931+82=2013

1969+22+22=2013

（3）结论：2013 年（±1 年），是江淮地区大水年份。

**2. 用可公度信息系方法预测 2013 年是长江大水年份**

（1）已知数据：

近 1000 年来，中国长江干流主要历史洪水年份有：1153、1227、1560、1788、1849、1860、1870、1931、1935、1954、1991、1998 年。

（2）可公度元分析：

1527−1153=74，1560−1227=333，1788−1560=228，1849−1788=61，1860−1849=11，1870−1860=10，1931−1870=61，1935−1931=4，1954−1931=23，1991−1931=60，1991−1954=37

可取 74、333、228、61、60、23、10 为可公度元。

（3）预测分析：

由可公度元 74、333、228、61、60、23、10 可给出可公度系表达式：

1153+333+228+228+61+10=2013

1227+228+228+60+60+60+60+10+10+60+10=2013

1560+228+10+10-23=2013

1788+228+10+10-23=2013

1849+74+60+10+10+10=2013

1860+60+60+23+10=2013

1870+60+60+23=2013

1931+60+60+23-61=2013

1935+74+37-23-10=2013

1954+60+60-61=2013

1991+60+23-61=2013

1998+74+60-60-60=2013

（4）结论：

2013 年为长江大水年份。可能出现与 1954 年、1998 年相近的长江大水。知患贵能防患，换来免致茫然。需未雨绸缪，做好防洪减灾工作；同时应化水患为水利。

**参 考 文 献**

[1] 翁文波. 预测论基础[M]. 北京：石油工业出版社，1984.

[2] 王明太，耿庆国. 中国天灾信息预测研究进展[M]. 北京：石油工业出版社，2004.

（13）中国巨灾、灾害链综合预测与减灾对策

# Correlation between the 2011 Tohoku M9.0 earthquake and tropical storms in the western Pacific: a quake-typhoon chain

Gao Jianguo

Institute of Geology, China Earthquake Administration　Beijing 100029

**Abstract**: The analysis of several anomalous tropical cyclones suggests that the Tohoku, Japan M9.0 temblor on 11 March seems to be correlated with a series of tropical storms or typhoons in the western Pacific. These climate events include the typhoon Sinlaku (No.0813), tropical storm Dante (No.0901), tropical storm Aere (No.1101), super-powerful typhoon Songda (No.1102), typhoon Ma-on (No.1106), typhoon Talas (No.1112), tropical storm Noru (No.1113), typhoon Roke (No.1115) and typhoon Sonca (No.1116). In speculation, these 9 storm events and the Tohoku mega quake constitute a quake-typhoon chain. Its genesis is probably associated with anomalous ground or sea temperature.

**Keywords**: quake-typhoon chain, tropical cyclone, earthquake, ground temperature, sea temperature

## 1. Phenomena

On 30 April 2009, the tropical storm Dante (No.0901) was generated above the Philippine Sea. Then it went toward northeast to influence the Japan Sea (Fig.1)rather than toward west first and northeast afterwards as usual ( Fig.2).In addition, the typhoon Sinlaku (No.0813) also ran through the seismic area of the Tohoku, Japan M9.0 earthquake on 11 March 2011.

After the 2011 Tohoku great quake, the first tropical cyclone of 2011, the storm Aere (No. 1101) was generated on 5 May. On the second day, 6 May, the Joint Typhoon Warning Center defined it as a tropical storm (Fig.3), which went more easterly to the seismic area of the Tohoku event[1].

It is surprising that the tropical cyclones, No.1101 and 0901 storms, influencing Japan came unusually early in 2011. The record since 1949 shows that such cyclones appeared usually around 7 August (Fig.4). The only one early event, typhoon Betty (No.6104) happened on 29 May 1961, later than the two events mentioned above by more than 20 days.

The tropical storms Dante (No.0901, 30 April 2009) and Aere (No.1101, 5 May 2011) occurred before and after the Tohuku quake, both of which are the earliest tropical cyclones that influence Japan is since 1949 and passed through or by the seismic area of the 2011 Tohoku mega quake.

After the No.1101 tropical storm, another six events hit or gave impact to Japan successively. They are No.1102 super-powerful typhoon Songda (Fig.5), No.1106 typhoon Ma-on (Fig.6), No.1112 typhoon Talas (Fig.7), No.1113 tropical storm Noru (Fig.8), No.1115 typhoon Roke (Fig.9) and No.1116 typhoon Sonca (Fig.10). Among them, three events spawned disasters. For instance, when the No.1106 typhoon Ma-on landed on southern Tokushima-ken, Japan at 30 minutes past 0 o′clock 20 July 2011, 51 people were injured by the induced mud-rock flow. The No.1112 typhoon Talas on 3 September 2011 brought about a rainfall as much as 1800mm after it traversed Japan, which resulted death of 49 persons and 55 people missing, as the most serious storm disaster since 1989. And the No.1115 typhoon Roke on 21 September attacked Shizuoka-ken, Japan and killed 6 people.

## 2. Temperature increases on sea surface before and after the Tohoku quake of 2011

If a major disaster occurs and another one follows, exhibiting a chain-like structure of hazard sequence, such a phenomenon is called a disaster chain.

The concept of the disaster chain can help study the relationship between various hazards. For instance, a tropical cyclone and an earthquake are apparently of two subjects. Nevertheless, they are likely correlated. Because when the strain for a great quake is built up, a large amount of heat would be generated in crust, which may influence the weather process. The global map of anomalous sea temperature for August ~December 2008 shows a commencement of largest temperature growth in the Tohoku seismic area, 844 days prior to the 11 March 2011 mega event. It is inferred that the No.0813 typhoon Sinlaka might be associated with this thermal process.

After the 11 March 2011 Tohoku mega quake, the epicenter area remained in a state of temperature rising by 4 ℃～5 ℃, which was most conspicuous in the western Pacific (Fig.12). Meanwhile 4 tropical storms (Nos. 1101, 1102, 1115, and 1116) passed through the seismic area. The typhoons No.1106, 1112 and 1113 were close to Tohoku. It is speculated the 7 storms above are related to the Tokoku mega quake of 2011.

**3. Influence of sea temperature on paths of tropical cyclones**

Yuan (2009) analyzed the paths of tropical cyclones in the northwestern Pacific using data for 1949～2007 issued by China Meteorological Bureau He found that the local sea temperature was relatively higher when tropical storms were in northwestward paths than that in other paths. More tropical cyclones occurred when the local sea temperature in the northwest Pacific was high. On contrary, as local sea temperature was relatively low, the tropical cyclones tended to change their directions[3]. Fig.13 indicates the relationship between sea temperature increase and tropical storms.

Usually tropical storms advance toward the humid and warm places. After a great earthquake, the large-scale release of heat and vapor can probably attract typhoons to pass through the epicenter area or associated zones of active tectonics. Such a relationship between earthquakes and typhoons is called a quake-typhoon chain.

**References**

[1] The Chronology of Science. National Astronomical Observatory[M]. Maruzen Company Limited, 2009.

[2] Yuan Junpeng, Jiang Jing. Relationship between paths of tropical cyclones and sea temperature in the northwest Pacific[J]. Journal of Tropical Meteorology, 2009, 25(B12): 69~78.

（13）中国巨灾、灾害链综合预测与减灾对策

# 遥感技术在滑坡监测中的应用研究

# The Application of Remote Sensing Techniques in Landslide Monitoring

李 雪　刘小利　王秋良　李井冈

Li Xue　Liu Xiaoli　Wang Qiuliang　Li Jinggang

中国地震局地震研究所　武汉 430071

滑坡是指在一定自然条件下，斜坡岩土体在重力作用下稳定性受到破坏，沿软弱面或软弱带发生整体滑动的变形过程与现象。它是地壳表层斜坡的一种灾变地质现象，是一种常见多发的地质灾害，在全球范围内分布很广，给人类生命财产安全造成威胁[1]。滑坡监测是为了了解滑坡体的演变过程，捕捉滑坡灾害的特征信息，为滑坡崩塌的分析、预报和治理提供可靠的科学依据。传统滑坡监测的方法包括地质宏观形迹监测、地面位移监测、深部位移监测、诱发因素监测、地下水动态监测和地球物理场监测等方法。

遥感作为一种远程观测技术可以大大提高滑坡监测的工作效率，减轻野外工作强度，尤其在危险及气候恶劣地区具有明显优势[2]。遥感技术在滑坡监测中的应用方法主要包含以下几种：

**1. GPS 监测**

GPS 卫星定位系统是利用接收空中卫星信号测距进行定位，采用静态相对定位技术，其精度可达到毫米级。监测站点之间不用通视，大大减少了工作量。而且利用无线通信技术可以将观测数据传到数据处理中心，直接获得地面点的 3 维坐标[3]。

**2. DInSAR 监测**

合成孔径雷达差分干涉测量技术（Differential Interferometric Synthetic Aperture Radar, D-InSAR）是合成孔径雷达干涉测量应用的一个拓展。由 InSAR 技术得到干涉纹图，再进行差分处理可用于监测雷达视线方向毫米级的地表形变，并且具有连续空间覆盖特征，为山体滑坡提供了空间对地观测的新途径[4]。

**3. 近景摄影测量监测**

近景摄影测量监测是采用量测型或非量测型数码相机对滑坡体摄取的立体像对进行数字摄影测量。通过共线条件方程的空间前方交会解法计算滑坡体同名点的三维坐标，重建滑坡体三维模型，并以此对滑坡体的变形进行监测[5]。

**4. 三维激光扫描监测**

地面三维激光扫描是一种集成多种高新技术的新型测绘方法，已逐渐被应用于变形监测之中。三维激光扫描仪采用非接触测量的方式，利用激光扫描获得的数据真实可靠，最直接地反映了客观事物实时的、变化的、真实的形态特性，所以三维激光扫描技术被作为快速获取空间数据的一种有效的手段，为滑坡监测提供了可供选择的新方案[6]。

GPS 滑坡监测方法虽然具备全天候和无需保持通视的特点，但点位选择的自由度较低且滑坡体整体环境对 GPS 观测不利；D-InSAR 滑坡监测方法适合大范围的滑坡监测，但影像数据比较昂贵，当地表起伏较大时容易造成失相关影响监测精度；近景摄影测量滑坡监测方法可提供完全和瞬时的滑坡体三维空间信息，可同时测定滑坡体上任意点的位移，但量测型相机价格昂贵而非量测型相机由于镜头畸变较大、相机内方位元素不可知等因素需要进行额外的技术处理；三维激光扫描滑坡监测方法测量速度快，采集信息量大，可以形成滑坡体的点云图，生成尺寸精确的滑坡体 CAD 模型，可在一定范围内取代传统的测量过程。由此可见，不同的遥感技术方法在滑坡监测中具有不同的优缺点，需要根据实际情况进行选择，而发展快速、精确的三维观测技术是遥感技术在滑坡监测应用中的研究和发展的方向。

## 参 考 文 献

[1] Charles A, Kliche. Rock Slope Stability[M]. Society for Mining，Metallurgy and Exploration，Inc. 2002: 196~198.
[2] 王治华. 中国滑坡遥感及新进展[J]. 国土资源遥感，2007(4): 7~10.
[3] 陈红卫，等. GPS 技术在滑坡监测中的应用[J]. 测绘与地理空间信息，2012，35(1): 145~147.
[4] 王桂杰，等. D-InSAR 技术在库区滑坡监测上的实例分析[J]. 中国矿业，2011，20(3): 94~101.
[5] 王秀美，等. 数字化近景摄影测量系统在滑坡监测中的应用[J]. 测绘通报，2002(2): 28~30.
[6] 栾悉道，等. 三维建模技术研究进展[J]. 计算机科学，2008，35(2): 208~211.

（13）中国巨灾、灾害链综合预测与减灾对策

# 震前虎皮鹦鹉行为异常的研究

# Research on the abnormal behavior of the budgerigar before the earthquake

袁红金 章 菲*

Yuan Hongjin Zhang Fei

北京工业大学机电学院地震研究所 北京 100124

## 1. 引言

动物异常行为的大量出现是强地震即将发生的重要判据，这已被世界各国的多次地震所证明。在大多数强烈地震前，动物习性异常的前兆时间，主要集中在震前一天之内，短至几分钟，长至数天和数十天，呈明显的短临特征。从我国调查资料比较完整的震例来看，7 级左右的强烈地震，动物习性异常出现的地区范围可达一二百千米至数百千米。据统计，震前动物异常行为的表现是不一样的，鱼类震前异常的行为特征主要表现为迁移、翻腾、跳跃、漂浮、翻肚、打旋、昏迷不动等，。1854 年日本中部太平洋海岸外的 8.4 级地震前，距震中 100 千米的伊豆半岛西海岸，发现许多鱼死在海边，这些鱼类往往生活在大海深处。两栖类(蛙等)和爬行类(蛇等)动物震前异常行为特征主要表现为不合时令地出现呆滞等反常活动；家禽、鸽，雉、乌鸦、喜鹊等野生鸟类及虎皮鹦鹉、孔雀、金鸡等观赏鸟类，震前异常行为特征主要表现为惊飞惊叫、不进窝不吃食、迁飞等。狗、猫、鼠、家畜及其它哺乳动物地震前的异常行为特征，主要表现为惊恐不安、嘶叫奔跑、集群迁移等。

## 2. 震前虎皮鹦鹉行为异常

虎皮鹦鹉震前异常行为属于惊恐型，表现为撞笼、惊飞、乱跳不止，而撞笼和惊飞必然先跳，因此以虎皮鹦鹉跳动频度作为观测项目，将虎皮鹦鹉震前异常行为用量化的跳动频度来表示。由于一些自然原因如气候的变化，温度的高低，鹦鹉习性的季节性差异，还有一些人为因素如鹦鹉食物的变化、停电、更换虎皮鹦鹉等，这些都会造成虎皮鹦鹉跳动的阶段性变化而非异常。通过计算一个阶段虎皮鹦鹉跳动正常数据的平均值（即基数），用虎皮鹦鹉跳动异常的原始记录值减去某一阶段虎皮鹦鹉跳动正常数据的平均值（即基数），得到相对值。一般采用 10 日均值为基数。日跳动次数是指从上午 8 时至次日上午 8 时的跳动次数。

本文采用美国地质调查局（USGS）公布的地震目录，以 2000 年至 2010 年记录的虎皮鹦鹉日跳动次数为数据源，统计了全球发生的 7 级以上地震与震前虎皮鹦鹉异常行为的关系。2000 年至 2010 年全球共发生 7 级以上地震 132 个，其中 103 次震前虎皮鹦鹉出现跳动频度异常现象，占 78%。8 级以上地震 15 个，其中 12 个震前虎皮鹦鹉出现跳动频度异常现象。印尼、日本、我国台湾省 2000～2010 发生的 7 级以上地震与虎皮鹦鹉行为异常的关系见表 1。

表 1

| | 7 级以上地震次数 | 震前有虎皮鹦鹉行为异常现象次数 | |
|---|---|---|---|
| 印尼 | 27 | 26 | 96.3% |
| 日本 | 12 | 11 | 91.7% |
| 台湾 | 2 | 1 | 50% |

台湾地区发生的地震太少，不能说明问题，从表中可以看出虎皮鹦鹉行为异常与日本和印尼地震有很好的对应关系。

2008 年 5 月 12 日四川汶川 8.0 级地震、2010 年 2 月 27 日智利 8.8 级地震、2010 年 4 月 14 日青海玉树 7.3 级地震、2011 年 3 月 11 日日本 9.0 级地震，震前虎皮鹦鹉均出现跳动异常现象。统计还发现国内 6.5 级以上地震，震前虎皮鹦鹉出现异常行为的概率也较高。

统计还发现虎皮鹦鹉行为异常与震源深度和震中距离没有明显的关系，跳动频度异常与震级的大小不是正比的关系。

实践证明虎皮鹦鹉是一种具有临震预测价值的动物，虎皮鹦鹉行为异常观测方法是预测发震时间的有效方法。

### 参 考 文 献

[1] 池谷元伺. 地震前动物为何起骚动[M]. 黄清华, 译. 中国台湾：水产出版社，2000.
[2] 李均之. 虎皮鹦鹉异常行为与临震预测[J]. 北京工业大学学报.2008, 34(2): 217~219.

（13）中国巨灾、灾害链综合预测与减灾对策

# 卫星热红外遥感技术在短临地震预测领域中的优势

# The application of satellite remote sensing thermal infrared technology in the field of earthquake prediction

陈海强

Chen Haiqiang[1]

北京工业大学地震研究所　北京 100124

## 1. 热红外遥感信息在短临预测中的优势

卫星遥感热红外技术在地震预测预报领域的应用，越来越多的被人们所认同。强祖基教授是中国最早把这项技术引进并应用在地震预测预报领域的专家，现在这项技术被更广泛的应用。

作者从 2010 年 8 月开始学习卫星遥感热红外技术，2011 年 7 月，作者把自己平时的预测意见记录在案。下面是对自己做的 98 个预测意见的一个总结和统计。

文章提出了 3 个新的概念，震兆特征点、震兆特征区域、震兆特征趋势，结合强祖基教授的冷热应力场理论、地球排气理论及热红外亮温异常理论，结合徐秀登教授的断裂带异常及板块区域异常，通过对大量云图的处理、观测、总结、再观测，实验性的做了 100 多次预测。

实验结果证明，卫星热红外预测技术属于短临预测，预测周期在 3 个月以内；可以预测的地震范围在较宽；在地点预测上有较大优势，对于有震兆异常特征点的地震，预测地点可以精确到 1 度以内。

## 2. 卫星遥感热红外信息技术在实际应用中的案例

### 1）在地震预测领域的应用

2012 年 3 月 27 日，日本本州东海岸附近海域发生的 6.0 级地震，2012 年 4 月 26 日和田地区发生的 4.2 级地震，2012 年 5 月 21 日，日本冲绳岛发生的 5.3 级地震，2012 年 5 月 28 日河北唐山发生的 4.8 级地震，对以上地震作者都事先做了内部预测。

### 2）在地震报空预测领域的应用

热红外技术在报空预测领域的应用有其实际的意义，对国内强震短临预测的分析意见，笔者认真地观测了相关地区的热红外云图，对该地区做了报空预测，认为在预测时间范围内不会发生 7 级以上强震。例如：台湾有一定背景，但没有 7.2，7.4 级大震异常，台湾如果有震，地点也不是在预测的花莲东海域，而是在台湾陆地南投附近区域，事后，在 2012 年 2 月 26 日台湾屏东发生了一个 6.0 级地震。

在 2012 年 3 月 21 日，墨西哥 7.6 级强震前，做出全国无大震的预测。2012 年 4 月 11 日，苏门答腊 8.6 级强震前，对日本将发生 8 级以上强震做出报空预测，并同时提出，在 311 老震区将发生一个 6 级地震，结果正确。以上预测意见有在会商会上提出过。

### 3）对 2012 年 6 月上旬台湾东海域 6～7 级地震的预测

2012 年 5 月 21 日，根据 201205211931 异常云图预测台湾东海域，在 N23.8，E122，将发生 6 级地震，根据 201205212101 异常云图预测台湾东海域，在 N23.1，E122.35，将发生 6-7 级地震，根据 201205211101 异常云图预测台湾东海域，在 N24.3，E122，将发生 5 级地震，发震时间是预测后 60D 内，结果，预测后 15 天，即在 N24.14，E122.22，台湾花莲东海域发生一个 5.1 级地震。预测后 16 天，在 N22.39，E121.43，台东东部海域发生 5.9 级地震。预测后 22 天，在 N24.47，E122.39，宜兰东部海域，发生 6.5 级地震。虽然，自己的预测不是一个特别符合规范的预测，但三要素基本在预测范围之内。

## 3. 总结

作者半路出家走上地震预测的道路，非常幸运的跟国内著名的老专家们在一起，向他们学习，作为一个年轻的地震预测工作者，自己和老先生们的差距很大，在专家们的指导下，目前只能对中小型地震做些实验性的预测，而且很不成熟，对全国乃至全球大震特大地震的把握及跟踪能力尚无，也希望自己继续在诸位老专家的指导下，能逐渐提高自己的预测能力，为中国防震减灾事业尽到自己的一份责任。

（13）中国巨灾、灾害链综合预测与减灾对策

# 水库地震波谱特征

# Spectrum Properties of Reservoir Earthquake

曹思远[1*] 白利娜[1] 王宗俊[2] 张德龙[1]

Cao Siyuan[1*] Bai Lina[1] Wang Zongjun[2] Zhang Delong[1]

1. 中国石油大学（北京）地球探测与信息技术重点实验室 北京 102249;

2. 中海石油研究总院 北京 100027

**1. 研究意义**

水库地震灾害是现代社会的一种重要的自然灾害，而且水库地震一般震源较浅，容易引起严重的次生灾害。水库地震震源孕育和破裂过程可能蕴含着与构造地震不同的、与库水载荷或渗透作用有关的信息。因此，水库地震特征的研究是认识水库地震成因机理和发生条件的重要依据之一。研究并提取水库地震波谱特征不仅可以揭示水库地震活动、水库地震震源特征以及发生环境与构造地震活动的差异特征，同时也为大型水库地震的短临预测以及水库地震类型的识别提供依据。

**2. 研究方法**

根据实际资料的实际特点，比较多种滤波方法，最后选取既能有效滤除数据中的本底噪音，又不损伤有效信号的比值滤波方法，然后利用时频分辨率较好的时频分析方法——小波变换，对去噪后的数据进行时频分析处理，得到各个数据的频谱，并提取可以反映地震发生前后能量的分布、聚集情况的时频属性，即频率中心、频率重心、频率半径、振幅重心，并根据各个属性的响应效果，组合得到新的属性；经过对全部数据的处理分析比对，总结归纳水库地震波谱特征。

**3. 实际资料**

紫坪铺库区位于扬子准地台与松潘—甘孜地槽之间的过渡带，这个构造过渡带从古生代到中生代早起是中国以地台为主的稳定区和中国西部以地槽为主的活动区的分界带。紫坪铺水库数字遥测地震台网于 2004 年 8 月 16 日正式采集地震信息，该库区的地震呈多样性，且记录中的干扰较多，这里选取了紫坪铺水库的 2004 年至 2006 年的水库地震数据，每一地震数据分为三个方向，且有 8 个站台记录数据，而蓄水前后的数据分别两两组合为数据对，共计 816 对地震数据。

**4. 结果分析**

**表 1 水库地震数据处理结果表**

| 频率中心降低，频带范围减小 | 震时振幅重心上升 | 震时频率中心、重心下降，走势一致 | 震后频率属性变化平缓 | 频率中心、重心之差在振幅先升后降中先升后降后变为零 |
|---|---|---|---|---|
| 56.25% | 97.92% | 81.25% | 58.33% | 98.15% |

通过对处理结果的总结归纳，得到结果如表 1 所示，通过进一步分析得到如下结论及分析：

（1）地震发生时，大部分地震数据都符合如下规律：振幅重心都会上升，频率中心、重心都会下降，其走势大致相同，频率中心与重心的距离在振幅重心先升后降的过程中，会先增大后降低为零，极少部分不适合该规律，可能是仪器等外界因素引起的；

（2）蓄水前后，有 50%左右的地震数据符合以下规律：即蓄水后的地震曲线的频率中心降低，频带范围减小，地震发生后频率属性变化平缓，这应该是由于蓄水后，部分水库诱发了水库地震引起的，水库诱发地震后，会出现频率中心降低，频带范围减小，震后频率属性变化平缓的规律，这是由于水库蓄水后，上覆的水在重力作用下对水库下方的地层形成一定的压力作用引起的。

根据上述的结论，可以通过对地震数据的时频分析及时频属性提取结果，判断地震是属于构造地震还是水库诱发地震，以及是否即将诱发较大型的水库地震。

**参 考 文 献**

[1] Cohen L. Time-Frequency Analysis[M]. New Jersey: Prentice-Hall, Englewood Cliffs, 1995.

[2] Michelena R J. Similarity analysis: A new tool to summarize attribute information[M]. The leading edge. 1998.

[3]胡先明，等. 紫坪铺水库地震台网记录地震的复杂性[J]. 四川地震，2006,2(119): 17~21.

[4]杨晓源. 水库诱发地震和我国今年水库地震监测综述（二）[J]. 四川水力发电, 2000, 19(5): 87~89.

（13）中国巨灾、灾害链综合预测与减灾对策

# 震洪灾害链在第二松花江上游来水预测中的应用

# Earthquakes in the second songhua river flood disasters chain upstream of the application of the inflow forecasting

李相辉　代永喜　秦秀荣　刘明清　李秀斌

Li Xianghui　Dai Yongxi　Qin Xiurong　Liu Mingqing　Li Xiubin

国网新源控股有限公司白山发电厂　吉林桦甸 132400

1987 年地震学家郭增建先生首次提出灾害链的理论概念：“灾害链就是一系列灾害相继发生的现象”。从外表看是一种客观存在的现象，而其内在原因还值得进一步研究和探讨。但可初步认为，能量守恒、能量转化传递与再分配是认识它的重要线索和依据。由于灾害是相继发生的，这就为用前一种灾害预测后一种灾害提供了可能。灾害链预测是天灾预测专业委员会首创的预测理论和方法，在以往的灾害预测中发挥了重要作用。目前主要方法有旱—震—洪灾害链预测，这里主要用震洪灾害链进行预测研究。

统计 1922 年以来全球大于等于 8.5 级地震与第二松花江上游来水情况见下表。1922 年至 2012 年共发生 8.5 级以上地震 16 次（见表 1），平均 5.7 年/次，接近 6 年一遇。16 次地震中有 13 次在后来的汛期中发生了中等以上洪水，2 次是枯水年，1 次待定。用 8.5 级以上地震预测第二松花江上游发生中等以上洪水及特丰水年的概率是 13/15=86.7%，精度比较高。

**表 1　全球 8.5 级以上地震与第二松花江上游来水（震—洪）关系表**

| 序号 | 时间 | 地点 | 震级 | 第二松花江上游来水情况 |
|---|---|---|---|---|
| 1 | 1922.11.11 | 智利 | 8.5 | 1923 年发生大洪水 |
| 2 | 1923.2.3 | 俄罗斯堪察加半岛 | 8.5 | 1923 年发生大洪水 |
| 3 | 1938.2.1 | 印尼班达海 | 8.5 | 1938 年特丰水年 |
| 4 | 1950.8.15 | 中国西藏 | 8.6 | 1951 年发生较大洪水 |
| 5 | 1952.11.4 | 俄罗斯勘察加半岛 | 9 | 1953 年特丰水年 |
| 6 | 1957.3.9 | 阿拉斯加 | 8.6 | 1957 年特丰水年 |
| 7 | 1960.3.22 | 智利 | 9.5 | 1960 年发生特大洪水 |
| 8 | 1963.10.13 | 俄罗斯库页岛 | 8.5 | 1964 年特丰水年 |
| 9 | 1964.3.27 | 阿拉斯加威廉王子湾 | 9.2 | 1964 年特丰水年 |
| 10 | 1965.2.4 | 阿拉斯加 | 8.7 | 1965 年发生中等洪水 |
| 11 | 2004.12.26 | 印尼苏门答腊 | 9.1 | 2005 年特丰水年 |
| 12 | 2005.3.28 | 印尼苏门答腊 | 8.6 | 2005 年特丰水年 |
| 13 | 2007.9.12 | 印尼苏门答腊 | 8.5 | 2008 年枯水年 |
| 14 | 2010.2.27 | 智利 | 8.8 | 2010 年发生特大洪水 |
| 15 | 2011.3.11 | 日本东北部海域 | 9 | 2011 年枯水年 |
| 16 | 2012.4.11 | 印尼苏门答腊 | 8.6 | 2012 年将发生中等洪水 |

在用震洪灾害链预测后，还要结合前兆等其它方法，进行跟踪滚动预测，才会更加准确。1953 年、1957 年、1960 年、1964 年、1965 年、2005 年、2010 年的共同前兆是春汛来水大。这样，在发生 8.5 级以上地震的下一个汛前，如果春汛来水大，则当年来水大的概率几乎是 100%；如果春汛来水小，则相应的降低来水预测的级别。2007 年 9 月 12 日 8.5 级地震、2011 年 3 月 11 日 9 级地震，下一个春汛均来水小，则 2008 年、2011 年为枯水年。根据 2012 年 4 月 11 日 8.6 级地震及春汛小预测 2012 年将发生中等洪水过程。

目前用震洪关系做来水预报尚属于统计预报，在物理意义说上不大清楚。但是方法简单、实用，精度较高。灾害链是自然规律，人类无法控制，但可以通过预测来减少自然灾害所造成的损失。

从第二松花江上游震洪对应的密切程度上看，两者肯定存在着某种物理关系，有待于进一步探索。

# 专题十四：信息技术与地球物理

# Information technology and Geophysics

（14）信息技术与地球物理

# 纵波角度域速度更新方程的建立

# Velocity updating equation for P-waves in angle domain

李文滨 [1*] 杜启振 [1]

Li Wenbin Du Qizhen

1. 中国石油大学（华东）地球科学与技术学院 青岛 266580

**1. 前言**

偏移速度分析是获得偏移速度场的主要手段，其关键步骤之一是在完成速度误差识别后以迭代更新的方式逐步消除该误差，最终得到精确速度场。其中速度更新主要通过速度更新方程实现，该方程的准确性直接决定了速度误差的收敛速率与偏移速度分析过程的迭代次数。为进一步提高偏移速度分析过程的效率，有必要对速度更新方程进行进一步的研究。与此同时，角度域共成像点道集（ADCIGs）不存在多路径假象，基于角道集的角度域速度更新因能够准确识别速度误差而具有更高精度。综合考虑以上因素,本文针对角度域速度更新方程展开了研究。

**2. 研究现状**

Du 等（2008）推导了水平界面条件下的纵波和转换横波角度域速度更新方程，但其适用范围有限。在以上工作的基础之上，杜启振等（2011）进一步推导了倾斜界面情况下的纵波和转换横波角度域速度更新方程，取得了一定应用效果。在推导角度域速度更新方程过程中，假设条件如下：①偏移成像点与真实反射点处界面倾角相同；②偏移成像点与真实反射点的连线与界面垂直。以上假设仅在水平界面情况下是精确成立的，在倾斜界面情况下不再成立，继续使用以上假设就会导致计算误差，影响偏移速度分析的精度。

**3. 方法原理**

在偏移速度分析中，偏移成像点处的相关信息是已知的，而真实反射点处的信息是未知的，速度更新方程的作用就是使用已知信息来研究未知信息。上覆均匀介质中某一反射波对应的所有可能偏移成像点的轨迹为一地下半椭圆；类似的，其对应的所有可能真实反射点的轨迹亦为一地下半椭圆。当且仅当所用偏移速度等于真实介质速度时，两个地下半椭圆重合。在以上地下半椭圆基础上，结合旅行时相等原理及各个相关量间的几何关系，可以将真实介质速度表示为偏移成像点处角度域信息和深度信息的函数。进行一定变形化简后，可得角度域偏移深度方程，此即适用于倾斜界面的纵波角度域速度更新方程：

$$Z_M = Z_M(0)\left|\frac{1}{\cos\gamma_M}\right|\left|\frac{1-\sin^2\gamma_M\dfrac{1}{\cos^2\alpha_M}}{1-\dfrac{1}{R_P^2}\sin^2\gamma_M\dfrac{1}{\cos^2\alpha_M}}\right|\sqrt{1-\frac{1}{R_P^2}\sin^2\gamma_M\frac{\cos^2\alpha_T}{\cos^2\alpha_M}}$$

其中，$R_P$表示真实介质速度与偏移速度的比值，$\alpha_T$表示真实反射点处的地层倾角，$\alpha_M$，$\gamma_M$，$Z_M$分别表示偏移成像点处的地层倾角、入射角和深度值，$Z_M(0)$表示$\gamma_M=0$时偏移成像点处的深度值。

基于此方程，通过双参数扫描，便可实现偏移速度的更新。

**4. 结论和认识**

本文推导并建立了适用于任意倾斜界面情况下的纵波偏移深度方程，其对真实情况的拟合精度得到了进一步提高。取得的结论和认识如下：

（1）速度更新方程是一个利用偏移信息求取真实反射点信息的过程，且其往往是利用几何地震学理论来指导速度更新；

（2）推导的角度域速度更新方程是先前角度域速度更新方程的进一步拓展，在特定条件下前者可以退化为后者。模型试验表明，依据本文方程能够较准确的实现偏移速度场更新，有效的减少迭代次数，提高偏移速度分析的计算效率，因此本文的角度域速度更新方程是有效的、可行的。

本研究由国家自然科学基金（41174100）、国家科技重大专项（2011ZX0519-008-08）、山东省自然科学杰出青年基金（JQ201011）和中石油物探新方法新技术研究（2011A-3602）联合资助。

**参 考 文 献**

[1] Du Q Z, et al. Elastic Kirchhoff migration of vectorial wave-fields[J]. Applied Geophysics, 2008, 5(4): 284~293.
[2] 杜启振, 等. 角度域弹性波 Kirchhoff 叠前深度偏移速度分析方法[J]. 地球物理学报, 2011,54(5): 1327~1339.

（14）信息技术与地球物理

# 广义高斯模型约束贝叶斯反演研究

## The study of Bayesian inversion based on generalized Gaussian constraint

啜晓宇* 王尚旭 陈 伟 郭乃川 肖梦雄

Chuai Xiaoyu Wang Shangxu Chen Wei et al.

中国石油大学（北京）油气资源与探测国家重点实验室 北京 102249

### 1. 引言

基于贝叶斯框架的模型反演，一直以来是一种备受关注的反演方法。所谓贝叶斯反演理论，概括地说是基于贝叶斯统计学流派的贝叶斯理论框架体系，在样本数据满足独立同分布和遍历性规律的基础上，并给予模型合理假设的前提下，求取以观测数据为条件的关于模型数据的后验概率分布。目前，基于贝叶斯框架的反演方法的精度较大程度地依赖于反射系数正则化约束项的形式，即对模型所作的合理假设，所以采用何种稀疏约束准则来建立最优目标函数十分重要。

### 2. 基本原理

通过对中国西部某地区的实测井曲线进行抽样研究，发现由测井声波时差曲线和密度曲线计算得到的井反射系数序列，其概率密度函数不是服从高斯分布，而是更接近于广义高斯分布规律。因此，广义高斯分布更能有效的逼近地下介质成层分布的规律，其概率密度函数如下：

$$f(x;\mu,\alpha,\beta)=\left[\frac{\alpha}{2\beta\Gamma(1/\alpha)}\right]\exp\left\{-\left[\frac{|x-\mu|}{\beta}\right]^{\alpha}\right\},-\infty<x<+\infty \tag{1}$$

其中，$\mu$、$\alpha$、$\beta$ 分别为均值、形状参数及尺度参数，且 $\alpha>0$，$\Gamma(z)=\int_0^{+\infty}\mathrm{e}^{-t}t^{z-1}\mathrm{d}t$ 为 $\Gamma$ 函数，$\beta=\sigma\sqrt{\Gamma(1/\alpha)\Gamma(3/\alpha)}$，$\sigma$ 为标准差。

将广义高斯分布的假设引入到贝叶斯反演的理论框架 $p(m|d)\propto p(d|m)p(m)$，其中 $d$ 为样本总体，且 $p(d)$ 是常数，$m$ 为模型参数，$p(d|m)$ 为基于模型的观测数据，也称为似然函数，$p(m|d)$ 为在观测数据 $d$ 下的模型后验概率。由公式(1)和贝叶斯反演理论框架可得到基于广义高斯模型约束的贝叶斯反演公式(2)：

$$p(\mathbf{r}\,|\,\mathbf{y})\propto p(\mathbf{y}\,|\,\mathbf{r})p(\mathbf{r})=K*\exp\left\{-\left[\frac{\|\mathbf{y}-\mathbf{Wr}\|_2^2}{2\sigma_n^2}+\sum_{i=0}^{m-1}\left[\frac{|r_i-\mu|}{\beta}\right]^{\alpha}\right]\right\} \tag{2}$$

$$K=\frac{\alpha^m}{(2\pi\sigma_n^2)^{(m+n-1)/2}\left(2\beta\Gamma(1/\alpha)\right)^m} \tag{3}$$

其中，$\sigma_n$ 为误差项对应的方差，$r_i$ 为反射系数序列，$i\in N$，$\mu$ 为该反射系数序列的均值，$\alpha$、$\beta$ 分别为广义高斯分布中的是形状参数和尺度参数，且 $\alpha>0$。

### 3. 讨论

反演的目的是在仅知道模型响应数据和噪音的情况下，恢复反射系数和子波。而这个过程一般具有非唯一性和主观性，要想获得满意的结果往往研究者通过加约束条件来控制反褶积的结果。贝叶斯盲源反褶积数学框架引入了井约束条件作为先验信息，以此约束反演过程将反演模型从有井区域推广到其它无井区域，在反演过程中建立与实际问题越是接近的地层模型，越能反映地下介质的实际情况。研究发现，应用广义高斯分布模型近似反射系数序列，实测井规律和理论模型都证实了该假设的合理性。当然，广义高斯分布仅仅能代表本文研究区域内的井反射系数的规律，而不能作为普遍规律进行推广。

### 参 考 文 献

[1] Tarantola A. Inverse Problem Theory and Methods for Data Fitting and Model Parameter Estimation[M]. Amsterdam and New York:Elsevier,1987.

[2] Levy S, Fullagar P K. Reconstruction of a sparse spike train from a portion of its spectrum and application to high resolution deconvolution[J]. Geophysics, 1981, 46(9): 1235~1243.

[3] Sacchi M D. Statistical and Transform Methods in Geophysical Signal Processing[D]. Department of Physics University of Alberta, 2002.

（14）信息技术与地球物理

# 多震源地震波场数据分离

## Separation of seismic wave field data of multi-source

王汉闯　陈生昌　张　博

Wang Hanchuang　Chen Shengchang　Zhang Bo

浙江大学地球科学系　杭州 300027

**1. 引言**

多震源地震是近年来发展起来的一种高效采集技术，得到的记录是一种混合地震记录。对多震源地震混合波场进行分离，然后就可以进行常规数据处理；这就为多震源地震数据处理开辟了新的道路。

**2. 方法原理**

根据地震数据的线性叠加原理，多震源地震采集到的数据可以表示为：

$$P_{bl} = \Gamma P \tag{1}$$

其中 $P_{bl}$ 为多震源混合数据（$M\times1$矩阵），$P$ 为每个震源波场数据（$N\times1$矩阵），$\Gamma$ 为混合算子（$M\times N$ 矩阵），$M$ 是扫描次数，$N$ 就是超道集（混合波场）中的单个震源数（或同步激发中可控震源的台数）。多震源地震数据分离的实质就是一个由 $P_{bl}$ 求解 $P$ 的线性反问题过程。

**1）多次扫描（$M\geqslant N$）混合波场分离**

这种情况下，反问题是超定或适定的。由式（1），从反演的角度可以直接得到：

$$P = \Gamma^{-1} P_{bl} \tag{2}$$

逆矩阵 $\Gamma^{-1}$ 可以由奇异值分解方法得到，具有良好的稳定性和抗噪性。

**2）多次扫描（$N\geqslant M\geqslant 2$）混合波场分离**

当 $M<N$ 时，式**错误！未找到引用源。**的求解实际上是一个欠定反问题，其解是无穷多个的。这里，对 $P$ 施加稀疏性约束，可以转化为如下问题（线性反问题的吉洪诺夫正则化方法）：

$$min\ \ \Phi(P) = \|P_{bl} - \Gamma P\|_2 + \lambda \|P\|_q, (q = 0或1) \tag{3}$$

最稀疏性约束就是要求解本身或解在某个变换域具有最稀疏性，即其 0-范数（一种伪范数，非零元素的个数）或 1-范数（所有元素绝对值之和）具有最小值。本文通过如下迭代阈值法求解：

$$P^{i+1} = S_i\left[P^i + \beta^i r^i\right], \left(r^i = \Gamma^T\left(b - \Gamma\theta^i\right), \beta^i = \|r^i\|^2 / \|\Gamma r^i\|^2\right) \tag{4}$$

其中，$S_i$ 为取阈值函数，$\Gamma^T$ 为 $\Gamma$ 的转置矩阵；得到的解（分离结果）通常具有很高的分辨率。

**3）一次扫描（$M$=1）多震源波场分离**

对于一次扫描多震源地震波场，震源的不同延迟激发方式会产生不同的交叉噪音，先进行伪解混：

$$P_k^H = \Gamma_k^H P_{bl}\ ,\ k = 1,2,...,N, \left(\Gamma_k^H 为 \Gamma_k 的共轭转置\right) \tag{5}$$

伪解混结果 $P_k^H$ 不仅包含了要求的 $P_k$ 也包含了其它震源波场 $P_i, i \neq k$（交叉噪音波场），但 $P_k^H$ 相对于 $P_k$ 消除了随机延迟激发时间。然后把 $P_k^H$ 分选到其它道集（如共检波点道集等），在炮域中没有显现出来交叉噪音波场在分选道集中就表现为随机噪音。最后，利用相关的去除随机噪音的方法进行滤波处理。

**3. 结论与认识**

本文从三个方面（$M\geqslant N$、$N\geqslant M\geqslant 2$ 和 $M$=1）对多震源地震波场进行了分离，模型试验表明，方法可靠，分离以后的数据可用于偏移成像等进一步处理，促进了多震源地震勘探技术的实用化，对其发展起到了推动作用；一次扫描的分离中，波形产生了一些畸变，精度仍需进一步提高。

本研究受国家自然科学基金项目（41074133）资助。

**参 考 文 献**

[1] Ikelle. Coding and decoding: seismic data modeling, acquisition and processing[C]. 77th Annual International Meeting, SEG, Expanded Abstracts, 2007: 66~70.

[2] Mahdad, Doulgeris, Blacquiere. Separation of blended data by iterative estimation and subtraction of blending interference noise[J]. Geophysics, 2010, 76(3): 9~17.

（14）信息技术与地球物理

# 自适应协方差矩阵的时频域极化分析方法与地震波场分离

# Polarization analysis and seismic wave field separation in the time-frequency domain based on adaptive covariance method

马见青　李庆春

Ma Jianqing　Li Qinchun

长安大学地质工程与测绘学院　西安　710054

极化分析是一种基于多分量地震信息提取地震波的极化特性的信号处理方法，通过测量各种类型地震波的极化属性来简化信息的提取，在特定波型的识别与分离、噪声压制、横波分裂分析、多波震相识别等方面都有应用。本文给出了一种具有自适应特点的协方差矩阵时频域极化滤波方法。

## 1. 基本原理

令 $S_i(b,a)$ 为三分量地震信号 $u_\mathrm{i}(t)$ $(\mathrm{i}=x,y,z)$ 的广义 S 变换谱。定义 $\Omega_i(b,a)$ 为第 $i$ 分量在每个时频点的瞬时频率。时频域中的协方差矩阵 $MS(t,f)$ 可描述为：

$$MS(t,f)=\begin{bmatrix} I_{xx}(t,f) & I_{xy}(t,f) & I_{xz}(t,f) \\ I_{xy}(t,f) & I_{yy}(t,f) & I_{yz}(t,f) \\ I_{xz}(t,f) & I_{yz}(t,f) & I_{zz}(t,f) \end{bmatrix} \tag{1}$$

$MS(t,f)$ 是在时频域中每个时频点上定义的，因此，对它进行特征值分析就导出了时频域中的瞬时极化分布。协方差矩阵的窗口长度 $T_{km}(t,f)$ 由下式确定：

$$T_{km}(t,f)=\frac{6\pi N}{\Omega_x(t,f)+\Omega_y(t,f)+\Omega_z(t,f)}=\frac{2\pi N}{\Omega_{av}^{xyz}(t,f)} \tag{2}$$

式中，$\Omega_x(t,f)$、$\Omega_y(t,f)$ 和 $\Omega_z(t,f)$ 表示三分量信号在时频域的瞬时频率。

由式（2）可知，$T_{km}(t,f)$ 是由每一个时频点处的瞬时频率确定。其长度自适应于每个时频点处的波的优势周期。在每个时频点估计特征参数，不需要进行插值。可通过对协方差矩阵 $MS(t,f)$ 进行特征分析，由特征值和特征向量计算极化参数（瞬时极化轴、瞬时极化向量、椭圆率、倾角、方位角等），并构造极化滤波器，实现时频域极化滤波。

## 2. 滤波算法

将自适应协方差极化方法推广到时频域，这样，基于瞬时极化参数，可以构造极化滤波算法来分离不同类型的地震波。例如，通过椭圆率 $\rho(t,f)$ 和仰角 $\theta(t,f)$ 的约束组合，便可构建一个分离体波和面波的滤波算法，

$$S_k^f(t)=\Re[M_m F_e W_g S_k(t,f)],\qquad f>0 \tag{3}$$

$$F_e(t,a)=\begin{cases} W_g S_k(t,a) & \rho(t,a)\in p_\rho \text{且} \theta(t,a)\in P_\theta \\ 0 & \text{其它} \end{cases} \tag{4}$$

这里，$F_e$ 是时频域的滤波因子，应用在原始信号的每个分量上。$P_\rho$ 和 $P_\theta$ 用来限定 $\rho(t,f)$ 和 $\theta(t,f)$ 的变化范围。通过选择 $P_\rho$ 和 $P_\theta$ 的来得到期望得到的地震波。

## 3. 应用分析

基于自适应协方差矩阵的时频域极化滤波方法，对三分量地震数据进行了面波压制和纵横波分离试验。面波压制方面，通过设置椭圆率参数，将滤波器设置为只“拒绝”上述设置值所限定的椭圆极化信号，这样就可以将与面波相一致的低频、强能量的地震波压制掉。在纵横波分离时，通过设置倾角，将滤波器设置为只“拒绝”上述设置值所限定的纵波或横波，达到分离纵横波的目的。

该方法明确地将极化分布和时频分析方法联系起来，通过在时频域设计滤波器，在整个时频域内进行波场识别和分离，信号分辨能力更高，滤波效果更好。而且，利用滤波器的灵活设置，可以对两分量或三分量地震数据进行定向滤波或波场分离。

（14）信息技术与地球物理

# 快速行进法射线追踪提高计算精度和计算效率的改进措施

# Improvements on accuracy and efficiency of fast marching method for ray tracing

李永博[1,2] 李庆春[2]

Li Yongbo Li Qingchun

1. 中国地质科学院物化探所 廊坊 065000; 2. 长安大学地质工程与测绘学院 西安 710054

**1. 引言**

射线追踪技术已被广泛用于地震偏移、层析成像、速度分析、反演等环节。由于常用的射线追踪方法是基于网格扩展的，当地下介质的速度结构变化剧烈时，追踪时的稳定性是一大问题。因此，射线追踪的适应能力、计算精度和效率是关键技术。

**2. 快速行进法存在的问题**

快速行进法（Fast Marching Method: FMM）是 Sethian 于 1996 年提出的基于网格的射线追踪方法，该方法在实现过程中采用迎风差分格式求解程函方程，并运用窄带技术和堆排序技术计算网格节点的旅行时，具有精度高、效率高、适应能力强和无条件稳定等优点。FMM 的计算精度和效率受到差分格式及网格剖分大小的影响，在部分问题上仍需进一步改进：其一，Rawlinson 和 Sambridge(2004)对 FMM 的计算精度和效率进行了分析，指出二阶差分格式在一定程度上可同时保证计算精度和效率，但仍可研究在保证计算精度的同时能提高效率的差分格式；其二，FMM 的计算误差主要分布在震源附近区域，如何在保证效率的同时提高该区域的计算精度。为此，本文对 FMM 的计算精度和效率进行改进。

**3. FMM 提高射线追踪精度和效率的改进措施**

针对传统 FMM 计算精度和效率中的问题，本文给出以下四项改进措施：

（1）加入角点计算，即在计算节点旅行时的过程中，加入其对角点直接计算的旅行时。

（2）对改进一阶差分计算公式（孙章庆, 2008）进行细化，明确给出了原改进公式内的隐式项，将两个计算公式细化为四个计算公式，并加入使用条件，即待求点的对角点为极小旅行点。

（3）引入三种 Vidale 差分方法，并在第二种差分计算公式中加入了使用条件，修改了第三种差分计算公式并加入了使用条件。

（4）根据 FMM 的误差分布情况，引入双重网格技术，即对震源附近一定区域内的网格进行细化，提高该区域的计算精度，从而避免在整个模型区域内使用小网格而降低计算效率。

**4. 理论模型测试**

为了验证改进前后 FMM 的计算精度和效率以及算法的稳定性，利用均匀模型、高速夹层模型、典型的 Marmousi 模型和 SEG 盐丘模型对改进前后的 FMM 进行了试算和误差分析，并与 LTI(Linear Travel-time Interpolation)法的结果进行了对比。结果表明：①加入角点计算可提高所有一阶差分格式的计算精度，且计算效率与改进前相当，但略微降低了二阶差分的精度；②改进一阶差分的计算精度与二阶差分的计算精度相当，计算效率与传统一阶差分的效率相当，并且加入角点计算后改进一阶差分的计算精度与传统 LTI 的精度一致；③改进 Vidale 差分的计算精度高于二阶差分的精度，相对传统一阶差分的精度提高了 10 倍左右，且其效率与传统一阶差分的效率相当；④在相同网格间距下，FMM 的计算精度随加密层数和点数的增加而增加，在加密量大的情况下计算效率有较明显的降低；在不同网格间距下，达到相同计算精度时，采用加密后的 FMM 耗时较少。同时，使用双重网格应选用较优的加密策略。

**5. 结论**

针对传统 FMM 的计算精度和效率中的问题，经加入角点、引入 Vidale 差分方法及双重网格技术，结果表明，改进后 FMM 射线追踪的计算精度和效率均有明显的提高，尤其是改进 Vidale 差分方法明显优于其他差分格式。使用双重网格可以同时兼顾 FMM 的计算精度和效率。因此，改进后的 FMM 具有更高的计算精度和效率，且适应能力更强。

**参 考 文 献**

[1] Rawlinson N, Sambridge M. Wave front evolution in strongly heterogeneous layered media using the fast marching method[J]. Geophys. J. Int., 2004, 156: 631~647.

[2] 孙章庆. 复杂地表条件下地震波走时计算方法研究[D]. 长春：吉林大学, 2008.

（14）信息技术与地球物理

# 深度加权界面反演方法研究

# The study on depth-weighted interface inversion method

张 盛* 孟小红

Zhang Sheng Meng Xiaohong

1. 中国地质大学地下信息探测技术与仪器教育部重点实验室 北京 100083;
2. 中国地质大学（北京）地球物理与信息技术学院 北京 100083

重力密度界面反演是重力勘探中的一个重要研究课题，无论是对局部构造圈闭，还是区域构造的基底起伏都具有重要的理论和实际意义。前人在这方面做了大量工作，并取得很大进展。这其中的方法包括线性回归法、迭代法、压缩质面法、P-O 法等等。这些方法在界面埋深较深且起伏不是很明显的情况下是适用的，反演结果在一定精度范围内是可以接受的。然而，当界面起伏较为剧烈并且界面平均深度距离观测面较近的时候，重力异常更倾向于突出浅部，抑制深部，使得反演的界面随着深度发生一定程度的畸变。为解决上述问题，本文在原有多次回归界面反演方法的基础上，通过引入深度加权函数对反演方程进行改进，期望能够消除由于异常随深度变化而衰减引起的反演界面畸变。

## 1. 技术核心

从位场理论可知，随着深度的不断增加，地表所测的位场数据迅速衰减，引出深度加权函数就是为了抵消位场数据随深度的衰减。由于位场数据缺乏深度信息，常规的反演方法的界面反演结果常常分布在平均深度附近，并且反演结果容易使浅部形态变化过于剧烈，使深部形态趋于平缓，尤其在界面形态起伏较大的情况下，这种畸变更为明显。通过将深度加权函数加入到反演过程中，可以调整不同深度场源体在重力异常中的权重，从而使反演结果更真实的反映地下界面起伏形态。深度加权函数通常采用如下形式：

$$w_r^2(z_j)=f(z_0,z_j,\beta)$$

其中，$z_j$ 是第 $j$ 点的深度值，$\beta$ 和 $z_0$ 是可以调整的参数，用于抵消矩阵随深度的衰减。通常情况下，重力数据随着深度的平方趋势衰减，所以一般的 $\beta$ 取 2。

在多次回归方程中，在已知深度矩阵中引入深度加权函数，改变不同深度在反演中的权重，使得不同深度的原始重力异常在反演过程中作用均衡。通过利用最小二乘来解该反演问题，并利用多次回归迭代的方法逐步消除已知点反演结果与已知深度的残差，当前后两次残差小于我们设定的阈值或者迭代达到最大值的时候停止迭代。最终可以得到满意的结果。

## 2. 模型试验

本文设计了一个阶梯状模型，界面的平均深度在 300 m，上下密度差为 1.0 g/cm$^{-3}$，界面在平均深度附近上下起伏均为 50 m，形态成中心对称关系。通过模型正演结果可以看出，虽然是对称模型，由于界面起伏深度不同，在重力异常中的反映差异非常大，形态已经不是对称的。利用本文的反演方法，考虑到重力场随深度变化的衰减，最终反演结果抑制了界面在突起位置的拉伸，伸展了深部界面形态。使得最终反演结果更接近原始界面形态。

## 3. 结论

模型测试表明，利用已知深度作为约束，采用深度加权的多次回归界面反演算法得到的反演结果更接近于真实界面形态，并且在界面起伏变化较大的地方，反演结果要优于未加深度加权的反演结果。该方法存在的问题是不同的深度加权参数对于计算结果影响较大，如何在实际数据的处理中选取合适的参数尚待进一步研究。

本项目由国家“深部探测技术与实验研究”专项课题（Sinoprobe-01-05）资助。

### 参 考 文 献

[1] Yaoguo Li, Douglas W. Oldenburg.3-D inversion of gravity data[J]. Geophysics.1998, 63(1): 109～119.
[2] 杨永. 利用重、磁异常研究东海南部中生界分布[D]. 中国地质大学，2010.
[3] 曾华霖. 重力场与重力勘探[M]. 北京：地质出版社, 2005.

（14）信息技术与地球物理

# 快速局部波数法在位场数据解释中的应用

# Fast local wavenumber method in the interpretation of potential field data

马国庆

Ma Guoqing

吉林大学地球探测科学与技术学院　长春 130026

## 1. 前言

位场解释的主要目的是为了确定场源体的位置及类型（构造指数）,为此人们提出了很多方法来完成这一任务。场源参数法就是应用较为广泛的一种方法[1]，该方法利用局部波数进行场源体参数的估计，局部波数在二维情况下具有不受磁化方向干扰的特性，可直接用于磁异常的解释。起初在利用该方法进行场源位置反演时需要给定场源体的类型，因此其反演精度取决于估计的构造指数与真实形状的近似程度。后来人们对局部波数法进行改进，使其能完成深度和构造指数的反演，然而这些方法需要计算异常的三阶导数[2]，高阶导数的不稳定性会对结果产生干扰。为了获得更加合理的结果，人们直接利用局部波数对异常进行反演，首先通过对由局部波数组成的方程进行求解来对场源体的参数进行初步估算，然后从初始计算结果中筛选出合理的解释结果。本文提出一种快速的局部波数法，该方法直接利用不同形式局部波数之间的交点来获得场源体的水平位置、深度及构造指数信息，能快速地描述地质体的特征。

## 2. 快速局部波数法

水平位置为 $x_0$、埋深为 $z_0$ 的异常体的局部波数 $k_x$ 的表达式为

$$k_x(x,z)=\frac{(n+1)(z_0-z)}{(x-x_0)^2+(z-z_0)^2} \tag{1}$$

其中，$n$ 代表与场源体形状相对应的构造指数。相位准换后的局部波数 $k_z$, 其表达式为

$$k_z(x,z)=\frac{(n+1)(x-x_0)}{(x-x_0)^2+(z-z_0)^2} \tag{2}$$

假定局部波数 $k_x$ 和 $k_z$ 绝对值交点的水坐标分别为 $x_1$ 和 $x_2$,可以得到如下的关系式：

$$x_0=(x_1+x_2)/2 \tag{3}$$

$$z_0=(x_2-x_1)/2 \tag{4}$$

本文定义了一个新的局部波数 $k_s$，为局部波数 $k_x$ 和 $k_z$ 的平方和，其表达式为

$$k_s(x,z)=k_x^2+k_z^2=\frac{(n+1)^2}{(x-x_0)^2+(z-z_0)^2} \tag{5}$$

假定局部波数 $k_s$ 和 $k_z$ 绝对值交点的水平坐标分别为 $x_3$ 和 $x_4$，有如下关系式：

$$x_0=(x_3+x_4)/2 \tag{6}$$

$$n=(x_4-x_3)/2-1 \tag{7}$$

由以上的推导可知，利用不同形式局部波数的交点可快速地获得地质体的位置和构造指数。

## 3. 方法试验

通过模型试验证明本文方法在有无噪声情况下均能得到准确的结果。在存在噪声情况下，为了获得更加令人满意的结果，可采用向上延拓技术对异常进行处理或者采用多个交点的平均值作为最终结果来降低噪声的随机干扰。最后将该方法应用于实际数据的解释中，其解释结果与解析信号的欧拉反褶积法的反演结果相一致。

### 参 考 文 献

[1] Thurston J B, R S Smith. Automatic conversion of magnetic data to depth, dip, and susceptibility contrast using the SPI method[J]. Geophysics, 1997, 62: 807~813.

[2] Salem A, D Ravat, R Smith, K Ushijima. Interpretation of magnetic data using an enhanced local wavenumber(ELW) method[J]. Geophysics, 2005, 70(2): L7~L12.

（14）信息技术与地球物理

# 几种多次波自适应减去方法应用效果比较

# Comparison of application effect for several adaptive multiple subtraction methods

刘 振[1*] 张军华[1] 郭见乐[2] 傅金荣[2] 于海铖[2]

Liu Zhen Zhang Junhua Guo Jianle et al.

1. 中国石油大学（华东）地学院 青岛 266580; 2. 胜利油田物探研究院 东营 257022

## 1. 引言

基于波动方程的多次波压制方法一般分两个步骤进行：①预测多次波；②减去多次波。由于利用波动方程方法预测的多次波与数据本身包含的多次波有一定的差异，表现在时间、振幅、相位、主频甚至波形上，直接将其减去往往得不到好的压制效果而且会损伤有效信息，所以多次波的减去方法是多次波压制技术的一个重要环节。本文通过实例研究，对比并分析了各种多次波减去方法的特点及适用性。

## 2. 方法原理

估计的多次波在从实际资料中减去之前需要与数据中的多次波进行匹配。多次波减去方法常见的有最小二乘滤波法和伪多道匹配相减法，以及由这两类方法扩展出来的多通道维纳滤波法、扩展伪多道匹配相减法等。这些方法都基于地震数据一次波和多次波的正交性假设，在该假设条件下，当能量达到最小时多次波被完全压制，称之为能量最小原则。

最小二乘滤波法利用滤波因子 $f(t)$ 与估计出来的多次波 $m(t)$ 进行褶积得到最终要减去的多次波。根据最小能量准则，$f(t)$ 需要满足以下条件：

$$f(t) \Leftarrow \int [s(t) - f(t) * m(t)]^2 = \min \quad (1)$$

这里 $f(t)$ 利用最小二乘方法求取，具体实现过程见参考文献[1]和[2]。

多次波中子波的振幅、相位和主频的差异，可以通过原始道 $m(t)$、导数道 $m'(t)$、希尔伯特道 $m_H(t)$ 和希尔伯特导数道 $m'_H(t)$ 四个地震道的线性组合进行校正。这四个道并不是相互独立的地震道，故称为伪多道，得到的一次波估计可以表示为：

$$p(t) = s(t) - [a \cdot m(t) + b \cdot m'(t) + c \cdot m_H(t) + d \cdot m'_H(t)] \quad (2)$$

由于只需要估计 $a,b,c,d$ 四个不定参数，相对于最小二乘法，其计算量小很多。

多次波与一次波的正交性假设在实际数据中并不能完全成立，为了使计算数据向正交性假设条件逼近，发展出了多道联合的多次波减去方法，表达式（3）和（4）分别为多道联合最小二乘滤波法和扩展伪多道匹配相减法，其他各种方法都可以作为式（4）方法的特例。

$$p(t) = s(t) - [\sum_{i=1}^{N} f_i(t) * m(t)] / N \quad (3)$$

$$p(t) = s(t) - \sum_{i=1}^{N} [f_{1,i}(t) * m(t) + f_{2,i}(t) * m'(t) + f(t)_{3,i} * m_H(t) + f(t)_{4,i} * m'_H(t)] / N \quad (4)$$

其中 $N$ 为均衡的道数。该类方法需要先将各个道的滤波因子求解出来，应用的时候每一道滤波因子取各均衡道的平均。由于受到相邻道的约束，修正后的多次波具有连续性，在某些个别道多次波与一次波交叉的时候可以有效地保护一次波信息。

## 3. 应用效果比较

将以上四种多次波减去方法应用于模拟数据和实际资料，可以看出：①伪多道匹配追踪方法时差校正范围在 1/4 波长范围以内，可以避免多次波大幅度移动，而且对时窗长度的限制不严格；②维纳滤波方法滤波因子长度和时窗宽度的选取对减去结果的影响较大，滤波因子选在两个子波长度比较合适，时窗宽度需要试验确定，不能太短；③对于实际资料而言，由于估计出的多次波与实际资料中的多次波差异较大，而且深浅层的差异并不一致，伪多道匹配方法应用效果不如维纳滤波方法；④基于维纳滤波的多道联合减去方法可以均衡各道之间的不平衡，得到比较明显的压制效果。

（14）信息技术与地球物理

# 属性融合技术在滩坝砂体预测中的应用

# Application of attribute fusion technology in predicting the beach-bar sand body

朱博华[1*] 张军华[1] 刘显太[2] 王 军[2] 刘 磊[2]

Zhu Bohua Zhang Junhua Liu Xiantai et al.

1. 中国石油大学（华东）地学院 青岛 266580; 2. 胜利油田地质科学研究院 东营 257015

## 1. 引言

胜利油区低渗透滩坝砂油藏资源丰富，潜力巨大，是国家“十二五”油气勘探的重要目标。但是由于滩坝砂油藏埋藏深度大，储层厚度薄、物性差，地震资料信噪比、分辨率较低，勘探难度很大[1]。地震属性是研究该类油藏的有效手段，但单属性存在不确定性，直接进行预测存在很大风险。为此，先进行地震属性的优选，在基础上开展多属性融合技术的研究。

## 2. 属性融合技术的基本原理

在单个属性的应用过程多，往往由于它包含的地质信息有限，不能真实反映储层实际特性。多属性数据的融合显示，可充分挖掘数据的内涵信息，提高砂体预测的精度。在实际操作过程中，为了实现不同量纲属性的融合，首先应对属性进行归一化处理，然后进行二属性的融合、三属性的 RGB 显示[2]。

在单个属性的显示过程中，由于面板颜色是预先设定的，可根据属性值的大小选择面板里的颜色。二属性融合时，可把二维颜色面板横坐标方向看作是一个属性，纵坐标方向代表另外一个属性，这样就通过两个属性的值的大小选择了二维面板里的颜色。这种显示方式能充分利用两个属性的优势，更好地挖掘了其内部隐含的地质信息。在多属性 RGB 显示时，由于其丰富的构造信息和视觉上对结构分离的容易性，在微小构造、断裂、河道、薄砂体等地质体的解释方面，效果比较明显。该技术通过映射函数来构建一新的图像[3]：

$$I_{RGB}(X) = S[I_R(X), I_G(X), I_B(X)] \tag{1}$$

$X=(x,y,z)$ 代表在数据体中的位置，$I_R(X), I_G(X)$ ,$I_B(X)$ 分别代表 Red、Green、Blue 三种颜色上归一化的属性分量，通过三维颜色体，将三个属性分量映射成一个输出值。

## 3. 应用效果分析

选取胜利油田 L75 滩坝砂井区进行实际应用。首先对原始数据进行展宽频带的目标处理，然后再进行属性提取及优化。在属性提取与优化过程中，应尽量选择彼此不相关的属性进行融合，这样才会取得较好的效果。本文提取了 25 种属性，经过比较优选，选用了能较好反映滩坝砂体分布的能量半时、瞬时相位、弧长 3 种属性进行后续研究。通过实际应用，发现融合结果能更好地展示了砂体分布特征，比单属性结果更有优势，应用效果较好。

研究还发现，滩坝砂体大部分发育在构造缓坡带，所以我们考虑将古地貌信息与上述属性联合，进行二属性融合显示和三属性 RGB 显示。通过 L75 井区的层位解释，绘制了 T7 层位构造图并提取了 t0 时间值。对 t0 进行了归一化处理，然后与能量半时、瞬时相位进行三属性 RGB 显示，融合结果包含了构造与储层信息，能比较直观地展示砂体分布特征，与井点吻合程度高，应用效果明显。

## 4. 结论与认识

本文针对 L75 井区滩坝砂体预测的难点，对数据进行拓频目标处理，提取了 3 种优势属性进行属性融合研究，取得了不错的应用效果。特别是，将古地貌信息作为一种优势属性参与属性融合，融合结果能更好地展示滩坝砂体分布特征。结果表明：①多属性融合相对单属性而言，能更好地反映滩坝砂体发育情况，能量半时、瞬时相位、弧长等属性应用效果较好；②通过古地貌信息与其他属性的融合显示，结果既包含了构造信息，又包含了储层信息，能很好地展示滩坝砂的分布特征。

## 参 考 文 献

[1] 邓宏文, 等. 济阳坳陷北部断陷湖盆陆源碎屑滩坝成因类型、分布规律与成藏特征[J]. 古地理学报, 2010, 12(6): 737~747.

[2] Zhang Junhua, et al. Fluvial reservoir characterization and identification: A case study from Laohekou Oilfield[J]. Applied Geophysics, 2011, 8(3): 181~188.

[3] Liu JianLei, et al. Multicolor display of spectral attributes[J]. The Leading Edge, 2007, 26: 268~271.

（14）信息技术与地球物理

# 交叉梯度联合反演方法研究

# Research on the method of cross-gradient joint inversion

王 俊 孟小红

Wang Jun Meng Xiaohong

中国地质大学（北京）地球物理与信息技术学院 北京 100083

## 1. 问题的提出

在地球物理勘探中，由于各种条件的限制，我们不可能取得无限多的观测数据并以此来反演地下异常体。数据量的限制以及数据中可能存在的各种噪声都对后续的反演解释带来了很大的不确定性。为了提高反演结果的可靠性，前人通过引入正则化和各种先验信息以获得符合一定特征的反演结果，但是仍然无法避免反演结果的多解性这样一个严重的问题。根据相关资料介绍和前人的研究结论，本文研究的交叉梯度联合反演法能够在解决地球物理反演中非唯一性问题中带来良好的效果。

## 2. 联合反演的定义及意义

联合反演是综合地球物理方法使用中一种很重要的手段。它是指在地球物理反演工作中联合使用多种地球物理资料，通过地下异常体的岩石物性和几何参数之间的各种关系共同反演异常体模型。通过前人的研究可以发现，联合反演技术能够充分发挥各种地球物理资料的优点，进而达到减少反演多解性，提高结果可靠性的目的。随着地球物理勘探目标体的日益复杂，联合反演必然有更大的研究与应用的意义。

## 3. 交叉梯度联合反演研究

交叉梯度函数是由 Gallardo 和 Meju（2003）提出的，并且已经将其应用于地震与大地电磁、地震与直流电法数据的联合反演，取得了比较良好的效果。本文着重研究交叉梯度联合反演的相关理论，后续将会进一步编程实现其功能。

以三维数据为例，交叉梯度函数定义为：

$$\overline{t}(x,y,z)=\nabla m_1(x,y,z)\times\nabla m_2(x,y,z)$$

这里 $m_1$ 和 $m_2$ 分别代表两种地质模型参数，∇为求取相应物性参数的梯度。该式是关于物性参数的二阶非线性方程，不存在不连续点和奇异点的问题。对于三维的模型交叉梯度函数中的 $x$ ,$y$ 和 $z$ 分量分别定义为：

$$t_x=\frac{\partial m_1}{\partial y}\frac{\partial m_2}{\partial z}-\frac{\partial m_1}{\partial z}\frac{\partial m_2}{\partial y},\quad t_y=\frac{\partial m_1}{\partial z}\frac{\partial m_2}{\partial x}-\frac{\partial m_1}{\partial x}\frac{\partial m_2}{\partial z},\quad t_z=\frac{\partial m_1}{\partial x}\frac{\partial m_2}{\partial y}-\frac{\partial m_1}{\partial y}\frac{\partial m_2}{\partial x}$$

当地质体的走向为 $y$ 轴正方向时，则 $x$ 和 $z$ 分量都为零，只剩下 $y$ 分量。在实际应用中，可以将 $t_y$ 离散化，常用的方法有前向差分法和中心差分法等。根据相关的资料，交叉梯度的特性可以归纳为以下的两点：

（1）当两种物性参数的变化方向相同或者是相反时，交叉梯度函数为零。

（2）当两种物性参数的变化不同时，交叉梯度函数则不等于零。

换言之，当两种物性参数存在共同边界时，交叉梯度函数会对反演结果有约束作用，使得它们向公共界面变化。在反演过程中，可在已有的目标函数中加入交叉梯度约束项，以便在后续的操作中发挥交叉梯度函数的作用。

## 4. 结论

联合反演是反演技术发展的必然趋势，交叉梯度联合反演能够起到比较好的效果，有待深入研究。

本项目由“深部探测技术与试验”研究专项课题资助。

### 参 考 文 献

[1] Fregoso E, Gallardo L A. Cross-gradients joint 3D inversion with application to gravity and magnetic data[J]. Geophysics, 2009, 74(4): L31~L42.

[2] 杨辉，戴世坤，宋海滨，等. 综合地球物理联合反演综述[J]. 地球物理学进展，2002，17(2): 262~271.

（14）信息技术与地球物理

# 位场数据稀疏重构方法

## Sparse recovery of potential field

陈国新* 陈生昌

Chen guoxin Chen Shengchang

浙江大学地球科学系 杭州 310027

传统的信号采集方法基于奈奎斯特—香农采样定理，需要两倍于信号带宽的采样率进行采样。由 Candes,Romberg,Tao 和 Donoho 等人提出的压缩感知法则为信号采集处理提供了一个新的途径，在采样数远少于信号长度的情况下可以高精度地重构信号。本文基于压缩感知原理，建立位场稀疏采样重构模型，对常规随机采样方法进行了改进，进而利用迭代加权最小二乘算法重构数据。

**1. 方法原理**

压缩感知的主要思想就是通过对时—空域的信号进行某种变换，利用信号在变换域的稀疏性求解欠定方程，从而对信号进行较高精度的重构[1]。由于基于 0 范数最优化问题是组合优化问题，缺少多项式时间算法，因此位场数据重构一般可以建立以下基于 1 范数最优化问题：

$$\min\|\Theta\|_1\ s.t.\Phi\Psi\Theta=Y \tag{1}$$

其中$\Phi$为 $M*N$（$M<N$）的观测矩阵，$\Psi$ 为 $N*N$ 变换矩阵，为简单起见一般为正交矩阵，信号 $X=\Psi\Theta$，$\Theta$ 是信号 $X$ 在变换域的投影系数，为 $N*1$ 的列向量，$Y$ 为观测数据，为 $M*1$ 列向量。解决优化问题(1)主要可从三方面入手：稀疏变换、采样矩阵与重构算法。

（1）稀疏变换：目前较为常见的稀疏变换主要有傅里叶变换，余弦变换，小波变换，曲波变换等方法，这些方法分别适合于不同信号的稀疏表达。基于位场数据的空间变化特征选择余弦变换可得到很好的稀疏表达。对于一些数值变化不大，缺少明显特征的信号我们提出了对信号进行线性变换的方法，使其具有适合余弦变换的特征，结果证明该方法取得了很好的数值结果。

（2）采样方法的改进：位场数据采集一般是在二维平面上进行，目前较好的二维平面随机采集方法主要是 Lustig 提出的泊松碟采样[2]。泊松碟采样基本原理是先在样本区划分采样区域，然后再在小的采样区域进行采样，每个小区域只采样一个，这样做可使采样点相对于随机采样更加均匀。但是泊松碟采样同样存在着一些采样点分布在区域边缘从而有些样点距离过大或过小的问题。因此对其方法做了进一步的改进：首先在采样区域进行随机选点，然后以这些点为圆心，以适当的距离 $r$ 为半径，在随后选取点时要保证不能落在先前点所划的圆域内即可，这样就很好地解决了泊松碟采样方法的不足。

（3）迭代再加权最小二乘算法：迭代再加权最小二乘算法通过求解与（1）等价的下述优化问题以达到信号重构的目的：

$$\min\sum_i^n\omega_i\theta_i^2\ s.t.\Phi\Psi\Theta=Y \tag{2}$$

将问题（2）转化为无约束最优化问题，并得到其迭代再加权最小二乘的解析解：

$$\Theta=W(\Phi\Psi)^T[\Phi\Psi W(\Phi\Psi)^T+\lambda I)^{-1}Y \tag{3}$$

式中，$W$ 为主对角的权系数矩阵，其元素为 $1/\omega_i=[\theta_i^2+\varepsilon]^{-1}$，$\varepsilon$ 为一小数。

**2. 结论与认识**

通过理论模型与实际位场数据的重构试验，余弦变换可对位场数据进行很好的稀疏表达，利用改进后的泊松碟采样方法可以得到随机且均匀的采样效果，相对于 MP、OMP 等贪婪算法基于迭代再加权算法可以以较少的采样数的重构信号，且对信号的稀疏性适应性更强。

**参 考 文 献**

[1] Donoho D. Compressed Sensing[J]. IEEE Transactions on information theory, 2006,52:1289~1306.

[2] Lustig M, Donoho D, Santos J, et al. Compressed sensing MRI[J]. IEEE Signal ProcessingMagazine, 2008, 25(2): 72~82.

（14）信息技术与地球物理

# 微地震震源定位方法研究

# Research on the location method of microseismic events

崔晓杰[1*] 王润秋[1] 徐 刚[2]

Cei Xiaojie Wang Runqiu Xu Gang

1. 中国石油大学（北京）油气资源与探测国家重点实验室 北京 102249;
2. 东方地球物理公司 涿州 072750

## 1. 前言

微地震监测是一种通过观测、分析生产活动中所产生的微小地震事件来监测生产活动的影响、效果及地下围岩稳定状态的地球物理技术。近年来，微地震技术被广泛应用于油气藏动态监测、地热动态监测、煤田开采和工程动态监测等领域。与地震勘探相反，微地震监测中震源的位置、发震时刻、震源强度都是未知的，因此微地震监测技术的一个主要任务就是确定震源的位置。常用的定位方法如时差法和 Geiger 算法都是迭代算法，需要人为设定初始值，而初始值的选取直接关系到优化算法的收敛速度和定位结果。为了提高系统的定位精度和算法的收敛速度，本文充分利用最小二乘算法的估计特性，运用基于最小二乘法的 Geiger 优化迭代定位算法，有效地解决了迭代的初始值问题，保证算法的收敛并且提高迭代算法的收敛速度。

## 2. 方法原理

最小二乘法求解是基于由多个检波器获得的到达时间所建立的式（1）所给出的固定方程组得到震源位置坐标。

$$\sqrt{(x-x_i)^2+(y-y_i)^2+(z-z_i)^2}=v(t_i-t) \tag{1}$$

式中，$x_i, y_i, z_i$ 代表第 $i$ 个检波器坐标位置；$x,y,z$ 代表震源坐标；$v$ 代表 $P$ 波（或 $S$ 波）速度；$t_j$ 代表初至波到达第 $i$ 个检波器的时刻；$t$ 代表发震时刻。

根据上式，$N$ 个检波器就可以建立 $N$ 个非线性方程。这些非线性方程可以通过共同减去一个方程而线性化，这样就得到一组线性超定方程组，并将其表示成形如 AX=B 的形式，利用最小二乘对其进行求解得到震源坐标和发震时刻初始时间。将上述方法得到的结果作为迭代初值，运用 Geiger 算法，使得目标函数

$$\phi(t_0,x_0,y_0,z_0)=\sum_{i=1}^{n} r_i^2 \tag{2}$$

最小。其中，$r_i$ 为到时残差。分别对坐标参数和时间参数求偏导，反复迭代使$\phi$趋向于无穷小，每一次迭代都是基于最小二乘法计算一个修正向量$\Delta\theta=(\Delta x,\Delta y,\Delta z,\Delta t)^T$，把向量$\Delta\theta$加到上次迭代的结果上，就可以得到一个新的结果，然后判断这个新结果是否满足要求，若满足要求，此点坐标即为所求震源坐标，如果不满足则继续迭代直到满足要求为止。

## 3. 结论

（1）利用最小二乘法提供初始迭代点，然后用 Geiger 算法迭代计算。将最小二乘法和 Geiger 算法联合应用，省去了寻找最优步长因子的大量计算时间，提高了算法的求解速度。

（2）由于最小二乘法的计算结果已经进入 Geiger 算法的收敛域范围内，此时转而利用 Geiger 算法进行计算，仅需几步迭代就能迅速收敛。

（3）通过对理论模型的试验表明，在初至拾取精度较高的情况下，此组合算法能够快速精确定位震源位置。

### 参 考 文 献

[1] Geiger L. Probability method for the determination of earthquake epicenters from arrival time only[J]. Bull.St. Louis. Univ, 1912, 8: 60~71.
[2] 康玉梅，刘建坡，等. 一类基于最小二乘法的声发射源组合定位算法[J]. 东北大学学报, 2010, 31(11): 1648~1651.

（14）信息技术与地球物理

# STFT 在航空瞬变电磁数据去噪中的应用

# The application of STFT in airborne transient electromagnetic data denoising

何腊梅 [1*]　罗　勇 [2]

He Lamei　Luo Yong

成都理工大学信息科学与技术学院　成都 610059

## 1. 引言

航空瞬变电磁法是一种快速普查良导电金属矿的航空物探方法，由于其信号具有频带宽，动态范围大等优点，已经在国外获得了较为广泛的应用。由于二次场与源无关且反映地下介质的特性，所以主要针对二次场进行处理和解释。但是，二次场的有效能量较弱且有较宽的频谱信息，因此常常受到各种干扰或噪声的影响，以至降低了后期的处理和解释精度。为此，根据航空瞬变电磁信号的特性，寻求合适的滤波或去噪方法抑制噪声成为亟待解决的问题。本文应用短时傅立叶变换（STFT）分析去噪前后的二次场时频特性，为选择合适的滤波器提供依据。

## 2. 方法原理

STFT 是一种将时间和频率联合起来分析的方法，可以给出信号的时域和频域的局部特性，克服了傅里叶变换不能同时表征时域和频域特性的缺点[2]。实际上，STFT 就是加窗的傅里叶变换[3]，其基本公式 $STFT(t,f)=\int_{-\infty}^{+\infty}s(\mu)g^{*}(\mu-t)\mathrm{e}^{-\mathrm{j}2\pi f\mu}\,\mathrm{d}\mu$，其中 $STFT(t,f)$ 为短时傅里叶变换后的函数，它是时间和频率的联合分布函数；$s(\mu)$ 为原始信号；$g^{*}(\mu-t)$ 所加窗函数的共轭；$\mathrm{e}^{-\mathrm{j}2\pi f\mu}$ 为傅里叶变换的旋转因子。根据上述公式，可以获得 STFT 的计算步骤为：(1) 假定信号在某个时间窗内是平稳的并用该窗函数来截取信号；（2）采用傅里叶变换来分析窗内信号，确定该时间窗内的频率特性；（3）沿着信号移动时间窗函数，计算下一个时间窗内信号的频率特性；（4）重复上述操作，直到获得待分析信号的时频分布。在 STFT 分析中，关键是考虑窗函数对 STFT 变换的影响，如不同类型的窗函数会影响信号的主频分布及能量集中度，窗口的大小会影响时间分辨率和频率分辨率等。根据所处理信号的能量分布特性结合窗函数自身的特性，选择出较为合适的窗函数，而窗函数一旦选定，其主频分布范围就确定了，可以通过调整窗口大小使时间分辨率和频率分辨率较高，因其受测不准原则的影响，不能同时达到最高，只能是相对较高。所以，本文主要考查矩形窗、三角窗、海明窗、汉宁窗、凯塞窗、切比雪夫窗、高斯窗和布莱克曼窗等八种窗函数对 STFT 效果的影响，结合航空瞬变电磁信号的特性，分析能力集中度和分辨率的高低，选择出最佳窗。因此要获得更好的分析结果，必须根据待处理数据的特性来选择窗函数。本文通过 STFT 评价不同滤波方法的去噪效果，为航空瞬变电磁信号选择合适的去噪方法提供依据以及窗函数法设计的有限冲激响应（FIR）滤波器中窗函数对该方法的影响。在评价滤波方法性能的实验中，根据航空瞬变电磁有效信号与噪声信号的特性，我们选择了常用的窗函数法设计的 FIR 滤波器、中值滤波器、均值滤波器、平滑滤波法以及小波滤波方法作为评价对象，在分析滤波方法滤波前后信号时频特性的基础上，从理论和实验两个方面对滤波方法给出了综合评价。在评价窗函数对 FIR 滤波器性能影响的实验中，主要考查利用上述的八种窗函数设计的 FIR 滤波器，结合不同窗函数的特性，同时分析阶数、截止频率对滤波性能的影响，最后给出它们在航空瞬变电磁去噪中的时频分析结果。

## 3. 结论

通过上述实验及分析，我们获得的主要结论为：STFT 可以为选择合适的航空瞬变电磁滤波方法提供依据；通过 STFT 分析，在上述四种滤波方法中，FIR 低通滤波器不仅可以保幅而且能有效抑制噪声；FIR 低通滤波器滤波结果显示汉宁窗获得较好的滤波效果，是较佳的窗函数。

### 参 考 文 献

[1] 李楠. 时间域航空电磁数据预处理技术研究[D]. 长春: 吉林大学, 2010.

[2] Dranitsa Y P, et al. Frequency-time method of processing phase measurements in geophysics [J]. Measurement Techniques, 2001, 44(6): 564~568.

[3] Cohen L. Time-frequency distributions — a review [J]. Proceedings of the IEEE, 1989, 77(7): 941~981.

（14）信息技术与地球物理

# 曲波变换与小波变换联合的地震资料弱信号检测方法研究

# Research on seismic weak signal detection with combined wavelet and curvelet transform

张 明[1*] 张军华[1] 梁鸿贤[2] 傅金荣[2] 石林光[2]

Zhang Ming Zhang Junhuao Liang Hongxian et al.

1. 中国石油大学（华东）地学院 青岛 266580; 2. 胜利油田物探研究院 东营 257022

## 1. 引言

弱信号检测与识别是当前地震勘探中的一项重要任务。目前较常用的方法主要包括小波变换[1]、曲波变换[2]、SVD 方法等。由于每种方法都存在局限性，因此，单独利用某种方法仍然难以达到有效地检测地震资料中弱信号的目的。2004 年，Saevarsson 等[3]首先提出将小波变换与曲波变换结合使用，在图像去噪领域取得了一定的成果。本文在此基础上提出基于四叉树分解的结合曲波变换与小波变换各自优点的方法，并通过理论模型和实际资料验证了该方法在地震资料弱信号检测中的有效性。

## 2. 方法原理

基于小波变换和曲波变换的弱信号识别主要利用了它们的去噪能力。阈值方法最常用在小波去噪和曲波去噪。设含噪声的地震记录为 $x=s+n$，$s$ 表示有效信号，$n$ 表示随机噪声，则有：

$$CT(y)=CT(s)+CT(n),WT(y)=WT(s)+WT(n) \tag{1}$$

$$C=CT^{-1}(\tilde{s}_c),\quad W=WT^{-1}(\tilde{s}_w) \tag{2}$$

式中，$CT$、$WT$、$\mathrm{CT}^{-1}$、$WT^{-1}$ 分别表示曲波正变换、小波正变换、曲波逆变换和小波逆变换。$C$、$W$ 分别表示采用曲波和小波阈值法估计的有效信号，$\tilde{s}_c$、$\tilde{s}_w$ 为其对应的曲波和小波系数估计。本文针对弱信号弱振幅、弱连续性的特点在系数估计中采用了降阈值的线性阈值函数。

四叉树分解是根据设定的阈值将二维空间划分为一些样值相近的子块，在不同的子块中可以实现多种处理方法的结合，有利于发挥不同方法的优势。通过对 $C$ 进行四叉树分解，结合小波和曲波阈值方法，得到最终的处理结果 $\tilde{s}$ 为：

$$\tilde{s}=aW+(1-a)C \tag{3}$$

$$a=\begin{cases}0.5(1+\dfrac{1}{M*N}\sum S(v_i)) & v_i>4\\ 0.5(1-\dfrac{1}{M*N}\sum S(v_i)) & v_i\le 4\end{cases} \tag{4}$$

式（4）中，$M*N$ 为记录大小，$S(v_i)$ 表示 $C$ 的四叉树分解矩阵中大小为 $v_i$ 的子块的个数。

## 3. 理论模型和实际资料应用

为了验证本文方法的效果，本文模拟了一含有弱信号的单炮记录，加入不同程度的随机噪声，分别采用小波阈值方法、曲波阈值方法和本文算法进行了试验，选取峰值信噪比（PSNR）和信噪比（SNR）两个参数对它们的处理结果进行了定量的评价。在理论模型试验的基础上，本文也对实际的单炮记录做了测试，进一步证明了本文算法的有效性。

## 4. 结论与认识

通过理论模型和实际资料的应用效果，可以看出：①小波阈值方法能够压制大量的随机噪声，但缺乏对有效信号的保护，弱信号检测效果较差；②曲波阈值方法能够有效的检测出弱信号，但处理结果中含有部分“伪影”，影响了剖面的质量；③本文算法能够得到最高信噪比和峰值信噪比的处理结果，对弱信号的检测效果略优于曲波阈值方法，且本文算法中伪影得到有效抑制，对地震记录质量的改善要明显优于曲波阈值方法。

## 参 考 文 献

[1] Donoho D. De-noising by soft-thresholding[J]. IEEE Transaction on Information, 1995, 41(3): 613~627.
[2] Candes E, et al. Fast discrete curvelet transform[J]. Multiscale Modeling and Simulation, 2006, 5(3): 861~899.
[3] Saevarsson B, et al. Combined wavelet and curvelet denoising of SAR images[J]. Proceedings of IEEE International Geoscience and Remote Sensing Symposium, 2004, 6: 4235~4238.

（14）信息技术与地球物理

# 串联曲波变换方法在地震资料去噪中的应用

# Application of Tandem curvelet transform in seismic data denoising

张　博　陈生昌　王汉闯

Zhang Bo　Chen Shengchang　Wang Hanchuang

浙江大学地球科学系　杭州 310027

## 1. 引言

近年兴起的基于曲波变换方法的地震资料去噪在对随机噪声的去除中取得了一定成效。曲波变换不但具有多尺度性，而且还具有多方向性，另外，由于其支撑集满足各向异性关系[1]，造成了曲波系数具有稀疏性，这些特性使得曲波变换很适合于地震信号的表达。地震信号变换到曲波域后的曲波系数，在各个方向各个尺度上的分布仍呈现与地震波形相似的特征，故仍能通过曲波变换对这些曲波系数进行稀疏表达。基于以上特性，我们提出了一种利用曲波变换对已经过一次曲波变换去噪的曲波系数进行处理的地震资料去噪新方法--串联曲波变换法及其算法，同时通过对曲波系数进行分析，提出了一种新的硬阈值方案。

## 2. 新阈值的提出

阈值的选择对去噪结果起着决定性的作用，但实际噪声水平很难估计。研究发现，含噪地震数据进行曲波变换后，低频的有效信号多分布于较低尺度层，而高频的噪声基本分布于最高尺度层。根据这一特点我们提出了一个新的硬阈值方法：有效信号用（1）式表达：

$$S = C^{-1}(F(C)) \tag{1}$$

其中，$S$ 为地震信号，$C$ 表示曲波变换，$C^{-1}$ 表示反曲波变换，F 是阈值函数。新的阈值函数表示为：

$$F(C) = \begin{cases} A_C, |A_C| \ge m\sigma_C\sigma \\ 0, |A_C| < m\sigma_C\sigma \end{cases} \tag{2}$$

其中，$A_C$ 是地震信号的曲波系数，$m$ 是与尺度有关的常数，$\sigma_C$ 为最高尺度曲波系数标准差估计值，$\sigma$为噪声标准差的估计值。数值算例中就是应用了该阈值函数。

## 3. 串联曲波变换的原理及实现过程

地震波同向轴变换得到的曲波系数在曲波域内的各区块的分布仍具有同向轴的特征，而经随机噪声变换得到的曲波系数的分布仍是随机的[2]。基于此特征提出了将曲波系数作为目标函数，通过对其进行曲波变换去噪，得到新的曲波系数，用这些曲波系数还原出最终的去噪结果。其原理可用下列公式表示：

$$f'' = \sum < \sum c'(j,l,k) \cdot \varphi'_{j,l,k}, \varphi_{j,l,k} > \cdot \varphi'_{j,l,k} \tag{3}$$

其中，$f''$ 是最终去噪结果，$c'(j,l,k)$ 是经一次曲波变去噪换处理后的曲波系数，$\varphi_{j,l,k}$ 是曲波函数，$\varphi'_{j,l,k}$ 是反曲波变换。串联曲波变换去噪的算法如下：①根据数据大小确定尺度数和方向数，对 $s$ 进行曲波变换，对得到的曲波系数 $c(j,l,k)$ 加阈值，再做反曲波变换，得到去噪结果 $s'$；②对 $s'$ 进行曲波变换，将得到的曲波系数分解到各尺度各方向，把每一块曲波系数作为新的去噪对象；③根据每个小块曲波系数的分布情况确定第二次曲波变换的尺度数和方向数，分别对每一块曲波系数进行曲波变换，得到二次变换后的曲波系数 $c''(j,l,k)$；④对 $c''(j,l,k)$ 进行阈值处理，并进行反曲波变换，得到每一块的去噪后的曲波系数，将这些曲波系数合成为新的 $c'(j,l,k)$；⑤对 $c'(j,l,k)$ 做反曲波变换，得到最终的去噪结果 $s''$，即原始信号 $s$ 的估计值。由于在该方法中连续进行了两次曲波变换，故形象的称为串联曲波变换法。

## 4. 结论

用串联曲波变换法对曲波系数进行处理，增强了曲波系数的稀疏性，与仅用一次曲波变换相比，该方法得到的去噪效果有显著提高。通过对模拟含噪地震记录资料的处理，证明了串联曲波变换法的正确性和可行性以及新阈值函数的有效性，同时印证了曲波变换在地震资料处理中的优越性。

### 参 考 文 献

[1] E Candμes, D Donoho. New tight frames of curvelets and optimal representations of objects with $C^2$ singularities[J]. Comm. Pure Appl. Math., 2004, 57: 219~266.

[2] E Candμes, L Demanet, D Donoho, L Ying. Fast discrete curvelet transforms[J]. Simul., 2006, 5 (3): 861~899.

（14）信息技术与地球物理

# 微地震事件的自动检测研究

# The research for automated detection of microseismic events

牟培杰 [1*] 王润秋 [1] 李彦鹏 [2]

Mou Peijie Wang Runqiu Li Yanpeng

1. 中国石油大学（北京）油气资源与探测重点实验室 北京 102249;
2. 东方地球物理公司 河北 涿州 072750

## 1. 前言

微地震监测是利用油藏注水、注气、热驱及油气采出等石油工程作业时引起地下应力场的变化，导致岩层产生错段或裂缝所产生的地震波，对储层流体运动进行监测的方法。它能实时提供压裂施工产生裂隙的高度、长度和方位角，利用这些信息可以优化压裂设计、优化井网或其他油田开发措施，从而提高采收率。由于水力压裂需要比较快速地得到压裂结果从而对压裂效果进行评价，进而对开采方案进行及时调整。所以需要对水力压裂微地震监测资料进行实时的处理解释。因此，设计一种快速、准确的自动识别微地震事件可以比较快速的得到压裂结果从而对压裂效果进行评价进而对开采方案进行及时调整。该方法将为后续微地震资料处理和震源定位提供前提基础。

## 2. 方法原理

利用长短时窗能量比法（STA/LTA）进行微地震事件的自动拾取。因为微地震事件和背景噪声在能量特征上有所不同，这就为在三分量震动图上识别微地震事件提供可能。针对多分量微地震数据，可以根据数据的实际情况选择合适的分量进行计算。对于一道三分量记录($x(t)$，$y(t)$，$z(t)$)，$z(t)$为垂直分量，$x(t)$、$y(t)$为水平分量，可以用来求能量的组合有：

$$E_{all}(t)=\sqrt{z(t)^2+x(t)^2+y(t)^2} \qquad E_Z(t)=|z(t)| \qquad E_H(t)=\sqrt{x(t)^2+y(t)^2}$$

长短时窗能量比法（STA/LTA）特征函数可以定义为: $R=STA(t)/LTA(t)$，其中

$$LTA(t)=\sum_{t=t_1}^{t_0}E(t)\Big/|t_0-t_1| \qquad STA(t)=\sum_{t=t_0}^{t_2}E(t)\Big/|t_2-t_0|$$

其中，$t_1$为长时窗起始时刻，$t_0$为长时窗终止时刻和短时窗起始时刻，$t_2$为短时窗终止时刻。

在长短时窗内利用能量刻画微地震事件的特征，利用特征函数滑动长短时窗计算 STA 和 LTA. 长时窗平均值（LTA）刻画了信号背景噪音的变化趋势，短时窗平均值（STA）刻画了微地震信号的振幅（能量）变化趋势。当信号到达时，STA 比 LTA 变化得快，相应的 STA/LTA 值会有一个明显的突跳，当短时窗平均值与长时窗平均值之比超过用户定义的触发阈值时，就判定为有微地震事件。对于复杂的井中观测环境与低信噪比的微地震记录，单独利用一级检波器上记录的信号来判断是否存在微地震有效信号会经常出现误拾情况。因而就要利用多级检波器上的数据综合进行微地震有效时间的自动识别。如果在单级检波器的某个时间检测到微地震信号，那么在其它检波器上应该也会出现信号，因此可以根据有效微地震信号在相邻道之间的出现规律在其它检波器开一个小窗上进行检测。如果在多级检波器上均检测到信号则认为是信号，这样可以避免单级检波器上强噪声干扰引起的误拾。

## 3. 结论

通过对四川盆地丹凤场构造微地震资料的处理，利用长短时窗能量比法能够快速的自动拾取出微地震事件，对微地震资料进行实时处理，并且在多道检波器上利用长短时窗能量比法，减少了对微地震事件的误拾、漏拾。因此，长短时窗能量比法是一种可靠、快速的微地震事件拾取方法。

### 参 考 文 献

[1] Zuolin Chen. A multi-window algorithm for automatic picking of microseismic event on 3-C data [C]. SEG/Houston 2005 Annual Meeting, 2005: 1288~1291.

[2] Stevenson R. Microearthquakes at Flathead Lake, Montana: A study using automatic earthquake processing[J]. Bull. Seism. Soc. Am. 1976, 66: 61~79.

[3] 姜福兴，杨淑华，成云海，等. 煤矿冲击地压的微地震监测研究[J]. 地球物理学报，2006，49(5):1511~1516.

（14）信息技术与地球物理

# 近震 S 波震相自动识别

## Automated determination of S-phase: application to local seismicity

曲保安[1*]　刘希强[2]　蔡　寅[2]

Qu Bao'an　Liu Xiqiang　Cai Yin

1. 山东省地震局泰安基准地震台　泰安 271000; 2.　山东省地震局　济南 250014

对 P 波震相的自动识别源自 20 世纪 70 年代，迄今形成了能量检测、频率检测、偏振及 AIC 等有效的识别方法，对于波形数据采用经典滤波、小波分解、HHT 等方法进行预处理，之后采用上述方法进行综合判断，结合人工神经网络的训练，在地震事件信噪比相对不低的情况下，误差基本可以控制在 0.1s，甚至更小范围。但是对于 S 波震相的自动识别，由于 P 波尾波、S 波分裂及各种反射折射震相的叠加，采用上述 P 波识别的方法得到的 S 波震相识别精度明显低于 P 波震相识别精度。由于震源、地震仪、传播路径及噪声的差异，单一的震相识别方法不能实现所有地震震相的可靠、精确识别。在对已有方法进行综合分析的基础上，提出一套 S 波震相自动识别综合算法。

根据山东省测震和强震台网分布，对于检测到 P 波之后的 2 个水平分向数据进行 1～10Hz 线性相位零延迟带通滤波，并采用改进的 STA/LTA 方法对滤波后地震信号的幅值和频率变化进行扫描计算，该方法的特征函数为：

$$CF(i) = Y(i)^2 - Y(i-1)\cdot Y(i+1)$$

其中 $Y(i)$为 $i$ 时刻地震记录值，该特征函数对幅值和频率均敏感。然后采用 TOC-AIC 方法对触发时间窗及触发前一时间窗进行检测，该函数表示为：

$$AIC(k) = k\cdot \lg(TOC(x[1,k]) + [N-K-1]\lg(TOC(x[k+1],N))$$

采用该算法进一步缩小 S 波震相判定范围。之后对窗内数据进行趋势追踪，追踪函数为：

$$\Delta P_k = |P_k - \frac{\sum_{i=k-l}^{k} Y_i}{l}\cdot\alpha| - \Delta P_0$$

其中 $P_k$ 为所追踪时间窗内的极值点；k 为该极值点所对应的地震记录在所追踪时间窗内的点位数，即所追踪时间窗包含 $k$ 个地震记录值，$\alpha$为均值斜度预测因子，$l$ 为两个极值点之间的记录点数，$\Delta P_0$ 为 $P$ 波识别后至 S 波检测触发前事件波形的最大相对极值（去均值）。对于地震波形趋势突变点采用两种决断策略：①在时间窗内存在 $\Delta P_k \geq 0$，且其与 AIC 检测的 S 震相小于某一阈值(0.2s)，则将其前一极值点作为趋势突变点，即 S 波起始点；②选取$\Delta P_k$与 AIC 检测结果差值最小的第一极大突变的前一极值点作为起始潜在趋势突变点，对此点与下一极值点之间数据进行二阶微分趋势判断，对趋势突变点进行排序，选择最大趋势突变点，将该点作为 S 波震相起始点。对两个水平分项各自的判定结果进行分析比较，判定二者的差值，对于差值大于设定阈值的情况，根据 AIC 检测信息进行趋势追踪结果分析，选择前一时间作为 S 波到时，若差值小于设定阈值，则直接判定。采用人工神经网络进行综合训练，丰富神经网络样本集，从而实现 S 波的精确拾取。

STA/LTA 方法获取的 S 波震相较之实际 S 波震相会产生一定的滞后，所以在进行精定位时对触发时间窗及其前—STA 长度时间窗进行分析。采用山东地震台网记录波形资料对本文方法进行初步验证，在一定信噪比条件下 S 波震相识别精度与 P 波识别精度相当。

本研究得到国家科技支撑计划课题（2012BAK19B04）和地震科技星火计划项目（XH12029）资助。

### 参 考 文 献

[1] EGU General Assembly. Ortensia Amoroso, et.al. S-wave identification by polarization filtering and waveform coherence[J]. Geophysical Research Abstracts. 2011, 13: 9048.

[2] 刘希强, 等. 应用单台垂向记录进行区域地震事件实时检测和直达 P 波初动自动识别[J]. 地震学报, 2009,31(3):260～271.

[3] 李山有, 等. 基于振幅和瞬时频率的震相自动识别方法[J]. 世界地震工程, 2006, 22(4): 1～4.

（14）信息技术与地球物理

# 鲜水河断裂带地温场初步分析

# Preliminary analysis of geothermal field of the Xianshuihe fault zone

刘迁迁* 魏东平

Liu Qianqian Wei dongping

1. 中国科学院计算地球动力学重点实验室 北京 100049;

2. 中国科学院研究生院地球科学学院 北京 100049

鲜水河断裂带是现今构造活动十分强烈的活断裂，带内多次重复发生强震，且发震频率较高[1]。历史记录表明，该断层带曾发生过多次从西北向东南的地震活动旋回。已有学者把道孚至康定段定为地震空区[2]，对它倍加注意。本项研究利用鲜水河断裂带重要部位的 6 个测点温度序列，建立一维热传导模型，去除温度序列中相位延迟的影响，得到最深两个深度层间的定常温度梯度，进而分析断裂带这几个重要部位的热场信息，为利用热信号研究地震孕育过程与前兆机理提供依据。

数据来自鲜水河地温无线遥测台网一、二期工程共 6 个测点的地温序列。一期：康定稻子坝村、新都桥瓦泽乡、康定中谷村南；二期：康定地震台、康定折多糖村、道孚龙灯乡。每个测点由地表到地下十几米不等 8 个深度层的观测数据，其中康定折多糖村测站最深达 18.9m，这些测站温度最高采集频率可达 1 次/2 分钟，温度分辨率为 10mK。由于接近于地表的四个深度层 0m、0.25m、0.8m、3.2m 受大气的高频温度变化影响明显，且序列时间跨度有限，在我们的研究中没有采用。对以上六个台站后四个深度层温度序列傅立叶频谱分析发现，越深的深度层序列受高频噪音的影响越小，所以在分析时可以只考虑年波影响。建立一维热传导模型，边界条件为第五层温度序列稳定温度场上叠加年波，可得其解析解。从解析解中可推导出热扩散率的表达式 $\kappa=\frac{\omega}{2}[\frac{z_2-z_1}{\ln(A_2/A_1)}]^2$，其中 $\omega$ 为年波圆频率，其数值为 $1.99\times10^{-7}$，$z_1$、$z_2$ 分别为两层序列的深度，$A_1$、$A_2$ 分别为两层深度年波的振幅。由得到的热扩散系数，根据公式 $\phi=(z_1-z_2)\sqrt{\frac{\omega}{2\kappa}}$，可得两层温度序列年波相位差 $\phi$。由此去除不同深度的年波相位延迟量，进而分析鲜水河断裂带测点处定常温度场特征。

以上方法得到的相位延迟量我们称为模拟量，傅立叶频谱分析得到的年波相位延迟量称为观测量，我们发现不同深度层间二者误差绝大部分都小于 0.1。如康定中谷村南测点处 6.2m、8.2m 两层年波相位延迟观测量为 0.224，模拟量为 0.232；8.2m、10m 两层年波相位延迟观测量为 0.125，模拟量为 0.147。这说明一维热传导方程基本能反映鲜水河断裂带在测点处的热传输状况。将每个测点最深处两个深度层位相延迟影响去除后，得到了不相交的两条对应很好的温度序列曲线，并用每个时间观测的深层温度值减去浅层温度值得到其平均值，我们认为这个平均值即为这两个深度层间的定常温度梯度。由此得到新都桥瓦泽乡 11m～11.2m 定常温度梯度为 0.704℃/m；康定稻子坝 10.8m～11m 定常温度梯度为 0.348℃/m；康定地震台 14.3m～14.8m 定常温度梯度为 0.065℃/m；康定折多糖村 18.4m～18.9m 定常温度梯度为 0.253℃/m；康定中谷村南 10m～10.2m 定常温度梯度为－0.167℃/m；道孚龙灯乡 9.55m～10.05m 定常温度梯度为－0.037℃/m。除了康定中谷村南和道孚龙灯乡的定常温度为负值外，其余四个台站均为正值，且值均大于钻探测得的鲜水河断裂带附近深层定常温度梯度。我们得到这样的假定：鲜水河断裂带温度测点处浅层岩石热导率小于深层岩石的热导率。下一步工作我们将在实验室进行新都桥瓦泽乡、康定折多糖两个测点在以上有定常温度梯度段岩心的热导率测量，将以上假定进行实验验证，进一步计算这两个测点处的热流值。

本研究得到国家自然科学基金项目（40874047）资助。

鲜水河断裂带地温数据由中国地震局地质研究所地震动力学国家重点实验室提供，该观测项目主要由地震行业与科技部专项（200808011, 2004DIB3J1290）、地震动力学国家重点实验室自主课题（LED2009A07）资助。

参 考 文 献

[1] 李天, 杜其方, 游泽李, 等. 鲜水河活动断裂带及强震危险性评估[M]. 成都：成都地图出版社. 1997.

[2] 韩渭宾, 黄圣睦. 四川鲜水河断裂带上的一个地震活动空区[J]. 地震学报, 1983, (03): 280~286.

（14）信息技术与地球物理

# 炸药震源定向激发的数值模拟与分析

# The numerical simulation and analysis of the dynamite source directional stimulate

蔡纪琰　孙成禹

Cai Jiyan　Sun Chengyu

中国石油大学（华东）地球科学与技术学院　青岛 266555

**1. 引言**

炸药震源是目前陆上地震勘探的主要震源，其激发的地震子波具有能量高、脉冲特性良好的特点，目前对于陆上炸药震源激发方式的研究主要集中在以下四个方面：①长药柱激发；②时延爆炸震源激发；③点源组合激发；④相控震源激发。其中相控震源主要用于可控震源，对于陆上常用的炸药震源的研究仅处于理论方面。本文利用波动方程有限差分正演技术，对上述四种震源组合的机理进行数值模拟，并根据模拟结果，对上述几种激发方式进行定量分析，研究了不同激发方式的波场特征。

**2. 炸药震源定向激发原理及数值模拟方法**

**1）细长药柱震源**

基本原理是把细长药柱震源视为一系列点震源的组合。可以根据爆速、介质中地震波的传播速度以及分节的药柱长度求出时间差，然后用垂向组合点震源通过控制时间延迟来模拟柱状震源。

**2）时延爆炸震源**

其原理与模拟细长药柱基本差不多，通过控制不同段炸药的激发延迟时间来抵消爆速与地震波传播速度的差异，从而达到地震波在垂向的能量最大。

**3）相控震源激发**

基本原理是假设 $n$ 个点震源在同一水平线上排列，设相邻震源间的恒定相位差为$\beta$, $\theta_B$ 为组合后地震波能量最大值的指向。当地下某一个地质体时由于相邻震源的位置引起的相位差为 $2\pi d\sin\theta/\lambda$时，其总波场的归一化场强方向因子为：$F_a(\theta)=\frac{1}{n}\frac{\sin[\frac{n}{2}(kd\sin\theta+\beta)]}{\sin[\frac{1}{2}(kd\sin\theta+\beta)]}$，式中：$k=2\pi/\lambda$ 为波数。当相邻震源间相位差 $kd\sin\theta+\beta$ 不同时，最大能量的指向会发生变化。所以可以通过控制其恒定相位差$\beta$ 来调整最大能量的指向。对于炸药震源，为了控制方便通常把相位差转换为井深差。井深差与最大能量方向角之间的关系为：$\theta_{max}=\arctan(\Delta h/d)$，式中$\Delta h$ 为延迟井深，$\theta_{max}$ 为最大能量的方向角。

**4）水平组合震源**

水平组合震源是相控震源恒定相位差$\beta$为 0 时的特例。

**3. 定向激发方法数值模拟与分析**

对水平以及倾斜层状模型进行了正演模拟，从所得震源组合的照明图、波场快照图和炮记录图可以直观的看出：①组合震源随着炮数的增加能量越来越集中，其深层的照明量越来越多，但组合的炮数到一定数量时，继续增加组合的炮数其能量集中的程度变化已不再明显。②细长药柱的能量是向两边扩散，扩散效应随着药柱长度的增大而变强，对于浅层距离震源较远的地方细长药柱的反射波能量较强，而对于深层其反射波能量明显比延迟震源和组合震源要弱，因此细长药柱震源不利于深层勘探。③延迟震源激发的地震子波能量也有很强的定向性，但从照明图可以看出没有组合震源的定向性强，因此对于深层勘探应该尽量使用组合震源。④在大倾角或者观测系统规模较大的情况下，相控震源相对于组合震具有很明显的优势。

**4. 结论**

本文通过波动方程正演对上述几种激发方式进行了理论研究，通过正演模拟发现组合震源和相控震源随着炮数的增加其激发子波的能量越来越集中，向下传播的能量越来越多，有利于深层勘探。而对于时延震源和柱状震源，时延震源也具有一定的定向性，但没有组合震源和相控震源定向性好，柱状震源激发时能量向两边扩散，这不利于深层地震勘探，而对于倾斜地层时组合激发的效果比延迟激发效果要好很多，而相控激发的效果最好，所以对于勘探区是倾斜层的情况，特别是大倾角的地层建议使用相控震源激发。

（14）信息技术与地球物理

# 面向全球气候变化的极地环境遥感关键技术与系统研究

# Remote sensingkey technologies and systems research of polar environmental in global climate change

李丙瑞* 刘顺林 席 颖 郭井学

Li Bingrui Liu Shunlin Xi Ying et al.

中国极地研究中心 上海 200136

南北极作为地球气候系统的两大冷源，是影响气候变化的关键因素。南北极海冰的最大覆盖范围可达世界总面积的14%，并剧烈影响着大气和海洋的热量和动量交换。极地作为大气运动的冷源，维持地球上大气环流的正常运行，极区海冰冰量的异常变化会破坏大气环流的正常运行，引起全球气候异常。另一方面，极区海洋、海冰异常又是全球气候变化的结果。近年来，极区环境发生着明显的变化，尤其是北极的变化是全球气候变化平均水平的五倍，这已引起了科学界的广泛关注。研究表明，这些变化对我国的气候产生非常重要的影响，与我国冬季气温、春季沙尘和夏季洪水灾害有着密切的联系。

极区的海洋和海冰变化是影响气候系统的主要因素，但因缺乏数据，对极区的海洋和海冰物理过程的研究非常少，已有的科学成果还不足以支撑建立合适的全球气候预报模式。更为直接的是，极区的数据是进行气候预报模式不可缺少的数据源。然而，极区条件严酷、气候恶劣，获取数据十分困难，可资使用的数据极少。因此，系统地提高极地环境关键要素的数据获取能力，准业务化地提供实时数据服务，是提高气候预报精度的关键步骤。卫星遥感由于其快速、大范围、连续观测的技术优势正在成为获取极区数据的极有价值的且不可或缺的观测手段。这对建立合适的气候模式，研究全球气候变化及对中国的影响具有重要意义。

极区遥感的对象以冰雪和海水为主，在技术上和应用上有其特殊性，有些参数还没有可靠的反演算法，需要开展专门研究，通过解决一系列技术问题，以确保所获取的数据真实可靠。此外，极区存在极昼和极夜现象，需要用多源遥感手段获取数据。这些问题表明，开展极区遥感关键技术研究尤为必要。

**1. 面向全球气候变化的极地环境遥感关键技术与系统研究**

在国家863计划重点项目“面向全球气候变化的极地环境遥感关键技术与系统研究”（2008AA121700）的支持下，2009年中国极地研究中心、联合中国海洋大学、中国科学院遥感应用研究所、北京师范大学等多家单位的研究人员，开展了极区环境关键要素遥感反演算法研究的相关工作。

研究人员系统性地开展了极区海冰/海洋、大气环境、冰盖冰架等气候子系统关键要素的遥感反演算法研究；利用遥感反演数据，开展了极区气-冰-海动力学诊断分析研究，探讨了南北极环境变化对气球气候变化以及对我国气候变化的影响；依托我国极地科学考察的监测技术体系及保障支撑体系，实施了3次极地现场遥感综合验证试验，验证了遥感反演算法的真实性和准确性；建立了极区遥感信息应用服务系统，定期发布遥感反演产品并业务化试运行。

针对极区海冰与海洋过程遥感监测技术，开展了海冰范围与密集度遥感反演技术、海冰形及厚度反演技术、降雪和成脊引起的海冰反照率变化、海冰和冰山漂移反演技术、冰间湖动态监测技术、南极绕极流区域海洋动力参数获取技术及表层流场数据同化等方面的研究；确定了各种参数的反演算法并进行了软件登记，包括可见光、微波、海冰分类算法、海冰厚度的热平衡算法、海冰厚度反演柱模式、冰面反照率反演算法、海冰示踪小波变换-最大互相关算法、海面气温和海面湿度反演算法等。

针对极区冰盖冰架变化遥感监测技术，开展了冰盖高程变化探测技术、冰盖表面融化探测技术、冰架变化监测技术、冰盖厚度探测技术等方面的研究；实现了冰盖高程、冰盖厚度、表面冻融、冰架变化等反演算法的开发集成；完成了极地冰厚测量雷达系统正样研制，并参加了第26、28次南极科学考察，实地开展了星-地对比观测及冰雷达现场试验与应用示范。

针对极区大气环境遥感监测技术，开展了极区大气 $CO_2$ 遥感监测技术、极区大气臭氧遥感监测技术、极光沉降粒子能通量遥感监测技术等方面的研究，形成了精度满足需求的可靠算法，进行了软件著作权登记。基于第 26 次南极考察的系留汽艇和 $pCO_2$ 观测数据、南北极地面站臭氧观测数据等，对反演算法进行了改进和验证，效果良好。

利用极区海冰/海洋、大气环境、冰盖冰架等关键要素的反演数据，开展了海冰物理过程参数化方案优化、陆面模式改进及其与陆冰模式耦合、极区变化过程对全球气候变化的诊断及模拟分析等方面的研究；实现了陆面分量模式的完全替换和气候稳定耦合积分；评估了现有的参数化方案；分析了极区环境变化对全球气候变化以及对东亚低纬度地区的气候影响。

针对极区遥感现场验证系统与综合试验，完成了针对 23 种遥感反演参数的检验标准规范制定；依托我国第 26 次、27 次南极考察以及第 4 次北极考察，系统实施了 3 次极地遥感综合验证试验；研发了适于极端环境的无线传感器网络观测平台样机，观测能力包括温湿度（大气、雪）、光照、大气压、GPS、雪积累/消融测量，并成功在南极现场布放 4 套。截止目前，该观测平台经历了南极冰盖冬季极夜、低温及暴风雪等恶劣环境的考验，运行稳定，获取了大量冰盖表面及积雪的高质量观测数据。基于 3 次极区现场验证试验、无线传感器网络观测平台所获取的数据，研究人员对极区海冰/海洋、大气环境、冰盖冰架的关键要素反演算法进行了客观独立性检验，给出了检验结果。

此外，通过数据接口与模型设计、基于 web service 的系统体系结构、基于 OGC 规范的接口体系等方面的研究，突破了极地遥感环境信息无缝组织与管理及 PB 级遥感影像数据库技术、网络环境下多源极地空间数据的多维动态可视化技术等关键技术，拟定了与数据库设计、集成平台等相关的标准规范，最终建立了面向气候系统模式的极区遥感信息应用服务系统，发布极区环境要素的反演产品，并业务化试运行。

**2.** 社会效益及前景展望

此前，我国没有系统的开展过极地环境遥感技术研究，不能动态提供极地遥感反演参数产品。由于极区数据匮乏，目前气候系统模式中许多极区的参数无法连续和准确的获得，严重制约着极地环境监测与全球变化研究的进展，也是导致气候模拟和预测不准确的主要因素之一。

发达国家虽然有极区卫星遥感产品，但对外只提供历史数据，我国无法从国外获得实时、准实时产品，无法满足我国气候变化及预测研究的需要。因此，自主发展极区遥感数据获取系统，满足国家的现实和长远需求，同时，在极区卫星遥感与全球气候变化领域提升我国的国际影响力和显示度，是我国极地遥感领域的迫切需求。

通过国家 863 计划重点项目“面向全球气候变化的极地环境遥感关键技术与系统研究”（2008AA121700）的实施，研究人员突破了极区海冰/海洋、大气环境、冰盖冰架等一系列关键参数的遥感信息定量反演关键技术，实施了 3 次极地现场遥感综合验证试验，建立了极区遥感信息应用服务系统并业务化试运行，初步形成了我国极地遥感监测能力。所获取物理参数，直接进入了遥感产品层次，为社会相关行业和部门提供准实时信息服务。其中大部分数据陆续向国际社会公开发布，成为全球变化研究的可靠数据源。此外，针对国外已经发布的参数，我们的成果达到了国外参数的精度和可靠性，部分参数的反演精度甚至优于国际水平；针对在国际上还没有发布的参数，比如海冰厚度等，研究人员力争率先发布，以取得国际领先地位。

极地环境遥感关键技术研究数据产品的未来应用，主要面对全球气候变化、极地环境与资源调查、生态系统等研究领域的科技人员，同时为政府提供重要的决策参考，提升我国全球变化领域的研究水平，以期得重大的社会效益。

本文受国家 863 计划课题（2008AA121705）资助。

**参考文献**

[1] 席颖，等 面向全球气候变化的极地环境遥感技术[J]. 科学，2011, 63(4)：11~14.

[2] 吴文会，等. “863”计划—极地遥感项目现场验证方法研究[J]. 测绘与空间地理信息，2012，35(2): 20~24.

[3] Drue C, et al. Accuracy assessment of sea-ice concentrations from MODIS using in-situ measurements[J]. Remote Sensing of Environment, 2005, 95: 139~149.

[4] Riggs G A, et al. Initial Evaluation of MODIS Sea Ice Observations[J]. Proc. Eastern Snow Conference, Ontario, Canada, 2001, 58: 327~331.

（14）信息技术与地球物理

# 曲率属性在低序级断层识别中的应用

# The application of curvature attribute in identifying the low level faults

李 军[1*] 张军华[1] 金 强[1] 刘显太[2] 王 军[2]

Li Jun Zhang Junhua Jin Qiang et al.

1. 中国石油大学（华东）地学院 青岛 266580; 2. 胜利油田地质科学研究院 东营 257015

## 1. 前 言

低序级断层是由高序级断层派生的、且用常规地球物理方法难以识别的、具有较强隐蔽性的小断层[1]。它的识别和精细描述对于查清含油断块内的油水关系及剩余油分布、解决井间注采矛盾、提高原油采收率有重要意义。但由于其在地震剖面上仅表现为反射层的稍微扭曲，常与地层岩性变化引起的同相轴变化相混淆，因此采用常规的地震方法很难识别。本文研究了近几年兴起的曲率属性技术，并将多尺度分析引入其中，开发出分波数曲率属性提取及解释技术，并在实际应用中取得了较好的地质效果。

## 2. 曲率属性提取的基本原理

曲率具有比较明确的物理意义和数学含义，地震曲率属性是对地层形态的一种描述，根据地层的弯曲变化可以界定地层构造或者预测断层等一些特殊的地质现象[2]。根据曲面的曲率特征，采用选定的曲率提取方法，可以提取极大曲率、极小曲率、最大正曲率、最小负曲率、形态指数、倾向曲率、走向曲率、等值线曲率和弯曲度等多种属性。

本文采用一种沿层提取曲率属性的分波数曲率提取方法进行研究。已知曲面的曲率与曲面的一次和二次偏导数有关，以 $x$ 轴为例，根据傅里叶变换的性质有：

$$\frac{\partial u}{\partial x}=F^{-1}\{-ik_{x}F[u(x)]\} \tag{1}$$

其它的偏导数不再展示，分波数的表达式由（1）式扩展而来：

$$F_{\alpha}(\frac{\partial u}{\partial x})=-i(k_{x})^{\alpha}F[u(x)]\cdot T(k_{x}) \tag{2}$$

根据（2）式，求解分波数导数的公式为：

$$(\frac{\partial u}{\partial x})_{\alpha}=D_{x}(u)=F^{-1}\{-i(k_{x})^{\alpha}F[u(x)]\cdot T(k_{x})\} \tag{3}$$

式中，$\alpha$为分数表示的实数，$k_x$ 为波数，$T(k_x)$为波数域的窗函数，窗函数的加入是为了消除高频噪声，$D_x$ 表示关于 $x$ 的偏导数的求解，$y$ 轴方向与此相同，不再列出。调节$\alpha$ 的值，按式（3）计算 $x$ 方向的分数导数。根据同样的格式，就可以计算其它一阶、二阶或混合分波数导数，最后根据各种曲率属性的计算公式就可以提取不同波数的曲率属性。

## 3. 实际应用及效果分析

选取胜利油田的永 3 断块作为研究区块。该区块具有构造样式多样、断裂系统复杂、沉积类型丰富、含油层系多、含油井段长、储层非均质严重和油水关系复杂等特征，是胜利探区典型复杂断块油田。其储层主要分布在沙河街组，而低序级断层控制着储层的切割和封堵，为此对主要目层 T2、T4 界面进行曲率属性的提取与分析。

用自行开发的分波数曲率属性分别提取道微分、倾角、方位角、平均曲率、高斯曲率、极大曲率、极小曲率、最大正曲率、最小负曲率、形态指数、倾向曲率、走向曲率、等值线曲率和弯曲度等 14 个曲率属性，参数$\alpha$分别取 0.5、1.0、1.2 等，将这些曲率属性切片与原始沿层切片进行对比分析。结果表明：①对于研究区断裂系统，倾角、最大正曲率属性，断层接触关系明显，低序级断层也更加清晰，具有较好的应用效果；②对于 T2 层位，当$\alpha$取 1.0 时，提取的曲率属性切片效果最好，其中的倾角、最大正曲率属性切片上，刻画出了一些原始切片上不能反映出来的低序级小断层；③对于 T4 层位，由于低序级断层更发育，$\alpha$ 取较大值时结果比较理想，取 1.2 时效果最佳。

## 参 考 文 献

[1] 罗群，等. 低序级断层的成因类型与地质意义[J]. 油气地质与采收率, 2007, 14(3): 19~25.
[2] Roberts A., Curvature attributes and their application to 3D interpreted horizons[J]. First Break. 2001, 19(2): 85~100.

（14）信息技术与地球物理

# DEMETER 电磁卫星观测资料的综合研究

## Comprehensive study of observational data based on DEMETER lectromagnetic satellite

武安绪　武敏捷　林向东　岳晓媛　李腊月　李　红

Wu Anxu　Wu Minjie　Lin Xiangdong　et al.

北京市地震局　北京 100080

几十年的观测、研究表明，地球物理学、地质学和地球化学等多种地震前兆表现中，电磁异常的反应是最普遍和最敏感的。地震短临预测实践也证明，电磁观测是捕捉地震短临异常的有效方法之一；多年的观测实践与大量的震例也证明了这种监测原理的正确性和监测方法的实效性。越来越多的研究人员认为，电磁场观测可能成为实现短临地震预测的突破点；同时，采用地面观测和空间观测相结合的立体方法，建立“天地一体化”的立体观测网络，是突破地震短临预测难题的必经之路。

卫星地震监测的优势之一在于能够监测地震电离层扰动现象，主要包括电磁辐射、高能粒子沉降以及等离子体参数异常变化等。而等离子体参数变化又包括电离层等离子体的电子温度、电子及离子浓度、中性分子的浓度等发生异常改变。显然，这类研究对于尚处在困境中的地震预测寻找突破口可能具有一定的现实意义。

基于卫星地震监测的研究成果和发展技术，本研究基于法国 DEMETER 电磁卫星原始资料，根据时间、纬度、经度的窗长和步长，通过子单元内的统计平均值和定量插值新技术形成时间序列、空间和时空动态演化图像，尽可能合理恢复电离层中观测参量的原始时空场[1,3]。在此基础上采用定量拟合与自适应 MPI 方法[2-3]，消除时间序列和时空演化图像的背景趋势，再结合中国大陆已发生的中强震例，研究电磁卫星观测参量在震前的变化情况：

（1）时空背景场分析对于短临异常提取是一个关键问题[1]。通过对法国电磁卫星资料的时序、纬度、经度、空间统计表明，电子温度、浓度等 7 个电离层参量具有明显的纬度效应，而经度变化均匀，差异性并不明显，但随时间均具有季节性变化，且这种变化具有一定的稳定性，是地震异常识别的参考。

（2）为了消除趋势变化，在电子温度、浓度等时间序列变化背景趋势的拟合中，由残差序列可以看出，三阶契比雪夫多项式适合处理电磁卫星观测参量，在一定程度上可以消除季节性变化背景趋势。通过对比分析，认为处理后的时间序列更能够明显揭示地震发生前的变化过程及异常特征。

（3）时空背景场的变化具有一定的稳定性，难以看到地震前兆异常。为此提出 MPI 方法[3]，实现对电磁卫星资料时空的耦合处理与分析。获得有意义的结果是：MPI 方法既可以消除时空背景，又能很好地突出短期变化；对 $t_2 \sim t_1$ 空间图像滑动的结果表明，汶川、改则、老挝、玉树、日本等多个中强震前和震时在震源区附近的电离层中确实存在着持续时间不一的电磁异常，震后消失；中强地震一般发生在高值区或梯度变化激烈区；基于 MPI 方法本身所具有的时空融合特点和采用的时间滑动技术，对大地震的时间和地点预测可能具有一定的指示意义。

通过电子温度、浓度多个电磁卫星参量的实际计算和综合分析，不难发现：电离层参量存在明显的纬度效应及季节性特征，但这种变化具有一定的稳定性，是地震前兆异常识别的基础；中强震前，卫星资料确实存在着前兆性变化，具有短期性质。这说明在中强震前，震源区可能存在一定物理变化，在其孕震过程中，会不断辐射出一定的孕震信息，通过岩石圈和大气层传播到电离层中，引起电离层的扰动。

综上所述，电磁卫星地震监测技术，在地震短临预报中应具有潜在的应用价值，但需要深入分析和更多的震例总结。

本研究由地震科技星火计划（XH12001）资助。

### 参 考 文 献

[1] 武安绪，张永仙，张小涛. 汶川大地震前电磁卫星观测资料的时空演化特征分析[C]//中国地震学会成立三十周年学术研讨会论文摘要集，北京：地震出版社，2009.

[2] Rundle J B, Klein W, Turcotte D L, et al. Precursory seismic activation and critical-point phenomena[J]. Pure Appl Geophys, 2000, 157: 2165~2182.

[3] 武安绪，张永仙，周元泽，张小涛，李国江. 基于改进型图像信息方法的汶川地震前电离层参量时空特征研究[J]. 地球物理学报，2011，54(10): 2445~2457.

（14）信息技术与地球物理

# 基于 EEMD 的磁异常分离

# Separation magnetic abnormity based on EEMD

罗维斌

Luo Weibin

甘肃省有色地质调查院　兰州 730000

位场数据是测区范围内不同深度综合地质因素的响应叠加。对磁异常有效分离有助于异常的综合解释。目前常用的位场区域场和局部场的分离方法主要有滑动平均法、插值切割场法、趋势分析法、匹配滤波法、小波域分解法，频率域延拓等。滑动平均法的关键在于窗口大小的选择，插值切割场法将四点圆周平均法作为切割局部场算子，实际上是一种迭代滑动平均法，切割半径的选择直接影响分离效果。而趋势分析法则需要建立 n 次多项式，基于最小二乘法来进行曲线拟合。上述几种分离方法均不是自适应的，受人为因素影响大。曾琴琴（2011）采用基于 EMD 法分解重磁异常，发现有明显优势[1]。本文基于 EMD 数据分析方法的新进展，尝试用总体平均经验模态分解（EEMD）来分离磁异常。

总体平均经验模态分解（Ensemble Empirical Mode Decomposition，EEMD）方法是由 ZHAOHUA WU 和 NORDEN E. HUANG 在对噪声统计特性充分研究的基础上提出的噪声辅助数据分析方法[2]。它是对原始数据加不同幅度的白噪声扰动后再进行经验模态分解（EMD），将各次分解的固有模态量（IMF）取平均作为最终结果，是对 EMD 方法的改进。这种分解方法充分利用了白噪声在时—频域均匀分布的统计特性，对原始数据加上有限幅度的白噪声，相当于对数据在时-频空间进行不同尺度的噪声调制，取集合平均后，噪声抵消，信号恢复。将这种方法应用于 EMD，可有效改进 EMD 模态混叠现象。

EEMD 算法描述如下：

第一步：将原始信号加上均值为 0，标准差为常数的白噪声（多次加入($i=N$)，标准差不同），构成数据集 $x_i(t)$；

第二步：将 $x_i(t)$分别做 EMD，得到若干个 IMF 分量 $c_{ij}(t)$；

第三步：将得到的 $j$ 个 IMF 做总体平均运算作为最终结果。

EEMD 分解法的关键参数有两个：一是集平均的个数 $N$，二是所加噪声的幅度。文献[2]通过仿真试算，给出一些经验值，集平均的个数 $N$ 一般取几十或上百就可取得很好的分解效果；所加噪声幅度一般为数据标准离差的 0.2 倍即可。如果数据高频成份多，所加噪声幅度可取小一些，如果数据低频成份多，所加噪声幅度可相应取大一些。

利用该算法，在 MATLAB 中编制程序分离磁测剖面数据。所加白噪声标准差为原始数据标准差的 10%。经 EEMD 运算得到 7 个 IMF 和 1 个剩余量，将前 5 个 IMF 相加，作为局部场 L，将后 2 个 IMF 和剩余量相加作为区域场 A。也可逐个对分解的 IMF 进行分析。剖面数据同时做了插值切割场法分离。结果表明，插值切割场法受人为因素影响大，不同的切割半径，迭代次数不同，分离结果不一样，而 EEMD 方法分离完全为自适应的。

利用 EEMD 方法，处理了在白银外围矿调中 40 km 的高精度磁测剖面，共 12 条测线。分离后利用剖面局部场划分地层，并对区域场做反演解释，揭示出地层深部信息。相邻 3 条剖面分离的区域磁场清晰地揭示出北西—南东向展布的带状构造特征，与地质推断结果吻合。这一结果有效指导了同剖面可控源电磁测深的反演解释，地质效果明显。

经 EEMD 分解的 IMF 从不同尺度揭示地质信息，每个 IMF 可单独显示，也可组合起来综合分析，比其它场分离方法提供的信息量要大，有利于综合解释。存在的问题：如何判断哪些分解的 IMF 相加作为局部场，其余 IMF 与剩余量之和作为区域场？这需要结合地质情况进行分析。总之，EEMD 方法分离高精度磁测剖面数据是完全自适应的，值得推广应用。

## 参 考 文 献

[1] 曾琴琴，刘天佑. 重、磁异常的经验模态分解及其在鄂东张福山铁矿勘探中的应用[J]. 地球物理学进展，2011，26(4): 1409~1414.

[2] Z Wu, N E Huang. Huangensemble empirical mode decomposition:a noise-assisted data analysis method[J]. Advances in Adaptive Data Analysis, 2009, 1(1): 1~41.

（14）信息技术与地球物理

# 中国大陆深部结构成果数据库建设

# Database construction for the outcomes of China continental deep structure

何正勤*[1]　黄　江[2]　樊志华[2]　胡　刚[1]　叶太兰[1]　李桂银[1]

He Zhenqing　Huang Jiang　Fan Zhihua　et al.

1. 中国地震局地球物理研究所　北京 100081；2. 北京超图股份软件有限公司　北京 100015

随着地震学、矿产资源和地球科学研究的需要,中国地震局、国土资源部和中国科学院等单位已在我国开展了大量的深部探测工作，其中人工地震测深剖面 140 多条，深地震反射剖面 40 多条，大地电磁测深近 80 条测线，测线总长度约 10 万千米。20 世纪 80 年代后期，我国积极参与了国际岩石圈委员会开展的全球性地球科学研究计划，完成了 11 条地学大断面研究。近十年来，我国还在华北、青藏和川滇等地区开展了大量的宽频带地震台阵探测工作（刘启元，丁志峰），据不完全统计，用接收函数方法反演得到的地壳上地幔速度模型就达一千多个站点，取得了一大批有意义的研究成果。但这些结果大都是以论文的方式发表，成果论文中的测线和测点位置图比例尺太小不一，研究成果的利用和对比都很不方便。

近年来随着数字技术和网络技术的发展，为数据共享提供了软件平台，从 1998 年“数字地球”概念提出后，世界各国纷纷建立了数字化地学信息网站。例如，美国、加拿大、澳大利亚等国都分别建立了符合地学数据特色的地球科学数据共享网。在我国，国土资源部为适应矿产资源开发的需要已建立了深部探测资料数据库。本项目通过对深地震折射/反射剖面和宽频地震观测中的接收函数反演两种探测方法取得的研究成果进行梳理整合，以基础空间数据为支撑，通过 GIS 软件的二三维一体化技术，实现了对中国大陆深部结构成果的综合展现和多方式检索。数据库的建设中运用了三维动态展示、剖面任意截取、图属互查和专题显示等先进的地理信息系统技术。该数据库可为进一步研究深部结构的反演计算提供初始模型，为地震应急和分析对比深部结构成果等提供快速全面检索的专用工具，使地学科研人员能够方便快捷地利用深部结构成果信息资源，大大提高对已有研究成果的利用效率。

中国大陆深部结构成果数据库系统以 SuperMap GIS 平台为支撑，将 GIS 的强大展示功能和完善的分析功能与大陆深部结构成果结合起来，为科研人员搭建一个全面、迅速检索中国大陆深部结构研究成果的技术平台。本系统的逻辑架构由数据层、中间件、数据管理子系统、数据展示子系统、系统管理子系统以及标准规范管理系统等部分组成。其中数据层是基础层，主要由人工地震测深、深地震反射、地学大断面、台站接收函数、历史地震、三维速度结构、系统数据等组成。数据管理子系统具有方便、灵活的数据入库、数据编辑和数据输出等功能。数据展示子系统通过三维 GIS 平台，可为用户提供基本地图操作、三维展示、剖面生成、特征界面生成、背景图绘制等方面的使用功能。在系统设计中充分考虑了用户的使用习惯，人机界面友好，并充分考虑了本系统数据的增长特性，确保了系统资料扩充的可持续性。

开发完成的数据库系统由图文数据库检索、三维展示和地学背景图绘制三个子系统组成。收集纳入数据库的资料几乎涵盖了国内外所有已公开发表的在中国大陆取得的深部结构科研成果，共分为 DSS、深反射、接收函数、走时成像、面波成像、噪声成像、重力、大地电磁、历史地震和断裂构造十个专题。提供了按作者姓名、完成单位、地域、关键词、发表时间、期刊名等多种属性检索工具，可以方便、快速地检索到原文、摘要或主要成果图件，并能根据需要按多种方式输出。

数据库以研究成果密集的华北地区为例，利用人工地震测深、接收函数和层析成像反演结果形成了网格化的 3D 速度结构模型。并利用 3DGIS 技术构建地壳上地幔速度结构的的 3D 展示系统。该系统具有任意方位旋转、放大/缩小功能，可以按起止点/拐点经纬度坐标定位或鼠标选择定位生成沿直线或折线的纵剖面。在已有的中国大陆莫霍界面深度分布图的基础上，利用我国已完成的 DSS 剖面和远震接收函数反演结果，构建中国大陆莫霍界面深度数据体。系统可以利用这些数据选择插值和平滑方法生成新版的地壳厚度立体图。该系统可为地震应急、地震定位和进一步的深部结构研究提供基础资料。

本项目是在中央级公益性科研院所基本科研业务专项“中国大陆深部结构成果数据库建设”课题（DQJB10B18）资助下完成的。

参 考 文 献

[1] 刘启元，等. 汶川地震区地壳上地幔三维 S 波速度结构初步研究[J]. 国际地震动态，2010, 6: 14~15.
[2] 丁志峰，等. 华北地下精细结构探查[J]. 中国科技成果，2009, 16: 41~44.

（14）信息技术与地球物理

# 地学中海量数据的后处理及其高分辨率可视化结果显示与平台搭建

# The post-processing for large-scale data sets of geosciences and it visualization using high-resolution tiled display and platform build

邓春林* 张 怀

Deng Chulin Xahng Huai

中国科学院计算地球动力学实验室 北京 100049

近年来，由于大规模并行计算技术及计算机计算能力的飞速发展，地球科学研究领域中许多问题的研究正在转向数值实验方法，如全球地幔对流、大尺度地震波动力学过程、高速流体湍流与涡流的计算、全球气候变化等。计算网格也呈几何量级的增长，目前已经达到了千万，甚至数十亿的网格。输出数据达到 Tb 量级甚至 Pb 量级。地学数据具有规模大、产生快、多尺度等特点，导致海量数据可视化的时间往往远超过了并行数值模拟的时间。给科学家分析诊断科学问题带来了极大地不便。

现在的可视化软件根本无法满足地球系统模式研究要求的实时可视化分析的迫切需求。目前的可视化软件虽然有很多都有并行版本，但对于 Tb 甚至 Pb 量级的数据实现实时可视化还有心无力。对大规模数据的降维和压缩势在必行。现在对海量数据实现实时可视化的方法主要有两种。一种是在可视化过程中减少采样点来加快可视化速度。采用自适应的采样算法降低绘制的采样点。另一种是采用数据抽取的方法来减少数据量。

自适应采样算法是通过对数据进行统计分析，对变量变化平缓的区域减少采样点，对变量变化大的区域加大采样数。以尽可能少的采样个数，来刻画物理变量的变化规律。

进行海量数据的多尺度、多分辨率并行抽取可以很好的在忠实于源场的同时降低数据的量级。我们可以把模拟结果的网格抽稀，降低数据量。对感兴趣的区域单独加密抽取，把抽稀的作为背景场。这样不仅可以用普通的可视化软件实现实时可视化。也可以增加异常区域的分辨率，方便科学家分析科学问题。如果把时间单独看为一个维度，也可以对时间维单独抽取。数据的抽取采用插值的方法。插值算法很多，从而数据抽取的方法也就有很多。目前我们完成了基于 lagrange 插值的并行数据抽取程序。

地学数值模拟在进行后处理分析结果时有些高分辨率的结果。我们自己的 PC 机上的显示器由于尺寸和 GPU 的绘制能力的限制，同时由于受材料和电子工艺的限制，在短时间内很难制造出满足领域科学家分析科学问题所需的显示设备，对高分辨率的可视化结果无能为力。这就需要高精度高分辨率的显示设备。如何将物理模型及计算结果高精度高分辨率的显示出来，面临着极大的挑战。并行的大屏幕显示技术是解决这一问题的有效手段。将多个普通的显示器拼接在一起，在软件的帮助下，协同工作，形成一个高分辨率的虚拟桌面（Virtual desktop），每台计算机驱动一个或多个显示器，不仅可以大大提高显示的分辨率，而且对于某些应用可以采用并行处理，可以大大提高显示速度。

无论是降低地学中海量数据的维度、大小还是用多屏显示技术都有一个共同点，需要搭建高性能计算机集群。以前用于计算的并行机集群和大规模显示系统是各自独立分开使用的。也就是说用于计算的是一套系统，用于大规模显示的是另外一套系统。这样对科学家实时分析模拟结果非常不便。我们把计算和大规模并行多屏显示结合起来，形成一整套的计算显示系统。可以将数据在生成的同时实现实时抽取和可视化。方便科学家诊断分析科学问题。

## 参 考 文 献

[1] Li K, Chen H, Chen YQ, et al. Early Experiences and Challenges in Building and Using a Scalable Display Wall System[J]. IEEE Computer Graphics and Applications, July, 2000, 24(4): 671~68.0

[2] Jeong B, Renambot L, Singh, et al. High-Performance Scalable Graphics Architecture for High-Resolution Displays[J]. Technical Paper, 2005, 01: 5.

[3] Greg Humphreys, Mike Houston, Ren Ng, et al. Chromium: A Stream-Processing Framework for Interactive Rendering on Clusters[J]. SIGGRAPH Asia, 2008, 08.

[4] 杨廷俊，解利军，郑耀，等. 大规模立体显示墙系统的构建[J]. 计算机辅助设计与图形学学报，2007, 19(8): 953~959.

（14）信息技术与地球物理

# 辽河油田高性能地震资料处理平台的构建及应用

# Construction and application of high-performance seismic dataprocessing platform of Liaohe Oilfield

苑金玉

Yuang Jinyu

中油辽河油田勘探开发研究院　辽宁盘锦 124010

目前辽河油田已进入中高勘探程度，勘探目标日趋复杂，勘探形势的发展对地震资料处理品质提出了更高的要求，提高处理剖面质量最根本的方法就是应用新的处理技术。近年来叠前深度偏移、逆时偏移等处理技术由于具有刻画断层、断面真实、准确等特点，在国内各大油田得到广泛推广和应用。然而这些新技术的规模化应用需要耗费大量的计算机资源，离开高性能地震资料处理平台的支持是不可想象的。因此，高性能地震资料处理平台是获得高质量地震剖面的基础，构建高性能地震资料处理平台对辽河勘探发展具有深远影响和重要的意义。

**1. 辽河油田高性能地震资料处理平台的构建**

**1）安全可靠的机房环境支撑系统**

通过整体的机房供电系统、先进的制冷系统，规范的综合布线系统以及全面的监控系统的方案设计与实施，打造国内先进的、安全可靠的现代化机房环境。

**2）统一高效的计算网络系统**

地震资料处理是一项系统工程，各处理流程之间相互依赖，密切配合。以精确的速度建模过程为例，需要在不同的系统之间、应用不同的处理软件完成。因此，离开统一高效的网络，计算机将成为一个个孤岛，无法完成复杂的处理任务。统一、高效的网络系统是构建高性能平台的前提条件。通过对不同时期引进的网络进行优化整合，形成以万兆网络为骨干，统一、高效的计算网络平台。

**3）高效共享的集群存储系统**

地震资料处理过程就是对大量的地震数据不断进行存取和计算的过程。没有共享存储平台的支持，数据将不得不在不同系统之间来回拷贝，不仅造成存储空间的巨大浪费，而且还会耗费大量的系统资源，降低系统性能，延长处理周期。因此高效共享的存储是构建高性能平台的必要条件。通过优化整合三套独立的存储区域网络；部署新版本 StorNext 共享存储软件；部署基于计算网络架构的集群并行存储系统，满足处理系统对海量数据的存取需求。

**4）先进的处理系统**

常规处理是叠前偏移等特殊处理的前提和基础，常规处理质量的高低，直接影响着偏移的精度和效果。因此先进的常规处理系统是构建高性能平台的重要组成部分。先进的叠前偏移处理系统是能否开展规模化叠前深度偏移处理生产和逆时偏移处理研究的关键。

我们先后引进 IBM HS20、IBM HS21、IBM HS22 三套集群系统，总核数达到 1728 个，安装的主要软件有：CGG 地震处理软件、OMEGA 地震处理软件、MARVEL 叠前偏移处理系统软件。三套集群的投产使用，确保了地震资料处理任务的完成。

**2. 高性能地震资料处理平台的应用**

高性能地震资料处理平台的构建，达到了国内同行业先进水平，在辽河油田地震资料处理中得到了极大的应用。应用“锥体去线性干扰”处理模块后，单炮的能量有明显提高。应用“RNA”处理技术后，成像精度有了明显改善。2009 年至 2011 年，在处理系统上共完成三维叠前时间偏移处理 7885 平方千米；三维叠前深度偏移 789 平方千米，处理区块遍布辽河近年来所有重点勘探区域。相信高性能地震资料处理平台还将对辽河油田以后的勘探起到积极的推动作用。

**参考文献**

[1] 高秀华. 地震勘探数据处理提高性能计算平台存储系统设计与应用[J]. 特种油气藏，2005, 3: 101.

[2] 曲清国. 地震勘探数据处理及深层资料成像研究[D]. 中国海洋大学，2003.

（14）信息技术与地球物理

# 海洋地质调查数据服务平台的对象关系映射策略研究

# Research on object-relational mapping of marine geology survey data service platform

杨　辰[*1]　刘　展[1]　魏合龙[2]　李　曼[1]

Yang Chen　Liu Zhan　Wei Helong　et al.

1. 中国石油大学(华东)地球科学与技术学院　青岛 266580; 2. 海洋地质研究所　青岛 266071

**1. 引言**

海洋地质调查是海洋沉积、海洋地貌和海底构造调查的统称。海洋地质调查内容主要包括地球物理调查、地质取样、原位测试观测、样品测试分析、研究等，包括球物理调查数据、海底地形调查数据、样品分析数据、海洋钻井数据、海岸带环境地质调查数据及卫星遥感数据等。

由于工作分区部署，海洋地质调查数据由各个调查单位独自管理，数据存储在传统的关系数据库中，这就导致了海洋勘探开发数据存在数据结构不一致，数据关联性小，信息孤岛，数据难以共享，利用率低等问题，如何对获取的数据进行有效的组织并提供高效的数据服务，是信息化建设需要解决的关键问题。为了海洋地质调查数据能为实际应用需求服务，需要建立统一的海洋地质调查数据服务平台，实现海洋地质调查数据的集成服务。本文重点研究海洋地质调查数据服务平台中面向对象数据模型设计及对象关系映射策略，它是建立面向对象的海洋地质调查数据服务平台的关键技术之一。

**2. 面向对象的海洋地质调查数据模型设计**

采用面向对象的方法设计，参考 EPICENTRE 数据模型，针对现有海洋地质调查数据，设计覆盖所有海洋地质调查数据的统一逻辑模型。

逻辑模型的设计遵循以下原则：①体现面向对象的技术本质。采用面向对象的设计方法，全面支持海洋地质调查业务。②体现科学的数据管理体系。以海洋地质调查对象为数据单元，二义性小，灵活性大，能根据不同应用的需要重新组织成所需要的数据集。③具有高度的集成性。模型必须覆盖海洋地质调查所有领域的对象，这些对象不按专业进行分割，而是按客观世界中对象间的联系组织，使各专业的应用软件都可以对该模型进行操作，并且其数据是相互一致的，实现不同应用软件在数据一级上的集成。

**3. 对象关系映射策略**

本文采用 Nhibernate 框架来实现面向对象的海洋地质调查数据模型与关系数据库建立映射关系。Nhibernate 是.NET 平台下的针对关系数据库的对象持久化类库，它从数据库底层来持久化. Net 对象到关系型数据库,使应用程序代码仅仅和对象关联。它不仅管理. NET 类到数据库表的映射，还提供数据查询和获取数据的方法。Nhibernate 映射机制主要分为实体映射和关系映射两种。

**1）实体映射**

实体映射主要包括：①实体映射，将实体映射成表，有每个类继承层次映射成一个表，每个具体子类映射成一个表和每个类映射成一个表三种方法，本文采用的实体映射策略为将每个具体子类映射为一个表。②对象标示符（OID）映射，将对象标示符映射成表的主键，包括单主键，复合主键映射两种情况。③属性映射，将实体/对象的属性映射为表/行的字段，包括简单属性和复杂属性的映射。

**2）关联关系映射**

关联关系的映射是指把对象之间的关系映射为表的外键，主要包括三种情况一对一、一对多、和多对多三种情况。

**4. 总结**

本文研究对象关系映射策略实现了面向对象数据模型与底层关系数据库的关联，为整个面向对象的海洋地质调查数据服务平台建设提供了技术支持。

**参 考 文 献**

[1] 李绍荣，等. 海洋地质调查基础数据库模式构建方法[J]. 海洋技术, 2009, 28(4): 94~97.
[2] 冯斌，等. 海洋地质调查数据库管理系统设计与实现[J]. 计算机工程，2009, 35(3): 29~31.
[3] 戴勤奋,等. 区域海洋地质调查数据库结构模型[J]. 计算机应用研究, 2004, 21(3): 65~67.
[4] 李斌勇，等. 基于 NHibernate 的 ORM 映射机制研究[J]. 计算机技术与发展，2009, 19(7): 32~34,37.

（14）信息技术与地球物理

# 地震行业信息集成与共享研究

# Information integration and sharing research in the seismic industry

蔡　寅* 李卫东 2 吴　敏 2 康　凯 2 李　铂 1

Cai Yin　Li Weidong　et al.

1. 山东省地震局　济南 250014; 2.中国地震台网中心　北京 100036

目前，地震行业通过“十・五”和“十・一五”的基础设施建设，全国测震、强震、前兆等台站、仪器的种类及数量不断增多，省级区域台网规模的也不断扩大，每天产出海量的数据，其中包括各类仪器的基本参数、台站基础信息及仪器观测数据组成区域台网中心的基础数据，以及科研人员通过对各种基础数据的研究开发利用，产出的多样化数据产品。如何高效的管理、整合、利用现有数据，成为加快建设现代化区域监测台网中心的关键，也为地震信息化建设提出了更高的要求。面对地震行业各类台网建设已经形成规模，如何统一的整合、管理现有地震数据，提高地震数据对行业内外的服务能力，已成为信息学科当前亟需解决的问题，也是未来信息学科的一个重要发展方向。

虽然我国各省地震监测台网均建立了不同种类的基础数据库，推出了多个类别的数据产品，数据的管理服务水平也得到一定提高。但与此同时，新矛盾、新问题的出现使信息化建设面临着严峻的挑战。主要表现在：①技术研发与建设实施的水平较低。虽然出现了一些针对信息管理的软件，但均规模太小、定位分散、功能有限、尚不足以对区域台网信息化建设发挥全局性的、权威性的指导和推进作用。同时，建设实施水平也较低，缺乏整体的设计、组织，缺乏有效地工程规划以及科学的规范和工程管理。②数据资源开发薄弱。目前，各台网对基础数据资源的开发和利用都很不充分。例如：有些有用的信息没有建成数据库，很难找到；不少信息质量差，统计口径不一致；用户所需的信息不全，有的根本没有开发出来；数据资源重复采集、交叉开发现象严重；各部门数据分割严重，信息交流受阻，造成人为的信息短缺。③各学科间互联互通性差。各部门没有在整体架构下很好的考虑解决系统间的“互联互通”和“信息资源共享”问题，从而形成一个个“信息孤岛”，各系统采用的技术标准不统一，彼此之间的信息沟通难以实现。

地震行业信息服务建设的核心目标是实现地震信息的整合及异构环境下的在线共享与交换。信息资源整合是实现在线共享与交换的基础，而在线共享与交换，可以更有效和充分地发挥地震信息在地震行业科学研究、政府决策、以及社会服务中的作用，从而进一步促进信息资源的整合与利用。通过信息资源的整合、共享与交换，开发利用区域地震信息资源服务与应用，为宏观决策和科学研究提供信高效的服务平台，应用面涉及预报、预警、前兆、地震信息社会化服务等方面，从而促进地震行业信息化进程。为了解决上述问题，我们提出基于两个“一”的地震行业信息集成与共享的服务模式。

**1. 基于 GIS 的“一张图”数据整合**

所谓“一张图”，是指将各种信息都基于地理信息系统（GIS）进行整合，将不同的信息按照不同的图层管理，在一张地图上叠加，为用户提供尽可能全面的信息，使用户可以在一张图上全面了解他需要掌握的信息。地震行业数据中，有 80%的信息资源与空间位置有关，基于“一张图”的地震信息资源共享与应用模式作为行业信息资源整合的框架具有独特的优势，通过这种方式，能够将各省地震各部门的专业数据，包括台站仪器数据、观测数据、数据产品等信息，进行逻辑叠加，在一张地图上进行综合研究和展现其地理空间，实现地震空间地理信息资源的有效整合与集成，统一提供可视化的决策分析和数据资源服务。

**2. 基于 SOA 的“一站式”信息服务**

地震行业信息服务应该是能够随着地震专业业务的变化而逐渐变化，能够实现松散耦合的软件系统，从而降低实施的成本和风险。采用面向服务的软件架构（Service-Oriented Architecture）理念，建设、改造、封装各类地震专业服务，使这些服务可以被简单地发现、调用、管理，解决异构基础数据资源交互问题，将各类应用封装为 Web 服务，通过“一站式”信息服务站点发布，将台站信息、观测数据、数据产品进行整合和共享，实现数据、应用逻辑和语义共享三个层面的地震信息整合与业务协同。

**参 考 文 献**

[1] Gerhard S. SOAP-based web services in GIS/RDBMS environment[J]. Enviromental Modelling and Software, 2005, 20(6): 775~782.
[2] 邹江，杨璐，孙瑞志. 基于 SOA 企业异构资源的整合研究[J]. 计算机应用与软件. 2010(1):51~53,123.

（14）信息技术与地球物理

# 安全稳定的机房环境支撑系统是高性能地震处理平台的保障

# Safe and stable room environment support system is the protection of high-performance seismic processing platform

高 巍

Gao wei

中油辽河工程有限公司安全环保部 辽宁盘锦 124010

辽河油田地震资料处理中心资产过亿，保证机房所有设备和数据信息的安全是进行高性能地震处理系统平台方案设计的根本出发点。

随着机房主处理设备从主机时代过渡到集群时代，机房设备在用电量、散热量以及布线数量上发生了很大变化。2006 年设备在用电量、散热量以及网络布线数量上是原来的十倍以上。因此，原有机房的供电、制冷、综合布线模式已无法满足设备发展的要求，存在极大的安全隐患。为此 2008～2009 年，对机房环境支撑系统进行了彻底的改造。

**1. 构建整体的机房供电系统**

原有的供电系统存在变压器容量小，难以满足机房用电发展需求；UPS 局部负载过重，可能导致突然断电，造成设备严重损坏和数据的丢失。改造后我们通过双路变压器冗余供电技术及 UPS 并联技术的应用，实现了 UPS 的联合供电，节约了成本，满足了设备的用电需求。

**2. 构建高效的机房制冷系统**

原制冷系统存在问题：通风道狭窄；送风距离远；回风较远；低效率的制冷将导致机房温湿度异常，造成设备损坏。

通过对机房主要制冷技术的研究，针对设备的散热量，采用了投资相对较少的“冰岛”制冷技术。将计算机设备与空调集中摆放，形成一个岛。冷风采用下送风，在机柜的正面形成冷风区，背部形成热风区，热风从上方进入空调，制冷后送入冷风道，进行循环。拓宽通风道,保证送风畅通；空调集中摆放,制冷能力强；送风、回风距离短，循环效率高，制冷效果好。由于空调的送风、回风距离短,因此制冷效率得到了明显地提高。

**3. 规范的机房综合布线系统**

原有的机房布线存在强、弱电混杂现象，不仅维护难度大，而且存在极大的安全隐患。

综合布线设计采用强、弱电分开布线的总体原则。电源线、网线分开布线，实现了强、弱电分离，提高了系统的安全性。

强电（即电源线）实行下走线，设备实行就近接入的原则。将配电柜和计算机设备组成一个岛，设备就近接入电源。同时为待扩充设备预留了电源，新系统集成后，直接接入配电柜即可使用，提高了电源的布线效率。

网络布线实行上走线，采用模块化的网络布线技术。模块化的网络布线技术，即网线通过主机网络端口经跳线、配线架上的中继模块和桥架等设备与交换机网络端口相连。进行交换机与中继模块布线规划；集群与中继模块布线规划；交换机、中继模块、集群、网线、网络端口统一编号，按编号物理连接。模块化布线的技术优势在于：保障了网络通讯效果，避免了断网现象的发生；在网络物理结构发生变化时，只需要简单的更改跳线就可接入另一网络，避免了重复布线。

**4. 安全的机房监控报警系统**

配套安装了监控与报警设备，包括了配电监控与报警、漏水监控与报警、烟感监控与报警、温度监控与报警、门禁指纹识别系统、机房全方位视频监控系统及机房内有害气体过滤设备。

通过以上一系列措施我们建立了安全可靠的机房环境支撑系统，确保了高性能地震处理平台的安全可靠运行。

**参 考 文 献**

[1] 于东云. 校园网综合布线系统的设计[J]. 科技情报开发与经济，2009, 16.

[2] 朱良军. 智能大楼的模块化综合布线系统[J]. 声学与电子工程，1997, 03.

（14）信息技术与地球物理

# 准实时自动反演震源机制解系统框架设计

# An automated system framework of a realtime earthquake focal mechanism inversion

祁玉萍*　李闽峰　李圣强　王　斌　刘桂平

Qi Yuping　Li Minfeng　Li Shengqiang　Wang Bin　Liu Guiping

中国地震局地震预测研究所　北京 100036

## 1. 引言

地震的发生对民众的工作、生活以及财产都将带来巨大的损害，地震发生后，地震相关部门除了提供地震三要素外，如果能够迅速地给出准确、可靠的震源机制解，将对发震机理、震害评估、地震活动性分析等提供重要而又及时的帮助。本研究基于 CAP 法提出通过运用准实时的波形数据自动反演震源机制解系统的框架设计，使系统实现当震级大于 3.5 级时，可快速、自动反演得到可靠的震源机制解，从而减少人为干预所造成的影响。

## 2. 反演方法原理

本系统利用面波与体波联合反演的 CAP（Cut and Paste）法（Zhao L S ，1994；Zhu L，1996），CAP 方法是将宽带带地震记录分为 Pnl 部分和面波部分，然后分别对这两部分的分量分别赋予不同的权重，通过格点搜索的方法进行反演，并允许其相对浮动，在适当的范围内搜索出合成地震图与观测地震图全局差异最小的震源机制解。

## 3. 系统框架设计

### 1）建立格林函数库

根据研究区域选取适当的一维地壳速度模型，利用频率-波数法（Zhu and Rivera，2002）计算不同的震源深度、震中距的格林函数，并将所有计算得到的格林函数存储，最终构建出该研究区域的格林函数库，从而减少反演的时间，提高反演的效率。

### 2）数据处理

数据处理主要包括：①数据采集，即若地震发生在研究区域内，并且震级达到 3.5 级以上，系统向数据中心自动触发数据请求，获取研究区域内的准实时事件观测波形数据；②数据预处理，对获取的数据对其进行自动数据预处理操作，主要包括：将观测数据格式转换为 SAC 格式文件、去除非宽频带的波形文件、修改 SAC 头文件、将观测数据去除仪器响应获得地动位移、并旋转得到垂向、径向、切向的位移记录等操作，保证较好质量的数据进行震源机制的反演。

### 3）反演震源机制

计算理论波形与实际观测波形之间的误差函数，通过格点搜索法搜索得到不同深度的误差函数最小值，将不同深度的误差函数最小值进行比较，比较后得到的最小值即为该研究区域的最佳震源机制解，该值所在的深度最接近真实的震源深度。

### 4）可视化发布处理

将反演得到的最佳震源机制解自动发布在网页，并实现对其波形拟合的结果以及最佳震源深度进行查询的功能，若对所得到的结果不满意，可在页面通过修改权重文件，使其重新反演。

## 3. 结论

通过运用准实时的波形数据自动反演震源机制解，实现快速获得震源机制，为震后的灾害评估、地震活动性分析等都具有重要的意义，通过对波形减少人为干预，使其得到更为可靠地结果。但是，由于 CAP 法本身具有较多的不确定参数，因此在实际应用中，还需要针对具体研究区域，进一步进行相关研究来减少结果的不确定性。

### 参 考 文 献

[1] Zhao L S, Helmberger D V. Source estimation from broadband regional seismogramsp[J]. Bull Seis Soc Amer, 1994, 84(1): 91~104.

[2] Zhu L, Helmberger D V. Advancement in Source Estimation Techniques Using Broadband Regional Seismograms[J]. Bull Seis Soc Amer 1996, 86: 1634~1641.

[3] Zhu and Rivera L A. A note on the dynamic and static displacements from a point source in multilayered media[J]. Geophysical. J. Int., 2002, 148: 619~627.

（14）信息技术与地球物理

# 大震应急信息发布技术系统建设

# Development of the large earthquake emergency information publishing technical system

李　红　张慧峰　梁凯利　马玉香　崔　娜　王　峰

Li Hong　Zhang Huifeng　Liang kaili　et al.

山东省地震局　济南 250014

我国地震部门政务公开和应急值守能力不足也尤为突出，具体表现在：地震部门的政务工作能力尚不能满足应对地震引起的巨灾的要求；震后新闻宣传处于被动，缺乏面对媒体和社会的经验；地震部门与其他部门、地震行业政务与业务系统、地震系统单位之间信息协作共享和协调工作机制在应急状态下效能不够理想；应急值守力量不适应大震巨灾应急任务的需求；地震信息网站设备配置无法满足超高强度的访问需求；政务公开和建立针对重大突发事件的新闻发言人制度等工作尚处于起步阶段，亟待完善和加强等。做好一旦大地震发生后大震应急信息专栏的发布工作，及时的信息公开对有效设置新闻议程和公众议程，成功把握舆论引导的主动权，形成全社会抗震救灾、众志成城的良好局面具有重要意义。

**1. 技术思路**

大震应急信息发布采用 B/S 架构，用户工作界面是通过 WWW 浏览器来实现，极少部分事务逻辑在前端实现，但是主要事务逻辑在服务器端实现，形成三层结构。采用数据库服务器与 Web 服务器分离，客户端通过浏览器访问和管理。专题建设网页系统开发采用与主站一样的 JSP+Servlet+JavaBean 三层结构的开发模式；数据库系统采用 MySQL5.1，保持原数据库的结构，与现有网站形成一体；JSP 容器采用 Apache 公司的 Tomcat 5.0；系统运行环境为 SUSE11.1sp3；开发工具采用 Eclipse 3.0、Dreamweaver CS3、Photoshop CS3 等；大震应急专栏模版页面采用 DVI+CSS 代码编写，其具有以下四个方面的显著优势：一是表现和内容相分离。将设计部分剥离出来放在一个独立样式文件中，HTML 文件中只存放文本信息，这样的页面对搜索引擎更加友好。二是提高页面浏览速度。对于同一个页面视觉效果，采用 CSS+DIV 重构的页面容量要比 TABLE 编码的页面文件容量小得多，前者一般只有后者的 1/2 大小，这样浏览器就不用去解析大量冗长的标签。三是易于维护和改版。方便调整网站结构布局。对于常用的表格布局，若想改下布局，可谓牵一发而动全身，网站层结构如果设计的合理，可以用 CSS 很轻松的改变网站的表现，这就是结构和内容，行为的分离。如果网站结构定期改动，自然对搜索引擎的蜘蛛吸引力不小的。一个用层和 css 做好根基的网站，以后的优化工作自然会省力不少的。只要简单的修改几个 CSS 文件就可以重新设计整个网站的页面。四是网站源代码简洁。除了几个 div,ul,li,dl,dd,dt 之类的标签外，几乎不用其他标签，这样网站内容完全裸露在搜索引擎的蜘蛛面前，便于抓取关键内容，增大关键内容的页面的比重，从而为排名因素增加比重。

**2. 发布内容及实施效果**

大震应急信息发布内容包括震情消息图片、最新消息、历史地震资料、现场视频、震情灾情、地震科普宣传、地震应急响应、媒体相关报道、地震相关知识和图片汇集等。比如现场视频选择了高压缩比的视频格式，搭建了相应的网络运行平台。考虑到系统的可扩展性，在网站原有资源基础上，重新设计制作了内容更丰富、后台功能更加强大的视频网页代码，在播放视频过程中置入山东省防震减灾信息网的网址，以免下载盗用。通过格式转换、压缩等方式，将容量较大的视频文件转换成了易于下载播放的流媒体格式，处理后的 flv 格式的视频文件，容量变小了，播放起来也更加流畅。发布内容管理平台是通过生成 htm 或 html 静态页面的方式发布内容的。访客访问静态页面时，Web 服务器不需要执行任何程序，更不需要访问数据库，所有的操作只是简单的将访客需要的页面从磁盘读取出来，然后发送给访客。在这种情况下，服务器的负载能力只与 Web 服务器（Tomcat 或者 WebLogic）的负载能力以及服务器的硬件（如服务硬盘的读区速度、网络带宽等）有关系，而与门户系统没有直接联系，所以通过这种生成静态页面的内容发布方式，为增强高并发情况下服务器的负载能力提供了强有力的保证。在这种生成静态页面的发布方式下，页面的实时性是靠内容管理平台的发布机制来保证页面的。首先网站维护人员新添加或者修改的文档，通过审核流程后，系统会提示工作人员是否发布当前文档，输入用户同意发布，系统会自动找到静态页面库中所有对当前文档有引用关系的页面，然后将这些页面更新，从而保证了页面的实时更新。

（14）信息技术与地球物理

# 基于 SPSS Modeler 的天然气水合物数据挖掘应用服务策略研究

# Research on strategy of natural gas hydrate data mining application service based on SPSS Modeler

李 曼[1*] 刘 展[1] 林 峰[2] 杨 辰[1]

Li Man Liu zhan Lin Feng Yang Chen

1. 中国石油大学（华东）地球科学与技术学院 青岛 266580; 2. 海洋地质研究所 青岛 266071

## 1. 引言

随着天然气水合物勘探开发项目的进展，物探、化探、多波束、钻井、取样以及水合物实验等多种技术手段和方法得到广泛应用，获得的有关天然气水合物的各种数据迅速增长。这些原始的数据经过整理和标准化进入水合物数据库，在数据积累的同时，如何利用数据挖掘技术对这些海量数据进行信息的筛选、提取、分析和展示，使其获得更全面有效的利用，是海洋地质工作者在天然气水合物勘查研究中所需解决的关键问题。数据挖掘技术经过十数年的发展，已经日趋成熟，并在各行业的数据库技术中得到广泛应用，而在天然气水合物勘探和研究领域引入数据挖掘技术，在国内尚属首次。本文在对 IBM SPSS Modeler 数据挖掘平台研究的基础上，提出了面向天然气水合物的数据挖掘应用服务策略。

## 2. 基于 SPSS Modeler 的天然气水合物数据挖掘应用服务策略

IBM 公司的 SPSS Modeler 是比较有影响的通用数据挖掘系统，该工具提供可视化、流程化的集成开发环境，用户可以在其基础上开发适于自己领域的特定应用。SPSS Modeler 全面支持数据挖掘 CRISP-DM 的标准流程，可读取多格式的数据，并提供丰富的数据处理方法、图形化展示、核心数据挖掘算法以及直观的模型评估方法。SPSS Modeler 系统的 Solution Publisher 方案发布可以将 Modeler 中定制的数据流打包输出，允许使用者将流嵌入自己外部的应用程序中，提供 API 供外部程序调用。

基于 SPSS Modeler 平台，提出了天然气水合物数据挖掘应用服务策略。天然气水合物数据挖掘应用服务研究主要包括三个方面：

天然气水合物数据挖掘业务需求分析：研究水合物勘查技术手段和研究内容，对天然气水合物勘查业务、解释成果、综合研究的内容及其数据特点进行分析，了解天然气水合物勘查的总体过程及业务数据要求。

天然气水合物数据挖掘方案研究：对传统数据挖掘技术以及地学数据挖掘研究中用到的挖掘技术的各种实现方法进行研究的基础上，结合水合物数据挖掘业务需求分析，界定天然气水合物数据挖掘范围，研究数据的组织方式、数据处理流程、结果的表现形式并确定适于天然气水合物各类数据的挖掘算法。

基于 Modeler 的天然气水合物数据挖掘应用服务组件研制：在水合物数据挖掘业务需求分析和挖掘方案研究的基础上，研制水合物应用服务组件，进行水合物数据挖掘应用研究。天然气水合物数据挖掘应用服务组件的研制需要在水合物数据库平台的框架下进行，并且开发的组件必须符合 Web service 规范，以便于以组件形式与总体平台完整对接。天然气水合物数据挖掘应用服务组件采用三层结构体系，底层为数据层，中间为功能层，顶层为应用层。数据层通过基于 web 服务的统一数据访问接口，经前期已实现的分布式多源异构数据组织与管理平台提取面向业务的天然气水合物数据。功能层包括基于 Modeler 二次开发的模块和自主开发的模块，基于 Modeler 二次开发的模块主要是通过控制执行 MSP 发布的在 Modeler 客户端定制的工作流来实现；自主开发模块主要是实现天然气水合物数据挖掘中所需要的但在 Modeler 软件中不存在的算法，如水合物数据预处理算法、地质图件的三维展示等。应用层为面向专题的天然气水合物数据挖掘应用。

## 3. 小结

通过产学研联合进行天然气水合物数据挖掘应用服务的研究，可以从海量天然气水合物数据中提取有用的信息，为水合物综合研究提供数据支持、辅助管理部门决策，不仅是水合物数据库建设项目本身的迫切需要，也将为海洋地质数据库建设和数据应用打下技术积累的基础。

### 参 考 文 献

[1] 叶爱杰, 等. 天然气水合物及其勘探开发方法综述[J]. 中国海上油气, 2005, 17(2):18~25.
[2] 王刚龙, 等. 基于 ArcGIS 的水合物调查数据管理系统的设计[J]. 南海地质研究,2008, 4: 22~26.

（14）信息技术与地球物理

# 集测震、强震为一体的数据流服务的建立

# Establishment of integrated data stream of microseism data and strongmotion data

周彦文[1] 刘希强[1] 蔡 寅[1] 赵银刚[1] 赵大鹏[2]

Zhou Yanwen Liu Xiqiang Cai Yin et al.

1. 山东省地震局 济南 250014; 2. 中国地震局兰州地震研究所 兰州 730000

## 1. 引言

中国地震局在“十五中国数字地震观测网络项目”中开发了数字地震台网中心数据处理系统 JOPENS，其中提供了流服务器 SSS 模块，流服务器负责接收和分发近实时测震波形数据。随着地震烈度速报、地震预警的发展，需要一个相对密集的数字观测台网，对我国目前强震台网还不完善、西部地区地广台疏的现状，把测震和强震台网镶接起来可以增加台网的密度，可以弥补强震台网稀疏的缺陷。

## 2. 技术思路

JOPENS 系统中的 SSS 流服务器与适配器配合，收集波形数据；目前支持：EDAS，Smart24，Guralp，DR24 等数据采集器；提供实时波形流服务，支持流分发；提供流服务监控信息；支持断点重传，无应答式的可靠性数据传输，提供测震数据流服务。山东省地震台网中心开发的强震流服务器 DSS 流服务器负责连接台站设备，采集原始压缩后的数据并解压缩。通过 socket 方式提供“数据接口”服务，负责采集分发强震动数据流。

（1）安装配置好 JOPENS 中的 SSS 流服务器，负责采集分发测震数据流，安装配置山东省地震台网中心开发的强震流服务器 DSS，负责采集分发强震动数据流。

（2）要实现同时不间断的连接 SSS 流服务器和 DSS 流服务器，并且保证数据的可靠稳定性，在局域网网络条件下，基于 socket 技术，以多线程的方式同时连接 JOPENS 系统中的 SSS 流服务器和 DSS 流服务器。在 JAVA 编程语言环境中，实现该操作的类 SSS 和 DSS 从 Thread 类中继承出来，并且实现了其 run() 方法，其实现的框架代码如下：

```
public void run()
{
    new SSS().start();        (1)
    new DSS().start();        (2)
}
```

其中（1）行是以多线程的方式连接接 JOPENS 系统中的 SSS 流服务器，（2）行是以多线程的方式连的 DSS 流服务器。

从 JOPENS 系统中的 SSS 服务器得到指定的所有测震数据流。从 DSS 流服务器中得到所有的强震数据流。

（3）把测震数据和强震数据以有序的方式存放在同一个数组中，实现了两个流的对接。首先用测震台站和强震台站的数目总和来定义数组的大小，然后把测震数据有序的排在容器的前部，强震数据都排在容器的尾部，保证接收的数据流安全可靠。

## 3. 应用

通过上述方法建立了一套集测震、强震动观测数据于一体的波形数据汇集交换平台，实现了测震、强震动数据的实时采集、汇集与分发；在地震速报中为克服测震记录限幅时分析的困难，采用仿真技术，把加速度记录转化成速度记录，然后用转化后的速度记录定位，解决了测震记录限幅时不能定位的技术难题；通过综合利用测震、强震动台网数据，在山东烈度速报系统中提高了山东地区的烈度速报的能力。

本研究由国家科技支撑计划课题(2012BAK19B04)、中国地震局地震科技星火计划攻关项目(XH12029)资助。

### 参 考 文 献

[1] 吴永权，等. 数据处理系统软件 JOPENS 的架构设计与实现[J]. 地震地磁观测与研究，2010, 31(6): 59~63.

[2] 吴永权，等. 国家地震速报备系统的部署与运行[J]. 国际地震动态，2011, 12(396): 21~28.

（14）信息技术与地球物理

# 全球气候变化模拟结果数据的远程抽取及其可视化

# The remote data extraction and visualization in the simulation results of the global climate change

谭清海* 邓春林 张 怀

Tan Qinghai　Deng Chunlin　Zhang Huai

中国科学院计算动力学重点实验室　中国科学院研究生院 100049

自 20 世纪末以来，随着高性能计算机技术的不断发展及其在科研中的普遍应用，数值模拟实验方法逐渐成为了地球系统模式研究的主要研究手段。（超）大规模并行计算机的不断成功研制和现代计算数学在大规模高性能并行计算领域的飞速进步,让我们传统的地球系统科学的研究，正在走出简单的理论模型与猜测，走向面对实际科学问题的近似真实数值模拟的时代。然而，来自数值模拟或实际观测得到的 Tb 至 Pb 量级（Akiba, Ma, 2007）的超大规模海量四维数据（TVVD），迫使科研人员们将大部分精力放在数据的存储和在数据海洋中探寻科学规律和结果。其结果是偏移了他们原本的科研重心，使得在原来的科研领域中的进展大打折扣。

随着可视化技术的出现及其不断的发展，使以前难以解决的问题变得更加形象、具体。超大规模数据的可视化方法主要有两种：直接方法和间接方法。直接方法是利用高端的硬件显示设备直接显示数据结果(J A, et al. 2006)，但由于这种硬件的成本太高，一般不是优先考虑的对象。另一种方法是应用串行或者并行可视化算法来实现可视化，我们又会根据对分辨率的要求不同对待可视化数据进行抽取。数据抽取可以通过两种手段来完成，一是直接利用可视化软件，在直接对数据体的可视化过程中直接来抽取并显示，也就是说这个过程是集成在可视化算法过程当中的。这种方法对可视化的算法和硬件要求均很高，而对于 Tb 量级和 Pb 量级的可视化数据体，多数情况下就目前的硬件环境是不可能实现的，或者无法达到需求的效率或速度；为了解决这一瓶颈，我们提出了先利用数据抽取的程序对数据进行抽取 (Tzeng, Ma, 2005)，将得到的数据文件再用可视化软件来显示的方法。显然，第二种数据抽取可视化方法虽然较第一种方法有些繁琐，但效果却更为可佳。同时它还可以利用并行计算资源进行超大规模并行数据抽取，从而达到对 Tb 和 Pb 量级海量数据体降维的目的。因为该方法可以用优化的并行抽取程序对其进行高速的抽取，大大减少了对目标数据抽取的时间。最值得一提的是：所使用的原始数据大小约为 98M，而在保证原始数据分辨率的情况下，抽取后的数据大小却不到 4M。

在我们所设计的方案中，数据的远程传输便成为主要的研究问题。选择千兆或万兆局域以太网作为远程传输媒介，并对数据进行上传、下载，可以大大减少数据在传输过程中的瓶颈问题。这样做的优点是不仅可以解决数据在传输过程中的传输速度，而且数据的完整性、实时性等系列问题都能很好得到保证。将数据下载至本地后，再通过可视化软件将数据可视化。同时我们还设计了相关的传输函数泳衣提高图像的质量。由于结果图像中的颜色、亮度等由传输函数确定，良好的传输函数能揭示数据中的重要结构及其细节信息，故在可视化的过程中利用传输函数对目标数据进行了处理。

随着高科技术的迅猛发展，来自超级计算机、地球资源卫星、地震勘探等领域中的数据量与时俱增，科学家们大部分精力都耗在储存数据，同时也被这些海量的数据所淹没，无法进行及时有效的分析和解释。本研究将基于 Web，采用浏览器客户端与 Java 界面客户端两种方式来对服务器端的数据进行远程抽取，可将抽取后的结果下载到本地。另一方面，借助 GRADS 可视化软件对该结果数据进行实时可视化显示，达到分析、处理数据的目的。

本研究由国家 863 项目（2010AA012402）资助和中国科学院研计算动力学重点实验室的支持。

## 参 考 文 献

[1] Akiba H, K L Ma,. A tri-space visualization interface for analyzing time-varying multivariate volume data[J]. Eurographics/IEEE-VGTC Symposium on Visualization, 2007, 11: 115~122.

[2] J K B, Y D A, et al. Visualization and Analysis of Multi-terabyte Geophysical Datasets in an Interactive Setting with Remote Webcam Capabilities[J]. Pure and Applied Geophysics, 2006, 163: 2455~2465.

[3] Tzeng F Y, K L Ma. Intelligent Feature Extraction and Tracking for Visualizing Large-Scale 4D Flow Simulations[J]. IEEE Computer Society.

（14）信息技术与地球物理

# 数字地震波形分析与地震学研究应用软件

# Application software of digital seismic waveform analysis and seismology research

武安绪　徐　平　林向东　武敏捷　岳晓媛　李腊月　李　红

Wu Anxu　Xu Ping　Lix Xiangdong　et al.

北京市地震局　北京　100080

地震学在地震预测、台网建设、工程建设、事件识别等方面发挥着极其重要的作用，而数字地震波形分析也是这些工作中不可缺少的一个重要环节[1~2]。随着数字测震台网的不断建设和系统改造，资料的不断积累和丰富，带来数字地震波形资料的分析与处理、信息挖掘与成品产出等问题。虽然，一些研究者根据特定的研究工作自编程序，一些研究者则采用国际上应用较多、颇受欢迎、在数字地震学影响较大的波形处理软件，如Sac、Pitsa等，但这些软件大多基于Unix或Dos系统，应用繁琐，不易为其它研究者理解，数据格式一般自行解决，功能不全，有所偏重，需要多个软件组合才能完成特定的研究和任务[3-4]，不利于开展数字波形地震预测应用与地震学研究等工作，更不利于非专业人员使用，使测震台网产出效率和应用范围受到一定限制。

客观上讲，现有数字波形分析软件和地震学研究程序各有千秋，在相关工作中曾发挥或正在发挥积极的作用[1,3~4]，然而有关地震预测和数字地震学研究内容的日新月异，一些软件已不能满足日益发展的数字地震学研究，特别是地震预测应用的实际发展和工作需要。基于该原因，初步研制了《数字地震波形分析与地震学研究应用软件——WAVE Version 2012》。

软件研制的基本原则是，根据数字波形地震预测技术和地震学的发展水平需要，统一考虑地震波形分析预测工作和地震学研究的主要特点，做到方法的客观性、功能的完整性与操作的一致性，最终形成一套方法相对完整、功能比较实用、界面相当友好、操作方便快捷、可基本满足数字测震台网分析、地震预测和地震学研究等工作的实用化工具。该工具基于Windows平台，采用Visual C++语言编制，具有Windows界面的标准元素，操作简便，适合于人机交互与自动化处理。

WAVE工具采用二进制SAC文件作为系统内部格式[3]。以系统内部SAC格式为中心，其它波形格式自动向系统格式进行实时转换，这样可以在不修改系统结构的情况下，可任意增加新的波形格式。系统的所有功能以内部格式为中心，实施平行化处理。系统包括的数字波形分析与地震学核心功能如下：

波形的预处理功能：可以进行多通道数字地震波形的显示、震相的自动与人工标记，而震相标记功能具有人机交互和自动处理两种方式；波形的通道选择、时间范围定义与分频功能，可以完成数据的裁剪和另存；通过去平均值、线性和非线性趋势的组合，实现波形的基线校正，进一步可以通过加/减仪器响应功能组合，实现仪器响应校正和数字仿真，当然，路径与场地响应的校正也能圆满完成；灵活实现位移、速度与加速度之间的互相转换；当然，也具有波形在时域与频域的滤波处理及三分向坐标旋转功能。

震源参数与介质参数分析：主要包括震源几何参量的计算与反演（振幅比与矩张量）、震源物理参数的计算与分析、地壳介质参数的组合分析，如波速比、Q值、S波分裂与重复地震识别等功能。

爆炸识别与定量分析：在地震波形时域、频域和倒谱域多功能计算的基础上，实现爆炸事件的定量识别与分析，如倒谱、群子统计、Cv值、噪声水平RMS、波形斜率K、三分向线性度、自回归噪声比、不同震相的振幅比、频谱比、自回归系数等定量识别指标，在此基础上实现爆炸的综合识别功能。

WAVE软件在研制过程中，已在一些单位得到不断检验，在课题研究、年度预测报告、日常会商、台网分析中得到实际应用，取得一定的应用和研究成果。不过也看到，尽管经过详细设计、修改、完善、实践和检验，但还会有这样或那样的错误和不足。随着数字波形分析与地震学研究的深入，会把系统扩充为一个功能更加完整、使用更加方便、系统更加稳定的数字波形分析与地震学研究工具。

本研究由地震科技星火计划（XH12001）资助。

## 参 考 文 献

[1] 陈运泰，吴忠良，王培德，等. 数字地震学[M]. 北京：地震出版社，2000.
[2] 中国地震局监测预报司. 地震参数：数字地震学在地震预测中的应用[M]. 北京：地震出版社，2003.
[3] 朱文林，姚立平. 数字地震波形分析[M]. 北京：测绘出版社，1995.
[4] 谢尔鲍姆. 地震数字信号处理基本原理及应用软件[M]. 朱元清，译. 北京：地震出版社，1998.

（14）信息技术与地球物理

# 基于“天河一号”超级计算机的地震勘探数据处理应用平台

# The application platform of seismic exploration data processing based on “TH-1A” supercomputer

雷秀丽* 孟祥飞 荆卫平

Lei Xiuli　Meng Xiangfei　Jing Weiping

国家超级计算天津中心　天津 300457

**1. 引言**

安装于国家超级计算天津中心（以下简称天津超算中心）的“天河一号”是国内首台国家级千万亿次超级计算机，于 2010 年 11 月荣获世界超级计算机 TOP500 排名第一，其峰值性能 4700 万亿次，linpack 实测性能 2566 万亿次。目前，天津超算中心基于“天河一号”成功探索出了 5+X 的应用模式：五个应用平台和产业化基地以及一个基于云计算模式为科研院所和企事业单位提供高性能计算和信息服务的公共服务平台。其中包括：构建的石油勘探数据处理应用平台，旨在解决我国石油勘探数据处理能力问题；实现从二维数据处理大幅进步到三维数据处理；支持石油公司基于“天河一号”开发具有国际先进水平的处理软件。

**2. 平台介绍**

（1）硬件支撑环境：“天河一号”采用 CPU 和 GPU 相结合的异构融合并行计算体系结构，充分发挥 CPU 和 GPU 的协同计算能力，满足应用对计算资源的不同需求，并采用自主设计的高速互连通信系统。

（2）软件支撑环境：高效、简洁、易用的作业管理系统；完善的开发、编译环境，支持 C/C++、Fortran、Java 等编程环境，支持 MPICH、OpenMP 等并行程序开发环境，支持 GPU 下的 CUDA、OpenCL 等开发环境；应用支持上千核乃至上万核的并行处理。

（3）处理软件开发：面向大规模地震勘探数据并行处理需求，开展 I/O 优化、内存调度策略优化，提升地震勘探数据处理的效率。目前，天津超算中心通过引进、联合研发和自主研发等方式，逐步具有了叠前时间偏移处理、多种单程波叠前深度偏移处理、各向同性和各向异性的逆时偏移处理、波形反演与速度建模以及各种特色处理的能力，其中联合研发的全波形反演技术能够准确重建地下速度结构。

**3. 典型应用**

目前，天津超算中心和中石油、中石化、中海油三大油公司先后开展了合作，基于“天河一号”超级计算机已在石油勘探方面得了成功的应用。

2011 年 1 月，天津超算中心与中石油东方地球物理公司（BGP）合作，在“天河一号”超级计算机上运行了 BGP 自主研发的 GeoEast-lightning 单（双）程波叠前深度偏移软件系统，最多利用 7 100 个节点，在 16 个小时内完成了我国最大面积为 1 050 平方千米、共计 7 万炮的石油地震勘探数据的复杂三维处理工作，取得了前所未有的好结果；2011 年 3 月，BGP 公司又在“天河一号”超级计算机上利用 7 000 个节点，在 40 个小时内完成了面积 680 平方千米、共计 8 万炮的地震数据处理；2010 年 12 月，天津超算中心与中石化石油物探技术研究院合作，在“天河一号”上利用 1000 个节点，在十几个小时内完成了某区块 280 平方千米、共计 4 万炮的三维逆时偏移处理；2012 年 1 月，BGP 公司利用逆时叠前深度偏移处理在“天河一号”上进行了第三批超大规模（2600 平方千米）三维地震数据处理的工作；与中海油合作，基于二维 Laplace 全波形反演对某区块海洋实际资料进行了测试，其反演得到的速度场可直接用于逆时偏移，并取得了较好的成像效果。

**4. 总结**

基于“天河一号”构建的地震勘探数据处理平台，具备处理复杂地质条件下三维大连片数据（上前乃至上万平方千米）的能力，已为国内外多家石油公司提供了数据处理服务。上述应用成果表明“天河一号”在石油领域具有良好的可扩展性和并行效率。下一步工作重点在研发基于“天河一号”的高性能地震勘探数据处理软件，开展大规模并行计算 I/O 优化，以及 CPU/GPU 异构并行技术开发等。

本研究由天津市滨海新区自主创新重大平台建设项目支撑。

# 专题十五：地球物理仪器与观测技术

# Geophysical instrument and observation technology

（15）地球物理仪器与观测技术

# 吉林复杂探区表层结构调查技术

# The surface structure investigation technology in complex exploratory area of Jilin

罗春波* 黄翠叶 卢殿龙

Luo Chunbo　Huang Cuiye　Lu Dianlong

大庆钻探工程公司地球物理勘探二公司　松原 138000

**1. 引言**

地震勘探是地球物理探测的重要组成部分，随着地震勘探区域表层结构以及深层构造趋向复杂化，表层调查的技术方法趋向多样化和先进化，地震勘探在油气勘探中发挥的作用越来越重要。表层调查作为地震勘探工作的前期工序，用于了解工区表层结构，其调查得来的浅层相关数据，为进一步勘探工作中的地震资料处理提供必不可少的静校正量。

**2. 表层调查的方法**

（1）小折射：表层结构调查工作中，最重要的工具就是小折射仪。小折射仪不仅用来了解勘探工区的表层结构，提供静校正量等数据，还能对测区的面波、折射波、反射波等进行调查了解，为整个地震勘探工作做充分的准备工作。小折射即利用地震波在临界入射时产生沿界面滑行的折射波，根据折射波初至时间，计算出表层厚度、速度。

（2）微测井：地面激发井中接收或井中激发地面接收，利用记录到的透射波初至得出表层厚度、速度模型。

（3）双井微测井：利用双微测井进行表层调查，即在一定的距离内钻 2 口打穿低、降速带的井，分别布设激发点和检波器，并在激发井井口附近布设地面检波器，要求接收井井下检波器深度和最深的激发点相同。

（4）折射微测井：用小折射、微测井联合求取近地表厚度、速度，通过小折射确定表层界面，然后利用微测井计算表层速度，并可通过小折射计算折射速度，通过同一点的折射速度与微测井的比值确定折射速度校正量。

**3. 应用效果**

在吉林探区的复杂地区，表层结构多数存在高速、低速夹层。以往只依据双井微测井的运动学解释成果，只能说明虚反射的深度、高速层的位置，但最佳的激发深度还需要做大量的试验，用掉较多的炸药、雷管，而应用双井微测井的动力学解释，能准确确定最佳的激发深度。

应用之一：在高岗区多数存在高速夹层，微测井运动学解释要求在高速层下 3～5m 激发，但双井微测井的动力学特征解释证明在高速层下 2m 是最佳的激发位置，而且有分频 70～140Hz 单炮资料证实。

应用之二：在水泡子区域，经常存在低速夹层，根据微测井的运动学解释，以往采集设计井深多在第一高速层中激发，但利用双井微测井的动力学解释，在第二高速层中激发，分频单炮的主要目的层的连续性明显好于在第一高速层中激发。

**4. 结论**

目前小折射和微测井仍是表层调查的主要手段，但这两种方法均有一定的局限性；小折射的局限性主要表现在原理方面的问题，如小折射解释方法本身是建立在地表水平、介质均匀、地层倾角较小的前提下，面对复杂地区这种假设显然是不能满足的。微测井的局限性主要表现在实施方面的问题，微测井成本高、施工难度大、与大炮生产冲突等原因，造成它能大范围实施，目前只是考核性质和非常复杂地区的应用。双井微测井方法较常规微测井方法精度高，效果好，它提供的各种资料，分别从不同侧面反映了地下的实际情况，更适合近地表存在高速或低速夹层的吉林探区。

**参 考 文 献**

[1] 李天树，陈宝德，等. 双井微测井技术在表层结构调查中的应用[J]. 石油物探，2004, 43(5): 471~475

[2] 张付生，贾烈明，王莉. 陆上地震激发因素的选择方法探讨[J]. 石油物探, 2004, 43(2): 149~152.

[3] 夏竹，张少华，王学军. 中国西部复杂地区近地表特征与表层结构探讨[J]. 石油地球物理勘探, 2003, 4.

（15）地球物理仪器与观测技术

# 微电阻率扫描成像三维数值模拟

# 3D Numerical Simulation of Microelectrical Resistivity Imaging

李智强* 孙志远 杨志强 郭 巍 姬勇力 宋殿光

Li Zhiqiang Sun Zhiyuan Yang Zhiqiang et al.

中国电子科技集团第二十二研究所 新乡 453003

## 1. 引言

微电阻率扫描成像测井可以给出井壁及其邻域地层裂缝和非均质图像，描述地层界面的精细结构，反映地层沉积相特征，并获得可与岩芯照片可比的地下岩石层理图像，在石油天然气勘探开发中得到了广泛的应用。在仪器设计中，需要考虑仪器极板大小以及极板处在不同地层下的电流分布情况。利用有限元方法对微电阻率扫描成像测井仪进行三维数值模拟和分析，通过变分方法求取复杂边界条件问题泛函的极值，从而得到不同地层的响应特征和电场分布特征。

## 2. 理论模型

微电阻率扫描成像仪[1~2]由推靠器极板发射一交变电流，电流通过井内钻井液柱和地层构成的回路而回到仪器上部的回路电极。推靠器、极板体金属连接、钮扣电极保持等电位，使处于极板中部的阵列电极流出的电流垂直于极板外表面（即井壁）进入地层，从而起到聚焦作用。测量的阵列电扣上的电流强度反映出电扣正对着的地层邻域由于岩石结构或电化学上的非均质引起的微电阻率的变化。由于微电阻率扫描成像测井仪采用的是极板推靠，所以此时地层不具有轴对称性，只能采用三维数值模拟方法进行分析。

在电阻率 $\rho$ 等于常数的每一个区域中的任意一点的电位函数 $u(r,\varphi,z)$ 应满足微分方程

$$\frac{1}{r}\frac{\partial}{\partial r}\left(\frac{1}{\rho}r\frac{\partial u}{\partial r}\right)+\frac{1}{r^2}\frac{\partial}{\partial \varphi}\left(\frac{1}{\rho}r\frac{\partial u}{\partial \varphi}\right)+\frac{\partial}{\partial z}\left(\frac{1}{\rho}\frac{\partial u}{\partial z}\right)=0 \tag{1}$$

在恒压电极表面以及在无限远边界，$u$ 为第一类边界条件，服从完全约束条件；在恒流电极表面满足第二类边界条件，将定解问题转换为求泛函问题。

$$F(u)=\frac{1}{2}\iiint_{\Omega}\frac{1}{\rho}r\left[\left(\frac{\partial u}{\partial r}\right)^2+\frac{1}{r}\left(\frac{\partial u}{\partial \varphi}\right)^2+r\left(\frac{\partial u}{\partial z}\right)^2\right]\mathrm{d}\Omega-\sum_{A} Iu_A \tag{2}$$

利用有限元方法计算微电阻率扫描测井仪需要的节点数以及元素数很多，无法将数组统一都放在内存中，在计算中，采用将数据放在硬盘中。计算微电阻率扫描测井仪时，采用边“安装”边“消元”的方法，本行元素全部计算完毕，写到硬盘上，将所有元素安装完毕之后，采用“回代”方法进行求解[3]。

## 3. 结果分析

利用三维有限元理论数值模拟了微电阻率扫描仪器刻度系数、不同地层下仪器的纽扣电流、总供电电流，模拟结果表明，在均匀地层中，极板电流与极板纽扣电极电流近似等于极板面积与纽扣电极面积的比值；从极板中间的电极向外，由于极板对纽扣的屏蔽性逐渐变弱，从而使得仪器的电极系数呈现由小变大的趋势，电极系数最大增大为原来的 1.05 倍。

微电阻率扫描探测深度 2.5cm 左右(定义几何因子 0.5 处对应的侵入深度作为探测深度)。由于在距离井壁 10cm 处的地层电阻率信息仍然会对微电阻率扫描仪器响应产生影响，所以微电阻率成像测井仪的探测范围可以达到 10cm。中心位置纽扣聚焦效果优于两边纽扣电极的聚焦效果。

在非均匀地层中，随着地层与泥浆电阻率比值的变大，极板电流与纽扣电流的比值也逐渐变大。地层与泥浆的电阻率比值为 2：1 时的极板与纽扣电流比值是均匀地层下极板与纽扣电流比值的 1.3 倍；在地层与泥浆的电阻比值为 10000：1 时的极板与纽扣电流比值是均匀地层下极板与纽扣电流比值的 830 倍。

通过对微电阻率成像测井仪的三位数值模拟，得到了微电阻率成像仪探测深度以及探测范围，得到了不同地层下电流分布比，为微电阻率扫描成像仪研制提供了一定的理论依据。

（15）地球物理仪器与观测技术

# A10 绝对重力仪观测技术与数据分析

# Observation Technology and Data Analysis of the A10 Absolute Gravimeter

王林松* 陈 超* 杜劲松 孙石达 李 端

Wang Linsong* Chen Chao* Du Jinsong Sun Shida Li Duan

中国地质大学（武汉）地球物理与空间信息学院 武汉 430074

## 1. 引言

新型的 A10 绝对重力仪采用 12V 直流电源（也可利用汽车电池）供电，重量轻、易操作，具有精度高、一致性好等优点。这些优点使得 A10 绝对重力仪适用于野外流动测量，因此具有广阔的应用领域。A10 绝对重力仪的基本工作原理是准确测定真空室内自由落体的运动，再利用最小二乘方法对测量得到的多组距离-时间数据进行统计分析，求出下落装置的重力加速度。落体下落的距离约为 7 cm，落体上带有一个反射棱镜，利用具有稳定偏振的氦氖激光干涉仪捕捉落体的反射激光，确定棱镜下落距离；采用铷原子钟产生的时间基准提供精确的时间。本文主要讨论 A10 绝对重力仪观测技术以及针对测量结果进行的相应数据分析。

## 2. A10 绝对重力仪观测技术

通过长期实验研究，着重讨论了适合于 A10 测量特点的各项测量技术。在采集参数的选择问题上，通过对比实验认为：每个观测点的测量时间控制在 30 分钟以内即可满足精度要求；应针对观测条件及测点精度要求，合理地选择下落时间、数组及组间间隔时间。例如，对于一般精度要求（$\pm10\times10^{-8}$ m/s$^2$）的测点，观测组数为 10 组，每组下落次数 50~100 次，每次下落时间间隔为 2~6 秒，红、蓝激光组组间间隔为 10~15 分钟；选择测量起始和终止条纹时间分别为 30 和 135 ms。新的参数组合能在确保观测数据质量的情况下有效提高野外工作效率。

## 3. A10 绝对重力仪的数据分析

A-10 与 FG5 型绝对重力仪正是在 JILA 型绝对重力仪的基础上研制成功的，两者工作原理相同；FG5 采用通用的 WEO-200 激光器进行测距，观测精度可达（1~2）$\times10^{-8}$ ms$^{-2}$，是目前绝对重力测量规范建议采用的重力观测仪器。但 FG5 绝对重力测量通常需要稳定的环境条件，不太适应野外观测环境。基于此，Micro-g 公司研发了可在户外环境下使用的、快速采集数据及便携式的自由落体式 A10 绝对重力仪。由于 A10 与 FG5 不同，采用了双激光模式，现有规范中重力值的计算与质量评价方法需要重新拟定。本文根据误差理论，给出了包含重力梯度测量误差等内容的观测精度评价的方法。在此基础上，通过分析近 2 年的观测资料，结合与 FG5 测量结果的比对，科学地评价了 A10#022 仪器的一致性、稳定性和可靠性。对于实时观测的重力值，除了日月潮汐效应、环境因素以及仪器系统误差等需进行处理、校正及分析以外，错误的硬件安装及软件设置会导致几微伽至几毫伽的结果误差。因此，本文总结出在测量过程中对数据采集状态的实时监控和分析经验，以及出现各种异常的原因与解决办法，可为今后利用 A10 进行实际应用提供一个基础参考。

## 4. 结论与讨论

室内和野外流动观测结果表明，A10 具有较高的稳定性和良好的一致性，适当的运输及流动观测对仪器的稳定性能不会造成影响。当观测环境理想稳定时，A10 的稳定性主要取决于铷原子钟与偏正氦氖激光器的稳定性。作为时间标尺的铷原子钟，以每年 $1\times10^{-10}$ 的速率衰老，如果忽略这种老化的影响，会导致视重力以每年 $0.2\times10^{-8}$ m/s$^2$ 的变化。A10 绝对重力仪采用偏正稳定的氦氖激光器(ML-1)作为标准距离标尺，这个标尺由两个正交偏振的激光模型（红蓝）测定。由于两个激光的频率会随时间发生漂移，温度变化也会对红蓝激光的分离产生不同程度的影响，这些因素对重力测量值的改变也不容忽视。因此需要定期的校准铷原子钟及激光频率，而且也应通过长期的对比实验，掌握由于温度变化及不同测量时间对 A10 观测性能（可信度与精确度）的影响。

（15）地球物理仪器与观测技术

# 数字微 VSP 自适应数据传输系统设计

## Adaptive Data Transmission System Design of Digital Micro-VSP

李怀良[1,2] 庹先国[1,2] 刘 勇[1] 杜 勇[1] 沈 统[1] 阳林锋[1]

Li Huailiang[1,2] Tuo Xianguo[1,2] Liu Yong[1] Du Yong[1] Shen Tong[1*] Yang Linfeng[1]

1. 成都理工大学地球探测与信息技术教育部重点实验室 成都 610059;

2. 成都理工大学地质灾害与防治与地质环境保护国家重点实验室 成都 610059

针对当前微 VSP 设备的扩展裁剪不便及报废率高等问题，本文采用分布式的设计结构，将井下各级探管作为独立的数字化信号采集单元，基于 RS485 通信总线构建多节点通信网络，完成地震数据传输。通过对 RS485 信号线的切换控制，实现各级探管节点地址的逐级分配，免除了前期分配固定地址。RS485 总线挂载节点的并联连接以及系统采用的地址随机分配方式，一方面为探管采集功能扩展提供了方便，同时也大大降低了设备的报废率。本文介绍了自适应传输节点及扩展采集功能的实现方法。

### 1. 引言

作为一种井中观测技术，微 VSP 是当前表层结构调查的主要手段之一。该方法能够在地面接收来自井下不同深度处激发的上行波信息，受地形的影响小，信噪比和分辨率比较高，可以获得较高的解释精度[1]。当前国内所采用的微 VSP 设备大都由传统的地面地震仪改装而来，井下探管仍采用模拟检波器，由多芯电缆直接传输模拟信号，多采用封闭式气压控制探管，即通过充、抽气控制探管活塞来控制推靠器的收缩功能，井下串接的探管包括了传输电缆、充气管及承重电缆等，均为单根直连方式。这种改装的微 VSP 设备成本低、控制简单，但抗干扰性能差、施工不便，最大的弊端是单节探管的报废，直接导致整个系统的报废。本文通过设计数字化的探管，利用 RS485 多机通信机制，从硬件上改进微 VSP 设备的弊端。

### 2. 传输网络设计

RS-485 采用平衡式发送、差分式接收的数据收发器驱动总线[2]。在工业应用场合中，较为广泛的组网方式是节点分配固定地址，由主机采用分时切换查询的方式逐次与各级节点进行通信[3]。本系统也充分利用 RS485 的这种多机通信机制，各级探管以 RS485 的从机形式并联在该总线上，从而构成分布式的数据传输系统。此处的设计需要充分考虑 RS485 通信距离和速率的兼容性问题，在可靠的通信距离下尽量提高的其通信速率。在微 VSP 系统中，正常的通信距离要求在 150m 左右，以 16 节探管为例计算，参数设置为 24 位 A/D、采样率 250μs、采样长度为 1024ms，单节的数据量为 12288 个字节，即 98.304kb，为保障施工效率，RS485 的速率应在 2Mbps 以上。

### 3. 关键技术

本设计要求微 VSP 的各级探管能够任意裁剪与扩展，单个探管的报废不影响系统的正常工作。而 RS485 的各个从机节点均需要分配固定的地址。为满足设计需求，不得不要求 RS485 网络中各节点地址具有自适应性，这里通过控制连接至次级探管 RS485 差分信号线的方式来实现这一功能，即采用高速模拟开关控制实现 RS485 信号线 A、B 的软中断。组装连接的各级探管在系统启动之前不分配地址，在默认情况下模拟开关处于断开状态，即连接到次级探管的 RS485 信号线 A、B 默认是断开的。系统开机启动后主机首先分配第一级探管的通信地址，分配完成后由第一级探管控制模拟开关接通次级探管的 RS485 总线信号线，同时分配相应地址，以此方式递进完成系统中各级探管地址的分配。

### 4. 结论

本文采用 RS485 总线构建了用于微 VSP 系统数据传输的通信网络，通过控制 RS485 信号线实现各级探管地址的逐级分配，最终实现了传输网络自适应性功能，使得系统中各级探管能够随机任意连接，保证了系统的可扩展裁剪性，从而大大提高了探管的可重复使用性。

本研究由国家杰出青年科学基金（41025015）、国家 863 计划项目（2012AA063501）资助。

#### 参 考 文 献

[1] 杨海申, 何庆华, 梁秀文等. VSP 三分量微测井技术在表层调查中的应用[J]. 石油地球物理勘探, 2005, 40(1): 97~102.

[2] 王书根, 王振松, 刘晓云. Modbus 协议的 RS485 总线通讯机的设计及应用[J].自动化与仪表, 2010, 50(7): 119~122.

[3] 耿立中, 王鹏, 马骋, 等. RS485 高速数据传输协议的设计与实现[J]. 清华大学学报(自然科学版), 2008, 48(8): 1 311~1 314.

（15）地球物理仪器与观测技术

# 基于嵌入式 SOPC 的多道无线遥测数字地震仪研制

# Development of Multi-channel Wireless Digital Seismograph Based on Embedded SOPC

刘　勇[1*]　庹先国[1,2]　李怀良[1,2]

Liu Yong[1*]　Tuo Xianguo[1,2]　Li Huailiang[1,2]

1. 地球探测与信息技术教育部重点实验室　成都理工大学　成都 610059;

2. 地质灾害防治与地质环境保护国家重点实验室　成都理工大学　成都 610059

本文针对传统地震勘探仪器在数据传输方式和并行采集方面存在的主要问题，提出了基于无线 Mesh 通信技术及嵌入式 SOPC 技术的多道无线遥测数字地震仪的解决方案，利用当前先进的可编程 ASIC 技术及现代电子系统设计理论，研制了多道高速同步地震数据采集节点和基于无线 Mesh 通信网络的地震数据传输系统，实现了多道地震勘探仪器的智能化、网络化、微型化等目标。

**1. 传统数字地震勘探仪器存在的问题及解决方案**

地震勘探通过观测不同接收点的地震信号，分析和推断地层性状，在油气勘探、煤田勘探、工程地质勘查中发挥着重要作用。地震仪是地震勘探中获取地震信号的主要设备，其性能优劣直接关系到地震勘探的精度和效率。传统地震勘探仪器普遍采用集中总线方式，利用通信电缆将多组检波器拾取到的模拟地震信号传入主控中心进行模数转换。集中总线方式的仪器体积大、功耗高、效率低、扩展困难，特别是用于大型油气勘探时，所需辅助设备呈指数增长，严重影响了地震勘探的效率和应用范围。随着现代电子技术及网络技术的进步，基于以太网的网络数据采集及控制系统显示出巨大的优越性。以 SOPC 多道数据并行采集控制为基础，研制多道高速同步并行采集节点，利用无线 Mesh 网络技术，构建无线遥测数字地震仪，可以解决传统仪器在相关性能方面的不足。

**2. 基于嵌入式 SOPC 的多道高速同步地震数据采集节点的研制**

嵌入式 SOPC 技术在实时控制等方面不但具有执行速度快、严格并行同步等优势，而且还具有软件编程方便等优点[1]。本研究课题采用 FPGA 芯片 EP2C15A 为主控 CPU，加载 Nios II 32 位高性能处理器软核，扩展 256M SDRAM 作为程序的运行内存，并开发具有同步控制多个 ADS1252 模数转换芯片和硬件数字滤波功能的 Avalon 标准外设硬件 IP 核，集成以太网控制器及其他常用接口控制器，板载多路高保真模拟信号调理电路和低纹波电源模块等，构成多道高速同步并行采集节点。

**3. 基于无线 Mesh 通信技术的地震数据网络传输系统设计**

无线 Mesh 技术是新发展起来的与传统无线网络不同的新型无线网络技术。在无线 Mesh 网络中，任何无线设备节点都可以同时作为无线接入点（AP）和路由器，每个节点都可以发送和接收信号，每个节点都可以与一个或者多个对等节点进行直接通信，如果临近的 AP 由于流量过大而导致拥塞，它可以自动重新路由到一个通信流量较小的邻近节点进行传输[2]。无线 Mesh 网络兼具传统的有线交换式以太网和无线 LAN 的特点，并且具有非视距传输距离远、网络结构灵活、带宽高、健壮性强等特点，特别适合复杂环境大型三维地震数据的采集。本研究课题以格网科技的 Air Mesh 900 无线网络电台为硬件基础，基于 TCP/IP 通信协议构建无线地震数据传输网络。Air Mesh 900 是一款传输速率高、覆盖范围广、安全性能好的工业级无线网络传输电台设备，它采用 OFDM 调制技术，支持接收分集和多径传输，工作频段为 902～928MHz ISM，传输距离达 15km、速率超过 20Mbps，在移动数据及采集控制等方面具有非常优越的性能。

**4. 结论**

传统地震勘探在数据传输方式和并行数据采集等方面由于采用集中总线式方式，仪器体积大、功耗高，勘探效率低下。本研究课题采用 FPGA 及嵌入式 SOPC 技术研制了多道高速同步地震数据采集节点，并在无线 Mesh 通信基础网络上，构建地震数据传输网络系统。目前该仪器已由成都理工大学研制成功，并正在进行现场长期稳定性测试，整体仪器具有体积小、功耗低、勘探效率高等特点。

本研究由国家杰出青年科学基金（40125015）、国家 863 计划项目（2012AA063501）资助。

（15）地球物理仪器与观测技术

# 基于 MEMS 的 VSP 探管方位信息检测装置设计

# Design of Probe Tube Orientation Detection Instrument in VSP Based on MEMS Sensors

沈 统[1*] 庹先国[1,2] 李怀良[1,2] 杜 勇[1] 刘 勇[1] 阳林锋[1]

Shen Tong[1*] Tuo Xianguo[1,2] Li Huailiang[1,2] Du Yong[1] Liu Yong[1] Yang Linfeng[1]

1. 成都理工大学地球探测与信息技术教育部重点实验室 成都 610059;

2. 成都理工大学地质灾害与防治与地质环境保护国家重点实验室 成都 610059

为了检查钻井与垂直方向相偏离的情况，另外，后续数据分析时也必须将采集的地震数据映射到同一坐标轴上。为了保证每个轴向上数据的准确性，需要引入三轴的方位测量传感器，对井斜进行测量[1]。本装置采用三轴 MEMS 陀螺仪和三轴 MEMS 加速度计经数据融合后得到探管的方位姿态信息。

**1. 系统方案**

目前井斜测量比较常用的是光纤陀螺仪。与传统的测斜仪器相比，光纤陀螺仪具有适应性强、不受电磁干扰、测斜效率和精度高等优点。但是光纤陀螺仪的价格昂贵，使系统整体的成本偏高。对于浅层 VSP 测井系统，探管所处的环境不算恶劣，成本相对较低的 MEMS 传感器就足以满足系统要求。

本装置采用捷联惯性测量单元（三轴陀螺仪和三轴加速度计）对探管的姿态进行检测，数字传感器组将检测的数据发送给微处理单元，经微处理器对传感器传来的数据进行滤波融合后传送给上位机，即可将地震数据映射到同一个轴向上，方便后期的处理分析，也可以实时显示出探管的方位信息。

**2. MEMS 陀螺仪和加速度计的特点**

陀螺仪具有良好的动态特性，当探管震荡时，陀螺仪较好的动态特性可以修正加速度计计算方位角的震荡；但是长时间的零点漂移导致的积分误差使会计算出的方位角发生错误。在静态或慢速运动状态下，用加速度计可以较为准确的计算出探管的方位角；但是加速度计无法区分真正的线性加速度与地球重力，而且容易受到震动和振荡的影响。鉴于陀螺仪和加速度计各自的特点，对二者输出的数据进行融合滤波之后才能得到正确的方位角信息。

**3. 融合算法简介**

陀螺仪动态性能好，但长期使用会有较大的积累误差；加速度计测量姿态没有积累误差，但是动态响应慢。互补滤波算法可以同时消除低频和高频干扰，可以很方便的实现传感器数据的融合。

卡尔曼滤波算法是一种用于姿态解算的高精度算法，广泛的应用于捷联惯性导航系统中，但是为其建立可靠的更新方程比较困难，而且计算量大，对于同时担负地震数据采集任务的 STM32 单片机来说负担较重。与卡尔曼滤波算法相比，互补滤波算法更加简单，对 MCU 和传感器的要求也不是很高[2]。因此，本系统采用互补滤波算法作为加速度计和陀螺仪数据融合的算法，来提高测量的精度和系统的动态性能。

**4. 结论**

该装置为浅层 VSP 测井中探管方位信息检测提供了低成本的解决方案，它具有体积小、精度高、功耗低等特点。该装置的大小仅比探管内测量地震信息加速度 MEMS 传感器稍大，并且配置了 $I^2C$ 和 USART 接口，不仅可以方便地安装在内部空间有限的探管内，而且还可以方便地与单片机或者其他主控设备通信。另外，融合算法的加入使得测量的精度也足以满足系统的需求。

本研究由国家杰出青年科学基金（40125015）、四川省科技支撑计划（2011SZ0148）资助。

**参 考 文 献**

[1] 李周波. 钻井地球物理勘探[M]. 北京:地质出版社, 2006.

[2] 梁延德，等. 基于互补滤波的四旋翼飞行器姿态解算[J]. 传感器与微系统, 2011, 11: 56~61.

（15）地球物理仪器与观测技术

# 便携式高精度数字 VSP 井下电源方案研究

# Researches on Power Supply for Portable High-precision Digital VSP Instrument

阳林锋*1 庹先国12 李怀良12 杜 勇1 刘 勇1 沈 统1

Yang Linfeng *1 Tuo Xianguo12 Li Huailiang12 Du Yong1 Liu Yong1 Shengtong1

1. 成都理工大学地球探测与信息技术教育部重点实验室 成都 10059;

2. 成都理工大学地质灾害防治与地质环境保护国家重点实验室 成都 10059

随着地震物探方法的不断创新及应用的范围的延伸，浅层地震物探设备 VSP 仪器朝着高的可靠稳定性、便携性、高精度的方向发展。此类仪器在国产厂家中还未见诸报道，完全被国外所垄断。因此继续研制具有自主知识产权的、便携的高精度数字 VSP 测井系统显得迫在眉睫，然而必须解决的一个关键性攻关问题——井下电源方案的选择与突破。

**1. VSP 测井设备井下电源存在的主要问题**

测井设备井下电源问题一直是物探测井仪器中存在的关键性问题，在国产某测井仪器使用维修中由电源引起故障的案例占 80%以上。研制过程中电源方案的可行性直接决定着设备能否研制成功，电源方案的运行可靠稳定性也直接决定着设备实际生产使用过程中设备的可靠稳定性。井下物探仪器长时间工作在恶劣的井下环境中，更需要高度可靠的电源保障，否则在生产过程会带来很多的不便和不必要的损失。因此高可靠性的电源解决方案是解决问题的关键。针对本项目中实际遇到的问题，主要有以下几个因素需考虑：①由于地震数据量较大，要求较高的速度向上传输数据，所以需选择直流电为井下设备供电，以减小信号传输中的干扰，浅层 VSP 设备主要应用于地表浅层 100 米左右，这是直流供电的原因；②设备便携性要求尽可能降低功耗以达到预期目标——适合在复杂山地工作；③VSP 测井中所采集的是高精度地震信号，因此要求高质量的低纹波电源；④由于 VSP 设备井下部分是由一系列的节点组成，且每个节点都有电机驱动部分，电机驱动电流很大(24V,200mA~500mA)，所以电机分时打开，以减小瞬间电流，保证系统正常工作。综上所述，构建一个合理的电源解决方案是必要的也是必须的。

**2. VSP 测井设备井下电源的问题分析**

在项目实际研发过程中，①说明了选择直流供电的原因；②给出了复杂山地便携使用中对电路的客观要求，以上四个因素与设备性能指标相关，但②、④问题是直接关系到设备研制成败的关键性难题——能否为井下设备正常供电。在便携式电瓶供电的情况下，井上直流电源电压一般不能太高(≤50V)取 48V，供电回路阻抗 8×2=16 欧/百米(系统铠装电缆为 100 米，8 欧姆/100 米)，可将其视为电源等效内阻，以理想直流电源模型计算得到此直流电瓶的等效内阻 $r>16$ 欧姆，在经过阻抗匹配的情况下($R_L=r$)，井下电源部分实际得到功率 $W\leqslant 36$W，采集电路实得功率≤17W(井下电源模块效率为 75%，电机功耗 10W),而井中每个节点的功耗(除电机，≥1.2W/只)取 1.4W，最多挂接 12 只探管。在最大功率输出时，$I_{max}$=1.5A，此时瞬间电流可能达 3A(DC-DC 的模块电源存在浪涌电流)，在电缆中的电压降就为 8×2×3=48V，在这种情况下整个 VSP 系统根本无法工作，而且负载越重瞬间启动电流越大[1]。

**3. VSP 测井设备井下电源方案的解决方案提出及可行性结论**

针对研制中具体问题，提出以下解决措施：①在设计井下仪器的电源时，除采取措施获得高质量低纹波电源外，还应该注意电源效率及电路低功耗优化设计，以增加挂接在电源总线上的节点数量；②为保证井上直流电源输出最大功率，应该做好井下设备与井上电源的阻抗匹配；③针对电路瞬间启动电流导致在电源传输导线上压降大的问题，首先可以选择传输电缆的阻抗尽可能低的导线或电源线连接方式，其次采取分步启动（软启动）井下电源部分，即通过分时选择性供电[2]；最后也可以提高井上电源的输出电压，保证井下设备电源能够正常启动。为此在本项目中还专门设计了一套电源管理方案以确保整套系统的可靠的运行。经过一系列的技术优化与试验，为 VSP 系统提供了一个可行可靠的井下电源供电方案。

本研究由国家杰出青年科学基金(40125015)、四川省科技支撑计划(2011SZ0148)资助。

# 专题十六：油气田与煤田地球物理勘探

# Geophysical Exploration for Oil-gas and Coal Fields

（16）油气田与煤田地球物理勘探

# 基于压缩感知的地球物理数据高效采集方法初步研究

# The preliminary study on high efficient acquisition of geophysical data based on compressive sensing

陈生昌*　王汉闯　陈国新

Chen Shengchang　Wang Hanchuang　et al.

浙江大学地球科学系　杭州 310027

当前的地球物理数据采集都是基于信号处理理论中的 Shannon-Nyquist 采样定理，即采样频率至少应为信号频带宽度的两倍。根据 Nyquist 采样定理，不同地球物理方法技术有不同的数据采集方案即观测系统。重磁电勘探中的数据观测系统一般为规则的空间测网，即根据 Nyquist 采样定理确定测网的空间采样间隔（线距、点距）。地震勘探中的数据观测系统不仅涉及到根据 Nyquist 采样定理确定规则空间测网的采样间隔（线距点距，包括检波器测网的线距点距和炮点测网的线距点距），还要根据 Nyquist 采样定理确定地震记录的时间采样间隔。这样的地球物理数据采集方法技术虽然在地球物理工作中取得了巨大的成功，但由于没有考虑地球物理数据的空间/时间—空间变化特征，即地球物理数据的空间/时间—空间稀疏性或可压缩性，因此采集得到的地球物理数据冗余度高，数据采集成本高，可能还会遇到数据采集的空间困难（受自然或人文环境的影响而难以布置测网）。

应用数学与信号处理领域最新发展的压缩感知理论为地球物理数据的高效采集方法理论研究提供了思路。压缩感知理论的提出就是为了突破传统信号采集处理方法理论中有关 Nyquist 采样要求的限制。传统方法理论假定信号为频带有限并借助 Fourier 变换，导致 Nyquist 采样间隔限制，压缩感知理论假定信号具有稀疏性或可压缩性并借助稀疏变换，突破 Nyquist 采样间隔限制；传统方法理论通过有采样间隔要求的均匀采样获取数据，压缩感知理论把数据采集视为信号投影获取数据，因此对采样间隔无需要求规则；传统方法理论通过对采样数据的 Sinc 函数线性插值获得信号，压缩感知理论通过促进信号稀疏性优化方法由投影恢复信号。因此，应用压缩感知理论进行地球物理数据的高效采集方法理论研究的关键因素主要有：①地球物理数据（或其变换）是否具有稀疏性或可压缩性；②适合地球物理数据空间/时间—空间特征的最稀疏变换；③地球物理数据高效采集的测量矩阵（测网的测线、测点分布）；④规则高分辨率地球物理数据的恢复方法。

地球物理数据所满足的数学物理方程是一个以 Laplace 算子为主体的二阶偏微分方程，因此其数学物理定解问题的基本解是一个以 Laplace 方程的 Green 函数为主体的函数。Laplace 方程的 Green 函数是一个以距离为倒数的点扩展函数，也称为退化函数，Green 函数的这种空间退化特征为我们研究地球物理数据的空间 / 时间—空间稀疏性或可压缩性提供了数学物理前提，同时也为适合地球物理数据空间/时间-空间特征的最稀疏变换方法的选择或研究指明了方向。

根据压缩感知理论中的测量矩阵所应满足的有限等距性质和测量矩阵中列向量间的互相干度要求，并结合不同地球物理方法数据采集的具体特点，基于空间测点的分布提出了适合重磁数据高效采集的测量矩阵，针对地震勘探中炮、检波点组合提出了三种不同的地震数据高效采集方式（测量矩阵）：①固定单个炮点（常规的单震源激发），检波点在数据观测面上的空间位置满足高斯随机分布；②固定检波点，炮点在数据观测面上的空间位置满足高斯随机分布；③固定检波点，多震源在激发时间上的随机延迟。根据压缩感知理论和欠定线性反演问题的求解理论，把促进地球物理数据稀疏性作为不适定线性反问题求解的正则化约束，并针对数据恢复规模的大小采用不同的数据恢复方法，对于大规模的数据恢复采用不需要矩阵求逆运算的迭代阈值方法，对于比较小规模的数据恢复采用求解效率比较高的迭代再加权最小二乘方法。

## 参 考 文 献

[1] 马坚伟. 稀疏促进地震勘探[C]//中国地球物理学会第 27 届年会论文集，2011: 31~32.

[2] 曹静杰，等. 地震数据压缩重构的正则化与零范数稀疏最优化方法[J]. 地球物理学报，2012，55(2): 596~607.

（16）油气田与煤田地球物理勘探

# 煤层气勘探中三维地震观测系统设计与参数优化

# Design of 3D seismic geometry and optimalization of parameters in the exploration of coal bed methane

胡超俊* 徐礼贵 张宇生

Hu Chaojun Xu Ligui et al.

中国石油集团东方地球物理勘探有限责任公司 河北涿州 072751

**1. 引言**

我国煤层气资源十分丰富，开发和利用前景广阔，作为一种洁净能源，煤层气的勘探开发对国家能源安全、降低温室效应、发展绿色经济等具有重要的战略意义。近年来，煤层气开发受到高度重视，已列入了国家能源发展规划，是我国21世纪的重要接替能源之一。

鄂尔多斯盆地东缘（以下简称鄂东缘）为中国煤层气成藏地质条件非常有利的区域，地质资源量约$9\times10^{12}m^3$，是煤层气勘探开发的重点区域。该区主要发育上古生界石炭系—二叠系煤系地层，煤层层数多，分布较稳定，地层倾角小，可采煤层总厚度为3～40m，含气量为4～20$m^3$/t，有利于煤层气的勘探开发。煤层气资源综合评价认为，该区具有成为全国煤层气规模化、产业化、商业化运作的甜点区[1]。

煤层气勘探与常规油气勘探不同，鄂东缘煤层气储层具有典型的“低孔、低渗、低压、低丰度、薄煤层”的特点。其勘探开发既面临着低产、低效和高投入、高风险等困难，又要解决煤层精细解释、小断层识别、含气性预测、富集区评价、丛式井及水平井的设计等地质问题，具有很高的技术难度和勘探风险。

**2. 主要勘探难点**

鄂东缘地表结构和地下构造比较复杂，地震勘探程度低，二维地震勘探成果难以满足煤层气开发需求，而开展三维地震勘探，主要面临以下难点：

（1）典型的黄土山地区，地表起伏剧烈，表层岩性变化快，获得高品质地震资料难度大。

（2）煤层埋藏浅，厚度薄，小断裂发育，对地震成像精度和分辨率要求高。

（3）煤层气的低丰度、低单井产量、低经济效益的特点，决定其勘探开发只能应用低价格、高性价比的地震勘探技术与成果，因此，三维地震勘探面临严峻的经济技术挑战。

目前三维地震技术向着高密度、宽方位、小面元、高精度的方向发展，三维地震勘探成本也一样快速增长。而煤田三维地震采集观测系统的面元一般较小，多为（5m×5m）～（5m×10m），覆盖次数12～24次，勘探面积多为2～10$km^2$，勘探价格为80万/$km^2$左右。对于煤层气等非常规油气资源，高昂的资料采集费用无法满足煤层气勘探开发对成本要求，照搬煤田勘探的小面元、高密度三维地震技术，显然从经济上不可行。因此，需要从煤层气勘探特点和地质需求出发，优化三维观测系统参数设计，发展既能解决勘探开发的地质问题又能用得起的煤层气三维地震技术。

**3. 三维观测系统设计与参数优化**

2010年底，在鄂东缘HC地区部署实施了国内首块煤层气三维地震，满覆盖面积100$km^2$。该区煤层沉积分布稳定，赋存条件较好，煤层倾角一般为3°～10°，煤层纵波速度2500m/s左右，上下围岩速度明显高于煤层，为3800～4200m/s，单炮主频一般为30Hz，最高频率达90Hz。依据该区主要目的层的地球物理参数及钻井资料，充分考虑煤层气勘探开发特点和地质需求，优化设计了三维地震观测系统及参数。

**1）观测系统设计**

根据煤层气勘探开发的技术需求及实际地震地质条件，设计了基于叠前时间偏移的、炮检距分布均匀、有利于浅层勘探的束状斜交观测系统，通过对不同观测系统方案的分析对比，优选了技术可行、经济适用的12线2炮84道的三维观测系统方案。

**2）面元大小**

面元大小要有利于提高资料的横向分辨率，落实构造及断裂细节特征；同时，面元大小必须保证各面元叠加时的反射信息具有真实代表性。面元大小应满足以下两个方面：

（1）满足具有较好横向分辨率的要求：要分辨主要目的层的最小地质体的横向尺度，当地震信号每个优势频率的波长内有 2～3 个采样点，对应的面元就能保证有良好的分辨率。

（2）满足最高无混叠频率的要求：考虑偏移前最高无混叠频率的要求，每个倾斜同相轴都有一个偏移前可能的最高无混叠频率，它依赖于此同相轴的上一层的均方根速度，地层倾角和面元的大小[2]。

根据该区地球物理参数，通过分析论证，面元边长设计在满足横向分辨率以及最高无混叠频率前提下，采用 30×60m 的适中面元，不会产生假频，能够保证较好的分辨率及小倾角归位成像[3]。

**3）覆盖次数**

多次覆盖的主要目的是提高目的层反射能量，压制干扰波波，保证叠加剖面具有较高的信噪比和分辨率。该区煤层速度低、密度小，与上下地层存在明显波阻抗界面，反射系数高达 0.5，因此，单炮上煤层具有很好地震反射特征，可以通过单炮资料信噪比计算覆盖次数。

分析可知该区原始单炮煤层信噪比一般为 0.65，叠加剖面的期望信噪比为 $S/N=4$，为了保证地震剖面的成像效果，计算得出该区覆盖次数应为 36 次左右。

**4）最大炮检距**

最大炮检距的选择主要考虑目的层埋深，反射系数稳定性，动校拉伸畸变对信号频率的影响及速度分析精度要求等。

（1）动校正拉伸的要求：为避免炮检距过大而引起较大的动校拉伸畸变量，最大炮检距应控制在一定的范围内，一般应满足动校拉伸率小于 12.5%的要求。

（2）速度分析精度的要求：要保证期望的速度分析精度，要求炮检距有足够的长度，一般要求能够保证速度分析误差小于 6%。

（3）实际资料分析：对于埋深为 800m 煤层，最大炮检距采用 2 400m，目的层远道未被切除，能够保证远偏移距反射信息的有效性。同样，从波动方程正演结果也证实了上述结论，最大炮检距远大于目的层埋深。其原因主要是由于上下地层速度明显高于煤层速度，其折射干扰带范围增大所致。

综合以上分析，该区最大炮检距应选择在 2 500m 左右。

**5）炮道密度**

由于煤层气勘探主要落实构造及储层、厚度变化，进行裂缝预测和含气性预测，因此，炮道密度设计应考虑噪音分析、高频保护、地震波场连续性、减少叠前偏移随机噪音等因素。Norm Cooper 研究认为，进行岩性和调谐解释且信噪比较高时，道炮密度可采用 18 000～25 000 道/km$^2$。结合该区实际地质条件和技术需求，采用了 20 000 道/km$^2$ 的炮道密度。

**6）方位角**

该区煤层具有较明显的各向异性特点，裂缝较为发育，应采用宽方位角采集。通过优化观测系统设计，采用了全偏移距横纵比为 0.5，针对煤层有效横纵比达到 1.0 的宽方位角观测系统。

## 4. 应用效果

应用上述观测系统方案及优化参数，在鄂东缘 HC 地区获得高品质的煤层气三维地震数据，煤层信噪比和分辨率高，断裂形态清楚，地质信息丰富，勘探效果显著。通过与以往二维地震剖面对比，三维地震剖面煤层成像精度高，反射特征更清晰，断点归位更准确，资料品质改善明显。

利用该区三维资料解释成果，对 120 多口井的主力煤层厚度及埋深进行误差分析，预测厚度与实际厚度的绝对误差小于 1m 的符合率达到了 95%以上，煤层埋深的相对误差小于 0.65%。另外，识别出了大量复杂断裂及小断层，有效指导了煤层气有利区带的评价和勘探开发井位的部署和调整，共调整井位 40 余口，有效降低了开采成本，提高了勘探开发效率。

实践表明，应用三维观测系统设计与参数优化技术，所获资料可以满足构造精细解释、断裂系统分析、煤层追踪和预测、煤层气有利区带评价等地质需求，在该区煤层气勘探开发中发挥了重要作用。

## 5. 结论

针对鄂尔多斯盆地东缘煤层气的低丰度、低产量、低效益等勘探开发特点，成功应用了经济技术一体化的三维地震观测技术，取得了高信噪比和分辨率的三维地震资料，揭示了该区地质构造特征、煤层分布及断裂展布规律，有效指导煤层气勘探开发井位设计部署。该技术通过实际验证，地质效果明显，性价比高，为非常规油气勘探提供了新的思路和方法，具有很好的推广应用价值。

### 参 考 文 献

[1] 接铭训. 鄂尔多斯盆地东缘煤层气勘探开发前景[J]. 天然气工业，2010, 30(6): 1~6.
[2] 俞寿朋，等. 陆上三维地震勘探的设计与施工[J]. 石油地球物理勘探, 1996, 6.
[3] 狄帮让，等. 面元大小对地震成像分辨率的影响分析[J].石油地球物理勘探，2006, 41(4): 363~368.

（16）油气田与煤田地球物理勘探

# 四川盆地镇巴地区地震采集技术研究

# Seismic acquisition technology research of Zhenba region in Sichuan basin

佟志伟　王德润　许保安　孟银龙　蓝益军

Tong Zhiwei　Wang Derun　et al.

中国石油集团东方地球物理勘探有限责任公司　新疆哈密 839009

## 1. 问题的提出

四川盆地镇巴是探索南方油气资源的战略方向之一。但是该区双重复杂的地表和地下结构，致使地震资料成像困难，尤其是偏移成像方面的难题一直难以解决，这给地震勘探工作带来了巨大的困难和挑战。

研究区地表以高山、沟谷、造山破碎带等交互出现，起伏变化剧烈。表层地震地质条件表现为：①多种地貌并存，山峦叠嶂，灌木丛生，施工难度极大；②不同地质年代、不同岩性地层出露地表，且风化程度差异很大，横向非均质性严重；③地层破碎严重，倾角陡，地震波场十分复杂；④纵向上表层结构厚度多变和速度多变，表层多为 0.1～5m 的风化层，风化层速度 400～1200m/s；高速层速度 2 400m/s～5 400m/s，速度与出露岩性相对应，造成激发条件复杂，激发子波不稳定；⑤河床区激发、接收效果差。

由于研究区经历了从古生代到新生代的加里东、印支、燕山和喜山等多期构造运动，深层地震地质特征表现为：①受多期不同构造运动的影响，致使地层破碎，褶皱强烈，构造类型主要为断层相关的褶皱、迭瓦状构造及断层三角带，能量屏蔽严重；②受强烈地质构造运动影响，地层产状陡，甚至直立或倒转，地震波场异常复杂；③目的层反射能量弱，波组连续性差，信噪比低，缺少稳定的强反射界面。

研究区具有广阔的勘探前景，受资料水平的限制制约了勘探的步伐。针对性的采集方法研究十分必要。

## 2. 攻关思路和措施

针对采集难题，从观测系统、激发和接收三方面设计针对性攻关思路和措施。

（1）观测系统方面：①以叠前偏移成像理念作为基础，采用了大的排列片，接收地下更丰富的信息，为偏移成像打基础；采用了适中的方位角（0.58），以弱化由于各向异性问题对于过宽方位信息成像带来的影响；②提高了覆盖次数，本次覆盖次数设计为 336 次（以往为 120 次），以获得叠前偏移方程更精确的解。通过不同时间有效覆盖次数的对比分析，本次覆盖次数提升快，2 秒达到 251 次，这对提高中、深目的层资料信噪比较为有利；③野外实施过程中，炮检点分布尽可能均匀，使不同深度目的层的有效覆盖次数分布、炮检距和方位角分布尽可能均匀，有利于叠前偏移处理。

（2）激发方面：激发条件呈现明显的分区现象，西南部砂泥岩区激发效果较好，划分为 I 类区，东北部砂泥岩区激发效果次之，划分为II类区，中央灰岩条带及其过渡带区域激发效果差，划分为III类区。为尽量保证该区整体激发效果的均匀性，针对不同的激发分区采用不同的激发思路。西南部砂岩区：对激发因素和激发位置要求相对较低，满足高速层激发，保证远道能量即可；东北部砂岩区：适当强化激发，高速层激发，适当加大药量，适当优选激发位置，保证激发效果；中央灰岩区：进行强化激发，双井高速层激发，适当加大药量，优选激发位置，提高激发能量和频带；过渡带区：加强激发因素，适当加大井深和药量。通过以上措施，使该区整体激发效果更加均匀，为叠前偏移成像奠定良好的数据基础。

（3）接收方面：为叠前偏移成像考虑，尽量使整体接收效果保持均匀。通过对比，采用圆形面积组合能够保证各个方向接收效果的一致性。与此同时，在接收效果相对较差的灰岩区采用 2 串同心圆组合的方式提高接收效果。

## 3. 取得的效果及认识

通过以上攻关措施的实施，取得了很好的偏移成像效果，较之以往重复区域剖面，中、深层反射信息更为丰富，划弧现象明显减弱，构造形态更加明显。在本次地震勘探采集方法研究中，得出如下结论：

（1）基于叠前偏移成像理论作为基础，是解决复杂区地震地质难题的设计依据。即观测系统、激发和接收方面尽量保证其均匀性，更有利于叠前偏移成像处理。

（2）要尽量保证整个区域激发效果的均匀性，使激发品质变化相对较小，有利于叠前偏移成像。

（3）保证整个区域接收效果的均匀性对于叠前偏移处理很重要。

（16）油气田与煤田地球物理勘探

# 三维矿井下含复杂巷道模型的槽波传播过程有限元数值模拟

# Numerical simulation for seam-wave propagation in 3D complicated media with coal mine roadway using finite element method

陈香梅* 朱培民 张 明 张 强

Chen Xiangmei Zhu Peimin et al.

中国地质大学（武汉）地球物理与空间信息学院 武汉 430074

通过采用四面体和任意六面体单元建立了煤层含巷道地质地球物理模型，并采用改进的完全匹配层（MPML）方法处理了模型的人工边界条件，设计了适用于水平、弯曲和起伏巷道三维有限元算法，并通过数值模拟分析了典型三维矿井下无巷道、含规则界面巷道和含弯曲、起伏巷道煤层模型中的地震波传播规律和波场特征。

在煤矿采煤过程中，造成开采不能正常进行的地质问题大部分是勘探阶段遗漏的小构造。常常因不能准确地预测工作面前方有何种地质异常以及它们的准确位置、规模大小而造成巨大的经济损失和人员伤亡。目前，国内外在煤矿井下应用的地震超前预测方法主要以槽波地震勘探为主。由于槽波在实际地质条件下，特别是含巷道的情况下，槽波传播过程极其复杂，需要数值模拟研究槽波的传播规律。目前，槽波的数值模拟研究大多采用有限差分法[1]，考虑到有限差分方法处理巷道自由边界算法的复杂性，设计的模型中无法考虑到任意复杂的巷道模型。因此，需要研究适用于包含形状复杂巷道模型的地震波传播过程的数值模拟方法。

为了能够模拟复杂巷道条件下地震波，即槽波的传播过程，顾及到有限差分法实现的困难，作者选择有限元法进行地质建模和数值模拟。为了能够使用有限元法[2]可实现模拟任意复杂的地震地质模型的算法，作者进行了以下几方面的工作：

**1. 复杂地质模型的构建方法**

根据前期调研的煤矿中巷道的几何参数与巷道壁的物性参数，建立了三维可包含任意形态的巷道基本地质模型，并采用四面体和任意六面体单元，设计了相应的建模算法，可完成在煤层中可开挖任意形状互联的巷道。

**2. 任意起伏和弯曲巷道界面与人工边界条件的处理**

地震波在空间中传播时，主要会遇到巷道壁界面与半无限介质模拟需要的人工吸收边界这两类地质界面，需要进行处理，以保证计算的正确性和效率。

（1）任意起伏和弯曲巷道界面：为了能够模拟出与实际条件更为相似的巷道模型，论文通过采用四面体单元和任意六面体单元的缩放和细化来模拟起伏、弯曲巷道的界面。

（2）人工边界条件：通过引入多轴完全匹配层（MPML）方法[3]来处理半无限介质空间的人工吸收边界。本方法主要通过边界处加一个匹配层，在匹配层内采用三方向阻尼因子来衰减边界反射。基于上述理论，有限元数值模拟中采用逐元法进行递推。

**3. 有限元数值模拟**

（1）建立了包含人工边界与巷道边界处理的有限元方程，采用二阶时间差分来进行递推。

（2）设计了半空间无限均匀介质模型，验证了作者设计算法的正确性。

（3）运用该三维有限元算法主要模拟了不含巷道、含规则界面巷道和含弯曲、起伏界面巷道的三维煤层模型。

（4）对比分析了煤层无巷道和有巷道模型的地震波场特征及频散特征。结果表明含巷道和不含巷道煤层波场差别很大，巷道壁上产生了很强的面波型槽波，煤层中出现了以横波为主的槽波，较为符合实际情况。基于此结果提出了实际槽波波场的形成机制，能够较圆满的解释了实际槽波的形成原因。

**参考文献**

[1] 姬广忠，等. 煤矿井下槽波三维数值模拟及频散分析[J]. 地球物理学报, 2012, 55(2): 646~654.

[2] 李斌. 均匀介质弹性波有限元数值模拟方法研究[D]. 西安：长安大学, 2004.

[3] Kristel C, Meza-Fajardo, et al. A Nonconvolutional, Split-Field, Perfectly Matched Layer for Wave Propagation in Isotropic and Anisotropic Elastic Media: Stability Analysis[J]. Bulletin of the Seismological Society of America, 2008, 98(4): 1811~1836.

（16）油气田与煤田地球物理勘探

# 柱坐标系中粘弹性介质数值模拟

# Numerical simulation of viscoelastic media in cylindrical coordinates

肖梦雄* 王尚旭 郭 锐 董春晖

Xiao Mengxiong Wang Shangxu et al.

中国石油大学（北京）油气资源与探测国家重点实验室 CNPC 物探重点实验室 北京 102249

目前的地震勘探技术主要是基于完全弹性理论，但地震勘探实践与物理实验研究均表明，实际地下介质对在其中传播的地震波存在吸收衰减，介质表现出非完全弹性性质。粘弹性介质综合表现出弹性和粘性两种不同机理的形变，比完全弹性介质更接近实际地下介质。最简单的两个粘弹性模型是代表某种粘弹性流体的 Maxwell 模型和代表某种粘弹性固体的 Kelvin 模型。本文研究的是 Kelvin 粘弹性模型，该模型由一个理想弹性元件与一个粘壶并联构成，波在其中传播时存在频散，高频成分衰减快，其对应的波动方程简单，便于用常规的有限差分法、伪谱法和有限元法等进行数值模拟研究。

由于在柱坐标系进行数值模拟研究能准确刻画介质形状，而在测井和管道无损检测中广泛应用，并在地震勘探领域被 Dan Kosloff 等广泛研究。目前对粘弹性介质的数值模拟主要是在直角坐标系中，而本文则是在柱坐标系中对轴对称 Kelvin 粘弹性介质进行数值模拟，推导出相应的波动方程如下：

$$\partial_t v_r = (1/\rho)\left[\partial_r\sigma_{rr} + \partial_z\tau_{rz} + (\sigma_{rr} - \sigma_{\theta\theta})/r\right] \tag{1}$$

$$\partial_t v_z = (1/\rho)(\partial_z\sigma_{zz} + \partial_r\tau_{rz} + \tau_{rz}/r) \tag{2}$$

$$\partial_t\sigma_{rr} = (\lambda+2\mu)\partial_r v_r + \lambda v_r/r + \lambda\partial_z v_z + \partial_t\left[(\lambda'+2\mu')\partial_r v_r + \lambda' v_r/r + \lambda'\partial_z v_z\right] \tag{3}$$

$$\partial_t\sigma_{\theta\theta} = \lambda\partial_r v_r + (\lambda+2\mu)v_r/r + \lambda\partial_z v_z + \partial_t\left[\lambda'\partial_r v_r + (\lambda'+2\mu')v_r/r + \lambda'\partial_z v_z\right] \tag{4}$$

$$\partial_t\sigma_{zz} = \lambda\partial_r v_r + \lambda v_r/r + (\lambda+2\mu)\partial_z v_z + \partial_t\left[\lambda'\partial_r v_r + \lambda' v_r/r + (\lambda'+2\mu')\partial_z v_z\right] \tag{5}$$

$$\partial_t\tau_{rz} = \mu(\partial_z v_r + \partial_r v_z) + \mu'\partial_t(\partial_z v_r + \partial_r v_z)$$

其中，$\partial_k\ (k=t,r,z)$表示对 $k$ 求偏导；$v_i(i=r,z)$为质点振动速度；$\sigma_{jj}(j=r,z)$为正应力；$\tau_{rz}$为切应力；$\rho$为介质密度；$\lambda$和$\mu$为拉梅常数，$\lambda'$和$\mu'$为粘滞系数。记 $Q_p$、$Q_s$ 分别为介质的纵、横波品质因子，则有 $Q_s=\mu/(\mu'\omega)$，$Q_p=(\lambda+2\mu)/[(\lambda'+2\mu'\omega)]$。

由于数值计算只能在一个有限区域内进行，这造成了数值模拟的人工边界。但为了研究地震波在介质中的传播规律，我们需要模拟波在无限大介质中的传播，所以需要消除这一人工边界反射。前人为此提出了很多减少人工边界反射的方法，主要有吸收边界条件、波场外推法、反周期扩展法和完全匹配层（PML）边界等。其中 PML 边界在 1994 年由 Berenger 首次提出并应用于直角坐标系中电磁波的模拟，吸收效果良好，其主要思想是在模拟区域外加上吸收衰减层（即 PML 层），在 PML 层内沿波的传播方向使其逐渐衰减。Q. H. Liu（1999）给出了弹性波方程在柱坐标系中分裂形式的 PML 边界条件，这里的分裂 PML 边界不再是 Berenger 的把场变量直接沿两个坐标轴方向分裂，而是引入了复数坐标。本文在 Liu 的基础上将该 PML 边界条件推广，推导出了针对柱坐标系中轴对称 Kelvin 介质的 PML 边界，并进行数值模拟。从数值模拟的波场快照和相应的 Hankel 函数对比上看，PML 边界条件吸收效果良好。

为了研究粘弹性介质对地震波的衰减特性，将粘弹性模拟的结果与把粘滞系数置 0 后得到的完全弹性介质模拟结果进行了对比，从同一波场量（如 $v_r$）在相同位置处的抽道记录可以看出，粘弹性介质对地震波存在吸收衰减。而频谱分析的结果还表明，高频成分衰减大于低频成分。设置不同大小的粘滞系数进行数值模拟的结果表明：粘滞系数越大，品质因子越小，衰减越严重。

本文在柱坐标系中对均匀各向同性轴对称 Kelvin 粘弹性介质进行数值模拟，所设置的 PML 边界条件吸收效果良好。数值模拟的结果验证了前人的理论推导，即粘弹性介质对在其中传播的地震波有吸收衰减的作用，且品质因子越小衰减越大，高频成分衰减大。数值模拟直观地反映出地震波在粘弹性介质中的传播特征，这对反 Q 滤波和提高地震勘探的分辨率，进而指导地震资料的处理和解释具有重要意义。

## 参 考 文 献

[1] 牛滨华, 等. 半空间介质与地震波传播[M]. 北京：石油工业出版社，2002: 130~151.

[2] Q H Liu. Perfectly matched layers for elastic waves in cylindrical and spherical coordinates[J]. Journal of the Acoustic Society of America. 1999, 105(4): 2075~2084.

（16）油气田与煤田地球物理勘探

# 介质的粘弹性对 AVO 响应的影响

## Impact of the media's viscoelasty on AVO response

张　明　朱培民　陈香梅

Zhang Ming　Zhu Peimin　Chen Xiangmei

中国地质大学（武汉）地球物理与空间信息学院　武汉 430074

### 1. 引言

AVO(Amplitude versus offset)是根据振幅随炮检距的变化规律所反映出的地下岩性及其孔隙流体的性质来直接预测油气和进行岩性解释的一项技术，而 AVO 正演模拟研究是应用 AVO 方法进行烃类检测和反演的基础。不同的岩性参数组合对应于不同的 AVO 响应特征，因此，利用 AVO 正演模拟分析已知油、气、水和岩性及其不同组合条件下的 AVO 特征，有助于人们建立从地震记录中识别岩性和油气的特征规律。粘弹性介质是地震学需要重点研究的介质模式，因为粘弹性介质更接近于实际介质，且介质的粘性对温度、压力等参数敏感，因此从粘弹性波衰减的测量可以获得更多的介质内部物理特性信息。研究介质粘弹性对 AVO 响应的影响，对实际应用具有积极意义。

### 2. 方法原理

AVO 技术的理论基础是平面弹性波在弹性分界面上完全形式的 Zoeppritz 方程，没有考虑油气田实际粘弹介质的情况，例如含气砂岩等。对于给定的反射界面，Zoeppritz 方程的解取决于两种介质的纵横波速度和密度差异，以及入射角。如果是粘弹介质，需要改造 Zoeppritz 方程，在其中加入粘弹性的项。但目前为止，尚没有统一的有关粘弹性反射透射关系方程的解析解。有鉴于此，目前要研究粘弹性介质条件下的反射透射关系，基于波动方程的数值模拟方法是恰当的方法。

有限元方法能够模拟粘弹介质的反射透射关系并抽取 AVO 信息，设计基于有限元的三维模型数值模拟算法，可以同时考虑纵波和横波的变化，为粘弹介质条件下的 AVO 研究提供了理论基础。为了模拟半无限空间地下模型，选用 PML 边界条件的改进算法 MPML 吸收边界条件。

### 3. 数值模拟

为了研究含气砂岩等复杂地质条件下的圈闭，参考实际地质资料，设计了以下若干地质模型模拟研究。第一个模型验证算法和程序是正确、可行的。第二个模型设计为水平层状模型，其中假设气层为粘弹性介质，品质因子较小；其盖层为近似弹性介质，品质因子很大，模拟顶部分界面反射。第三个模型设计上层是粘弹性介质，下层为近似弹性介质，以模拟气层底界面反射。第四个模型设计成上下两层都为粘弹性介质。震源设计为纵波震源，其中子波选用主频为 30Hz 的雷克子波，对所设计的模型进行正演模拟，然后将各个地质模型的 AVO 特征与弹性情况下的 AVO 响应进行了比较。重点研究了不同入射角以及不同频率下地震波在反射面上的表现。

### 4. 结论

通过对上述模型的研究，得到以下结论：

（1）本文利用有限元法模拟粘弹性介质中的 AVO 响应，通过对结果的分析证明是可行的；

（2）对模型二和模型三的结果分析表明，在不同入射角情况下界面的反射系数发生变化，并且与弹性模型的结果有差异；对反射波做傅里叶变换，然后比较不同频率的波的振幅变化，结果表明在不同频率情况下，反射界面的 AVO 响应变化较大。

（3）对粘弹性介质模型模拟研究结果与完全弹性介质模型的结果的差异说明了介质的粘弹性对 AOV 响应是有影响的，本文研究工作对油气藏的 AVO 正演模拟研究具有借鉴意义。

### 参 考 文 献

[1] 李辉，朱培民. 三维粘弹介质槽波波动方程数值模拟与频散分析[D]. 中国地质大学硕士研究生学位论文, 2011.

[2] 郭智奇，等. 粘弹性各向异性介质中地震波场模拟与特征[J]. 地球物理学进展，2007，22(3): 804~810.

[3] Tong Xu, George A. McMechan.Efficient 3-D viscoelastic modeling with application to near-surface land seismic data[J]. Geophysics, 1998; 63(2): 601~612.

（16）油气田与煤田地球物理勘探

# TI 介质随钻声波测井的全波计算与分析

## The full-wave calculation and analysis of acoustic LWD in TI formation

郑晓波　胡恒山

Zheng Xiaobo　Hu Hengshan

哈尔滨工业大学航天学院　哈尔滨 150001

### 1. 引言

近年来，将钻井和测井同时进行的随钻测井技术得到迅速发展。与传统的电缆测井技术相比，随钻测井技术具有许多优点，例如井孔的破坏程度小，能够进行地质导向钻井，测井成本较低等。随钻电阻率测井技术已经成熟，但如何将声学方法应用于随钻测量地层参数，需要弄清钻挺的存在对于地层纵横波速度测量的影响。此外，在实际的测井过程中地层往往存在一定程度的各向异性，横观各向同性(TI)介质被认为能更好的模拟地层的实际状况，至今尚未见到 TI 地层中随钻声波测井响应的理论模拟结果，同时在 TI 地层中由导波测量到的横波速度并不一定是正确的。本文针对随钻测井过程中声波的激发和接收问题，在 TI 介质模型下，推导出了不同形式的声源在随钻条件下激发的井内外声场的解析表达式，计算出了随钻声波测井的全波波形。

### 2. 主要研究方法

在本文的研究中，首先将随钻声波测井简化成为一个径向分层的模型，使用圆柱壳换能器模拟单极源、偶极源和四极源，对这些声源进行了数学上的描述，得到了这些声源在频域和波数域的表达式。为了得到声场的解析解，在井轴平行于 TI 介质对称轴的条件下，引入无旋位移势$\phi$，无散位移势 $\chi$ 和 $\Gamma$ 对 TI 地层中的位移进行分解：

$$\mathbf{u} = \nabla\phi + \nabla\times\chi\mathbf{e}_z + \nabla\times\nabla\times\Gamma\mathbf{e}_z$$

在柱坐标系下，使用分离变量法，引入虚宗量贝塞尔函数得到各个位移势函数的表达式，通过 TI 介质的本构方程和几何方程可以得到 TI 介质中位移和应力分量的解析表达式。将声源作为边界条件加入声场[3]，通过边界条件确定各个位移势函数的待定系数，进而得到了 TI 地层中随钻声场的解析表达式。使用实轴积分法编程计算得到 TI 地层中随钻声场的全波波形。最后，使用时间慢度相关法(STC)提取了全波图形中各个波群的传播速度。

### 3. 计算结果分析

通过计算发现，在单极源激发下的 TI 介质地层的随钻声场中会存在一个幅度非常明显的钻铤波，这个波的波速与钻铤的几何尺寸结构和密度模量密切相关。但是当地层的参数和各向异性程度改变时，这个波的速度的改变并不明显，说明钻铤波应该是一个沿着钻铤表面传播的导波，它的性质受地层参数和各向异性程度影响较小。

同时发现，当地层取一定的参数和各向异性程度的条件下，钻铤波会掩盖地层中的反射纵波或反射横波，在实际测井过程中有可能影响地层中的纵横速度的提取，进而直接导致对地层参数的反演出现严重的误差，得不到正确的地层信息。所以，在今后的研究中要仔细分析研究钻铤波的传播特性，找出方法消除钻铤波对随钻声波测井测量的影响。

本研究由国家自然科学基金资助（项目编号：41174110）。

### 参 考 文 献

[1] Xiao He, Hengshan Hu. Borehole Flexural Modes in Anisotropic Formations: The Low -Frequency Asymptotic Velocity[J]. Geophysics, 2009, 74(4): E149~E158.

[2] J E White, Chalermkiat Tongtaow. Cylindrical waves in Transversely Isotropic media [J]. J.Acoust.Soc.Am. 1981, 70 (4): 1147~1155.

[3] Christophe Lecable, et.al. Acoustic radiation of cylindrical elastic shells subjected to a point source: Investigation in terms of helical acoustic rays [J]. J.Acoust.Soc.Am. 2001, 110(4): 1783~1791.

（16）油气田与煤田地球物理勘探

# 基于 HHT 的海上地震数据涌浪噪声衰减技术研究

# Marine seismic data swell noise attenuation technology research based on HHT

徐善辉*[1,2] 郭 建[1,3]

Xu Shanhui Guo Jian

1. 中国科学院地质与地球物理研究所 北京 100029;

2. 吉林大学地球探测科学与技术学院 长春 130026; 3. 中石化物探技术研究院 南京 210014

## 1. 引言

涌浪噪声频率很低，振幅较强，国外有学者尝试通过 EMD 分解的方法直接剔除低频涌浪噪声，提取反射信号，因为含有这种高振幅低频涌浪噪声的数据在进行 EMD 分解时反射信号以高频的形式首先被筛选出来，此时噪声变为整个时间信号的强趋势，EMD 分解的过程会遵循次趋势进行。使用高频分量重构的信号即可视为消除了噪声的反射信号。除普通涌浪噪声外，海上拖缆的地震勘探数据经常受到暗流引起的噪声干扰，暗流引起的噪声频带更宽，振幅和频率变化较大，时间方向持续分布，横向随拖缆移动而改变位置，此时，不能简单使用 EMD 方法来提取有效反射信号，能否设计一种定量计算的无需考虑各道具体特征的类似于 FFT 频率域滤波的方法是能否将 EMD 和 HHT 技术真正应用到炮集记录中涌浪噪声消除的必要前提。而普通基于 FFT 的滤波方法在噪声压制时容易引起有效信号的畸变。

## 2. 基本原理

使用 HHT 技术进行时频域滤波的基本过程及低切方法压制涌浪噪声的过程如下：

（1）将单道信号进行 HHT 变换，得到与时间域对应的时频信息。得到含噪信号对应的瞬时振幅、瞬时频率和瞬时相位信息。

（2）在时频域内根据面波具有的时频分布特点找出干扰波的频率范围 $f_1$～$f_2$，时间范围 $T_1$～$T_2$，及其该范围内瞬时幅值对应的最小阈值 Amin。而对于涌浪噪声而言，以低频为主，在每道上一般是整个时间范围分布的。

（3）扫描 $T_1$～$T_2$ 区域内的瞬时频率与瞬时振幅，对 $f_1$～$f_2$ 区域内大于阈值 Amin 的瞬时振幅进行压制。对于涌浪噪声而言，可以不必考虑时间范围。

（4）将使用了阈值压制后的时频信号（瞬时频率、瞬时振幅和瞬时相位）进行 HHT 反变换，得出的时间域信号即为该道的滤波后信号。

（5）对炮集记录的每道信号重复上述步骤。

与其他时频滤波方法是类似，在 HHT 结果中扫描频率阈值以内区域，对噪声对应的瞬时振幅进行压制后重构时间信号，此处需要注意的是，在进行时频域低切时，在限定的频率范围内要对瞬时振幅值进行阈值判断，避免切除有效信号在不适当分解时产生的低频信号的瞬时振幅，这会引起信号畸变，产生新的低频噪声。

## 3. 实际应用

使用 HHT 滤波的方法来消除涌浪噪声时，对不含有这种低频高振幅噪声的地震道在滤波时是没有任何损失的，因为滤波过程中需要在考虑 IMF 分量瞬时频率基础上对瞬时振幅做阈值判定，即使在 EMD 分解过程中产生了低频的虚假 IMF 分量，但其瞬时振幅是很弱的，滤波过程中不对其做处理直接进行无损的信号重构。对比基于 HHT 和基于 FFT 的低切滤波对涌浪噪声的压制效果，可以看出，FFT 在有效的压制了低频噪声的同时直达波及反射数据中的低频成分也有损失，而使用 HHT 方法可以有效的压制这种低频高振幅的涌浪噪声数据的同时，并且除少量直达波信号损失外，基本没有有效信号的损失，可以达到压制噪声的同时保护有效信号的目的。

本研究得到国家“863”项目（2012AA060102）的资助。

### 参 考 文 献

[1] Battista B M, Knapp C, et al. Application of the impirical mode decompositon and Hilbert-Huang transform to seismic reflection data[J]. Geophysics，2007, 72(2): H29~H37.

[2] Kizhner S, Flatley T P, Huang N E. On the Hilbert Huang Transform Data Processing System Development [C]. IEEE Aero space Conference Proceedings, 2004.

（16）油气田与煤田地球物理勘探

# 改进的矢量分解法压噪研究

## Study on improved vector resolution denoising method

蒋 立*1 范 旭[1] 刘宏杰[1] 曹思远[2]

Jiang Li Fan Xu et al.

1. 新疆油田公司 勘探开发研究院 地球物理研究所 乌鲁木齐 830013；2. 中国石油大学 北京 102249

**1. 前言**

我国的油气后备资源主要集中在中西部地区，自然地理环境恶劣，具有地表起伏剧烈、目的层埋藏较深、地层结构复杂等特点。复杂地质条件下地震资料处理分析的主要难点在于叠前资料存在大量的规则干扰和各种散射波，有效信号常被淹没，迫切需求强噪背景下弱信号的提取技术。同时，目前国内油气勘探的最重要领域是隐蔽油气藏，寻找隐蔽油气藏的主要手段是叠前反演，影响叠前反演结果的主要因素是信噪比，提高隐蔽油气藏勘探成功率的关键在于提高叠前 CRP 地震资料的信噪比水平。因此，噪音压制处理是地震勘探的重要研究内容之一，对油气勘探开发有重要意义。

矢量分解法是通过压缩不相关分量来增大相邻道信号的相关程度的，它利用多道记录，由信号的相关性和噪声的随机性统计出信号的方向，最大限度地压制噪声。由多道记录的信号形成的信号矢量和由噪声形成的噪声矢量，在角度域上一般能相互区分，根据这一特点可以有效地压制噪声。该方法不破坏振幅在横向上和纵向上的相对关系，可用于保持振幅的处理流程，满足某些具有特殊要求的处理；在叠前记录或叠后剖面上均适用，由于运算较大，普遍用于叠后处理。但矢量法中信噪的有效分离受多个因素控制，如相关单位矢量、直流成分、去噪参数的选取等，且缺乏去噪质量的控制手段，因此在某些情况下，矢量分解法的去噪效果还是不够理想。夏洪瑞和陈德刚等在研究了中值滤波去噪与矢量分解去噪的特点后，提出这两种方法相结合的新的去噪方法，即中值约束下的矢量分解去噪技术。该方法克服了中值滤波中存在的波形呆板，主频向低频移动的缺点，克服了矢量分解法中单位相关矢量不易求准而影响去噪效果的缺点。何银娟[研究了利用矢量分解法在单分量和多分量情况下的去噪效果分析，实际处理表明该方法能很好地去除随机干扰，但其处理效果的好坏受到时窗宽度以及相关道数的影响。

去噪处理是地震勘探领域的重要研究内容，对地震资料的品质有较大的影响。矢量分解法是利用噪音偏离信号的夹角来实现随机噪音的压制，属于角度滤波。该方法适用于叠前和叠后资料，且不受地层倾角限制，但仍存在信噪分离不彻底的难题。改进的矢量分解法通过提出高维矢量函数、样条函数来提高矢量夹角的计算精度，并针对常规压噪后相邻道夹角不连续的缺陷，提出进一步的夹角平滑处理的改进方法，信噪分离更为有效、准确，也能更好地滤除随机噪音、部分多次波和斜干扰等。实际资料处理结果表明，该方法具有较好的压噪效果。

**2. 常规矢量分解法**

在地震资料处理方法中，一般都是基于“相邻道信号之间具有相关性”的假设展开，它在科研和生产中发挥着广泛的重要作用。矢量分解法也是基于这一假设条件展开，当两个信号在任意时刻的振幅之间的比值稳定时，两个信号的相关性最好。

从几何矢量意义上分析，取地震数据相邻道两个信号，分别作为横轴 $x$、纵轴 $y$ 坐标，绘制在同一平面上。因为 $y$ 与 $x$ 具有一相关比例 $k$，则 $k$ 即为平面矢量线的斜率，在不存在直流分量的情况下，直线通过坐标原点。

信号分布越接近矢量方向，信号之间的相关性越高。一般地，相邻道信号具有较好的相似性，端点分布密集在单位相关矢量方向周围。当存在随机噪音时，端点分布偏离相关矢量方向，噪音越强，分布越发散。因此，矢量分解压噪的核心思想是统计出单位相关矢量 $d$，将发散的端点分布还原到 $d$ 周围，进而达到压制噪音、提高信噪比的目的。

**3. 改进的矢量分解法**

**1）高精度夹角的求取**

矢量分解法是一种角度滤波压噪法，单位相关矢量的求取直接影响信噪分离效果，提高矢量夹角的计算精度，对于提高最终去噪效果的重要性不言而喻。下面拟通过高维矢量函数及样条函数来提高矢量夹角的计算精度。

首先，根据地震数据 $A$ 的目的层信噪比、分辨率及横向连续性等品质，选取合适的高维矢量函数 $\Lambda$，从原始道集 $A$ 中抽取待压噪的数据体 $B$。一般道间距较大，相邻道间数据存在一定的差异，假设数据体 $B$ 为 $N$ 维，选取适当的样条函数 $\Phi$，将数据体 $B$ 映射为 $kN$ 维的数据体 $C$。

$$C=\Phi[\Lambda(A)] \tag{1}$$

由于数据体 $C$ 的维数较高，道间有效信号的差异较小，有效信号偏离"单位相关矢量"的夹角较小（差异程度小于数据体 $A$），而噪音的夹角变换基本不变，因此在压噪过程中可选取相对较小的压噪参数，即高维矢量函数和样条函数的参与，更好地实现信噪分离。对数据体 $C$ 进行去噪后（假设去噪算子为 $Z$）得数据体 $D$，再将高维的数据体 $D$ 通过逆变换 $\Phi^{-1}$ 映射回低维 $E$，

$$E=\Phi^{-1}[Z(C)] \tag{2}$$

**2）去噪后夹角平滑处理**

一般矢量分解压噪后的剖面，压噪后的矢量夹角存在一定的扰动，变化连续性较差。由模型分析结果知，有效信号的矢量夹角一般存在一定的连续性和光滑性，扰动很大程度是由噪音引起，因此，需要采取一定的平滑手段（如滤波技术）实现矢量夹角的平滑处理，下面介绍另一种较为有效的平滑技术——纵向矢量分解法，将一段地震道看作一矢量，相邻道之间存在一定的相干性，将相邻道矢量之和作为"单位相关矢量"，在此基础上对地震道矢量进行分解及压噪重构。该方法可较好地去除残余随机噪音，增强剖面的横向连续性。

**3）研究路线**

改进的矢量分解法处理步骤如下：

(1) 地震资料频谱分析，确定有效信号分布频带，了解资料品质；

(2) 选取合适的高维矢量函数从地震数据中提取待去噪的数据体 $B$；

(3) 选取合适的样条函数 $\Phi$，将数据体 $B$ 映射为高维数据体 $C$；

(4) 对数据体 $C$ 求取高精度的矢量夹角，并进行常规的矢量分解法压噪处理，得到数据体 $D$；

(5) 对高维数据提 $D$ 进行降维处理（降维函数为 $\Phi^{-1}$），得数据体 $E$；

(6) 分析数据体 $E$ 的相邻道矢量夹角变化趋势，根据实际需要，决定是否需要进行夹角的平滑约束。

**4. 应用实例**

将改进的矢量分解法应用到实际地震数据进行压噪处理中。

实例 1，国外海上 KingKong 资料。在 KingKong 井所在的小 3$D$ 叠前道集数据上进行处理，目的层约为 12 000 ft，即图中的 12 000 ms 附近，响应特征属第三类 AVO。该资料本身的品质较好，信噪比较好，经改进的矢量分解法去噪处理后的道集，可以看到目的层信噪比得到提高，振幅横向变化特征更加明显，更有利于 AVO 岩性解释等。滤除的噪音大部分为随机噪声，对有效信号的损伤较小。

实例 2，国内一海上资料。海上资料的多次波问题一直是困扰海上勘探的难题。在海上叠前 CRP 道集中，除了随机噪音还存在一定的多次波。经改进矢量法去噪后的结果，远道、深层的同相轴连续性增强，更利于叠加等后续处理效果的提升。滤除的噪音除了随机噪音外，还有部分的多次波，证明矢量分解法具有滤除部分多次波的作用，原因在于该方法以一次拉平的同相轴为有效信号，与其它的去噪方法有所不同。

**5. 结论**

矢量夹角计算精度的提高和去噪后相邻道夹角的平滑处理，是改进的矢量分解压噪方法的关键，与常规的矢量分解法相比，信噪分离更有效、准确，能更好地滤除随机噪音、部分多次波和斜干扰等。其中，高维矢量函数、样条函数的选取以及相邻道地震矢量夹角的变化规律统计，是影响方法改进效果的主要因素。但同时，该方法涉及到数据体拓维处理，计算量偏大，尤其是叠前资料的去噪处理，运算成本较高。因此，如何提高运算效率、降低运算成本、优化去噪参数选择，使改进的矢量分解法更好地应用到大规模处理中，是下一步需要研究的问题。

**参 考 文 献**

[1] 王宏伟. 矢量分解法压噪[J]. 石油地球物理勘探, 1989, 24(1): 16~29.

[2] 夏洪瑞, 陈德钢, 等. 中值约束下的矢量分解去噪[J]. 石油物探, 2001, 40(3): 29~33.

[3] 何银娟. 三分量地震资料叠前去噪方法研究[D]. 中国地质大学（北京）硕士学位论文, 2010.

（16）油气田与煤田地球物理勘探

# *f-x* 域 EMD 与小波阈值法联合地震噪声衰减

# Using the combination of f-x based EMD method and wavelet threshold method to attenuate the seismic noise

徐善辉*[1,2] 韩立国[2] 郭 建[1,3]

Xu Shanhui Han Liguo et al.

1. 中国科学院地质与地球物理研究所 北京 100029;

2. 吉林大学地球探测科学与技术学院 长春 130026; 3. 中石化物探技术研究院 南京 210014

## 1. 引言

在 *f-x* 域上，对频谱实部和虚部的等频信号进行 EMD 分解，剔除抖动较强的 IMF 分量后重新合成等频信号，再从 *f-x* 域变回至 *t-x* 域即可以压制地震数据中的随机及相干噪声。实际上，如果我们对 EMD 的分解过程进行分析可以发现，即使对于信噪比很高的信号，在 EMD 分解的过程中也不能保证在一阶 IMF 分量中仅存在高频噪声而不包含任何有效信号成分，如果直接剔除了一阶 IMF 分量，必然损失很多有效成份。因此，尝试使用小波阈值法对等频信号 EMD 分解后的 IMF 分量进行噪声压制后重构原始信号，在压制噪声的同时减少对有效信息的损失。

## 2. 基本原理

在处理地震数据时，*f-x* 域 EMD 滤波法和 *f-x* 反褶积方法是类似的，也是使用窗口滑动的方法，尽可能的构造线性模型。整个处理过程可以使用如下的流程进行：

（1）选择一个时间窗，将窗内数据变换到 *f-x* 域。

（2）对 *f-x* 域的每个频率信号做如下处理：①沿着空间方向将频率的实部与虚部分开。②求取实部信号的 IMF1 分量。③对 IMF1 分量使用小波阈值法处理。④处理后的分量与残差重构实部信号。⑤采用相同的方法对虚部进行处理。⑥将实部和虚部组合，产生一个滤波后的复信号。

（3）将数据变换回 *t-x* 域。

（4）滑动时间窗，对新数据进行处理。

上述方法与 *f-x* 反褶积法在数据的 *t-x*，*f-x* 域之间的变换等基本过程是一致的，但是，EMD 滤波法在 *f-x* 域内对频率的操作与 *f-x* 反褶积法是完全不同的。首先，*f-x* 反褶积对所有的频率都是用固定的滤波长度，EMD 滤波法与之不同，它在分解的过程中对数据的不平滑可以自动匹配，所以，它为对不同频率分量提供不同的滤波提供可能。其次，*f-x* 反褶积未考虑频率在 *x* 方向上的变化，而 EMD 分解具有很好的局部特性，可以更好的适应频率的横向变化。从频率信号 EMD 分解得到的各分量中删除 IMF1 分量是许多滤波方法中的一种，是最简单也是行之有效的方法。

## 3. 结论

EMD 对信号分解时的自适应能力决定频率—空间域 EMD 滤波本质上是一种具有一定自适应性的波数高切滤波器。其切除的波数可以自动适应数据，是个随频率变化的函数，对于频率较低的面波，切除的波数小，而对于背景噪声等高频部分，切除的波数值较大。这正是其优于 *f-x* 反褶积的地方，因为 *f-x* 反褶积对所有的频率都使用相同的滤波长度。EMD 滤波优于 *f-x* 反褶积的另一方面是 EMD 滤波不需要要求数据具有规则的道间距，而标准的线性预测滤波都要求数据在空间上的采样规则，局部 SVD 法和局部中值滤波法也有同样的要求。

对含噪信号 *f-x* 域谱等频信号 EMD 分解的结果显示，直接剔除高频 IMF 分量会损失谱等频信号中的有效成分。而使用小波阈值法对高频 IMF 分量进行去噪处理，再合成谱等频信号的结果会更大程度的保留原始数据中的有效信号成分。经过 EMD 和小波阈值方法的联合处理不会引起有效反射信号的畸变。

本研究得到国家“863”项目（2012AA060102）的资助。

### 参 考 文 献

[1] Bekara Maïza, van der Baan, Random and coherent noise attenuation by empirical mode decomposition [J]. Geophysics, 2009, 74(5): V89~V98.

[2] N E Huang, Shen Z, Long S R. The Impirical Mode Decomposition Method and the Hilbert Spectrum for Non-Stationary Time Series Analysis[J]. Proc. Royal.Soc.London A, 1998, 454(A): 903~995.

（16）油气田与煤田地球物理勘探

# 基于曲波变换和奇异值分解的去噪方法

# A denoising method based on Curvelet transform and SVD

姚永强　孙成禹

Yao Yongqiang　Sun Chengyu

中国石油大学（华东）地球科学与技术学院　青岛 266555

**1. 引言**

为了有效地去除地震资料中的随机噪声，充分利用曲波变换去噪和奇异值分解(SVD)去噪方法的优点，提出了一种新的基于曲波变换和奇异值分解的地震资料去噪方法。该方法首先进行曲波软阈值去噪，有效地降低噪声的方差；然后进行基于倾角扫描的奇异值分解去噪，识别噪声点，自动追踪同相轴，并进行同相轴拉平处理，充分利用了奇异值分解方法处理水平同相轴噪声效果好的优点。理论模型和实际资料的去噪结果表明，提出的 Curvelet-SVD 方法简单易行，比单一的 SVD 方法和 Curvelet 方法的去噪效果更显著，有效地消除了地震资料中的随机噪声，显著地提高了地震资料的信噪比。

**2. 联合去噪的基本原理**

**1）曲波软阈值去噪原理**

对原数据做 Curvelet 变换，得到 Curvelet 系数 $\widetilde{C}(j,l,k)$。设定一个阈值，采用软阈值方法进行去噪。其可以有效地消除部分随机噪声，并降低噪声的方差，显著增强地震道有效信号的相关性。其本质在于通过曲波系数的大小来把它们划分为“信号系数”和“噪声系数”两类，然后对噪声系数予以衰减，所以能得到较好的去噪效果。

**2）基于倾角扫描的奇异值分解去噪原理**

（1）计算样点处理水平方向上下各 $n$ 个方向，各 $2n+1$ 个方向，并取 $i$ 道的前后各 $m$ 道，共 $2m+1$ 道。取 $2n+1$ 个方向中的一个方向，计算相邻道之间的振幅差。并假定振幅差最小的方向即为同相轴方向。

（2）按照步骤（1）得到的同相轴方向截取小区域数据体，并将小数据体旋转为水平数据体。

（3）求取小数据体的奇异值斜率的方差。斜率方差可以反映序列值波动程度的大小。再设定一个阈值，如方差小于该阈值，认定小数据体内的数据为随机噪声，则数据点的值为 0。如果方差大于阈值，认为小数据体内含有有效信号，再利用 SVD 方法进行去噪。

**3）计算步骤**

(1) 曲波软阈值去噪；

(2) 在小窗体内，基于奇异值曲线波动性识别噪音点。

(3) 不是噪音点则确定同相轴的方向。

(4) 局部拉平同相轴 SVD 分解去噪。

(5) 依次对地震剖上每一个数据点重复步骤 (1)~(4)，最终的剖面即为去噪后的结果。

**3. 结论**

地震资料去噪是地震资料处理中重要的一环，地震信号和其他信号有共性也有其特有的不同之处，即相邻道相关性比较强，充分利用这个特点是地震资料去噪的关键。理论模型和实际资料的去噪处理表明 Curvelet-SVD 方法具有以下优点：

(1) 该方法在追踪同相轴时运用奇异值曲线的特征识别噪音点，大大提高去噪效果。

(2) 该方法充分利用了曲波变换去噪方法和奇异值分解去噪方法的优点，去噪后能很好保持地震波的动力学特征。

(3) 该方法的去噪效果优于单一的 SVD 方法和 Curvelet 方法，能有效地消除地震资料中的随机噪声，显著地提高地震资料的信噪比，有利于地震资料的解释。

**参 考 文 献**

[1] 王小品，贺振华. 基于小波变换与奇异值分解的地震资料去噪新方法[J]. 石油天然气学报，2010, 32(1): 232～236.

[2] E J Candes, L Demanet, D L donoho, L Ying. Fast Discrete Curvelet Transforms [J]. Applied and Computational Mathematics, 2005.

（16）油气田与煤田地球物理勘探

# 三维 Curvelet 变换 L1 范数约束稀疏反演一次波估计

# 3D Curvelet transform to estimation of primary by sparse inversion via one-norm constrained

冯 飞* 王德利

Feng Fei Wang Deli

吉林大学地球探测科学与技术学院 长春 130026

稀疏反演一次波估计（EPSI）方法直接对一次波反射系数进行估计，并且同时获得震源子波，从而避免 SRME 中的预测减去的过程。将 EPSI 方法改进为双凸化 L1 范数正则化的稀疏反演问题，并且采用交替优化方式，进行一次波反射系数和震源子波的直接交替反演估计，在反演一次波反射系数时，引入三维 Curvelet 变换作为稀疏约束，改进了一次波估计的方法。

## 1. 基本原理

一次波反射系数本身具有稀疏特性，将 EPSI 技术转化成为 L1 范数约束的凸优化问题，从而可以保留稀疏特性，进而对一次波反射系数进行直接反演估计，反演中采用简单的梯度解法（SPGL1）就可以使凸优化问题收敛于全局解。在进行一次波反射系数估计的同时，加入了三维 Curvelet 变换，在 Curvelet 域中一次波反射系数对应着相应的 Curvelet 系数，也就是一次波的反射系数在变换域中可以被很少的 Curvelet 描述。数学表达式为：

$$\mathbf{P}=\mathbf{X}_0(\mathbf{S}+\mathbf{RP}) \tag{1}$$

（1）式中大写黑体表示矩阵，$\mathbf{P}$ 代表总的上行波场，$\mathbf{X}_0$ 一次波反射系数，$\mathbf{S}$ 代表了震源子波信号，$\mathbf{R}$ 表示为自由表面的反射算子。之后我们定义一个线性算子 $\mathbf{A}$，得到了表达式：

$$\mathbf{A}x_0 = f_t^* BlockDiag_{\omega}[(\mathbf{S}-\mathbf{P})^* \otimes \mathbf{I}] f_t x_0 = \mathbf{p} \tag{2}$$

其最优化反演公式为：

$$\begin{cases} c_0 = \arg\min_{c_0} \|c_0\|_1 \; s.t., \|\mathbf{P}-\mathbf{AC}^* c_0\|_2 \le \sigma \\ x_0 = \mathbf{C}^* c_0 \end{cases} \tag{3}$$

（2）式中 $x_0$ 表示一次波反射系数向量，$\mathbf{p}$ 表示总的波场向量，$f_t$ 表示傅里叶正变换，$f_t^*$ 表示傅里叶反变换，$-\mathbf{I}$ 表示自由表面反射系数，⊗表示 Kronecker 积，其他符号含义与（1）式中的相同。（3）式 $\mathbf{C}$ 为三维 Curvelet 变换算子，表示 Curvelet 正变换，$\mathbf{C}^*$ 表示共轭算子，也就是 Curvelet 反变换 。其中 $c_0$ 表示了一次波反射系数对应的 Curvelet 系数，$x_0$ 为变换回物理域中的一次波反射系数，$\sigma$ 被看做是采集的数据与通过一次波估计推算出的总体上行波场的差值。

## 2. 实现过程

根据上述(3)式中的最优化反演公式对一次波反射系数运用 SPGL1（L1 谱梯度投影）法求解，SPGL1 是一种求解大尺度最小平方 L1 范数正则化问题的算法。将得到的 $x_0$ 带入求解震源子波的过程中，子波求解采用 LSQR 算法。之后重新回到一次波反射系数求解中。采用交替优化的方法，直到结果达到满足的$\sigma$。

最后同时得到一次波反射系数和震源子波信息，一次波反射系数和震源子波褶得到估计的一次波。

## 3. 结论

我们将 EPSI 技术发展，利用 L1 范数约束稀疏反演估计一次波，在其中加入三维 Curvelet 变换，直接在稀疏 Curvelet 中搜索一次波对应的稀疏解。由于一次波反射系数本身具有稀疏性，以及 Curvelet 能够描述多尺度多角度的表面具有奇异值的地震数据，所以一次波反射系数在 Curvelet 域中被更为清晰具体的描述，从而提高了一次波的连续性及能量。

本研究由国家科技重大专项（2011ZX05023-005-008）资助。

### 参 考 文 献

[1] Van Groenestijn G J A, Verschuur D J. Estimating primaries by sparse inversion and application to near-offset data reconstruction[J]. Geophysics, 2009(a), 74(3): A23~A8.

[2] T Y Lin T, Herrmann F J. Estimating Primaries by Sparse Inversion in a Curvelet-like Representation Domain [C]//73nd EAGE Conference & Exhibition. Vienna, Austria. 2011.

（16）油气田与煤田地球物理勘探

# 基于数据驱动的层间多次波压制方法研究

# Study on data-driven intenal multiple elimination method

刘 振*[1] 张军华[1] 于海铖[2] 步长城[2]

Liu Zhen Zhang Junhua et al.

1. 中国石油大学（华东）地学院 青岛 266580; 2. 胜利油田物探研究院 东营 257022

## 1. 引言

基于波动方程的自由表面多次波压制（SRME，Surface-related Multiple Elimination）技术已经比较成熟，并且已经成功应用于了实际生产中，特别是反馈迭代法和反散射级数法，由于其在预测多次波的过程中几乎不需要先验信息，受到了地球物理学界的广泛关注，成为多次波压制处理研究的重点。随着地震资料处理技术的不断发展，更为复杂而且分布也比较广泛的层间多次波在业界引起了注意，某些陆上资料中含有的层间多次波影响到中、深层储层的精细描述，因此针对层间多次波的压制（IME, Internal Multiple Elimination）方法的研究是很有必要的。目前发展出的 IME 方法与 SRME 方法相类似，有两大类，第一类是模型驱动的 IME 方法，第二类是数据驱动的 IME 方法。由于数据驱动的 IME 方法不需要速度模型等先验信息，应用起来相对比较容易，该类方法具有广阔的发展前景。

## 2. 基本原理

基于数据驱动的 IME 方法的思路来自于自由表面多次波模型，自由表面多次波模型将自由表面多次波的产生看作是反馈的过程，将接收点看作是自由表面多次波产生的激发点。层间多次波（IM）类似的理解为地下界面对界面以下地层的反馈，可以利用三个地表地震道求取，假设地表同一条测线上有 $A$，$B$，$C$，$D$ 四个点，由 $A$ 激发由 $D$ 接收的多次波 $IM_{AD}$ 可以利用 $A$ 激发 $C$ 接收的一次波 $P_{AC}$、B 激发 $D$ 接收的一次波 $P_{BD}$ 以及 $B$ 激发 $C$ 接收的一次波 $P_{BC}$ 表示，

$$IM_{AD} = P_{AC} * R([P_{BC} * S^{-1}]) * [P_{BD} * S^{-1}] \tag{1}$$

其中，$S$ 为震源子波，*表示褶积运算，$R(\cdot)$ 表示逆序运算。

实际层间多次波压制的过程，①如果资料中自由表面多次波比较发育，应首先应用 SRME 技术将自由表面多次波去掉；②确定产生层间多次波的层位 $T$，提取一次波数据道并进行初步处理，即 $P_{BC}$ 只保留 $T$ 所对应的反射轴，$P_{AC}$ 和 $P_{BD}$ 只保留 $T$ 对应反射轴以下的信息；③将 $A$，$D$ 间的地震道都进行组合，得到 $N$ 组用于预测的数据，应用公式（1）求 $N$ 个层间多次波道，并求这些道的平均值作为 $IM_{AD}$ 的预测结果，以减小预测误差；④选取合适的多次波减去算法，将地层 $T$ 对应的层间多次波剪掉。

由于对后续资料处理和解释影响比较大的层间多次波都是由强的反射界面产生的，该界面在叠前资料当中属于强能量轴，很容易识别。在处理的时候，层位 $T$ 对应的反射轴不必由地质模型正演得到，而是直接从炮集或 CMP 道集中提取出来。本文采用具有振幅控制的局部多子波分解技术在 CMP 道集中获得该反射轴信息，而且预测层间多次波的时候略去该轴的子波波形，用单脉冲取代，避免了 $P_{BC}$ 级联过程的震源子波校正，可以减小预测误差，本文用到的多子波分解方法见文献[2]。预测出来的层间多次波与一次波时差和曲率差别很小，不太符合多次波减去的正交性假设，所以在自适应减去的过程中时窗和滤波因子的长度的选择需要谨慎，可以通过多次试验来确定。

## 3. 实例应用

笔者将层间多次波预测和压制方法应用在了 Pluto 模型上，在消除了自由表面多次波的前提下，压制了几个强反射层所对应的层间多次波。通过试验，得到以下几点认识：①浅反射层对应的层间多次波对较深的反射层对应的层间多次波的预测有一定的影响，所以层间多次波的压制要有一定顺序，先去除自由表面多次波，然后再去掉海底反射层相关的层间多次波，然后再进行深层多次波的压制；②层间多次波的减去方法如果采用最小二乘滤波，应选择较宽的时窗和较小的滤波因子长度；③每一层对应层间多次波的预测和减去过程的计算量都和 SRME 方法相当，故要去除与哪些反射层有关的层间多次波，应该有针对性的选取，不宜过多。

参 考 文 献

[1] Weglein, et al. Multiple attenuation: Resent advances and the road ahead [J]. The Leading Edge, 2011, 8: 864~875.
[2] 张军华，等. 强屏蔽层下弱储层特征分析及识别方法[J]. 特种油气藏, 2012, 19(1): 23~26.

（16）油气田与煤田地球物理勘探

# 利用平面波分解滤波器进行绕射波分离

# Separating diffracted wave by using plane-wave destruction

孙　超* 李振春

Sun Chao　Li Zhenchun

中国石油大学（华东）地球科学与技术学院　青岛 266580

## 1. 引言

目前，断层、河道、岩丘边界及碳酸盐岩缝洞储集体等非均质体构造的高分辨率成像在油气勘探开发中的作用日益重要。该类目标体相对尺度小，横向速度变化剧烈，非均质性较强，因此，在地震记录上通常表现为丰富的绕射地震响应。传统的处理方法会将绕射波能量淹没，致使非均质目标成像分辨率低。本文主要讲述一种成像前将绕射能量从全波场中分离出来的方法，该方法能够克服基于倾角域共成像点道集提取绕射波过程中绕射波识别困难的问题，提高绕射波的分离程度。模型和实际资料试算表明，该方法对绕射波的分离精度高，对非均质体的成像效果较好。

## 2. 方法原理及实现过程

平面波分解滤波方法是多维时空域滤波器的替代形式，基于局部平面波物理模型的构建实现，目标是局部同相轴倾角估计。根据局部平面波物理模型构建的局部平面波有限差分方程可以表示为：

$$\frac{\partial P}{\partial x}+\sigma\frac{\partial P}{\partial t}=0 \tag{1}$$

其中，$P$ 为 $P(x,t)$代表波场；$\sigma$是局部地震倾角。倾角的大小可以分为三种情况：①常数；②时不变，只随着空间变化；③随着时间和空间同时变化。当局部倾角随着时间和空间同时变化的时候，可以利用局部算子的信息进行相邻地震道的预测，这也是使用其进行绕射波分离的主要原因。

传统的提取共倾角域角道集进行绕射波分离的方法存在着绕射波识别困难的问题。因此，寻找从全波场中分离绕射能量的方法成为提取绕射波的关键。值得庆幸的是，在平面波记录上反射波曲率较小，平滑度较高，绕射波曲率较大，连续性差，平面波分解滤波方法能很好的识别连续性较好的同相轴倾角信息。而对于连续性较差的局部同相轴倾角估计不足，因此使用该种方法可以很好的识别绕射和反射信息，为绕射波分离提供了一个新思路。

利用平面波分解滤波器提取绕射波的方法，其主要的实现过程可以概括为：首先，合成平面波记录，其过程大致可以描述为：①将点源产生的单炮记录所有记录道，不加任何时延的水平叠加，得到的记录可以看作是在所有检波点位置同时放炮的平面波垂直地面入射，在炮点位置接收到的地震响应结果；②对连续排列的炮记录重复步骤 1，得到垂直入射平面波炮记录剖面；③如果将记录道按一定的倾斜叠加（时延叠加），则获得沿一定倾角方向入射的平面波震源产生的炮记录。然后，进行绕射目标波场分离，其过程主要是使用平面波分解滤波方法，利用绕射波和反射波在平面波记录上有明显不同的特点（绕射波一般呈现双曲线，反射波一般呈直线），进行绕射波和反射波的分离。最后，根据公式将平面波域提取出的绕射波能量（反射波能量）反变换到点源激发的共炮集记录，进行偏移，可实现绕射目标的成像。

## 3. 认识和结论

利用平面波分解滤波器在平面波记录中进行绕射波分离，模型试算和实际资料处理结果表明，该方法能够获得较高精度的绕射波场，与利用倾角域共成像点道集提出的绕射波偏移成像结果对比后发现，该方法精度更高。但是，平面波合成过程和滤波过程中有些方面还需要进一步优化。

本研究由国家科技重大专项课题(2011ZX05014-001-008HZ)“解决重大问题缝洞储集体地震成像技术研究”和国家 973 课题(2011CB202402)“基于缝洞绕射特征的成像方法研究”资助。

### 参 考 文 献

[1] Sergey Fomel. Applications of plane-wave destruction filters [J]. Geophysics, 2002, 67(6): 1946~1960.

[2] Ulrich Theune. Least-squares local Radon transforms for dip-dependent GPR image decomposition [J]. Journal of Applied Geophysics. 2006, 59: 224~235.

[3] 孔雪, 李振春, 等. 碳酸碳酸盐岩缝洞型储层绕射逆散射成像研究[C]//中国地球物理学会第二十七届年会论文集, 2011: 618.

（16）油气田与煤田地球物理勘探

# 高角度单程波方程叠前深度偏移成像噪音压制方法

# A method for suppressing image noise in arbitrarily wide-angle wave equation prestack depth migration

林　鹤*　周　辉　苏　超

Lin He　Zhou Hui　et al.

中国石油大学(北京)CNPC 物探重点实验室　北京 102249

## 1. 引言

勘探目标的复杂化和勘探精度的提高，要求地震偏移成像方法可以对高陡倾角构造和横向速度变化较剧烈的地质体准确成像，这在很大程度上促进了叠前深度偏移方法的发展。Guddati 结合单程波方程、半空间刚度矩阵、有限元离散化等多种思想推导了高角度单程波方程(AWWE)[1]，并给出基于 AWWE 的偏移方法[2]。基于 AWWE 的叠前深度偏移方法可以避免逆时偏移过程中由于层间多次反射产生的低频干扰，较传统的单程波偏移方法更适用于对速度横向变化较大的复杂构造区以及陡倾角界面进行成像。本文详细地分析了成像噪音产生的原因，并介绍了一种基于倾角滤波思想的噪音压制方法。理论模型的试算结果表明倾角滤波方法可以很好地改善偏移成像质量。

## 2. 基本理论

Guddati[1]推导出时空域 AWWE 的上行波方程为

$$\mathbf{d}\frac{\partial^2 u}{\partial z\partial t}-\frac{1}{c}(\mathbf{\Lambda}_1+\mathbf{\Lambda}_2)\frac{\partial^2\mathbf{u}}{\partial t^2}+c\mathbf{\Lambda}_2\frac{\partial^2\mathbf{u}}{\partial x^2}=\mathbf{0} \tag{1}$$

其中，$\mathbf{d}=(1\quad 0\quad 0\quad \cdots\quad 0)^T$；$\mathbf{u}=(u\quad u_1\quad u_2\quad \cdots\quad u_{n-1})^T$；$T$ 表示转置；$u$ 表示波场值；$u_1,u_2,\cdots,u_{n-1}$ 是推导(1)式时引入的辅助变量；$n$ 表示辅助变量的个数；$x,z$ 分别表示空间水平和深度坐标；$t$ 表示时间变量；$c$ 是波在地下介质中的传播速度；$\mathbf{\Lambda}_1$ 和 $\mathbf{\Lambda}_2$ 是由传播速度 $c$ 和参考速度 $c_1,c_2\cdots c_n$ 定义的 $n$ 阶方阵。

为了分析成像噪音产生的原因，对方程(1)中的时间变量和空间变量做傅里叶变换，得到频率波数域 AWWE 方程，整理可得 AWWE 的频散关系。在两个参考速度的情况下，对比 AWWE 与全波方程的频散关系曲线可以得出，当水平慢度 $p_x$ 小于等于 1 时，AWWE 频散曲线的实部和虚部与全波方程频散曲线的实部和虚部吻合较好；当水平慢度 $p_x$ 大于 1 时，AWWE 频散曲线的实部和虚部与全波方程频散曲线吻合得不好。水平慢度 $p_x$ 大于 1 的部分对应的是倏逝波的能量，波场延拓过程中对倏逝波的不准确近似使得其能量无法衰减，这样就会在偏移结果中产生强烈的成像噪音。为了提高偏移成像质量，必须去除倏逝波的能量。根据倏逝波的频率波数特征，设计一个频率波数滤波器，滤波器的表达形式见公式(2)。在实际的偏移处理中，首先将记录波场变换到频率波数域中，然后用设计的滤波器对震源波场和记录波场进行滤波处理，最后再把处理后的波场变换回时空域进行下一步的偏移处理。

$$H(f,k)=\begin{cases}1 & |k|\le k_1\\ g(k) & k_1<|k|<k_2,\quad k_1=f/c-10dk,\quad k_2=f/c+10dk\\ 0 & |k|\ge k_2\end{cases} \tag{2}$$

其中，$H(f,k)$为频率波数响应函数，$f$ 为频率，$k$ 为波数，$c$ 为检波器所在位置处的地层速度，$g(k)$为余弦镶边函数，$k_1,k_2$ 为镶边函数的左右边界。通过一个水平单界面模型的叠前偏移实验验证了滤波方法的正确性和有效性。

## 3. 结论

本文在单程波频散关系的基础上，对 AWWE 叠前深度偏移方法成像噪音的产生原因做出了详细的讨论，并设计倾角滤波器压制成像噪音。理论模型的叠前深度偏移实验结果表明，倾角滤波方法可以很好地压制成像噪音，提高偏移成像质量。本文的研究也是对 AWWE 叠前深度偏移方法的补充和改进。

### 参 考 文 献

[1] Guddati M N. Arbitrarily wide-angle wave equations for complex media [J]. Computer Methods in Applied Mechanics and Engineering, 2006, 195: 65~93.

[2] Guddati M N. et al. Migration with arbitrarily wide-angle wave equations [J]. Geophysics, 2005, 70(3): S61~S70.

（16）油气田与煤田地球物理勘探

# 起伏地表坐标变换法弹性波逆时偏移研究

# The reverse-time migration for elastic waves with grid transformation in the presense of topography

杜杨杨* 李振春

Du Yangyang Li Zhenchun

中国石油大学（华东） 青岛 266555

## 1. 引言

随着地震勘探目标日趋复杂，适用于山地复杂地表和复杂构造的弹性波逆时偏移成为热点。而针对起伏地表的弹性波成像，国内外还尚未出现。本文做出大胆尝试，将处理起伏地表的坐标变换法用于弹性波逆时偏移。坐标变换最先由 Tessmer, Kosloff and Behle (1992)提出来，并将弹性波动方程从曲网格变换到计算所用的矩形网格，随后 Hestholm and Ruud (1994)等人将该方法应用到一阶速度应力方程。与计算量和存储量大的有限元和边界元相比，该方法不需要额外的存储，跟水平地表比起来只需要对自由边界进行计算，而且所用的自由边界条件适应任意起伏地形，易于扩展到三维。本文所选用的网格模板是交错网格，它的优点在于：用同样的算子步长，差分阶数可以增加；可以只用关于速度的边界条件，避免对应力的计算。

## 2. 方法原理及实现过程

逆时偏移包括正演、逆时延拓、应用成像条件和去除成像噪音。本文正演和逆时延拓都在矩形网格下。具体是先利用坐标变换关系式和链式法则，把速度应力波动方程从曲网格转换到矩形网格，对应的坐标系是$(x,z)$坐标系变换为$(\xi,\eta)$,该关系式为：

$$\begin{aligned} x(\xi,\eta) &= \xi \\ z(\xi,\eta) &= \frac{\eta}{\eta_{\max}} z_0(\xi) \end{aligned} \tag{1}$$

式中，最深层为零深度，$z_0(\xi)$高程面是指零深度到地表的距离，$\eta_{\max}$是变换后的实际深度。需要注意的是，变换前后纵向采样点数保持不变。

通过将曲网格中自由地表介质方程代入局部法向应力为零公式，得到自由边界条件公式：

$$\begin{aligned} -\sigma_{xx}(\partial z_0(\xi)/\partial\xi)+\sigma_{xz} &= 0 \\ -\sigma_{xz}(\partial z_0(\xi)/\partial\xi)+\sigma_{zz} &= 0 \end{aligned} \tag{2}$$

对地表用二阶差分离散，随深度增加，差分阶数依次过渡到十阶，时间上采用二阶差分进行正演，得到含有自由表面信息的地震记录和正演波场。分析地表波动现象，切除直达波、$f\text{-}k$ 滤波滤掉面波，然后直接对地表进行逆时延拓，逆时延拓程中对边界采用不需要坐标变换的衰减边界条件，地表仍用自由边界。

在计算时确保稳定性，除了要满足的时间采样定理，还要满足：

$$\frac{z_0(\xi)}{\eta_{\max}} > \max\left(1,\left\|\frac{dz_0(\xi)}{d\xi}\right\|\right) \tag{3}$$

考虑到震源和地形的影响，在起伏剧烈的地区不稳定性增强。为了保全原始的物理模型，一般通过减小$\eta_{\max}$来实现。对大部分起伏地表，$\min[z_0(\xi)]\approx 3\eta_{\max}$就可以满足稳定性，当地形函数的一阶或二阶导数不大时，该比例可以减小一些。

接下来将正演和逆时延拓所得的波场变换到曲网格下，利用互相关成像条件进行成像。最后对成像中的低频噪音用拉普拉斯滤波去除。

## 3. 认识和结论

通过对水平地表，半圆隆起地表，洼陷地表等模型进行模拟和逆时成像，得出结论是地表产生的多次波和面波等能量明显，对成像结果产生很大影响。由于变换后的采样间隔变小，数值频散降低，去除地表产生的干扰波后，地震同相轴清晰。

（16）油气田与煤田地球物理勘探

# 高斯波束逆时偏移

# Reverse time migration with Gaussian beams

张　晴*　李振春

Zhang Qing　Li Zhenchun

中国石油大学（华东）　青岛 266580

当前的地震成像方法主要分两类：波动方程的数值解法及几何射线类方法，前者计算精度高，但是计算量大，而射线类偏移方法由于其计算效率高及其灵活性，被当前工业界广泛应用，尤其是在三维地震数据中，最常见的射线偏移方法是 Kirchhoff 积分偏移，其具有较高的计算效率和对不规则观测系统良好的适应性。然而，传统的基于单次波至（最小走时或最大振幅）的积分法偏移在复杂地质条件下成像效果很不理想。虽然多次走时偏移很大程度上克服了上述的不足，但是也存在多值走时表难以存储以及难以进行编程实现的难题，特别是在三维的情况下。

高斯波束偏移是积分法偏移准确、灵活、高效的替代方法，其不但具有接近于波动方程偏移的成像能力，还可以对陡倾角地层以及各向异性介质进行成像。而基于波动方程的逆时偏移方法计算精度高，但是计算量大，故本文研究了一种以 Kirchhoff 积分为基础，利用高斯束的叠加积分来计算格林函数的逆时偏移算法，同常规的逆时偏移算法相比，具有效率上的优势，模型和实际资料证明该方法的高效性和实用性。

**1. 基本原理**

在高斯波束逆时偏移中，将逆时偏移的基本思想引用到常规高斯束偏移中利用高斯束的叠加积分来计算格林函数，然后根据 Kirchhoff 积分算子构建时间域的正向和反向延拓波场，利用互相关成像条件计算正向延拓波场和反向延拓波场之间的相干性。

在偏移过程中，选择合适的初始宽度，可以保证高斯束的走时和振幅在一个波长范围内缓慢变化，故可利用其光滑的实值走时信息来计算地下射线的传播角度从而提取 ADCIGs。利用沿水平和垂直方向的走时梯度，可以求得成像网格点上的射线传播角度，进而求得偏移张角，然后根据偏移张角将成像值累加在成像点所对应的角度范围内，得到 ADCIGs，将 ADCIGs 按所有角度进行累加便可得到最终的偏移结果。

基于互相关成像条件的真振幅高斯波束偏移（Gray et al 2009），可以得到能反映地下反射系数随角度的变化的 ADCIGs，适用于对地下岩性信息的提取；另外，ADCIGs 是唯一不存在多波至假象的成像点道集，因而其更适用于提高偏移速度分析的精度。

**2. 方法技术及算法**

由于高斯波束波前在其初始位置是绝对平面的，将震源和接收点波场分解为同其相匹配的平面波分量，便可以利用高斯波束在地下介质中进行延拓成像。震源处的点源波场和接受点处的记录波场可以分解为一系列角度变化的高斯波束，利用延拓算子计算地下一点某一时刻的波场，进而计算正向和反向延拓波场之间的相干性，若计算点在反射层上，由于正反向延拓波场有相同的相位，故成像值具有极大值。

高斯束逆时偏移方法根据 Hill（2001）提出的高效算法——最速下降法，将关于射线参数的多重积分进行简化进而减少计算量。由于高斯波束的走时和振幅信息变化平缓，因而其非常适合在粗网格上进行计算，然后再插值到细网格上，从而进一步提高计算效率。

**3. 结论和认识**

本文利用复杂的 Marmousi 模型、sigsbee2 模型以及实际资料进行高斯束逆时偏移的试算，试算结果得到同波动方程偏移相媲美的成像结果，验证了该方法的实用性，高效性和灵活性。

高斯波束逆时偏移不但克服了积分法偏移中普通射线方法中一些缺陷，而且可以对多次波至进行成像，同时还解决了逆时偏移算法中计算量和存储量大的问题。

**参 考 文 献**

[1] Popov. Reverse time migration with Gaussian beams and its application to a few synthetic data sets [C]//76th SEG Annual Meeting, 2007: 2165~2169.

[2] Gray. Gaussian beam migration of common-shot records [J]. Geophysics, 2005, 70(4): S71~S77.

[3] Hill. Prestack Gaussian-beam depth migration[J]. Geophysics, 2001, 66: 1240~1250.

（16）油气田与煤田地球物理勘探

# 复杂层状 TTI 介质中反射波非线性走时反演方法

# Nonlinear traveltime inversion of reflected wave in complex layered TTI media

黄光南[1,2]　刘　洋[1,2]

Huang Guangnan　Liu Yang

1.中国石油大学（北京）油气资源与探测国家重点实验室　昌平 102249;

2.中国石油大学（北京）CNPC 物探重点实验室　昌平 102249

## 1. 引言

纵观大部分二维和三维各向异性介质层析反演方法，可以发现它们常常使用弱各向异性假设，或者均匀各向异性参数地层；在实际层析反演时，地层各向异性的强度大小是不确定的，因此采用弱各向异性假设或者忽略地层水平方向的非均匀性都具有不合理性。周兵[1]提出了基于折射波的各向异性介质弹性参数层析反演方法，适用于强各向异性介质和起伏层状介质；为了利用地表地震数据进行各向异性介质弹性参数反演，这里提出了基于反射波法的各向异性介质弹性参数层析反演方法。

## 2. 各向异性介质非线性走时反演方法

各向异性介质非线性走时反演方法有别于各向同性介质非线性走时反演方法，它存在两个明显的不同点：一是射线追踪采用的速度是群速度，二是反演算法需要计算速度敏感函数。各向异性介质反射波射线追踪算法包括以下几个步骤：①模型参数化，以一定的网格单元大小，将各向异性介质模型划分成由主节点组成的网格模型；②初始化走时场，从炮点所在节点开始，计算炮点周围节点的走时，再从相邻节点计算其它节点的走时，并记录相邻节点中的走时最小值；③计算最小走时，一个晶格中两个节点之间的走时可以采用节点 $i$ 和 $j$ 之间的距离除以两个节点之间的平均群速度；④求取射线路径，当所有检波点的最小走时计算完成之后，可以拾取检波点所在节点的走时，并根据入射节点的序号以反向追踪的形式，求取连接检波点与炮点之间的射线路径，这样就可以得到共炮点道集的走时和射线路径；反复利用上述算法步骤，便可以完成所有炮点的射线追踪。各向异性介质的速度敏感函数是指相速度和群速度对各个弹性模量参数的偏导数表达式。各向异性介质弹性参数的非线性层析反演与地震数据的敏感性研究均要求计算速度对各个弹性模量参数的偏导数，因此速度敏感函数具有非常重要的作用和意义。

周兵[2]提出了两种计算速度敏感函数的方法：特征值法与特征向量法，通过数值模拟表明这两种方法不存在奇异值问题。速度敏感函数应用于各向异性介质非线性走时反演，敏感函数曲线表明：①对于不同弹性参数具有不同的敏感特性；②相同偏导数对 P 波、SV 波和 SH 波的敏感特性也不一样；③在一个波模式中，敏感特性曲线在相慢度方向 0～180°范围内是变化的。周兵[1]提出了一种新的非线性走时反演方法：一阶走时扰动方程的相速度微分形式；当炮点数与检波点数很多的情况下，它们之间存在大量的射线路径，一阶走时扰动方程可以进一步写成非线性反演的矩阵形式

$$\mathbf{m}_l = \mathbf{m}_{l-1} + Z_m[(\mathbf{J}^T_l\,\mathbf{W}_d\,\mathbf{J}_l + \lambda\mathbf{W}_m)^{-g}\,\mathbf{J}^T_l\,\mathbf{W}_d\,\delta\boldsymbol{\tau}_{l-1}] \quad (l=1,2,\ldots)$$

式中上标$-g$ 表示广义逆矩阵，$\mathbf{W}_d$ 和 $\mathbf{W}_m$ 分别表示数据与模型参数的权重矩阵，$\lambda$ 是平衡数据拟合度与模型粗糙度之间的变量，$\delta\boldsymbol{\tau}_{l-1}$ 表示观测走时和理论走时之差，$Z_m(\mathbf{m}_l)$是由每个模型参数 $m_v$ 的上限 $a_{vi}$ 和下限 $b_{vi}$ 定义的约束算子，$\mathbf{J}_l$ 为雅可比矩阵。

## 3. 模型试算

各向异性介质非线性走时反演可以采用两种不同的反演方案：弹性模量参数和 Thomsen 参数非线性走时反演方法。本文建立了水平层状介质模型和起伏层状介质模型，分别采用 P 波、SV 波和 SH 波进行反演，P 波和 SV 波反演得到了 $c_{11}$、$c_{13}$、$c_{33}$ 和 $c_{44}$ 参数剖面，SH 波反演得到了 $c_{44}$ 和 $c_{66}$ 参数剖面。

本研究由国家科技重大专项课题（2011ZX05024-001-02）资助。

### 参 考 文 献

[1] Bing Zhou, Stewart Greenhalgh, Alan Green. Nonlinear traveltime inversion scheme for crosshole seismic tomography in tilted transversely isotropic media [J]. Geophysics, 2008, 73(4): D17~D33.

[2] B Zhou, S A Greenhalgh. Analytic expressions for the velocity sensitivity to the elastic moduli for the most general anisotropic media [J]. Geophysical Prospecting, 2005, 53: 619~641.

（16）油气田与煤田地球物理勘探

# 弹性矢量波层析速度反演

# Tomography velocity inversion for elastic vector wavefield

秦　宁* 李振春

Qin Ning　Li Zhenchun

中国石油大学（华东）地球科学与技术学院　青岛 266580

## 1. 引言

目前，大多数速度分析方法都是在声波波动理论的基础上展开的，然而实际地球介质中的地震波是一种弹性波，因此应用弹性波波动理论才能精确地描述复杂介质中的波动现象。本文在地震弹性矢量波理论的框架下，推导了 P 波、S 波的走时层析反演方程，提出了一种利用成像角道集实现矢量波联合速度反演的方法流程。考虑到方法中需要多次抽取成像角道集，选用高斯波束叠前深度偏移以提高计算效率，并且利用 PP 波、PS 波角道集剩余曲率转换获取多波的走时残差。模型和实际资料试算验证了该方法的可行性和有效性，其能够为多波多分量数据的矢量波叠前深度偏移提供高精度的叠前速度场。

## 2. 方法原理及实现

弹性矢量波层析速度反演的主要思路是：利用弹性矢量波高斯波束叠前深度偏移提取的成像角道集获取走时残差，将一系列角度的射线走时残差沿着射线路径反投影得到 P 波和 S 波剩余慢度场，实现速度的更新反演。根据公式推导，可以得到如下的弹性矢量波层析反演方程：

$$\begin{cases} \boldsymbol{L}_p \Delta s_p = \Delta t_{pp} \\ \boldsymbol{L}_s \Delta s_s = 2\Delta t_{ps} - \Delta t_{pp} \end{cases} \tag{1}$$

其中，$\boldsymbol{L}_p$、$\boldsymbol{L}_s$ 分别为 P 波、S 波灵敏度矩阵，其元素对应于网格内相应速度场的射线路径长度；$\Delta t_{pp}$、$\Delta t_{ps}$ 为 PP 波、PS 波走时残差向量，$\Delta s_p$、$\Delta s_s$ 为待反演的 P 波、S 波慢度更新量。

因此，利用弹性矢量波层析实现速度反演，关键在于灵敏度矩阵的确定和走时残差的求取。灵敏度矩阵是通过在纵、横波速度场中进行射线追踪获得的，而走时残差可以通过角道集的剩余曲率转换得到。

弹性矢量波层析速度反演的实现步骤可以概括为：①输入原始叠前多分量地震数据，通过纵波叠加速度分析、转换波叠加速度分析和 Dix 公式得到初始的纵波及转换波层速度场，然后获取初始的横波层速度场；②在初始纵波、横波层速度场中进行射线追踪求取 P 波、S 波灵敏度矩阵；③利用初始纵波、横波层速度场对多分量地震数据进行弹性矢量波高斯波束叠前深度偏移，获取 PP 波、PS 波成像结果及相应的角道集，并根据走时残差与深度残差的转换关系求取 PP 波和 PS 波走时残差向量；④加入相应的正则化矩阵，建立弹性矢量波成像空间域走时层析反演方程组，通过求解方程组获取纵波和横波慢度更新量以更新速度；⑤根据 PP 波、PS 波角道集的拉平程度、多波（纵波和转换波）成像深度一致性原则以及层析反演的精度要求确定是否需要迭代，若需迭代则保持上覆层位速度与深度不变，返回步骤②继续进行层析更新，否则反演结束，终止迭代。

## 3. 认识和结论

本文提出了一种充分利用走时层析与成像角道集优势的弹性矢量波层析速度反演方法。走时层析方法能够分别利用偏移和层析获取高频速度界面和低频层间速度信息，具有较高的反演精度；成像角道集能够无假象地反映速度和深度的耦合关系，利用走时残差的准确计算。模型和实际资料试算表明，该方法具有较高的 P 波、S 波反演精度，在此基础上可以获取质量较好的矢量波成像结果。但是由于成像角道集分辨率的影响，低信噪比的叠前数据会对该方法产生不利影响，因此需要做好叠前数据的预处理工作。

本研究由国家 863 课题(2010AA0603223002)“多分量地震叠前联合成像与属性分析技术研究”和中国石油大学（华东）研究生创新工程重点项目(CXZD11-01)资助。

### 参 考 文 献

[1] 秦宁，李振春，杨晓东．自动拾取的成像空间域走时层析速度反演[J]．石油地球物理勘探, 2012, 47(3): 392~398.

[2] Qizhen Du, Fang Li. Multi-component joint migration velocity analysis in the angle domain for PP-waves and PS-waves [J]. Geophysics, 2012, 70(1): U1~U13.

（16）油气田与煤田地球物理勘探

# 频率域粘滞声波方程全波形反演方法研究

# Research on frequency-domain visco-acoustic full waveform inversion method

任志明* 刘 洋

Ren zhiming Liu yang

1. 中国石油大学（北京）油气资源与探测国家重点实验室 北京 102249;

2. 中国石油大学（北京）CNPC 物探重点实验室 北京 102249

地球物理学的基本问题就是用地面或井中的观测资料对地下的地质结构和矿产资源做出预测，即解地球物理反演问题。地震反演按照所用的信息不同分为走时类反演、振幅类反演和全波形反演。全波形反演充分利用地震波运动学和动力学信息，能得到精度更高的岩性参数，具有揭示复杂地质构造和岩性细节信息的潜力。与时间域相比，频率域全波形反演具有可并行性好、全局收敛能力强和更适合于衰减介质等优点。本文应用 L1 和 L2 两种范数准则构建目标函数，并分别采用 CG(共轭梯度法)和 L-BFGS（拟牛顿法的一种）两种反演算法来研究频率域粘滞声波波动方程反演问题。

## 1. 基本原理

频率域粘滞声波方程 ：$\left(v^2+i\omega\eta\right)\left(\dfrac{\partial^2 p}{\partial x^2}+\dfrac{\partial^2 p}{\partial z^2}\right)=-\omega^2 p$，其中，$i=\sqrt{-1}$，$\eta=v^2/(Q\omega)$，$v(x,z)$ 是速度，$Q(x,z)$ 是品质因子，$\omega$ 是角频率，$p$ 是压力场。

L2 范数：$E_{l_2}(\mathbf{m})=\dfrac{1}{2}\sum_{i=1}^{N}\Delta d_i^*\Delta d_i$，对应梯度：$\nabla E(\mathbf{m})=\mathrm{Re}\{\mathbf{J}^{\mathrm{T}}\nabla\mathbf{d}^*\}$。其中，$\Delta d_i$ 为计算值与观测值的残差，$\mathbf{J}$ 表示 Frechet 导数矩阵。

L1 范数：$E_{l_1}(\mathbf{m})=\sum_{i=1}^{N}\left|\Delta d_i\right|$，对应梯度：$\nabla E(\mathbf{m})=\mathrm{Re}\{\mathbf{J}^{\mathrm{T}}\mathbf{r}\}$，$r_i=\dfrac{\Delta d_i^*}{\left|\Delta d_i\right|}$。

CG 法：$\mathbf{m}_{k+1}=\mathbf{m}_k+\alpha_k p_k$，$p_k=-\nabla E_k+\dfrac{\nabla E_k^{\mathrm{T}}\nabla E_k}{\nabla E_{k-1}^{\mathrm{T}}\nabla E_{k-1}}p_{k-1}$。其中，$\alpha_k$ 为迭代步长。这里采用的是最常用的 PR 共轭梯度法。

L-BFGS 法：$\mathbf{m}_{k+1}=\mathbf{m}_k-\alpha_k\mathbf{H}_k\nabla E_k$。其中，$\mathbf{H}_k$ 为 Hessian 矩阵的逆近似。L-BFGS 法中，不直接存储 Hessian 逆矩阵，只存储几个向量组。每次迭代中，通过这几组向量来近似计算 Hessian 逆矩阵，大大节约了计算机内存。

## 2. 模型试算

上面介绍的两种范数和两种反演算法两两组合可以得到四种模式：L1-CG、L2-CG、L1-L-BFGS 和 L2-L-BFGS。本文设计了一个简单的“王子”模型来对这四种情况进行测试。模型大小为 700m×700m，网格间距为 10m。采用主频为 30Hz 的雷克子波作震源，反演频率范围 1～40Hz，14 个频带。8 炮，71 道，检波点位于地表。初始速度和 $Q$ 值模型为真实模型大尺度滑动平均的结果。

## 3. 结论与认识

由模型试算结果可以得到如下结论：四种情况都能得到比较满意的速度和 $Q$ 值结果；与 L1 范数相比，以 L2 范数构造目标函数的反演过程更稳定，但精度略低；与 CG 法相比，L-BFGS 法收敛速度更快，反演精度略高；四种情况的速度结果差异明显，但 $Q$ 值结果基本相同；L1-L-BFGS 得到的反演结果最接近真实模型。本文充分考虑了地下介质的衰减特性，以粘滞声波方程为基础同时反演出速度和 $Q$ 值的信息。又将 L1 范数和 L-BFGS 算法相结合提高了反演精度。

## 参 考 文 献

[1] Brossier R, et al. Which data residual norm for robust elastic frequency-domain full waveform inversion? [J]. Geophysics, 2010, 75(3): R37~R46.

[2] Nocedal J, S J Wright. Numerical optimization [M]. New York, US: Springer, 1999.

（16）油气田与煤田地球物理勘探

# 基于声波测井的地震拓频方法研究

# Study on seismic frequency expanding technique based on sonic wave logging

李曦宁* 田 钢

Li Xining Tian Gang

浙江大学地球科学系 杭州 310027

在地震勘探领域，为了获得更加详细的储层信息，将地震资料与测井资料结合进行综合研究。测井数据以其在垂向上较高的分辨率及丰富的高频信息的优势弥补了地震数据在垂向上的缺陷；而地震资料在横向上以其大范围覆盖面及可以连续追踪层位信息的优点填补了测井数据在横向上的不足。

本文利用测井资料丰富的高频信息和完整的低频成分来补充实际地震记录有限带宽的不足，将低分辨率的实际地震资料转换成具有较高分辨率的近似反射系数序列，为进一步开展波阻抗、层速度反演、岩性反演以及薄储层的追踪、对比、预测提供较可靠的地震依据。

**1. 研究思路**

本文将声波测井和密度测井数据得到的反射系数序列与理想的地震高频子波做合成地震记录，利用得到的合成记录与其对应时窗内的井旁地震道对比，可以得到由于低通地层滤波器所造成的高频信号损失规律，通过研究该高频子波的振幅与相位特性设计一个拓频反滤波器，通过此与时窗有关的反滤波器以提高叠后反射地震剖面的分辨率。

（1）测井数据与地震数据的匹配。对测井数据进行校正，消除其受井壁跨塌、泥浆浸泡等井孔环境的影响而产生误差；对测井数据进行深时转换后，按地震资料的采样率对时间重新采样合成地震记录，实现了两种资料采样间隔的匹配。

（2）合成地震记录。利用重采样后的测井数据计算地下各层的波阻抗 Z 和反射系数 R，选用高频 Ricker 子波与反射系数 R 做褶积，合成地震记录。

（3）获得反滤波器。将合成地震记录作为输入信号，其相应的井旁地震道作为输出信号，利用最小平方反褶积得到反滤波器，分析该反滤波器的振幅和相位在地震剖面的横向和纵向的变化规律，从而得到拓频反滤波器，以提高地震剖面的分辨率。

**2. 研究成果**

本文中的数据包括过 92 井和 93 井的测井数据和三维叠后地震数据体。测井深度一般在 1 000～3 040m 范围内，深度采样间隔为 0.1m；三维叠后地震数据体记录长度 2s、采样率 1ms。其中，92 井对应于 CDP772，93 井对应于 CDP663。

（1）分别分析 92 井、93 井反射系数序列与合成地震记录。高频的合成地震记录更好地反映了地下层位信息。两井的反射系数存在正负相反的现象，推测地层存在倒转和尖灭；合成地震记录的图形被压缩，推测可能由薄层干涉造成。

（2）92 井反滤波处理分析：合成地震记录与反射系数的层位对应很好，可反映相关层位信息；反滤波后记录与合成记录对应良好；根据 92 井得到的反滤波因子在地震剖面的横向和纵向变化规律后，改造其滤波器再作用于 93 井的过井记录，对比 93 井反滤波处理后的记录与其合成地震记录，对应效果较好，只存在振幅变化。经过反滤波处理后的 93 井记录与 93 井的过井记录对比，其薄层信息有所显现。

**3. 结论**

本文利用测井数据与地震数据的结合，合成地震记录，计算出拓频反滤波器，将其作用到叠后地震数据体中，效果更为明显。该方法增强了对薄层的识别能力，提高了地震资料的分辨率，为薄储层预测提供了良好的依据。

## 参 考 文 献

[1] X F Chen, et al. Seismogram synthesis for radially layered media using the generalized reflection /transmission coefficients method: Theory and applications to acoustic logging[J]. Geophysics, 1996, 61(4): 1150~1159.

[2] A Gisolf. A quantitative analysis of seismic-to-well matching[C]//EAGE 65th Conference & Exhibition Stavanger, Norway, 2003, 6: 2~5.

[3] 董震，潘和平. 声波测井资料与地震属性关系研究综述[J]. 工程地球物理学报. 2007，4(5): 487~493.

（16）油气田与煤田地球物理勘探

# 基于 Curvelet 变换的地层吸收补偿

# Absorption compensation based on curvelet transform

孙佳林* 王德利 孟大江

Sun Jialin Wang Deli et al.

吉林大学地球探测科学与技术学院 长春 130026

## 1. 引言

地层对地震波的吸收造成了震源子波时变、资料分辨率降低,特别是深层信号，经过较长传播路径的地层吸收衰减之后，高频信号被大量吸收，已经不能反映地层的真实情况， 使处理、解释遇到很多难题。针对这一问题，我们结合 Curvelet 变换多尺度，多方向性的特点，对地震数据进行分频分角度补偿，结果证明，此方法不但可以使中深层高频加强，频带展宽，而且可以只补偿特定方向的地震信号而不使干扰信号和随机噪声相应增强，极大的提高了地震资料的分辨率和信噪比。

## 2. 基本原理

如果没有地层吸收，不同频段的地震记录对于时间的能量分布关系具有相似性，即对所有频段的深层反射的能量与同一频段浅层反射能量之比应该相同，但是不同频段的绝对能量大小不一样。由于低频能量损失较少，故对高频记录乘以时变因子，使之深浅层能量之比与低频记录深浅层能量之比相同，就起到了补偿的作用。

Curvelet 变换是 Candes 和 Donoho 于 1999 年首先提出来的，是一种新的多尺度几何分析方法,属于稀疏函数表示理论的范畴，可以对高维信号进行最稀疏表达，能够很好的处理信号线奇异特征。由于 Curvelet 变换具有多方向性的特点，有效信号和随机噪声在 Curvelet 域中有不同的表示，因此，可以只提取有效信号部分进行吸收补偿处理而不增强噪音或随机干扰，以提高地震资料信噪比。

## 3. 实现方法

研究表明在不同反射面反射波互不重叠的情况下地震信号的衰减比率只与时间有关[2]，那么用衰减比率的倒数加权相应频段的地震记录，就可以消除地层吸收对频率的依赖性，而使之只与特定频率$\omega_0$的吸收有关，与其它频率无关。也就是说，若$\omega_0$给定，则地层吸收只是传播时间的函数，在地震记录上则表现为不同时间的地震子波波形一致，振幅相差一个比例因子，可以通过时域动平衡来消除。

因此，我们用 Curvelet 变换把地震记录分解为频宽很窄的不同信号$x_{j,l}(\omega,t)$的叠加，其中$j$,$l$分别为为 Curvelet 变换的尺度，角度参数。为了减小反射波相互重叠的影响，可以通过加平滑窗的办法求$X_{j,l}(\omega,T_k)$，用$X_{j,l}(\omega,T_k)$代替$x_{j,l}(\omega,t)$逐点递推求衰减比率$D_{j,l}(\omega,T_k)$，然后用$D_{j,l}(\omega,T_k)$倒数加权$x_{j,l}(\omega,t)$，消除地层吸收影响，然后将倒数加权后的数据进行反 Curvelet 变换，就得到经 Curvelet 变换地层吸收补偿后的地震记录。处理时可以只提取各个频段特定角度的数据，并略去一部分小的 Curvelet 系数，以压制随机噪声，提高数据信噪比。并且可以利用 Curvelet 变换的方向特性，只针对特定角度地震道进行精细处理而不影响其他。

## 4. 结论

理论分析和实际资料的处理的结果表明利用 Curvelet 变换对地震数据进行分频，并通过高频深浅层系数比与低频深浅层系数比之比来加权高频信号，可以有效消除地层吸收和地震记录的时变，提高地震资料的分辨率。利用 Curvelet 的方向特性可提高对数据进行定向精细处理的能力，为高精度地震处理提供了一种有效手段。

本研究由国家科技重大专项（2011ZX05023-005-008）资助。

### 参 考 文 献

[1] Candès E, Donoho D. Curvelets: A surprisingly effective nonadaptive representation for objects with edges [M]. TN: Vanderbilt University Press, 1999.

[2] 李鲲鹏, 李衍达, 张学工. 基于小波包分解的地层吸收补偿[J]. 地球物理学报, 2000, 43(4): 542~549.

（16）油气田与煤田地球物理勘探

# 上覆碳酸盐影响下的古生界时深转换方法研究

# The discussion of time-depth conversion methods for Paleozoic under the influence of underlying carbonate

刘励云* 张金淼 杜思耕 黄兴文 孔国英

Liu Liyun　Zhang Jinmiao　et al.

中海油研究总院海外评价中心　北京 100027

H 构造位于波斯湾海域，是一个从古生代至今持续发育的穹隆构造。晚二叠系 Khuff 组及其上覆地层以海相沉积为主，岩性主要为碳酸盐。早二叠系及其下覆地层以三角洲及河流相沉积为主，岩性主要为碎屑岩，泥盆系 Jauf 组是工区的主要目的层。工区内有一口钻井 H，位于构造翼部，仅钻穿碳酸盐地层。区块外有一口钻井 M，钻至奥陶系 Qasim 组地层。工区深层碎屑岩地层时深转换面临着两个风险：①深部碎屑岩地层无时深关系；②浅层大套碳酸盐地层，其中晚二叠系 Khuff 组是一套速度为 6 500m/s 的高速层，其厚度变化对下覆地层的时深转换带来很大的风险。针对这些问题，本文充分利用各种不同资料，并尝试运用多种方法对工区的时深转换进行探讨。

**1. 常规时深转换**

**1）分段公式拟合**

地层速度影响因素主要包括岩性、地质年代和埋深等。工区速度特征：地层速度受岩性影响分为上下两个趋势，晚二叠之上的碳酸盐速度随深度变化而增大，从白垩系地层速度约 4 000m/ms 到晚二叠系地层速度 6 000 m/ms 以上；晚二叠之下的碎屑岩地层速度随深度变化而增大，从早二叠系 4 400 m/ms 到奥陶系 4 900 m/ms。针对此地质以及钻井情况，采取分层的原则进行时深转换。H 构造晚二叠系及以上碳酸盐地层的时深关系采用 H 井 VSP 资料进行公式拟合。工区内早二叠及以下碎屑岩层段无速度资料，需要对 H 井的时深关系进行延伸。文中速度下延思路：根据构造、沉积分析和地震剖面反射特征分析的基础，参考工区附近速度资料齐全的 M 井的速度变化趋势来重构 H 井在早二叠及其以下层段碎屑岩速度。

经分段公式拟合后，解决了公式拟合的准确性，但未考虑上覆地层的影响。上覆大套碳酸盐披覆沉积于整个构造，呈中间厚两翼薄的特点，其中 Khuff 组地层速度高达 6 500 m/ms，时间厚度上差别达 40 ms，其深度厚度上误差约 130 m。

**2）公式拟合与层速度联合成图**

针对上述风险，本文采用另一种时深转换方法，上覆碳酸盐仍然利用 H 井的速度采用公式拟合法进行时深转换，在下覆碎屑岩利用层速度模型进行时深转换，其中层速度通过碎屑岩的拟合公式计算所得。

此方法的 Jauf 组顶面的深度有效克服了上覆高速碳酸盐厚度差异带来的影响。但以上两种方法都存在一个问题，古生代碎屑岩的速度信息仅来源于重构速度，对构造高点带来很大的不确定性。

**2. 叠前深度偏移资料约束下的联合时深转换**

本工区有两条过构造主体部位叠前深度偏移十字地震剖面。叠前深度偏移的一个优点是利用共成像点道集进行速度分析[2]，其速度在横向变化的趋势较可靠。时深转换思路：利用已有井的 VSP 速度资料建立速度模型，对地震解释成果进行时深转换生成构造图，并参考叠前深度偏移地震资料进行校正，使最终构造图与深度地震资料最佳吻合。如何将校正值推至平面网格是本方法的关键。通过深入分析发现校正值与构造幅度具有线性关系，可利用此关系应用于整个平面网格从而生成最终的构造图。

本方法考虑消除了上覆高速碳酸盐带来的影响，还充分利用地震速度信息来模拟地层速度，弥补了古生代地层速度信息来源于重构速度带来的风险，其结果更好的反应了地下真实构造形态。

**3. 结论与认识**

通过采用分段公式拟合提高了公式拟合的精度，公式拟合与层速度联合成图法在此基础上考虑了上覆巨厚高速碳酸岩的影响。通过叠前深度剖面联合成图不仅参照井的 VSP 速度，还以深度偏移的速度资料为约束，其最终时深转换结果更接近实际深度，有利于构造真实形态的落实，进而降低勘探风险。

## 参考文献

[1] 郑鸿明，等. 影响构造形态的原因分析及解决思路[J]. 石油物探, 2012, 51(1): 292~294.

[2] 黄兆辉，等. 速度控制点法在川东高陡构造时深转换中的应用[J]. 地球物理学进展, 2008, 23(3): 717~721.

（16）油气田与煤田地球物理勘探

# 蚂蚁追踪技术在 Y 地区断裂系统解释中的应用分析

# The application and analysis of ant tracking technology in fault system interpretation in Y region

黄健良* 乐友喜 问 雪 何昌龙

Huang Jianliang Yue Youxi et al.

中国石油大学（华东）地球科学与技术学院 青岛 266580

精准的断裂系统解释是地震资料解释中关键的一环,其解释准确度和精度对后续地震地质研究具有十分重要的影响。目前，很多断裂系统解释方法具有很强的主观人为性，寻找一种更客观的有助于断裂系统解释的方法成为了解释人员的共同愿望，而蚂蚁追踪技术正是这样一种方法。它能有效地提高解释精度，甚至能解释出在地震剖面上人工难以区分的微小断层和细微裂缝，增强了对弱反射信号解释的可靠性，大大减少人工解释的时间和主观性。本文对 Petrel 软件的蚂蚁算法进行研究，并应用该技术对 Y 地区断裂系统进行解释，并将其解释结果与人工解释结果、层位相干和多尺度边缘检测结果进行对比分析。

## 1. 方法原理

蚂蚁算法由 Dorigo 等[1]人提出，它是一种解决组合优化问题的多 agent 方法，它模拟蚂蚁在寻找食物过程中发现路径的行为，是对无数路径进行归纳概括形成最佳路径的过程。基于蚂蚁算法的蚂蚁追踪技术用于地震解释是通过在地震数据体中播撒大量的电子蚂蚁，对断层异常值进行追踪，它可以自动追踪地层中不连续的地方，从而能自动识别、提取断层，并能详细成图。蚂蚁追踪技术进行断裂系统解释的工作流程由以下 4 个主要步骤组成[2]:

步骤一：地震数据预处理。包括对地震信号进行构造平滑处理等增强地震数据在空间上的不连续性。

步骤二：产生蚂蚁属性体，此为核心步骤。通过设置合理的参数，进行蚂蚁追踪处理，则会在原始地震数据体上出现蚂蚁追踪过后的痕迹，从而可以得到蚂蚁属性体。此步骤中影响最终结果的参数主要有以下几个：蚂蚁分布边界、追踪的偏移度、搜索步长、非法范围、法定范围、终止参数等。在实际应用中应根据资料特点反复试验，选择最优参数组合。

步骤三：提取断片，同时进行验证和编辑。

步骤四：建立最终的断裂解释模型。

## 2. 实际应用及分析

蚂蚁追踪技术在在近几年被用于地震资料解释中后，取得了良好的效果。我们将蚂蚁追踪技术应用于 Y 地区断裂系统解释中。首先对原始地震数据作方差体来增强地震数据在空间上的不连续性；然后，优选参数对方差体进行蚂蚁属性体提取；最后，获得蚂蚁体的断裂系统自动解释结果。对多个平面与剖面的蚂蚁追踪后得到的结果与人工解释结果进行对比分析发现，在大的断层系统上，蚂蚁追踪结果与人工解释结果几乎一致；而在微小断层和裂缝等小尺度目标的解释方面，蚂蚁追踪结果的信息非常丰富，而人工解释得出的构造图并没有太多细节，从而说明蚂蚁追踪技术能够对微小断层等小尺度目标进行追踪。蚂蚁追踪技术在地震剖面上虽然能识别断层和裂缝等，但对剖面内复杂的断层组合却相对乏力，这也是蚂蚁追踪技术的一点不足。将层位相干与人工解释的结果进行对比分析发现，层位相干虽能检测出大的断裂系统,但对小断层的识别仍显乏力。将蚂蚁追踪与多尺度边缘检测结果进行对比发现，除了大断层，二者对小断层等小尺度目标都能进行清楚的识别，但是，在某些细节上，如更小级别的断层，蚂蚁追踪技术要比多尺度边缘检测的结果更为丰富，也更为清晰。

## 3. 结论

实际应用效果表明，无论在纵向还是横向上，蚂蚁追踪技术都能使断裂系统准确、客观、真实地反映，尤其在微小断层和裂缝等小尺度目标上的识别上，有着人工解释、相干体技术等常规断裂系统解释技术手段难以做到的独特之处。

参 考 文 献

[1] Dorigo M, Maniezzo V, Colomi A. Positive Feedback as a Search Strategy[R].Milan: Milan Politecnico di Milano, 1991: 91~106.

[2] 唐琪凌，苏波，王迪，等. 蚂蚁算法在断裂系统解释中的应用[J]. 特种油气藏，2009，16(6): 30~33.

（16）油气田与煤田地球物理勘探

# 基于混合标准偏差算子的地震资料边缘检测方法

# Edge detection of seismic data based on mixed standard deviation operator

陈学华* 贺振华 裴小刚 蔡涵鹏

Chen Xuehua　He Zhenhua　et al.

成都理工大学油气藏地质及开发工程国家重点实验室　成都 610059

## 1. 引言

地震数据中包含的不连续性信息如断层、缝洞发育带、河道砂边界、透镜体边缘、礁体以及其他特殊岩性体等，反映在图像中即为边缘，刻画它们的几何形态与空间分布等对于油气勘探开发具有重要意义。振幅梯度类算子是实现地震边缘检测的重要方法（Chopra & Marfurt，2007），它利用了相邻地震数据的振幅在横向上的变化，即实际上提取了相邻地震数据标准偏差的高异常。但振幅梯度类算子的微分运算对于噪声十分敏感，且易出现局部假异常（Cooper & Cowan，2008），而地震数据中邻近断层或裂缝等不连续性信息的位置更复杂，更易受到噪声污染（Luo，2002），为此，本文提出了一种混合标准偏差算子，它避免了利用微分法计算振幅梯度算子的缺陷，且在提取边缘异常的同时直接消减了噪声干扰。本文利用该算子的三维体元实现方法对某区三维海上资料进行了处理，对于断层、裂缝带等地质异常的成像效果良好。

## 2. 方法原理与实际资料处理

传统的基于振幅梯度类算子的边缘检测方法可突出相邻地震数据在横向上的振幅变化，然而，由于该类方法直接利用微分计算，使检测的可靠性受噪声的明显影响，且邻近位置地震振幅的微分计算缺乏不连续性信息的多尺度特性和异常的趋势统计特性，在实际应用中，局部振幅变化并不完全是地质上的不连续性异常引起的，使振幅梯度类算子提取的结果常出现假异常和多解性。

当地震振幅的横向变化较大时，其相邻数据存在较大的标准偏差，而地震数据含有噪声时，其样点的真实振幅在一定孔径内往往接近标准偏差较小时的地震振幅值。综合这两个特性，本文利用最大标准偏差和最小标准偏差建立混合标准偏差算子，同时从三维地震资料的三个方向上提取不连续性异常信息，更有利于反映与真实的地质异常有关的地震不连续性信息的趋势特征。具体包括以下关键处理步骤：①设定计算孔径，确定计算混合标准偏差算子的三维体元的形状；②分别计算体元的加权平均标准偏差，确定其最大和最小值；③利用最大标准偏差和最小标准偏差计算混合标准偏差算子，获得反映体元不连续性异常的边缘体；④重复上述过程，生成三维边缘数据体。

利用合成的包含了断层、河陡岸（Cutbank）和点坝（Point bar）的信号模型进行分析，从计算结果可见，几种地质特征均显示为突出的边缘，定位精确，噪声的影响小，且不同孔径计算的边缘的延续度存在差别，说明该算子能反映边缘的多尺度特征。利用本文方法处理了 ZH 区海上三维资料，从处理后的边缘数据体中提取的沿层切片可见，它清晰地显示了目的层段的多条断层、相带边界和裂缝带等地质异常特征，且背景干扰少，其中大孔径的结果反映了大断层和相带边界的宏观走向，以及裂缝带的空间展布，而小孔径的结果刻画了小断层和裂缝带内部的细节特征。

## 3. 结论

本文的混合标准偏差算子同时考虑了地质不连续性所致的地震振幅的横向变化和噪声干扰对于振幅变化的影响，可同时实现边缘提取和噪声干扰的压制，由于该算子的计算是在三维体元上实现的，所以它能更可靠地反映与真实的地质异常有关的振幅变化，减少不连续性信息检测的不确定性和假异常。本文方法可作为一种新的地震资料几何属性分析方法，为实现储层内部结构刻画和构造解释提供支持。

本研究由国家自然科学基金项目(41004054)和国家科技重大专项项目(2011ZX05023-005-010)资助。

### 参 考 文 献

[1] Chopra S, Marfurt K J. Seismic attributes for prospect identification and reservoir characterization [M]: Society of Exploration Geophysicists, Tulsa, USA, 2007.

[2] Cooper G R, Cowan D R. Edge enhancement of potential-field data using normalized statistics [J]. Geophysics, 2008, 73(3): H1~H4.

（16）油气田与煤田地球物理勘探

# 主成分分析与核主成分分析在地震属性降维中的应用

# Application of PCA and KPCA in seismic attributes dimension reduction

张晶玉 [1,2] 刘 洋 [1,2]

Zhang Jingyu Liu Yang

1. 中国石油大学（北京）油气资源与探测国家重点实验室 昌平 102249;
2. 中国石油大学（北京）CNPC 物探重点实验室 昌平 102249

地震属性的降维处理是地震属性优化的一种重要方法，它通过映射或数学变换方法，将地震属性空间由高维压缩至低维，去除原始地震属性中的冗余信息，得到少数更具有代表性的地震属性。主成分分析(PCA)方法和核主成分分析（KPCA）分别是地震属性降维中具有代表性的线性和非线性方法。

**1. 主成分分析**

PCA 由 Karhunen 于 1947 年提出，Loeve 于 1963 年对其进行了归纳总结，因此主成分分析也称为 K-L 变换。PCA 是在最小均方差意义下最好的线性降维方法，它将实际问题中的多个向量（如多条测井曲线或多个地震属性）重新融合生成一组新的数量较少的向量来代替原来的向量。主成分分析的处理目标是：①降低原始数据的维数；②最大限度地提取原始数据的信息；③降维后得到的向量与原始向量之间的误差最小；④将复杂数据以简化的方式可视化。

PCA 方法用矩阵可以表示为：

$$\mathbf{Y}=\mathbf{A}^{\mathrm{T}}\mathbf{X}$$

其中，$\mathbf{X}=[x_1,x_2,\ldots x_n]^{\mathrm{T}}$ 表示原始 $n$ 个向量 $x_i$ $(i=1,2\ldots,n)$组成的矩阵，$\mathbf{Y}=[y_1,y_2,\ldots y_n]^{\mathrm{T}}$ 是经过主成分分析变换后得到的矩阵，$\mathbf{Y}$ 中各向量之间完全去除了相关性，且 $\mathbf{Y}$ 中的向量是原始向量 $x_i$ $(i=1,2\ldots,n)$的线性组合。变换矩阵 $\mathbf{A}^{\mathrm{T}}$ 是由原始矩阵 $\mathbf{X}$ 的协方差矩阵 $\mathbf{C}x$ 对应的特征向量 $\mathbf{A}i$ $(i=1,2\ldots,n)$组成。

**2. 核主成分分析**

PCA 本质上是一种线性映射算法，它建立在原始变量之间存在线性关系的假设之上，因此在处理非线性问题时，往往不能取得好的效果。而实际的地震属性之间的关系往往是非线性的，因此采用非线性方法更为合理。KPCA 是一种基于核函数的主成分分析方法，它是一种非线性处理方法。假设 $\mathbf{X}=[x_1,x_2,\ldots x_n]^{\mathrm{T}}$ 表示原始 $n$ 个向量 $x_i$ $(i=1,2\ldots,n)$组成的矩阵。KPCA 的基本思想就是一个非线性函数 $\mathbf{\Phi}$ 将输入空间映射至高维的特征空间 $F$，然后在这个高维空间中进行 PCA 分析。

原始矩阵 $\mathbf{X}$ 在高维空间 $F$ 中映射为 $\mathbf{\Phi}(\mathbf{X})$，假设 $\mathbf{\Phi}(\mathbf{X})$已经过中心化处理，需要计算 $F$ 空间的协方差矩阵 $\mathbf{C}_{\mathbf{\Phi}(\mathbf{X})}$。由于非线性函数 $\mathbf{\Phi}(\mathbf{X})$的确切形式是不知道的，无法得到高维空间中的协方差矩阵，因此需要使用核函数 $\mathbf{K}$ 来得到 $\mathbf{\Phi}(\mathbf{X})$的协方差矩阵，核函数矩阵中的元素与协方差矩阵元素的关系为 $\mathbf{K}_{\mathrm{ij}}=(\mathbf{\Phi}(\mathbf{x}_{\mathrm{i}}), \mathbf{\Phi}(\mathbf{x}_{\mathrm{j}}))$，括号表示内积运算。

目前常用的核函数有四种：线性核函数，$p$ 阶多项式核函数，高斯径向基核函数和多层感知器核函数。利用核函数得到高维空间的协方差矩阵后，采用和 PCA 相似的处理方法，就能得到核主成分分析的结果。

**3. 应用效果分析与结论**

通过两个实例对 PCA 和 KPCA 的降维效果和效率进行了比较，结果表明，PCA 得到的第一主成分的贡献率通常在 70%左右，而 KPCA 得到的第一主成分贡献率可以达到 90%以上，表明 KPCA 的降维效果优于 PCA。利用第一主成分得到属性剖面图，对比可知，KPCA 的第一主成分可以更好地展示储层的边界和特殊的地质构造特征，表明 KPCA 在特征提取方面要优于 PCA。在计算效率方面，KPCA 需要的计算时间随原始属性维数的增加而明显增加，当原始属性为 17 维时，计算时间为 PCA 的 6 倍。

本研究由国家科技重大专项课题（课题编号：2011ZX05019-008）和国家自然科学基金课题（课题编号：40839901）资助。

**参 考 文 献**

[1] Arthur E Barnes. Redundant and useless seismic attributes [J]. Geophysics, 2007, 72(3): 33~38.
[2] Yuan Y, Liu Y, Zhang J Y, et al. Reservoir prediction using multi-wave seismic attributes[J]. Earthquake Science, 2011, 24: 373~389.
[3] 印兴耀, 孔国英, 张广智. 基于核主成分分析的地震属性优化方法及应用[J]. 石油地球物理勘探, 2008, 43(2): 179~183.

（16）油气田与煤田地球物理勘探

# 支持向量机法在漠河冻土区天然气水合物科学钻探 MK-2 孔测井岩性识别中的应用

# The application of SVM to the logging lithologic identification of gas hydrate scientific drilling borehole-2 in Mohe permafrost region

肖　昆[1*]　邹长春[1]　邱礼泉[2]　高文利[2]　黄兆辉[1]　聂　昕[1]
项　彪[1]　刘东明[1]　王丽忱[1]　万　宇[1]

Xiao Kun　Zou Changchun　et al.

1. 中国地质大学(北京)　北京 100083；2. 中国地质科学院地球物理地球化学勘查研究所　廊坊 065000

**1．引言**

MK-2 孔位于黑龙江省漠河县境内。漠河县位于中国大兴安岭北麓，黑龙江上游南岸，中国版图的最北段，地理坐标为东经 121°07′至 124°20′，北纬 52°10′至 53°33′，是中国纬度最高的县份。MK-2 孔设计钻探深度为 1000m，目前仍在钻进中。中国地质大学（北京）测井实验室参与了漠河冻土区 MK-2 孔天然气水合物地球物理综合测井工作，取得了自然伽马、自然电位、电阻率、中子、密度、声波时差等 13 种测井数据。利用已钻井段地层的岩心编录和常规测井资料，采用支持向量机法对研究区井段地层开展了岩性识别研究。

**2．MK-2 孔岩性测井响应特征**

根据研究区岩心编录资料将研究区岩石类型划分为 5 种：砂岩、泥岩、灰岩、糜棱岩、泥质板岩。通过对 MK-2 孔已钻井段的测井资料和岩心编录资料进行分析，优选出能够反映岩性变化的测井参数，最终确定中子孔隙度（CNL）、自然伽马（GR）、电阻率（RT）、密度（DEN）和声波时差（AC）等 5 种测井曲线作为岩性识别的特征参数。通过统计 MK-2 孔已钻井段的同一岩性在不同井段的测井响应值，总结出 MK-2 孔地层有利于天然气水合物赋存的主要岩性的测井响应特征。砂岩的测井响应具有“三高两低”的特征，在测井曲线上表现为高中子、高电阻率、高密度、低自然伽马、低声波时差；泥岩的测井响应具有“两高三低”的特征，在测井曲线上表现为高中子、高自然伽马、低电阻率、低密度、低声波时差；灰岩的测井响应具有“三高两低”的特征，在测井曲线上表现为高电阻率、高密度、高声波时差、低中子、低自然伽马。

**3．支持向量机法识别 MK-2 孔地层岩性**

**1）支持向量机方法原理**

支持向量机是 20 世纪 90 年代中期发展起来的，它是建立在结构风险最小化原则以及 VC 维概念基础上的一种有限样本统计学习理论，其基本思想是通过核函数将样本空间映射到特征空间，在特征空间中求出原样本的最优分类面。由于该算法能够在模型的复杂性和学习能力之间寻求最佳折中，所以具备非常好的泛化能力。目前该方法能够解决模式识别中的小样本、非线性及高维问题，已经应用于测井岩性识别中取得较好效果。

支持向量机方法实现分类的基本原理是给定一个训练集（$x_i$,$y_i$），$i$=1,…$n$，这里 $x_i \in R_m$，$y_i \in \{1,-1\}$，支持向量机需要解决的问题是在

$$y_i[\varpi^T \varphi(x_i + b) \geq 1 - \xi_i \tag{1}$$

条件下找到

$$\min(\frac{1}{2}\varpi^T \omega + C\sum_{i=1}^{n}\xi_i) \tag{2}$$

的最优解。其中，训练向量 $x_i$ 通过函数 $\varphi$ 被映射到一个更高维的空间中。支持向量机在这个更高维的空间中找到一个线性超平面，使得这个超平面在这个空间中具有最大的分类间隔。$\xi_i$ 为引入的一个松弛变量，

C>0 是个指定的常数，它控制对错分样本的惩罚程度，C 越大表示对错误的惩罚越重。

对于一些非线性问题，可以通过非线性转换为某个高维空间的线性问题，在变换空间求最优分类面。通过对线性超平面的讨论可以看出，最优分类函数（2）式中只含待测样本和支持向量间的内积，而在高维中的这种内积运算可以用原空间中函数实现。根据泛函的有关理论，只要一种核函数 $K(x_i,x_j)$ 满足 Mercer 条件，这个高维空间中的内积就能实现。目前，支持向量机使用较多的核函数有以下几种。

(1) 线性 $$K(x_i,x_j)=x_i^T x_j \tag{3}$$

(2) 多项式 $$K(x_i,x_j)=(\gamma x_i^T+r)^d,\gamma>0 \tag{4}$$

(3) 径向基函数（RBF） $$K(x_i,x_j)=\mathrm{e}^{-\gamma\|x_i-x_j\|^2},\gamma>0 \tag{5}$$

(4) Sigmoid 函数 $$K(x_i,x_j)=\tanh(\gamma x_i^T x_j+r) \tag{6}$$

其中，$\gamma$、$r$ 和 $d$ 都是核函数的参数。

**2）支持向量机模型岩性识别**

作为支持向量机岩性识别模型的输入特征参数，测井资料的选择对于支持向量机岩性识别模型的识别率有很大的影响，通过优选对岩性敏感的参数，确定 CNL、GR、SP、RT、DEN、AC 等 6 种测井曲线作为支持向量机岩性识别模型的输入特征参数。支持向量机岩性识别模型的输入特征参数曲线有 6 种，即学习样本维数为 6，需要区分的岩性有 5 类，即分类数为 5，由此建立样本空间为 6 维 5 类。

不同测井曲线所代表的数据在取值范围上有较大的差异，而且数据量纲也不一致，如果直接用作学习样本会使得收敛速度很慢；更重要的由于取值较大的数据对学习过程将起到决定性作用，使得数值较小的变化不敏感，从而导致学习精度的降低。因此，在进入支持向量机岩性识别模型之前，无论是学习样本还是检验样本，都需要进行归一化处理，将它们刻度在统一的数值量纲范围内。

设 $x_{ij}$ 和 $x'_{ij}$ 分别表示第 $i$ 层第 $j$ 条曲线在归一化处理之前和之后的值，则有：

$$x'_{ij}=\frac{x_{ij}-x_{j\min}}{x_{j\max}-x_{j\min}} \tag{7}$$

其中；$x_{j\max}=\overset{l}{\underset{i-1}{\mathrm{MAX}}}(x_{ij})$，$x_{j\min}=\overset{l}{\underset{i=1}{\mathrm{MIN}}}(x_{ij})$。经归一化处理后各测井曲线数据分布在 0~1 之间，比较适合于支持向量机岩性识别模型的学习。

根据前人对核函数选取的研究，认为 RBF 效果最好，故本次研究采用 RBF 作为核函数。对于核函数中的惩罚程度参数 $C$ 和参数 $\gamma$，采用网格搜索来训练参数 $C$ 和 $\gamma$，用交叉验证法对目标函数进行寻优，以此确定最佳的参数使交叉验证的精度最高。利用归一化的学习样本数据进行学习，最终确定 $C=0.5$，$\gamma=0.031$。利用已经训练好的支持向量机岩性识别模型对检验样本数据进行岩性识别，识别结果为 30 个检验样本的岩性识别结果只错判一个，识别率 96.67%。

**4. 结论**

通过利用支持向量机法对 MK-2 已钻井段地层开展的岩性识别研究，得出以下结论：

（1）建立了 MK-2 孔井段地层有利于天然气水合物赋存的主要岩性的测井响应特征，从而可以利用不同岩性测井响应差异来定性识别岩性。

（2）利用支持向量机法建立了 MK-2 孔岩性识别模型，对研究区井段地层岩性样本的识别率达到 96.67%。

本文研究由中央高校基本科研业务费（2011PY0189）资助。

**参 考 文 献**

[1] 赵省民，等. 漠河多年冻土区天然气水合物的形成条件及成藏潜力研[J]. 地质学报, 2011, 85(9): 1536~1550.

[2] 张尔华，等. 支持向量机模型在火山岩储层预测中的应用—以徐家围子断陷徐东斜坡带为例[J]. 地球物理学报, 2011, 54(2): 428~432.

[3] 张莹，等. 支持向量机与微电阻率成像测井识别火山岩岩性[J]. 物探与化探，2011, 35(5): 634~642.

[4] Cherkassky V, et.al. Vapnik-Chervonenkis(VC) learning theory and its applications[J]. IEEE Transactions on Neural Networks, 1999, 10(5): 985~987.

（16）油气田与煤田地球物理勘探

# 基于 RBF 的页岩油气储层有机碳含量预测

# RBF method for total organic carbon content prediction of shale reservoirs

谭茂金*[1,2]　邹友龙[1]　刘　琼[1]　郭　越[1]

Tan Maojin　Zou Youlong　et al.

1.中国地质大学地球物理与信息技术学院　北京 100083;

2. 地下信息探测技术与仪器教育部重点实验室　北京 100083

有机碳的评价是页岩油和页岩气储层生烃潜力和品质评价的重要参数。利用测井资料评价有机碳含量的方法主要有ΔlogR 和经验公式法。ΔlogR 法涉及参数多，计算步骤复杂；而通过构建一元和多元经验公式计算有机碳含量时，经常会遇到相关系数低、误差较大的情况。为此，本文拟探索利用基函数神经网络进行页岩有机碳含量的非线性预测。

**1. RBF 基本原理**

径向基函数(Radical Basis Function，RBF)神经网络是一种三层前向网络，包括输入层、隐含层和输出层。在有机碳含量(TOC)的 RBF 方法预测中，选择多种敏感测井数据输入层，待求的有机碳含量(TOC) 输出层，那么利用该 RBF 网络可实现测井有机碳含量的预测。在 RBF 网络中，输入层实现从输入层到隐含层的非线性映射，即 $\boldsymbol{x} \rightarrow \boldsymbol{G_i(x)}$，输出层实现了从隐含层到输出变量的线性映射，即 $\boldsymbol{G_i(x)} \rightarrow \boldsymbol{y^k}$。整个过程为

$$\boldsymbol{y}_k = \sum_{i=1}^{m} \boldsymbol{w}_{i,k} \boldsymbol{G}_i(x), k = 1, 2, \cdots, m \tag{1}$$

式中，$\boldsymbol{y}_k$ 是输出节点数(输出变量数)；$\boldsymbol{w}_{i,k}$ 是 RBF 网络的输出权值；$m$ 是隐含层节点数；$\boldsymbol{G}_i(x)$为基函数。本文选择高斯基函数作为径向基函数

$$\boldsymbol{G}_i(x) = \exp(-\| \boldsymbol{x} - \boldsymbol{c}_i \|^2 / 2\sigma_i^2), \mathrm{i} = 1, 2, \cdots, m \tag{2}$$

式中，$\boldsymbol{x}$ 是 $n$ 维输入向量；$\boldsymbol{c}_i$ 是第 $i$ 个基函数的中心，与 $\boldsymbol{x}$ 具有相同维数；$\sigma_i$ 是第 $i$ 个感知的变量，它决定了该基函数围绕中心点的宽度。

最佳网络参数的选择。本文采用 leave-one-out 方法，即从所有的样本中取出 1 颗待预测的岩心，然后利用剩下样本确定最佳网络参数，最后计算取出岩心的数值。依次循环对每个样本进行预测。

**2. 实例分析**

A 井来自文献[1]，共取芯 24 颗，测井方法有自然伽马(GR)、深感应(RT)、声波(AC)、密度(DEN)和中子(CNL)测井，分别选择 RT-AC、RT-DEN、RT-CNL 作为输入进行 RBF 实验，计算过程中采用 Leave-one-out 方法交叉验证确定最佳高斯宽度，预测结果比ΔlogR 法的相关系数高。

B 井为中国石化在彭水地区部署的一口参数井，主要目的是探索黄平向斜下寒武统九门冲组页岩的各项地质参数。岩心实验的总有机碳含量(TOC)除与 GR 等相关性较好外，与 AC、DEN、PE、CNL 等测井数据相关性较差，尤其与 DLL 相关性不好。利用ΔlogR 法泥岩基线值不容易确定，计算结果与实验结果相关系数也不高，为此，选择 RBF 方法进行预测。分别选择不同相关性的测井属性作为输入进行实验，从计算的精度对比可以看出，当选择与有机碳含量相关系数高的测井方法作为输入变量时其平均绝对误差较小。当选择 THU/U/KTH/GR/DEN 作为输入时，预测结果与实验结果相关系数最高。

**3. 结论**

RBF 网络是一种性能良好的前向网络，利用该方法可以实现有机页岩生烃能力的非线性预测。在应用中，应优先选择与有机碳含量相关系数高的测井方法作为输入变量。该方法考虑了多种测井方法对 TOC 的综合响应，与 ΔlogR 法相比，RBF 法操作简单，计算精度高，比经验公式法具有更大的准确性和适用性。

本研究由国家自然科学基金(41172130)；中央高校基本科研业务费专项(2-9-2012-48)；国家重大专项大型油气田及煤层气开发(2011ZX05014-001)；中国石油青年创新基金(2011D-5006-0305)资助。

**参 考 文 献**

[1] Freedman R. New Approach for solving Inverse Problems Encountered in Well-logging and Geophysical Applications [J]. Petrophysics, 2006, 47(2): 93~111.

[2] Passey Q R, Creaneys, et al. A Practical Model for Organic Richness from Porosity and Resistivity Log [J]. AAPG Bulletin, 1990, 74 (12): 12~17.

（16）油气田与煤田地球物理勘探

# 页岩气储层参数的测井评价方法

# Log evaluation method for shale gas reservoir parameters

黄兆辉[1,2] 邹长春[1] 聂 昕[1] 肖 昆[1] 项 彪[1] 万 宇[1]

Huang Zhaohui Zou Changchun et al.

1. 中国地质大学（北京） 北京 100083；2. 重庆科技学院 重庆 401331

## 1. 引言

页岩气是一种赋存于富含有机质的泥页岩及其粉砂质岩类夹层中的非常规天然气资源，具有自生自储的特性，因此页岩气储层评价参数及方法与常规天然气有着较大的区别。除了计算储层的孔、渗、饱参数外，还需要研究评估页岩生烃能力的总有机碳含量、热成熟度指数等参数。地球物理测井可以连续、快速地从井中获取地层的多种物理响应数据，通过实验和理论分析研究，进行页岩气储层参数的测井评价。

## 2. 页岩气储层测井响应特点

根据页岩气储层的地质特点，采用能够反映页岩有机质特征及气体指示的地球物理测井方法进行储层识别。页岩气常规测井方法有井径、自然伽马、双侧向或双感应、补偿中子、补偿声波、岩性密度等。页岩的矿物成分为粘土，且富含较高生烃能力的有机质，表现出高到非常高的自然伽马值和容易产生扩径的井径曲线特征；泥质粘土及其所含束缚水会造成较低的电阻率值，而较高丰度的有机质及所含气体均为高电阻率值响应特征，因此页岩气储层电阻率总体表现为低值，局部出现高值特征，双侧向或双感应曲线大体重合，局部亦有可能出现负差异甚至正差异；页岩的主要组成为低速的粘土矿物及有机质，因此具有较高的声波时差值，且在含气泥岩裂缝储层中多有周波跳跃现象发生；中子测井主要反映的是含氢指数，由于页岩的束缚水饱和度大于含气饱和度，而水的含氢指数大于气体的含氢指数，另外有机质中的氢含量也会使孔隙度偏大，而在页岩气储集层段，中子孔隙度值显示为低值；此外，页岩的粘土矿物及有机质组成具有较低的密度及光电吸收截面指数的测井响应特征。因此含气页岩测井响应特征可以归结为“四高两低一扩”，即高自然伽马、高电阻率、高声波时差、高中子孔隙度，低密度、低光电吸收指数，和扩径特征。

## 3. 页岩气储层孔渗参数计算

孔隙度和渗透率的计算是页岩气储层渗透流体能力大小的度量，是页岩气开采中关键的参数。其中页岩气储层孔隙度包括了基质孔隙度和裂缝孔隙度。采用常规三孔隙度测井方法结合岩心实验数据进行校正，可以计算页岩孔隙度。其计算公式为：

$$\phi=\frac{\log_{mes}-\log_{ma}}{\log_{f}-\log_{ma}} \tag{1}$$

式中，$\phi$ 为孔隙度值，$\log_{mes}$、$\log_{ma}$、$\log_f$ 分别为实测、基质骨架、孔隙中的流体测井值，可以是声波、中子、密度测井中的任意一种方法，由声波测井计算得到基质孔隙度，而由中子测井或密度测井计算得到总孔隙度。裂缝孔隙度则可以通过双侧向测井响应值进行估算，其计算公式为：

$$\phi_f=\left[\left(\frac{1}{R_{LLS}}-\frac{1}{R_{LLD}}\right)\Big/\left(\frac{1}{R_{mf}}-\frac{1}{R_w}\right)\right]^{\frac{1}{mf}} \tag{2}$$

式中，$\phi_f$ 为裂缝孔隙度，$R_{LLS}$、$R_{LLD}$、$R_{mf}$、$R_w$ 分别为浅侧向、深侧向、泥浆滤液、地层水的电阻率值。$mf$ 为裂缝胶结指数。

通过岩心实验分析孔隙度与渗透率之间的拟合关系，即可利用测井孔隙度估算渗透率参数。而页岩气含水饱和度的分析可以借鉴美国 Barnett 地区经验公式：

$$S_{wi}=\left(\frac{R_w}{\phi_{d9i}^{m}R_t}\right)^{1/2} \tag{3}$$

式中，$S_{wi}$为含水饱和度，为从密度孔隙度得出的估计孔隙度（$\phi_{d9i}=\phi_d-9\%$）；$R_t$为地层电阻率；$m$为岩石的胶结指数。

此外，也可以通过核磁共振测井方法得到精确度较高的孔隙度和渗透率参数计算方法。

$$\phi_{NMR}=\sum_{i=1}^{n}HI_w\phi_{wi}\left[1-\exp(-\frac{T_w}{T_{1wi}})\right] \tag{4}$$

$$K=\frac{\phi_{NMR}^3}{2}(\frac{T_2\rho_2}{\tau})^2 \tag{5}$$

式中，$\phi_{NMR}$为核磁共振计算的孔隙度，$HI_w$指水的含氢指数，通常等于 1；$\phi_{wi}$、$T_{1wi}$分别指第 $i$ 个孔隙水的孔隙度和纵向弛豫时间，$T_w$指极化时间。$T_2$、$\rho_2$分别为横向弛豫时间和弛豫强度，$\tau$为弯曲因子。

## 4. 页岩气储层生烃能力参数计算

页岩作为烃源岩的生烃能力评价是页岩气储层测井评价的又一重要内容，通常采用总有机碳含量（*TOC*）和热成熟度指数（*MI*）这两个参数来反映生烃能力。

有机质含量是生烃强度的主要影响因素，随着有机质含量的增大，电阻率和声波时差也会随着变化，在有机质含量较低层段，电阻率和密度会相互重合或平行，而在富含有机质层段，声波时差明显增大，而烃类的存在，会使两条曲线产生较大的分离特征。针对这一理论认识，采用声波时差—电阻率曲线叠加计算 ，可以建立其与对应层位 *TOC* 之间的回归关系。此外，有关研究表明亦表明，自然伽马、体积密度等参数与 *TOC* 之间的亦呈线性相关关系，根据这些理论，可以得到测井资料预测 *TOC* 的有关方程式：

$$\Delta\lg R=\lg(R_t/R_{base})+k\cdot(\Delta t-\Delta t_{base}) \tag{6}$$

$$TOC=(\Delta\lg R)\cdot 10^{a\cdot R_0+b} \tag{7}$$

$$TOC=c\cdot GR+d \tag{8}$$

$$TOC=e\cdot DEN+f \tag{9}$$

式中，*GR*、*DEN* 分别为自然伽马、密度测井在页岩气储层的平均响应值，$R_t$、$R_{\text{base}}$分别为页岩气储层测量电阻率值和非烃岩电阻率基线值，$\Delta t$、$\Delta t_{\text{base}}$分别为页岩气储层测量声波时差值和非烃岩声波时差基线值，$R_0$为镜质反射率，$a$、$b$、$c$、$d$、$e$、$f$、$k$ 为拟合系数。

当页岩中 *TOC* 达到一定指标后，有机质的成熟度则成为页岩气源岩生烃潜力的重要预测指标，含气页岩的成熟度越高表明页岩生气量越大。定义热成熟度指数 *MI*，其测井方法计算公式为：

$$MI=\sum_{i=1}^{N}\frac{N}{\phi_{n9i}(1-S_{w75i})^{1/2}} \tag{10}$$

式中，$N$ 为取样深度处密度孔隙度$\phi_d\geqslant 9\%$且含水饱和度 $S_{wi}\leqslant 75\%$的数据样本总数；$\phi_{n9i}$为每个取样深度的$\phi_d\geqslant 9\%$时的中子孔隙度；$S_{w75i}$为每个取样深度的$\phi_d\geqslant 9\%$且$S_{wi}\leqslant 75\%$时的含水饱和度。

## 5. 结束语

我国的页岩气勘探开发起步较晚，有关测井资料的积累较少，借鉴国外的有关成功经验，利用测井资料进行页岩气储层识别及储集性能和生烃潜力的定量计算，可为页岩气资源开发决策提供重要依据。而随着资料的丰富和研究的深入，页岩气储层的测井评价技术必将会得到更为广泛的运用。

本研究由中央高校基本科研业务费专项资金（2011PY0188）资助。

### 参 考 文 献

[1] 莫修文，李舟波，潘保芝. 页岩气测井地层评价的方法与进展[J]. 地质通报，2011, 30(2~3): 400~405.

[2] 唐巨鹏. 煤层气赋存运移的核磁共振成像理论和实验研究[D]. 阜新：辽宁工程技术大学，2006.

[3] Xie Ranhong, Xiao Lizhi, Wang Zhongdong . The influence factors of NMR logging porosity in complex fluid reservoir[J]. Science in China Series D: Earth Sciences，2008, 51(2): 212~217.

[4] H Zhao, N B Givens, B Curtis．Thermal maturity of the Barnett Shale determined form well-log analysis[J]．AAPG Bulletin，2007, 91(4): 535~549.

（16）油气田与煤田地球物理勘探

# 基于随机行走法的核磁共振微观模拟及参数分析

# NMR micro-simulation based on random walk method

徐晶晶[1] 谭茂金[*1,2]

Xu Jingjing Tan Maojin

1. 中国地质大学地球物理与信息技术学院 北京 100083;
2. 地下信息探测技术与仪器教育部重点实验室 北京 100083

核磁共振(NMR)微观响应特征对于复杂孔隙结构的研究具有重要意义。论文研究了核磁共振微观孔隙数值模拟的随机行走法基本原理及其实现步骤；针对理想孔隙模型，利用随机行走法模拟了磁化强度衰减，验证了方法的正确性；计算了不同孔隙尺寸及形状、不同流体的核磁共振微观响应，研究了扩散半径、行走者数目等参数对模拟结果的影响，为下一步开展基于像素的数字岩石数值模拟准备了条件。

**1. 方法原理**

核磁共振弛豫包括表面弛豫、体积弛豫和扩散弛豫。其中，体积弛豫和扩散弛豫的模拟可依据核磁共振弛豫公式实现，表面弛豫拟采用随机行走法模拟其磁化强度衰减，其具体步骤如下：

(1) 初始时刻，行走者被随机放置于孔隙空间中，确定每个行走者的初始位置。

(2) 对于时间步长$\Delta t$，每个行走者由其初始位置$[x(0),y(0),z(0)]$或当前位置$[x(t),y(t),z(t)]$扩散到新位置$[x(\Delta t),y(\Delta t),z(\Delta t)]$或$[x(t+\Delta t),y(t+\Delta t),z(t+\Delta t)]$，并且新位置在以初始位置为球心、半径为$s$的球体表面上：

$$\Delta t = s^2/6D,\ x(t+\Delta t) = x(t) + s\sin\Phi\cos\theta$$

$$y(t+\Delta t) = y(t) + s\sin\Phi x\sin\theta,\ z(t+\Delta t) = z(t) + s\cos\Phi \tag{1}$$

其中，$0\le\theta\le 2\pi\ 0\le\Phi\le\pi$。

(3) 如果行走者接触到孔隙的固体表面，磁化强度以$(1-\delta)$衰减，且行走者回到前一时刻的位置：

$$\delta = 2\rho s/3D \tag{2}$$

其中，$\rho$是表面弛豫率，$s$是扩散半径，$D$是扩散系数。

(4) 记录固定时间间隔的磁化强度，重复步骤(2)～(4)，直至采样时间超过预设截止值。

**2. 研究成果**

研究了随机行走法的原理及其实现步骤，实现了利用随机行走法的模拟程序，并分别对球体孔隙、立方体孔隙、圆柱体孔隙模型进行了数值模拟，并得到其磁化强度衰减，发现模拟结果与解析解一致性好。而且，还进一步对不同扩散半径、不同行走者数目、不同孔隙尺寸、不同流体、不同形状的孔隙模型进行了模拟实验，得到了其 NMR 微观响应。最后，将模拟结果采用 BRD 法进行了$T_2$分布反演，其反演得到$T_2$分布的数值与采用弛豫公式计算的结果一致性好。

**3. 结论**

(1) 当表面弛豫机制起主导作用时，可以利用随机行走法模拟磁化强度的衰减，即仅适用于 $\rho R/D<<1$ 的情况，$\rho R/D$越小，模拟精度越高。

(2) 在利用随机行走法进行 NMR 微观数值模拟时，应该对计算时间与模拟精度综合考虑，适当选取扩散半径与行走者数目。

(3) 通过不同半径球体的模拟实验发现：孔隙半径越小，磁化强度衰减速率越大。

(4) 通过球体孔隙中填充不同流体的模拟实验发现：在弛豫机理中，表面弛豫起主要作用。

(5) 通过对等体积不同形状孔隙的模拟实验发现：在等体积不同形状孔隙模型中，磁化强度衰减速率不同，衰减速率大小为：立方体>圆柱体>球体。

本研究由国家自然科学基金(41172130)，中央高校基本科研业务费专项(2-9-2012-48)，国家重大专项大型油气田及煤层气开发(2011ZX05014-001)，中国石油青年创新基金(2011D-5006-0305)资助。

**参 考 文 献**

[1] 陶果，等. 岩石物理的理论模拟和数值实验新方法[J]. 地球物理学进展，2005，20(1): 4~11；

[2] 肖立志，等. 中国复杂油气藏核磁共振测井理论与方法[M]. 北京：科学出版社，2012.

（16）油气田与煤田地球物理勘探

# 槽波探测研究进展与成效

# Channel wave exploration research progress and effects

王　伟[1]　滕吉文[2]　乐　勇[3]　崔焕玉[4]　高　星[1]

Wei Wang　Jiwen Teng　et al.

1. 资源与环境信息系统国家重点实验室 中国科学院地理科学与资源研究所　北京 100101;
2. 中国科学院地质与地球物理研究所　100029 北京; 3. 河南义马煤业集团股份有限公司　义马 472300;
4. 河北煤炭科学研究院　邢台 054000

目前我国煤矿的主要灾害有瓦斯突出、水灾、火灾、煤尘爆炸及顶板冒落等，而现用物探手段尚难满足生产与安全需求，因此如何准确地探明煤层中的各种地质构造异常体的类型，排除事故隐患乃当务之急。近些年来兴起的槽波地震井下探测技术，在探查煤层内部各种有关地质构造问题上，取得了一定的成效。它是当前可探明煤层中局部小构造和异常体，且分辨率高，在井下探测距离大的一种地震勘探方法 。

在煤层厚度变异条件下进行煤矿开采工作，不仅严重影响正常的施工进度，而且加大了对断层、高应力区等危险因素的探测难度。为此对河南义马矿区 11061 工作面进行槽波透射法测量，在巷道显示的煤层厚度变化为：1.5～8 m，从理论频散曲线分析速度与厚度关系，确定 125 Hz 频率槽波主要用于观测煤层厚度为 2～5 m 的煤层厚度变化，有效提取了 684 个频散曲线，并分别拾取了 125 Hz 时槽波群速度与旅行时，采用旅行时层析成像方法获得工作面内煤层速度、厚度以及高应力区分布特征。

煤层内次级断层是煤田地震勘探中常见的一种典型的构造体。地面三维地震由于其观测精度的限制，对次级断层常常漏测或者定位误差大，影响煤矿安全开采，有时造成重大人员伤亡事故。为了探寻煤层内次级断层更精确位置和采煤工作面内小异常体的探测方法，在河南义马矿区 2505 工作面进行槽波反射法观测，沿 390 m 巷道范围内，布设了 26 个激发点和 27 个接收点，采用基于克希霍夫积分类偏移方法和共反射点叠加偏移方法对义马矿区 2505 工作面内断层及岩层进行成像，并结合槽波信号的属性分析、虚震源偏移方法，识别断层、巷道及岩层的反射类型。揭示了煤层内断层的形态与位置：在右端距测线 35 m，向左上方延伸 300 m、距测线 70 m 左右终止；在探测范围右端揭示出大面积岩石出露。

煤层陷落柱是煤田地震勘探及开采中常见的一种典型的非均匀地质体，对煤炭与煤层气资源的开采具有危害。由于来自陷落柱的反射信号少、反射能量弱，使得基于反射波的常规地震成像方法难以有效地识别陷落柱。。为精确定位工作面内小型陷落柱，确保安全生产，在山西端王煤矿 090606 工作面里段进行透射实验，在上巷布置了 27 个激发点，在下巷布置了 24 个接收点，巷道间距为 150 m，通过频散分析拾取了 400 个埃里相旅行时，并进行层析成像反演计算，获得试验区域内槽波群速度分布图，排除了地面三维地震勘探给出的陷落柱，在研究区域发现 7 个异常体,查明了长轴长大于 20 m 陷落柱分布落差落差大于 1/2 煤厚的断层分布情况。结合巷道揭露的地质情况，为煤矿高效安全生产修改了生产方案。

通过实例研究，应用槽波特性（传播距离远、能量强、波场特征明显、频散）探明工作面内小构造、异常体、煤层厚度变化等地质问题，对煤矿的开采计划、储量估计、危害评价、以及矿水管理等能够提供合理参考数据。在井下进行槽波反射法观测煤层内次级断层、小构造等异常体，比地面三维地震勘探更为精确，是探测采煤工作面内小异常体的有效方法；各种成像方法有其自身的优缺点以及适用性：如克希霍夫积分偏移方法中的虚震源偏移方法不能区分实震源与虚震源，对直反射界面有效，延迟求和方法未考虑波形转换信息，造成分辨率低，而将槽波信号进行包络计算后，进行常规速度扫描叠加，其分辨率亦会严重降低；三种瞬时属性信息在同一反射位置发上明显变化，则反映探测对象的物性变化，并以此推断反射类型,增加解释的可靠性； 在煤层变异条件下进行槽波透射法探测煤层内小异常，透射层析成像一般选择优势煤层条件下优势频率相应的群速度进行层析成像反演运算；在煤层比较稳定条件下，应选择埃里相对应的群速度进行层析成像反演运算。因数据采集环境复杂、恶劣，空间与通道有限，不能通过高覆盖次数叠加处理方法来提高信噪比。

## 参 考 文 献

[1] 杨真, 冯涛, Shugang Wang．0.9m 薄煤层 SH 型槽波频散特征及波形模式 [J]．地球物理学报,2010,53(2)：442~449.
[2] 王伟，高星，李松营，乐勇，胡国泽，历玉英．槽波层析成像方法在煤田勘探中的应用：以河南义马矿区为例[J]．地球物理学报，2012, 55(3): 1054~1062.
[3] 刘天放, 潘冬明, 李德春, 李海山. 槽波地震勘探[M]. 徐州：中国矿业大学出版社, 1994.

（16）油气田与煤田地球物理勘探

# 煤层厚度与地震属性关系的正演研究

# A forward modeling for the relationship between the thickness of coal-bed and seismic attributes

胡 鹏* 魏建新 狄帮让

Hu Peng Wei Jianxin et al.

中国石油大学(北京)CNPC 物探重点实验室 北京 102249

## 1. 引言

煤层属于典型的低速薄层。而煤层厚度特别是薄煤层厚度的预测，仍然是煤层储层预测研究的主要任务。在煤田地震勘探中，煤层与其顶底岩层存在着较大的物性差异，具有大的波阻抗差，在地震记录上形成相当强的反射波，能够为煤层的地下情况提供有力的资料，前人根据岩石标本物性参数测试，证实煤层与围岩(即顶、底板)物性差异明显。其中，密度相差 1.9～2.5 倍，速度相差 1.2～3.3 倍；尽管各种岩石都有波阻抗差存在，反射系数却相差不大，通过计算得到的反射系数最大的也不超过 0.2，而煤层顶底板单界面反射系数一般在 0.3～0.5 之间，同时由于煤层属于薄层，煤层反射的顶底界面反射相互干涉，形成煤层反射波，单纯从煤层反射波波形入手，难以定量预测煤层厚度。不同地区煤层埋藏深度、厚度有很大差异，且同一煤层由于局部构造差异，其原生煤和构造煤之间的密度及速度也有较大差异，会存在分叉、合并、缺失、剥失等各种地质情况，煤层厚度预测难度较大。针对上述涉及的问题，本文设计了两个数值模型（模型一、模型二）对其进行研究。

## 2. 模型设计

模型一设计四套围岩地层和上下两层煤层，煤层埋藏深度较深，在均在 1 000m 以上，上层煤层厚度的变化范围为 2～16m，为一楔形体，煤层最大厚度大于 1/4 波长，煤层的速度为 2 592m/s，密度为 1.6g/cm$^3$，类似于原生煤构造特征；下层煤层的厚度不变，均为 18m，属厚煤层，煤层的速度为 2 340m/s，密度为 1.58g/cm$^3$，其中在此煤层中间部分设计了两段低速煤层段（左边低速段速度为 2 030m/s，密度为 1.5g/cm$^3$；右边低速段速度为 1 755m/s，密度为 1.45g/cm$^3$），以模拟煤层裂隙或构造发育带。模型一空间采样精度为 2m，采用 60Hz 零相位雷克子波进行声波方程模拟。模型二共设计五套围岩地层和两层煤层，煤层埋藏深度较浅，在 700m 以内，上层煤层厚度的变化范围为 1～8m，为一楔形体，煤层最大厚度小于 1/4 波长，煤层的速度为 2 592m/s，密度为 1.6g/cm$^3$；下层煤层的厚度存在煤层分叉和合并现象，煤层总厚度为 12m，部分端煤层厚度渐变（1～10m），煤层的速度为 2 340m/s，密度为 1.58g/cm$^3$。模型一空间采样精度为 1m，采用 65Hz 零相位雷克子波进行声波方程模拟。对两个数值模型所得数据进行处理，并对所处理的地震数据选取合理的时窗提取各种地震属性进行分析。

## 3. 结果分析

通过对所设计的模型的分析对比，得到以下几点结论：

(1) 尽管煤层厚度较薄、沉积特征有差异（煤层合并分叉等），但是其初至对应于煤层的顶界面，可以利用初至确定煤层的顶界面；

(2) 针对模型一、二提取了具有代表性的几种地震属性（如总能量 TE，平均反射振幅 ARS，均方根能量 RMS，最大峰值振幅 MPA），当煤层厚度在 2～16m 变化时，TE，ARS，RMS，MPA 四值与煤层厚度之间的关系在小于 1/4 波长时都是单调递增，当煤层厚度在 11m 时，即煤层厚度近似于 1/4 波长时，发生协调效应，各值均达到最大。当层厚度大于 1/4 波长时，各值有减小趋势。其中总能量属性 TE 对煤层的厚度变化最为敏感，煤层厚度与属性值之间基本呈线性关系；

(3) 模型一中的煤层低速段，TE、ARS、RMS 和 MPA 各属性值均出现了两个突变处，对应于模型煤层的两个低速低密段。由提取的属性值可知 TE，ARS，RMS 变化范围很小，仅 MPA 变化较大；总体来说可以通过地震属性确定煤层内部构造突变位置及媒体类型变化部位。

### 参 考 文 献

[1] 董守华,马彦良，周明. 煤层厚度与振幅、频率地震属性的正演模拟[J]. 中国矿业大学学报, 2004, 33(1): 29~32.
[2]席建福. 薄互层及宏观结构变化煤层地震反射波特征的初步分析利用[J]. 中国煤田地质, 1997, 9(3): 58~61.

（16）油气田与煤田地球物理勘探

# 斜坡带组合接收研究

## Research of receiver-array in the slope zone

王志强[*]　韩立国

Wang Zhiqiang　Han Liguo

吉林大学地球探测科学与技术学院　长春 130026

**1. 引言**

检波器组合经常被作为提高野外资料信噪比的重要手段，尤其是在一些地表复杂、各种干扰比较发育的地区，经常要用到组合接收的方法来压制这些干扰。它主要是根据信号传播到组合时的视速度的差异，削弱相干或不相干噪声来增强有效信号，最终将有效信号和噪声区分开来的。由于面波等干扰波一般是沿地表传播的，而有效波来于地下深处，且近于垂直地表传播，我们可以通过调整检波器组合的组内距，使面波到达两个检波器的时差是其视周期的一半，从而使面波的合成振幅几乎为零，而反射波合成振幅要比组合前增大一倍，最终突出反射信息，使资料的信噪比得到大大的提高。

**2. 检波器组合响应的原理**

将一组检波器组合放在笛卡尔坐标中，原点设在检波器组合的中心，并且以沿排列方向作为 $X$ 轴，以垂直排列方向作为 $Y$ 轴，$N$ 个检波器组合整体的响应为：

$$\left|A(k)\right| = \frac{\sqrt{R^2+I^2}}{N}$$

其中，$R=\sum_{i=1}^{N}\cos 2\pi\left(k_x x_i + k_y y_i\right)$，$I=\sum_{i=1}^{N}\sin 2\pi\left(k_x x_i + k_y y_i\right)$

式中，$x_i$、$y_i$ 表示单个检波器的坐标，$k_x$、$k_y$ 分别表示 $X$ 和 $Y$ 方向的波数。

实际施工中经常要将检波器组合布设在斜坡带上或更复杂的地形上，为了得到这种情况下的组合响应，可以假设地震波的波前面在检波器组合所分布的面积内近于平面，在地震信号的形式不变，检波器是等灵敏度的情况下，组合的方向特性取决于波到达组内检波器的时差，所以可以将倾斜面与地震波前交线上的检波点沿着波前面移动到与之时差相同的波前面与水平面的交线上。经过计算，当波沿斜坡上倾方向传播时，检波器组合沿斜坡方向的组内距 $\Delta x$ 变为 $\Delta x(\cos\varphi+\sin\varphi\cot\alpha)$，当波沿斜坡下倾方向传播时，检波器组合沿斜坡方向的组内距 $\Delta x$ 变为 $\Delta x(\cos\varphi-\sin\varphi\cot\alpha)$，其中 $\varphi$ 表示斜坡倾角，$\alpha$ 表示干扰波的入射角，这样就可以把倾斜面上的检波器组合响应等效为水平面上检波器组合的响应。

**3. 结论**

通过对不同的组合模型进行计算可以看出，在斜坡带，不同的组合图形对干扰波的压制程度不同，面积组合形式要比线性组合效果更好；干扰波视波长越小，组合对其压制的程度越大，当干扰波和有效反射波视波长相差较大时，信噪比明显提高；倾斜地表使沿地表上倾方向传播的干扰波压制程度增大，这与干扰波的视波长、地表倾角的大小、组合基距等因素有关；同时，当增大组合的横向组合基距时，对于沿垂直方向传播的干扰波压制程度增大，直到横向组合基距增大到干扰波最大视波长时，沿垂直方向传来的干扰波被压制的最严重。因此，实际生产中需要根据干扰波以及复杂地形的特征设计出合理的检波器组合形式，这样才能在野外采集的过程中最大程度的提高资料信噪比。

检波器组合相当于一个低通滤波器，对高频成分压制较大，在数据采集中，不同成分的波会受到不同程度的压制，尽管对有效波会产生一定的压制，但同时也更大程度的压制了干扰波，从提高信噪比的角度看还是值得的。

**参考文献**

[1] Mitchell S Craig，Ronald L Genter. Geophone array formation and semblance evaluation[J]. Geophysics, 2006, 71(1): Q1~Q8.
[2] Franklyn K Levin. The effect of geophone arrays on random noise [J]. Geophysics, 1989, 54(11): 1466~1473.
[3] 石战结. 提高灰岩裸露区地震资料信噪比的地震波接收模式研究[D]. 杭州：浙江大学, 2010.

（16）油气田与煤田地球物理勘探

# 基于构造 Hankel 矩阵的 SVD 解释脚印消除方法

# Suppressing interpretation footprints by Hankel matrix based SVD method

刘培金[1*] 张军华[1] 刘 磊[2] 郭迎春[2] 何 伟[2]

Liu Peijin Zhang Junhua et al.

1. 中国石油大学（华东）地学院 青岛 266580; 2. 胜利油田地质科学研究院 东营 257015

## 1. 引言

由于解释线不均匀、层位解释不闭合、空间插值存在误差等构造解释中产生的问题，导致后续属性提取和储层预测带来误差或错误的现象，可称为解释脚印。解释脚印的存在会掩盖真实地质现象，研究并压制解释是一项不可小视的工作。解释脚印的压制，可借鉴传统采集脚印的压制方法，即用 Kx-Ky 滤波来压制，但此方法会产生假频现象，并在数据边缘处产生畸变，损失一部分有效信息。本文将基于构造 Hankel 矩阵的 SVD 方法，引入到压制解释脚印的工作中。结果表明：该方法在保证去除解释脚印的同时，能较好地保证地质信息的完整性，具有一定实际应用价值和推广价值。

## 2. 基于构造 Hankel 矩阵的 SVD 方法原理

设 $X$ 为 $M \times N$ 数据矩阵，根据奇异值分解（SVD）理论，$X$ 的奇异值分解可表示为[1]：

$$X = UEV^T = \sum_{i=1}^{r} \lambda_i u_i v_i^T \tag{1}$$

对于一维地震信号，$X=[x(1), x(2), \dots, x(N)]$，利用此信号可以构造 Hanke 矩阵如下[2]：

$$H = \begin{bmatrix} x(1) & x(2) & \cdots & x(q) \\ x(2) & x(3) & \cdots & x(q+1) \\ \vdots & \vdots & \vdots & \vdots \\ x(p) & x(p+1) & \cdots & x(N) \end{bmatrix}_{p\times q} \tag{2}$$

式中，参数需满足：$1<p<N$，$p+q-1=N$。

研究发现当信号构造的 Hankel 矩阵行数符合一定条件时，经过 SVD 得到的奇异值与频谱幅值具有对应关系，由此可以实现非频率域的信噪分离，从而避免假频等现象[3]。从式（2）可以看出，Hankel 矩阵是通过截取一维信号的部分值来构建行列值的，而后续分解及重建方法又与常规 SVD 完全一致，所以以上方法又称为 TSVD 方法。方法实现时可按以下四个步骤进行：首先由输入信号得到 Hankel 矩阵；其次对得到的矩阵进行 SVD 分解，求解奇异值；第三去掉小的奇异值，形成降维的矩阵；最后沿逆对角线求平均后，由矩阵形成输出信号。

## 3. 效果分析

实际资料选取的是胜利油田某工区的一沿层等 $t_0$ 数据，先对其进行空间插值。不过尽管做了空间插值，在图上还是可看出明显的横向和纵向解释脚印。这些脚印看似并不严重，但会影响解释精度，掩盖真实地质信息，影响后续的属性提取和储层预测，不能满足精细勘探的需求。我们用常规 Kx-Ky 滤波进行了解释脚印去除，虽然可以去除大部分噪声，但在边缘处产生了假频，这将掩盖部分有效地质信息，影响解释精度甚至造成错误的解释。而采用基于 Hankel 矩阵的 SVD 分解滤波方法后，能很好地去除解释脚印，同时能较好地保留地质信息，为后续储层预测和井位布设提供可靠依据。

## 4. 结论与认识

（1）Kx-Ky 方法优点是方法过程简单，但滤波效果相对较差，边缘地带还会产生假频。

（2）本方法滤波效果较好，边缘地带不会出现假信号成分，但计算量相对较大。不过随着计算机技术的发展，此类数据计算量已不再是难题。

（3）本文方法除了可以去除解释脚印以外，还可用于去除类似的采集脚印。方法原理还可以拓展到诸如去除 50Hz 工业干扰等去噪领域中。

### 参 考 文 献

[1] 陈遵德，等. SVD 滤波方法的改进及应用[J]. 石油地球物理勘探, 1994, 29(6): 783~792.

[2] Al-Bannagi M S et.al. Acquisition footprint suppression via the truncated SVD technique[C]//74th Ann internat.Mtg:Soc.of Expl.Geophys.2004:832~834.

[3] 吴浩浩，等. 基于构造 Hankel 矩阵的 SVD 陷波方法[J]. 计算机应用研究, 2010,27(12):4514~4516.

（16）油气田与煤田地球物理勘探

# 滑动扫描谐波干扰的野外压制方法

# A method to suppress slide-sweeping harmonic in the field

蓝益军* 马胜利 张树慧 许保安 付 强 王小丰 刘 阳

Lan yijun　Ma Shengli　et al.

中国石油集团东方地球物理公司　涿州　072750

**1. 问题提出**

滑动扫描是一种快捷的可控震源多源激发方式，其特点就是在前次的扫描还没有结束，就开始了第二次的扫描，缩短了等待时间，因而提高了采集速度，特别适合 3D 地震数据采集和高密度采样。

由可控震源激发的原理知道，地震记录是利用数学相关得到的，相关的过程会将激发产生的谐波显性化—谐波虚反射，谐波对地震信号来说就是干扰，需要压制和避开。因此，根据可控震源扫描信号相关的规律，在常规可控震源与交替扫描中，我们采用线性升频信号，将产生的高次谐波避在有效记录的前部；但是，滑动扫描情况下，线性升频产生的谐波会干扰到上一炮的记录。如何有效的压制谐波，提高资料品质，是滑动扫描生产面临的一个问题。

另外，谐波是由可控震源与大地系统的非线性畸变引起的，尤其在辐射平板有较大位移时。记录中除了有规律的谐波外，还有谐振（参考文献[3]中为源致谐波，即震源自身机械干扰）的问题，以前有很多讨论，也有一些有效的压制方法，野外主要也是优选可控震源参数，如起止频率，扫描长度、出力等进行合理压制。下面仅就谐波问题展开讨论，只考虑线性升频的情况。

**2. 谐波的产生**

滑动扫描谐波产生的物理原理，有关文献进行过比较系统的论述[2]，谐波畸变以扫描信号频率范围的倍数出现，分别叫二次谐波、三次谐波直到 $N$ 次谐波。下面从可控震源记录生产的数学相关过程来看谐波如何从原始数据生成到记录中并形成干扰的。

相关物理意义：把延续时间很长的扫描信号压缩成延续时间很短的有限带宽脉冲信号。

数学相关过程：参考扫描信号沿时间轴滑动，逐次与地震道信号（原始记录）进行相关运算。时移值为采样率、整个时移长度为听时间（即传统的记录长度）。

相关数学运算：多项式乘加运算（时域）；复数乘法运算（频域）。相关子波只含有扫描信号的频域，相关有很强的滤波作用。

上述过程在升频扫描情况下由于我们选取了数据的中间段而把谐波剔除在外了，我们来还原相关的数学运算，将参考扫描信号完全对应原始记录为 0 时刻，但是在数学运算上，0 时刻以前还有参考扫描时间长度的数据，对升频扫描来说，高次谐波就存在这一段数据内；对滑动扫描，前一炮的参考扫描信号是一样的，在做相关时就会形成干扰记录。

现在来再现记录前的这一段数据，由数学相关知识可知，两个信号相关取值为其共同段；在数学相关时，升频参考信号高频先进入记录信号段与其进行多项式乘加运算，在某一数据段存在的高次谐波与参考信号相互作用生成高次谐波记录；相当于对原始谐波进行滤波。谐波与基波有很好的对应关系，谐波相当于基波数据进行了抽样，参考信号与谐波相关时，类似 k 次谐波有效段在扫描信号的高频段内滑动，扫描高频端与记录信号的最大频率的 $1/k$ 对齐时为 $k$ 次谐波的起始时间，而最小扫描信号的 $k$ 倍与记录信号的低频端对齐时为 $k$ 次谐波的终止时间。对 $k$ 次谐波的起止时间有下面的公式，0 时刻的定义与前面一致，因此时间均为负数。

$$t_B(f_E) = -\frac{(k-1)f_E}{k(f_E - f_B)}T \tag{1}$$

$$t_E(kf_B) = -\frac{(k-1)f_B}{(f_E - f_B)}T \quad (2)$$

式中，$f_B$ 为扫描信号起始频率，$f_E$ 为终止频率，$t_B$、$t_E$ 为相关后记录中的起止时间，$T$ 为滑动时间。

**3. 谐波干扰的压制**

**1）距离分离压制谐波**

当滑动扫描的两组可控震源距离较远时，产生的谐波不在上一炮的有效观测系统范围内，即避开了谐波干扰。

**2）增加滑动时间压制谐波**

谐波干扰的能量是变化的，二次谐波能量最强，离本炮时间最近，野外相对好压制。因此野外主要考虑压制二次谐波；谐波能量强的地区考虑压制三次谐波。

要压制二次谐波有

$$S \geq \frac{f_E}{2(f_E - f_B)}T \quad (3)$$

式中 $T$ 为信号扫描长度，$S$ 为滑动时间。

要压制三次谐波有

$$S \geq \frac{2f_E}{3(f_E - f_B)}T \quad (4)$$

要压制二、三次谐波，滑动时间要足够大，可以增大相对频宽，或减小扫描长度。一般滑动时间大于扫描时间时能完全压制谐波。增大滑动时间与滑动扫描目的不一致，减小扫描时间应考虑激发能量问题，在选择时考虑同组震源台数，出力等情况，在保障扫描能量足够的情况下选择最小的扫描长度。提高起始频率又有利于高次谐波的野外压制，因为高次谐波与资料有效频段分离，处理中容易去除，但是应该与频宽的选择综合考虑。

**4. 应用效果**

2011 年在吐哈盆地胜北地区进行了国内首次滑动扫描现场试验，野外通过试验选取了合理的激发参数（野外采用参数为扫描信号 6～84Hz，长度 14s，听时间 6s，滑动时间 10s），有效的避开了谐波干扰和减轻了谐振干扰，取得了较好的勘探效果。

野外实际统计平均滑动时间为 10.88s，大部分炮避开了二三次谐波。利用野外相关后数据，未作谐波压制及其他任何处理，直接应用高程静校正的初叠加剖面，显示谐波得到了很好的压制。

**5. 结论与认识**

（1）滑动扫描是一种可控震源高效施工的方法，与常规方法相比可以大幅度提高野外施工效率；为高密度方法的实施提供了基础。

（2）滑动扫描不可不免的产生谐波干扰，理论计算谐波出现的位置，通过设置合理的扫描参数与滑动时间，可以将强能谐波干扰压制在野外。

（3）滑动扫描不能多次叠加，需要通过加大扫描长度或提高空间采用密度（覆盖次数）来弥补，在采集成本相同或增加不大的情况下，滑动扫描资料更优。

（4）谐波是有规律的，因此在处理中也可以很好的去除。

本文从数学相关的原理出发推导的有关谐波出现位置，理论与试验吻合，生产中应用效果好，为以后的可控震源滑动扫描施工提供了借鉴。

**参 考 文 献**

[1] M·Б·什内尔索纳，等. 可控震源地震勘探[M]. 李乐天,等译. 北京：石油工业出版社，1993.

[2] Zhouhong Wei, Thomas F Phillips. Harmonic distortion reduction on seismic vibrators [J]. The Leading Edge, 2010, 29: 256

[3] 张宏乐. 可控震源信号中的谐波畸变影响及消除[J]. 物探装备，2003，4: 223~230.

[4] 曹务祥, 张慕刚. 滑动扫描谐波分析[J]. 石油地球物理勘探，2005, 5: 27~31.

（16）油气田与煤田地球物理勘探

# 陆地地震勘探中针对空气锤噪音的压制方法

# Pneumatic hammer noise attenuation method on land seismic exploration

张志立[1,2*] 焦艳艳[1] 魏 冰[3] 傅志权[3]

Zhang Zhili Jiao Yanyan et al.

1. 华东石油局华东分公司物探研究院处理中心; 2. 中国石油大学（华东）; 3. 华东石油局第六物探大队

## 1. 引言

在现代工业发达地区的陆地地震勘探中，大型空气锤干扰难以避免。空气锤干扰从面貌上来看类似于一次地震激发，其能量、频率与有效地震信号类似。空气锤干扰的存在严重影响到地震波的成像质量，如果消除不干净在叠加次数略低的情况下容易造成地层构造假象，直接影响解释人员的判断，因此如果想获得一个准确可靠的地震资料成果，必须对空气锤干扰进行针对性的去除措施。

## 2. 方法原理

空气锤震源一般为厂矿区大型企业的锻造机械，震源位置确定，频率、周期相对稳定，在地震勘探作业时确定震源地理位置，找出空气锤震源影响半径，进而选出受其影响的地震数据，进行相对位置转化后则可以发现其影响地震数据范围为圆柱形，分析其噪音特征则可以发现其与正常激发单炮的初至高度类似，但相对周期短、能量衰减快，且其初至满足线形关系，在二维数据上满足线形关系，在三维地震记录中同一单炮数据从空间立体上来看空气锤干扰为一个个锥形体的组合，准确定位空气锤震源大地坐标后，则可以利用公式（1）进行偏移距转换，大地坐标进行偏移距转化后可以利用 F-K 倾角滤波或三维 F-K 倾角滤波对空气锤干扰进行去除。

$$offset_d = \sqrt{(X_1 - X_0)^2 + (Y_1 - Y_0)^2} \tag{1}$$

其中 $offset_d$ 为在同一单炮中空气锤震源和受其影响的检波点之间的距离，$X_1$、$Y_1$ 为受起影响的检波点的大地坐标，$X_0$、$Y_0$ 为空气锤位置的大地坐标。

$$E_{ftk} = \frac{1}{n_{ftk}} \sum_{i=1}^{n_{ftk}} A_{iftk}{}^2 \tag{2}$$

但在进行线形噪音衰减后仍有部分非线形噪音残留，针对剩余非线形噪音采用异常振幅衰减方式进行去除，原理参见公式（2），其中 $E_{ftk}$ 为在频段在 $f$ 段内窗口 $t$ 道数为 $k$ 的振幅能量；$A_{iftk}$ 为在时间窗口 t 内这个地震到数据频段 $f$ 内采样点 $i$ 的振幅能量；$n_{ftk}$ 为在频段在 $f$ 段内窗口 $t$ 道数为 $k$ 的采样点数，其中 $E_{ftk}$ 为最终的能量。这样就将非线形的噪音在所给定的频带内回归到一个正常值，将干扰波能量进行有效压制。

## 3. 效果分析

数据进行空气锤干扰压制后，湮没在严重的空气锤噪音中的有效波同像轴得以呈现，在空气锤影响范围边缘的地震记录同像轴连续性明显变好，从叠加剖面来看信噪比有了很大程度的提高，波场丰富，断面、绕射等地质现象的特征波得到了较好的体现，偏移后成像效果明显改善，地质结构清楚，构造真实可靠。

## 4. 结论

本方法充分考虑到空气锤影响的噪音特征，利用此方法进行空气锤干扰的去除工作，取得了良好的效果，从根本上解决了空气锤干扰的影响，同时提出利用本方法进行空气锤噪音衰减必须有真实可靠的空气锤震源地理位置，求出空气锤震源与检波点相对关系至关重要。

## 参 考 文 献

[1] 齐莉. 径向道滤波法去线性干扰 [J], 石油物探，2005, 44(2): 109-112.

[2] 陈立胜. 鄂尔多斯盆地地震资料线性噪声 [D]. 西安石油大学硕士毕业论文, 2009.

[3] Marfurt K.J.,et al. Suppression of the acquisition footprint of seismic sequence attribute mapping [J].Geophysics, 1998: 1024~1035.

（16）油气田与煤田地球物理勘探

# 二维 EMD 分解在地震数据处理中的应用

## The application of 2D-EMD in seismic data processing

王 姣* 李振春 杨国权

Wang Jiao Li Zhenchun et al.

中国石油大学（华东）地求科学与技术学院 青岛 266580

**1. 引言**

EMD 分解是一种完全由数据驱动的自适应数据分解方法，并且适用于非平稳信号，因此在地震勘探时频分析方法中效果比较突出[1]。地震勘探中，EMD 分解的应用较多的都是建立在 1D 基础上的，对于 2D-EMD 分解的研究较少。本文将简单介绍二维 EMD 分解的算法并且探讨如何将其应用于地震数据的分析和处理中。

**2. 方法原理**

EMD 分解是利用筛选法将信号分解为一系列模态分量（Intrinsic Mode Function，IMF），这些固有模态条件[2]，使各个分量具有局部平稳特性，非常适用于时频分析，但将其应用于二维数据时不稳定，各道之间的分解会出现较大差异，由此发展出了 2D-EMD，2D-EMD 分解过程可以解释为，①求出二维信号中的极大值点和极小值点，利用二维曲面插值方法分别对极大值点和极小值点进行插值，得到二维信号的上包络面和下包络面；②对上包络面和下包络面取平均，并且从原始数据中减去，保留剩余部分；③将②中保留的数据作为新的输入重复①、②过程，直至保留数据满足二维 IMF 条件，得到第 1 个 IMF；④从原始数据中减去第 1 个 IMF，将剩余数据作为输入重复①、②、③过程得到第 2 个、第 3 个 IMF 分量……。

二维 EMD 分解相对于一维 EMD 分解来说总体的思路一致，区别在于包络的求取和终止条件上。二维信号包络的求取比较复杂，其中基于 Delaunay 三角插值技术[3]比较典型，它是利用三角剖分和三角区域的三次插值来求包络。2D-EMD 采用一种标准差的方法来作为分解的终止条件，

$$SD=\sum_{x=0}^{X}\sum_{t=0}^{T}\frac{[I_{k-1}(t,x)-I_k(t,x)]^2}{I_{k-1}^2(t,x)} \tag{1}$$

其中，$t,x$ 为二维信号两个方向的坐标，$I_k$ 为第 $k$ 次迭代后的残差，$SD$ 表示标准差，当 $SD$ 最小即 $SD$ 有增大趋势时，迭代终止。分解完成以后，原信号按如下公式重构，

$$s(t,x)=\sum_{i=1}^{N}imf_i(t,x)+r_N(t,x) \tag{2}$$

其中，$r_N(t,x)$为经过 N 次分解以后的残余项，$imf_i$ 表示第 $i$ 个 IMF 分量。将 2D-EMD 应用于数据分析的方法一般情况下将所有或者其中几个 IMF 分量做处理以后进行叠加，组成新的数据，如时频分析是将各分量进行时频分析后叠合到一起，去噪是将前几个分量进行去噪处理再重构等等。

相对于 1D-EMD 分解来说，2D-EMD 分解在应用到地震数据处理的时候具有以下几个方面的优点：①应用 1D-EMD 分解时，会因为各道之间的微小差异而表现出分解结果的巨大差异，应用 2D-EMD 分解后各道之间的差异性变得连续而有规律可循，增加了分解的可靠性；②2D-EMD 分解可以适应于时间和空间方向上的非平稳信号；③2D-EMD 分解对边界的要求不是那么严格，可以通过简单的信号延拓来避免边界污染，这样就免去了 1D-EMD 分解中存在的复杂的边界处理过程。

**3. 实例应用**

通过将 EMD 分解应用于沿层切片和地震剖面，得出：①第一个 IMF 分量对断裂边缘识别比较清晰，可以用于断裂系统的识别；②如果数据中含有随机噪声，这些噪声主要分布在低阶 IMF 分量中，对各个分量做不同程度的去噪处理再进行重构，可以得到很好的噪声压制效果，而且还保护了有效信息；③对 2D-EMD 分解后各个分量的同一道信息进行时频分析，可以看出分析结果所表现出的地层韵律比较符合实际现象。

**参 考 文 献**

[1] 侯斌，等. 基于希尔伯特—黄变换的地震信号时频谱分析[J]. 勘探地球物理进展, 2009, 32(4): 248~251, 290.

[2] 沈毅，等. 一种非线性非平稳自适应信号处理方法：希尔伯特—黄变换综述：发展与应用[J]. 自动化技术与应用, 2009, 29(5): 1~5.

[3] C Damerval, et al. A fast algorithm for bidimensional EMD[J]. IEEE Signal Processing Letters. 2005, 12(10): 701~704.

（16）油气田与煤田地球物理勘探

# 迭代抛物线 Radon 变换进行一次波与多次波分离

# Iterative parabolic Radon transform method for primary and multiple separation

谢俊法　孙成禹

Xie Junfa　Sun Chenyu

中国石油大学(华东)地球科学与技术学院　青岛 266555

最小平方约束下的频率域抛物线 Radon 变换将 $t$-$x$ 域数据变换到 Radon 域后，由于能量不能完全收敛在一个点，存在剪刀状发散的截断效应[1]，因此难以将一次波和多次波彻底分离。而高精度 Radon 变换计算量大，且难以保证分离后信号振幅的恢复[2]，因此本文提出基于迭代 Radon 变换的方法进行一次波和多次波的分离。

**1. 基本理论**

在原始地震道数 $n_x$ 大于变换域 $(\tau, q)$ 中 $q$ 道数（Radon 参数）$n_q$ 的条件下（实际情况中，这个条件一般都能够满足），频率域抛物线 Radon 正变换和反变换公式为：

$$\begin{cases} \boldsymbol{M} = \left(\mathbf{R}^H\mathbf{R} + \lambda^2\mathbf{I}\right)^{-1}\mathbf{R}^H\boldsymbol{D} & (1) \\ \boldsymbol{D} = \mathbf{R}\boldsymbol{M} & (2) \end{cases}$$

其中，$\boldsymbol{M}$ 为抛物线 Radon 变换 $(\tau,q)$ 域中数据 $m(\tau,q)$ 的傅里叶变换，$\boldsymbol{D}$ 为偏移距—时间域数据 $d(x,t)$ 的傅里叶变换。$R_{i,k} = e^{-j\omega q_k x_i^2}$，$i=1,2,\dots,n_x$；$k=1,2,\dots,n_q$；$\lambda^2$ 为阻尼因子，其值一般在 0.1～1 之间[3]。将（2）代入（1）得 $(\mathbf{R}^H\mathbf{R}+\lambda^2\mathbf{I})^{-1}\mathbf{R}^H\mathbf{R}\approx\mathbf{I}$ 和 $\boldsymbol{M}\approx\boldsymbol{M}$，所以（1）、（2）式可认为是近似可逆的变换对。

**2. 模型测试**

为了测试该方法的有效性，合成含有多次波的 CMP 道集，并对该数据进行动校正，然后对经过动校正后的 CMP 道集做抛物线 Radon 正变换和反变换，再与原始数据作差，结果表明，误差很小，证明了（1）式的抛物线 Radon 变换对是近似可逆的。

分离一次波的步骤为：①选取合适的参数，对经过动校正后的 CMP 道集做抛物线 Radon 正变换；②在 Radon 域选取不受多次波干扰的一次波数据，并将其余数据充零，然后做抛物线 Radon 反变换和 Radon 正变换；③在 Radon 域填充步骤②选取的非零的一次波数据（注意：仅填充非零数据，其余数据不能填充），然后做抛物线 Radon 反变换和 Radon 正变换；④重复步骤③，经过一定的迭代次数后，因被多次波干扰而切除的一次波能量就可以得到恢复，然后做抛物线 Radon 反变换，就能够得到不包含多次波的一次波数据。采用相同的方法，可以得到不含一次波的多次波数据。通过理论模型的处理，验证了该方法的有效性。

**3. 结论**

迭代抛物线 Radon 变换法使用近似可逆的 Radon 变换对，这样经过抛物线 Radon 正变换和反变换之后的数据，几乎不发生改变；Radon 变换对的可逆性是应用迭代法的前提；

提取一次波时，在 Radon 域选取的一次波数据，必须不包含多次波能量，否则，最终结果也会含有多次波；反之，提取多次波时，也不能包含一次波能量；一次波和多次波能否分离好，关键是看选取的数据是否受到干扰；本方法提取出的一次波（或多次波），在振幅和波形上与分离前的一次波（或多次波）几乎一致，分离结果可以用于后续地震资料的处理。

**参 考 文 献**

[1] Yanghua Wang. Multiple attenuation: coping with the spatial truncation effect in the Radon transform domain [J]. Gephysical Prospecting, 2003, 51: 75~87.

[2] 郭全仕，等. 高精度拉冬变换方法及应用[J]. 石油地球物理勘探, 2005,40（6）：622~627.

[3] 张军华，等. 抛物线拉冬变换消除多次波的应用要素分析[J]. 石油地球物理勘探，2004,39(4): 398~405.

（16）油气田与煤田地球物理勘探

# 基于非局部均值的地震资料随机噪声压制方法研究

# Seismic random noise suppression based on the nonlocal means algorithm

张 明[1*] 张军华[1] 梁鸿贤[2] 傅金荣[2] 石林光[2]

Zhang Ming Zhang Junhua et al.

1. 中国石油大学（华东）地学院 青岛 266580; 2. 胜利油田物探研究院 东营 257022

## 1. 引言

压制随机噪声，提高地震资料的信噪比，是地震勘探重要任务之一。常规的随机噪声去除方法，诸如 *f-x* 域滤波、奇异值分解、小波变换等虽然已得到了较为广泛的应用，但各自都还存在一定的局限性。2005 年，Buades 等人在邻域滤波方法的启发下提出了非局部均值方法，该方法通过基于块的相似性，来实现图像的去噪。本文将其从图像领域应用到地震资料噪声压制中，理论模型和实际资料测试表明，该方法可以有效地去除地震资料中的随机噪声，同时具有很强的边缘保持能力。

## 2. 非局部均值方法基本原理

非局部均值去噪方法的基本思想可以概括为：用一个搜索窗内的所有样点的基于相似性的加权平均来恢复原始记录。由于结构相似样点上叠加的噪声是随机的，所以通过加权平均的方法可以有效地去处随机噪声。

设含噪地震记录为 $x=s+n$，$s$ 表示有效信号，$n$ 表示随机噪声，$x=\{x(i)|i\in I\}$，$I$ 表示整个地震记录。非局部均值去噪过程可以描述为：

$$\hat{x}(i)=\sum_{j\in Is} w(i,j)x(j) \tag{1}$$

式中，$Is$ 表示搜索窗，窗口半径一般要大于 7。$w(i,j)$为加权系数，可通过下式确定：

$$w(i,j)=\frac{1}{Z(i)}\exp\left[-\frac{\left\|x(N_i)-x(N_j)\right\|_{2a}^2}{h^2}\right] \tag{2}$$

加权系数的大小满足：$0\le w(i,j)\le 1$，$\sum_j w(i,j)=1$。定义以 $l$ 为中心的正方形区域 $N_l$ 为相似性窗口，窗口半径一般取为 2 或 3。$x(N_j)$ 与 $x(N_i)$ 值越相似，对应的加权系数 $w(i,j)$ 越大。$\|\cdot\|_{2a}^2$ 表示高斯核的标准方差为 $a$（$a>0$）的加权欧氏距离函数。参数 $h$ 为平滑参数，它通过对指数功能衰减的控制来影响算法的去噪性能。$Z(i)$ 为归一化常数，定义为：

$$Z(i)=\sum\exp\left[-\frac{\left\|x(N_i)-x(N_j)\right\|_{2a}^2}{h^2}\right] \tag{3}$$

搜索窗半径、相似窗半径和平滑参数三个参数对非局部均值方法的去噪效果起着决定性的作用。

## 3. 应用效果分析

为了验证方法的有效性，本文设计了含有断层、透镜体和叠瓦状构造的地质模型，并加入随机噪声，对该模型和实际的叠后地震资料，选择不同的搜索窗半径（7~13）、相似窗半径（2 或 3），借鉴 David 等对平滑参数的估计方法，利用非局部均值方法进行了去噪测试。首先对比分析了参数变化对去噪结果和计算效率的影响；其次，对具有不同信噪比的理论模型的去噪效果进行了对比；最后与传统的 *f-x* 域滤波和小波阈值法去噪的结果进行了比较，发现本文采用的非局部均值方法能够得到具有更高信噪比、更好边缘保持的剖面。尤其是在信噪比较低时，效果更加明显。

## 4. 结论与认识

本文将非局部均值方法应用于地震资料随机噪声压制中，与传统的去噪方法相比，能充分利用地震记录中的结构冗余，最大程度地提炼有效信号。理论模型测试和实际资料应用表明，本方法的噪声压制和边缘保持能力均优于传统的 *f-x* 域滤波和小波阈值方法。当然，该方法在实际应用中还存在计算效率较低和去噪参数无法自适应确定的问题，有待进一步深入研究。

（16）油气田与煤田地球物理勘探

# 共散射点道集映射噪声压制方法研究

# The study of mapping noise suppression method in common scattering point gathers

周 卿* 李振春

Zhou Qing Li Zhenchun

中国石油大学（华东） 青岛 266555

## 1. 引言

常规速度分析是以水平层状介质为假设条件推导的双曲时差公式。倾斜地层会使共中心点道集产生反射点弥散现象造成叠加速度场与倾角的相关性，而 DMO 方法只能部分解决此问题，它仍然受到分析点下方倾斜反射层的影响。Bancroft 等提出了基于共散射点道集和等价偏移距叠前时间偏移的速度分析方法很好的解决了倾斜地层反射点弥散现象，能获得较精确的均方根速度场。共散射点道集与 CMP 道集相比有明显的优势，但是在映射过程中会伴随噪声的产生，噪声的存在会影响速度谱的精度和整体质量，使得速度的拾取不准，最终影响叠前时间偏移剖面的效果。为此如何消除映射噪声则成为关键和本文的研究重点。

## 2. 方法原理及实现过程

共散射点道集是基于计算地下散射点旅行时的 Kirchhoff 积分偏移理论提出的。地震波旅行时可以表示成双平方根方程。将双平方根方程表示为单平方根形式的散射点时距关系为：

$$t=\sqrt{\tau^2+\frac{4h_e^{\,2}}{v^2}} \tag{1}$$

为了利于速度分析工作的开展，引入等价偏移距 $h_e$ 将双平方根方程改写成单平方根方程，即：

$$h_e=\sqrt{x^2+h^2-\left(\frac{2xh}{vt}\right)^2} \tag{2}$$

其中，$x$ 为炮点与检波点的中心点到散射点的横向距离，$h$ 是炮检点的半偏移距，$v$ 为介质速度，$t$ 为地震波旅行时，$\tau$ 是散射点对应位置处的双程垂直旅行时或偏移时间。从公式(1)中我们可以看到，其表现形式与 CMP 时距曲线的表达形式一致，这样我们能利用现有软件中的模块对共散射点道集进行速度分析和叠加。利用公式(2)我们可以通过计算 $h_e$ 从叠前数据中得到不同 CDP 位置处的共散射点道集。在这个映射过程中，不可避免的会产生映射噪声，它造成速度谱中能量团聚焦性降低，干扰增强。通过研究发现，共散射点道集映射噪声能量是由于非当前 CDP 位置处的 CMP 道集能量映射的结果，并且离共散射点道集 CDP 位置越远的 CMP 道集映射的干扰能量离对应层的双曲同相轴越远。为解决此问题，我们引入振幅修正因子 $A$，其表达式为公式(3)。

$$A=1-\left(\frac{x}{h_e}\right)^2 \tag{3}$$

由表达式(3)可以看出，对于同一 $h_e$ 当 $x$ 的值增大时，则 $A$ 的值减小，对共散射点道集旁边 CDP 位置处的 CMP 道集的振幅进行校正，以达到降低干扰的目的。

## 3. 结论和认识

针对共散射点道集在映射过程中会产生干扰噪声，通过研究和试算获得了以下认识与结论：共散射点道集映射噪声能量是由于非当前 CDP 位置处的 CMP 道集能量映射的结果；通过文中振幅校正因子 $A$ 的使用，提高了共散射点道集信噪比及速度谱精度，在模型和实际资料试算中都可以取得满意的效果。另外，对于三维资料和各向异性等情况下的应用还需要进一步开展研究工作。

### 参 考 文 献

[1] Bancroft J C, Geiger H D, et al. The equivalent offset method of prestack time migration [J]: Geophysics, 1998, 63: 2042~2053.

[2] Xinxiang Li. Residual statics analysis using prestack equivalent offset migration [D]. University of Calgary, 2008.

（16）油气田与煤田地球物理勘探

# 海上外源干扰压制技术应用研究

# Marine outer-source interference noise suppression technique application research

张连群* 陈宝书 李松康 汪小将 杨小椿 仝中飞

Zhang Lianqun Chen Baoshu et al.

中海油研究总院勘探研究院 北京 100027

## 1. 引言

海上地震资料采集时，拖缆附近常有船只、钻井平台等障碍物，这些障碍物将成为干扰源，在地震单炮记录上形成线性状或双曲线状相干外源干扰。这种干扰若是在叠前不压制，会影响到叠加、偏移成像的效果。对线性状外源干扰，可通过频率波数域二维滤波、频率空间域相干噪声压制法、tau-p 变换等去线性噪声方法，将其压制，而对双曲线状的，去线性相干噪声方法压制效果不理想，而海上相干干扰和随机噪声衰减技术也不能完全压制掉这种双曲线状外源干扰。针对这个问题，本文对这项技术进行应用改进，将其和时空变滤波法串联分别在叠前炮集和偏移前动校正的 CMP 道集上组合应用，较好地压制了双曲状外源干扰，有效地提高了地震资料的信噪比。

## 2. 海上相干干扰和随机噪声衰减技术的基本思路及其改进方法

该技术基本思路是：若是单炮上相干外源干扰在连续多炮上是不相关的，则将共炮点域的炮集数据转换为共偏移距数据后，那些在共炮域中规则形状（如双曲线状）的外源干扰将会转化为共偏移距域中的随机干扰，而有效反射波在共偏移距域中仍以规则波出现，此时在共偏移距域用压制随机干扰技术去除这些随机干扰，再转换回共炮点域，就能达到压制外源干扰，保留有效反射波的目的。

双曲线状外源干扰根据干扰源振动的规律性，可分为两类，第一类是干扰源振动无规律，产生的外源干扰在连续多炮上是不相关的；第二类是干扰源振动有规律，产生的外源干扰在连续多炮上是相关的。海上相干干扰和随机噪声衰减技术仅对第一类外源干扰有很好压制效果，但对第二类压制效果不好，因为在连续多炮上相关的外源干扰，即使转换到共偏移距域，形状还是规则相干的，转换不成随机的，还是和规则有效波难以分离。通过分析第二类外源干扰频谱发现，其频率一般比附近的有效波稍高，这样就能根据频率差异，通过一维滤波法进行压制。因为这种外源干扰常集中于测线某段连续多炮上的局部位置，所以为了不伤害其他位置的有效波，采用空变和时变的一维滤波法对其压制。海上实际测线中这两类双曲线状外源干扰常同时存在，因此需要串联组合应用海上相干干扰和随机噪声衰减技术以及时空变一维滤波法这两项技术对其压制。

## 3. 实际地震资料中的应用效果

渤海 X 凹陷和 Y 凹陷二维测线原始炮集记录上都存在明显的双曲线状外源干扰，特别是在中深层，直接降低了中深层信噪比。在应用文中介绍的改进方法后，炮集上双曲状外源干扰明显被压制，有效反射得以突出，中深层信噪比得到提高。从应用前、后炮集相减的差炮集上可看出，压制掉的基本是外源干扰，没有明显的有效反射。同时，在应用该方法后，叠加剖面上有效波更突出，反射同相轴更连续，偏移剖面上外源干扰引起的画弧明显减少，波组特征更清楚。

通过多个海上二维测线上外源干扰压制实践，发现先在去多次波前的炮集上应用海上相干干扰和随机噪声衰减技术压制第一类外源干扰，再在去多次波后、偏移前的 CMP 道集（动校正后的）上应用时空变一维滤波法压制第二类外源干扰，能最大程度压制外源干扰且最小程度损害有效波。

## 4. 结论和认识

依次在叠前炮集和偏移前动校正的 CMP 道集上串联应用海上相干干扰和随机噪声衰减技术以及时空变一维滤波这两项技术能更彻底压制两类双曲线状外源干扰，提高地震资料的信噪比，突出有效反射，使得最终成果剖面上的反射同相轴更连续，波组特征更清楚，更有利于后续的地震解释。该方法是海上地震资料处理生产中，压制外源干扰的一种有效方法。

## 参 考 文 献

[1] 张雅勤, 等. 海上船噪声干扰的压制技术[J]. 物探与化探, 2001, 25(4): 290~292.

[2] 朱海华, 等. 海上侧反射干扰衰减方法研究和应用[C]// SPG/SEG 国际地球物理会议论文集, 2011: 624~627.

（16）油气田与煤田地球物理勘探

# 海上地震资料子波零相位化处理

# Zero phase wavelet processing on marine seismic data

全中飞*　陈宝书　李松康　汪小将　杨小椿　张连群

Tong Zhongfei　Chen Baoshu　et al.

中海油研究总院勘探研究院　北京 100027

## 1. 引言

在现阶段的海上地震资料处理中，子波零相位化处理已经成为常规处理流程中的一步。那么子波零相位化处理的意义何在？首先，从地震资料处理的角度来看，零相位子波主瓣较窄，旁瓣较少，与其它同相轴产生干涉的效果弱于非零相位子波。对比振幅谱相同而相位谱不同的子波可以发现，零相位子波有更高的分辨率，这符合地震资料处理"高分辨率"的要求；其次，从零相位子波和非零相位子波分别与模拟的反射系数的褶积模型中可以发现，零相位子波的反射系数响应其波峰对应地下正的反射系数，而非零相位子波的反射系数响应则没有这种对应关系。因此，从地震资料解释的角度来看，经过子波零相位化处理后的地震资料更有利于解释工作者准确地拾取层位；另外，从储层预测的角度来看，经过子波零相位化处理的地震资料能够更准确地指示地层界面，更有利于刻画储层的边界。基于以上三点，子波零相位化处理在现阶段的生产中得到广泛应用。

## 2. 海上地震资料子波零相位化处理

在海上地震资料采集中，由记录仪记录下来的信号是一个综合效应，这个综合效应包括震源子波、震源鬼波、反射系数、电缆鬼波、检波器响应、记录仪响应、多次波等。而通常来说，震源子波、震源鬼波、电缆鬼波、检波器响应和记录仪响应是可以描述的，将这五部分组合起来得到一个子波，并且将其零相位化，这个过程就称为海上地震资料子波零相位化处理。在现阶段的生产中，暂时没有考虑检波器响应。

## 3. 子波来源及零相位化处理过程

在实际生产中，需要进行处理的远场子波主要通过枪阵组合和采集参数模拟得到。在进行子波零相位化处理前，首先要确认输入的子波是震源子波、震源鬼波、电缆鬼波和记录仪响应的褶积综合响应，否则零相位化得到的算子是错误的。其次要确认输入子波与地震资料的极性相同（海上地震资料为负起跳，即 SEG 正常极性）。在此基础上，求得一个综合算子，该算子不仅可以将子波零相位化，而且能够消除子波中的气泡（子波中气泡的严重程度主要由枪阵组合的设计来决定，当枪阵设计不合理时，气泡非常严重，此时子波零相位化处理的效果很明显）。最后，将该综合算子以滤波器的形式应用到地震资料中就实现了子波零相位化处理。

## 4. 实际应用效果分析

对比渤海 X 工区的未经子波处理和经过子波处理的成果剖面，可以发现，未经子波处理的成果剖面中存在较为严重的辅轴，而在经过子波处理的剖面中辅轴被明显削弱，且同相轴更为连续，更有利于构造解释。另外，两个剖面的频谱几乎是一致的，说明子波处理不改变资料的振幅谱。

对南海 Y 工区地震资料应用子波零相位化处理，通过对比发现，子波零相位化前剖面中存在大量的虚反射，零相位化处理后明显消除了这些虚反射，提高了地震资料的分辨率。而对比零相位化前后的子波也可以发现，零相位化处理消除了较为严重的气泡，减少了多相位，效果显著。

## 5. 认识和建议

（1）零相位资料有更高的分辨率、更有利于进行构造解释和储层预测研究。因此，子波零相位化处理在现阶段的海上地震资料处理中已经得到广泛应用。

（2）现阶段的远场子波多数是通过枪阵组合和采集参数模拟得到的，当枪阵信息不准确时，零相位化处理需要慎重，尤其是浅水地震资料，难以获得较为准确的子波。

（3）去气泡时的预测反褶积在参数选取时要谨慎，预测距离选择宜适当宽松，不要压缩子波，即子波零相位化过程不以压缩子波为目的。

## 参考文献

[1] 伊尔马滋. 地震资料分析—地震资料处理、反演和解释[M]. 北京：石油工业出版社, 2006.
[2] 谢里夫. 勘探地震学[M]. 2 版. 北京：石油工业出版社, 1999.

（16）油气田与煤田地球物理勘探

# 基于体模式的叠加速度分析

# The stacking velocity analysis based on the body-mode

项龙云* 孙成禹

Xiang Longyun Sun Chengyu

中国石油大学（华东） 青岛 266580

## 1. 引言

二维速度分析方法主要利用的是反射波的双曲线型的时距曲线方程，当这些方法应用到三维数据时，通常是用旋转双曲面对时距曲面进行拟合而不会考虑方位角的影响，这样不仅不能充分利用三维地震数据的信息，而且在一些情况下会带来很大的误差。本文主要对三维速度分析方法提出了一种改进方案，通过对模型数据的试算，证明该方法能获得正确的三维叠加速度，然后通过对速度误差、动校正误差做详细的分析，说明在做三维叠加速度分析时考虑方位角影响的重要性。

## 2. 方法原理及实现过程

随着三维地震勘探技术的迅速发展，三维勘探无论是在勘探效益还是经济效益方面都取得了很大的成就[1]，但是相对于二维地震勘探比较成熟的处理技术来说，三维地震资料处理还有很多不完善之处，其中三维叠加速度分析便是其中之一。通常在三维数据处理时，都是对三维数据的时距曲面采用旋转双曲面来拟合进行速度分析[2]、动校正以及叠加，这在水平地层以及小倾角情况下不会出现太大的问题，一旦倾角比较大时，此时得到的动校正误差便不可忽略，并且采用旋转双曲面对时距曲面拟合会忽略三维数据的很多有用的信息，从而不能充分体现三维地震勘探的意义。

对于平界面地层，三维叠加速度的分布可用下式来表示：

$$\frac{v^2(\psi)\cos^2(\varphi-\psi)}{\dfrac{v_r^2}{\cos^2\beta}}+\frac{v^2(\psi)\sin^2(\varphi-\psi)}{v_r^2}=1$$

式中，$v(\psi)$表示不同方位的叠加速度，$\beta$ 表示法线反射线的出射角，$\varphi$ 表示法线反射线在地表的方位角，$\psi$ 表示观测方位的方位角，$v_r$ 表示三维情况下的均方根速度。为了与二维情况相区别，在这里将它称为广义均方根速度，它是一个与地层参数紧密联系的一个物理量。从方程中我们也可以看到，这是一个标准的椭圆公式，因此，同一个倾斜界面的叠加速度是椭圆分布的。在三维叠加速度的分析过程中，需要求得$\beta$, $\varphi$ 和 $v_r$。由于有三个未知参数，因此无法从一次分析中求得。在此，根据的是一种分方位的速度分析方法。首先从三维数据中抽取任意三个不同的方位进行速度分析，得到三组叠加速度值，代入上述方程，得到三个方程组，通过求解这三个方程组，可以得到这三个参数，再利用上述方程可以计算任意方位的叠加速度。要补充一点的是，抽取的方位应尽量均匀分布，如果得到大于三个方位的速度分析结果，可以用最优化方程组解法求取这三个参数。当数据量小时，在计算某一方位时，可以将临近方位的数据也加入计算，以增加结果的稳定性和可靠性。这种方法对于获得正确的三维叠加速度，建立精确的叠加速度场有着重要意义。通过对模型的测试，证明了该方法有效。另外，通过对采用旋转双曲面拟合进行动校正得到的速度、动校正时间误差、叠加信号差异进行详细分析之后得出，叠加速度随方位角变化对叠加信号的影响只有在达到了一定的倾角、炮检距的情况下才会比较明显，在倾角小于 10° 的情况下，采用旋转双曲面对数据进行拟合动校正叠加与考虑方位角进行叠加得到的信号几乎没有差别。

## 3. 结论

倾斜平截面的三维叠加速度是呈椭圆分布的，因此将时距曲面用旋转双曲面拟合进行速度分析、动校正必然会带来一定的误差。通过分方位进行速度分析，可以获得与三维叠加速度直接相关的三个参数，从而能够建立准确的叠加速度场。

### 参 考 文 献

[1] 马在田. 三维地震勘探数据处理的问题及其解决方法[J]. 地球物理学报, 1988, 31(1): 99~107.

[2] 王纪民. 三维叠加速度的分布与计算[J]. 石油地球物理勘探，1985, 20(4): 390~396.

（16）油气田与煤田地球物理勘探

# HTI 介质旅行时反演方法研究

## Research on travel time inversion method of HTI medium

侯　鹏[1,2]　刘　洋[1,2]

Hou Peng　Liu Yang

1. 中国石油大学（北京）油气资源与探测国家重点实验室　北京 102249;

2. 中国石油大学（北京）CNPC 物探重点实验室　北京 102249

常规地震勘探的一个普遍假设就是地下由一系列弹性均质各向同性层组成，在此之前大量研究表明，地震各向异性存在于不同的地质背景中和尺度中（Thomsen，1986）。这些各向异性会影响地震数据处理和解释。地下介质各向异性存在的认识对于精确地震成像、时深转换以及岩性信息的了解都非常重要。速度随深度变化的 TI 介质中数据处理的关键之一就是参数估算。各向异性成像成功的关键也在于对各向异性参数的准确估算。一种较为常见的途径是通过叠前地震资料和井资料（VSP 或测井）对各向异性参数进行估算，即各向异性参数反演。

在各向异性介质中，其反射波时距曲线不再是双曲线。应用常规双曲线时差分析方法不能求取准确的叠加速度，当然就不能进行精确的速度分析，因而得不到精确的正常时差。本文阐述了 HTI 介质中基于非双曲线的 P 波时差速度分析与各向异性参数求取方法。理论模型的反演结果表明，P 波旅行时、叠加速度都达到很高精度，且可求取 HTI 介质中的 Thomsen 参数。

**1. HTI 旅行时反演**

（1）旅行时正演。基于斯奈尔定律，以及各向异性介质中群速度和相速度，群角与相角之间的关系，对地震波在多层HTI介质中的传播进行射线追踪，从而得到不同方位角时不同炮检距的各层的反射P波旅行时。

（2）旅行时反演。基于非双曲时距曲线的反演实质是对获得的界面反射旅行时的高精度拟合。由于地下介质可以近似为弱各向异性介质，因此可以用 Thomsen 弱各向异性参数来等效表示 HTI。通过含有各向异性参数的非双曲时距曲线方程，以各向同性介质作为模型初始条件，从而反演得到 HTI 介质叠加速度以及各向异性参数。旅行时反演的目标就是在给定 $t0$ 和垂向速度 $Vp$ 情况下，通过对叠加速度 Vnmo 和各向异性参数的逐步迭代修正，使得计算旅行时 $tc(x)$与实际旅行时 $tr(x)$之差最小。由于参与反演的地震道数量直接影响着最终反演的精度，通过对比不同道集数量下的反演误差，选取误差最小时参与反演的地震道数量，从而有效地提高参数反演的精度。

（3）多层介质旅行时反演。当介质为多层时，为求取每一层内的叠加速度及各向异性参数，采用剥层法对各层介质参数进行逐层求取。即通过对层由浅到深逐层依次剥离，求取某一层内参数时，可以由该层以上的等效叠加速度和等效各向异性参数计算得到该层内的叠加速度和各向异性参数。

**2. 模型验算**

为了验证算法的可行性，进行了一系列的数值试算，这些算例的结果有效地检验了反演算法的合理性和有效性。

**3. 结论**

本文从非双曲线时距曲线出发，利用射线追踪实现 HTI 介质 P 波方位旅行时求取，利用 HTI 方位各向异性旅行时的差异，基于方位非双曲时距曲线，反演求出不同方位角时的叠加速度和各向异性参数，从而求取 HTI 介质的 Thomsen 参数。模型数据试算验证了 HTI 介质中地震波波速的方位各向异性，以及利用不同方位角地震波旅行时差异求取各向异性参数的可行性。

本研究由国家科技重大专项课题(课题编号：2011ZX05024-001-02)资助。

### 参 考 文 献

[1] 刘国明, 等. 弱横向各向同性介质中 P 波旅行时反演及速度分析[J]. 石油大学学报, 2000, 24(1): 73~76.

[2] 凌云, 等. 地震勘探中的各向异性影响问题研究[J]. 石油地球物理勘探, 2010, 45(4): 606~623.

[3] Tariq Alkhalifah. Velocity analysis using nonhyperbolic moveout in transversely isotropic media [J]. Geophysics, 1997, 62(6): 1839~1854.

（16）油气田与煤田地球物理勘探

# 基于起伏地表的初至波走时层析速度反演

# Velocity inversion by first-break traveltime tomography based on the irregular surface

桑运云* 李振春

Sang Yunyun Li Zhenchun

中国石油大学（华东）地球科学与技术学院 青岛 266580

## 1．引言

在当今世界各地，尤其是在中国的西部地区，大量与石油、天然气及矿产等资源相关的地震勘探工作都在起伏地表进行。与平原地区地震勘探相比，在山地开展地震勘探要面临一些特殊问题，如：数据采集困难，散射干扰严重，静校正不准，成像效果不好等。

本文研究基于起伏地表的初至波走时层析，其核心是通过基于起伏地表的抛物旅行时插值最短路径射线追踪方法建立层析方程组，然后采用加入正则化的 lsqr 方法求解层析方程组，用求解的幔度更新量对初始速度场进行更新。模型试算表明，该方法反演得到的速度场合理，反演效果较好。

## 2．方法原理及实现过程

初至波走时层析速度反演，即通过地表观测到的地震初至波走时信息，来反演地下速度分布。一般来说，初至波走时层析包括以下几个步骤：初始模型的建立、初至波旅行时获取、模型参数化、射线追踪正演模拟、层析反演以及反演结果评价等。初至波走时层析，构造的反演目标函数是：

$$L\Delta s = \Delta t \tag{1}$$

式中，$L$ 是灵敏度矩阵，代表射线在网格内的路径长度；$\Delta s$ 是慢度变化量；$\Delta t$ 表示射线的走时残差。

初至波走时层析层析实现过程：第一，初始速度模型的建立，对于实际资料一般采用地质调查资料和测井资料建立初始速度模型，理论模型一般用均匀速度场作为层析初始速度场，本文利用初至波路径射线追踪方法自动生成初始速度场；第二，初至波旅行时的获取，实际资料需要拾取初至，理论模型可以分别对真实速度场和初始速度场射线追踪得到旅行时残差；第三，模型参数化，本文采用矩形网格剖分速度场以及与之适应的大型系数矩阵的存储方法；第四，射线追踪正演模拟，这是初至旅行时层析的核心，快速、精确、有效的初至波路径射线追踪方法可以提供更精确的层析核函数和旅行时残差，使反演结果更接近于真实模型；第五，层析反演，本文采用加入正则化的 LSQR 反演方法，其优势是收敛速度快，通过正则化约束幔度更新量；第六，反演结果的评价，当幔度更新量变化很小，真实速度场和反演速度场的最大和最小走时残差和平均速度残差在一定误差范围内（根据速度场范围和速度判断）。

## 3．起伏地表初至波路径射线追踪方法

本文采用抛物旅行时插值的最短路径射线追踪方法追踪初至波路径和初至旅行时，从而求得微商矩阵和旅行时残差，进而建立层析方程组。因此，初至波路径射线追踪方法是初至波层析的核心，快速、精确、有效的射线追踪方法，可以更好的保证层析反演的质量。最短路径射线追踪方法分为向前计算旅行时和向后追踪射线路径两个过程。在起伏地表情况下，由于起伏界面的存在，需要重新考虑：要计算旅行时的节点数量，速度场的处理（起伏界面以上速度为零），与起伏界面有关的节点的插值，起伏地表界面附近射线路径的求取等问题。这是基于起伏地表最短路径射线追踪与水平地表的不同之处，也是起伏地表最短路径射线追踪的核心。

## 4．认识和结论

基于起伏地表的初至波走时层析速度反演，不依赖于初始速度场，直接通过初至波走时残差反演得到速度场信息，理论模型试算表明，反演结果可靠、有效。初至层析仅仅反演速度场的长波长分量，而波形反演在好的初始速度模型下可以反演速度场的短波长分量。将走时层析反演得到的速度场作为波形反演的输入，更好的重建近地表速度场。因此，初至走时层析联合波形反演将是未来近地表速度建模的研究热点。

## 参 考 文 献

[1] Stork C, Clayton R W. Linear aspects of tomographic velocity analysis[J]. Geophysics,1991,56(4):483~495.

[2] 刘玉柱，董良国，夏建军. 初至波走时层析成像中的正则化方法[J]. 石油地球物理勘探，2007, 42(6): 682~685, 698.

[3] Fomel S. Shaping regularization in geophysical estimation problems[C]//Expanded Abstracts of 75th SEG Mtg, 2005: 1673~1676.

（16）油气田与煤田地球物理勘探

# 一种基于稀疏脉冲算法的薄层反演方法

# A thin layer inversion method based on sparse spike algorithm

李　丛* 韩立国

Li Cong　Han Liguo

吉林大学地球探测与科学技术学院　长春 130026

## 1. 引言

在薄互层的研究中，近年来稀疏约束求解获得了飞速的发展，特别是随着线性规划的内点算法在工业界的普及，内点算法在反演中体现其优越性。本文采用了 Donoho 等人的方法，用 L1 范数作为稀疏约束求解条件，联合 L1～L2 范数约束求解，算法的基础是线形规划的内点算法。对于楔状模型，联合 L1～L2 范数约束的稀疏求解，取得了很好的效果，反演得到的楔状模型的反射系数和反演前比较，误差有所减小，并且该算法是不需要初始地层模型的。反演初始化的时候需要使用时变子波，时变子波相对于时不变地震子波来说具有更好的反演精度。在作子波估计的时候，如果有测井资料，作测井约束子波估计就会获得不错的地震子波。

## 2. 基本原理

稀疏反演是基于稀疏反卷积基础上的反演方法，其基本假设是地层的强反射系数是稀疏分布的。从地震道中根据稀疏的原则提取反射系数，与子波卷积后生成合成地震记录；利用合成地震记录与原始地震道残差的大小修改参与卷积的反射系数个数，再作合成地震记录；如此迭代，最终得到一个能最佳逼近原始地震道的反射系数序列。该方法适用于井数较少的地区，其主要优点是能够获得宽频带的反射系数，较好地解决地震反演的多解性问题，从而使反演结果更趋于真实。实际的地震资料可以认为是地震子波和反射系数的卷积结果：

$$d = w * r \tag{1}$$

式中，$d$ 是地震记录，$w$ 是地震子波，$r$ 是反射系数。我们使用估计的地震子波和实际勘探的地震记录，反演反射系数。采用的稀疏算法是 L1～L2 范数联合约束稀疏求解，目标函数如下：

$$\frac{\min}{r} \| d - w * r \|_2^2 + \alpha \| c^T r \|_2 \tag{2}$$

由于这个约束条件是非线性约束，但可以使用线性规划算法得到最优解。1984 年，AT&T 贝尔实验室的 Karmarkar 提出了一个求解线性规划的多项式算法，即内点算法。该算法在迭代过程中，Karmarkar 投影尺度算法能够保持矩阵的稀疏性，它和 Khachiyan 椭球算法相比具有明显的计算优势。

内点算法求解这个线性规划问题有很多求解方法，本文使用的是对偶障碍线性算法。主要步：设置参数。设置正则化参数，计算对偶间隔容差和容差；计算余量和对角矩阵 D，计算$\Delta x$、$\Delta y$、$\Delta z$，并且通过计算步长，更新变量，最后计算结束判断。计算一个反射系数序列，检验该系数约束算法求解反射系数的准确性和地震子波的关系。我用反射序数系列和不同主频率的雷克子波作卷积，然后再用稀疏约束反演计算反射系数。

## 3. 结论

疏约束反射系数反演不依赖模型，其反演的精度取决于原始数据，是前期勘探的重要反演算法。该方法当薄层厚度小于垂直极限分辨率的时候，反演结果不能准确提供反射系数，反演结果不可靠。在研究薄层反演方法中发现，主频在 30Hz 左右的雷克子波，对于 25 米以下的地层就很难分辨出它的底部反射和顶部反射的同相轴。但是，在生产过程中的目标地质体一般 10 米以下甚至更小。因此，采用内点算法来研究薄层可以提高薄层反演的精度。

当薄层厚度大于极限分辨率时，能够反演出地震薄层的反射时间和反射系数。本文通过计算反射系数，证明了内点算法求解稀疏约束问题的有效性。地震勘探反演经常使用稀疏约束条件反演算法，在求解大型矩阵运算方面有着良好的计算优势，所以该反演算法有着广泛的应用前景。

### 参 考 文 献

[1] 穆星．稀疏脉冲波阻抗反演参数对反演效果的影响研究[J]．工程地球物理学报，2005，2(2): 105~108.

[2] Widess M B. How thin is a thin bed? [J]. Geophysics, 1973, 38: 1176~1180.

[3] 郭朝斌，杨小波，等．约束稀疏脉冲反演在储层预测中的应用[J]．石油物探，2006，45(4): 397~400.

（16）油气田与煤田地球物理勘探

# 界面成像的波形分辨特征分析

# Insight into the imaging waveform of the interface

郭　锐* 王尚旭

Guo Rui　Wang Shangxu

中国石油大学(北京)CNPC 物探重点实验室　北京昌平 102249

## 1. 引言

成像波形的准确理解对偏移剖面的后续处理（如属性提取和地质解释等）有着很重要的意义。传统的偏移成像分析主要考虑单一背景速度情况下界面成像的分辨特征与带宽和入射角度的关系。本文通过理论分析得出界面成像波形的拉伸状态不仅与界面上下的速度不均匀有关，而且还与入射角度和透射角度有关。在入射角度不同情况下，对界面成像波数大小的定量分析可以预测偏移成像结果的波形特征。通过对成像结果的分辨率进行分析和预测，可以加强对偏移成像的理解，还可以对局部的成像剖面进行定量的预测和解释。

## 2. 基本原理

通常我们根据建立在局部均匀速度背景条件下的成像波数对成像结果的分辨率进行分析和预测。实际上衡量成像分辨率的关键参数是成像波数，使用成像点处的入射波场和反射波场的局部平面波近似，可以提供分析局部成像波数的合理近似，对于单一频率 $\omega$ 的平面波，成像波数的基本形式为

$$\left|\overline{\mathbf{K}}\right| = \left|-\overline{\mathbf{k}}_s + \overline{\mathbf{k}}_r\right| = 2\cos\theta \cdot \omega / c \tag{1}$$

其中，$\overline{\mathbf{k}}_s$ 为震源场入射到界面处的波矢量，$\overline{\mathbf{k}}_r$ 为反射波的波矢量，$\theta$ 为在界面处的入射角度，$c$ 为均匀的背景速度。从公式(1)可以看出成像波数 $\overline{\mathbf{K}}$ 等于 $-\overline{\mathbf{k}}_s$ 与 $\overline{\mathbf{k}}_r$ 矢量和，它的大小与背景速度，成像点处的入射角度是密切相关的，这样我们就可以定量地分析成像点处的成像波形的信息和其分辨率特征。传统的成像分析表明，对于单炮偏移，界面成像的分辨率特征与入射角度，子波带宽和界面的倾角相关，而实际上对于速度界面的成像，往往涉及在非均匀的背景速度，而其成像波形与界面两侧的速度，地震波的入射角度以及透射角度都有着密切的关系。这时的成像波数为

$$\left|\overline{\mathbf{K}}_i\right| = 2\cos\theta_i \cdot \omega / c_i \qquad i = 1,2 \tag{2}$$

其中，$\theta_1$ 为入射角度，$\theta_2$ 为透射角度，$c_1$ 为界面上覆地层的速度，$c_2$ 为界面上覆地层的速度。在波场垂直入射的情况下($\theta_1 = 0$)，界面两侧的成像波数的大小主要与背景速度呈反比，由于界面两侧速度的不同，波数的大小也不同，从而界面成像波形的拉伸情况也不相同，对应着界面两侧的成像分辨率主要与速度相关。

在有一定入射角度的情况下($\theta_1 \neq 0$)，一方面成像波数的大小与界面两侧的速度成反比；另一方面从公式(2)可以看出同时界面两侧的成像波数大小与入射角 $\theta_1$ 和透射角度 $\theta_2$ 的余弦呈正比，角度越大，成像波数越小。特别对于界面两侧速度差很大的情况下，由于速度和透射角度的剧烈变化，界面两侧成像波数的大小有很大变化，这样就容易造成界面的成像波形在界面两侧不对称拉伸现象非常剧烈，这也就意味着界面两侧的成像分辨率存在很大的变化。

## 3. 结论与讨论

通过对界面的成像分辨率特征使用成像波数进行定量地刻画，同时考虑到界面处速度背景的不均匀性和震源波场于界面处的入射和透射的具体情况，得出由于界面两侧的速度不同会造成界面处的成像波形存在不对称拉伸的现象，对应的其分辨率也发生变化。在震源场于界面处垂直入射的情况下，界面两侧的成像分辨率主要与速度呈反比；在有一定的入射角的情况下，界面两侧的成像分辨率同时与入射角度和透射角度相关。

### 参 考 文 献

[1] Beylkin G, et al. Spatial resolution of migration algorithms[C]//A J Berkhout, J Ridder, L F van der Waals, Eds, Proceedings of the 14th Internat.Symp. on Acouts. Imag., 1985 : 155~167.

[2] Lecomte I, L J Gelius. Have a look at the resolution of prestack depth migration for any model, survey and wavefields [C]// 68st Annual International Meeting, SEG, Expanded Abstracts, 1998.

（16）油气田与煤田地球物理勘探

# 基于反褶积算法的地震波干涉技术被动源成像

# Deconvolution-based Seismic interferometry passive source imaging

程　浩*　王德利　朱　恒

Cheng Hao　Wang Deli　et al.

吉林大学地球探测科学与技术学院　长春 130026

## 1. 前言

被动源地震波干涉技术，是对背景噪声或天然地震产生的地震记录处理，并进行成像的一种新方法。地震波干涉技术不依赖于人工震源，通过从混沌无序的噪声中提取有用信息，来合成虚拟炮集记录，不但能较准确地反映地下地质构造，而且还有较高的信噪比和分辨率，同时也大大降低了生产成本，促进了地震勘探的新发展。本文对基于反褶积算法的地震波干涉技术应用进行了验证，并将其成像效果与互相关算法的成像效果进行了对比，体现了其在信噪比和分辨率方面的优势。

## 2. 基本原理

通过对扰动扩散波格林函数方程 $G_0(r_A,s,\omega)$和 $G_s(r_A,s,\omega)$各自的叠加和一个激发点在 $S$ 处的震源函数做褶积，就得到了在 $r_A$ 处记录的频率域波场 $u(r_A,s,\omega)$。因此，$u(r_A,s,\omega)$的表达式为：

$$u(r_A,s,\omega)=W(s,\omega)[G_0(r_A,s,\omega)+G_s(r_A,s,\omega)] \tag{1}$$

为了使计算简单，在这里忽略了频率的影响。$u(r_A,s)$和 $u(r_B,s)$的反褶积给出了下面的公式：

$$D_{AB}=\frac{u(r_A,s)}{u(r_B,s)}=\frac{u(r_A)u^*(r_B,s)}{|u(r_B,s)|^2}=\frac{G(r_A,s)G^*(r_B,s)}{|G(r_B,s)|} \tag{2}$$

通过反褶积的过程，将震源函数 $W(s)$抵消了。公式（2）为震源叠加前的反褶积算法。在没有独立估计的震源函数情况下，通过方程（2）描述的反褶积方法,不是完成地震干涉的唯一方法。因为，$u(r_A, s)$和 $u(r_B,s)$的反褶积等价于：

$$D_{AB}=\frac{u(r_A,s)u^*(r_B,s)}{u(r_B,s)u^*(r_B,s)}=\frac{C_{AB}}{D_{BB}} \tag{3}$$

式中，$C_{BB}$ 是 $u(r_B,s)$的自相关。公式(3)为震源叠加后的反褶积算法。

## 3. 实现过程

首先，建立一个适当的地质模型，用来模拟被动源地震数据，将震源随机的设置在模型的最下面一层，并令其随机激发，这样就和天然地震类似，在地表接收透射波记录。

然后，依次抽取其中的每一道与其他的道集做反褶积运算，这样合成的新的地震记录就形成了虚拟炮道集，它和正常在地表激发所形成的地震记录是相似的。

最后，对得到的虚拟炮道集进行常规的处理，形成叠后地震剖面，与建立的地质模型进行对比。同时，可从分辨率和信噪比方面，对反褶积算法与互相关算法的成像效果进行比较。

## 4. 结论

通过数值模拟，反褶积算法地震波干涉技术得到的叠后剖面与原始地质模型进行了对比，比较准确地反映了地下地质构造，验证了反褶积算法在被动源地震波干涉技术中的可行性。将反褶积算法的叠后剖面与互相关算法的叠后剖面进行对比，明显看出反褶积算法的叠后剖面纵向分辨率和信噪比要好于互相关算法的叠后剖面。

## 参 考 文 献

[1] Vasconcelos I,Snieder R. Interferometry by deconvolution, Part 1—Theory for acoustic waves and numerical examples [J]. Geophysics, 2008, 73(3): S115~S128.

[2] 陶毅, 符力耘, 等. 地震波干涉法研究进展综述[C]//中国科学院地质与地球物理研究所第十届(2010 年度)学术年会, 2011: 577~586.

（16）油气田与煤田地球物理勘探

# 最小二乘叠前时间偏移方法研究

# Research on least-squares pre-stack time migration

吴 丹* 李振春 刘玉金

Wu Dan Li Zhenchun et al.

中国石油大学（华东）地球科学与技术学院 青岛 266555

## 1. 引言

偏移是利用反射地震数据对地下构造进行成像的重要手段。但是常规的偏移方法采用的是正演算子的共轭转置，而不是它的逆，当地震数据采集不足且不规则，地下构造情况复杂以及波场带宽有限时，常规的偏移方法只能对地下构造模糊成像。针对这一问题，许多地球物理学家开展了关于最小二乘偏移（LSM）方面的研究，通过将成像看作最小二乘意义下的反演问题来得到压制偏移噪音后分辨率更高、振幅保真性更好的成像结果。

自从将最小二乘反演理论引入到偏移成像以后，关于 LSM 约束条件的研究就从未停止过，例如阻尼约束条件、共成像点道集聚焦或平滑性约束条件、变换域稀疏约束条件等，但是目前地球物理学家对于什么是 LSM 最优的正则化条件仍然没有统一的结论。本文在反演过程中同时引入两个正则化算子，分别在共成像点道集上引入平滑算子，在共偏移距道集上引入平面波构造滤波器算子。为了说明这两个算子对反演结果的影响，利用 Kirchhoff 叠前时间偏移和反偏移算子在数据空间进行最小二乘偏移。通过理论模型和实际资料处理验证了本文方法可以同时压制共成像点道集和共偏移距道集上的成像噪音，得到信噪比和精度更高的成像结果，具有较好的应用效果和发展前景。

## 2. 方法原理及实现算法

基于最小二乘反演理论的偏移方法是根据反偏移后数据与采集数据误差最小的原则，通过迭代反演寻求最佳成像结果，达到对非规则地震数据高精度成像的目的。为了加快迭代反演的收敛速度，采用预条件共轭梯度法对目标函数进行求解。另外，预条件算子的选取非常关键，不仅可以保证反演过程稳定，而且能够加快收敛速度。预条件最小二乘叠前时间偏移的目标函数可以表示为：

$$J=\left\|\mathbf{K}\left(\mathbf{L}\mathbf{P}_{\mathrm{pwc}}\mathbf{P}_{\mathrm{cig}}\mathbf{p}-\mathbf{d}\right)\right\|_2+\mu\left\|\mathbf{p}\right\|_2$$

其中：$\mathbf{K}$ 为掩码函数，为对角矩阵，存在数据地震道处为 1，缺道处为 0；$\mathbf{L}$ 为从成像道集变换为地震数据的正演算子。$\boldsymbol{L}$ 可以为波动方程或 Kirchhoff 反偏移算子。本文采用的是工业界比较常用的共偏移距道集 Kirchhoff 型积分算子作为正演算子 $\mathbf{L}$；$\mathbf{P}_{\mathrm{cig}}$ 为共成像点道集沿角度方向进行平滑的算子；$\mathbf{P}_{\mathrm{pwc}}$ 为共偏移距道集沿局部倾角方向进行平滑的算子；$\mathbf{d}$ 表示叠前地震数据；$\mathbf{p}$ 为预条件变量，与模型数据 $\boldsymbol{m}$ 之间的关系为：$\hat{\mathbf{m}}=\mathbf{P}_{\mathrm{pwc}}\mathbf{P}_{\mathrm{cig}}\hat{\mathbf{p}}$。利用共轭梯度法即可对上式进行求解，最终得到信噪比和精度更高的成像结果。

## 3. 结论

本文采用 Kirchhoff 叠前时间偏移和反偏移算子进行最小二乘反演成像，并引入 CIGs 平滑约束条件和 COGs 局部倾角约束条件改善反演效果，通过模型和实际资料处理，对比常规偏移和不同约束条件下 LSM 的成像结果，可以得出如下几点结论：①CIGs 平滑约束条件可以有效压制 CIGs 上的成像噪音，使得反演后道集内振幅沿偏移距平滑变化，但是对最终的叠加成像结果没有多少改善；②同时加入 CIGs 平滑约束条件和 COGs 局部倾角约束条件，可以从两个不同的方向对反演结果进行优化，压制 CIGs 和 COGs 上的偏移噪音，并且能够改善最终的反演效果，提高成像精度；③通过加入合适的预条件算子，可以有效提高反演的收敛速度，从而在一定程度上降低 LSM 的计算成本。

### 参 考 文 献

[1] Wang J, Sacchi M D. Structure constrained least-squares migration[C]//79th Ann. Internat Mtg.，Soc. Expl. Geophys.. Expanded Abstracts，2009: 2763~2767.

[2] Fomel S B, Guitton A. Regularizing seismic inverse problems by model reparameterization using plane-wave construction[J]. Geophysics，2006，71(5): A43~A47.

（16）油气田与煤田地球物理勘探

# Walkaround VSP 技术在煤储层方位各向异性分析中的应用

## Azimuthal anisotropy analysis of coal reservoir using walkaround VSP data

姜宇东　钱雪文　王　跃

Jiang Yudong　Qian Xuewen　et al.

中国石化石油物探技术研究院　南京 211103

煤层属于双孔隙系统，即由微裂隙和微孔隙构成的多孔介质。一般煤层中裂隙多为垂直裂隙且密度大。裂隙煤层属于中等甚至强各向异性介质，各向异性一般达到30%。确定裂缝发育区域、方位和密度对于煤层气勘探具有重要意义。国内外学者在利用常规地面地震的P波资料进行裂缝检测方面进行了大量的研究，然而，地层构造的影响以及上覆地层的非均匀性等都会对裂缝地层的方位各向异性特征检测产生很大的影响，使得对裂缝的检测不是十分有效。煤层气目的层的裂隙检测也面临同样的问题。

VSP（垂直地震剖面）是一种井中地震观测方法，已经在油田勘探开发中得到广泛的应用，与地面地震方法不同，VSP 方法是在地面激发地震波，在沿井孔不同深度布置多级三分量检波器进行观测。因为检波器置于井中地层内部，所以不仅能接收到上行纵波和上行转换波，也能接收到下行纵波及下行转换波，甚至能接收到横波，这是垂直地震剖面与地面地震剖面相比最重要的特点。这样特殊的观测方式与地面地震相比具有以下优势：地震波单程衰减，地震信号频率较高；检波器深度定位，提高了速度分析精度；检波器离目的层更近，振幅信息畸变小；三分量检波器采集，可以更准确地估算地层参数。

Walkaround VSP 观测方式将炮点布设在以井口为圆心的圆周上，等间距分布，主要用于地层各向异性分析和储层裂缝检测。由于检波器布置在井中并穿过目的层，因此，通过 Walkaround VSP 资料进行地层方位各向异性分析时，不会受到上覆地层非均匀性的影响，从而避免了根据地面地震资料分析地层方向各向异性的困难。

H 井是一煤层气井，完钻井深 980m。为了分析研究 H 井目的层各向异性特征，我们对 H 井进行了包括 Walkaround VSP 在内的多种观测方式的 VSP 资料采集和处理分析。

### 1. H 井 Walkaround VSP 观测参数

井源距：700m，炮点方位：0°～345°，炮点方位间隔：15°，观测井段: 960～650m，观测深度间距:10m。

### 2. 多方位速度分析

根据 H 井 Walkaround VSP 资料，我们对 800～970 米的主要目的层段求取了不同方位的 VSP 层速度值，从该井段内的 VSP 层速度与声波测井速度对比可见，VSP 层速度与声波测井层速度趋势基本相同，由于测量方法的不同，声波测井层速度变化比较剧烈，而根据 VSP 资料求出的层速度变化较缓。根据目的层段的 VSP 时差进行了不同方位的层速度计算，由于没有上覆地层的影响，得到了真实反映目的层段的不同方位的地震波层速度。

### 3. 多方位振幅分析

直达波能量变化也是判断各向异性的参数，一般情况下，地震波沿着平行于裂缝方向传播时能量衰减较小；而地震波沿着垂直于裂缝方向传播时能量衰减较大。因此在平行于裂缝的方向上，直达波能量最大；而垂直于裂缝的方向上，直达波能量最小。我们分别计算并形成了 H 井在深度 820 米～920 米间的下行波振幅随方位变化图以及 920 米～940 米间的下行波振幅随方位变化图。井深 820 米～920 米之间包含有多组煤层，该段地层具有较明显的振幅方位各向异性特征，其振幅衰减最大值对应的方位角约为 286°。井深 920 米～940 米间包含 F 号煤层，该段地层的对应于地震波振幅衰减最大值的方位约为 297°。根据多方位速度分析和多方位振幅分析的结果，综合推测 F 号煤层的裂隙发育方向为 297°方位。

### 4. 小结

Walkaround VSP 独特的观测方式避免了上覆地层对目的层各向异性分析的影响，为准确进行煤层气储层的方位速度和方位振幅值等参数计算提供了可靠资料，VSP 资料方位各向异性分析可用于评价煤储层裂隙发育状况，为煤层气开发制定合理的开发方案提供依据。

#### 参 考 文 献

[1] 牛滨华, 何樵登, 宋春岩. 裂隙各向异性介质波场 VSP 多分量记录的数值模拟[J]. 地球物理学报, 1995, 38 (4):519~527.

[2] Li Xiangyang. Fracture detection using azimuthal variation of P-wave move out from orthogonal seismic survey lines[J]. Geophysics, 1999, 64(4): 1193~1201.

（16）油气田与煤田地球物理勘探

# 基于离散 Hopfield 网络的致密砂岩储层流体识别

# Fluid typing of tight sand reservoirs based on discrete Hopfield neural networks

王 鹏 [1] 谭茂金* [1,2]

Wang Peng Tan Maojin

1. 中国地质大学地球物理与信息技术学院 北京 100083;
2. 地下信息探测技术与仪器教育部重点实验室 北京 100083

## 1. 引言

镇泾油田长 9 储层孔隙度小，渗透率低，油水层电阻率差异小，利用常规的交会图方法建立流体识别模板规律性不强，难以有效应用。针对这一问题，本文拟提出基于离散 Hopfield 网络方法实现储层流体类型识别。

## 2. Hopfield 网络

Hopfield 最初由美国物理学家 J.J Hopfield 于 1982 年创作，该网络作为一种全连接型的神经网络，而且也是一种单层、输出为二值的反馈网络。对于单层神经元，执行对出入信息与权系数的乘积求累加和，并经过非线性函数 f 处理后产生输出信息。对于二值神经元，$x_j$ 为外部输入，它的计算公式如下：

$$u_j = \sum_{i=1}^{N} w_{ij} y_i + x_j,\quad y_j = f(u_j)$$

当输出层是 $n$ 维神经元网络时，$Y=[y_1,y_2,\ldots,y_n]^T$，可以表示 $2^n$ 中状态。

## 3. 流体识别与效果分析

储层流体识别属于分类问题。本文利用常规测井和测试资料建立离散 Hopfield 网络实现储层流体识别。利用上述步骤对镇泾油田进行了预测实验。输入测井属性为 GR、RILD、AC、CNL 和 DEN，以测试结果统计均值建立分类标准，随机选取油层样本 20 个、水层样本 20 个、油水同层样本 20 个、含油水层样本 20 个、干层样本 19 个组成预测样本。其实现步骤如下：

（1）分类指标的设计。统计该地区大量不同类型储层常规测井响应特征的平均值，对样本数据进行归一化，作为 Hopfield 网络的平衡点。

（2）分类指标编码。编码规则为以每个属性大于或等于该分类指标值减去相邻值距离的半值时，对应的神经元状态值为 1，否则为−1。

（3）待分类指标编码。待分类样本经过第二步后，加入特定的噪声，以消除数据的耦合性。

（4）创建 Hopfield 网络。采用权值修正学习方法，保证迭代后权值矩阵为对称矩阵，网络达到稳定状态。

（5）储层流体分类。Hopfield 网络输出为−1 与 1 的二值编码矩阵，与分类指标编码相似匹配，得到流体分类：油层、油水同层、含油水层和水层。

实验中，选取网络迭代次数为 1000，足以保证得到对称的网络权值矩阵。每个样本，包含 5 个输入值和 5 种可能的输出类型，得到的编码为 5×5 维二值矩阵。与测试结果相比，预测结果总符合率 82%，其中油层符合率 100%，水层 100%，干层 70%，油水同层 75%、含油水层 65%。

## 4. 结论与认识

离散 Hopfield 在平衡点处具有极强的收敛性，通过组合编码和多次迭代能够实现多种储层流体识别，预测精度高，调节参数少。然而，对于油水同层与含油水层的测井响应相似性较高，导致部分编码值处于临中状态而收敛错误。因此，增加输入测井属性的个数，以增加平衡点的数目，同时采用更精细的编码规则，以减少编码值可能的收敛范围，来提高流体识别的预测精度。

本研究由国家自然科学基金(41172130)、中央高校基本科研业务费专项(2-9-2012-48)、国家重大专项“大型油气田及煤层气开发(2011ZX05014-001)”、中国石油青年创新基金(2011D-5006-0305)资助。

## 参 考 文 献

[1] 张德丰. Matlab 神经网络应用与设计[M]. 北京：机械工业出版社， 2010.
[2] 王凌, 郑大钟. TSP 及其基于 Hopfield 网络优化的研究 [J]. 控制与决策, 1999, 14(6): 669~674.

（16）油气田与煤田地球物理勘探

# 几种碳酸盐岩地层孔隙压力计算方法的对比与应用

# Comparison and application of pore pressure prediction methods in carbonate rock

刘　方* 刘志斌 张益明 杨学昌 何　峰

Liu Fang　Liu Zhibin　et al.

中海油研究总院　北京 100027

## 1. 引言

碳酸盐岩地层孔隙压力是井控、井壁稳定和储层保护技术的关键因素，也是急需解决的理论与工程难题。国内外关于碎屑岩地层孔隙压力的检测都有近乎成熟的技术及现场应用，但由于碳酸盐岩地层本身的复杂性，有关碳酸盐岩地层孔隙压力的检测技术还不成熟[1]。文章总结了常用的碳酸盐岩地层孔隙压力计算方法。并在卡塔尔已钻探井 X 中得到实际应用。

## 2. 碳酸盐岩地层孔隙压力计算方法

### 1）传统的碎屑岩地层孔隙压力计算方法在碳酸盐岩中的推广

2003 年刘之的利用等效深度法对川东 LJZ、DKH 构造飞仙关组的 11 口井的碳酸盐岩地层孔隙压力进行了预测。结果表明，等效深度法对于碳酸盐岩剖面地层压力预测也有适用性。在该研究中，利用构造内某口井或多口井的灰质泥岩或云质泥岩层（作为视泥岩层）测井数据得到正常压实趋势线。

此方法的优点在于原理简单、便于计算、利与推广。缺点在于计算结果存在较大的风险。Huffman(2002)[2]研究表明在碎屑岩地层中地层纵波速度随地层有效应应力加载和卸载变化显著，但在碳酸盐岩地层中，纵波速度对地层有效应应力加载和卸载的变化不敏感，甚至在有效应力卸载时，纵波速度几乎不变。因此，纵波速度的微小误差可能会造成计算结果极大的误差。

### 2）基于有效应力法的碳酸盐岩地层孔隙压力计算方法

近几年基于有效应力法的碳酸盐岩地层孔隙压力计算方法越来越受到青睐。夏宏泉(2005)、Huffman(2011)等都有过成功的应用。

此方法基于 Terzaghi 的有效应力理论。研究发现，岩石的有效应力与纵横波速度比、泊松比、纵波速度存在某种关系。由 Terzaghi 定理可知，若已知地层的上覆岩层压力和有效应力，则可以求出地层孔隙压力。

此方法的优点在于不需要建立泥岩层（视泥岩层）正常压实趋势线，在实际的碳酸盐岩剖面中缺少大段的纯泥岩层，难于建立正常压实趋势线。若结合叠前地震弹性反演结果此法可很好的应用于钻前碳酸盐岩地层孔隙压力预测。缺点在于，在很多情况下对测井资料要求高，需要横波数据。

### 3）经验公式法

经验公式法是在特定构造和地层内，利用多口已钻井拟合地层孔隙压力与地层深度、速度等参数关系的方法。有如下面形式，其中 Pp、H、v 分别代表地层孔隙压力、深度、速度。

$$Pp = A*10^4*H + B*10^7*\ln(10^6/v) - c*10^8$$

此方法适用于区块具有一定数量已钻井的情况，结合较多数量的已钻井测试资料拟合参数形成准确的经验公式。此方法不适用于野猫井或勘探初期的地层压力预测工作。

## 3. 应用效果与结束语

分别利用三种碳酸盐岩地层孔隙压力计算方法计算卡塔尔已钻井 X 新生界至古生界碳酸盐岩地层孔隙压力。结果表明前两种方法更为适用，已有已钻井位置较为分散且数量少，不利于经验公式法的应用。

## 参考文献

[1] 张冬艳, 等. 碳酸盐岩地层孔隙压力的检测方法研究[J]. 石油天然气学报, 2011, 33(8): 111~113.

[2] Alan R Huffman. The future of pore-pressure prediction using geophysical methods[J]. The Leading Edge, 2002, 21(2): 199~205.

（16）油气田与煤田地球物理勘探

# 地震综合预测技术在 X 区块页岩气藏有利区带评价中的应用

# Application of seismic comprehensive prediction techniques on prospective zone evaluation of shale gas reservoir in X area

曹鉴华*

Cao Jianhua

中国地质大学（北京）地球科学与资源学院 北京 100083

## 1. 研究背景

页岩气属于非常规天然气能源，其潜在资源量巨大，目前在我国已经作为一种独立矿种进行勘探和开发。由于其成藏条件和聚集方式与常规气藏不同，而且储集层条件较差，对页岩气藏的预测和评价需要新的思路和方法。

X 区块目标层段发育海相页岩地层，为最大海泛面对应的低能环境沉积产物。取样分析表明黑色页岩的有机碳含量高，以前的钻井在该套页岩地层中也有较好的含气显示，表明该区块具有很好的页岩气勘探前景。利用该区块部署的三维地震资料和已有的井资料对目的层段开展有利区带综合预测，同时探索利用地球物理技术进行页岩气富集区预测和评价的有效流程。

## 2. 综合预测技术

（1）对地震振幅数据提高成像品质处理，包括两个步骤：方位约束去噪和拓频处理。采用方位约束去噪能够很有效的沿着反射波组走向和倾向去除原始叠后数据隐含的规则性或随机噪音，提高页岩地层段的成像品质；在此基础上开展三维地震宽频信号处理，有效拓宽页岩段地震反射的频带，提高页岩段纵向和横向的地震分辨能力，从而获取更精确的地震反射细节，为后续的对比解释提供高质量的基础数据。主要思路是：通过先进的谱反演技术手段获取全频带地震反射系数数据体，观察页岩段横向变化细节特征，同时通过对比已知井钻遇的页岩厚度，选取合适的带限子波与谱反演获取的反射系数体褶积运算，由此获得高分辨率的反射振幅数据。

（2）页岩储层横向分布预测。在高分辨率反射振幅数据上针对页岩地层段进行精细的对比和追踪解释，获取页岩顶界面构造特征及平面分布范围；通过井震联合标定寻找敏感的地震属性响应，开展地震属性技术分析，结合高分辨分频技术及分频属性 RGB 融合技术的应用，定性评价页岩储层的有效分布特征；进行高分辨率储层物性反演，研究储层物性分布特征，寻找页岩储层段相对高孔区域，落实有利的甜点区。

（3）目的层段裂缝发育预测。裂缝对于页岩气的开发是非常重要的，明确裂缝的分布规律可以指导后续钻井部署和压裂的方向。这里主要是在叠后数据上进行裂缝预测研究，寻找小断裂和裂缝发育带，同时可计算裂缝密度属性，定性预测裂缝平面分布特征。主要思路是：计算波形类相干属性和曲率属性，并将两者融合显示分析，同时结合岩样观测结果及页岩段成像测井特征，综合分析目的层段的裂缝分布特征，找到裂缝集中发育区域，获取裂缝发育规律认识。

（4）有利区带综合预测。在采用上述地球物理手段获取页岩段构造特征、物性分布、裂缝发育规律认识的基础上，结合区域构造特征和沉积趋势，圈定页岩气藏的有利富集区域。

## 3. 研究结论

（1）通过提高地震信噪比和高分辨率处理流程，页岩地层段反射品质改善明显，其顶界面反射波组可以往工区东部延伸，对比追踪解释后页岩地层边界可东扩，面积增加约 20 平方千米，有效扩大了页岩气藏分布范围。

（2）认为有利甜点区位于工区的中部和东南部。地震综合预测结果显示这些区域储层物性较好，裂缝发育程度高，为有利的页岩气生储区带。

（3）认为该套地震综合预测技术针对 X 地区页岩气藏预测和评价是有效的，具有较强的应用价值，其思路和流程可供其他类似页岩发育区块参考。而其中用于提高地震资料分辨率的叠后宽频处理技术是非常有特色的，也可用于薄层类型的储层预测和分析。

## 参 考 文 献

[1] 李世臻, 等. 世界页岩气勘探开发现状及对中国的启示[J]. 地质通报,2010, 29(6): 918~920.
[2] 罗蓉, 等. 页岩气测井评价及地震预测、监测技术探讨[J]. 天然气工业,2011,31(4): 34~39.
[3] Chopra, et al. Thin-bed reflectivity inversion and some applications[J].The first break, 2009, 27(5): 17~24.

（16）油气田与煤田地球物理勘探

# 综合地球物理勘探资料对羌塘盆地基底结构特征的认识

# The basement structure characteristics of the Qiangtang Basin: an interpretation from the geophysical exploration data

朱传庆[1]　蒋武明[2]　姜忠诚[3]　张跃中[2]　吴光大[2]　王财富[3]　甘贵元[2]　杨　博[4]

ZhuChuanqing　Jiang Wuming　et al.

1. 中国石油大学（北京）地球科学学院　北京 102249; 2. 中国石油青海油田公司勘探开发研究院　敦煌 736202
3. 中国石油东方地球物理公司　涿州 072751; 4. 陕西探地勘测技术开发有限责任公司　西安 710061

位于青藏高原腹地的羌塘盆地，地处特提斯构造域中段，与特提斯构造域西段全球油气产量最高、储量最丰富的中东波斯湾油区毗邻。近年来的一系列调查和研究工作认为，羌塘盆地有着极大的含油气远景，作为我国重要的油气资源接替区，在中国能源战略中占据着极其重要的地位。盆地基底特征对于研究盆地构造格架、构造演化以及对后期沉积特征及油气分布的影响等具有重要意义，本次研究通过重、磁、电、震等地球物理资料，分析了羌塘盆地基底埋深、岩性等特征，并进一步研究了盆地构造格架、断裂特征、沉积层展布等。

北羌塘坳陷以较大范围重力低异常为特征，布格重力异常走向以北西向为主。北羌塘坳陷与南羌塘坳陷之间的局部重力高异常走向为北西向—近东西向，为中央隆起带的反映。南羌塘坳陷整体重力值较高，局部重力异常发育，异常走向较复杂，整体向南逐渐升高，反映前泥盆系基底在盆地南缘的抬升。

区域重力异常特征在南北及东西方向都存在差异且以南北差异为主，分带十分明显。重力场最低值在各拉丹东，低于$-570\times10^{-5}m/s^2$，聂荣、安多以北，温泉兵站以南存在较大范围的重力低异常。盆地南缘布格重力异常普遍高于$-500\times10^{-5}m/s^2$。根据异常走向、幅度、面积、形态及排列组合关系，从南到北可划分为 3 个大的异常带。区域重力异常南北方向分区，说明盆地在南北向密度有差异，它与南北向区域地质构造的分带性相一致[1]。由于羌塘盆地内只有泥盆系与前泥盆系之间可形成相对较明显的密度界面，因此认为，重力资料可能反映了盆地基底的起伏、断裂构造带及花岗岩体的分布[2]。

磁异常反映的地层的总磁场强度，修正的异常强度的大小取决于岩石的磁化率。羌塘盆地变质岩地层具弱磁性，形成弱磁性基底；大多数层位的沉积岩无磁性或极弱磁性；侏罗系—第四系地层中的中酸性火山岩具弱磁性，三叠系—二叠系中基性火山岩层磁性较强；各时代玄武岩磁性最强，可产生强磁异常；侵入岩表现为较强的磁性，且从酸性到基性、超基性逐步增强[1]。羌塘盆地航磁特征总体具有南北坳陷平缓弱异常和中央隆起带强烈变化异常的特征,南北羌塘的弱异常特征及变化可能反映盆地变质基底埋深特征[2]，此外，中央隆起西段和盆地东部存在范围较大的高异常区。西段对应中央隆起北缘的变质岩基底或火成岩出露，东部的高异常区，即各拉丹东—唐古拉兵站地区，对应中酸性火山岩和燕山期花岗侵入岩。从磁性体与地表岩石对应来看，强磁异常体多对应地表岩浆分布区，在扎仁克吾北部地区，安多以南的盆地南缘侵入岩亦较为发育。

羌塘盆地古生代盆地基底在电法剖面上较容易识别（大致相当于第五电性层[1]），根据电法剖面初步解释了羌塘盆地基底顶面埋深。盆地基底埋深变化较大，总体具有南部浅北部深、南北各有一个基底坳陷区、东西部浅中部深的特点。羌塘南北坳陷内皆存在一个基底埋深较深的地区，北部基底坳陷区分布于双湖—东温泉—藕山泉一带，南部基底坳陷区在土门西煤矿以西，基底埋深多在 6 000m 之下。其它地区基底埋深多在 3 000～5 000 米之间，盆地北缘基底埋深较浅，在 3 000 米左右。

盆地中央隆起区的西部，前泥盆系基底出露地表或被侵入岩破坏，而盆地的东部也存在一个基底被侵入岩破坏的区域，即土门西煤矿至安多、聂荣一带，花岗岩、花岗闪长岩出露，对应的区域在重力即大范围的低异常区，在航磁上则对应高异常区。这一对应特征，反映出中酸性侵入岩的密度较前泥盆系变质基底低，但磁性较基底和沉积层较强。此外，MT-626、MT-560 剖面的对应位置上，表现为高阻体侵入到低阻体中，侵入体特征显示比较清楚，重、磁、电资料的吻合程度较高。以 MT 解释剖面为基础，结合基底埋深图和重磁力资料，划分了羌塘盆地的构造单元。将盆地划分为两坳一隆三个一级构造单元：北羌塘坳陷、南羌塘坳陷、中央隆起，在盆地南部划分出羌南隆起。

## 参 考 文 献

[1] 曾庆全, 杨高印, 刘东琴. 羌塘盆地早期勘探中的重、磁、电技术 [J].石油地球物理勘探, 2001, 36(增刊): 89~94.
[2] 王喜臣, 贾建秀, 徐宝慈. 羌塘盆地综合地球物理剖面的模拟解释 [J]. 世界地质, 2008, 27(1): 76~82.

（16）油气田与煤田地球物理勘探

# 大地电磁模拟退火反演

## Using simulated annealing method in MT inversion

杜润林* 刘 展

Du Runlin Liu Zhan

中国石油大学（华东）地球科学与技术学院 青岛 266555

### 1. 引言

目前随着油气勘探深度的加深，勘探区块越来越复杂，以及其它地球物理勘探方法自身的限制等问题，大地电磁测深法已成为一种越来越重要的勘探方法，大地电磁方法频带范围比地震勘探频带范围宽得多，探测深度比地震等方法深得多，因此在深层及复杂岩性地区具有一定的优势，特别是在研究地球深部构造、火成岩体分布等方面具有独特的优势，可以探测地壳内部和上地幔的良导电层；在逆掩断层带和火山岩发育地区可以利用大地电磁测深发现和寻找高阻岩层下的沉积凹陷与含油气构造；还可以利用电阻率和温度之间的关系，进行地热资源调查。大地电磁资料的反演一般采用最小二乘法等常规线性方法，使用传统的多参数线性反演，往往会出现局部极值，多解性等问题，模拟退火法是一种启发式的蒙特卡罗洛法，不用求目标函数偏导数，不用解大型矩阵方程组，易于加入约束条件，不依赖于初始模型，易跳出局部极值，该方法用于大地电磁反演，可以提高反演精度。

### 2. 方法原理

模拟退火算法(Simulated Annealing)起源于统计热力学，最早的思想是由 Metropolis 于 1953 年提出，该算法是针对金属冶炼过程中升温降温过程的研究，使用数学方法模拟实际固体加温过程和降温过程，即先将固体加热至充分一定温度再逐渐冷却高温时，固体内部全体分子为无序状态，此时达到最大能量，而随着该固体温度的降低，其内部分子活跃度降低 全体分子逐渐趋于有序状态，最后在常温时达到某一基态，此时能量最小。模拟退火反演算法将反演参数看作是熔化物体分子存在的某种状态，将目标函数视为熔化物体的能量函数，通过控制参数逐步降低温度进行迭代反演，使目标函数最终求得全局极值点，模拟退火法的一般步骤如下：

（1）给出正演模型全体参数并指定每个参数的变化范围，以指定变化范围为基础，随机选取一组初始模型参数 $m_0$ 为当前最优点，计算相应的目标函数值 $E(m_0)$；

（2）设置模拟退火的初始温度 $T=T_0$；

（3）利用特定的随机方式，以当前模型为基础随机产生一个新模型 $m$，并计算新的目标函数值 $E(m)$ 以及目标函数的增量 $\Delta E = E(m) - E(m_0)$；

（4）若 $\Delta E < 0$，接受新模型为当前最优点，若 $\Delta E \geq 0$，则以概率 $P = \left[\dfrac{1-(1-q)\Delta E}{\mathrm{T}}\right]^{\frac{1}{1-q}}$ 接受新模型为当前最优点，T 为当前温度，当模型被接受时，设置 $m_0 = m$；

（5）重复步骤（1）～（4），直到目标函数达到精度要求或满足指定循环次数为止，输出当前最优点的模型参数值，计算结束。

### 3. 结论

通过模型计算可以得到如下结论；模拟退火反演相对于常规的线性反演算法，有较好的搜索性能，利于提高收敛精度，提高反演结果的有效性；使用模拟退火法对大地电磁正演模型进行反演可以获得精确的结果，但模型层数增加时，由于参数的增多，也会相应地增加迭代次数和运算时间，在以后的工作中可以改进算法，实现并行模拟退火大地电磁反演；模拟退火算法用随机模型和指定选择方式来进行反演，相对于线性反演来讲，模拟退火算法的执行效率还有不足，因此，在实际应用中仍需考虑将模拟退火法和其他反演方法结合的方式，达到提高反演速度和反演精度的要求。

参 考 文 献

[1] 陈向斌，吕庆田，等. 大地电磁测深反演方法现状与评述 [J]. 地球物理学进展, 2011,26(5): 1607~1619.

[2] 师学明，王家映. 模拟退火法 [J]. 工程地球物理学报, 2007,4(3): 165~174.

[3] 李琳，白运. 大地电磁模拟退火反演研究[J]. 安阳工学院学报, 2011, 10(2): 42~44.

（16）油气田与煤田地球物理勘探

# 伽马能谱数据平滑方法的应用研究

# The Application of smoothing method for Gamma ray spectrometry research

张　丽* 孙建孟

Zhang Li　Sun Jianmeng

中国石油大学（华东）地球科学与技术学院　青岛 266580

**1. 引言**

在放射性测量中，由于核衰变和探测器中固有的统计涨落、电子学系统噪声影响，测得的谱数据可能不会准确地反映原始数据的规律性，这将直接影响伽马能谱的定性定量分析。在伽玛能谱的分析中，为了减少能谱数据测量的统计涨落，又保留谱峰的全部重要特征，以便定性和定量分析伽玛能谱，必须首先对实测伽玛能谱原始数据进行光滑或去噪处理[1]。

由于能谱数据是按整数道址离散存储，所以谱光滑处理是逐道进行的；以待处理道为中心，用其左右m道的测量数据，对该道数据作修正，消除统计涨落的影响。常用的伽玛谱光滑方法有：多项式最小二乘拟合法、算术滑动平均法、重心法、指数法、离散函数褶积滑动变换法和傅立叶变换法。然而，尽管谱平滑方法很多，但是在具体应用过程中，也要根据平滑方法的原理和能谱数据的特点来选择。在平滑处理过程中还需要根据实际工作经验选择相应的平滑参数或平滑函数。特别是在谱数据中含大量密集干扰背景的情况下，平滑效果并不理想，可能会出现假峰或遗漏真峰等问题。

**2. 能谱数据平滑处理方法**

多项式拟和最小二乘法平滑方法：就是用一个 $n$ 次多项式与 $2m+1$ 个数据点逐次分段进行拟和，以达到平滑曲线的目的。根据最小二乘原理，拟合值和实际测量值之差的平方和最小，求出对应的拟合值。对于能谱数据中的每道 $i$ ($i$>=2)都可以选作中心道，并在它的左右各取相邻的对称道来进行拟合。

指数平滑法[2]是时间序列中的一种重要的平滑和预测方法，而且时间序列强调的是一种顺序性。这个顺序可以是代表能谱能量的道数，它是一种递增的量，可以作为时间序列进行处理。指数平滑法是一种特殊的加权移动平均法，它是在移动平均法的基础上改进而来的。首先根据需要处理的能谱数据的特点，确定平滑系数；然后采用递推的方式，进行数据的平滑处理。采用变参数的指数平滑处理方法，并进行正序和逆序的处理，尖峰区域得到平滑，有效抑制统计涨落，而且能够保留原始谱线的全部特征，是一种较为准确的平滑处理方法。

算术滑动平均法的思想：设 $y_i$ 为待光滑的第 $i$ 道数据，左右各取 $m$ 道，则共有 $2m+1$ 个点，用所有 $2m+1$ 个点的算术平均值作为 $y_i$ 的修正值，由于考察点的加权系数不变，导致数据平滑处理的程度相同，所以容易引起谱形的畸变，对后续的定性定量分析产生不利后果。

重心法就是选取加权因子和归一化因子，使光滑后的数据成为原来数据的重心。平滑公式的优点是权因子都是正数，平滑之后的谱数据不可能出现负值，从而提高了平滑之后的谱数据的可靠性。这在原始谱数据中本底很小、峰很高、而且峰的宽度很窄时是非常重要的。

**3. 结论**

以 $^{137}Cs$ 为伽马源经地层散射吸收后得到的能谱数据为应用实例，采用上述四种能谱数据平滑处理方法进行处理，对比每种方法平滑处理的效果，确定最佳的平滑处理方法。多项式拟合最小二乘平滑方法的处理效果较算术滑动平均方法和重心法的处理效果要好，但不足之处在于加权系数在整个平滑过程中始终保持不变；采用变参数双指数平滑模型，有效地改善了这一不足，它能有效地克服恒定参数平滑处理的不足，在去除噪音和毛刺等方面较其他平滑处理方法有很大的优势，可以在提高数据处理精度的同时，较完整地体现能谱数据的本质特征，为后期能谱数据的寻峰、能量刻度、本底扣除、死时间校正等谱分析提供可靠的数据支持。总之，能谱曲线不同，平滑处理的效果就不同，这要根据具体的能谱数据来分析比较，得出最佳的平滑处理方法。能谱数据平滑处理通常依赖于实际工作经验，自适应性较差，这就需要我们不断的探索研究适应性更强的能谱数据平滑处理方法。

## 参 考 文 献

[1] 庞巨丰. 伽马能谱数据分析[M]. 西安:陕西科学技术出版社，1990.

[2] 顾民，葛良全. 基于变参数双指数平滑法的自然伽玛能谱处理[J]. 物探化探计算技术. 2008, 30( 6): 506~509.

（16）油气田与煤田地球物理勘探

# 吐哈盆地煤成烃源岩测井评价关键因素

# The key factor for well logging evaluation methods of source rock of coal-derived hydrocarbon in Turpan-Hami basin

郑佳奎[1*] 徐传艳[1] 王长江[2]

Zheng Jiakui Xu Chuanyan et al.

1. 中国石油吐哈油田公司 勘探开发研究院 哈密 839009;
2. 中国石油集团测井有限公司 油气评价中心 西安 710000

**1. 引言**

吐哈盆地烃源岩主要包括煤层、碳质泥岩和暗色泥岩，主要以 III 型干酪根为主，成熟度相对较高。在测井评价过程中发现自然伽玛测井响应特征有别于常规烃源岩，故分别建立了不同成熟度烃源岩的结构模型，通过总结测井响应特征，形成了Δlg*R*、参数回归、自然伽玛能谱测井等评价方法。

**2. 煤成烃源岩测井评价的关键因素**

(1) 烃源岩的理论模型的建立。依据煤成烃源岩的成熟度建立了三种模型：有机质含量低的暗色泥岩的模型结构是由岩石骨架和孔隙及其中的水组成；碳质泥岩的模型结构在岩石骨架中增加了有机质成分；煤层中有机质转化成了液态、气态的烃类物质进入到岩石孔隙中，模型结构是由岩石骨架、有机质、孔隙中的烃类和水组成。

(2) 测井敏感因子分析。煤成烃源岩有机质含量的多少, 在各种测井曲线上都有一定的响应特征，吐哈盆地煤层和碳质泥岩表现为低自然伽玛特征，这与常规烃源岩利用高自然伽玛识别烃源岩的方法不相适用，故吐哈盆地烃源岩测井识别标准可以定义为：“三高两低”，即高电阻率、高声波时差、高中子值、低自然伽玛、低密度值。

**3. 煤成烃源岩测井评价方法优选**

(1) Δlg*R* 方法：依据烃源岩中有机质含量越高, 声波时差、电阻率就越大，密度越小的测井响应特征，应用过程中采用特殊比例的电阻率和声波时差测井曲线叠合法、电阻率和密度测井曲线叠合法来满足烃源岩的定性识别与评价。在吐哈盆地侏罗系水西沟群烃源岩评价表明处于渐成熟和成熟阶段，这与地球化学分析得出的地质认识相吻合。

(2) 参数回归法：利用温吉桑地区 7 口井的岩心样品, 建立了烃源岩有机碳含量(*TOC*，%)与声波时差(Δ*t*，μs/m)、深侧向电阻率（*R*，Ω • m）、密度(*DEN*，g/cm$^3$)、中子(*CN*，%)及自然伽玛(*GR*，API)五种测井响应的一元回归方程，岩心分析有机碳含量数据和测井计算结果对比表明，电阻率和声波时差曲线叠合法误差较小，要优于电阻率和密度测井曲线叠合法。

(3) 多元回归法：通过对比五种测井响应的单参数模型，暗色泥岩的有机碳含量与声波时差、电阻率 、密度这三个参数建立了多元回归关系式；煤、碳质泥岩的有机碳含量与声波时差、电阻率 、中子孔隙度、密度及自然伽玛这五个参数建立了多元回归关系式。实际计算结果分析表明更加具有综合性，但在应用过程中注意井眼环境校正和测井曲线标准化。

(4) 自然伽玛能谱测井评价法：通过对红台、疙瘩台地区有机碳含量与自然伽玛能谱测井中的铀曲线交会，分析表明其相关性较好，利用铀测井曲线判断烃源岩的方法适用于该地区。

**4. 结论与认识**

（1）在煤、碳质泥岩和暗色泥岩三种烃源岩结构模型的基础上，通过总结测井敏感因子，形成的四种煤成烃源岩测井评价方法互为补充，丰富了该地区的烃源岩测井评价方法；

（2）通过烃源岩测井评价方法优选结果表明，多元回归法评价结果综合性最强，但对测井曲线质量的要求很高，Δlg*R* 方法的适用面更广，多种方法相互参考是有效评价烃源岩的技术手段；

（3）吐哈盆地煤成烃源岩的四种测井评价方法的计算结果，与岩心分析有机碳含量数据对比分析误差较小，说明这套技术方法在煤成烃源岩测井评价方面值得推广。

**参 考 文 献**

[1] 程克明, 熊英, 等. 吐哈盆地煤成烃研究新进展[J]. 沉积学报，2002, 20(3): 456~460.
[2] 张小莉, 沈英, 等. 吐哈盆地侏罗系煤系地层烃源岩的测井研究[J]. 测井技术，1998, 22(3): 183~194.
[3] 刘超. 测井资料评价烃源岩方法改进及作用[D]. 东北石油大学硕士论文，2011.

（16）油气田与煤田地球物理勘探

# 使用 HP-自适应有限元方法的井中声波测井数值模拟

## Numerical simulation of borehole acoustic logging with hp-adaptive finite elements

赵严军

Zhao Yanjun

胜利油田　东营 257000

井中声速测量的精确数值模拟可以有效提高声波测井技术的有效性和估计地层的弹性特性。这种模拟需要有良好的声学物理模型与高效的数值离散及求解技术。本文的目的是，研究在流体填充的井和岩石井壁构成的耦合模型中弹性波的传播。为了确保我们的模拟精度和效率，我们使用了一种 hp 自适应的间断有限元离散化方法来加强与地层的匹配性。计算是在频率域进行的。随后，利用傅立叶逆变换，将频率域内的解转化到时间域，以获得接收位置的波形。有限差分方法需要考虑单极源和偶极源，以及测井工具和地下的分层结构。

井中声学的数字模拟对研究井中声学的传播有非常大的帮助，它能更好地提高井中声波测量对于地层的分辨率，尤其是对含有碳氢化合物的岩层。而且，数字模拟可以为声学测井提供改良数据的基础。井中声学问题的模拟存在诸多的挑战。首先,大体上必须能够得到一个较为精准的数学和物理模型。其次，在对液体同固体边界处，应避免在计算过程中出现的非实际的震动反应。再次，在波的传播过程中需要对波进行离散化，并且还要对其做一些形式上的理想化估计。

在一个液体填充的井中，并且有测井仪器存在，对于模拟声波在其中传播的问题，经典而易于实现的的有限元离散化为其提供了基础。然而，在某些出现间断的区域，简单的有限差分离散化的往往很难达到所需的精确程度。为了要正确而且有效率地模拟井中的声学传播，由于假设模型会在界面上会出现间断性，所以使用了 hp 自适应有限元方法，h 表示最佳网格大小，p 表示空间逼近多项式的次数。hp 自适应方法对于网格正则性要求不高，不受一般有限元方法中连续性限制条件的影响，可以对网格进行加密或减疏处理。而且对于不同的单元，hp 自适应方法可以采用不同次数和不同形式的逼近多项式。当使用恰当的剖分网格时，改变空间逼近多项式的次数 p 可以获得按指数收敛的数值解。因此，可以较为灵活的处理这类在固液分界面出现的间断问题。

在对井中声波进行模拟的时候。首先，要将要建立剖分为间断元的数学模型，即将连续的求解域离散为一组离散单元的集合体。用每个单元内所假设的近似函数来分别的表示求解域内待求解的未知场函数。近似函数通常是由未知场函数及其导数在单元各节点的数值插值函数来表示的，从而将一个连续的无限自由度的问题转变成了一个离散无限自由度的问题。间断元模型的间断处主要位于固液分界面和测井仪器表面。最佳网格大小 h 通过将估计误差较大的单元划分成更小的单元来扩大有限元的个数，即扩大了有限元空间。空间逼近多项式的次数 p 通过提高近似函数的次数来减小误差。而整个 hp 自适应方法，综合选择了进一步划分单元和提高逼近次数 p。然后，对间断有限元进行求解。运用归纳假设的方法和差值投影性质，求出先验的 hp 自适应方法的误差估计。而 hp 自适应方法的后验误差可由对偶论证得出。最后对间断有限元的合格式进行超收敛分析。

在井中声波传播的模拟中，本文成功的应用并测试了一个利用 hp 自适应有限元离散化方法来模拟充满液体并且有测井仪探测岩层弹性波传播的耦合模型。计算是在频域进行的，利用傅立叶逆变换，频域的解决方案随后被转化到时域波形产生的位置。为了验证该方法的计算精度，对数值计算结果与基准数据进行了比较，得到了非常好的效果。计算结果最后可以收敛到允许的误差范围内，说明了即使是在复杂的几何和物理条件下，该方法依然有较好的准确性和井中声学模拟的潜力。

### 参考文献

[1] Michler C, et al. Numerical simulation of borehole acoustic logging in the frequency and time domains with hp-adaptive finite elements [J]. Comput. Methods Appl. Mech. Engrg.,2009,198: 1821~1838.

[2] L Demkowicz. Fully automatic hp-adaptivity for Maxwell's equations [J]. Comput. Methods Appl. Mech. Engrg, 2005, 194: 605~624.

（16）油气田与煤田地球物理勘探

# 频率域有限差分感应测井快速正演模拟

# Fast forward modeling of induction logging response based on FDFD method

熊 杰[*1,2] 邹长春[1] 孟小红[1]

Xiong Jie Zou Changchun et al.

1. 中国地质大学（北京）地球物理与信息技术学院 北京 100083;
2. 长江大学电子信息学院 荆州 434023;

地层电阻率参数能定性划分油、气、水层，定量评价含油饱和度，是测井评价油气层的主要依据。感应测井能解决油基泥浆井中的电阻率测量问题，是一种重要的电阻率测量方法。为了分析感应测井仪器在不同测井环境下的响应特征，研究快速、准确的正演模拟方法十分必要。感应测井正演数值模拟方法主要包括有限元（FEM）、有限差分（FDM）、积分方程（IE）和数值模式匹配（NMM），每一方法具有各自的优缺点[1]。FDM 适用于模拟边界简单的感应测井模型，与 FEM 相比，它所形成的大型系数线性方程组维数相对较小，计算速度较快，在感应测井正演领域得到广泛的应用。本文采用频率域有限差分方法，在柱坐标系下推导出感应测井二维正演的差分格式；利用该差分格式，对求解区域进行离散和近似，得到大型稀疏复系数线性方程组，研究柱坐标系下频率域有限差分感应测井快速正演方法。

**1. 感应测井正演**

感应测井正演问题，是已知井眼周围地层电导率分布模型和感应测井仪器参数，求感应测井仪器的理论响应，即感应测井曲线。感应测井正演的关键是求解发射线圈在地下介质中激发的电磁场，采用不完全 LU 分解（ILU）预条件的稳定双共轭梯度（BICGSTAB）方法可加快正演模拟速度。

**1）频率域有限差分（FDFD）方法**

地球物理问题中的电场问题，对于外加电流源 $J_p$ 和磁流源 $M_p$ 在三维空间 $\tau\in\mathbb{R}^3$ 激发的电场 $E$ 和磁场 $H$，采用 $e^{i\omega t}$ 时谐因子，频率域 Maxwell 方程组为：

$$\nabla\times E(\vec r)=-i\omega\mu(\vec r)H(\vec r)-M_p(\vec r),\ \nabla\times H(\vec r)=(i\omega\varepsilon+\sigma(\vec r))E(\vec r)+J_p(\vec r) \tag{1}$$

其中，$E(\vec r)$ 为电场强度，$H(\vec r)$ 为磁场强度，$\omega$ 为角频率，$\varepsilon(\vec r)$、$\mu(\vec r)$、$\sigma(\vec r)$ 分别为介质的介电常数、磁导率、电导率。

感应测井发射线圈可看作磁偶极子，发射频率为几十 kHz，对于地下激发的频率低于 1MHz 时谐电磁场，位移电流可忽略不计。考虑到在不同介质中磁导率变化不大，$\mu(\vec r)$ 取真空中的磁导率 $\mu_0(4\pi\times10^{-7}\text{H/m})$；为更精确的计算源点附近的电场分量，进一步将电场 $E$ 分解为背景场 $E_p(\vec r)$ 和散射场 $E_s(\vec r)$ 之和：

$$E(\vec r)=E_s(\vec r)+E_p(\vec r) \tag{2}$$

在只存在外加电流源情况下，由(1)、(2）式可得散射电场 $E_s$ 的 Helmholtz 方程：

$$\nabla\times\nabla\times E_s(\vec r)+i\omega\mu_0\sigma(\vec r)E_s(\vec r)=-i\omega\mu_0(\sigma(\vec r)-\sigma_p(\vec r))E_p(\vec r) \tag{3}$$

在轴对称情况下，垂直磁偶极子产生的电磁场不为零的量只有 $E_\phi,H_z,H_r$ 几个分量，可将三维问题简化为二维问题，将求解域限定在 $r,z$ 平面。方程（3）在柱坐标系下，可写为：

$$\left(\frac{1}{r}\frac{\partial}{\partial r}r\frac{\partial}{\partial r}+\frac{\partial^2}{\partial z^2}-\frac{1}{r^2}-i\omega\mu_0\sigma\right)E_s^\phi=i\omega\mu_0(\sigma-\sigma_p)E_p \tag{4}$$

在 $r,z$ 平面的求解域，采用 Dirichlet 边界条件，用非均匀网格离散，在激励源附近区域，采用密集网格剖分，远离激励源区域，采用稀疏网格。根据 Yee 氏交错网格离散方案，$E_\phi$ 在网格中心处 $(i+1/2,k+1/2)$ 采样，$H_r$ 在水平边中间 $(i+1/2,k)$ 采样，$H_z$ 在垂直边中间 $(i,k+1/2)$ 采样，差分近似后可得到线性方程组：

$$(K-i\omega\mu\sigma I)x=i\omega\mu_0(\sigma-\sigma_p)E_p \tag{5}$$

其中，$K$ 是稀疏对角占优矩阵，$I$ 是单位矩阵。对于 $m\times n$ 网格离散方案，矩阵 $A=K-i\omega\mu\sigma$ 是

（$m\times n$）×（$m\times n$）阶稀疏复系数矩阵，矩阵每行最多有 5 个非零元素。

**2）ILU 分解预条件 BICGSTAB 方法**

线性方程组（5）的系数矩阵 $A$ 是大型复系数病态（ill-posed）的矩阵，迭代算法是求解这类问题的主要手段。BICGSTAB 算法是 Van 和 Vorst 等[2]在 Bi-conjugate gradient (BICG)基础上发展起来的，基于残差正交子空间的迭代方法。BICGSTAB 具有比 BICG 更快和更平稳的收敛性能，可方便的与预条件技术结合使用，算法收敛速度快、精度高，而且稳定性好，适用于求解非对称线性方程组[3]。

BICGSTAB 算法的主要思路是基于双边 Lanczos 算法[3]，是基于残差正交子空间的迭代方法。算法步骤如下：**步骤 1.** 对于线性方程组 $Ax = b$，给定初始值 $x_0$，最大迭代次数 $k_{\max}$，计算 $r_0 = b - Ax_0$，任意给定 $\tilde{r}_0$，使得 $(\tilde{r}_0, r_0) \neq 0$，一般的，可给定 $\tilde{r}_0 = r_0$，$\rho_0 = \alpha = \omega_0 = 1$，$v_0 = p = 0$，$i = 1$；**步骤 2.** $\rho_i = (\tilde{r}_0, r_0)$，$\beta = (\rho_i / \rho_{i-1})(\alpha / \omega_{i-1})$，$p_i = r_{i-1} + \beta(p_{i-1} - \omega_{i-1} v_{i-1})$，$v_i = Ap_i$；**步骤 3.** $\alpha = p_i / (\tilde{r}_0, v_i)$，$s = r_{i-1} - \alpha v_i, t = As$，$s = r_{i-1} - \alpha v_i$，$t = As$，$\omega_i = (t,s)/(t,t)$；**步骤 4.** $x_i = x_{i-1} + \alpha p_i + \omega_i s$；**步骤 5.** 若 $x_i$ 达到精度要求，则转步骤 7；**步骤 6.** $r_i = s - \omega_i t$，$i = i+1$，若 $i<k_{\max}$ 转步骤 2；**步骤 7.** 输出 $x_i$，算法结束。

预条件技术是将原来不易求解的线性方程组做某种变换，使之更容易求解。对系数矩阵 $A$ 做不完全分解是最简单有效的一种预条件方法。以线性方程组 $Ax = b$ 为例，以 $M^{-1}$ 为预条件算子，则原方程求解问题变换为对方程 $M^{-1}Ax = M^{-1}b$ 求解的问题。对系数矩阵 $A$ 做不完全分解是最简单有效的一种预条件方法。若系数矩阵 $A$ 的顺序主子式矩阵都是非奇异的，则矩阵 $A$ 一定能进行 LU 分解。若 $A$ 是大型稀疏矩阵，则它的因子 $L$ 和 $U$ 的下、上三角部分一般都是满的矩阵。不完全 LU 分解，是将系数矩阵 $A$ 分解为下三角矩阵 $\tilde{L}$ 和上三角矩阵 $\tilde{U}$，使得残差 $R = \tilde{L}\tilde{U} - A$ 满足特定的要求。一种简单有效的 ILU 分解是将 $A$ 分解为 $\tilde{L}$ 和 $\tilde{U}$，它们对应的元素与 $L$ 和 $U$ 对应的元素相同，但两个因子分别与 $A$ 的下、上三角部分有完全相同的非零结构。这种分解就是零填充的 ILU，记为 ILU(0)，ILU(0)算法伪代码如图 2 所示。ILU 预条件，则是以矩阵 $M^{-1} = (\tilde{L}\tilde{U})^{-1}$ 作为预条件算子，将方程组（10）变换为 $M^{-1}Ax = M^{-1}b$ 形式求解。

本文针对系数矩阵不对称的特点，采用零填充不完全 LU 分解[3]预条件 BICGSTAB 方法，加快线性方程组求解速度。

## 2. 数值实验结果

本文采用两个算例验证本正演代码正确性。算例 1 采用文献[1]中图 2（a）和文献[4]中图 4（a）相同的模型，算例 2 采用文献[1]中的图 3（a）和文献[4]中图 5（a）相同的模型。本文计算平台为 Intel i5 430M CPU，2G 内存，Windows XP 操作系统，模拟仪器选择和网格划分与文献[1]相同。两个算例计算结果均与文献[1][4]的结果一致，证明本正演算法是正确的。在计算效率面，本文方法计算一个深度点平均耗时 0.299 秒。在相同模型和网格划分方案情况下计算一个深度点，文献[1]的 FVM 方法耗时 4 秒，FDFD 方法耗时 4.67 秒。与文献[1]结果对比可知，本文新的 FDFD 快速正演算法，计算效率显著提高。

## 3. 结论

本文采用频率域有限差分方法完成感应测井正演模拟，采用不完全 LU 分解预条件 BICGSTAB 算法加快正演速度，得到如下结论：采用频率域有限差分方法在感应测井正演计算中形成的线性方程组系数矩阵是大型稀疏复系数矩阵，其条件数远大于 1，为严重病态矩阵，求解其对应方程组会遇到很多困难。不完全 LU 分解预条件 BICGSTAB 算法具有速度快、精度高和稳定性好等优点，能显著提高感应测井正演模拟的精度和速度。

本研究由中央高校基本科研业务费专项资金（2011PY0185）资助。

### 参 考 文 献

[1] 高增, 唐炼, 杨海东. 基于有限体积法的感应测井响应快速模拟[J]. 石油物探, 2010. 49(4): 421~424.

[2] Van der Vorst H A. Bi-CGSTAB: A fast and smoothly converging variant of Bi-CG for the solution of nonsymmetric linear Systems[J]. 1992: 631.

[3] Saad Y. Iterative methods for sparse linear systems[C]. 2003: Society for Industrial Mathematics.

[4] 谭茂金, 张庚骥. 非均匀层状介质中感应测井响应的新型计算方法[J]. 中国石油大学学报(自然科学版), 2006, 02: 31~35.

（16）油气田与煤田地球物理勘探

# 利用三维地震资料精细刻画鄂东缘煤层储层构造和厚度特征

# Using 3D seismic data to depict the structure characteristics and thickness of the coal bed in H area

邵林海 霍丽娜* 丁清香 张 雷 吴新星

Shao Linhai Huo Lina et al.

中国石油集团东方地球物理公司研究院 河北涿州 072751

## 1. 引言

鄂尔多斯盆地东缘（以下简称鄂东缘）为中国煤层气成藏地质条件非常有利的区域，也是煤层气勘探开发的重点区带，到 2015 年将建成煤层气规模产能和技术推广的示范区。由于非常规的煤层气藏和常规油气藏在资源丰度、开发效益上相差几倍乃至百倍以上，因而考虑经济成本问题，以往该区的地震勘探部署多是以二维勘探为主。随着鄂东缘煤层气勘探开发的向前推进，现有的二维地震勘探技术和二维地震测网已不能满足该区地质条件下煤层气经济有效开发的需求；大量探井和生产井的部署与实施，需要更高精度的地球物理资料和成果来准确提供煤层气勘探开发区的构造形态、目的层埋深、煤层厚度等信息，为钻井压裂、排采和设计提供可靠的依据，以减少钻井风险，提高开发效益[1]。2010 年在鄂东缘南部 H 区块的部署第一块满覆盖面积为 100km$^2$ 的煤层气三维地震勘探项目。通过针对性的三维地震资料采集、处理和解释，对该区地震地质特征有了更精细和深入的掌握，三维地震资料也使得属性提取和地质统计学反演等技术得以应用，从而对主力煤层顶面构造、断裂特征和厚度特征进行了精细和精确地刻画，为下一步煤层气开发部署提供了有利可靠的地质依据。

## 2. 地质概况

H 区块地处鄂尔多斯盆地东南边缘的渭北冲断褶皱带上，受多期构造运动的控制或影响，使区内含煤构造呈现北东～南西向展布，总体构造形态为北西倾向的单斜构造。本地区含煤地层主要为二叠系。其中二叠系太原组为海陆交互相沉积，地层厚度一般 50m 左右，含煤 3～9 层，可采和局部可采煤层 2～3 层，可采煤层累厚 1.62～17.19m，一般为 7.5～8.0m。二叠系山西组为陆相沉积，含煤 1～5 层，可采、局部可采煤层 1～2 层，可采煤层累厚一般 4～6.5m。3#、5#、11#煤层为本项目勘查主要目标层，埋深多在 400～1200m。

## 3. H 区块三维地震资料精细解释和厚度预测

### 1）煤层顶面构造形态精细刻画

三维地震资料解释的优势，主要体现在点、线、面、体在构造解释过程中可以综合应用，相互验证，使断块内、断块之间的层位关系更趋合理、可靠，同时可以对所提取的多种属性剖面进行对比解释，保证解释的层位在不同属性上都保持一致，从而更加准确地刻画煤层顶面的构造形态。

三维地震资料使得属性提取及属性切片的利用成为可能，对于断层平面组合特征提供了强有力的依据。为了精确刻画断层，提取了能够反映断裂的多种属性，包括相干体、方差体、曲率体、蚂蚁体、边缘检测以及分频振幅、相位等属性，联合各种属性从各个方向（主测线、联络线、任意线、时间切片等）进行观察解释，并优选其中有利属性辅助进行断裂的解释、平面组合和掌握断层在空间的展布规律。通过对比这些属性发现，相干体在工区中部满覆盖区域和北部破碎带以北区域对于断层的显示很清晰，可以准确地把握这些区域的断层组合；曲率体可以反映更细微的断裂变化和同相轴扭动，由于只要存在同相轴扭动在曲率体属性中就能显示出来，所以，曲率体属性在该区对于把握宏观的断层组合不是十分有利，用于预测裂缝和低序级断裂则较好；蚂蚁体属性是通过在地震数据体中播撒大量电子蚂蚁，对断层异常值进行追踪，同时释放断层信息素，以信息素作为通讯介质传递信息，召集一定范围内的其他蚂蚁集中过来，共同协作进行断层的识别、追踪，最后生成一个低噪声、具有清晰断层轨迹的数据体[2]。由于其信噪比比较高的优势，在该区蚂蚁体属性用于指导不满覆盖的资料边缘区的断裂组合。工区东部边界位置在最初解释过程中组成了一条断层，蚂蚁体属性剖面和切片中清晰地显示出两条断层的分叉现象，因而调整为两条断层的组合方式。另外工区南部边界断层在其他属性中反映不出来，在蚂蚁体属性中则非常清晰，因而该区依据蚂蚁体属性平面及剖面特征对断裂的解释进行了细化，并对断层组合进行了调整；谱分解技术在该区断裂的识别中也有很好的应用效果，从其中分频检测结果在单一频率 34Hz 的相位切片可以看出，北部破碎带的断层刻画得更细致，可以更清晰地看到三条断层的搭接和展布方式，对北部破碎带的断层平面组合提供了可靠的依据。

精细的构造解释是落实构造形态的基础，准确的速度分析是落实构造形态的保证。在利用三维地震资料获得比二维更为精细准确的地震速度基础上，利用地震速度场、测井速度以及 VSP 速度等可以建立精确的速度场，用于时深转换和构造图的编制。对于该区三维数据成图来说，最好的速度模型是应用地震速度场经过测井速度及 VSP 测井速度校正后得到的平均速度场，最后再对井点处做深度校正，确保构造图形态的准确性。

在精细的构造解释和各种属性综合应用以及精确的变速成图基础上，最终获得了较为精细的煤层顶面构造图。与以往二维地震资料解释结果相比，断裂特征有着明显的不同，断层解释条数增加了 19 条，同时，克服了二维资料由于单断点控制造成的断层走向不明，二维测网较稀造成的断裂组合不准确以及断层性质不易确定等缺点和困难，断裂和构造特征更加精细、准确。与二维相比，构造形态上也克服了二维测网稀构造形态不精细的缺点，与井点钻井深度吻合度也较二维高。

**2）煤层厚度预测**

应用二维地震资料预测煤层厚度时仅能利用叠后反演技术，它在纵向上的分辨能力是有限的，对于薄煤层的预测有一定难度。H 区块三维地震资料为应用地质统计学反演进行煤层厚度预测奠定了基础。地质统计学反演应用的基础条件为三维地震资料，工区内测井资料较多且井点分布均匀，该方法建立在对测井和地质数据的地质统计分析上，可以有效地提高反演的分辨率，对薄层的识别能力很强[3]。从 w01-w03-w05 连井线地质统计学反演剖面来看，3#、5#、10#和 11#三套煤层与测井解释结果一致。主力煤层 11#煤层在 w03 井附近发育较厚，3#和 5#煤层的连续性较好。在此基础上得到的 11#煤层厚度预测图，更精确地刻画了该煤层在工区中南部的尖灭情况，与井点厚度误差在 1m-2m 以内的井达到了 85%以上，吻合度较高。

## 4. 应用效果

在对三维地震资料进行精细构造解释和储层预测的基础上，得到精确的主力煤层顶面构造图和厚度分布平面图，为煤层气公司"新老 5 亿"勘探部署提供可靠的地质依据。特别是三维工区内五条大断裂 F1、F2、F7、F8 和 F9 的落实为调整开发井井位提供了依据。依据三维地震成果，调整 40 余口，降低了开采成本，提高了勘探开发效率。同时，依据预测的主力煤层厚度分布平面图对开发井位井轨迹设计和部署也进行了调整。

## 5. 结论与建议

（1）H 区块三维地震资料的采集与处理为利用相干、蚂蚁体、曲率体等属性进行断裂解释和组合提供了可能，也为地质统计学反演技术的应用奠定了基础，最终在精细的构造解释基础上得到了精确的煤层构造形态、埋深和煤层厚度分布特征，为煤层气开发部署提供了可靠的地质依据，降低了勘探开发风险。

（2）在反映断裂特征的诸多属性中，不同属性有着不同的优势，在不同工区也有不同的应用效果。本工区内相干体在资料信噪比较高的满覆盖区域对断层的反映比较清晰，蚂蚁体是在方差体基础上得到的，对断层的反映具有低噪音的优点，因而用于指导该区不满覆盖的资料边缘区的断裂组合，而分频检测结果的相位切片突出了北部破碎带的断层特征。因而多种属性综合应用，再加上剖面精细解释验证对于断层的精细刻画十分必要。

（3）相比于二维地震勘探，三维地震资料除了本文提及的可以更加精确地描述煤层气勘探开发区的构造形态、目的层埋深、煤层厚度外，对于煤层渗透性、含气性预测和高产富集区评价也是非常有利的。因而建议在合理的"经济技术一体化"的采集设计基础上进行三维地震勘探，这对于煤层气的勘探开发必将起到重大的意义。

## 参 考 文 献

[1] 徐礼贵, 张宇生, 等. 三维地震技术在鄂尔多斯盆地东缘煤层气勘探中的应用[C]//SPG/SEG 深圳 2011 国际地球物理会议论文集, 2011.

[2] 史军. 蚂蚁追踪技术在低级序断层解释中的应用[J]. 石油天然气学报, 2009, 31 (2): 257~258.

[3] White L, Castagna J. Stochastic fluid modulus inversion[J]. Geophysics, 2002, 67(6): 1835~1864.

# 专题十七：储层地球物理

# Reservoir Geophysics

（17）储层地球物理

# 剪切波稀疏约束和矩阵低秩约束的地震数据重构

# Shearlet sparse constraint and low-rank constraint for seismic data reconstruction

马坚伟 王 静

Ma Jianwei Wang Jin

哈尔滨工业大学应用数学研究所 哈尔滨 150001

**1. 研究背景**

随着地球物理勘探技术的不断发展，三维地震勘探方法广泛应用于煤矿或石油的储量探测中，而地震勘探数据信息量的多少对勘探成功与否有着至关重要的影响。由于地表条件复杂，表层结构变化剧烈，在地震勘探数据的采集过程中经常需进行不规则采样。地震数据不规则采样主要发生在三维地震勘探中，也偶尔发生在二维地震勘探中。在陆地勘探上，这种情况源于地震接收器的布置受建筑、湖泊等复杂地形限制，也可能是源于坏道或者严重被污染道的出现。在海上勘探中，则可能受风浪导致的电缆漂移等因素引起。根据不规则采样数据的表现特征，可将其划分为稀疏地震道数据、非均匀道缺失地震数据、不规则地震道数据和混合不规则地震道数据四类。针对不同类型的不规则地震数据可进行不同种类的重建方法研究。

目前，地震数据处理软件中的多道处理技术大都基于规则采样数据开发的，无法处理数据采样不规则的情形。对于 2D 地震勘探，传统的处理不规则采样数据的方法包括线形插值出邻近道和忽略空缺道。对于 3D 地震勘探，则是通过叠加不同道集上的面元点忽略实际中存在的不规则采样点进行规则化处理。但是，这些比较粗糙的处理往往会造成严重的空间假频现象的出现，使大多数常规技术不能得到很好的运用。因此，寻找最优的地震数据规则化的重建方法非常重要。此外，考虑到地震数据分辨率的改进，如果能从较少的地震测量数据获得较多的地震资料，这在地震勘探资料处理中具有重要的实际意义。

**2. 研究现状**

处理地震数据重构问题的方法主要可分为两大类：波动方程方法和信号处理方法。信号处理方法源于压缩感知理论，是一种基于稀疏变换域方法，现行的特殊变换域有 Randon 变换、Fourier 变换、Wavelet 变换、Curvelet 变换等。重建缺失的地震道是地震数据规则化处理中重要的研究问题之一。目前，压缩感知理论已被用于地震数据中缺失地震道的重建，主要包括：①利用地震数据的随机下采样恢复缺失的地震道；②利用地震数据的分段随机采样恢复缺失的地震道；③利用地震数据的 2D 抖动采样结合 curvelet 稀疏表示理论恢复缺失的地震道。

**3. 本文内容**

本文针对缺失地震道的重建问题，首先基于之前的压缩感知成果积累上，建立具有方向加权的 Shearlet 稀疏约束的 L1 范数优化模型，并采用快速的交替方向方法求解，得到很好的恢复效果。Shearlet 变换是一类方向小波变换，具有多尺度多方向选择的特点，能对地震数据进行稀疏表示。

低秩约束优化的矩阵完备问题理论可看是压缩感知理论的发展延续，其基本思想是如果原始数据满足低秩的要求，只需通过求解矩阵核范数（矩阵奇异值的和）最小化问题就可以恢复出原始矩阵。我们借助该矩阵完备理论，将恢复缺失地震道的问题转化为低秩约束优化的矩阵完备问题。由于列缺失的矩阵完备问题无法直接求解，我们利用纹理块变换，先将其转化为至少每一列都存在一个元素的低秩矩阵完备问题，然后利用最新的矩阵完备算法进行优化求解，并与 Oropeza and Sacchi 的 MSSA 方法[3]进行了比较。数值结果表明，利用低秩约束优化方法，能够较好地恢复出原始地震数据，进一步的改进仍在进行中。

感谢 Yi Yang(UCLA), Stanley Osher(UCLA), Soren Hauser(Univ.of Kaiserslautern)的合作研究。

**参 考 文 献**

[1] V Oropeza, et al. Simultaneous Seismic Data Denoising and Reconstruction via Multichannel Singular Spectrum Analysis[J]. Geophysics, 2011, 76(3): V25~V32.

（17）储层地球物理

# 基于 POCS 方法的抗假频重建与线性噪声压制

# Anti-aliasing reconstruction and linear noise attenuation based on POCS method

高建军[1,2] 陈小宏[2] Mauricio D. Sacchi[3]

Gao Jianjun Chen Xiaohong Mauricio D. Sacchi

1. 中国地质大学（北京）地球物理与信息技术学院 北京 100083；2. 中国石油大学（北京）海洋石油勘探国家工程实验室 北京 102249；3. University of Alberta, Edmonton ,AB, Canada T6G 2E1

当前地震处理软件中的多道处理技术大都基于规则采样数据开发，对不规则采样地震数据缺乏处理需要进行规则化重建。基于 Fourier 变换的凸集投影（POCS）方法被广泛用于图像和信号重建领域。Abma 和 Kabir（2006）应用 POCS 方法插值缺失道数据[1]。Galloway 和 Sacchi（2007）和 Gao 等（2010）讨论和分析了用指数阈值模型来提高 POCS 迭代重建的收敛性[2]。Wang 等(2010)利用 GPU 来加速 POCS 插值过程。经过以上人的努力，POCS 方法迭代收敛速度得到改进和提高，但它只适合于规则采样不规则缺失道数据的插值重建，对规则采样规则缺失道数据重建失效。本文引入由 Naghizadeh(2012)提出的主倾角扫描策略[3]，建立蒙板矩阵，压制由规则缺失道引起的空间假频，实现基于 Fourier 变换的 POCS 方法对规则采样规则缺失道数据的抗假频插值，并将该方法应用于线性噪声的压制，取得较好效果。

以 3D 不规则缺道数据 $\mathbf{D}^{obs}(\omega,x,y)$ 重建为例，POCS 迭代在 $\omega-k_x-k_y$ 域可以表示为：

$$\mathbf{D}^k=\mathbf{D}^{obs}+[\mathbf{I}-\mathbf{S}(x,y)]\mathbf{F}_{x,y}^{-1}\mathbf{T}^k(\omega,k_x,k_y)\mathbf{F}_{x,y}\mathbf{D}^{k-1}, k=1,2,\dots,N \tag{1}$$

其中，$\mathbf{D}^k(\omega,x,y)$ 表示第 $k$ 次迭代得到的 $\omega-x-y$ 域重建数据。$\mathbf{F}_{x,y}$ 和 $\mathbf{F}_{x,y}^{-1}$ 表示 2D Fourier 正变换和 Fourier 反变换。$\mathbf{S}(x,y)$ 为采样算子矩阵。$\mathbf{T}^k(\omega,k_x,k_y)$ 为阈值算子。引入主倾角扫描策略，实现 POCS 抗假频插值分为以下三步：

第一步，进行倾角扫描，沿每个倾角方向计算能量值 $\mathbf{E}(p_x,p_y)$，

$$\mathbf{E}(p_x,p_y)=\sum_{n=1}^{N_\omega}\left|\mathbf{D}(\omega_n,k_x=p_x\omega_n-\lfloor p_x\omega_n+0.5\rfloor,k_y=p_y\omega_n-\lfloor p_y\omega_n+0.5\rfloor)\right| \tag{2}$$

第二步，从倾角能量矩阵 $\mathbf{E}(p_x,p_y)$ 中选取前 $L$ 个最大值对应的 $p_x$ 和 $p_y$ 值作为主倾角斜率，并在 $\omega-k_x-k_y$ 域生成 3D 蒙板矩阵算子 $\mathbf{M}(\omega,k_x,k_y)$，

$$\mathbf{M}(\omega,k_x=p_{xi}\omega_n-\lfloor p_{xi}\omega_n+0.5\rfloor,k_y=p_{yi}\omega_n-\lfloor p_{yi}\omega_n+0.5\rfloor)=1,\begin{cases}n=1,2,\dots,N_\omega.\\ i=1,2,\dots,L.\end{cases} \tag{3}$$

第三步，对每一个频率成分 $\omega$，将算子 $\mathbf{M}$ 与一个 2D 矩形窗函数 $\mathbf{B}(l_x,l_y)$ 进行二维褶积得到，

$$\mathbf{M}(\omega,k_x,k_y)=\mathbf{M}(\omega,k_x,k_y)*\mathbf{B} \tag{4}$$

将褶积加宽后的蒙板矩阵算子 $\mathbf{M}(\omega,k_x,k_y)$ 加入到式(1)中，得到抗假频 POCS 重建表达式，

$$\mathbf{D}^k=\mathbf{D}^{obs}+[\mathbf{I}-\mathbf{S}(x,y)]\mathbf{F}_{x,y}^{-1}\mathbf{T}^k\mathbf{M}\mathbf{F}_{x,y}\mathbf{D}^{k-1} \tag{5}$$

式（5）中的蒙板算子 $\mathbf{M}(\omega,k_x,k_y)$ 能有效消除 $\omega-k_x-k_y$ 域中的混叠假频，使 POCS 方法具备反假频能力，可以成功插值出规则缺失道数据。

本文用一个既有规则缺失道又有不规则缺失道的含空间假频模型和实际数据进行抗假频 POCS 方法进行重建试验，发现传统的 POCS 方法对不规则缺失道数据能进行有效重建，规则缺失道却没有被重建出来。本文的抗假频 POCS 对不规则和规则缺失道都能进行有效重建。此外，我们还将主倾角扫描策略与 POCS 重建方法相结合用于对地震数据中线性噪声的压制，取得较好效果。

本研究得到国家科技重大专项（2011ZX05023-005-005）资助。

（17）储层地球物理

# 基于多道奇异谱分析理论快速降秩法 5D 地震数据重建

## A fast rank reduction method based on MSSA theory for 5D seismic data reconstruction

高建军[1,2] 陈小宏[1] Mauricio D. Sacchi[3]

Gao Jianjun Chen Xiaohong Mauricio D. Sacchi

1. 中国石油大学（北京）海洋石油勘探国家工程实验室 北京 102249; 2. 中国地质大学（北京）地球物理与信息技术学院 北京 100083; 3. University of Alberta, Edmonton, AB, Canada T6G 2E1

地震数据在经历了函数变换重建、预测滤波重建和波动方程重建之后，近两年又进入了新一类的降秩法重建发展中。目前降秩法重建代表方法有 Trickett 等（2010）的 Cadzow 滤波法[1]，Oropeza 和 Sacchi（2011）的多道奇异谱分析（MSSA）降秩法重建[2]，Kreimer 和 Sacchi 的高阶 SVD（HOSVD）张量补全重建法[3]。Cadzow 滤波法和 MSSA 重建法的基本原理为对每一个频率切片数据构建 Hankel 矩阵或者块 Hankel 矩阵，然后借助于截断 SVD 实施降秩处理，对降秩后的矩阵沿反对角线取平均，得到滤波后的重建数据。

对高维数据重建而言，上述降秩法需要构建大型多重块 Hankel 矩阵，传统的截断 SVD 算法由于计算量大而难以实现降秩处理。本文提出一种新的基于 MSSA 理论的快速降秩算法。对每个频率切片构建 Toeplitz 矩阵或者块 Toeplitz 矩阵，在降秩过程中运用 Lanczos 双对角分解来取代截断 SVD 分解，初步提高降秩分解的计算效率。在 Lanczos 分解过程中充分挖掘 Toeplitz 矩阵的结构特点，提出运用多维 FFT 算法来实现多重 Toeplitz 矩阵和向量的快速乘法，再次提高降秩分解效率。最后将该快速降秩算法应用于 CMP-Offset 域 5D 地震数据重建。

三维地震勘探必然涉及 5D 数据重建。对于 5D 地震数据 $D(\omega,x_1,x_2,x_3,x_4)$ 的每一个频率切片构建四重块 Toeplitz 矩阵，

$$\mathbf{T}^{(4)}=\begin{bmatrix}\mathbf{T}^{(3)}_{N_4-L_4+1} & \cdots & \mathbf{T}^{(3)}_{1}\\ \mathbf{T}^{(3)}_{N_4-L_4+2} & \cdots & \mathbf{T}^{(3)}_{2}\\ \vdots & \ddots & \vdots\\ \mathbf{T}^{(3)}_{N_4} & \cdots & \mathbf{T}^{(3)}_{L_4}\end{bmatrix} \tag{1}$$

然后运用 Lanczos 双对角分对 $\mathbf{T}^{(4)}$ 实施降秩处理。假设地震剖面中含有 k 个不同倾角的线性同相轴，则 $\mathbf{T}^{(4)}$ 的秩为 k。运用 Lanczos 双对角分解，$\mathbf{T}^{(4)}$ 的前 k 阶低秩近似矩阵 $\tilde{\mathbf{T}}^{(4)}$ 可以表示为：

$$\tilde{\mathbf{T}}^{(4)}=\mathbf{U}_k\mathbf{B}_k\mathbf{Q}_k^H \tag{2}$$

Lanczos 双对角分解的计算量主要集中在四重 Toeplitz 矩阵和向量的乘法上，我们充分挖掘多重 Toeplitz 矩阵的特殊结构，运用 4D FFT 算法来实现四重 Toeplitz 矩阵和向量的快速乘法，并避免存储该大型块 Toeplitz 矩阵。对式（2）中降秩后的矩阵 $\tilde{\mathbf{T}}^{(4)}$ 沿对角线取平均就得到滤波之后的数据。在 CMP-Offset 域 5D 数据重建的表达式为：

$$\mathbf{D}^k=\alpha\mathbf{D}^{obs}+(\mathbf{I}-\alpha\mathbf{S})R(\mathbf{D}^{k-1}),\quad k=1,2,\ldots,N \tag{3}$$

其中，$\mathbf{D}^{obs}$ 为原始输入的叠前 CMP-Offset 域不规则地震数据，$\mathbf{S}$ 为采样算子，$R$ 为降秩算子，加权因子 $0<\alpha\le 1$，对于含噪声数据其作用是降低原始输入的已知道数据在迭代重建过程中的比重，实现去噪重建。

本文提出一种快速降秩重建算法并将其应用于 5D 地震数据重建。理论和实际资料处理表明该算法不但可以极大地提高降秩分解的计算效率而且还能获得和传统 SVD 方法相近甚至更好的重建效果。

本研究得到国家科技重大专项（2011ZX05023-005-005）资助。

参 考 文 献

[1] Trickett S, et al. Rank-reduction based trace interpolation[C]//SEG International Exposition and 80th Annual Meeting, Denver, 2010: 1989~1992.

[2] Oropeza V, et al. Simultaneous seismic data denoising and reconstruction via multichannel singular spectrum analysis[J]. Geophysics, 2011,76(3):V25~V32.

[3] Kreimer N, et al. A tensor higher-order singular value decomposition for prestack seismic data noise reduction and interpolation[J]. Geophysics, 2012, 77(3):113~122.

（17）储层地球物理

# 基于压缩采样理论的五维地震数据重建

# 5D seismic data regularization based on compressive sampling theory

张 华[*1,2] 陈小宏[1] 林敏捷[1]

Zhang Hua[*1,2] Chen Xiaohong[1] Lin Minjie[1]

1. 中国石油大学海洋石油勘探国家工程实验室 北京 102249;

2. 东华理工大学放射性地质与勘探技术国防重点学科实验室 抚州 344000

## 1. 引言

在地震勘探中，地震数据体的采样已达到了五维（震源二维，检波器二维，时间一维），最新发展的压缩采样理论可克服传统奈奎斯特采样定理的不足，利用信号的稀疏性，以远低于奈奎斯特采样率的速率对信号进行采样，从而可以压缩数据采集量，降低勘探成本，而将成本转移到数据重建的计算过程中来，其方法的核心是利用随机欠采样方法将传统规则欠采样所带来的互相干假频转化成较低幅度的不相干噪声，从而将数据重建问题转为更简单的去噪问题[1]。

在压缩采样理论框架下，对于不规则地震数据的重建，广泛使用的方法是基于某种变换，该方法不需要地下结构的先验信息，能够处理规则缺失和不规则缺失地震道的重建，且计算速度快，精度高，目前已经发展到了五维 $(x,y,h_x,h_y,t)$ 地震数据的重建，$(x,y)$ 和 $(h_x,h_y)$ 分别代表炮点和检波器坐标，或者代表偏移距和共中心点坐标，时间 $t$ 为双程旅行时，通过利用五维地震数据信息，可以使重建效果进一步提高，而对于重建算法，本文拟采用凸集投影算法（POCS），其主要思想就是通过多次迭代，去除由随机缺失道所产生的不相干噪声，从而将缺失地震道重建出来。但以往 POCS 算法每次迭代都需要对时间和空间上进行一次全局正反傅立叶变换，以下简称为常规 POCS 算法[2]，然而当数据重建到达五维时，每次迭代过程中都需要进行五维数组运算，这对计算机的内存要求较高，且运算时间较长，满足不了处理海量地震数据的要求。我们知道，时间方向上一般是按照固定的采样率进行采样，不需要进行重建，为此，本文在每次迭代运算过程中，只对空间方向进行正反傅立叶变换，也即对时间切片进行数据重建，这样可以减少一维正反傅立叶变换，使得在运算过程中降低数据重建的维数，节省内存空间，尽管需要循环对每个时间切片进行处理，但也可以提高部分运算速度，更好地满足工业生产需求。

## 2. 数值实验

首先将该算法应用于理论模型，该模型包含三个双曲线同相轴，其能量不同，采样点为 256，采样率为 1ms，为了比较数据重建效果，定义信噪比为 $SNR = 20\log_{10}\|x_0\|_2 / \|x - x_0\|_2$，其中 $x_0$ 表示原始模型数据，$x$ 表示重建结果，信噪比越高，代表重建结果与模型数据越接近，重建效果越理想。

先对五维地震数据进行 20%随机欠采样，利用本文算法进行五维数据重建，重建后信噪比为 16.48dB，同时也进行常规 POCS 算法重建，信噪比为 16.22dB。由于地震数据通常都含有噪声，在模型中加入高斯随机噪声，并进行相同的 20%随机欠采样，再利用本文算法进行五维含噪数据重建，重建后信噪比为 6.68dB，其反射波能量损失较少，而常规算法五维含噪数据重建后信噪比 6.52dB。从中也可以发现两种算法的数据重建效果差别不大，但本文算法在叠加次数为 30，在 1.6GHz 速度的英特尔酷睿 2 双核处理器及基于 Matlab 平台下运行时间为 21 分 35 秒，而常规算法运算时间为 29 分 22 秒。同时进行三维数据重建，重建后信噪比为 5.58dB，三维含噪数据重建后信噪比为 3.31dB，对比可以看出，三维数据重建效果较差，而五维数据重建由于多利用了二维数据信息，因此重建效果更佳，但限于篇幅，没有进一步应用实际资料。

## 3. 结论

从以上研究可知，本文 POCS 算法在每次迭代过程直接对四维空间域进行正反变换，避免常规 POCS 算法每次迭代都需要对时间-空间进行正反变换的做法，数值模拟表明：本文算法所占内存小，计算成本低，效果也较好，而且该方法流程简单易懂，不需要复杂的参数设计，能够有效地应用到工业生产的中去。

本研究由国家科技油气重大专项(2011ZX05023-005-005)与江西省教育厅青年科学基金(GJJ12391)资助。

### 参 考 文 献

[1] Jin S. 5D seismic data regularization by a damped least-norm Fourier inversion[J]. Geophysics, 2010, 75(6): 103~111.

[2] Abma R, Kabir N. 3D interpolation of irregular data with a POCS algorithm[J]. Geophysics, 2006, 71(5): 91~97.

（17）储层地球物理

# F-K 域主要倾角搜寻地震数据插值算法研究

# Study on seismic data interpolation by identifying dominant dips in F-K domain

路交通* 曹思远 张 奕

Lu Jiaotong* Cao Siyuan Zhang Yan

中国石油大学(北京)地球物理与信息工程学院 北京 102249

## 1. 引言

缺失地震数据会导致三维面元覆盖不均匀产生采集脚印，偏移成像时产生构造假象等等，无法满足如今复杂油气资料勘探生产需要。因此开展缺失数据重构恢复工作具有重要工业价值。常用的 *f-x* 域预测滤波重构算法[1,2]，存在运算效率低、插值系数只能为一等问题，难以满足实际生产需要。F-K 域重构算法运算效率高，同时任意内插多道数据，具有较好应用前景。本文将研究一种新的 F-K 域算法即 F-K 域主要倾角搜寻插值算法[3]，该算法在实现地震数据任意内插同时，也可压制随机噪声，通过数值模拟分析以及新疆某区块资料验证该方法的可行性与有效性。

## 2. 方法原理

F-K 域插值及去噪算法在地震数据线性同相轴的假设条件下，主要通过三个步骤完成，首先在 F-K 域对中频率 $w$ 以及波数 $k$ 信息都做归一化处理，然后通过倾角搜寻策略在一系列的角度范围不断的搜寻来确定地震数据有效的角度信息，具体搜寻策略如式(1)所示，$p$ 代表倾角，$n$ 为归一化后频率指标，$D$ 为地震数据 F-K 谱。在搜索的过程中，同 *f-x* 域算法只能低频信息相比，该算法利用了整个频带范围内的信息；接下来，在搜索到的有效倾角信息主要能量的基础上构造一个“角度面具”（angular mask）函数 $W$，该函数中对应有效信号部分数值为 1，对应假频部分为 0；最后，将面具函数与最小平方匹配策略结合起来，建立目标函数，该最小平方匹配在时空域完成，以获取最优的地震数据插值加密以及去噪的效果。本研究中目标函数的唯一解，通过共轭梯度算法来求解。当进行插值加密时 10 次左右的迭代基本可以达到要求，而当压制地震数据噪声时，往往较少需要较少的迭代次数以避免对噪声进行匹配。

$$M(p)=\sum_{n=1}^{N_w} D(w_n, k=pw_n-|pw_n+0.5|) \tag{1}$$

## 3. 数值模拟及实际资料处理

首先合成一地震剖面，其由三条倾斜同相轴组成，共有 21 道，该数据空间假频严重。当合成记录加入随机噪声，信噪比接近于 1 时，常规 *f-x* 域预测滤波去噪方法无法有效去除随机噪声同相轴基本淹没在噪声中，而通过本文方法可以很好压制噪声，同相轴更加清晰；当合成记录中间缺失 13 道即大面积(约 60%)缺失、随机缺失 50%数据、含有随机噪声同时缺失 50%数据、或者地震剖面两端数据都有缺失时，该算法都可较好重构恢复缺失数据；为克服合成记录中假频干扰影响，对数据每两道之间插入 4 道零值道，最后通过该算法可以得到 84 道地震数据，原始数据空间假频得以消除。最后选取新疆某区块地震数据进行处理，该地区数据存在空间假频以及随机噪声干扰，通过 F-K 主要倾角搜寻算法，数据得到插值加密，同时随机噪声得到压制，同相轴更加连续，证明该算法的可行性与有效性。

## 4. 结论

F-K 域主要倾角搜寻地震数据插值去噪算法，在压制随机噪声的同时，可很好消除空间假频现象。同时当数据中间大范围缺失、地震道集随机缺失、或者地震剖面两端缺失等等情况下都可以较好重构，尤其在信噪比较低常规算法无法有效处理情况下，该算法更有效，适用范围更广，因此研究这种新算法很有必要。本文通过对数值模型处理分析以及新疆某区块实际资料处理，表明该方法的有效性。需要指出的是本算法只对线性可预测同相轴有效，当不满足该条件是需要加窗处理。后期将开展该方法同其他方法如最小加权范数、凸集投影等算法相结合的研究。

### 参 考 文 献

[1] Porsani M J. Seismic trace interpolation using half-step prediction filters[J]. Geophysics, 1999, 64(5): 1461.
[2] Naghizadeh M. Sacchi M. f-x adaptive seismic trace interpolation[J]. Geophysics, 2009, 74(1): 9~1.
[3] Naghizadeh M. Seismic data interpolation and denoising in the frequency-wavenumber domain[J]. Geophysics, 2012, 77(2), 71~80.

（17）储层地球物理

# 基于 Gabor 波场外推的稳定反 Q 滤波

# Stabilized inverse Q filtering based on Gabor wavefield extrapolation

陈增保* 陈小宏 李景叶

Chen Zengbao* Chen Xiaohong Li Jingye

中国石油大学(北京) 海洋石油勘探国家工程实验室 北京 102249

当地震波在地下介质中传播时，内摩擦力和非均质性对地震波有两方面的影响：一是吸收效应导致地震波的振幅衰减，二是速度频散引起地震波的波形发生畸变。反 Q 滤波是地震波传播的逆过程，补偿传播过程中的大地滤波效应。基于波场向下延拓的逐层反 Q 滤波是一种稳定、高效的方法，该方法首先将地表波场延拓到当前层的顶部，然后在当前层进行常 Q 层内反 Q 滤波。在上覆层内外推的过程中，用向上的波场延拓代替直接向下的波场延拓，并引入稳定因子，解决不稳定性问题。通过在频率域重采样和尺度变换实现常 Q 层内的反 Q 滤波，提高计算效率。基于 Gabor 波场外推的稳定反 Q 滤波方法能够适应 Q 值随时间或深度连续变化的情形，计算效率更高，结果更准确。

## 1. 基本原理

基于波场向下延拓的稳定反 Q 滤波必须在每一个深度时间点进行补偿，为了进一步提高计算效率，采用 Gabor 变换进行波场外推，地震信号 $u(t)$ 在深度 $\tau$ 时刻的波场为

$$\tilde{U}(\tau,\omega)=\int_{-\infty}^{\infty}u(t)w(t-\tau)\exp[-\mathrm{i}\,\omega t]\,\mathrm{d}t \tag{1}$$

其中，$w(t)$ 为 Gabor 分析窗，可取为高斯函数。

类似于波场向下延拓的稳定反 Q 滤波，深度 $\tau$ 时刻的稳定反 Q 滤波结果为

$$U(\tau,\omega)=\tilde{U}(\tau,\omega)\Lambda(\tau,\omega)\mathrm{e\,xp}[\mathrm{i}\int_{0}^{\tau}((\frac{\omega}{\omega_h})^{-\gamma(\tau')}-1)\omega\,\mathrm{d}\tau'] \tag{2}$$

其中，$\Lambda(\tau,\omega)$ 是稳定的振幅补偿系数。

由公式 2 计算出不同深度时刻的波场，应用成像条件得到反 Q 滤波后的时间域信号

$$u(t)=h(t)\int_{-\infty}^{\infty}\int_{-\infty}^{\infty}U(t,w)\exp[\mathrm{i}\,wt]\,\mathrm{d}\,\omega\,\mathrm{d}\,\tau \tag{3}$$

其中，$h(t)$ 为Gabor合成窗，与 $w(t)$ 满足如下关系

$$h(t)=[\int_{-\infty}^{\infty}w(t-\tau)\,\mathrm{d}\,\tau]^{-1} \tag{4}$$

公式 3 为 Gabor 反变换表达式，表示不同频率的平面波叠加。基于 Gabor 波场延拓的稳定反 Q 滤波适应于 Q 随时间或深度连续变化的情形，避免了逐层反 Q 滤波中 Q 值较小或常 Q 层较大时振幅补偿算子近似为两个分别是时间和频率的一维函数乘积的不准确问题。

## 2. 结论与讨论

反 Q 滤波不但补偿振幅衰减，而且同时校正相位。稳定反 Q 滤波拓宽有效频带，同时提高了信噪比，是一种经济有效的提高地震分辨率的方法。与基于波场向下延拓的稳定反 Q 滤波方法相比，基于 Gabor 波场外推的稳定反 Q 滤波方法计算效率更高，结果更准确。振幅补偿稳定性问题是任何反 Q 滤波方法不可回避的问题，而相位补偿是无条件稳定的。应用整形正则化方法解决振幅补偿算子的不稳定问题是下一步研究方向。

本研究由国家科技重大专项(No. 2011ZX05023-005-005)资助。

## 参 考 文 献

[1] Wang Y. A stable and efficient approach to inverse Q filtering[J]. Geophysics, 2002, 67(2): 657~663.

[2] Wang Y. Quantifying the effectiveness of stabilized inverse Q filtering[J]. Geophysics, 2003, 68(1): 337~345.

[3] Wang Y. Inverse Q-filter for seismic resolution enhancement[J]. Geophysics, 2006, 71(3): V51~V60.

[4] Wang Y. Seismic Inverse Q Filtering[M]. Blackwell Publishing, Oxford, 2008.

（17）储层地球物理

# 基于匹配滤波方法 Q 值提取

## Q estimation by a match filter method

龙　云* 韩立国

Long Yun* Han Liguo

吉林大学地球探测科学与技术学院　长春 130026

**1. 引言**

匹配滤波方法利用反射地震数据求取 Q 值提出，对 1D、2D 合成数据和实际数据进行估计在文章中被用来估计。该方法与谱比法相比，对于含噪声地震反射数据更加稳定和更适合 Q 值估计，和识别地下局部有潜质的低 Q 值区，能很好的使用在油气显示方面。

求取 Q 值方法有多种，比如解析信号法（Engelhard，1996），谱比法（Bath，1974），和质心频率偏移方法（Quan 和 Harris，1997），每一个方法都有其长处和使用限制。Tonn（1991）使用 VSP 数据对各种方法提取的 Q 值进一步进行对比得到，假如真振幅记录可以利用解析信号法更加有优势和谱比法在没有噪声影响下最优。在使用谱比法情况下，Q 值变化剧烈随着噪声的增加（Patton，1998；Tonn，1991）。尽管最理想求取 Q 值是使用透射数据（比如 VSP 数据），但是它的限制是来自同一区域的共覆盖范围和更多的花费比地下反射数据。反射地震波的谱受局部薄层转动效应限制（Sheriff 和 Geldart，1995），要求谱必须平滑。本文的目的在于提出和评价一个稳健的方法求取 Q 值，它能适用于反射地震数据。

**2. 匹配滤波方法理论**

假设$|A_1(f)|$和$|A_2(f)|$表示地震记录中时间$t_1$和$t_2$局部地震波的两个局部振幅谱。通常，由于噪声和局部反射的调谐效应导致在频谱中产生尖峰或缺口，这对估计 Q 值有影响，可以通过多窗谱分析方法来进行谱平滑减轻这一影响。因此，不是两个谱的比，是计算最小相位相当的子波（嵌入小波）$w_1(t)$和$w_2(t)$来自平滑的振幅谱，和通过寻求正向 Q 值滤波器来进行估计 Q 值，它最好匹配浅层地震子波到深层地震子波，它能由如下公式描述：

$$Q_{est} = \min_Q \| w_1(t) * I(Q,t) - \mu w_2(t) \|^2$$

其中，*表示卷积，最小值是接受可能 Q 值的范围；$I(Q,t)$是品质因素 Q 值和旅行时$(t_2 - t_1)$的正向滤波器，滤波器公式

$$I(Q,t) = F^{-1}\left(\exp\left(\frac{-\pi f(t_2-t_1)}{Q} - iH\left(\frac{-\pi f(t_2-t_1)}{Q}\right)\right)\right)$$

其中，$H$表示希尔伯特变换，其中$\mu$是固定尺度因子和它的计算式子如下：

$$\mu = \frac{\int_{-\infty}^{\infty}(w_1(t) * I(Q,t))w_2(t)dt}{\int_{-\infty}^{\infty} w_2^2(t)dt}$$

匹配滤波方法描述理论与谱比法类似，因为谱比法中的傅里叶反变换是匹配滤波。

**3. 结论**

匹配滤波求取 Q 值提出和评价，测试合成地震道显示应用匹配滤波方法，与经典的谱比法方法相比，对于含噪声数据更加稳定和更适合于反射地震数据。另外对于二维离散数据计算显示匹配滤波有浅在的识别低 Q 值来自地下反射数据。

本研究由国家科技重大专项(2011ZX05025-001-07)资助。

**参 考 文 献**

[1] Tonn R. The determination of seismic quality factor Q from VSP data: A comparison of different computational methods[J]. Geophys. Prosp., 1991, 39: 1~27.
[2] Peng Cheng*, Gary F, Margrave. Q estimation by a match-filter method[J]. GeoConvention 2012: Vision,1~6.
[3] Quan Y, et al. Seismic attenuation tomography using the frequency shift method[J]. Geophysics, 1997, 62: 895~905.
[4] Tonn R. The determination of seismic quality factor Q from VSP data: A comparison of different computational methods[J]. Geophys. Prosp., 1991, 39: 1~27.

（17）储层地球物理

# 基于动态褶积模型的井控 Q 值估计

# Q estimation with well controlling based on nonstationary deconvolution

李 芳[1*] 王守东[1] 陈小宏[1] 郑 强[2]

Li Fang Wang Shoudong Chen Xiaohong Zheng Qiang

1. 中国石油大学(北京) 海洋石油勘探国家工程实验室 北京 102249;

2. 中国石油大学（北京）石油工程教育部重点实验室 北京 102249

国内老油田大多处于二次开发,井网加密阶段,迫切需要了解局部范围内储层物性及沉积相带的变化,提高地震资料的分辨率为解决该问题提供了一种方法。地层品质因数是进行储层描述及地震资料高分辨率处理方面的重要参数。如果能够准确的反演出品质因子 $Q$，对于提高地震勘探的分辨率和进行储层描述是有很大帮助的。$Q$ 是地层品质因子，它与地层的岩石性质、含水饱和度、地震波振幅和频率等因素有密切关系。可见，要精确估算 $Q$ 值是件非常复杂的工作。在实际地震资料处理中，估算 $Q$ 值的方法很多，时域的主要有振幅法、上升时间法，频域的主要有频谱比法、质心频率偏移法等。RainerTonn 对计算 $Q$ 值的 10 种方法作了比较，没有一种方法可适用于任何情况，它们的效果依赖于记录的质量。本文提出了一种新的基于动态褶积模型的 $Q$ 值提取方法，该方法通过井震联合，在时频域求取 $Q$ 值，这就为 $Q$ 值估算开辟了新的思路和方法。为验证该方法的可行性，本文进行了理论模型分析和实际资料的计算。

## 1. 基本原理

地震处理中广泛使用的褶积模型假设地震道是平稳的，即假设子波是时不变的。实际上，地震信号是非平稳的，由于地层的吸收作用，子波的频率和振幅会发生衰减。Margrave 在将地层视为均匀粘弹性介质仅考虑吸收衰减的情况下，给出了一个具有吸收效应的动态褶积模型，对其做 Gabor 变换，得到

$$V_g s(\boldsymbol{\tau},\mathbf{f}) \approx \hat{w}(\mathbf{f})\alpha_Q(\boldsymbol{\tau},\mathbf{f})V_g r(\boldsymbol{\tau},\mathbf{f}) \tag{1}$$

其中等式左边 $V_g s(\boldsymbol{\tau},\mathbf{f})$ 是地震记录的 Gabor 变换，这里取的是井旁道地震记录。$\hat{w}(\mathbf{f})$ 为平稳子波，可由地震记录提取得到。$V_g r(\boldsymbol{\tau},\mathbf{f})$ 为由测井资料计算的反射系数进行 Gabor 变换得到的结果。$\alpha_Q(\boldsymbol{\tau},\mathbf{f})$ 即为包含待估计参数 $Q$ 的吸收衰减项。由于该问题是一个非线性问题，这里利用基于智能算法的非线性方法对参数 $Q$ 进行反演。

为验证该方法的可行性，本文进行了理论模型的试算。理论模型分别设计了均匀介质和层状介质，反演得到的 $Q$ 值与理论模型吻合的很好。之后对合成的地震记录加入了一定的噪声，反演得到的结果与理论模型也很接近，说明该方法抗噪效果也比较好。为了更好的验证该方法的有效性，将该方法用于某地区的含气藏的检测。该地区的目的层为一大型简单短轴背斜构造，目的层埋深为 1205~1276m。本文联合该地区某井资料及其井旁道进行反演，反演得到的 $Q$ 值从浅层到深层呈递增趋势，在遇到气藏后迅速衰减，之后又迅速增大。由此可见，可以由反演得到的 $Q$ 值曲线估计含气层的位置。

## 2. 结论与建议

本文提出的基于动态褶积模型的井控 $Q$ 值提取方法，突破以往求 $Q$ 值的思路，从动态褶积模型出发，联合测井资料，在时频域对地震资料进行 $Q$ 值的估计。通过理论模型和实际资料的试算，验证了该方法的有效性。

由于品质因子仅仅表征的是地层的非弹性性质相关衰减因素，所以实际地震记录中包含的其它衰减因素，如几何扩散、与频率有关的透射和反射以及非弹性以外的散射应该被消除。但这些处理比较困难，导致计算的 $Q$ 值中包含了部分这些因素的影响。每一种 $Q$ 值估计算法都有其一定的适用范围，在应用的过程中应该根据具体的地质情况选择适合的方法，才会得到理想的反演效果。

本研究由国家科技重大专项（2011ZX05023-005-005）资助。

### 参 考 文 献

[1] Rainner Tonn. Comparison of seven methods for the computation of Q[J]. Physics of the earth and planetary interiors, 1989: 259~268.

[2] Kjartannson E. Constant Q wave propagation and attenuation[J]. Journal of Geophysical Research, 1979, 84: 4737~4748.

（17）储层地球物理

# 地震波品质因子研究新方法

# A New Method to Inverse Q

曹思远* 赵 宁 袁 殿 刘 琼

Cao Siyuan* Zhao Ning Yuan Dian Liu Qiong

中国石油大学(北京)地球物理与信息工程学院 北京 102249

地震波在地下传播时，由于波前扩散、反射和透射、层间颗粒散射等因素，造成子波能量衰减和频散，其中，地层的吸收特性反映了地下介质的非完全弹性特征，是研究地层物性的重要依据之一。品质因子 $Q$ 是度量介质对地震波吸收衰减快慢的量，$Q$ 值越小，吸收越严重。品质因子是烃类检测的有力指示之一，因此 $Q$ 的准确提取对于流体识别及储层预测等有着重要的实际意义。$Q$ 的提取方法主要分为频率域和时间域。其中，基于频率的 $Q$ 值计算方法更简单、可靠，常见的有频谱比法、质心频率法等。谱比法需要对振幅谱比值的对数及频率进行线性拟合，较依赖资料本身的信噪比；质心法稳定性较好，但推导中假设震源谱是脉冲谱或 Gauss 谱，当震源谱不满足假设时，$Q$ 提取公式存在理论误差，实际应用中无法对提取的 $Q$ 值做定量的误差分析。因此，作者尝试基于频域统计性属性寻找精度高、稳定性好的 $Q$ 值计算新方法，并将新方法应用到实际资料的处理中。

**1．理论方法**

（1）对振幅谱的包含品质因子的指数衰减项依照泰勒展开式展开如下：

$$R(f)=S(f)\exp(-\pi\Delta tf/Q)=S(f)\left[1+(-\pi\Delta tf/Q)+\frac{1}{2}(-\pi\Delta tf/Q)^2+...\right] \quad (1)$$

其中，$S(f)$为激发点 $S$ 的子波振幅谱，$R(f)$为接受点 $R$ 的子波振幅谱。对式(1)取其一阶近似和二阶近似，分别求取激发点 $S$ 和接收 $R$ 点处地震子波振幅谱的 $K$ 阶矩频率属性，$f_A^{[k]}=\int_0^\infty f^k A(f)\mathrm{d}f\Big/\int_0^\infty A(f)\mathrm{d}f\,(k=1,2,\cdots;A\equiv S,R)$。对提取的频率属性进行组合，得到可用于 $Q$ 值提取的一阶近似属性组合式(2)和二阶近似属性组合式(3)：

$$Q=\pi\Delta t\left(f_S^{[2]}-f_R^{[1]}f_S^{[1]}\right)\Big/\left(f_S^{[1]}-f_R^{[1]}\right) \quad (2)$$

$$Q=\frac{\pi\Delta t(f_S^{[3]}-f_R^{[1]}f_S^{[2]})}{\left(f_S^{[2]}-f_S^{[1]}f_R^{[1]}\right)\pm\sqrt{\left(f_S^{[2]}-f_S^{[1]}f_R^{[1]}\right)^2-2\left(f_S^{[3]}-f_R^{[1]}f_S^{[2]}\right)\left(f_S^{[1]}-f_R^{[1]}\right)}} \quad (3)$$

可以看到，式（2）、（3）都是振幅谱 K 阶矩频率属性的组合，式（2）较为简洁，进一步化简发现，式（2）在质心频移式的基础上加上了一项与质心有关的小量；式（3）较为复杂，需要求取振幅谱高达 3 阶矩的频率属性，同时存在真假根，由于两根差别较大，因此较容易分辨真假根。

(2) 设计不同的 $Q$ 值模型，通过波场延拓法进行模型正演，得到零偏 VSP 地震记录。

(3) 对得到的零偏 VSP 地震记录分别应用质心频率法、一阶近似属性组合法和二阶近似属性组合法计算 $Q$ 值。

**2．结果分析**

(1) 从模型计算结果来看，两种新计算结果都比较稳定，精度较高，能较好反映地层 $Q$ 值的变化趋势。在计算精度上，质心频率法具有统计性强、稳定性较高的优点，但是，当震源谱偏离脉冲谱或高斯谱时，计算结果误差偏大；一阶近似属性组合法的稳定性较高，在某些情况下精度比质心频率法要高。

(2) 二阶近似属性组合法的精度比质心频率法和一阶近似属性组合法都高，与真实值吻合度非常高，并且规避了质心频率法在理论上对激发点振幅谱形态的依赖，适用于任何形态的频谱。并且，当道间距比较大时，仍能比较稳定的计算得到精度较高的 $Q$ 值。二阶近似法存在双解问题，可以通过一阶近似属性组合法来约束，并且该约束并不增加运算量。

**参 考 文 献**

[1] 马昭军 等．地震波衰减反演研究综述[J].地球物理学进展，2005，20(4)：1074.
[2] 宫同举 等．几种提取品质因子方法的对比分析[J]．勘探地球物理进展，2009，32(4)：252~256.
[3] 张大伟 等．利用零井源距 VSP 资料进行品质因子反演[J]．石油地球物理勘探，2011，46(增刊 1)：47~52.

（17）储层地球物理

# 改进的正交多项式变换在地震资料去噪中的应用

# The application of improved orthogonal polynomials transform in denoising process of seismic data

曹思远* 李向云 刘 琼

Cao Siyuan* Li Xiangyun Liu Qiong

中国石油大学（北京）地球探测与信息技术重点实验室 北京 102249

**1. 引言**

水平叠加虽然在很大程度上压制了噪声，提高了地震剖面的信噪比，但 CMP 道集上还存在不少不是一次波的规则干扰和随机噪声，不利于叠前资料的岩性反演和叠后资料的波阻抗反演。基于上述问题，本文提出了基于改进的正交多项式变换来压制 CMP 道集上随机噪声的方法。与常规的正交多项式变换相比，新方法的优势在于：通过对不同时间信号奇异值分解 SVD 估计的能量来确定有效信号正交多项式系数谱的阶数，利用小波变换可以在一定程度上消除有效信号和噪声在低阶上的混叠现象。因此，理论上，该方法能较为有效地实现信号和噪音的分离。数据试验和实际资料的处理结果表明该方法不仅能有效地压制噪声，而且还能较好地保护地震数据中 AVO 变化特征。

**2. 研究方法**

目前实际应用中多项式去噪方法大多是固定阶数的多项式拟合，然而由于实际地震信号是时、空变的，在不同的时间和空间上，信号和噪音的变化规律是不一样的，因此常规的拟合方法已不能满足实际资料处理的高精度需求，特别是当有效信号与噪声存在较严重的低阶混叠时，处理的结果往往不甚理想。基于以上问题，本文提出一种改进的基于小波变换和 SVD 技术的正交多项式变换拟合方法，以压制叠前地震数据中的随机噪音等干扰。

对于常规多项式拟合，随着拟合阶数的提高，求取待定系数的法方程常呈现出病态问题，并且当阶数变化时，低阶系数需要重新计算，因此在这里我们采用单位正交多项式拟合方法。

任意时刻 $t$，CMP 地震记录可表示为

$$A(t,x_n)=\sum_{k=0}^{M}c(t,k)p_k(x_n) \tag{1}$$

其中 $P_k(x_n)$（$n$ =0,1, ..., N 为道数，$k$ =0,1,…,$M$ 为多项式的阶数）是偏移距上完备正交多项式集，对时刻 $t$ 的地震记录用 $M$ 阶多项式描述。

对地震数据 $A(t,x_n)$进行正交多项式变换，得到正交多项式的系数谱

$$c(t,k)=\sum_{n=0}^{N}A(t,x_n)p_k(x_n) \tag{2}$$

一般随机噪音能量多集中在高阶系数上，少部分分布在低阶系数上，而有效信号多分布在低阶系数上，因此高阶系数的随机噪音压制容易实现，难点在于低阶系数谱上信噪混叠问题，这也是正交多项式变换压制随机噪音的主要改进方向。这里采取的做法是：对低阶的系数谱进行小波阈值去噪处理，然后对处理后的系数谱进行奇异值分解(SVD)，估计不同时刻有效信号的能量，再根据帕斯瓦尔定理确定道集上不同时刻各个正交多项式的最高阶数，最后通过公式(1)进行反变换，最终得到去噪地震数据。

**3. 实际处理及结果分析**

为了验证该方法的有效性，我们将其用来处理实际地震资料。从处理结果可以明显地看到噪声得到较好的压制，反射同相轴变得更加清晰，连续性增强，很好地保留了地震剖面的 AVO 变化特征，低阶处的噪声得到一定程度的压制。同时通过分析，我们还发现该方法有自己的局限性：当地震资料中存在倾斜或者弯曲的同相轴时，处理的效果不理想;当地震资料信噪比很低时，虽然该方法可以压制低阶干扰但处理结果后低阶干扰局部能量仍较强，也就是说低阶干扰没有被完全消除。因此如何消除低阶干扰的影响，仍然是进一步的工作方向。

**参 考 文 献**

[1] T.A.Johansen. Tracking the AVO by using orthogonal polynomianals[J]. Geophysical Prospecting, 1995, 43: 245~261.
[2] 刘洋，等. 地震资料信噪比估计的几种方法[J]. 石油地球物理勘探，1997，32(2)：257~262.

（17）储层地球物理

# 高阶高分辨率 Radon 变换

## High order high resolution Radon transform

薛亚茹　唐欢欢*　陈小宏

Xue Yaru　Chen Xiaohong

中国石油大学（北京）　北京 102249

Radon 变换常用于多次被压制和数据重建等地震资料处理环节，其基本原理是将不同速度的同相轴映射到 Radon 空间不同区域，以达到区分多次波和一次波的目的。但是由于地震采集系统有限的空间，相当于给地震数据在空间域进行了加窗处理，导致 Radon 变换分辨率降低，进而引起多次波和一次波混迭，导致压制多次波后损伤一次波振幅；对于数据重建问题，传统的最小二乘方法仅可以实现空间数据内插，但无法实现数据外推。上述两个问题均是由于 Radon 分辨率降低引起的。针对该问题，Sacchi 提出了基于 Cauchy 稀疏约束的高分辨率 Radon 变换思想[1]，其基本思路是根据数据的先验知识修正反演算子，对能量较强的同相轴增加权重，从而使得能量聚焦在同相轴的速度参数上。该方法的实现改善了多次波压制效果并可以实现地震数据外推。利用 Radon 变换处理数据的效果依赖于 Radon 分辨率，理想情况下同相轴应映射到其真实的唯一速度参数，不发生任何扩散，但是该情况下得到的重构数据丢失了同相轴的振幅变换信息，即 AVO 信息。由于 Radon 变换实质是将地震数据分解为一系列恒等振幅平面波的叠加，因此理想情况下的高分辨率 Radon 变换只能够表征平面波的振幅均值特性，丢失其振幅变换特征。因此如何同时提高 Radon 分辨率与保留 AVO 是一个值得研究的问题。

Johansen 利用单位正交多项式拟合 CDP 道集的 AVO 特性[2]，其前三个正交多项式系数分别表征了同相轴的叠加、梯度和曲率信息，是 AVO 分析的重要属性；但是目前该方法只能应用于校正水平的同相轴，弯曲同相轴的正交多项式谱发生扩散，无法正确描述其 AVO 特性。Radon 变换沿不同方向的路径对数据累加，实质是正交多项式变换中零阶系数即叠加特性的表征。对比 Radon 变换和正交多项式变换，Radon 变换包含了同相轴的速度信息和振幅叠加特性，正交多项式变换包含了振幅的各阶多项式特性，但没有速度特征，因此将 Radon 变换速度分辨能力和正交多项式变换的 AVO 属性结合在一起，就可以利用速度参数和正交多项式系数表征同相轴，从而实现高分辨率 Radon 变换，该方法称之为高阶高分辨率 Radon 变换。

高阶高分辨 Radon 变换的定义是

$$m(\tau,q,j)=\sum_{x} d\left(x,t=\tau+qx^{2}\right)P_{j}(x)$$

其中$\left\{P_{j}(x), j=0,1,\cdots N\right\}$是在炮检距坐标上构造的单位正交多项式集，该定义是不同曲率方向的同相轴的振幅信息与正交多项式的内积运算，因此$m(\tau,q,j)$表征了时间截距$\tau$，曲率$q$的同相轴在第$j$阶正交多项式$P_{j}(x)$的分解系数。该方法将传统的 Radon 变换从二维平面延拓到三维空间，增加了同相轴的梯度和曲率的变换信息。结合高分辨的 Cauchy 约束，利用反演方法实现高阶高分辨率 Radon 反变换。

目前利用高阶高分辨 Radon 变换可以实现缺失数据重建和高精度零炮检距地震道拟合。缺失地震数据使得二维 Radon 变换分辨率降低，产生假频。利用稀疏约束实现的高阶高分辨 Radon 变换提高 Radon 分辨率，既提高了波束域分辨能力，又抑制了空间假频。结合同相轴的高阶多项式特性，可以重构同相轴的振幅变换信息。在此基础上，外推零炮检距地震道，得到较为精确的估计。相对于叠加剖面，该方法考虑了 AVO 的多项式特性，因此估计更接近于真实值。实验结果表明，利用高阶高分辨率 Radon 变换重构数据比 Radon 变换重构结果更加精确，拟合的零炮检距地震精度更高，提高了叠加剖面的分辨率。

基金项目：中国石油大学（北京）基础学科研究基金（JCXK-2011-08）资助。

**参 考 文 献**

[1] Sacchi M. et.al High-resolution velocity gathers and offset space reconstruction[J]. Geophysics, 1995, 60(4):1169~1177.
[2] Johansen, T .A, et.al Tracking the AVO by using orthogonal polynomials[J]. Geophysical prospecting, 1995, 43, 245~261.

（17）储层地球物理

# 基于高分辨率 Radon 的变换面波衰减研究

# Surface wave attenuation research based on high resolution Radon transform

丁宪成* 陈文超 王 伟 高静怀

Ding Xiancheng* Chen Wenchao Wang Wei Gao Jinghuai

西安交通大学波动与信息研究所 西安 710049

## 1．引言

Radon 变换是压制相干噪声(如面波，多次波)，波场分离的重要方法之一，但是 Radon 变换存在端点效应和假频现象，使得变换的分辨率受到很大的影响。根据积分路径的不同，Radon 变换又可以分为线性 Radon 变换、抛物线 Radon 变换和双曲线 Radon 变换，其中线性和抛物线 Radon 变换又可以从频率域进行求解，而双曲线 Radon 变换只能从时空域进行求解。频率域方法执行效率较快，但是精度较低，而时空域方法执行效率很低，但是能得到比较高的精度。为了提高 Radon 变换的分辨率，本文根据贝叶斯原理，采用稀疏反演最小二乘的方法，分别实现了频率域及时空域的高分辨率 Radon 变换算法。将高分辨率 Radon 变换结果用于面波干扰的去除，通过对模型和实际数据的处理，验证了该方法在压制端点效应和假频现象方法的有效性。

## 2．高分辨率 Radon 变换原理

令 $d(t,x)$为二维地震信号，$m(\tau,p)$为变换域的结果，则 Radon 变换公式为：

$$m(\tau,p)=\int_{-\infty}^{+\infty}d(t=\tau+px,x)\,\mathrm{d}x\text{，反变换为：}d(t,x)=\int_{-\infty}^{+\infty}m(\tau=t-px,p)\,\mathrm{d}p\text{。}$$

分别对以上两式左右做傅立叶变换得到：

$$M(w,p)=\int_{-\infty}^{+\infty}D(w,x)\mathrm{e}^{\mathrm{i}wpx}\,\mathrm{d}x\text{，反变换为：}D(w,x)=\int_{-\infty}^{+\infty}M(w,p)\mathrm{e}^{-\mathrm{i}wpx}\,\mathrm{d}p\text{。}$$

把(4)写成算子的形式为：$d=Lm$,为了求解 $m$，我们一般采用最小二乘反演的方法，得到：

$$m=(L^TL+\lambda^2I)^{-1}L^Td$$

$\lambda^2$是阻尼因子 ，引入阻尼因子是为了求解的稳定性。为了得到高分辨率的 Radon 变换，我们引入稀疏加权因子的方法：

$$d=Lm \Longrightarrow W_dd=W_dLW_m^{-1}W_mm \Longrightarrow W_dd=\hat{d},W_dLW_m^{-1}=\hat{L},W_mm=\hat{m} \Longrightarrow \hat{d}=\hat{L}\hat{m}$$

其中,$W_d$是对地震数据进行的加权矩阵,此加权矩阵在对缺失数据进行恢复中有着重要作用,$W_m$是对 Radon 域数据进行的加权矩阵，此矩阵一般为对角矩阵。由贝叶斯原理，当采用柯西类准则时，可以推导出其对角元素的值：$W_{m_{ii}}^2=1/(\sigma^2+m_i^2)$，$\sigma^2$的选择与所要求的稀疏性有关，$\sigma^2$越小结果越稀疏，但是残差也就越大，求解矩阵方程本文采用共轭梯度法，收敛可以达到较快的速度。

## 3．结论

本文介绍了高分辨率 Radon 变换原理，通过对实际数据的对比和验证，此方法在压制面波方面有着显著的效果，并且较传统的方法，此方法极大地提高了 Radon 变换的分辨率，压制了端点效应和假频干扰。

本研究得到国家自然科学基金项目（编号：40730424，40674064）国家科技重大专项（2011ZX05023-005-009）联合资助。

## 参 考 文 献

[1] Daniel Trad, Tadeusz Ulrych, Mauricio Sacchi. Latest views of the sparse Radon transform[J]. Geophysics, 2003, 68: 386~399.

[2]. Thorson R, Claerbout J. Velocity-stack and slant-stack stochastic inversion[J]. Geophysics, 1985, 50: 2727~2741.

[3]. Sacchi M, Porsani M. Fast high resolution parabolic RT[J].Geophysics, Expanded Abstracts, 1999: 1477~1480.

（17）储层地球物理

# 基于复地震道的多次波去除方法研究

# Multiple attenuation based on complex traces

王本锋[*]　陈小宏　赵佳奇

Wang Benfeng　Chen Xiaohong　Zhao Jiaqi

中国石油大学（北京）海洋石油勘探国家工程实验室　北京 102249

## 1. 引言

在海洋地震勘探中，采集到的反射波数据不可避免地会受到表面多次波的干扰，因此多次波去除方法的研究是必要的。由于在稀疏域，多次波和一次波表现出不同的性态，Rayan Saab、Deli Wang 在 Curvelet 域对多次波进行去除；Ramesh 在曲波域对预测的多次波数据进行振幅和相位的调整，实现了多次波的去除，而且 Ramesh 分析了实值曲波与复值曲波的异同，突出了复值曲波的优势。

本文利用复值曲波变换实现对多次波的去除，为了与复值曲波的优势相匹配，我们引入了 Hilbert 变换，提高计算的精度。首先将地震道做 Hilbert 变换，转化为复地震道，再利用复值曲波变换实现多次波的去除。该方法均在复数域中进行，避免了复数取实部再进行运算的弊端，模拟数据和实际数据均验证了方法的有效性。

## 2. 方法原理

对于地震信号 $S(t,x)$，我们通过 SRME 方法预测出相应的多次波 $S_2(t,x)$，由于预测出的多次波与真实的多次波在振幅以及相位上有一定的偏差，直接相减，得到的结果不理想。我们结合 Rayan Saab 等的思想，通过引入 Hilbert 变换，改善相减的效果。记与 $S(t,x)$，$S_2(t,x)$ 对应的复地震道为 $H(t,x)$，$H_2(t,x)$，则估计的一次波对应的复地震道为 $H_1=H-H_2$，建立目标函数如下：

$$\min_{x_1,x_2}\left(\lambda_1\|x_1\|_{1,\mathbf{w}_1}+\lambda_2\|x_2\|_{1,\mathbf{w}_2}+\|Ax_2-H_2\|_2^2+\eta\|A(x_1+x_2)-(H_1+H_2)\|_2^2\right) \tag{1}$$

其中，$H_1,H_2$ 分别为一次波、多次波对应的复地震道；$x_1,x_2$ 分别为 $H_1,H_2$ 对应的曲波系数；$\|\bullet\|_{1,\mathbf{w}_i}$ 为加权 L1 范数；$\lambda_1,\lambda_2,\eta$ 为权重系数；$A$ 为曲波逆变换，$A^T$ 为曲波变换。由 IST 迭代算法，(1) 式可通过下式迭代求解：

$$\begin{cases} x_1^{(n+1)}=T_{\frac{\lambda_1\mathbf{w}_1}{2\eta}}\left(x_1^{(n)}+A^T\left(H_2-Ax_2^{(n)}\right)+A^T\left(H_1-Ax_1^{(n)}\right)\right) \\ x_2^{(n+1)}=T_{\frac{\lambda_2\mathbf{w}_2}{2(1+\eta)}}\left(x_2^{(n)}+A^T\left(H_2-Ax_2^{(n)}\right)+\dfrac{\eta}{1+\eta}A^T\left(H_1-Ax_1^{(n)}\right)\right) \end{cases} \tag{2}$$

其中，$T_{thr}(x)=sign(x)max(0,abs(x)-thr)$。

## 3. 结论与建议

模拟数据测试结果显示，基于复地震道的复值曲波多次波去除方法，方法简单且效果显著；实际数据也验证了方法的可行性。但是在循环迭代的过程中，有三个可选的参数需要人为设定，即一次波系数、多次波系数、以及总数据误差所占权重，存在一定的主观性。下一步的工作是将其更改为自适应系数；再者，引入 FIST 来加快迭代收敛的速度。

本研究得到国家科技重大专项（2011ZX05023-005-005）资助。

### 参 考 文 献

[1] Ramesh (Neelsh) Neelamani, et al. Adaptivde subtraction using complex-valued curvelet transforms[J]. Geophysics. 2010, 75(4): V51~V60.

[2] Deli Wang, et al. Bayesian wavefield separation by transform-domain sparsity promotion[J]. Geophysics. 2008, 73(5): A33~A38.

[3] Rayan Saab, et al. Curvelet-based primary-multiple separation from a Bayesian perspective[C]//SEG/San Antonio 2007 Annual Meeting, 2007.

（17）储层地球物理

# 基于双重稀疏字典的地震资料噪声压制

# Seismic noise suppression based on double sparse dictionary

崔全顺* 陈文超 王 伟 高静怀

Cui Quanshun* Chen Wenchao Wang Wei Gao Jinghuai

西安交通大学波动与信息研究所 西安 710049

## 1. 引言

在地震资料处理中，噪声压制的一种常用方法是对数据进行稀疏表示，在变换域内进行阈值处理，从而达到压制噪声的目的。为了取得理想的噪声压制效果，选取的基函数必须能够稀疏地表示地震资料。现存的一些固定变换基函数并不能很好地捕捉地震资料的特征，本文将双重稀疏字典结构引入地震资料的噪声压制中。双重稀疏字典兼具隐式字典的结构性和显式字典的自适应性，不仅降低了计算的复杂度，而且能够很好地匹配地震资料的特征。实际资料的处理结果表明，双重稀疏字典不仅可以有效地压制地震资料噪声，而且在 3D 资料处理中能很好地保持断层结构。

## 2. 基于双重稀疏字典的去噪原理

含噪声地震数据模型如式（1）所示：

$$\boldsymbol{y} = \boldsymbol{x} + \boldsymbol{v} \tag{1}$$

其中，$\boldsymbol{y}$ 为含噪声地震数据，$\boldsymbol{x}$ 为不含噪的地震数据，$\boldsymbol{v}$ 为标准差为 $\sigma$ 的零均值加性均匀高斯白噪声。

这里采用基于词典的地震资料的稀疏冗余表示来进行地震资料的噪声压制，去噪问题如式（2）所示：

$$\begin{cases} \hat{\alpha} = \underset{\alpha}{\mathrm{Argmin}} \|\boldsymbol{y} - \mathbf{D}\boldsymbol{\alpha}\|_2^2 + \mu\|\boldsymbol{\alpha}\|_0^0, \\ \hat{x} = \mathbf{D}\hat{\alpha}. \end{cases} \tag{2}$$

其中，$\mathbf{D}$ 为冗余字典，$\hat{\alpha}$ 为 $\boldsymbol{x}$ 在变换域的系数表示，$\hat{x}$ 为去噪结果。

由于地震资料集通常具有不同的几何特征，采取一种固定的基函数很难处理好复杂的地震资料，构造能和地震资料相匹配的字典变得至关重要。隐式字典具有很好的结构性和快速实现方法，无自适应性。显式字典能很好地匹配待处理数据，但是其计算复杂度很大，对于数据量很大的地震数据处理实际意义不大。

双重稀疏字典是 Ron Rubinstein, Michael Zibulevsky 和 Michael Elad [1]于 2010 年提出的。该字典基于字典原子的稀疏性，定义每个原子都可用已知的基字典 $\mathbf{\Phi}$ 来进行稀疏表示，因此上述冗余字典可表示为

$$\mathbf{D} = \mathbf{\Phi}\mathbf{B} \tag{3}$$

其中，$\mathbf{B}$ 是原子表示矩阵，具有稀疏性。假定 $\mathbf{B}$ 每一列的非零元素数是固定的，即 $\forall j, \|\boldsymbol{b}_j\|_0^0 \le p$，$p$ 为任一常数。$\mathbf{\Phi}$ 为基字典，选为具有快速算法的隐式字典。因此基于双重稀疏字典的去噪问题如式（4）所示。

$$\begin{cases} \hat{\alpha} = \underset{\alpha}{Argmin} \|\boldsymbol{y} - \mathbf{\Phi}\mathbf{B}\boldsymbol{\alpha}\|_2^2 + \mu\|\boldsymbol{\alpha}\|_0^0 + \sum_j \gamma_j \|\boldsymbol{b}_j\|_0^0, \\ \hat{x} = \mathbf{D}\hat{\alpha}. \end{cases} \tag{1}$$

本文采用过完备 DCT 作为基字典，用类似于 K-SVD 算法[2]的稀疏 K-SVD 算法进行字典训练，当直接用含噪数据进行训练的时候，该方法可以将训练和去噪问题融为一个迭代过程。

## 3. 结论

本文介绍了双重稀疏字典的基本概念，研究了基于此模型的随机噪声压制方法。将此方法用于实际地震资料的处理，显著提高了信噪比，尤其在 3D 数据的处理中，去噪的结果对断层的保持更好。

本研究得到国家自然科学基金项目（编号：40730424，40674064）国家科技重大专项（2011ZX05023-005-009）联合资助。

### 参 考 文 献

[1] Ron Rubinstein. Michael Zibulevsky and Michael Elad. Double Sparsity: Learning sparse dictionaries for sparse signal approximation[J]. IEEE transactions on signal processing, 2010,58(3)： 1553~1564.

[2] Michael Elad, Michal Aharon. Image denoising via sparse and redundant representations over learned dictionaries[J]. IEEE transactions on image processing, 2006,15(12)： 3736~3745.

（17）储层地球物理

# 广义希尔伯特变换在信号去噪中的应用

# The Application of Generalized Hilbert Transform in Signal De-noising

曹思远[1*]　陈　瑶[2]　张德龙[1]

Cao Siyuan*　Chen Yao　Zhang Delong

中国石油大学(北京)地球物理与信息工程学院　北京 102249

地震记录往往会因为数据采集环境和采集仪器仪表的影响存在噪声，而需要的地震资料要符合三高的要求，即高信噪比、高分辨率、高保真度，其中信噪比是基础。因此要对地震资料进行去噪处理，以得到更加准确的地震信号、获得高品质的地震剖面。实际中，不同的噪声类型需要合理选取去噪方法以取得好的效果。

**1. 研究方法**

广义希尔伯特变换作为一种数学方法，已经在地球物理中有一定的应用，例如地震复数道分析。广义希尔伯特变换是在希尔伯特变换的基础上进行了扩展，对频率域的希尔伯特变换进行傅立叶逆变换并引入了阶次 $n$ 的概念，这样就能够通过对窗函数的选取和阶次 $n$ 的选择来调整广义希尔伯特变换的输出结果。这种方法能够比较准确地求取瞬时相位，并且受噪声影响较小，因而可以用来对信号进行重构以完成信号去噪。

**2. 研究内容**

**1）求取瞬时相位**

广义希尔伯特变换可以用来求取瞬时参数，主要是求取瞬时相位。信号含有噪声和不含噪声时分别求取瞬时相位，广义希尔伯特变换比希尔伯特变换有更高的抗噪性。

**2）广义瞬时相位负模**

由于瞬时相位无法直接对信号进行指示，因此需对广义瞬时相位进行进一步改进，引入一个新的广义瞬时属性——广义瞬时相位负模，即广义瞬时相位取绝对值的相反数。这种属性可以对信号本身具有较好的指示性，并且在噪声存在时也可以很好地指示信号，进行噪声敏感度分析可以发现在信噪比很低时依然比较准确。

**3）广义瞬时相位进行重构**

广义希尔伯特变换进行去噪的理论依据是瞬时相位和信号的等价性。所谓等价性，就是双方可以相互转化而不损伤任何有效信号，或者说二者是一一对应的，由一方可以重建另一方。正如信号和它的傅立叶变换一样，瞬时相位和信号也是等价的。因此可以通过求取广义瞬时相位，再利用数学算法进行迭代重构得到有效信号。重构算法在一般情况下是收敛的，为了确定迭代次数引入了相对平方误差的概念，一般要求误差小于 $10^{-3}$。为了使去噪效果更好，可以对瞬时相位再进行滤波处理，得到更加符合不含噪信号的平滑瞬时相位，再进行迭代算法，这样能够提高去噪精度。选取合成 CMP 道集和某地 181 测线的实际地震资料进行重构处理。

**3. 结论**

(1) 广义希尔伯特变换有较好的抗噪性，能够在信噪比较低时得到更为准确的瞬时相位结果。

(2) 广义瞬时相位负模在低信噪比时可以准确地指示原始信号，对噪声敏感度很低。是一种较好的信号指示属性。

(3) 通过广义瞬时相位可以对信号进行重构，且重构误差较小。为了研究具体误差，引入了相对平方误差的概念，即有效信号和重构信号求差的平方和比上有效信号的平方和。在模型信号中求取的重构相对平方误差，在信噪比很低的情况下为 1%，在可以接受范围内。对合成 CMP 道集和实际地震资料也可以实现对信号的去噪，去除的噪声主要为随机噪声。重构后噪声压制效果较好，整个剖面相对干净很多，随机噪声去除比较明显，并且能够较好地保留了有效信号的 AVO 特性。

**参 考 文 献**

[1] 程乾生．希尔伯特变换与信号的包络、瞬时相位和瞬时频率[J]．石油地球物理勘探，1979，14(3): 1~14.

[2] Hahn S L. Hilbert Transform in Signal Processing[M]. Boston: Artech House, 1996: 305.

（17）储层地球物理

# 基于多子波分解与重构的强屏蔽层剥离技术

# The technology of removing the strong reflection event based on multi-wavelet decomposition and reconstruction

刘炳杨[1] 张军华[1] 郭迎春[2] 刘 磊[2] 何 伟[2]

Liu Bingyang Zhang Junhua Guo Yingchun Liu Lei He W

1. 中国石油大学（华东）地学院 青岛 266580; 2. 胜利油田地质科学研究院 东营 257015

## 1. 引言

目前，地震勘探领域中的标定、建模、储层预测及反演等技术大多基于单子波褶积模型。但实际上这种假设存在着很大局限性。地震子波随地层深度、介质、含油气性的变化而变化，因此单一子波假设不能准确反映地震波传播的复杂性，丢失了部分有用的信息。多子波分解与重构技术突破了常规单一地震子波的假设，将地震道分解成多个不同形状、不同主频的地震子波，再根据具体研究问题有选择地进行子波重构，这样就能更好地反映突出目标信息，更好地进行储层预测[1]。本文运用多子波重构技术对济阳坳陷某工区进行了强屏蔽层的剥离，再对剥离后的地震数据进行属性分析，取得了不错的效果，对滩坝砂薄互储层勘探大有助益。

## 2. 多子波分解与重构的基本原理

多子波分解与重构是指在地震道多主频子波叠加假设的理论基础上将地震道进行分解，得到多个主频不同、位置不同的多个地震子波，表示为 $s(t)=\sum A_i w_i(t-t_i)+n(t)$。假定目标层对应地震道中的子波的频带范围已经估计出为 $[f_{\min},f_{\max}]$，则可求出中心频率 $f_c$，频带宽度为 $f_w$。设子波在该频带内的能量占子波总能量的 $\lambda^2$，则有，

$$\lambda^2=\int_{-f_{\max}}^{f_{\max}}\left|W(f)\right|^2 df-\int_{-f_{\min}}^{f_{\min}}\left|W(f)\right|^2 df\Big/\int_{-f_{N/2}}^{f_{N/2}}\left|W(f)\right|^2 df \tag{2}$$

据 Lilly 等的讨论[2]，该公式可以转化为矩阵特征值和特征向量的求解问题，求解公式为 $Aw=\lambda w$。其中，

$$A=\{a_{m,n}\}_{N\times N}\text{，}\quad a_{m,n}=\frac{\sin[2\pi(f_c+f_w/2)\Delta t(m-n)]}{\pi(m-n)}-\frac{\sin[2\pi(f_c-f_w/2)\Delta t(m-n)]}{\pi(m-n)} \tag{3}$$

式中，N 为子波样点数。取 $\lambda_2$ 接近于 1 所对应的特征向量 $w$，一般可以得到多个，记为 $\{w\}$，$\{w\}$ 的频域能量限制在频带 $[f\min,f_{\max}]$ 以内，$\{w\}$ 为所要求取的多子波。

## 3. 多子波分解与重构技术在滩坝砂储层识别中的应用

近年来，济阳坳陷滩坝砂勘探认识得到了深入的发展，此类油藏探明储量已有较大幅度的增长，勘探前景良好。但是，由于薄互层埋藏深、单层薄、横向变化大，勘探难度较大[3]，尤其是储层顶部油页岩强屏蔽层（T7 层）的存在，掩盖了薄互储层的弱反射信息，使勘探难度进一步加大。本文利用多子波分解与重构技术，对 T7 强屏蔽层进行识别，依据 T7 层对应子波的主频和幅值，利用式（2）估算出子波的能量，然后利用（3）求解出对应的子波，将其提取出来，并从原始记录中将其减去。剥离后的剖面，能将强屏蔽下面的细小、弱同相轴显现得更加清晰，使得以前一些难以识别的信息得以显现。再用剥离后的数据提取能量半时、弧长、瞬时相位、本征值相干体、波形分类等能较好反映滩坝砂薄互储层信息的地震属性，然后对属性剖面、切片进行分析解释，能更加清晰地展示薄互层砂体分布特征，更加准确地对滩坝砂薄互储层进行预测。

## 4. 结论与认识

济阳坳陷油页岩强屏蔽层的存在使得本来就较弱的滩坝砂薄互储层反射信息更加难以识别，勘探难度加大；而基于多子波分解与重构的强屏蔽层剥离技术能较好地将滩坝砂油藏油页岩等强屏蔽层反射波强同相轴剥离，使得强屏蔽层下一些弱反射信息得以显现，进而更好地对其进行属性提取等分析解释；方法理论清晰，效果良好，有较好的推广价值。

## 参 考 文 献

[1] 张军华, 等. 强屏蔽层下弱反射储层特征分析及识别方法研究[J]. 特种油气藏, 2012,19(1): 23~26.

[2] Lilly J M, et al. Multiwavelet spectral and polarization analysis of seismic records[J]. Geophysical Journal International, 1995, 122(3): 1001~1021.

[3] 邓宏文, 等. 济阳坳陷北部断陷湖盆陆源碎屑滩坝成因类型、分布规律与成藏特征[J]. 古地理学报，2010,12(6): 737~747.

（17）储层地球物理

# 地震资料信噪比定量分析技术研究

# Quantitative research of seismic data signal-to-noise ratio

戚鹏飞[*1]　王君恒[1]　于永才[2]

Qi Pengfei　Wang Junheng　Yu Yongcai

1. 中国地质大学(北京)地球物理与信息技术学院　北京 100083;

2. 中国石油大学(北京)CNPC 物探重点实验室　北京 102249

## 1. 引言

信噪比是衡量地震资料品质的重要指标。它可以用于指导地震资料的采集参数优选，从而最大限度地降低近地表介质变化、环境噪声等因素的影响，提高资料采集质量。在室内资料处理中，它经常用来评价去噪方法的优劣和处理效果。李庆忠院士在《走向精确勘探的道路》中指出：信噪比是分辨率的基础，分辨率是由信噪比定义的。而高分辨率地震资料是进行地质体精细刻画和油藏描述的基础，因此信噪比的高低直接影响到地震资料的解释效果，进而影响到地质家对目标体的认识。由此可看出信噪比分析在地震资料采集、处理和解释中的重要性。

本文对当前的地震资料信噪比计算方法进行了深入研究，利用理论模型和实际资料分析了各方法的使用范围和应用条件，并进行了对比评价。

## 2. 研究内容

叠加法、时间域 SVD 法、频率域 SVD 法、相关互相关法、统计平均分析法、频率域估算法和相关时移法是地震资料信噪比定量计算的主要方法。我们设计了 5 种理论模型对这 7 种信噪比计算方法分别进行了对比评价，分析了它们的适用性。这些模型包括：①水平同相轴模型，沿排列方向地震子波波形、幅值和相位均保持不变；②水平同相轴模型，沿排列方向地震子波波形和相位保持不变，但是幅值有变化；③水平同相轴模型，沿排列方向地震子波波形、相位和幅值均发生变化；④倾斜同相轴模型；⑤双曲型同相轴模型。最后，将这些方法应用到实际地震资料中，并对它们的应用效果和稳定性进行了分析。

## 3. 结论

通过理论分析、模型及实际资料验证，主要得到了以下几点结论和认识：①叠加法要求在整个时窗内地震子波波形、振幅和相位均保持不变。这种方法应用条件比较苛刻，只有在严格满足其假设条件时才能准确估计信噪比。在同相轴水平性较好时，估计结果与理论信噪比符合得很好；在有效信号同相轴水平性较差时，估计结果会严重偏离真实值。②时间域 SVD 法的适用条件比叠加法宽松一些，它允许同相轴在水平方向上振幅发生变化。③频率域 SVD 法考虑了相邻道之间信号的振幅与相位的变化，相对于叠加法和时间域 SVD 法更适于实际情况。但这三种方法都要求地震剖面上的同相轴是水平的，这就限制了方法的应用，当剖面中存在倾斜界面或起伏界面时，这三种方法计算的结果均是不准确的。④统计平均分析法需要选取参考道。当有效信号同相轴相位无变化或者变化很小时，该方法的计算结果较为接近真实值；而当有效信号同相轴相位变化很大时，对于多道地震记录，选用不同的参考道来计算所得到的结果会大不一样。该方法的优点是对小时窗地震资料的估计结果较为准确。⑤相关、互相关法利用了地震资料中地震道的相关性来估计信号和噪音的功率谱，进而估计信噪比。对于水平地层，各地震道的同相轴在相同时刻可视为近似相等，而对倾斜同相轴模型或双曲线模型来说，在相同时刻，各道上实测值差别会很大，有时根本不存在相关性。⑥频率域估算法通过给定阈值、利用带通滤波分离信号和噪声的方式来估计信噪比。在实际资料处理中阈值的选择十分关键。⑦相关时移法的应用条件比较宽松，其时窗内的同相轴可以是任意形状的，计算结果也是比较稳定的，但要求各道有效信号的相位不能发生太大的变化。

### 参 考 文 献

[1] 李庆忠. 走向精确勘探的道路[M]. 北京：石油工业出版社, 1993.

[2] 刘洋, 等. 地震资料信噪比估计的几种方法[J]. 石油地球物理勘探,1997, 32(2).

[3] 梁光河. 信噪比的估算及其在高分辨率处理中的应用[J]. 石油物探, 1998, 37(3).

（17）储层地球物理

# 改进的矢量分解法去噪

# Suppressing noise by vector resolution denoising method

曹思远 杨 燕 邵冠铭 袁 殿

Cao Siyuan* Yang Yan Shao Guanming Yuan Dian

中国石油大学（北京）地球探测与信息技术重点实验室 北京 102249

## 1. 引言

去噪处理是地震勘探领域的重要研究内容，对地震资料的处理质量有着较大的影响。去噪处理的难点在于有效信号与噪音的有效分离。很多常规去噪方法是将记录变换到其它域，如 f-k 域等，来实现信噪分离。矢量分解法是利用噪音偏离信号的夹角来实现随机噪音的压制，属于角度滤波。该方法从“相邻信号具有相关性”这一基本假设出发，引入“单位相关矢量”，利用矢量分解法将各道信号分解为“相关分量”和“非相关分量”，通过压制后者达到提高信噪比的目的。该方法适用于叠前和叠后资料，且不受地层倾角限制，具有较好的去噪效果。但与其它去噪方法相似，该方法同样存在信噪分离难题。因此，研究如何更好地实现该方法的信噪分离，对去噪效果的提升，具有重要意义。

## 2. 研究方法

(1) 高精度矢量夹角的计算。提高矢量夹角的计算精度，对于提高最终去噪效果的重要性不言而喻，下面从两个方面进行改进。首先，根据地震资料的目的层信噪比、分辨率及横向连续性等品质，选取合适的高维矢量函数，从原始道集中提取待压噪的数据体。其次，对选取的多维数据体，将其映射到高维空间，由于相邻有效信号的差异较小，噪音不相干性基本不变，由该高维数据体提取的“单位相关矢量”（或称为“公共矢量”）准确度较高。单位相关矢量的的方向指示了有效信号的方向，当单位相关矢量方向出现偏差时，将不利于信噪有效分离，影响噪音的压制效果。最后还需选用一定的降维函数从高维数据体提取原维数的数据。

(2) 去噪后的矢量夹角平滑处理。常规矢量分解法压制“非相关分量”后，即完成了资料的压噪处理。实际上，通过仔细分析发现，常规矢量分解法压噪处理后的资料，其相邻地震道的矢量夹角一般不是连续有序的变化，存在一定程度的畸变。通过简单的楔形模型数值试算发现，无噪情况下，相邻道的矢量夹角随地震道的变化是一个连续、有序的过程；当存在一定量的噪音时，相邻道的矢量夹角随地震道的变化是一个随机函数。数值模拟结果表明，常规矢量分解法压噪处理后的剖面仍存在一定的噪音，因此需要对去噪后的矢量夹角变化曲线作进一步的平滑处理，得到更高信噪比的资料。下面介绍一种平滑处理的方法：将相邻道信号看作高维矢量，根据相邻道矢量计算“单位相关矢量”（两矢量可以简单相加），在此基础上进行矢量分解与压噪重构。常规矢量法是将横向信号（同一时间点）作为矢量，该平滑方法是将纵向信号（同一道）作为矢量，在一定程度上能去除残余噪音，并增强剖面的横向连续性。

(3) 与常规的矢量分解法相比，改进的矢量分解压噪方法对实际资料的去噪效果较好，剖面同相轴连续性较高，波组特征较明显，信噪比得到较大的提升，去除的噪音剖面中基本没有有效信号，信噪分离较干净。另外，由于改进的矢量分解法认为“只有一次拉平的才是有效同相轴”，因此该方法能滤除部分的多次波和斜干扰。改进的矢量分解压噪法已成功应用在多个资料中，如海外的 Kingkong 资料、国内海上资料以及陆地低信噪比资料等，均取得了较为理想的去噪效果，基于叠前资料的去噪成果在岩性勘探中起到了较为关键的作用。

## 3. 结论

矢量夹角计算精度的提高和去噪后相邻道夹角的平滑处理，是改进的矢量分解压噪方法的关键，与常规的矢量分解法相比，信噪分离更有效、准确，能更好地滤除随机噪音、部分多次波和斜干扰等。同时，该方法计算量偏大，尤其是叠前资料的去噪处理，运算成本较高。因此，如何提高运算效率、降低运算成本，使改进的矢量分解法更好地应用到大规模处理中，是下一步需要研究的问题。

### 参 考 文 献

[1] 王宏伟. 矢量分解压噪[J]. 石油地球物理勘探，1989，24(1)：16~29.
[2] 何银娟. 三分量地震资料叠前去噪方法研究[D]. 中国地质大学，2010.
[3] 夏洪瑞，等. 中值约束下的矢量分解去噪[J]. 石油物探，40（3)：29~33.

（17）储层地球物理

# 地震信号非稳态滤波方法及应用

# Theory and Application of Nonstationary Filtering in Seismic Data Analysis

刘国昌* 陈小宏

Guochang Liu　Xiaohong Chen

中国石油大学（北京）海洋石油勘探国家工程实验室　北京 102249

常规的地震资料处理技术，诸如带通滤波、叠加、道插值、偏移等，皆是建立在稳态信号处理的基础上的。然而对于复杂构造地区的地震数据处理，稳态信号的分析方法有很大的局限性，处理结果难以描述复杂地质体特征。因此，常规的地震数据处理方法在实际应用中有一定的缺陷。针对地震数据非稳态的特征，设计非稳态滤波器对地震信号分析具有重要的意义。对具有不同统计特征的数据选用不同的参数，自适应的估计非稳态滤波器系数，可以为高精度的地震勘探提供基础。近年来，非稳态滤波器已经被勘探地球物理学家所重视，并在地震数据处理中得到了初步的应用[1]，但是并没有系统的开展非稳态滤波器理论与应用的研究。研究基于非稳态滤波的地震资料处理方法可以清楚地表征地震信号的局部特征，同时保持波传播的动力学和运动学特征。

非稳态滤波方法是信号分析领域新兴的一门理论，也是一种非常实用的地震数据处理手段。采用非稳态滤波技术处理和分析地震数据，可以提高地震数据的信噪比，保真地震的振幅，提高成像的质量，为地震解释和油藏描述提供精确的地震数据。本文主要研究非稳态滤波器的基本原理及非稳态地震数据处理方法。针对地震信号非稳态的特征，在反问题理论框架下，本文将非稳态滤波问题描述成线性估计问题，通过正则化求解方法解决地震资料处理算法中的非稳态滤波问题。非稳态滤波算法在地震数据分析中具有重要的地位，从叠前的预处理到叠后的地震属性分析都存在非稳态滤波的问题。本文针对地震数据处理中的信噪比、分辨率和成像质量等方面的问题，提出了几种新型的非稳态滤波算子，并在实际地震资料处理中得到了应用。

地震数据振幅频率等特征是随时间而变化的，是典型的非稳态信号，处理非稳态地震数据需要利用非稳态滤波器。褶积运算是地球物理信号处理领域常用的算法之一，下面以褶积运算为例说明非稳态滤波器的参数估计问题。褶积运算的离散形式为：

$$x(\mathbf{t})=\sum_{\tau} r(\mathbf{t},\tau)f(\mathbf{t},\tau) \tag{1}$$

利用整形正则化技术估计滤波器问题可以描述为

$$\min \ \| x(\mathbf{t})-\sum_{\tau} r(\mathbf{t},\tau)f(\mathbf{t},\tau)\|_2^{\,2}+R[f(\mathbf{t},\tau)] \tag{2}$$

其中，$R$ 表示正则化项，反问题正则化方法为求解非稳态滤波器参数估计提供了理论基础。非稳态滤波技术的实现不采用滑动窗口的方法，直接利用反问题理论框架建立欠定方程，通过正则化技术同样可以实现非稳态滤波算法。在整形正则化技术[2]的基础上建立的非稳态滤波器参数估计优化约束方程，与其它正则化方法相比，参数选取更为简单，计算效率更高，更适合海量地震数据的处理。

在上述研究基础上，以非稳态滤波理论为基础，可以系统地研究基于非稳态滤波器的地震数据分析方法。地震数据的强非稳态性致使基于稳态滤波器的常规处理方法具有很大的局限性，本文在非稳态滤波理论基础上，通过分析具体的地震数据处理方法的特点，改进了常规地震数据处理的分析方法，发展了更为有效的地震成像理论与技术。研究了地震数据的统计特征，在此基础上利用数学反问题理论研究了非稳态滤波器的设计问题，然后对地震数据处理中的噪声压制、数据插值、偏移成像与叠后时频分析等方面进行了研究，提出了几种新的处理分析方法，提高了地震数据的信噪比、分辨率和成像精度。

本研究由国家科技重大专项（2011ZX05023-005-005）资助。

## 参 考 文 献

[1] Margrave G F. Theory of nonstationary linear filtering in the Fourier domain with application to time-variant filtering[J]. Geophysics, 1998, 63(1): 244~259.

[2] Fomel S. Shaping regularization in geophysical-estimation problems[J]. Geophysics, 2007, 72(2): R29~R36.

（17）储层地球物理

# 非平稳地震记录高分辨率处理技术并行计算的实现

# Parallel Implementation of High Resolution Processing Method for Nonstationary Seismic Data

陈剑军* 朱振宇

Chen Jianjun Zhu Zhenyu

中海油研究总院 北京 100027

## 1. 引言

在地球物理勘探领域，为了提高地震数据处理计算运行效率，研究人员进行了大量的并行算法和算法优化方面的研究，提高了处理效率、缩短了处理周期。但是，面对急剧增长的处理数据量，只靠一些个并行模块，已不能满足生产周期的需要。

本文采取基于道集进行数据拆分的并行计算框架，将其应用到非平稳地震记录高分辨率处理技术，大幅度提升了计算效率，并且扩展了并行计算的应用范围。

## 2. 方法原理

### 1）非平稳地震记录高分辨率处理技术的原理

设地震记录在时间范围被分为 L 段，用 $M^j$ 和 $M^{j-1}$ 依次表示第 $j$ 段起点及终点处的样点号。假设第 $j$ 层段上的地震记录 $s^j$ 为:

$$s^j(t) = w^j(t) * r^j(t) = \sum_{k=M^{j-1}}^{M^j} c_k w^j(t) * \delta(t - t_k) \tag{1}$$

其中，$w^j$ 和 $r^j$ 分别表示第 $j$ 层段上的地震子波和脉冲响应，$t_k$ 表示第 $k$ 个采样点对应的时刻，$c_k$ 为反射系数序列在第 $k$ 个样点上的值，$*$ 表示褶积，$\delta(t-t_k)$ 是 Dirac 函数。对（1）式做正反 Fourier 变换，得到（1）式的另一表示形式：

$$s^j(t) = \frac{1}{2\pi}\int_{-\infty}^{\infty} \hat{w}^j(\omega) \sum_{k=M^{j-1}}^{M^j} c_k e^{-i\omega t_k} e^{i\omega t}\,\mathrm{d}\omega \tag{2}$$

其中，$\omega$ 为角频率。则完整的地震记录可表示为：

$$s(t) = \int_{-\infty}^{\infty} \sum_{j=1}^{L} \hat{w}^j(\omega) \sum_{k=M^{j-1}}^{M^j} c_k e^{-i\omega t_k} e^{i\omega t}\,\mathrm{d}\omega \tag{3}$$

用以上地震记录变子波模型为基础，采用 Gabor 变换对地震记录进行划分，使得划分后的每个段上的子波近似不变。对各段记录分别做振幅谱展宽的处理后，反 Gabor 变换就可得到高分辨率地震记录。

该方法在实际应用中取得了比较好的效果，但是由于要对地震记录进行分段处理，该方法的计算效率非常低，严重影响其实际应用，本文通过基于道集进行数据拆分的并行计算框架提升其计算效率。

### 2）并行计算的实现步骤

（1）将目标数据体拆分成 $n$（$n$=可用的计算节点数×每个节点可用的 CPU 核数）个数据子集；

（2）登录各个计算节点，分别读取对应的数据子集并用非平稳地震记录高分辨率处理方法进行计算；

（3）将计算完毕生成的数据子集重新合并成为一个数据体。

## 3. 结论

(1) 针对非平稳地震记录高分辨率处理技术，采用合适的并行任务数，计算效率提高的倍数约可达到并行任务的数目。

(2) 数据分割粒度对并行框架效率有影响，太细的粒度分割不利于发挥并行框架的效率。此外，并行计算效率还受到计算机 I/O 效率的制约。

(3) 本文所采取的并行计算框架也可用于其它基于单道算法的地球物理技术。

（17）储层地球物理

# 用连续小波变换扩展地震带宽

# Extending seismic bandwidth using the CWT

李瑞萍* 陈文超 王 伟 高静怀

Li Ruiping* Chen Wenchao Wang Wei Gao Jinghuai

西安交通大学波动与信息研究所 西安 710049

## 1. 引言

地震波在地下传播过程中会有高频能量的损失，因此我们得到的是低分辨率的地震数据；所以如何提高地震数据分辨率，一直以来都是地球物理勘探领域研究的热点和难点。

在提高地震分辨率的研究过程中提出了许多行之有效的方法。例如各种反褶积方法，谱白化方法，高频率成像等方法，这些方法在对频带的扩展、信噪比保持、高低频的扩展能力等方面存在不足。因此，我们实现了一种应用连续小波变换扩展地震带宽的方法，克服了上述方法的缺点，在对模型及实际资料的处理方面均得到了较好的效果。

## 2. CWT 扩展带宽原理

该方法采用连续小波变换对地震信号进行分解：

$$W(\tau,s)=\int_{-\infty}^{+\infty} f(t)\frac{1}{\sqrt{|s|}}\psi^{*}(\frac{t-\tau}{s})dt \tag{1}$$

$f(t)$ 是要分解的地震道，$\psi(t)$ 表示小波函数，$\tau$ 表示时间，s 表示尺度(即频率)。

小波函数满足可容许性条件。从地震信号的频谱中得到主要带宽信息从而可以计算得到谐波和次谐波频率(谐波频率用于扩展高频端，次谐波频率用于扩展低频端)；通过调整谐波和次谐波频率对应的能量密度，使其产生较好的振幅谱；将谐波和次谐波频率通过一个类卷积过程加到地震道的振幅谱中，因此得到的是扩展了的地震信号的带宽 $W'(\tau,s)$。

$C_{\psi}$ 满足可容许性条件，这里的 $f'(t)$ 为重建的带宽扩展后的地震道。

$$f'(t)=\frac{1}{C_{\psi}}\int_{0}^{\infty}\int_{-\infty}^{+\infty}\frac{1}{\sqrt{s}}W'(\tau,s)\psi(\frac{t-\tau}{s})\frac{dsd\tau}{s^{2}} \tag{2}$$

该方法中采用连续小波变换，为我们提供了一个时间频率域对信号的最佳描述。在频谱的低端，信号的频率分辨率更为重要；在频谱的高端，信号的时间分辨率更重要。连续小波变换的冗余性允许我们在低精度下获得的小波系数能够在高精度下重建原信号。在实现中我们选择接近地震子波的小波函数 Morlet 小波，因为 Morlet 小波的复数性，我们可以在不同时间的每个尺度下对小波系数的振幅和相位进行计算。在计算扩展谐波和次谐波频率的时候要避免 Nyquist 频率和 0 频率的边界，同时也要与实际情况相一致。

## 3. 结论

该方法在实现中对模型和实际数据的处理均得到了良好的效果。从模型和实际处理的结果可以看出，该方法对信号的频谱扩展能力很好(通常在应用中对谱扩展一到两个倍频程就足够了)；对信噪比的保持效果较谱白化好；不仅可以扩展频谱的高端，对低端的扩展也是很理想的；在对实际信号处理时，有效的提高了实际数据的分辨率，对地震同相轴连续性，断层等地质特征保持的很好；该方法对信号的相位特征保持不变，且实现起来容易，适应性强。

本研究得到国家自然科学基金项目（编号：40730424，40674064）国家科技重大（2011ZX05023-005-009）联合资助。

### 参 考 文 献

[1] Michael Smith,Gary Perry,Jaime Stein. Alexandre Bertrand and Gary Yu.Extending seismic bandwidth using the continuous wavelet transform[J]. First break, 2008, 26(6): 32~38.

[2] Christopher Torrence, Gilbert P.Compo.A Practical Guide to Wavelet Analysis[C]. Bulletin of the American Meteorological Society, 2006.

（17）储层地球物理

# 区间拟合法提高道积分精度

# Improve the precision of trace-integral by interval fitting

曹思远[1*] 王宗俊[2] 袁 殿[1] 陈 瑶[1]

Cao Siyuan[1*] Wang Zongjun[2] Yuan Dian[1] Chen Yao[1]

1. 中国石油大学（北京）CNPC 物探重点实验室 北京 102249；2. 中海石油研究总院 北京 100027

## 1. 引言

地震道积分是最简单的波阻抗反演方法，该方法可以从实际地震道出发直接反演出地层的相对波阻抗。道积分公式首先将地震道记录转化为近似的反射系数，然后通过反射系数的累加得到地层相对波阻抗值。公式的推导过程存在一定的近似处理，当出现波阻抗突变较强的层位时，反演结果的近似误差较大。因此，研究道积分过程中的近似误差来源，以及在不降低算法速度的基础上尽可能提高相对波阻抗结果的精度，具有较大的实际应用价值。

## 2. 研究方法

（1）误差来源分析。通过对道积分公式推导过程的研究后发现，该方法其中一步对地层上下波阻抗值作了如下近似：$2\mathrm{AI}(t_i)\approx\mathrm{AI}(t_{i+1})+\mathrm{AI}(t_i)$，其中 $\mathrm{AI}(t_i)$为第 $i$ 个地层的纵波阻抗值，$t_i$ 为地层 $i$ 对应的时间深度。将上下两层介质的波阻抗之和近似为上层波阻抗的两倍，这种处理在道积分公式最终的结果中表现为指数项系数为 2。因为道积分的误差来源即为公式中的指数项 $\exp\left[2\int_0^t r(\tau)\mathrm{d}\tau\right]$，因此下面的做法是将道积分公式中指数项常系数 2 定义为待定量 $k(r)$（经分析，该量与反射系数有关），并将 k(r)带入积分项中参与积分，即指数项为 $\exp\left[\int_0^t k(r)r(\tau)\mathrm{d}\tau\right]$。传统的方法是将 $k(r)$设定为常数 2，高精度的道积分公式则需要对 $k(r)$作高精度的修正。

（2）高精度道积分公式推导。首先假设由地震记录得到的反射系数值分布区间为[−1,1]，一般情况下反射系数绝对值呈近似 Gauss 分布，大部分在 0.5 以内。通过分析发现，$k(r)=\ln[(1+r)/(1-r)]/r$，为了不增加道积分公式的运算量，拟研究区间拟合法得到 $k(r)$的高精度近似值。将 $r$ 的区间[0,1] （$k(r)$为偶函数，负区间同正区间）依次等分为 10 个区间[0,0.1]、[0.1,0.2]、[0.2,0.3]、[0.3,0.4]、[0.4,0.5]、[0.5,0.6]、[0.6,0.7]、[0.7,0.8]、[0.8,0.9]、[0.9,1]，各区间对应的 $k(r)$近似值分别为 2.0023、2.0360、2.0645、2.1100、2.1770、2.2729、2.4124、2.6265、3.0031、4.1660。从各区间的 $k(r)$近似值可以看到，当$|r|$小于 0.2 时，$k(r)$近似为 2，原始精度较高；当$|r|$大于 0.2 时，$k(r)$的拟合值逐渐偏离常系数 2，如果仍然取 $k(r)=2$，的修正能较好地提高道积分公式的精度。

（3）模型试算。建立合理的波阻抗模型，生成一系列的反射系数序列，再根据常规的和改进的两种道积分公式分别由反射系数反演波阻抗值（假设初始波阻抗值已精确测定）。对比两个反演结果发现，传统道积分结果相对误差一般在 0.8%~1.5%；高精度道积分结果误差一般保持在 0.5%以内。出于算法速度的考虑，在 $k(r)$值的拟合过程中可将反射系数区间[0,1]分为 3~4 个区间，一般反射系数值小于 0.5，因此算法中因为判断 $r$ 值落在哪个区间而带来的额外运算量在可接受范围内。

## 3. 结论

区间拟合法是运算速度与精度之间相互折衷的一种算法，具有较好的可行性，该方法应用在道积分公式中可较好地提高相对波阻抗结果的精度。虽然在道积分最终结果中地层相对波阻抗的误差很大一部分来源于实际地震记录向反射系数的近似转变过程，但是在计算量允许的条件下尽可能提高道积分公式的精度，降低这方面运算带来的误差，对于实际应用仍具有一定的意义。

本研究受国家“十二五”科技重大专项课题（2011ZX05024-001-01）资助。

## 参 考 文 献

[1] 牟永光，等．地震数据处理方法[M]．北京：石油工业出版社，2007：229~239.
[2] 陆基孟，等．地震勘探原理[M]．北京：中国石油大学出版社，2009：339~361.
[3] 李露，等．一种基于最优区间函数拟合的 P 波识别方法[J]．生物医学工程学杂志，2008(3).
[4] 张奎，等．三种弹性波阻抗公式比较[J]．石油地球物理勘探，2006，41（增刊）：7~11.

（17）储层地球物理

# 五参数一修正项宽带 B 样条子波

# Wideband B spline wavelet with 5 paramaters and 1 correction factor

曹思远 [1*] 王宗俊 [2] 袁 殿 [1] 白利娜 [1]

Cao Siyuan[1*] Wang Zongjun[2] Yuan Dian[1] Bai Lina[3]

1. 中国石油大学（北京），地球探测与信息技术重点实验室 北京 102249;

2. 中海石油研究总院 北 100027

在地球物理理论研究和实际地震资料处理中，理论子波的应用较为广泛，如地震记录合成、子波整形及作为反褶积处理的期望输出等。五参数宽带 B 样条子波是近年来提出的宽带理论子波，具有主频、带宽及高低频走向可控性强的优点，子波库的种类较丰富，适用于制作时变地震记录、带通滤波等处理过程。一般情况下，五参数宽带 B 子波低频成分较强，且具有一定的直流分量，与实际地震子波存在一定的匹配困难，限制了该子波的实用性。因此，针对五参数宽带 B 子波的缺点，需要对该类理论子波进行修正，促进该类子波在实际生产和理论研究中的应用。

（1）针对宽带 B 子波的强低频及直流成分，需要选择适当的低频修正项进行压制处理。修正后的宽带 B 子波直流成分彻底消除，低频（10Hz 以内）成分也得到了较好的压制，与实际地震子波之间的匹配性测试结果显示，经低频压制后的宽带 B 子波与地震子波匹配度更高。其中，低频修正项与参数 p 共同控制子波低频成分的走向，修正项对低频的压制一般不影响 p 对低频的调控力。在本例研究中选取如下函数作为低频修正项，

$$DM(f)=\begin{cases}\sin\left[\dfrac{\pi}{2}\dfrac{f}{f_m}\right] & |f|\le f_m\\ 1 & |f|>f_m\end{cases} \tag{1}$$

将式（1）所示的修正项与原始振幅谱相乘，即可消除直流、压制低频，再通过反 Fourier 变换得到时间域宽带子波。同时，由于式（1）具有二阶奇性，因此经该修正项修正后的宽带 B 子波在数学上的性质将受到一定影响，如频谱的光滑性等。

（2）根据文献[1]，宽带 B 子波是基于脉冲信号的小波分解与重构而得，以上讨论的宽带 B 子波都是基于 B 样条子波的实部，下面研究针对 B 样条子波虚部进行加权重构，得到一类新的宽带 B 子波。基于 B 子波虚部重构的宽带 B 子波规避了实部子波的直流问题，无须进行低频修正处理。但该虚部子波为 π/2 的常相位子波，为了实际应用的方便，对虚部子波应用相位修正项进行零相位处理。零相位化的宽带 B 子波虚部，同样具备频谱形状多样化、高低频成分可调可控性强等优点，与需要进行低频修正的实部子波相比，不额外增加控制参量，仍为五参量宽带 B 子波，各参量分别控制子波波形及频谱的不同特征，基本上不存在相互干扰，较为简便实用。

（3）五参数、一修正项的宽带复频率 B 样条子波一般情况下旁瓣较小，合成的地震剖面中由旁瓣形成的同相轴弱化，薄层的振幅调谐现象相对较弱，较有利于构造解释和储层预测；宽带 B 子波频谱的陡度平滑，波形一般不存在吉布斯振荡现象，可代替带通子波用于带通滤波，在对不同频段子波的波阻抗反演结果研究中，由宽带 B 子波生成的地震波形图和波阻抗反演图较为清晰干净，信号震荡只来源于子波倍频程数较小这一因素，不存在带通 Sinc 子波的吉布斯振荡，更加有利于结论的探讨与分析；子波的主频、带宽可控性较好，适用于时变地震记录的合成，提高合成记录的质量，有利于进一步的研究分析和实际应用。

另外，宽带 B 子波满足小波容许性条件，可作为小波变换、广义 S 变换和匹配追踪等时频分析的小波基函数（或核函数、完备原子库等），用于信号的时频分析，提取地震的时频属性等。

**参 考 文 献**

[1] 刘兰锋, 等.四参数宽带 B 样条子波[J]. 石油地球物理勘探, 2011, 46(2): 247~251.

[2] Siyuan Cao, et al.Wide-band B-spline wavelet with four parameters[C]//SEG San Antonio 2011 Annual Meeting, 2011: 3840~3844.

[3] 曹思远 等.宽带复频率 B 样条子波[C]//中国地球物理学会第二十七届年会论文集. 2011.

[4] 王宗俊 等.基于宽带 Marr 子波的时频分析[C]//中国地球物理学会第二十七届年会论文集.2011.

（17）储层地球物理

# 离散平稳小波变换在提高地震资料品质中的应用

# Seismic Resolution Enhancement Based on Discrete Stationary Wavelet Transform

王清振　郝振江　王小六

Wang QingZhen　Hao ZhenJiang　Wang XiaoLiu

中海油研究总院　北京 100027

## 1. 引言

地震资料分辨率较低的主要原因是由于大地的滤波作用而导致地震波的高频成分衰减快，地震波的优势频率向低频方向移动。另一方面，好多地震数据处理步骤都有低通滤波的效应，因此我们常常尝试增益高频信息以使整个有用频带能够保留在我们最终的输出中[1]。这种处理常用的方法一般在频率域进行，而存在的问题是在每一个频率成分上无法分辨信号和噪声，因此在放大信号与放大噪声之间要做一个权衡。

离散平稳小波变换（SWT）是传统的离散小波变换的一个变形形式，它的最大的特点是具有冗余性和平移不变性，通过适当选择小波基，地震信号可以由小波域的稀疏脉冲表示。本文在 SWT 域将阈值去噪技术和分频振幅补偿技术创造性的结合在一起，能够有效的提高地震资料的信噪比和分辨率。

## 2. 方法原理

信号的小波变换是不同尺度的小波函数(或其复共轭)与信号的互相关[2]。因此，基本小波与待分析的信号越接近，信号在时间-尺度域能量分布越集中；反之，信号能量在时间-尺度域展布范围越大。

根据这一特点，利用小波变换对地震信号进行多分辨分析，将信号分解到多个频带，根据先验的地质信息(如钻井资料等)，在时间-尺度域确定能反映目的层的尺度，然后在该尺度下，对该频带的高频分量作压噪拓频处理，重构原信号得到较原记录分辨率高的地震记录[3]。

具体步骤如下:

（1）选择合适的层数把地震道变换到 SWT 域，比较各层高频分量，找出最能体现目的层的尺度。

（2）将所选择的尺度分量变换到频域，对振幅谱作平滑滤波，得到振幅谱的衰减曲线。

（3）取振幅谱衰减曲线的倒数为振幅谱补偿曲线。在实际计算中需对衰减曲线加入适当的白噪，以保证振幅谱补偿曲线的稳定性。

（4）对振幅谱进行补偿，用输入记录的振幅谱予以标定以保持相对振幅。

（5）将频域补偿结果变换到时域，然后对个尺度分量做改进的阈值收缩处理。

（6）将各尺度信号重构即得提高分辨率后的地震记录。

在步骤（5）中作阈值收缩处理时，我们应用了一个改进的阈值处理方法：

$$c'(i,j)=\begin{cases} c(i,j)\left[1-\left|\dfrac{\lambda}{c(i,j)}\right|^{m}\right] & |c(i,j)|\ge\lambda \\ 0 & |c(i,j)|<\lambda \end{cases} \tag{1}$$

其中，$C(i,j)$ 是小波变换域尺度系数，$C'(i,j)$是阈值处理后的尺度系数，λ是阈值，$m$ 是可调系数，当 $m=1$ 时，即为 Donoho 软阈值函数；当 $m=\infty$时，即为 Donoho 硬阈值函数。

## 3. 结论

本文将分频振幅补偿与阈值去噪相结合的方法对地震资料进行处理有如下优势：

（1）在提高有效信号的基础上再进行去噪处理，更大程度上保留了有效信号，提高了资料的保真性。

（2）应用平稳小波变换代替正交小波变换，很好地削弱正交小波变换在信号奇异点处的振荡效应。

（3）去噪时应用了一种新的阈值代替传统的硬、软阈值，克服了硬阈值带来的不连续性和软阈值存在的能量不匹配的问题。

### 参 考 文 献

[1] Yilmaz O. Seismic Data Processing: Soc.Expl[J].Geophys.2000.

[2] 范晓志. 小波变换的信号去噪应用[J]. 武汉科技大学学报(自然科学版).2004,27(3): 286~289.

[3] 陈传仁, 等.小波谱白化方法提高地震资料的分辨率[J]. 石油地球物理勘探, 2000, 35(6): 703~709.

（17）储层地球物理

# 基于测井 AVO 响应的叠前 CRP 道集预处理方法研究

# Pretreatment method research of prestack CRP Based on the logging AVO response

俞　杰* 李生杰

Yu Jie* Li Shengjie

中国石油大学（北京）地球物理与信息工程学院　北京 102249

## 1. 引言

与传统的叠后地震反演相比，叠前反演能够提取与横波信息相关的储层信息。叠前同步反演采用多角度地震记录及其子波，结合储层岩石物理信息，建立不同角度反射系数计算模型，通过联合反演，得到纵、横波阻抗和密度等多种弹性属性。叠前反演已成为地震流体检测的重要手段之一。但地震叠前反演结果的精度受到叠前共反射点（CRP）道集质量的约束，特别是 CRP 道集中噪声水平、动静校正时差的存在将降低反演横波信息的可靠性[1]，不同偏移距反射振幅关系的改变将严重影响叠前反演阻抗的精度[2]，为此，本文提出了基于测井 AVO 响应约束的叠前 CRP 道集预处理方法，通过实例分析，研究了预处理在提高叠前反演结果可靠性和精度等方面的作用。

## 2. 实现过程

常规处理后的叠前数据因种种原因，不能满足叠前反演的需要，为了从叠前数据中提取准确的储层信息，需要对 CRP 道集进行必要的约束处理。本文提出了以测井 AVO 响应为约束的叠前 CRP 道集预处理方法。首先，用 Zoeppritz 方程对测井信息进行正演模拟，分析工区内不同井对于同一构造层位的 AVO 响应特性，从各井响应特性的连续性足以说明其可靠度。现以测井 AVO 响应特性作为依据，分析实际地震资料的噪声和动静校正剩余时差对 AVO 响应特性的影响，然后以测井 AVO 响应特性作为约束，对实际资料进行处理。

**1）地震资料预处理流程：**

①CRP 道集随机噪声压制处理；②动静校正剩余时差处理，校正后的反射同相轴调节到同一时间；③地震子波零相位化处理；④不同偏移距反射振幅约束处理。

实际地震资料中存在各种各样的噪声，其对叠前数据的质量和反演的精度都有明显的影响；而动静校正剩余时差的存在使叠前数据无法达到同相叠加，明显的降低了反演横波信息的可靠性；地震子波零相位化处理，提高了地震资料的分辨率,进而提高了地震资料标定和解释的可靠性；不同偏移距反射振幅约束处理，以测井 AVO 响应特性作为约束，调节实际地震资料的 AVO 响应特性。

**2）实例分析**

现以新疆塔中某工区的叠前数据作为实例，其原始叠前数据体噪声很强，零偏移距振幅很小，趋于零，是明显的第二类 AVO 响应特性，而测井 AVO 响应特性是第一类 AVO 响应特性。先用前面提到的地震资料预处理流程对叠前数据进行处理，使地震资料的 AVO 响应特性向测井 AVO 响应特性靠近。然后，利用声波和密度测井资料制作合成地震记录，对全叠加数据体进行层位标定，确定正确的时深关系；接着对每个角度部分叠加数据体分别提取子波，进行层位标定。由于地震数据的频带宽度有限，缺失较高频和甚低频信息。建立初始模型就是把横向连续变化的地震界面信息与高分辨率的垂直测井资料信息以及地层岩性等资料有机地结合起来，利用测井信息，根据地质层位准确标定的时深关系和精确解释的约束层位，结合地质方面对地下构造、层序的区域认识，建立地下储层的地质模型进行叠前反演[3]。

## 3. 认识与结论

通过实际资料预处理前后反演结果对比分析可以认识到地震资料预处理显著的改善了叠前反演的效果，使储层的横向连续性和垂向分辨率明显提高，本来出现断续的地方变得更加连续平滑了，而且垂向能分辨更多的薄层，处理后反演得到的阻抗数据体与测井信息匹配良好，说明了反演的可靠性明显提高。为了提高叠前反演的质量，应该继续研究提高保真度，提高信噪比，拓宽信号有效频带的地震资料处理方法。

### 参考文献

[1] Cambois G. Can P-wave AVO be quantitative?[J] The Leading Edge, 2000, 19: 1246~1251.

[2] Christopher P, et al. Seismic offset balancing[J]. Geophysics, 1994, 59(1): 93~101.

[3] 轩义华，等. 三维叠前反演技术在潘禺天然气区的应用[J]. 石油物探，2010, 49(3)：257~267.

（17）储层地球物理

# 相关约束下的无拉伸动校正

# Nonstretch NMO in the correlation constraints

曹思远* 胡言防

Cao Siyuan* Hu Yan fang

中国石油大学(北京)地球探测与信息技术重点实验室 北京 102249

## 1. 引言

浅层大偏移距下的动校正存在拉伸及无法较平问题，数据不再保真，在实际资料处理中通常选择拉伸切除的方式避免其对剖面质量的影响。切除使得大偏移距地震道振幅不能参与速度分析与叠加处理，无法准确反映浅层的振幅信息，对于压制噪音、高精度地震勘探处理以及寻找精细圈闭将会带来较大的影响。如何保留大偏移距地震信息成为人们需要解决的问题之一。

## 2. 研究方法

（1）针对浅层大炮检距下动校正方程无法将反射波旅行时曲线拉平的问题，我们利用互相关分析对时距方程对应的曲线引入校正项。即通过沿 $t_0$ 时刻非双曲时距方程对应的曲线求取一定窗范围内远炮检距与零炮检距的最大相关值所在位置，将理论下的非双曲时距方程对应曲线校正到最相关的位置，得到对应 $t_0$ 时刻远炮检距的真实曲线形态。

（2）一个实际的地震波场可从旅行时和振幅两方面描述。旅行时不受噪音的影响，地震振幅更容易受到噪音的影响。根据相邻道接收到的同一地层的反射波具有较好的相关性，对校正后的时距方程曲线，引入时窗，沿地震道计算非零炮检距窗内数据和零炮检距窗内数据的相关系数。针对相关系数大小设定门槛值 $m$，统计大于 $m$ 的相关系数个数 $n$，同时引入一个新的约束项 $k$，将 $k$ 和 $n$ 进行比较，若 $n>k$，认为校正后的曲线在选定的时窗内存在有效信号，此时我们对校正后的曲线引入新的窗口，寻找出窗口内最大值，以最大值所在点为中心将 $t_0$ 时刻对应的远炮检距的旅行时曲线平移至零炮检距位置，实现有效信号的无拉伸动校正。若 $n<k$，认为校正后的曲线在选定的时窗内无同相轴存在，则不做任何处理，直接跳到下一个 $t_0$ 重新根据上诉原则进行判断和处理。由于该方法可以识别出在 $t_0$ 时刻对应的时距曲线上是否存在有效信号，处理中，我们只平移存在有效信号的曲线，将在整体上提高剖面的信噪比。

## 3. 模型资料

我们选用的是一个有四个反射界面的理论模型，速度沿纵向连续变化。层位对应埋深为 1000m、2200m、3500m、5000m，对应的反射系数为：0.8、0.6、0.2、0.4，自由界面速度为 5000m/s，速度梯度 2，道间距取值为 100m，最大炮检距为 6400m。试验中我们基于射线追踪理论生成合成地震记录，对得到的地震数据加入噪音，验证存在噪音时相关约束无拉伸动校正的适用性和灵活性并比较不同信噪比下该方法的处理精度。

## 4. 结果分析

（1）常规动校正方法得到的动校正结果，在浅层远炮检距位置拉伸特别明显，数据不再保真，无法用来做叠加处理或叠前 AVO 分析等。

（2）根据双曲时距方程求取 t0 时刻不同炮检距对应的拉伸率，对常规动校正结果，将拉伸率大于 1.5 的做切除处理。远偏移距的数据被直接切除，不利于压制噪音及高精度地震勘探处理。

（3）利用相关性分析对时距方程曲线做校正，通过约束项判断有效信号是否存在，准确确定了反射同相轴的位置及形态。在此基础上得到的相关约束无拉伸动校正结果很好的拉平并保留了远炮检距信息。

（4）比较含有不同信噪比时的相关约束无拉伸动校正结果，反射同相轴都能被很好的识别，并且被校正到零偏移距处，基本没有引起拉伸等畸变，而且，相关约束无拉伸动校正会较好的压制噪音，提高了信噪比。

### 参 考 文 献

[1] Rupert G B, et al. The block move sum normal moveout correction[J]. Geophysics, 1975, 40(1): 17~24.

[2] Shatilo A, et al. Constant normal-moveout(CNMO)correction:A technique and test results[J]. Geophysics, 1992, 57(5): 749~751.

[3] Tan Chen-Qing, et al. Shifted first arrival point travel time NMO inversion [J]. Applied Geophysics, 2011, 8(3): 217~224.

（17）储层地球物理

# 基于叠前偏移距体的地震资料解释

# Seismic data interpretation based on prestack offset cube

高亚力*　陈文超　高静怀

Gao Yali*　Chen Wenchao　Gao Jinghuai

1. 西安交通大学波动与信息研究所　西安 710049; 2. 海洋石油勘探国家工程实验室　西安 710049

## 1. 引言

地震资料解释是地震数据处理的重要环节，它是将地震资料转化成我们对勘探区地下地质情况的认识，并让我们从中找到与油气有关的信息。现有的一些解释方法中，应用较为普遍的是 AVO[1]分析法和梯度/截距分析法[2]，但因其不够直观方便，受偏移距范围影响较大，同时部分叠加也模糊了振幅信息，掩盖了道集中某些岩性和流体特征，故不能精确区分烃类和非烃类异常。本文实现的基于叠前偏移距体的地震资料解释方法突破了 3D 观测的限制，使道集的 3D 观测和分析成为可能，同时它还能够显示全道集，方便我们在其真实的空间位置对全道集进行解释。直接对叠前地震资料进行分析解释，还让我们从中获取更为丰富的地下地质、岩性和油气信息，方便我们更为精确直观地找到烃类异常区。

## 2. 基于叠前偏移距体的地震资料解释方法

叠前偏移距体[3]最早是 Larry 在 2010 年 SEG 年会上提出来的，它是一种用于解释分析叠前地震数据的新方法，该方法包含三个处理步骤：①首先确定一个叠前资料的目的层，然后对目的层做同相轴跟踪，拾取追踪线上每个 CDP 道集的 AVO (Amplitude Versus Offset) 曲线。②将得到的每条 AVO 曲线顺时针旋转 90°，此时竖直方向是每个 CDP 道集的偏移距，水平方向是偏移距对应的振幅信息。该方法最早是 John Kerr 于 2008 年提出的，他只是简单地将每个叠前振幅旋转到水平方向，而纵坐标可以是时间、偏移距、深度或偏移角度等信息。该方法将叠前数据转移到了物理空间中，方便我们在适当的空间位置对叠前振幅进行观测和分析。③将旋转后多个道集的叠前振幅按顺序排列在一起，挂在一个目的储藏层位上，由此得到的三维图便是“叠前偏移距体”。其中，横坐标表示 CDP 道号，纵坐标表示偏移距，不同的颜色显示不同的振幅信息。

在叠前偏移距体中存在着一些振幅异常，通常被称为“亮点”，这些“亮点”处的振幅值与周沿相比要大得多，相应地，也有较大的反射率强度，它们能够指示烃类异常。至于油气的区分，除了寻找亮点外，还要看亮点所在的偏移距位置，存在于远偏移距位置的是油类异常，而存在于整个偏移距范围内的则是气异常。叠前偏移距体除了能显示烃类异常外，还能指示由多次波、噪声等造成的非烃类异常，这些区域通常杂乱无章，不规律，亮点也不够明显。

除了显示振幅信息外，叠前偏移距体还能用于分析其他的叠前属性，如相位、频率、相关性等，这些地震属性同振幅一样，也能被旋转到竖直方向，构成含有不同属性信息的叠前偏移距体。如显示近偏移距到远偏移距的倾角和频率信息，0° 到 180° 方位角的相关性、相位和预测振幅信息，近偏移角到远偏移角的振幅、拾取偏移距和剩余振幅信息等。

## 3. 结论

通过数据的反转，叠前偏移距体概念的提出，我们从另一个视角更为直观地观测到了地震数据。叠前偏移距体作为一个标准的解释系统，不受 3D 的限制，能够完全显示全道集，并能让我们在其真实的空间位置对全道集进行解释，方便我们更为直观地区别辨认岩性、流体以及其他非烃类异常，从而提高了地震资料中烃类信息的可辨识度，降低了基井定位的风险。

本研究得到国家自然科学基金项目(编号: 40730424，40674064)国家科技重大专项(2011ZX05023-005-009)联合资助。

### 参 考 文 献

[1] 王栋. AVO 分析与流体识别[D]. 成都：成都理工大学, 2009.
[2] 杨立伟. AVO 属性分析[D]. 大庆：大庆石油学院, 2008.
[3] Larry Fink. Turning the world of prestack interpretation sideways[C]//2010 SEG Annual Meeting, 2010.

（17）储层地球物理

# 基于扩散方程的构造滤波方法

## Structure-oriented Filtering Based on Diffusion Equation

陈 雷 张广智 陈怀震 李 宁

Chen Lei Zhang Guangzhi Chen Huaizhen LiNing

中国石油大学（华东）地球科学与技术学院 青岛 266580

### 1. 引言

地震数据在采集过程中不可避免的会受到各种因素的影响，从而导致地震资料的信噪比降低，通过叠加可以压制一部分随机噪声，但是叠加并不能去除所有的干扰噪声。对于地下构造比较复杂的地区，比如裂缝发育区，往往得到的地震资料品质就比较差，叠后的地震资料依然存在着很强的噪音。常规的去噪方法在滤除噪音的同时对有效信号的损害较大，模糊甚至是破坏了原有的构造特征，而基于扩散方程的构造滤波方法则很好的解决了这一问题。

### 2. 方法原理

Hoecker 和 Fehmers（2002）首先将基于扩散方程的各向异性扩散平滑算法应用到地震资料去噪中[1]。在这里，“各向异性”表示平滑只沿着反射界面进行，而在垂直反射界面的方向上不作平滑，“扩散”表示这种滤波器是迭代进行的。这种算法最主要的特点是，在有不连续的地方不做任何平滑，因而它能够保留主要的断层和构造边缘[2]。

当介质中存在某种杂质，并且浓度分布不均匀，杂质将从浓度高的区域向浓度低的区域扩散，空间分布的不均匀性用梯度来刻画。于是可以将杂质在宏观上的定向迁移，看成是由梯度产生的作用力所推动的。同样的，如果把地震数据中的噪音看成是杂质，那么振幅梯度也会引起一个由高向低的流动。连续情况下的扩散方程为：

$$\frac{\partial u}{\partial \tau} = \nabla(D\nabla u) \tag{1}$$

其中，$\nabla u$ 表示地震振幅 $u$ 的梯度，$D$ 代表扩散张量，一个对称的并且是正定的张量。扩散张量 $D$ 控制着扩散作用，只有当 $D$ 是一个张量且 $D=D(u)$，扩散方程为非线性各向异性扩散方程，扩散张量使扩散作用沿着反射同相轴的方向进行，在边界处得到抑制。为了更好的保持图像的边缘特征，在（1）式中加入连续因子，它的离散形式为：

$$u_{n+1} = u_n + \Delta\tau\nabla(\varepsilon_n D_n \nabla u_n) \tag{2}$$

其中，$\varepsilon = \dfrac{Tr(S_\sigma S_\rho)}{Tr(S_\sigma)Tr(S_\rho)}$ 表示连续性指示因子，$0 \le \varepsilon \le 1$，较小的 $\varepsilon$ 值指示断层。

基于扩散方程的滤波方法最早主要用于图像处理领域，将它应用到地震资料去噪中，还需要进行适当的修改。首先通过梯度结构张量估计反射方位（倾角和倾向方位角），然后用梯度结构张量估计主要的不连续面，判断在分析窗口中是否有不连续面，如果有就不作平滑，没有就沿倾角和方位角平滑，然后选择是否重复这一过程，一般通过 1～5 次迭代就可以有效去除地震数据中的随机噪声和相干噪声。

### 3. 结论

基于扩散方程的构造滤波将滤波过程与边缘检测过程结合，在滤波的同时注意保持了图像的边缘特征。由于扩散滤波方法需要事先估计反射倾角方位角和边缘，因而这种滤波方法具有方向性、边界保持和断层增强的特点。

参 考 文 献

[1] Hoecker C, G Fehmers. Fast structural interpretation with structure-oriented filtering[J]. The Leading Edge, 2002, 21(2): 238~243.

[2] Chopra S, K J Marfurt. Coherence and curvature attributes on preconditioned seismic data[J]. The Leading Edge, 2011, 30(4): 386~393.

（17）储层地球物理

# 固体波导层结构与导波频散特征关系研究

# Research on relationship between solid waveguided structer and dispersion character of guidedwaves

杨小慧[1] 曹思远[1*] 李德春[2]

Yang Xiaohui* Cao Siyuan Li Dechun

1. 中国石油大学（北京）信息学院 北京 102249; 2. 中国矿业大学资源与地球科学学院 徐州 221116

**1. 导波研究意义**

在地下地层结构中，通常存在这样一系列特殊的地层，其纵波速度、介质密度与围岩相比相对较低，因此其与围岩的分界面是一个较强的反射界面。如果这时有一个震源在该低速层中激发地震波，那么振动能量就在其与围岩边界处产生来回多次全反射，使振动的相当一部分能量被禁锢在低速层内，并且产生相长干涉，形成一类特殊的沿低速层传播的干涉波，因此，在低速层中取得较大的能量。我们称这样的低速层为波导层，沿着波导层传播的波叫做导波。导波最大的特征是频散，其频散关系与波导层的速度结构、岩层厚度密切相关。常见的波导层有煤层、含油(气)储层、断层断裂带、承压含水层、俯冲板块等等，开展导波的研究具有一定的实际意义。

煤炭资源、石油资源是人类赖以生存和发展的物质基础，而合理规划资源的开采以及储量估算显得尤为重要。因此，需要探明煤、油储层的连续性、渗透率以及其他等信息。常规地震技术如地面地震勘探、井间层析以及 VSP 等有时不能成功的确定储层的连续性。而利用波导层接收的导波的频散特性可以实现波导层连续性以及波导层结构、岩石物性参数的反演。

**2. 研究方法**

(1) 导波频散方程的推导。首先假定波导层及其围岩中传播的地震波所满足弹性波动方程的位移势函数，结合地震波在不同介质分解面上满足的应力连续、位移连续的边界条件，推导波导层中导波的频散方程。该频散方程中只有两个未知数：相速度和频率。因此，频散方程代表了相速度随频率的变化规律。

(2) 地层模型的导波频散特性。在此建立五组地层模型，第一组模型：仅改变波导层的厚度，导波及其围岩的其他参数保持不变，第二组模型~第五组模型分别依次改变波导层的横波速度、波导层密度、围岩的横波速度、围岩密度等弹性参数。将这五组不同地层模型参数分别代入求解的频散方程，即可计算五组地层参数对应的频散曲线。五种地层参数的变化对导波频散特性的影响，表明，波导层的结构以及弹性参数(厚度以及横波速度)对导波的频散特性密切相关。

**3. 资料**

通过有限差分方法分别模拟五组地层模型的导波记录。利用频散分析(多次滤波 MUFI)技术对正演的导波记录进行频散特性提取，即提取导波频散曲线。通过各组模型的导波记录频散分析结果的比较分析，发现，第一组地层模型和第二组地层模型内各模型的波导频散特性发生明显变化，其他地层模型组内导波的频散特性变化相对不明显，因此，导波频散特性对波导层厚度变化、波导层横波速度变化较敏感。

**4. 结论**

分别通过数值计算和理论模拟技术探讨了导波频散特性对波导层及其围岩参数的敏感程度，分析结果表明导波的频散特性与波导层结构和弹性参数密切相关，而与围岩的性质及结构关系较小。波导层越薄，导波的埃里相频率(埃里相：导波记录中能量强的部分)逐渐升高；波导层的横波速度越高，埃里相频率也越高。换言之，我们可以依据导波的频率变化反演波导层的厚度、横波速度所发生的变化。更为显著的是，当波导层发生错断，导波能量发生明显减弱甚至消失。因此，利用沿着波导层传播的导波可以实现波导层的连续性以及弹性变化的探测。

## 参 考 文 献

[1] 刘天放，等．槽波地震勘探[M]．徐州：中国矿业大学出版社, 1994: 44~53.
[2] 谢海兵，等．井间地震波导波速特征研究[J]． 石油物探, 1998, 37(2): 8~13.
[3] Yong-gang L I. Characterization of rupture zones at Landers and Hector mine,California in 4-D by fault-zone guided wavesl[J]. Earth Science Frontiers, 2003, 10(4): 479~505.

（17）储层地球物理

# 排水状态下挤喷机制对 Biot 理论的修正

# Modification of Biot theory due to the squirt mechanism under drainage condition

宋永佳　胡恒山*

Song Yongjia　Hu Hengshan

哈尔滨工业大学航天科学与力学系　哈尔滨 150001

## 1. 引言

弹性波衰减机制方面的研究是地球物理波动领域里很重要的内容，弄清楚弹性波的衰减机制对于深入理解弹性波在储层介质中传播时的特点有重要意义。Biot 理论是流体饱和孔隙介质弹性波动理论，由于 Biot 理论只考虑了流体平均意义上的流动导致的粘滞摩擦衰减，其理论预测的弹性波频散和衰减要小于实际测量的值。唐晓明 2011 年引入了岩石物理中两个重要的参数，即裂隙密度和纵横比，考察了由于裂隙与孔隙可压缩性不同而导致的流体局部挤喷流，在有挤喷机制的条件下修正了 Biot 理论中的封闭体积模量和剪切模量，提出了封闭状态下挤喷机制对 Biot 理论的修正模型，即唐模型。相比于 Biot 理论，唐晓明的模型能够更好的解释实际地层中弹性波的频散和衰减。而本文着重研究在排水状态下裂隙导致的挤喷对 Biot 理论中排水体积模量和弹性波衰减的影响，裂隙的存在不仅会产生附加柔度，进而降低孔隙的体积模量，还会在排水条件下产生挤喷，进而导致弹性波的频散和衰减。

## 2. 排水状态下的体积模量

如果孔隙介质中存在与孔隙连通的微裂隙，由于裂隙较形状近似球形的孔隙更易被压缩，因此裂隙会降低孔隙介质的体积模量。裂隙在受挤压的时候会将流体挤入与之连通的孔隙中，由此产生了挤喷流。与封闭状态下挤喷机制会导致封闭体积模量频散类似，在波动效应排水状态下同样会有挤喷机制，经过一些列推导得到排水体积模量 $K_d$ 频域上的表达式：

$$K_d(\omega)=[S(\omega)+1/K_s+\varphi_p/K_p]^{-1}$$

其中，$\omega$ 为角频率，$K_s$ 为固体基质的体积模量，$\varphi_p$ 为孔隙度，$K_p$ 为孔隙的体积模量，$S(\omega)$ 可以理解为是裂隙对孔隙的附加柔度，也是挤喷流的来源，但其表达式不同于唐晓明在封闭状态下推导出的 Biot 模量的附加柔度。另外，干燥条件下不会有挤喷现象，这是因为裂隙和孔隙中都没有流体；但裂隙的存在仍然会对孔隙产生附加柔度。

## 3. 认识和结论

①在排水状态下导出的挤喷机制对 Biot 理论的修正模型中，由于孔隙体积模量附加柔度的存在，排水体积模量是频散的。裂隙既体现了对孔隙介质排水状态下柔度的贡献，又通过挤喷机制体现了对弹性波频散和衰减的贡献。②高围压时的排水体积模量等于高频极限时的排水体积模量。这是因为在高围压时裂隙充分闭合，而在高频极限时裂隙中的流体来不及挤喷，这两种情况都使得柔度因子 $S(\omega)=0$。③通过对唐晓明在封闭状态下导出的修正模型和本文在排水状态下导出的修正模型的比较发现：排水状态下导出的修正模型预测的快纵波和横波的频散和衰减高于封闭状态下导出的修正模型中快纵波和横波的频散和衰减，这是因为在排水状态下，裂隙中流体向孔隙挤喷时受到的阻碍低于封闭状态下流体挤喷时所受到的阻碍。④本文提出的排水修正模型预测的慢纵波在低频极限时具有有限的衰减，且速度趋近于 0；频率升高时渐渐变为传统意义上的波，波的传播速度小于流体中的波速，慢纵波的这些特点与 Biot 理论相似。

本研究由国家自然科学基金（项目编号：41174110）资助。

### 参 考 文 献

[1] M A Biot. Theory of Propagation of Elastic Waves in a Fluid-Saturated Porous Solid. I. Low-Frequency Range[J]. J. Acoust. Soc. Am, 1956, 28(2): 168~178.

[2] 唐晓明. 含孔隙、裂隙介质弹性波动的统一理论：Biot 理论的推广[J]. 中国科学：地球科学, 2011, 41(6): 784~795.

[3] 陈颙. 地壳岩石的力学性能：理论基础与实验方法[M]. 北京：地震出版社, 1988, 140~147.

（17）储层地球物理

# 基于点照明的地震成像分辨率定量分析

# Spatial resolution analysis of seismic imaging based on point illumination

刘志鹏* 赵 伟 朱振宇

Liu Zhipeng Zhao Wei Zhu Zhenyu

中海油研究总院 北京 100027

**1. 引言**

地震照明分析是一种可以把野外观测、数据处理以及地震解释贯穿起来的有效工具。常规地震照明信息与成像结果有较好的一致性，因此可利用照明能量强度和均匀性对成像空间分辨率进行定性评价。本文研究基于波动方程的点照明分析方法，可对不同位置成像空间分辨率进行定量分析，用以指导观测系统设计和提高成像质量。

**2. 方法原理**

根据惠更斯原理，如果将地下介质中任一点作为震源激发地震波，在地表设计观测系统接收，然后再将接收的地震波向震源点反传播。其在震源点的像将不能完全聚焦成一个点，而是成为一个能量团。其主要原因包括：①震源子波有限带宽；②地面观测系统记录孔径的有限性及不规则性；③用于计算成像时间和振幅的模型假设误差；④为提高计算效率，忽略波动方程传播过程中高阶项；⑤地下介质的吸收衰减、各向异性、转换波等影响。这个能量团可认为是针对地下特定位置的点照明分析，通过分析能量团的聚焦性，即可实现当前观测系统下该点成像分辨率的定量评价。

**1）正演模拟**

现行地震勘探更多的是利用纵波，因此正演模拟应用声波方程，其表达式为：

$$\frac{1}{\rho(x,z)c^2(x,z)}\frac{\partial^2 P}{\partial t^2}=\nabla\cdot\left(\frac{1}{\rho(x,z)}\nabla P\right) \tag{1}$$

式中 $P$ 是压力，$\rho$ 和 $c$ 是介质的密度和速度。采用基于非规则网格离散方法，结合速度相关的三角形网格自动剖分技术，可得积分平衡弱形式替代差分方程：

$$Q(\frac{\partial^2 P}{\partial t^2})_k=\sum_{l=1}^{m}\frac{1}{(\rho)_l}(D_x P)_l(b_k)_l-\sum_{l=1}^{m}\frac{1}{(\rho)_l}(D_z P)_l(a_k)_l \tag{2}$$

式中下标 $l$ 是对应节点 $k$ 的第 $l$ 个三角形，$a_k$ 和 $b_k$ 是三角形边长在坐标轴上投影的二分之一，$D_x$ 和 $D_z$ 是三角形差分算子。用中心差分格式求解：

$$(p)_k^{t+\Delta t}=2(p)_k^t-(p)_k^{t-\Delta t}+\Delta t^2(\partial^2 p/\partial t^2)_k^t \tag{3}$$

声压场就从 $t-\Delta t$ 时刻和 $t$ 时刻更新到了 $t$ 时刻和 $t+\Delta t$ 时刻。该方法即可精细刻画复杂介质界面，又和差分法计算量相当。

**2）点照明分析**

根据以上正演模拟过程，以分析点为震源激发地震波，地震波向上传播被地表观测系统接收后，再向下反传，记录该分析点的反传波场，即为点照明分析结果。点照明分析同时考虑了上覆地质构造和观测系统的影响，反映了该点的实际成像效果。因此，利用点照明分析可对成像空间分辨率及其影响因素进行定量分析。

**3. 结论与建议**

地震照明分析是认识和研究地震数据采集时地震波在地下地质结构中传播的有效手段，通过对靶区地质目标模型进行有效的点照明分析，可定量分析地下界面不同观测系统下的成像空间分辨率及其影响因素，对更有针对性进行面向目标的采集和成像具有指导意义。

**参 考 文 献**

[1] 张剑锋. 弹性波数值模拟的非规则网格差分法[J]. 地球物理学报, 1998, 41(增刊): 357~366.

[2] 徐义，等. 地震波数值模拟的非规则网格 PML 吸收边界[J]. 地球物理学报, 2008, 51(5): 1520~1526.

[3] Richard L, et al. Quantitative measures of image resolution for seismic survey design[J]. Geophysics, 2002, 67(6): 1844~1852.

（17）储层地球物理

# 含定向裂隙孔隙介质地震波传播特征

# Seismic wave propagation characteristics with Directional fractured porous media

杜 伟 邓继新

Du Wei Deng Jixin

1. 成都理工大学 地球探测教育部重点实验室 油气藏地质及开发工程国家重点实验室 成都 610059

随着油气勘探程度的提高,裂缝型油气藏已经成为重要的油气勘探新领域。利用周期性层状孔隙介质模型，将介质中厚度较薄的一层替换为具有高孔隙度的柔性层以表示含周期性定向排列裂隙的孔隙介质，并结合线性滑动裂隙模型[1]给出高、低频各向异性等效模量计算模型，并对含裂隙孔隙介质中纵波衰减和速度频散特征进行了研究。

## 1. 含定向裂隙孔隙介质简化模型

影响储层质量的裂隙为具有一定延展和张开度的中尺度裂隙，可使用不同纵横比的币形裂隙或满足线形滑动边界条件的无限薄的高柔度“弱面”作为特定介质中所存在的裂隙的理想模型[2]，将含定向裂隙的孔隙介质等效为由孔隙介质层（背景介质）与高孔隙度软薄层所构成的周期性层状孔隙介质。

## 2. 周期层状孔隙介质的衰减与频散特征

### 1）等效模量表示

定义复纵波模量$H(\omega)=-P_e/\varepsilon$,其中作用于等效体元上的外加应力$P_e=-\tau_0\exp(i\omega t)$,可令等效体元的总长度为 $L$,则复纵波模量可表示为：

$$H(\omega)=H_e\left[1+\frac{H_e(\gamma_1-\gamma_2)^2}{i\omega L\left(\frac{\eta_1}{\kappa_1\lambda_1}cth\lambda_1 a+\frac{\eta_2}{\kappa_2\lambda_2}cth\lambda_2 b\right)}\right]^{-1},H_e=\left[\frac{a}{LK_{sat1}}+\frac{b}{LK_{sat2}}\right]^{-1}$$

式中，$K_{sat2}$、$c_{m2}$分别代表 B 层流体饱和孔隙介质在单轴应变条件下的非排水体积模量与 Geertsma 系数, $a$，$b$ 为模型单元边界。

### 2）刚度系数频散关系表示

对于本文中的周期性层状介质，介质不同方向的高、低频等效弹性模量之间具有相同的频率相关性，可用相同的频率相关因子联系。流体饱和条件下介质频率相关刚度系数可表示为：

$$C_{ij}^{sat}(\omega)=C_{ij}^{sat-high}+\left(C_{ij}^{sat-high}-C_{ij}^{sat-low}\right)f(\omega),(i,j=1,3)$$ $f(\omega)$为频率相关因子。

## 3．地震波传播特征分析

利用 4 个独立的弹性常数可将频率相关的准纵波（$V_{q-P}$）表示为：

$$V_{q-P}(\theta)=(2\rho)^{1/2}\{c_{11}^{sat}\sin^2\theta+c_{33}^{sat}\cos^2\theta+c_{55}^{sat}+\sqrt{[(c_{11}^{sat}-c_{55}^{sat})\sin^2\theta+(c_{55}^{sat}-c_{33}^{sat})\cos^2\theta]^2+(c_{13}^{sat}+c_{55}^{sat})^2\sin^2 2\theta}\}^{1/2}$$

则沿不同方向入射纵波相速度和衰减系数（1/Q）可分别表示为：

$$V_P(\theta)=\left[\mathrm{Re}\left(1/V_{q-P}(\theta)\right)\right]^{-1}\quad,\quad\frac{1}{Q}=2\,\mathrm{Re}(V_{q-P}(\theta))/\mathrm{Im}(V_{q-P}(\theta))$$ Re 表示实部，Im 表示虚部

## 4．结论

（1）对于沿不同方向传播的纵波均在地震频段介质表现出最强的速度频散和衰减峰值，衰减峰值所对应的频率不随纵波传播方向的变化而变化。沿 Z 轴方向传播的纵波表现出最强的速度频散和衰减，随传播方向的增大衰减及速度频散均降低，平行层面方向传播的纵波仅表现出很小的速度频散及衰减。

（2）在不同频率条件下平行层面传播的纵波速度最大，而衰减系数最小。在低频条件下纵波速度随传播角度的增大而增加，衰减系数随传播角度的增加而逐渐减小；角度相同的情况下，最大衰减系数所对应的频率是不变的，该频率下衰减系数随传播角度的变化也表现的最为明显。

（17）储层地球物理

# 薄互层地震反射特征正演模拟

# Forward modeling of seismic reflection characteristics of thin interbed

谢 祥* 魏建新 狄帮让

Xie Xiang* Wei Jianxin Di Bangrang

中国石油大学（北京）CNPC 物探重点实验室 北京 102249

随着油气勘探、开发的程度不断提高以及勘探技术的不断进步，薄互层油气藏已经逐渐成为我国大多数油田的主要勘探目标。但是由于厚度薄，顶底界面反射时差小，使得各个反射波相互干涉，难以直接从地震剖面上识别。国内外地球物理学家对薄互层地震反射特征进行了广泛研究，然而大都只是针对单层厚度或累计厚度进行了探讨，没有将二者结合起来进行对比分析。因此本文设计了两组砂泥岩薄互层模型，通过改变薄互层的单层厚度和累计厚度，正演模拟得到相应的地震剖面，分析两种不同薄层厚度情况下的地震响应特征和地震属性。

根据实际地层参数，设计了一个砂泥岩薄互层数值模型。模型尺寸为 5200m×2000m，分为上下两部分，上部是一层厚度为 800m 的围岩，下部是一层泥岩，二者之间的界面作为用于对比的标准界面。泥岩中深度为 1200m 处有一套砂泥岩薄互层，保持砂体累计厚度为 60m 不变，模型在横向上分为 4 个部分，从左到右单层砂体厚度依次为 30m，20m，15m，10m，其中 20m 刚好是 λ/4。为保证各部分满覆盖区长度相同，左右两段各长 1600m，中间两段各长 1000m。

采用声波方程有限差分法进行数值模拟，然后对模拟数据进行常规处理。在偏移剖面上，模型中 4 套薄互层都有相应的部分与之对应。当砂体单层厚度为 30m，20m 时都能够比较清晰的分辨出来；15m 的部分时也能够分辨出各个砂体，但内部反射较弱；而单层厚度为 10m 时则只有薄互层的顶底界面处存在反射，内部没有反射。这是因为砂体厚度小，使得相邻界面反射时差小，且反射系数互为相反数，因此反射就抵消了。

此外，还对薄互层进行了地震属性分析。提取出目的层的均方根振幅和平均瞬时频率，并分别绘制出二者随单层厚度的变化曲线。由曲线可以得出，随着单层厚度的减小，反射振幅先增大，在单层厚度为 20m（即 λ/4）处达到最大值，然后随厚度的减小而减小。由此可见，当单层厚度为 λ/4 时存在调谐效应；当单层厚度小于 λ/4 时，反射振幅与单层厚度成正相关关系。而瞬时频率随着单层厚度的减小首先减小，在厚度为 20m 处（即 λ/4）达到最小值，然后逐渐而增大。因此，当薄互层单层厚度小于 λ/4 时，平均瞬时频率与单层厚度负相关。

考虑到实际地层中薄互层的横向连续性一般较差，因此又设计了一个薄互层模型，以研究累计厚度与地震响应特征之间的关系。模型中保持单砂层厚度为 6m 不变，在横向上也分为 4 个部分，从左到右单砂体层数依次为 4、3、2、1，即砂体累计厚度分别为 24m（大于 λ/4）、18m（小于 λ/4）、12m、6m。模型尺寸和各层参数与模型 1 相同。

用与上面相同的参数进行数值模拟得到地震数据，然后进行常规处理。 由于受到地震纵向分辨率的限制，只有累计厚度为 24m（大于 λ/4）的部分能够分辨出两层，而其他各个部分都只能分辨出一层。同样地，对模型 2 进行属性分析，在均方根振幅随累计厚度的变化曲线中可以看出，累计厚度为 24m 时的振幅与厚度为 18m 时基本相同，即在单层厚度不变的情况下，当累积厚度大于 λ/4 时，振幅基本不变。这是因为当薄层数较多时，薄层内部相邻界面处的反射相互抵消，只剩下顶底界面的反射，因此反射振幅与累积厚度无关。当薄互层累计厚度小于 λ/4 时，均方根振幅随累积厚度的减小而增大，即振幅与累计厚度之间成负相关关系。同样绘制出瞬时频率与累计厚度之间的关系曲线，可以看到，随着累计厚度的减小，频率先减小后增大，而在累计厚度小于 λ/4 的范围内，频率随累计厚度的减小而增大，即平均瞬时频率与累计厚度成负相关关系。

综上所述，可以通过振幅和频率的变化特征对薄互层厚度进行定性的预测和分析。

## 参 考 文 献

[1] 赵晨光. 薄互层地震反射波的特征分析[J]. 石油地球物理勘探, 1986, 21(1):32~46.
[2] 李国发, 等. 基于模型的薄互层地震属性分析及其应用[J]. 石油物探, 2011, 50(2):144~149.
[3] 杜劲松, 等. 薄互层正演模拟分析及其应用[J]. 断块油气田, 2004, 11(6):4~7.

（17）储层地球物理

# 可控震源高效率采集正演模拟研究

# Forward modeling research for vibratory source with high efficiency

李会俭* 王润秋 曹思远

Li Huijian* Wang Runqiu Cao Siyuan

中国石油大学（北京）CNPC 物探重点实验室 北京 102249

## 1. 前言

可控震源技术是地震勘探领域的一种重要勘探技术。与爆炸震源相比，可控震源具有频率可控、施工成本低、安全环保、施工灵活、效率高等优点。近年来，随着对可控震源技术的研究和发展，其应用越来越广泛。在实际地震勘探中，单震源成本低，信噪比无法满足要求；相控震源信噪比高，并可以产生任意方向的定向地震波，但应用时存在成本高、控制复杂、一致性差等问题。

地震正演模拟可以通过对先验的目标地质模型进行有效的地震照明分析，可以清楚地识别地震波能量分布特征，指导观测系统设计及提高成像质量。目前已经有不少学者在进行二维可控震源正演模拟，但三维正演模拟由于计算量大，条件复杂等方面原因，实施难度较大。

本次研究利用三维任意差分精细积分算法对库车复杂地质模型进行了可控震源正演模拟，得到了复杂构造区块的可控震源正演模拟资料。

## 2. 方法原理

本文利用三维任意差分精细积分的方法对地质模型进行了可控震源的高效率采集正演模拟，该方法比传统的有限差分算法计算精度高，稳定性好，能够很好的满足地下复杂地质模型。无论是断层还是穹隆都能得到较好的显示。利用 MPI 并行算法，可以大大提升三维正演模拟的效率。其递推公式为：

$$\begin{cases} u_{j,n+1} = 2u_{j.n}\cos(a\Delta t) - u_{j.n-1} + 2(\frac{b_n}{a^2} - \frac{2d_n}{a^4})[1-\cos(a\Delta t)] + \frac{2d_n}{a^2}(\Delta t)^2 \\ u_{j,1} = u_{j.0}\cos(a\Delta t) + (\frac{b_0}{a^2} - \frac{2d_0}{a^4})[1-\cos(a\Delta t)] + \frac{d_0}{a^2}(\Delta t)^2 \\ u_{j,0} = 0 \end{cases} \tag{1}$$

其中，$a^2 = \sum_{i=1}^{3m}\alpha_i, b^2 = \sum_{i=1}^{3m}\alpha_i u_{i,n}, d_n = \frac{1}{2}\sum_{i=1}^{3m}\alpha_i \ddot{u}_{i,n}$

本文采用一次 4 炮激发的方式，每一炮间隔 1s。0s 时刻，位于(151,101,0)的震源激发可控震源信号，子波相位为 0°；1s 时，位于(151,151,0)的震源激发地震信号，地震子波相位为 90°；2s 时，位于(151,201,0)的震源激发地震信号，地震子波相位为 180°；3s 时，位于(151,251,0)的震源激发地震信号，地震子波相位为 270°。这样激发的好处是，当对正演模拟记录与地震子波进行互相关时，采用不同相位的子波能够比较容易区分各炮的地震记录。

## 3. 结论

通过对库车地区复杂地质模型的高效率可控震源三维任意差分精细积分正演模拟得到以下结论和认识：

（1）与传统单震源激发或者滑动扫描方法相比，高效率采集可以大大提高地质模型的数值模拟效率，对多源激发数据采集及处理等问题具有重要的意义。

（2）通过对可控震源子波相位的控制，能够使重叠的多个震源分开，使模拟地震记录更加利于地震资料的处理，降低了炮集分离的难度。

（3）得到的模拟地震记录经过处理成像后能够很好的反应地质构造，精度较高。

本文实现了可控震源的三维正演模拟，为这一领域提供了参考资料。

## 参 考 文 献

[1] Wang Runqin, et al. Forward Modeling Research For Seismic Exploration of Tarim Area[J]. Chinese Journal of Geophysics, 2011, 54(1): 240~246.

[2] 凌云, 等. 可控震源在地震勘探中的应用前景与问题分析[J]. 石油物探，2008, 47(5): 425~438.

（17）储层地球物理

# 碳酸盐岩等效弹性参数模型建立

# Model Establishment for Effective Elastic Parameters of Carbonates.

杨成果*　李生杰

Yang Chengguo　Li Shengjie

油气资源与探测国家重点实验室　中国石油大学（北京）　北京 102200

## 1. 引言

碳酸盐岩通常由几种矿物组分构成其岩石基质，岩石中存在不同大小、形状、连通或非连通的孔隙或裂缝，孔隙中往往充填着不同性质的物质（如流体或碎屑物），构成一种非均质性很强的复合介质。现有非均质介质等效理论模型很难直接应用于碳酸盐岩地层弹性参数计算，Xu 与 White（1995 年）提出了可应用于泥质砂岩横波速度的计算模型[1]，但该模型不能处理岩石各向异性效应。Hornby 等人（1994 年）提出了可用于模拟泥岩地层各向异性特征的等效介质模型[2]，但该模型反映了高频条件下泥岩地层的各向异性特征。

本文根据碳酸盐岩矿物组分特征、孔隙结构类型及其对岩石弹性性质的作用，研究了各向异性复合介质弹性参数模型的建立方法。

## 2. 方法原理

根据碳酸盐岩孔隙结构特征，结合各向异性介质等效理论方法，本文提出了建立碳酸盐岩弹性参数计算模型的实现方法。具体如下：

（1）首先根据碳酸盐岩孔渗测试数据，将岩石分为基质与孔隙两个部分，孔隙部分可应用孔隙度-渗透率交会图，进一步确定裂缝与孔洞孔隙比例；

（2）建立碳酸盐岩弹性参数的模型框架，即采用各向异性介质自相容近似方程，确定模型框架中基质与孔隙空间的分布，基质部分由各类矿物组分构成，保持矿物组分在基质中是连续分布的；

（3）根据实验测定的孔隙度-渗透率结果，确定各类孔隙大小，并按照地层压力梯度将裂缝孔隙度转换至实际压力情况下裂缝孔隙值（考虑压力诱发的各向异性等因素）；

（4）根据岩石孔隙中裂缝孔隙大小与平均裂缝纵横比、刚性孔隙度大小及纵横比分别确定差分等效介质（DEM）模型中不同孔隙增量；

（5）采用各向异性 DEM 方程，将各类孔隙加入到模型框架中，模拟不同形状孔隙在岩石中的分布，确保所加入各类形状的孔隙是相互连通的，由此可得到一个干燥状态下的非均质复合介质弹性（柔性）张量；

（6）采用各向异性介质流体替换理论方法进行流体替换，计算得到低频条件下的含流体介质柔度张量；

（7）采用 Kuster-Toksoz 理论方法将微孔隙加入到基质中，此法将微孔隙（可饱和流体）孤立地分布到基质中，可用于模拟微孔隙流-固作用对介质弹性参数的影响；

（8）应用岩芯测试结果，包括薄片分析、CT 扫描、物性测试及各向异性声测试结果，分析实际岩石各向异性的优选方向，调整所建立的非均质参数模型的对称轴。

## 3. 结论

本文提出了碳酸盐岩弹性参数计算模型。该模型综合考虑了岩石孔隙形状与大小等因素，将裂缝与尺寸较大的孔隙划分为模型孔隙空间，将矿物及微小孔隙划分为模型基质。该孔隙结构模型的优点是在没有先验信息的情况下，可利用已知速度-孔隙度资料区别地层中裂缝孔隙与其它孔隙，为地震数据进行裂缝发育带预测技术研究提供了依据。

### 参 考 文 献

[1] Xu S, et al. A new velocity model for shear-wave velocity prediction[J]. Geophysical Prospecting, 1995, 44(5): 687~695.

[2] Brian E, et al. Anisotropic effective-medium modeling of the elastic properties of shales[J]. Geophysics, 1994, 59 (10): 1570~1583.

（17）储层地球物理

# 基于构造导向滤波的相干体算法及应用研究

# The study of coherence algorithm and its applilcation based on structure-oriented filtering

肖梦雄* 王尚旭 啜晓宇 陈 伟

Xiao Mengxiong* Wang shangxu Chuai xiaoyu Chen wei

中国石油大学（北京）油气资源与探测国家重点实验室 北京 102249

## 1. 引言

地震资料解释的重要任务是构造解释和岩性解释。一般在提高地震资料信噪比的同时会降低地震资料的分辨率，如断层断点被模糊，地层接触关系变差，以及地质体边界被平滑，而这些信息往往是地震资料构造解释和油藏描述的重要信息。因此，寻找一种即能够提高地震资料信噪比，也能保持地层重要构造信息的方法是十分必要的。本文将基于偏微分方程理论的保边滤波技术应用于地震资料处理，将处理结果作为输入来求取地震相干体，是一种刻画小断层和识别地质体边界的有效方法。

## 2. 基本原理

将图像数据与不同尺度的高斯核函数进行卷积运算，本质上等价于求解以原图像值作为初值的一个线性偏微分方程中的热传导方程，即构造导向滤波的初始模型。在初始模型基础上，进一步研究各种传导热方程在图像处理中的应用，可以得到非线性各向同性扩散方程，给出了应用 $P-M$ 方程代替高斯平滑的构造导向滤波模型，等价于有选择的保留边缘的各向同性扩散，被称为 $P-M$ 方程。1998 年 Weickert 在其论文中认为 $P-M$ 方程是一个能量耗散的过程，与对应能量曲面的形状有关，等价于能量最小化优化的问题求解。Weickert 等人提出了结构张量的概念，并给出了各向异性扩散模型，可以利用图像中各个不同位置上梯度方向的信息，是一种各项异性扩散。即构造导向滤波技术，其方程为，

$$\begin{cases} \dfrac{\partial u(x,y,t)}{\partial t} = div[D(S_p)\nabla u] \\ u(x,y,0) = u_0(x,y) \end{cases} \tag{1}$$

其中,$S$ 为结构张量，$S = G_\sigma * (\nabla u_\sigma \nabla u_\sigma^T)$。式中 $u_\sigma = u * G_\sigma$，$G_\sigma$ 表示尺度为 $\sigma$ 的 Gaussian 函数，这样既可以避免计算梯度时噪音的影响，其与高斯函数的卷积运算可以将周围的信息考虑进来，避免了在确定边缘方向是造成因符号相反互相抵消的可能。因此可以提高地震资料信噪比，而且保留了地质体边缘特点。

在 20 世纪 90 年代中期，地震相干体技术被提出并应用到地震资料解释中，用于断层和地质异常体的识别。地震相干体算法经过第一代基于互相关的相干算法，发展经过了基于相似系数的第二代相干体算法，到基于矩阵特征值结构的第三代互相关相干体算法。目前，对于提高相干体识别效果和能力，学者主要从两个方面着手改进，一方面是改进输入数据，在进行相干计算前对原始振幅数据进行预处理，另一方面是对相干算法本身的改进，主要体现在从单道到多道，以及在计算相干体时考虑地层倾角等方面，但是这方面的进展基本缓慢。本文应用的构造导向滤波技术是将物理的热传导方程引入地震资料数据处理，将地震振幅代替热量得到方程(1)，对地震振幅数据进行构造导向滤波后提取相干属性，效果良好。

## 3. 结论与讨论

本文主要研究构造导向滤波技术对地震振幅数据进行预处理，再应用相干算法计算三维相干数据体用于断层和地质异常的识别。构造导向滤波是一种用来消除地震数据噪音增强噪比的有效方法。本文将两者方法有机的结合起来，不仅能够在二维剖面上提高断层的识别效果，同时在相干体切片上也可以发现更多的断层，而且相干属性图在平面上更能直观的指导描述油藏。

## 参 考 文 献

[1] J Weikert, et al. A Scheme for coherence-enhancing diffusion filtering with optimized rotation invariance[J]. Journal of Visual Communication and Image Representation, 2002,13(1): 103~118.

[2] Adam Gersztenkorn, et al. Eigenstructure-based coherence computations as an aid to 3-D structural and stratigraphic mapping[J]. Geophysics, 1999,64(5): 1468~1479.

[3] D Kroon, et al. Coherence filtering to enhance the mandibular canal in cone-beam CT data[J]. IEEE-EMBS Benelux Chapter Symposium, 2009.

（17）储层地球物理

# 广角反射联合 AVO 效应的正演分析

# The wide-angle reflection joint AVO effect of forward analysis

郑 昭 王 志

Zheng Zhao Wang Zhi

成都理工大学 成都 610059

## 1．引言

在地震勘探数据处理中，低信噪比资料会严重影响处理结果。在地震勘探的数据采集与处理时，当入射角大于临界角时，地震记录的信噪比高，振幅能量较之非广角反射波的能量强,有利于信号的处理。从理论研究和地质模型的 AVO 效应正演模拟发现，采用广角反射，增大炮检距的观测方式，最终叠加剖面的质量不是降低而是提高，通过广角反射的正演分析，可以确定最佳接收段的位置，从而给野外提供布置观测系统的信息，提高信号采集质量。

## 2. 方法原理

AVO 技术的理论基础是描述平面波反射和透射的 Zoeppritz 方程。在层状介质中，广角反射下各种波在地层界面上的能量分布由 Zoeppritz 方程和 Snell 定律确定。假设入射波、反射波和透射波的位移矢量为如下射线级数解形式：

$$U_j(x,y,z,t)=\sum_{n=0}^{\infty}u_{nj}(x,y,z)\frac{\exp[(iw(t-\tau_j)]}{(iw)^n}$$

其中，$j$ 表示波前类型：$j$=0 入射 $p$ 波或 $s$ 波；$j$=1 反射 $p$ 波；$j$=2 透射 $p$ 波；$j$=3 反射 $s$ 波；$j$=4 透射 $s$ 波。由于是理论模型，所以边界条件是连续的，模型体系是一个整体，在弹性极限内无断裂，也无滑动。同时在介质弹性参数$\lambda$、$\mu$、$\sigma$ 确定的情况下，可以利用精确 Zoeppritz 方程确定不同的参数反射 $p$ 波和反射 $s$ 波的振幅与入射角的 AVA 关系。

## 2. 模型实验

模型分为单层水平界面，单层高陡倾斜层界面和多层高陡倾斜层界面，界面模型均为理论模型。

单层水平界面上层介质速度为 3000 m/s，下层介质的速度为 6000 m/s，这时临界角为 30 度。分别在临界角反射范围区域内和广角反射范围区域内接收反射波，同时考虑 AVO 效应比较分析。单层高陡倾斜层界面上下层速度与水平界面一致，调试不同的炮检距接收方式，联合 AVO 效应，分析其对反射波能量的影响。

多层高陡倾斜层界面原理与单层高陡倾斜层界面相同，上层介质速度为 3000 m/s，第 n 层介质速度为（3000+1000n）m/s。与单层高陡倾斜层界面进行对比。后期工作由精确 Zoeppritz 方程计算各个模型，生成反射系数曲线和道集，以及模型的 CMP 道集进行分析。

## 3. 正演实验结果分析

广角反射波信息出现在直达波以外，炮检距很大，信噪比高，在不考虑地震波能量损失的条件下，发射波能量比非广角反射波能量要高得多，有利于地震数据的处理。但在实际地震数据处理时，应同时考虑广角反射与地震波能量的吸收衰减。

高陡界面存在时，采用常规排列的方式采集数据，在叠加剖面上几乎找不到这些复杂结构的反射信息。如果采用大炮检距的接收方式采集数据，不但可以得到浅层的反射地震信息，同时也可以得到深层的反射地震信息：深层反射同相轴能量较强，能连续追踪，地质现象较为清楚，获得较好的叠加效果；对高陡构造的成像十分有利。

联合考虑 AVO 效应，采用大炮检距的方法可以得到深层高陡界面的反射信息，同时也能避免各种规则干扰波的影响，是提高地震资料信噪比是一种有效手段。

## 参 考 文 献

贺振华, 等. 复杂油气藏地震波场方法理论及应用[M]. 成都：四川科学技术出版社, 1999.

（17）储层地球物理

# 联东地区薄互层储层的地震响应特征分析及应用

# The analysis and application of seismic reflection characteristics from thin interbedding in Lian Dong

王艳波[1*] 熊家林[2] 黄新武[1] 董 耀[1] 张明伟[1]

Wang Yanbo[1*] Xiong Jialin[2] Huang Xinwu[1] Dongyao[1] Zhang Mingwei[1]

1. 中国地质大学（北京）工程技术学院 北京 100083; 2. 江苏油田分公司地质科学研究院 扬州 225009

联盟庄油田位于江苏省江都市境内的苏北盆地东台坳陷高邮凹陷深凹带西南部，油藏类型以构造—岩性为主，油层分布受岩性的影响。工区以大套泥包砂和砂泥岩互层为主要地质特征，纵向上砂体薄，单砂体厚一般为 2~6 米；对地震资料分辨能力要求高；平面上相带变化快，储层非均质性强，含油气带窄；储层与非储层纵波阻抗差异小的现象普遍存在。因此，结合工区储层特点进行砂泥岩薄互层的地震响应特征分析有利于更好地进行储层预测。

**1．正演模拟及反射特征分析**

在详细分析工区地震、地质情况及储层特点基础上，结合地质、钻井、录井、地震和测井等资料，建立适合工区特点的储层模型－大套泥包砂和砂泥岩薄互层模型，基于褶积方法对砂泥岩薄互层岩性油气藏的地震波场进行正演模拟。

针对泥包砂模型和砂泥岩薄互层模型，通过改变砂岩储层有关参数(纵波速度、储层厚度)、薄互层内部结构（泥岩夹层厚度、薄互层组内砂泥岩组合方式、薄互层组总厚度）、子波频率和相位，分析了储层的地震响应特征及薄互层储层的地震分辨率影响因素。得到如下认识：储层厚度对反射振幅的影响遵循薄层调谐原理，在砂层厚度为 1/4 波长时调谐效应振幅值最大，大于 1/2 波长后振幅值趋于稳定不变；砂岩含有油或气时，其地震波速度会降低，反射振幅强度也会随着降低；当砂岩储层的厚度由厚变薄时，振幅谱的极值频率将由低变高；90° 相位雷克子波相较零相位子波分辨率更高些，可识别厚度约 1/8 波长的砂体。针对振幅调谐效应、分辨率的影响因素及储层参数与振幅的相关性进行分析，为地震属性分析技术、分频解释技术和波形分类技术在该工区储层预测中的应用提供指导。

**2．薄互层 AVO 特征研究**

结合研究区地质特点和目标层测井评价结果，在岩石物理建模研究基础上，建立不同岩石物理参数情况下的地层模型，开展流体替换研究，分析孔隙度、含水饱和度和泥质含量等对纵波速度、横波速度及密度的影响。分析可知，孔隙度与纵波速度、横波速度和密度均有较好的线性函数关系；横波速度受流体影响小，纵波速度和密度随含油饱和度变化幅度不大；矿物成分对岩石速度影响程度很大，泥质含量增加，纵横波速度降低，但纵横波速度比增大。而三层地层模型 AVO 模拟发现，当孔隙度很小时（小于 15%），砂泥分界面反射振幅绝对值随偏移距的增大而减小；孔隙度增大到约 15%时，反射振幅随偏移距先减小后增大，并伴随有极性反转现象；孔隙度增大到约 20%时，反射振幅随偏移距增大而增大；对于含水饱和度而言，虽然反射振幅随偏移距的的变化趋势均不明显，但当小于 60%时，伴随有极性反转现象；对泥质含量而言，小于 20%时，反射振幅随偏移距先减小后增大，并伴随有极性反转现象；随着泥质含量的增加，反射振幅随偏移距增大而增大，但其增大的趋势减弱，最终变为不明显。

以工区 Yong38 井区 $E_2d_2^5$ 层段为例，开展含油气储层的单井 AVO 模拟，分析储层地震反射特征及各 AVO 属性参数的特征，以及有效储层与非储层在各特征上的差异和变化，确定对岩性和物性较为敏感的 AVO 属性，克服反演结果的多解性，提高对储层岩性、物性、含油气性进行预测与解释的可靠性，为 AVO 反演结果的解释提供指导。

**3．结论**

发育在三角州前缘亚相的砂泥岩互层储层，普遍具有单砂体厚度薄、横向连通差、侧向尖灭快的特点，给油气藏预测带来很大困难。而利用正演模拟分析薄互层的地震响应特征，是建立地质与地震联系的关键，是利用地震属性分析和基于模型的反演方法进行砂泥岩薄互层储层预测的基础。

（17）储层地球物理

# 基于含多相流粘弹性 BISQ 模型的储层参数反演

# Reservoir parameters inversion based on viscoelastic BISQ model containing multiphase flow

杨　磊[1,2*]　杨顶辉[1,2]

Yang Lei[1,2,*]　Yang Dinghui[1,2]

1. 清华大学数学科学系　北京 100084；2. 清华大学计算地球物理实验室　北京 100084

自 Gassmann（1951）提出饱和流体孔隙介质体积模量计算公式以来，很多学者一直致力于研究此问题。Biot（1956；1962）基于介质统计各向同性的假设，定义了固-流耦合系统的动能函数和耗散函数，利用拉格朗日方程和牛顿第二定律建立了双相介质中弹性波传播理论，并预测了第二类纵波（慢 P 波）的存在，从而奠定了双相介质波传播理论的基础。Plona（1980）首先在超声波频段观测到了 Biot 理论所预测到的慢 P 波，从而证实了 Biot 理论的正确性。但是 Biot 理论不能很好解释波的高频散、强衰减现象，Nur 等从单个孔隙的微观特性出发，研究并提出了喷射流机制，很好地解释了波的高频散、强衰减现象，但是由于过分地依赖于孔隙微观特性，该喷射流理论难以推广到实际问题。Dvorkin(1993;1995)用一维各向同性的圆柱体模型，结合横观上流体质量守恒定律，统一了 Biot 流与 Squirt 流两种重要的力学机制，建立了一维 BISQ 模型，有效地解决了这一难题。此后，Parra(1997;2000)等基于频率域应力-应变本构关系及固-流耦合各向同性的假设将 BISQ 模型推广到横向各向同性的情况；Yang(2000;2002)基于各向异性介质中固-流耦合效应具有各向异性的假设将 BISQ 模型推广到高维一般化各向同性的情况，拓展了 BISQ 模型的适用范围。但是，孔隙介质的结构特征及流体弱化等因素的影响使储层介质呈现出粘弹性性质，所以有必要考虑介质粘弹性对波传播的影响。

由于介质的粘弹性是与时间相关的量，这给粘弹性参数的选取带来一定困难。不同学者基于所研究问题的不同提出了不同的解决方案。比如，聂建新在研究含泥质孔隙介质中波频散与衰减特性时，引入了与渗透率相关的修正因子。程远峰将 Christensen 的粘弹性参数引入了 BISQ 模型中，修正了弹性 BISQ 模型中的相关参数。本文通过对比分析，引入如下粘弹性参数,并修正粘弹性介质中拉梅常数，即

$$\lambda^* = \lambda' + i\lambda'',\quad \mu^* = \mu' + i\mu''$$

$$\lambda' = \lambda_0\left(1+\frac{\tan\delta}{\pi}\ln\left(\frac{\omega}{\omega_0}\right)\right),\quad \mu' = \mu_0\left(1+\frac{\tan\delta}{\pi}\ln\left(\frac{\omega}{\omega_0}\right)\right)$$

$$\tan\delta = \frac{\lambda''}{\lambda'} = \frac{\mu''}{\mu'}$$

其中，$\lambda^*$、$\mu^*$ 为粘弹性介质的拉梅常数，实部 $\lambda'$、$\mu'$ 表示介质在一个周期内储存的能量；虚部 $\lambda''$、$\mu''$ 表示介质在一个周期内耗散的能量；$\tan\delta$ 为复模量的相位，$\tan\delta$ 越大介质耗散的能量越大；$\lambda_0$、$\mu_0$ 为弹性介质的拉梅常数，$\omega_0$ 为参考角频率。

这一粘弹性参数的优点体现在：其与频率相关，能够很好地描述低频情况下波的频散特征，且易于反演。并利用等效介质理论修正孔隙流体体积模量及密度，推广并建立了含多相流粘弹性 BISQ 模型。基于此模型，利用模拟退火与改进遗传算法相结合的杂交遗传算法，对 Batzle（2006）实验测定的低频段 P 波与 S 波的速度进行反演。反演结果表明，粘弹性的 BISQ 模型能够很好地拟合实验测定 P 波与 S 波速度，刻画出 P 波与 S 波的频散特性。并针对实验数据 S 波频散特征，对低频条件下 S 波的频散与衰减做了理论分析。

本研究得到国家杰出青年科学基金项目(40725012)的资助。

**参 考 文 献**

[1] Yang D H, Zhang Z J. Poroelastic wave equation including the Biot/squirt mechanism and the solid/fluid coupling anisotropy[J]. Wave Motion, 2002, 35: 524~533.

[2] Cheng Y F, Yang D H, et al. Biot/Squirt Model in Viscoelastic Porous Media[J]. Chin. Phys. Lett., 2002, 19(3): 445~448.

[3] Batzle M L, Han De-Hua, et al. Fluid mobility and frequency-dependent seismic velocity-Direct measurements[J]. Geophysics, 71(1): N1~N9.

（17）储层地球物理

# 转换波弹性波阻抗反演方法研究

## Research of P-to-S elastic impedance inversion

包 全* 李景叶 王芳芳

Bao quan* Li jingye Wang fangfang

中国石油大学（北京）海洋石油勘探国家工程实验室 北京 102249

**1．前言**

随着油气勘探开发程度的不断深化，地震勘探技术的应用已经从勘探阶段延伸到开发阶段，单纯利用纵波地震资料已经很难再满足当前油气勘探开发的要求。

在叠前反演方面，转换波分量的加入，可以获得比仅依靠纵波地震资料更高精度的反演结果，从而提高储层和流体的识别和预测精度。

本文基于贝叶斯理论框架，进行转换波弹性波阻抗(PSEI)反演方法研究，该方法构建后验概率分布函数，通过对解施加约束，可以减小反演的不适定性，得到较稳定的结果。该方法使用了转换波的叠前道集数据，与纵波阻抗相比，有效地突出了含气饱和度的变化。

**2．方法原理**

根据贝叶斯反演理论，构建后验概率分布函数如下：

$$P(\mathbf{m}\,|\,\mathbf{d}_{PS},\mathbf{I})=P_0\exp(-\frac{1}{2}((\mathbf{d}_{PS}-\mathbf{G}_{PS}(\mathbf{m}))^T\mathbf{C}_{PS}^{-1}(\mathbf{d}-\mathbf{G}_{PS}(\mathbf{m}))+\mathbf{m}^T\mathbf{C}_m^{-1}\mathbf{m})) \tag{1}$$

其中，$\mathbf{d}_{PS}$ 表示转换波地震数据，$\mathbf{G}_{PS}(\mathbf{m})$ 表示由正演算子 $\mathbf{G}_{PS}$ 作用到模型 $\mathbf{m}$ 上得到的合成 **PS** 波地震记录，$\mathbf{m}$ 为待反演的模型，即转换波弹性波阻抗，$\mathbf{C}_{PS}$ 为数据协方差矩阵，$\mathbf{C}_m$ 为参数协方差矩阵。

求公式(1)的最大后验概率解，等价于求下面目标函数的极小值对应的解，

$$S(\mathbf{m},\mathbf{d}_{PS})=\frac{1}{2}(\mathbf{d}_{PS}-\mathbf{G}_{PS}(\mathbf{m}))^T\mathbf{C}_{PS}^{-1}(\mathbf{d}-\mathbf{G}_{PS}(\mathbf{m})+\frac{1}{2}(\mathbf{m}^T\mathbf{C}_m^{-1}\mathbf{m}) \tag{2}$$

公式(2)的目标函数是一个关于参数模型的非线性函数，对目标函数求梯度并令其为零，可以将非线性问题转化为线性问题，即：

$$(\mathbf{G}_{PS}{}^T\mathbf{C}_{PS}^{-1}\mathbf{G}_{PS}+\mathbf{C}_m^{-1})\mathbf{m}=\mathbf{G}_{PS}{}^T\mathbf{C}_{PS}^{-1}\mathbf{d}_{PS} \tag{3}$$

可以通过共轭梯度方法求解反演方程(3)，得到转换波弹性波阻抗(PSEI)。PSEI 为转换波速度和密度等弹性参数的函数，本文基于 10°、30°和 50°三个不同角度部分叠加道集数据，使用该方法反演出 PSEI 数据体。利用反演出的 PSEI 数据体和转换波弹性波阻抗方程，建立方程组，可以求解出纵横波速度和密度等岩性参数。

**3．结论**

本文在贝叶斯理论基础上，进行了转换波弹性波阻抗反演。基于贝叶斯理论的反演方法，通过引入似然函数、先验信息和后验概率三个概念，把反演问题转化为求取最大概率解问题。

该反演方法与单角度弹性波阻抗反演的过程相同，不同之处在于使用了转换波的叠前道集数据。模型试算表明，该方法有效地反演出转换波弹性波阻抗。进而通过转换波弹性波阻抗求取岩石密度，而由密度参数求取的含气饱和度可以指示储层的含气性。

本研究得到国家自然科学基金项目(41074098)资助。

### 参 考 文 献

[1] Ezequiel F, et al. Near and far offset P-to-S elastic impedance inversion for discriminating fizz water from commercial gas[J]. The Leading Edge, 2003, 22(10): 1012~1015.

[2] Chen J, et al. A Bayesian model for gas saturation estimation using marine seismic AVA and CSEM data[J]. Geophysics, 2007, 72: WA85~WA95.

（17）储层地球物理

# 时间域声波全波形反演及 GPU 加速

# Acoustic full waveform inversion in time domain and its acceleration by GPU.

苏 超* 周 辉 林 鹤

Su Chao Zhou Hui Lin He

中国石油大学(北京)CNPC 物探重点实验室 北京 102249

**1. 引言**

随着油气勘探的不断发展，人们越来越希望能够从地震资料中获取更多的岩石物性信息。全波形反演能够利用叠前地震资料中的运动学和动力学信息重建地下介质速度结构，提供高精度、高分辨率的速度模型，准确地揭示出复杂地质条件下构造与岩性细节信息。目前全波形反演主要面临着两方面的问题，一是反演过程中的局部极值问题，二是计算效率问题。近年来，CUDA[1]编程模型为大规模科学计算提供了高效的计算平台和编程环境，为解决全波形反演计算效率问题提供了一种重要手段。目前，GPU 并行计算技术已经在地球物理勘探中得到了初步的应用并取得了较好的加速效果，本文的研究表明 GPU 并行计算同样能够对时间域声波全波形反演进行有效地加速。

**2. 基本理论**

Tarantola[2]推导出最速下降法时间域声波全波形反演迭代公式为

$$K(x)_{n+1} = K(x)_n + \alpha_n \gamma(x)_n \tag{1}$$

其中，$K$ 为体积模量；$n$ 表示迭代次数；$x$ 表示地下空间位置；$\alpha$ 表示迭代步长，本文采用线搜索的方法求取；目标函数为合成地震记录与实际地震记录之差的二范数，$\gamma(x)$ 表示目标函数相对于模型的最速下降方向，$\gamma(x)$ 的表达式为

$$\gamma(x)_n = \sum_{S=1}^{NS} \int_0^T \dot{p}(x,t;x_s)_n \, \dot{\psi}(x,t;x_s)_n \, \mathrm{d}t \tag{2}$$

其中，$NS$ 为放炮次数；$\dot{p}(x,t;x_s)$ 表示炮点的正向波场相对于时间的导数；$\dot{\psi}(x,t;x_s)$ 表示检波点的逆时波场相对于时间的导数。$\gamma(x)$ 可以解释为炮点正向波场与检波点逆时波场相对于时间的导数的互相关。

本文在进行 GPU 高性能并行计算时采用 CUDA4.0 编程模型，该模型是对标准 C 语言（或标准 Fortran 语言）的一种简单扩展，同时在计算时又不需要借助于图形学 API，这极大地降低了 GPU 通用计算的编程难度。GPU 为众核处理器，其相对于 CPU 更适合于并进计算，因此可用于并行求解声波波动方程。

全波形反演中最耗时的部分为波动方程的求取，因此本文主要采用 GPU 加速声波波动方程的并行计算过程。在全波形反演过程中，每更新迭代一次模型，至少要求解三次波动方程。第一次为炮点处的正向模拟过程；第二次为检波点处的逆时传播过程；在求取迭代步长 $\alpha$ 时，需要求取迭代后模型的目标函数，使迭代后模型的目标函数小于当前模型的目标函数值，此过程至少需要求取一次波动方程。

本文采用高阶交错网格有限差分法求解二维声波一阶速度——应力方程，空间为 10 阶精度，时间为 2 阶精度，采用 PML 吸收边界处理边界反射。由于 GPU 显存分为 Global Memory、Shared Memory、Constant Memory、Texture Memory、Local Memory 和 Register Memory 多个等级层次，在用 GPU 求解声波方程时要充分考虑它们的优缺点，尽可能提高加速比。

**3. 结论**

本文分别用 CPU 和 GPU 实现了时间域二维声波全波形反演，其结果一致。在进行 GPU 并行计算时，采用的 GPU 设备为 GTX285，加速比为 19.4。由于 GTX285 属于中端显卡，若使用高端的 Tesla 系列显卡，会得到更加可观的加速比。另外，目前正在研究将随机边界代替 PML 吸收边界，以减少反演过程中波场的存储量，从而得到更高的加速比。

**参 考 文 献**

[1] 张舒，等. 高性能运算之 CUDA[M]. 北京：中国水利水电出版社, 2009: 11~13.
[2] Tarantola A. Inversion of seismic reflection data in the acoustic approximation[J]. Geophysics, 1984, 49(8): 1259~1266.

（17）储层地球物理

# 基于高斯混合模型的孔隙度地震反演方法

## Porosity inversion method based on Gaussian Mixture Model

夏丽娜　吴国忱

Xia Lin　Wu Guochen

中国石油大学（华东）　青岛 266580

孔隙度是表示储层岩性的重要参数，对于储层评价具有无可取代的重要意义。本文研究了一种基于高斯混合模型的孔隙度反演方法。该方法是在已有资料的基础上，首先建立统计性岩石物理模型，然后利用最大期望算法估计后验概率，最后，结合叠前地震反演得到的弹性参数与后验概率，最终反演得到孔隙度。

### 1. 岩石物理模型

岩石物理模型是联系孔隙度与地震属性桥梁。岩石物理模型的建立有两种途径：① 根据岩石物理理论建立理论模型；②利用测井资料统计分析得到统计模型。

### 2. 反演方法原理

假设孔隙度的先验分布为混合高斯分布，即 $P(\varphi)=\sum_{k=1}^{N_\varphi}\alpha_k N\left(\varphi;\mu_\varphi^k,\Sigma_\varphi^k\right)$。其中，$\varphi$ 为孔隙度，$N_\varphi$ 为混合高斯分布的维数，$\mu$、$\Sigma$ 分别为均值和协方差矩阵，$\alpha_k$ 为某分量的权值，满足 $\sum_{k=1}^{N_\varphi}\alpha_k=1$。

利用蒙特卡罗随机抽样方法从先验分布中抽取采样点，应用确定性岩石物理模型 $f_{RPM}(\varphi)$ 求取这些采样点的孔隙度所对应的弹性参数。为了能够减小地层温度、压力条件等因素的影响，给弹性参数添加了一项随机误差 ε，得到统计性岩石物理模型，即 $[Vp,Vs,\rho]=f_{RPM}(\varphi)+\varepsilon$。一般情况下，$\varepsilon$ 取服从零均值的截断高斯分布。

建立孔隙度与弹性参数的联合分布，若岩石物理模型是线性的，那么此联合分布也服从高斯混合分布。然后，利用 EM 算法估计联合分布中各高斯分量的参数及权值 [3]：

$$P(Vp,Vs,\rho,\varphi)=\sum_{k=1}^{N_\varphi}\pi_k N\left([Vp,Vs,\rho,\varphi]^T;\mu_{[Vp,Vs,\rho,\varphi]}^k,\Sigma_{[Vp,Vs,\rho,\varphi]}^k\right)$$

根据 EM 算法估计的参数可以计算已知弹性参数情况下孔隙度的后验条件概率，$P(\varphi|Vp,Vs,\rho)=\sum_{k=1}^{N_\varphi}\lambda_k N\left([Vp,Vs,\rho]^T;\mu_{\varphi|Vp,Vs,\rho}^k,\Sigma_{\varphi|Vp,Vs,\rho}^k\right)$，其中，$\lambda_k(m)=\dfrac{\pi_k N\left(\varphi;\mu_{\varphi|m}^k,\Sigma_{\varphi|m}^k\right)}{\sum_{l=1}^{Nc}\pi_k N\left(\varphi;\mu_{\varphi|m}^l,\Sigma_{\varphi|m}^l\right)}$，

$\Sigma_{\varphi|m}^k=\Sigma_{\varphi,\varphi}^k-\Sigma_{\varphi,m}^k\left(\Sigma_{m,m}^k\right)^{-1}\Sigma_{m,\varphi}^k$，　$\mu_{\varphi|m}^k=\mu_\varphi^k+\Sigma_{\varphi,m}^k\left(\Sigma_{m,m}^k\right)^{-1}\left(m-\mu_m^k\right)$。$m$ 代表某一弹性参数。

获得后验条件概率之后，求其最大值。将最大后验条件概率所对应的孔隙度值做为反演结果。即

$$\varphi=\arg MaxP\left(\varphi|[Vp,Vs,\rho]\right)$$

### 3. 结束语

孔隙度反演准确性依赖于岩石的弹性参数，这就需要有可靠的岩石物理模型。不同的岩石物理理论得出的结果不一致。因此，在建立岩石物理模型时，需根据实际资料优选出最适合的岩石物理理论。通过进行模型测试，验证了本文反演方法的可行性。在建立孔隙度与弹性参数的联合分布时，假设了岩石物理模型为线性，使后验概率的计算简单化。但这一假设限制了岩石物理模型的准确性。

#### 参 考 文 献

[1] 马淑芳，韩大匡，甘利灯，等. 地震岩石物理模型综述[J]. 地球物理学进展,2010,25(2):460~471.

[2] 王源，陈亚军. 基于高斯混合模型的 EM 学习算法[J]. 山西师范大学学报(自然科学版),2005,19(1):46~49

[3] Dario Grana, Ernesto Della Rossa. Probabilistic petrophysical-properties estimation integrating statistical rock physics with seismic inversion[J]. Geophysics, 2010, 75(3): O21~O37.

（17）储层地球物理

# 时移地震弹性阻抗同时反演方法

# The method for coupled inversion of time-lapse seismic data

林敏捷　陈小宏　王守东

Lin Minjie　Chen Xiaohong　Wang Shoudong

中国石油大学（北京）海洋石油勘探国家工程实验室　北京 102249

在过去几年间,地球物理学家对时移地震反演方法已经做了大量的研究。目前针对时移地震反演的方法大致分为三类：①分别反演两次不同时期采集得到的地震数据,然后对得到的结果求差；② 差异反演.将不同时期的采集的地震数据进行求差处理,得到时移地震差异数据,直接对差异数据进行反演；③同时对不同时期采集的地震数据进行反演。本文采用的是对不同时期的地震数据进行弹性阻抗的同时反演的方法，得到油气藏弹性参数的变化特点，从而分析油气藏的剩余油气分布,为油田开发提供可靠信息。

## 1. 基本原理

时移地震数据通常至少采集了两次不同时期的地震数据。在时移地震反演中，弹性参数的变化往往只存在于已开发的油藏中，而非油藏部分，不同时期的弹性参数应该是一样的。利用开发前后地层弹性参数的这种关联性，在附加的地震约束条件下，同时对两次采集的地震资料进行弹性阻抗反演。即本文提出的时移地震弹性阻抗同时反演技术。

不同时期的两次地震数据分别为 $S_1$ 和 $S_2$，其分别对应的对数弹性阻抗为 $L_1$ 和 $L_2$。推到如下：

$$S_1 = bL_1, S_2 = bL_2; \Delta L = L_1 - L_2$$
$$bL_1 = S_1, b(L_1 + \Delta L) = S_2$$

联立这两个方程，矩阵形式为：

$$\begin{bmatrix} b & 0 \\ b & b \end{bmatrix} \begin{bmatrix} L_1 \\ \Delta L \end{bmatrix} = \begin{bmatrix} S_1 \\ S_2 \end{bmatrix}$$

简写为：

$$BL = S$$

这就是不同时期的地震数据与对数弹性阻抗的关系。通过联立，实现了联合两次地震数据同时进行反演。与常规弹性阻抗反演一样，可以通过附加约束条件，使得反演结果稳定，模型约束下弹性阻抗反演目标泛函为：

$$\|S - BL\| + \beta\|GL - GL^*\| + \delta\|CL\|$$

求解该目标泛函的极小得到：

$$(B^T B + \beta G^T G + \delta C^T C)L = B^T S + \beta G^T GL^*$$

利用这个公式就可以实现时移地震弹性阻抗同时反演。

## 2. 实例应用效果

将本方法应用于中国某油田开发阶段的剩余油分布预测中，分别采用常规反演流程和本文提出的同时反演流程进行了弹性阻抗反演。从结果看出，由于有效地利用了不同时期地下油藏弹性参数模型之间以及对应的两个时期地震数据之间的关联，反演的结果更趋合理和可靠，而且不仅得到反映了油藏的弹性参数变化情况，也得到反映目前油藏状况的弹性参数剖面。

## 3. 结论

时移地震数据弹性阻抗同时反演是目前一个新的思路和方法，可以用于监测油藏开发变化并进一步完善油藏管理。两次数据联合参与反演得到的结果更符合实际情况，也从本质上更好地反映了时移地震技术的特点。

### 参 考 文 献

[1] Y Lafet, et al. Global 4-D seismic inversion and time-lapse fluid classification[C]//79th SEG Expanded Abstracts, 2009: 3830~3834.

[2] Jingye Li, et al. Time-lapse seismic elastic impedance difference inversion and application[C]//81th SEG Expanded Abstracts, 2009: 2492~2496.

（17）储层地球物理

# 基于 FFT 随机模拟的随机反演方法研究

# Stochastic Inversion based on FFT-MA Simulation

丁龙翔* 印兴耀 王保利

Ding Longxiang Yin xingyao Wang Baoli

中国石油大学（华东） 青岛 266580

## 1. 引言

在地质统计学理论基础上，Hass 等（1994）提出了经典序贯随机反演的思路[1]，随机反演需要获得多个反演实现，运算效率成为经典序贯随机反演的一个重要的制约因素。本文引入频域的 FFT-MA 模拟方法来替换常规随机反演中的序贯高斯模拟方法，通过对模型数据的对比试算发现，与常规随机反演方法的相比，基于 FFT-MA 模拟的随即反演具有计算效率高，内存占用少的优点。

## 2. 方法原理

地质统计学家提出的频率域的非条件模拟方法有效地克服了序贯高斯模拟序中贯因素存在的计算耗时、耗内存的缺点，其中，Ravalec 等（2000）提出了 FFT-MA 方法来进行快速非条件模拟[2]，这种方法由于采用了 FFT 方法来模拟，所以极大地提高计算效率，并且不受网格限制，是一种非条件模拟方法。

关于 FFT-MA 方法，实质是通过 FFT 变换简化了 Oliver（1995）提出的滑动平均（MA）模拟方法[3]的计算，具体公式如下：

$$y = m + g * z \qquad \text{式中} \quad g * \breve{g} = C \quad \text{且} \quad \mathrm{C(h)} = \sigma - \gamma(\mathrm{h})$$

式中，$y$ 表示模拟的结果，$i$ 表示均值，$\sigma^2$ 表示方差，$g$ 表示协方差函数 $C$ 的共轭根，$z$ 表示一个符合模拟维度随机高斯白噪声，每次模拟加入的 $z$ 值都不同。

由于 $g*z$ 不容易求取，可以求解 $g$ 和 $z$ 在频域乘积并进行反 FFT 变换获得，其中 $g$ 数值上等于协方差矩阵 $C$ 的 FFT 变换后的振幅值，其中协方差矩阵 $C$ 由变差函数获得并可扩展到不同维度进行不同维度的随机模拟。

## 3. 模型试算与分析

由于 FFT-MA 方法是一种非条件模拟，虽然能够重构出满足指定协方差结构（变差结构）和指定网格内的数据，但不满足硬数据（已知井），所以在进行实际应用时采用 Journel 等（1978）提出的克里金条件化的方法进行条件化[4]来完全取代序贯高斯这种条件模拟的方法，再融入 Hass 等（1994）方法中的反演思路，构成完整的基于 FFT-MA 方法的随机反演流程。

通过对模型的试算证明，不论单个反演实现还是多个反演实现，基于 FFT-MA 的随机反演都获得了可靠的结果。针对相同的模型，两种方法对比实验中表明，本方法中非条件模拟耗时少，只有在条件化时需要求解一个固定大小的克里金系统，避免了序贯因素造成的计算量越来越大的问题，在获得可靠的成果的同时，运算效率得到了提高，尤其在需要获得较多反演实现的情况下，效果更加明显。

## 4. 结论

与常规序贯随机反演方法相比，本文在频率域随机模拟的基础上提出的基于 FFT-MA 模拟的随机反演方法优化了内存的使用，提高了运算效率，便于随机反演的推广与应用。

### 参 考 文 献

[1] Haas A, et al. Geostatistical Inversion- A Sequential Method of Stochastic Reservoir Modeling Constrained by Seismic Data[J]. First break, 1994, 12(11): 561~569.

[2] Ravalec M L, et al. The FFT Moving Average (FFT-MA) Generater:An Efficint Numerical Method for Generating and Conditioning Gaussian Simulations[J]. Mathematical Geology, 2000, 32(6): 701~723.

[3] Oliver D S. Moving Averages for Gaussian Simulation in Two and Three Dimensions[J]. Mathematical Geology, 1995, 27(8): 939~960.

[4] Journel A, et al. Mining geostatistics[M]. Academic Press, 1978.

（17）储层地球物理

# 基于混合范数正则化的孔隙介质弹性波方程反演*

# The mixed norm regularization method for the inversion of elastic wave equation in the stratified porous media

傅红笋[1]　韩　波[2]

Fu Hongsun　Han Bo

1. 大连海事大学数学系　大连 116026; 2. 哈尔滨工业大学数学系　哈尔滨 150001

地震波形反演的目的是获取一个预测地震记录与实测地震记录拟合最佳的地震模型。与其它反演方法相比，基于孔隙介质中弹性波方程[1]，开展全波形反演方法研究的优点如下：① 可以将弹性波特征与孔隙介质性质直接联系起来；② 基于Biot理论，可以利用Gassmann公式中不能被描述的弹性（或粘弹性）信息；③利用弹性波所包含的所有信息，可以实现孔隙率、渗透率和流体饱和度等油藏工程中最重要参数的单参数反演与多参数联合反演[2]。因此，本文针对流体饱和多孔隙介质弹性波方程全波形反演问题，研究基于混合范数的正则化方法理论和数值方法，实现对复杂介质弹性波场的精细反演成像。

## 1. 基于混合范数的正则化方法

在实践中，由于观测数据中的低频信息很难被记录，加之大量噪声的存在，孔隙介质弹性波方程反问题本身是一个典型的不适定问题，因而适当的正则化处理是十分必要的。另一方面，通过理论分析和数值试验，人们深刻认识到噪声模型在反演过程中扮演着非常重要的角色。然而，由于测量手段的局限性和数据采集的复杂性，人们往往很难判定其噪声模型是Gauss噪声的还是非Gauss噪声的。因此，一种折中的办法是考虑基于混合范数的正则化方法：

$$\min J(m) = \lambda_1 \left\| F(m) - d^\delta \right\|_1 + \lambda_2 \left\| F(m) - d^\delta \right\|_2 + \alpha\Omega(m),$$

其中$\Omega(m)$为稳定性泛函，1-范数控制各种非Gauss噪声，2-范数控制Gauss噪声，$\lambda_1 + \lambda_2 = 1$，$\lambda_1 > 0, \lambda_2 > 0$为调解参数，$\alpha > 0$为正则化参数，三参数$\lambda_1, \lambda_2, \alpha$同时起到权重的作用，问题的关键是它们的选取和该极小化问题的有效数值求解。由于目标泛函是不可微的，所以本文考虑利用半光滑Newton法[3]进行求解。

## 2. 半光滑Newton法

半光滑Newton法的基本思想是基于对算子$F$的适当假定和极值存在的充分与必要条件，将极小化问题转化为一个与之等价的半光滑方程组，利用广义Newton类方法求解该方程组，从而得到原问题的解。

(1) 基于优化问题的充分与必要条件，将上述极小化问题转化为与之等价的半光滑方程组$\Phi(m) = 0$。

(2) 给定初始猜测$m^0$和正则化参数$\alpha$（依据先验或后验偏差准则），通过迭代$m^{n+1} = m^n - V(m^n)^{-1}\Phi(m^m)$进行计算，其中$V$为$\Phi$的广义导数。

(3) 反复调试，根据具体问题给出参数$\lambda_1, \lambda_2$的恰当选择。

## 3. 结论

针对不同介质模型（如层状、含断层、低速层、孔洞、井眼等复杂构造的），利用上述正则化方法和半光滑Newton法进行了初步试算，计算结果证明了方法的有效性。而且，在对算子$F$施加适当的假定条件下，可以证明半光滑Newton法的局部超线性收敛性。本文所构建的方法具普遍适用性，对于其它复杂介质全波形反演问题具有重要的参考价值。

本项目由国家自然科学基金（41074088）和中国博士后基金（20110491533）资助。

## 参考文献

[1] M A Biot, P G Willis. The elastic coefficients of the theory of consolidation[J]. Journal of Applied Mechanics. 1957, 24: 594~601.

[2] L De Barros, M Dietrich, B Valette. Full waveform inversion of seismic waves reflected in a stratified porous medium[J]. Geophysical Journal International. 2010, 182(3): 1543~4556.

[3] X J Chen, Z Nashend, L Qi. Smoothing methods and semismooth methods for non –differentiable operator equations[J]. SIAM J. Numer. Anal. 2000, 38: 1200~1216.

（17）储层地球物理

# 基于差分进化算法的叠前 AVO 反演方法

# Pre-stack AVO inversion method based on differential evolution algorithm

孔栓栓* 印兴耀 张繁昌

Kong Shuanshuan Yin Xingyao Zhang Fanchang

中国石油大学（华东）地球科学与技术学院 青岛 266555

叠前地震反演有效地利用了振幅随入射角变化的信息，可以反演出更加丰富的地球物理参数。但由于地震反演问题的非线性性，传统的线性化迭代反演算法对初始模型的依赖程度较高，容易使反演过程陷入局部最优。差分进化优化算法采用简单的差分变异操作和一对一的竞争生存策略，对初始模型的依赖程度较弱，全局收敛能力较强，且具有操作简单、运算速度快的特点，是一种解决复杂优化问题的有效方法。基于差分进化算法的叠前反演方法在贝叶斯框架下，结合似然函数与先验约束信息，建立反演目标函数，然后利用差分进化算法优化初始模型，最终得到高分辨率的反演结果。

## 1. 方法原理

差分进化算法采用实数编码，操作简单，全局寻优能力较强，是一种随机的启发式搜索算法。该算法是对某一随机产生并覆盖整个搜索空间的初始种群不断进行变异、交叉、选择操作，根据每个个体的适应度优胜劣汰，引导搜索过程向最优解逼近的过程。假设初始种群由 $N$ 个向量组成，首先对该种群中的每一目标向量进行变异操作：随机选择两个非目标向量做差分操作，将差分向量赋予权值后加到第三个非目标向量上得到变异向量。对于变异向量的每一个参数，根据一定的概率与目标向量进行参数交叉混合得到试验向量。最后根据试验向量与目标向量的适应度值选取下一代目标向量。

基于贝叶斯理论的 AVO 反演方法综合了地震及测井数据，通过先验信息对反演过程进行约束，提高了反演结果的稳定性。假设地震噪声服从高斯分布，得到关于反射系数的似然函数；再假定反射系数服从柯西分布，得到先验概率密度函数。先验概率与似然函数结合得到后验概率密度函数，即反演目标函数：

$$F\left(r\right)=\left(\boldsymbol{d}-\boldsymbol{G}\boldsymbol{r}\right)^{T}\left(\boldsymbol{d}-\boldsymbol{G}\boldsymbol{r}\right)+2\sigma_{N}{}^{2}\sum_{i=1}^{M-1}\ln\left(1+r_{i}^{2}/\sigma^{2}\right)$$

其中，$\boldsymbol{d}$ 为观测地震道集，$\boldsymbol{G}$ 为子波矩阵，$\boldsymbol{r}$ 为反射系数序列，$\sigma_N$ 为噪声的标准差，$M$ 为采样点数，$\sigma$ 为反射系数标准差。

在利用差分进化算法进行叠前反演时，对于每一个给出的纵、横波速度及密度的初始模型，加入不同的随机扰动，得到纵、横波速度及密度的初始种群。利用 Aki-Richards 近似公式生成初始反射系数种群。再根据差分进化算法基本原理，生成变异反射系数种群及交叉反射系数种群。然后通过目标函数确定下一代反射系数。

## 2. 应用

对于给定模型数据，利用褶积模型生成地震道集进行模型试算，可以得到较精确的反演结果。将该方法应用于国内某油田的实际资料，反演出的纵、横波速度和密度参数与实际测井数据相吻合，且分辨率较高。

## 3. 结论

基于差分进化算法的叠前 AVO 反演方法在模型数据及实际资料的应用结果均表明该方法是有效的，且对初始模型的依赖程度较低，有效地避免了传统反演方法易于陷入局部最优的缺陷，得到的纵、横波速度和密度参数分辨率较高，可以有效地应用于薄层预测。

本研究由中国石油大学(华东)自主创新科研计划项目(12CX06005A)资助。

### 参 考 文 献

[1] Puneet Saraswat, et al. Simultaneous stochastic inversion of prestack seismic data using hybrid evolutionary algorithm[J]. SEG Technical Program Expanded Abstracts，2010: 2850~2854.

[2] 张广智，等. 基于 MCMC 的叠前地震反演方法研究[J]. 地球物理学报，2011, 54(11): 2926~2932.

[3] 王保丽，等. 弹性阻抗反演及应用研究[J]. 地球物理学进展，2005, 20(1) : 89~92.

（17）储层地球物理

# 概率法反演技术的应用研究

# Application of probability inversion technology

王宗俊* 范廷恩 董建华 蔡文涛

Wang Zongjun　Fan Yanen　Dong Jianhua　Cai Wentao

中海石油研究总院　北京 100027

## 1．引言

地震反演技术是提高地震勘探能力，寻找复杂油气藏，搞清砂体分布规律，研究油气水关系，圈定有利油气聚集带的关键技术。油田进入开发阶段，对储层之间叠置关系及储层内部横向分布的不连续边界等储层描述的要求越来越高，而常规反演由于其垂向分辨率的限制，通常难以满足实际生产的需要。为此，本文将概率的含义引入到了储层描述中，探索了概率法反演技术，并初见成效。

## 2．概率法反演技术

概率法反演技术是对叠后地质统计学反演方法的进一步发展。该技术充分考虑了地震信息、测井信息及地质信息的不确定性，在精细地层格架约束下，通过统计分析确定概率密度函数及纵横向变程等关键参数；再利用马尔科夫链-蒙特卡洛算法（MCMC）在整个三维数据空间中进行随机扰动，结合贝叶斯后验概率公式，得到多个岩性体实现；基于多个实现综合分析获得岩性概率体；并可通过云变换获得物性体。

贝叶斯后验概率与MCMC是概率法反演的核心。假设事件$A$只能与两两互不相容事件$H_1$，$H_2$，…，$H_n$之一同时发生，且有$\sum_{i=1}^{n} H_i = \Omega$（$\Omega$为样本空间），则$A$发生后，$H_n$再发生的概率为：$P(H_i \mid A) = \dfrac{P(H_i)P(A \mid H_i)}{\sum_{i=1}^{n} P(H_i)P(A \mid H_i)}$。$P(H_i \mid A)$为贝叶斯后验概率，它反映了试验后待估量发生可能性的大小。

MCMC 的核心思想是用蒙特卡洛算法估计积分$\int_A g(t)dt$。它将积分表示成对某个概率$f(t)$下的期望，从而将积分问题转化为利用马尔科夫链从目标概率密度$f(t)$中抽取随机样本。假定样本$x = (x_1, \cdots, x_n)$和参数$\theta$的联合分布可表示为：$f_{x,\theta}(x,\theta) = f_{x|\theta}(x_1, \cdots, x_n)\pi(\theta)$。根据贝叶斯后验概率公式，可利用样本$x = (x_1, \cdots, x_n)$对$\theta$的分布更新得到后验概率$f_{\theta|x}(\theta \mid x)$。定义积分$Eg(\theta \mid x) = \int g(\theta) f_{\theta|x}(\theta \mid x) d\theta$的蒙特卡罗估计为样本均值$\overline{g} = \sum_{i=1}^{N} x_i / N$。其中$x_1, \cdots, x_n$为从马尔科夫链构造的平稳分布$f_{\theta|x}(\theta \mid x)$中抽取的随机样本。当$x_1, \cdots, x_n$独立时，由大数定律知当样本量$n$趋于无穷时，$\overline{g}$收敛到$g(\theta)$的期望$Eg(\theta \mid x)$。

## 3．应用效果

通过对我国某海域曲流河沉积油田的概率法反演研究，获得了高精度的岩性概率体和孔隙度体，有效刻画了砂体的叠置关系、横向不连续边界及储层物性的空间变化规律。充分论述了砂体叠置关系的复杂性是未来油田开发最大的不确定性，为有效规避风险，建议该油田开发以水平井为主，兼顾定向井，基础井网以定向井为主，钻穿多层落实不确定性。解决了各储量单元间油水关系矛盾及主要砂描砂体储量单元内储层变化特征等问题，为储量品质评价、油藏地质建模及开发井网的部署和井位的优化提供了有利依据。

## 4．结论建议

与常规反演相比，概率法反演岩性概率体及物性体具有更高的纵向分辨率。基于多个等概率实现的岩性概率体，有效降低了地震的多解性，可对储层进行更客观地评价。基于云变换的物性体在表征储层非均质性方面，有其独特的优势。概率法反演技术适合油气田开发阶段对储层的精细描述。

### 参 考 文 献

[1] 《现代应用数学手册》编委会. 现代应用数学手册：概率论与随机过程卷[M]. 北京：清华大学出版社, 2007.

[2] John Pendrel, et al. Geostatistical Simulation for reservoir Characterization [C].CSEG National Convention, 2004: 1~4.

（17）储层地球物理

# 基于小生境遗传算法的 BISQ 模型双相裂隙介质储层参数反演

# Inversing Reservoir Parameter of Double-phase Crack Media Based on BISQ Model by Niche Genetic Algorithm

张生强* 韩立国 韩 淼 凌 云 张 莹

Zhang Shengqiang* Han Liguo Han Miao Ling Yun Zhang Ying

吉林大学地球探测科学与技术学院 长春 130026

为了更好地寻找地下复杂介质中的油气，本文针对双相介质波动方程参数的反演问题，从介质表面位移响应的理论合成应与实际测量数据相拟合的原则出发，引入最小二乘原理和小生境遗传算法，建立起了基于 BISQ 模型双相裂隙介质的小生境多参数（孔隙度、固相密度和流相密度）联合反演算法。最后，以基于 BISQ 模型的二维半空间双相裂隙介质模型为例，进行了数值反演分析。

## 1. 基于 BISQ 模型双相裂隙介质储层参数反演问题的数学模型

本文所研究的双相介质储层参数反演问题可视为在 3 维空间 $\mathbf{p}(\rho_f,\rho_s,\phi)$ 中寻找一点 $\mathbf{p}^*(\rho_f^*,\rho_s^*,\phi^*)$，使其对应的地表介质固相位移响应的理论合成在最小二乘意义下最佳地拟合于实际测量的地表介质固相位移响应。根据最小二乘原理构造目标函数：$E(\mathbf{p})=\frac{1}{2}\left\|\mathbf{A}(\mathbf{p})-\mathbf{G}^*\right\|^2$。式中，$\|\bullet\|$ 为 L-2 范数；向量值函数 $A:\mathbf{p}\to\mathbf{G}$ 表示在双相裂隙BISQ模型中通过交错网格有限差分法正演模拟计算得到固相位移响应x分量和z分量的求解过程；$\mathbf{p}=[\rho_f,\rho_s,\phi]^T$ 为离散化的流相密度 $\rho_f$、固相密度 $\rho_s$ 和孔隙度 $\phi$ 按照一定的顺序形成的一维向量；$\mathbf{G}$ 为地表介质固相位移响应的理论合成 $x$ 分量和 $z$ 分量按照一定顺序形成的一维向量；$\mathbf{G}^*$ 是地表介质固相位移响应的实际测量数据 $x$ 分量和 z 分量按照与 $\mathbf{G}$ 相同的顺序形成的一维向量。

## 2. 小生境遗传算法

遗传算法是一种启发式随机搜索算法，它利用转移概率规则来帮助指导搜索，主要通过编码、选择、交叉和变异等操作来模拟生物物种的自适应进化过程，实现对目标函数的优化。常规的遗传算法在解决单峰值函数优化时是比较有效的，但面对储层参数反演这样一个复杂的非线性多峰优化问题时，往往收敛于局部最优解，即存在“早熟”现象。究其原因，主要是常规遗传算法的选择策略缺乏多样性保护机制。而对多峰值函数优化问题，群体中个体的多样性可以保证优化算法能够搜索出问题的所有最优解，包括局部最优解和全局最优解。为此，考虑将小生境技术引入遗传算法。小生境遗传算法根据个体间交配规则的不同，可以分为距离隔离小生境遗传算法和乱交小生境遗传算法。本文将两种思想结合起来，在岛屿模型中的每一个群体采用共享机制的选择策略。该方法的基本思想是：通过反映个体之间相似程度的共享函数来调整群体中每个个体的适应度，从而在这以后的群体进化过程中，算法能够依据这个调整后的新适应度来进行选择运算，以维护群体的多样性，创造出小生境的进化环境。

## 3. 数值模拟算例

通过推导，建立起了基于小生境遗传算法的 BISQ 模型双相裂隙介质弹性波动方程参数$\phi$，$\rho_s$和$\rho_f$反演的理论框架。为了检测此算法的正确性、有效性和稳定性，本文以二维半空间双相裂隙介质 BISQ 模型为例，进行储层参数反演的数值分析，并对比了常规遗传算法与小生境遗传算法的收敛性和反演效果。两种遗传算法的主要运行参数均选取为：种群群体规模 $N$=10；交叉概率 $P_c$=0.9；变异概率 $P_m$=0.15；最大遗传进化代数 $GEN_{\max}$=200；收敛时的最小迭代误差 $error$=$10^{-10}$。

## 4. 结论及认识

数值模拟表明：相对常规遗传算法反演，基于小生境遗传算法的 BISQ 模型双相介质储层参数反演稳定收敛，收敛速度快、反演精度高。抗噪分析表明此算法具有较强的抗噪声能力，有较好的稳定性。因此，基于小生境遗传算法的 BISQ 模型双相裂隙各向异性介质的储层参数反演方法是可行、有效的。

本研究由国家科技重大专项(2011ZX05025-001-07)资助。

（17）储层地球物理

# 基于方位各向异性弹性阻抗的裂缝介质弹性参数反演

# Elastic parameters inversion in fractured layered media based on azimuth anisotropic elastic impedance

陈怀震* 张广智 李 宁 陈 雷 印兴耀

Chen Huaizhen* Zhang Guangzhi Li Ning Chen Lei Yin Xingyao

中国石油大学（华东）地球科学与技术学院 青岛 266555

碳酸盐岩储层存在定向排列，垂直或近似垂直的裂隙时，可等效为具有垂直对称轴的横向各向同性介质。本文的研究重点是基于 Ruger 近似反射系数公式推导方位各向异性弹性阻抗表达式，并且选取方位角叠前道集进行方位各向异性弹性阻抗的反演，并结合测井和岩石物理信息约束条件，提取裂缝储层的弹性参数和各向异性参数，为碳酸盐岩裂缝储层预测提供可靠的地震信息。

**1. 方法原理**

**1) HTI 介质的方位各向异性弹性阻抗公式**

已知 HTI 介质反射系数是入射角和方位角的函数 $R_{pp}(\theta,\phi)$，可以将其表示为作为各向同性部分 $R_{pp\_iso}(\theta)$ 和各向异性部分 $R_{pp\_ani}(\theta,\phi)$。基于弱各向异性近似理论，可以将方位各向异性介质的弹性阻抗表示成各向同性弹性阻抗 $EI_{pp}^{iso}(\theta)$ 与各向异性扰动项 $\Delta EI_{pp}^{ani}(\theta,\phi)$ 的乘积。

$$EI_{pp}(\theta,\phi)=EI_{pp}^{iso}(\theta)\Delta EI_{pp}^{ani}(\theta,\phi) \tag{1}$$

当入射角 $\theta$ 小于 30°时，上式可以简化为

$$EI_{pp}(\theta,\phi)=EI_{pp}^{iso}(\theta)\exp\left\{2\left(\cos^2\phi\sin^2\theta\right)\Gamma\right\} \tag{2}$$

其中，$\Gamma$ 为表征 HTI 介质各向异性程度的参数，$\theta$ 和 $\phi$ 分别代表入射角和方位角。

**2) 弹性参数和各向异性参数反演**

对式（2）两边同时取对数，将其线性化。

$$\ln\left(EI_{pp}(\theta,\phi)\right)=\ln\left(EI_{pp}^{iso}(\theta)\right)+2\left(\cos^2\phi\sin^2\theta\right)\Gamma \tag{3}$$

碳酸盐岩裂缝储层的方位各向异性弹性阻抗可以描述为纵横波阻抗以及各向异性参数等的函数，要反演得到这些参数就需要具备不同方位角的叠前角度道集。基于方位各向异性弹性阻抗的弹性参数和各向异性参数反演流程与常规各向同性弹性阻抗反演流程相似，但引入了方位角的影响。

具体操作步骤是：提取不同方位角的三个不同入射角度部分叠加道集，首先反演出各自对应方位各向异性弹性阻抗体，再根据式（3）结合测井和岩石物理模型提供的各向异性参数的初值信息，实现弹性参数和各向异性参数的估测。

**2. 数值模拟**

根据方位各向异性弹性阻抗公式计算反射系数，生成不同方位的角度道集，添加不同信噪比的随机噪声，对叠前角度道集做部分角度叠加处理进行反演试算。将该方法分别应用于碳酸盐岩工区井数据和二维逆掩断层模型，反演出的弹性参数和各向异性参数值与模型真实值之间可以很好地吻合，能够指示裂缝储层的位置，且二维模型的横向连续性较好，反演结果满足应用要求。

**3. 结论**

碳酸盐岩裂缝发育储层表现出较强的各向异性特征。基于方位叠前角度道集提取弹性阻抗进而反演弹性参数和各向异性参数可以较好地识别裂缝发育带，判断储层位置。通过对井数据和二维逆掩断层模型的反演试算可知，弹性参数和各向异性参数估测值与真实值之间对应较好，验证了反演方法的可行性。但该方法也存在一些问题：各向异性参数初始值的获得比较繁琐，且约束条件的选取对反演方法存在影响。

本研究由国家油气重大专项（2011ZX05014-001-010HZ）、中国石油科技创新基金项目（2011D-5006-0301）和中国石油大学（华东）自主创新科研计划项目（11CX05006A）资助。

（17）储层地球物理

# 页岩气地层岩石脆性指示因子叠前反演方法

# Pre-stack inversion for rock brittleness indicator in gas shale

宗兆云* 印兴耀 吴国忱

Zong Zhaoyun Yin Xingyao Wu Guochen

（中国石油大学地球科学与技术学院 青岛 266555）

## 1. 引言

杨氏模量和泊松比是表征页岩气储集体岩石脆性的重要指示因子，而叠前地震反演是从地震资料中获取岩石力学参数的有效途径。

首先，在平面波入射等假设条件下推导了基于杨氏模量、泊松比和密度的纵波反射系数线性近似方程（YPD反射系数近似方程），该方程建立了地震纵波反射系数与杨氏模量反射系数、泊松比反射系数和密度反射系数的线性关系；其次，对该方程的精度和适用条件进行了分析；最后，建立了一种稳定获取杨氏模量和泊松比的叠前地震直接反演方法，并通过模型试算和实际资料试处理表明，基于新方程的反演方法能够稳定合理的直接从叠前地震资料中获取杨氏模量和泊松比参数，提供了一种高可靠性的页岩气地层岩石脆性地震识别方法。

## 2. 方法原理

杨氏模量（Young's modulus）是描述岩石抵抗形变能力的量。根据胡克定律，在介质弹性限度内，应力与应变成正比，比值称为岩石的杨氏模量，杨氏模量的大小表征岩石的刚性或脆性，杨氏模量主要与岩石内部结构、矿物成分、构造和孔隙度有关。

泊松比（Poisson Ratio）是指岩石在单向受拉或受压时，横向正应变与轴向正应变的绝对值的比值，是一种常用的流体指示因子。

在平面波入射等假设条件下，建立基于杨氏模量、泊松比和密度的纵波反射系数线性近似方程为，

$$R(\theta)=\left(\frac{1}{4}\sec^2\theta-2k\sin^2\theta\right)\frac{\Delta E}{E}+\left(\frac{1}{4}\sec^2\theta\frac{(2k-3)(2k-1)^2}{k(4k-3)}+2k\sin^2\theta\frac{1-2k}{3-4k}\right)\frac{\Delta\sigma}{\sigma}+\left(\frac{1}{2}-\frac{1}{4}\sec^2\theta\right)\frac{\Delta\rho}{\rho}$$

该方程建立了纵波反射系数与杨氏模量反射系数、泊松比反射系数及密度反射系数的线性关系。可称之为 YPD 近似方程。其中，$\Delta E/E$、$\Delta\sigma/\sigma$ 为杨氏模量和泊松比反射系数。

以该方程为基础，在贝叶斯反演框架下，假设待反演杨氏模量、泊松比及密度反射系数服从柯西分布，该分布假设可以最大限度提高反演分辨率，假设似然函数服从高斯分布，同时在反演目标函数中加入初始模型约束，并通过初始模型建立各道去相关矩阵，消除待反演参数见的互相关性，建立了一种 YPD-AVA 叠前地震反演方法，实现岩石模量与泊松比叠前直接反演。

## 3. 认识与讨论

氏模量和泊松比能够较好的表征岩石的脆性，评价页岩储层的造缝能力，页岩气“甜点”具有高杨氏模量和低泊松比特征，利用叠前地震反演获取杨氏模量和泊松比参数成为利用叠前地震资料进行页岩气甜点识别的重要手段。

本文在平面纵波入射条件下，由 Aki-Richard 近似出发，推导得到基于杨氏模量、泊松和密度的 Zoeppritz 近似公式（YPD 近似方程），奠定了叠前反演获取杨氏模量和泊松比的理论基础。在 YPD 近似方程基础上建立了一种稳定反演杨氏模量和泊松比的方法，模型测试表明，该方法在信噪比比较低的情况下仍能得到合理的反演结果，实际资料试处理验证了该方法在实际生产中的可行性，提供了一种从地震数据中直接提取杨氏模量和泊松比的叠前地震反演方法。

参 考 文 献

[1] Downton J E. Seismic parameter estimation from AVO inversion[M]. Calgary：University of Calgary, 2005.

[2] Zong Zhaoyun, et al., Robust AVO Inversion for Elastic Modulus and Its Application in Fluid Factor Calculatition[J]. SEG Technical Program Expanded Abstracts, Sep, 2011, 30(1): 406~411.

（17）储层地球物理

# 孔隙颗粒介质模型在碳酸盐储层中的应用

# Application of a porous grain medium model in carbonate resevoir

郭玉倩[*1,2]　曹　宏[2]　姚逢昌[2]　胡天跃[1]

Guo yuqian　Cao hong　Yao fengchang　Hu tianyue

1. 北京大学地球与空间科学学院　北京 100871；2 中国石油勘探开发研究院　北京 100083

## 1. 引言

碳酸盐岩只占沉积岩的20%，但世界范围内60%的石油和40%的天然气都储存在碳酸盐岩储层中。现在有许多经验模型和理论模型用于解决固体颗粒沉积和含有包含物的碳酸盐岩沉积。碳酸盐岩储层多以低孔渗储层为主，孔隙成因非常复杂，孔隙类型多样。因此常规的岩石物理模型在碳酸盐岩中的应用要受到诸多限制，应用效果也差强人意。

本文主要针对碳酸盐岩储层孔隙复杂的特点，借助于孔隙颗粒硬砂岩和孔隙颗粒软砂岩储层的两种孔隙度模型（Norris, 1985; Ruiz, 2009），结合不同的模量等效介质界限模型，分析碳酸盐岩储层的等效模量和速度等岩石物理参数。

## 2. 研究方法

在孔隙颗粒模型中，沉积岩是多孔弹性颗粒压实后的产物。令 $V_1$ 为弹性颗粒内孔隙体积，$V_2$ 为弹性颗粒体积，$V$ 为研究的沉积岩石总体积，假设 $\Phi_i$ 是弹性颗粒间孔隙度，$\Phi_g$ 是弹性颗粒内孔隙度，$\Phi_t$ 是总孔隙度，那么有：

$$\phi_i = (V - V_2)/V \qquad \phi_g = V_1/V_2 \tag{1}$$

由（1）式可以计算得出总孔隙度为：

$$\phi_t = \phi_g + (1-\phi_g)\phi_i \tag{2}$$

在这种模型中，介质内的颗粒孔隙形状，孔隙的长短轴之比会严重影响颗粒介质模量大小。根据等效介质相关理论，颗粒介质的等效体积模量和等效剪切模量可以利用差分等效介质模型（DEM）来计算。

一旦确定了沉积物弹性颗粒的岩石物理特性，就可以预测孔隙度及孔隙类型。在孔隙颗粒软砂岩模型中，将岩石视为颗粒的简单接触，用Hertz-Mindlin等模型来计算岩石的等效模量下界限，再用数值分析得到较为可靠的等效模量模型。而在硬砂岩模型中，则将岩石组合视为包体模型，通过Hashin-Shtrikman界限等其他的包体模型来求得岩石的等效模量上界限。

利用已知的速度密度等测井数据和地震资料进行数值分析，通过孔隙颗粒硬砂岩和孔隙颗粒软砂岩模型寻找适合该沉积岩石的最优化岩石物理模型，从而得到岩石的等效弹性模量，并进一步确定孔隙度和孔隙类型等岩石物理参数。

## 3. 数值分析及讨论

通过对这两种模型及等效介质模型试算，并结合实际测井数据分析表明，对碳酸盐储层，用孔隙颗粒硬砂岩和孔隙颗粒软砂岩模型计算得到的速度上下限，较其他Wyllie时间平均方程等效果要好，实际测量的速度大多都在此范围内。能够分辨出不同岩性的孔隙度和速度分布范围不同，结合实际测井资料表明此模型在四川某地碳酸盐储层中较为可靠。

本项研究由国家自然科学基金资助（40974066）。

### 参 考 文 献

[1] Kachanov M. On the effective elastic properties of cracked solids—Editor's comments[J]. Letters in Fracture and Micromechanics, 2007,146: 295~299.

[2] Norris N. A differential scheme for the effective moduli of composites[J]. Mechanics of Materials, 1985, 4: 1~16.

[3] Ruiz F, et al. Sediment with porous grains: Rock-physics model and application to marine carbonate and opal[J]. Geophysics, 2009, 74: E1~E15.

（17）储层地球物理

# 基于多学科的有机碳含量预测综合研究

# Study on the prediction of Total Organic Carbon (TOC) based on multi-disciplinary

曹思远 张 奕

Cao Siyuan* Zhang Yan

中国石油大学(北京)地球物理与信息工程学院 北京 102249

页岩气的勘探开发是目前油气勘探关注的热点领域。在我国，页岩气的远景资源量高达 31 万亿立方米。研究表明，页岩气的生气率与有机碳含量具有较好的正相关性，准确预测有机碳含量对于页岩气的资源评价具有重要的意义。但是，储层的非均质性使得描述有机碳三维空间展布成为一个难题。本研究综合利用地质、地球化学和地球物理方法，分析有机碳空间展布形态，并在北黄海盆地取得了良好的实际应用效果。

**1. 研究方法**

**1) 利用核主成分分析法选择优势测井曲线**

主成分分析是从属性参数中筛选出彼此独立的变量，通过线性组合的方式来表征一种新的变量。它对于线性关系具有较好的处理效果。核主成分分析就是通过引入某种变换函数，将非线性关系转化为线性关系，随之利用主成分分析的方法确定最相关的属性组合。这种方法的优势在于只需在原空间进行点积运算，而并不需要确定非线性变换的具体形式。只要选取适当的核函数，主成分的贡献量就可以达到85%以上，可避免经过主成分分析得到的各主成分的贡献率过于分散的问题。核主成分分析的关键之处在于并不用给出输入空间的映射，而是用核函数来代替这种非线性关系。

**2) 利用小波神经网络的方法预测烃源岩的空间展布**

小波神经网络是一种以小波基函数为神经元激励函数的前馈网络模型，具有良好的模式分类能力和函数逼近能力。实验表明，有机碳和声波阻抗之间存在着非线性关系，有机碳含量的变化对应着不同的测井响应。选择大套稳定的泥岩层作为研究对象，综合利用地球化学分析和测井资料，并根据改进的$\Delta \log R$方法求得有机碳含量(TOC)。

首先，对测井曲线和 TOC 剖面进行核主分量分析，选择对于有机碳含量影响最大的测井曲线作为网络学习的样本道，TOC 作为输出层，通过训练方式得到属性参数和有机碳含量之间的权重组合关系，并将这种关系应用到叠后反演得到的数据体中，得到有机碳含量的空间展布形态。

**2. 实际资料应用效果分析**

北黄海盆地位于山东半岛、辽东半岛和朝鲜半岛之间，属于中新生代的断陷盆地。中生界主要为湖相沉积，沉积稳定，有机质丰度较高，规模较大，具有良好的生烃潜力，发育有上侏罗和下白垩两套主要的生油层系。该区具有 11 口井资料和三维地震资料，将 404 井、606 井、610 井、LHIV18-2-1 井、LHIV18-3-1 作为分析井，将其余井作为检验井。然后选择 Gauss 径向基函数为核对井数据和地化数据进行核主分量分析，确定声波曲线、密度曲线、GR 曲线和电阻率曲线作为网络测试样本，TOC 剖面作为输出层，通过网络训练得到权重组合，将其应用到反演得到的数据体上，得到有机碳的空间展布关系。根据所得到的 TOC 体，可以初步判断上侏罗烃源岩的厚度约为 800 米左右，是一套具有良好的生烃能力的烃源岩，与地质研究结果具有很高的吻合度。

**3. 结论**

页岩气勘探开发一直处于探索阶段，尤其在测井资料较少的区域，很难估计页岩气的资源量。本文多视角地综合利用地球化学、测井以及地球物理方法，通过核主分量分析来确定影响源岩分布的主导因素，通过神经网络的方法和反演技术将点数据扩展的三维空间，构建出源岩空间形态，并在实际资料中取得较好的效果。当地震资料品质较高，测井资料越多，工区面积适当，构造较为简单时，该方法的应用效果较好。

### 参 考 文 献

[1] 印兴耀，等．基于核主分量分析的地震属性优化方法[J]．石油地球物理勘探，2008，43(2)：179~183．

[2] 张惠珍，等．地震多参数神经网络储层油气预测中的参数优化[J]．物探化探计算技术，2007，29(5)：420~424．

（17）储层地球物理

# 二氧化碳地质封存的数值模拟和地震监测研究

# Numerical Simulation and Seismic Monitoring Research of Carbon Dioxide Capture and Geological Sequestration Problem

郝艳军* 杨顶辉

Yanjun Hao Dinghui Yang

清华大学数学系 北京 100084

近年来，二氧化碳的捕获和封存技术（CCS）已经成为减少 $CO_2$ 排放的重要方法。经过二十多年的发展，美国和欧盟等国家或地区已有上百个二氧化碳捕获、封存和驱油的研究示范项目，并且已经制定了相关的 CCS 技术发展路线图和一系列法律法规。最具代表性的项目是由 Statoil 及其合作者在挪威 Sleipner 天然气田的 Utsira 深部咸水层进行的 CCS 项目。此项目开始于 1996 年，是世界上第一个商业 CCS 项目，将 $CO_2$ 从天然气中分离出来，注入到北海海底约 800 米的深部咸水层中。该项目每年注入约 1Mt$CO_2$，计划实施 20 年，总封存量达到 20Mt$CO_2$。CCS 的目的是将二氧化碳安全、长时期地封存于地下，与大气层隔离，从而达到减轻温室效应的目的。为了达到安全和长时期封存的目的，需要确定适合封存 $CO_2$ 的储层，明确长时间封存 $CO_2$ 的变化规律以及进行长时期的监测。

$CO_2$ 的封存方式有地质封存、海洋封存和矿化封存，其中地质封存是最有潜力的封存方式。地质封存适合在三种地点进行：枯竭油气田、不可开采的煤层和深部咸水层。封存地点应该尽量选择得使 $CO_2$ 处于超临界状态，因为此时 $CO_2$ 的密度接近于水，可以增加封存量。$CO_2$ 的临界温度为 31℃，临界压力为 7.4Mpa，这样的条件在深度在八百米以上的地层即可满足。储层需要有一个低渗的盖层（caprock）以阻止 $CO_2$ 在浮力的作用下向上运移，并且应该具备高的孔隙度和渗透率以保证封存量。

本文建立了一个描述 $CO_2$ 封存的多场耦合模型，并模拟了在模型储层的封存过程中 $CO_2$ 的演化过程。$CO_2$ 被封存于地下之后，有四种存在方式：游离存在于储层中、形成残余气、溶解于地下流体、与原生矿物发生化学反应形成次生矿物。鉴于大规模现场试验和岩心实验的局限性，数值模拟被认为是研究大规模地下封存 $CO_2$ 的长时间演化的最好方法。一个完整的模型包括质量、动量和能量守恒方程，以及应力场方程和储层矿物的化学反应方程。模型需要考虑许多因素，包括流体流动、$CO_2$ 溶解和相变、水中的溶质种类和溶解速率、化学反应速率等等因素。流体流动是由达西定律描述的，方程中要考虑相对渗透率的影响，相对渗透率导致了残余气的形成。超临界 $CO_2$ 的密度、粘度等物理量对于温度和压力的变化十分敏感，所以不可避免地要考虑储层的温度变化。另外，大量的 $CO_2$ 注入地下会引起原始应力的改变，并且应力会随着时间变化，所以为了考虑储层的安全性，也需要模拟应力场。长时间的封存会导致 $CO_2$ 和储层矿物的化学反应，已有研究表明这一因素不可以被忽略。数值模拟可以估计封存 $CO_2$ 的长时期演化行为，明确 $CO_2$ 的封存特征，考察泄漏的风险，并为封存地点的选取等问题提供依据。

$CO_2$ 封存于地下后，为了考察流体分布和预防泄漏，需要在很长时期内对储层进行监测。监测方法包括地震方法、重力法、磁力法以及示踪剂等地球物理和地球化学方法。综合各种方法来看，地震方法由于其适应范围广，可以用于不同的地质条件，以及可以达到很高的时间和空间分辨率等原因，是最有效的监测方法。地震方法包括四维地震、井间地震以及 VSP 等方法，其中四维地震已在挪威 Sleipner 封存项目中进行了多次尝试，并取得了很不错的效果，可以广泛应用于 $CO_2$ 封存的监测。四维地震是通过在不同时期对储层作三维地震监测，通过地震属性的变化研究储层流体的变化。因此我们以 Biot-Squirt 模型为基础，把封存过程的数值模拟结果和岩石物理模型相结合，研究地震波速度和衰减等储层地震属性随时间的改变，并通过地震模拟以及合成地震记录等方法研究了四维地震的可行性。结果表明，$CO_2$ 的注入使得储层岩石的波速、衰减、振幅以及岩石泊松比等各种地震属性发生改变。通过比较不同时期的储层响应以及对地震属性随时间的变化进行解释，可以对储层进行实时监控，达到监测流体变化和预防 $CO_2$ 泄露的目的。

本研究得到国家杰出青年科学基金项目（40725012）的资助。

（17）储层地球物理

# 基于多点地质统计学的多源信息融合方法

# The method of combing information from diverse sources based on MPS

王芳芳* 李景叶 陈小宏 包 全

Wang Fangfang* Li Jingye Chen Xiaohong Bao Quan

中国石油大学（北京）海洋石油勘探国家工程实验室 北京 102249

## 1. 前言

多点地质统计学（MPS）考虑了地质变量多点间的相关性，应用“训练图像”表达地质变量的空间结构，来表征复杂结构的空间形态。综合多源信息建模是目前油藏建模的热点问题之一，应用 MPS 可联合测井、地震等多源信息，进而提高储层建模的精度。本文详细论述 MPS 多源信息融合的基本原理，然后借助 S-GeMs 软件进行了 MPS 整合地震数据的模型处理试验，对该方法进行了有效验证，结果表明该方法在忠实于井数据的基础上，能更好地再现目标体的空间展布。

## 2. 方法原理

考虑对未知变量 $A$ 进行刻画，已知先验概率 $P(A)$和多源信息 $D_1$，$D_2$，…，$D_n$。在单一数据 $D_i$ 下变量 $A$ 的条件概率为 $P(A/D_i)$，多源信息融合就是利用先验概率 $P(A)$、单一条件概率 $P(A/D_i)$获得多源联合后验概率 $P(A/D_1, \cdots, D_n)$。定义数据概率比例 $x_1$，$x_2$，……，$x_n$ 及目标比例 $x$：

$$x_0 = \frac{1-P(A)}{P(A)},\quad x_1 = \frac{1-P(A|D_1)}{P(A|D_1)},\quad \cdots,\quad x_n = \frac{1-P(A|D_n)}{P(A|D_n)},\quad x = \frac{1-P(A|D_1,\cdots,D_n)}{P(A|D_1,\cdots,D_n)} \tag{1}$$

Journel(2002)提出了 Tau 模型：

$$\frac{x}{x_0} = \prod_{i=1}^{n}\left(\frac{x_i}{x_0}\right)^{\tau_i} \tag{2}$$

当只有两种数据测井数据 $D_1$，地震数据 $D_2$ 时，Tau 模型可以简化为：

$$\frac{x}{x_1} = \left(\frac{x_0}{x_2}\right)^{\tau} \tag{3}$$

当 $\tau > 1$ 时，将提高地震数据的影响；当 $\tau < 1$ 时，将降低地震数据的影响；当 $\tau = 1$ 时，测井数据与地震数据影响相等。在综合地震数据时，需要给予地震数据合适的权重。当测井数据信息量较大时，能较好地刻画储层结构，可以降低地震数据的影响；当测井数据信息量较少时，可以提高地震数据的影响。对于测井数据信息量的多少，Liu 和 Journel（2004）提出用信息度刻画。

应用 MPS 整合地震数据的思路是：首先，应用地震数据 $D_2$ 获取未采样点取值为 $A$ 的条件概率分布 $P(A/D_2)$。在整合地震数据前，需要对地震数据进行聚类处理，得到优化的地震属性，以提高地震概率图质量。其次，基于训练图像获取测井数据 $D_1$ 条件下未采样点取值为 $A$ 的条件概率分布 $P(A/D_1)$。然后，将这两个概率合并为一个联合条件概率 $P(A/D_1,D_2)$，需给予地震数据合适的权重。最后，应用联合条件概率获取未采样点的模拟值。

## 3. 结论

本文开展了基于 MPS 的多源信息融合方法研究，给出了基于 Tau 模型的信息融合方法的基本原理。然后以 MPS 整合地震数据为例进行了详细分析，并应用 S-GeMs 软件对合成数据进行了测试。MPS 考虑空间多点的相关性，能很好地对地质形态进行重建，具有很好地发展前景；应用 MPS 方法整合地震数据能提高模拟结果的横向分辨率。对于地震数据的综合，地震数据权重的获取缺少定量判别标准，需要进一步研究。

本研究得到国家自然科学基金项目（41074098）资助。

## 参 考 文 献

[1] Journel A. Combining knowledge from diverse sources: An alternative to traditional data independence hypotheses[J]. Mathematical geology, 2002, 34(5): 573~596.

[2] Liu Y, et al. Multiple-point simulation integrating wells, three-dimensional seismic data, and geology[J]. AAPG bulletin, 2004, 88(7): 905~921.

（17）储层地球物理

# 含气碳酸盐岩储层横波速度估算方法研究

# S-wave velocity estimation in gas-bearing carbonate reservoirs

刘欣欣*　印兴耀

LiuXinxin　Yin Xingyao

中国石油大学(华东)地球科学与计算学院　青岛 266580

## 1. 引言

碳酸盐岩储层的岩性和孔隙结构非常复杂，而孔隙形状和结构是影响碳酸盐岩速度的重要因素，如果不能对碳酸盐岩孔隙微结构做出合理的近似，则无法求取合理的纵横波速度值。基于岩石物理的理论和方法是估算地震横波速度的重要手段。但是相关理论及经验公式都有其相应的假设条件和适用性条件，要得到普遍适用的岩石物理理论和模型非常困难甚至是不可能的。因此，研究准确合理的适于碳酸盐岩储层横波速度估算的理论和方法具有十分重要的意义。

## 2. 横波速度估算的原理和方法

针对碳酸盐岩储层岩性和孔隙结构的复杂性，采用不同的岩石物理理论和等效模型分别计算碳酸盐岩储层的岩石基质、干燥岩石骨架以及饱和岩石的等效弹性模量，进而计算碳酸盐岩储层的横波速度，重点考虑岩石孔隙微结构和孔隙流体的影响。

孔隙微结构特性是影响碳酸盐岩弹性性质的重要因素。使用孔隙纵横比描述孔隙形状。考虑到碳酸盐岩中孔隙的形状和连通性，将孔隙系统等效划分为四种类型：孔洞，代表坚硬的近圆形孔隙或溶洞；粒间孔隙，代表受岩石组构控制的晶间孔、颗粒间孔等原生孔隙；微裂隙，代表岩石中柔软的孔隙；泥质孔隙，主要代表含束缚水或不连通的孔隙。由于缺少岩心或实验数据，因此假设孔隙纵横比为固定值。对于泥质孔隙，取其纵横比为 0.04，使用泥质含量对总孔隙度进行加权计算其孔隙度。对于孔洞、粒间孔隙和微裂隙，取其纵横比分别为 0.8、0.15 和 0.05，为求取三种孔隙的孔隙度，建立目标函数：

$$E(\mathbf{\Phi}) = \left\| V_P^M - V_P^E(\mathbf{K};\mathbf{U};\mathbf{F};\mathbf{A};\mathbf{\Phi},\phi_{cl};\rho_s;S_f) \right\| \tag{1}$$

其中，$\mathbf{K}=(K_1,K_2\cdots K_N)$、$\mathbf{U}=(U_1,U_2\cdots U_N)$ 和 $\mathbf{F}=(f_1,f_2\cdots f_N)$ 分别为 $N$ 种矿物组分的体积模量、剪切模量和体积分数；$\mathbf{A}=(\alpha_{vu},\alpha_{in},\alpha_{cr},\alpha_{cl})$ 为四种孔隙的纵横比；$\mathbf{\Phi}=(\phi_{vu},\phi_{in},\phi_{cr})$ 为待求的孔洞、粒间孔隙和微裂隙的孔隙度，$\phi_{cl}$ 为泥质孔隙的孔隙度；$S_f$ 为流体饱和度，$\rho_s$ 为饱和岩石的密度；$V_P^M$ 为实测纵波速度，$V_P^E$ 为计算的岩石纵波速度。对上述非线性多元函数，使用自适应遗传算法进行求解。为了减少多解性，计算实测纵波速度与 Wyllie 时间平均方程计算的纵波速度的差值，统计工区正、零、负速度差值样点数的比例，作为遗传算法初始种群中孔洞、粒间孔隙、微裂隙孔隙度的比值。

根据求取的孔隙微结构参数，使用 Kuster-Toksöz 模型计算干燥岩石的弹性模量。Gaussman 方程假设岩石宏观上均匀分布，孔隙之间相互连通，在孔隙流体不均匀饱和的岩石中，其适用性受到一定的限制。不同斑块内的流体饱和状态不同，当岩石渗透率较低或含水饱和度增大时，在完全饱和的斑块和未完全饱和的斑块之间孔隙压力无法达到平衡，从而使岩石骨架硬化，导致岩石体积模量增大。为此，使用斑块饱和模型计算含气时饱和岩石的弹性模量，进而计算碳酸盐储层横波速度。

## 3. 实际资料应用效果分析

对某碳酸盐岩工区的实际测井资料进行横波速度计算，得到的孔洞、粒间孔隙、裂隙以及泥质孔隙的纵横比和孔隙度，该孔隙微结构是实际岩石孔隙系统的等效近似，可以在一定程度上反映岩石中不同形状孔隙的构成情况。最终估算的横波速度与实测值的相关系数为 0.94。计算得到的纵横波速度以及泊松比与实测值的吻合程度较高，而且与实测值的误差接近于正态分布。证明了方法的有效性。如果结合测井解释信息，可以进一步进行岩性或含流体性质的岩石物理分析，为地震反演或解释提供有利的帮助和指导。

## 参考文献

[1] White J E. Computed seismic speeds and attenuation in rocks with partial gas saturation[J]. Geophysics, 2002, 67: 1406~1414.
[2] Yin X, et al. Estimation of S-wave Velocity in Carbonate Rocks Using the Modified Xu-White Model[J]. EAGE 2011.
[3] Kumar M, et al. Pore shape effect on elastic properties of carbonate rocks[C]//Expanded Abstract of 75th Annual International SEG Meeting, 2005: 1477~1480.

（17）储层地球物理

# 基于三维构造复原理论的潜在断层预测方法研究

# A study of subseismic faults prediction, based on 3D structural restoration

鲜 地 张义楷 范廷恩

Xian Di Zhang Yikai Fan Tingen

中海油研究总院 100027

受三维地震资料分辨率的限制，一些由于局部变形而产生的小断层不能在地震剖面上进行有效识别，这类难以识别的断层被称为潜在断层，而这类断层往往是影响油田后续开发的重要不确定因素之一。为了满足油田开发对断层解释精度的需求，针对海上钻井少，地质资料有限的条件，本文探索了基于构造复原理论的潜在断层预测方法。

**1. 潜在断层预测方法**

Laurent Maerten 最早提出建立三维构造模型可以预测小型断层[1]。这种潜在断层预测方法是通过对三维构造模型的构造复原模拟，获得构造的应变特征及参数，从而实现对潜在断层预测。基于该理论，潜在的小型断层是受区域应变控制的，而主控的应变是由位移量 10～100m 的大型断层累积结果。因此，这种潜在断层预测方法的关键是在于分析大型断层的演化和及其运动学过程。

在拉张构造环境的构造复原模拟，主要采用斜剪切算法。斜剪切算法主要采用两个参数：斜向剪切角 α 和复原的运动模式。而预测潜在断层主要是依据三维构造复原获得潜在断层预测的应变参数 E1。

**1）斜向剪切角 α**

斜向剪切角 α 是指斜向剪切方向与垂直方向所夹的锐角。在潜在次级断层的方位预测中，可以认为上盘地层的斜向剪切角是次级断层最易发生的方位。一般来讲，斜向剪切角的选取可根据主断层派生的次级断层的产状来确定。

**2）构造复原的运动模式**

构造复原的运动模式通常有两种，其中 Heave 模式适用于断层上盘的水平运动，即设定为固定断距且只考虑上盘的运动；Join beds 模式允许使用者将两盘沿断层接合，即不固定断距，考虑上下盘的运动。

**3）应力与应变分析**

复原构造活动发生初期沉积层变形以及该构造活动的构造特征（如应变应力特征），可以帮助研究人员认识应变集中区域，从而为潜在断层预测提供依据[2]。线应变 E 是指物体内某方向单位长度的改变量。

$$E=\Delta L/L_0$$

$\Delta L=L-L_0$，$L_0$ 变化后的前的长度，$L$ 是变化后的长度。$E>0$，表示伸展应变；$E<0$，表示挤压应变。

E1 与安德森模型的 σ3 同轴，平行于最大拉伸方向，称为最大主应变。拉张条件下，潜在断裂的走向垂直于最大拉伸方向，所以可以运用 E1 预测潜在张性断层。

**2. 应用效果分析**

这套潜在断层预测方法结合 K 和 E 两个油田实例开展了潜在断层预测研究，总结了基于构造复原理论的潜在断层预测方法，并给出了方法的适用范围。研究的结果表明，这套方法对拉张环境下的潜在断层预测比较有效，在 K 和 E 两个油田分别预测出 5 条和 10 条潜在断层，在地震剖面的对应位置反射层有微小转折，验证了这套预测方法的可靠性。

**3. 结论**

基于三维构造复原理论预测潜在断层是比较有效的方法。对于包含边界主断层的工区，选取 Heave 运动模式，可以对边界主断层附近的潜在断层进行有效预测；对于由一系列次级断层控制的工区，选取 Join beds 运动模式，按照由新到老的顺序对断层的上盘进行三维构造复原，可以对断层间的潜在断层进行预测。

**参 考 文 献**

[1] Laurent Maerten, et al. Three-dimensional geomechanical modeling for constraint of subseismic fault simulation[J]. AAPG Bulletin, 2006, 90(9): 1337~1358.

[2] Lohr T. et al. Prediction of subseismic faults and fractures: Integration of three-dimensional seismic data, three-dimensional retrodeformation, and well data on an example of deformation around an inverted fault[J]. AAPG Bulletin,2008, 92(4): 473~485.

（17）储层地球物理

# 沉积旋回体地层响应的时频特征库

# The Time and Frequency Storeroom of Sedimentary Cycle Stratum Response

曹思远* 邱林林

Cao Siyuan* Qiu Linlin

中国石油大学(北京)地球物理与信息工程学院 北京 102249

## 1. 引言

对于沉积旋回体地层，地震波穿过旋回体地层时，由于地层特性的不同，产生不同的地震响应，对地震响应(即地震记录)进行时频分析，找出地震响应的时频特征随地层特性的变化规律，从而建立地层响应的时频库，为储层预测提供依据。

## 2. 研究方法

(1) 时频分析的方法有很多种，我们采用小波变换的时频分析方法传统的傅里叶变换是对整个信号作变换，得到的频谱各个分量仅反映整个信号长度内平均意义下简谐波的振幅和相位。为了能得到不同时段上信号的频谱，又提出了加上一个窗函数的傅里叶变换，即短时傅里叶变换。但短时傅里叶变换不具有自适应性，即窗函数一旦确定，窗口大小也就随之确定。然而，在实际应用中，对时变信号的分析，总希望时频窗口具有自适应，即根据分析的需要自动改变时宽和频宽的大小，因此就产生了具有自适应性的时频窗口的小波变换分析方法。

(2) 建立不同的地层模型，采用雷克子波进行激发，得到不同地层模型下的地震记录；对其进行时频分析，提取地震属性－频率重心、振幅重心、频率中心和频率半径，分析地震属性特征随地层模型特性的变化规律。

## 3. 实际沉积旋回体地层

对于实际的旋回地层，地层有正旋回和反旋回之分。由正旋回和反旋回还可组合出多种沉积旋回。我们分析了六种沉积旋回地层：正旋回沉积地层、反旋回沉积地层、反—正旋回沉积地层、正—反旋回沉积地层、反—反沉积旋回地层及正—正旋回沉积地层。对这六种沉积旋回体地层时频分析及属性提取，得到了相应的时频谱特征。

## 4. 结果分析

通过对不同地层模型和实际沉积旋回地层的时频特征分析，我们得到了以下结论：

(1) 对所有沉积旋回地层，其时频特征值随地层厚度的增大而减小，即薄层对应高频，厚层对应低频；

(2) 不论是正旋回沉积地层还是反旋回沉积地层，其频率重心和频率中心曲线走向基本一致，都是随着地层厚度的增大而减小，并且频率中心要比频率重心大；

(3) 对于正旋回沉积地层，振幅重心曲线有个峰值，在峰值左侧，振幅重心随着地层厚度的增大而增大，在峰值右侧，振幅重心随着地层厚度的增大而减小。然而对于反旋回沉积地层，振幅重心曲线也有个峰值，但在峰值两侧振幅重心随地层厚度的变化特征刚好与正旋回沉积地层相反；

(4) 正旋回沉积地层的频率半径曲线有个谷值，在谷值左侧，频率半径随着地层厚度的增大而减小，在谷值右侧，频率半径随着地层厚度的的增大而增大。而反旋回沉积地层的频率半径曲线变化特征刚好与之相反；

(5) 对于其他沉积旋回地层地震属性变化特征，主要取决于正反旋回地层的组合形式。

**参 考 文 献**

[1] 刘传虎，等．时频分析方法及在储层预测中的应用[J]. 石油地球物理勘探 1996，31(增刊 1)：11～20.

[2] Philippe S, et al. Seismic sequence analysis and attribute extraction using quadratic time-frequency representations[J]. Geophysics, 2001, 66 (6) :1947~1959.

[3] Chakraborty A, et al. Frequency-time decomposition of seismic data using wavelet-based methods[J]. Geophysics, 1995, 60(6): 1906~1916.

（17）储层地球物理

# 含气储层的时频特征分析

# Time-frequency Properties of Gas-bearing Reservoir

曹思远[1*] 白利娜[2] 邵冠铭[1] 王晓刚[1]

Cao Siyuan[*] Bai Lina Shao Guanming Wang Xiaogang

1. 中国石油大学（北京）CNPC 物探重点实验室 北京 102249; 2. 延长石油集团油气勘探公司 陕西 710000

随着地震勘探开发技术的不断发展，地震勘探的领域已经由构造油气藏逐渐转向岩性油气藏、深层油气藏等复杂油气藏。地震勘探中接收到的地震记录，由于受到地下介质的衰减吸收等因素的影响，地震波动力学特征具有时变特性。目前，如何从这些时变非平稳地震信号中提取出与含油气储层密切相关的属性，进而为储层的勘探开发提供有力支持，这一研究方向已成为地震勘探领域的一个重要部分。基于此，本次研究拟通过对含气储层的信号进行时频分解，并提取一系列的时频域属性（或组合属性），从而获取含气储层的有效指示信息，为储层预测及油藏描述提供有力依据。

**1. 研究方法**

利用现有的高精度多尺度时频分析方法（基于 Morlet 小波的小波变换和基于宽带 Marr 子波的广义 S 变换），并结合频率重心、频率半径、频率中心、振幅重心等时频域统计性定量计算公式，定量提取时变地震记录与测井曲线数据的时频特征属性。与此同时，将各时频属性推广至多级属性以及作适当的属性组合。首先，通过对 Marmousi 模型叠前数据的试处理结果分析，得出时频特征属性对含气储层具有较好指示作用的结论，如频率中心、频率半径和振幅中心等。然后，将这一套处理流程分别应用于实际测井数据和地震资料，提取两者相应的频率、振幅属性、多级属性及组合属性曲线，进而生成时频域属性剖面，利用时频属性剖面进行储层的含气性预测及油藏描述。

**2. 实际资料分析**

墨西哥湾深水区域格林峡谷 473 区块的 King Kong 气田，因该区块的唯一一口生产井而定名为 King Kong，该区储层埋深约为 10800～12400ft，在地震剖面上位于时间深度约为 4s 左右的位置处，横向上反射同相轴的连续性较好，且具有明显的局部“亮点”，其中包含有两对波谷-波峰同相轴。钻井资料显示，King kong 井的含气储层为上下两套第三系浊积砂岩，分别命名为 Sand A 和 Sand B。其中，Sand A 砂层内纵波阻抗变化较小，储集层的物性较好；Sand B 砂层为向上颗粒逐渐变粗、孔隙填充、泥质含量逐渐增加的岩性渐变层，纵波阻抗纵向变化大，储集层的物性差。如果只是根据测井曲线和地震剖面来直接判断，很难得到有力的储层有效信息。

**3. 结论及分析**

通过测井数据的多级时频属性曲线和地震数据的属性剖面，再结合实际钻井结果，得出以下结论：

（1）通过地震数据的时频属性剖面分析发现：振幅属性在含气储层处一般呈现高值异常，而频率属性（频率中心、频率半径等）在储层下方存在低值异常；对振幅和频率属性进行适当的组合，组合属性对含气储层的指示性更明显，由此圈定的气层有利分布区更符合实际油气分布。

（2）测井曲线的时频属性分析结果显示：二级属性与一级属性的趋势走向基本一致，而且在含水砂岩和含气砂岩处电阻率属性曲线与电阻率实测曲线变化特征基本一致，均表现为高值异常；其余的属性值曲线在含水砂岩和含气砂岩处的表现均与其各自曲线相反，即为高值异常。另外，将测井曲线的属性进行相应的组合可得到更明显的响应特征。

理论分析和实际处理效果表明，测井曲线的时频域属性响应特征是由于测井数据本身遇含气储层而造成的异常，变化规律具有统计性，具有一定的实际指示作用；而对于地震数据，振幅属性的高值异常是由于气藏与上下围岩之间强烈的波阻抗差异（即强反射系数）造成的，而频率属性的异常则是由于气藏较强的吸收衰减作用引起的。但同时，即使是高精度的时频分析工具，也具有有限的时域分辨率，当存在薄互层时，时频分析的结果是多层复合的结果，根据时频属性进行储层分析存在一定的陷阱。

## 参 考 文 献

[1] Cohen L. Time-Frequency Analysis[J]. New Jersey: Prentice-Hall, Englewood Cliffs, 1995, 30(4): 29~45.
[2] Pendrel J. The new reservoir characterization[J]. CSEG Recorder:Special edition. 2006, 31(5): 104~109.

（17）储层地球物理

# 基于分数域广义平滑伪 Wigner-Vile 分布的地震信号时频分析

# Seismic signal time-frequency analysis based on generalized smoothing pseudo Wigner-Vile distribution in fractional domain.

陈颖频[1] 彭真明[1]

Yingpin Chen Zhenming Peng

电子科技大学光电信息学院 成都 610054

## 1. 引言

随着地震资料流体识别技术研究的深入发展，利用谱分解技术进行流体识别受到了越来越多的关注。分数域频谱成像技术是一种新兴时频分析技术，它充分利用分数阶傅里叶变换（FrFT）的时频旋转性，在旋转中能有效打破原信号固有时频带宽积的束缚，故而能有效提高谱分解的时频分辨率。本文通过研究 FrFT 的时频旋转性，将 FrFT 推广到二次时频中，充分结合双线性时频分析技术与分数域时频分析技术提出一种广义平滑伪 Wigner-Vile 分布，并将其应用到地震信号处理中，并给出基于分数域广义平滑伪 Wigner-Vile 分布的地震信号谱分解技术的详细步骤。

## 2. FrFT 与基于广义时频带宽积的最优 STFT

FrFT 可以理解为时频面上的旋转[1]，由于旋转后的信号时频聚集性将会发生改变，所以可以通过 FrFT 的时频旋转性改善时频聚集性，短时傅里叶变换及 FrFT 旋转性如公式（1）所示，

$$STFT_x(t,f)=\int_{-\infty}^{\infty}x(\tau)g(\tau-t)e^{-j2\pi f\tau}d\tau \tag{1a}$$

$$STFT_x(t,f)=R_\alpha\{STFT_{x_p}(t,f)\},\ x_p(t)=\int K_p(t,t')x(t')dt \tag{1b}$$

其中，$K_p(t,t')$ 为 p 阶 FrFT 变换核，$x_p(t)$ 表示对信号做 p 阶 FrFT，$R_\alpha$ 表示时频坐标轴逆时针旋转 $\alpha$ 角度，$p$ 和 $\alpha$ 的关系为 $\alpha=\pi p/2$。

文献[2]根据这种旋转关系提出广义时频带宽积(GTBP)的定义，定义如下，

$$GTBP\{x(t)\}=\min_{0\le p<4}\ \mathrm{TBP}\{x_p(t)\} \tag{2}$$

其中 $\mathrm{TBP}\{x_p(t)\}$ 为信号 $x_p(t)$ 的时频带宽积，用于表征信号时频聚集性，TBP 越小则时频图越聚集。由于 $x_p(t)$ 的时频带宽积有可能小于 $x(t)$ 的时频带宽积，所以可以通过将时频图旋转到最优角度做时频分析（该旋转角度下具有最小的时频带宽积），然后再利用式（1b）旋转回原来是时频位置，就能获得时频聚集性优于普通时频方法的时频图，这对油气勘探有重要意义。

文献[2]正是利用这样一个思想推导出基于 GTBP 的最优窗函数 $g_{GTBP}(t)$，定义如下，

$$\begin{aligned}g_{GTBP}(\tau)=&K\exp(-j\pi\tau^2(\cot(\alpha)(\gamma^2-1)/(\gamma^2+\cot^2\alpha)))\\&\cdot\exp(-\pi\tau^2(\gamma\csc^2\alpha)/(\gamma^2+\cot^2\alpha))\end{aligned} \tag{3}$$

其中，$\alpha$ 是通过式（2）找到的最优角度，$\gamma$ 是 $x_p(t)$ 带宽和时宽的比值，$K=\sqrt{(1+j\cot\alpha)/(\gamma+j\cot\alpha)}$。

从（3）式可知，由于基于 GTBP 准则的加窗短时傅里叶变换能通过信号本身的时宽和带宽自适应地改变窗函数形状，这种思想对于复杂油气藏的时频分析有重要意义。下面将介绍平滑伪 Wigner-Vile 分布，并通过对比其时域平滑窗函数与短时傅里叶变换的时域窗函数，提出一种基于 FrFT 旋转性的广义平滑伪 Wigner-Vile 分布。

## 3. 平滑伪 Wigner-Vile 分布

Wigner-Vile 分布具有很高的时频聚集性，但存在严重的交叉项，限制了其在地震信号时频分析中的应用， 在实际应用中，通常要先将信号映射到频域去除交叉项，然后恢复到时域做二次时频分析，这类时频分析通常被称为 Cohen 类二次时频技术。

平滑伪 Wigner-Vile 分布[3]（Smoothing Pseudo Wigner-Vile, SPWV）对 Wigner-Vile 分布做时域和频域的平滑，它保留了 Wigner-Vile 分布的很多优良性质，同时又去除了 Wigner-Vile 分布中严重的交叉项，然

而由于加权了窗函数，一定程度上降低其时频分辨率。

SPWVD 定义如下，

$$SPWVD_x(t,\mathrm{f})=\int_{-\infty}^{+\infty}h(\tau)\int_{-\infty}^{+\infty}g(s-t)x(s+\frac{\tau}{2})x^*(s-\frac{\tau}{2})e^{-j2\pi f\tau}dsd\tau \qquad (4)$$

注意到 SPWV 并不像其他二次时频分布要先将信号映射到频域去除交叉项后再恢复到时域做时频分析，SPWV 直接在时域上平滑信号，在大批量地震信号处理中将节省大量时间。综上所述，SPWV 一方面能有效去除交叉项，另一方面，相比一般 Cohen 类，其运算效率具有明显优势，因此 SPWV 在地震信号处理中有较高的工程应用价值。式（4）中，$h(\mathrm{t})$ 和 $g(t)$ 是分别是频率窗函数和时间窗函数，频率窗函数用于去除频率交叉项，时间窗函数用于去除时间交叉项并对信号做时域上的局部平滑，这类似于短时傅里叶变换中的时域加窗效果，如式（1a）所示。虽然 SPWV 能很好地去除交叉项，但由于加权了窗函数，在去除交叉项的同时降低了时频分辨率，为了最大程度减小窗函数对时频分辨率的影响，就有必要针对窗函数进行进一步的优化。

**4. 广义平滑伪 Wigner-Vile 分布**

通过上面的讨论可知，对短时傅里叶变换窗函数做基于 GTBP 准则的优化能最大限度打破信号本身时频聚集性对其时频分辨率的影响。

借鉴这个思路，同样可以将基于 GTBP 的 STFT 最优窗函数用于平滑伪 wigner 算法中，从而提出广义平滑伪 Wigner-Vile 分布，定义如下，

$$GSPWVD_x(t,\mathrm{f})=\int_{-\infty}^{+\infty}h(\tau)\int_{-\infty}^{+\infty}g_{GTBP}(s-t)x(s+\frac{\tau}{2})x^*(s-\frac{\tau}{2})e^{-j2\pi f\tau}dsd\tau \qquad (5)$$

从式（5）中可以看出，基于 GTBP 的最优窗函数 $g_{GTBP}(t)$ 一方面起到时域平滑的作用，另一方面则充分利用 FrFT 的旋转特性，从而最大程度提高 SPWV 的时频分辨率，这样就能很好地结合了双线性时频分析技术和分数域时频分析技术的特点，进一步提高了 SPWV 的时频聚集性。

**5. 地震信号的 GSPWVD 时频分析应用**

从上面的讨论中可知，经过 FrFT 优化后的 GSPWVD 充分利用 FrFT 旋转性，可在分数域获得更好的时频聚集性，然后将分数域时频图旋转回原来的时频位置，打破了原始信号对时频聚集性的束缚，所以具有比 SPWV 更高的时频分辨率，非常适合用于高分辨率地震信号谱分解，具体步骤如下：

步骤 1：根据公式（2）找出单道地震数据最优旋转角度；

步骤 2：利用公式（3）设计基于 GTBP 准则的最优窗；

步骤 3：利用式（5）对单道地震信号做 GSPWV 时频分析；

步骤 4：重复步骤 1 到步骤 3，遍历所有地震数据；

步骤 5：提取每道地震信号时频分析结果中感兴趣的单频属性、频率衰减属性等；

步骤 6：根据提取的各种属性进行储层解释。

GSPWVD 充分利用 FrFT 旋转性，将 GTBP 准则推广到 SPWV 中，从而进一步提高其时频分辨率。双线性时频分析技术和分数域时频分析技术都属于高分辨率时频分析技术，本文则将这两种技术做进一步结合，并将其应用于地震信号谱分解中，这种基于 GTBP 准则的广义平滑伪 Wigner-Vile 分布能有效结合两种时频分析技术的优点，可以根据实际地震信号的时宽和带宽自适应地调整时域窗函数的形状，从而提高谱分解时频精度，在储层解释技术中将有较好的应用前景。

本研究受国家自然科学基金（40874066，40839905）项目资助。

**参 考 文 献**

[1] Almeida L B. The fractional Fourier transform and time-frequency representations[J]. IEEE Tran Signal Processing, 1994, 42(11): 3084~3091.

[2] Durak L, et al. Short-time Fourier transform: two fundamental properties and an optimal implementation[J]. IEEE Transaction on signal processing, 2003, 51(5): 1231~1242.

[3] F Hlawatsch, et al. Linear and quadratic time-frequency signal representations[J]. IEEE Signal processing, 1992, 9(2): 21~67.

（17）储层地球物理

# 三维地震属性保构造平滑方法研究

# The study of structure-preserving smoothing for 3D seismic attributes

问　雪* 张　阳

Wen Xue*　Zhang Yang

中国石油大学（华东）地球科学与技术学院　青岛 266555

经过去噪、偏移等处理后地震数据体仍然有噪音残留，会降低所提取地震属性的精度和地震图像的清晰度，对地震资料解释工作造成影响。本文基于 Al-Dossary 等（2011）提出的保构造属性平滑技术，作了进一步改进，保护构造信息和压制噪音的效果都有一定的改善。在压制干扰的同时能更精确地凸显地质构造信息，为地震解释提供构造信息更丰富、更精确的图件。

**1. 基本原理**

（1）分析窗方位、形状初始化。基于保构造属性平滑的基本理论，针对三维地震数据体中的样点，选取一系列具有不同构造方位和形状的分析窗。

（2）选取最优分析窗。最优分析窗的评价标准不是固定的，不同的地震属性有其特定的标准，如针对相干数据体，和值最大的标准更合适；振幅属性值有正有负，绝对值的和最大的标准更合适。为了凸显不同的构造或者达到特殊的应用目的，可以先对分析窗进行取舍，然后用于计算，如为了观察近乎直立的岩层或者断层，水平的分析窗可以舍弃；为了加强地震层位便于自动追踪，垂直的分析窗可以舍弃。要从参与计算的分析窗中选取一个最优的，最常用的就是最小标准差准则，我们对此准则做了适当的改进，基于高斯函数在时间域和频率域都有良好的分辨率，并且其参数具有良好的尺度性质，我们对分析窗中的数据采用三维高斯加权平均来取代常规的算数平均，进一步求取标准差并选取标准差最小的分析窗为最优时窗。三维高斯加权平均求取均值公式如下：

$$\bar{u}_{(x,y,t)} = \sum_{x,y,t} G_{(x,y,t)} u_{(x,y,t)}$$

$$G(x,y,t) = \frac{1}{(\sqrt{2\pi})^3 \sigma_x \sigma_y \sigma_t} e^{-\frac{1}{2}\left(\frac{x^2}{\sigma_x^2}+\frac{y^2}{\sigma_y^2}+\frac{t^2}{\sigma_t^2}\right)}$$

$\sigma_x,\sigma_y,\sigma_t$ 是尺度参数，决定着平滑程度，其值越大，高斯滤波器的频带就越宽，平滑程度就越好。通过调节尺度参数，可在图像特征分量模糊(过平滑)与平滑图像中由于噪声和细纹理所引起的过多的不希望突变量（欠平滑）之间取得折衷。

（3）属性平滑。在众多平滑滤波的方法中，压制噪音和保边缘效果比较好的 SNN 和 Kuwahara 平滑滤波，它们都是对优选出来的值进行算术平均，将均值作为最终结果作为输出，我们这里用三维高斯核函数加权平均求取最终结果。

**2. 实际应用**

本文用原保构造平滑方法和改进了的保构造平滑方法对同一工区的原始地震剖面、瞬时相位属性和相干体属性进行了平滑滤波，与原保构造平滑方法处理后的结果相比，在较好的压制噪音的同时，改进算法处理后的地震剖面的反射轴的表面变得更平滑、更清晰，连续性更好；沿层相位切片和相干体时间切片上大的断裂并没有被模糊，边缘更清楚，原来比较模糊的一些小尺度的构造细节（小断层）也有较好的体现，能减少假象和解释的多解性并提高解释的精度。

**3. 结论**

从实际应用的效果来看，改进了的保构造平滑方法在提高三维地震剖面、地震属性的图像质量上都有一定的效果，纹理结构得到了更好的保护甚至增强，这样更有利于解释人员对地震地貌的研究。

**参 考 文 献**

[1] Saleh Al-Dossary, et al. Structure-preserving Smoothing for 3D Seismic Attributes[C]//SEG 81th Annual Meeting Expanded Abstracts, 2011: 1004~1008.

[2] Hall M. Smooth operator: Smoothing seismic interpretation and attribute[J]. The Leading Edge, 2007,26(1): 16~20.

（17）储层地球物理

# 基于时变窗参数的 Reassignment 地震谱分解技术

# Seismic spectral decomposition and de-noising by time-frequency Reassignment with time varying parameter of window function

韩 利* 韩立国

Han Li* Han Liguo

吉林大学地球探测科学与技术学院 长春 130026

储层预测是油气勘探开发的核心技术。地震信号谱分解是最主要的地球物理储层预测技术之一，已广泛用于确定地层厚度、地层可视化和储层的精细预测等方面。短时傅里叶变换(STFT)是一种发展较早的时频分析技术，但该方法受所选时窗的限制：较长时窗影响高频组分的时间分辨率，而较短时窗又会影响低频组分的频率分辨率。后来又陆续发展了其他一些时频分析方法，如连续小波变换(CWT)，S 变换以及广义 S 变换，Wigner-Ville 分布(WVD)等。但受信号截断效应和时间－频率分辨率互相制约的影响，这些方法的时间和频率分辨率受到限制，对薄层谱分析等造成困难。反演谱分解能得到时间和频率分辨率都很高的谱，但计算量要大的多（Li et al，2012）。一种计算量小且能得到较高时间和频率分辨率的方法是 Reassignment 方法(Kodera, 1976; Auger and Flandrin, 1995; Li et al, 2012)，这里也称之为能量重分配方法。Reassignment 时频分析方法主要用在声音分析和声音识别。能量重分配的时频谱（reassigned 谱）可以准确定位时频位置是因为能量重分配的过程是将原始传统谱中每个点的能量移动到与瞬时频率和局部延迟时间相对应的点的位置。Reassignment 方法之所以在过去的二三十年中没有被地球物理界重视可能是因为在之前的文献中公式不统一，不同的作者用不同的表达式和方法实现这种能量重置的思想。

基于 Gabor 变换的 Reassignment 谱分解方法能够聚焦时频能量，但聚焦后的时频分辨率仍然受到 Gaussian 窗函数参数影响。时间域较长时窗对低频聚焦好，较短时窗对高频聚焦好，据此本文提出了时域窗函数参数可变的 Reassignment 谱分解方法。本文同时给出了该方法的逆变换，即从能量重分配的时频谱重构时间域地震信号的算子。在稀疏时频谱域阈值并借助逆变换算子重构地震信号可实现去除随机噪声的目的。

拟合算例和实际例子：

（1）对 1D 和 2D 拟合数据进行了方法正变换和逆变换速度和精度试验；

（2）对一个 2D 实际数据进行了烃类检测试验，并与传统 Gabor 变换方法、反演方法作了对比；

（3）对一个 3D 实际数据进行了 channel 检测试验；

（4）对一个 2D 数据进行了去除随机噪声试验，并与反演方法，传统 f-x 反褶积方法在计算量和效果上作了对比。

结论：本文改进了 Reassignment 方法并将其应用到地震谱分解上。Reassignment 的时间分辨率和频率分辨率要比传统的基于变换的谱分解方法高很多，效果能达到反演谱分解的水平，而计算量仅是 Gabor 谱分解的 2~3 倍。对烃类检测的例子说明，Reassignment 方法基于传统的 Gabor 谱分解方法但能得到比 Gabor 谱分解方法更细的分层信息，对薄层分析有重要意义。基于 Reassignment 能清楚的在高频切片上识别出尺度小的 channel。基于 Reassignment 方法的去除随机噪声技术与反演方法比计算量小，比传统的 f-x 反褶积方法相比在非线性同相轴处理上有优势。

本研究由国家 973 项目(2007CB209603)和国家科技重大专项(2011ZX05025-001-07)资助。

## 参 考 文 献

[1] Auger F, et al. Improving the readability of time-frequency and time-scale representations by the reassignment method: Signal Processing[J]. IEEE Transactions on signal processing, 1995, 43: 1068~1089.

[2] Kodera K, et al. A new method for the numerical analysis of non-stationary signals[J]. Physics of the Earth and Planetary Interiors, 1976, 12: 142~150.

[3] Li Han, et al. Seismic spectral decomposition and denoising with In-Crowd algorithm[J]. SEG Expanded Abstracts. 2012.

[4] Li Han, et al. Seismic Denoising by Time-Frequency Reassignment[M]. CSEG Expanded Abstracts, 2012.

（17）储层地球物理

# 高分辨率相干分析技术的组合应用研究

# Combined application research of high-resolution coherent analysis technologies

印海燕* 姜秀娣

Yin Haiyan　Jiang Xiudi

中海油研究总院　北京 100027

## 1. 引言

地震相干体技术是近年来发展起来的一项功能强大的地震属性解释技术，它能有效地反映地震响应在横向上的变化，主要应用于地质构造、沉积环境的解释和隐蔽性油气藏的勘探开发。为了获得高分辨率的相干体，本文一方面选择高分辨率的相干分析算法，另一方面，通过相干分析预处理和相干体滤波技术，提高输入和输出数据体的空间分辨率，最终在靶区应用得到了理想的效果。

## 2. 方法原理

目前几种常用的相干体算法包括：基于互相关的相干体算法 C1、基于多道相似性的相干体算法 C2、基于特征结构分析的相干体算法 C3、基于局部结构熵 LSE 的相干体算法、基于高阶统计量和超道的相干体算法 HOSC-ST。这些算法有各自的优缺点和适用范围。将以上几种方法应用于海上某一靶区，并结合算法本身的特点，本文选用了 HOSC-ST 相干体算法。HOSC-ST 算法具有较强的抗噪能力，同时保持原始地震数据体中的结构倾角信息，并提高计算效率。因此可以高效获得高分辨率的相干体。

另外，由于偏移算子的孔径影响，偏移得到的三维地震数据体在空间上被模糊了，不利于进一步的断层检测。为了提高地震数据体的空间分辨率，本文在相干分析前采用了图像去模糊技术。所谓的图像去模糊技术，就是假设观测图像可以用一个多维褶积模型表示，即由真实图像和一个点扩散函数（Point Spread Function，PSF）褶积得到，而去模糊就是一个多维反褶积过程，以消除 PSF 影响，恢复真实图像。

最后，考虑到在相干算法中采用少的地震道和小的分析时窗可以获得较高分辨率相干体，并降低计算量，但同时会产生强的沿地层的低相干带，从而在时间水平切片上形成假的断层。因此，为了获得高分辨率的相干体图像，本文对相干体采用基于相干滤波的图像增强技术。该技术利用沿地层和沿断层产生的低相干带的差异，通过后滤波处理来压制不需要的低相干带和随机噪声带来的干扰。

## 3. 应用效果分析

为了检验高分辨率相干分析技术组合的效果，对海上特定靶区进行技术应用研究。

对靶区的地震数据体分别进行 HOSC-ST 相干分析（8 道，64ms）、图像去模糊+HOSC-ST 相干分析（8 道，64ms）、图像去模糊+HOSC-ST 相干分析（4 道，32ms）、图像去模糊+HOSC-ST 相干分析（4 道，32ms）+相干滤波，所得到的数据体分别称之为相干体 a、相干体 b、相干体 c 和相干体 d。

从地震剖面上来看，相干体 b 比相干体 a 增加了一些弱断层的信息。相干体 c 较相干体 b 的断层分辨率更高，连续性更好，但是在沿层方向上出现了更多、能量更强的相干噪音，使得信噪比降低。相干体 d 较相干体 b 和相干体 c 的信噪比明显提高，虽然能量差有所减弱，但仍能清晰地分辨断层。

从水平切片上来看，相干体 b 较相干体 a 断层细节更突出，断层的走向更为明确。相干体 c 较相干体 b 增加了许多断层，结合地震剖面可以发现，这些增加的断层对应的都是沿层方向的低相干噪音。相干体 d 的断层分辨率明显高于相干体 b 和相干体 c，但是一些地质体的边界变得相对模糊，甚至消失。

## 4. 结论

①图像去模糊技术可以有效地增强弱断层的信号，使相干算法获得的相干体分辨率更高，细节更丰富。②相干滤波能有效去除沿层方向的低相干带，得到真实的高信噪比的相干体图像。但是相干滤波在提高断层分辨率的同时，降低了能量的对比关系，削弱了地质体的边界。因此本技术组合更适合于检测断层，而不适用于地质体边缘刻画等。

本研究由国家科技重大专项（2008ZX05023-005）课题资助。

### 参考文献

[1] 陆文凯，等. 用于断层检测的图像去模糊技术[J]. 石油地球物理物探，2004，39（6）：686~689.
[2] 熊晓军，等. 高阶统计量在油气地球物理勘探中的新应用[J]. 地质科技情报，2005，24(2)：77~84.

（17）储层地球物理

# 数据挖掘在地震属性分析中的应用

# The data mining application in seismic attributes analysis

罗伟平* 李洪奇 石 宁

Weiping Luo Hongqi Li Ning Shi

中国石油大学（北京）油气数据挖掘北京市重点实验室 北京 102249

**1. 引言**

地震属性是从地震数据中通过一系列分析手段或计算方法导出的用于测定地震几何学、运动学、动力学及统计特征的特殊度量值，可以在不同程度上反映地层地质的信息。通过地震属性分析预测储层的特征，是目前较流行的地震定量解释的方法。但是，随着数学、信息科学等领域新知识的引入，从地震数据中提取的属性越来越多，目前已有的属性多达一百多种；每种地震属性参数对储层响应特征的敏感度不同；并且储层特征与地震属性间的关系也很复杂，往往呈现为非线性关系，这些都给利用地震属性预测储层特征带来了困难。在实际工作中，如何从众多地震属性中优选出反映地质储层信息的属性组合，挖掘出这些地震属性与储层参数间潜在的关系；成了提高各类复杂油气藏储层地震预测精度的关键。数据挖掘正是一种从大规模数据集中抽取的有意义的规律或模式的过程。在地震属性分析中应用数据挖掘方法，优选反映储层特征的地震属性集，挖掘出地震属性与储层参数潜在的非线性关系，是提高储层预测精度的一种有效的手段。

**2. 数据挖掘在地震属性分析中的应用**

地震属性分析技术主要包括：属性的提取及标定、地震属性敏感性分析、优化属性的转化及应用三部分。结合数据挖掘的理论和技术，可以将地震属性分析过程视为数据挖掘的过程，即数据准备、数据挖掘以及结果的解释和评价；具体步骤包括以下三部分：

（1）数据准备。对研究区域内的地震、测井数据进行必要的预处理如测井数据的环境校正，之后提取地震属性及储层参数；利用储层参数标定地震属性，包括储层参数的滤波时深转换及重采样，计算时深关系曲线实现融合地震属性和重采样后的储层参数，形成一个样本集；对新形成的样本集进行数据变换如归一化等处理，使变换后的数据集更适合于数据挖掘；同时样本集分割为训练样本集和检验样本集，分割的方法有随机抽取等方法。

（2）数据挖掘。主要包括地震属性敏感性分析及建模的过程。地震属性的引入通常要经过一个从少到多，后又从多到少的过程。初期为了利用各种有用的信息，训练样本集中应包含尽量多的地震属性；但有些地震属性与目的层本身无关，而且大量的地震属性间彼此相关，过多的地震属性往往影响预测的精度或大大增加计算的开销。因此必须从众多地震属性中挑选一些对储层参数敏感的地震属性。地震属性敏感性分析的方法可以分为专家优选和自动优选两种方法。专家优选法是凭经验选择地震属性。自动优选方法是利用一些算法对地震属性自动选择，主要的算法有属性比较法、顺序前进法、顺序后退法、增 l 减 r 法、RS-Kohonen 算法及 GA-BP 算法等。地震属性建模过程是指在地震属性优选的基础上建立优选属性与储层参数间的映射关系，常用的算法有决策树、神经网络、支持向量机、遗传算法等。

（3）结果的解释和评价。将已建立的模型应用于检验样本集中，采用交叉验证的方法评价已建立的多个模型的精度。选择精度高的模型作为最终的应用模型。

**3. 结论**

传统的地震属性分析过程往往需要人工来选择地震属性及地震属性与地层参数间的映射模型，这不仅要求分析人员有丰富的经验，并且难以得到最优的应用模型；数据挖掘的引入大大降低了分析人员对分析经验的依赖，提高储层预测的精度。

**参 考 文 献**

[1] 王永刚，等. 地震属性分析技术[M]. 东营：中国石油大学出版社，2007.

[2] 郭淑文，等. 数据挖掘技术在地震属性降维中的应用[J]. 天然气地球科学，2010, 8, 21(4)：670~677.

（17）储层地球物理

# 基于对数谱统计属性的Q值提取方法

# A method of extracting Q based on the statistical properties of the logarithmic spectrum

曹思远* 袁 殿[1] 王晓刚[2] 赵 宁[1]

Cao Siyuan[1*] Yuan Dian[1] Wang Xiaogang[2] Zhao Ning[1]

中国石油大学（北京）CNPC 物探实验室 北京 102249; 2. 中石油西气东输管道分公司 镇江 212000

品质因子 $Q$ 是表征地下介质吸收衰减特性的重要参量之一，对含气储层具有较好的指示作用，$Q$ 值的准确提取对储层预测和油藏描述具有重要意义。$Q$ 值提取一般分为时间域和频率域两类方法，其中频域方法提取的 $Q$ 值较为稳定，常用的是谱比法和质心频率法。谱比法具有较高的理论精度，但需要通过直线拟合得到斜率，易受信噪比等因素的影响；质心频率法本质上是利用频域属性组合的方式提取 $Q$ 值，属性的计算具有统计特性，抗噪性较高[2]，但存在理论误差，且误差分析较困难。因此，寻找理论精度高且抗噪性较强的 $Q$ 值提取新方法，对于实际生产具有重要意义。

## 1. Q值提取式的推导

通过分析对比谱比法及质心频率法的优缺点，融合两者的优点，提出基于对数谱的统计属性组合计算Q值新方法。假设震源振幅谱为 $R(f)$，接收点的振幅谱为 $S(f)=R(f)\exp(-\pi\Delta tf/Q)$，将两者变换到对数谱（即取振幅谱的对数）$LR(f)$、$LS(f)$，分别计算两者在频率区间[0,F]上的质心频率，经一系列的换算，推导得基于对数谱的统计性属性提取Q值算式

$$Q=\pi\Delta t*\int_0^F\left(f^2-f\right)\mathrm{d}f/(f_{LR}-f_{LS})/\int_0^F LR\left(f\right)\mathrm{d}f \tag{1}$$

其中，$\Delta t$ 为纵波初至到达时差，$f_M=\int_0^F fM\left(f\right)\mathrm{d}f\Big/\int_0^F M\left(f\right)\mathrm{d}f$ 为 $M(f)$（取 $LR(f)$ 或 $LS(f)$）在频率区间[0,F]上的质心频率。质心频率属于统计性属性，提取过程中受频域采样率、随机噪音等因素的影响较小。在理论上，式（1）可取任意有限的频率区间用于提取 $Q$ 值；在实际生产中，可取信噪比较高的频率区间求取统计性属性（频率质心），由此提取的 $Q$ 值精度和稳定性将更高。

## 2. 模型试算

设计多个地层 $Q$ 值模型（从浅到深 $Q$ 值分布分递增和随机变化两种），通过波场延拓正演得到零偏VSP 地震纵波数据（分无噪和含噪两种情况）。对生成的模型数据分别应用谱比法、质心频率法和对数谱统计属性法三种方法提取 $Q$ 值。在无噪情况下，对比分析三种 $Q$ 值提取方法的精度；在含噪情况下，对比分析三种方法的稳定性和可靠性。

## 3. 结果分析

（1）无噪情况下，对数谱属性法提取的 $Q$ 值走向与实际 $Q$ 值走向相符，证明该方法提取 $Q$ 值的有效性；通过误差分析发现，谱比法和对数谱统计法提取的 $Q$ 值精度均较高，质心法低于两者。

（2）含噪情况下，三种方法提取 $Q$ 值的精度均受到一定的影响。随着噪音的加强，谱比法的精度下降最快，且结果越来越不稳定；质心法的结果稳定性较好，精度下降速度较缓；对数谱统计属性法的结果稳定性与质心法相当、精度较高，与地层实际 $Q$ 值的吻合度最高。

## 4. 结论

式（1）是通过谱统计性属性的组合来提取地层介质的 $Q$ 值，充分发挥了统计性特征量的高抗噪性特点[2]，同时该式的推导过程中不存在近似处理，等式完全成立。模型资料的试算结果表明，统计性属性组合式提取的地层 $Q$ 值在精度和稳定性上均优于谱比法和质心频率偏移法。因此，基于对数谱的统计属性组合提取 $Q$ 值法既融合了谱比法和质心频率法的优点，又较好地改善了两者的缺点，具有精度高、抗噪性强等特点，在实际生产中具有一定的应用价值。

### 参 考 文 献

[1] 刘国昌, 等. 基于整形正则化和S变换的Q值估计方法[J]. 石油地球物理勘探，2011，46(3)：417~422.

[2] 张大伟, 等. 利用零井源距VSP资料进行品质因子反演[J]. 石油地球物理勘探，2011，46(增刊)1：47~52.

（17）储层地球物理

# 基于 BEMD 的相干数据断层提取技术研究

## Coherent data fault extraction techniques based on BEMD

李培培 [1*] 徐善辉 [2]

Li Peipei[1*] Xu Shanhui[2]

1. 中海油研究总院 北京 100027; 2. 吉林大学地球探测科学与技术学院 长春 130026

### 1. 引言

BEMD 是将二维数据进行经验模态分解，获取多个二维的内蕴模函数 IMF 的过程。在一维经验模态分解方法及 Hilbert-Huang 变换成功的应用到非平稳信号处理的各个领域后，C. Nunes 及宋平舰等人又在 EMD 的基础上提出了二维的经验模态分解理论(Bidimensional Empirical Mode Decomposition，BEMD) [1~2]。BEMD 技术被迅速的应用到了多个领域，包括图像降噪，图形压缩，水印提取，纹理分析等等。BEMD 具有很好的图像边缘检测与纹理识别的能力，在 BEMD 分解的过程中，纹理数据落在被较早分离出来的 IMF 分量中，可以利用 BEMD 技术的这一特性进行相干数据体中的断层提取研究。

### 2. 基本原理

二维的 EMD 分解与一维 EMD 分解的基本过程类似，首先对二维数据求取离散的局部极值点，然后进行二维的插值计算，构造二维数据对应的上包络曲面和下包络曲面。二维数据中极大值和极小值选取的方法有两种，邻域点比较法和形态学重构法。前者简单易实现，后者较复杂。一维 EMD 中较多使用的为三次样条插值，而二维插值的方法主要是利用三角剖分法和径向基函数插值方式。两种方法都各自具有优缺点也可以将二者结合使用。二维 EMD 分解同一维分解一样，使用分解后的各阶 IMF 分量及信号残差可以重构原始信号。假设分解后的各阶 IMF 分量按照分离出来的次序标记为 $B_1(m,n)$，$B_2(m,n)$，… $B_t(m,n)$，分解后的残差记为 $\mathrm{Re}\,s(m,n)$ ，那么则有：

$$Ori(m,n) = \sum_{i=1}^{t} B_i(m,n) + \mathrm{Re}\,s(m,n) \tag{1}$$

上式是 BEMD 分解完备性的表征，而与此同时，还可以通过不同频率的分量数据相加来达到低通，带通和高通的滤波效果。

### 3. 实际应用

与一维 EMD 分解中的信号端点问题类似，在 BEMD 过程中面临着边界问题，因为在数据边缘处，极值点之外的数据在进行插值构造包络面时没有很好的方法，所以，在进行 BEMD 分解时，每筛分出一阶 IMF 分量之后，数据的边缘就会被向数据内部腐蚀一部分，到了分解的后期，可能会出现数据不足够进行分解的情况。类比与一维的 EMD 技术，BEMD 的主要发展方向也是解决好边界问题，及选取适合的极值点求取和对极值点插值的方法。同时，BEMD 分解面临着比一维 EMD 更为严重的关于计算效率的问题。较为常用的方法是对二维数据进行分割，然后对个子数据体进行独立的 BEMD 分解，但分割方式是镶边的，也就是分割后的每个子数据体都与相邻的子数据体有一定范围的重叠，这种方法既可以解决边界腐蚀的问题，同时也是一种并行计算的策略，可以大幅度提高 BEMD 的分解效率。实际生产过程，我们往往已经很清楚大断层的展布，主要想利用相干地震数据来帮助我们进行一些小断裂的刻画和落实，特别是一些断块和断鼻等构造，小断层的展布和搭接关系直接影响构造和圈闭的落实程度。为此，我们常常选取的分析视窗较小，但是这样就将一些随机噪声引入到相干数据中，又模糊了小断层本身的信息。鉴于 BEMD 强大的高低频分离及纹理识别能力，从其 IMF1 分量数据上来进行断层的识别，其轨迹更清晰、连续，对于我们实际解释中的断裂搭接以及小断层的刻画都有很大的帮助和指导意义。

#### 参 考 文 献

[1] C Nunes, et al. Texture analysis based on the bidimensional empirical mode decomposition with gray-level co-occurrence models[J]. Mach. Vision App. 2003: 633~635.

[2] C Nunes, et al. Image analysis by bidimensional empirical mode decomposition[J]. Image and Vision Computing, 2003, (21): 1019~1026.

（17）储层地球物理

# 基于 PCA 的地震多属性融合方法

# A Method of Seismic Multi-Attributes fusion Based on Principle Component Analysis

普艳香[1*]　彭真明[2]

Pu Yanxiang　Peng Zhenming

电子科技大学光电信息学院　成都 610054

## 1. 引言

近年来，地震属性技术发展迅速，已广泛应用于地层层序分析、油藏特征描述以及油藏动态检测等各个领域，成为了油藏地球物理的核心部分。地震属性也从早期的振幅属性发展到目前常用的数百种，然而，利用单一地震属性来预测储层会产生严重的多解性。如何充分利用地震多属性融合方法，以消除单一地震属性预测所带来的多解性问题，是目前国内外许多石油公司及科研机构的研究重点之一。本文提出了利用主成分分析(PCA)法确定不同属性低频成分所对应的权系数，并引入了属性切片的偏差信息，用 PCA 重构的结果对偏差信息做增强处理，使得到的融合结果比直接平均加权融合结果具有更高的对比度，本文方法得到的融合属性充分体现了多个属性所表示的地层信息，提高了储层预测的精度。

## 2. PCA 用于地震属性融合的基本原理

地震属性融合目前研究很多，有人利用 RGB 方法进行融合 ,还有人利用神经网络方法进行融合 ,这些方法各有优缺点及其适用范围。

本文采用的主成分分析(PCA)法是一种在相关分析的基础上，通过去除两个或两个以上属性间的相关性，把求取的各属性主分量的方差作为融合的权系数，重构的主分量用来增强融合结果。PCA 算法的步骤如下：

**1）获取处理的数据**

有 n 片 $M\times N$ 大小的属性切片(各切片间具有一定的相关性)，把各属性切片的数据写成一个 $1\times MN$ 的行向量 $\boldsymbol{Xi}$，得到一个矩阵 $\boldsymbol{X}$，其中 $\boldsymbol{X_i}$=[ $x_{i1}$，$x_{i2}$，…，$x_{iMN}$ ]，$i$=1，2，…，n (后续公式中的 $i$ 均与此处相同)；

**2）数据的预处理**

不同地震属性的单位、量纲以及数值大小、变化范围不相同，如果直接使用原始数据，就会突出绝对值大的属性，而压制绝对值小的属性。

为了使主成分分析能够平等对待每一个原始变量，消除可能因为单位的不同而带来的一些不合理的影响，需要对数据先进行标准化处理，标准化处理的方法有：总和标准化、最大值标准化、模标准化、中心标准化、标准差标准化、极差标准化和极差正规化等。文中采用的标准化方法是标准差标准化，得到标准化后的矩阵 $\boldsymbol{X_0}$；

**3）求协方差矩阵 $\boldsymbol{C}$**

对标准化后的矩阵 $\boldsymbol{X_0}$ 求其协方差矩阵，求得的协方差矩阵的主对角元素是标准化后各属性数据的方差，其他元素是标准化后两两属性数据的协方差；

**4）对协方差矩阵 $\boldsymbol{C}$ 进行特征值分解**

把求出的特征值按从大到小排序，有 $\lambda_1 \geq \lambda_2 \geq \cdots \geq \lambda_p$，特征向量矩阵 $\boldsymbol{E}$ (若 $\boldsymbol{E}$ 的各列均不正交，则需对 $\boldsymbol{E}$ 做在正交化处理) 的各列与排序后的特征值一一对应，即得到一个新的矩阵 $\boldsymbol{Enew}$ ($\boldsymbol{Enew}$ 的各列均正交)；

**5）确定主分量数，求取主分量及其重构**

主分量含有原始属性 85%以上的信息量。通过计算累积贡献量 $P$，使 $P\geq 0.85$ 的特征值的个数为主分量个数。

累积贡献率 $P$ 是由排序之后的各特征值与总特征值之和的比值的叠加，从而确定有 $m(m\leq n)$个主分量；

重构主分量 $X_c$ 是 $X$ 的一个近似。

主分量，

$$Y = Enew_{n\times m}{}^{T}(X - mX) \tag{1}$$

重构主分量，

$$X_c = Enew_{n\times m}Y + mX_{1\times n}{}^{T}I_{1\times n} \tag{2}$$

其中，$mX$=[$mX1$，$mX2$，…，$mXn$]为各原始属性的均值向量。

**3. 地震多属性融合处理流程**

属性融合方法是基于单一属性在储层预测中多解性的基础上提出来的。地震多属性融合可以说是一种多属性信息融合。信息融合的目标是通过对信息的优化组合导出更多的有效信息，它的最终目的是利用多信息共同或联合的优势来提高整个系统的有效性。

本文通过对多个地震属性做融合，把得到的融合结果和储层物性之间建立起一定的关系，实现储层预测。文中的融合过程如下：

**1）滤波**

由于提取属性切片时，不可避免会加入一些噪声，所以，应先对要融合的属性切片 $I_1$，$I_2$，…，$I_n$ 分别做平滑处理，去除部分噪声，减小噪声对融合结果的影响，文中的滤波器为高斯低通滤波器。

$$S_i = I_i \otimes e^{-\frac{x^2+y^2}{2\sigma^2}} \tag{3}$$

**2）低频属性的 PCA 分析**

把各属性的低频分量 $S_1$，$S_2$，…，$S_n$ 作为 PCA 算法的原始数据，经由 PCA 算法得到一组重构的低频属性 $P_1$，$P_2$，…，$P_n$ 。

**3）求原始属性的偏差属性**

原始属性的偏差属性 $D_1$，$D_2$，…，$D_n$，它是原始属性与滤波结果的差值 。

由于偏差属性作为属性的高频分量含有大量的轮廓细节信息，本文引入偏差属性，保证了融合属性切片的边缘更清晰。

**4）求属性高频分量的权值**

把 PCA 重构的低频成分再一次通过滤波器，得到一组数据 $W_1$，$W_2$，…，$W_n$ 作为高频属性的权值，这是融合结果增强技术的一种形式。

**5）引入融合规则，得到融合结果**

$$M = \sum_{i=1}^{n} a_i S_i + \sum_{i=1}^{n} D_i * W_i \Big/ \sum_{i=1}^{n} W_i \tag{4}$$

其中，$a_i = \lambda_i \Big/ \sum_{i=1}^{n} \lambda_i$ ，此处的 $\lambda_i$ 是协方差矩阵 $C$ 特征值分解后未经排序的特征值。

文中用到的高斯低通滤波器有两组可变参数，一组是滤波器的大小，另一组是平滑尺度，融合结果会随着滤波器的这两组参数的改变而有所不同，通过改变这两组参数能调节融合结果。

**4. 结论**

应用上述方法，对实际的多属性切片进行了融合，与直接平均加权融合的结果相比较，文中融合方法能从算法中自动获取低频加权的权系数，避免了直接平均加权的权系数不确定问题，并用重构的主成分作为高频部分的权，增强了融合属性的边缘轮廓信息，使得融合结果所包含的信息更丰富、更全面；而且还可以通过改变滤波器的两组参数，得到较理想的融合结果。

融合属性结合了多个属性的地质特征，大大减小了储层分析的难度与复杂性，提高了储层预测的精度，这为油气勘探、预测工作的展开提供了较好的依据。

本研究由国家自然科学基金(40874066，40839905 ) 项目资助。

**参 考 文 献**

[1] M R Metwalli，et al. Satellite image fusion based on principal component analysis and high-pass filtering[J]. Opt.Soc.Am，2010，20（6）：1385~1393.

[2] S Chopra，et al. Seismic attributes-A historical perspective [J]. Geophysics，2005，70（5）：3~28.

（17）储层地球物理

# 频域地震子波提取及关键因素分析

# Seismic wavelet extraction in frequency-domain and analysis of key factors

袁　园[1*]　彭真明[2]

Yuan Yuan　Zhenming Peng

电子科技大学光电信息学院　成都 610054

## 1. 引言

地震勘探技术逐渐向高精度、高分辨率方向发展，精确的子波提取是地震信号反褶积、波阻抗反演以及正演模拟的基础。同时，子波还应用于合成记录制作和层位标定，渗透于地震资料处理和解释的各个环节之中。近二三十年，人们提出了很多子波提取的算法，取得了一定的效果。但是，现有的地震子波提取方法均有各自的不足，且提取的子波精度不高，至今尚没有公认最优的解决方案，一些理论上较完备且性能优良的处理方法在实际应用中还有诸多问题需要解决。因此，地震子波提取方法已经成为影响地震反演精度进一步提高的关键因素之一。本文以 Roy White 子波提取算法为例来说明频域子波提取原理及关键因素分析。

## 2. 子波提取方法分析

假设地震反射系数可由测井得到，那么至少有三种方法可以用来进行子波估算：

(1) 传统的维纳滤波法。它是在时间域内通过解一线性方程组估算子波。A.W.H.Bunch 和 R.E.White(1985)[1]研究了用不同长的时窗提取子波时所产生截断误差的变化情况。

(2) 谱除法。这种方法遇到的一个问题是可能被零除，因反射系数谱中有零值或接近于零的值。A.T.Walden(1984)[2]用谱平滑和加时窗的方法对提高子波提取精度进行了详细的研究。

(3) 广义线性反演方法。D.A.Cook 和 W.A.Schneider(1983)[3]描述了这样一种近似反演方法, 它们通过四个频率确定的四边形描述子波的振幅谱, 使要反演的参数个数达到最小化,并假定子波的相位为简单的线性相位移。

以上算法都存在各自的不足，自相关函数方法简单容易实现，不需要测井数据，能提取到比较准确的的子波。但它只适合于最小相位子波，于是为了适应反褶积的要求，不得不提出最小相位子波的假设。但是，实际中的地震子波是混合相位的。而且，自相关函数对于相位是盲目的，不能提取到子波的相位信息，因此在此种假设前提下得到的处理结果是不可靠的。此外，以往的统计性自相关子波提取方法不计算相位谱，默认为最小相位或者人为假设一个常相位(相位不随频率变换，是一个常数)，因此统计性自相关法对于混合相位子波的求取是无能为力的。振幅谱是用地震道的自相关计算出来的，并且该方法抗噪声干扰的能力十分有限，只有在高斯白噪声中才能得到相对较为可靠的结果，然而实际的地震记录中的噪声并非完全具有高斯性。确定性子波提取方法需要测井数据的参与，由于利用了测井的高频信息，提取的子波通常会比统计子波精度高，但这种方法易受各种测井误差的影响，尤其是声波测井不准而引起的速度误差会导致子波振幅畸变和相位谱扭曲。

## 3. Roy White 子波提取原理

Roy White 子波提取算法[4]是一种典型的频域处理方法,它采用标定和使钻井数据和地震数据互相关联来获取地震自子波最优估计的方法，属于确定性子波提取方法。该过程假定与地震数据有关的钻井位置可能不是提取子波的最理想位置，先采用地震扫描算法能有效地在已知井位置附近找到新的位置，以下讨论假设已经找到最优的子波提取位置。

它将子波$\{h_t\}$看作是一个滤波器，输入为反射序列$\{r_t\}$，加上输入噪声$\{\varepsilon_t\}$，通过以$\{h_t\}$为单位冲激响应的滤波器，在加上输出噪声$\{\eta_t\}$，然后输出地震记录$\{y_t\}$。通过观察到的输入、输出的功率谱，以及观察到的输入输出的互功率谱，估计每个频率处的输出信号的信噪比，最后得到响应函数$\{h_t\}$的频谱估计$H(f)$。

$$y_t = r_t * h_t = \Delta t \sum_{k=-\infty}^{\infty} h_k r_{t-k} \quad (1)$$

假设实际输出为$O_t = y_t + \eta_t$，实际输入为$D_t = r_t + \varepsilon_t$，对这两式两边作自相关，再作傅里叶变化可得到：

$$S_D(f) = S_r(f) + S_\varepsilon(f) \quad (4)$$

$$S_O(f) = S_y(f) + S_\eta(f) \quad (5)$$

定义谱一致函数：

$$\gamma_{DO}^2(f) = \frac{|S_{DO}(f)|^2}{S_D(f)S_O(f)} = \left[\frac{\rho_{in}(f)}{1+\rho_{in}(f)}\right]\left[\frac{\rho_{out}(f)}{1+\rho_{out}(f)}\right] \quad (6)$$

其中，$\rho_{in}(f) = S_r(f)/S_\varepsilon(f)$为输入信噪比，$\rho_{in}(f) = S_y(f)/S_\eta(f)$是输出信噪比。

$$H(f) = \begin{cases} \dfrac{1}{\gamma_{DO}^2(f)}\left[\dfrac{\rho_{out}(f)}{1+\rho_{out}(f)}\right]\dfrac{S_{DO}(f)}{S_D(f)}, & if \quad \rho_{out}(f) > 0 \\ 0 & otherwise \end{cases} \quad (7)$$

再对$H(f)$作反傅里叶变换，得到时域的子波$h_t$。具体步骤如下：

(1) 井震扫描，确定提取子波的最佳位置。

(2) 选择合适的时间窗，获得从（1）确定的最佳位置附近的三道以上地震数据，以及由测井数据计算出的地震反射系数。

(3) 再通过本节介绍的 Roy White 子波提取算法，求出地震子波。

## 4. 子波提取关键因素分析

井震联合提取的子波知否合理，其关键因素在于以下几个方面：

(1) 井震匹配: Roy White 子波提取算法属于确定性子波提取，要求测井数据比较精确，井震匹配不好将会有很大的误差,应尽量远离断层和质量较差的地震道。

(2) 子波长度：子波长度在 100ms～200ms 比较合适，子波长度太短不能反映子波的波形，太长会导致子波过于平滑，丢失很多细节信息。

(3) 时间窗：地震和测井数据的时窗长度应选择为子波长度的 3～5 倍，并且选择时间窗尽量靠近目的层。

(4) 信噪比：Roy White 子波提取算法对信噪比不敏感，实验证明在信噪比 2:1 的情况下，仍然能提取出真实子波的主要波形。

(5)波形：合理的波形应该是有一个能量较集中的主峰，旁瓣较小，拖尾能很快的衰减。

## 5. 结论

本文介绍的 Roy White 子波提取算法是一种采用标定和使钻井数据和地震数据互相关联来获取地震自子波最优估计的方法，属于确定性子波提取方法。常用的子波提取算法，大多假设子波是最小相位的，但是实际地震子波更接近与混合相位的。Roy White 子波提取算法不需要对子波相位作任何假设，而且对信噪比不敏感，在信噪比较低的情况下，仍能有效的提取子波。在商业软件 STRATA 地震反演系统[4]中，已具有该方法提取子波的功能模块。

本文开发的 Roy White 子波提取模块，对理论数据和实际地震资料进行子波提取，与之进行了效果对比，结果是吻合的。

本研究由国家自然科学基金(40874066，40839905)项目资助

## 参 考 文 献

[1] Bunch, et al. Least-squares filters without transient errors: An examination of the errors in least-squares filter design[J]. Geophysical Prospecting, 1985, 33(5): 657~673.

[2] A T Walden, et al. On errors of fit and accuracy in matching synthetic seismograms and seismic traces[J]. Geophysical Prospecting, 1984, 32(5): 871~891.

[3] D A Cooke, et al., Generalized Linear Inversion of Reflection Seismic Data[J]. Geophysics,1983, 48(6): 665~676.

[4] A T Walden, et al. Seismic wavelet estimation: a frequency domain solution to a geophysical noisy input-output problem[J]. IEEE Transactions on Geoscience and Remote Sensing, 1998, 36(1): 287~297.

（17）储层地球物理

# 自适应平滑滤波算法在地震边缘检测中的应用

# Application of adaptive smooth filter algorithms in seismic edge detection

黄健良* 张 阳

Huang Jianliang* Zhang Yang

中国石油大学（华东）地球科学与技术学院 青岛 266580

在地震资料解释中，储层中砂体、小断裂以及裂缝的边界识别是一个难题，利用一些常规方法在地震资料上很难识别，而将图像处理技术中的边缘检测技术应用到地震资料解释中，能够提高识别精度。

边缘检测技术是一复杂的过程，做好边缘检测必须先做好滤波处理。在此，我们引入图形图像处理中的一种基于梯度信息的自适应平滑滤波算法，该算法根据图像中像元灰度值的突变特性，自适应地改变滤波器的权值，在区域平滑的过程中使图像的边缘锐化，较好地处理了平滑噪声、锐化边缘的矛盾[1]。本文对上述自适应平滑滤波算法进行进一步改进，并将其应用于对沿层地震属性的滤波中，再采用小波变换进行多尺度边缘检测，获得了较好的检测结果，保留了更多的微弱边缘和细节信息。

## 1．原理与方法

信号平滑滤波的主要目的是消除噪声，提高信噪比，而一般的滤波算法对信号做平滑时，边缘也被平滑，造成原始边缘信息弱化或丢失。景晓军等（2002）提出了一种基于梯度信息的自适应平滑滤波算法，其基本思想是采用一个局部加权模板与原始的图像信号进行迭代卷积，这一过程具有各向异性扩散的性质，在每次迭代时各个像元点的加权系数是改变的[1]。具体步骤为：①计算图像像元数值不连续性，以中值差分近似计算点数值的梯度作为图像像元数值不连续性估值；②用梯度计算自适应滤波器的权系数；③选定时窗大小进行加权平均实现滤波；④多次迭代上述步骤使效果最好。我们对上述算法进行适当改进，即采用两种新的梯度算子计算梯度：分别为 8 领域的 Laplacian 算子与一种抗噪性更强的改进 Sobel 梯度算子[2]:

$$Sobelx = \begin{pmatrix} -1 & -\sqrt{2} & -1 \\ 0 & 0 & 0 \\ 1 & \sqrt{2} & 1 \end{pmatrix}, \quad Sobely = \begin{pmatrix} -1 & 0 & 1 \\ -\sqrt{2} & 0 & \sqrt{2} \\ -1 & 0 & 1 \end{pmatrix}$$

上式中 $Sobelx$ 和 $Sobely$ 分别为水平梯度分量和垂直梯度分量，改进的 Sobel 梯度算子具有各向同性的性质，它的位置加权系数更为准确，抗噪性能好[2]。通过对实际图像的反复实验分析发现，改进的方法较原始方法的总体效果有所提高，在去噪的同时能有效锐化边缘，去噪效果得以进一步提高。另外，采用改进的 Sobel 梯度算子自适应滤波算法对高斯噪声的抗噪效果更佳，更适用于含高斯噪声的信号去噪；采用 Laplacian 梯度算子的自适应滤波算法对椒盐噪声的抗噪性更佳，甚至能在去除高密度的椒盐噪声的同时较好地保留边缘信息。

## 2．实际应用

基于地震资料的特点,对某区实际地震资料沿层地震属性运用改进的 Sobel 梯度算子自适应平滑滤波算法进行平滑滤波；考虑到高斯小波在边缘检测中具有检测的边缘连续性高等优良性质,选择二维高斯函数的一阶导数作为小波函数，对滤波后的结果进行连续小波变换的模极大值边缘检测,得到多尺度下的待检边缘；考虑到若对待检边缘取同一固定阈值，则在除去噪声的同时，图像中的微弱边缘也会被除去，影响边缘检测效果。为此，本文采用自适应阈值选取方法自适应选取各尺度下的阈值，这样阈值化处理方法在抗噪的同时保留了微弱边缘。通过上述一系列步骤的处理得到了最终的多尺度地震边缘检测结果。

## 3．结果分析

从最终的多尺度边缘检测结果中发现，通过改进的自适应平滑滤波处理后所得边缘检测结果保留了更多的微弱边界，可以较为清晰地反应微小断裂及砂体分布的细节，且多尺度的检测结果比传统的边缘检测算子得到的检测结果提供了更为丰富的信息，更利于地震资料的解释精细。

## 参 考 文 献

[1] 景晓军, 李剑峰, 熊玉庆, 等. 静止图像的一种自适应平滑滤波算法[J]. 通信学报, 2002, 23(10): 6~14.
[2] 吕风军. 数字图象处理编程入门[M]. 北京: 清华大学出版社, 1999.

（17）储层地球物理

# 处理技术在 AVO 属性分析中的应用

# The processing technology in AVO attribute analysis

周 鹏 张益明 何 峰

Zhou peng Zhang Yiming

中海油研究总院勘探研究院 北京 100027

## 1．引言

AVO 识别岩性和油气的方式是通过检测振幅随偏移距的变化，这就要求有较高保真和信噪比的 CDP 道集资料。实际 CDP 道集受各种因素的影响，破坏了 AVO 的实际响应，甚至造成 AVO 假象。本文通过对常规地震资料处理的 CDP 道集进行振幅补偿，和对由于速度模型的误差引起的相位异常进一步恢复和处理，提高道集质量，使 AVO 检测更准确、可靠。实际资料表明，该方法行之有效。

## 2．原理方法

AVO 指的地震振幅随偏移距的变化关系，根据振幅的这一特征来检测含油气的可能性。在 AVO 分析之前的常规处理中，很多在处理的精度上达不到要求，或者处理手段本身存在无法克服的缺陷；对每条测线以及每个 CDP 道集进行点对点的精确处理也是不现实的。在前期的常规处理之后，影响 AVO 分析的主要有 CDP 动校正速度误差或者精度不够，振幅随偏移距补偿不够，会给 AVO 分析带来很大的困难和假象，可以通过如下的方法来进行解决：

### 1）去噪基础上的横向振幅补偿

理论上，反射振幅随入射角变化的曲线是光滑和连续的，但是由于各种噪音（随即噪音、多次拨、相干干扰等）的影响，造成实际地震记录中的 AVO 曲线不光滑。在这基础上做的振幅补偿会将噪音带入道集中。通过对动校正后的 CDP 道集进行建模，为了弥补剩余时差和振幅的空间变化，利用抛物线进行模拟，将信号和部分噪音进行分离，剔除一部分噪音，达到压制部分噪音和剩余多次波的目的。

通常情况下，振幅随偏移距从近到远是会衰减的，但在振幅补偿中很多情况下都假定从近偏移距到远偏移距的振幅都是一个常数！在噪音的压制基础上，为了纠正振幅失真引起的 AVO 异常，通过统计水层的 AVO 振幅曲线，模拟出 AVO 随偏移距变化的关系，作为 AVO 响应的背景来进行偏移距补偿！这样在去噪基础上的 AVO 振幅补偿更加合理，能使不正确的异常区域减少，正确的 AVO 异常更加突出。

### 2）相位的矫正

根据统计，速度模型的差异会给地震道集在近远道带来比较大的时差，进而出现假的异常 AVO 现象。通过相位动校正可以改善这种影响，这是一种无需输入速度的道集内相位拉平方法。在地震资料的振幅谱和相位谱中，只有相位谱才包含地震旅行时信息。

通过在道集内在保留每道振幅谱同时，使用近偏移距道相位谱代替远道，实现相位拉平。在这个基础上提取叠前道集内各种属性随炮检距的变化关系，如振幅、频率、吸收、阻抗等随炮检距变化的梯度、截距及乘积。经过相位动校正后，相位得到充分拉平，属性横向变化信息能更加突出，因而 AVO 分析可准确搜索含气异常。

我们在国外油气勘探的 AVO 属性分析中应用了这些特殊处理技术，通过去噪后的振幅补偿，AVO 曲线更加光滑；经过相位校正后，广义 AVO 属性也能够更好指示岩性和含气性，为高效开发气藏提供可靠的依据。

## 3．结论

实际结果表明，上述方法能比较好的改善 CDP 道集品质。通过利用特殊技术组合对 AVO 前期地震资料进行处理，很好的消除了由于动校精度不够造成地震道集的相位不准确，通过在去噪基础上的背景能量补偿，消除了地震道集的奇异值，提高了油气预测的有效性和可靠性。

## 参 考 文 献

[1] 黄绪德. 油气预测与油气藏描述[M]. 南京：江苏科学技术出版社, 2003.

[2] Eugene Lichman. Automated Phase-based Moveout Correction[C]. SEG 1999 Expanded Abstracts.

（17）储层地球物理

# 谱统计性定量表征及其应用研究

# Quantitative spectrum characterization and its applications

曹思远[1*]　蔡文涛[2]　张　奕[1]　袁　殿[1]

Cao Siyuan[1]　Cai Wentao[1]　Zhang Yan[1]　Yuan Dian[2]

1. 中国石油大学（北京）CNPC物探重点实验室　北京 102249; 2. 中海石油研究总院　北京 100027

在实际生产和理论研究中，经常需要对子波振幅谱进行定量表征，常用的表征量为主频、带宽、频带上下限等。根据传统的定量表征法，主频一般有：峰值频率、质心频率、中心频率和均方根频率等；带宽一般分：中心频带、优势频带和截至（或有效）频带等。对于形状规则简单的波谱，上述表征量的提取结果稳定可靠，且都能较准确地反映子波的实际分辨率和频谱主要特征；对于形状复杂多变（尤其是噪音较强的情况下）的波谱，峰值频率、中心频带等特征参量的计算具有较大的随机性和主观性，不利于波谱的特征描述及分辨率的准确评价。选择稳定客观、抗噪性强的波谱定量表征方法理论与应用都有价值。

（1）表征方法对比。通过对目前使用较多的定量表征方法对比后发现：峰值频率、中心频带、截至频带等属性的提取结果稳定性不高，易受噪音、频率采样间隔等因素的影响；统计性属性（如质心频率、中心频率、谱宽等）则具有稳定、客观的特点，受噪音的影响较小。因此，本次研究主要采用统计性属性对波谱进行定量表征。这里介绍一组根据数值概率统计定义的频率中心 $f^*$、谱宽 $RF$，以及根据重心定义的振幅中心 $A^*$，三个频率属性的具体表达式见表 1。根据概率统计的定义，频率中心和谱宽反映的是频谱主要能量的分布区间，由此还可引申定义频带上限 $f^*+RF$ 和频带下限 $f^*-RF$；振幅中心平方 $(A^*)^2$ 反映的是频谱主要能量分布水平。频率中心、谱宽可用于频率属性的提取，振幅中心可用于能量（振幅）属性的提取。

**表 1　谱定量表征量及其定义式**

| 属性 | 频率中心 | 谱宽 | 振幅中心 |
|---|---|---|---|
| 定义式 | $f^*=\dfrac{\int_0^\infty fA^2(f)\mathrm{d}f}{\int_0^\infty A^2(f)\mathrm{d}f}$ | $RF=2\sqrt{\dfrac{\int_0^\infty (f-f^*)^2A^2(f)\mathrm{d}f}{\int_0^\infty A^2(f)\mathrm{d}f}}$ | $A^*=\sqrt{\dfrac{\int_0^\infty A^4(f)\mathrm{d}f}{2\int_0^\infty A^2(f)\mathrm{d}f}}$ |

（2）统计性属性的表征能力分析。为严格起见，选用表征子波时域分辨率高低的两个量：主瓣等效频率 $f_e$ 和子波清晰度 $\alpha$，作为辅助参考量。主瓣等效频率 $f_e$ [1]定义为子波主瓣宽度倒数的一半，子波清晰度 $\alpha$[2]由 Widess 引入，在零相位条件下是子波极值与总能量的比值，$f_e$ 和 $\alpha$ 值越大，子波的分辨率越高。选用不同带宽的带通子波作为测试对象，分别求取其频率中心 $f^*$、谱宽 $RF$、主瓣等效频率 $f_e$ 和子波清晰度 $\alpha$，绘制 $f^*\sim f_e$、$RF\sim f_e$、$f^*\sim\alpha$ 和 $RF\sim\alpha$ 曲线。通过四条曲线发现，随着频率中心 $f^*$ 和谱宽 $RF$ 的增加，$f_e$ 和 $\alpha$ 呈近似线性增大。因此，得出如下结论：频率中心 $f^*$ 和谱宽 $RF$ 能较好地反映子波的分辨率。

另外，通过 Gauss 频谱的数值模拟发现，中心频率不受频域采样点的影响，峰值频率受频域采样点的影响较大，50Hz 主频的频谱在 2.5Hz 采样间隔的条件下，峰值频率误差达 2.5%。

（3）应用实例。下面列举统计性定量表征在地球物理中的应用实例：理论子波绝对频宽、倍频程数等的定量计算；连续相位数与倍频程数（统计定义下）关系图[3]的重新构建；Widess 关于子波清晰度 α 的重新分析；质心频率偏移提取品质因子 $Q$ 方法的新推导和新认识等。以质心频率提取 $Q$ 值为例，新的推导过程规避了常规推导中对震源谱的假设（假设为脉冲谱或 Gauss 谱），并指出 $\pi f\Delta t/Q$ 是否为小量是 $Q$ 计算精度高低的主导因素，对实际生产具一定的指导意义。

（4）结论。波谱统计性定量表征法客观、稳定，不受采样率的影响，且抗噪性较好，能较好地描述谱特征及表征记录的分辨率，为实际生产和理论研究提供了一种较为简便的频域定量表征方式。

**参 考 文 献**

[1] 俞寿朋. 宽带 Ricker 子波[J].石油地球物理勘探,1996,31(5):605～615.

[2] Widess M B. How thin is a thin bed[J].Geophysics,1973,38,no.6,1176～1180.

[3] 李庆忠.走向精确勘探的道路[M].北京:石油工业出版社,1994:20~50.

（17）储层地球物理

# 基于最优核时频分布的地层定性吸收估计技术在气层识别中的应用

# The seismic attenuation characterizing method based on Adaptive optimal-kernel time-frequency representation and its application in gas identification

郝振江*1 王晓凯2

Hao Zhenjing*1 Wang Xiaokai2

1. 中海油研究总院 北京 100027; 2. 西安交通大学电信学院波动与信息研究所 西安 710049

## 1. 引言

当砂层含气后，其反射波的频谱将会发生改变，地震波振幅谱的低频成分相对增加，高频成分相对降低，即含气砂岩对地震波的不同频带具有不同的吸收能力。陈文超等利用三参数小波变换分析地层衰减特性（Chen WC, 2007），在实际应用中取得了良好效果。但是，由于采用的时频分析工具为小波变换，其在高低频处的时间分辨率不同，在利用两个单频数据体相减时会导致假象的出现，因此构建高分辨率时频分析工具可减少假象的出现。

业内常用的时频分析方法有短时傅立叶变换、小波变换、广义S变换以及Cohen类分布等。短时傅立叶变换采用的窗函数是固定，因此其时频分辨率受限。小波变换和S变换在低频处和高频处时间一频率分辨率不同。Cohen类分布(Cohen, 1989)在模糊域用核函数来抑制WVD中的交叉项干扰，但是这类分布的核函数对于整个信号持续期内是不变的，因此在分析地震信号这种典型的非平稳信号时，核函数并不一定匹配于信号。

自适应最优核时频分布(Jones, 1995)采用时变的核函数，即核函数能够随着信号特征的变化而变化，因此更加适合于分析非平稳信号。王晓凯等利用自适应最优核时频分布能够同时在低频及高频段保持良好的时间分辨率的特点，可对目的层段地震波频率成分的变化进行分析，能够定性的刻画地层的吸收(Xiaokai Wang, 2011)。本文将此技术用于某油田的气层识别，效果明显。

## 2. 方法流程

应用本技术进行含气预测的基本流程如下：

（1）输入地震记录；

（2）对典型地震道进行频谱分析及自适应最优核时频分析，选取合适的参数；

（3）对整个地震数据体进行自适应最优核时频分析，得到两个单频数据体；

（4）两个单频数据体相减，得到基于自适应最优核时频分布的定性吸收数据体。

## 3. 应用效果分析

海上某油田近200平方千米内钻有六口井，其中一口井钻遇含气目的层，该目的层为一套大型浊积体，地震剖面上为强振幅反射背景下的丘状外形、弱振幅杂乱反射特征，但该储层含气后，由弱反射变强反射，由测井曲线分析，该套砂岩含后，阻抗降低明显，在储层内部较易识别。但由于泥岩也是强反射特征，因此常规方法不能有效区分泥岩和含气砂岩。应用自适应最优核时频分布的地层衰减定性分析技术对纯波资料进行了处理，结果表明含气井处表现出强吸收，强振幅区域的两口非含气井处并没有表现出吸收特性，这与此处为大片泥岩包含有极少的砂岩完全相符，说明本方法有效降低了含气预测多解性。

## 4. 结论

本文采用的自适应最优核时频分布的地层衰减定性分析技术，由于采用的是自适应最优核时频表示，能够使其核函数自适应于待分析的信号，有效抑制交叉项干扰，从而具有良好的时频分辨率，因此优于目前商业软件中提供的同类技术，实际资料应用表明本技术能有效降低吸收分析预测气层分布的多解性。

本研究由国家科技重大专项（2008ZX05023-005）课题资助。

### 参 考 文 献

[1] Chen W C, et al. Characteristic analysis of seismic attenuation using MBMSW wavelets[J]. Chinese Journal of Geophysics, 2007, 50: 837~843.

[2] Xiaokai Wang, et al. Adaptive optimal-kernel time0-frequency representation and its application in characterizing seismic attenuation[C]//2011 SEG Annual Meeting(accepted).

（17）储层地球物理

# 分频混色技术及其应用过程中的两点探讨

# Discussion on Spectral Decomposition RGB Plotting Technique Application

姜秀娣

Jiang Xiudi

中海油研究总院 北京 100027

随着油气勘探和开发的不断深入，薄互层等复杂油气藏已经成为重点勘探对象，对地震解释提出了更高的要求，因此高精度地震解释成为研究人员新的目标。而对地震数据进行分频解释的方法，已经越来越多的应用到地震解释中，用以提高薄层解释的精度，并逐渐成为高精度储层描述的有效手段。但是对分频得到的单频体进行解释无疑加大了解释的工作量，而 RGB 分频混色技术是解决这个问题的一个很好的途径，本文介绍了该技术，并对该技术在应用过程中遇到的两个问题进行了探讨。

**1. RGB 分频混色技术**

分频解释技术主要利用谱分解得到调谐体和离散频率能量体两种数据体。离散频率能量体是沿短滑动时窗生成的一系列离散频率的调谐振幅数据体，即单频体，用来研究储层的横向变化特征，可得到较常规地震属性研究方法更高的解释分辨率和更清晰的图像，有利于开展储层横向预测研究。但是这样做的一个问题是通过对原始数据体进行分频，得到若干个单频体，则相当于将三维数据增加到四维，解释的工作量和难度增加很多倍。RGB 显示（Liu and Marfurt，2006）由于其直观易分辨的视觉效果越来越多的受到地震解释人员的关注，这种显示技术能更好的展现地下地质体的空间分布特征，具有很强的立体感，且大大降低了解释工作量，将四维数据体又重新降到三维，将储层厚度的动态变化在一张切片图上显示出来。

**2. RGB 分频混色技术中的两点探讨**

通常用低频体解释厚层，用高频体解释薄层。在高精度地震解释中，尤其是薄储层解释，为提高地震数据分辨能力，通常尽可能去除低频，获得高频信息，有人主张用分频得到的高频数据体去解释薄储层。尤其是河流相储层，低频体上信息杂乱，几乎无成形河道，往往被弃之不用。但不管是什么类型的地质体，都不会以单一厚度呈现，单纯用哪个单频体解释，都无法完全展示地质体。而且高频信息由于缺少低频背景，降低了地震属性横向连续性，也不利于高精度地震解释。因此需要有效结合高频和低频信息，对储层进行整体描述。RGB 混频显示具体是指将分频得到的互不重叠的低频段、中频段、高频段能量属性体分别形成切片，再进行 RGB 融合显示。如何来选取各个频段的频率范围对各个频段分配显示的颜色呢？大量试验研究发现，对于储层的整体描述若获得最佳的显示效果有两个原则：①首先要了解目的层段频谱的宽度和主频，低频段应低于主频，中频段在主频附近，高频段即频宽的高频即可。根据大部分分频方法得到的以该频率为中心频率的一个窄带的特点，选取的三个频率要有一定的间隔，避免频率重叠段过多，显示的颜色较单一呆板，也尽量不留下空白段，造成信息缺失。因此将三个较高频的单频体进行融合得到高精度切片显示结果的认识是错误的。②另一个原则是高频段用红色显示，中频段用绿色显示，低频段用蓝色显示，这样融合出来的切片以深色作为背景色，储层则是明亮的颜色显示，符合人的视觉习惯。

**3. 应用效果分析**

我们用 RGB 分频混色技术依据上面的选频和配色原则对几个区块的三维数据进行成图显示，得到的结果类似于三维可视化的结果，且更清晰，精度更高，尤其对河流相储层的刻画效果最佳，清晰地展现了河道的走向，且可分析河道的演化迁移过程。可根据颜色判断河道的厚度规模，颜色偏白偏亮的河道规模大，厚度大；可通过颜色的变化，分析河道储层厚度的变化。这种切片大大方便了解释人员对河道的刻画，有效降低了分频解释的工作量，提高了分频解释的效率。分频混色图的另一个优势是很容易解释断层，且避免了相干切片上河道边界与断层难以区分的问题。

本研究由国家科技重大专项（2008ZX05023-005）课题资助。

**参 考 文 献**

[1] Liu J, et al. Matching pursuit decomposition using Morlet wavelets[C]//75th Annual International Meeting Society of Exploration Geophysicists, Expanded Abstracts, 2005, 786~789.

[2] Liu J, et al. Time-frequency decomposition based on Ricker wavelet[C]//74th Annual International Meeting Society of Exploration Geophysicists, Expanded Abstracts, 2004, 1937~1940.

（17）储层地球物理

# 基于局部结构熵的横向不连续性检测技术应用效果分析

# Multi-resolution Local Structural Entropy for Detecting Local Discontinuities of Seismic Data and its application

丁继才[*1]　姜秀娣[2]

Ding Jicai　Jiang Xiudi

中海油研究总院　北京 100027

## 1. 引言

断层、裂缝以及地质体边缘等不连续性结构对隐蔽性油气藏勘探有着重要的意义。第三代相干 C3 算法具有优异的抗噪性能以及横向分辨率，但是运算量极大。Cohen 和 Coifman(2002)引入了局部结构熵算法。它利用目标时间点周围四个象限内的地震道数据互相关性，构建一个 4×4 的协方差矩阵，利用该协方差矩阵的本征值定义局部结构熵测度。但这种局部结构熵算法只关心大尺度的断层等，对地震数据中微弱不连续性结构的刻画能力较低，因此对细小的断层检测效果不明显。

为改善局部结构熵算法检测弱断层的能力，基于相空间多尺度瞬时属性（瞬时相位），提出了多分辨率局部结构熵方法（周艳辉等，2008），用于地层横向不连续性结构检测。该方法根据不同地质结构变化在地震记录上的不同表现，分别在不同尺度（频带）的相空间瞬时属性（相位）体上估计局部结构熵，然后利用信息融合中的象素灰度极大值法，融合不同分辨率下的局部结构熵值。和基于特征结构的相干算法以及常规局部结构熵的实际应用结果相比，基于相空间多尺度瞬时属性的局部结构熵算法不仅能有效检测大的断层和裂缝，同时也能加强数据体中的细微，缓变的不连续性结构；而且该方法利用了螺旋坐标系来构建 4 阶协方差矩阵，计算效率得到了显著提高。该方法目前已经用于中海油，大庆油田的实际资料处理。

## 2. 方法原理及实现过程

（1）求取小波域多尺度瞬时相位。对任一信号进行连续小波变换，若选取的小波为解析小波，且满足特定的条件，则可定义对应的信号瞬时相位为：

$$\theta(t,s)=\arctan[W_I(t,s)/W_R(t,s)]$$

（2）构成协方差矩阵。

（3）得到基于多尺度瞬时相位的局部结构熵并融合。基于多尺度瞬时相位的局部结构熵定义为

$$\varepsilon_m(x_0,y_0,t_0)=\frac{trC}{\|C\|}-1=\frac{\sum_{p=1}^{4}(\boldsymbol{a}_p)^T\boldsymbol{a}_p}{(\sum_{p,q=1}^{4}[(\boldsymbol{a}_p)^T\boldsymbol{a}_q]^2)^{1/2}}-1\quad ,m=1,2,\cdots,M$$

采用信息融合中的象素灰度极大值法，定义局部结构熵为

$$\varepsilon(x_0,y_0,t_0)=\max(\varepsilon_1,\varepsilon_2,\cdots,\varepsilon_M)$$

## 3. 应用效果分析

分别利用商业软件以及基于局部结构熵的横向不连续性检测技术处理某工区的三维数据体，并对处理结果进行了详细的分析。与商业软件处理结果对比来看，本方法的结果切片上大断裂和细小断层都得到了十分清晰的刻画。基于相空间多尺度瞬时属性的局部结构熵算法不仅能有效检测大的断层和裂缝，使大断层刻画更清晰、连续，有利于提高断层自动解释效率，同时也能加强数据体中的细微，缓变的不连续性结构，从而有效提高不连续性结构分析的精度。

本研究由国家科技重大专项（2008ZX05023-005）课题资助。

### 参 考 文 献

[1] 周艳辉，高静怀，陈文超．检测地震不连续性结构的多分辨局部结构熵算法研究[J]．西安交通大学学报, 2008, 42(2): 226~230.

[2] Yanhui Zhou, Jinghuai Gao, Wenchao Chen. Local structural entropy based on frequency - division instantaneous phase for enhancing seismic discontinuities[C]//77th Annual International meeting, SEG, Expand Abstracts, 2007, 846~849.

（17）储层地球物理

# 核独立分量分析技术在地震属性优化中的应用

# The Application of Kernel Independent Component Analysis Technology in Seismic Attribute Optimization

王　岩*　李　平　吴仲彧　张树慧

Wang Yan　Li Ping　Wu Zhong yu　Zhang Shu hui

中石油东方地球物理公司　涿州 072750

## 1. 引言

地震属性信息是通过数学方法从地震数据中提取，用于反映不同地质信息的地震特征分量。随着地震属性技术的不断发展，属性信息种类的不断增加，与储层之间的关系也变得更为复杂。为了更好地利用属性信息反映储层，就必须对属性信息进行优化。目前较为成熟的属性优化方法 K-L 变换，该方法只应用二阶统计特性，故不能去除高阶信息的相关属性。本文应用核独立分量分析（简记 K-ICA）进行属性优化，利用属性的高阶统计特性，优选出相互独立的属性信息。通过在实际资料中的应用，达到了很好的效果。

## 2. 核独立分量分析的基本原理

独立分量分析（简记 ICA）技术利用信号的高阶统计信息，以统计独立为原则，对数据建立目标函数，并通过选择合适的优化算法求取分离矩阵[1]。K-ICA 技术不同于 ICA 技术，不是对 ICA 算法的核化。经典的 ICA 算法使用的目标函数多通过期望来寻来找一个合适的非线性函数，而 K-ICA 技术并不基于某个固定的非线性函数，而是对数据做非线性映射，在 Hilbert 核空间重构目标函数。

K-ICA 以“核追踪”的方式在整个重构的核空间对目标函数最小值进行搜索，最终实现混合信号分离的目的[2]。其目标函数的确定是通过对一系列随机变量独立性的直接度量来确定的。假设空间向量函数 $G$, $y_1$ 与 $y_2$ 为两个随机变量。将 $G$-互相关记为$\rho_G$,表示随机变量 $g_1(y_1)$与 $g_2(y_2)$的最大互相关，$g_1$ 和 $g_2$ 在空间向量函数 $G$ 的范围内，$\rho_G$ 的表达式为：

$$\rho_G=\max_{g_1,g_2\in G} corr(g_1(y_1),g_2(y_2))=\max_{g_1,g_2\in G}\frac{\mathrm{cov}(g_1(y_1),g_2(y_2))}{\mathrm{var}(g_1(y_1))^{\frac{1}{2}}\,\mathrm{var}(g_2(y_2))^{\frac{1}{2}}} \tag{1}$$

目前 K-ICA 技术中常用的目标函数分为两种，数学表达式分别记为：

$$con_1(w)=I_{\lambda G}(y_1,y_2,\ldots,y_n)=0.5\log\lambda_G^{y}(y_1,y_2,\ldots,y_n) \tag{2}$$

$$con_2(w)=I_{\delta G}(y_1,y_2,\ldots,y_n)=-0.5\log\delta_G^{y}(y_1,y_2,\ldots,y_n) \tag{3}$$

式(1)中目标函数 $I_{\lambda G}$ 基于 $G$-互相关，通过在重构核空间计算第一核标准相关系数。式(2)中目标函数 $I_{\lambda G}$ 求取是计算整个标准互相关的频谱，其数量级被记为“广义方差”[3]。

## 3. 基于 K-ICA 技术的地震属性优化

使用东部地区某含气砂岩层位数据，以时窗长度为 35ms 沿层提取属性信息。在聚类分析、专家优选的基础上，选取最大振幅值、均方根振幅值比、记录能量三种属性值作为优化的源信号，分别使用 K-L 变换、ICA 与 K-ICA 技术进行属性优化。结合该工区的测井数据，ICA 技术与 K-ICA 技术利用了数据的高阶信息，优化结果精度高于 K-L 变换的结果。进一步对比分析，较 ICA 的优化结果，K-ICA 优选结果的边界信息清晰，更客观地反映了砂体分布的不连续性。

## 4. 结论与认识

K-ICA 技术与 ICA 技术利用数据的高阶信息，能够很好的分离出噪音从而减少噪音对属性信息的影响，突出属性异常部分，从而更好地反映油气聚集区域。根据测井资数据分析，较 K-L 变换、ICA 的优化结果，K-ICA 能够更为准确的反映砂体展布范围，进而为油田的后继开发提供了可靠的依据。

## 参 考 文 献

[1] P Comon. Independent component analysis, a new concept?[J]. Signal Processing, 1994, 36:287~314

[2] 张晓琳, 等. K-ICA 算法的船舶直扩通信信号检测[J]. 哈尔滨工业大学学报, 2010, 42(1):41~45.

[3] Francis R Bach, et al. Kernel Independent Component Analysis[J]. Journal of Machine Learning Research, 2002, 3:1~48.

（17）储层地球物理

# 新流体因子的建立与流体识别应用研究

# The construction of a new fluid factor and its application in fluid discrimination

刘 苗 宫同举

Liu Miao* Gong Tongju

东方地球物理勘探有限责任公司 涿州 072751

## 1．引言

目前，地震技术不仅要对地下构造准确刻画，还要努力实现储层流体的识别。研究表明：不同流体因子对流体的敏感性不同，并且适用范围也不同。本文在总结前人研究成果的基础上，提出了更加敏感的新流体因子，该流体因子融合了泊松阻抗和 Russell 流体因子的优势，同时也借鉴了流体因子角的定义思路。通过模型和实际资料的验证，表明该流体因子能够有效地将油气储层从背景岩性中分离出来。

## 2．方法原理

流体因子角 $\theta_f$ 定义为当反射系数为零时的入射角，$(-\sin^2\theta_f)$ 可以表示为储层含水时截距与梯度之比。以流体因子角表示的流体因子可以理解为地层在入射角为 $\theta_f$ 时的反射系数。所以该流体因子在含水储层处为零值，在油气储层处为非零值。

Russell 根据 Biot-Gassmann 理论，定义了适用于多孔流体饱和岩石的流体因子，其表达式为：

$$\rho f = I_P^2 - c \cdot I_S^2$$

其中，$I_P$、$I_S$ 分别表示纵横波阻抗；系数 $c$ 代表干岩石纵横波速度比。一般地，$c$ 的取值范围是 1.333～3.000。特别地，当 $c$=2 时，Russell 流体因子与 $\lambda\rho$ 等价。

与含水砂岩相比，含油气砂岩的泊松比和密度都明显偏低，泊松阻抗就是将这两个参数联合起来进行流体识别的。研究显示：选择合适的旋转轴，对纵横波阻抗的交会图进行旋转，可以实现孔隙流体的最佳识别，将旋转之后的流体识别因子定义为泊松阻抗：

$$PI = I_P - \gamma \cdot I_S$$

其中，$PI$ 代表泊松阻抗；$I_P$、$I_S$ 分别表示纵横波阻抗；$\gamma$ 是表示旋转量的系数。实际应用中是通过测井资料拟合来确定 $\gamma$ 值的。特别地，当岩石具有较低泊松比和较高的密度，泊松阻抗不再适用，如部分碳酸盐岩。

通过流体因子的敏感性分析得知：上述两个流体因子对流体的敏感性比较高，因此将两者的优势相结合，提出新的流体识别因子：

$$F_{NEW} = (I_P - C_1 \cdot I_S)(I_P^2 - C_2 \cdot I_S^2)$$

其中，$C_1$、$C_2$ 为系数。可以看到公式中（$I_P$-$C_1I_S$）反映了泊松阻抗的特征，（$I_P^2$-$C_2I_S^2$）则体现了 Russell 流体因子的特征。借鉴流体因子角的定义方法，取 $I_{PW}$ 和 $I_{SW}$ 分别为含水储层的纵横波阻抗，令 $C_1=I_{PW}/I_{SW}$；$C_2$ 取值与 Russell 流体因子的系数相同。因此当储层含水时，（$I_P$-$C_1I_S$）=0，所以新流体因子 $F_{NEW}$=0；而当储层含油气时，（$I_P$-$C_1I_S$）≠0，所以 $F_{NEW}\neq 0$。换个角度来理解，公式中的（$I_P$-$C_1I_S$）相当于一个大小可调的尺度因子，对 Russell 流体因子进行尺度放大，增强了其对流体的敏感性。

## 3．结论与认识

新的流体因子采纳了流体因子角的定义方法，同时融合了对流体敏感的 Russell 流体因子和泊松阻抗的优势，因此新流体因子具有更高的流体敏感性。通过模型数据和实际资料的应用验证了新流体因子在流体识别方面的效果要优于 Russell 流体因子和泊松阻抗。

### 参 考 文 献

[1] Russell B H, et al. Fluid-property discrimination with AVO: A Biot-Gassmann perspective[J]. Geophysics, 2003, 68(1): 29~39.
[2] Quakenbush M, et al. Poisson impedance[J]. The Leading Edge, 2006, 25(1): 128~138.
[3] Gidlow P M, et al. The Fluid Factor Angle[C]//EAGE 65th Conference & Exhibition, 2003: 2~5.
[4] 郑静静，等．流体因子关系分析以及新流体因子的构建[J]．地球物理学进展，2011，26(2): 579~587.

（17）储层地球物理

# 碳酸盐岩溶洞储层物理模型串珠特征归类分析

# Classified analysis of string beads characteristics of physical model for carbonate cave reservoir

徐 超* 狄帮让 魏建新

Xu Chao Di Bangrang Wei Jianxin

中国石油大学（北京）CNPC 物探重点实验室 北京 102249

塔里木碳酸盐岩溶洞储层地震响应以特有的“串珠”状反射著称。英买力-哈拉哈塘地区奥陶系碳酸盐岩是塔里木盆地塔北油田重要的油气产层，地震剖面中“串珠”反射非常发育，其类型也非常丰富，如长串珠、短串珠、孤立串珠，连片串珠等类型。对“串珠”形成机理前人已多有论述，认为是由溶洞顶底绕射引起的。这种地震响应可能对应单一孤立溶洞，也可能对应多个溶洞组合，溶洞大小和形状也会对响应特征产生不同影响。为了分析溶洞类型、实际大小与地震剖面上“串珠”间的关系，依据哈拉哈塘地区的地质特征和地震剖面上所展示的不同形态的“串珠”特征来设计地震地质模型，通过物理正演模拟得到不同类型溶洞的“串珠”反射，进而归类分析“串珠”特征以及各“串珠”对应的不同溶洞体，从而为碳酸盐岩溶洞储层的勘探开发提供理论指导。

本文设计并制作模拟碳酸盐岩溶洞储层物理模型，模型制作采用溶洞埋入的方法。模型中共设计了球形洞、立方体洞、落水洞、水平洞、多洞组合等 14 种缝洞体（区），对应地震剖面上出现了明显的“串珠”反射，对各“串珠”特征进行归类分析，得到如下认识：

（1）由 5～8 个相邻地震道组成的、纵向多个强振幅叠置而成的强短反射，纵向延伸大于横向延伸，呈串珠状，只包含一峰一谷、二峰一谷等，称为“短串珠”。可能引起“短串珠”反射的溶洞体类型有：球形洞、圆柱洞、立方体洞等。能否形成“短串珠”主要取决于溶洞尺度，尺度在 100m 以下的溶洞的地震反射一般都表现为“短串珠”，串珠大小、强弱反映溶洞大小，随着尺度减小，串珠的能量、大小均逐渐减小，珠子个数也会逐渐减少。随着溶洞尺度增大，地震反射顶底会逐渐分开，“短串珠”会逐渐变成“长串珠”，直至分离成二个“短串珠”。

（2）由 5～8 个相邻地震道组成的、纵向多个强振幅叠置而成的强短反射，纵向延伸大于横向延伸，呈串珠状，包含二峰二谷、三峰三谷等，称为“长串珠”。“长串珠”是两种溶洞的地震响应：尺度为 90m～100m 的单个溶洞地震反射顶底刚好分开时，易形成所谓“长串珠”反射，100m 以上时，溶洞顶底分离，“长串珠”分离为两个“短串珠”；间距不大（100m 以下）的多溶洞垂向组合，因其间距太小，地震无法将各溶洞分辨，各溶洞形成的“短串珠”相互叠置在一起容易形成“长串珠”，如果间距太大（超过 100m），各溶洞“短串珠”反射不再相互叠置，逐渐分离，导致“长串珠”现象消失。

（3）由大于 15 个相邻地震道组成的、纵向多个强振幅叠置而成的强短反射，包含二峰一谷、二峰二谷等，横向延伸很长，形态类似“羊排”，故称为“羊排状串珠”。可能引起“羊排状串珠”反射的溶洞体类型有：长方体洞、水平圆柱洞、球形多群洞和垂向多洞组合等。横向尺度较大（150m 以上）的溶洞，其串珠反射横向延伸较长，即为“羊排状串珠”，且“羊排”横向延伸随溶洞横向尺度增大而增大；水平排列、间距较小的（地震无法分辨开来）两个溶洞的“短串珠”叠置在一起也表现为“羊排状串珠”。

（4）一些强短反射，形似波浪，称为“波浪形串珠”。多个溶洞在垂向上排列组合，即当有的洞不在另一洞的正下方时，就会出现“波浪形串珠”。两个溶洞排列成近似水平（非同一深度），其地震响应表现为“波浪形串珠”。

（5）地震剖面上呈不规则状、无一定方向、振幅可强可弱，同相轴可长可短且连续性较差，常有非系统性同相轴反射终止和分叉现象，称为“杂乱反射”，是垂向上任意分部的孔洞集合体的反映。多个溶洞在纵向上随机分布、排列成不同形状，例如三角形、不对称菱形、菱形等，其地震响应为“杂乱反射”。

综上所述，“串珠”状反射多种多样，同一类型“串珠”反射可能由不同类型溶洞体引起的，且溶洞体大小会反射特征产生影响，这些认识对油田勘探开发有重要的指导意义。

**参 考 文 献**

[1] 魏建新，等. 孔洞储层地震物理模拟研究[J].石油地球物理勘探，2008，43(3): 291~296.
[2] 李凡异，等. 碳酸盐岩溶洞横向尺度变化的地震响应正演模拟[J]. 石油地球物理勘探，2009，48(6): 557~562.
[3] 郭军参，等. 塔中岩溶储层地震反射地质特征及其成因机理[J]. 重庆科技学院学报（自然科学版），2012，14(2): 24~27.

（17）储层地球物理

# 碳酸盐岩储层溶洞“漂移”现象研究

# Study on cavern drift of carbonate reservoirs

王玲玲* 魏建新

Wang Lingling* Wei Jianxin

中国石油大学（北京）CNPC 物探重点实验室 北京 102249

碳酸盐岩溶洞储层是一种典型的非均质油气藏，通常情况下，溶洞的尺度较小、分布不均匀、形态多变、埋藏深度大，在地震偏移剖面上主要表现为“串珠状”地震响应，但地震剖面上的“串珠”并不能真实的反映野外实际储层中溶洞的具体位置、规模及形态。叠前时间偏移只能解决共反射点叠加问题，不能解决界面倾斜情况下成像点与地下绕射点位置不重合的问题，在碳酸盐岩溶洞储层中表现为溶洞“串珠”状地震响应的“漂移”现象。导致溶洞定位的不准确，因此，需要研究“漂移”现象以及溶洞漂移量的影响因素。本文采用数值模拟和物理模拟相结合的方法综合分析。

首先构建一个上覆层起伏的溶洞数值模型，模型尺寸为 20000m×9000m，野外碳酸盐岩溶洞储层中溶洞的埋藏深度多在 5300 米以下，为了更好地指导实践，溶洞的埋藏深度为 6000 米，尽可能地达到实际储层中溶洞的埋藏深度。随机画出起伏的上覆界面，将溶洞模型投影到深度域叠前时间偏移剖面和叠前深度剖面，将这两个偏移剖面进行对比，从中可以看出当上覆界面倾斜时叠前时间偏移得到的“串珠”状地震响应与溶洞模型不重合，即存在“漂移”现象，而叠前深度偏移剖面上溶洞基本上不存在“漂移”现象。这进一步说明了当界面倾斜情况下叠前时间偏移成像点与地下绕射点位置不重合，叠前深度偏移能最大程度地保证溶洞定位的准确性。

为了进一步研究影响溶洞漂移量的因素。设计不同地层倾角溶洞模型研究溶洞的“漂移”现象。模型水平宽度为 20000m，深度为 9000m 的数值模型。T5 界面是不同角度的上覆层介质，倾角从 30°、20°、15°、10°减小到 5°。在第六层介质中不同角度倾斜地层的正下方设置 2 组垂直排列等间距的三个方洞，其边长为 40m。这样的方洞组合共有 14 组，其中上覆界面为水平面的溶洞有 4 组。并且每组第一个溶洞里上覆界面的距离（100m）是一致的。观测系统设计为双边 128 道接收，1ms 采样，偏移距为一个道间距，炮间距 80m，道间距 40m，总炮数为 230 炮，满覆盖次数为 32 次。

采用一阶双曲型标量波动方程交错网格高阶有限差分法进行正演模拟，网格距设为 10m，震源频率选取 25Hz。对上述模型数据进行叠前时间偏移和叠前深度偏移处理，从叠加剖面上看到很杂乱的绕射特征，不同角度倾斜地层的断点绕射及溶洞绕射混杂在一起，绕射能量较强，但是每个溶洞的绕射同相轴都清晰可见。叠前时间偏移剖面上，当上覆层倾斜的情况时，得到的“串珠”状溶洞响应存在“漂移”现象，“串珠”总是向着地层的上倾方向“漂移”。其漂移量随着倾角的增大而增大，随距上覆地层越远漂移量越大，漂移量不随溶洞埋藏深度变化。

最后，根据西部某地区地层纵横波速度、密度和深度等地质参数，结合物理模型制模技术进行适当的简化，制作物理模型。模型尺寸为 20000m×1000m。模型中设置河道和大断裂，模型北部分河道宽约为 80～120m，高约为 80～140m，河道分叉时最宽 444m，高为 104.2m。大断裂的 $v_p$=2496m/s，ρ=1.76g/cc；模型南部设置三个尖灭层，其间距逐渐增大，在速度为 5996m/s 的地层中设置了不同类型的溶洞，包括不同尺度、不同形态、不同填充物、不同纵横波速度比等。为了研究上覆层倾斜溶洞的漂移现象，抽取其中的 2 条纵测线，对物理模拟采集的地震数据进行常规处理，在偏移处理中选择叠前时间和深度偏移，结果显示物理模拟时间偏移剖面上溶洞的水平位置发生漂移。无论溶洞的形态如何，“串珠”总是向着地层的上倾方向“漂移”。

综上所诉，对碳酸盐岩溶洞储层进行叠前时间偏移处理，地震响应存在“漂移”，方向是地层的上倾方向，其漂移量与地层倾角、距上覆层远近等因素有关。

## 参 考 文 献

[1] 牟永光，等. 三维复杂介质地震数值模拟[M]. 北京：石油工业出版社，2005,136~146.

[2] 魏建新，等. 王立华.孔洞储层地震物理模拟研究[J]. 石油物探，2008, 47(2): 156~160.

（17）储层地球物理

# 三维地震纹理属性在河道识别和刻画中的应用

# The Application of 3D Seismic Texture Attributes in Fluvial Reservoir Identification and Characterization

李海山* 吴国忱 印兴耀

Li Haishan Wu Guochen Yin Xingyao

中国石油大学（华东）地球科学与技术学院 青岛 266555

## 1. 引言

河道砂体是重要的油气储层类型之一，目前识别和刻画河道砂体的方法主要有地震相分析和地震属性分析方法等。地震纹理属性[1]是近年来从图像处理领域引入到地震解释中的一种新的属性分析方法，其实质是将地震数据视为图像，通过检测图像中的不同纹理特征实现地质目标的识别，目前已用于构造解释、地质体识别和沉积环境分析、储层非均质性分析、储层定量物性分析等方面。鉴于地震纹理属性在目标识别和沉积相分类方面的优势，本文将其用于河道的识别和河道砂体的精细刻画。

## 2. 基于 GLCM 的三维地震纹理属性

由于受构造、沉积、流体等地质因素影响，三维地震数据中强弱不同的振幅，在垂向和横向上形成一种特殊的地震数据纹理[2]。Gao[1]把地震纹理定义为地震数据体的反射振幅样式，用来描述每个采样点与周围点的变化关系。采用地震纹理属性是因为并不是所有的地震特征都可以用简单的垂向或横向上振幅或相位变化来表示，例如两种不同的地震响应可能具有相同的振幅均值或主频，但它们具有代表不同地震相的不同的振幅分布。

灰度共生矩阵（gray level co-occurrence matrix，GLCM）是用来分析纹理特征的重要方法之一，它建立在估计地震纹理基元体的二阶组合条件概率密度函数的基础上[1]，通过计算纹理基元体中有一定距离和方向的两个像素之间的灰度相关性，对所有像素进行调查统计，反映纹理基元体在方向、相邻间隔、变化幅度及快慢上的综合信息。灰度共生矩阵中元素$(\boldsymbol{i},\boldsymbol{j})$的值表示在纹理基元体中其中一个像素的灰度值为$\boldsymbol{i}$，另一个像素的灰度值为$\boldsymbol{j}$，并且相邻距离为$\boldsymbol{d}$，沿着指定方向（倾角和方位分别为$\alpha$和$\beta$）的这样两个像素出现的次数。在灰度共生矩阵的基础上可计算纹理能量（表征结构上的不整合性）、纹理熵（表征混乱或复杂程度）、纹理对比度（表征局部变化特征）、纹理均质性（表征总体平滑程度）、纹理相关性、聚类趋势和最大概率等三维地震纹理属性。

## 3. 三维地震纹理属性计算参数的选取

在利用灰度共生矩阵计算地震纹理属性时，地震数据与灰度值的转换等级、纹理分析的时间窗口和空间窗口的大小、纹理分析方向、当前像素与相邻像素的距离等参数影响纹理分析的效果。在纹理属性提取时，并不是灰度级别越大越好，且灰度级别越大计算速度越慢；纹理分析时空间窗口过大，纹理属性的横向分辨率就会降低，窗口太小又会影响灰度共生矩阵的构造和噪声抑制能力；时间窗口过大会降低垂向分辨能力，过小会降低噪声抑制能力；纹理属性涉及到方向问题，计算时综合各个方向信息可得到更丰富的信息。进行纹理属性计算时，首先要通过试验来确定这些参数。

## 4. 实际应用

东部某油田新近系的馆上段为河流相沉积，具有很好的勘探潜力。该区三维地震资料品质较好，地震面元大小为 25m×25m，采样间隔为 2ms，利用三维地震资料计算了三维地震纹理属性，计算时纹理基元体大小为 5×5×12，灰度阶数为 16，相邻像素间的距离为 1，考虑到综合各个方向的信息，沿着倾角和方位均为 45 度的方向进行计算。从中优选了纹理能量、纹理熵、聚类趋势和最大概率四种纹理属性，与三种常规属性（振幅、瞬时频率和相干）比较可见无论是分辨能力、敏感度和细节刻画方面都明显优于常规属性，河道得到准确识别，河道砂体得到准确刻画，钻井结果证实了砂体分布预测的准确性。

本研究受国家油气重大专项（2011ZX05014-001-010HZ）资助。

### 参考文献

[1] Gao D. Latest developments in seismic texture analysis for subsurface structure, facies, and reservoir characterization: A review[J]. Geophysics, 2011, 76(2): W1~W13.

[2] 王治国，等. 河道纹理属性分析中的灰度共生矩阵参数研究[J]. 石油地球物理勘探，2012, 47(1): 100~106.

（17）储层地球物理

# 波形分类技术在滩坝砂储层预测中的应用

# Application of waveform classification in Beach Bar Sand Reservoir Prediction

韩 双[1*] 张军华[1] 张瑞芳[1] 何 伟[2] 刘 磊[2]

Han Shuang Zhang Junhua Zhang Ruifang He Wei Liu Lei

1. 中国石油大学（华东）地学院 青岛 266580; 2. 胜利油田地质科学研究院 东营 257015\

## 1. 引 言

地震波波形既包含了地震波的振幅、频率、相位及其变化的信息，又包含了地质体的形状及各种物性信息。地震波形分类技术就是利用了这个特点，在特定层段内，采用神经网络等方法对地震波形特征进行定量描述，通过对地震道数据的分类对比展示出其横向变化规律，从而用于油气藏分布的预测。

## 2. 基本原理

地震波形分类是对地震道的波形形状分类，它是基于神经网络技术的过程。首先，将地震道形状划分为几种典型的类型，把每一种基于相似性的典型形状赋予每一实际地震道。然后，在目标层段内，对实际地震道利用用神经网络技术进行多次训练，训练结束后重新构建合成地震道，同时将实际地震道与其相比较。最后用自适应实验及误差处理等一系列修改重构地震道，从而得到与实际地震道比较接近的模型道。这些合成的模型道可以反映出整个区域的目标层段多种形状的地震道[1~2]。

## 3. 工作流程及效果分析

波形分类技术实现步骤如下：

### 1）选择目标层段并建立层切片

对于同一沉积段，选择的层段最好厚度均匀。通常，$\theta/2 < t < 150$ms（$t$ 是层段的时间厚度，$\theta$为子波相位）。若太厚会包含多个模型，增加解释的难度；若太薄，所含地震信息太少，不能充分的反映地质信息。

可供选择的层段有等厚层段和变厚层段。层段的厚度相等时，将公共反射层作为参考来分析层段内的波形特征，与其顶、底边界无关。层段厚度不相等时，它的上边界和下边界分别包含于不同的反射层。对层段属性进行计算前，首先要对目标层有一个大致了解。常用的层段选择方法是每隔一段时间来新建一个层位切片。通常情况，将平行于参考层段的一系列振幅图称之为层切片。它投影于地震剖面呈现彩色条带，在跟踪层位切片和剖面之间的地质异常体时比较容易识别。

### 2）神经网络训练

第一步就是选择数据，该过程即为建立训练组。针对所选取的地震数据体的大小不同，其选取的方式也不同。对于较小的三维数据体（如小于 300×300 道），需对每一道进行选择；对于较大的三维数据体（如 1000×1000 道），通过道抽稀来选择，从而可以减少计算时间。通常情况每 4 道抽取 1 道，间隔太大会忽略一些重要的特征。然后设置相关的地震相参数。通过多次试验来确定迭代次数。

### 3）平面成图

利用分类结果进行平面成图。通过观察平面图上不同颜色的分布来估计目标层段内不同地震波形的分布，并对地震信号的变化趋势进行研究。进一步分析该变化分布规律及其与油藏储层特征之间的关系。

### 4）地震相处理解释

利用测井、钻井资料进行标定，结合地质信息对地震波形的变化做出进一步的地质解释。此外，还应该与研究区块的沉积相带相结合，对全局地震相图做一个比较合理的解释，从而得到目标地质体在平面图上的分布规律，便于油气勘探和开发部署。将东营凹陷南部缓坡带的 F151-F147 井区作为研究对象，将该技术用于滩坝砂储层预测，利用无监督神经网络算法，将井位处的地震信息作为参数进行训练，经过多次迭代计算，选取不同的时窗，可以划分出不同的地震相。研究发现：地震的振幅、相位、频率都能较好地体现在地震道波形中，地震道波形能够反映地下真实的地质形态。用神经网络技术进行地震波形分类，减少了人为干扰的因素，能够较快地对地震相进行分析，进一步进行储层预测。

## 参 考 文 献

[1] 殷积峰，等. 波形分类技术在川东生物礁气藏预测中的应用[J]. 石油物探，2007，46(1): 53~57.
[2] 杨占龙，等. 地震属性分析与岩性油气藏勘探[J]. 石油物探，2007，46(2): 131~136.

（17）储层地球物理

# 频谱分解技术在河流相储层预测中的应用

# Application of spectrum decomposition technology in fluvial reservior prediction

周建楠*　范廷恩　汪珍宇　余连勇

Zhou Jiannan*　Fan Ting'en　Wang Zhenyu　Yu Lianyong

中海油研究总院　北京 100027

渤海新近系河流相储层河道迁移摆动频繁，砂泥岩空间上相互叠置、储层横向变化快、非均质性强，随着油田开发程度的不断深入，地震解释要求的精度越来越高。储层研究需要精细刻画储层横向展布范围及厚度分布，但受限于地震分辨率，储层尤其是厚度小于λ/4的薄层预测，成为近年来油藏地球物理工作者的工作重点。目前，频谱分解技术在薄层预测方面已取得了一些成效。本文通过对分频技术中时窗的选取及综合解释方法的研究，在实际油田进行应用，已初见成效。

**1. 频谱分解技术**

**1）频谱分解技术的基本原理**

频谱分解技术是应用傅里叶变换将时间域地震数据 $g(t)$ 转化为频率域数据体 $G(f)$。即：

$$G(f)=\int_{-\infty}^{+\infty} g(t)\ \mathrm{e}^{\mathrm{i}2\pi ft}\,\mathrm{d}t$$

傅里叶变换是计算从起始到终止的每一个频率的振幅值，其离散表达式为

$$A(k)=\sum_{j=0}^{N-1} a(j)e^{i2\pi jk/N}=\sum_{j=0}^{N-1} a(j)[\cos(2\pi j\frac{k}{N})+i\sin(2\pi j\frac{k}{N})]$$

式中：$a(j)$为地震时间道在样点$j$处的振幅值；$N$为时窗内的样点数；$A(k)$为经过傅里叶变换后数据道在频率$k$处的复振幅。

地震数据由时间域转换到频率域，时窗（样点数$N$）的选取直接影响着对薄储层的分辨能力。分频时窗越大，受到的干扰越多，对薄层分辨能力越差；分频时窗越小，受到的干扰越小，对薄层的分辨能力越强。分频时窗选取过小，会影响计算方法的稳健性，分析结果会产生很大误差，从而使频谱分析失真。

实际地震资料分析研究表明，频谱分解过程中，计算时窗不能少于 10 个采样点间隔，计算得到的频率索引体能量主要集中在其主瓣内，能够有效压制假高频成分，降低分析结果的失真度。

**2）频率索引体的综合解释**

分频技术可将时间域的地震数据分解成频率域的频率索引体。通常，高频对薄层有调谐响应，可分辨出较薄的沉积砂体；低频对厚层有调谐响应，可分辨较厚的沉积砂体。通过频率索引体的综合解释，在优势频段中研究储层横向变化的特点，判断河流的走向，对河道迁移摆动特征进行解析；以高频、低频数据体作参考，再现不同厚度砂体的空间叠置关系及展布范围。以此为基础，剖析砂体的沉积演化过程，分析砂体之间的连通性，实现砂体从定性到定量的地震解释。

**2. 应用效果分析**

渤海某油田明下段为河流相沉积，砂岩单层薄，传统地震资料不能满足薄层解释。为了精确研究薄储层，对其地震数据重采样，采样率变为 1ms，沿目的层选取 10ms 的时窗进行分频解释。从 10～80Hz，以 10Hz 为间隔进行频率扫描。经对比发现，40Hz 能量图可以较好反映研究区主要储层河道展布特征，参考其他频段能量图，通过综合解释，再现了目的层河道迁移摆动沉积演化过程；预测了目的层砂体厚度及边界。进一步分析了砂体之间的连通性，提出调整井建议。上述结果为油田后续钻井结果验证。

**3. 结论建议**

（1）小时窗计算得到的分频结果可以更好地反映薄储层信息。为了更加精确的研究目的层砂体展布特征，可根据需要对地震数据进行重采样。应用中，细节及解释思路是关键。

（2）分频解释技术突破了传统地震分辨率λ/4的限制，实现了在频率域内通过调谐振幅属性的对应关系来研究储层横向变化规律，开辟了地震解释的新局面。

（17）储层地球物理

# 波形分析与分频技术在深水储层识别中的应用

# Application of seismic waveform classification and spectral imaging technique for predicting deep water reservoirs

牛 聪* 刘志斌 张益明 何 峰 强芳青

Niu Cong* Liu Zhibin Zhang Yiming He Feng Qiang Fangqing

中海油研究总院 北京 100027

深水区勘探程度低，常常面临少井甚至无井的局面，针对该情况文中探讨了波形分类技术和频谱成像技术的原理，介绍了一种在无井或少井情况下利用波形分类和频谱成像技术进行储层预测的方法。首先利用地震相波形分析技术，对研究区三维地震资料进行了波形分类，划分了该地的沉积相，预测了砂体的分布范围，随后使用频谱成像技术验证了分类的结果，并估算了砂体的厚度，为有利目标的钻探提供了地质依据。

**1. 波形分类砂体分布范围预测**

根据目标区内波形统计，将目标层段地震反射波所对应的波形分为 3 类 I 类区域：主要分布在工区中部，近南北向呈水道朵叶体状展布，分布连续，对应的地震波形为中频、强振幅反射，主要反映为水道沉积波形特征。II 类区：主要分布在水道体西部，对应的地震波形为中频、较强振幅特征，主要反映废弃河道和朵叶体沉积的地震波形特征。III类区域：主要分布在工区周边，面积大，对应地震特征为低频、较连续、弱振幅平行反射，预测岩性剖面以泥岩为主。结合邻区已知井波形分类和特性标定的分析研究表明，水道与朵叶体在地震剖面上波形特征明显，表现为亮点。第 I 类波形反映储层砂体发育，物性较好，含油气的可能性较大。第 II 类所对应的砂体储层较发育，含油性较 I 类次之。

**2. 频谱成像厚度预测**

频谱成像技术通过调谐能量的变化来指示岩性的变化，前人的研究已证明调谐能量与储层厚度在一定范围内呈线性关系，因此通过研究调谐能量的变化就可以对储层厚度进行定量分析，综合分析调谐能量和调谐频率可以定性地刻画砂体的横向变化。

通过频率扫描得知工区内地震资料的有效频带宽度为 10～70Hz，主频为 26Hz。以 5Hz 为间隔进行频率扫描，根据相邻工区已有井的储集层的不同频率体能量分布特征进行对比分析表明，20Hz 的能量体能够很好地反映本区域目的层段砂体的分布特征。从调谐能量预测的储层厚度平面图上可以看到比较清晰的近南北向展布的水道，目标体南部高北部低，厚度具有近物源大、远物源小的特征，最大厚度 170m 左右，最小厚度 40m 左右，水道西部存在两个厚度大值区，形态为朵叶体特征，预测砂体分布符合水道分期次向北方向推进的演化发育规律。

**3. 波形分类与频谱成像结果对比**

对比分析波形分类和频谱成像的预测结果，可以看出：频谱成像计算的砂体厚度分布与波形分类地震相沉积演化分析的结果整体相互一致，有利储层分布在砂体沉积较厚的位置，基本上呈水道和朵叶体形态。局部对比两种方法预测结果存在差别，这主要是因为频谱成像是由调谐理论，根据频率和振幅的关系来确定储层的平面分布，而波形分类则是由地震波的振幅特征所确定而引起的。

综合解释认为，该区为水道和朵叶体砂岩发育区，储集层物性好。设计井位于构造高部位，属于 I 类波形区，砂岩相对较发育，预测储层厚度为 160m，综合含油气性预测同样揭示该处含油气性也较好，建议部署探井，以落实该区的含油范围。

**4. 结束语**

波形分类和频谱成像技术完全不依赖于井数据，针对深水地区在少井无井的条件下进行储层预测是两种很实用的技术。地震数据的质量将直接影响到预测结果的准确性，因此在两种方法使用之前，必须首先完成原始数据的保幅处理，尽量提高地震振幅的保真度。在无井地区，要充分利用地震数据所携带的储层和油气的信息，进行多方法的综合判断，对比分析不同方法的异同点，为钻探提供有利证据。

**参 考 文 献**

[1] 邓传伟, 等. 波形分类技术在储层沉积微相预测中的应用[J]. 石油物探, 2008, 47(3): 262~265.

[2] 牛聪, 张益明. 频谱成像技术在储层厚度预测中的应用[J]. 石油物探, 2008, 47(5): 494~497.

（17）储层地球物理

# 多属性分析技术在联东地区岩性油藏储层预测中的应用

# Application of multi-attribute analysis to predict lithologic reservoir in Eastern Lianmengzhuang Area

张明伟*1　熊家林2　黄新武1　王艳波1　董　耀1

Zhang Mingwei*1　Xiong Jialin2　Huang Xinwu1　Wang Yanbo1　Dong Yao1

1. 中国地质大学（北京）工程技术学院　北京 100083; 2. 江苏油田分公司地质科学研究院　扬州 225009

联东地区位于苏北盆地高邮凹陷，目的层位于戴南组，属于岩性油气藏。地层非均质性强，砂体分布范围小，横向变化快，且互不连通，纵向上叠置，储层预测难度大。应用单一地震属性进行储层预测具有多解性，有效性变差。如何从大量的地震属性中对属性进行降维，优选属性子集，再将多种属性融合应用于储层预测，对提高预测精度有重要意义。

**1. 属性提取及优化**

到目前为止国内外对属性的分类没有统一的标准，但是根据常用属性，通常将叠后属性分为了 5 大类 40 余种。属性的提取主要有基于沿剖面的、层间的、三维体的三种方式[1]。根据工区薄储层的特点，将工区目的层等比例划分至多个小层，提取小层的层间属性。本次研究主要利用了层间属性的提取方式，提取了振幅类属性，分频属性，复地震道属性、叠后波阻抗属性、地震相属性等共 40 余种属性。运用专家优化、主成分分析（PCA）及聚类交会分析的方法对属性进行了降维，优选五种属性子集（均方根振幅、分频属性、地震相属性、波阻抗属性、能量半衰时）。

**2. 多属性融合技术在联东地区岩性油藏储层预测中的应用**

不同属性的子集，对于储层平面展布和厚度预测敏感性不一样，应分别用不同子集进行预测。

**1）联东地区储层岩性平面展布范围预测**

通过楔形体模型正演，提取均方根振幅属性分析发现，当砂体厚度小于 1/4 波长时，振幅随着砂岩厚度呈正线性相关。利用基于调谐效应的分频解释技术，对原始地震数据体进行单频体的分离并提取相应每个频率体的均方根振幅属性。动态浏览均方根属性选取优势频带，进行加权叠加，获得叠加后的单频均方根振幅图。根据模型中均方根振幅与砂岩层厚度呈正相关性的结论，分频均方根振幅强的地区是砂岩发育的地区，由此预测出层间砂体展布范围。

基于自组织神经网络的地震波形分类技术能够对不同沉积层进行有效的区分。通过地震波形分类技术可获得各目的层地震相图，结合实际井点处含油砂体数据可进行工区砂体范围的预测。

将上述叠加分频均方根振幅和地震相图按一定透明度进行叠合，综合对比对岩性敏感的层间均方根振幅属性及波阻抗反演结果，结合钻井、测井和录井资料，对储层平面展布进行了预测。通过两口验证井验证，该方法对层间岩性展布范围预测较准确，提高了含油单砂体边界的识别能力。

**2）多种属性融合对联东地区储层厚度预测**

目前常用的多属性储层预测方法主要有多元线性回归和神经网络的方法，神经网络方法多基于地震体的属性优化，线性回归模型对沿层提取的属性拟合较为方便。在利用多属性时，首先根据井点储层厚度与属性之间做相关性分析，优选出与储层相关性好的属性。

为了实现整个工区各目的层砂岩厚度预测，利用各层优选属性子集，采用多元线性回归的方法，通过使井点处预测砂体厚度与实际厚度平方误差最小，获得工区内各目的层优选属性子集与砂体厚度间的回归公式，从而实现对储层厚度的预测[2]。实际应用表明，该工区采用多属性多元线性回归法预测储层厚度较准确。

**3. 结论**

砂泥岩薄储层砂体厚度与地震振幅类属性有较好的正相关性；多属性储层预测中，优选出与井点处储层参数相关性好且独立的的属性至关重要；分频解释和波形分类技术的联合使用，提高了岩性展布预测和含油单砂体边界的刻画能力；多元线性回归的方法可以很好的实现优选属性子集融合后对储层砂体厚度的预测，提高了储层预测的精度。

（17）储层地球物理

# 频谱分解技术在麦捷让气田碳酸盐岩储层和断层识别中的应用研究

# Application of spectral decomposition in carbonate reservoir and fault identification in MaiJie let gas field

于 豪* 李劲松 张 研 徐光成

Yu Hao Li Jinsong Zhang Yan Xu Guangcheng

中国石油勘探开发研究院 北京 100083

**1. 引言**

频谱分解技术是利用数学变换，分析振幅、相位在频率域的变化特征，从而精细描述储层展布、物性及含油气性的一项技术。它能够排除时间域不同频率成分的相互干扰，得到高于传统分辨率的解释结果。本文利用频谱分解技术在碳酸盐岩储层发育区直接利用分频剖面同时识别断层、溶蚀储层和裂缝储层。

**2. 频谱分解技术方法原理**

短时傅里叶变换假设在时窗内信号是平稳的，对每一个时窗内的信号进行傅里叶变换。其时窗一经确定就不能改变，与时间和频率无关，所以只适合分析分段平稳信号或者近似平稳信号。

连续小波变换是以某一小波基函数作为时窗，利用尺度因子和平移因子控制小波的伸缩和平移来分析信号。其使用一个移动的、尺度可变的时窗对地震信号进行采样，具有多分辨率的特点。

S 变换的时窗由频率的倒数决定，频率低、时窗宽，频率高、时窗窄。S 变换在低频部分具有较高的频率分辨率，在高频部分具有较高的时间分辨率，具有局部性、无损可逆性和高时频分辨率的特点。

**3. 实际资料应用**

麦捷让气田储层发育为侏罗系的一套碳酸盐岩灰岩沉积序列，纵向上厚度差异大，横向上发育不均衡、连续性差，非均质性强。储层类型主要为溶蚀储层，岩心颗粒较粗，原生孔隙较好。另外还发育裂缝储层，岩心颗粒较细，原生孔隙较差。两者在常规地震剖面上都表现为不整合和杂乱的弱反射特征。该区高产井钻遇层位均具有物性好、厚度大的特点。控制该区储层发育的三个因素：岩性、表层溶蚀和层间溶蚀。

**1）正演模拟**

为了分析频谱分解技术对断层及溶蚀现象的表征能力，根据实际资料建立地质模型：上部为盐岩盖层；中部为块状灰岩基质，其中充填溶蚀储层；下部为致密灰岩；整体中间还发育一条断层。与正演剖面相比，分频剖面的断点非常清晰，溶蚀储层和围岩的对比差异更为突出，时间分辨率和频率分辨率有很大提高。

**2）方法优选及实际资料对比**

（1）将常规地震数据进行 STFT，可见分频剖面上断点清晰，储层的轮廓较常规地震剖面有了一定的显示。对比 10ms、30ms 和 50ms 时窗的变换效果，长时窗统计性较好，短时窗有助于分辨高频同相轴。

（2）将常规地震数据进行 CWT，可见分频剖面保留高频反射的能力比 STFT 强，断层仍然清晰，储层的整体轮廓比常规地震剖面和 STFT 剖面都清晰，说明移动计算时窗较提供了更高的分辨率。

（3）将常规地震数据进行 ST，可见分频剖面在整体上保留高频反射的能力远比前两者强，断层非常清晰，储层的形态和轮廓比常规地震剖面、STFT 剖面和 CWT 剖面都更为清晰，并且储层和围岩的对比差异也更为突出，可以清楚地识别储层的形态。

（4）在分频剖面上，溶蚀储层与裂缝储层表现出相似的特征，尚无法有效区分。

**4. 结论**

通过储层发育控制因素的分析、模型的验证、方法的优选和实际资料的对比，得出以下三点结论：

（1）频谱分解技术中短时傅里叶变换、连续小波变换和 S 变换的精度依次提高，通过对比 S 变换效果最好。

（2）频谱分解技术能够有效刻画断层和特殊地质体的形态，有利于识别小断层和储层发育带。

（3）频谱分解技术尚不能将裂缝储层和溶蚀储层进行有效区分，需要结合其它方法技术综合识别。

本研究由中国石油天然气股份有限公司海外重大专项（2008E-1601）资助。

**参 考 文 献**

[1] Partyka G A, et al. Interpretational applications of spectral decomposition in reservoir characterization[J]. The Leading Edge, 1999, 18(3): 353~360.

[2] 袁志云，等．频谱分解技术在储层预测中的应用[J]．石油地球物理勘探，2006，41(增刊): 11~15.

（17）储层地球物理

# 烃类检测方法在琼东南盆地 X 区块的应用

# Application of hydrocarbon detection techniques for X structure target in Qiongdongnan bason

焦振华　刘志斌　张益明　何　峰 、黄　饶

Jiao Zhenhua　Liu Zhibin　Zhang Yiming　He Feng　Huang Rao

中海油研究总院勘探研究院　北京　100027

## 1. 引言

针对琼东南盆地油气检测中常规属性无法识别目标储层流体特征的技术难点，从地震资料油气检测原理出发，利用频谱成像技术、瞬时子波吸收分析技术、AVO 分析、流体替代等技术手段，通过找出储层流体敏感属性进行油气检测，通过不同方法的相互验证，大大减小了地球物理方法的多解性和不确定性，研究结果与已钻油气水分布吻合较好，通过对 X 区块目标区油气层的空间展布进行分析，预测了有利构造目的层含油气范围，预测结果得到了钻井证实。

## 2. 烃类检测方法研究

### 1）频谱成像技术

理论研究表明，地震波在地层中传播时,地震波的弹性能量不可逆地转化为热能而耗散,地震波的振幅产生衰减，子波形态不断变化。地层的吸收性质对岩性的变化具有很高的灵敏性，尤其是对于介质内流体性质的变化具有明显的反应。与致密的单相地质体相比，当地质体中含流体如气、油或水时，尤其含气时，会引起地震波能量的衰减[1]。一般说来，地震的主频会降低，在高频段，地质背景条件相同的条件下，由于油气的存在，使得地震信号的能量降低，而低频段，地震信号的能量会相对增加，即含油气层在频率变化率上表现为“高频衰减、低频增加”的特征。本文利用频谱成像技术[2]以小波变换的时频分析为基础，对三维地震数据进行分频处理，产生具有单一频率的一系列的振幅能量体，通过分析低频和高频能量的变化，可以区分气层和水层，确定气层分布情况。

### 2）瞬时子波吸收分析

地震记录是地震子波与反射系数的褶积，反射系数是地层格架序列的组合，并不代表地层吸收特性，由于发射系数干扰了地震频谱，吸收分析的结果势必会受反射系数的影响，造成“假亮点”的现象，即强反射就有强吸收，大大制约了吸收分析实际效果。瞬时子波吸收分析方法[3]通过将地震子波从地震记录的复赛谱中分离出来，计算地震子波的高频能量衰减的变化，确定吸收异常的数值。通过应用后，可以有效地区分不同含水饱和度的储层砂岩。

### 3）AVO 分析

AVO 正演模型的应用可以识别气层的 AVO 异常类型，利用流体替代技术，可以计算出同一个地区不同流体状态下的地震响应特征，而基于已钻井的岩石物理交会分析，则可以清楚的认识目标地层的岩性、物性和含油气性特征。对工区内五口井进行正演模拟，并将结果与实际角道集进行对比，气层和水层表现为不同的 AVO 特征，另外将气层替代为水层后，AVO 特征会发生明显变化，可以利用 AVO 属性将本区气层区分开来。

## 3. 结论

（1）含气储层通常在地震上会表现为高频衰减，低频共振的特点，通过频谱成像技术将地震分成不同频率的一系列单频能量剖面，通过对比不同频率能量变化，可以辨别含油气性。

（2）利用地震资料的复赛谱将反射系数分离，计算地震子波的高频衰减情况，可以有效的去除地震反射系数的影响，辨别“真假亮点”。

（3）利用井上正演模拟结果与实际角道集地震资料进行对比，确定储层流体的响应特征，并且利用流体替代，确定不同流体状态下的地震响应特征，根据不同流体的特征差异，进行含油气性检测。

## 参 考 文 献

[1] 毕研斌，郭彤楼，等. 应用频率衰减属性预测 TNB 地区储层含气性[J].石油与天然气地质,2007,28(1):116~120.
[2] 路鹏飞，等. 频谱成像技术研究进展[J].地球物理学进展,2007,22(5):1517~1521.
[3] 王宏语，等. 瞬时子波吸收分析技术在复杂地区的应用[J].天然气地球物理,2007,18(2):289~292.

（17）储层地球物理

# 声波电阻率法计算储层有效孔隙度

# Sound waves and resistivity calculate effective porosity of reservoir

宋 翔* 王宏娥

Song Xiang Wang Honge

长庆油田勘探开发研究院

测井解释中，常用声波时差来计算储层的孔隙度，此时计算的孔隙度是地层总孔隙度（有效孔隙和束缚水孔隙），理论上大于储层的有效孔隙度。而在评价储层的含油能力时，用的均是储层的有效孔隙度，所以有必要引入一个更完善的计算公式，消除无效孔隙的影响。在考虑地层因素时，如果在孔隙度计算公式中合理的引入视电阻率，就能去除束缚水孔隙的影响，得到相对准确的有效孔隙度值。

**1. 基本原理**

根据声学原理, 决定储层声波时差大小的主要因素为储层的岩性、储层中孔隙空间（即总孔隙度）的大小和孔隙中流体的性质。如果我们用 $T$ 来表示所测储层的时差值，用 $X_1$，$X_2$，$X_3$ 分别表示该层岩性、总孔隙度、孔隙中流体的性质，则有响应方程可表示为: $T = g(X_1，X_2，X_3)$。对某一区块的储层而言 $X_1$ 是一个不变的量。声波在储层中传播, 其储层孔隙中的流体由泥浆滤液、地层水或油(储层为油层，气层不作讨论)构成,它们的声学性质基本一致,声波在其中传播的速度差异不大,$X_3$ 可以看成一个不变的量。为此,响应方程可以写为: $T = g(X_2)$。

储层中的总孔隙度 $X_2$ 由两部分组成，分别为有效孔隙度 $\Phi$和束缚水所占的无效孔隙度 $\Phi_{wi}$。因而 $T$ 的变化只受 $\Phi$和 $\Phi_{wi}$ 的影响,由 $\Phi$和 $\Phi_{wi}$ 可以唯一地确定函数关系 $g_1$,这样响应方程 $T = g(X_2)$可以写成 $T=g_1(\Phi,\Phi_{wi})$，所以储层的有效孔隙度可以表示成 $\Phi=f_1(T, \Phi_{wi})$。对于油层来讲, $\Phi_{wi}$ 的大小决定了该层的导电性, 也就是说该层电阻率 $R_t$ 的大小主要取决于$\Phi_{wi}$ 大小, 且 $R_t$ 和 $\Phi_{wi}$ 成负相关性, 于是 $\Phi=f_1(T, \Phi_{wi})$可写成 $\Phi=f_1(T,R_t)$。可见,对于每一特定区块的储层，应该有一个客观存在的适应于该区块的$\Phi$与 $T$、$R_t$ 的关系式。

为了获得华庆油田某区块的$\Phi$与 $T$、$R_t$ 的关系式，笔者共收集华庆油田该区块 35 口取心井 2010 块孔隙度岩样分析数据, 归位到 77 个渗透层。对长庆油田该区块岩心分析孔隙度和测井声波时差、视电阻率值进行回归分析得到该区块油层、油干层的经验公式为

$$\Phi=100\times\left[1-(186/T)^{1/(1.75+0.7/R_t)}\right] \tag{1}$$

**2. 模型适用性及试算**

模型适用性及试算结果：与其它计算孔隙度公式的不同在于, 此处给出的公式是非线性的。对于油层，储层的总孔隙度$X_2$可以唯一确定该层声波时差$T$的大小,也就是说对于一个给定的$T$,有一个对应的$X_2(X_2=\Phi+ \Phi_{wi})$值。当 $R_t$ 大时, 则$\Phi_{wi}$小, $\Phi$值大; 反之, $R_t$ 小, $\Phi_{wi}$ 大, $\Phi$ 值小。储层有效孔隙度不仅与声波时差有关, 而且还与电阻率 $R_t$ 有着紧密的联系。对于一个沉积环境相对稳定的油田, 尽管由于断层作用使它们成为不同的区块, 有着不同的孔隙度变化范围, 但它们都应遵循这一共同的客观规律。因此，此公式应是普遍适用的。用公式（1）计算该区块其他井的有效孔隙度值，将之与对应的岩心分析孔隙度值做成对比图，线性程度很高，用误差分析法分析得（1）式的相关系数为 0.968，平均孔隙度绝对误差为 0.74%，平均相对误差为 3.56%。拟用（1）式对华庆油田其他区块的油层井进行试算，并与该区块的岩心分析孔隙度对比，发现效果并不是很好，不过经过适当调整关系式中的系数，就能得到较好的结果，所以此种理论是普遍适用的。对于不同区块，由于沉积环境、储层埋藏深度、岩性、地层流体性质等多种因素的影响，关系式的系数必然会发生变化。所以，对于一个新区块，应用此经验公式时，可以先用一定数量井的岩心分析孔隙度值刻度关系式（1）中的系数，然后再加以应用。

**参 考 文 献**

[1] 楚泽涵. 声波测井原理[M]. 北京：石油工业出版社，1987.

[2] 江汉石油学院测井教研室. 测井资料解释[M]. 北京：石油工业出版社，1981.

（17）储层地球物理

# 基于决策树算法的测井岩性自动分类及应用

# Lithology auto-classification using well log based on decision tree algorithm and its application

张录录[1*]　张军华[1]　程年福[2]

Zhang Lulu　Zhang Junhua　Cheng Nianfu

1. 中国石油大学（华东）地学院　青岛 266580; 2. 奇艾科技有限公司　北京 100020）

## 1. 引言

测井岩性识别是测井储层评价的重要工作之一，不同种类的岩性在各种测井曲线上的数值反映至少是部分不重复的，可以通过分类算法实现测井曲线数值上的分类。本文研究了决策树算法的基本原理，形成了岩性自动分类处理及评价流程，取得了较好的应用效果。

## 2. 决策树算法原理

决策树算法是目前应用最为广泛的归纳推理算法之一。它是一种典型的分类方法，通过构造决策树来发现数据中蕴涵的分类规则，即利用归纳算法对训练数据集生产可读的规则和决策树，再使用这些规则对新数据进行分析。如何构造精度高、规模小的决策树是决策树算法的核心内容。决策树构造可以分两步进行。第一步，由训练样本集生产决策树。这说明决策树算法分类是一种有监督的分类方法，训练样本集选择的好坏直接影响分类结果。第二步，用新的样本数据集（测试数据集）对上一阶段生产的决策树进行检验、校正和修剪，将那些影响预测准确性的分枝剪除。

## 3. 岩性自动分类处理及应用

### 1）测井资料的预处理

对于不同测井曲线的单位、量纲以及数值大小，变换范围的不同，应首先将各测井曲线值换算到某种规范尺度之下，即定量数据的标准化。

$$x_i' = \frac{x_i - x_{\min}}{x_{\max} - x_{\min}} \tag{1}$$

### 2）算法实际应用

选择某工区 D18-205 和 D18-1 井为例来验证算法的效果。D18-205 井已经进行了很好的岩性分类，并在地质上得到了验证。D18-1 井在工区内离 D18-205 较近，利用 D18-205 的测井曲线数据组成的训练数据集提取的分类规则更加可靠。

选择 D18-205 井中有利于岩性解释的测井曲线(GR,DT,RHOB,NPHI,SWT 等)以及岩相测井曲线(FACIES)作为正确的分类结果组成训练数据集。用该训练数据集生成决策树和一系列的分类规则，利用这些分类规则对 D18-1 井进行岩性分类。

### 3）分类结果评价

本文选用正确率来评价分类效果。

$$r = \sum a_i / n \tag{2}$$

其中：$a_i$ 是出现在第 $i$ 个类簇（算法得到）及其对应的类（初始类）中的样本数，$n$ 是总样本数。

结合已知井的岩相曲线与计算得到的岩性分类曲线，计算正确率。D18-205 井提取的分类规则对自身进行分类，并与岩相曲线进行对比，计算出的正确率为 0.81。D18-1 井计算出的正确率为 0.53。D18-1 井深度范围大于 D18-205，若选取与 D18-205 一致的深度范围内计算出的正确率为 0.77。

## 4. 结论与认识

通过实际数据的应用及对比正确率结果，发现：①测井曲线种类和数量的选择对分类结果有很大的影响。曲线数量越大，选择有利于解释岩性的曲线，则对分类效果越好。②两口井所测量的测井曲线深度的不同对分类结果影响很大。当深度范围一致时，分类结果最好。最后，对得到的自动分类结果仍然需要进行人为解释，让分类结果更接近实际地层。

（17）储层地球物理

# 基于有效孔隙度进行流体替换的方法研究

# Fluid substitution study based on the effective porosi

陈绪强* 李生杰

Chen XuQiang Li Shengjie

中国石油大学（北京）地球物理与信息工程学院 北京 102249

## 1. 引言

流体替换即为从一种孔隙流体状态下的岩石物理参数计算出另一种流体状态下的岩石物理参数。流体替换是地震属性分析中的重要方法，是储层预测中的重要工具。它是正演分析流体对地震属性影响必不可少的手段，同时流体替换技术也是时移地震研究的基础。通常流体替换都是采用 Gassmann 方程的方法，常规的方法需要总孔隙度与纯岩石骨架的弹性模量作为输入，并且假设在流体替换过程中孔隙流体都保持孔压平衡。但是对于泥质沉积为主的地层，这种方法并不合适，因为泥岩的低渗透性而导致其孔隙中的水是稳定的。针对此类地层，本文研究利用有效孔隙度在泥质含量高的地层中进行流体替换的方法。

## 2. 方法原理

常规流体替换方法中 Gassmann 方程为:

$$K_{sat}=K_S\frac{\varnothing_t K_{dry}-\dfrac{(1-\varnothing_t)K_F K_{dry}}{K_S}+K_F}{(1-\varnothing_t)K_F+\varnothing_t K_S-K_F K_{dry}/K_S}$$

其中，$K_{sat}$ 为饱和流体岩石的体积模量，$K_S$ 为矿物颗粒的体积模量，$K_{dry}$ 为干燥岩石骨架的体积模量，$K_F$ 为孔隙流体的体积模量，$\varnothing_t$ 为总孔隙度。

在这种方法中，双相介质的岩石骨架与孔隙流体是完全分开的，即可认为如果孔隙流体发生变化，则整个孔隙空间中的流体都会随之变化[2]。但是在以泥质沉积为主的高泥质含量地层中情况却不是这样的，由于泥岩的低渗透性，泥岩孔隙中的水为束缚水，它实际上是不动的，不能与其他孔隙中的流体保持孔隙流体压力平衡。为了解决这个问题，有必要对常规流体替换方法进行改进[1]。

假设岩石固体部分由泥质和非泥质组成，两者中都有孔隙，其中泥质孔隙中只有水，而非泥质的孔隙中既有水也有碳氢化合物。Gassmann 理论认为岩石骨架就是纯固体部分，包括干燥的多孔泥质和干燥的非泥质部分。为消除泥质孔隙流体影响，本文将含流体的多孔泥质归于岩石骨架，因此泥质岩石的骨架模量又含流体的泥质和干燥的非泥质两部分组成，此时，Gassmann 理论公式中的总孔隙已不再适用，需要改为非泥质中的孔隙（在总孔隙中除去泥质中的孔隙），我们称之为有效孔隙。改进后的流体替换方程为：

$$K_{sat}=K_{Se}\frac{\varnothing_e K_{drye}-\dfrac{(1-\varnothing_e)K_{Fe} K_{drye}}{K_{Se}}+K_{Fe}}{(1-\varnothing_e)K_{Fe}+\varnothing_e K_{Se}-K_{Fe} K_{drye}/K_{Se}}$$

其中各参数的意义与常规方法中一致，下标 e 表示该参数是采用有效孔隙度计算得到。确定新方程中各参数时，需要知道岩石中的泥质含量、泥质中的孔隙度以及饱和流体泥质的体积模量。这些参数可以通过实验测试或测井数据计算间接得到。其中饱和流体泥质的体积模量计算需要综合考虑地层压力、固结状态以及地层水性质等因素。本文建议使用与所研究地层条件相同的岩石样本进行实验，标定方程中各参数取值区间，以便得到更符合实际地层的合理结果。

## 3. 结束语

利用有效孔隙度进行流体替换的改进方法解决了常规方法中存在的泥岩束缚水问题，使得在低孔隙的泥质砂岩地区得到的弹性参数差异更明显。在很多常规方法无法解释的观测地区,可以利用这种新方法得到的结果与测井数据以及三维地震数据，特别是四维地震数据进行匹配、解释。

## 参 考 文 献

[1] Jack Dvorkin, et al. Fluid substitution in shaley sediment using effective porosity[J]. Geophysics, 2007, 72(3): 1~8.

[2] 周永生, 等，流体替换方法研究及应用分析[J]. 地球物理学进展，2009，24(5):1660~1664.

（17）储层地球物理

# 利用测井与气测录井资料综合评价复杂储层

# Using Well logging and Mud Logging in the Comprehensive Evaluation Complex Reservoir

石　宁*　李洪奇　罗伟平　王海平

Shi Ning　Li Hongqi　Luo Weiping　Wang Haiping

中国石油大学（北京）油气数据挖掘北京市重点实验室　北京 102249

随着石油天然气勘探领域的不断拓展，各种复杂储集层的评价给测井解释技术提出了更高的要求。在中亚某油田的研究中，为了更好的完成储层评价工作，在测井解释中结合气测录井等多种勘探资料综合评价，取得了一定的效果。

**1. 气测录井资料的特点**

气测录井是一种分析泥浆中烃类的含量、化学组分的地球化学勘探方法。气测录井资料包括全烃曲线和各种烃组分曲线，它们是地层含油气性的直接反映。当地下烃类物质随泥浆液上返时，井口的录井设备会对它们测量并记录曲线的特征。与测井资料相比，气测录井技术在获取储层含油气性信息、定性判别复杂油气水层方面具有一定的优势。

气测录井资料的解释主要利用图版法，将各种烃组分曲线在交会图中进行分析，判断地层的油气水层。比较常见的图版法包括皮克斯勒图版、三角形法、轻重烃比值法、湿度比值法等。皮克斯勒法的优点在于数学计算简单，解释结果简单明了。

三角形图版法的优点在于解释准确，符合率比较高。轻重烃比值法的优点在于对烃组分资料的质量要求比较低，在曲线不全尤其是缺少重烃资料的情况下依然可以进行解释。而湿度比值法正好相反，这种解释方法可以取得比较准确的结果，但是它对资料的完整性要求比较严格，尤其是如果缺少了丁烷和戊烷曲线的时候，湿度比值法的准确性可能受到比较大的影响。以上各种方法具有各自的特点，在选择的时候应充分结合本地区气测录井的资料质量选择合适的图版。选用图版应该遵循以下的原则：第一，参数合理、齐全；第二，特征明显，有利于区分流体性质；第三，计算简单；第四，适合本地区特征；第五，经过实际检测能够取得预期效果。在本地区选择了使用皮克斯勒法作为气测的解释图版。

**2. 测井与气测录井的综合评价**

根据研究区低孔渗、低电阻率的地质特征，在综合评价中应用了两种方法：一种是将测井的信息带入录井交会图形成综合图版；另一种是将气测录井图版曲线化，在测井解释平台综合评价。

**1）综合图版法**。

一个储层是否是有效储层，除了地层的含油性以外，渗流能力也是重要的决定因素。气测录井直观的反映了地下的油气组分，而测井方法可以准确求取地层的孔隙度与渗透率。将气测录井中敏感的烃组分曲线与测井解释得到的孔渗资料进行交会，利用图版法研究储层含油性与物性的关系。

**2）气测图版转换法**

传统的气测井解释手段主要依靠图版法，解释结论与地质背景缺乏直观的联系，很大程度上限制了气测资料与测井资料的结合。通过对皮克斯勒图版进行曲线化处理，将图版的识别规则转换为特征曲线。在测井软件平台上直接解释气测资料、直接判别地下流体的性质。这样既可以提高解释效率，又可以将测井解释结论与气测评价结果进行对比分析，将两种方法的优势相结合，综合评价储层性质。

**3. 应用与结论**

在本地区的研究中，无论是利用综合图版法研究四性关系，还是利用气测图版转换法进行储层的流体评价，均取得了一定的成效。尤其是在流体识别方面，通过对气测井资料的研究可以加深对地下流体的认识，对测井解释结论提供帮助。在复杂储层，尤其是低阻地层的测井解释评价中，和单纯依靠测井方法相比，结合了气测录井的综合解释具有一定的优势。

**参 考 文 献**

[1] 姚汉光，等. 气测井[M]. 北京：石油工业出版社，1990

[2] 李庆林，等. 气测图版解释方法探讨[J]. 青海石油，2006，24(3): 30~32.

（17）储层地球物理

# 致密砂岩储层饱和度解释模型及应用

# Saturation explain model and application based on compacted sandstone reservoir

程 建

Cheng Jian

1. 中国石油测井有限公司华北事业部解释中心 任丘 062552

由于致密砂岩固有的特性，导致目的层系储集层孔隙结构复杂、孔渗性很差，给后续有效储层的识别及整体评价带来了难度,而饱和度的准确计算时评价储层产液性质的重要依据。本文以华北油田文安地区致密砂岩储层为例，在分析储层孔隙结构特征的基础上，对 Archie 公式及毛管理论两种常用的饱和度计算方法的有机结合，建立了相应的解释方法，提高了饱和度计算精度，取得了很好的应用效果。

**1. 饱和度计算理论基础**

油气藏内各种砂岩储层储集空间都是由大小不等的孔隙喉道组成，其油气藏形成主要受油气运移的浮动力（即驱动力）和毛管孔隙水的阻力，是油气运移的驱动力不断克服毛管压力而排驱水达到平衡的过程,油气水分布的现状是驱动力和毛管压力相对平衡的结果，其含水饱和度与深度的关系具有毛管压力曲线的分布特征，显然油藏内不同位置处的含水饱和度受油藏高度(自由水界面以上的高度)、孔隙结构以及油水密度差(流体性质)等因素控制。因此在油藏高度一定的情况下，油藏原始饱和度主要受储集眼的孔隙结构的控制[1]。1941 年 Leverett 在实验过程中，提出了无量纲毛管压力——J 函数的概念，J 函数的意义是砂岩储层孔隙结构相近岩样的数据点将落在同一条 J 函数曲线周围，故可用 J 函数曲线求取不同砂岩储层孔隙结构的油藏的原始饱和度，其定义为：

$$J=\frac{p_c}{2\sigma\cos\theta}\left(\frac{K}{\phi}\right)^{1/2} \tag{1}$$

式中，$p_c$ 为毛管压力（MPa）；$\sigma$ 为流体界面张力（N/m）；$\theta$ 为润湿接触角（°）；$K$ 为渗透率（mD）；$\phi$ 为孔隙度（%）。

1995 年原海涵以普塞尔理论为指导，结合 Archie 公式得出地层因素（F）与渗透率（$K$）成反比关系，与孔隙度成正比关系[2]。匡立春用岩石简化导电模型获得了孔隙结构系数[2]，能够很好的反映储层孔隙大小及其曲折程度，用于评价储层特征，其孔隙结构的定义为：

$$S=\frac{r_c}{\tau}=\sqrt{\frac{8K}{\phi}} \tag{2}$$

式中，$S$ 为孔隙结构系数；$r_c$ 为毛管半径，μm；$\tau$ 为孔隙弯曲度.

几种理论方法既有差异又有联系，其共同点就是把 $\sqrt{\frac{K}{\phi}}$ 为评价储层孔隙结构的核心，实际应用中定义其为孔隙结构指数，为后续研究提供了理论基础。

**2. 现场资料处理分析**

在求取渗透率（$K$）和孔隙度（$\phi$）的基础上，建立了孔隙结构指数（$\sqrt{\frac{K}{\phi}}$）与地层因素（$F$）之间的关系式，然后根据 Archie 公式的定义计算出连续可变的 m 值，进而开展饱和度计算。利用上述方法对研究区域 3 口探井及 5 口开发井进行解释处理，通过与试油结论对比，其饱和度精度有了极大的提高，完全可以利用该方法进行储层饱和度计算。

**3. 结论**

（1）通过 8 口井的实际应用说明，利用毛管理论来建立饱和度解释模型，在考虑了岩石孔隙度、渗透率及其含油气高度的影响的同时排除了地层岩性变化及矿物成分的影响，极大的提高了计算精度 ，因此该方法可以在致密砂岩储层饱和度计算中推广应用；

（2）该方法解释精度很大程度上取决于孔隙度与渗透率参数的准确确定，这就要求具有大量的实验分析资料为基础，因此在实际应用中应做好测井曲线的环境校正工作。

（17）储层地球物理

# 孔隙结构对渗透率影响规律的数值实验研究

# Numerical Experiment of the Influence of Pore Structure on Permeability

闫国亮* 孙建孟

Yan Guoliang* Sun Jianmeng

中国石油大学（华东）地球科学与技术学院 青岛 266580

## 1. 引言

在石油工业，土壤科学，人工复合材料制造业以及环境工程等领域，准确地确定多孔介质的宏观输运性质是至关重要的。然而诸如渗透率、电导率、毛管压力曲线、相对渗透率等多孔介质的宏观输运性质是与介质的微观孔隙结构、骨架性质和孔隙中流体性质密切相关的。传统的岩石物理实验不能定量控制、观察这些微观因素，所以通过其研究微观因素对岩石渗透率的影响非常困难。为了研究岩石物理各宏观性质同其微观结构之间的关系，人们很早就开始研究和设计孔隙结构模型，比如毛管模型、格子气自动机模型、网络模型、逾渗网络模型等，但这些模型都是比较规则的理想模型，不能反映真实孔隙空间复杂的拓扑结构。随着计算机技术的发展，可以根据岩石微观结构信息重建反映岩石真实孔隙空间的三维数字岩心，基于三维数字岩心提取孔隙网络模型，可以得到反映真实岩石孔隙空间拓扑结构的网络模型，以孔隙网络模型为基础，采用逾渗理论可以计算岩石的宏观物理性质[1]。

孔隙结构与渗透率关系密切，通过改变孔隙网络模型的孔隙结构参数，可以研究孔隙结构对渗透率的影响规律。渗透率参数是储层产能定量评价的核心参数，但不能通过测井方法直接得到，因此，研究孔隙结构对渗透率的影响规律对储层测井评价具有重要意义。

## 2. 孔隙网络模型提取方法

基于三维数字岩心，应用最大球算法[2]提取孔隙网络模型。具体步骤为：

### 1) 搜寻内切球

采用两步得到孔隙空间每个体素对应的内切球集合。首先是扩张寻找算法，以一个孔隙体素为中心，从 26 个方向寻找最近碰到的骨架体素方向，然后以该体素为最大范围，采用收缩算法逐一检查该范围内的体素，寻找真正的内切球。然后采用相同方法寻找下一体素的内切球。

### 2) 删除冗余球

设 A 和 B 分别为内切球，它们的球心和半径分别为 $C_A$、$C_B$、$R_A$、$R_B$，且 $R_A>R_B$，如果满足条件：

$$|C_AC_B| < |R_A - R_B| \tag{1}$$

则球 B 为冗余球，从内切球集合中删除。

### 3) 孔隙吼道识别

去掉冗余球的内切球集合称为最大球集合，应用排序和成簇算法识别孔隙和吼道。将最大球集合中的所有元素按照半径从大到小排序，根据尺寸将其划分为一系列的子集，每一个子集中最大球的尺寸相同。对每一子集中的最大球采用成簇算法确定其属于孔隙或吼道。

### 4) 孔隙网络模型参数计算

为了建立孔隙网络模型，还需要确定孔隙的尺寸和吼道的长度，孔隙和吼道的形状因子等。

## 3. 结论

基于过程法重建三维数字岩心（尺寸为 300×300×300）的孔隙网络模型，应用逾渗理论计算孔隙网络模型的渗透率，研究了孔隙半径和吼道半径对岩石渗透率的影响。结果表明：储层岩石孔隙半径和吼道半径（渗透率贡献最大值对应的孔隙或吼道半径）与渗透率之间均满足 Logistic 函数关系，且吼道半径对渗透率的影响大于孔隙半径对渗透率的影响。

## 参 考 文 献

[1] M S+ Al-Gharbi, et al. Dynamic network modeling of two-phase drainage in porous media[J]. Physical Review E, 2005, 71(1): 1~16.

[2] H Dong, et al. Pore-network extraction from micro-computerized-tomography images[J]. Physical Review E, 2009, 80(3): 1~11.

# 专题十八：地质调查与矿产勘查地球物理

# Exploration Geophysics for Geological Survey and mineral Resources

（18）地质调查与矿产勘查地球物理

# 西天山某火山构造航磁特征及其与铁矿的关系

# The aeromagnetic characteristics of one volcano tectonic in the Western Tianshan and its relationship with iron deposit

张玄杰*　范子梁　郑广如

Zhang Xuanjie　Fan Ziliang　Zheng Guangru

中国国土资源航空物探遥感中心　北京 10083

**1. 引言**

火山构造，是火山岩分布区由火山作用所形成的火山产物及构造形迹的总称。多年来的实践表明，大比例尺航空磁测是圈定火山构造的有效手段之一。通过对西天山某火山构造的航磁、遥感及地质特征的分析，认为火山构造对于区内铁、铜矿产的分布具有重要的控制作用。利用航磁资料在圈定的火山构造附近新发现了数处铁矿异常，对该类火山构造的深入研究对于区内的铁矿勘查具有重要意义。

**2. 区域地质背景**

西天山地区地跨哈萨克斯坦—准噶尔板块与塔里木板块，经过不同时期的构造演化，形成了多种成矿环境和成矿构造条件。研究区即位于西天山伊犁石炭—二叠纪裂谷带内，区内晚古生代火山活动强烈，特别是沿深大断裂发育了一系列的火山岩带，这些火山岩带是重要的铜（铁）矿化集中分布区。在南北宽 20～30km，东西长 250km 的狭长范围内，有铜铁矿床（点）百余处。区内火山构造分布众多，与矿产的关系密切，在寻找火山热液矿床及其他与火山建造有关的矿床方面具有巨大的潜力。

**3. 火山构造航磁及遥感影像特征**

根据最新 1∶5 万高精度航磁测量，在阿吾拉勒火山岩带上发现了一个非常典型的火山构造磁异常组合。在航磁ΔT 化极等值线平面图上，该火山构造整体轮廓表现为长轴北西向的环形构造，环形的边界清晰，由等值线密集的梯度带所围限；环形构造的外环由串珠状磁异常组成；环形构造内分布有数个幅值较大的正磁异常。在航磁ΔT 垂向一阶导数图上，火山构造的环形异常特征更加明显、完整，沿着外环分布的一系列磁异常更加清晰。在航磁ΔT 化极上延 1km 等值线图上，该火山构造的强磁异常特征依然十分明显，表明对应的地质体具有较大规模且磁性很强。

在卫星遥感影像图上该环形构造特征也十分明显，表现为一巨大的环形，与航磁反映的环形构造十分吻合，同时在巨环内部套合着数个小型的环状构造，在环形内部可见脑纹状影像花纹，这些小的环形构造可能是发育在巨大环形构造内部的火山机构。同时，以利用航磁资料圈定的 $F_{13}$ 断裂为界，巨环内的东南部影像为深灰、灰黑色，应该是火山岩的反映，西北部颜色较浅，可能是岩体的表现。

**4. 主要地质特征及其与矿产的关系**

据 1∶20 万地质矿产图，环形构造南部主要出露早石炭世各类火山岩，北部主要出露了中、晚石炭世中酸性岩体。该火山构造在地表上表现为一隆起，环形构造内部地形陡峻，海拔高，最高点可达 4400 多米，与环形构造外围高差可达 1000 多米，为正向构造。

据以上地球物理、地质及遥感影像特征等认为，该火山构造是由数个火山机构、断裂、侵入岩体等组成。其形成和发育受区域性深断裂控制，岩浆作用、火山作用和构造作用都对该构造的形成起着巨大的影响。目前在该火山构造内部及周边已发现众多的铁、铜矿床（点），它们多数均与火山活动关系密切。智博冰川铁矿、查岗诺尔铁矿均发育在该火山构造区域内，铁矿与下石炭系大哈拉军山组（C1d）玄武质凝灰岩关系密切，铁矿磁异常特征十分明显，同时，利用最新航磁资料在已知铁矿周围还发现了新的矿体，扩大了已知铁矿规模。根据对航磁异常的综合地质解释，在火山构造内部及周边，还发现有十余处强磁异常，推断它们也是铁矿的反映，通过野外异常查证工作，已经在该火山构造区域内发现了雾岭铁矿、194 异常铁矿等矿床（点）。

**5. 结论**

区域地质资料表明西天山地区的铁矿在成因上与火山构造有着密切的关系，而火山构造在航磁异常图上表现出了典型的环形构造特征，利用高精度航磁资料圈定火山构造的分布及范围，深入分析火山构造与区域断裂的复合部位、火山构造内侵入岩体的内外接触带、火山穹隆及火山通道等部位的强磁异常，对于区内铁矿预测和勘查具有重要的指导作用。

（18）地质调查与矿产勘查地球物理

# 磁法在未爆弹探测与定位中的应用

# The application of magnetic method in the detection and location of unexploded ordnance

张　婉　刘英会　张玄杰　朱卫平

Zhang Wan　Liu Yinghui　Zhang Xuanjie　Zhu Weiping

中国国土资源航空物探遥感中心　北京 100083

随着国防科学技术的日益发展，近年来磁法在地磁导航、水中目标探测等军事应用越来越广泛，进行未爆弹探测与定位是其在军事领域中的应用之一。

## 1．未爆弹的分类与危害

未爆弹（unexploded ordnance）是主要是指战争期间遗留的故障弹药和布设的雷场。战争结束后，由于地形地貌的变迁，多数未爆弹被埋于地下，成为潜在危险。国际禁止地雷运动（ICBL）已经确认，从1999年到2005年全世界75个国家有超过42500人成为地雷的受害者，超过100个国家在遭受未爆弹污染的危害，因此，如何对未爆弹进行探测、定位和处理成为当今世界较为关注的问题之一。

目前，世界上分布最广泛的未爆弹大体可分为集束弹药、陆战武器弹药、普通航空炸药、地雷等四种类型。分布地区主要有：东南亚地区的老挝、缅甸、越南等；欧洲的前南斯拉夫地区，如塞尔维亚，俄罗斯的车臣地区等；非洲的撒哈拉以南地区，如刚果等国家；中东的以色列和巴基斯坦地区等。由于战争持续时间和激烈程度不同，具体分布也各有特点。

## 2．磁法探测未爆弹

在地球物理探测方法中，磁法是应用历史最久的方法，具有速度快，成本低的特点。磁法在寻找金属矿产中的效果非常显著，由于未爆弹的主体多由金属制成或带有金属部件，基于磁法本身的特点，决定了它能在未爆弹探测中发挥重要作用。由未爆弹产生的$\Delta T$异常比较规则，使用测量磁场强度的方法，通过正常场和日变改正后能有效提取$\Delta T$异常。

未爆弹所产生的$\Delta T$异常主要由铁磁性物质的含量、弹壳的厚度、长度与半径之比、导磁率与当地地磁场方向等因素决定，在北半球的分布特征为北负南正，随着埋藏深度的增加异常逐渐接近等轴状。在$\Delta T$异常的平面等值线图上未爆弹位置比较容易标定和识别，可简单的通过正负异常极值连线大致确定出未爆弹的中心位置，也可以通过化极后的异常极大值来进行更准确的定位。

使用磁场总强度探测时，需要通过日变校正除地磁日变对观测结果的影响。近年来磁场总强度的梯度测量也开始应用到未爆弹探测中，这种方法不仅能消除部分日变影响，而且可以对埋藏深度不同的未爆弹所产生的异常进行区分。随着光泵磁力仪、质子磁力仪等高精度、高采样率磁测仪器的广泛使用，未爆弹大面积精细探测硬件设备也有了保障。另外，地质雷达、微重力法以及放射性探测方法也逐渐在未爆弹探测中发挥着作用，成为磁法探测未爆弹的有效补充手段。

为了对非磁性（铜、铝、不锈钢等材质）弹体实现探测，电磁类方法也逐渐应用于未爆弹探测，特别在地表存在磁性岩石碎块的区域，其优势更加明显。用于国际上用于UXO探测的电磁法仪器很多，大部分是基于地球物理勘探的通用仪器针对UXO探测的需要而生产的改进型。由于不同频率的电磁波对不同深度产生的电磁响应不同，地表处的磁性岩石碎块虽然会产生较强的相位响应，但是基本不会产生振幅响应。因此，存在磁性岩石干扰时，用宽频电磁法的振幅成分和视电阻率来探测地未爆弹效果非常好。

## 3．磁法探测未爆弹的技术发展趋势

磁法在未爆弹探测中仍然存在武器新型材料引入、未爆弹场地具体存在形式的多样性所带来的探测难度增加等问题，其未来发展趋势有以下几个方面：首先，高精度航空测量成为趋势，在配合高精度的差分GPS定位的情况下，可以大大提高工作效率和定位精度，与之相配套的资料处理解释方法也将逐渐成熟；其次，由于物探方法本身各有优势和不足，针对多种不同环境的未爆弹场地，多种分支方法相互配合搭配将成为最为合理的探测方案；第三，仪器的便携化和一体化将成为趋势。

（18）地质调查与矿产勘查地球物理

# 频率域航空电磁法数据转换方法及应用

# Frequency domain aeroelectromagnetic data Transform mothed and its Application

王卫平　吴成平

Wang Weiping　Wu Chengping

中国国土资源航空物探遥感中心　北京 100083

**1．引言**

频率域航空电磁法通常可观测 3～6 个频率的实虚分量，在矿产和水工环勘查中具有观测道数和解释参数多，对地下目标体的分辨率高，以及定量解释结果相对准确等等优势，但同时也增加了数据处理和解释的复杂程度。由于观测的电磁响应受飞行高度影响很大，且有时难于直接的与地下电性的分布相联系，因此进行航空电磁数据转换处理的主要目的是使得电磁解释参数接近大地介质的电性情况，并可以减小飞行高度对解释结果的影响。本文简要介绍了频率航空电磁法视电导和视深度计算、视电导率和视磁导率等多参数转换、标差异常的计算，以及视中心深度计算等 4 种数据转换方法的基本原理和特点，以及应用方法。经实践证明，这 4 种数据转换方法提高了频率域航空电磁法的解释效果，这对今后开展频率域航空电磁法的数据处理工作具有重要的参考价值。

**2．视电导和视深度计算**

视电导的计算是根据垂直同轴和垂直共面装置在半无限高阻空间中（即不考虑围岩影响）对垂直薄板模型理论计算的电磁响应公式[1]，计算电导和深度的相位矢量图，然后根据相位矢量图计算垂直薄板体（地质体）的电导和顶深。

相位矢量图的表示方法：*X* 轴表示 Asinh（实分量）和 *Y* 轴表示 Asinh（虚分量）（其中 Asinh(*x*)=log(*x*+sqrt(1+*x*×*x*))，*x* 表示实分量或虚分量），相位矢量图值是以 10 为底的对数。由于水平共面对垂直薄板体是零偶合，因此，仅仅垂直同轴和垂直共面装置系统可产生电导和深度相位矢量图。

相位矢量图计算地质体的电导和顶部埋深，具有计算速度快、简洁直观等特点，可用于矿产勘查，以及产状较陡的地质体引起的航空电磁异常解释。通过计算，可以快速了解有意义异常体的顶部埋深，以及电性特征，有助于推断航空局部电磁异常所反映的地质体性质。

**3．视电导率、视磁导率等多参数转换**

在一定的条件下，地下介质的电性、磁性和介电常数等参数对频率域航空电磁响应均有不同程度的影响，其中磁性在低频对频率域航空电磁响应影响较大，而介电常数在高频对频率域航空电磁响应影响较大。因此，根据合理的数据处理方法计算视电阻率、磁导率和视介电常数等多参数，对于提高多参数的计算精度，确定地下地质体的性质，以及扩大应用领域是十分必要的。

首先通过引入均匀半空间模型，根据频率域航空电磁法电磁响应的计算公式，经过快速汉克尔变换，获得正演计算公式和算法[2]。通过正演计算编制航空电磁法视磁导率转换所需的量板，如实分量幅值磁导率解释量板、实虚分量解释量板，振幅飞行高度解释量板等多种航空电磁法解释量板。通过分析认为，当感应系数 θ 取值较小的时候,在感应系数 $\theta=(2\pi f\sigma\mu_0\mu_r)^{1/2}h$ 表达式中（式中 $f$ 是工作频率，$\sigma$ 是电导率，$\mu_0$ 是真空中的磁导率，$\mu_r$ 是相对磁导率，$h$ 是飞行高度），相对磁导率 $\mu_r$ 对实虚分量响应的影响比 $f\sigma$ 大,说明在 $f\sigma$ 较小的时候,地质体磁导率的变化将引起电磁实虚分量响应值的变化。随着 $f\sigma$ 逐渐升高,当 $f\sigma$ 超过 $10^2$ 数量级时,其对感应系数的影响权重逐渐超过相对磁导率 $\mu_r$ 在感应系数中所占的影响权重,这是由于随着一次场的频率或电导率逐渐的增强,其对二次场的影响完全压倒了地质体磁导率变化造成的对二次场的影响,当 $\theta=10^3$ 时,不同相对磁导率 $\mu_r$ 的实虚分量值均开始汇集,失去了对 $\mu_r$ 的区分度。因此,当 $\theta$ 较小时, $\mu_r$ 与实分量具有明显的的相关性，说明磁导率的反演是可行的。

在正演计算的基础上，可进行频率域航空电磁法视磁导率反演与视电阻率的反演。首先进行视磁导率反演计算，即根据实虚分量相位矢量图查找法，在正演计算所得到的实虚分量解释量板中，查找实测实虚分量在解释量板中所处的网格位置，通过插值法求得对应实虚分量的视磁导率与感应系数。第二步是以求得的视磁导率作为输入参数，再用二分法反演求取视电阻率和感应系数。由于二分法综合考虑了航空电磁法中的实分量、虚分量、飞行高度等信息，当飞行高度相对准确的情况下可以取得较好的效果。

根据视电导率、视磁导率等多参数转换可以获得研究区的电性和磁性分布特征，并通过研究区的电性和磁性特征的综合解释，可以获得更多的地质和构造信息，这对于在强磁性区域进行多参数填图是一种行之有效的反演方法。

**4．标差异常的计算**

标差异常图是通过计算给定频率每个观测点的实、虚分量响应（经过各种校正后）的差值绘制。标差异常（又称相位差），根据把地下地质体看成电感与电阻串联的线圈与收发线圈相互耦合的近似原理获得，其公式表示为：

$$\Delta RI=\mathrm{Re}-\mathrm{Im}=K\times D\times(\omega L-R) \tag{1}$$

式中，$\Delta RI$ 为标差异常，即为实虚分量之差 $K=(Ac^2\times Nc^2)\times(\frac{f_C\times f_{CR}}{f})$，式中 $K$ 是位置和发射装置的函数，对于某种仪器和固定的飞行高度，它是一个常数。其中 $Ac$ 和 $Nc$ 分别为发射线圈和接收线圈的匝数，$f_C$、$f_{CR}$、$f_d$ 为发射线圈、接收线圈及地质体之间的位置函数。$D=\frac{\mu\omega}{4\pi\times(R_2+\omega_2\times L_2)}$，式中 $D$ 是与导体参数有关的量，对于某一导体，只影响幅值，即为标差异常的比例系数。

由公式（1）可以得出如下结论：当仪器测量的角频率一定时，若地质体为良导体时，电感大、电阻小，电阻小于电感与工作角频率的乘积，标差异常为正值；当地质体为非导体时，电感小，电阻大，电阻大于电感与工作角频率的乘积，标差异常为负值。因为淡水为相对非良导体，而咸水为良导体，所以当工作角频率选择适当，通过标差异常正负值之间的零线可以圈定淡水体的范围。

标差异常方法是一种近似的处理方法，优点是受飞行高度影响小，并在实虚分量异常很小时的地电高阻区域不形成异常。在水文地质勘查中，为了突出区域电磁场，以及有效区分地下高阻体与地下淡水，利用标差异常图进行地下水填图，可取得较好的勘查效果。

**5．视中心深度计算**

根据频率域电磁法趋肤效应这一原理，即随着发射频率的降低将增大勘探深度,基于这一原理，可将每一个频率的观测结果转换成对应的一个质心深度和（视）电阻率，其计算结果与实际地质剖面的电性分布相似，并称为质心深度法。据 Sengpiel（1997）[3]，位于层状半空间上方高度 $h$ 米，收发距为 $s$ 的水平共面线圈系统，其测量的二次磁场 Hz 的积分可以表示为：

$$H_z=s^3\int_0^\infty R_0(f,\lambda,\rho,d)\lambda^2 J_0(\lambda s)\,\mathrm{d}\lambda \tag{2}$$

如果 $s\leq 0.3h$，可以简化该公式。在上式中，$R_0$ 是由层参数（$\rho$，$d$）和频率 $f$ 决定的反映因子，$\rho$ 是对应频率层的电阻率，$d$ 是对应频率层的厚度。经简化，贝塞尔函数 $J_0$ 用 1 代替，而线圈间距 s 在积分下消失。利用该方法计算的对应频率层的质心深度公式为：

$$z^*=D_a-h+0.5\sqrt{2\rho_a/\omega\mu_0} \tag{3}$$

式中，$D_a$ 为以均匀半空间模型进行反演计算时，探头系统到该半空间表面的视距离，而 $\rho_a$ 是该半空间的（或视）电阻率，$\omega=2\pi f$，$\mu_0=4\pi\times10^{-7}$ 亨利/米。将各频率对应的 $Da$ 参数与视电阻率 $\rho_a$ 组合成 $\rho_a$（$z*$），函数 $\rho_a$（$z*$）近似于 $\rho$（$z$）分布。通常将横坐标表示剖面，纵坐标表示 z*，以曲线彩色符号在对应点表示对应的 $\rho a$（$z*$），一条测线的所有 $\rho_a$（$z*$）形成为电阻率—深度拟断面（Asten，1998），即称为“Sengpiel 断面”（Sengpiel，1990）。通过该计算结果，可以初步了解电阻率随深度的变化。

视中心深度算法为不受模型体限制的半定量解释方法，虽然电阻率深度断面是根据近似算法获得的，但仍可以清晰的反映出电性在断面上的分布规律，可用于水文地质勘查、矿产勘查中的电性断面解释。

## 参 考 文 献

[1] 王卫平, 王守坦. 频率域航空电磁法及应用[M]. 北京：地质出版社，20110.
[2] Beard Les P, Nyquist Jonathan E. Simultaneous inversion of airborne electromagnetic data for resistivity and magnetic permeability[J]. September Geophysics, 1998, 63(5).
[3] Sengpiel K P, Siemon B. Advanced tools and inversion method for AEM exploration[J]. Proceeding of exploration 97: forth decennial international conference on mineral exploration, 1997, 72:553~557.

（18）地质调查与矿产勘查地球物理

# 基于外推多网格法的直流电法三维正演

# Three-dimensional direct current resistivity modeling using extrapolation cascadic multigrid method

潘克家*　汤井田

Pan Kejia*　Tang Jingtian

中南大学有色金属成矿预测教育部重点实验室 地球科学与信息物理学院　长沙 410083

## 1. 引言

有限元法是地电磁场数值模拟最重要的数值计算方法，快速、高精度求解有限元离散后的线性方程组是三维直流电法正演的核心问题，对三维反演等后续工作亦具有重要的意义。本文首先将最近发展起来的高精度快速算法——外推瀑布式多网格法(EXCMG)推广到三维，然后结合二次场消除点源奇性和稀疏矩阵压缩存贮等技巧，研究直流电阻率三维有限元正演问题。

## 2. 方法原理

基于二次场计算方案，地面采用第二类齐次边界条件，无穷远截断边界采用混合边界条件，给出异常场满足的偏微分方程边值问题。对求解正规区域进行六面体均匀剖分，采用 8 节点六面体单元对原方程进行有限元离散，然后利用 EXCMG 算法求解有限元方程。

瀑布式多网格法(CMG)是多网格法的简化版本，只采用了插值和迭代两种运算，没有粗网格上的修正，程序实现简单，但精度较经典多网格法有所降低。计算数学专家陈传淼(2008)基于有限元 Richardson 外推技术，提出外推瀑布型多网格法(EXCMG)。该方法将 CMG 法的“线性插值”改为“外推+二次插值”，为密网提供更好的初值，对提高精度和加速收敛起着关键作用。

EXCMG 算法的关键即利用前两层网格的有限元解，构造逼近下层密网有限元解(并非真解)的好初值。借鉴二维 EXCMG 算法思想，对三层嵌套六面体网格，8 个粗网节点初值可直接由节点外推公式得到；12 条边中点可分别利用三个坐标方向的中点外推公式得到；6 个面中心点可看作两条面对角线的中点，1 个六面体中心点可看成四条体对角线的中点，故同样可由中点外推公式进行计算，再取算术平均得到。由此共得到 27 密网节点的初值，其余 98($5^3$-27)个“四分点”初值可利用六面体上二次完全多项式(正好 27 个自由度)插值得到。值得指出的是，由此得到的密网初值，非常接近下层密网有限元解，并且初始误差为关于中心平面对称的高频误差，几次共轭梯度法(CG)迭代即可将其磨光，求得下层密网有限元解。

直流电阻率法有限元正演得到的刚度矩阵为大型稀疏、对称正定矩阵，必须采用压缩存贮格式。本文提出基于地址矩阵的压缩存贮方式：一个整型矩阵记录非零元素的地址，另一个实型矩阵记录相应非零元素的数值。这种存贮格式物理意义清楚，实现简单，且非常适合 EXCMG 算法要求的规则网格剖分。

## 3. 模型验证及其结论

采用 Fortran90 语言，编写了三维直流电阻率法模拟的 EXCMG 程序，对具有解析解的水平层状介质模型和垂直接触模型进行了模拟，并与不完全 Cholesky 共轭梯度法进行比较，得到如下结论：

（1）“外推+二次插值”构造的初值非常好，初始误差为高频振荡型的，几次 CG 迭代即可消除；

（2）EXCMG 在微机上 20 秒以内即可求解 128×128×128 剖分(200 多万未知数)的直流电法正演问题；

（3）对百万个未知数正演问题，EXCMG 法比 ICCG 法快上百倍，且随着未知数的增加优势更加明显；

（4）EXCMG 法收敛速度与未知数个数无关，其计算时间仅随着未知数的个数线性增长；

（5）EXCMG 法为一种高效、简单的几何多网格法，受求解区域不宜太复杂(如起伏地表)的限制。

本研究由中国博士后科学基金项目“外推多网格法在三维地电磁场计算中的应用研究 (2011M501295)”资助。

### 参 考 文 献

[1] 徐世浙．地球物理中的有限单元法[M]．北京：科学出版社, 1994.

[2] Chen C M, Hu H L, Xie Z Q, et al. Analysis of extrapolation cascadic multigrid method (EXCMG)[J]. Science in China, Series A. 2008, 51(8): 1349 ~ 1360.

（18）地质调查与矿产勘查地球物理

# 激发极化法在辽宁凤城矿产远景调查中应用研究

# Application of the induced polarization method to the metallogenic prospective survey in Fengcheng,Liaoning

赵维俊* 赵东方 赵震宇 贾立国 高 飞 孙中任

Zhao Weijun Zhao Dongfang Zhao Zhenyu et al.

中国地质调查局沈阳地质调查中心 沈阳 110032

本文阐述时间域激发极化法在辽宁凤城矿产远景调查中的运用。通过激电中梯扫面测量后，圈定 5 个激电异常，对它们进行了解释和评价。重点选择一个激电异常区做 4 条剖面激电测深，对潜在矿(化)体的形态进行了描述，为槽探工程提供重要信息。

## 1. 前言

在辽宁凤城地区部署激电工作是配合地质、化探、磁测工作，以寻找硫化物金属矿床为主要目的，对重点工作区异常进行检查，对异常的含矿性进行评价，为矿产普查找矿提供综合资料。激电中梯[1]法快速圈定几个高极化异常区，激电测深法[2]查明异常的埋藏深度和地下延伸，为地质验证工作提供重要信息。

## 2. 测区地层与电性特征

工区出露地层：王家沟（岩）段以条带状方解大理岩为特征，局部夹墨透闪透辉石岩、绢云片岩等。钓鱼台组以中粗粒长石石英砂岩、硅质胶结石英砂岩为主，局部夹薄层石英岩质细砾岩及粉砂质页岩。碧流河组下部为灰色砂砾石或砂与砾石互层，或砂、砾石混合堆积；上部为灰褐色、黄褐色亚砂土。

测区采集岩（矿）石标本后，采用小四极法标本架测量.工区大面积出露的大理岩和砂岩的极化率不超过 3.5，电阻率相当高，达到几万欧姆米。它们可以看做背景场。石英大理石赤铁矿，大理石赤铁矿，大理石铜蓝孔雀石和大理石闪锌矿极化率也很低，没有超过 2，电阻率值很高，达到 1 万欧姆米以上。激发极化法在查找低阻高极化的硫化矿物或者氧化矿物在本工区具有物性前提。

## 3. 激发极化法工作

激电中梯：激电中梯测线方向为 NE135°，测网为距形，点号为 0～80，线号为 162～218。点距为 40 米，共 29 条线，线长为 1640m。

电阻率宏观表现为近东西向的工作区对角线为界，北部电阻率高，南部电阻率低。北部高阻体形态没有规律，附合大理岩的电性特征。南部的低阻可能为中粗粒长石石英砂岩。极化率与电阻率形成反向相关。北部为极化率低值区，南部为极化率高值，高极化率异常零散分布，不规则形。以极化率 9%为下限，我们圈定了 5 个孤立异常。它们分别以 M1 异常（42～44）/（212～214）, M2 异常（34～40）/200，M3 异常（40～42）/198，M4 异常（70~72）/192，M5 异常（70～74）/182 为中心发育。

化探和地质工作表明 M4 异常具有 Sb 化探异常，附近存在矿化蚀变带。作为 2011 年工作重点，布设 NS 向穿越 M4 异常的 L1 到 L4 的 4 条测线。测量点距为 40 米。

视电阻率和视极化率反演后，得到反演电阻率和极化率断面图。L1 线到 L 4 线，高极化率异常都分布在浅部,大约在 20 米到 100 米深。它们都具有向南部延伸趋势。在电阻率切片上显示为低电阻率。这些浅部异常具有高极化率低电阻率电性特征。这些特征都是硫化矿物具有的特征。地表发现有矿化蚀变带，而且地球化学显示为 Sb 元素异常区。

## 4. 结论和建议

本文通过介绍激发极化方法在辽宁凤城地区矿产远景调查中应用，快速成功圈定了 5 个异常区，并优先选择 M4 异常进行了激电测深工作，地下高极化体的形态得到准确的刻画。L1 到 L4 剖面地下 20 到 100 米深可能有高极化低电阻率的硫化矿物存在，这个需要进一步的研究和验证。

### 参 考 文 献

[1]李金铭. 地电场与电法勘探[M]，北京：地质出版社，2005.

[2]李祥才，张志伟，敖颖峰，等. 激电法在辽宁柏杖子金矿勘查中的作用及意义[J].地质与勘探, 2009, 45(2): 74~79.

（18）地质调查与矿产勘查地球物理

# 铀弱信息伽玛全谱分解分形方法

# Gamma Ray Full Spectrum Decomposition and Fractal Method for Weak Information of Uranium

李必红 陆士立

Li Bihong Lu Shili

核工业北京地质研究院 北京 100029

## 1. 前言

伽玛能谱方法按测量方式分为航天伽玛能谱、航空伽玛能谱、地面伽玛能谱、井中伽玛能谱等方法，其中航空伽玛能谱和车载伽玛能谱因为探测效率高而广泛应用与铀矿找矿工作中。其主要探测的是浅层介质的伽玛射线能谱，因为铀及其子体，在外力作用下沿着断裂构造或介质空隙等从深部不断向地表迁移，在浅层介质中富集，产生次生异常，为深部隐伏铀矿产探测提供思路，该异常信息较微弱甚至被背景值所掩盖，此类铀矿产弱信息提取是伽玛能谱探测技术的难点，如何提取这些深部成矿有利信息是弱信息提取的关键。有两种思考路径：第一，通过方法手段改进；第二，通过数据处理来实现。本次项目从数据处理角度考虑，浅析铀矿产弱信息提取方法。如果在深部隐伏弱信息提取有所突破，对铀矿找矿工作意义是重大的。

## 2. 全谱分解分形

全谱分解分分形技术实质上是多种处理方法的集成，通过多重降噪多重滤波来增强弱信息，同时压制浅层异常的干扰。采用噪声调整奇异值分解（NASVD）[1]、自适应模糊神经网络分析（ANFIS）、SA 滤波的集成，来提取弱信息。NASVD 方法通过谱成份分析减小伽玛射线全谱数据中的统计噪声，该技术使用 256 道测量数据识别所有统计意义的谱形。谱成份分析给出每个测点上的谱成分以及其成份幅度，这个幅度是测量谱中现存的每个成分的数量。在只有天然放射性元素的测量数据中，8 个谱成分足够解释数据中现存的真实谱形。根据幅度和前 8 个谱成份，重建每个测点的测量谱。由于该方法利用全谱计数和钾、铀、钍之间的相互关系，不论是模拟还是实测的数据分析都表明减小统计噪声相当于探测器体积增加。重建的新谱比原始测量谱有效地降低了统计噪声。

自适应神经网络模糊系统 ANFIS（Adaptive Network-based Fuzzy Inference System）是基于自适应人工神经网络算法和模糊数学知识，具有模糊逻辑且易于表达人类知识和神经网络的分布信息储存以及学习能力的优点，通过对已知输入、输出数据组成样本进行学习训练选择模糊隶属度函数及模糊规则，形成所需要的模型来处理数据。采用 ANFIS 方法处理时需要提供一组理想目标数据作为输入、输出集，可以利用测量数据和经 NASVD 方法处理后的数据组成输入输出样本进行网络训练和校验得到所需模型，然后对所有测量数据进行测试。自适应神经网络模糊系统算法关键是选择变量的隶属度函数和网络参数，采用反向传播算法[2]。

分形理论主要用来描述复杂事物在几何方面的整体与局部或不同尺度下的自相似性，利用数学手段突出小尺度的几何特征或精细结构。能谱与面积的不同指数分布规律所对应的能谱区间来定义滤波器，区间内能谱的分布具有确定的自相似性。区间的分界限通过在双对数图上进行线性拟合的方法来实现。应用这样的滤波器对场进行滤波处理往往会突出具有空间自似性的成份或反映空间相关的地质问题。

## 3. 效果分析

试验数据为沉积盆地所测的伽玛能谱数据，通过 VC、MATLAB 等计算机语言实现全谱分解分形方法的程序编写，将所测伽玛能谱数据进行迭代剔除平均值加 3 倍均方差后，应用全谱分解分形方法行处理，处理后的铀含量等值图压制了浅层干扰信息，突出了深部隐伏铀微弱信息。统计结果表明：已知隐伏铀矿产在原始铀含量表现不明显，但经过处理后均在铀异常范围内，平均值($2.6\times10^{-6}$)到平均值加一倍均方差($2.9\times10^{-6}$)区间存在大片的异常，在平均值加一倍均方差($2.9\times10^{-6}$)到平均值加 3 倍均方差($3.3\times10^{-6}$)区间的异常值值得追索。

### 参 考 文 献

[1]Hovgaard J, Grasty R L. Reducing Statistical Noise in Airborne Gamma-ray Data Through Spectral Component Analysis[J]. Radiometric Methods and Remote Sensing. 1997, 98: 753~764.

[2] 李必红,陆士立,等.采用 ANFIS 降低车载伽玛能谱测量数据的统计噪声[J]. 铀矿地质, 2008, 24(3): 193~197.

（18）地质调查与矿产勘查地球物理

# 大洋洲地区卫星重磁异常特征及其矿产资源分布综合分析

# The characteristics of Satellite gravity and magnetic anomalies and its comprehensive analysis for the distribution of mineral resources in Oceania region

张兴东* 孟小红 陈召曦

Zhang Xingdong* Meng Xiaohong Chen Zhaoxi

中国地质大学（北京）地球物理与信息技术学院 北京 100083

本文在收集大洋洲（澳大利亚）地区卫星重力与磁力数据的基础上，对其进行常规处理，处理手段包括异常分离、磁力化极、延拓、水平垂直方向导数等方法，得到了该地区区域布格重力异常不同高度的向上延拓、不同方向导数异常及磁异常化极等常规处理结果。研究并编程实现了位场归一化差分方法，并利用该方法对某模型数据及澳大利亚大陆重力数据进行处理。开展的主要工作和取得的主要成果如下：

（1）结合地质资料对研究区域重磁异常的常规处理结果进行了解释，特别是利用 10km 的上延结果得到该区域的剩余重力异常。结合矿产资源分布图，利用剩余重力异常和化极磁异常综合分析了澳大利亚地区矿产资源分布情况。

（2）综述位场归一化差分的基本原理，即位场数据 $f(i,j,0)$ 在 $x$、$y$、$z$ 三个方向的 $n$ 阶差分算子及 $n$ 阶归一化差分 $ND_n$ 可表示为：

$$x\text{ 方向：}\quad f_{x^{(n)}}(i,j)=f_{x^{(n-1)}}(i+\Delta r,j,0)-f_{x^{(n-1)}}(i-\Delta r,j,0)\,, \tag{1}$$

$$y\text{ 方向：}\quad f_{y^{(n)}}(i,j)=f_{y^{(n-1)}}(i+\Delta r,j,0)-f_{y^{(n-1)}}(i-\Delta r,j,0)\,, \tag{2}$$

$$z\text{ 方向：}\quad f_{z^{(n)}}(i,j)=f_{z^{(n-1)}}(i,j,0)-f_{z^{(n-1)}}(i,j,-2\Delta r)\,, \tag{3}$$

$$ND_n:\quad ND_n=f_{z^{(n)}}/A_n\,. \tag{4}$$

其中，$n$ 阶总差分：

$$A_n=\begin{cases}\sqrt{f_{ix^{(n)}}^2+f_{iy^{(n)}}^2+f_{z^{(n)}}^2} & n\text{为奇数}\\ \sqrt{f_{x^{(n)}}^2+f_{y^{(n)}}^2+f_{z^{(n)}}^2} & n\text{为偶数}\end{cases} \tag{5}$$

$f_{ix^{(n)}}$ 和 $f_{iy^{(n)}}$ 分别是 $f_{x^{(n)}}$ 和 $f_{y^{(n)}}$ 进行 90°相移后的异常。实施 n 阶差分之后，边界的异常理论上更加明显；奇数阶差分进行 90°相移处理，是为了突出梯级特征带，增强边界特征，偶数阶差分梯级特征带明显，故不需要进行相移处理；研究并编程实现了位场归一化差分方法。通过实际实验得出，位场归一化方法能够利用垂向差分和两个相移后的水平方向差分进行归一化处理，能够增强异常间的边界特征，从而充分地体现出模型体的基本形状及边界大致位置；并且，不同的阶数的差分能够进一步提高边界的识别程度。

（3）利用理论模型数据、实际小尺度数据、澳大利亚大尺度重力数据开展了位场归一化差分方法试验。模型试验表明采用归一化差分法对重力异常梯级带进行增强处理，可以精确检测出模型体的边界位置。实际试验表明无论布格重力异常是以梯级带形式还是非梯级带形式显示的断裂，归一化差分处理结果均可以清晰地识别，并利用该方法对澳大利亚地区的构造特征矿产资源分布情况进行了进一步分析，得出二阶归一化差分对划分断裂的有效性及识别断裂构造的能力比一阶归一化差分更具优势，这也有利于识别分析澳大利亚大陆地区小型断裂的分布情况。

本研究由国家“深部探测技术与实验研究”专项课题（201011039）资助。

## 参 考 文 献

[1] 曾华霖. 重力场与重力勘探[M].北京：地质出版社，2005.
[2] 管志宁. 地磁场与磁力勘探[M].北京：地质出版社，2005.
[3] 王彦国. 位场归一化差分法的边界检测技术[J].地质与资源，2007，16(2): 130~133.
[4] Bagas L, Smithies R H. Geology of the Connaughton 1:100,000 sheet[J]. Western Australia, Western.
[5] Australian Geological Survey 1:100 000 Geolog-ical Series Explanatory Notes[J]. Western Australian Geological Survey, Perth, 1998: 38.

（18）地质调查与矿产勘查地球物理

# 查岗诺尔铁矿区不同高度航空磁测实验及其应用

# Aeromagnetic survey experiment at different heights and application in Chagannur Iron mining area

范子梁* 郑广如 张玄杰 宋燕兵

Fan Ziliang Zheng Guangru Zhang Xuanjie et al.

中国国土资源航空物探遥感中心 北京 100083

在航磁测量中，飞行高度一直受到极大关注，按照 1995 版航磁技术规范，1∶5 万航磁飞行高度要求小于 250m。2007 年开展的新疆西天山地区新源县塔勒德—和静县乌拉斯台一带 1∶5 万航磁勘查，勘查区属于高山深切割地形，海拔 1100～5242m，经仿真模拟测算，平均飞行高度为 700m 左右。在这种高度下，采用 1∶5 万的大比例尺飞行测量效果如何，是存有一定的疑问的，需要通过实验验证。针对寻找大、中型铁矿的勘探目标，项目组选择了查岗诺尔铁矿区进行不同高度航空磁测实验，测试飞行高度对异常特征的影响。在此基础上，论证在该地区开展较大飞行高度 1∶5 万航空磁测可行性。

实验测量在同一异常区的不同位置选取了两条测线，分别称为测线一和测线二，每条测线的实验测量均在 6 个不同高度层上进行，高度分别为 400m、600m、800m、1000m、1200m、1500m。查岗诺尔铁矿区已知铁矿体为北西向，所以选择垂直于矿体走向的北东向作为测线方向。

在每条测线下方都对应两个矿体，其引起的异常分别称为异常 A 和异常 B。在每条测线中，异常 A 的强度均大于异常 B 的强度。并且测线一对应的两个异常强度大于测线二对应的两个异常。

实验测量结果表明，在测线一上，飞行高度平均每升高 100m，异常 A 的异常强度衰减约 62nT，异常 B 的异常强度衰减约 56nT。在测线二上，飞行高度平均每升高 100m，异常 A 的强度衰减约 46nT，异常 B 的强度衰减 21nT。

据此我们得出如下认识：随着飞行高度的增加，异常强度逐渐衰减；强磁性体引起的异常衰减速度较快，弱磁性体引起的异常衰减速度较慢。

再观察同一磁异常在不同飞行高度下的剖面曲线，发现在 6 个高度层上，异常均准确的出现在同一位置。虽然异常强度发生变化，但其曲线形态较为相似。飞行高度层在 800m 时，异常 A 和异常 B 均能够清晰的反映出来，且异常特征明显，当飞行高度达到 1500m 时，磁异常在曲线上仍有清晰显示，仅曲线变缓，但总体形态变化不大。

通过不同高度实验测量飞行可以得出如下结论：

（1）航磁对于磁性矿体的反映是十分明显的，同时对矿体的定位是准确的；

（2）航磁测量飞行高度的变化主要引起异常强度的变化，而对异常形态影响有限（可以通过对矿致异常的筛选识别技术减弱其影响）。

在实验测量的支持下，新疆西天山地区新源县塔勒德—和静县乌拉斯台一带 1:5 万航磁勘查得以开展，全区实际平均测量飞行高度 642m。当年进行了部分异常查证工作，目前已发现 7 处铁矿，探获铁矿石资源储量 10.15 亿吨。包括敦德（新 C-2007-374 异常）、松湖南（新 C-2007-14 异常）、尼新塔格（新 C-2007-20 异常）、阿拉斯坦东（新 C-2007-169 异常）雾岭（新 C-2007-183 异常）、穹库尔（新 C-2007-13 异常）、新 C-2007-194 异常铁矿等。其中敦德铁矿对应的异常中心飞行高度为 674m，穹库尔铁矿对应的航磁异常中心飞行高度为 665m。在这样的飞行高度下获得的航磁异常经过选编、筛查、最终查证见矿，证明了在深切割山区开展飞行高度较高的 1∶5 万航磁飞行，对于以大中型铁矿为主要勘查目标是可行的。

由于该区测量成果显著，找矿效果突出，直接推动了航空磁测技术规范对于飞行高度的要求拓展，2010 年颁布的新版航空磁测技术规范第 5.7.2 条规定："在地形特别复杂的地区，如果确定能够实现预定的航空磁测目标要求，可按实际允许的安全高度飞行"。

## 参 考 文 献

[1] 郑广如，宋燕兵，范子梁，张玄杰，等. 新疆西天山地区新源县塔勒德—和静县乌拉斯台一带 1∶5 万航磁勘查成果报告[R]. 2008.

[2] DZ/T 0142-2010 航空磁测技术规范[S]. 北京：中国标准出版社，2010.

（18）地质调查与矿产勘查地球物理

# 频率域航空电磁法中的视介电常数计算

# Apparent Dielectric Permittivity Calculation of Frequency Domain Airborne Electromagnetic Method

吴成平* 王卫平

Wu Chengping* Wang Weiping

中国国土资源航空物探遥感中心 北京 100083

## 1. 引言

以往频率域航空电磁法的正反演，通常假定地质体的介电常数等于自由空间介电常数的大小。国外 Haoping Huang、Greg Hodges、Douglas C. Fraser 等人在 20 世纪 90 年代已经开始研究航空电磁法中介电常数问题。在国内频率域航空电磁领域，目前更多关注磁性因素对计算视电阻率的影响，以及视磁导率的计算等问题，对于介电常数的研究还有工作可做。 当工作频率较高时，如 Impulse 航电系统水平共面装置最大频率为 23250Hz，此时地质体产生的位移电流相对较大，由位移电流产生的电磁响应比重增大，因此对介电常数的计算更为有利。

## 2. 模型及正演

在本文中正演模型采用的是均匀半空间模型，它是频率域航空电磁数据转换中常用的一维正演模型：假设地下介质均匀，即具有相同的电阻率$\rho$（或电导率$\sigma$）、介电常数$\varepsilon$和磁导率$\mu$，并向下无限延伸。频率域航空电磁法中均匀大地上方电磁响应函数是与$\varepsilon$、$\mu$、$\rho$ 以及圆频率 $\omega$有关的函数 $F(m)$与零阶或一阶贝赛尔函数以及与 $e^{-2mh}m^2$ 乘积的无穷积分，如水平共面装置电磁响应计算公式：

$$H_2/H_1 = L^3\int_0^{\infty} F(m)\mathrm{e}^{-2mh}m^2 \mathrm{J}_0(Lm)\,\mathrm{d}m \qquad (1)$$

$H_2$ 为接收线圈接收的二次磁场，$H_1$ 为接收线圈接收的一次磁场，$L$ 为收发距，$J_0$ 为零阶贝塞尔函数，$m$ 为积分变量。因此，（1）式不易转化为简单函数形式，但可以用数值积分或者数字滤波的方法进行计算，这里运用快速汉克尔变换将其转化为函数与滤波系数乘积的积分形式，便于均匀半空间模型电磁响应的正演计算。

## 3. 相位矢量图

相位矢量图是频率域航空电磁法中快速、有效的转换计算工具。根据前人研究结果，当 $L<<h$ 的时候，有 $H_1/H_0=(L/h)^3(M+Ni)$，$M=(h/L)^3I$，$N=(h/L)^3Q$，$I$、$Q$ 分别为电磁响应的实分量和虚分量，$M$ 和 $N$ 分别为归一化实分量和虚分量。在磁导率、飞行高度、工作频率一定的情况下，给出电阻率和介电常数，可以确定 $M$、$N$。我们设定相对磁导率为自由空间相对磁导率，如果考虑磁性因素在频率域电磁数据转换中的影响，则使用低频实虚分量转换得到的相对磁导率值，本文中设置相对介电常数 $\varepsilon_r$的变化范围 1~100，电阻率变化范围为 10~20000 Ω m，计算得到对应的归一化电磁响应，从而建立相位矢量图。

## 4. 介电常数计算

将相位矢量图以数据的形式储存于计算机中，通过自动插值，即可实现介电常数计算。其主要步骤：①建立相位矢量图数据文件；②计算相位数据文件中相邻点组成的直线的斜率和截距，构建直线方程；③输入工作频率、磁导率、飞行高度等信息，读取观测数据，并对观测数据作取对数等简单处理；④根据 b 中建立直线方程判断观测数据在相位矢量图中不同位置，通过插值计算得到视介电常数；⑤通过逐点计算，完成整条测线及整个测区的视介电常数计算。

## 5. 结束语

在频率域航空电磁法中，可以利用高频电磁数据转换得到的视介电常数作为已知量，应用到频率域航空电磁各个频率的视电阻率转换中，用以改善转换的效果；通过电磁响应的实虚分量计算获得视介电常数，能为地质解释提供了更丰富的地球物理信息，根据不同的地质体介电常数的差异，在地质解释中利用介电常数的强度、形状、分布范围等特征，能达到解决地质填图、解决水工环中的地质问题的目的。

## 参考文献

[1] 吴成平, 王卫平, 胡祥云. 频率域直升机航空电磁法视电阻率转换及应用[J]. 物探与化探, 2009, (04): 427~430, 435.

[2] Hodges G. Mapping conductivity, magnetic susceptibility, and dielectric permittivity with helicopter electromagnetic data[J]. SEG Expanded Abstracts, 2004, 23: 660~663.

（18）地质调查与矿产勘查地球物理

# 基于多尺度分析的位场线性特征提取方法研究及应用

# Research and Application of Linear Structure's Extraction in Potential Field Based on Multi-scale Analysis

赵洋洋　陈　超*　王同庆

Zhao Yangyang　Chen Chao*　Wang Tongqing

中国地质大学（武汉）地球物理与空间信息学院　武汉 430074

在地球物理位场资料的处理与解释中，异常图像中的线性特征往往对应着地下断裂构造、不同岩性地质体的边界接触带或其它具有一定密度或磁性差异的构造特征。由于重、磁异常在这些线性构造，特别是地质体边界处的变化率大的独特优势，因此，对异常图像中线性特征的提取成为区域重磁资料处理与解释的主要内容。

目前，大多数的线性特征增强方法都是基于位场导数及其各种组合的思想进行设计的。根据异常的极值或零值位置确定地质体的边界信息，但是各方法对倾斜模型的实际边界位置反映会随着地质体的埋深、边界形状以及倾斜角度的差异存在一定的偏差。而在实际勘探中，由于地质情况复杂、容易造成异常的相互叠加干扰，使解释变得困难。因此，对线性构造所产生的异常进行有效地增强检测，并研究倾角、埋深等形体参数的半定量解释方法有着非常重要的实际意义。

本文首先通过不同参数的 2D 和 3D 理论模型试验总结了水平总梯度、解析信号振幅、Tilt 导数、Tilt 导数水平梯度、Theta 图法、归一化标准差等目前常用的位场线性特征增强方法的应用条件和优缺点，得出提取效果最好且受场源深度影响较小的方法：在 2D 模型中表现为 Tilt 导数水平梯度的极大值，在 3D 模型中则表现为 TDR-Cany 算法。在此基础上，为了将线性特征以构造线的形式从边界增强后的异常图像中提取检测出来，改进了以往三点判断极值的 Blakely 边缘检测算法为五点判断，减少了虚假边界和误差。同时，引入以搜索图像梯度局部极大值作为边界点的 Canny 算法用于提取经 Tilt 导数增强后异常图像的构造线提取中，获得了较好的效果。另外，通过将不同的延拓高度作为不同尺度对边缘检测结果进行多尺度叠加，这样根据其变化规律不仅能够反映线性构造的走向、延伸及连续性还能显示出不同深度层次的变化情况和断裂构造或密度层的倾斜方向。在倾向识别的基础上，采用基于椭圆标准方程的非线性拟合方法改进了以往基于二次曲线方程的最小二乘拟合 $g_z$-$g_x$ 梯度空间图求地下台阶或断层构造倾角的方法，并通过不同参数的 2D 模型对倾角进行反演计算，验证了改进方法的稳定性和准确性。

在经过大量的理论模型试验的基础上，论文得到位场线性特征增强检测效果相对较好的方法，即 Tilt 导数和 Canny 算子的组合算法，并将其用于多尺度边缘检测。

最后将本文中基于多尺度分析的位场线性特征提取方法运用于新疆西天山地区的 1:20 万重力异常数据处理解释中，验证了该方法在实际工作中的应用效果。并且将以往用于剖面解释的重力梯度法运用于平面网格数据线性特征的倾角扫描计算中，同时结合边缘检测结果的多尺度变化规律以及已有的地质资料对研究区线性构造特征进行定性、半定量解释，证明了本文的算法在处理实际问题时的有效性。

该研究由科技部国际科技合作专项(2010DFA24580)、国家自然科学基金(40730317)与国家自然科学基金(40774060)联合资助。

## 参 考 文 献

[1] 余钦范, 楼海. 水平梯度法提取重磁源边界位置[J]. 物探化探计算技术, 1994, 95(6): 23~28.

[2] 管志宁, 姚长利. 倾斜板状体磁异常总梯度模反演方法[J]. 地球科学, 1997, 22(1): 81~85.

[3] Fedi M, Florio G. Detection of potential fields source boundaries by enhanced horizontal derivative method [J]. Geophysical Prospecting, 2001, 49(1): 40~58.

[4] Wang Wanyin, Pan Yu, Qiu Zhiyun. A new edge recognition technology based on the normalized vertical derivative of the total horizontal derivative for potential field data [J]. Applied Geophysics, 2009, 6(3): 226~233.

[5] 王万银. 位场总水平导数极值位置空间变化规律研究[J]. 地球物理学报, 2010, 53(9): 2257~2270.

（18）地质调查与矿产勘查地球物理

# 西藏多不杂斑岩型铜多金属矿床磁异常特征研究

# Research on Magnetic Abnormal Characteristics of Duo-buzha Porphyry Copper-polymetallic Deposit in Tibet

朱丽丽[1*] 庹先国[1] 李光明[2] 刘明哲[1] 段志明[2] 葛 宝[1]

Zhu Lili* Tuo Xianguo Li Guangming Liu Mingzhe Duan Zhiming Ge Bao

1. 地球探测与信息技术教育部重点实验室 成都 610059; 2. 成都地质调查中心 成都 610059

目前，世界铜产量的一半以上来自斑岩型铜矿床，在我国斑岩型铜矿储量也占到全国铜资源储量的一半左右，因此对斑岩型铜矿床的研究具有较好的研究前景和意义。本文以高精度地面磁测在多不杂铜多金属矿床中的应用实例，探讨了多不杂铜矿磁异常特征。通过对工区内磁异常的分析，研究了矿区内地质体与矿区磁异常特征之间的对应关系，总结了在该区内利用磁法寻找斑岩型铜矿的磁场特征，为以后多龙矿集区内其它矿段的找矿工作提供了依据。

**1. 矿区地质概况**

多不杂铜矿是多龙矿集区的一个矿段，位于羌塘—三江复合板片与冈底斯—念青唐古拉板片的碰撞结合带，即班公湖—怒江缝合带西段。区域上线性、环形构造相互交切，构造极为发育，同时区域岩浆活动频繁且强烈。多不杂矿区内出露地层主要有下侏罗统曲色组二段（$J_1q^2$）、下白垩统美日切组（$K_1m$）、新第三系康托组（$N_1k$）、第四系（Q），其中曲色组二段地层是花岗闪长斑岩体的主要围岩，岩性为变长石石英砂岩。矿体则主要赋存在花岗闪长斑岩和变长石石英砂岩岩体中。受区域内大的断裂构造影响，多不杂矿区内主要有近东西向和北东向两组断裂，岩浆沿着矿区内的构造软弱带上侵，并与围岩发生变质作用，形成以矿体为中心的蚀变分带特征。

**2. 区域磁异常特征**

多不杂铜矿区在改则地区航磁异常特征中显示为500nT的正磁异常，但带内的二叠系、三叠系残块以及中下侏罗统、早白垩统地层基本无磁性，因此表明该区浅深部地质体中应含有较多金属矿物，是找矿的有利地带。

通过多龙矿集区1/5万地面高精度磁测研究发现，区内总体磁异常分布呈南正北负，东强细弱，且测区中段形成北东东走向磁异常畸变区的特征，多不杂位置磁异常特征表现为两个自封闭弱磁构成的北东向长轴状异常，强度在500nT，同时在异常北侧伴有负磁异常。分析认为由于测区北部地层形成时代较新，且构造及后期岩浆活动不明显，因此显示了平稳负磁场特征；测区南部正磁场区的地层除第四系外，其它地层岩性主要为砂质板岩、变长石石英砂岩及灰岩等无磁性或弱磁性岩石，因此，推测测区南部除有可能隐伏有超美铁质岩类岩石外，应是寻找隐伏铁磁性矿物的有利地段；测区中段的畸变场区地层发育较全，且构造复杂，后期岩浆侵入活动频繁，是后期成矿的有利地段。

**3. 矿区磁异常特征**

进一步通过多不杂铜矿床1/1万地面高精度磁测研究，在多不杂1号矿体位置的异常表现为测区内近北东向展布，形态近似一个椭圆状，长轴方向为偏东西，异常的连续性差，单个异常规模范围不大。异常特点为磁性强度较高，正异常周边伴有负异常，且在异常北侧正负异常交界处，出现磁异常密集梯度带，南侧磁异常形态较缓。该异常与花岗闪长斑岩体相对应，推断应为花岗闪长斑岩体的反应。

**4. 总结**

经验证，目前已控制多不杂铜矿1号矿体与磁异常形态及位置相对应，推断该异常为花岗闪长斑岩体的反应，且根据异常特征推测，磁性地质体向西南倾，且矿体北侧较南侧要浅。通过本次研究得出多不杂铜矿矿体产出位置的磁异常特征表现为磁异常畸变区内正负磁异常相伴的圈闭状弱磁正异常。

本研究由国家杰出青年科学基金（40125015）、国家863计划项目（2012AA063501）资助。

参 考 文 献

[1] 李玉彬，等. 西藏改则县多不杂斑岩型铜金矿床勘查模型[J]. 地质与勘探, 2012(2): 274~287.

[2] 李光明，李金祥，秦克章，张天平，肖波. 西藏班公湖带多不杂超大型富金斑岩铜矿的高温高盐高氧化成矿流体：流体包裹体证据[J]. 岩石学报, 2007, 23(5).

# 西藏多不杂斑岩型铜多金属矿床磁异常特征研究

## Research on Magnetic Abnormal Characteristics of Duo-buzha Porphyry Copper-polymetallic Deposit in Tibet

# 专题十九：地震波传播与成像探查

# Seismic Wave Propagation and Imaging Exploration

(19) 地震波传播与成像探查

# 一种走时层析与时域全波形联合反演方法

# A joint inversion method of traveltime tomography and time domain full waveform inversion

秦　宁* 李振春

Qin Ning*　Li Zhenchun

中国石油大学（华东）地球科学与技术学院　青岛 266580

## 1. 引言

随着勘探地质目标体日益复杂化和小型化，叠前深度偏移逐渐成为高精度成像技术的首选，这就对速度分析与反演提出了更高的要求。从广义上讲，走时层析与全波形反演可以放到统一的地震反演框架下进行研究，走时层析与全波形反演分别利用观测数据与模型数据在成像域和数据域的最佳匹配实现速度反演。本文提出了一种走时层析与时域全波形联合反演的方法，利用走时层析得到的速度场进行适当平滑作为低波数成分输入，然后利用时域全波形反演恢复速度场中的高波数信息，最终实现多级优化联合反演。该方法既能提高反演精度，又能提高反演收敛速度，从而提高计算效率，为地震叠前偏移和岩性解释提供高质量的叠前速度场。

## 2. 方法原理及实现

走时层析方法，是在成像角道集上实现的：

$$\begin{cases} L\Delta s = \Delta t \\ \Delta t = 2 * \Delta z * s * \cos\alpha * \cos\beta \end{cases} \tag{1}$$

时域全波形反演，基于最小二乘误差泛函，利用如下的速度更新方程和梯度求取可以表示为：

$$v_{n+1} = v_n + \lambda\gamma_n, \qquad \text{其中} \quad \gamma_n = -\frac{2}{v_n^3}\sum_s\sum_t \frac{\partial^2 P_f(x_s,x_r,t)}{\partial t^2}\left(P_f(x_s,x_r,t) - D(x_s,x_r,t)\right) \tag{2}$$

式中，$L$ 是灵敏度矩阵，$\Delta t$ 是走时残差向量，$\Delta z$ 为角道集剩余曲率，$\Delta s$ 为待反演的慢度更新，$\alpha$ 为反射层倾角，$\beta$ 为地下反射张角；$v_{n+1}$ 和 $v_n$ 分别为迭代前后的速度，$\lambda$ 为速度更新步长，$\gamma_n$ 为速度更新梯度，$P_f$ 为正传播波场，$D$ 为观测波场。

本文研究的走时层析与时域全波形联合反演方法，利用走时层析得到的速度场进行适当平滑作为低波数成分输入，然后利用时域全波形反演恢复速度场中的高波数信息，最终实现多级优化联合反演，其实现流程可以概括为：①利用叠加速度分析或叠前时间偏移速度分析求取初始的时域均方根速度场，利用 Dix 公式转换为层速度场；②在初始层速度场上进行射线追踪求取灵敏度矩阵，并利用初始速度场对原始炮记录进行叠前深度偏移获取成像角道集，在成像角道集中通过自动拟合拾取获取剩余曲率，然后根据公式（1）建立层析反演方程组并求解，获得最终的层析速度场；③将层析速度场进行适当平滑，作为时域全波形反演的初始低波数输入，建立最小二乘误差泛函，根据公式（2）利用炮并行求取正传播波场和相应的波场数据残差，并对残差实现反传播以求取速度更新梯度，然后根据设定的速度扰动尺度给定一系列试探步长，利用抛物插值的方法求取速度更新步长，更新速度实现一次迭代，最终根据设定的迭代次数以及终止条件决定迭代与否，迭代结束输出最终的反演速度场。

## 3. 认识和结论

基于成像角道集的走时层析方法能够利用偏移和层析分别获取高频速度界面和低频层间速度信息，时域全波形反演通过模型波场与观测波场的最佳匹配来获取高精度的反演速度场。综合两者的优势，本文提出了一种走时层析与时域全波形联合反演的方法，利用走时层析快速、高效地获取质量较好的初始速度场，然后基于时域全波形反演实现高精度的刻画细节的叠前速度场。模型试算表明，由于采用较好的初始速度场作为输入，使得该联合反演具有较高的反演效率和反演精度。

本研究由国家科技重大专项课题(2011ZX05006-004)“井数据驱动的高精度地震处理关键技术”和中国石油大学（华东）研究生创新工程重点项目(CXZD11-01)资助。

（19）地震波传播与成像探查

# 使用近似解析中心差分方法高精度计算波形层析成像中的敏感核

# High Accuracy Calculation of the Sensitivity Kernel for Seismic Waveform Tomography with the Nearly Analytic Central Difference Method

黄雪源* 童 平 杨顶辉

Huang Xueyuan Tong Ping Yang Dinghui

清华大学数学科学系 北京 100084

地震层析成像（seismic tomography）是研究地球内部结构和动力学机制的最重要工具之一。它通过反演观测数据来获得地球内部物理参数的空间分布，能够帮助我们认识地震、火山的形成和发展及其深部过程，为人类防护地震、火山等所造成的自然灾害提供重要信息。在所有的地震层析成像方法中，基于全波方程的波形层析成像方法因为能够充分利用地震波信息、进而能获得达到波长尺度分辨率的成像结果，已经成为当前的研究热点，并代表着未来地震成像方法的重要发展方向。

与传统的地震层析成像方法一样，敏感核（sensitivity kernel）的准确计算是实现波形层析成像的关键（Zhao，et al. 2011）。具体地讲，敏感核建立起了观测数据与地球内部物理参数之间的线性关系。在实现过程中，根据这种关系并利用迭代方法来获取地下结构。对于基于声波方程的全波形层析成像方法，我们利用扰动理论、Born 近似、伴随思想，并经过复杂的数学推导所获得的敏感核表达式是：

$$K(\mathbf{x};\mathbf{x}_r,\mathbf{x}_s)=\int_0^T\left[-2c_0(\mathbf{x})\nabla w(t,\mathbf{x})\cdot\nabla s(t,\mathbf{x})\right]dt\,, \tag{1}$$

其中，$\mathbf{x}_r$ 为台站位置向量，$\mathbf{x}_s$ 为震源位置向量，$c_0(\mathbf{x})$ 为初始速度结构，$T$ 为地震记录时长，$s(t,\mathbf{x})$ 为正演波场，$w(t,\mathbf{x})$ 为伴随波场。

由表达式（1）可知，敏感核是正演波场的梯度和伴随波场的梯度的内积在时间上的积分。因此，只要获得了正演波场的梯度和伴随波场的梯度，就可以直接计算出敏感核。所以计算敏感核的重点在于计算正演波场和伴随波场的梯度，这就需要分别求解正演波场 $S(t,\mathbf{x})$和伴随波场 $w(t,\mathbf{x})$所满足的全波方程。在三维情况下，求解两个波动方程所需要的代价是很大的，这就要求我们寻求一种高效率、高精度的数值方法。为此，本文在二维近似解析中心差分方法（Nearly Analytic Central Difference ,NACD）（Yang et al，2012）的基础上，提出了三维近似解析中心差分方法来求解波动方程，进而计算敏感核。该方法首先利用中心差分的思想对波动方程时间和空间进行离散，再利用波动方程的时空转换关系，将高阶时间偏导数转化为空间偏导数，并利用位移和其对应的梯度来近似各空间高阶偏导数，从而得到一种在时间和空间上都具有四阶精度的具有很好对称结构的差分格式（Yang, et al. 2012）。由于高阶空间偏导数用到了位移及其梯度，在求解波动方程位移的同时也需要对其梯度进行计算，从而可以直接得到梯度的信息。考虑到声波全波方程层析成像敏感核的结构，我们可以将得到的梯度直接用来计算敏感核，而不再需要像传统方法一样需要对位移场进行插值，从而保证了敏感核计算的快速、准确性。这是 NACD 方法相比传统有限差分方法的一个重要特点和优势。数值实验表明，该方法具有较高的数值稳定性，能够准确模拟地震波在不同介质中的传播，计算效率高。由于使用了梯度信息，NACD 方法能够很好地压制数值频散，在较大空间网格步长时仍能够很好地模拟地震波的传播，同时能够准确快速地计算敏感核。此外，由于 NACD 方法的算子只与计算节点的周围六个点有关，使得该方法具有良好的并行性，在 GPU 加速中也能得到较高的加速比。NACD 方法能够准确快速地计算基于声波全波方程层析成像的敏感核，因此在地震层析成像方面将具有广阔的应用前景。

## 参 考 文 献

[1] Yang DH, Teng J W, Zhang Z J, Liu E. A nearly-analytic discrete method for acoustic and elastic wave equation[J]. Bull.Seism.Soc.Am., 2003, 93(2): 882~890.

[2] Yang D H, Tong P, Deng X Y. A central difference method with low numerical dispersion for solving the scalar wave equation[J]. Geophysical Prospecting,2012, 01:1~21.

[3] Zhao L, Chevrot S. An efficient and flexible approach to the calculation of three-dimensional full-wave Frechet kernels for seismic tomography-I, Theory[J]. Geophys. J. Int., 2011, 185: 922~938.

（19）地震波传播与成像探查

# 频率域内基于 Stokes 方程的双参数全波形反演方法研究

# Two-parameter inversion of Stokes equation by frequency-domain full waveform inversion

高凤霞*　刘 财　冯 晅　刘 洋　兰慧田　刘海燕

Gao Fengxia*　Liu Cai　Feng Xuan　Liu Yang　Lan Huitian　Liu Haiyan

吉林大学 地球探测科学与技术学院　长春 130026

经典的弹性理论是在遵守虎克定律的理想介质上建立的，其中并未考虑因为摩擦而产生的能量耗散，而地下的岩石并不严格服从完全弹性理论，所以严格按照弹性固体建立的经典波动方程不会对弹性波在岩层中的传播做出真实描述。Stokes 于 1845 年建立了考虑粘滞型内摩擦引致能量损耗的 Stokes 方程，按照 Stokes 方程规律传播的波与实验研究所得结果一致，所以用 Stokes 方程描述波在地层中的传播符合客观实际。刘财等首次研究了 Stokes 方程的正演模拟，但是关于此方程反问题的研究很少，如果能反演得到方程中的物性参数，能为准确描述岩性、了解地下构造提供依据，具有重要意义。

全波形反演方法是波动方程参数反演中一个热点方法，它是一种通过优化达到观测值和计算值之差最小的反演方法，可以在时间域进行也可以在频率进行。当前，用全波形反演方法反演速度参数的文章较多，但是其它的物性参数如果能获得，对地震分析非常有帮助，能更准确的识别岩性和油气特征。综上分析，本文在频率域用全波形反演方法基于 Stokes 方程做双参数的同时反演研究，反演了 Stokes 方程中速度、粘滞系数两个参数，反演中密度设为已知。

时间域的 Stokes 方程为

$$\rho(z)\frac{\partial^2 W(z,t)}{\partial t^2}=\frac{\partial}{\partial z}\left[\rho(z)v^2(z)\frac{\partial W(z,t)}{\partial z}\right]+\frac{\partial}{\partial z}\left[\eta(z)\frac{\partial}{\partial z}\left(\frac{\partial W(z,t)}{\partial t}\right)\right]+f(z,t)$$

式中，$v(z)$、$\rho(z)$、$\eta(z)$ 分别是地震波传播速度、密度、粘滞系数；$W(z,t)$ 是时间域地震波场值，$f(z,t)$ 是震源函数，$z$ 是深度。

我们用频率域全波形方法反演 Stokes 方程的参数，先将时间域的 Stokes 方程变换到频率域，对频率域方程做数值离散后求解得到频率域的波场值。反问题中目标函数是计算模型对应波场与观测波场之差的 L2 范数，我们用最速下降法求解目标函数最小的问题，模型迭代公式为

$$m^{(k+1)}=m^{(k)}+\alpha_k\Delta m$$

式中，$k$ 是迭代次数；$m^{(k)}$、$m^{(k+1)}$ 分别代表第 $k$ 次和第 $k$+1 次迭代的模型；$\Delta m$ 是尺度化、光滑化后的梯度；$\alpha_k$ 是步长。

为得到比较好的反演结果，我们对比了不同的步长选取方法：

（1）速度与粘滞系数取相同的步长，用抛物线方法计算；

（2）速度和粘滞系数参数有相应的步长：逐次计算步长，即先计算速度参数的步长，再计算粘滞系数的步长；用遗传算法计算步长。

我们用层状的速度与粘滞系数模型对三种步长计算方法进行对比，结果表明两种参数取同一步长的反演结果略差；遗传算法计算步长的方法反演结果较好，但是计算时间长，算法不稳定；逐次计算步长的方式得到的反演结果与理论模型吻合很好，所以我们选用逐次计算步长的方式计算步长。

频率域全波形反演算法中我们选用单频串行的频率选择方式。首先，对速度、粘滞系数都是层状模型和速度、粘滞系数为曲线模型两组模型进行测试，反演模型结果与理论模型吻合。然后，在速度、粘滞系数为层状模型时，对比了初始模型取不同值时的反演结果，结果表明算法对初始模型的依赖性不强。反演结果表明了频率域全波形方法在 Stokes 方程双参数反演中的可行性。

本研究由国家 973 项目（2009CB219301）资助，特此感谢。

## 参 考 文 献

[1] 刘财,等.用 Stokes 方程的差分方法制作合成地震记录[J].石油地球物理勘探,2002,37(3):230~236.

[2] Ravaut C, et al. Multiscale imaging of complex structures from multifold wide-aperture seismic data by frequency-domain full-waveform tomography: application to a thrust belt[J].Geophysical Journal International,2004,159(3): 1032~1056.

（19）地震波传播与成像探查

# 压缩域地震成像初步探讨

# A preliminary study of seismic imaging in compressed domain

方洪健* 张海江

Fang Hongjian* Zhang Haijiang

中国科学技术大学地球和空间科学学院地球物理系 合肥 230026

## 1. 引言

由地球物理方法确定模型参数时总是局部欠定而总体超定。所以，通常的离散线性反演总是求解一个病态方程组 **Gm** = ***d***。由于灵敏度矩阵 G 是奇异的，所以该方程在最小二乘意义下会有无数多个解满足方程。为了使解稳定，通常的做法是规则化，即求取模型参数，使得 $\|Gm-d\|_2^2+\alpha^2\|m\|_2^2$ 取极小值，其中 $\alpha$ 为规则化参数，可通过矛盾原理（discrepancy principle）确定。该方法可以使解稳定，但是却使解的空间分辨率降低了。本文提出了小波域多尺度反演方法，该方法可以随数据密度的不同自动变换网格大小，即为数据自适应的。而且，通过在小波域进行软阈值去噪，还可实现数据的压缩。

## 2. 方法与原理

本文基于小波多分辨率分析的思想，结合地球物理反演中压缩反演的方法，提出了压缩域多尺度反演。该方法不仅能保证采样密集区域具有较高的空间分辨率，同时，采样稀疏区域也能保留长波长的信息，即是数据自适应的。而且，在小波域中利用软阈值去噪方法将部分较小的小波系数置零，这样在保证精度的情况下能提高反演的效率。由 **Gm** = ***d***，对灵敏度矩阵进行二维小波变换，得：

$$GW^TWm = d$$

通过规则化，求得模型参数的小波系数为：

$$Wm = (WG^TGW^T + \lambda I)^{-1}WG^Td$$

其中 $W$ 代表正交小波变换，据此，模型参数的求解转化为求解一系列的小波系数。对该小波系数进行去噪处理，之后通过逆小波变换即可求得模型参数。通过该方法在求解模型参数的小波系数时也用到了规则化的方法，但其意义与阻尼最小二乘方法有着本质的区别。在阻尼最小二乘中，每个节点上的模型参数都增加一个相同的阻尼因子，实际上，该阻尼因子为所允许的最小的灵敏度矩阵的奇异值设定了一个阈值。然而，并不像传统的阻尼最小二乘解法，多尺度解法的规则化实际上增加了一个根据采样数据不同而随空间变化的因子。这种多尺度特征主要是由于该方法将模型参数分解为不同尺度的小波系数。这样，对于采样密集区域，由于阈值较小，较小的小波系数对模型参数的求解有着较大的贡献。同样，在采样稀疏区域，低于阈值的小波系数对模型参数的重建贡献几乎为零。这样保证了解的稳定性。

另外，对模型参数的小波系数进行去噪是合理并且有意义的。对于采样稀疏区域，其数据只反映长波长信息，小尺度下的小波系数的细节部分并不会对该尺度下模型参数的求解产生影响。所以，将采样稀疏区域小于阈值的小波系数置零，让大尺度下的小波系数进行小波逆变换得到模型参数，这样会使采样稀疏区域的模型参数求解更准确，符合多尺度分析及数据自适应的特征。

## 3. 结论

通过棋盘模型的合成数据进行压缩域多尺度走时层析成像，验证了该方法的准确性，成像结果显示采样稀疏区域的模型参数也得到了较好的确定，但由于数据本身的原因，其空间分辨率并不如采样密集区域，但由于其保留了长波长信息，其分辨率较传统方法有较大的提高。结果反映了小波变换在地球物理反演中具有压缩数据并能进行多尺度成像的特征，该方法将为今后进行数据自适应的压缩反演奠定了基础。

## 参 考 文 献

[1] Shu-Huei Hung, et.al, A data-adaptive, multiscale approach of finite-frequency, traveltime tomography with special reference to P and S wave data from central Tibet[J]. Jouranal of Geophysical Research, 2011, 116.

[2] M Andy Kass, et al. Data-adaptive compressive inversion of multichannel geophysical data[C]//SEG Annual Meeting, San Antonio, 2011: 640~644.

（19）地震波传播与成像探查

# 时间域全波形反演方法研究

# Study of full waveform inversion in time domain

何兵红* 吴国忱

He binghong Wu guocheng

中国石油大学（华东）地球科学与技术学院 青岛 266555

全波形反演(FWI:Full Waveform Inversion)是一种基于数据空间域的波形反演方法—利用波动方程正演模拟得到的波场与观测波场进行匹配，通过波场误差最小建立目标泛函，旨在寻找准确的模型参数使得模拟数据与观测数据达到最佳吻合。Patrick Lailly[1]利用共轭状态思想推导了基于误差反传的梯度计算公式。Tarantola[2]通过炮点正向传播波场与接收点逆时传播的残差波场的互相关生成梯度方向，实现了时间域标量波全波形反演，奠定了全波形反演的理论基础。

**1．基于梯度引导类的时间域梯度求取**

根据求解方式全波形反演主要有牛顿类方法和基于梯度引导类的方法。牛顿类法收敛速度快，算法稳定，在误差泛函满足二次型假设条件下，牛顿法可以一次性的将模型更新到正确解上。相对于梯度法中步长求取，牛顿法需要求取 Hessian 算子并求逆。但精确的 Hessian 算子计算量巨大，对数据存储空间要求高。Hessian 算子计算量及存储问题制约牛顿法广泛应用。梯度类法是基于线性假设将模型的更新简化为梯度和步长的求取。存储量小，避免了 Hessian 算子求逆不稳定的问题。但梯度法本身存在折叠效应，速度更新梯度方向只是当前梯度，并非全局最优方向。梯度方向优化与迭代步长求取是梯度类方法的关键技术。全波形反演以波动方程地震波正演模拟为基础，正演算法的精确性直接影响反演模型参数的精度。本文利用基于 PML 边界的波动方程高阶有限差分算法进行时间域地震正演，根据误差逆时反传的思想计算得到了梯度引导类的全波形反演速度梯度。

**2．时间域全波形反演影响因素分析**

1）初始速度的影响

全波形反演对初始速度模型具有很强的依赖性，当初始速度严重偏离实际速度参数时，全波形反演将提供错误的速度更新信息，无法发挥其优势特征。全波形反演对初始速度的依赖性实质上归咎于全波形反演无法恢复速度模型的低波数成分。初始速度模型严重的缺失低波数成分时，反演速度中仍然严重缺失低波数成分，这也说明时间域全波形反演不能很好的恢复低波数信息。全波形反演在速度建立中担任了重要的角色，但必须借助于其他速度分析方法提供合适的初始速度模型。射线层析成像法、偏移速度分析，以及基于 Laplace 域的全波形反演都是为全波形反演提供有利初始速度模型的有效方法

**2）震源子波的影响**

子波估计也是全波形反演中重要的一部分，特别是实际资料应用中，子波正确与否是反演能否取得理想结果的关键问题之一。本部分在假设初始速度模型合理的情况下子波的主频、相位、振幅对全波形反演的影响。

通过数值示例表明子波相位变化引起波形变化，严重影响了全波形反演的梯度计算。同时子波的主频也是影响全波形反演的因素之一。当观测数据采用的是 18HZ 的雷克子波时，只有在全波形反演中也采用同样主频的雷克子波才能取得理想的反演结果。主频过大或过小都会引起反演结果的不准确。相对来讲全波形反演对震源子波振幅的影响不是特别敏感，但是当振幅过大时，部分信息严重干扰了全波形反演梯度的求取。

**3．时间域全波形反演模型试算**

本文分别采用 1D 和 2DMamoursiII 模型进行时间域全波形反演研究。全波形反演速度与真实速度基本吻合。

参 考 文 献

[1] Lailly P. The seismic inverse problem as a sequence of before stack migrations: Conference on Inverse Scattering, Theory and Application[R]. Society for Industrial and Applied Mathematics, Expanded Abstracts, 1983, 206~220.

[2] Tarantola A. Inversion of seismic reflection data in the acoustic approximation[J]. Geophysics 1984,49:1259~1266.

（19）地震波传播与成像探查

# 利用地震波干涉法合成反射地震响应

# Seismic reflection response from seismic interferometry

鲁明文* 李小凡 张美根

Lu Mingwen* Li Xiaofan Zhang Meigen

中国科学院地质与地球物理研究所地球深部重点实验室 北京 100029

地震波干涉法可以分为两大类，即主动源地震干涉法和被动源地震干涉法，主动源地震干涉法是对不同检波点的地震记录做互相关然后进行叠加处理，从而得到新的等效震源的地震记录。而被动源地震干涉法则是把地震背景噪声或微震记录通过互相关计算以得到确定性的地震响应，这种方法不同于前者的是无需进行叠加，因为这时的互相关是对同时激发的不相干震源进行的。

地震波干涉法可以从散射波场的互相关中提取脉冲响应(格林函数)，散射波场可以是非均匀介质多次散射的结果，也可以是噪声源的随机分布产生的等效多次散射场。通常背景噪声源多分布于地表，而利用地震波干涉法提取反射响应则要求噪声源分布在地下。对任意两个地震台站记录到的背景噪声进行互相关处理，利用互易定理和时间反转理论可以解释当随机噪声源均匀分布时，通过互相关可以提取两点之间的格林函数，理论上得到的格林函数中都有正、负两个分支，分别表示台站对路径上的因果和非因果信号。当台站两侧的噪声源分布均匀时，因果信号和非因果信号的到时一致，振幅相同。而当噪声源分布不均匀时，两个方向的信号到时相同，但振幅不同，在噪声源能量较强的一侧产生的信号振幅较大。

由于背景噪声的获得不受天然地震空间分布不均匀性和发震时间的影响，因此基于背景噪声的干涉研究广泛用于地震学研究。目前很多学者利用背景噪声互相关提取出面波信息，这主要是因为与面波相比，体波的振幅随着传播距离的增大而迅速衰减，但面波的分辨率相对较低，因此对于高分辨率地震勘探来说，需要从互相关中提取出关于反射波的信息。通过地震波干涉法，对不同接收点长时间的地震记录进行互相关可以合成反射地震记录。

地震波从震源激发经过地下介质传播在地表被地震仪器接收，如果震源与接收点距离足够远，就可以将地震波近似为互相平行的波列，称为平面波。通过对平面波地震记录进行互相关计算可以得到两点之间的格林函数，与点源激发产生的地震波波前会产生扩散衰减作用不同的是平面波可以忽略这种影响，而只考虑介质的衰减引起的地震响应。

通过选取不同震源位置分布以及震源个数和记录时间，利用地震波干涉法对不同接收点长时间的地震记录进行互相关提取反射地震响应特征，得到的反射地震响应取决于震源的数量和位置分布以及源的特征等参数，数值计算结果表明震源分布范围越大，震源数量越多，记录时间越长得到的反射地震响应与等效震源计算的结果符合的越好。

值得一提的是，在地震勘探中，多次波一般被认为是噪声而在地震处理的过程中加以消除。但在地震波干涉法成像中，利用多次波可以提高成像的精度。在对接收到的地震数据用干涉法进行重新提取地震记录的过程中，多次波也是地震波场的一个重要的组成部分，可以准确地获得等效震源的地震记录。

本研究由国家自然科学基金项目（40874024，41174047）和国家重点基础研究发展计划“973”计划（2007CB209603）联合资助。

## 参 考 文 献

[1] Claerbout J F. Synthesis of a layered medium from its acoustic transmission response[J]. Geophysics, 1968, 33(2): 264~269.

[2] Derode A, Larose E, Tanter M, et al. Recovering the Green's function from field-field correlations in an open scattering medium[J]. J. Acoust. Soc. Am., 2003, 113: 2973~2976.

[3] Draganov D, Wapenaar K, Mulder W, et a1. Retrieval of reflections from seismic background-noise measurements[J]. Geophys. Res. Lett., 2007, 34, L04305.

[4] Wapenaar K, Thorbecke J, Draganov D. Relations between reflection and transmission responses of three-dimensional inhomogeneous media[J]. Geophys. J. Int., 2004, 156(2): 179~194.

（19）地震波传播与成像探查

# 基于主成分分析的二维频率域全波形反演

# 2-D Frequency-domain FWI based on the Principal Component Analysis

刘春成*[1] 杨小椿[1] 韩 淼[2]

Liu Chuncheng* Yang Xiaochun Han Miao

1. 中海油研究总院 北京 100027; 2. 吉林大学地球探测科学与技术学院 长春 130026

## 1. 引言

近年来，对全波形反演（FWI）方法的研究和应用逐渐趋于多元化，然而计算成本过大一直是限制全波形反演方法的重要因素。因此，如何提高计算效率一直是研究热点，也是全波形反演能否成为一种成熟的地震资料处理方法的重要判断标准和必备条件。震源编码技术的引入虽然能够有效降低计算成本，但却在反演过程中引入了串扰噪声。本文将一种经典的统计学方法——主成分分析（PCA）引入到频率域全波形反演中，在降低数据维度的同时避免了串扰噪声。在频率域全波形反演框架内，我们将震源编码技术与主成分分析两种方法联合，并有效应用于反演算法中。

## 2. 基本原理

主成分分析是一种经典的统计学方法，通过提取目标的主成分信息达到降维的目的,常用于分析数据及建立数理模型。本文中所使用的主成分分析方法是基于对残差波场矩阵的奇异值分解,通过自动分析矩阵对应的奇异值，从而对原有炮集资料进行变换和压缩。相对于震源编码方法，该方法没有引入串扰噪声，并且在低频部分可以达到明显的数据压缩效果。

同震源编码直接组合炮的方式不同，主成分分析是基于对残差矩阵 $\delta\mathbf{D}$ 的 SVD 分解：

$$\delta\mathbf{D} = \mathbf{LAR}^H$$

其中，$\mathbf{L}$ 和 $\mathbf{R}$ 分别是 $N_r \times N_r$ 和 $N_s \times N_s$ 的酉矩阵，它们的列向量分别为 $\delta\mathbf{D}\delta\mathbf{D}^H$ 和 $\delta\mathbf{D}^H\delta\mathbf{D}$ 的特征向量。$\mathbf{A}$ 的对角线元素 $\lambda_i\ (i=1,2....)$ 为所对应的特征值，从大到小依次排列。奇异值的大小可以定量表征所属信息的重要程度。我们可以根据奇异值的分布来确定数据重要信息分布的范围，这里我们采用下面的方式：

$$\sum_{i=1}^{k}\sigma_i^2 / \sum_i \sigma_i^2 \ge \chi$$

式中，$\chi$ 代表控制提取信息范围的阈值。由上式可以得到对应的 $k$ 值，从而提取 $\mathbf{R}$ 中的前 $k$ 列组成矩阵 $\mathbf{R}^k$。$\mathbf{R}_k$ 可以将观测数据集 $\mathbf{D}_{\mathbf{obs}}$ 和震源矩阵 $\mathbf{S}$ 投影至低维度空间上，实现了数据降维的目的。

$$\mathbf{D}_{\mathbf{obs}}^k = \mathbf{D}_{\mathbf{obs}}\mathbf{R}_k, \quad \mathbf{S}^k = \mathbf{SR}^k$$

## 3. 模型试算

为了评价 PCA 方法在频率域 FWI 中可行性和效果，我们使用二维 Marmousi 模型，离散为 121×517、间距为 25m 的网格。震源我们采用主频为 15Hz 的 Ricker 子波。反演结果显示，反演过程中并没有受到类似于震源编码方法中串扰噪声的影响，反演得到的模型接近常规方法得到的结果和实际模型。然后根据 PCA 方法和震源编码方法在不同频率尺度的特点，将两种方法分尺度联合，并用于频率域 FWI 算法中，效率比常规方法提高了 10 倍左右，得到了精度较高的反演结果。

## 4. 结论

本文提出一种基于主成分分析的频率域 FWI 算法，利用对残差矩阵的主成分实现了数据降维和 FWI 的提速，而且避免了串扰噪声的产生。根据主成分分析和震源编码技术在不同频率尺度的互补性，提出了一种联合的高效 FWI 算法。

## 参考文献

[1] Ben-Hadj-Ali H, et.al. An efficient frequency-domain full waveform inversion method using simultaneous encoded sources[J]. Geophysics, 2011, 76(4): R109~R124.

[2] Gao F, et al. Full waveform inversion using deterministic source encoding[C]//80th Annual International Meeting[J]. SEG, Expanded Abstract, 2010, 3914~3917.

[3] Virieux J, et al. An overview of full-waveform inversion in exploration geophysics[J]. Geophysics, 2009, 74(6): WCC1~WCC26.

（19）地震波传播与成像探查

# 用 WEPIF 法从叠前道集中估算纵波和转换横波 Q 值

# Estimation of quality factor from prestack reflected PP- and converted PS-waves using WEPIF method

余青露* 韩立国

Yu Qinglu* Han Liguo

吉林大学地球探测科学与技术学院 长春 130026

本文提出用 WEPIF 法估算叠前纵波和转换横波 $Q$ 值。假设震源子波可以用具有 4 个待定参数的常相位子波来渐进逼近，借助于粘弹介质中的单程波传播理论，推导出了叠前道集中各层反射波的 EPIF 和 $Q$ 值的关系。进而，为提高瞬时频率的估计精度和抗燥性能，可以在小波域中高精度的计算瞬时频率。WEPIF 法估计叠前纵波和转换横波 $Q$ 值，计算结果较稳定，精度相对较高。

## 1. 引言

结合反射纵波和转换横波的多组分地震勘探技术是解决复杂油气勘探问题的有效途径。转换波分辨率的提高是其中的一个关键问题。影响转换波分辨率的主要因素是上覆地层的地震波吸收。为了消除转换波吸收的影响，利用反 $Q$ 滤波来提高地震分辨率，必须精确估计转换波的 $Q$ 值。

目前，从叠前道集中估计纵波和转换波 $Q$ 值的方法有谱比法，峰值频率移动法，质心频移法等。这些方法受到噪声影响较大，计算结果不稳定，为了克服这些缺点，我们提出用 WEPIF 法从叠前道集中估计纵波和转换横波 $Q$ 值。

## 2. 原理

Gao 等提出了 WEPIF 法来计算地层的品质因子 $Q$ 值，他们采用一个具有 4 个待定参数的函数去逼近震源子波，利用粘弹介质中单程波传播理论推导出了地震子波包络峰值处瞬时频率（EPIF）和品质因子之间的解析关系：

$$f_p(t) \approx f_p(0) - \frac{\delta^2 k(\eta) t}{4\pi Q} \qquad k(\eta) = 1 - \sqrt{2\pi}\eta\Phi^{-1}(2\pi\eta)\exp\left(-2\pi^2\eta^2\right) \tag{1}$$

其中，$f_p(0)$和 $f_p(t)$分别为震源子波处和源子波传播时间为 $t$ 后的 EPIF，$\delta$ 为子波能量衰减因子，$\Phi(x)$为标准正态分布概率积分函数，WEPIF 法是依赖于零偏 VSP 资料提出的一种计算地层品质因子的方法，但该方法可以推广应用到利用叠前地震数据计算 $Q$ 值中。

推导出利用转换波反射记录计算地层 $Q$ 值的公式为：

$$\frac{t_p}{Q_p} + \frac{t_s}{Q_s} = \frac{4\pi\Delta f_p}{\delta^2 k(\eta)} \tag{2}$$

其中，$\Delta f_p = f_p(0) - f_p(t)$是包络峰值瞬时频率的变化量，$t_p$ 和 $t_s$ 分别是在 $t$ 时刻纵波和转换横波的旅行时间。$Q_p$ 为纵波 $Q$ 值，$Q_s$ 为横波 $Q$ 值。WEPIF 法关键在于 EPIF 的求取，在小波域中计算瞬时频率，可以提高瞬时频率的估计精度和抗燥性能。

## 3. 试验结果与结论

通过对合成的叠前纵波和转换横波地震记录进行试验，结果证明该方法能准确的估计叠前纵波和转换横波 $Q$ 值，与峰值频率移动法相比较，WEPIF 法的计算结果更稳定，更方便，受到界面反射波影响相对较小，精度相对较高。对于没有通过动校正去避免扭曲的频率信息的叠前地震资料，WEPIF 法可以很好的进行吸收衰减估计和含气储层预测。

### 参 考 文 献

[1] Zhao J, Gao J H. Estimation of quality factor Q from pre-stack CMP records using EPIFVO analysis[C]//81th Annual International Meeting, SEG, Expanded Abstracts, 2011: 1835~1839.

[2] Gao J H, Yang S L, Wang H X. Quality factors estimation using wavelet's envelope peak instantaneous frequency[C]//79th Annual International Meeting, SEG, Expanded Abstracts, 2009: 2457~2461.

[3] 严红勇,刘洋.地震资料 Q 值估算与反 Q 滤波研究综述[J]. 地球物理学进展, 2011, 26(2): 606~615.

（19）地震波传播与成像探

# 基于相位编码的叠前炮集偏移

# Shot records prestack migration based on phase encoding

曹晓莉* 黄建平 李振春

Cao Xiaoli* Huang Jianping Li Zhenchun

中国石油大学（华东） 青岛 266580

**1. 引言**

Kirchhoff 偏移以其灵活且价廉的优点广泛应用于 3 维叠前深度偏移方法中，但该方法的应用却受多路径和有限频率的影响。为提高复杂区域的成像质量，频率域偏移应运而生。频率域炮集偏移比 Kirchhoff 偏移结果精度高，但是耗时更大。一种有效的降低耗时的算法就是减少偏移的次数，可以将相邻几炮先进行叠加然后再同时进行偏移，这样便可大大降低耗时，但同时又会造成非相关的震源和接收波场之间的串扰噪音。Romero（2000）引入了相位编码的方法来降低串扰噪音对成像结果的影响。本文结合相位编码能减少或消除不同炮集之间串扰噪音及最小二乘方法在提高分辨率方面的优点，将相位编码引入最小二乘偏移，并对不同复杂程度的模型进行试算，结果表明该方法对试算模型有较好的适用性，在降低耗时的同时，成像精度有一定的提高。

**2. 研究方法及流程**

本文在前人的研究基础上，系统的推导了相位编码方法的理论公式，并将该算法进行了模型试算。为了验证算法的正确性及有效性，本文将该算法对复杂程度不同的模型进行了偏移成像试处理，以测试该方法对复杂构造模型的偏移成像能力。算法的主要计算流程如下：①给定初始模型，基于高阶有限差分正演算法，进行波场模拟；②将各炮集分别乘以不同的编码函数进行编码；③将编码后的炮集相加形成超道集；④将生成的超道集进行偏移；⑤给定循环次数，输出每次偏移结果与实际结果的残差，达到给定次数后输出最终的偏移成像结果。

在实现算法的基础上，本文主要考虑从以下几个方面开展工作：①计算各模型不同迭代次数成像结果，并系统分析不同次数时模型浅、中、深部结构的成像分辨率敏感性的差异；②从计算残差和迭代次数的关系结果图上可以明显的看出，随着迭代次数的增加，残差逐渐减小，且呈现先快后慢的双曲线分布规律；③将其它传统的叠前偏移算法对相同的模型进行成像试处理，通过对比可以看出：本文的方法在一定程度上提高了成像分辨率，尤其是对中深部成像改善较为明显，这一成像特点对未来以中深部储层构成为主的西部碳酸盐岩探区的勘探开发，具有十分重要的意义。

**3. 研究结果及结论**

本文通过将相位编码与最小二乘偏移方法结合，并将其应用到不同复杂程度的模型，进行偏移成像试算,从成像结果可以得到如下主要结论：①迭代次数的影响：本文提出的方法在迭代次数较大时，比如 30 次以上，对复杂模型下部构造具有一定的分辨率。随着迭代次数的增加，模型深部构造成像结果的改善程度较为明显；②不同成像方法对比：本文采用的方法与其它常规叠前偏移方法成像结果对比可以看出：本文的方法不但能对复杂模型上覆断层有较好成像效果，而且对模型中深部构造也具有较好的分辨率，这对于西部碳酸盐岩储层的成像具有十分重要的意义；③从残差随迭代次数变化的曲线可以看出：在迭代次数较小时，随着迭代次数的增加，残差降低速度较快，当残差减小到一定数值时，随着迭代次数进一步增加，残差减小速度变慢，而这一部分正是对中深部成像分辨率改善最为显著的部分。为此，要获取中深部分辨率较高的成像结果，有必要选取较大的迭代次数。

将相位编码方法引入偏移成像中，能在保证成像质量的同时大大提高计算效率，这使相位编码具有很好的应用前景，我们以后也将进一步改进算法，将相位编码引入到其他有效的偏移方法中，以使其应用范围更为广泛。

本研究由国家自然科学基金（41104069）、山东省自然科学基金（ZR2011DQ016）、石油大学前沿创新项目（10CX04001A）联合资助。

**参 考 文 献**

[1] Romero L A, Ghiglia D C, Ober`C C, Morton S A. Phase encoding of shot records in prestack migration[J]. Geophysics, 2000, 65: 426~436.

（19）地震波传播与成像探查

# 单井成像中的界面方位角判定

# The azimuth judgment of an interface in single-well imaging

张义德 胡恒山

Zhang Yide Hu Hengshan

哈尔滨工业大学航天学院 哈尔滨 150001

本文提出了一种基于反射波相位的界面方位判定方法。由于声压的反射系数与质点位移的反射系数符号相反，因此可以利用反射波声压与位移的相位确定其反射系数的符号，进而实现界面方位判定。该方法的优点在于仅依靠井内的测量数据就可以实现 360° 范围内的界面方位识别，并且还能对井外地层的阻抗特性进行初步估计。

单井成像[1]技术可以提供更高分辨率的地质构造，因此在测井领域中有着广泛的应用。近年来，该技术在随钻测井中也发挥着重要的作用，如利用单井成像进行地质导向。此时，需要通过单井成像提供两方面的信息：一是界面的空间位置，二是井外未知界面的阻抗信息。在地表进行地震成像时，界面位于地下，并且可以在地表设置多条测线，以便进行地下界面的方位检测；井下作业时，相对于作为测线的井轴而言，界面的方位并不固定，接收器也只能在井轴方向上排列。所以单井成像的一个重要任务就是获得方位角。唐晓明[1~2]利用正交方向上两组测量数据的比例关系，获得了 4 个可能的方位角，而后通过极值判定得到两个相差 180° 的方位角，但无法确定真正的方位角究竟为哪一个。此时，一般情况下要利用其他渠道的信息来进行方位识别，如地震勘探得到的地质走向信息。当只有井内数据可利用时，唐晓明[1]建议通过比较偶极测井仪和与其同向的单极测井仪接收的反射纵波相位进行方位识别。

本文提出的界面方位判定方法基于单极激发、偶极接收的测井仪。需要接收的信号是：声压、两个正交方向上的位移或质点速度。另外，作为激励源的声压及位移的振型也应作为已知信息。进行相位比较的信号为反射波中的纵波信号。具体判定过程可以分为以下步骤进行：

（1）比较入射波与反射波声压的相位，以获得该接收点对应反射点的声压反射系数符号。获得声压反射系数符号后可以对井外未知界面的阻抗特性进行初步估计。如声压反射系数符号为正代表未知界面的阻抗相对井外固体而言更高，反之亦然。

（2）利用声压与位移反射系数符号间的关系确定该接收点的位移反射系数符号。

（3）比较该接收点 $x$ 方向上入射波、反射波位移信号的相位，以确定界面位于 $X$ 轴的哪一侧；界面相对于 $Y$ 轴的方位则需要利用 $y$ 方向上的接收信号来判定。最终利用两个正交方向上反射波的位移信号，界面将被限定在 $X$-$Y$ 平面的某一象限内。

该方法目前在数值模拟中已经得到了验证。由于井孔效应[3]及井下噪声的存在，要使得反射波的相位更明显可以通过调整激励源的振型来实现。通常情况下反射横波的幅度比纵波大，并且单极激发时接收的 Stoneley 波信号最显著。如果可以借助 Stoneley 波的相位实现界面方位判定，那么本方法的作用将更大。在数值模拟中，作者发现在某些情况下是可以利用 Stoneley 波的相位进行方位识别的。但是 Stoneley 波是一种面波，其产生与传播机制远比纵波、横波这些体波更复杂，因此没有获得理论上的相关证明，这也是作者下一步的研究方向。

另外，反射波声压与质点位移的反射系数间的关系对于横波来说也是成立的。详细的证明过程将在作者近期拟投的文章中给出。因此，利用反射横波的相位进行界面方位判定，从理论上来说也是可能的。

本研究由国家自然科学基金资助（项目编号 41174110）。

## 参 考 文 献

[1] X M Tang. Imaging near-borehole structure using directional acoustic-wave measurement[J]. Geophysics, 2004，69(6): 1378~1386.

[2] X M Tang，D J Patterson. Single-well S-wave imaging using multicomponent dipole acoustic-log data[J]. Geophysics, 2009，74(6): Wca211~Wca223.0

[3] A L Kurkjian, S K Chang. Acoustic Multipole Sources in Fluid-Filled Boreholes[J]. Geophysics. 1986，51(1): 148~163.

（19）地震波传播与成像探查

# 粘滞声波空间分数阶波动方程正演

# Forward Modeling of Viscous Acoustic Space Fractional Order Wave Equation

杨宗青[1,2]　刘　洋[1,2]

Yang Zhongqing　Liu Yang

1. 中国石油大学（北京）油气资源与探测国家重点实验室　北京 102249;

2. 中国石油大学（北京）CNPC 物探重点实验室　北京 102249

粘滞介质理论的研究一直是地球物理学中一个重要的研究方向；近些年来，分数阶导数越来越多地应用于粘弹性力学、声学、流变学、热力学等众多领域。本文将分数阶导数应用到粘滞介质理论中的 Constant-Q 模型中得到一种以空间分数阶偏微分方程描述的模型，并对此模型的性质做了分析。伪谱法是波动方程正演中的一种高精度方法，目前已经发展了推广的伪谱法，用于求解空间分数阶导数。有限差分法在常规波动方程正演中，一直占据主流地位，目前已经发展了针对空间分数阶导数的左侧分数阶差分、右侧分数阶差分和双向分数阶差分方法（双向 G 算法）。本文分别将推广的伪谱法和双向 G 算法应用于求解空间分数阶导数，进而求解粘滞声波空间分数阶波动方程，并对多个模型进行正演与分析，得到一些有益的结论。

**1. Constant-Q 模型**

常规的 Constant-Q 模型是基于时间分数阶偏微分方程的，本文采用最新的、基于空间分数阶导数的 Constant-Q 模型，其方程如下

$$c^{2\beta}\omega_0^{2-2\beta}\left(\partial_x^2+\partial_z^2\right)^{\beta}p+f=\partial_t^2 p$$

其中，$\beta=\dfrac{1}{1-r}$，$1\le\beta\le 2$。此模型中 $Q$ 值与频率精确独立：$Q=\cot(\pi r)$。

**2. 推广的伪谱法**

将傅立叶微分性质推广至分数阶可得关系式

$$D^{v}f(t)=iFFT[(i\omega)^{v}F(\omega)]$$

其中，$v$ 为实数。用此关系式代替空间分数阶偏导数，则可得到推广的伪谱法。

**3. 分数阶有限差分法**

分数阶有限差分法一般是将分数阶导数定义式中的极限符号去掉，从而得到分数阶导数的差分格式。但以往的分数阶差分大多是针对时间导数的，对于其历史依赖性能够很好地满足，而对于空间分数阶导数的全域相关性则不能很好地满足。因此引入双向 G 算法，即将分数阶导数用左侧、右侧分数阶导数的代数和代替。因此，某一点的分数阶导数与此方向上所有的函数值相关，较好地满足了空间分数阶导数的特性。再将左侧、右侧分数阶导数用普通分数阶差分格式替代，由此得到基于双向 G 算法的分数阶有限差分法。

**4. 波场模拟结果分析**

用推广的伪谱法和分数阶有限差分法对均匀介质、层状介质和 Marmousi 模型进行了模拟。伪谱法与有限差分法得到的模拟结果基本相同，这说明了两种方法的正确性。Marmousi 模型的正演结果体现了伪谱法的稳定性要求较高。对于同样的空间网格，伪谱法需要更高的时间步长。均匀介质的模拟结果说明有限差分法更容易出现数值频散，需要采用较小的空间网格。多种模型的模拟结果表明伪谱法精确、高效，双向 G 算法应用于分数阶偏微分方程正演可行。

本研究由教育部新世纪优秀人才支持计划（NCET-10-0812）资助。

**参 考 文 献**

[1] Kjartansson E. Constant Q-wave propagation and attenuation[J]. Journal of Geophysical Research, 1979, 84: 4737~4748.

[2] José M Carcione. A generalization of the Fourier pseudospectral method[J]. Geophysics, 2010, 75(6): A53~A56.

[3] Meerschaert M M, Tadjeran C. Finite difference approximations for two-sided space-fractional partial differential equations[J]. Applied Numerical Mathematics, 2006, 56: 80~90.

（19）地震波传播与成像探查

# 基于快速广义 S 变换（FGST）地质不连续性的检测

## Stratigraphic discontinuities detection based on fast generalized S transform (FGST)

张 莹* 韩立国

Zhang Ying* Han Liguo

吉林大学地球探测科学与技术学院 长春 130026

人们通常对谱分解得到的谱大小进行应用，例如在地层学中的横向变化、由于 Q 值变化波的衰减和地质形态的不一致。却很少关注谱分解得到的相位信息。谱分解方法得到相位剩余可以用来检测联合时频谱相位的间断点。相位的奇异性与地质特征相联系，与相位剩余一起能够提高地震解释的精确度。本文提出从快速广义 S 变换（FGST）谱中提取相位谱，用于构造、断裂解释。具有计算快速，精度高的优点。

**1. 基本原理**

应用 FGST 计算相位变化信息，展现这些变化与地震地层的关系，并对比得到相对于其他谱分解方法的优势。对信号 $g(t)$的 S 变换为（Stockwell et al.，1996）：

$$S(\tau,f)=\int_{-\infty}^{\infty} g(t)|f|/\sqrt{2\pi}\,e^{-(\tau-t)^3 f^2/2}e^{-i2\pi ft}dt \tag{1}$$

$\tau$ 和 $f$ 是时间和频率坐标，$|f|/\sqrt{2\pi}\,e^{-(\tau-t)^3 f^2/2}$ 为高斯窗。如果 S 变换的窗函数被其他函数所取代就成为了广义的，像 Gabor 和 B 样条窗。Brown et al.（2010）用“广义傅里叶家族变换”代指这个团体。S 变换在傅里叶域更容易导出，更容易实施。他实现过程可以简单描述为：①将时间信号 $g(t)$ 变到傅里叶域得到 $G(f)$；②将 $G(f)$ 变到 $\alpha$ 域得到 $G(f,f')$；③创建窗函数矩阵 $W(f,f')$，使其与 $\alpha$ 域的 $G(f)$ 同样大；④将 $G(f,f')$ 与 $W(f,f')$ 相乘得到 $G'(f,f')$；⑤对 $G'(f,f')$ 的每一行进行 1D 反傅里叶变换即得到 S 变换。S 变换在频率域运算为快速广义 S 变换（FGST）提供了计算框架。依赖频率计算的 S 变换暗示了我们可以通过设置随频率变化的采样阈值来提高计算效率。Brown et al.（2010）用二阶分割方式，在 $\alpha$ 域高频处（本身分辨率低）粗略的采样，低频处（本身分辨率高）精细的采样。从而比普通 S 变换算法更加有效和简便。谱分解得到的数据可以分为谱的大小和相位两种，他们都是时间和频率的函数。对于每个频率 $f$，$\varphi(t,f)$ 是相对时间 $t_0$ 旅行时间的相位值。对于在包裹相位 $\varphi(t,f)$ 的每一点，

$$I=\frac{W\{\psi(t+\Delta t,f)-\psi(t,f)\}}{2\pi}+\frac{W\{\psi(t+\Delta t,f+\Delta f)-\psi(t+\Delta t,f)\}}{2\pi}+\frac{W\{\psi(t,f+\Delta f)-\psi(t+\Delta t,f+\Delta f)\}}{2\pi}+\frac{W\{\psi(t,f)-\psi(t,f+\Delta f)\}}{2\pi} \tag{2}$$

这里 $W$ 是相位包裹操作符，通过加或减 $2\pi$ 的整数倍数使其作用的值变到 $[-\pi,+\pi]$ 的范围内。如果在公式（2）中 I 为非零的就预示着存在相位不连续点，Ghiglia 和 Pritt（1998）称它为相位剩余。Bone(1991)证实对于剩余相位的值只有 0 和±1。我们的目的是展示在联合时频分布中剩余相位的性质，这种地震性质对地质不连续和不一致性有指示作用。

**2. 实验结论**

通过对 2D 拟合数据叠加剖面数据和实际数据的计算，结果证明 FGST 比短时傅里叶变换计算精度高，由于它基于傅里叶变换产生的谱优于小波变换，比普通的 S 变换速度更快。而 FGST 所求得的相位剩余与不同的相位值转换有关。可以对不容易察觉的断裂做出敏感的反应，在对地层不连续性成图上有着重要的意义。

### 参 考 文 献

[1] Brown, et al. A general description of linear time-frequency transforms and formulation of a fast, invertible transform that samples the continuous S-transform spectrum nonredundantly[J]. IEEE Transactions on Signal Processing, 2010, 58: 281–290.

[2] Marcílio Castro de Matos, et al. Detecting stratigraphic discontinuities using time-frequency seismic phase residues[J]. Geophysics, 2011, 76(2): 1~10.

（19）地震波传播与成像探查

# 频率域可变网格数值算法研究

# Variable grids numerical algorithm research in frequency domain

胡锦银*　贾晓峰

Hu Jinyin*　Jia Xiaofeng

中国科学技术大学地球和空间科学学院　合肥 230026

**1. 研究背景**

在利用频率域数值算法处理问题时，如使用固定的空间网格，将导致某些物理量的计算产生畸变，如波场的传播角度、射线参数等。有数值算例表明，使用固定网格计算的高频部分的波场有不同程度的畸变，低频射线参数也有异常。因此，有必要研究网格随频率变化的数值算法在精度、成本等方面的特点。

**2. 方法及实例**

频率域可变网格数值算法的重点是网格与频率的对应关系。本文使用数值计算需满足的频散关系作为网格随频率变化的控制条件，即单频的计算网格间距不大于该频率下介质最小速度所对应波长的十分之一。所用的波场传播算子为广义屏传播算子。

（1）在 VZ 介质的情形下，使用固定网格分别计算单个频率的波场和射线参数。结果表明该固定网格计算出的低频射线参数呈黑白相间条纹；而高频波场则出现了不同程度的畸变，甚至是完全错误的结果。固定网格计算出的高频波场畸变和低频射线参数异常均由于网格选择不当造成。

（2）在均匀介质的情形下，依据频散关系，得到每个频率或频段对应的节点间隔。然后计算单频的波场快照，插值成输入的网格大小，把所有频率的波场快照叠加后输出。最后考察输出波场快照的数值频散程度。网格间距随频率的变化关系可以是任意的，其中的一种方案是

$$\mathrm{d}x = \mathrm{int}\left(\frac{1}{10}\frac{v}{f}\right)$$

其中，$v$ 是介质速度，$f$ 是频率，int()是取整函数。这种自动控制得到的网格有数十种，节点间隔的变化范围非常广，d$x$-$f$ 变化曲线是反比例曲线。

从不同方案计算出的波场快照来看，上述方案能很好地压制数值频散，精度也比普通密度的定网格的结果要高。分析表明，虽然不同方案都能使单个频率使用的计算网格满足频散关系，但是对数值频散的压制却大不相同。这是 d$x$ 随频率 $f$ 变化关系不同造成的。常规方案的 d$x$-$f$ 曲线是阶梯状变化，而上述方案的 d$x$-$f$ 曲线是光滑连续的反比例曲线。所以，在可变网格数值算法中，不仅要考虑频散关系，还要满足 d$x$-$f$ 曲线光滑连续，才能有效地压制数值频散。

**4. 结论**

通过在频率域使用可变网格数值算法计算射线参数和单频波场，发现对于单频波场的计算，网格越细越好。频率越高，使用的网格应越细；对于射线参数的计算，网格并不是越细越好。频率越低，使用的网格应越粗。此外，要想有效地压制数值频散，网格的选取不仅要满足频散关系，还要使网格间距的变化尽可能光滑连续。

本研究由国家自然科学基金委青年基金（41004045）、中科院知识创新工程项目（KZCX2-EW-QN503）资助。

**参 考 文 献**

[1] Xiaofeng Jia, R.-Shan Wu. Calculation of the wave propagation angle in complex media:application to turning wave simulations[J]. Geophys. J. Int, 2009, 178, 1565~1573.

[2] Wu R S. Wide-angle elastic wave one-way propagator in heterogeneousmedia and an elastic wave complex-screen method[J]. Journal of Geophysical Research, 1994, 99: 751~766.

（19）地震波传播与成像探查

# 变步长高阶有限差分波动方程叠前逆时偏移

# Prestack reverse-time migration based on high-order finite difference method with variable space and time step

郭念民

Guo Nianmin

中国石油塔里木油田公司 新疆库尔勒 841000

**1. 引言**

叠前逆时偏移利用双程波动方程构造波场延拓算子，正向延拓震源点波场，逆时反向外推检波点波场，然后利用相关成像条件实现成像。正演模拟技术是其成功与否的一个关键环节，而有限差分方法是逆时偏移波场外推中最常用的方法。在近地表浅层为低速的地区，应用常规网格高阶有限差分逆时偏移算法成像时，存在一定的局限性：为了保证成像的精度，减小数值频散的影响，必须采用更小的空间步长和时间步长，势必增加大量的计算量。因此，本文研究了变步长高阶有限差分叠前逆时偏移成像方法，在保证偏移成像质量的前提下，可以有效地提高计算效率，减少存储空间。

**2. 方法原理**

通常情况下，勘探地区的表层较为复杂，而且波的传播速度较低，因此，在浅层低速带使用小网格步长计算，低速层以下部分采用大的网格步长进行计算，在小网格和大网格的交界处设置过渡区，并在过渡区内使用声波方程变步长差分格式，以 z 方向为例，变步长差分格式为：

$$\frac{\partial^2 p}{\partial z^2}\approx\frac{1}{\Delta z^2}\sum_{m=1}^{k}\omega'_m\left[p(x,z+m\Delta z)-2p(x,z)+p(x,z-m\Delta z)\right]+\frac{1}{(N\Delta z)^2}\sum_{m=1+k}^{M}\omega'_m\left[p(x,z+mN\Delta z)-2p(x,z)+p(x,z-mN\Delta z)\right]$$

式中，$k$ 为待求波场位置点距细网格边缘的网格点数；N 为大小网格步长比；$\omega'_m$ 为新的差分系数，可以通过求解差分系数矩阵方程得到。实际计算区域的范围都是有限的，为了消除人工边界反射，可以采用完全匹配层(PML)边界条件。从声波方程出发，利用空间变量在常规坐标系和复数坐标系下的转换关系和波场分裂的思想，可以得到基于 PML 边界条件的变步长高阶有限差分波场延拓计算公式：

$$\begin{aligned}p_z(t+\Delta t)=&\frac{1}{1+d_z(z)\Delta t}\left[(2-d_z^2(z)\Delta t^2)p_z(t)-(1-d_z(z)\Delta t)p_z(t-\Delta t)\right]\\&+\frac{1}{1+d_z(z)\Delta t}\left\{\frac{v^2\Delta t^2}{\Delta z^2}\sum_{m=1}^{k}\omega'_m\left[p(x,z+m\Delta z;t)-2p(x,z;t)+p(x,z-m\Delta z;t)\right]\right.\\&\left.+\frac{v^2\Delta t^2}{(N\Delta z)^2}\sum_{m=1+k}^{M}\omega'_m\left[p(x,z+mN\Delta z;t)-2p(x,z;t)+p(x,z-mN\Delta z;t)\right]\right\}\end{aligned}$$

上式是 $z$ 方向的波场分量计算公式，$d$ 为 PML 边界的吸收系数。同理可以推导出 $x$ 方向的波场分量计算公式。如果用小网格得到的时间步长作为全局的时间步长，可能造成大网格区域的过采样，从而降低计算效率，因此在小网格计算区域用小的时间步长，在大网格区域使用大的时间步长。

**3. 模型试算及应用**

通过对均匀介质模型的正演模拟和波场分析，可以发现在变网格过渡带不会产生人为边界反射，因此变步长计算的波场完全可以满足逆时偏移成像的精度要求。用自行设计的崎岖海底模型和 BP 盐丘模型，对变步长逆时偏移成像方法进行了验证，在浅层低速层区域采用小空间步长和时间步长，在高速层区域采用双倍的空间步长和时间步长，变步长高阶有限差分算法逆时偏移的计算效率是常规算法的 2 倍以上。

**4. 结论**

变步长高阶有限差分逆时偏移有效地解决了近地表低速资料的逆时偏移成像精度问题，与全区域都采用小空间步长和时间步长的常规算法相比，既提高了计算效率，又保证了波场计算的精度和偏移成像的效果，是一种简便可行的方法。采用双倍变步长算法计算效率就可以提高 2~3 倍。另外，该方法可以很方便地扩展到三维，效率提高的效果会更加明显。

（19）地震波传播与成像探查

# 基于目标区域内源波场重建与波场分解的逆时偏移

# Reverse time migration based on source wavefield reconstruction and wavefield decomposition in target region

唐　晨* 王德利

Tang Chen* Wang Deli

吉林大学地球探测科学与技术学院　长春 130026

逆时偏移，以其高精度、适于强变速和不受倾角限制的特点，已经成为推覆构造带、盐下油气等复杂构造地区的标准成像工具。然而，逆时偏移互相关成像条件要求源波场与检波点波场可以同时被获得，从而引起严重的存储与I/O问题。并且，该成像条件也会在波场传播路径上产生假象。本文认为上下左右行波分解成像条件可以有效的解决假象问题，但需要额外的计算时间。这些因素导致逆时偏移比较昂贵。基于此，本文提出了仅在目标成像区域内进行源波场重建与上下左右行波分解的逆时偏移方案，来达到降低逆时偏移成本的目的。

针对存储与I/O问题，虽然最优检查点技术使存储和I/O需求得到了一定程度的缓解，但仍然没有有效解决该问题。随机边界技术可使源波场与检波点波场沿着同一时间方向传播。然而，由于随机数学方面并不存在完美的随机方案，当边界处出现比较强的反射层时，随机边界逆时偏移会出现较强的背景噪音。源波场重建技术由 Dussaud 等[1]提出，该方案是基于在弹性介质中波的传播在时间方向上可逆这一原理。在逆时偏移过程中，首先对源波场进行正演，直到最大记录时间。在此过程中记录模拟区域边界上的波场值作为源波场重建的边界条件，并记录最后两个时间片上的波场作为源波场重建的初始条件，然后根据存储的边界条件和初始条件对源波场进行重建，并同时进行检波点波场逆时外推，从而使源波场和检波点波场的传播可以在时间上同步，即满足互相关成像条件的要求。由于数值模拟一般采用高阶差分，需要在边界处存储 MM/2 层（MM 为差分阶数）的波场值来维持相同差分精度。为了提高计算速度，源波场重建的边界条件一般是存储在内存中。这样，在 3D 工业问题中，边界波场的存储就造成了巨大的内存需求。

对于假象问题，传统的 Laplace 滤波方案仅是利用假象低波数的特性，没有在成像条件上进行改进。坡印廷矢量成像条件虽然理论上可以去除假象，但在复杂构造区域存在不精确与不稳定的现象。角度域成像可以自动地消除假象，然而其计算成本非常高。它的近似方案倾角滤波需要在偏移前对道集进行滤波处理，也使成像失去了一些真实信息。刘法启等[2]分析了假象的产生是由源波场与检波点波场在传播路径上不恰当的互相关成像引起的。他们提出通过波场传播过程中在波数域进行方向分解，来从本质上消除假象，即波场分解成像条件。由于在波数域中，该方案简单易行，并不涉及角度的计算，所以这是一个有效的方案。然而，刘法启等[2]在文章中仅给出了上下行波分解成像的公式，该公式并不适合同时上行或同时下行的左右行波情况，导致牺牲了逆时偏移在陡层和倒转层成像的一些优点。因此，本文尝试了上下左右行波分解的方案，并认为将该方案与 Laplace 滤波技术相结合可以有效去除假象。然而，由于波场分解成像条件在每一个时间步内都需要进行 Fourier 变换，使得逆时偏移在 3D 情况下的实现更加昂贵。

故此，本文提出用目标区域内逆时偏移的技术来降低逆时偏移的存储与计算量。对于复杂地质构造区域来说，为了可以提供充分的成像信息，需要偏移孔径比所要重点成像的目标区域大。另外，在非复杂地区或观测不全面的地区，也可以用其它成像手段代替逆时偏移进行成像。因此，可以将源波场重建的记录边界设置在目标成像区域周围，波场的重建、分解与成像就也都仅在该区域内进行。当然，波场的正演和反传范围仍然是整个模拟区域。但由于成像区域变小，既可以节约用于存储边界的内存，又可以节约波场重建和上下左右行波分解的计算时间。

本文认为源波场重建技术、上下左右行波成像技术与 Laplace 技术相结合，是实现逆时偏移的一个较好的方案。并且，可以采用仅在目标成像区域进行逆时偏移的技术，来降低成像成本。用该方案在 Marmousi 模型与 SEG/EAGE 盐丘模型上进行尝试，取得了良好的效果。

## 参 考 文 献

[1] Dussaud E W, et al. Computational strategies for reverse-time migration[C]//78th SEG Annual International Meeting, 2008: 2267~2271.

[2] Liu F, et al. An effective imaging condition for reverse-time migration[J]. Geophysics, 2011, 76: S29~S39.

（19）地震波传播与成像探查

# 叠前逆时偏移 GPU 并行加速算法研究

# Research on pre-stack reverse time migration by GPU parallel accelerating approach

柯 璇* 石 颖 田东升

Ke Xuan* Shi Ying Tian Dongsheng

东北石油大学地球科学学院 大庆 163318

**1. 前言**

目前，利用双程波进行叠前逆时偏移是一种成像精确较高的地震勘探成像方法，可以清晰有效的对地下复杂构造进行精确成像。然而，巨大的存储量和计算量限制了逆时偏移的发展和工业化应用。本文利用 GPU（Graphic Processing Unit 图形处理器）并行加速叠前逆时偏移成像算法中地震波场正反方向传播和相关成像，在很大程度上提高了传统 CPU 串行计算逆时偏移的计算效率。

**2. 实现原理**

叠前逆时偏移计算的主要步骤通常分为波场的正向延拓，波场的反向延拓以及成像条件的应用。逆时偏移的成像条件通常包括如下几类：激发时刻成像条件、相关成像条件以及振幅比值成像条件。较为常用的互相关成像条件需要使用在同一时刻的震源波场（经过激发和正演模拟波的传播）和记录波场（逆时反传播回地下的波场）。由于前者是正传波场，后者是反传波场，若想同时得到相同时刻的两个波场，则必须存储其中一个波场的整个传播过程的波长信息，即每一时刻的波场分布，需要消耗甚大的存储资源，这个要求在实际操作中是难以满足的。

为此，本文在叠前逆时深度偏移计算中采用随机散射边界条件，只需存储最大两个时刻的震源波场，然后将震源波场和检波点波场同时反传，再进行相关成像，无需存储震源波场正向传播的中间结果，避免了对巨大的存储量的需求，是一种以计算换存储，以时间换空间的策略，因此，该方法对计算能力也提出了更高的要求。

叠前逆时偏移算法的主要部分：震源波场的正传，检波点波场的反传以及相关成像条件均是 CPU 串行计算最为耗时的部分。本文通过运用 Nvidia 公司推出的基于 CUDA 架构的 GPU 并行计算的方法，先将激发点的初始波场值和检波点的最大时间波场值由内部存储器（内存）传至设备存储器（显存）中，这样可以避免由多次重复对内部存储器的数据读写所引起的时间延迟。然后把 GPU 的多核处理器划分为相应个数的计算块（block），同时每个计算块又可以划分为若干个线程（thread），为了使 GPU 更高效的运行，本文定义的每个计算块中分配了 256 个线程，利用 GPU 的多线程实现大规模的并行计算。这样就可以使得在计算过程中涉及到的数据读写和运算均在设备存储器和图形处理器（GPU）中进行，将波场延拓及相关成像的计算并行化，达到提高计算效率的目的。最后再将数据传回内部存储器，通过 CPU 进行结果的 I/O 操作。

本文对 Marmousi 模型进行叠前逆时偏移测试，测试计算机主要配置参数为：

CPU:Intel i3 2120;内存:2*4G DDR3 1600;硬盘：希捷 1TB 7200r/s;

显卡（GPU）:Nvidia Geforce GTX560，1024M 显存，显存位宽 256bit,核心频率 850MHz，显存频率 4500MHz，流处理器个数 336 个。

模型数据：Marmousi 模型，采用 96 道左侧单边记录，炮间隔和道间隔均为 25m，最小炮间距为 200m，最大炮检距为 2575m，时间采样率为 4ms，时间记录长度为 3000 毫秒。

实际测试数据：单炮偏移 CPU 耗时 53min，GPU 耗时 37s;240 炮偏移 CPU 耗时 12720min，GPU 耗时 8800s。

加速比：85.94 倍。

**3. 总结**

本文通过运用 GPU 对逆时偏移的算法进行并行化加速，有效的提高了逆时偏移的运算效率。通过模型测试数据表明，相对于传统的 CPU 串行计算方法，GPU 并行加速计算使计算效率提升了 85 倍左右，节约了计算成本，极大地缩短了地震数据处理周期。本文下步的研究方向是通过对设备存储器的访问进行优化，更高效的利用其中的共享存储器，以进一步降低数据访问所造成的时间延迟。

**参 考 文 献**

[1] 李博, 等. 地震叠前逆时偏移算法的 CPU/GPU 实施对策[J]. 地球物理学报, 2010,V53(12): 2938~2943

[2] Robert G Clapp. Reverse time migration with random boundaries[C]//79th Annual International Meeting. SEG.Expanded Abstracts. 2009, 2809~2813.

（19）地震波传播与成像探查

# 分区多步快速行进法射线路径计算方法

# The raypath calculating method of multistage fast marching method

李庆春[1]　李永博[2,1]　叶　佩[3]

Li Qingchun　Li Yongbo　Ye Pei

1. 长安大学地质工程与测绘学院　西安 710054；2.中国地质科学院物化探所　廊坊 065000；
3. 中国国土资源航空物探遥感中心　北京 100083

**1. 引言**

射线追踪技术是研究地震波在复杂模型中传播规律的重要途径之一，在地震波正演模拟、层析成像及其他地震数据处理中都有广泛的应用。本文给出了利用分区多步快速行进法计算多类波型射线路径及旅行时的方法。

**2. 快速行进法存在的问题**

快速行进法(Fast Marching Method: FMM)是Sethian于1996年提出的用于求解初至旅行时的射线追踪方法，该方法是一种基于网格的射线追踪方法，具有精度高、效率高、适应能力强和无条件稳定等优越性。Rawlinson和Sambridge于2004年提出分区多步思想并在FMM中实现，解决了复杂介质中反射波和多次波等后续波追踪的问题。FMM采用迎风差分格式求解程函方程，并运用窄带技术和堆排序技术计算网格节点的旅行时，但该方法提出时并没有给出相应的射线路径计算技术。针对这一问题，本文在分区多步FMM实现过程中引入旅行时线性插值(Linear Travel-time Interpolation: LTI, Asawaka et al., 1993)法中射线路径的计算技术来确定射线路径。

**3. 射线路径计算的实现过程**

在采用FMM计算得到整个模型区域内网格节点的旅行时后，根据LTI射线追踪方法的技巧计算射线路径，其实现过程可分为三步：

(1) 确定接收点的坐标及其所在网格单元上的所有节点的坐标及旅行时，若接收点不在网格节点上，则利用LTI的旅行时计算公式计算其旅行时，或者确定射线路径的同时计算射线的旅行时；

(2) 根据接收点的位置按LTI的旅行时计算公式计算来自各个方向的射线的旅行时，并选取旅行时最小的射线作为该网格单元内的射线线段；同时，利用LTI的射线路径交点计算公式计算所选取的射线线段与网格单元的交点，即确定反向追踪时射线路径交点的坐标；

(3) 重复上述过程，直至射线路径的交点到达震源或界面所在网格为止，依次连接震源(或透反射点)—射线路径与网格单元的交点-接收点(或透反射点)，从而得到震源到接收点的整条射线路径。

**4. 分区多步的实现过程**

分区多步是指按所追踪的后续波的类型在计算时将模型分成不同的计算区域，并进行分步计算得到各个波的波前，从而进行反射波或多次波等后续波的追踪，关键步骤如下：

(1) 对速度模型及界面进行网格离散化，根据所追踪波的类型进行模型分区，并计算第一个分区的波前；

(2) 采用不规则三角网或LTI的旅行时计算公式计算发生透射、转换或反射的界面处的旅行时；

(3) 依次计算(1)中各个模型分区的上行波或下行波的波前；

(4) 根据(1)中的模型分区，重复(2)、(3)，则可得到所追踪波在各个计算区域的波前；

(5) 根据各个计算区域的波前计算射线路径并合成地震记录。

**5. 模型测试**

为了检验分区多步FMM射线路径计算的可行性及精度，本文分别对均匀速度模型、透镜体陡断层组合模型、SEG盐丘模型及Marmousi模型等进行了计算测试，对初至波及不同类型的波进行旅行时与相应射线路径的追踪计算，并对测试结果进行误差分析。结果表明，引入LTI技术后实现了分区多步FMM多类波型模拟及射线路径的计算。

**6. 结论**

本文在分区多步FMM中引入了LTI射线路径的计算方法，并详细讨论了射线路径计算及分区多步的实现过程，解决了以前FMM不能计算多类波型射线路径的问题。通过模型测试及误差分析，验证了改进后的FMM可实现二维复杂层状介质中初至波及一次或多次透射、转换、反射波的模拟及射线路径的追踪计算。同时，该方法保留了FMM与LTI法计算精度高、耗时少的优点。

（19）地震波传播与成像探查

# 复合域中的超广角波场修正

# Superwide-angle wavefield reconstruction in mixed domains

胡天祺* 贾晓峰

Hu Tinaqi* Jia Xiaofeng

中国科学技术大学地球和空间科学学院 合肥 230026

单程波传播算子被广泛应用于正演、反演以及偏移问题。其优势在于速度快，节约计算成本，应用在偏移时对多次波噪音有很好的压制效果。另一方面，传统的单程波传播算子由于其基于傍轴近似的假设，难以处理大角度问题。对于回转波则是完全无法计算。对此，基于在 2009 年被提出的超广角算子，本文将提出一种经过改进的修正办法来处理单程波的大角度问题。

## 1. 方法原理

传统的单程波传播方程基于波动方程的分解。基于此，对于一般的下行波方程无法计算向上传播的波场，其中包括了回转波。同时由于实际中的速度介质的不均匀性，单程波方程在进行差分分解的时候也会使用到介质速度水平扰动较小和傍轴近似的假设。因此传统的单程波传播算子无法准确的计算大角度和回转波的波场。最终在进行偏移的时候，也就无法对悬垂体和直立岩丘等复杂构造进行成像。

对于此问题，XiaofengJIa 在 2009 年提出超广角算子。超广角算子的核心思想是同时计算两组传播方向垂直的单程波波场，使二者在大角度和回转波的部分互补。通过将这两组波场在空间域进行加权求和来得到新的修正波场，从而实现在低成本下对大角度和回转波的精确计算。

$$u(x,z)=W_D(\theta)u_D(x,z)+W_H(\theta)u_H(x,z) \tag{1}$$

式中，$u$ 表示最终得到的波场值，$u_D$ 和 $W_D$ 表示下行波的波场和其相应权重，$u_H$ 和 $W_H$ 表示左（右）行波的波场和其相应权重，$\theta$ 表示波场传播角度。(1)便是传统的单程波传播算子和核心原理。

传统的超广角算子使用波场梯度来确定波转播方向，根据波传播方向来计算权重。但这其中有一些问题。一则波场梯度所能计算的是波场的能流方向，并非是严格的波传播方向。实际上考虑到波场的复杂性，要确定出空间中具体每一点的波传播方向非常复杂。二则计算波场梯度时需要使用到修正屏之外的波场值，因此计算出的梯度值是未经过修正的波场梯度，不能保证完全准确。因此为了进一步完善超广角算子，我们在其基础上提出了一种新的加权办法，并将波场加权从原本的空间域换到了时间域。新的超广角算子的公式表示为：

$$u(x,z)=F^{-1}[W(\theta(k_x,z))\hat{u}_D(k_x,z)+(1-w(\theta(k_x,z)))\hat{u}_H(k_x,z)] \tag{2}$$

其中，$u$ 表示最终得到的波场值，$\hat{u}_D$ 和 $\hat{u}_H$ 表示下行波和左（右）行波的波场在波数域中的表达，$\theta$ 表示波场传播角度。

在新的算子中我们使用 $\arcsin(k_x/k_0)$来计算传播角度$\theta$，加权则在波数域内进行。如此波场的加权修正可以完全在修正屏内部进行，波场传播角度也能做到更精确的计算。相比传统的超广角算子，改进后的新算子在计算复杂波场和回转波的情况下都能做到更准确的加权修正。在进行波数域修正时要使用傅立叶变换，因此可能会带来额外的计算量，不过通过窗傅立叶变换可以有效的减少这部分计算。

## 2. 结论

通过使用信号波数和真实波数之比来计算波场传播角度，并在波数域内对波场进行加权，我们能更加准确有效的对波场进行修正。从波场快照来看，改进后的超广角算子能更有效的修正大角度和回转波的波场，尤其在能量的补偿上要比传统的超广角算子更好。

本研究由国家自然科学基金委青年基金（41004045）、中科院知识创新工程项目（KZCX2-EW-QN503）资助。

### 参 考 文 献

[1] Jia X, Wu R S. Superwide-angle one-way wave propagatorand its application in imaging steep saltflanks[J]. Geophysics, 2009, 74: S75~S83.

[2] Wu R S. Wide-angle elastic wave one-way propagator in heterogeneous media and an elastic wave complex-screen method[J]. Journal of Geo-physical Research, 1994, 99: 751~766.

（19）地震波传播与成像探查

# 基于主动源和被动源远震资料的联合全波形反演

# Hybrid full-waveform inversion based on the active source and passive teleseismic data

韩 淼* 韩立国 张生强 王 乐

Han Miao* Han Liguo Zhang Shengqiang Wang Le

吉林大学地球探测科学与技术学院 长春 130026

## 1. 引言

全波形反演是一种高分辨率的地震成像方法，可以应用于区域构造识别、$CO_2$监测及储层预测等。目前全波形反演在多应用于主动源资料中，这主要是由于基于主动源的观测系统具有确定性和可控性等特征。但是反演需要一个比较精确的初始模型以避免陷入局部极小点，一般常利用走时层析成像方法为全波形反演提供初始模型。本文将被动源远震资料与主动源资料联合，利用被动源远震资料的低频特征反演为主动源反演提供初始模型。我们将这种联合方法应用于岩石圈成像，并通过数值实验证明了该方法的可行性。

## 2. 主动源与被动源的对比

主动源地震资料是目前地震资料处理的主要对象，与其相比，关于被动源的地震资料处理尚没有形成良好的体系。这主要是由于同主动源资料相比，被动源资料具有以下几个特点：一方面，震源个数相对较少，因而照明孔径较小，而且震源位置不确定，从而给正演模拟造成了很大的困难；由于观测系统的不确定性，为常规处理方法在被动源资料中的处理增加了困难。然而，被动源资料中含有一些主动源资料所不包含的信息，可以用于成像等处理方法中。基于此认识，本文提出一种基于两种源资料的全波形反演框架，为岩石圈成像提供了一种可行的方法。

## 3. 基本原理

本文提出的该种联合全波形反演方法的基本思想为：首先根据被动源远震信号的特点，用散射平面波来近似代替被动源信号，然后对其进行频率域全波形反演得到一个速度模型。该模型分辨率较低，但是由于远震信号的低频特征，可以降低反演问题的非线性性，并且能够反映出良好的运动学特征。然后我们将该模型作为主动源资料波形反演中的初始模型进行迭代更新，这时由于震源和检波器的密度较大，因此使成像分辨率逐渐提高，最终得到我们满意的成像结果。

## 3. 数值实验

为了验证上述方法的可行性，我们基于一个大尺度的二维模型进行实验。本文所使用的全波形反演方法为二维声波频率域全波形反演，并采用从低频组到高频组的多尺度反演方法。模型试算中，首先对被动源远震资料中各相关因素（例如个数、方位角等）对反演结果影响进行对比和评价，然后应用联合方法反演，实验结果证明本文所提出的主动源、被动源资料联合全波形成像方法对岩石圈构造成像有一定的可行性。

## 4. 结论

本文结合主动源资料和被动源远震资料的各自特征，发展提出了一种可用于岩石圈成像的联合全波形反演方法，实验证明了该方法的可行性。另外，该方法将主动源资料同被动源资料结合应用于反演成像，也为地震处理提供了一种新的思路。

然而，由于被动源资料的监测和提取较为困难，而且震源信号的时延和位置都有不确定性，为被动源实际资料的处理增加了难度。如何全波形反演方法应用于被动源实际资料，并寻求同主动源资料处理的结合点是今后所要研究的方向之一。

## 参 考 文 献

[1] Brenders A J, et al. Efficient waveform tomography for lithospheric imaging:implication for real istic, two-dimensional acquisition geometries and low-frequency data[J]. Geophysical Journal International, 2007, 168: 152~170.

[2] Pageot D, et al. Two-dimensional elastic full-waveform inversion of passive telseismic data for lithospheric imaging[C]//71st Annual Conference and Exhibition, EAGE, Expanded Abstracts, 2012.

（19）地震波传播与成像探查

# Laplace-Fourier 域反射地震数据全波形反演方法及反演策略研究

# Study on Laplace-Fourier domain Full waveform inversion and inversion strategies

郭振波* 李振春

Guo Zhenbo* Li Zhenchun

中国石油大学（华东） 青岛 266555

## 1. 引言

随着高性能计算设备的快速发展及对地下介质细节描述能力要求的提高，利用全波形反演进行地下介质参数高精度成像已成为一种趋势。然后由于全波形反演问题本身的非线性性、观测数据的有限性及不完整性、反演算法的局部性、正演方法描述实际地震波响应的局限性等因素，全波形反演是一个病态的非线性反问题。在保证计算效率的同时，得到稳定的、高效的、快速收敛的反演算法是目前全波形反演的主要目标。本文首先阐述 Laplace-Fourier 域全波形反演的基本理论，然后分析该域中全波形反演的特点及阻尼常量与频率的选取策略，最后通过数值算例的对比与分析得到最优的反演策略。

## 2. 方法原理与实现流程

对频率域声波波动方程中的波场及其空间求导数值离散之后可以写成如下的形式：

$$\mathbf{A}(\mathbf{m},\omega)\mathbf{P}(\omega)=\mathbf{S}(\omega) \tag{1}$$

若 $\omega$ 为复数，则转换为 Laplace-Fourier 域声波方程，其中 $\omega$ 的虚部对应 Laplace 阻尼常量。

定义剩余量为 $\mathbf{R}=\mathbf{P}_{cal}-\mathbf{P}_{obs}$，L2 模目标函数为 $O(\mathbf{m})=\frac{1}{2}\mathbf{R}^t\mathbf{R}^*$，则利用 Hessian 矩阵对角线元素预处理的模型参数更新可表示为：

$$\mathbf{m}^{k+1}=\mathbf{m}^k-\alpha^k(diag\mathbf{H}_a+\lambda\mathbf{I})^{-1}\mathbf{S}_m\nabla_m O(m) \tag{2}$$

其中，$\alpha$ 为更新步长，$\lambda$ 为阻尼常量，$\mathbf{S}_m$ 为平滑算子，$\nabla_m O(m)$ 为梯度向量。

以上分析是在假设单个频率、单个阻尼常量的情况下得到的。对于多个频率、阻尼常量，可以通过其不同的组合得到不同的反演策略。针对不同的情况，可以通过不同的反演策略使得反演算法避开局部极小值，得到稳定的反演结果。

## 3. 认识与结论

结合理论分析与数值模型测试结果得出如下的结论：①低频与高频数据分别对应于模型的低波数与高波数成分，阻尼常量对应模型反演的深度，在反演过程中起到层剥离的效果；②在初始模型不准确的情况下，需要相应增加低频数据在反演中的权重；③在地表速度变化剧烈的情况下，需要适当增加高阻尼常量在反演中的权重；④单频反演迭代次数的增加对反演结果改善并不显著，低迭代次数的多次重复反演对模型参数反演效果改善更明显，收敛速度更快；⑤适度的对频率进行分组可以使得反演过程更加稳定。

本研究由中国石油大学（华东）研究生创新工程（CX-1202）资助。

## 参 考 文 献

[1] Pratt R G., et al. Gauss-Newton and full Newton methods in frequency-space seismic waveform inversion[J]. Geophysical Journal International, 1998, 133: 341~362.

[2] Shin C, et al. Waveform inversion in the Laplace-Fourier domain[J]. Geophysical Journal International, 2009, 177: 1062~1079.

[3] Sirgue L, et al. Efficient waveform inversion and imaging: a strategy for selecting temporal frequencies[J]. Geophysics, 2004, 69(1): 231~248.

[4] Tarantola A. Strategy for nonlinear elastic inversion of seismic reflection data[J]. Geophysics, 1986, 51(10): 1893~1903.

（19）地震波传播与成像探查

# RTM 角道集提取

## RTM Angle Gathers

任　丽* 刘国峰

Ren Li*　Liu Guofeng

中国地质大学（北京）地球物理与信息技术学院　北京 100083

### 1. 引言

常规的地震偏移成像方法仅仅确定了地下每个网格点的零偏移距反射系数，而实际弹性介质中，反射系数与反射角有关。角度域偏移成像保留了反射系数对角度的依赖关系，为地下属性解释提供较好的速度模型建立、振幅、相位等信息。逆时偏移成像（RTM）没有倾角限制，能够对多次波、回折波等成像，但是常规的零延时互相关成像条件容易产生强烈的假频。在逆时偏移中使用坡印廷矢量法计算波场延拓方向，从而抽取角度域共成像道集（ADCIGs），可以有效地削弱成像中的假频，又为 AVA 分析等提供了较好的基础。

### 2. 方法原理

常规的逆时偏移成像利用正向延拓的震源波场和逆向延拓的观测波场的零延时互相关成像条件成像，其中各个方向的能量权系数相等。

为了使用波印廷矢量法的成像条件，首先需要计算波场值 P 和它的空间一阶导数 dP/dx，dP/dy，dP/dz。然后通过将质点位移矢量（dP/dx，dP/dy，dP/dz）与-dP/dt 相乘得到射线方向矢量 $\boldsymbol{v}$。波印廷矢量与$-\boldsymbol{v}$P 成正比，可以表示为：

$$\text{Poynting vector} \cong -\boldsymbol{v}\mathbf{P} = -\nabla P \frac{\mathrm{d}\,p}{\mathrm{d}\,t} P \tag{1}$$

则地下某点的波场反射张角的余弦可以表示为：

$$\cos\theta = \frac{v_s(t)P_s(t)\cdot v_g(t)P_g(t)}{|v_s(t)P_s(t)|\,|v_g(t)P_g(t)|} \tag{2}$$

通过式子(3),可以计算波场反射角为 $\theta/2$。接着可以生成依赖于张角的 $W(\cos\theta)$，例如，如果我们想取出张角大于 120° 的波场的互相关，可以将设 $\theta>120°$ 时的 $W(\cos\theta)$的值为 0，当 $\theta$ 为其他值时设为 0。则得到加权的成像条件为：

$$I = \frac{\Sigma_t[P_s(t)P_g(t)W(\cos\theta)]}{\Sigma_t[P_s(t)]^2} \tag{3}$$

通过上面计算的 $\theta$ 值以及成像条件，就可以简单地抽取 ADCIGs。

在逆时偏移成像过程中，由于潜波和向回散射的波造成的假频，可以使用这种考虑了波传播方向的成像条件进行简单的切除。

### 3. 结论

通过模型实验证明，在 RTM 中使用波印廷矢量成像条件，可以压制由于潜波和向回散射的波造成的假频，同时简单地抽取 ADCIGs。由于这种成像方法是基于局部空间信息，可以提供很好的角度信息,从而为地下属性解释提供了很好的道集资料。

本研究由“国家深部探测技术与实验研究”专项课题（201011039）资助。

**参考文献**

[1] Yoon K, Marfurt K J. Reverse-time migration using Poynting vector [J]. Exploration Geophysics, 2006, 37: 102~107.

[2] Thomas A Dickens, Graham A Winbow, et al. RTM angle gathers using Poynting vector [C]//SEG San Antonio, 2011 Annual Meeting, SEG Expanded Abstracts, 2011, 30: 3109~3113.

（19）地震波传播与成像探查

# 四种方法对 P 波初至拾取的对比研究

# A comparison of four methods for P-wave arrivel picking.

于 辉* 张海江

Yu Hui Zhang Hiangjiang

中国科学技术大学地球和空间科学学院 合肥 230026

## 1. 研究背景

破坏性地震给人类社会留下灾难性后果，对人类的生命和财产造成了巨大威胁，致使各国地震学家都在努力探索和研究地球内部构造、震源机制以及地震速报、地震预警方法等，从而达到减轻震害的目的。而震相自动识别是这些研究的重要基础。本文讨论和比较了四种震相自动检测和 P 波初至标定的方法，包括 STA/LTA 方法、自相关方法、AIC 方法和转换频谱方法。

## 2. 方法

STA/LTA 方法。由于 STA/LTA 的方法具有算法简单、速度快、便于实时处理等特点，所以被广泛地应用于地震波的初动识别，其原理为用 STA（信号短时平均值）和 LTA（信号长时平均值）之比来反映信号水平或能量的变化，当信号到达时，STA 要比 LTA 变化得快，相应的 STA/LTA 值会有一个明显的增加，当其比值大于某一个阈值时，此点被判定为初动。

自相关方法（autocorrelation）。在地震信号端点检测中，尽管地震信号是非平稳的，但经过截短处理后，便可以采用短时自相关函数。取数据的前端底噪作为模板，求其短时自相关函数并对几组数据进行平均，用噪声模板对后续波形进行检测，相似距离大的即为地震事件或者其他非底噪的扰动。

AIC 方法。震相到时检测的自回归（AR）技术假设震相到达前后的地震记录是两个不同的稳态过程，对地震记录 $x(i)(i=1,2,\cdots,L)$来说，AIC 检测器定义为：

$$AIC(k)=k*\lg\{var(x[1,k])\}-(L-k-1)*\lg\{var(x[k+1,L])\} \tag{1}$$

其中，k 的范围为数据窗口内所有的采样点，震相到时对应于 AIC 函数的最小值。

转换频谱方法（Transformed spectrogram phase picking）。区别于传统的功率谱估计方法，将矩形窗改为其它旁瓣抑制效果较好的窗，可以减少频谱泄露，提高估计精度。Thomson 提出使用多个正交窗组来进一步减少功率谱估计中的旁瓣泄露，即 Multitaper 频率谱估计法，其核心是正交窗组的选择。这种估计方法可以有效减少旁瓣泄露。转换频谱方法的公式可以表述为下面的形式，在时间窗[t,t+L]中功率谱估计为 A(f,t,L)，那么转换频谱被表示成：

$$S(f,t)=(\log[B(f,t,L)]-\log[B(f,t-L,L)])\log[B(f,t,L)] \tag{2}$$

其中，

$$B(f,t,L)=A(f,t,L)/\min_{\{f,t\}}A(f,t,L) \tag{3}$$

S(f,t)表达式是两项的乘积，其中第一项差式表示从时间窗[t-L,t]到时间窗[t,t+L]的能量变化，第二项表示现在时刻的能量值。这两项乘积突出了 P 波初至的变化，可以在特征函数上明显地表示出来。

## 3. 资料和结果

分别用四种方法对圣安德烈亚斯断层的 100 组震中距在 100km 以内，采样率为 0.01s 的地震事件进行 P 波初至的拾取，进行结果的统计比较。从统计结果看，总体上 STA/LTA 方法和转换频谱方法的符合度比较好。而自相关方法和 AIC 的处理结果相对差些，分别有 12%的数据与其他方法存在 0.5s 以上的差值，主要是自相关方法对除了噪声模板以外的其他干扰都比较敏感，而 AIC 方法没有经过滤波处理，对噪声的敏感度比较高，易受噪声和其他因素的影响。通过对四种方法的对比研究，STA/LTA 方法和转换频谱方法的结果比较近似，自相关方法和 AIC 方法效果稍差。今后的研究工作中可以采用 STA/LTA 方法或自相关方法对波形进行截取和 P 波初至的标定，再采用另一种方法进行 P 波初至的标定来提高自动拾取和标定震相的准确度。

## 参 考 文 献

[1] 吴治涛，等. STA/LTA 算法拾取微地震事件 P 波到时对比研究[J]. 地球物理学进展, 2010, 25(5): 1577~1582.

[2] 范万春，等. 基于自相关函数的地震信号自适应端点检测[J]. 核电子学与探测技术，2001, 21(5).

（19）地震波传播与成像探查

# 混合数据的地震偏移成像研究

# Study of Blended data-based Seismic Immigration

吕寅寅* 韩立国

Lv Yinyin* Han Liguo

吉林大学地球探测科学与技术学院 长春 130026

## 1．引言

近年发展起来的混合采集方法，将两炮或者多炮的地震记录混合在了一起，在提高采集效率的同时给地震数据处理带来了困难。在常规的混合数据处理中，通常是先做炮分离，然后应用传统的地震成像处理流程。这种方法中存在着一个问题，就是当炮间距很小或者很多炮混合在一起时，很难将炮分离。我们可以采用直接对混合数据进行成像，而不对其进行任何分离的方法来解决这一问题，。

## 2．方法与原理

混合震源采集方法通过震源的密集分布，检波器连续接收两个或者多个震源激发的地震信号，然后对得到的地震数据进行直接处理或者采用适当的方法，进行炮分离，来得到单炮记录，这样能做到节约采集成本的同时大幅的提升采集效率。但是由于炮分离技术的不完善和随着混合炮数增多，其炮分离的质量降低，同时其巨大的运算量也会降低计算效率。

为了避免炮分离对地震数据处理带来的困难，我们也可以采用直接成像的方法，不对混合数据进行任何分离，直接对其进行成像。由于没有进行炮分离,可以进一步提高混合数据的计算效率，直接对混合数据进行偏移可以理解为：将混合震源波场从地表正向外推到深度 $z_m$，同时将混合数据从地表反向外推到深度 $z_m$，然后应用成像条件得到结果。

由于在混合地震采集中,得到的地震记录是有不连贯震源排列产生的。震源的不连贯排列会导致人射波场变得更加复杂。我们对混合数据进行直接成像采用的是单炮记录的偏移流程,这样传统的互相关成像条件在这种环境下就会变得不稳定，同时由于想要利用混合数据中的表面多次波来提高我们的成像质量，所以我们需要采用新的成像条件，具体公式如下：

$$\| W^H P^- \Gamma - RWQ^+ \Gamma \|^2 + \varepsilon \| R \|^2 = \min$$

其中，$W^H$ 和 $W$ 表示传播算子，$\Gamma$ 表示混合算子，$R$ 表示反射系数，$\varepsilon$ 表示权系数，$\|.\|^2$ 表示 $L_2$ 范数，$P^-$ 是总的接收波场，$Q^+$ 是震源波场，其中包括震源和多次波的下行波场。

为了提高成像的精度和计算效率，我们在混合数据的成像过程中采用了逆时偏移算法，并在几个 2D 模型中进行了测试。

## 3．结论

近年发展起来的混合采集系统，解决了传统的宽方位角采集效率低下的问题。在混合采集系统中，由于两炮或者多炮的地震数据混叠在一起，会给地震数据处理带来很大的困难。当炮间距很小或者多炮混合在一起时，进行炮分离是非常困难的。所以，我们可以采用对混合数据直接进行偏移成像，而不进行炮分离的方法来提高计算效率，同时可以有效的压制炮记录之间的串音，并且基于混合炮记录中地下每个网格点的多角度照明，可以适当的提高成像质量。

本研究由吉林大学研究生创新基金资助项目深部金属矿混合采集与联合成像技术研究（项目批准号：20121070）资助。

（19）地震波传播与成像探查

# 基于 Lanczos 滤波方法的变网格正演模拟

# Forward modeling method with variable-grid-size based on Lanczos filter

李庆洋* 李振春 黄建平

Li Qingyang* Li Zhenchun Huang Jianping

中国石油大学（华东） 青岛 266580

## 1. 引言

地震数值模拟在油气藏勘探开发中正发挥着越来越重要的作用，当模型存在低降速层或小型非均质体时、或当模拟强纵横向变速介质时，传统有限差分地震波模拟方法网格间距必须取得很小以保证计算精度和稳定性，从而导致计算量增加和局部过采样问题，变网格方法可以很好的解决这个问题。

变网格正演模拟不仅能够精确研究地下局部构造，而且在节省计算时间和内存方面有着巨大的优势。本文实现了基于速度-应力交错网格的高阶有限差分空间双方向变网格正演模拟，相比于常规网格的变网格提高了精确性。变网格正演模拟方法仍然是有限差分法，因此，它不可避免的会在大采样点数情况下产生不稳定问题。本文引入了 Lanczos 滤波方法，使得变网格方法的稳定性得到了较大的提高，在大采样数目下依然非常稳定，这对于研究地下深部局部构造有重要意义。此外，本方法在减弱由于网格步长变化而引起的虚假反射方面也具有较大的优势，即使在跨数量级网格变化倍数（11 倍）下，本方法仍然十分精确。

## 2. 方法原理

由于采用交错网格计算，因此为了使粗、细网格的速度和应力点都相互对应，所以网格步长变化倍数为任意奇数倍。由于粗细网格之间要进行波场传递，因此本方法在网格步长变化处含有过渡区域（粗细网格覆盖区域），且过渡区域最好放在高速带。假设网格步长变化为 n 倍，则过渡区域宽度为(n-1)/2 个粗网格点数。

变网格的关键是过渡区域的处理，主要包括两个步骤：插值和传递。在粗、细网格内部都是正常计算；在过渡区域处，为了正常计算粗网格的值，需要细网格传递给粗网格；而为了计算细网格就需要知道细网格在边界上的值，这可以通过边界处的粗网格插值得到。

本文在波场传递时做了特殊处理，如果直接从细网格赋值给粗网格（直接传递法），则可能产生较强的不稳定。因为细网格的允许最小波长小于粗网格的允许最小波长，而一般情况下，细网格内传播的真实波长是介于细网格允许最小波长和粗网格允许最小波长之间的，从而直接由细网格传播到粗网格时，由于真实波长小于粗网格允许最小波长，因此会出现不稳定现象。Hayashi 等（2001 年）系统研究了加权传递法，指出九点加权法在减弱不稳定方面有较大优势。本文采用 Lanczos 滤波方法来计算给出这些点的值，得到了较好的效果。通过下部包含低速体的典型模型的单道波形对比发现，随着采样数目的增大，直接传递法首先不稳定，然后是九点加权法开始不稳定，而 Lanczos 滤波法一直十分稳定且精确。

## 3. 结论与认识

本文实现了基于速度-应力交错网格高阶有限差分变网格正演模拟，可在空间双方向上进行网格步长的任意奇数倍变化。并且在过渡区域的波场传递时引入了 Lanczos 滤波方法，得到了较好的效果。通过和其他方法对比发现，本方法在大采样数目下依然十分稳定，因此这有助于对地下深部局部构造的精细研究；此外，本方法在减弱由于网格步长变化而引起的虚假反射方面也具有较大的优势，即使在跨数量级网格变化倍数（11 倍）下，本方法仍然十分精确。最后的一系列数值试验都证实了本方法的高效、精确和稳定性。

### 参 考 文 献

[1] Kang T S, et al. Finite-difference seismic simulation combining discontinuous grids with locally variable timesteps[J]. Bull. seism. Soc. Am., 2004a, 94: 207~219.

[2] Kristek J, et al. Stable discontinuous staggered grid in the finite-difference modeling of seismic motion[J]. Geophys. J. Int., (2010, 183: 1401~1407.

[3] 张慧, 等. 基于双变网格算法的地震波正演模拟[J]. 地球物理学报，2011，54(1):77~86.

[4] 黄超, 等. 可变网格与局部时间步长的交错网格高阶差分弹性波模拟[J]. 地球物理学报，2009,52(11): 2870~2878

（19）地震波传播与成像探查

# 自适应网格法在最短路径射线追踪中的应用

# Adaptive grid in the shortest path ray tracing

薛霆虓

Xue Tingxiao

桂林理工大学 桂林 541004

最短路径射线追踪法较传统的射线追踪方法，有诸多有点，比如算法有较强的稳定性，追踪快速，没有不收敛的情况发生。最早由 Nakanish 等人提出，后来 Moser 对此方法做了全面的研究并引起了人们的关注。从它诞生以来，得到了很大的发展和改进。国内的许多研究者也相继开展了这方面的研究，如王辉等通过合理地选取子波出设方向和出射路径速度，改善了算法的精度和效率。张建中等提出了动态网格追中也明显提高了算法的精度。张美根等运用快速算法改进了波前点的管理和子波传播的计算，较大幅度地提高了传统算法的效率。

但是实践证明，网格的设置是不可忽视的。传统的方法中，网格是规则划分的，往往导致震源处和速度变化较快的区域出现较大的误差。所以，如果能够对区域中的网格实行差异划分，特别是自适应划分，无疑将极大地提高追踪的精度。

为此，本文提出进行自适应网格的划分，并在此基础上进行最短路径算法的射线追踪。首先，建立网格化的速度模型。以震源为中心往外，网格半径逐步增加，网格的设置是呈辐射状分布。这样设置考虑了波前的几何形状近似为球面（二维为圆）。此外，在速度梯度较大的区域，也加密了网格。

在这样的速度模型建立之后，要对每个网格节点的周围进行搜索，以确定本节点周围的节点信息（包括了坐标、速度值、和本节点对应的方向）。为下一步算法的计算做好准备。

下面就是用传统的最短路径方法，对区域中的所有节点进行计算。

以上的步骤是初至波的射线追踪。如果需要对续至波（比如反射波等）进行追踪，也要分布进行。首先纪录下速度分界面上的波至时间，然后，以分界面上节点作为地震子波，重新按上述算法计算。

在此自适应网格模型的基础上，增加了震源处射线的密度，速度变化较大（速度梯度大）的区域也增加了射线密度，极大地提高了射线追踪的精度。而且，由于离震源较远的区域，波前的曲率小，为了节省计算的成本，节约计算用的内存，网格设置较为稀疏，但是并不会导致很大的计算误差。

对了验证此方法的实用性，对不同的模型，进行了试算，模型 1 是水平分层的地层模型，每一地层中的速度是均匀分布的；模型 2 是起伏变化的地层模型；模型 3 是在模型 2 的基础上，每一层的速度分布是随机变化的。计算结果表明，此方法实用性很强，计算也较稳定。比常规的规则网格方法，精度得到了极大提高。

本研究桂林理工大学科研启动基金(002401003302)资助。

**参 考 文 献**

[1] Nakanishi I, Yamaguchi K. A numerical experiment on nonlinear image reconstruction from first arrival times for two dimensional island arc structure[J]. J.Phys.Earth, 1986, 34(2):195~201.

[2] 常旭，等. 地震正反演与成像[M]. 北京：华文出版社，2001.

[3] 赵爱华，等. 非均匀介质中地震波走时与射线路径快速计算技术[J]. 地震学报，2000，22(4): 151~157.

（19）地震波传播与成像探查

# 用于逆时偏移角度域成像的时移坡印廷矢量

# Time-lapse Poyting vector for RTM angle gathers

唐 晨*

Tang Chen*

吉林大学地球探测科学与技术学院 长春 130026

角度域共成像点道集是叠前逆时偏移的一项重要输出。它们即可以用于偏移速度分析，又可以提供用于属性解释的振幅与相位信息。通常，基于射线理论的偏移方案可以在成像过程中很自然地输出角度域共成像点道集，而不需要额外的花销。然而，当地质体非常复杂并出现强变速的时候，由于其本身是对波动方程的高频近似，所以不能有效的对此类构造进行成像。故此，基于逆时偏移的角度道集提取方案，就成为了针对复杂地质体进行偏移速度分析与属性成像的重要手段，从而成为了当今地震成像界的一个重要课题。虽然波场分解方案可以提供高质量的角度域道集，但是相应方案的实现却非常昂贵。而扩展成像技术在 3D 情况下需要一个 5D Fourier 的变换与高维成图，使它的完整实现也具有一定的困难。坡印廷矢量是一种可以有效并相对廉价地输出角度域共成像点道集的方案。然而，它的计算常不稳定。因此，本文提出了时移坡印廷矢量方案，来使坡印廷矢量的计算更加稳定。

坡印廷矢量，是表征能流方向的矢量，Yoon 等[1]提出可以用它来估算波场传播方向。在当前的逆时偏移角度域成像方案中，坡印廷矢量是最为快速的方法。然而，由于坡印廷矢量仅用到了局部差分网格区域上有限个点的信息，导致它在一些情况下并不稳定，而且精度也存在问题。根据 Yoon 等[2]的方案，坡印廷矢量是由时间导数项和空间导数项来表示。显然，坡印廷矢量的稳定性与精度是由这两种导数决定。然而，在通常被作为模拟震源的子波函数中，无论是雷克子波，还是高斯子波，都具有这样一个特点：波场能量在峰值时，其变化反而较小；波场能量在低谷时，其变化反而较大。由于描述波场传播方向时，主要是看其主能量部分的方向，而在此处其导数值却较小，在零值附近。这就会导致当用坡印廷矢量来描述波场传播方向时，会出现不稳定的状况。

为解决这一问题，本文提出了时移坡印廷矢量方案。考虑这样一种物理事实，震源并不是一个只在某一个时间点有值的 delta 函数，而是一个短时持续的脉冲函数。这说明，在震源主能量之后的一些个时间步长内，只要这段时间足够小，波场的方向应该是相同的。而震源的导数项，也就是影响坡印廷矢量的值，却是在震源主能量处最小。在震源能量弱时最大。这样，就可以提出这样一种策略，即对于某一个时间点的波场来说，它的方向可以用一段延迟时间后的某一个时间点上的坡印廷矢量来描述。这段延迟时间的取值，应该保证当波场位于峰值时，其导数值也在峰值，且间隔越小越好。换言之，就是通过一个时间延迟，用位于坡印廷矢量值较大区域的波场方向，来描述位于能量值较大区域的波场方向。这样，就提高了坡印廷矢量的稳定性。当然，这种做法，事实上是将不稳定区域移动到了波场能量较小的地方，因为该区域的坡印廷矢量会由波场能量较大，导数较小的区域表示。然而，由于该区域能量较小，接近为零，故此对成像的影响是可以忽略不计的。

在实践中，由于波场与时移坡印廷矢量之间有一段时间的延迟。这就需要记录这段延迟时间内的全部波场。对于 3D 工业尺度问题，如果将这段波场记录在内存中，则可能会超出机器的指标。在这种情况下，可以将这段波场存储在本地盘上读取，并不停地更新波场信息，以保证对当前时间无用的波场可以及时地被取代，这个过程需要耗费一定的 I/O 时间。本文采用源波场重建技术来进行逆时偏移。则当内存不够时，在源波场重建与检波点波场反传的过程中，需要将在当前延迟时间范围内的两种波场都存储在本地盘上。并且，为了保证一定的精度，本文建议采用不少于十阶的空间差分来计算坡印廷矢量。

本文提出了时移坡印廷矢量技术，并将其应用到逆时偏移角度域成像中。并且，本文也将该方案与常规坡印廷矢量的效果进行对比。实践表明，时移坡印廷矢量无论在模拟还是在分角度进行成像方面，效果都比常规坡印廷矢量有较大的提高。

## 参 考 文 献

[1] Yoon K, et al. Reverse-time migration using Poyting vector[J]. Exploration Geophysics, 2006, 37: 102~207.

[2] Yoon K, et al. 3D RTM angle gathers from source wave propagation direction and dip of reflector[C]//81th SEG Annual International Meeting, 2011: 3136~3140.

（19）地震波传播与成像探查

# 基于交错网格有限差分的 Biot 方程正演模拟

# Standard Staggered Finite-Difference Solutions to Biot's Equations

凌　云　韩立国

Lingyun　Han Liguo

吉林大学地球探测科学与技术学院　长春　130026

随着地震学和勘探地球物理学理论与实用研究的深入,我们所面临的问题越来越复杂,特别是储集层问题,油气勘探的要求越来越精细.通常情况下,油气储藏方式为裂缝、裂隙或孔隙型的,因此,油气藏往往表现为双相介质。因此，建立双相（或含流体孔隙介质）或流体饱和多孔介质中的弹性波传播理论和导出含有流体控制参数的波动方程，不仅对地震学和地球物理学的发展都具有十分重要的理论意义，而且对于利用地震资料进行储层的横向预测、油气参数反演和油气田开发均具有重要的实际意义。

## 1. 双相介质理论

1951 年,Gassmann 提出了关于弹性波在多孔介质中的传播理论,并建立了著名的 Gassmann 方程(反映了速度与孔隙度之间的定量关系),之后，Biot 根据潮湿土壤的电位特性和声学中声波的吸收特性,发展了 Gassmann 的流体饱和多孔隙双相介质理论,奠定了双相介质波动理论的基础。

Biot 给出的波动方程形式如下：

$$\begin{cases} N\nabla^2 u + \mathrm{grad}[(A+N)\theta + Q\varepsilon] = \dfrac{\partial^2}{\partial t^2}(\rho_{11}u + \rho_{12}U) + b\dfrac{\partial}{\partial t}(u-U) \\ \mathrm{grad}[Q\theta + R\varepsilon] = \dfrac{\partial^2}{\partial t^2}(\rho_{12}u + \rho_{22}U) - b\dfrac{\partial}{\partial t}(u-U) \end{cases}$$

## 2．交错网格高阶有限差分方法与原理

交错网格最早由 Madariaga（1976）提出，与常规的有限差分法以及交错网格低阶差分法相比，网格频散显著减小，精度明显提高。在保证一定的差分精度的基础上，可以取较大时间步长和空间网格间距，提高了计算效率。

时间上的差分格式为：

$$U\left(t+\frac{\Delta t}{2}\right) = U\left(t-\frac{\Delta t}{2}\right) + 2*\sum_{m=1}^{M}\frac{1}{(2m-1)!}*\left(\frac{\Delta t}{2}\right)^{2m-1} * \frac{\partial^{2m-1}U}{\partial t^{2m-1}} + O(\Delta t^{2M})$$

空间上的差分格式为：

$$\frac{\partial f}{\partial x} = \frac{1}{\Delta x}\sum_{i=1}^{N} C_i^{(N)}\left\{f\left[x+\frac{\Delta x}{2}(2i-1)\right] - f\left[x-\frac{\Delta x}{2}(2i-1)\right]\right\} + O(\Delta x^{2N})$$

## 3. 结论

对模拟结果进行了一系列的对比和分析，得出了双相介质物性参数中孔隙度、粘滞系数、渗透率和耦合附加密度对快纵波、横波和慢纵波三种波的影响：随着孔隙度的增大，三种波的速度都减小，振幅增大；随着粘滞系数的增大，慢纵波的振幅逐渐减小，对快纵波和横波来说，粘滞系数的变化对其振幅和速度的影响较小；渗透率的变化对慢纵波的影响比较大，对快纵波和横波的影响较小，慢纵波的振幅和速度都随着渗透率的减小而减小，其中振幅的变化尤为明显；附加密度的变化对慢纵波的影响比较大，对快纵波和横波的影响较小，当附加密度增大时，慢纵波的速度明显减小。

### 参 考 文 献

[1] 杨顶辉，张中杰，腾吉文，等. 双相各向异性研究、问题与应用前景[J] .地球物理学进展，2000，15(2): 7~21.

[2] Biot M A. Mechanics deformation and acoustic propagation in porous media [J]. J. App1. Phys. ，1962，33(4): 1482~1498.

[3] Biot M A. Generalized theory of acoustic propagation in porous dissipative media [J]. J.Acoust. Soc. Am., 1962, 34(5): 1254~1264.

（19）地震波传播与成像探查

# 几种叠前逆时偏移成像条件的比较

# Comparison of several imaging conditions for prestack reverse-time migration

薛东川 张云鹏 朱振宇 郝振江

Xue Dongchuan Zhang Yunpeng Zhu Zhenyu Hao Zhenjiang

中海油研究总院 北京 100027

## 1. 引言

叠前逆时偏移主要由成像条件计算和波场外推两个部分组成。成像条件计算是根据预先选定的成像规则，利用射线追踪计算入射波旅行时或解波动方程求取震源激发的全波场信息，并存储于计算机中供成像时使用。波场外推一般采用有限差分法解波动方程，按给定的边界条件（地表观测记录）沿时间轴负方向递推实现。相对于波场外推，成像条件的选择性较强，对计算量和成像效果都有较大影响。叠前逆时偏移成像条件可以分为两类，一类利用的是入射波的到达时间，另一类利用的是入射波和反射波的相关[1]。本文根据两类成像条件的成像原理，分析比较了几种常用的叠前逆时偏移成像条件。

## 2. 几种常用的叠前逆时偏移成像条件

### 1）初至到达时激励时间成像条件

初至到达时激励时间成像条件将震源激发的初至波到达时间记作计算节点的成像时间，并以该时刻节点上逆时外推波场的振幅值作为成像节点的像值。初至到达时间采用射线追踪或解程函方程来计算，计算效率很高，存储量也很小。然而，射线与程函方程都是高频近似，只考虑了波的运动特性，不包含其波动特性。在构造复杂、速度场变化较快的地方，初至波能量相对较弱（如首波），而续至波能量相对较强，初至能量所成的像常常被续至波噪音所掩盖，致使成像质量变差。

### 2）最大振幅到达时激励时间成像条件

最大振幅到达时激励时间成像条件将震源激发的地震波在传播过程中计算节点上出现最大振幅的时间记作该节点的成像时间，并以该时刻节点上逆时外推波场的振幅值作为成像节点的像值。与初至到达时激励时间成像条件仅包含时间信息不同，最大振幅到达时间同时还蕴含振幅信息。由于振幅属于波动特征，所以节点上出现的最大振幅可能来自波传播过程的任何时刻，可以是初至波振幅、续至波振幅，甚至是多个波在节点上的叠加振幅。如果把成像过程看作是地下散射点绕射能量的聚焦过程，那么最大振幅到达时激励时间成像条件成像就是选择该散射点的最强绕射同相轴聚焦。

### 3）互相关成像条件

叠前逆时偏移互相关成像条件可写作：

$$Map(x,z)=\int P_r(x,z,t)P_s(x,z,t)\,dt$$

其中，$P_r(x,z,t)$ 是外推观测波场，$P_s(x,z,t)$ 是震源外推波场。积分核表示在 $t$ 时刻对空间全波场做一次成像运算，积分则说明像空间 $Map(x,z)$ 是各时间切片上所成的像的叠加。互相关成像条件需要计算并记录震源波场信息，计算和存储量都很大，但它可以充分利用双程波全波场信息，包括多次反射波、绕射波等信号都是可以增强成像效果的有效信号。同时，积分求和对成像噪音也有很好的压制效果。

## 3. 结论

通过对比分析初至到达时激励时间成像条件、最大振幅到达时激励时间成像条件和互相关成像条件的成像原理和实现方法，可以得出以下结论：

（1）初至到达时激励时间成像条件采用高频近似方法计算初至旅行时，计算效率很高，适用于构造相对简单的情况。

（2）最大振幅到达时激励时间成像条件不仅包含成像时间信息，同时还包含振幅信息，改善了成像效果。

（3）互相关成像条件计算量和数据存储量都很大，但可以充分利用全波场信息，对多次激发实现多次成像。当偏移速度场足够准确时，多次波、绕射波等信号都是可以增强成像效果的有效信号。

### 参 考 文 献

[1] Claerbout J F. Toward a unified theory of reflection mapping[J]. Geophysics, 1971, 36: 467~481.

（19）地震波传播与成像探查

# 基于信号迭代预测的混叠数据分离技术

# Separation of blended data by iterative estimation of signal

谭尘青　韩立国

Tan Chenqing　Han Liguo

吉林大学 地球探测科学与技术学院

地震采集往往是在经济效益和采集质量之间寻求平衡，传统采集在相邻震源之间设置足够的激发间隔，以避免接收记录相互混叠，其代价是地震测量的参数（炮距、道距、方位角、偏移距分布等）都不一定能够达到最佳。与地震勘探作业链的其它环节相比，地震采集方法技术特别是采集思路的变化是缓慢的。多震源同时激发采集（simultaneous acquisition）是地震数据记录方面的重大变革，多个不同空间位置的震源以一定编码方式同时激发，获得时间空间相互干涉的混叠炮记录。从时间域的间断激发、逐炮接收，到同时激发、连续接收，这是地震采集思路的重要突破，极大加快了数据记录速度，进而提升采集效率和成像质量。

混合采集技术实现的关键在于炮分离（deblend），即将混合采集记录中相互混叠的不同震源记录分离，得到传统采集的单炮记录。本文针对高震源密度比的混叠炮记录，研究了一种多时域迭代去噪的炮分离方法，该方法主要运用了多级中值滤波技术和 Curvelet 阈值迭代算法。前者由于其简单有效和自适应的特性，在近年来得到了迅猛发展，并被广泛应用于地震资料的去噪处理中；后者由 Herrmann，Hennenfent 等人引入到压制地震资料随机噪声领域，由于 Curvelet 变换的稀疏性使得 Curvelet 系数要比小波系数更加精细，在运用阈值限制时，可以在 Curvelet 域中更加清楚的分辨出有效信号和噪声，因此在随机噪声去除中有着出色的表现。本文将这两种方法应用在炮分离中：在伪分解记录的共偏移距道集采用多级中值滤波消除混叠噪声，再将滤波结果转换到共检波点道集以 Curvelet 阈值迭代法进一步压制残留噪声，最终返回共炮点道集得到分离结果；在迭代过程中需要逐步降低中值滤波的时窗长度，不断提取有效信号，将其恢复到炮分离结果中。实际资料处理结果证明，本方法能够明显提升炮分离质量和计算效率。

算法具体流程如下：

（1）计算伪分解炮记录 P’,并根据震源密度比和资料品质设置信噪比期望值和中值滤波初始时窗长度，令 i=0，$P_i$=0 为初始炮分离结果；

（2）i=i+1；

（3）计算剩余混叠信号；

（4）将剩余混叠信号选排在共偏移距道集进行中值滤波，消除混叠噪声，提取有效信号 $R_i$’；

（5）将滤波结果与上次炮分离结果相加：$P_i' = P_{i-1} + R_i'$；

（6）将 $P_i$’转换到共检波点道集进行曲波阈值迭代去噪，压制残留噪声；

（7）转换回共炮点道集得到分离结果 $P_i$；

（8）计算炮分离结果的伪分解记录及其与目标数据 p’的信噪比，如果达到期望值则跳出循环，输出 $P_i$ 为最终炮分离结果，否则回到第二步。

多震源混合激发采集推进了地震采集技术的进步，带来了采集理念、地震资料数据质和量的深刻变化，是未来地震采集方法发展的必由之路。震源密度比是混合采集的核心要素，在条件允许的情况下，该比值越高越好，其代价是混叠噪声随之倍增，加大去噪分离难度。本文重点研究高震源密度比混叠数据的分离，提出了一种多时域联合迭代去噪的方法。与前人方法预测混叠噪声，将其从混叠数据中剥离不同，本方法旨在预测有效信号。对于高度混叠的混合炮记录，混叠噪声的预测要比有效信号的提取更加困难，因此通过后者实现炮分离可能是更好的选择。从实际资料处理结果来看，本方法不仅能够得到高质量的分离结果，而且大幅提升了计算效率。

本课题由吉林大学研究生创新基金资助项目深部金属矿混合采集与联合成像技术研究 （项目批准号：20121070）资助。

**参 考 文 献**

Chenqing Tan, Liguo Han, Yahong Zhang, Wubing Deng. Separation of blended data by iterative denoising[C]//74th Annual International Meeting, EAGE, Extended Abstracts, 2012.

（19）地震波传播与成像探查

# 快速展开法波动方程正演

# Wave equation forward modeling by rapid expansion method

张 茜[1,2] 刘 洋[1,2]

Zhang Xi Liu Yang

1. 中国石油大学（北京）油气资源与探测国家重点实验室 北京 102249;
2. 中国石油大学（北京）CNPC 物探重点实验室 北京 102249

## 1. 引言

现在普遍采用有限差分法求解波动方程。一般用二阶有限差分求解时间导数、二阶或高阶有限差分求解空间导数。但这种方法可能会带来数值误差，从而使波形发生变化，引起网格频散。为了避免这些数值问题，可以采用较小的时间步长或较小的网格，来提高这个方法的模拟精度。结果，当模拟大比例尺大偏移距或是大方位角高频声波数据时，有限差分法变得较慢。Kosloff 等人提出了另一种方法一快速展开法，它可以获得一个更为精确的解[1]；他们将快速展开法与伪谱法结合，得到了高精度、数值上稳定的结果，并且相对于一般的有限差分方法而言，有较小的计算量。

## 2. 快速展开法原理

快速展开法可分为两种方法，即一步快速展开法和契比雪夫多项式递推法。一步快速展开法采用契比雪夫多项式来展开波动方程求解中的余弦算子，这可以为数值求解获得一个更精确时间积分值。契比雪夫展开式递推法将快速展开法与伪谱法结合，展开出现在波动方程求解中的余弦算子，并利用 Tal-Ezer 提出的契比雪夫多项式进行计算[2]，一旦契比雪夫多项式已求得，就可以得到任意时间和在任意时间序列上的波场，从而推导出求解波动方程的一个递推公式。由于两种方法的贝塞尔函数中的参数不同，相对于一步快速展开法，契比雪夫多项式递推法的计算量要小很多。但是对于波场中新的时刻，契比雪夫多项式必须重新计算，因为从之前时间获得的结果会变成下一个契比雪夫多项式序列的新的初始条件。

## 3. 快速展开法波动方程正演

Reynam 等人利用一步快速展开法和契比雪夫多项式递推法，得到了无源与有源两种情况下波动方程的求解公式和递推公式[3]，即

$$u(\mathbf{x},t+\Delta t)+u(\mathbf{x},t-\Delta t)=2\left[\sum_{k=0}^{M} C_{2k}J_{2k}(\Delta tR)Q_{2k}(\mathrm{i}\phi/R)\right] u(\mathbf{x},t)$$

在递推公式中，$C_{2k}$ 为常数，当 $k$=0 时值为 1，$k$>0 时值为 2。$J_{2k}$ 是底数为 $2k$ 的贝塞尔函数。$Q_{2k}$ 为契比雪夫多项式，式中 $R=\pi c[(1/\Delta x^2)+(1/\Delta z^2)]1/2$，$c$ 为网格中最大速度，$\Delta x$、$\Delta z$ 为空间采样间隔。我们利用上述两种方法，分别对均匀介质模型、层状介质模型和 SEG/EAGE 盐丘模型进行波场模拟，得到了波场快照和单炮记录，并进行了对比分析。

## 4. 快速展开法与有限差分方法的对比

通过数值模拟，对快速展开法与有限差分方法进行了对比与分析。当空间网格和时间步长均较小时，有限差分法与快速展开法有相同的精度。对于大的空间网格和时间步长，有限差分法模拟得到的波场快照出现了明显的频散现象，而快速展开法仍保持较高精度；从单炮记录也可看出，有限差分法模拟得到的子波形态发生了改变，频散严重，而利用快速展开法得到的单炮记录中，子波形态保持很好，频散很小。在进一步对比中，为了得到与快速展开法近似的精度，可以使用更高阶的有限差分，但有限差分法的计算量会增加、计算速度会减慢。基于快速展开法和伪谱法结合的波动方程求解方法比一般有限差分方法有更高的精度，并且可以采用较大的时间步长。

本研究由教育部新世纪优秀人才支持计划（NCET-10-0812）资助。

### 参 考 文 献

[1] Kosloff D, A Q Filho, E Tessmer, A Behle. Numerical solution of the acoustic and elastic wave equations by a new rapid expansion method[J]. Geophysical Prospecting, 1989, 37(4): 383~394.

[2] aTal-Ezer H, D Kosloff, Z Koren. An accurate scheme for forward seismic modeling[J]. Geophysical Prospecting, 1987, 35: 479~490.

[3] Reynam C Pestana1, Paul L Stoffa. Time evolution of the wave equation using rapid expansion method[J]. Geophysics, 2010, 75 (4): 121~131.

（19）地震波传播与成像探查

# 基于染色算法的照明分析

# Illumination Analysis Based on Staining Algorithm

陈 波 贾晓峰*

Chen Bo Jia Xiaofeng

中国科学技术大学地球和空间科学学院 合肥 230026

**1. 研究目的意义**

地震偏移成像中，很多地下结构的成像难点在于其到达地表的地震波能量太弱，且受干扰程度高。以盐丘为例，盐下通常是成像的关键区域，但有时由于盐丘遮挡，地表接收到的来自盐下结构的信号相对较弱，使得在成像中该区域分辨率较低。因此，研究成像难点地区的照明情况，确认地震记录中是否有经过该目标区域的信息，并在数据中抽取来自该区域目标反射点的信号对于提高目标区域的成像质量具有重要意义。

**2. 方法原理**

染色算法的原理是在地震模拟中通过标定目标区域，使得所有经过该区域的地震波都被“染色”，在波长快照与合成地震记录中得到体现。以此作为参考，在实际数据中抽取与被染色数据相对应的地震记录，利用该抽取记录进行成像，达到有选择的对目标区域成像的目的。对于二阶声波方程

$$\frac{\partial^2 p}{\partial t^2}=v^2\left(\frac{\partial^2 p}{\partial x^2}+\frac{\partial^2 p}{\partial z^2}\right) \tag{1}$$

利用有限差分算法，按照所需精度将其离散，形成相应的差分格式。以最简单的常规时间上二阶精度显式差分格式为例，假设水平和垂直空间步长相等，差分格式如下：

$$p_{i,j}^{n+1}=\lambda^2\sum_l a_l p^n+2p_{i,j}^n-p_{i,j}^{n-1} \tag{2}$$

其中，$p(x,z,t)$是地震波场，$\lambda=\Delta t/\Delta x$是时空步长之比，$n$是时间格点编号，$i$，$j$是空间格点编号，求和号中是因空间精度而异的第$n$个时刻所求点周围点的求和。在已知初始条件的情况下，通过公式(2)的迭代格式，在时间上进行递推，得到所求时刻的波场信息及合成地震记录。本文在以上迭代格式的基础上对目标区域进行标记，凡经过目标区域的波前全部被“染色”，在波场快照（合成地震记录）中可体现出来。经过证明，当采取合适的标记方式时，被标记波场（合成地震记录）为实际波场（合成地震记录）的子集，且被标记部分与真实部分完全同步。对应于被标记波场的空间（合成数据的空间到时）信息，将真实波场（地震记录）中相对应的部分提取出来即为经过目标区域的波场（地震记录）。利用被染色的地震记录进行偏移成像，即可大幅屏蔽盐丘以及浅部的成像，突出得到盐丘下部被标定的目标区域。

**3. 结论和讨论**

数值计算结果表明，基于有限差分格式的染色算法能够有效标记目标结构，获取经过目标结构的信号。通过对被标记信号的抽取，能够得到较为理想的目标区域成像结果。在实际资料处理中，染色流程和目标区域信号精确抽取将变得更为复杂，这一技术可望得到有效运用。

本研究由国家自然科学基金委青年基金（41004045）、中科院知识创新工程项目（KZCX2-EW-QN503）资助。

**参 考 文 献**

[1] 谢小碧，姚振兴. 二维不均匀介质中点源 P-SV 波响应的有限差分近似算法[J]. 地球物理学报，1988，31(5): 540~555.

（19）地震波传播与成像探查

# 裂缝介质地震散射波场正演模拟

# Seismic scattered wave forward modeling for crack media

侯 凯

Hou kai

中国石油大学（华东）地球科学与技术学院 青岛 266555

**1. 研究意义**

随着人们对石油天然气需量的不断增长，地震勘探正由构造油气藏向隐蔽油气藏转换，裂缝性油气藏作为一种复杂的隐蔽油气藏，广泛存在于碳酸盐岩、泥页岩以及火成岩中。研究表明全国可动用油气储量的四分之三为低渗透的致密裂缝油气藏。对于裂缝小尺度的非均质体，常规的反射波模拟存在很大的局限性，我们根据散射的原理，对非均质体采用 Green 函数积分的方法进行正演模拟，分析裂缝密度、速度以及倾角等参数对于散射波场的传播特征影响，对于油气资源的勘探开发有非常重要的意义。

**2. 方法原理**

**1）散射波的格林函数积分解**

根据地震波散射原理，入射波在某种参考介质中的波场称为背景场，如果介质参数发生变化，那么此时观测到的波场与参考波场之差就成为散射场，认为是由速度的扰动部分引起的，用格林函数求解波动方程得到积分解的形式：

$$u(x,y,z;\omega)=u_0(x,y,z;\omega)+\iiint_V G(x,y,z;x_1,y_1,z_1;\omega)k_0^2\varepsilon(x_1,y_1,z_1)u(x_1,y_1,z_1;\omega)dV$$

上式中，$u$ 、$u_0$ 分别代表总场和背景波场，$G$ 称为格林函数是单位脉冲源产生的场，$k_0$ 为背景场的波数，$\varepsilon=v_0^2/v^2-1$ 表示扰动项。这就是著名的 Lippmann-Swinger 方程。

**2）散射波的正演算法**

根据一阶 Born 近似，通过傅立叶变换和留数定理分解 Green 函数，在 De wolf 近似和屏近似条件下得到前向散射场和背向散射场的表达形式：

前向散射场：

$$u_s^f\left(x'',y'',z'';\omega\right)=F_{k_x,k_y}^{-1}\left\{e^{ik_z\Delta z}F_{x,y}\left\{\left[i\omega\Delta s\Delta z\right]u_0\left(x,y,z;\omega\right)\right\}\right\}$$

背向散射场：

$$u_s^{\,b}(x',y',z';\omega)=F_{k_{x'},k_{y'}}^{-1}\left\{\sin c(\Delta z)e^{ik_0\Delta z}e^{ik_z\Delta z}F_{x,y}\left\{[i\omega\Delta s\Delta z]u_0(x,y,z;\omega)\right\}\right\}$$

总前向波场：

$$u^f(x'',y'',z'';\omega)=F_{k_x'',k_{y''}}^{-1}\left\{e^{ik_z\Delta z}F_{x,y}\left\{u_0(x,y,z;\omega)e^{iw\Delta z}\right\}\right\}$$

式中，$k_z$ 表示波数 z 方向分量，$\Delta s$ 为慢度的扰动量。

**3. 结论**

裂缝性油气藏的发育受很多因素的影响，裂缝的尺度非常小,远低于其它地质体的地震响应，地震资料中虽然包含很多裂缝性储层的信息，但是裂缝能量的识别具有很大的困难。Green 函数法是解决裂缝介质地震勘探不可或缺的技术。随着近些年地球物理学家们对散射波地震勘探重视，该技术已经成为地球物理界的热点和难点问题。

## 参 考 文 献

[1] 吴如山，安艺敬一．地震波的散射衰减[M]．李裕澈，卢寿德，等译．北京：地震出版社，1993.

[2] 贾豫葛，李小凡，张美根．地震波散射研究的若干重要进展[J]．地球物理学进展，2005，20(4)：939~944.

（19）地震波传播与成像探查

# 基于贴体网格的地震波正演模拟方法研究

# Seismic waves forward modeling studies based on body-fitted grid

杨国鑫* 李振春

Yang Guoxin* Li Zhenchun

中国石油大学（华东）地球科学与技术学院 青岛 266555

**1. 引言**

为了模拟地形的起伏对地震波的传播的影响，地表的形状必须由网格在几何上精确描述，但是广泛采用的笛卡尔网格并不能准确描述弯曲表面，所以不合适起伏地表的地震波模拟。本文的贴体网格可以有效地解决这个问题。

贴体网格可以精确的描述地形，可以解决地表起伏对数值模拟的影响，并且该方法生成的网格与真实的物理区域边界相适应，即边界重合。这样可以减少网格点与区域边界不吻合带来的误差。

**2. 方法原理及边界条件**

所谓的贴体网格实质上就是坐标变换，通过坐标变换把物理区域内的非规则区域映射到规则的计算域。在计算域中划分网格，进行差分模拟。

在网格生成后，就可以得到计算区域$(\xi,\varsigma)$和物理域$(x,z)$之间的映射关系：$x=x(\xi,\varsigma)$，$z=z(\xi,\varsigma)$通过坐标变换关系，得到计算区域与物理域的关系，并且通过坐标变换关系得到在曲坐标系下的一阶速度-应力方程，对此程用 DRP 同位网格进行差分离散。曲坐标系下的速度应力方程为：

$$\begin{aligned}
&\rho\frac{\partial v_x}{\partial t}=\frac{\partial\tau_{xx}}{\partial\xi}\frac{\partial\xi}{\partial x}+\frac{\partial\tau_{xx}}{\partial\eta}\frac{\partial\eta}{\partial x}+\frac{\partial\tau_{xz}}{\partial\xi}\frac{\partial\xi}{\partial z}+\frac{\partial\tau_{xz}}{\partial\eta}\frac{\partial\eta}{\partial z}\\
&\rho\frac{\partial v_z}{\partial t}=\frac{\partial\tau_{xz}}{\partial\xi}\frac{\partial\xi}{\partial x}+\frac{\partial\tau_{xz}}{\partial\eta}\frac{\partial\eta}{\partial x}+\frac{\partial\tau_{zz}}{\partial\xi}\frac{\partial\xi}{\partial z}+\frac{\partial\tau_{zz}}{\partial\eta}\frac{\partial\eta}{\partial z}\\
&\frac{\partial\tau_{xx}}{\partial t}=(\lambda+2\mu)(\frac{\partial v_x}{\partial\xi}\frac{\partial\xi}{\partial x}+\frac{\partial v_x}{\partial\eta}\frac{\partial\eta}{\partial x})+\lambda(\frac{\partial v_z}{\partial\xi}\frac{\partial\xi}{\partial z}+\frac{\partial v_z}{\partial\eta}\frac{\partial\eta}{\partial z})\\
&\frac{\partial\tau_{xz}}{\partial t}=\lambda(\frac{\partial v_x}{\partial\xi}\frac{\partial\xi}{\partial x}+\frac{\partial v_x}{\partial\eta}\frac{\partial\eta}{\partial x})+(\lambda+2\mu)(\frac{\partial v_z}{\partial\xi}\frac{\partial\xi}{\partial z}+\frac{\partial v_z}{\partial\eta}\frac{\partial\eta}{\partial z})\\
&\frac{\partial\tau_{zz}}{\partial t}=\mu(\frac{\partial v_z}{\partial\xi}\frac{\partial\xi}{\partial z}+\frac{\partial v_z}{\partial\eta}\frac{\partial\eta}{\partial z})+\mu(\frac{\partial v_x}{\partial\xi}\frac{\partial\xi}{\partial x}+\frac{\partial v_x}{\partial\eta}\frac{\partial\eta}{\partial x})
\end{aligned}\tag{1}$$

其中，$v_x,v_z$为速度，$\tau_{xx},\tau_{xz},\tau_{zz}$为应力，$\lambda,\mu$为拉梅系数。

在自由边界条件，由于应力镜像已经不适用于起伏地表，所以本文采用牵引力镜像，即令自由表面牵引力关于地表对称。则牵引力在地表的合力为零。在其他的三个边界采用 PML 层吸收边界条件。空间上采用 DRP/MacCormack 格式，时间上采用 4/6 龙格库塔方法，这种方法达到空间四阶时间四阶精度。

**3. 结论**

贴体网格可以很好的处理起伏地表问题，并且对自由界面采用的牵引力镜像方法，不仅可以处理光滑表面也可以处理不光滑地表的地震波传播。所以贴体网格避免了处理自由边界为光滑的限制。

**参 考 文 献**

[1] Thompson J F, Warsi Z U A, Mastin C W. Numercial Grid Generatioin – Foundations and Applicatioins[M]. North Hollad Publishing Co., New York, NY, 1985.

[2] Hu F Q, Hussaini M Y, Manthey J L. Low-dissipation and low-dispersion Runge-Kutta schemes for computational acoustics[J]. Journal of Computational Physics, 1996, 124: 177~191.

[3] Hixon R. On increasing the accuracy of MacCormack schemes for aeroacoustic applications[J]. AIAA Paper, 1997: 1586.

（19）地震波传播与成像探查

# 基于 Lebedev 网格的 Fourier 微分算子弹性波数值模拟

# A fourier differentation operation elastic wave modeling based on Lebedev scheme

侯思安* 杜启振

Hou Si'an Du Qizhen

中国石油大学（华东） 青岛 266580

## 1. 引言

地震正演在全波形反演和逆时偏移等技术中起到了重要作用，常用的方法是交错网格有限差分法。但是，由于差分算子自身的局限性，即便采用了高阶差分、优化差分系数等技术，其数值频散依然不能够完全消除；此外交错网格有限差分法的变量(速度和应力)定义在网格的不同节点，计算时要对弹性参数进行插值，这样会造成计算精度降低，尤其是在各向异性介质条件下更加明显。因此，为解决常规交错网格有限差分方法固有难题，研究更加合理的计算网格及高精度的微分算子具有非常重要的意义。

## 2. 方法原理

目前针对网格定义的问题，主要有两种有效的解决方法：旋转交错网格(RSG)(Saenger, Gold et al. 2000)和 Lebedev 网格(LG)(Lisitsa and Vishnevskiy 2010)，这两类网格的主要特点都是方程中的所有应力定义在一组节点上，速度定义在另外一组节点上，介质弹性参数定义在网格中心。由于 RSG 的计算量明显高于 LG 网格，因此本文选用 LG 网格进行计算，其网格定义如下：

$$\Omega_{\sigma}^{L}=\left\{IJL\middle|I+J+K=Z\right\}$$
$$\Omega_{v}^{L}=\left\{IJL\middle|I+J+K\neq Z\right\}$$

其中，$I$、$J$、$K$ 分别表示 $x$、$y$、$z$ 方向的网格点；$Z$ 表示整数集合，用于区分整数和半网格点；$\sigma$ 和 $v$ 分别表示应力变量和速度变量，所有的应力都定义在网格的中心及边界的中心，而速度定义在网格的面心和顶点；介质弹性参数定义在网格的中心。

借用 Fourier 变换求解微分方程的思想，引入 Fourier 微分算子(龙桂华, 李小凡 et al. 2009)代替原有的差分算子，其算子的矩阵形式如下：

$$D_{i\pm1/2,j}=\frac{1}{2}\cos\left[\frac{N(x_{i\pm1/2}-x_j)}{2}\right]\cot\left(\frac{x_{i\pm1/2}-x_j}{2}\right)-\frac{1}{2N}\sin\left[\frac{N(x_{i\pm1/2}-x_j)}{2}\right]\csc^2\left(\frac{x_{i\pm1/2}-x_j}{2}\right)$$

Fourier 微分算子既保持了 Fourier 变换法计算精度高、频散小和无相位误差等优点，又把 FFT 正反变换的过程整合到了一个矩阵乘法过程中，应用更加简单，并且更加利于 GPU 和并行计算。

## 3. 结论

数值模拟结果表明，本文方法在计算精度上要好于传统交错网格方法，计算频散明显减小；同时，在各向异性介质条件下，本文方法也比传统方法的计算精度要高。但是，该方法也存在计算量增加的问题，尤其是 Lebedev 网格的引入，成倍增加了计算量，这也是后续研究中要解决的问题。

本研究由国家自然科学基金（41074087）、国家科技重大专项（2011ZX0514-004-03HZ）、山东省自然科学杰出青年基金（JQ201011）和山东省自然科学基金重点项目（ZR2009EZ002）联合资助。

### 参 考 文 献

[1] Lisitsa V, D Vishnevskiy. Lebedev scheme for the numerical simulation of wave propagation in 3D anisotropic elasticity[J]. Geophysical Prospecting 58(4): 619~635.

[2] Saenger E H, N Gold, et al. Modeling the propagation of elastic waves using a modified finite-difference grid[J]. Wave motion 31(1): 77~92.

[3] 龙桂华, 李小凡, 等. 错格傅里叶伪谱微分算子在波场模拟中的应用[J]. 地球物理学报，52(1): 193~199.

（19）地震波传播与成像探查

# 椭圆展开速度分析方法速度谱收敛方法研究

# The study of velocity spectrum convergence method in ellipse evolving velocity analysis method

周　卿* 李振春

Zhou Qing* Li Zhenchun

中国石油大学（华东）　青岛 266555

## 1. 引言

Kondrashkov 首先提出了椭圆展开共反射点叠加用于速度分析的思想，国内周青春等也对其进行了研究。椭圆展开叠加速度分析方法抛弃了常规 CMP 方法水平层状假设，直接从叠前地震数据中搜索出共反射点数据进行叠加，它能较好的解决共中心点道集速度分析方法倾斜地层反射点弥散问题。速度分析过程中，速度谱的质量直接影响最终获取速度的精度。椭圆展开方法不能准确的选出共反射点数据，含有大量的噪声，选取何种方法生成速度谱成为此方法的关键，本文对此进行了重点研究。

## 2. 速度谱收敛方法研究

椭圆展开速度分析方法是将叠前以炮点和接收点为焦点的椭圆方程变换成关于反射点法线在地面出射点坐标 $l_0$ 和沿法向的双程走时 $t_0$ 的椭圆方程。这两参数的引入使得其更加符合零偏移距剖面的定义，而且在理论构建过程中没有对地层做水平层状假设，因此获取的叠加速度相对于 CMP 方法更加准确。椭圆展开速度分析方法通过对速度进行扫描，当速度为真实速度时，在 $(l_0,t_0)$ 剖面内椭圆展开曲线相切，在 $(v,t_0)$ 域会相交，在相交位置处叠加振幅值则产生极大值。利用此特性我们可以生成速度谱，交互拾取能量极大值获取叠加速度。由于真正的共反射点数据不能准确获取得到，我们只能根据不等式 $x_s < l_0 < x_r$ 或 $x_s > l_0 > x_r$（即 $l_0$ 在炮点和检波点坐标之间，此外还可以加角度控制条件）从叠前数据中选取道集，这样选出的数据量大，包含大量噪声，因此速度谱收敛方法成为了方法的关键。常见用于生成速度谱的叠加方法有叠加能量法，相似系数法，非归一化互相关求和，归一化互相关求和等很多方法。以椭圆展开速度分析方法为基础，通过模型试算我们可以知道归一化选择互相关求和，非归一化选择互相关求和，非归一化互相关求和，归一化互相关求和四种方法中，综合比较得出归一化互相关求和方法效果比较好，生成的速度谱较收敛。在归一化互相关求和过程中，我们首先用到了归一化，其目的就是防止在后期的叠加过程中，叠加值过大造成溢出错误；互相关是为了突出有效能量，压制低幅噪声；求和是利用椭圆展开速度分析方法在 $(v,t_0)$ 域产生极大值的特性，使得最终在速度谱上的叠加值能有效指导均方根速度的拾取。经过进一步研究发现，统计相位相关方法对于噪声压制的效果比较好，它是从相位相关敏感性的角度来考虑的而不是直接从振幅相关叠加来解决此问题。尤其是经过低通滤波及相关处理后，能量的收敛性效果更好。通过模型试算和实际资料处理可以知道，归一化互相关求和方法和经过低通滤波及相关处理后的统计相位方法都能较好的用于椭圆展开速度分析方法，这样获取得到的速度谱信噪比更高，能量团更加收敛。

## 3. 结论和认识

通过研究和试算获得了以下认识与结论：椭圆展开叠加速度分析方法获得的速度谱好于常规 CMP 速度分析方法，得到了更好的均方根速度场。经过低通滤波及相关处理后的统计相位相关方法和归一化互相关求和方法都适合用于椭圆展开速度分析方法生成速度谱，并且这两种速度谱收敛方法将在椭圆展开速度分析中发挥关键作用。以上都是基于二维情况下所做的研究，对于三维情况下的应用还需要进一步开展研究工作。

**参考文献**

[1] 周青春, 刘怀山, Kondrashkov V V, 等. 椭圆展开共反射点叠加方法的应用研究[J]. 地球物理学报, 2009, 52(1): 222~232.

[2] Morozov I B, Smithson B. High-resolution veloticy determination: statistical phase correlation and image processing[J]. Geophysics, 1996, 61(4): 1115~1127.

[3] Neidell N S, Taner M T. Semblance and other coherency measures for multichannel data[J]. Geophysics, 1971:36, 498~509.

# 专题二十：工程、环境及公共安全地球物理

# Engineering, Environmental and Public Safety geophysics

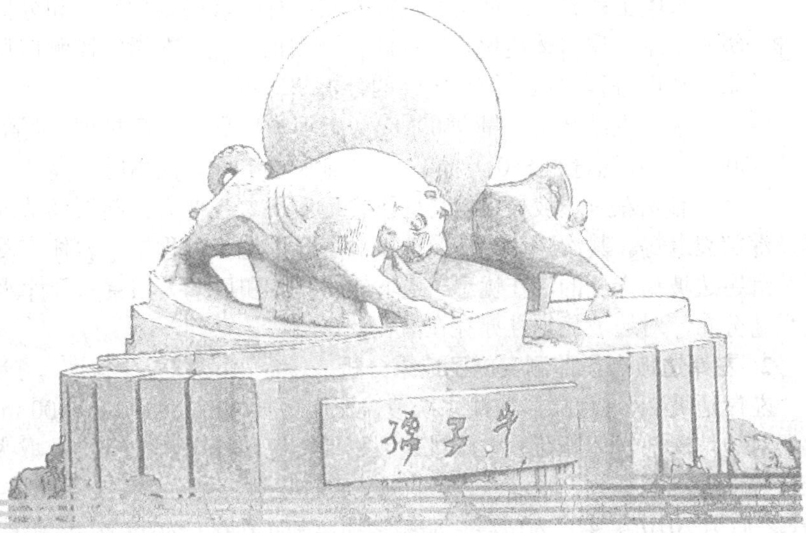

（20）工程、环境及公共安全地球物理

# 基于微震监测和数值模拟的水工岩质边坡稳定性研究

# Stability analysis of hydraulic rock slope based on microseismic monitoring and numerical simulation

沙 椿[1] 丁陈奉[1] 徐奴文[2] 唐春安[3] 邹延延[1]

Sha Chun Ding Chenfeng Xu Nuwen Tang Chun'an Zou Yanyan

1. 四川中水成勘院工程勘察有限责任公司 成都 610072; 2. 四川大学水利水电学院 成都 610065;
3. 大连理工大学岩石破裂与失稳研究中心 大连 116024

## 1. 引言

岩石工程动力灾害的研究表明，不管是冲击地压、矿震等煤矿矿山动力灾害问题，还是岩石工程动力灾害失稳问题，都是与工程活动过程中的应力场扰动所诱发的微破裂萌生、发展、贯通等岩石破裂过程失稳的结果。因此，不管是哪种岩石动力灾害，在多数情况下，在动力灾害出现之前，都有微破裂前兆。而诱发微破裂活动的直接原因则是岩层中应力或应变增加的结果。因此，在岩石动力灾害的研究工作中借鉴地球物理学家在地震机理和地震预测和矿山研究工作者在国外矿山工程微震监测等方面的研究成果，对于水利工程超大隧道及地下硐室和边坡的安全稳定性分析预测技术的研究具有重要的指导意义。对于岩质边坡而言，岩体内部的微破裂是反映边坡失稳的重要前兆信息，目前国内外广泛运用的微震监测技术无疑是岩质边坡稳定性监测的一种重要手段。

世界各国逐渐把声发射与微震技术作为一种监测预警手段，确保地下工程及矿井生产安全。美国矿务局在 20 世纪 40 年代就开始提出应用微震法来探测给地下矿井造成严重危害的岩爆。澳大利亚应用微震监测技术始于 1994 年，到 2000 年已有 13 个矿采用，并取得了较好的成果，其中澳大利亚联邦科学与工业研究院已完成了 15 个矿的微震监测，积累了大量的现场经验，为微地震监测工作的广泛开展和进一步研究提供了基础。南非的科学家研究了发生在威特沃斯兰德地区几个黄金矿区的 300 000 个微地震事件。国内，华丰煤矿在 1995 年与中国地球物理学会合作设计安装了微震监测系统，通过十年来的连续监测，积累了大量的数据资料。凡口铅锌矿从加拿大引进我国井下微震监测系统，取得了较好的监测成果。山东科技大学与澳大利亚联邦科学院联合，就煤矿灾害的预测及防治工作进行科技攻关，设计了井下微震定位监测系统，用于实时监测岩体破裂及灾变过程。冬瓜山铜矿引入南非 ISSI 公司微震监测系统针对岩爆进行了大量卓有成效的探索性研究。河北唐钢集团石人沟铁矿针对露天转地下开采过程边坡稳定性问题，通过引进加拿大 ESG 公司微震监测系统，并结合数值模拟，进行了大量的分析评估，为矿山地下开采提供技术支持和理论依据。

目前，水电工程岩质边坡运用微震监测进行边坡稳定性研究和分析还不多见，本文通过微震监测进行锦屏一级水电站左岸岩体边坡稳定性的预测预报研究，在微震监测信息基础上，建立微震监测与数值模拟耦合关系，从而进行岩质边坡稳定性的分析和评价。

锦屏一级水电站装机容量 3600MW，大坝为世界第一高拱坝，坝高 305.0m，大坝左岸边坡总体开挖高度约 530m，总开挖量约 550 万 $m^3$，是目前水电工程开挖高度最高、开挖规模最大、稳定条件最差的边坡工程之一。影响左岸边坡稳定的特殊不良地质现象主要有：断层及节理裂隙、岩体卸荷拉裂、岩体倾倒变形及深部裂缝等。其次，在边坡及地下洞室开挖施工过程中，岩体将发生卸荷松弛，存在卸荷导致诱发破裂等危害边坡稳定性的潜在忧患，边坡加固灌浆和后期大坝蓄水及库水位骤升骤降也会引起整个边坡应力的重新分布，对边坡稳定性亦存在潜在的影响。

## 2. 左岸边坡微震监测实施及成果分析

左岸边坡 28 通道微震监测系统覆盖左岸边坡 400 m×400 m×600 m 的区域范围，分布于 5 个高程的传感器对边坡深部岩体卸荷产生的微破裂事件实施 24 h 连续监测，获取大量微震事件的时空数据、震级以及能量等多项震源参数。经过近 2 年的微震实时监测共采集到有效事件 1640 个。2009 年 9 月前微震活动性较弱，之后至 2010 年 4 月为微震活动频繁期，活动率最大为 12 次/d。微震事件集中发生在 2009 年 9 月~2010

年 5 月之间(该时间段发生的微震事件数超过监测系统总采集数的 70%左右)，结合左岸边坡现场施工情况分析，2009 年 8 月底大坝基坑开挖已接近尾声，边坡内部岩体开始处于应力自我调整状态。10 月底混凝土大坝开始浇筑以及左岸边坡内部实施弱层固结灌浆加固措施，高压力水泥浆可能诱发断层和煌斑岩脉等弱层、裂隙二次扩展，从而产生大量微破裂事件。2011 年以来，左岸边坡微震事件发生频率甚小，符合实际边坡作业基本停止情况。左岸边坡施工扰动诱发的岩石微破裂主要沿大坝拱肩槽断层 $f_2$、$f_5$ 和煌斑岩脉 $X$ 成条带状分布，形成很明显的潜在滑裂面趋势。

**3. 左岸边坡渐进破坏过程数值分析**

RFPA 是基于连续介质力学和统计损伤力学原理开发的真实材料破裂过程分析系统，它可以对岩石等脆性材料渐进破坏的宏、细观力学进行数值模拟分析。RFPA 包括两方面功能：应力分析和破坏分析，RFPA 自身具有以下特点：①考虑材料非均匀性；②材料强度和弹模等力学参数遵从韦伯、均匀或正态等不同分布；③通过连续介质力学方法解决物理上的非连续介质问题；④破坏单元抗压不抗拉，且其力学性质变化不可逆；⑤考虑材料各向同性；⑥考虑材料损伤量、声发射与单元的破坏数量是正比例关系，而且数值模拟过程中声发射产生的能量和破坏单元产生的能量也是成正比例关系。

岩石边坡的破坏往往既存在剪切破坏区，也存在拉伸破坏区，RFPA-SRM 引入了具有拉伸截断的摩尔-库仑准则，因而较传统的仅可以考虑剪切破坏的有限元强度折减法更加切合实际。同时，将细观基元的强度以线性关系、按一定步长逐渐折减，每折减一次，应力分析程序将进行迭代计算，寻找外力与内力的平衡，并在此基础上进行破坏分析，直至边坡宏观失稳破坏，求得边坡的滑动破坏面。

分析左岸边坡 1-1 剖面加固后基于强度折减法的渐进破坏过程，可以看出，加固后边坡有如下潜在变形破坏规律：①基于 RFPA 强度折减计算，达到 step 45-31 时，边坡产生整体宏观失稳破坏，边坡此时安全系数为 1.82，较加固措施之前安全系数提高了 0.26。说明目前锚索加固处理方案切实可行，能够改善边坡的局部和整体稳定性，提高雾化区边坡的安全储备；②从弹模破坏图可以看出，边坡破坏失稳首先沿 $f_5$ 断层上盘和岩界线（$III_1$、$III_2$）中部产生裂缝，然后逐渐向下扩展，裂缝在 $f_5$ 断层下盘与边坡外层岩层界线（$III_1$、$III_2$）交界处形成半贯通型裂缝，随着强度折减计算进行，裂缝继续沿 $f_5$ 断层上盘和岩层界线下盘分别向边坡上、下高程延伸直至形成自上而下贯通的滑裂面，最后，边坡宏观失稳破坏。说明边坡断层、软弱岩层界线对边坡内部微破裂萌生、扩展和演化及其应力变化规律有较大影响；③从 AE 图可以看出，1885 m 高程平台存在少量的拉伸破坏，进行强度折减计算时发现，边坡首先沿着 $f_5$ 断层从上至下产生剪切破坏，且主要沿 $f_5$ 断层向下扩展，剪切破坏主要集中分布在 $f_5$ 断层靠向边坡外部的 $X$ 岩脉以及岩层分界线（$III_1$、$III_2$）之间，边坡最终形成以外部岩层分界线为主、边坡内部软弱岩层相结合的潜在滑裂面。

**3. 基于微震监测和数值模拟的边坡稳定性评价**

数值模拟选取的典型剖面集中在大坝拱肩槽下游，其渐进破坏模式和潜在滑移面形成机制一致，将数值模拟与微震监测结果进行直观对比研究，尝试建立数值模拟和微震监测信息的耦合关系。

分析 1-1 剖面边坡对应的微震监测区域及其微震事件空间分布规律，该区域岩石微破裂事件主要产生在距离边坡坡面 60～150 m 范围之内，沿大坝拱肩槽上下成条带状分布，且集中分布在 1600～1800 m 高程之间，震级高能量大的岩石微破裂事件大部分发生在边坡底部。微破裂事件高密度区域主要集中在 1580 m，1730 m 高程附近，且有连成空间条带的趋势。岩体破裂能量损失高密度区域集中在拱肩槽断层 $f_5$、$f_8$ 及煌斑岩脉 $X$ 条带上。

基于 RFPA 强度折减法计算的 1-1 剖面边坡潜在滑裂面及其空间声发射分布规律与微震监测系统拾取的微震事件空间分布特征比较吻合。1-1 剖面边坡坡顶主要为拉伸破坏，而坡脚主要为剪切破坏。目前，岩石微破裂地震变形量以及能量损失较小，虽然边坡出现潜在的岩体微破裂沿大坝拱肩槽成条带状聚集分布，但结合数值模拟和地质资料分析，这些聚集成簇的微破裂事件是边坡施工扰动后已有断层、裂隙带卸荷松弛引起应力自我调整的一种表现，对边坡整体稳定性影响不大。本文后续研究将结合数值分析和微震监测的耦合关系，进行微震信息与边坡稳定性之间的定量关系研究。

## 参 考 文 献

[1] 徐奴文，唐春安，沙椿，等. 锦屏一级水电站左岸边坡微震监测系统及其应用研究[J].岩石力学与工程学报, 2010, 29(5): 915~925.

[2] 徐奴文，唐春安，周钟，等. 岩石边坡潜在失稳区域微震识别方法[J].岩石力学与工程学报，2011，30(6): 893~900.

[3] 唐春安，李连崇，李常文，等. 岩土工程稳定性分析 RFPA 强度折减法[J]. 岩石力学与工程学报，2006，25(8): 1522~1530.

[4] Tang C A, Yang W T, Fu Y F, et al. New approach to Numerical Method of Modelling Geological Processes and Rock Engineering Problems-continuum to discontinuum and linearity to nonlinearity [J]. Engineering Geology.1998，49(3~4): 207~214.

（20）工程、环境及公共安全地球物理

# 高密度电法在探测岩溶中的应用研究

# Application of High-density electrical method in the karst

王诗东　熊　壮　朱世山　李庆伟　陈晓波

Wang Shidong　Xiong Zhuang　Zhu Shishan　Li Qingwei　Chen Xiaobo

核工业西南勘察设计研究院有限公司检测中心　成都 610061

近几年来，在民用建筑工程勘察中，岩溶作为一种典型的不良地质现象在地基基础施工中的危害越来越明显，对建筑物将产生沉降不均匀，严重影响到了工程质量与施工进度。因此，探测地下岩溶在民用建筑工程勘察中的作用是十分重要的。

**1. 高密度电法方法**

高密度电法是以岩土介质的导电性差异为基础，通过观测和研究人工建立的地下稳定电流场的分布规律，从而查明地下地质构造和寻找地下电性不均匀体（岩溶、风化层、滑坡体、断层等）的一类地球物理勘察方法。与常规电法相比，高密度电法通过多道电极转换开关自动转换测量电极，一次测量，具有直观、高效、高分辨率、高精度等特点。

本次测量工作采用重庆奔腾数控技术研究所生产的 WGDA-9 超级高密度电法系统，该系统以 WDA-1、1B 为测控主机，内置的 200V 高压供电电源，同时采用不锈钢电极，提高了数据采集精度。该系统可以实现分布式二维、三维高密度电阻率测量，所有电极排列全部采用滚动测量方式，通过移动电极可使断面无限接续，可以实现单点复测，任意点起测。

**2. 勘探区概况及测线布置**

勘探区位于大巴山南麓，为浸蚀剥蚀中山地貌。场地为台阶或缓斜坡状岩溶地貌，岩溶山丘、岩溶沟槽等在区域上呈星点状分布。地段上覆地层主要为中生界三叠系下统嘉陵江组（$T_1j$）灰色，青灰色，薄至中厚层状灰岩，夹生物碎屑，层理发育，呈层清晰，层面平直，常见斑纹状，层纹状构造，偶见角砾状构造，强度高，节理裂隙发育。下伏地层为古生界二叠系上统吴家坪组（P2w）深灰色中-厚层状燧石灰岩、灰岩。为查明地下岩溶的位置走向，布置了 10 条测线，W1-W6 测线长 100 米，W7-W10 测线长 80 米。

**3. 资料分析与解释**

数据处理采用吉林大学研制的 Geogiga RTomo 高密度电法处理软件，通过录入原始数据、数据格式转换、剔除坏点、地形校正、反演，最后得到视电阻率剖面图。经对勘探区各探测剖面综合分析，视电阻率变化较大，变化范围一般多在 10Ω·mΩ·m~3000Ω·m 之间，局部大于 3000Ω·m。视电阻率在 10Ω·m~300Ω·m 之间的地层：主要与溶蚀沟、溶蚀槽内充填有低液限粘土有关，其次与区内的破碎碳质页岩及裂隙密集，潜水沿裂隙带渗透地段有关；视电阻率在 200Ω·m~1000Ω·m 之间的地层：主要为密闭的溶蚀沟、溶蚀槽、溶洞等空穴或区内的微风化中厚层灰岩有关；视电阻率在 800Ω·m~3000Ω·m 之间的地层：主要为完整的巨厚层灰岩岩石，根据以上分析，该勘探区具备开展高密度电法的地球物理前提。选取 W1 测线作为典型剖面解释。

W1 测线全长 100 米，电极距 2 米，共 50 个测点。从该测线视电阻率剖面可知，测线在 55~60 米处出现电阻率不连续界面，存在明显的低阻区，视电阻率在 8~33Ω·m，据勘探区电性特征，推断该段为岩溶构造接触面，由溶蚀沟、溶蚀槽内充填有低液限粘土引起的视电阻率低阻异常。经现场开挖证实该处有一宽约 4 米，深约 6 米的溶蚀沟，验证了低阻异常与溶蚀沟内充填有低液限粘土有关。

**4. 结论**

本次采用高密度电法探测地下岩溶取得了较好的地质效果，充分体现了高密度电法探测精度高、速度快、成本低等优点。实践表明，高密度电法在探测地下岩溶等地质灾害调查以及工程勘察领域是值得广泛应用的一种物探方法。

## 参 考 文 献

[1] 覃政教. 地面物探在岩溶地基工程勘察中的应用[J]. 中国岩溶，2005，24(4): 338~343.
[2] 刘天佑. 地球物理勘探概论[M]. 北京：地质出版社，2007.
[3] 宋希利，等. 高密度电法在地下空洞探测中的应用研究[J]. 工程地球物理学报，2010，7(5): 599~602.

（20）工程、环境及公共安全地球物理

# 应用探地雷达多属性叠合分析对北庭故城古建筑基址的勘查

# GPR survey of Architectural Ruins using multi-attribute analysis in Bei-ting Ancient Castle

赵文轲 田 钢*

Zhao Wenke Tian gang

浙江大学地球科学系 杭州 310027

探地雷达技术（GPR）在过去的时间里取得了极大进展，已经成为一门高分辨率的常规考古地球物理技术。在考古中应用 GPR 探测的首要目的是对埋藏文物遗存的位置、大小以及深度进行勘查，目前使用最多的是 2D 雷达振幅剖面以及 3D 切片。但是仅仅利用雷达资料中的振幅以及雷达波波至时间信息，不仅造成了大量信息的浪费，也不利于对考古目标体的解译。

近年来发展迅速的 GPR 属性技术是从雷达记录中提取关于电磁波的几何学、运动学、动力学及统计学等可描述的、可定量化的特征，进而刻画和描述地下目标体的结构以及物性等信息。结合同一 2D 和 3D GPR 资料的多种 GPR 属性结果对探测目标进行分析，有助于改进解释效果。但是，如果把 2D 或 3D GPR 资料的多种属性结果，根据加权平均或特定的数学统计方法，叠合到一张解释图，对探测目标体进行分析，则会大大改进 GPR 属性技术的应用效果。

因此，本次研究在对新疆北庭故城某处古建筑基址进行的 2D 以及 3D GPR 勘查中，应用了 GPR 多属性叠合分析方法。

**1．研究区概况**

北庭故城位于新疆维吾尔自治区吉木萨尔县城北约十二千米处，始建于唐朝，是唐帝国统治和管辖天山以北地区的文化和军事枢纽，后历经高昌回鹘国、元政权沿用，废弃于明朝初期。北庭故城遗址是我国新疆天山以北地区 7 世纪中~15 世纪初的重要城市遗址，是丝绸之路天山以北路段上的重要遗址点。城址平面布局略呈长方形，南北长约 1.5 千米，长西长约 1 千米，城分内外两重。为有效保护北庭故城遗址的真实性、完整性和延续性，提高遗产保护工作的科技含量，此处遗址需要进行大量的野外考古勘探。本次 GPR 研究区位于外城东城墙护城河外，紧邻护城河，勘查目标是砖结构古建筑基址，建筑年代不详，建筑地点特殊，具有重要的考古价值。研究区内北部区域经过初步考古勘探，南部埋藏情况未知。为了对此处古建筑基址进行整体分析评价，进行了 GPR 勘查。

**2．勘查结果**

为了对埋藏地下的古建筑基址进行较为全面的描述和刻画，本次 GPR 解释结果分为 2D 多属性叠合剖面和 3D 多属性叠合图。

经过 GPR 数据处理和相关属性提取及优化，由不同的振幅、频率以及相位等相关属性叠合的 2D 剖面图，在对连续的建筑墙基引起的反射波以及单个的砖块、石块等引起的扰射异常，有较好的分辨能力。把经过数据处理的 2D 雷达剖面进行数据拼接，可进行 3D 显示。3D 属性提取主要分为三维属性体提取和反射层位属性提取。反射层位属性提取又可分为两种方法：一种是沿目的层进行层位追踪，并沿目的层上下开一时窗，进而提取时窗内的反射层属性；另一种是针对反射层或目标体埋藏深度，上下固定时间位置，提取时窗内的雷达属性。经过属性提取及优化后的多种 3D 属性可进行叠合，结合不同 2D 剖面的异常反映，以及在此地进行的雷达波速度分析，3D 多属性叠合图不仅可对古建筑遗址的深度有较好地刻画，也可以刻画墙基的位置、连续形态以及走向。

**3．结论**

本次 GPR 勘查结果与研究区北部的已知信息一致，并对南部未知的古建筑基址进行了刻画。相比于以往的 GPR 属性分析技术，应用多属性叠合对考古目标体进行分析，结果更加清晰直观。研究表明，GPR 多属性叠合分析方法在考古调查中具有良好的应用效果和应用前景。

## 参 考 文 献

[1] 赵文轲，田钢，王帮兵，等．新兴的科技考古勘探方法：考古地球物理[J]．科学，2012，3：13~16．

[2] Brian Russell, et al. Multi attribute seismic analysis[J]. The Leading Edge, 1997, 16(10): 1439~1443.

（20）工程、环境及公共安全地球物理

# 探地雷达在地下污染检测中的应用研究

# Application study of ground penetrating radar in underground pollution detection

侯　征[1*]　杨　进[1]　宋　静[2]　李　磊[1]

Hou Zheng　Yang jin　Song jing　Li lei

1. 中国地质大学　北京 100083; 2. 中国科学院南京土壤研究所　南京 210008

## 1. 前言

随着社会不断发展与进步，环境污染问题给人们生活带来了严重影响。对原有地下填埋物探测与清理是现代化城市建设进程中的一个重要环节。探地雷达与其它探测方法相比，具有信息丰富、分辨率高、省事省力等优点，目前已成为探测地下填埋物的一种重要方法。

## 2. 工作原理与方法

探地雷达法是利用高频（$10^6$～$10^9$Hz）脉冲电磁波探测地下介质分布的一种地球物理勘探方法。它利用一个天线发射高频宽频带电磁波，电磁波在介质中传播时，其路径、电磁场强度与波形将随所通过介质的电性及几何形态而变化；另一个天线接收来自地下介质介面的反射波，根据接收到波的双程走时，幅度与波形资料，可推断介质的结构。探测任务的不同，使用天线的频率也不相同。鉴于本次研究目标埋深约为 3m，因此选择雷达天线频率为 500MHz。为保证测量质量，应在无异常的背景区，进行参数选择实验，选择合适的时窗、增益和叠加次数。

## 3. 探地雷达图像异常分析

通过对雷达剖面图像反射电磁波进行波相特征的识别，赋予异常信号其它地质属性的内涵，包括：岩性界面、埋藏物的分布形态、有机物污染情况等。本次研究地下填埋物主要有三种类型，一类是破碎陶瓷罐瓦片和碎玻璃瓶等无机物，另两类分别是含三氯杀螨醇黑色化工桶和油污类等有机物。其雷达图像剖面反射电磁波波相特征及产生原因分析如下：

### 1）破碎陶瓷罐瓦片和碎玻璃瓶等无机物

该类型填埋物雷达剖面具有明显的反射波同相轴中断、非连续和反射波增强的异常特征。产生该现象的原因是由于破碎瓦片和碎玻璃瓶密实性较差，导致同相轴中断和非连续，瓦片和玻璃具有高阻和高介电性，这种明显的电性差异导致了雷达波在此界面处产生明显的反射波组和波幅增强现象。

### 2）焚烧后的含三氯杀螨醇黑色化工桶

该类型填埋物雷达剖面具有明显的反射波同相轴中断、非连续和强度减弱的异常特征。是由于化工桶焚烧后，发生炭化，导致电阻率降低，使反射波具有振幅明显衰减的特征。另外因有机物在自然环境下的生物溶解作用，其有机物大分子带电量微小甚至不呈电性，使其电阻率降低甚少或变高，但介电性则相对变低，从而与未埋藏区相比，具有中低介电、中高阻性特征，也会使反射波具有振幅明显衰减的波组特征。

### 3）油污有机物

该类型填埋物雷达剖面具有明显连续反射同相轴异常特征，当油渗入地下体之中，它们均呈现低介电、高阻性，这也是确定油类污染的很好标志。

## 4. 结论

本研究采用探地雷达技术对河北某地污染场区进行探测，在对探地雷达剖面解释的基础上，根据上述雷达剖面特征，确定了污染物填埋的位置、深度和类型。结合开挖验证工作对比，证实了本次工作推断解释合理，预测精度较高，说明了探地雷达法对地下污染物的调查具有较高的探测精度。该研究为以后采用探地雷达进行地下污染物探测研究积累了经验。

## 参考文献

[1]　李大心.探地雷达方法与应用[M]. 北京：地质出版社, 1994.

[2]　冯德山, 戴前伟, 余凯. 基于经验模态分解的低信噪比探地雷达数据处理[J]. 中南大学学报(自然科学版), 2012, 43(2): 596~604.

（20）工程、环境及公共安全地球物理

# 超声波法在云冈石窟表层裂隙检测与灌浆评价中的应用

# The application of ultrasonic method on testing superficial fractures and grouting evaluation at Yungang Grottoes

李耀华[1,2*]　杨　进[1]　李　磊[1]　刘　明[1]　潘朝帧[1]

Li Yaohua[1,2*]　Yang Jin[1]　Li Lei[1]　Liu Ming[1]　Pan Chaozhen[1]

1. 中国地质大学 北京 100083；2. 北京航天勘察设计研究院 北京 100070

## 1. 前言

千百年来云冈石窟遭受各种因素影响，岩体表层裂隙纵横延伸，相互交切，造成石窟及雕像表面岩体发生滑移、脱落、垮塌等现象，严重影响了文物的艺术价值和观赏价值。超声波法以其无损、高效等特点，在裂隙检测与灌浆效果评价方面具有明显优势，已成为文物保护领域不可缺少的无损检测方法。

## 2. 工作原理与方法

超声波具有良好的指向性，在均匀介质中沿直线传播，而在裂隙等缺陷位置，将发生反射、绕射等现象，导致传播路径改变，能量衰减，振幅减小，其信号被接收换能器接收，根据不同波形及首波声时、波速、波幅等声学参数的变化特征判断分析介质内部结构、位置和形状等。根据云冈石窟现场实际情况及特点，以岩体表层裂隙为主要研究对象，分别采用“收发同步”、“定发移收”等单面测量方式获取不同的声时参数，通过分析、对比与评价进而了解裂隙异常特征及灌浆加固效果。

“收发同步”测量是保持固定的收发间距沿测线一定方向逐点同步移动收、发换能器进行测量；“定发移收”测量则是保持发射换能器位置固定不变，增大收发间距逐点移动接收换能器接收信号。

## 3. 资料分析与解释

### 1）云冈石窟岩体表层裂隙检测

声时曲线均反映出裂隙位置与周围岩体介质之间存在明显的差异特征，在跨缝位置超声波将绕裂隙末端传播，首波声时值发生明显增大突变，变化幅度与裂隙深度正相关。在非裂隙位置，“收发同步”测量的声时值近水平分布，为完好岩体的特征反映；“定发移收”测量声时曲线呈三段分布，除裂隙位置声时突变外，前后两段曲线呈不同斜率的线性分布，声时值随收发间距的增大而增大。

波速等值线图中的裂隙位置均呈清晰明显的为低速异常反映，波速值 0.4~0.7mm/μs；等值线与裂隙轴线近于平行，异常形状反映了裂隙的延伸方向；异常范围与裂隙的尺寸规模有一定的关系；邻近裂隙轴线位置等值线密集分布，变化梯度较大，其变化率大小可以定性确定裂隙相对深浅。裂隙周围岩体完整致密，波速分布均匀且相对较高。

### 2）云冈石窟裂隙灌浆效果评价

灌浆加固前后，“收发同步”测量结果在裂隙位置发生明显变化。灌浆后超声波不再绕射裂隙末端传播，传播距离缩短使得声时降低，其值趋近于非裂隙位置岩体表层的声时值，曲线近水平，近直线线性特征分布。“定发移收”实测结果也较为明显的反映了灌浆加固前后裂隙位置和随后各测点的声时变化，跨缝位置声时值突变程度明显减小。加固前不同测线的声时曲线大体可以分为三段，而加固后的声时曲线以跨缝之前的收发间距为拐点分为两段，两段呈直线线性分布规律；由于灌浆材料与砂岩之间的差异，并非成随距离的增大而线性增大的特点，但与灌浆之前相比具有明显的加固效果。　裂隙灌浆加固后，波速等值线较灌浆前变化明显，灌浆加固位置也基本反映出与围岩相近的特征，波速明显提高，波速值 0.8~1.2mm/μs，无明显裂隙低速特征反映，由此判断裂隙灌浆密实，基本无空隙存在，灌浆加固效果较好。

## 4. 结论

采用不同超声波测量方式对云冈石窟表层裂隙及灌浆效果进行检测与评价，通过相互之间的对比与验证，取得了良好效果，从而为云冈石窟的保护与修复提供技术依据。

参 考 文 献

[1] 赵鸿儒，等. 岩体超声探测技术及应用[M]. 北京：地震出版社，1981.

[2] 马涛，等. 超声波技术在大佛寺石窟石质保护中的应用[J]. 文物保护与考古科学, 1997, 9(2): 33~39.

[3] 张志国，等. 超声波无损探伤检测在现代出土石质文物保护中的应用[J]. 地质力学学报, 2005, 11(3): 278~285.

（20）工程、环境及公共安全地球物理

# 考虑关断时间的瞬变电磁三维正演

# Three dimensional FDTD modeling of TEM considering ramp time

孙怀凤*[1]　李　貅[2]　李术才[1]　戚志鹏[2]　薛翊国[1]　苏茂鑫[1]

Sun Huaifeng　Li Xiu　Li Shucai　Qi Zhipeng　Xue Yiguo　Su Maoxin

1. 山东大学 岩土与结构工程研究中心　济南 250061; 2. 长安大学地质工程与测绘学院　西安 710054

## 1. 引言

瞬变电磁以负阶跃脉冲作为激励源。然而，由于观测设备的限制，不能做到数学上以 delta 函数表示的负阶跃脉冲关断，由于关断时间的存在使实际勘探中瞬变电磁响应与阶跃脉冲模拟的响应存在差别。另外，随着仪器技术、航空电磁以及 M-TEM 的发展，对不同发射波形的瞬变电磁响应也提出了新的要求。本文以文献[1]的方法为基础，直接采用时域有限差分方程进行推导，并进行了两点改进：第一，通过将矩形回线源电流密度加入麦克斯韦方程组的安培环路定理方程，实现回线源瞬变电磁激发源加入；第二，在电流源的计算中考虑关断时间。文献[1]的激发源是以均匀半空间模型在关断后非常短的某一时刻地面及地下一定范围内的电场作为初始条件加入的，这就要求地面在一定深度范围内是均匀的，论文的第一点改进使时域有限差分方程考虑了一次场的计算，并且源的计算不再依赖均匀半空间模型响应作为初始条件，而是首先在计算区域内通过电流源的激发和电磁场在有耗媒质中的传播特性形成一次场，这样就可以考虑地表电阻率的不均匀性和模型的任意复杂性。另外，由于实际观测中不可能出现阶跃电流的关断形式，第二点改进可以方便设置激发电流波形和下降沿，通过设置不同的关断时间，可以研究关断效应对三维复杂模型瞬变电磁响应的影响。

## 2. 激发源的处理

对于无源区域和有源区域可以分别采用相应的方程进行迭代计算，但回线源瞬变电磁的激发源是细导线，在实际建模中细导线的尺寸远小于晶胞尺寸，因而不能通过晶胞来模拟细导线，进行源的处理时将其施加在 Yee 元胞的棱边上，由于回线源的存在，源所在的单元网格需要进行特殊的处理。由于细导线与电场的空间位置重合，因而临近单元仅需要处理网格中心的磁场分量。

假定在细导线附近的环向磁场和径向电场均按照 $1/r$ 的规律变化，其中 $r$ 为距导线中心的距离。如图 5 所示，使用法拉第电磁感应定律和安培环路定理可以求得源所在网格环路的场值。由于导线临近单元的磁场仅与该元胞表面的电场分量和磁场分量上一时刻的值有关，仅需要求解 Hz 分量，而实现过程中为了保证 FDTD 对低频电磁场求解的正确性，没有采用电场分量求解 Hz 而是采用磁场的 $x$ 和 $y$ 分量来求解 $z$ 分量，因而本处的磁场 $z$ 分量可以不需要进行特殊处理。

## 3. 算法验证

采用建立的方法进行回线源瞬变电磁三维正演。均匀半空间模型计算结果与解析解、四种典型三层模型计算结果与线性数字滤波解、均匀半空间包含三维低阻块体模型计算结果与积分方程解以及 Wang 的计算结果进行了对比。证明论文建立的时域有限差分方法可行并且精度可靠。考虑关断时间对瞬变电磁响应存在较大影响，以 H 模型为例计算了不同关断时间中心点的感应电动势衰减曲线，与负阶跃脉冲的线性数字滤波解进行对比，发现不同关断时间对晚期瞬变电磁衰减曲线影响较小，对早期的衰减曲线影响较大，关断时间越小，计算结果越接近负阶跃脉冲的线性数字滤波解，关断时间越大，早期的计算结果与数字滤波解偏差较大，就丧失了对浅层地质体的分辨能力，因而缩短关断时间对于提高瞬变电磁勘探早期结果的可用性具有重要意义。以实际地质资料为基础，构建包含两层采空区的三维复杂模型，以 1μs 的极小关断时间进行了复杂模型定回线源瞬变电磁响应计算。

本项目由山东大学优秀研究生科研创新基金(YYX10014)资助。

### 参 考 文 献

[1] Tsili Wang, W G Hohmann. A finite-difference, time-domain solution for three-dimensional electromagnetic modeling[J]. Geophysics. 1993, 58(6): 797~809.

[2] 葛德彪，闫玉波. 电磁波时域有限差分方法[M]. 2 版. 西安: 西安电子科技大学出版社, 2005.

（20）工程、环境及公共安全地球物理

# 综合物探在隧道勘察中探明断层的应用

# The comprehensive geophysical methods applied for the fault in the tunnel exploration

蒲海龙[1*] 王宇航[2] 刘 强[3]

Pu Hailong* Wang Yuhang Liu Qiang

1. 四川省地质工程勘察院 成都 610059; 2. 成都理工大学 成都 610059;
3. 四川省冶金地质勘查局六〇五大队 彭山 620860

**1. 引言**

在隧道勘察中，物探常用方法为高密度电阻率法和地震波折射波法。但近年来对炸药源的限制及受复杂地形的影响，地震折射波法达不到勘探要求；而对于埋深较大的隧道，高密度电阻率法达不到要求的勘探深度。因此本文采用高密度电阻率法及大地电磁法（MT）相结合的综合物探方法，查明了隧址区的覆盖层厚度、基岩风化带的界面及断层破碎带的分布。由于隧址区风化带和基岩之间，断层破碎带和完整基岩之间存在电性差异，因此其具备地球物理前提。

**2. 方法技术**

**1）高密度电阻率法**

高密度电法属于直流电阻率法的范畴，它是在常规电法勘探基础上发展起来的一种勘探方法，仍然以岩土体的电性差异为基础，研究在施加电场的作用下，地下传导电流的变化规律。相对于传统物探法而言，高密度电法测点密度高，采集信息量大，数据观测精度高，能在电性不均匀体的探测中取得了良好的地质效果。在隧道勘察中，其能很好的应用于划分覆盖层、风化界面及查明断层的位置及倾向。本次勘探采用60根电极，极距为10米，勘探深度可达80米左右。

**2）大地电磁法（MT）**

大地电磁法（MT）采用的仪器是由美国EMI公司和Geometrics公司联合研制出的EH4系统，该方法以卡尼亚大地电磁理论为依据，其理论的基本模型是：假设场源位于高空，地面接收的电磁场为平面电磁波，地下介质在水平方向是均匀的；定义电磁波在地下介质传播中，振幅衰减到地面振幅的1/e的深度为趋肤深度，所以，用不同频率的阻抗计算视电阻率，就可以达到测深的目的。因此，根据趋肤深度的概念可知，频率较高时，卡尼亚视电阻率反映较浅介质的电性，而频率越低则探测深度越大。本次勘探采用四面布极，点距20米，极距20米，勘探深度截取为500米。

**3. 勘探实例**

某隧道按照设计进行了上述两种方法的勘探。根据地质资料可知，隧址区有一条断层通过。隧道洞身最大埋深为400米。其物探异常解释如下：

高密度电阻率法勘探表明：勘探深度范围内（80米）该隧道在里程0+840～1+400段表现为低阻异常。大地电磁法勘探表明：在里程0+840～1+400段地面以下240米为低阻异常，但在地面以下240～500米，里程0+840～0+900段及1+200～1+400段表现为高阻异常，其余段为低阻异常。

结合两种勘探方法说明：该隧道里程 0+900～1+200 段为断层破碎带，而里程 0+840～0+900 段及1+200～1+400段为断层影响带，表层因为富水后而表现为低阻异常。

**4. 结语**

高密度电阻率法能很好的划分出覆盖层、风化带界面及断层的大概位置，对于浅部勘探有很好的效果。但对于富水的断层破碎带及其影响带，高密度电法都表现为相同的低阻电性特征，因此在其勘探深度范围内不能将其区分。而大地电磁法具有较大的勘探深度，在深部较直观的揭露出了断层的具体位置，但其具有浅部的盲区，无法划分覆盖层及风化界面。所以结合两种物探方法，在勘探深度上具有互补的同时，也相互印证了断层破碎带的位置，达到了本次勘探的目的。

**参 考 文 献**

[1] 王士鹏. 高密度电法在水文地质与工程地质中的应用[J]. 水文地质与工程地质,2000,1:52-56.
[2] 石应骏，等. 大地电磁测深法[M]. 北京:地震出版社，1984.

（20）工程、环境及公共安全地球物理

# 应用瞬变电磁虚拟波场三维曲面延拓成像探查煤田采空区

# Detecting goaf using 3D curved surface continuation imaging of TEM fictitious wave-field

杨增林　李　貅　戚志鹏　吴　琼

Yang Zenglin　Li Xiu　Qi Zhipeng　Wu Qiong

长安大学　地质工程与测绘学院　西安 710054

## 1. 引言

瞬变电磁法应用领域在不断扩大，在探测地下陷落柱、采空区、划分地下断层、勘查地下金属矿产、非金属矿产等诸多领域发挥了不可替代的作用。随着计算机技术的飞速发展，智能化、高精度的野外瞬变电磁仪器不断涌现，并在一些生产单位投入使用，这就对瞬变电磁资料处理解释技术提出了更高的要求，因此迫切需要引进新方法、新技术来提高解释精度。从而为矿产资源开发利用提供理论依据，为国民经济建设贡献力量。

近年来，对满足扩散方程的时域电磁场和满足波动方程的波场之间的相互转化有深入的研究且有很大的突破，解决了瞬变电磁场的波场变换的问题，从而可以借助于地震中已经成熟的成像方法技术求解被探测目标体的物性和几何参数。这就为瞬变电磁场三维延拓成像创造了条件。通过瞬变电磁波场变换并且进行三维曲面延拓成像的处理可以提高瞬变电磁资料解释的精度和速度，满足矿产资源精细探测的需要。能对煤矿积水、陷落柱、采空区等矿井地质灾害的探测，为矿井的生产建设顺利进行提供理论依据。

## 2. 数据处理

以府谷县冯家塔煤矿为例，由于历史上的小煤窑的乱开采以及在工作面上发育的老窑采空区，故利用瞬变电磁法探测其位置，达到安全生产、充分利用有限矿产资源。

（1）根据瞬变电磁时域电磁场的扩散方程与波动方程间的数学对应形式，将已知的瞬变电磁场数据通过预条件正则化共轭梯度法转化为虚拟波场数据。

（2）通过上面的过程就建立了瞬变电磁的虚拟波场，然后采用拟地震延拓成像方法应用于瞬变电磁场中，故要给出准确的虚拟波场波速。根据等效导电平面法算出每层介质中的电导率从而得到虚拟波场在每层介质中的传播速度。由于速度数据较少、分布不均匀的问题，采用了三维空间插值的方法增加数据量，为延拓成像做好准备。

（3）利用三维边界元技术，把边界积分分解为多个三角单元积分的积分之和，然后建立延拓方程式，通过地面对应的虚拟波场数据，求出地下某一点的波场值，就实现了地表为曲面的向下延拓成像计算。

## 3. 结论

在府谷冯家塔煤矿勘探中，我选取了其中一部分数据构成一个框，这样便于计算。选取的范围是采区中的 50 线到 62 线，点号是从 540 点到 960 点，具体的资料分析如下。

（1）从三维视电阻率图中可以看出在地下 130 米左右视电阻率变化明显。其中大概在 540 号测点到 620 号测点以及 800 号测点到 900 号测点之间视电阻率相对较低。根据采空区判断依据，推出该低阻区域与采空区含水有关。

（2）通过虚拟波场的速度分析三维结果图基本上和三维视电阻率图一致，因为虚拟波场的速度取决于地下电导的分布，所以会出现和视电阻率一样的规律。

（3）通过三维瞬变电磁虚拟波场延拓成像的结果可以清晰的看到采空区的空间分布形态，和视电阻率以及虚拟波场速度分析结果图都相吻合，经验证解释结果与实际地质情况也吻合较好。

本研究由国家自然科学基金面上项目（NO.41174108）资助。

### 参 考 文 献

[1] Lee K H, Liu G, Morrison H F. A new approach to modeling the electromagnetic response of conductive media[J]. Geophysics, 1989, 54(6): 1180~11920.

[2] 李貅. 瞬变电磁虚拟波场的三维曲面延拓成像研究[D]. 西安交通大学, 2005.

[3] 徐世浙. 地球物理中的边界单元法[M]. 北京：科学出版社, 1994.

（20）工程、环境及公共安全地球物理

# 航空瞬变电磁合成孔径成像法探测水下目标体

# Detecting Underwater Targets with the Airborne Transient Electromagnetic Synthetic Aperture Imaging Method

钱建兵* 李 貅 戚志鹏

Qian Jianbing Li Xiu Qi Zhipeng

长安大学地质工程与测绘学院 西安 710054

## 1. 引言

随着陆地资源的日益枯竭，蕴藏着丰富资源、能源的海洋越来越受到各国的重视。为争夺海洋资源，一些邻国甚至无视国际划界原则，肆意在我国海域盗采石油。不仅如此，个别国家的一些水下设施的活动不但侵犯了我国海洋利益，甚至还威胁到了国家安全，因此对这些水下目标的探测显得极为重要。目前，探测水下目标的主要方法是采用声呐技术，依靠的是声学原理。但是随着水下设施降噪技术的发展，其自身噪声与海洋背景噪声差异越来越小，因而声呐技术正面临着严峻挑战，其探测能力已被大幅减弱。除了声学探测之外，激光探测、红外热像仪探测等技术也有所发展，但是这些技术受海洋环境影响大，探测深度有限，因而发展新的更能可靠的探测技术已是当务之急。

## 2. 研究方法

水下设施多为金属结构，其导电性良好，与海水存在明显的电阻率差异。海水的导电性与其含盐度有关，但在局部海域变化不会太大，可以看做一个均匀半空间，因此水下设施呈现为低阻异常。这为使用航空瞬变电磁法进行探测提供了良好的地球物理前提。

航空瞬变电磁法是航空物探常用的测量方法之一，已被广泛应用于矿产资源勘查、基础地质调查(区域岩性和构造地质填图)、油气勘查, 以及水文、工程、环境勘查等各个领域。目前国际上研究和应用的航空瞬变电磁法反演方法大致可以分为两类：电导率-深度转换法和层状模型一维反演方法。电导率-深度转换法计算速度快，但是有两个缺点，一是容易受到噪声的影响，二是没有给出响应比较和误差估计，因此不好对反演效果进行评价。层状模型反演类方法直接用模型的响应来拟合观测数据，用最小二乘法建立一个目标函数，使这一函数的值达到最小。该类方法受噪声影响小，但计算速度慢，不能实时成像，时效性差。而且上述方法都是以单点数据为依据进行解释处理。

本文基于微分电导成像原理，将微分电导等效为接收波动信号，采用合成孔径雷达的思想实现航空瞬变电磁合成孔径成像法，这是一种可以进行实时成像的航空瞬变电磁快速算法。该方法借用合成孔径雷达成像的思想，根据同一目标体不同位置的信号具有相关性而随机噪声不相关的特点，通过相邻点的相关系数生成不同的权值函数，相邻各列信号在做相关叠加时以权函数进行加权，将重建的异常体信号加强，从而提高信噪比，达到突出弱异常的目的，进而提高分辨率。其依靠相邻点之间的相关性采用相关叠加的方法有效地克服了噪声的影响，并将传统的单点解释拓展到多点相关联合解释。

为了验证航空瞬变电磁合成孔径成像法的探测效果，本文以盐水代替海水，按比例将实物缩小，设计了模拟直升机航空瞬变电磁系统观测的实验，并对不同方法的反演结果进行对比。

## 3. 结论

模拟实验结果证明，合成孔径成像法能准确反映出水下目标体位置，当目标体位于水下较深、传统方法已无法分辨出异常信息时，通过合成孔径依然能清晰地找出目标体所处位置。该方法继承了微分电导成像法快速成像的优点，其依靠相邻点之间的相关性采用相关叠加的方法进行合成孔径有效地压制了噪声，提高了信噪比，从而比传统解释方法分辨率更高，勘探深度更深。可见航空瞬变电磁合成孔径成像法是一种十分有前景的探测水下目标体的新技术。

### 参 考 文 献

[1] 张昌达.航空时间域电磁法测量系统：回顾与前瞻[J]. 工程地球物理学报, 2006, 3(4): 265~273.
[2] 雷栋, 等. 航空电磁法的发展现状[J]. 地质找矿论丛, 2006, 21(1): 40~44.
[3] 李貅, 等. 瞬变电磁合成孔径成像方法研究[J]. 地球物理学报, 2012, 55(1): 333~340.
[4]李厚朴, 等. 基于重力垂直梯度的探潜技术研究[C]//国家安全地球物理丛书（五）：地球物理与海洋安全. 2009: 11~18.

（20）工程、环境及公共安全地球物理

# 浅层地震反射纵波探测南通市活断层

# Nantong Active Faults Detection Using Shallow Seismic Reflection Longitudinal Wave Method

谭雅丽* 石金虎 刘保金

Tan Yali* Shi Jinhu Liu Baojin

中国地震局地球物理勘探中心 郑州 450002

## 1. 引言

浅层地震反射纵波在城市活断层探测中得到广泛的应用。这是因为该方法不但有利于利用多次覆盖技术压制各种干扰波、提高地震资料的信噪比，而且利用丰富的反射纵波获得的地震剖面图像也能清晰的反应地下隐伏构造的形态与存在的准确位置。南通市活断层探测项目的主要目标是查明南通市范围内主要目标断层的位置，确定其第四纪以来特别是晚第四纪的活动性，评价其未来一段时间的地震危险性，为南通市的城市发展规划和有效减轻地震灾害损失提供依据。

## 2. 地震数据采集

测区大部分为第四系所覆盖，地表出露很少，基本为隐伏断裂。根据南通市区地表地质调查、地球物理探测、钻探和槽探等方法综合推断的结果，区域构造与断裂背景主要分布为北东、北西、北北西向交错的断裂构造。本次浅层地震勘探的目标断层有 5 条，分别为 F1(天生港—狼山)、F2(新港—新开港)、F3(观音山—张芝山)、F4(横港—闸东)以及 F5(观音山—余西)断裂。在所控制的目标断层上布控了 28 条测线。每条目标断层上都有 4 条以上的浅层地震测线通过。考虑到该工区的地理环境和浅部地质条件，决定测线沿道路和街道布设。使用美国产 Metrz18B/612 型可控震源激发地震波，地震数据采集使用德国产 SUMMIT 遥测数字地震仪， 检波器主频为 60Hz，每串 4 个，采用点组合方式接收。可控震源激发参数：采用连续变频扫描方式，起始频率为 20～30Hz，终了频率为 140～200Hz，扫描长度 8s。仪器采集参数：采样间隔 0.5ms，记录长度 2048ms。观测系统参数：最小偏移距 0～20m、仪器接收道数 160 道、道间距 2～4m、水平覆盖次数 16 次。

## 3. 地震数据处理技术

从采集到的原始数据来看，南通地区的地震反射资料干扰较强，线性干扰、面波、低频干扰以及不正常工作道和异常振幅值等。因此，在如何有效地压制各种干扰波，提高资料的信噪比方面做了大量的实验，主要采取的方法是废道剔除、初至波切除，一维滤波和二维滤波相结合，很好的去除了面波和强线性干扰，叠后随机噪声衰减提高了资料的信噪比。由于测线所经地段横向非均匀的影响，使地震记录中的反射同相轴扭曲变形而不能同相叠加，资料处理中还必须解决静校正问题，通过交互迭代折射静校正和剩余静校正相结合的方法进行时差校正，解决资料的静校正问题。本次数据处理流程是：解编-废道编辑+初值切除-折射静校正-滤波-反褶积+抽道集-速度分析+速度扫描-叠加-叠后去噪。

资料处理采用 FOCUS 反射地震数据处理软件包。硬件采用运算速度较快的 DELLM6500 移动工作站。

## 4. 地震剖面分析与解释

根据各地震剖面的地层反射波组特征和实测断点在地震剖面上的形态，分别进行分析和解释。目标区北部控制 F1 断裂的剖面上不存在向上穿透到第四纪地层的断裂，F1 断裂南部段是一条走向北西、倾向南西的早第四纪/前第四纪活动断裂。F2 断裂是一条走向北西，倾向北东的正断层，它向上错断了第四系底界，属早第四纪活动断裂。F3 断裂是一条走向北西、倾向南西的正断层，断距较大，它没有穿透第四系底界，应为前第四纪活动断裂。F4 断裂是一条走向北东、倾向南东的正断层，向上穿透了第四系底界。控制 F5 断裂的地震剖面所揭示的地层反射在横向上的连续性都很好，在这些测线控制范围内不存在向上穿透到第四纪地层的断裂。

本项目由南通市活断层项目(项目编号 KT-2010-287-8)资助。

**参 考 文 献**

[1] 刘保金，等．共偏移距地震反射波法用于城市活断层探测[J]．地震地质，2006, 28(3): 411~418.
[2] 邓起东，等．城市活动断裂探测的方法和技术[J]．地学前缘，2003, 10(1): 93~103.
[3] 徐明才，等．应用于城市活断层调查的地震方法技术[J]．中国地震，2005, 21(1): 17~23.

（20）工程、环境及公共安全地球物理

# 钻孔雷达在工程与环境地球物理中的应用

# The application of borehole radar in engineering and environmental geophysics

刘四新* 吴俊军 傅 磊 王 飞 孟 旭 雷林林 王元新

Liu Sixin Wu Junjun Fu Lei Wang Fei Meng Xu Lei Linlin Wang Yuanxin

吉林大学 地球探测科学与技术学院 长春 130026

与地表探地雷达相比，钻孔雷达有若干优势。首先，钻孔雷达比地面雷达有更大的探测范围。钻孔雷达的探测深度包括垂向探测深度和径向探测深度，其垂向探测深度由钻井深度决定，而径向探测深度由天线频率和周围岩石物性决定。其次，钻孔雷达在钻孔内放置接收和发射天线，受地面电磁干扰小，比地表探地雷达更接近探测目标，可更精确地确定目标体。特别对电特性差异较大的目标体，例如对含水裂缝、空洞等具有更高的准确性。一般钻孔雷达探测方式有单孔测量和跨孔测量两种，可以直接测量周围岩石的介电常数和电导率。当然，钻孔雷达探测必须有钻孔。

钻孔雷达诞生于20世纪70年代末期，最初的目的在于寻找结晶岩石中的裂缝，从而评价在结晶岩石中储存放射性核废料的可能性。20世纪90年代开始，日本东北大学的研究者开发了极化钻孔雷达系统，能够进行井下的全极化测量。为了克服定向钻孔雷达单孔测量中的方位模糊性，他们还开发了定向钻孔雷达系统。南非利用钻孔雷达探测金矿脉的精确位置和形态，并用来探测工作区向前两百米范围内的断裂区块等目标，从而避免了一些潜在的灾难。德国的 siever 等开发了定向钻孔雷达解决盐丘中的目标探测问题。刘四新等开发了钻孔雷达样机用于解决工程环境以及矿产勘探中的问题。

钻孔雷达可用于冰川学的研究，体在其物质组成上表现出高度的空间异向性(Murray，2000)。变化冰体的性质差异包括温度、晶体颗粒大小、方位和形状以及气泡、沉积物、水、熔化的离子和溶质的浓度。由于以上各个性质都对冰对应力的响应有一定的控制作用，因此，冰的特征由其相应的流变学性质的空间变化来决定。探地雷达可用来对冰川的热区域成像，并确定水及沉积物含量的变化。在沉积物缺失的情况下，标准的混合模型可用来从雷达速度计算水的含量。

钻孔雷达可用来确定煤矿采矿区，主要采用跨孔的方法。物性上的差异在煤层的上下界面形成边界条件。电磁波好像限制在煤层中传播，波的传播好像在波导中传播一样。因此，天线电信号在煤层中的传播比自由空间衰减的更小。通过测量穿过煤层的钻孔之间的射线上的信号强度，固体煤层的衰减率可以被确定下来。通过和其它路径的衰减相比，可以确定哪些射线通过固体煤层，哪些通过或接近采空区。利用这样的方法，射线上采空区存在的可能性可以确定下来。

钻孔雷达还被大量用于水文地质调查中。英国莱塞斯特大学(Lancester University)以 Andrew Binley 为代表的研究小组应用钻孔雷达研究地下水的季节变化和运移规律。跨孔雷达层析成像方法，能提供高分辨率的水文地质结构的图像，有时能提供地下环境变化过程的详细评价。通过适当的岩石物理学关系，该方法能提供适合地下水建模的参数和约束的数据。美国能源部(The U. S. Department of Energy)的渗流带运移场研究项目（Vadose Zone Transport Field Studies）的目的在于减少污染物下面的渗流带运移过程中的不确定性。它能够提供系统的野外试验来评价渗流带的污染物的运移。在该研究中钻孔雷达得到广泛的应用。冰体在其物质组成上表现出高度的空间异向性(Murray，2000)。变化冰体的性质差异包括温度、晶体颗粒大小、方位和形状以及气泡、沉积物、水、熔化的离子和溶质的浓度。由于以上各个性质都对冰对应力的响应有一定的控制作用，因此，冰的特征由其相应的流变学性质的空间变化来决定。研究表明水含量增加1%，样品的应变率能增加400%。探地雷达可用来对冰川的热区域成像，并确定水及沉积物含量的变化。在沉积物缺失的情况下，标准的混合模型可用来从雷达速度计算水的含量。

本研究由国家高技术研究发展计划(863 项目：2008AA06Z103)专题课题和国家自然科学基金（编号：40874043，41074076）资助。

## 参 考 文 献

[1] 曾昭发，刘四新，王者江，等. 探地雷达方法原理及应用[M]. 北京：科学出版社，2006.

[2] 刘四新，曾昭发，徐波. 利用钻孔雷达探测地下含水裂缝[J]. 地球物理学进展，2006，21(2): 620~624.

（20）工程、环境及公共安全地球物理

# 磁法在河北邺城物探考古中的应用

# Magnetometry prospection at Ye City Site, Hebei Province

吴乐园　田　钢*

Wu Leyuan　Tian Gang

浙江大学地球科学系　杭州 310027

磁法勘探因其工作效率高、成本低等特点在考古中有着广泛的应用。考古目标物与其周围介质的磁性差异为磁法考古提供了物性基础，应用铯光泵磁力仪可以在较短的时间内获得高精度、高空间分辨率的磁法数据。但在实际考古应用中，磁法数据不但包含了考古目标物的磁异常，同时也包含了各种类型的干扰，包括仪器误差，日变干扰，周围环境的干扰，采集者以及数据采集方式的干扰等，严重影响了采集数据的质量；另一方面，磁场由于其偶极子场的特点，受磁化方向影响，在等值线图上常常呈现正负异常伴生的现象，给考古目标物的准确定位造成了困难。本文分析了考古磁法数据的干扰来源，针对几个主要的干扰给出了一般的处理方法，从而提高采集数据的质量；在此基础上采用解析信号技术对考古目标物进行准确定位，以方便最终的考古解释。

## 1. 研究区概况

邺城遗址位于河北省临漳县县城西南约 20 km 处，南距河南省安阳市区约 18 km，是全国重点文物保护单位。邺城遗址包括南北衔接的邺北城和邺南城两部分。文献记载邺为春秋时齐桓公所筑，邺的名称由此开始。建安九年（公元 204 年）曹操平袁绍，开始营建邺城，后来成为曹魏的五都之一，十六国时期的后赵（公元 335～350 年）、冉魏（公元 350～352 年）、前燕（公元 357～370 年）均建都于邺北城。公元 534 年东魏从洛阳迁都邺城，其后始建新城，是为邺南城。邺南城为东魏、北齐（公元 534～577 年）两朝的都城。

2012 年 3～4 月，中国社会科学院考古研究所邺城考古队与浙江大学文化遗产研究院在邺城遗址合作开展了物探考古探测工作。工作区域包括赵彭城北朝佛寺遗址、北吴庄佛教造像埋葬坑周边区域、相关城墙道路遗迹等。磁法工作区域主要为赵彭城北朝佛寺遗址和北吴庄佛教造像埋葬坑周边区域。

## 2. 关键技术

### 1）数据恢复（去干扰）技术

针对多种干扰，基于统计学的原理给出了基本的处理算法。包括数据块拼接、回归分析去日变、去尖噪、去采集脚印、采集者速度调整等。

### 2）解析信号

利用去干扰后的数据生成解析信号，准确定位磁性体边界位置。

## 3. 结论

应用上述的去干扰技术对采集到的磁法数据进行处理，并生成解析信号，结果在已知的赵彭城北朝佛寺遗址西南院落区域与传统铲探信息取得了较好的一致性。在其他未知区域，上述处理方法的应用使得磁法数据呈现的异常形态更为清晰，空间上的相关性更加直观。

## 参 考 文 献

[1] Blakely R J. Potential theory in gravity and magnetic applications[M]. Cambridge University Press, 1996.

[2] Ciminale M, Loddo M. Aspects of Magnetic Data Processing[J]. Archaeological Prospection, 2001, 8: 239~246.

[3] Haney M, C Johnston, Y Li. Envelopes of 2D and 3D magnetic data and their relationship to the analytic signal[C]//Preliminary results: 73rd Annual SEG, Expanded Abstracts, 2003: 596~599.

[4] Nabighian M. The analytic signal of two-dimensional magnetic bodies with polygonal cross-section: Its properties and use for automated anomaly interpretation[J]. Geophysics, 1972, 37: 507~517.

（20）工程、环境及公共安全地球物理

# 桥梁预应力管道压浆密实度超声成像方法研究

# A study of Ultrasonic Imaging Method for Investigation of Post-tensioned Concrete Structures

朱自强　鲁光银　密士文　李广瑞

Zhu Ziqiang　Lu Guangyin　Mi Shiwen*　Li Guangrui

中南大学地球科学与信息物理学院　长沙 410083

桥梁预应力管道压浆质量的无损检测一直是国内外工程检测技术的难点，至今没有得到有效的解决。如果预应力管道压浆不密实，其中的钢绞线极易锈蚀，降低了有效预应力，进而影响桥梁的耐久性。最近几十年在国内外均有因钢绞线腐蚀而出现桥梁垮塌的事故，因此采取有效的检测方法以保证预应力管道压浆质量（密实度）是非常有必要的。

由于灌浆空洞位于预应力管道内，反射波（弹性波、电磁波等）受到钢筋、混凝土集料等多个界面的综合影响，采集的数据中含有很强的结构噪声，因此很难从中明确判定空洞的情况。目前，除 X 光、γ 射线法等辐射法外，还没有能够完全准确检测出预应力管道压浆质量的方法。在预应力管道检测方面常用的方法有：地质雷达法、超声波法和冲击回波法。其中冲击回波法的研究最多，技术也最成熟。但是冲击回波法存在效率低，分辨低的问题，且对塑料管预应力管道灌浆质量的检测有难度，需进一步深入研究。由于金属预应力管道对电磁波具有屏蔽作用，因而地质雷达也只能用于塑料预应力管道的压浆质量检测。在金属预应力管道检测方面，超声波法是最有发展潜力的检测方法，钢制预应力管道的厚约几个 mm，由于管壁相对于应力波的波长而言，显得很薄，而且高声阻抗的钢管处在两低声阻抗材料（混凝土和水泥浆）之间，所以超声波可以穿过管壁传播。

超声波法是应用较广泛的无损检测方法，在医学方面应用较成功，但是在混凝土检测方面效果不是很好，主要原因有以下几点：

（1）反射测量时，接收到的信号中存在很强的表面直达波（面波）。因为直达波所走的距离较短，所以首先到达接收换能器，而且振幅基本不衰减。有效信号的到达时间要比直达波滞后，直达波和有效波叠加在一起，不但使接收信号振幅变大，而且使波形产生畸变。

（2）各向异性导致的强散射和结构噪声，掩盖了真实的反射信号：混凝土是各向异性的材料，超声波在其中传播时会产生很强的散射波。这些散射波在接收信号中引入了很强的结构噪声，而且造成了超声波的极大衰减。使得混凝土超声检测比一般的工业超声检测或医学超声检测复杂的多。另外，在预应力管道中还存在波纹管（金属或塑料材质的）、水泥浆和钢绞线等材料，这些材料和混凝土的声阻抗差异较大。超声波将在其界面上产生反射波和折射波，这使波纹管内部空洞或缺陷的检测变得更加复杂。

（3）传感器直径与波长之比较小，导致超声波发散角较大，聚焦效果不好。传感器发射脉冲的带宽窄，脉冲持续时间长，与反射信号叠加，使反射信号难以识别。

（4）目前，超声波检测常采用单道发射，单道或双道接收的方式。采集到的数据较少，而且测试效率低。数据解释时只能根据单道频谱、时间、振幅等特征，对缺陷的有无作定性判断，不能准确的对缺陷进行定量计算。

为了获得较好的探测效果，作者利用了多个横波换能器进行相干叠加的测量方式。横波波长比纵波短，因此分辨率也更高。在检测过程中，利用多个超声换能器同时发射（接收），压制了随机干扰，增强了有效信号，提高了信噪比。利用合成孔径聚焦成像，对测量数据进行了三维成像，可以直观的了解异常的分布情况。

## 参 考 文 献

[1] 吴佳晔, 杨超, 季文洪, 等. 预应力管道灌浆质量检测方法的现状和进展[J]. 四川理工学院学报(自然科学版), 2010, 23(5): 500~503.

[2] Ninel Ata, Shinichi Mihara, Masayasu Ohtsu. Imaging of ungrouted tendon ducts in prestressed concrete by improved SIBIE [J]. NDT&E International, 2007, 40(3): 258~264.

[3] 彭虎. 超声成像算法导论[M]. 合肥:中国科学技术大学出版社, 2008.

[4] Jian-Hua Tong, chin-lung chiu, chung-yue Wang. Improved synthetic aperture focusing technique by hilbert-huang transform for imaging defects inside a concrete structure[J]. IEEE Transtions On Ultrasonics,Ferroelectrics,And Frequency Control, 2010, 57:11.

（20）工程、环境及公共安全地球物理

# 起伏地形面波叠加方法在龟石滑坡勘察中的应用

# The application of surface wave overlay based on irregular topography method to GuiShi reservoir

梁　岳*　单娜林　杨　婷

Liang Yue　Shan Nalin　Yang Ting

桂林理工大学　桂林 541004

## 1．研究意义

瑞雷面波是沿地表传播的一种弹性波，这种面波的速度小于同一介质中的纵波和横波的速度，质点运动轨迹为一逆向椭圆。面波的传播方向与地表平行，地表起伏对面波的波形、频率特征以及传播能量等都产生着非常重要的影响。在解决实际问题时，遇到的通常是非标准层状介质，传统的基于水平层状介质理论的面波处理解释方法技术已经不再适用。因此，在处理面波资料时消除地形的影响显得尤为重要。

## 2．数据采集与处理方法

滑坡变形体所在河段为峡谷地区，坡角 35°~55°，水面高程约 150m，滑坡体高程 160.7m 至 291m，走向近 45°。测线的西端 0m 处均大致对应于水库最高水位线（海拔高程约 178m）。测线长 147m（斜长 160m），其斜长 135m 处对应于变形体后缘。

数据处理时，采用北京水利水电物探研究所研制的瞬态瑞雷面波数据处理软件进行处理，得出频散曲线。因为测线处于倾斜界面上，用常规的水平界面处理方法所得到的结果将会不可靠，所以在处理时需进行相应的改变。通常在地震资料处理时，会将多个记录道的数据进行叠加，以达到压制干扰、突出有效信号的目的。但是由于工区界面存在较大起伏，接收到的面波记录中包含了地形的影响因素，因此所叠加的记录道数量越多，所涵盖的地形起伏也就越多，这样反而会增加地形对处理结果的影响。

对于一个包含 12 个记录道的数据，常规处理方法是进行 12 道叠加，得到该记录中点位置处的频散曲线。为了减少数据中所包含的地形因素，将数据从中间一分为二，对两部分分别处理，得到两条各自中点位置处的频散曲线，并进行对比，可以看出：对前 6 道数据进行叠加与后 6 道数据叠加所得到的频散曲线形态大致相同但略有差异，后者频散曲线所对应的深度整体略有变化。这些差异是因为这两部分检波器高程的变化而引起的。所以，减少叠加的记录道数量确实可以达到降低诸如此类地形影响的目的。于是在实际工作中，用 6 道叠加方法取代常规的 12 道叠加，以达到该目的。

由于 6 道叠加的数据量有限，尽管地形影响得以减轻，但是结果信噪比较低。为了进一步提高精度，将两个相邻排列中所包含相同区域的部分记录道数据分别进行叠加可以得到两条频散曲线，因为这两条曲线均是同一区域地下情况的反映，对这样的两条曲线进行叠加既可以减少地形因素的影响，又有足够的叠加数据量以突出有效信号，叠加后所得到的结果更令人满意。

因此，在实际数据处理时，用 6 个记录道叠加取代 12 道叠加，并且将包含相同区域的记录进行叠加，得出最终的频散曲线，该曲线能够更好的反映消除地形影响后的地下实际情况。最后，用瞬态面波数据成图软件生成连续的面波波速剖面，将结果更为直观地表现。但是由于单道记录中往往信噪比不高，而且在数据采集的过程中并非所有记录都尽如人意，部分记录叠加后效果并不理想，所以这些数据在处理时要予以剔除。

## 3．结果分析

将常规处理结果与上述方法叠加而得到的结果进行对比，可以看出后者的分辨率有了较大的提高，由地形起伏而产生的畸变得到很好的压制，并且反映出更为丰富的细节，因此这种处理方法是可行的。但是后者也出现了一小部分的异常，而且勘探的深度略有下降，这是由于部分记录道数据采集时效果不理想，只有浅层部分的数据可以使用，因此在叠加时就会影响整体的勘探深度。

## 参 考 文 献

[1] 单娜琳，程志平，刘云祯. 工程地震勘探[M]. 北京：冶金工业出版社, 2010.
[2] 熊章强，南坤，唐圣松. 起伏地表二维瑞雷面波正演模拟及波场分析[J]. 物探与化探技术，2010，32(5): 470~475.
[3] 熊章强. 复杂介质中瑞雷面波的正演模拟及传播特征研究[D]. 中国地质大学博士论文，2006.
[4] 周红，陈晓非. 凹陷地形对 Rayleigh 面波传播影响的研究[J]. 地球物理学报，2007, 50( 4) :1182~1189.

（20）工程、环境及公共安全地球物理

# 邺城遗址探地雷达考古调查研究

# GPR archaeological research at Ye City site

林金鑫[1] 田 钢[1] 石战结[1] 王益民[1]

Lin Jinxin[1*] Tian Gang[1] et al.

浙江大学地球科学系 杭州 310027

邺城遗址位于河北省临漳县县城西南约 20 千米处，是全国重点文物保护单位[1-3]。先后有六个北方的王朝在此建都，长达三百七十余年[1~3]。同时邺城在中国都城发展史上具有重要的地位，受到中外学者的关注[1~3]。故在此遗址的考古调查，会有重要的考古意义。探地雷达是一种重要的地球物理技术，具有无损、高分辨率、高效率、结果直观等优点[4]。故这种技术在考古调查上有很大的潜力，本文结合河北邺城进行探地雷达考古调查的应用研究。

**1. 数据采集**

利用 pulseEKKO PRO 型探地雷达进行数据采集，采用两种不同中心频率的天线，分别为 100MHz 和 200MHz。针对不同的探测目标需求和现场采集条件采用二维探测和三维探测两种方式进行。其中二维探测主要采用点测的方式采集数据，三维探测则主要利用 Smart 小车快速采集三维数据，并选择部分测线用点测方式和 Smart 小车两种方式采集数据，进行三维数据质量的对比与控制。采用的观测方式主要为剖面法，并在部分测线利用共中心点法辅助探测。

**2. 二维探地雷达考古调查研究**

二维探地雷达考古调查研究主要是在邺城遗址西北角的三台遗址展开，目的在于研究探地雷达对夯土遗址的探测效果。夯土层受到人工夯筑，其电性参数就会产生相应的变化，与周围的介质就有了物性差异，这就有可能用探地雷达探测出夯土层。由于三台遗址已被开发成旅游景点，因此在此遗址的探地雷达考古调查研究，不可避免的就遇到了现代人为产物的干扰，如电线、地下水管等。对此，进行了一定的研究。借助属性分析技术对二维探地雷达数据进行多角度分析，取得了较好的探测结果。通过与传统考古技术探测结果进行对比，以验证探地雷达方法考古的有效性。

**3. 三维探地雷达考古调查研究**

三维探地雷达考古调查研究主要是在邺城遗址南边的赵彭城北朝佛寺遗址进行的。此处地表条件主要是农田，可以较为方便地进行三维探地雷达考古数据的快速采集。对所获得的三维数据分别进行了二维数据处理和属性分析，以及结果的三维显示研究，获得了较好的探测结果，为此处遗址的进一步研究提供了有用的考古勘探信息。

**4. 结论与讨论**

（1）二维探地雷达考古探测结果与传统考古技术勘探结果能相吻合，表明在邺城遗址利用探地雷达技术进行夯土遗址的调查，是可行且有效的。

（2）经电导率仪测量发现，在此遗址，其浅地表的电导率值并不低，因此探地雷达电磁波具有较强的衰减，此时需进行合理的增益处理。通过对数据进行合适的滤波处理，有时可以有效的压制干扰，从而增强目标信号。结合属性分析有时能取得不错的探测效果。

（3）三维探地雷达考古探测能更全面的刻画地下介质的三维空间信息。但是目前我们还只是做到二维处理和三维显示，如何直接进行有效的三维处理，将是进一步的研究内容。

## 参 考 文 献

[1] 中国社科院考古所、河北省文物研究所邺城考古工作队. 河北临漳邺北城遗址勘探发掘简报[J]. 考古, 1990, 7: 595~600.

[2] 中国社科院考古所、河北省文物研究所邺城考古工作队. 河北临漳县邺南城遗址勘探与发掘[J]. 考古, 1997, 3: 27~32.

[3] 中国社科院考古所、河北文物研究所邺城考古工作队. 河北临漳县邺城遗址赵彭城北朝佛寺遗址的勘探与发掘[J]. 考古, 2010, 7: 31~42.

[4] 曾昭发，刘四新，冯晅. 探地雷达原理与应用[M]. 北京：电子工业出版社，2010.

（20）工程、环境及公共安全地球物理

# 基于遥感影像与机载激光雷达的道路震害信息自动提取

# Automatic Road Extraction from Earthquake Disaster Area by Fusing High Resolution Imagery and Lidar Data

刘小利 李 雪 李井冈 王秋良

Liu Xiaoli Li Xue Li Jinggang Wang Qiuliang

中国地震局地震研究所（地震大地测量重点实验室） 武汉 430071

我国有 60%的国土、50%的城市、67%的大城市位于 7 度及以上烈度区，对地震及次生灾害的监测和研究显得尤为重要。土耳其地震、希腊雅典地震、中国台湾集集地震、印尼地震海啸、南亚地震、汶川地震等发生后，均采用了遥感手段及时、全面地获取灾区灾情信息，并进行震害损失评估。实践表明，利用遥感技术开展重大地震灾害应急灾情监测是可行的[1]。如何充分地利用遥感技术对道路及其损毁信息进行快速准确地获取与处理，已成为防震减灾中一个重要研究内容和热点问题[2]。

随着卫星分辨率的增高，高分影像是道路提取的主要来源[2]。但由于高分影像的细节特征越来越丰富，有利于提取高精度道路信息的同时非目标噪声干扰也愈加严重[3]。另外，影像分辨率越高，地物越清晰，道路周围地物，如建筑物的顶部或者阴影往往会形成近邻道路规则平行线，这也是导致错误道路提取的原因之一[4]。总之，受影像噪声和“异物同谱”和“同物异谱”现象以及复杂的路面状况的影响，特别是提取高分影像震区道路特征，单独使用目前已有方法的分类效果和实用性往往不太理想。将道路的所有特征考虑进去进行道路提取才能够更精确的检测出道路，如将几何特征、纹理特征、辐射特征、上下文信息等考虑在内[4~5]，再根据实际应用目的的不同进行道路信息提取，则能提高检测效果和精度。深入分析研究高分影像道路特点，对于利用高分影像提取道路网络，具有重要意义。机载激光数据(以下简称为 LiDAR)可同时提供道路的坐标信息、强度信息和回波信息，可有效区分道路和非道路目标，并实现道路快速建模，为道路提取和重建提供了新的有效手段[6]。但激光回波强度很难真实地反映地物的反射率信息，利用激光回波强度信息能够区分开介质属性区别较明显的地物[7]，但某些回波强度相似的地物点和道路则较难区分，需要作进一步的研究。

基于上述分析，本文结合高分影像和 LiDAR 数据的各自优势，提出融合高分影像和 LiDAR 数据快速准确的道路提取方法，主要包括以下步骤：①建立适应复杂背景下多参数约束的道路识别模型，充分顾及道路的灰度、纹理、结构和空间等特征，以及地震破坏环境下的道路损毁形式，并以此作为道路提取的约束条件；②基于面向对象和多尺度分割技术实现渐进式高分影像震区道路的提取，递进式纳入道路的光谱、纹理、结构和空间等约束特征，以及影像对象间的语义关系，并与道路网矢量数据进行叠加分析，从定性到定量快速获取道路损毁的几何信息和属性信息。为了能够增强公路边缘跟踪检测方法的稳定性，根据公路的光学和几何性质增加约束条件到跟踪算法中，如道路的延展性、在短距离内灰度变化不大、不会出现急转弯、路面光滑、宽度不会发生突变等。利用道路网矢量数据辅助提取道路损毁信息，既能够解决地震发生后无法及时得到震前影像的问题，也能够得到比变化检测更为具体、准确的道路损毁信息；③根据高分影像的初步分割结果，与激光点云构成的 TIN 影像进行合成，针对性地获得道路损毁区域的彩色影像，进而通过高程信息差分计算获取道路损毁的程度和类型。实验表明，该方法可以较好地区分次生灾害条件下道路、背景以及道路的损毁状况。

## 参 考 文 献

[1] 陈鑫连，魏成阶，谢广林. 地震灾害的航空遥感信息快速评估与救灾决策[M]. 北京：科学出版社，1995.

[2] 刘亚岚，张勇，任玉环，等. 汶川地震公路损毁遥感监测评估与信息集成[J]. 遥感学报，2008，12(6): 933~941.

[3] 史文中，朱长青，王昱. 从遥感影像提取道路特征的方法综述与展望[J]. 测绘学报，2001，30(3): 257~262.

[4] Ravanbakhsh M, Heipke C, Pakzad K. Knowledge-based road Junction Extraction from High-resolution Aerial Images[C]// Urban Remote Sensing Joint Event, 2007: 1~8.

[5] 朱晓铃，邬群勇. 基于高分辨率遥感影像的城市道路提取方法研究[J]. 资源环境与工程，2009，23(1):296~299.

[6] 李卉，钟成，黄先锋，李德仁. 基于 LiDAR 和 RS 影像的道路三维模型重建研究进展[J]. 测绘信息与工程，2010，35(1): 30~32.

[7] 龚亮，张永生，李正国. 基于强度信息聚类的机载 LiDAR 点云道路提取[J]. 测绘通报，2011，9: 15~17, 24.

（20）工程、环境及公共安全地球物理

# 地震方法预测黄泛区路基沉降研究

# Detecing earth subsidence in yellow river flooded area using sesmic method

何 良 刘 宇

He Liang Liu Yu

北京欧华联科技有限责任公司 北京 100190

黄泛区（黄河冲积平原区）广泛分布粉粒含量高，含水性高，孔隙比大，塑性指数低，粘聚力小，颗粒级配不均匀的粉性土,在高速公路基础施工中的高填筑路基，压塑性强，容易产生沉降，在施工过程中必须进行沉降和稳定性观测。根据测定数据调整填土速率，预测沉降趋势，确定预压卸载时间、结构物施工时间和路面施工时间。

传统的路基沉降观测方法是预先沿路基安置沉降观测设备，然后在道路施工过程中定期观测其沉降值。这种方法缺点较多，例如成本大、沉降设备安置复杂、只能观测已经安置了沉降设备点位的沉降而无法做连续剖面的沉降观测、无法进行大规模观测等。

在高速公路基础施工过程中，经碾压后的路基将具有不同压实度，且回填路基或者上填沙土与原状路基均存在一定的速度差异，从而为地震方法检测路堤土压实度提供了有利的物性基础。为此我们运用纵波-面波联合勘探的方法，在路基施工的同一路段，不同时间，同时进行纵波-面波勘探和沉降量观测，探索该段沉降量和纵波与面波速度的关系，寻求一种新的工后沉降预测方法。

本文结合连霍高速兰考至刘江段改扩建工程，研究路基沉降观测特征，并开展了地震勘探工作，分析了地震波速变化规律和频散特性，探求同一路段地震波速与路基沉降量之间的关系。并以此规律进行预测后期的沉降。主要工作内容和取得成果如下：

（1）研究单点沉降计观测路基沉降的方法技术，观测所选路段的路基沉降数据，并结合路基地质条件，分析沉降量随时间变化的曲线特征。发现了路基沉降量在填土施工不同阶段的变化规律。

（2）设计了瑞雷波和折射波联合勘探野外数据采集系统,并采集了 4 次野外地震数据。

（3）设计地震处理与反演程序，对采集得到的地震数据进行了分离处理，得到试验段纵波速度和横波速度随时间变化不断增强的结论。

（4）对比分析了路基沉降数据和对应地震波速的关系，得出了一些二者的线性拟合关系式和关系图。

（5）根据路基沉降量与地震波速的关系，可以预测后期路基沉降量。

本人采用瑞雷面波、折射波联合勘探的方法，采集同一路段不同日期的地震波场数据和该试验段的路基沉降数据。利用$\tau-p$ 变换的方法提取瑞雷面波，得到地下面波速度剖面。利用折射波初值时间，进行初值反演成像，得到地下纵波速度剖面。对比分析波速与沉降值，发现利用地震勘探的方法来寻求地震波速与该路段路基沉降量之间的关系，并以此来预测路基后期沉降的方法是可行的。并得到如下主要结论：

（1）在路基的填土实验过程中，每次填土后的初期，沉降量急剧增加；随着时间的增加，沉降量的增长逐渐趋缓。

（2）在路基的填土实验过程中，每次填土后的初期，观测的地震波纵波和横波速度增加较快；随着时间的增加，纵波和横波速度的增长逐渐趋缓。

（3）对比沉降量记录与地震波速度，发现由于路基逐渐压实，沉降点路基沉降量与地震波速度成明显正比关系，这说明用地震波速度的变化可以预测路基沉降量。

（4）根据上述结论可以推断，对于该地区相同或相近地质条件的路段，可以利用我们得到的路基沉降值与地震波速之间的关系进行预测工后沉降。

在本项研究中，作者由于时间与实验条件的限制，所得沉降量与地震波速关系的结论还是非常初步的，若要总结出较一般的路基沉降量与地震波速的关系，为路基工后沉降量的预测提供一个可靠的新方法，仍有继续研究的必要

## 参 考 文 献

[1] 程租依. 弹性动力学基础[M]. 武汉：中国地质大学出版社，1989.
[2] 张胜业. 潘玉玲应用地球物理学原理[M]. 武汉：中国地质大学出版社，2004.

（20）工程、环境及公共安全地球物理

# 用噪声相关技术测定浅层速度结构

# Noise Correlation Techniques for Shallow Velocity Structure

胡 刚[*1,2] 何正勤[1] 滕吉文[2] 张 维[1] 叶太兰[1]

Hu Gang[*1,2] He Zhengqins[1] Teng Jiwen[2] Zhang Wei[1] Ye Tailan[1]

1. 中国地震局地球物理研究所 北京 100081; 2. 中国科学院地质与地球物理研究所 北京 100029

地球浅部，尤其是基岩以上沉积层的S波（横波）速度结构在地震区划、工程地震、活动断层探测、结构抗震、震害预测、地震应急救援及工程勘察中有着非常重要的作用，尤其对于研究强地面运动数值模拟有着特殊意义[1]。获得浅层S波速度结构的方法通常有3种：一是通过钻探取得岩芯或土样，测出其速度，此种方法较为准确，但一般仅能钻到地下几十米深，多数地方难以钻到基岩，而且成本很高；二是使用地震勘探的反射和折射方法获得S波速度结构，这些方法精度较高，且勘探深度可以控制，但在城市往往因激发源会造成破坏或污染而无法施工，或由于城市噪声太大难以提取有效信号，故很难在需要的地段成功实现；三是利用主被动源相结合的面波勘探方法间接获取浅部S波速度结构，此方法具有数据采集方便灵活、抗干扰能力强、成本低廉、勘探深度范围较宽、精度能满足工程要求等优点，故具有良好的应用前景[1,2]。

本研究通过对背景噪声成像、微动台阵探测和瞬态瑞利波法探测浅层速度结构的观测系统布设、野外数据采集和数据处理方法的对比研究，形成了新的主、被动源相结合的双源面波勘探方法。通过对主动源面波采用常规多道瞬态瑞利波法（MASW）提取基阶瑞利波相速度频散曲线，并结合基于被动源面波的时间域的互相关和空间自相关方法联合提取面波相速度频散曲线，从而拓展探测深度，如此法获得的相速度频散曲线精度更高、频带更宽[3]。然后运用基于非线性最优化反演算法的遗传算法反演获得测区浅层百米尺度横波速度结构。主被动源相结合的双源面波勘探方法吸取了常规瞬态瑞利波法和传统微动台阵方法探测浅层速度结构各自的优势，既拓展了探测深度，又提高了探测精度。

通过在工程场地的小尺度范围内采用规则的测线和不规则的测点相结合的密集台阵观测系统，然后在测区适当位置产生人为噪声源（人为脚步、汽车等），采用动态范围大、分辨率高、抗噪能力强的数字地震仪和面波检波器（≤4.5Hz）短时间（几分钟或数分钟内）同时记录地面人为噪声和自然背景噪声，并同时在适当地点激发瞬态瑞利波，采用相同的观测系统记录瞬态瑞利波。通过对主动源面波采用时频分析方法（F-K）提取基阶瑞利波相速度频散曲线，并结合基于被动源面波的时间域的互相关和空间自相关方法联合提取频散曲线来拓展探测深度，如此法获得的相速度频散曲线精度更高、频带更宽。然后运用蒙特卡罗算法或者遗传算法反演获得测区浅层（百米尺度）横波速度结构。

利用在沉积层起伏变化较大的区域布设的不同几何排列的中小尺度台阵所获得的背景噪声观测资料，采用空间自相关方法和扩展的空间自相关方法获得了台阵下方基阶瑞利波相速度频散曲线，并结合已有地质资料反演得到了台阵下方的平均横波速度结构。对比分析同一地点、不同几何排列的台阵对所获取的频散曲线的带宽和信噪比。研究结果表明，各个方向均匀分布的规则几何排列台阵能从记录的背景噪声中提取到更高信噪比和更加可靠的面波频散曲线。

与传统背景噪声成像方法相比，本研究所采用的方法是同时记录人为噪声和自然背景噪声，弥补了单纯背景噪声成像存在的噪声能量太弱和信噪比较低的不足；同时在双源面波法中利用噪声的时间域互相关和空间域自相关方法联合提取相速度频散曲线，如此提取相速度频散曲线的方法大大提高了其提取精度，拓展了其探测深度，有望成为一种新的浅层速度结构探测方法。

本研究由中央级公益性科研院所基本科研业务费专项（DGJB10B27 和 DQJB11C13）共同资助。

### 参 考 文 献

[1] 何海兵,李清河,范小平.由微振动记录用剥层法研究浅层S波速度结构[J].防震减灾工程学报,2010,30(1):103~108.

[2] 何正勤,丁志峰,贾辉等. 用微动中的面波信息探测地壳浅部的速度结构[J]. 地球物理学报,2007,50(2): 492~498.

[3] Gang Hu, Zheng-Qin He, and Ji-Wen Teng. Ambient vibration interferometry using cross-correlation method and its application to Rayleigh-phase-velocity measurements[C]//Expanded Abstracts of 81st Annual International SEG Meeting, 2011, 1586~1592.

（20）工程、环境及公共安全地球物理

# 三维地震映像及跨孔电阻率层析成像对孤石探测的研究

# Study on boulder detection using 3D seismic method and cross hole resistivity tomographic imaging

陈 燃 田 钢* 沈洪垒 林金鑫

Chen Ran Tian Gang* Shen Honglei Lin Jinxin

浙江大学地球科学系 杭州 31002

花岗岩由于本身发育有几组交叉的节理，在风化过程中会破碎成棱角形块。之后的风化主要集中在三组节理相交的棱角部位，风化速度较快，棱角逐渐被圆化。随着风化作用地不断进行，碎块渐趋变圆，形成球状花岗岩孤石[2]。地下孤石对地铁盾构建设的影响主要有：刀具磨损，刀座变形；刀盘磨损严重导致强度和刚度降低，刀盘变形；刀盘受力不均匀导致主轴承受损，盾构机负载加大；可能导致盾构转向，偏离隧道轴线等[1]。因此，孤石是地铁盾构建设中的一个安全隐患，需要在盾构挖掘前进行相应的处理。这就需要先探明孤石的分布情况。

为探明孤石的分布情况，传统的方法是以钻探为主，同时结合地质背景资料，推测出孤石的位置[3]。但这种方法往往消耗大量的时间与成本。与钻探相比，地球物理方法具有快速、经济等优点，因此在孤石探测方面有很大的应用潜力，是当前隧道工程地球物理探测应用的一个研究热点。

本文就此热点，进行相应的探测研究，主要选用三维地震映像方法和跨孔电阻率层析成像法。孤石与周围风化严重的岩石相比，其波阻抗较高，这就为地震探测提供物性基础；同时风化严重的岩石，其孔隙度大，在地下水的作用下，电阻率比孤石小，这就可以用跨孔电阻率层析成像法进行孤石探测。同时结合钻孔探测来验证地球物理方法的探测结果。

## 1. 工区概况

研究工区位于深圳地铁 11 号线车公庙站～红树湾站区间，此区间拟建设为双向单线隧道，左、右分修，线路大体呈东西走向，施工方准备采用盾构进行隧道挖掘。工区地层地质条件由上到下分别为素填土、填石层、淤泥层、粘土层、全风化粗粒花岗岩、强风化粗粒花岗岩和微风化粗粒花岗岩。由于花岗岩的风化程度不同，在此工区地下很可能存在孤石。具体的探测位置离欢乐海岸人工湖不远，此处地下水含量丰富且地下水位低。

## 2. 数据采集及处理

本次研究中，三维地震映像方法采用 SE2404NTM 遥测地震仪采集，具体的采集参数如下：采用偏移距分别为 1m 和 1.5m 的单道地震记录（可进行不同偏移距探测效果的对比研究），炮点距为 0.5m，采样率 0.025ms，采样点数为 10k，采用锤击震源，测线间距为 1m，测线长度为 7m。跨孔电阻率层析成像所使用的仪器是由澳大利亚 ZZ Resistivity Imaging 研发中心最新研制成功的 FlashRES64 多通道超高密度直流电法勘探系统，探测时需要在地表钻孔，以放置电极。

由于数据采集工区是在建筑工地内，因此三维地震映像数据采集时，不可避免会接收到干扰信号，本文通过干扰分析和相应的数据处理，达到了压制干扰和增强有效信号的目的。对处理后的三维数据，进行三维显示研究，同时结合多种属性分析技术对数据进行多角度的解译。跨孔电阻率层析成像数据通过反演可得出更能准确反映地下介质真实电阻率信息的数据，对此数据利用各种显示工具进行成图。最后将两种方法的探测结果进行综合对比解译。

## 3. 结论

（1）三维地震映像方法可以较为准确探测出地下孤石的三维空间分布信息，勾勒出孤石形态。

（2）跨孔电阻率层析成像方法能较为准确探测出孤石的深度位置，但是孤石在水平方向上的定位精度则有所欠缺。

（3）两种地球物理方法的综合对比解译，能更好地识别孤石位置，提高探测结果的准确度。

**参 考 文 献**

[1] 张恒，等. 盾构掘进孤石处理技术研究[J]. 施工技术，2011，40(19): 78~81.

[2] 周攀峰. 某地铁线路中花岗岩孤石的成因及处理浅析[J]. 中国房地产业，2011(9): 16~20.

[3] 贺朝荣. 深圳地铁 2 号线盾构机通过孤石的处理技术[J]. 城市道桥与防洪，2010(12): 114~116.

（20）工程、环境及公共安全地球物理

# 云南玉江断裂中段的地震勘探研究

# Seismic exploration for middle Yujiang fault in Yunnan

何正勤* 胡 刚 叶太兰

He Zhengqin* Hu Gang Ye Tailan

中国地震局地球物理研究所 北京 100081

**1. 概述**

玉江断裂（又称玉川断裂）是一条发育在玉溪盆地至通海盆地之间的北西向晚更新世活动断裂，是玉溪地区重要的地震构造之一。相关研究表明，该断裂由数条北西向的次级断层组成，其中段经过东风水库北侧在下山头附近延入玉溪盆地。玉江断裂可能穿越的隐伏地段属于玉溪中心城区北片新区，是玉溪市区规划的重点发展区域。因此探测玉江断裂在玉溪盆地东部的展布情况，研究其活动性对玉溪市的城市建设和防震减灾都具有十分重要的意义。

鉴于玉江断裂中段所处位置的重要性，云南省地震工程研究院在玉江断裂第四纪活动性鉴定和玉溪中心城区北片区地震小区划工作中对该断裂的活动性进行了大量的研究工作，认为玉江断裂中段具有分段活动性，取得了一些重要成果。但由于条件的限制，对盆地内的隐伏段开展的探测工作还较少，就物探方面只做过少量的高密度点法探测，没有发现该断裂向盆地延伸的迹象。玉江断裂到底是否隐伏于玉溪盆地内部，展布情况如何，上断点埋深于什么时代的地层，在规划中是否要考虑该断裂对建设工程的影响，这一系列问题是玉溪市区规划发展和防震减灾十分关注的。

**2. 野外数据采集方法**

玉江断裂是否隐伏于玉溪盆地，其规模、展布和上断点埋深情况至今仍不清楚。本文首次在玉溪盆地东部对玉江断裂可能通过的区域进行了高分辨率反射地震勘探研究。该方法是根据地下物性差异界面上反射波的运动学和动力学特征，测定地层界面的埋深、揭示非均匀地质体的性质，从而判别隐伏断层的产状和性质。玉溪盆地东部覆盖层厚度变化大、建设工地多、工业干扰强烈，需要使用能量较大的激发震源。但场区道路纵横交错、人为活动频繁、地下管网多、建筑物稠密，不具备使用爆炸震源开展地震勘探的条件。本文通过在玉溪盆地东部开展隐伏断层地震勘探的实例系统地介绍 了在覆盖层厚度变化大、环境干扰强条件下如何提高信噪比和分辨率的技术途径，可对类似工程场址的隐伏断层探测提供借鉴。本次勘探选用美国生产的 AHV-Ⅳ型可控震源激发地震波。这样不但解决了地震勘探的抗干扰问题，而且也保证有足够的激发能量来满足大于 300m 探测深度的要求。数据采集使用德国 DMT 公司制造的 Summit 型数字地震仪。地震波接收根据盖层厚度不同分别使用了 60Hz 和 100Hz 两种垂直检波器，每个测点采用四只点组合方式或单只检波器接收。为了尽可能获取信噪比较高的单炮记录，在正式施工前进行了可控震源扫频范围、出力大小、垂直叠加次数、激震板耦合方式等激发参数试验。

**3. 数据处理与资料解释**

在数据处理中，为了尽可能获得最佳的叠加效果，最大限度地提高信噪比和分辨率，通过处理效果试验确定了合理的处理流程及参数。常规处理的流程为：频谱分析→频率滤波→速度扫描→动校正叠加等，在精细处理中，增加了折射静校正、地表一致性反褶积、剩余静校正、多次速度分析、去噪等特殊处理，以达到突出有效波、压制干扰波之目的，并且对界面起伏大和发现有断点的测线进行了叠后偏移处理，得到了高信噪比的反射地震时间剖面。综合分析反射波组特征，并结合区域地质资料，最终在所实施的 4 条测线上，共识别出 5 个可靠的断点，按断点特征将这些断点连接成两条北西向断裂，其展布与前人推断的玉江断裂位置相近，认为是玉江断裂在玉溪盆地东部的反应。

**4. 探测结果表明**

玉江断裂分两支隐伏于玉溪盆地东部，南支位于方井—下康井附近，走向 NW290°，倾向南，为高角度正断裂，基岩断距为 49～226m，上断点埋深 40960m；北支位于任井村—廓井北一带，走向为 NW330°左右，倾向南西，倾角约 80°，正断裂性质，基岩断距 18923m，上断点埋深 1069129m。

本项目是在中央级公益性科研院所基本科研业务专项“江川—通海盆地浅层速度结构探测”（DQJB11C13）资助下完成的。

（20）工程、环境及公共安全地球物理

# 综合物探方法在某矿山胶带隧道工程勘察中的应用

# The Application of Integrated Geophysical in Belt Tunnel Engineering of a Mine

李 彬[1*] 庹先国[1,2] 李怀良[1,2] 张 赓[1] 朱丽丽[1]

Li Bin[1*] Tuo Xianguo[1,2] Li Huailiang[1] Zhang Geng[1] Zhu Lili[1]

1. 成都理工大学 地球探测与信息技术教育部重点实验室 成都 610059;

2. 成都理工大学 地质灾害防治与地质环境保护国家重点实验室 成都 610059

## 1. 前言

众所周知，隧道施工场区的地质状况对施工的安全性及经济性有着至关重要的影响，若能提前查明施工场区的相关不良地质体的分布情况，将会给施工带来极大的便利。本文以某矿山胶带输送隧道的工程地质勘查任务为背景，重点研究高密度电阻率法与氡气测量法相结合的综合物探方法在查明隧道区域不良地质构造的分布及覆盖层厚度时的应用效果。

## 2. 研究方法介绍

高密度电阻率法是以岩、矿石的导电性差异为基础，研究人工稳定电流场地下分部规律的一种电探方法。较一般电阻率法更为智能化，更有效率及拥有更高的勘探精度。重要的是高密度电法对富水区域及断层（破碎带）的探测较为敏感，因此在工程勘察领域特别是大型隧道工程勘察得到了较为广泛的应用[1]。

氡气测量法是通过测量土壤中氡气浓度,并通过研究氡气浓度的分布特征来解决某些地质问题的一种放射性物探方法。研究表明，当地下岩体较为破碎以及出现延伸至地表的含水性区域时，可形成可探测的氡气浓度异常，同时，该方法在确定隐伏断层也具有较为理想的应用效果[2]。

## 3. 工区概况及测线布置

工区地貌属于高中山区且位于矿山采场内，区域地质状况较为复杂，施工难度大。主要岩土层分布有第四系全新统坡积粉质粘土、第四系全新世冲积漂石、卵石、残积砂质粘土、晚古生代华力西期全风化、强风化及中风化辉长岩。本次勘察对象主要为总长约 650m 胶带隧道，沿隧道走向在上方共布置 2 条高密度测线（A1 和 A2）,其中 A1 测线总长为 295m，点距 5m；A2 测线长为 370m，点距为 5m，测量装置选择温纳装置；氡气测量线与高密度完全重合，点距 5m，异常地段点距加密为 2.5m。

## 4. 成果资料解释

（1）A1 测线成果图综合解译：该测线高密度电法视电阻率剖面图纵向电性变化较为连续，分层性较好，地表存在均匀低阻层，较好的反映了第四系覆盖层，厚度约为 15m；视电阻率剖面沿测线走向 190m 及 235m 附近，深度约 30m 处存在明显低阻晕团，结合氡浓度曲线在 195.5m～205m 存在高浓度异常，综合推断测线 180m～240m 处深度 30m 存在较大范围的富水区域，但由于含水带深度距隧道设计深度尚有一定的距离，故其不会对工程造成影响。

（2）A2 测线成果图综合解译：该测线高密度电阻率剖面图在约 190m 处存在一明显岩性分界点，测线分界点前部分表层存在厚度约 10m 的低阻覆盖层，而后半段为 40m；测线在 190m～230m 段存在明显的低阻异常，异常呈条带状分布并近垂直延伸至地下，结合氡浓度曲线在 152.5m～220m 处存在的高浓度异常点，综合推断该异常为断层破碎带的反映，推测产状为 125° ∠70° ；电阻率剖面图沿测线走向 240m～370m 处，埋深在 70m 左右存在水平条带状的低阻异常并延伸至地表，且氡气测量曲线在 300m～370m 范围处浓度值偏高，从而推断该测线 250m～370m 范围内地表以下 70m 处存在富水区；氡气测量曲线 100m 位置出现氡气浓度异常，而高密度电法该处无明显异常，结合现场踏勘资料，推断其为沟谷汇水造成土壤潮湿，影响氡气迁移机理所致；该测线区域地质情况较为复杂，存在断层（破碎带）及富水区域，隧道施工时应提前做好预防措施。

## 5. 总结

隧道施工开挖揭露情况与本次物探成果较为吻合，这就很好的证明了高密度电法与氡气测量法相结合的综合物探方法在隧道工程地质勘查任务中的有效性，可以推断出区域内覆盖层厚度及断层（破碎带）和富水区域等不良地质构造的分布情况，从而为隧道施工提供较为准确的预报。

（20）工程、环境及公共安全地球物理

# 结构扫描雷达在松花江防凌破冰中的应用

# Structure Scan Radar for ice prevention in Songhua River

宋志艳　施兴华

Song Zhiyan　Shi Xinghua

中国电波传播研究所　青岛 266107

## 1. 引言

凌汛（由于下段河道结冰或冰凌积成的冰坝阻塞河道，使河道不畅而引起河水上涨的现象）是威胁我国北方河流数千千米冰封河道沿岸人民生命与水电工程设施安全的重大自然灾害隐患之一。凌汛严重与否取决于河道冰凌的厚度，如果河道中出现严重冰坝，会引起水位骤涨，照成严重的凌洪。因此冰的厚度及冰层裂缝是防凌的重要指标之一。

本文以结构扫描雷达在松花江防凌破冰试验为实例，使用结构扫描雷达检测冰层厚度、寻找冰层裂缝。证明使用这种方法能够连续实时显示冰层厚度，区分出表面裂缝和贯穿裂缝，在防凌破冰中具有较高的应用价值。

## 2. 结构扫描雷达特点

结构扫描雷达是探地雷达专业化的一个分支。探地雷达是通过向地下发送脉冲形式的高频宽带电磁波来确定介质内部分部规律。电磁波在地下介质传播过程中，当遇到存在电性差异的地下目标体，如空洞、分界面时，电磁波便发生反射和折射，返回到地面时被接收天线所接收。在对接收到的雷达波信号处理和分析的基础上，根据信号波形、强度、双程走时等参数便可以推断地下目标体的空间位置、结构，从而达到对地下隐藏目标物及层位的探测。以中国电波传播研究所生产的 LTD-80 型结构扫描雷达为例。该设备采用主机和 1500MHz 天线一体化的设计，大大减少了信号传输过程中干扰，同时雷达图像可以实时显示在设备的显示屏上，并根据预设的介电常数显示出层厚值，或目标深度，减少了雷达数据后处理的麻烦。整套设备总重量不足 2kg，单人即可完成操作。相对于通用的雷达主机配合不同的天线方式，大大降低了使用复杂度。

## 3. 松花江检测实例

松花江每年出现凌汛的几率非常高。为了给防凌破冰做准备，2012 年 1 月初中使用 LTD-80 结构扫描雷达对哈尔滨市新江村北 1.5km 处的沿岸 850m 松花江的冰面做了冰层检测。其中每隔 20m 由岸边向江中心做一条 5m 长的测线。总共 42 条测线，主要目的为找到冰层厚度以及冰层中的裂缝。结合 GPS 定位，在地图上确定一条适合进行大型机的破冰路线，防止由于厚度不够或冰的裂缝造成不必要的损失。冰面的厚度的检测和公路层厚检测非常类似，只需采用轮测（距离触发）的方式，推着 LTD-80 沿着预定的测线进行扫描即可得到雷达波形，通过标尺信息和预先设定的介电常数(通常为 3.2)，可以很方便地实时读取冰层的厚度值。同时结构扫描雷达还能检测出冰层中的裂缝。裂缝的识别主要是通过雷达波在裂缝中会形成一个尖峰，而贯穿裂缝会有个从上到下的反应。为了判断结构扫描雷达的检测精度误差，还现场进行了冰层厚度的钻芯。通过在不同测试进行冰层钻芯与结构扫描雷达的比较发现对于 70cm 左右后的冰最大误差在 3cm 左右，平均误差为 2.4%，以完全能符合无损检测的要求。

## 4. 结论

在松花江防凌破冰的试验中，使用 LTD-80 结构扫描雷达对冰层厚度进行了检测。研究结果表明：雷达估计厚度与实际钻芯厚度平均误差为 2.4%，在检测同时发现冰层贯穿裂缝，实时做出警示。

使用结构扫描雷达对松花江冰层厚度进行了快速无损的检测，通过内置的软件能现场读取冰层厚度，定位冰层裂缝深度。自动化程度高，大大降低了人力成本，提高准确度，同一般的通用探地雷达仪器比较，具有轻便性，实时性、专业性等优点。同时也为水利部门实时检测冰层厚度、为防凌破冰做准备提供了第一手检测数据。

### 参考文献

[1] 曾昭发，刘四新，王者江，等. 探地雷达方法原理及应用[M]. 北京：科学出版社，2006.
[2] 杨峰，张全升，等. 公路路基地质雷达探测技术研究[M]. 北京：人民交通出版社，2009.

（20）工程、环境及公共安全地球物理

# 探地雷达技术在桥梁检测中的应用

# The application of GPR in bridge detection

刘永伟　朱　佳

Liu Yongwei　Zhu Jia

中国电波传播研究所　青岛 266107

探地雷达检测技术具有无损、快速、连续、高精度、高分辨、实时成像探测等特点。因为此方法的实用性、有效性、准确性以及经济性等优点，国际上掀起了探地雷达检测技术应用于工程检测的研究热潮。20 世纪 90 年代起，我国开展了探地雷达检测技术在路面结构、隧道结构、桥梁结构等方向的应用研究，并取得了长足的进展。

本文首先对国产 LTD 探地雷达的设备组成及性能简单介绍，在此基础上对其在桥梁建设前期的桩基基底检测、工程验收和运营养护中的应用加以分析

**1. 探地雷达工作原理及 LTD 雷达设备性能**

**1）工作原理**

探地雷达实现路面厚度、钢结构分布及病害检测基于电磁波在介质中的反射及透射。

探地雷达向地下以脉冲形式发射电磁波，电磁波介质中以电场和磁场相互交替变化的方式，并以一定的速度，由近及远传播。当电磁波在传播过程中遇到不同介质时，在介质交界面上就会产生反射和透射，探地雷达通过接收不同层面交界面的反射波来探测路面结构层厚度的；由于钢筋的介电常数比混凝土的大很多，因此在钢筋和混凝土的交界面上产生强反射。由于电磁波从远及近对钢筋产生反射，因此钢筋会形成一个双曲线或是月牙形状，双曲线的顶点即为钢筋的顶部位置；病害可分为脱空、稀疏、含水、破损等，它的反射回波与层面、钢筋等相比同相轴杂乱不连续，可由此判断病害分布。

**2）LTD 雷达设备组成及性能**

桥梁检测工作中可根据探测深度、分辨率等性能参数选择天线以完成检测工作。设备性能见表 1。

**表 1　桥梁检测雷达设备一览表**

| 设备名称 | 探深(m) | 深度误差 | 应用范围 |
|---|---|---|---|
| LTD-80 | 0.5 | <4% | 主机与天线一体化设备。探测面层厚度、钢结构分布、病害等 |
| LTD-2100 | | | 探地雷达主机。可搭载下列不同天线使用完成检测工作 |
| AL1500MHz | 00.5 | <4% | 空气耦合天线，悬空搭在车上。检测面、基层厚度 |
| GC1500MHz | 0.5 | <4% | 地面耦合式屏蔽天线，搭载 LTD-2100 主机使用。主要用于浅层、中等深度目标探测。在选择天线时需考虑天线的探深与分辨率成反比，在满足探深的条件下优先选择高频率的天线完成检测任务 |
| GC900 MHz | 1.0 | <6% | |
| GC400 MHz | 3.0 | <10% | |
| GC270 MHz | 5.0 | <10% | |
| GC100 MHz | 20.0 | <10% | |

**2. 探地雷达在桥梁检测中的应用**

探地雷达可应用于桥梁工程的全过程，包括：施工前的地质勘察、施工过程中的桩基基底检测、完工验收及运营养护。以下通过几个检测实例说明探地雷达技术的在桥梁检测中的应用。

**1）探地雷达在桥梁施工前地质勘察的应用**

工程施工前使用探地雷达可检测地质条件，发现夹泥层、溶洞、裂隙等不良地质体后及时修改设计为工程施工做保障。以某桥梁沉降检测为例，该桥梁竣工通车后短期内出现桥面部分区域下沉，用 GC100MHz 检测桥底地基发现，地层深处存在较多裂隙带及三处溶洞。

**2）探地雷达在桥梁施工过程中的应用**

桩基施工前使用探地雷达可检测基底地质情况，发现夹泥层、溶洞等不良地质体后及时处理以保证工程质

量。以济南某桥梁桩基检测举例：使用 LTD2100+GC400MHz 检测，在基底布置俩条测线，沿边沿绕行一圈后走十字交叉测线紧贴地面移动天线检测。检测后在基底下方三米处发现强反射信号，经开挖验证为夹泥层。

**3）探地雷达在桥梁完工验收及运营养护中的应用**

在桥梁完工验收及运营养护阶段使用探地雷达可检测钢结构深度与水平分布、桥梁结构内部缺陷及路面厚度等，发现钢结构分布与路面厚度等与设计资料不符、施工过程及运营阶段造成的内部缺陷等问题后及时处理以消除隐患。

以电波所内双层钢筋实验台检测举例：实验台中埋设双层钢筋，上层有 23 根钢筋实际厚度 7cm，下层有 19 根钢筋实际厚度 27cm。使用 GC1500MHz 天线检测可清晰分辨出俩层钢筋及上层的 23 根钢筋。而因电磁波工作原理限制，电磁波在传播过程中遇金属等良导体时发生全反射，从上层钢筋间隙透射下去的信号不能完整覆盖下层钢筋，雷达采集的信号不能完整描述目标，钢筋数量不能清晰分辨，只能判断有没有钢筋及大致的疏密程度。标定电磁波波速后，上层钢筋深度误差在 3%以内。使用专用的测距装置，用道间距 0.54cm 采集数据，上层钢筋水平误差在 1cm 以内。如无特殊要求如钻孔避开钢筋等，可选用 0.54cm 的道间距采集数据，此时可保证采集的数据完整可信并且能以 0.7 米/秒的行进速度检测钢筋分布。

以滨州黄河大桥钢绞线检测举例：本次检测是为桥梁护栏改造提供施工依据，避免在钻孔植筋过程中钻到预应力钢绞线破坏桥体受力、钻到 10cm×10cm 分布的钢筋网损坏钻头。在施工现场，使用 GC1500MHz 天线检测并标注后，无一处钻到钢绞线；在现场做验证实验，用道间距 0.17cm 探测，在检测到钢筋的位置钻孔，正钻到钢筋上方。但此时的采集速度需低于 0.2m/s,与道间距 0.54cm 的检测方式相比，这种方法降低了检测速度，提高了对目标体的水平定位精度。在实际检测工作中可综合考虑选择哪种采集方式,在保证达成检测目的的前提下提高检测速度以发挥探地雷达方法无损快速的优势。

以检测日照日东高速大桥梁板内波纹管分布举例：因桥梁梁板已出现裂缝，业主方需求用探地雷达检测出波纹管准确位置标注后再使用声波法做无损探伤，针对内部病害做处理。因波纹管平行梁板成折线分布，现场布线时平行梁板走向布置俩条测线，分别测到波纹管拐点左、右俩侧各俩个测点。将左右俩边的测点分别连接后的直线即为波纹管的走势，交叉点为波纹管的拐点所在处。结合设计资料可快速准确的检测波纹管整体走势。在本次检测中因波纹管为金属波纹管，探地雷达方法不能检测其内部缺陷，只可用于对波纹管进行位置检测。如为混凝土等非金属介质中存在缺陷，可使用探地雷达方法。

以检测浙江丽水青田章村桥梁梁板内缺陷为例：桥梁竣工通车后村民发现梁板左侧有一处裂缝，业主方需求检测裂缝只是在表面还是贯穿在梁板内部。梁板宽 25cm，使用 GC900MHz 天线在梁板右侧沿梁板面检测。出于检测雷达性能的目的，在未观察左侧裂缝位置的情况下做检测工作。经标定雷达速度后，确定深度 22cm 处有明显空洞反应，并标注水平位置。在梁板左侧用凿除法验证，打开后发现此处空洞。

以检测某桥梁路面沥青层厚度举例:因桥梁建成后采用取芯法易破坏路面结构，业主方拒绝检测单位使用取芯法检测路面厚度。使用 LTD-80 在桥梁前后俩侧的公路沥青路面标定速度后，在桥梁道路俩侧布置俩条测线检测。检测后发现沥青层厚度起伏较大，多处区域存在沥青层厚度不足的问题。对比检测单位的取芯经验统计，沥青层厚度符合设计资料的部分恰好是采用取芯方法检测的取芯区域。

## 3．小结

由以上几例检测实例，可得出结论，探地雷达方法适用于施工前的地质勘查、施工过程中的桩基基底检测及完工验收、运营养护阶段桥梁上下层结构不同部位的钢结构分布、病害及路面厚度检测。

以上几例中亦可以统计雷达方法的几处局限性，包括：在不同场地检测不同介质时，都需标定电磁波的速度；雷达天线有探深及分辨率的反比关系；检测钢筋等孤立体目标时需沿目标体的切向方向检测；检测时需检测目标与周围目标有较大的介电差异。

探地雷达方法因其适用性广、实用性好、使用方便而受到工程检测人员的重视，因其快速准确、无损检测的特点正在成为工程检测的必备工具。

## 参 考 文 献

[1] 赵永贵. 路面结构的地质雷达检测[J]. 工程地球物理学报, 2000, 2: 28~32.

[2] 李大心. 探地雷达方法与应用[M]. 北京：地质出版社，1994.

[3] 范国新. 探地雷达原理、设计思想及其实现[J]. 电波科学学报，1992, 7(3): 32~36.

[4] 戴前卫. 路面结构的地质雷达检测[J]. 工程地球物理学报, 2000, 2: 18~22.

（20）工程、环境及公共安全地球物理

# 岭脚隧道涌泥、涌水原因分析及地质隐患精细探查

# Cause Analysis of Water Inflow and Mud Leakage in Lingjiao Tunnel and Surveying Mini-scale Structure geologic Hidden Trouble

王 荣 王泽峰

Wang Rong Wang Zefeng

北京水工资环新技术开发有限公司 北京 100081

**1. 引言**

隧道和地下工程是高风险的工程，存在大量地质和施工的未知数，施工时坍方、涌水、涌泥时有发生。在设计前的勘察阶段，对于埋深超过二三百米的隧道，目前就还难以查明隧道所处标高的地质情况。因此开挖时的施工地质预报成为了重要的手段。事故发生后的原因分析等，都需要有相应的物探手段从地面和隧道中作探查。

目前的大量工程都建设在地质复杂的地区，施工设计和工程施工，要求能对岩体作细观的探查，给出米级大小的地质灾害源和断层、溶洞等较精确的位置。陆地声纳法和微分电测深法是经过 20 余年研究和实践的物探方法，适合于隧道地质预报和在崎岖山区做地质精细探查。

本文以岭脚隧道为例，探讨埋深在二三百米的隧道中地面探查和隧道中做施工地质预报相结合探查、分析隧道涌泥、涌水的地质原因的物探技术和工作。

岭脚隧道在包—茂高速公路广西岑—水段，由上下行并行两隧道组成，单个隧道跨度约为 12.5m，高约 10m，两隧道间距约 30m（隧道中线—中线距离）。除两边洞口外，隧道埋深为 70～150m。隧道穿过混合岩和中薄层结晶灰岩，并有岩脉穿插。隧道上方地表为崎岖山体，林木丛生，海拔 300～400m，坡度多为 20°～25°，个别地方甚至达到 40°～50°。设计提供的地质剖面图和地质纵断面图表明，在隧道进口外及隧道右方 500m 左右有较大断层通过，而在隧道通过段则没有较大断层。

隧道右洞在掘进到 EK18+215 掌子面时突遇涌水、涌泥，涌泥达数万方，并引起左洞在掌子面前方 150m 的 FK18+200 处山坡地面塌陷，坍坑面积达 2000m$^2$；隧道涌出泥、水和大块石，机械设备损毁。为处理涌泥、涌水，必需先查明其地质原因。为此采用集中物探手段对隧道地质情况做进一步探查。在隧道中采用 TSP 预报，未能发现前方有重要异常，在山体上坍坑附近用瞬变电磁法做了探查也未发现有重大隐患。于是采用陆地声纳法和微分电测深法做探查。

**2. 隧道涌泥、涌水地质原因探查**

**1）探查技术方法**

（1）陆地声纳法：陆地声纳法的全称为“极小震-检距超宽频带、超短余震系统弹性波反射单点连续剖面法”。它是弹性波反射法的一个新方法，于 1991 年实现并推出，经 20 年艰难的发展，在隧道施工地质预报和地面浅层高分辨率勘查、工程质量检测等方面的实践中表现了它的优点与特长。它应用弹性反射法的基本原理，吸收了探地雷达和水声法的一些元素；为解决它的一些关键性的问题，又采用了其他领域的技术，使它逐渐丰满成熟。是中国地球物理勘探界具有原创性发明的有自主知识产权的新技术之一，并获得国家自然科学基金、国家高技术研究发展计划（863）重大交通基础设施核心技术、国家重点基础研究发展计划（973）等多个项目的支持。它的特点为：

①用锤击震源，不必固着检波器。

②采用近于零震—检距的单点连续剖面法，避开直达波、面波干扰；在崎岖山区工作没有地震勘探静校正的困难。

③可接收 10Hz～4000Hz 的波，接收系统在此频段范围内不特别放大和压缩任何频率，平常应用的主频为 500Hz～3000Hz。

④在隧道施工地质预报时，利用掌子面上的十字剖面和后面边墙上的几个测点，组成三维的激发、采

集系统，可较准确地确定各反射面的空间位置与各层波速。

（2）微分电测深及 C-1 微测深仪：C-1 微测深仪是由何继善院士、钟世航、鲍光淑教授联合研制的，是分辨率高、精度高的电阻率法，它可在接地电阻高达 700kΩ时正常工作。

微分电测深技术方法是由钟世航教授发明的，采用 *MN* 垂直 *AB* 的电极布置方式，*MN* 从 *A* 点起从近到远等距移动的跑极方式，分辨率由 *MN* 移动的点距决定，*MN* 距 *A* 点距离反映探查深度。他在 *AB* 方向地形干扰小，*MN* 可布置在山谷、山脊上和陡崖边。

**2）方法选用及工作布置**

选用陆地声纳法和 LDS-3 型专用仪器与微分电测深和 C-1 微测深仪相结合做洞内、洞外探查。陆地声纳法在隧道左洞掌子面 EK18+330 向出口方向做探查(这里距地面坍塌为 120～160m)，预报前方远至 170m 的地质情况；在隧道上方山顶、山坡地面上布置了基本平行隧道中线的陆地声纳法纵测线 3 条，在坍洞上方和涌泥、涌水里程位置上方布置了多条横向剖面。在地表坍坑边缘布置微分电测深测点，因坍坑已回填并用水泥砂浆封顶，许多电极布置在水泥砂浆面上，必须应对高达 300～700kΩ的接地电阻。

**3. 成果解释与资料分析**

左洞 EK18+330 掌子面做的地质预报，在 EK18+220～+175 段的约 45m 范围，发现断裂十分密集，断层和交叉断层组间隔小到 2～3m，与他的前后段明显不同。可以确定这是以前未发现的断层带。断层带由多组小断层组成。

地面勘查发现，在 K18+220～+175 段，从隧道左线到右线，岩体小断层密集且无规律，与此段落的前后岩体中小断层的倾向、倾角、密集度较小的情况有较大不同。这种情况和隧道中的探查结果相吻合，从而确定这断层组的存在。

探查还发现一些小空洞，一般直径为 0.3～0.5m。已开挖的地段也发现过这种小的空洞，这反映了地面水的渗流情况。这是地面水多年的向下顺岩体裂隙渗流，在风化的混合岩中形成。

在左洞 EK18+330 掌子面的隧道地质预报中也发现这样的小空洞，特别在在 EK18+220～+175 段断层带中这种小孔洞较密布。

由此判断，地面水不断向地下渗流。在断层带中由于小断层密集，小断层的断层泥、风化糜棱岩和风化成泥状的岩脉形成了涌泥的来源。多年的地面水向下渗流使断层中泥状物形成泥水混合物。断层带中泥水连通性好。因此，右洞开挖至 K18+215 遇到断层带中顺隧道中线方向的断裂，就发生涌泥、涌水。右洞涌泥、涌水后，左洞方向的泥源和水则顺断层方向向右洞涌流，不断补充。从右洞涌出的泥、水，导致从 1m 多宽、5～6m 高的断层裂隙可涌出几万方泥、并伴随涌水，并形成左洞左边近 20m 处地面坍陷形成面积约 2000m$^2$ 的坍坑。

同时，地面探查还发现两处较大空腔，其一在测线 I 的横测线 $h_1$ 的 1～7 点，空腔宽达 5～6m，高度近 20m，正是涌泥后的遗存，其中可能填满了稀泥和水。此空腔的位置在右洞的侧方 4m 左右，高度从隧道的上方 10m 到隧道底。还发现其他几个较小的空腔。这些空腔，是隧道继续开挖的极大威胁。必须做预处理。

资料提交两个月后，左洞开挖至 K18+233 里程位置时，用超前水平钻证实 K18+212 左右为断层带，泥浆夹石。

**4. 结束语**

（1）对于埋深较浅的隧道工程，地面勘查和掌子面地质预报相结合做综合物探分析，相互印证，有助于弄清楚中小断层、空洞等细观的地质情况。在出现涌水、涌泥的事故后更应当安排有关地面和隧道内的探查，无论是预警防灾还是灾害治理都可以因此获得可靠的科学依据，较科学地找到事故的地质原因，查明灾害源的情况，科学地作出处理方案。

（2）陆地声纳法应用在隧道地质预报和地面勘查中都有很好的效果，不仅对大小的断层、空洞等地质异常有清晰的反映，并可分辨交叉断层。特别在水电施工地质预报时可以较准确地确定断层的出露位置、走向、倾向和倾角和溶洞等洞穴的位置。微分电测深的变分辨率高，在山区使用可避开电阻率法通常遭遇困难的地形影响，是与陆地声纳法配合的好方法。

参 考 文 献

[1] 钟世航. 浅层高分辨率勘查中的陆地声纳[J]. 工程地球物理学报，2004, 1(1): 31~37.
[2] 钟世航, 王荣, 王泽峰. 物探对施工地质体的细观研究[C]//中国地球物理学会第二十七届年会论文集. 北京：中国科学技术出版社, 2011: 796~797.

（20）工程、环境及公共安全地球物理

# 工程物探目前的机遇与困难及对策

# Opportunity, Difficulty and Strategy on Engineering Geophysics

钟世航

Zhong Shihang

中国铁道科学研究院　北京水工资环新技术开发有限公司　北京 100081

20 世纪 80～90 年代，在工程物探队伍的努力和学会加强组织会员交流和合作的情况下，我国工程物探技术迅速发展。到 80 年代末，我国工程物探技术已居国际领先水平，已初步满足工程选线和初步设计的要求，并向施工设计和配合施工的要求前进。但 2000 年后，由于各方面原因，进展减慢。而随着建设工程的加速投资与兴建，工程设计与施工提出许多新的要求，使工程物探技术无法适应，而在许多领域处于边缘状态。例如：①工程物探在在定测，施工设计阶段，配合工程施工方面进展不大，无法适应工程需要；②我国 35 个城市修建城铁和地铁，但由于城市闹市区中繁忙的车流、人行的振动干扰使弹性波方法无法作面积性工作，电磁、地电干扰使除雷达外的其它电磁方法和电阻率法、激发极化法无法正常工作；③我国 30%的陆地面积发育岩溶。许多房屋、厂房建在岩溶发育区上，许多工程，如桥梁、高架桥、隧道、地铁都穿过溶洞发育区，工程需要已不满足与岩溶发育区的圈定，而要求对单个溶洞作探查并定位，而单个溶洞探查是世界性难题；④崎岖山区的浅层探查，是防灾、减灾的主要内容，地形的影响制约了许多物探方法；滑坡多年解决不了滑动面的探查；我国公、铁路隧道每年建设达 800km，而在崎岖山区埋深 400m、500m 以上隧道的物探目前难有突破；⑤资料解释还是一个要大力提高质量的环节。全国第 2 次物探院院长书记会议上到会单位一致提到需要提高解释水平。我们见到一些重要工程的物探报告有暗河、溶洞而实际上是解释错误；一些勘查报告中给出，这有一个低阻异常，那有一个低速异常，使施工方摸不着头脑。

这些情况已大大影响到工程物探的应用。但这也是工程物探发展机遇所在。温家宝总理曾指出，地质工作主要任务一个是资源探查，一个是防灾减灾。防灾、减灾正是工程物探的一个重要方向。争取在这些方面有技术上的突破，将使工程物探发生跨越式的发展，20 世纪 80 年代正是抓住了机遇，使工程物探跨越一大步，今后几年，正是要求工程物探抓住机遇的时刻。20 世纪 80 年代中顾功叙先生提出“物探向何处去？”的命题。其间地球物理学会召开了多次会议讨论，并组织了“2000 年的中国物探”的编写，提出了问题、目标和路线，解决了以后 15 年发展的问题。

我们的困难是缺少科研资金，缺少科研力量，这是可以解决的。前述的困难正是国民经济建设提出的要求，证实物探发展的动力。作者认为，应从以下几方面着手：

（1）与使用物探资料的业主联合，取得他们的支持和合作。近十年，我们通过向业主方的宣传和科普，使有关方面得到重视，形成多方合作，民营企业和一些个人也发挥了极大积极性和作用。1991 年物探首列铁道部重点课题《隧道施工不良地质预报》，2005 年 12 月国家自然科学基金重点项目“高压大流量岩溶裂隙水与不良地质情况超前预报和治理”课题开题（水利水电联合基金）。2007，国家高技术研究发展计划（863 计划）的重大交通基础设施核心技术“隧道施工期大涌水等地质灾害超前实时预报系统与装备”完成招标审查；随后，国家自然科学基金装备专项的“复合激发极化法仪器和设备研究”通过立项评审。2012 年通过 973 项目“深长隧道突水突泥重大灾害致灾机理及预测预警与控制理论”通过立题答辩，他以陆地声纳法、瞬变电磁法和二电流激发极化半衰时差值法为核心。这些项目在隧道施工地质预报方面获得大的突破和进展，于 2011 年获中国岩石力学及工程学会科技进步一等奖、国家科学技术进步二等奖，并使我国自主创新的陆地声纳法得到长足进步、二电流激发极化半衰时差值法（隧道中预报涌水量）获得突破。

（2）集中力量再解决几个关键性的技术难题，使得可以全面突破前述几个勘查难题，至少满足 10～15 年的需要。

（3）解决一批行业内的关键技术难题。

（4）开展协作联合，既要从事地球物理专业的单位和个人的合作，也要与使用部门的密切合作。

（5）加强人才培养，特别是在方法的基本概念、使用技术和资料解释方面的培训。第二次物探院院长、书记会上提出院校合作便利学生实习、岗前培训和资料解释培训的意见是切中要点的。

（20）工程、环境及公共安全地球物理

# 点电荷载流微元与偶极子源的时域电磁场响应对比

# Response comparison of time-domain electromagnetic field between point-charge current carrying infinitesimal and dipole

周楠楠 [1]　薛国强 [1]　闫　述 [2]　王贺元 [3]　孔祥儒 [1]

Zhou Nannan　Xue Guoqiang　Yan Shu　et al.

1. 中国科学院地质与地球物理研究所, 北京 100029;

2. 江苏大学计算机科学与通信工程学院, 镇江 212013; 3. 辽宁工业大学理学院 锦州 121001

经典的偶极子理论为瞬变电磁响应特征、全区视电阻率定义提供了基础，切实反映了远区的瞬变电磁场特征。但依然存在非偶极子效应和非精确解问题。为了进一步推动瞬变电磁勘探方法的发展，在经典电磁学理论研究的基础上，薛国强、闫述等提出了基于时变点电荷载流微元的瞬变电磁理论的研究 [1,2]。从真正的基本微元出发，以时变点电荷代替偶极子假设，使源真正的微元化。并且不再经过频时变换，直接在时域位函数的基础上推导时域瞬变场。文献[2]利用比拟的思路，通过计算静态场中偶极子近似解与精确解之间的误差，给出误差分析，认为在时域近区电场、磁场误差较大；但误差分析仍局限于静态场，也没有给出点电荷微元与偶极子源的对比分析。

**1．均匀全空间点电荷载流微元直接时域解**

通过降维法推导出三维导电全空间的时域位函数的表达式，并取电导率趋于零时的极限情况，得到均匀无耗全空间的时域位函数表达式。在时域位函数的基础上直接推导时域瞬变场而不是由频域电磁场的表达式经过频时变换得到时域场，最终给出均匀无耗全空间的点电荷载流微元时域位函数、电场、磁场的表达式。

**2．点电荷微元与电偶极子电场分布**

取阶跃电流源关断瞬间作为研究对象，将时变场退化到静电场，由正负两极性电荷组成的电偶极子的电场强度的分布特征与单个点电荷在形态和大小上发生了改变，尤其是在坐标轴上，偶极子表现出明显的方向性（由正电荷指向负电荷）。这是关于点电荷和电偶极子最直观的差别。根据比拟的研究思路，点电荷载流微元时域场与偶极子时域场具有类似的差别。

**3．点电荷载流微元与偶极子源的场对比分析**

进一步在均匀无耗全空间中对比两种源时域电场、磁场。不论对于磁偶极子还是电偶极子，当场点到源点的距离小于源的尺度、或者与源的尺度相当时，偶极子与点电荷之间误差较大。在距源点较远的场点，偶极子与点电荷微元之间误差较小。

对比两者的位函数，位函数曲线形态随偏移距增大呈现出明显的不同，点电荷载流微元的位函数在双对数图中呈现出线性递减的形态，距离源越近，位函数值越大。而对于偶极子微元，位函数随偏移距的增大先增后减，并在源长度相近时出现最大值。两种不同微元在位函数变化形态上存在明显的差异。在近区，二者的差别较大，随着距离趋于远区场，差别逐渐变小，在偏移距/源长度大于 10 时，两者的误差可以忽略。其他的电场、磁场分量也具有相似的特征。在平面电磁波传播中，电磁波相位以传播常数随距离变化，同时，幅值也以衰减常数随距离呈指数衰减。因此，从电磁波传播的物理机制来看，点电荷载流微元公式计算的场的空间分布特征更加符合实际情况。

通过上述讨论，本文认为点电荷载流微元与偶极子微元在场的分布上存在着差别，使用点电荷载流微元作为基元，更加符合实际源的场分布特征。同时，求取点电荷载流微元的电场、磁场的直接时域解析表达式，有效规避由频时变换可能带来的计算误差，对瞬变电磁场分布的认知具有重要的推动作用。

但目前的结论是在均匀无耗全空间的介质内得到，还需要进一步推导均匀导电全空间、均匀半空间及水平层状介质时的点电荷载流微元的直接时域电场、磁场的表达式。

研究受到国家重点基础研究发展计划（973 计划）2012CB416605 和国家自然科学基金 41174090 资助。

**参 考 文 献**

[1] 闫述, 薛国强, 陈明生. 大回线源瞬变电磁响应理论研究回顾及展望[J]. 地球物理学进展，2011, 26(3): 941~947.

[2] 薛国强, 闫述, 周楠楠. 偶极子假设引起的大回线源瞬变电磁响应偏差分析[J]. 地球物理学报，2011, 54(9): 2389~2396.

# 专题二十一：空间大地测量、地壳运动与天文地球动力学

# Space Geodesy, Crustal Movement and Astro-geodynamics

（21）空间大地测量、地壳运动与天文地球动力学

# 利用精密水准数据研究青藏高原东缘地区现今地壳垂直运动

# Present vertical velocity field in the eastern margin of Tibetan Plateau derived from precise leveling

郝 明 王庆良 崔笃信 李煜航

Hao Ming Wang Qingliang Cui Duxin Li Yuhang

中国地震局第二监测中心 西安 710054

利用青藏高原东缘地区 1970～2011 年的精密水准观测资料，获取了研究区内的现今地壳垂直运动速度场图像，为区域地壳垂直运动和强震中长期危险性预测研究提供了重要基础资料。结合前人得出的该地区现今地壳水平运动速度场结果，综合分析区域三维地壳运动速度场特征，并对地壳形变的动力学机制进行了初步探讨。取得的主要结论如下：

（1）收集、整理青藏高原东缘地区的精密水准测量数据，包括 1970 年以来的地震水准监测网、全国二期和二期复测水准网和“中国综合地球物理场观测—青藏高原东缘地区”项目于 2010～2011 年在滇中和滇西地区的观测资料，做出所有高差观测值随时间变化的曲线，剔除由于地震事件、地下水抽取等因素导致的不稳定水准点。共找出重复观测的水准点 3 439 个，一等水准观测高差占总观测数据的 97.5%，二等观测高差占 2.5%。

（2）根据青藏高原东缘地区构造变形强烈和水准资料多年、多期复杂的特点，我们采用线性动态平差模型[1]，以研究区内 9 个 GPS 测站（网络工程中的基准站和基本站）垂直运动速度结果[2]作为先验约束，可以有效减小水准测量中系统误差的累计，统一处理获取了青藏高原东缘地区现今地壳垂直运动速度场图像。

（3）垂直运动速度场结果揭示出，青藏东缘地区地壳长期垂直运动趋势与已有地质学方法、GPS 和水准观测得到的结果一致。青藏高原东缘大部分区域都存在上升趋势，其中贡嘎山地区上升速率最大达到了 5.7 mm/a，而西秦岭天水地区垂直速率最大达到 6.4 mm/a。

（4）从横跨断裂带的垂直运动速度剖面上可以估计出断裂带的垂直滑动速率，可为一些不易于通过地质学方法得出垂向滑动量的断层提供定量约束。结果表明，垂直滑动速率最大的为龙门山断裂达到 3.4±0.4 mm/a，其次为大凉山断裂带，垂直滑动速率为 2.0±0.4 mm/a。贺兰山东麓、六盘山、龙日坝和小江断裂的垂直滑动速率为 1～1.6 mm/a，而则木河和红河断裂的垂直滑动速率不明显。

（5）利用小波分解技术获取了青藏高原东缘不同波长的垂直运动速度场图像。其中，长波长（500～1000 km）的地壳垂直变形运动可能与青藏高原深部地幔的变形有关，区域短波长的变形则主要与地壳的变形有关。

（6）将获取的青藏高原东缘地区现今地壳垂直运动速度场，与 1999～2007 年该区域的长期水平运动速度场相结合，分析和研究东缘地区的地壳运动学特征和地壳形变的动力学机制。区域三维地壳运动速度场结果揭示，贺兰山上升、银川地堑继承性沉陷；六盘山地区的抬升速率主要以地壳缩短的形式实现；川滇地块中南部地区由于东西向水平拉张而表现为下沉运动。

（7）水准资料得出的垂直运动速率结果表明松潘—甘孜地块西部的隆起速率为 0～1 mm/a，其中部地区隆起速率增大至 2～3 mm/a，而到其东部靠近四川盆地地区垂直速率下降为 0～1 mm/a。这种垂直运动现象可能揭示出在松潘—甘孜地块中下地壳存在管流层。青藏高原内部地壳物质向东扩展，由于受到四川盆地强硬地壳的阻挡，中下地壳物质以塑性流变的方式在龙门山及其以西川西高原之下堆积， 导致川西高原中下地壳的显著增厚，并对上部脆性地壳施加垂直隆升作用，从而造成龙门山和川西高原的隆升[3]。

（8）通过区域垂直形变速率场，结合 5 级地震震中分布，发现了滇西南地区龙陵—澜沧活动断裂带永德—镇康地震空段的现今高速率异常隆起特征，揭示了该地震空段的强震中长期危险性。

本研究由国家自然基金（40974062）和地震行业科研重大专项（200908029）项目资助。

参 考 文 献

[1] 赖锡安, 黄立人, 徐菊生. 中国大陆现今地壳运动[M]. 北京:地震出版社, 2004.
[2] 王敏. GPS 观测结果的精化分析与中国大陆现今地壳形变场研究[D]. 中国地震局地质研究所博士论文，2009.
[3] 张培震, 闻学泽, 徐锡伟, 等. 2008 年汶川 8.0 级特大地震孕育和发生的多单元组合模式[J]. 科学通报, 2009, 54(7): 944~953.

（21）空间大地测量、地壳运动与天文地球动力学

# 大同盆地口泉断裂现今分段活动性的非连续接触模型模拟

# Discontinuous contact model to simulate current segmentation of Kouquan fault in Datong basin

李煜航[1,2*] 王庆良[1] 崔笃信[1] 郝 明[1] 季灵运[1] 秦姗兰[1]

Li Yuhang[1,2] Wang Qingliang[1] Cui Duxin[1] Hao Ming[1] Ji Lingyun[1] Qin Shanlan[1]

1. 中国地震局第二监测中心 西安 710054; 2. 中国地震局地质研究所 北京 100029;

## 1. 引言

位于大同盆地北缘的口泉断裂是全新世活动断层具正倾滑活动特征，而对其是否具有右旋走滑特征尚有争议。同时该断裂的活动速率一直缺乏定量约束，全面的分段性研究尚显不足。本文以该断裂带为研究区利用有限元接触模型，使用 GPS 观测结果确定边界条件，来探索定量约束该断裂的滑动速率和分段特征。

## 2. GPS 资料概况

GPS 资料分别以 2009～2011 年"中国大陆构造环境网络区域网"和 1999～2007 年"中国地壳运动观测网络"的资料为主。GPS 数据采样间隔均为 30 秒，24 小时为一时段，采用双差模式，数据处理由 GAMIT/GLOBK 完成。将获得的每天多个单日解通过公共的参数合并，得到一个包含了所有区域 GPS 点和全球 IGS 站的单日松弛解，最后采用 GLOBK/QOCA 通过所有单日松弛解估算出测站的位置和速度。

## 3. 地壳水平运动特征

本文选择 111°～115°E,38.5°～41.5°N 为研究范围，得到相对于华北—华南板块 GPS 水平速度场，两个时段速度场均沿口泉断裂出现方向偏转，是其作为区域性边界断裂的表现。2009～2011 年 GPS 速度场与 1999～2007 年 GPS 速度场相比其整体活动速率较大，且华北平原地块具有较明显的整体北西向运动趋势。

## 3. 有限元模拟

### 1）有限元模型的建立及计算

断层产状据实际调查给出，模拟深度 10km。采用 brick 8node Solid185 单元，共有节点 13 464 个，单元 10 500 个。弹性模量及泊松比据文献设置为 75 000MPa 和 0.3，断层面采用 TARGE170 和 CONTA174 接触单元设置面—面接触对。取靠近模型边界外部 GPS 数据作为边界上最近节点的载荷，并插值获得其余节点的速度约束，纵向上假设速度载荷不变，底面垂向约束。2009～2011 年 GPS 数据丰富，采用试错法通过调整法向及切向刚度因子及摩擦系数将模拟结果与实际观测值进行比较，当两者相差最小时（刚度因子为 1.0，切向刚度因子为 0.1，摩擦系数为 0.36），将这组参数确定下来再用于 1999～2007 年的结果模拟。

### 2）模拟结果及分析

获得的两个时段口泉断裂连续年位移云图，均显示断裂的北西侧年活动速率明显大于南东侧，具右旋走滑特征，断裂的北西侧的北部活动速率又明显强于其南部。将模拟的目标面与接触面对应节点的速率分量相减，并依据其走向进行投影变换，得到沿断裂面的模拟断层活动速率。1999～2007 年的模拟结果显示，断层右旋走滑速率与正倾滑速率自南向北增强趋势明显，沿断裂走向方向中—北段（50～100km），两者速率分别为 1mm/a 和 1.6mm/a 左右为该断裂的明显大值区，是其现今活动性较强的区段。2009～2011 年 GPS 数据模拟结果与 1999～2007 年模拟结果相似，该断裂中部右旋走滑与正倾滑速率达到了 1.2mm/a 和 2.1mm/a 左右，同时结果显示其北端出现逆冲和左旋的特征。

## 4. 结论

GPS 速度场揭示口泉断裂具边界断裂的活动特征。数值模拟的结果支持关于该断裂具右旋走滑特征的推论。长、短时间尺度的模拟结果均显示该断裂具基本相似的分段活动特征，表现为中部强两端弱，与新近的地质调查结果相吻合。同时中段右旋走滑速率为 1mm/a，正倾滑速率近 2mm/a，向南北两端断层的这一活动特征逐渐减弱。2009～2011 年模拟结果揭示口泉断裂北端的逆冲特征很可能是 2010 年 3 月 11 日日本东北强震对中国华北地壳形变影响的体现，是该断裂对太平洋板块与欧亚板块发生剧烈相互作用时的地壳形变响应。

本研究由国家自然科学基金项目(41174083)和地震行业专项(201208006)资助。

（21）空间大地测量、地壳运动与天文地球动力学

# 最新版球体位错理论计算程序及其在 2011 年日本强震中的应用

# New version of the computational codes for the spherical dislocation theory and its applications to the 2011 Tohoku-Oki earthquake

付广裕 [1,2*]　孙文科 [2]

Fu Guangyu　Sun Wenke

1. 中国地震局地震预测研究所　北京 100036;

2. 中国科学院计算地球动力学重点实验室　北京 100049

## 1. 球体位错理论计算程序简介

随着孙文科的球体位错理论（Sun, et al. 2006; 2009）的逐步完善，经过数年的努力，其配套的计算程序终于从研究版正式进化到推广版（付广裕、孙文科，2012）。本研究详细介绍了最新版球体位错理论计算程序的总体设计思想、各类配套文件的具体内涵以及各类输出文件的物理含义，同时介绍了程序的使用方法和注意事项，为读者独立使用该程序提供参考。球体位错理论计算程序主要由三部分组成：①位错格林函数计算程序，基于具体的球对称地球模型提供离散的二维格林函数数值框架；②积分计算程序，对离散的格林函数数值框架进行双二次样条插值运算，并对四类独立位错源对应的格林函数进行适当组合，从而计算出任意位置任意类型震源在地表产生的同震变形（含位移、应变、重力变化和大地水准面变化）；③辅助文件，用于提供发震断层模型和计算点位信息。一般情况下，读者不需要理解位错格林函数计算程序和积分计算程序，只需要对辅助文件提供的信息进行针对性改动，就可以计算目标地震在目标观测站引起的同震变形。读者如果对这套程序感兴趣可与本研究作者联系，我们将无偿提供计算程序，并提供必要的咨询。

## 2. 震例研究：2011 年日本强震

我们对张渤地震带上的 6 个连续 GPS 观测站观测到的 GPS 资料进行处理，获得了 2011 年日本强震在各观测站引起的同震位移。我们结合其他已发表的 GPS 同震位移结果，得到了 2011 年日本强震在中国大陆地区引起的同震位移场：2011 年日本强震在中国东北地区产生了 30 多毫米的同震水平位移，在中国首都圈地区（震中距约 3000 千米）也产生了 10 毫米左右的同震位移；总体上，观测到的同震水平位移指向震中地区，并随着震中距的增加而逐步衰减。如此大范围的同震水平位移远远超出平面位错理论的应用范围，有必要利用球体位错理论进行解释。于是，我们利用上述球体位错理论计算程序计算了 2011 年日本强震产生的远场同震位移与应变，并利用 GPS 远场数据修正了该强震的总地震矩（付广裕，2012）。结果表明：①利用球体位错理论计算得到的理论水平位移场显示，垂直于发震断层的广大区域同震位移较大，位移矢量总体都指向震中地区，震中距约 5000 千米的地方亦产生了 3 毫米以上的同震水平位移。理论位移与远场 GPS 观测结果具有良好的一致性；②比较两个独立断层模型对应的理论同震位移场发现，震源西部地区远场位移总体上只有 1%～4%的微小差异，而东部广大海域的差异则达到同震信号的 6%～15%，震中周围差异更大。该差异表明，相对于震源仅局域覆盖的日本本土 GPS 观测数据对 2011 年日本强震的断层滑动分布模型的约束能力有限；③依据中国及邻区的远场 GPS 同震观测数据修正 2011 年日本强震的总地震矩，把该地震释放的总能量约束在$(3.24～4.96)\times10^{22}$ Nm 之间，相应的矩震级为 Mw8.97～9.10；④最后，2011 年日本强震在华北地区产生的同震应变与该区的长期应力变化背景场大体相反，表明该强震使华北地区的地壳产生了松弛效应。

本研究由中国地震局地震预测研究所基本科研业务专项（02011240203）资助。

### 参 考 文 献

[1] Sun W, et al. General formulations of global co-seismic deformations caused by an arbitrary dislocation in a spherically symmetric earth model: applicable to deformed earth surface and space-fixed point[J]. Geophys. J. Int., 2009, 177: 817~833.

[2] Sun W. and et al., Green's Function of coseismic strain changes and investigation of effects of Earth's spherical curvature and radial heterogeneity[J]. Geophys. J. Int., 2006, 167: 1273~1291.

[3] 付广裕.球体位错理论在 2011 年日本地震中的应用研究[J]. 大地测量与地球动力学，2012，已接受.

[4] 付广裕，孙文科. 球体位错理论的总体设计与具体实现[J]. 地震，2012，32(2): 73~87.

（21）空间大地测量、地壳运动与天文地球动力学

# 青藏高原东北缘地壳水平形变研究

# Research in Crustal horizental movement state of Northeastern Margin of Qinghai-Tibet Plateau

秦姗兰* 崔笃信 李灵运 王文萍 李煜航

Qin shanglan Cui duxin Ji lingyun Wang wenping Li yuhang

中国地震局第二监测中心 西安 710054

## 1. 引言

青藏块体东北缘是我国重要的活动构造和强震活动地区之一。本文利用“中国地壳运动观测网络工程”1999 年～2007 年数据进行处理，获取区域的速度场，并对青藏块体东北缘地壳水平运动变化进行了相关研究，进一步分析了区域的应里变化。

## 2. 水平形变

对区域 GPS 数据进行解算，得出青藏高原东北缘的 GPS 速率场，结果显示 GPS 速率场在海原断裂和六盘山断裂处发生明显的顺时针旋转，甘青块体在 NE 向作用力下受到祁连山断裂、海原断裂、六盘山断裂的阻挡，在断裂带处发生左旋走滑，造成甘青块体的顺时针转动。分别以祁连山、海原、六盘山、西秦岭北缘断裂研究对象，分析其形变特征，通过垂直于断层方向和平行于断层方向的 GPS 速率剖面可以得出：

### 1）祁连山断裂

垂直于祁连山断裂的速率值从甘青块体内部的约 10mm/a 递减至阿拉善块体内部的约 4mm/a，地壳缩短率约为 6mm/a；平行于祁连山断裂的速率值从甘青块体内部的约 6mm/a 递减至阿拉善块体内部的 2mm/a，走滑速率约为 4mm/a。祁连山断裂主要以左旋、逆冲为主，断层倾滑速率要明显大于走滑速率，这与张永志等（2006）利用 GPS 资料反演祁连山断层三维滑动速率得到的结果比较一致。

### 2）海原断裂

垂直于海原断裂带的速率从甘青块体内部的约 6mm/a 递减至鄂尔多斯块体内部的约 1mm/a，地壳缩短率约为 5mm/a，缩短较明显。平行于断层的速率从甘青块体内部的约 9mm/a 递减至鄂尔多斯块体内部的约 5mm/a，左旋走滑速率约为 4mm/a。表明海原断裂既具有明显的左旋走滑，又具有明显的倾滑分量。

### 3）六盘山断裂

六盘山断裂两侧，垂直于断层的速率由青藏块体内部的约 9mm/a 递减至鄂尔多斯块体内部的 3mm/a，地壳缩短率近 6mm/a。在平行六盘山断裂带方向，断裂带的两侧地壳形变速率值变化不大。在青藏块体内部速率值由 3mm/a 逐渐增加到 7mm/a，进入鄂尔多斯块体后又递减至 5mm/a。

### 4）西秦岭北缘断裂带

西秦岭北缘断裂带西段，垂直于断层方向的速率值变化比较明显，由西秦岭山地约 5mm/a 递减至陇西盆地的约 1mm/a，地壳缩短率为 4mm/a；平行于断层的速率值变化很不明显。西秦岭北缘断裂东段，垂直和垂直于断层的速率值变化均比较小，但可以看出有左旋滑动趋势。西秦岭北缘断裂的活动以左旋水平扭动为主。该断裂带的西段垂直活动较为明显，东段垂直活动比较微弱；水平活动则相反，表现为东强西弱。

## 3. 应变分析

以最小二乘配置模型拟合并求解研究区域内的应变场，青藏高原东北缘应变场显示，主应变在各个断裂带具有分布不均匀的特性，主应变最大的区域在海原断裂和祁连断裂，这与张永志等（2003）研究结果比较符合。从青藏东北缘面膨胀率和最大剪应变等值线图可以看出，面膨胀和最大剪应变高值区域分布为沿祁连山断裂、海原断裂一带，最大剪应变在西秦岭北缘断裂一带也分布有高值区域

## 4. 小结

利用青藏东北缘 GPS 的资料研究分析该区域的地壳形变并对块体内主要的断裂带进行分析，分别得出各主要断裂带的走滑速率和地壳缩短速率。利用最小二乘配置模型求解出研究区域的应变率场显示：研究区域应变率分布不均匀，主应变最大的区域在海原断裂和祁连断裂附近。

（21）空间大地测量、地壳运动与天文地球动力学

# 气压短周期变化对地壳应变的影响

# The Influence of Short-period Atmospheric Pressure Variation to Crustal Strain

周龙寿　邱泽华　唐　磊

Zhou Longshou　Qiu Zehua　Tang Lei

中国地震局地壳应力研究所　北京 100085

作用于地表的气压波动会产生达 $10^{-9}$ 量级（张学阳，等. 1987）的地壳应变，在现代地壳形变观测资料分析中，这种响应不容忽视。

高精度钻孔应变仪是一种理想的地壳形变观测仪器。邱泽华等（2007）率先利用钻孔应变仪提取了苏门答腊地震激发的地球环型自由振荡，唐磊等（2007）利用中国钻孔应变台网提取了苏门答腊地震激发的地球球型自由振荡。在同样利用钻孔应力—应变观测资料提取地球球型自由振荡信号过程中，我们发现，提取周期小于大约 1000s 的信号与上述文献基本相同，但从周期大于大约 1 000s 的信号开始，出现一定的噪声干扰，周期越长，干扰越明显，特别是周期大于 3 000s 的信号受到干扰的程度已与噪声水平持平，无法提取出相应频段的地球球型自由振荡。对地球自由振荡的干扰可能由气压变化引起，同理，为检验钻孔应力—应变资料记录中的强震"前驱波"是否普遍存在，我们也应该研究气压变化对观测资料的影响规律，进而排除气压干扰。

根据频段的不同，大气压力变化可分为由日、月引力和太阳热辐射产生的潮汐变化（杜品仁，等. 1991）和非潮汐频段的短周期气压变化。关于大气潮汐对观测资料的影响，国内外一些学者已做了大量的研究。Savino 等（1972）在分析周期大于 20s 的地球噪声结构时做了理论计算，并与实测资料进行了对比，认为无风时的平稳变化与地震仪观测数据相关性很好。张学阳（1987）对潮汐观测中高精度气压辅助观测的必要性进行了论述，认为气压变化可达 $10^{-9}$ 量级，会导致地面负荷的增减，造成岩体孔隙压力的变化，从而影响应变测值；气压的影响存在日、半日等周期性变化和微变化，微变化比周期性变化更为复杂。杜品仁（1991）仿照固体潮的有关公式，导出了大气潮引起的地壳应变和地倾斜公式并得出了气压变化对深井水位的影响规律。薄万举等（1993）将体应变和气压观测值分成低频、固体潮、高频 3 个不同频段，在固体潮频段内进行了气压改正，说明了这种分频段改正是有效且必要的。张凌空等（1996）建立了钻孔体应变理论气压干扰模型，研究了气压对钻孔体应变日变和月变的干扰过程，探讨了消除干扰的方法。王梅等(2002,2004,2006)、李杰等(2003)对山东省数字化钻孔体应变观测中的气压干扰进行了分析。高福旺等(2004)指出气压与体应变是正相关关系并进行了理论探讨。殷积涛等(1988)从理论上阐明气压系数可分为动态和静态气压系数，动态气压系数与气压的波动频率有关，一般动态气压系数小于静态气压系数；张昭栋等(1991)给出了在频率域内计算气压系数的方法，得出了气压系数随频率减小而增大的规律。

短周期气压变化不是由日、月引力和太阳热辐射引起，其影响地壳形变的研究，目前尚未见到相关报道。Sorrells 等(1971)分析了周期 20s～100s 的气压波动对地震仪记录的影响，认为这种气压波动由风及声波传播引起，对超长周期观测系统的影响比地震仪更为明显。Herron 等(1969)认为主要频率成分在 1 920～5 760s 之间的气压变化由中尺度范围的急流风引起。

我们深入分析了 2002～2005 年山东省泰安台钻孔体应变与气压分钟值观测资料。气压数据的功率谱分析结果显示，气压变化优势成份主要集中在大于 2 000s 的频段。通过线性回归方法和小波分解，得出了 120s～7 680s 频段内气压系数随频率和时间的变化规律。短周期气压系数在高频段内（周期 < 960s）随周期变化幅度较大，数值较小；在低频段内（周期 > 960s）变化趋于平稳，但数值明显大于高频段。频率一定情况下，高频气压系数随时间变化较为平稳。

根据半无限空间中与钻孔同轴的钢管中气压扰动波长 $l_x$ 与体应变观测值 $T$ 之间的理论模型和半无限空间边界上应力按余弦函数分布在 $x$ 轴时的边值问题的应力解，将气压变化的单个波长 $l_x$ 进一步表示为扰动速度 $v$ 与扰动周期 $p$ 之积，建立了体应变观测值 $T$ 与短周期气压变化周期 $p$ 间的关系。理论推导结果与泰安台实测值基本相符。

**参 考 文 献**

[1] 张学阳. 潮汐观测中高精度气压辅助观测的必要性及气压效应的校正[J]. 地壳形变与地震，1987，4(4): 273~280.
[2] 唐磊，邱泽华，阚宝祥. 中国钻孔体应变台网观测到的地球球型振荡[J]. 大地测量与地球动力学，2007，27(6): 37~44.
[3] 杜品仁.气压变化及其对地壳变形和深井水位的影响[J]. 地球物理学报, 1991, 34(1): 73~81.

（21）空间大地测量、地壳运动与天文地球动力学

# GPS观测到的南北地震带中段及周边地区现今地壳形变

# Contemporary Crust Deformations Observed by GPS around the Middle Section of Nanbei Seismic Zone

田云锋

Yunfeng Tian

中国地震局地壳应力研究所 北京 100085

利用连续和流动GPS观测资料，获取了南北地震带中段及周边地区的现今地壳水平速度场；基于活动块体理论，模拟了主要块体边界断裂带的水平运动速率；此外，利用GPS进行了地壳垂向运动分析。

**1. 数据及处理方法**

主要采用了1998年以来“中国地壳运动观测网络（CMONOC）”的GPS观测数据。与已公开的研究成果（Gan, et al.2007；魏子卿，等. 2011）相比，本论文的不同之处在于：①所使用的CMONOC区域站的观测较Gan, et al.（2007）多一期（2007年测）；②分析了“中国大陆构造环境监测网络（陆态网络）”等在西藏、青海、四川等地的GPS基准站的数据；③在数据处理方法上：采用最新版的GAMIT/GLOBK（v10.4）软件、ITRF2008、和绝对天线相位中心模型等；④重新处理了全球约300个IGS站的同期数据，并利用其中100余个稳定的台站来定义参考框架（ITRF），而不是与SOPAC的单日松弛解合并；⑤针对获取的GPS台站位置时间序列，基于连续观测站的结果、利用空间滤波法对区域台站（流动观测）的位置结果进行了共模误差（common-mode error）的校正，以提高速率估计的精度；⑥在计算台站垂向线性运动速率时，率先进行了大气压力负荷、土壤水质量负荷造成的地壳周期性弹性位移（周年项）的改正。

**2. 地壳现今水平速度场**

将上述获取的全球框架（ITRF）下的GPS水平速度场转换为相对于四川盆地的速度场，可以看出：在欧亚板块与印度板块的冲撞作用下，青藏高原东部地壳向北、向东运动，在遇到东部四川块体等的阻挡后，南、北两部分别向南和北东向运动。南支在由正东转向正南运动的过程中速率大致稳定，在云南南部，地壳物质向周围扩散且地壳运动速度迅速减小。北支的运动方向为北东向，在龙日坝断裂两侧表现出较大的速率差异，东南侧速率小，西北侧速率大；在海原断裂带以北，地壳运动方向突然发生变化，转为接近于正北。

由GPS水平速度场插值而推导求得的区域主应变图来看，鲜水河断裂带仍是主压应变最大的地区，海原断裂带等也相对较大。

**3. 活动块体模型分析**

依据前人的成果和最新的活断层探测结果，将南北地震带及周边地区划分为若干较小的块体，块体的划分方法具体为：①以已知的主要活动断裂作为块体边界；②块体边界为闭合多边形，在少数块体界线不清晰（无已知断裂）的地区（如四川盆地与鄂尔多斯盆地之间的区域），人工添加一些块体边界；③块体尽可能小；④单个块体中至少包含5个GPS测站。分析结果显示：鲜水河断裂带（11～14mm/a）和东昆仑断裂带（12～18mm/a）是研究区内滑动速率最大的左旋走滑断裂带；东昆仑断裂带和海原断裂带（3～4mm/a）之间的区域（日月山断裂、西秦岭北缘断裂、庄浪河断裂、和马衔山北缘断裂等）相对运动较小，可看成是一个整体；龙日坝断裂的右旋走滑速率约5mm/a；龙日坝与龙门山断裂带之间的地区（岷江断裂、虎牙断裂）地壳稳定；龙门山断裂带为右旋走滑断裂，滑动速率表现出南高（3mm/a）、北低（1.4mm/a）的特征，垂直于断裂带方向并无明显地壳水平缩短。

**4. 地壳现今垂直速度场**

在GPS水平速度梯度较大的地区，仅在海原断裂带表现出明显的抬升，其他地区（例如龙日坝与龙门山断裂之间的地区、鲜水河断裂等）未见区域性地壳隆升现象。

**参 考 文 献**

[1] 魏子卿, 等. 2000中国大地坐标系：中国大陆速度场[J]. 测绘学报，2011，40(4): 402~410.

[2] Gan W, et al. Present-day crustal motion within the Tibetan Plateau inferred from GPS measurements[J]. J. Geophys. Res., 2007, 112: B08416.

（21）空间大地测量、地壳运动与天文地球动力学

# 基于CGCS2000速度场和地震矩张量联合反演中国大陆构造应变场

# The jointly inversion on china continental tectonic strain field using CGCS2000 GPS velocity field and seismic moment tensor

李志才[1*]　张　鹏[1]　丁开华[2]　蒋志浩[1]

Li Zhicai[1*]　Zhang Peng[1]　Ding Kaihua[2]　Jiang Zhihao[1]

1. 国家基础地理信息中心大地测量部　北京 100048;

2.中国地质大学（武汉）信息工程学院　武汉 430074

中国大陆地处欧亚板块东南部，为印度板块、太平洋板块、菲律宾海板块所夹持，印度板块向欧亚板块的北北西向碰撞挤压是中国大陆地壳运动与构造变形的主动力源，对其运动和形变状况的研究一直是中国乃至国际地学界的热点，20世纪90年代以后GPS的广泛应用直观揭示了中国大陆构造形变场，为众多学者所研究中国大陆的内部构造运动提供了直观的形变数据。

由于GPS技术采集的数据的时间跨度有限，不能很好地代表更长时间尺度的地壳运动情况，而且在空间上，由于GPS站点的非均匀分布，东部密集，西部稀疏，对速度场的分析也会带来一定的影响。为了减弱以上的缺陷造成的影响，获得较完整准确的现今地壳运动速度场，相关学者（王琪等，2001，2012；王敏等，2003；陈小斌，2007；张培震，2005）基于GPS观测数据联合不同的地震或地质模型研究中国大陆构造应变场。地震矩张量作为一个主要的地震记录信息，实际上记录了地震的破裂过程，反映了地壳的应变率信息；第四纪活动断层包含了长时间尺度的地壳运动信息，可以很好地表征地壳运动的力学特征，均可对GPS速度场进行有效的补充。本文同时引入了地震矩张量数据，以及第四纪活动断层研究的成果，对GPS速度场进行约束。将GPS资料、地震矩张量数据等资料进行联合反演，可以获得一个准确可靠的、自洽的现今地壳应力应变场，进而研究中国大陆的构造运动。

本文共整理1999～2009年以来中国大陆开展的多期GPS连续运行基准站网及基本网、区域网观测数据，共收集1 720个站点（其中国家GPS基准网34个，基本网56点，区域网1630点）进行数据处理和平差，最后获得1 080个站点的全球和区域GPS速度场结果。由于我国现行法定坐标系为CGCS2000国家大地坐标系，因此通过关系转换获得中国的CGCS2000速度场结果，将速度场变化纳入到国家法定坐标系下，进行下一步的科学研究。

本文主要采用Hanies与Holt提出的利用多种变形资料反演地壳运动速度场的数值模拟方法即“双三次样条函数（bi-cubic spline function）”数值反演方法，同时对反演模型加以改进，引入了地震矩张量数据，以及第四纪活动断层数据进行联合反演。为了考虑各类数据在联合反演中的权比例关系，引入了权比例因子并建立了联合反演模型。

最终本文除了采用解算得到的1999～2009年间1080个站点的CGCS2000GPS速度场，还利用了中国大陆同期近30年1601个地震矩张量数据，以及第四纪活动断层研究成果，包括断层的位置，长度以及速率等信息，利用改进的“双三次样条函数”反演方法对GPS数据、地震矩张量数据联合反演，获得了中国大陆现今地壳运动与变形图像。

从反演结果可以看出：通过GPS资料、地震矩张量数据等联合反演得到的速度场与所求得的GPS速度场相差很小，反应了联合反演的有效性，同时也体现了GPS资料在联合反演中占有较高权比的结果。中国大陆现今的构造应力应变大的区域主要分布于西部，且应力应变集中区域主要体现在中国大陆西南部，也即印度板块与欧亚板块结合的地带，体现了欧亚板块遭受到向北运动的印度板块挤压所造成的结果。

## 参考文献

[1] 王琪, 等. 中国大陆现今地壳运动与构造变形[J]. 中国科学: D辑，2001, 31(7): 529~536.

[2] 杨少敏, 等. 中国现今地壳运动GPS速度场的连续变形分析[J]. 地震学报，2005, 27(2): 128~138.

[3] 陈小斌. 中国陆地现今水平形变状况及其驱动机制[J]. 中国科学: D辑，2007, 37(8): 1056~1064.

[4] 张培震, 等. 中国大陆现今构造作用的地块运动和连续变形耦合模型[J]. 地质学报, 2005, 79(6): 749~755.

（21）空间大地测量、地壳运动与天文地球动力学

# 基于北斗卫星导航系统的单频电离层校正算法研究

# The Single Frequency Ionospheric Correction Algorithm Based on the BeiDou Navigation System

苏凡凡* 周义炎 祝芙英

Su Fanfan* Zhou Yiyan Zhu Fuying

中国地震局地震研究所 武汉 430071

卫星导航系统的精度受到几个因素的影响：电离层和对流层时延、卫星钟差、轨道不精确性、多径效应等。定位时主要偏差源自电离层时延，其偏离幅度大于任何其他偏差。对于 GPS 卫星导航系统，有很多现存的方法可以用于消除电离层时延误差的影响，最有效的方法是使用双频接收机。由于电离层是弥散的，可以通过两个频率的联合测量来消除一阶电离层时延误差，双频接收机具有需要额外的频率通道的硬件和处理算法的缺点，但很多双频或多频接收机都有单频工作模式。基于以上原因，开发单频电离层校正算法是很必要的。

对于 GPS 导航系统的单频接收机，最常用的方法是使用基于 Klobuchar 模式的电离层校正算法[Klobuchar, 1987]。这种方法使用 8 个系数来计算电离层时延校正。这些系数是卫星星历的一部分，一般每十天更新一次。这种算法可以校正约 50%的电离层时延误差。更复杂些的方法是采用复杂的模型如国际参考电离层模型等来表征电离层状态，这些复杂的模型会改进时延校正约 80%[Camargo et al., 2000]。还可以通过 the Space-Based Augmentation System (SBAS)提供的源自地球同步卫星的近实时电离层校正信息[Pullen et al., 2009]，可以将覆盖区的电离层误差校正性能提高 90%，但使用这种校正方法的 GPS 接收机必须具备接收 SBAS 消息的能力。

本文介绍了一种基于第二代北斗卫星导航系统的消除单频接收机电离层时延的方法，没有额外的硬件需求，且充分利用北斗卫星导航系统中的 GEO 卫星提供的信息。这里引入的方法使用了电离层模型对沿星地链路的 TEC 进行建模，如下所示为电离层伪距误差公式：

$$\sigma = \frac{40.3}{f^2} \cdot VTEC \cdot F(\varphi) \cdot \Delta m \tag{1}$$

其中，$f$ 为电波频率，$VTEC$ 为垂直方向的 $TEC$，$F(\varphi)$为斜因子.

$$STEC = VTEC \cdot F(\varphi) \tag{2}$$

$$F(\varphi) = 1 + 16 \cdot \left(0.53 - \frac{\varphi}{180}\right)^3 \tag{3}$$

其中，$\varphi$ 为仰角。当残余误差不超过 $20TECu$ 或 30%，且 $STEC > 66.7$ 时，$\Delta m = 0.3$。

算法流程如下：

（1）在参考站进行斜 TEC 的长期连续观测。

（2）将观测结果应用于电离层模型参数的优化。

（3）将优化后的参数通过导航信息码传送给接收站。

（4）使用电离层模型和优化后的参数，计算 STEC。

（5）将 STEC 转换为特定频率的电离层时延校正值。

采用 matlab/simulink 仿真，验证了上述算法的有效性。同时发现，在不同的太阳活动性条件下，电离层误差校正算法的精度是不同的，应该在高太阳活动性下使用三维电离层模型进行校正，并在低太阳活动性下调整校正算法，如此可在不同的太阳活动性下均获得较好的校正效果。考虑到使用 GEO 卫星时赤道电离层的变化，将来可进一步分析各种空间天气条件对单频电离层校正算法的影响。

本研究由中国地震局地震研究所所长基金重点项目（IS201116015）资助。

## 参 考 文 献

[1] Klobuchar J A. Ionospheric Time-Delay Algorithm for Single-Frequency GPS Users[J]. IEEE Transactions on Aerospace and Electronic Systems, AES 1987, 23(3): 325~331.

[2] Camargo P d O, et al. Application of ionospheric corrections in the equatorial region for L1 GPS users[J]. Earth Planets Space, 2000, 52: 1083~1089.

[3] Pullen S, et al. Impact and mitigation of ionospheric anomalies on ground-based augmentation of GNSS[J]. Radio Sci., 2009, 44: RS0A21.

（21）空间大地测量、地壳运动与天文地球动力学

# GNSS 垂向分量用于地壳动态形变的研究

# Researches on crust dynamic deformation with vertical component of GNSS

薄万举

Bo Wanju

中国地震局第一监测中心　天津 300180

GNSS（GPS）对地观测技术在我国发展迅速，“中国地壳运动观测网络”和“中国大陆构造环境监测网络”等重大工程项目均将 GNSS 作为主要技术观测手段之一。目前 GNSS 用于地壳水平运动的监测比较成熟，精度高、应用广，产出了一大批基础研究和应用研究成果。目前全国 1000 多个 GPS 区域站自 1999 年以来已经获得了多期复测资料，可产生多期全国范围地壳运动的动态图像，其中含有大量已知和未知的信息，有待于不断地开发和利用。其中，GNSS 点位垂向变化的数据被公认为含有大量信息，但由于观测误差比水平分量大，点位垂向变化频谱成分丰富，在实用中受到一定的限制，应用成果相对较少。本文重点研究如何提取和利用这样高噪声背景数据中的有用信息，对全国多期 GNSS 区域站垂向复测资料进行了处理和分析，得到多幅全国 GNSS 区域站垂直位移数据，确定适合的区域均衡基准，给出多幅全国 GNSS 区域站垂直位移分布图，发现其升降分布格局往往与大地构造格局和大地震孕育发生的区域密切相关，并且发现，汶川 8.0 级地震前，震源区附近及四川盆地存在较大区域、较长时间和较大幅度的上升。通过深入思考和研究，认为不太可能是偶然巧合，从机理上可能存在内在的联系，有必要进一步进行更深入地研究，以期得到更好的解释。这样有可能较好地规避弱信息、大误差、多成分为我们充分应用 GNSS 垂向分量研究地壳垂直形变动态带来的矛盾，在一定程度上解除了我们的困惑，也为我们在不得已时充分挖掘利用高噪声数据中某些有用频谱信息提供了支持和参考。

本文中用于垂直形变研究的区域均衡基准，是一个相对基准。也叫区域通量均衡基准。即假定该区域范围内地壳总介质数量的变化可以忽略不计，周边边界物质虽然有进有出，但假设进入部分约等于流出部分。这种假设与真实情况会有一定的差异，但对分析区域内的垂直形变的空间分布和相对变化影响不大。在这种假设下，则必然有：两期观测之间若区域内无垂直形变，则两期观测数据描述的区域地壳表面相重合；反之，通过第二期观测数据一定能计算上升的点，上升量乘以所代表的面积，是高出原表面的介质体积，同理可计算出因点位下降造成原表面以下亏空的体积。在总介质不变的条件下，高出原表面的体积必须等于因下降造成亏空的体积，将这一条件方程与无速率起算基准的秩亏网速率平差方程组联立求解，即可得到区域均衡基准的垂直形变速率场。在实际计算中还要做若干简化，一般不会影响垂直形变分析的结果和结论。

本文的研究方案是一个大胆的、不得已而为之的但确有一定效果的尝试。关于精度问题，严格解算误差远大于信息量，但气象、电离层、卫星轨道波动、卫星与观测点间的空间几何结构、固体潮变化等等因素虽然对 GNSS 垂向分量影响十分显著，但对地面相邻较近的点来说，其影响具有较强的共模性质。换句话说，虽然每个点垂直分量的统计误差较大，但相邻点所带的误差中有相当大的一部分是一样的，这就可能大大减小这类误差对相邻点间相对变形分析的影响。

实际上，用于地震前兆形变异常的研究，我们更关心的是地壳运动的差异，即引起地壳变形的地表运动部分，地壳运动的共模部分表现为地壳整体的平动和转动，本身不产生变形，引起底壳破裂而发生地震的正是地壳变形所致，只与地壳运动的差异部分有关；另一方面，由于孕育地震的震源体的空间尺度有限，因此通常考虑相对变形的空间尺度也要与其相匹配，例如，我们不会通过计算华北与青藏高原垂直运动的差异来研究或预测一次可能孕育的地震，虽然这一差异也代表着华北与青藏高原之间的垂直变形，但所跨的空间尺度与一次地震孕育所对应震源体的尺度相差太大了，难以用于判定危险地点。因此，相邻或相近点位之间运动的差异对确认局部地壳变形强度、判断可能孕育地震的危险区域更有意义。而利用均衡基准有力于展示不同局部变形强度之间的差异。

本文得到地震科技星火计划项目（XH12071）的资助。

（21）空间大地测量、地壳运动与天文地球动力学

# 基于 GPS 联测数据的三峡库区形变分析

# Analysis of Three Gorges Reservoir Crustal Deformation Based On GPS Joint Observations

贾治革 王 伟 赵 斌 聂兆生 刘 刚

Jia Zhige Wang Wei Zhao Bin Nie Zhaosheng Liu Gang

中国地震局地震研究所（地震大地测量重点实验室） 武汉 430071

水库诱发地震与天然地震一样，发震前后会产生地壳形变[1]。长江三峡地区在大地构造上属秦淮弧形构造西南侧，跨越两个大地构造单元。以青峰断裂为界，北为秦岭褶皱系，南属扬子准地台[2]，库首区地处扬子准地台中心部位，坝址位于黄陵背斜的古老而完整的结晶岩体上，库首区内有北东-北北东，北北西和北西、北西西向三组较大的区域性断裂，主要分布在皇陵背斜周缘及外围地区，其中仙女山断裂（距坝址最近距离19km)、九湾溪断裂（距坝址约 17km)、新华断裂带（距坝址最近距离 40km)、雾渡河断裂（距坝址最近距离35km)、天阳坪断裂（距坝址最近距离约 16km）距离坝址都在 50km 以内，是水库诱发地震监测的重点[3]。20 世纪 50 年代以来，围绕三峡库首区的地质稳定性问题，进行了多学科的新构造运动综合研究。已有研究结果表明，三峡工程坝区及其外围地壳是稳定的，但该地区仍存在一定的地震活动构造背景，存在着地震潜在震源区，如仙女山潜在震源区和兴山-巴东潜在震源区[3~5]，因此对三峡库首区进行形变监测研究具有重要意义。

长江三峡工程作为中国目前最大的水利枢纽工程，从工程初期就建立了完善的地壳形变监测系统，其主要目标就是在宜昌至巴东库段建立起空间上点、线 、面结合，时间上长、中、短兼顾的综合性区域地壳形变监测网络，GPS 以其全天候、实时、三维定位、少受地形限制以及定位精度高等优点成为其中的主要组成部分。长江三峡 GPS 监测网是在综合了地质构造条件、历史地震分布区域和断层分布区划研究成果的基础上布设的，共由 3 个 GPS 连续观测站和 21 个 GPS 区域流动观测站组成，全部采用强制归心观测，所有测站均按照“中国地壳运动观测网络”标准建立在稳定基岩上。

本文利用三峡地区 2010 年度和 2011 年度的 GPS 实测数据与中国境内外的十多个 IGS 站以及“中国地壳运动观测网络”GPS 基准站数据，采用 GAMIT10.4 软件在 DELL 工作站上进行联合处理。主要分以下步骤：①数据转换：将 RENIX 格式的 GPS 数据和 IGS 精密星历转换为 GAMIT 格式；②轨道计算：将精密星历进一步积分处理并考虑卫星工作状态；③组成单差；④预处理：主要是修复周跳并利用三差残差剔除粗差观测值；⑤进一步预处理：包括估计电离层模型、在各基线边处理中利用双差残差剔除粗差观测值；⑥综合平差：主要利用法方程堆积方法进行序贯平差，作同步观测所有法方程的整体平差。

为提高处理精度，GAMIT 加入固体潮汐改正、海潮改正等，给出的每周平差结果，利用处理的各 IGS 站在 ITRF2000 参考框架下的坐标和速度，通过七参数转换，将单个测站的处理结果旋转至统一的参考框架 ITRF2005 下, 所选用的 IGS 站有位于中国境内的 SHAO, WUHN, LHAS, URUM, BJFS、KUNM、CHUN，以及中国大陆周边地区的 POL2, KIT3, SELE, KSTU, TSKB, TAEJ, GUAM, IRKT, NTUS, USUD, IISC 等。GAMIT 软件所给出的测站坐标的标称精度 RMS 水平向为 1～3mm，垂直向为 3～6mm，GPS 观测数据的精度评定方法采用多时段观测基线的重复率，同时评定基线相对定位状况，固定站站间基线定位精度优于 2mm，流动站站间基线定位精度优于 2mm，各基线长度的变化量最大在几个毫米的范围内，超过了加权中误差范围的两倍，表明位移变化从统计结果上显著可信。GPS 数据解算结果基本真实地反应了现今构造形变，两年中各基线长度变化的统计结果也表明库首区目前地表结构相当稳定，这与地质学的结论相一致。本次研究仅针对 2010 年和 2011 年的两期 GPS 观测数据的初步分析结果，更深入的研究还需要多期数据和进一步探讨。

## 参 考 文 献

[1] 虞廷林．地壳形变与水库诱发地震[J]．地壳形变与地震，1991，11(2): 8~16.
[2] 胡兴娥，秦小军．长江三峡工程诱发地震监测研究[J]．中国工程科学，2003，5(11): 71~74.
[3] 杜瑞林，游新兆，乔学军．长江三峡工程诱发地震监测系统中的 GPS 监测网及其观测结果[J]．地壳形变与地震，2001，21(1): 46~52.
[4] 李安然，曾心传，严尊国，等．峡东工程地震[M]．北京：地震出版社，1996.
[5] 袁登维，梅应堂，秦兴黎，等．长江三峡工程坝区及外围地壳稳定性研究[M]．武汉：中国地质大学出版社，1996.

（21）空间大地测量、地壳运动与天文地球动力学

# 利用 BP 神经网络研究汶川地震前电离层 NmF2 扰动

# Ionospheric electron density anomalies detected by BP artificial neural network before the Wenchuan earthquake

熊　晶[1,2*]　吴　云[1]

Xiong Jing[1,2*]　Wu Yun[1]

1. 湖北省地震局　武汉 430071；2. 中国地震局地震研究所（地震大地测量重点实验室）　武汉 430071

近年来，很多学者们致力于地震电离层前兆的探索，相关研究表明，大地震发生前，孕震区上空电离层 F2 层最大电子密度（NmF2,F2 layer peak electron density)和电离层电子密度总含量(TEC,Total electron content)会出现异常变化[1~2]。但是，在前述研究成果中，电离层异常判断的背景值基于震前多天观测值的均值，而这种异常判断方法无法保证背景值不会受到地震活动的影响，所以，其准确性有待商榷。于是，我们采用 BP(Back Propagation)神经网络技术，利用美国大学大气联盟 UCAR 公布的 NmF2 数据，建立局部地区电离层 NmF2 模型，提供“干净”的电离层 NmF2 参考值，从而避免目前异常判断方法的弊端。

掩星观测作为一种较为前沿的观测技术现已越来越多的用于电离层探测，与电离层测高仪、卫星电离层顶部探测、地基 TEC 观测等电离层探测手段相比，掩星观测能够提供准实时、高精度、全天候的全球电离层三维电子密度数据，而且，相关研究结果表明掩星探测数据反演的电子密度剖面与非相关散射雷达和电离层测高仪观测的结果一致。目前，美国、德国、阿根廷等多个国家均有掩星计划在研或运行，而中国台湾地区与美国合作的 COSMIC(Constellation Observing System for Meteorology, Ionosphere and Climate)是迄今为止最成功的掩星计划，它由 6 颗在 800km 处运行的低轨小卫星组成观测星座，在轨时期能提供每天最多约 3000 个掩星探测剖面，虽然现在卫星已到使用寿命，但其在轨 6 年累计的观测数据能为电离层模型的建立提供丰富的电离层电子密度数据，而且，正在研制的 COSMIC-2 系统，预计其数据观测能力将十倍于 COSMIC-1。

为了研究 2008 年 5 月 12 日汶川 Mw7.9 级地震(31°N,103.4°E)前孕震区电离层变化情况，我们选取 UCAR 公布的 2006 年 8 月～2010 年 12 月 NmF2 数据，建立以震中为中心，经纬向跨度为 80°×80°(10°S～70°N,60° E~140°E)的区域电离层 NmF2 模型，并选取年积日 DOY、当地时 LT、经度 LON、纬度 LAT 和 F10.7 太阳活动指数 FLUX 为网络输入，掩星观测点 NmF2 为网络输出，利用 MATLAB 神经网络工具箱构建 BP 网络模型，解算震前孕震区上空各 NmF2 探测点的模型值，通过观测值与模型值的比较，研究汶川地震前电离层是否出现异常变化。

研究结果表明，汶川震前第 6 天～4 天（5 月 6 日～8 日）震中附近上空电离层下午时段出现一系列 NmF2 减小的现象，幅度为 30%，同时，TEC 也出现类似的情况。地震前第 3 天（5 月 9 日）出现 NmF2 显著增强的现象，幅度达 40%，而且，当天下午的 TEC 及 foF2 也有明显增强的现象。与 TEC 分析结果的一致性，说明采用 BP 神经网络建立区域电离层模型的分析方法是可靠的。而 5 月 10 日的 NmF2 也显著增强，但 TEC 没有出现异常增大的现象，我们认为这有可能是与 TEC 异常分析的方法有关，其异常判断的阈值基于当前观测值若干天前的观测值均值，则阈值很可能已经包含了地震活动对电离层的影响，而我们采用模型值作为异常判断的阈值，可以避免上述方法的弊端。

目前，关于地震电离层耦合效应的物理机理还没有定论，有研究证明，地震前孕震区岩石的微破裂可以产生大量正电子穴，足以影响孕震区的电磁环境，其产生的上升电场可以造成 NmF2 和 TEC 的显著减小。但是，尚没有相关理论能解释地震前 NmF2 增强的现象，有可能是孕震区存在下降电场造成这种增强的现象，这需要进一步的研究和论证。综上所述，在空间天气平静的情况下，我们认为 5 月 6 日～8 日 NmF2 减弱和 5 月 9 日～10 日 NmF2 增强的现象有可能与地震孕育活动有关。

**参 考 文 献**

[1] Hayakawa M, O A Molchanov. Seismo Electromagnetics: Lithosphere-Atmosphere-Ionosphere Coupling[M]. TERRAPUB, Tokyo, 2000.

[2] Liu J Y, Y I Chen, Y J Chuo, H F Tsai, Variations of ionospheric total electron content during the Chi-Chi earthquake[J].Geophys. Res. Lett., 2001, 28: 1381~1386.

（21）空间大地测量、地壳运动与天文地球动力学

# 地理经纬度转换大地直角坐标程序开发在地震数据定位中应用

# Program development of transform geographical longitude and latitude into geodetic rectangular coordinates in the positioning of seismic data

杨英虎

Yang yinghu* Wang zheng

中海油田服务股份有限公司物探事业部数据处理解释中心 塘沽 300450

## 1. 引言

已知选区拐点和工区炮点或接收点经纬度经纬度，需要精确求取落在选区内的炮点或接收点，计算出任意一点（炮点或接收点）的大地直角平面坐标以实现三维数据处理地震数据与导航数据合并及后续地质构造解释的准确位置，因此根据测量学相关理论与计算机的运算精度，编写合理程序查找定位数据是至关重要的。

## 2. 方法原理

该程序是在Linux系统下利用shell语言管理档案输入输出及幕后处理功能把地理经纬度按列输入到文本文件作为程序输入，据测量学相关理论逐行处理，从而实现批量转换。

据高斯—克吕格投影族通用公式[1]，UTM 投影的直角坐标为（$x$，$y$），长度比及子午线收敛角等计算公式，如公式（1）和（2）所示：

$$x = c[S + \frac{l^2 N}{2}\sin B\cos B + \frac{l^4}{24}N\sin B(5 - t^2 + 9\eta^2 + 4\eta^4) + \ldots] \tag{1}$$

$$y = c[lN\cos B + \frac{l^3 N}{6}\cos^3 B(1 - t^2 + \eta^2) + \frac{l^5 N}{120}\cos^5 B(5 - 18t^2 + t^4) + \ldots] \tag{2}$$

其中，$c = 0.99996$为比例因子，$S$ 为从赤道开始的子午线弧长，$l$ 为地理经度与中央经线的经度之差，$B$ 为地理纬度，$a$ 为地球长半轴，$b$ 为地球短半轴，$c = a^2 / b$，$t = \tan B$，$\eta = e'^2 \cdot \cos^2 B$，$N = c / \sqrt{1+\eta^2}$，$e' = \sqrt{a^2 - b^2} / c$。使用时直角坐标的实用公式[2]为：

$y_{实} = y + 50\,000$（轴之东用），　$x_{实} = 10\,000\,000 - x$（南半球用）　（3）

$y_{实} = 500\,000 - y$（轴之西用），　$x_{实} = x$　（北半球用）　（4）

## 3. 实际检测与误差分析

本次检测输入了渤海某三维工区 1 077 炮经纬度算出结果与中海油定位成果对比做误差统计：

| $X$坐标误差 | 0 | ≤0.1 | （0.1,0.2） | (0.2,0.3) | ≥0.3 |
|---|---|---|---|---|---|
| 个数 | 423 | 397 | 257 | 0 | 0 |
| 百分比（%） | 39 | 36 | 23 | 0 | 0 |
| $Y$坐标误差 | 0 | ≤0.1 | （0.1,0.2） | (0.2,0.3) | ≥0.3 |
| 个数 | 337 | 435 | 277 | 28 | 0 |
| 百分比（%） | 31 | 40 | 25 | 2 | 0 |

从此统计表看出该批量装换程序精度高，$X$ 与 $Y$ 坐标误差误差都小于 0.3 米，误差为零的炮点分别达到 39%与 31%。误差小于 0.1 米的炮点达到 75%与 71%。本文所用的选区拐点和工区炮点或接收点经纬度批量精确转大地直角坐标在地震数据处理和解释中取得成功应用，且转换精度高，转换误差小。该方法针对地震海量数据进行批量精确转化是一项有明显技术优势、应用前途广阔的定位技术，为进行高精度勘探，提供了定位数据质量上的保证。

本研究由中海油田服务股份有限公司科研项目（项目编号：WTB12YF012）项目资助。

### 参 考 文 献

[1] 孔祥元, 梅是义. 控制测量学[M].武汉：武汉测绘科技大学出版社，1996.

[2] 孔祥元, 郭继明, 刘宗泉, 等.大地测量学基础[M]. 2 版. 武汉：武汉大学出版出版社，2010.

（21）空间大地测量、地壳运动与天文地球动力学

# 基于 CODE GIM 探测强震前电离层 TEC 异常

# Detecting The Ionospheric Tec Anomaly Before Strong Earthquake Based On The Code Gim

祝芙英[1*]　吴　云[1]　周义炎[1,2]

Zhu Fuying[1*]　Wu Yun[1]　Zhou Yiyan[1,2]

1. 中国地震局地震研究（地震大地测量重点实验室）　武汉 430071; 2. 武汉大学测绘学院　武汉 430079

## 1. 引言

当前全球正面临着新的地震活跃期，为推进地震的检测预报研究，许多学者不断地探索地震监测预报的新方法，其中地震孕育期电离层 TEC 扰动的研究成为热点之一。利用现有的 GNSS 技术探索地震电离层效应，进而发展 GNSS 地震电离层前兆监测技术，将丰富现有的地震前兆监测内容和手段，提升我国的地震预测预报水平。之前的研究多是针对个别地震进行的研究分析，本文基于 CODE(Center for Orbit Determination in Europe)提供的最终电离层 GIM(Global Ionosphere Maps)数据对近年来发生的汶川 Ms8.0 地震、日本 Ms9.0 地震、缅甸 Ms7.2 地震以及 2012 年 4 月 11 日苏门答腊 Ms8.6 地震进行震前电离层 TEC 异常分析研究，总结归纳出几次强震前电离层 TEC 扰动的一般规律特点。

## 2. 数据与方法

利用 GNSS 双频观测量可以获得高精度的电离层 TEC 值，在本文的震例分析时，我们直接采用 CODE 提供的最终电离层 GIM 数据；异常分析时，笔者采用滑动时窗的分析方法，假定 TEC 滑动时窗时段内 TEC 的平准值为 $\bar{X}$，中误差为 $\sigma$，将正常 TEC 区间设定为（$\bar{X}-2\sigma$，$\bar{X}+2\sigma$），如果 TEC 超出该区间范围，则可以认为在置信水平为 95%下，此处出现了电离层 TEC 异常。当 TEC 观测值超出下边界（$\bar{X}-2\sigma$）时视为异常减小，当超出上边界（$\bar{X}+2\sigma$）时即视为异常增大。

## 3. 结论与讨论

基于上述处理分析方法，对近年来的几个大震进行研究分析，在排除各种已知的空间环境因素的干扰影响后，总结获得了强震前电离层 TEC 异常的一些规律特征。

（1）地震引起的电离层 TEC 异常扰动一般出现在震前约一周的时间内，震级越强异常出现的时间距发震时刻越远；具体来说日本地震和苏门答腊地震前第 6 天出现了显著的异常增大，汶川地震和缅甸地震为震前第 3 天时出现了显著的异常增大。

（2）地震引起的电离层 TEC 扰动以异常增大为主，四个地震前电离层 TEC 在震前一周内的不同时间内均出现了异常增加的现象，苏门答腊地震前个别时段还出现了异常减小的现象。

（3）地震引起的电离层 TEC 异常发生的时间段主要分布在下午至黄昏时段即 12:00～16:00 LT，其持续时间一般为 2～4 小时；异常变化幅度一般在 10%～30%之间，其异常覆盖区域在经、纬向上可达 10°～40°。

（4）最大电离层 TEC 异常扰动区域并未出现在未来震中的垂直上空，而是沿磁力线向赤道方向偏移一定距离，而且在 TEC 异常区域的磁共轭区域可同时观测到类似的异常扰动。

本文的研究结果再次验证了在强震前电离层异常扰动的确存在。随着 GNSS 掩星技术以及数据同化技术的发展，联合利用地面技术、卫星技术将大大增强电离层异常扰动的识别能力，丰富现有的地震前兆监测内容和手段；地震与电离层的耦合关系是个非常复杂的物理和化学过程，至今，许多学者对地震电离层的耦合机理还没有一个统一的认识，深入探讨电离层 TEC 异常与地震间的响应关系，进而掌握震前电离层 TEC 异常扰动的一般规律特征，将为后续进一步的地震—电离层耦合机理研究提供参考和依据，同时也将会推进空间 GNSS 技术在地震监测预报领域的应用研究。

本研究由中国地震局地震行业科研专项（201108004）和国家自然科学基金（41174030）共同资助。

### 参 考 文 献

[1] Pulinets S A, et al. Main phenomenological features of ionospheric precursors of strong earthquakes[J]. Journal of Atmospheric and Solar-Terrestrial Physics, 2003, 65: 1337~1347.

[2] 赵必强，等. 震前电离层扰动研究进展及汶川地震前电离层变化[J].科技导报, 2008, 26(11): 30~33.

[3] Liu J Y, et al. Seismoionospheric GPS total electron content anomalies observed before the 12 May 2008 Mw7.9 Wenchuan earthquake[J]. Journal of Geophysical Research, 2009, 114: A04320.

（21）空间大地测量、地壳运动与天文地球动力学

# 银河系光行差对天球参考架和世界时 UT1 的影响

# The effect of the secular aberration drift on the ICRF and the UT1

徐明辉* 王广利 赵 铭

Xu Minghui* Wang Guangli Zhao Ming

中国科学院上海天文台 上海 200030

## 1. 引言

在 VLBI 观测中，太阳系质心在银河系中运动的加速度将导致天球参考架原点的速度发生变化，使得观测到的射电源位置产生一种视自行的系统性变化，称之为长期光行差的漂移。由于射电源位置观测精度的限制，该效应一直都难以从观测资料中分离出来。最近 VLBI 观测精度的提高和观测数据的增加使得长期光行差效应的观测解析成为可能，Titov et. al. ( 2011)通过分析 497 颗有很好观测历史的射电源的坐标时间序列，拟合得到了与目前银河系参数计算得到的理论值符合得较好的加速度矢量。Xu, Wang & Zhao (2012)在 VLBI 观测数据分析中将加速度作为全局参数得到了更高精度的分析结果，研究还显示 Z 轴分量显著，大小为 5.0±0.5mm/s/yr。

根据该研究表明，长期光行差效应使得射电源产生的视自行的大小约为 6 μas/yr，在 VLBI 30 年观测历史中该效应的影响将达到约 160μas，而 ICRF2(Ma 2009)的定义源的精度好于 100μas；同时，由于该效应对天球上所有的射电源产生的是一种系统性的变化，这将导致射电天球参考架的轴向扭曲，ICRF2 的轴向稳定性将随时间慢慢的衰退，而 ICRF2 的标称轴向稳定性为 10μas。由于该效应对天球参考架的影响，地球自转参数的估计也将受到影响。因此，该效应已经不能忽略，本文将考虑长期光行差效应对射电天球参考架影响，将其建模在数据处理中消除其影响，将进一步分析其对地球自转参数的影响。

## 2. 模型和分析方法

长期光行差的影响模型表示为

$$\vec{K}_t = \vec{K}_0 + \frac{\left(\vec{K}_0 \times \vec{a}\right) \times \vec{K}_0}{c}(t - t_0)$$

其中，$\vec{K}_t$、$\vec{K}_0$ 分别是观测时刻 $t$ 和参考历元 $t_0$ 时射电源的方向，$\vec{a}$ 是太阳加速度，$c$ 是真空中光速。在 VLBI 数据分析中，通过该模型和太阳加速度 $\vec{a}$ 将长期光行差效应进行改正，并重新估计世界时 UT1 时间序列，检测对其所产生的影响。

在该模型中，加速度 $\vec{a}$ 是最重要的参数，本文采用在银道坐标系中为(7.47±0.46, 0.17±0.57, 3.95±0.47) mm/s/yr 的加速度矢量（Xu 2012）。同时，参考历元 $t_0$ 时刻所对应的射电源方向 $\vec{K}_0$ 通过将 ICRF2 源表的坐标由观测平均历元经视自行改正到 J2000.0 历元。

## 3. 结果

通过对长期光行差效应的改正，建立了历元射电参考架的概念，由相对于 J2000.0 历元的 ICRF2 源表和长期光行差模型实现，从而维持射电天球参考架的稳定性。由于目前 IVS UT1 加强观测（王广利，2012）所采用的射电源是固定一组源，而且源的坐标不解算，本文在考虑长期光行差效应的条件下重新解算世界时 UT1 序列。研究表明，该效应导致世界时 UT1 中存在 μas 水平的线性漂移。

参 考 文 献

[1] Titov O, Lambert S B, Gontier A M. VLBI measurement of the secular aberration drift[J]. Astron Astrophys, 2011, 529: A91.

[2] Xu M H, Wang G L, Zhao M. Direct estimation of the Solar acceleration using geodetic/astrometric VLBI observations[J]. Science China Physics, Mechanics & Astronomy, 2012.

[3] Ma C, et al. The Second Realization of the International Celestial Reference Frame by Very Long Baseline Interferometry[M]. Verlag des Bundesamts für Kartographie und Geodäsie, Frankfurt am Main, 2009.

[4] Xu M H, Wang G L, Zhao M. The solar acceleration obtained by VLBI observations[J]. Astronomy and Astrophysics, 2012.

[5] 王广利, 徐明辉. 利用 IVS 加强观测确定世界时 UT1 的分析研究[J]. 天文学报, 2012, 5.

（21）空间大地测量、地壳运动与天文地球动力学

# 利用 GPS 观测资料反演上海上空水汽三维分布

# 3D Water Vapor Tomography above Shanghai Using GPS Data

张益泽*1,2　王解先1　裴　霄1,2　陈俊平2

Zhang Yize*1,2　Wang Jiexian1　Pei Xiao1,2　Chen Junping2

1. 同济大学测绘与地理信息学院　上海 200092；2. 中国科学院上海天文台　上海 200030

水汽是大气的重要组成部分之一，水汽及其变化是天气、气候变化的主要原因，是灾害性天气形成和发生的重要因子。气象学研究的基本问题之一就是测定大气中水汽的分布和变化。常规的水汽探测手段（如无线电探空技术、水汽辐射计等）受时间和空间分辨率的限制，无法准确及时地分析大气中水汽的三维分布和变化，影响了数值天气预报的精度和准确度。如何提供高精度和高分辨率的大气水汽三维分布，是目前气象学领域研究的热点。

GPS 技术作为一种新的观测手段，具有连续性好、精度高、不受天气影响等优点，正逐渐被用于气象学的研究领域中，并产生了一门新的边缘学科——GPS 气象学。

研究表明，斜路径上的水汽含量（Slant Water Vapor, SWV）包含了水汽的垂直分布信息。利用斜路径上的水汽含量，通过层析技术，可以得到水汽的三维分布结构[1]。

## 1. 水汽三维层析原理

GPS 水汽层析技术将研究区域分为若干个网格，假设每个网格内的水汽密度在一段时间内是不变的，将其作为未知参数，利用 GPS 观测资料得到各个方向上的水汽含量 SWV，通过平差得到水汽在每个网格内的密度，即为水汽的三维分布情况。

在 GPS 区域网内，可由 GPS 观测数据得到每个测站的对流层天顶延迟，对流层天顶干延迟可由模型较精确地得到，因此可以计算得到对流层天顶湿延迟，将其通过对流层映射函数投影到观测方向上，即为观测方向上的对流层湿延迟 SWD（Slant Wet Delay），SWD 与 SWV 的关系为[2]：

$$SWV = \Pi \times SWD \tag{1}$$

上式中，$\Pi$ 为与地面温度有关的比例因子，一般取值 0.15。

在进行层析时，将研究区域上空按经度、纬度和大地高方向划分为许多个小网格，并假设每一个网格的水汽含量在一段时间内是不变的。在这段时间内，每一个测站都有很多包含了 SWV 信息的 GPS 观测值。设 $x_i$ 表示第 $i$ 个网格的水汽含量，对第 $j$ 条射线来说，该射线斜路径上的水汽含量 SWV 可以表示为：

$$\sum_i s_i^j x_i = SWV^j \tag{2}$$

上式中 $s_i^j$ 表示射线 $j$ 通过网格 $i$ 的距离。

这样，每一条射线都可以写成一个形如式（2）的观测方程。对于水汽含量不变的某段时间内的所有信号射线，可以表示成矩阵形式的观测方程。

但由于测站分布不均匀，对于某些网格，可能没有信号通过，无法直接求出式（2）中的未知参数。解决该问题的最常用的方法是附加约束条件[3]。根据水汽含量分布的特点，可以附加水平、垂直和边界约束条件，将这些约束条件作为虚拟观测方程，与式（2）联合求解未知参数。于是，水汽层析模型变为：

$$\begin{pmatrix} \mathbf{SWV} \\ \mathbf{H} \\ \mathbf{W} \\ \mathbf{0} \end{pmatrix} = \begin{pmatrix} \mathbf{A} \\ \mathbf{B} \\ \mathbf{C} \\ \mathbf{D} \end{pmatrix} \mathbf{X} + \begin{pmatrix} \boldsymbol{\Delta}_1 \\ \boldsymbol{\Delta}_2 \\ \boldsymbol{\Delta}_3 \\ \boldsymbol{\Delta}_4 \end{pmatrix} \tag{3}$$

上式中第二个方程为水平约束条件，第三个方程为垂直约束条件，第四个方程为边界约束条件。附加约束条件的观测方程可以避免层析中某些网格因为没有信号穿过而产生的秩亏问题。但是，式（3）

中各类方程的权在平差前不可能准确给出，可采用 Helmert 方差分量估计的方法，利用平差后的残差分配各观测量的方差分量，根据验后方差重新确定各类观测值的相对权[4]。

**2．层析试验**

本文以上海地区 CORS 网观测数据为例，对 2010 年入梅期间（2010 年 7 月 14 日到 2010 年 7 月 20 日）上海上空的水汽进行了层析。根据上海地区的经纬度范围，在经度 120.8° ~122° ，纬度 31.6° ~31.8° 的平面范围内，将其划分成 4×4 的格网。在高程方向上，由于在 10km 高度附近的水汽含量已经接近为零，因此将高程范围划分为 0~10km，每层厚度为 500m，共划分成 20 层。卫星高度截止角为 10° 。

假设半个小时内每个网格内的水汽含量不发生变化，按照前面介绍的水汽层析方法，得到 2010 年入梅期间上海上空每隔半小时的水汽三维分布情况。

根据水汽的三维分布情况，可以得到每一层水汽的平面分布图，以及某一经纬度网格内水汽的垂直变化廓线图。同时，将每一个时段的层析结果拼接起来，制成动画形式，即可得到大气中的水汽含量随时间的变化情况。

由水汽三维层析结果可以看出，通过层析技术可以得到大气中的水汽分布情况。从三维层析图和水汽垂直廓线图中可以看出，大气中的水汽主要集中在 0~2km 的高度范围内，越往上层，水汽含量越少，变化量也越来越不明显。同时水汽的分布更能反映天气的变化，上海气象台提供的气象结果显示 2010 年 7 月 16 日这一天上海各个地区普降暴雨，由水汽三维层析结果可知，这一天大气中的水汽含量明显比其他天同一时段的大，底层的水汽含量甚至达到了 50~60mm/km。

层析结果表明，利用层析技术能很好地反映大气水汽的时空变化情况，且这种方法具有很好的实时性，对数值气象分析和预报具有重要作用。

**3．结论**

本文具体介绍了利用 GPS 观测数据进行水汽三维层析的原理和方法，并以 2010 年上海入梅期间的 GPS 资料为试验，对这期间上海上空的水汽进行了层析。层析结果与实际气象情况符合，验证了利用 GPS 技术研究水汽三维分布的合理性和可行性。这种方法对改善实时或准实时数值天气预报，特别是中小尺度的数值预报，具有重要的作用。

**参 考 文 献**

[1] 宋淑丽. 地基 GPS 网对水汽三维分布的监测及其在气象学中的应用[D]. 中国科学院上海天文台，2004.

[2] 王小亚，等. 地面 GPS 探测大气可降水量的初步结果[J]. 大气科学，1999，5: 606~612.

[3] 于胜杰，等. 约束条件对 GPS 水汽层析解算的影响分析[J]. 测绘学报，2010, 39(05): 299~308.

[4] 崔希璋，等. 广义测量平差[M]. 武汉：武汉测绘科技大学出版社，2001.

（21）空间大地测量、地壳运动与天文地球动力学

# 观测数据以及波长对于地形地貌重构影响研究

# The Effects of Measurement Data and Wavelength on Reconstruction of Mountain Topography

窦以鑫[1*] 韩 波[2] 胡恒山[1]

Dou Yixin[1*] Han Bo[2] Hu Hengshan[1]

1. 哈尔滨工业大学航天学院航天工程与力学系 哈尔滨 150001；

2. 哈尔滨工业大学数学系 哈尔滨 150001

**1. 地形地貌演变过程**

地形地貌重构是地质动力学重要的研究内容之一[1]。地形地貌重构涉及两个复杂的地质学过程：一个是地球内部热运动和板块运动，另一个是地形地貌受外界环境影响的演变过程。在数学上第一个过程采用三维对流扩散方程进行描述，而第二个则采用二维强对流方程进行描述。地形地貌演变过程是一个耦合过程，板块运动使得地形地貌出现变化，外部环境(例如：风蚀、雨水冲刷、河流冲刷等)对于地形地貌数百万年演变也起到了重要的作用。

**2. 地形地貌数学模型以及正演算法**

我们将这两个模型作为一个耦合模型从数学角度研究地形波长对于地形地貌重构的影响，并且得到了一些具有实际意义的结论。从数学角度给出了严格的耦合模型正、反演定义，在此基础上结合有限元技术求解三维对流扩散方程，利用TVD(Total Variation Diminishing)格式求解二维强对流方程，并从数值角度考虑了正演的收敛性和稳定性，设计了能够高保真模拟数百万年地球内部热运动的数值算法。

**3. 地形地貌重构算法**

地形地貌数百万年尺度上的重构在国际地质学界和数学界得到了高度重视[1,2]，特别是针对著名的山脉研究最近几年取得了重要的研究成果，例如：喜马拉雅山脉，阿尔卑斯山脉等，国外地质学家利用统计学的反演方法得到了较为精确的演变规律，这对于深刻理解地球演变过程有重要的理论和指导意义。地形地貌的反演主要是根据岩石的年龄和现在的地形分布情况作为测量数据，通过一些数学技术得到所在区域的地形地貌演变过程。

国外地质学家所利用的统计学方法反演计算复杂度极大，即使在极为简单的地质学假设下，重构数百万年地形地貌在大型计算设备上也要运行数天。因此，当处理复杂地质学情况时，统计学反演方法将不太可能作为有效的反演算法应用到实际问题中。为了克服该难点，我们研究了确定性反演算法，该方法主要基于吉洪诺夫正则化方法，利用梯度法进行优化。为了克服重构过程中出现的局部极值问题，采用了多尺度投影技术，使得反演效果得到了明显地改进。并且在此基础上给出了反演问题中反演参数分辨率与稳定性之间的关系。

**4. 测量数据和波长对于重构的影响**

在地形地貌反演研究中，不同类型的观测数据以及地形地貌的波长对于重构的影响对于地质学家而言十分重要。在实际的地质学研究中，观测的数据量与反演的参数相比往往是很少的，因此，我们根据不同的观测数据类型和数量提出一些符合实际的假设(例如：假设板块运动的速度场的模态是已知的)，使得反演算法稳定可信。我们也将另一个重要的地质学信息融进反演算法中，即：从大尺度方面考虑，地形地貌主要是由它的前三项傅里叶级数所确定，利用该信息可以大大提高反演的准确度和稳定性。地形地貌反演的另一个重要影响因素是地形地貌的波长，通过大量的数值计算表明，波长越长重构的效果越好，反之越差。该结论对于能够在多大尺度上掌握地形地貌的演变规律具有重要的理论意义。最近，美国和德国的地质学家利用统计学反演方法在简单的情况下也得到了相同的结论[3]。

**参 考 文 献**

[1] J Braun, et al. Quantifying rates of landscape evolution and tectonic processes by thermochronology and numerical modeling of crustal heat transport using PECUBE[J]. Tectonophysics, to appear,2005.

[2] G Bao, et al. Quantifying tectonic and geomorphic interpretations of thermochronometer data with inverse problem theory, Communications in Computational Physics, Commun[J]. Comput. Phys., 2011, 9: 129~146.

[3] S M Olen, et al. Limits to reconstructing paleotopography from thermochronometer data[J]. J. Geophys. Res., 2012, 117: F01024.

（21）空间大地测量、地壳运动与天文地球动力学

# InSAR 对流层及电离层信号特性及其修正

# Characters of signals from troposphere, ionosphere and InSAR and its correction

陈艳玲* 黄 珹 宋淑丽 马志泉 陈钦明

Chen Yanling* Huang Cheng Song Shuli Ma Zhiquan Chen Qinming

1. 中国科学院上海天文台 上海 200030; 2. 西南科技大学 绵阳 621010

## 1. 引言

大气效应（包括对流层、电离层）是影响 InSAR（Synthetic Aperture Radar Interferometry，合成孔径雷达干涉测量）干涉图质量及产品精度最主要的制约因素之一。对流层主要表现为相位延迟，而电离层对 InSAR 的影响表现在相位超前、方位向偏移以及法拉第效应等三方面。由于对流层变化较快且量级较大，所受关注较多；而电离层效应常被忽略，这是由于 SAR 卫星采取太阳同步轨道，轨道特性决定了电离层对其的影响可降至最小，因此常被视为高频噪声抑制或误混入 DEM 及形变等有用信息中，或者在 SAR 影像受电离层影响严重时弃之不用。但是，JPL 的 Pi[1]及 Rosen[2]指出电离层的水平梯度以及时变特性对 L 波段及频率更低的 P 波段 InSAR 的影响是不容忽视的。鉴于此，本文利用汶川地震期间的 SAR 干涉影像对，针对其中的对流层及电离层延迟信号特性进行分析，并将其用于 D-InSAR 形变信号的修正，最后与 GPS 检测的结果进行比对，得到一些有意义的结论。

## 2. InSAR 中对流层及电离层延迟信号的特性及获取

InSAR 中的对流层延迟包含干延迟和湿延迟两部分，干延迟相对稳定，湿延迟变化较快，变化量级可达 1m[3],与频率无关,获取手段一般可以通过 GPS 、无线电探空数据、气象资料、MODIS、MERIS、FY 资料等。而电离层延迟（表现为相位超前）则和微波频率相关，传播方向上斜路径 STEC（Slant Total Electron Content）引起的电离层延迟与频率的平方成反比。因此波长越长，受电离层影响越大，表 1 反映了各种波段对电离层的敏感程度[4]。

**表 1 各波段 SAR 影像对电离层的敏感程度比较**

| 波段 | 频率(Ghz) | 入射角 | $\partial\phi_s/\partial TECU$ (m) | Δρ solar min | Δρ solar max |
|---|---|---|---|---|---|
| X | 9.6 | 30° | −0.005 | −0.10 | −0.50 |
| C | 5.3 | 23° | −0.015 | −0.31 | −1.54 |
| L | 1.27 | 34.3° | −0.302 | −6.04 | −30.2 |
| P | 0.43 | 45° | −3.08 | −61.6 | −308.1 |

其中，$\partial\phi_s/\partial TECU$ 为干涉相位对电离层 TEC 的偏导数反映了 SAR 数据对电离层扰动的敏感程度。$\Delta\rho$ 表示最小最大电离层条件为 20 TECU 和 100 TECU 时的单程视线向延迟。

文中的对流层延迟采用 ECMWF 的 ERA-Interim37 层分层气象数据采用积分方法计算 ZTD/ZWD，然后进行时间和空间内插。对于电离层延迟，双频观测可以通过一定的方法加以消除，但是 SAR 是单频测量，消除的方法也必须采用外部辅助数据。目前常用的方法是利用 GPS 实测资料或借助电离层延迟模型消除 InSAR 中电离层延迟,文中采用 NeQuick 模型，它是一种随时间变化的三维电离层电子密度模型，可以计算测站与卫星以及卫星与卫星之间任意给定时间、位置的电子密度及给定路径的电子含量。因此，只需沿高度进行数值积分得到传播路径上的电离层延迟，即可算出天顶方向的电离层延迟。由此方法得到的主副影像电离层延迟差分值范围在 4cm 与 6cm 之间。

### 3. D-InSAR 对流层及电离层延迟修正实验

本文利用汶川地区 2008 年 3 月 5 日及 6 月 5 日 4 景 1 对 ALOS PALSAR（Path474,Frame 610/620）影像进行了有关实验,垂直基线为 –485.6m。经过去除平地效应、相位解缠、地理编码等处理，得到实验地区的垂直形变，之后再对其进行对流层延迟和电离层延迟修正，结果如表 2 所示。

表 2　各 GPS 与 D-InSAR 垂向位移对比

| 站名 | 经纬度（°） | GPS 位移(m) | D-InSAR 位移(m) | 对流层延迟修正后(m) | 对流层 + 电离层延迟修正(m) |
|---|---|---|---|---|---|
| PIXI | 103.76，30.91 | –0.081 | –0.0198 | –0.0678 | –0.0692 |
| Z126 | 104.25，31.51 | –0.204 | 0.0588 | 0.0022 | 0.0204 |
| H044 | 104.19，31.35 | –0.1323 | 0.0247 | –0.0296 | –0.0171 |
| H048 | 104.44，31.16 | –0.025 | 0.0105 | –0.041 | –0.037 |

注：表中位移均指垂向位移。

### 4. 结论

本文通过对汶川地震 20080305 和 20080605 的 D-InSAR 结果，通过与 GPS 实测资料比较，发现 PIXI、H044 和 H048 站经过对流层及电离层延迟修正的形变精度优于不经过修正的结果，因此可以得出结论：对流层延迟不能忽略，而常被忽略的电离层延迟也应加以考虑。鉴于 InSAR 对流层修正研究相对成熟，下一步的工作将集中在利用更多实例进一步探讨大气层尤其是电离层对 InSAR 的影响，深入探讨电离层 TEC 不均匀导致的方位向偏移及极化干涉的法拉第旋转等电离层效应。

本研究由国家自然科学基金（11103068）、上海市科学技术委员会（编号：06DZ22101）联合资助。

参 考 文 献

[1] Pi X. Ionospheric weather specifications for InSAR (IWSSAR)[J]. GISMO Ionosphere, JPL, 2006, 14: 132~138.

[2] Rosen P A, Hensley S, Chen C. Measurement and Mitigation of the ionosphere in L-band interometric SAR data[J]. IEEE Radar conference, 2010: 1459~1463.

[3] Hanssen R F. Radar Interferometry：Data Interpretation and Error Analysis[M]. Kluwer Academic Publishers, The Netherlands, 2001.

[4] 陈艳玲，黄城，王小亚，郑大伟，刘国祥.电离层对 SAR 干涉测量的影响综述[J]. 地球物理学进展, 2010, 25(3): 823~830.

（21）空间大地测量、地壳运动与天文地球动力学

# 改进的 LS+AR 模型在日长变化预报中的应用研究

# Prediction of LOD Change Based on Improved LS and AR Models

刘 建 王琪洁* 王小辉

Liu Jian Wang Qijie Wang Xiaohui

中南大学 地球科学与信息物理学院 测绘与国土信息工程系 长沙 410083

日长变化是表征地球自转运动的一个重要参数，它和极移统称为地球定向参数（EOP）。高精度 EOP 的获取是地球参考框架和天球参考框架之间进行相互转换的必要条件，同时在卫星导航、深空探测以及军事领域中也有重要的作用。现代测地技术（VLBI、SLR、GPS 等）是目前获取 EOP 的主要手段，然而由于复杂的数据处理过程，使得 EOP 的获取存在时间延迟，因此 EOP 的高精度预报具有重要的研究意义。关于地球定向参数中日长变化的预报研究方法，国内外学者已经建立了许多不同的模型。早期主要是一些单模型的方法，如最小二乘外推法（LS）；后来出现了多模型的组合方法，这些方法大多都是最小二乘外推与其他方法组合进行日长变化的预报，如最小二乘和人工神经网络组合模型（LS+ANN）和最小二乘和自回归组合模型（LS+AR）等。本文针对 LS+AR 模型在日长变化预报中存在的问题进行改进，进而提高日长变化预报的精度。

本文对 LS+AR 模型的改进主要从以下两个方面进行：一是由于原始日长变化序列的有限性，在用最小二乘模型进行拟合时，势必在拟合序列的两端出现畸变现象（这在数据处理中称为端部效应），导致日长变化序列的趋势项外推值和残差序列预测值出现偏差，最终导致日长变化序列的预测值不准确。针对端部效应这种现象，本文在对日长变化序列进行最小二乘外推之前，首先用时间序列分析方法对原始序列进行外推，形成一个新的序列，用这个新序列求得 LS 模型的系数，然后再用 LS+AR 模型对日长变化原始序列进行预报。二是 LS+AR 模型对日长变化的预报实质是种两步预报方法，即用最小二乘模型外推预报趋势项值和用 AR 模型预报残差序列值，最后两者之和为最终预报值。然而由于日长变化的残差序列是非平稳的，而 AR 模型处理的数据要求是平稳序列（LS+AR 模型是把残差序列当作近似平稳序列），因此本文考虑用一种分段线性化的 AR 模型—TAR 模型来代替 AR 模型对残差序列进行预报。TAR 模型的基本思想是用门限值将时间序列按状态空间逐步线性化来实现非线性系统，它与 AR 模型相比需要考虑更多的参数，如门限区间个数、各个门限区间中的门限值和延迟步数。而最终日长变化的预报值为 LS 模型和 TAR 模型两者的预报值之和。

本文选用的日长变化资料序列取自国际地球自转和参考服务（IERS）的 EOP 05 C04 序列，时间跨度为 1900～2012 年，采样间隔为一天。为了验证本文提出的两种改进 LS+AR 模型在日长变化预报上的精度改善，本文分别把两种改进 LS+AR 模型预报结果同 LS+AR 模型的预报结果进行了比较，分别得到了跨度为 1,2,3，…,10,12,14，…,30,60,90，…,390 天的预报比较值。从结果可以看出：基于端部效应改进的 LS+AR 模型相对于 LS+AR 模型预报精度在各个跨度上都有一定程度的改善，其中跨度为 1～30 天的预报，精度改善在 10%之内，从第 30 天开始精度改善越来越明显，最大改善达 40%，且最后保持在 30%左右，这也证明改进端部效应对跨度为中长期的预报改善更为明显；而 LS+TAR 模型相对于 LS+AR 模型预报精度在跨度 1—300 天都有一定程度的改善，特别是中期跨度最为明显，而跨度 300 天之后的预报结果就不如 LS+AR 模型的预报结果。从本文的实验结果可以看出，本文提出的两种针对 LS+AR 模型的改进方法是可行的，对于日长变化的预报精度都有着不同程度的改善。

本研究由国家自然科学基金（No.10878026）资助。

参 考 文 献

[1] 叶叔华，等. 天文地球动力学[M]. 济南：山东科学技术出版社，2000.

[2] Schuh H，et al. Prediction of Earth orientation parameters by artificial neural networks[J]. Journal of Geodesy, 2002, 76: 247~258.

[3] Zheng D，et al. Improvement of edge effect of the wavelet time-frequency spectrum：application to the length-of-day series[J]. Journal of Geodesy，2000，74: 249~254.

[4] 郑大伟，等. 地球自转参数预测[J]. 中国科学院上海天文台年刊，1982，4: 116~120.

（21）空间大地测量、地壳运动与天文地球动力学

# 基于 LS-SVM 模型的极移预报

# Prediction of Polar Motion based on LS-SVM model

王小辉　王琪洁*　刘　建

Wang Xiaohui　Wang Qijie　Liu Jian

中南大学地球科学与信息物理学院　长沙 410083

地球自转运动不仅表征地球整体的运动状态，也反映了固体地球与大气、海洋、地幔和地核在各种空间和时间尺度上的耦合过程，可用地球定向参数（Earth Orientation Parameters，简称 EOPs）来描述。EOPs 包括极移和日长变化。极移（polar motion,简称 PM）是指地球自转轴相对于地球内部结构的相对位置在地球自转的过程中发生缓慢变化，从而导致极点在地球表面上的位置随时间发生变化的现象。根据现有的观测和研究表明，极移在不同时间尺度上的分量主要包括：长趋势极移变化、长周期项、钱德勒摆动、季节性变化以及高频极移。

精确预报地球定向参数具有重要的科学意义和实际应用价值；高精度的地球定向参数(EOPs)获取是地球参考框架和天球参考框架之间进行转换的必要条件，对卫星导航、激光测卫及深空探测等实际应用具有重要的科学意义[1]。现代测地技术(VLBI、GPS、SLR 等)被广泛应用到地球自转变化的常规监测中，提供了高精度和高时空分辨率的观测资料，目前，对极移测定精度可达到 0.1 毫角秒级； 然而，通过现代测地技术获取的数据必须经过复杂的分析处理过程，才能得到高精度的 EOPs 结果，这就导致了一定的时间延迟。因此，极移预报是一项值得深入研究的课题。

由于地球自转变化复杂的时变特性，传统的线性时间序列分析方法往往难以取得良好的预报效果[2]。本文采用非线性的人工神经网络技术—最小二乘支持向量机(Least Squares Support Vector Machine，简称 LS-SVM)[3]对极移序列预报。LS-SVM 的学习方法采用结构风险最小化原则，相对于传统的神经网络模型的学习方法，这种经验风险最小化准则，可以避免出现过拟合现象，能获得良好的统计规律，提高模型的泛化能力；并且该模型结构简单，算法简练。因此，本文将 LS-SVM 应用于极移预报。

由于固体地球及环绕着它的流体圈层构成一个近似封闭的动力学系统，角动量守恒原理表明，大气或海洋角动量的任何变化都会影响固体地球的自转变化。现代测地技术获得高精度地球定向参数和全球大气、海洋环流模式的研究结果表明，与极移激发相关的是大气角动量函数的赤道向分量 $\chi_1$、$\chi_2$ 和海洋角动量函数的赤道向分量 $\chi_1$、$\chi_2$ [4]。因此，本文重点研究和探索利用 LS-SVM，将赤道向大气角动量(AAM)和赤道向海洋角动量(OAM)时间序列引入到极移序列预报中，改善极移的预报精度。

本文采用的极移观测数据来源于国际地球自转和参考系服务组织(IERS)发布的 EOP 05 C04 序列，时间跨度为 2000-01-01 至 2010-12-31，每日一个值。采用 2000-01-01 至 2008-09-30 期间极移序列进行建模，对 2008-10-01 至 2010-12-31 的极移序列（共 822 点）中的每一天，进行 1～10 天、20 天、30 天、60 天、90 天时间跨度的预报，对所有预报结果作了精度统计分析。同时在预报模型中加入赤道向大气角动量(AAM)序列和赤道向海洋角动量(OAM)序列,做了相同时间跨度的联合预报。预报结果表明，应用最小二乘支持向量机进行 PM 预报是可行和有效的。同时，将 AAM、OAM 引入预报模型后，预报精度有明显改善。

本文由国家自然科学基金（No.10878026）资助。

## 参考文献

[1] 叶叔华, 黄珹, 等. 天文地球动力学[M]. 济南:山东科学技术出版社, 2000.

[2] Wang Q J, et al. Real-time rapid prediction of variations of Earth's rotational rate[J]. Chinese Science Bulletin, 2008, 53(7): 969~973.

[3] Ginès Rubio,et al. A heuristic method for parameter selection in LS-SVM: Application to time series prediction[J]. International Journal of Forecasting, 2011, 27: 725~739.

[4] 周永宏, 等. 大气与海洋角动量对地极运动季节性变化的激发[J]. 自然科学进展, 2000, 10(10): 914~919.

# 专题二十二：地球重力场变化与在地学中应用

# Earth's Gravity Changes and the Applications in Geosciences

（22）地球重力场变化与在地学中应用

# 我国下一代月球卫星重力工程

# Next-Generation Lunar Satellite Gravity Project in China

郑 伟[1*] 许厚泽[1] 钟 敏[1] 员美娟[2]

Zheng Wei[1*] Xu Houze[1] Zhong Min[1] Yun Meijuan[2]

1. 中国科学院测量与地球物理研究所大地测量与地球动力学国家重点实验室 武汉 430077;
2. 武汉科技大学应用物理系 武汉 430081

**1. 研究背景**

月球重力场的精密测量是国际探月计划的重要组成部分，决定着月球探测器的轨道优化设计和载人登月飞船月面理想着陆点的合适选取。由于月海盆地内存在数量众多且重力异常显著的“质量瘤”，因此月球重力场的分布极不均匀。至今为止，月球重力场探测主要依靠环月飞行器的轨道摄动观测来完成。由于月球具有相同自转和公转周期的特性，因此目前人类只能直接观测月球正面的重力场异常，而月球背面的重力场异常只能通过拟合推估来补充确定。国际月球卫星重力计划的开展和实施对我国既存在机遇又不乏挑战，机遇是指我国应尽快汲取国外长期积累的月球卫星重力测量的成功经验，积极推动我国下一代月球卫星重力工程的实施，加快我国研制月球重力卫星的步伐，通过月球卫星重力计划的实现带动相关领域的发展；挑战是指我国对星载仪器的研制、观测手段的研究和观测数据的处理与国外尚存差距。基于此目的，本文提出了我国下一代月球卫星重力工程的实施建议。

**2. 美国 GRAIL 月球卫星重力计划**

基于由美国宇航局（NASA）和德国航天局（DLR）共同研制开发，并于 2002-03-17 发射升空的 GRACE 双星的卫星跟踪卫星高低/低低测量模式（SST-HL/LL）的成功经验[1,2]，美国 NASA 于 2011-09-10 成功发射了 GRAIL-A/B 探月双星，轨道高度 50 km，星间距离 175~225 km，绕月周期 113 min，卫星寿命 270 天。GRAIL 双星采用在同一轨道平面内前后相互跟踪编队飞行，并利用共轨双星轨道摄动之差以前所未有的精度和空间分辨率探测月球重力场。GRAIL 实现了高科学价值和低技术与计划风险的完美结合，不仅将创新的高精度地球重力场测量技术 SST 带到月球重力场探测中，同时未来有望将此技术应用于火星和太阳系其它行星的重力场探测之中。基于 GRAIL 获得的月球重力场信息，不仅可以从月壳到月核对月球进行广泛而深入的分析，进而演绎月球内部的热量演化历史，同时将有助于回答长期以来有关月球的未解之谜，并为人类更好地理解地球以及太阳系中其它岩石行星的形成提供新的理论依据。

**3. 我国下一代月球卫星重力工程[3,4]**

**1）跟踪模式**

SST-HL/LL-Doppler-VLBI 观测系统由地面 Doppler-VLBI 系统、相互跟踪的低轨月球重力双星、联系 Doppler-VLBI 系统和低轨双星的中继高轨卫星群组成。测量原理如下：利用中继高轨卫星群对低轨月球重力双星精密跟踪定位，基于非保守力补偿系统屏蔽月球重力双星受到的非保守力，通过姿态和轨道控制系统测量双星和载荷的空间三维姿态，利用星间测距仪高精度测量星间距离，进而高精度反演月球重力场。优点如下：①既包含两组 SST-HL 观测模式，同时以差分原理测定两个低轨月球重力卫星之间的相互运动，因此得到的月球重力场的精度比单独 SST-HL 跟踪观测模式至少高一个数量级；②由于月球重力场反演精度主要敏感于高精度的星间距离和星间速度，因此对定轨精度的要求可适当放宽；③对中长波月球重力场的探测精度较高，技术要求相对较低且容易实现，月球重力场测定速度快、代价低和效益高；④可高精度探测远月面处的月球重力场信号，而且可借鉴地球重力卫星 GRACE 整体系统的成功经验。因此，我国下一代自主月球卫星重力计划采用 SST-HL/LL-Doppler-VLBI 模式较优。

**2）关键载荷**

激光干涉测距仪的研制和应用是国际今后 SST-HL/LL-Doppler-VLBI 跟踪模式发展的主流方向，是建立下一代高精度、高空间分辨率和全频段月球重力场模型的重要保证。目前国际上通常采用微波测距和激光测距两种模式。微波星间测距模式的优点是对卫星姿态实时控制技术和指向精度的要求较低，缺点是对星间距离和星间速度的测量精度相对较低；激光干涉星间测距模式采用的激光束方向性强，虽然对月球重力卫星整体系统姿态控制的要求较高，但能大幅度提高星间距离和星间速度的感测精度(至少3个数量级)。激光干涉星间测距仪是我国将来月球重力卫星的最重要关键载荷。月球重力双星的轨道除受到非保守力摄动外，主要受到月球静态和时变引力场的综合影响。由于月球重力共轨双星以不同的轨道相位敏感月球质量系统的影响，因此双星间将产生微小的轨道摄动差，进而使月球重力共轨双星连线方向的距离、速度和加速度实时变化，月球重力双星激光干涉星间测距仪可高精度测量此距离变化、速度变化和加速度变化。通过对星间距离差、速度差和加速度差的精密测量，月球重力场的高频信号被放大，因此有效地提高了月球重力场高阶谐波分量的测量精度。

为了克服月球重力卫星在轨道高度处的重力场指数衰减缺点，目前最有效的办法是采用低轨重力卫星。但是，随着卫星轨道高度的逐渐降低（50～1000 km），基于月球独特的Mascon现象，为了有效调整月球重力卫星的轨道高度和三维姿态，卫星轨道和姿态微推进器将频繁喷气，不稳定的卫星平台环境将较大幅度地影响各载荷的观测精度；同时，由于月球的热容量和导热率很低，作用于月球重力卫星的月球辐射压也将逐渐增大。另外，由于月球缺失大气层的天然保护屏障，虽然降低了月球重力卫星的大气阻力效应，但是，太阳光压和宇宙射线粒子流对月球重力卫星的影响不可忽视。因此，如果重力卫星受到的非保守力能被高精度扣除，在保证月球重力场反演精度和空间分辨率的前提下，可以适当降低各关键载荷（星间测距仪、星载加速度计等）研制的难度以及避免不必要的人力、物力和财力的浪费。非保守力补偿系统通常由星载加速度计、轨道和姿态微推进器以及实时控制微处理系统组合而成。基本原理如下：首先，通过星载加速度计感测月球重力卫星体受到的非保守力；其次，实时控制微处理系统将星载加速度计测得的非保守力转换为轨道和姿态微推进器的期望推进力和力矩；最后，利用轨道和姿态微推进器实时补偿月球重力卫星体受到的非保守力。优点是影响月球重力卫星平台系统和载荷的非保守力效应被非保守力补偿系统有效屏蔽，不仅为卫星平台系统和载荷提供了安静的工作环境进而保证了测量精度，同时可有效降低月球重力卫星的轨道高度，进而抑制中短波月球重力场信号的衰减；缺点是在月球重力卫星载荷中新增加了非保守力补偿系统，适当增加了月球重力卫星研制的难度。

**3）轨道高度**

由于不同月球卫星轨道高度敏感于不同阶次的月球引力位系数，因此目前已有月球重力场探测器仅在特定轨道高度区间能发挥其优越性，而在轨道空间范围之外基本无能为力。如果我国将来月球重力卫星也设计在已有月球重力场探测器的轨道高度空间范围，除非反演月球重力场的精度高于它们，否则效果仅相当于其测量的简单重复，对于月球重力场精度的进一步提高没有实质性贡献。因此，我国将来月球重力卫星的轨道高度应尽可能选择在它们的测量盲区，进而形成互补的态势。我国将来月球卫星重力计划虽然可采用非保守力补偿系统，但由于具有一定测量精度的非保守力补偿系统不可能将作用于月球重力卫星体的非保守力完全平衡掉，同时轨道和姿态微推进器的频繁喷气将导致卫星携带燃料的大量损耗。因此，适当降低卫星轨道高度有利于提高月球重力场的反演精度，其代价是在一定程度上牺牲了卫星的使用寿命。据误差理论可知，如果观测数据增加了 $n$ 倍，那么月球重力场的测量精度仅提高约 $\sqrt{n}$，因此由于适当降低月球重力卫星轨道高度而导致卫星使用寿命缩短不会对月球重力场反演精度产生本质的影响。因此，我国将来月球重力卫星轨道高度设计为50~100 km较优。

本研究由中国科学院知识创新工程重要方向青年人才项目（KZCX2-EW-QN114），国家自然科学基金青年项目（41004006）、重点项目（41131067）和面上项目（11173049），国家留学人员科技活动项目择优资助基金（2011），中国科学院计算地球动力学重点实验室开放基金（2011-04），中国科学院测量与地球物理研究所知识创新工程领域前沿项目等联合资助。

## 参 考 文 献

[1] Zheng Wei, Xu Houze, Zhong Min, Yun Meijuan. Efficient accuracy improvement of GRACE global gravitational field recovery using a new inter-satellite range interpolation method[J]. Journal of Geodynamics, 2012, 53: 1~7.

[2] Zheng Wei, Xu Houze, Zhong Min, Yun Meijuan. Precise recovery of the Earth's gravitational field with GRACE: Intersatellite Range-Rate Interpolation Approach[J]. IEEE Geoscience and Remote Sensing Letters, 2012, 9(3): 422~426.

[3] 郑伟，许厚泽，钟敏，员美娟. 基于激光干涉星间测距原理的下一代月球卫星重力测量计划需求论证[J]. 宇航学报，2011, 32(4): 922~932.

[4] 郑伟，许厚泽，钟敏，员美娟. 月球重力场模型研究进展和我国将来月球卫星重力梯度计划实施[J]. 测绘科学，2012, 37(2): 5~9.

（22）地球重力场变化与在地学中应用

# 汶川地震激发的球型地球自由振荡

# Spheroidal Mode of Earth's Free Oscillations Excitated by Wenchuan Earthquake

许 闯[1]　罗志才[1,2*]　周波阳[1]　吴怿昊[1]

Xu Chuang[1]　Luo Zhicai[1,2*]　Zhou Boyang[1]　Wu Yihao[1]

1. 武汉大学测绘学院；2. 武汉大学地球空间环境与大地测量教育部重点实验室　武汉 430079

## 1. 引言

汶川地震是中国 1949 年以来破坏性最强、波及范围最广的一次地震。任佳（2009）、徐晓枫（2010）等人利用垂直倾斜仪、水管倾斜仪的数字化观测资料和中国数字地震台网分别研究了汶川地震激发的球型地球自由振荡。他们的研究结果与理论模型基本能够吻合，但是他们并没有检测出低频自由振荡。超导重力仪是目前国际公认精度最高的重力测量仪器，具备检测汶川地震激发的球型地球自由振荡的能力。雷湘鄂（2002，2004，2007）等人先后利用超导重力数据研究了秘鲁和苏门答腊大地震激发的自由振荡，而目前未见文献报道利用超导重力数据研究汶川地震激发的地球自由振荡。本文则采用全球动力学计划（Global Geodynamics Project, GGP）下四个台站的数据资料，对汶川地震激发的球型地球自由振荡进行了检测。

## 2. 超导重力观测资料的处理

超导重力观测数据 $g(t)$可以表示为：

$$g(t) = T(t) + P(t) + O(t) + \varepsilon(t)$$

其中，$T(t)$ 为重力潮汐，可以根据潮汐参数模型和引潮位展开表中提供的数据进行计算；$P(t)$ 为大气影响，采用一元线性回归分析方法得到；$\varepsilon(t)$ 为噪声，可利用地震前平静期扣除潮汐和大气影响的超导重力信号获取；$O(t)$ 为自由振荡信号。因此，为了提取自由振荡信号，需要对超导重力观测数据进行潮汐改正、大气改正和噪声分析。

## 3. 数值计算与分析

本文计算选取了 GGP 下的 Canberra、Matsushiro、Membach 和 Metsahovi 四个台站从 2008 年 5 月 12 日 0 时 0 分 0 秒开始共计 7 200 分钟的超导重力数据。另外，我们采用震前十天平静期的数据作为背景噪声。研究结果表明：利用四个台站的超导重力数据资料可以精确检测出 ${}_0S_0$～${}_0S_{48}$、${}_1S_4$、${}_2S_4$ 和 ${}_3S_1$ 的全部振型，将其与 PREM 模型进行对比，误差介于 0.02‰～1.93‰，从而验证了本文计算方法的可行性和结果的可靠性；${}_0S_2$、${}_0S_3$ 和 ${}_0S_4$ 存在明显的谱线分裂现象，${}_0S_2$ 分裂成了频率分别为 0.2986mHz、0.3042mHz、0.3139mHz 和 0.3199mHz 四个谱峰，${}_0S_3$ 分裂成 0.4643mHz 和 0.4731mHz 两个谱峰，${}_0S_4$ 分裂成 0.6431mHz 和 0.6505mHz 两个谱峰。

## 4. 结束语

本文系统研究了利用超导重力数据研究汶川地震激发的球型地球自由振荡的理论和方法，并采用 GGP 下四个台站的数据资料，对汶川地震激发的球型地球自由振荡进行了检测，将其与 PREM 模型的周期进行对比验证了本文检测结果的有效性。

本文研究由国家自然科学基金项目(41174020，41131067)和中央高校基本科研业务费专项资金项目(111110；20112140202006)联合资助。

### 参 考 文 献

[1] Park J, Song TRA, Tromp J, et al. Earth's free oscillations excited by the 26 December 2004 Sumatra-Andaman earthquake[J]. Science, 2005, 308 (5725): 1139~1144.

[2] 雷湘鄂，许厚泽，孙和平. 利用超导重力观测资料检测地球自由振荡[J]. 科学通报，2002，47(18): 1432~1436.

[3] 雷湘鄂，孙和平，许厚泽，石耀霖.苏门达腊大地震激发的地球自由振荡及其谱线分裂的检测与讨论[J]. 中国科学.2007, 37(4): 504~511.

[4] 徐晓枫，万永革，王惠琳. 由中国 CDSN 台网检测到的汶川地震所激发的地球球型自由振荡[J].地震, 2010, 30(1): 36~49.

（22）地球重力场变化与在地学中应用

# 航空矢量重力测量噪声估计的改进自协方差最小二乘法

# Improved autocovariance least squares method for the noise estimation of airborne vector gravimetry

林 旭[1] 罗志才[1,2*] 周波阳[1]

Lin Xu[1] Luo Zhicai[1,2*] Zhou Boyang[1]

1. 武汉大学测绘学院 2. 武汉大学地球空间环境与大地测量教育部重点实验室 武汉 430079

## 1. 引言

基于 Kalman 滤波的数据融合是航空矢量重力测量数据处理的关键步骤。经典的 Kalman 滤波建立在数学模型确定以及噪声特性已知的基础上，但实际数据处理中，噪声信息基本都是未知的。Odelson（2003）提出了用于噪声估计的自协方差最小二乘算法，其估计精度明显优于传统法，但该方法不能保证噪声估计结果的正定性。本文结合航空矢量重力测量中噪声协方差矩阵为对角阵的特点，采用改进的自协方差最小二乘法对航空矢量重力测量数据的噪声进行估计，保证了估计结果的正定性。

## 2. 基本原理

考虑如下离散线性系统：

$$\begin{aligned} x_{k+1} &= Ax_k + Gw_k \\ y &= Cx_k + v_k \end{aligned} \tag{1}$$

其中，$w_k \sim N(0,Q_w)$，$v_k \sim N(0,R_v)$，$w_k$和$v_k$不相关。并令$\overline{A}=(A-ALC)$，$L$为稳态的 Kalman 滤波增益，新息$Y_k = y_k - C\hat{x}_{k|k-1}$，构造基于新息的状态空间模型为：

$$\begin{aligned} \varepsilon_{k+1} &= \overline{A}\varepsilon_k + \overline{G}\overline{w}_k \\ Y_k &= C\varepsilon_k + v_k \end{aligned} \tag{2}$$

用$R(N)_1$表示新息的自协方差矩阵的第一列，即$R(N)_1 = E[Y_kY_k^T \quad Y_{k+1}Y_{k+1}^T \quad \ldots \quad Y_{k+N}Y_{k+N}^T]^T$。自协方差最小二乘噪声估计模型为：

$$\begin{bmatrix} (Q_w)_s \\ (R_v)_s \end{bmatrix} = (A_{LS}^T A_{LS})^{-1} A_{LS}^T (R(N)_1)_s \tag{3}$$

式中，$A_{LS}=[A_Q \quad A_R]^T$，$A_Q=(C\otimes O)(I-\overline{A}\otimes\overline{A})^{-1}(G\otimes G)$，$A_R=(C\otimes O)(I-\overline{A}\otimes\overline{A})^{-1}(AL\otimes AL)+(I\otimes\Gamma)$，$\Gamma=[1 \quad -CAL \quad \ldots \quad -C\overline{A}^{N-2}AL]^T$，$O=[C \quad C\overline{A} \quad \ldots \quad C\overline{A}^{N-1}]^T$，“$\otimes$”表示克罗内克积运算，下标“$_s$”表示矩阵按列序排列。

通过构造基于新息的状态空间模型，将新息$\{Y_k\}$的相关函数$R(N)$表示为状态噪声协方差矩阵$Q_w$和观测协方差矩阵$R_v$的函数，由此可同时对$Q_w$、$R_v$进行估计。当$Q_w$、$R_v$均为对角矩阵时，可将待估参数表示为$[q_{11}^2 \quad \ldots \quad q_{nn}^2 \quad r_{11}^2 \quad \ldots \quad r_{mm}^2]^T$，然后再采用非线性最小二乘估计的方法估计噪声协方差矩阵，可保证估计结果的正定性。

## 3. 数值仿真和结论

将改进的自协方差最小二乘噪声估计方法用于航空矢量重力测量数据处理时，为了能计算出稳态 Kalman 滤波增益，首先需要对 Kalman 滤波方程进行降阶处理；再采用改进的自协方差最小二乘估计算法对噪声协方差矩阵进行估计。数值仿真结果表明：航空矢量重力测量数据处理中，当先验噪声信息未知的情况下，采用改进的自协方差最小二乘估计能准确估计出观测噪声协方差矩阵，而估计的状态噪声协方差矩阵相对误差较大；改进的自协方差最小二乘算法能有效的保证噪声协方差矩阵的正定性；采用验后噪声协方差矩阵进行航空矢量重力测量数据处理精度与采用最优噪声协方差矩阵时的数据处理精度基本相当。

本文研究由国家自然科学基金项目(41174062)和中央高校基本科研业务费专项资金项目(2012214020206)联合资助。

（22）地球重力场变化与在地学中应用

# 任意球冠下混合大地边值问题的解算方法

# A solution method for geodetic mixed boundary problems in arbitrary sphere cap

曾艳艳*[1,2]　于锦海[1,2]　万晓云[1,2]

Zeng Yanyan　Yu Jinhai　Wan Xiaoyun

1. 中国科学院研究生院计算地球动力学重点实验室　北京　100049;
2. 中国科学院研究生院地球科学学院　北京 100049

经典的物理大地测量学以确定地球形状和外部重力场为目的形成了 Stokes 边值问题或者 Molodensky 边值问题为核心的理论体系，使用的基本数据是重力异常。随着现在空间技术的快速发展，大地测量面临着越来越多的数据，经典的边值问题已经不适用。卫星测高技术的发展使得重力测量空白的海洋地区获得相当精度的大地水准面差距以及扰动位。CHAMP 和 GRACE 卫星重力探测计划能够以很高的精度恢复重力场的中、长波信息。而 GOCE 卫星的数据是引力位的二阶导数，能在一定程度上补偿重力场信号随高度产生的衰减，有利于恢复短波重力场。如何利用这么多各有优势的数据来得到更高精度的重力场是人们一直比较感兴趣的。然而，不同的数据来源势必会产生不同的边值问题，在球近似下，混合边值问题的典型模型主要为 Stokes-Dirichlet 混合边值问题（简称 S-D 问题）和 Stokes-Neumann 混合边值问题（简称 S-N 问题）：

$$\begin{cases} LapT=0 & \text{在}r=R\text{外} \\ \left.\dfrac{\partial T}{\partial r}+\dfrac{2}{R}T\right|_{s1}=-\Delta g & \\ T|_{s2}=\gamma N & \\ T=O\left(r^{-1}\right) & \text{在无穷远处} \end{cases} \qquad \begin{cases} LapT=0 & \text{在}r=R\text{外} \\ \left.\dfrac{\partial T}{\partial r}+\dfrac{2}{R}T\right|_{s1}=-\Delta g & \\ \left.\dfrac{\partial T}{\partial r}\right|_{s2}=-\delta g & \\ T=O\left(r^{-1}\right) & \text{在无穷远处} \end{cases}$$

其中，$T$ 是扰动位。$R$ 是地球平均半径，$r$ 是以原点为起点的距离，$\Delta g$ 为重力异常，$\delta g$ 为扰动重力，$\gamma$ 是正常重力，$N$ 是大地水准面高，$S_1$ 和 $S_2$ 分别表示地球平均球面上的两个部分。

关于混合大地边值问题的求解，自卫星测高发展以来，一直是大地测量学和海洋学研究的重点之一。到目前为止，求解方法大致分为四类。第一类是 Molodensy, W Bosch 等人的逆 Stokes 方法，第二类是积分方程法，第三类是边少锋，张德涵等人的有限元解法。第四类是于锦海等人的变分法理论。其原理主要是借助于有限逼近的思想，将混合边值问题转换为位系数可分离求解的线性方程组。综上所述，大部分的求解方法都是以积分方程的形式出现的，虽然于锦海等人讨论了变分法解算混合边值问题的求解思路，但由于只适用于 $S_1$ 是极区的情况，因此应用性不是太强。

本文研究的是 $S_1$ 是任意球冠时混合边值问题的求解方法。于锦海等[1]曾利用有限元逼近的思想，在 $S_1$ 是极区球冠的情况下，运用变分法把混合边值问题转化为位系数可分离的线性方程组，得到了可以实际计算的反演结果。在本文中，我们考虑了坐标转换，给出了任意球冠情况下，变分法求解混合边值问题的基本思路和过程，并且分别用 EGM08 和 GRACE 数据模拟计算验证了算法的精度。计算结果显示，运用 EGM08 模型模拟进行位系数恢复计算，得到的大地水准面高和实际大地水准面高的差异大致在毫米以内，说明变分法能够较高精度的反演重力场。任取中国区域内的 10 度球冠，在此区域中，GRACE 数据和 EGM08 数据的大地水准面高差异的方差为 0.14m$^2$，而经过变分法得到的新的重力场模型中计算的 10 度球冠的大地水准面高和 EGM08 的大地水准面高差异的方差为 0.08m$^2$ 。说明变分法可以较好的改进大地水准面高。

## 参 考 文 献

[1] 于锦海，张传定. 卫星测高混合边值问题的球谐级数解法[J]. 地球物理学报, 2005, 48(3): 561~566.
[2] 于锦海，彭富清. 超定大地边值问题的变分解及相关理论[J]. 中国科学, 2007, 37(1): 39~45.
[3] 郭俊义. 解混合边值问题直接计算位系数的变分原理[J]. 武汉测绘科技大学学报, 1993, 18(3): 18~21.

（22）地球重力场变化与在地学中应用

# 结合 GRACE 与地表观测数据研究青藏高原质量变化的问题

# Estimate Tibetan Plateau Mass Variation combined GRACE Data and Surface Observation Data

易 爽* 孙文科

Yi Shuang* Sun Wenke

中国科学院研究生院 中国科学院计算地球动力学重点实验室 北京 100049

青藏高原质量变化的研究一直是科学家们关注的热点问题，且该区域物质变化一个重要的表征是重力场的变化。对青藏高原物质与质量变化进行研究的主要数据来源有重力数据（GRACE，绝对重力仪），位移数据（GPS，InSAR）等。单一的数据源在物理问题的解释上往往存在模型上的不足且计算结果存在较大误差，因此结合多种数据处理地球物理问题已经成为一个必然的趋势。相关学者已经利用多种数据来研究青藏高原动力学问题且得到相关结论，如 Sun, et al. (2009)通过结合 GPS 数据与绝对重力仪数据得出拉萨地区重力变化趋势为 1.97±0.66μgal /yr，且认为青藏高原地壳增厚速度为 2.3 ± 1.3 cm/yr; Matsuo and Heki (2010)通过 GRACE 数据与 GPS 数据分析表示青藏高原冰盖质量变化速率为-47Gt/yr，然而 Jacob, et al. (2012)等则认为 4±20Gt/yr 的变化率更为合理。虽然这些工作都是对青藏高原质量变化进行整体的研究，但是分析因素较单一且结果存在不确定性。

青藏高原的重力变化是诸多物理因素的综合响应。影响青藏高原的重力变化的因素有：地壳厚度变化（地壳抬升与莫霍面下沉）、高山区冰雪融化、降水变化、冰后期回弹，冻土流失、风化剥蚀以及地下水储量变化等。初步估计这些分量的效应都不可忽略，因此这些分量的计算、提取对于解释青藏高原的重力与质量变化是必要的，而且对于青藏高原地壳是否继续增厚问题的解释也是十分重要。GRACE 观测的结果是一个地区重力变化的综合体现。为了方便研究，已有的研究工作往往将总的变化全部归因于单一因素，而且认为其他的因素产生的影响只是在研究的误差范围内。这种做法带来的不确定性是极大的。除了地壳厚度变化资料，其他因素可以用地面或卫星资料进行单独估算。逻辑上来讲，这些物理量对重力变化的贡献的总和应为 GRACE 观测结果；反过来这些量也可以互相约束进行误差估计。

本文首先通过对 2003 年至 2011 年间的 GRACE 数据进行高斯滤波、去相关滤波处理，采用最小二乘拟合分析青藏高原地区的重力变化的季节项与趋势项。重力变化的表达式如下：

$$\Delta g=\sum_{n=0}^{60}\sum_{m=0}^{n}(n-1)\left(\Delta\tilde{C}_{nm}\cos m\phi+\Delta\tilde{S}_{nm}\sin m\phi\right)\tilde{P}_{nm}(\cos\theta)$$

其中，$\theta$ 为余纬，$\phi$ 为经度，$\tilde{P}_{nm}(\cos\theta)$ 为归一化的缔合勒让德函数，$\Delta\tilde{C}_{nm}$ 与 $\Delta\tilde{S}_{nm}$ 为 CSR 提供的球谐系数，展开到 60 阶，对应地表约 600km 的分辨率。本文采用的最小二乘拟合多项式如下所示：

$$g(t)=at+b+\sum_{i=1}^{3}A_i\sin\left(\frac{2\pi}{T_i}t+\varphi_i\right)$$

其中，$a$ 与 $b$ 为长趋势项系数，$t$ 为观测时间，$T_i$ 的三个取值分别为年变化、半年变化、161 天变化。其他系数 $A_i$ 与 $\varphi_i$ 为各个周期项待求参数。随后采用 GPS 数据分析地表位移，结合青藏高原地区的冻土流失和地面冰川历史资料计算冰雪融化、风化剥蚀因素产生的重力变化，通过 GLDAS 全球陆地水文模型计算降雨年变化导致的重力变化。计算上文提到的各个分量的变化率，通过布格改正来确定各项对重力变化的贡献，并对青藏高原地区地壳是否继续增厚的问题进行进一步探讨。

## 参 考 文 献

[1] Wenke Sun, Qi Wang, et al. Gravity and GPS measurements reveal mass loss beneath the Tibetan Plateau: Geodetic evidence of increasing crustal thickness[J]. Geophy Res Lett, 2009, 36: L02303.

[2] Koji Matsuo, Kosuke Heki. Time-variable ice loss in Asian high mountains from satellite gravimetry[J]. Earth Planet. Sci. Lett. 2010, 290: 30~36.

[3] Thomas Jacob, John Wahr, W Tad Pfeffer, Sean Swenson. Recent contributions of glaciers and ice caps to sea level rise[J]. Nature, 2012, doi:10.1038/nature10847.

（22）地球重力场变化与在地学中应用

# 地震对重力场位系数的扰动：极移激发

# Geopotential Perturbation Due to Earthquake: Polar Motion Excitation

周江存[1*]　孙文科[2]　孙和平[1]　徐建桥[1]

Zhou Jiangcun[1*]　Sun Wenke[2]　Sun Heping[1]　Xu Jianqiao[1]

1. 中国科学院测量与地球物理研究所　大地测量与地球动力学国家重点实验室　武汉 430077;

2. 中国科学院研究生院　计算地球动力学重点实验室　北京 100049

地球外部的重力场可以用一组球谐展开系数来表示，这些系数称为重力位系数，它们与地球内部物质质量的空间分布有关。地震的发生表现为断层的错动，这种错动将伴随着地球内部质量的重新分布，因而引起地球位系数的变化。其中二阶的位系数是与地球的自转相关的，地震使得地球自转的惯性张量发生变化，因此，地震的影响将在极移和日长的变化中反映出来。

为了研究地震对极移的激发，Dahlen 提出了剪切位错引起的球对称、非自转、弹性和各项同性（SNREI）的地球的极移激发的计算方法[1]。首先获得地球内部由于位错导致的位移，然后利用位移计算自转的惯性张量，从而获得地震对极移的激发。后来，Chao 和 Gross 以及 Gross 和 Chao 提出了计算地震极移激发的简正模方法，只需通过有限几个简正模就可以获得地震对极移的激发[2, 3]，具有较好的实用性。

Sun 和 Okubo 提出了基于 SNREI 地球模型计算点源位错引起的地表的位移、重力、应变等变化[4]。任意一个点源位错都可以表示为四个独立位错模式的线性组合，通过获得这四个独立位错模式引起的地表形变就可以获得最后我们所需要的解。

由 Sun 和 Okubo 的理论获得的位错 Love 数可以直接与重力场的位系数联系起来。随着地震技术的进步，地球模型与真实地球的差异越来越小，因此有必要采用新的地球模型（如 PREM）来研究地震对极移的激发，也有必要研究拉张型位错对极移的激发。本文基于 Sun 和 Okubo 的弹性位错理论，根据球坐标下连带 Legendre 函数及其导数的内在联系，获得了任意断层参数的地震引起的重力场位系数的变化。利用重力位二阶一次的系数，我们获得了地震对极移激发影响的公式。结果表明，通过如下的定义

$$\Gamma_1 = \frac{2M}{R}k^{12};\quad \Gamma_2 = \frac{M}{4R}(k^{33} - k^{22});\quad \Gamma_3 = \frac{2M}{R}k^{32} \tag{1}$$

可将我们所得的计算公式与文献[1]所给的公式统一起来。其中Γ函数对应于文献[1]定义的函数，$k$ 对应于四种独立位错模式的位错 Love 数[4]。为了说明结果的正确性，表 1 给出了四个地震的结果与简正模方法所得结果的比较。比较说明，二者具有非常好的一致性，因而我们给出的结果是正确的。

**表 1　地震对极移的激发影响**

| 地震 | Sumba | | Chile | | Mexico | | Sumatra | |
|---|---|---|---|---|---|---|---|---|
| | 本文 | 文献[2] | 本文 | 文献[2] | 本文 | 文献[2] | 本文 | 文献[3] |
| $\lvert\psi\rvert$(mas) | 0.21 | 0.21 | 0.20 | 0.18 | 0.089 | 0.084 | 0.95 | 0.84 |
| Arg($\psi$)(°E) | 151 | 160 | 109 | 110 | 280 | 277 | 150 | 143 |

本研究由国家自然科学基金 41004009 资助。

## 参 考 文 献

[1] Dahlen F A. The excitation of the Chandler wobble by earthquakes[J]. Geophys. J. R. Astr. Soc., 1971, 25: 157~206.

[2] Chao B F, et al. Changes in the Earth's rotation and low-degree gravitational field induced by earthquakes[J]. Geophys. J. R. Astr. Soc., 1987, 91: 569~596.

[3] Gross R S, et al. The rotational and gravitational signature of the December 26, 2004 Sumatran earthquake[J]. Surv. Geophys. 2006, 27: 615~632.

[4] Sun W, et al. Surface potential and gravity changes due to internal dislocations in a spherical earth-I. theory for a point dislocation[J]. Geophys J Int, 1993, 114: 569~592.

（22）地球重力场变化与在地学中应用

# 用重力卫星观测数据反演位错 Love 数

# Determining dislocation Love numbers using satellite gravity mission observations

杨君妍 孙文科

Yang Junyan Sun Wenke

中国科学院计算地球动力学重点实验室（研究生院） 北京 100049

20 世纪地震学的最大发展之一是发现地震发生在断层上，相应地，以断层为核心的震源机制描述以及地震学理论迅速地建立起来。与此同时，发展了适应于研究同震变形的准静态位错理论，简称位错理论。Sun（1992）、Sun 和 Okubo（1993）基于 1066A 以及 PREM 模型发展了新的重力位和重力位的位错理论，并定义了位错 Love 数和给出了 4 个独立点源的格林函数。位错 Love 数是量纲为一的，用来描述地震位错引起的地面变形特征。

重力卫星 GRACE 可以提供非常精确、高分辨率的全球时变重力场模型，并在地球科学研究上具有广泛的应用，如大气、海洋质量再分布、冰川融化、同震变化等。根据 Chao 和 Gross（1987）的理论，Gross 和 Chao（2001）利用简正模方法研究了地震对重力场的扰动，认为 GRACE 可以检测到 1960 年智利、1964 年阿拉斯加等大地震产生的同震效应。Sun 和 Okubo 从另一个途径，即球形地球模型位错理论的同震大地水准面和重力变化的球函数阶数谱强分析得到了类似的结论，认为大于 M9.0 级剪切型位错和大于 M7.5 级引张型位错所产生的同震变形均可以被 GRACE 检测出来，这里研究中所使用的位错 Love 数是根据球对称地震模型计算出来的。然而这些位错 Love 数与真实地球的响应是不同的；另一方面，Okubo 等的研究表明如果调整地球模型参数，会产生不同的同震变形，这个事实意味着位错 Love 数的精度直接依赖于所采用的球模型的精度与否，如果可能的话，通过实际大地测量观测数据来确定位错 Love 数将会更合理，因为实际大地测量观测数据包含地球内部构造更真实的信息，而重力卫星技术便为此提供了可能性。

所以，把位错 Love 数作为未知量，Sun 等（2006）提出了一种通过卫星观测数据来反演位错 Love 数的方法，根据位错理论，震源位于北极的位错在观测点 $(\alpha,\theta,\varphi)$ 产生的同震引力位变化可以表示为

$$\psi^{ij}(\alpha,\theta,\varphi)=\sum_{n,m}k_{nm}^{ij}Y_n^m(\theta,\varphi)\cdot v_i n_j\frac{g_0UdS}{a^2}$$

另一方面，重力卫星给出下列引力位扰动观测式

$$T(\alpha,\theta,\varphi)=g_0a\sum_{n=o}^{\infty}\sum_{m=0}^{n}(\Delta C_{nm}\cos m\varphi+\Delta S_{nm}\sin m\varphi)P_{nm}(\cos\theta)$$

理论上，同震引力位变化 $\psi^{ij}(\alpha,\theta,\varphi)$ 应该与重力卫星观测到的重力位 $T(\alpha,\theta,\varphi)$ 相等，即

$$\psi^{ij}(\alpha,\theta,\varphi)\equiv T(\alpha,\theta,\varphi)$$

由此，将得到不同震源深度的位错 Love 数的计算值。

本文结合 2011 年 3 月 11 日发生在日本东北部海域的 $(M_w 9.0)$ 日本东北大地震的有关震源数据和 GRACE 数据，对这一理论进行了验证，并加入了坐标转化、球谐展开、滤波处理等处理方法，反演得到的位错 Love 数和理论值符合的很好。说明如果地震足够大，可以被重力卫星观测到，则由卫星观测数据就可以反演出位错 Love 数。

## 参 考 文 献

[1] Sun W, S Okubo, et al. Determining dislocation Love numbers using satellite gravity mission observations[J]. Earth Planets Space, 2006, 58: 497~503.

[2] 孙文科. 地震位错理论[M]. 北京: 科学出版社, 2012.

（22）地球重力场变化与在地学中应用

# 地形横向密度扰动对区域大地水准面的影响

# Effect of Topographical Lateral Density Disturbance on Regional Geoid

吴怿昊[1]　罗志才[1,2*]　周波阳[1]　许　闯[1]

Wu Yihao[1]　Luo Zhicai[1,2*]　Zhou Boyang[1]　Xu Chuang[1]

1. 武汉大学测绘学院；2. 武汉大学地球空间环境与大地测量教育部重点实验室　武汉 430079

## 1. 引言

利用 Stokes 和 Molodensky 理论解算大地水准面时，通常将地壳密度当作常数来处理地形质量的影响。山区地形复杂起伏大，地壳密度可能偏离平均地壳密度的 10%~20%，需要进一步研究地形密度扰动对确定高精度、高分辨率大地水准面的影响。为此，本文基于赫尔默特凝聚法和 KTH 方法模拟分析了地形横向密度扰动对大地水准面的影响，以期为山区大地水准面精化提供参考。

## 2. 横向密度扰动影响的计算方法

### 1）赫尔默特凝聚法

横向密度扰动 $\Delta\rho$ 对 Helmert 剩余重力异常 $\Delta g_\rho$ 的总影响可表示为：

$$\Delta g_\rho = G\iint_{\sigma cap}\int_0^{h(x,y)}\Delta\rho\frac{z}{r^3}\,\mathrm{d}z\,\mathrm{d}x\,\mathrm{d}y+\frac{2\pi G\Delta\rho h^2}{R} \tag{1}$$

其中：$G$ 为引力常数，$r$ 表示计算点的地心距离，$R$ 表示平均地球半径，$h$ 表示地形高。

考虑到要恢复移去地形质量的间接影响，横向密度扰动对间接影响的影响 $\Delta N_{ind}$ 为：

$$\Delta N_{ind} = -\frac{\pi G\Delta\rho}{\gamma}h^2-\frac{G}{6\gamma}\iint_{\sigma}\Delta\rho\frac{h^3-h_P^3}{\left(h-h_P\right)^3}\,\mathrm{d}x\,\mathrm{d}y \tag{2}$$

其中：$\gamma$ 表示平均正常重力，$h_P$ 和 $h$ 表示计算点和流动点的地形高。

横向密度扰动对大地水准面的总影响 $\Delta N_{total}$ 可表示为：

$$\Delta N_{total} = \frac{R}{4\pi\gamma}\iint_{\sigma}\Delta g_\rho S\left(\psi\right)\mathrm{d}\sigma+\Delta N_{ind} \tag{3}$$

### 2）KTH 方法

根据 KTH 方法确定大地水准面的原理可知，横向密度扰动对大地水准面的影响 $\delta N^t_{comb}$ 可表示为：

$$\delta N^t_{comb} = -\frac{2\pi G\Delta\rho}{\gamma}h^2-\frac{4\pi G\Delta\rho h^3}{3R} \tag{4}$$

## 3. 数值分析

采用普拉特—海福特均衡补偿系统计算的地壳均衡密度扰动和模拟的特定横向密度扰动（分别为平均地壳密度的 5%、10%及 15%）、分辨率为 3″×3″的 SRTM 数字地形模型，选取东南丘陵地区、四川中型山区和西藏高山区作为试算区，计算分析了地形横向密度扰动对大地水准面的影响。计算结果表明：在地形起伏较小、地势较低的平原地区或丘陵地带，横向密度扰动对大地水准面的影响一般不会超过厘米级，在精度允许的范围内可以忽略其影响；在地形起伏较大、地势较高的中型山区或高山区，即使横向密度扰动偏离平均地壳密度的 5%时，对大地水准面的影响将达到厘米级甚至分米级，对于厘米级大地水准面精化而言，需要考虑此项影响，否则会影响最终大地水准面模型的精度。

本文研究由国家自然科学基金项目(41131067，41174020)和中央高校基本科研业务费专项资金项目(111110；201121402020006)联合资助。

参 考 文 献

[1] Huang J, Vaníček P, Pagiatakis S, Brink W. Effect of topographical density on geoid in the Canadian Rocky Mountains[J].Journal of Geodesy, 2001, 74: 805~815.

[2] Kiamehr R.The impact of lateral density variation model in the determination of precise gravimetric geoid in mountainous area: A case study of Iran[J]. Geophysical Journal International, 2006, 167: 521~527.

（22）地球重力场变化与在地学中应用

# 区域三层点质量模型的构建与分析

# The computation and analysis of regional point mass model with three layers

周 浩[1] 罗志才[1,2*] 许 闯[1] 周波阳[1]

Zhou Hao[1] Luo Zhicai[1,2*] Xu Chuang[1] Zhou Boyang[1]

1. 武汉大学测绘学院；2. 武汉大学地球空间环境与大地测量教育部重点实验室 武汉 430079

## 1. 引言

点质量模型是研究物理大地测量边值问题和局部重力场的重要工具。为了快速获得点质量模型，黄谟涛（1995）、吴星（2011）分别提出了移动窗口控制法、点质量调和分析等方法。为了简化最小二乘解算的法方程系数阵，这些经典的点质量模型均是建立在格网重力异常数据的基础上的，但实测数据通常是非格网的。随着计算机技术以及并行解算的逐步普及，大型方程的解算问题得以缓解。因此，现代的点质量模型的构建，可以在保证解算精度的前提下，再去考虑解算速度问题。本文结合 MPI 并行算法，分别基于格网和非格网重力异常数据，实现了区域不同分辨率的点质量模型解算，并比较了它们之间的差别。

## 2. 基本原理

设将重力异常分为两部分：

$$\Delta g = \Delta g_S + \sum_{i=1}^{n} \Delta g_{Mi} \tag{1}$$

其中：$\Delta g_s$ 为异常场的中长波部分，可以利用已有的重力场模型通过球函数展开式计算获得；$\Delta g_M$ 为异常场的短波部分，可以用点质量模型来描述；$n$ 是点质量的层数。

若已知某区域的重力异常 $\Delta g_i$，$i=1,2,\cdots,n$，则点质量模型 $M_j$ 的求解模型如下：

$$\Delta g_i = f\sum_{j=1}^{m} A_{ij} M_j \qquad i=1,2,\cdots,n \tag{2}$$

式中，$A_{ij}$ 是与已知点和点质量二者相对位置关系相关的量。为了研究格网化误差对点质量模型构建的影响，本文中的重力异常数据 $\Delta g_i$ 分别采用了同一区域的非格网数据和经格网化处理的数据。

## 3．数值计算与分析

本文将 32°N~34°N、103°E~105°E 作为计算中心区域。首先使用了完全阶次的 EGM2008 模型分别模拟了 1°×1°、20′×20′、5′×5′格网的重力异常数据，在 36 阶次位系数模型的基础上分别构建了 1°×1°、20′×20′、5′×5′和 1.25°×1.25°、24′×24′、7.5′×7.5′的三层点质量组，并由公式(1)计算了地球表面的重力异常，模型的内符合精度约为 $2.82\times10^{-13}$mGal 和 0.426mGal。其次模拟了非格网数据，并利用 Shepherd 曲面拟合法对其进行了格网化处理，比较了利用两种点质量模型获得同一点的重力异常差；统计结果表明，非格网数据解算的点质量模型可靠性较差。

## 4．结束语

本文系统研究了利用重力异常数据建立点质量模型的理论和方法，并分别采用格网和非格网数据解算了不同分辨率的点质量组，对它们的差异进行了比较。结果表明：相较于格网化误差，系数阵 A 的稳定性对解算结果的影响更大，在解算中可以忽略格网化误差的影响，并构建与格网分辨率一致的点质量模型。

本文研究由国家自然科学基金项目(41174020，41131067)和中央高校基本科研业务费专项资金项目(111110；201121402020006)联合资助。

### 参 考 文 献

[1] C Antunes, R Pail. Point mass method applied to the regional gravimetric determination of the geoid[J]. Stud. Geophys. Geod. 2003, 47: 495~509.

[2] 黄谟涛，管铮，欧阳永忠. 中国地区 1°×1°点质量解算与精度分析[J]. 武汉测绘科技大学学报，1995, 3: 10~16.

[3] 吴星，张传定，王凯. 卫星重力梯度边值问题的点质量调和分析[J]. 测绘学报，2011，40(2): 213~219.

（22）地球重力场变化与在地学中应用

# 航空重力测量数据向下延拓最小二乘配置法和逆 Possion 积分法的比较

# Comparison of LSC and Inverse Possion Integral in the Downward Continuation of Airborne Gravimetry Data

周波阳[1] 罗志才[1,2*] 许 闯[1] 林 旭[1]

Zhou Boyang[1] Luo Zhicai[1,2*] Xu chuang et al.

1. 武汉大学测绘学院；2. 武汉大学地球空间环境与大地测量教育部重点实验室 武汉 430079

## 1. 引言

航空重力测量获取的是飞机航线高度处的重力扰动，实践中需要将重力信号向下延拓到地球表面或大地水准面上。最小二乘配置（Least square collocation，简写为 LSC，下同）和基于快速傅立叶变换（fast Fourier transform，简写为 FFT，下同）的逆 Possion 积分是向下延拓中较常用的两种方法，本文采用模拟数据比较了两者方法的延拓效果。

## 2. 基于 FFT 的逆 Possion 积分

逆 Possion 积分在频域内可写为如下形式：

$$F(\delta g(x,y,0)) = F(\delta g(x,y,H) / F(k(x,y)) \tag{1}$$

$\delta g(x,y,0)$、$\delta g(x,y,H)$ 分别为大地水准面上和航线上的重力扰动，$F$ 为 FFT 算子，$k(x,y)$ 为 Possion 平面积分核：

$$k(x,y) = \frac{H}{2\pi(x^2+y^2+H^2)^{3/2}} \tag{2}$$

## 3. 最小二乘配置

重力扰动向下延拓的最小二乘配置模型为

$$\delta g_{h_2} = C_{g_{h_2}g_{h_1}}(C_{g_{h_1}} + D_{g_{h_1}})^{-1}\delta g_{h_1} \tag{3}$$

$C_{g_{h_2}g_{h_1}}$ 为高度 $h_2$、$h_1$ 处重力扰动的互协方差，$C_{g_{h_1}}$、$D_{g_{h_1}}$ 分别为高度 $h_1$ 处重力扰动和噪声的自协方差。$C_{g_{h_2}g_{h_1}}$ 和 $C_{g_{h_1}}$ 可由相关的模型确定。

## 4. 数值计算与分析

为了评价上述向下延拓数学模型和计算方法的可靠性和精度，基于 EGM2008 地球重力位模型模拟计算得到了空中飞行高度为 2km、3km 和 5km 处的重力扰动观测值，并加入高斯白噪声。向下延拓采用移去-恢复法，从上述观测值中移去 2~120 阶重力位模型 GGM03C 计算的重力扰动，得到残余重力扰动，将其向下延拓至大地水准面，再恢复参考模型值得到大地水准面上的延拓值，将 EGM2008 计算得到的大地水准面上重力扰动作为真值，与得到的大地水准面上的延拓值相比较。延拓效果可采用指标“误差比”进行评价，其定义详见文献[2]。误差比反映了向下延拓过程中数据噪声的放大程度。误差比越大，说明噪声的放大程度越大，延拓效果越差。试算结果表明：①采用 FFT 方法向下延拓的结果必须要进行滤波，以减弱噪声和边缘效应的影响；②采用 LSC 方法向下延拓的误差比更小。

本研究由国家自然科学基金（41174062）和中央高校基本科研业务费专项资金项目(111110；201121402020006)联合资助。

### 参 考 文 献

[1] Hwang C, et al. Geodetic and geophysical results from a Taiwan airborne gravity survey: Data reduction and accuracy assessment [J]. Journal of Geophysical research, 2007, 112(B04): 407.

[2] 蒋涛. 利用航空重力测量数据确定区域大地水准面[D]. 武汉大学博士论文, 2012.

（22）地球重力场变化与在地学中应用

# 蒙古地区布格重力场特征和深部构造

# Bouguer gravity anomaly and deep structure in Mongolia

陈 石[1] 王谦身[2] 石 磊[1] Batsaikhan Tserenpil[3]

Chen Shi[1] Wang Qianshen[2] Shi Lei[1] Batsaikhan Tserenpil[3]

1. 中国地震局地球物理研究所 北京 100081; 2. 中国科学院地质与地球物理研究所 北京 100029;
3. 蒙古科学院天文和地球物理研究中心 乌兰巴托

中蒙弧形构造区域地处我国南北地震带北部，由于受到中西伯利亚和蒙古高原不断向南推挤，形成了一系列的大规模逆冲推覆挤压增厚的南凸弧形山系构造群。而与蒙古高原遥相呼应的青藏高原由于受到印度板块的不断向北推挤，在其北缘形成了祁连六盘山弧形北凸构造区。在中生代以来强烈的构造运动背景下，高原边缘发生了强烈的壳内变形，成为地震频发区，研究这些区域的动力学演化过程，对于深入认识中蒙弧形构造及其前缘地区的深部孕震环境和特点，对于具有重要意义。

本论文基于 TopexV18.1 全球自由空气重力异常数据（http://topex.ucsd.edu），计算了蒙古及远东地区的布格重力异常场。计算结果表明：整个蒙古高原地区的布格重力异常为负值，异常值在–20mGal 至–300mGal 之间，整体异常模式呈东高西低，分区起伏特征。东部异常具有明显的北东、北东东向梯级带特征，而向西部异常梯级带发生转向以北西、北西西为主，在西部山地地区出现大面积在–200mGal 以下的重力负值异常区，与西部山地区呈现很好的均衡关系，负异常最大值地区位于蒙古西部的杭爱山（Hangay）地区。在中蒙弧形构造区位置，布格重力异常特征明显，异常梯级带方向随弧形构造一致。

在蒙古国境内已完成的以深部构造探查为目的的剖面项目主要有：1992 年贝加尔裂谷（Baikal Rift）项目[1]和 2003 年蒙古—贝加尔岩石圈（MOBAL）项目[2]，这两个项目都通过布设流动地震台方式，用接收函数法得到位于蒙古西部延剖面位置的深部结构特征，主要目的是对比研究西伯利亚克拉通和蒙古高原之间的深部构造特点。

为了了解中蒙弧的动力学过程及其对中国北部地区、南北地震带构造活动及其地震危险性的影响，2011 年中国地震局地球物理研究所与蒙古科学院天文和地球物理研究中心合作开展了，在蒙古境内以重力、地磁、岩石采样和流动台阵为主要手段的大范围地球物理探查工作。其中，在蒙古中部以乌拉巴托绝对重力基点为中心，完成了从北至南的约 800km 综合地球物理剖面，以实测重力和地磁异常为基础开展了岩石圈结构特征研究。

其中，沿测线的重力剖面从南向北通过蒙古苏赫巴托尔（Suhbaatar）、乌兰巴托（Ulaanbaatar）和达兰扎德嘎德（Dalandzadgad）三个地区，横跨了萨彦—贝加尔造山系（Sayan-Baikal Belt），布格异常特点显示南高北低，范围在–120mGal 至–210mGal 之间，与地形具有一定的镜像相关特征。进一步在剖面布格重力异常基础上，应用了 Parker-Oldenburg 方法反演了延剖面的 Moho 面深度，深度范围在 38km 至 42km 之间。以实测剖面重力数据和已有的地震接收函数结果为约束，进一步应用以 Topex 数据为基础的区域布格重力异常，开展了区域性的三维地壳结构反演，反演结果显示在蒙古东部地区地壳深度约为 40km，在西部山区地壳最深的杭爱山地区（Hangay Dome）达到 50km。深部结构的东西差异性非常明显，特别是在蒙古高原向南推挤的中蒙弧形造山带位置，以东经 101°为界，西部的地壳深度明显大于东部，并在东经 106°对应布格重力异常梯级带位置深部构造受一条北东向断裂控制。在研究布格重力异常基础上，下一步本研究将计算区域均衡异常和岩石圈有效弹性厚度，结合区域构造特点，深入研究东西部构造差异的动力学背景，对比中蒙联合地震目录，探讨更多与地震活动相关的构造演化问题。

本研究由国家国际科技合作项目(2011DFB20210)资助。

参 考 文 献

[1] C Petit, et al. Deep structure and mechanical behavior of the lithosphere in the Hangay region, Mongolia: newconstraints from gravity modelling[J]. Earth planet. Sci. Lett., 2002, 197: 133~149.

[2] C Tiberi, A Deschamps, et al. Asthenospheric imprints on the lithosphere in CentralMongolia and Southern Siberia from a joint inversion of gravity and seismology (MOBAL experiment)[J]. Geophys.J.Int., 2008, 175: 1283~1297.

（22）地球重力场变化与在地学中应用

# 最小二乘配置中协方差矩阵的病态性程度分析

# The Ill-condition Analysis of Covariance Matrix on Least Squares Collocation

高新兵 [1,2]　李姗姗 [1]　王　凯 [1]　李新星 [1,3]

Gao Xingbing　Li Sansan　Wang Kai　Li Xinxing

1. 信息工程大学测绘学院　郑州 450052；2. 61365 部队　天津 300140；3.66240 部队　北京 100038

用最小二乘配置法进行多源数据融合时需要解算 N×N 阶矩阵（N 为观测值个数），当观测数据非常稠密时协方差矩阵容易存在高度病态[1]，然而“非常稠密”只是定性地说明了最小二乘配置的病态性问题，鉴于此，本文通过实测数据实验分析了不同分辨率的重力数据与相应协方差矩阵病态程度的关系。

## 1. 最小二乘配置的基本原理

最小二乘配置(Least-squares collocation)是融合重力数据的有效手段，也是最常用的方法，它是基于最小二乘估计理论、函数分析、重力理论的一种方法。

$$\Delta g_p = C_{pt}C_{tt}^{-1}\Delta g = \left(C_{p1,}C_{p2}.....C_{pn}\right)\begin{pmatrix} C_{11} & \cdots & C_{1n} \\ \vdots & \ddots & \vdots \\ C_{n1} & \cdots & C_{nn} \end{pmatrix}^{-1}\begin{bmatrix} \Delta g \\ \vdots \\ \Delta g_n \end{bmatrix} \tag{1}$$

式中，$C_{pt}$ 是待求数据与已知数据之间的协方差矩阵，$C_{tt}$ 为已知数据之间的协方差矩阵，$\Delta g$ 为已知点的重力异常。

## 2. 协方差模型的选取

本文选取的协方差模型[2]为：

$$\begin{cases} C(l) = C_0/(1+B^2l^2)^{1/2} \\ C(P,Q) = C_0 b\big/[l_{P,Q}{}^2 + (Z_P + Z_Q + b)^2]^{1/2},\ Z > 0 \end{cases} \tag{2}$$

式（2）中 $C_0$ 为重力异常的方差，待求量 $B$ 是模型参数，$b$=1/$B$，$l$ 为两点之间的距离。

## 3. 算例分析与结论

本文采用澳大利亚某矿区实测数据，该区域既有航空重力测量数据，也有地面实测数据（空中、地面重复区域范围为 1°×1°）。利用 surfer 软件分别将空中、地面重力异常数据进行网格化处理（本文采用反距离加权法）得到空中分辨率 1′~6′、地面分辨率 1′~6′数据的重力异常数据，并分别进行最小二乘配置融合处理，并对其中的协方差 $C_{tt}$ 的病态性进行分析，结果如下表。

| 数据分辨率 | | | 1′×1′ | 2′×2′ | 3′×3′ | 4′×4′ | 5′×5′ | 6′×6′ |
|---|---|---|---|---|---|---|---|---|
| 协方差 $C_{tt}$ 条件数 | 空中 | 空间异常 | $5.4420\times10^{10}$ | $5.0585\times10^{5}$ | $1.5791\times10^{4}$ | $1.8827\times10^{3}$ | 541.1021 | 258.0911 |
| | | 布格异常 | $6.7535\times10^{18}$ | $2.8339\times10^{9}$ | $8.1692\times10^{6}$ | $1.9010\times10^{5}$ | $1.791\times10^{4}$ | $3.9328\times10^{3}$ |
| | 地面 | 空间异常 | $9.2488\times10^{5}$ | $2.6214\times10^{3}$ | 317.6960 | 107.1886 | 53.8388 | 48.9037 |
| | | 布格异常 | $1.6069\times10^{18}$ | $1.6241\times10^{9}$ | $7.4323\times10^{6}$ | $1.2131\times10^{5}$ | $2.082\times10^{4}$ | $7.6863\times10^{3}$ |

统计应用中的经验认为：当条件数<100 时，没有复共线性；当 100<条件数<1000 时，存在中等程度或较强程度的复共线性；当条件数>1000 时，存在严重的复共线性，存在病态[3]。从上表容易看出：在利用最小二乘配置进行重力数据融合时，采用空间重力异常时，协方差矩阵抗拒病态性干扰的能力明显优于采用布格异常时，而地面数据明显优于空中数据；随着分辨率的增加，协方差矩阵的病态性越来越严重。

本研究由“信息工程大学测绘学院硕士学位论文创新与创优基金资助”。

**参 考 文 献**

[1] 汪海洪. 小波多尺度分析在地球重力场中的应用研究[D]. 武汉：武汉大学, 2005.

[2] 陆仲连. 地球重力场理论和方法[M]. 北京：解放军出版社, 1996.

[3] 陈希孺，王松桂. 近代回归分析—原理方法及应用[M]. 合肥：安徽教育出版社, 1987.

（22）地球重力场变化与在地学中应用

# 利用 GRACE、InSAR 和 GPS 观测估计青藏高原冰后回弹

# Glacial isostatic adjustment observed by GRACE, InSAR and GPS measurements

张腾宇[1,2] 金双根[1]

Zhang Tengyu[1,2] Jin Shuanggen[1]

1. 中国科学院上海天文台 上海 200030; 2. 中国科学院研究生院 北京 100049

## 1. 引言

冰川均衡调整(Glacial Isostatic Adjustment， GIA)，是在冰进期冰盖堆积产生的地壳变形，当冰退期冰盖融化后，由于地幔的粘滞性，使得地球产生长期而缓慢的回弹效应，暗含着固体地球对末次冰期的复杂动力学响应，特别在大冰盖地区效应更加显著。青藏高原是世界屋脊，运动学和地球动力学特征与过程非常复杂，其垂直运动中包含构造运动，地下水和冰盖融化造成的负荷位移，以及 GIA 的影响。然而由于观测环境恶劣，大部分地区缺少实测资料，很难准确测定整个青藏高原地区的垂直构造运动、地下水和冰雪融化等信息。另外，青藏高原地区历史大冰盖仍存在争议，由此冰川均衡调整估计存在较大偏差，有的甚至认为没有 GIA 影响。随着新一代卫星观测资料的积累，如卫星重力 GRACE、卫星雷达干涉测量(InSAR)和全球定位系统(GPS)，有助于进一步估计和了解各种运动响应，并对各种 GIA 模型在青藏高原进行约束，模拟和估计在青藏高原的 GIA 影响，甚至可以进一步了解青藏高原冰进期是否存在大冰盖的问题。

## 2. 结果和分析

本文利用的卫星重力 GRACE 资料是美国德克萨斯大学空间研究中心（UT-CSR）提供的从 2002 年 8 月至 2011 年 6 月 level-2 RL04 重力场球谐函数 60 阶 Stokes 系数。为了估计青藏高原地区的长期垂直运动，将系数中的 $C_{30}$,$C_{40}$,$C_{21}$,$S_{21}$ 系数长期项加上，而 $C_{20}$ 由 SLR 结果替换，另外背景场系数利用月平均系数扣除，从而获得青藏地区的垂直位移变化速度，反映物质重新分布和 GIA 总的影响。

另外还选取了青藏高原区域和周边 12 个连续 GPS 观测台站的观测结果，获取连续观测台站的垂直速度。由于青藏高原地区只有 2～3 个连续台站，不能获取大范围青藏高原地区的垂直运动。我们进一步利用有效的 SAR 干涉影像和 DEM 数据解缠得到垂直形变，时间跨度为 2003 年和 2010 年，提取青藏地区的垂直速度场，弥补了青藏高原地区 GPS 观测资料的不足。进而得到青藏高原地区的垂直运动速度，包括构造运动、物质重新分布负荷位移和 GIA 影响。

现有的全球 GIA 模型，如 Paulson[1]和 Peltier[2],由于缺少青藏高原冰盖的估计，存在较大的不确定性，且模型之间存在较大的差别。因此本文建立适用于青藏地区的区域冰盖模型，分析地壳分层粘性对 GIA 模型的影响，比较和评估各种 GIA 模型的差异和不确定度，以及与实测资料比较和分析。

## 3. 结论

利用 GRACE 数据获得的青藏高原垂直速度场，主要反映物质迁移及 GIA 影响，但总体上小于 GPS 和 InSAR 垂直速度结果，剩下部分主要反映青藏高原地区的垂直构造运动。几个全球 GIA 模型估计结果相比实测结果偏小，而 Paulson 的模型结果相对更接近一些。所使用的区域冰盖模型对 GIA 估计影响较大，其中利用 Kuhle 的冰盖模型存在过大 GIA 模型估计，而利用 Li 提出的冰盖模型所产生的 GIA 几乎可以忽略不计，另外地壳分层和粘性对 GIA 的估计影响也很明显。因此今后需要进一步利用更多的空间对地观测资料和建立更合理的青藏高原区域冰盖模型约束，从而更好估计 GIA 的影响。

### 参 考 文 献

[1] Tapley B D, Bettadpur S, Ries, J C, Thompson P F, Watkins M M. GRACE measurements of mass variability in the earth system[J]. Science, 2004, 305: 503~505.

[2] Paulson A, S Zhong, J Wahr. Inference of mantle viscosity from GRACE and relative sea level data[J]. Geophys. J. Int., 2007, 171: 497~508

[3] Peltier W R. Global glacial isostasy and the surface of the ice-age Earth: The ICE-5G (VM2) model[J]. Annu. Rev. Earth Planet. Sci., 2004, 32, 111~149.

（22）地球重力场变化与在地学中应用

# 约束的三维重力反演得到的华南地区地壳密度结构

# Crustal density structure of South China from constrained 3-D gravity inversion

邓阳凡[1,2,*]　张忠杰[2]

Deng Yangfan[1,2,*]　Zhang Zhongjie[2]

1. 中国科学院广州地球化学研究所　广州 510640;

2. 中国科学院地质与地球物理研究所　北京 100029

## 1. 引言

华南地区位于欧亚板块、印度板块和菲律宾海板块的交接地带，西倚青藏高原，北以秦岭—大别造山带为界，东南濒临西太平洋，呈现出一幅内陆到陆缘及沟、弧、盆系列的地貌景观。在过去的 90 年来，华南地区的地质构造进行了大量的地质、地球物理考察工作，取得了一系列有价值的成果[1]。地球物理方面的工作包括深地震测深，深地震反射和宽频带地震观测，它们虽然横跨了华南地区的很多区域，但由于数据的质量参差不齐，数据总量的缺乏，对华南地区整体地壳结构的认识仍然不足。为此，结合已有的地表地质，浅部和深部的地球物理探测资料，建立参考模型，利用三维重力反演软件 Grav3D 得到了华南地区的地壳密度结构。

## 2. 方法原理

观测的布格重力异常包含了壳内各种偏离正常密度分布的矿体与构造的影响，是地下密度非均匀体，沉积盆地、结晶基底，莫霍等界面起伏的综合反映。重力反演是从观测的布格重力异常得到地下的密度结构异常，该结果存在着固有的非唯一性（反演的固有特点）。因此加入限制条件对于缩小非唯一性具有重大的意义。邓阳凡等根据华南地区的57条深地震测深剖面利用三维克里金插值得到了三维P波速度结构[1]，而根据波速 $Vp$ 与密度的转换关系[2]，如下：

$$\rho = 2.78 + 0.56 * (v_\rho - 6.0); v_\rho \le 6.0 \tag{1}$$

$$\rho = 3.07 + 0.29 * (v_\rho - 7.0); 6.0 < v_\rho \le 7.5 \tag{2}$$

$$\rho = 3.22 + 0.20 * (v_\rho - 7.5); v_\rho \ge 7.5 \tag{3}$$

得到了初始的密度反演模型。

重力的观测数据没有深度方向上的分辨率，通常情况下的反演可能会导致密度异常体总是出现在浅部。Grav3D 的反演是在共轭梯度法和改进的对数障碍法的理论基础上，引入深度加权因子[3]，会抵消由于深度方向上的增加带来的衰减，同时给予每个深度不同的非零密度值，经过不断的迭代反演，最后得到的密度结构的异常值与观测模型有最小的均方误差。该方法在巴西中部，加拿大的纽芬兰岛，爱尔兰等区域得到了很好的应用。

## 3. 结论及认识

反演得到的密度结构所产生的布格重力异常（计算布格重力异常）能够很好的再现观测布格重力异常的特征，最大的正异常为 40 mGal，最大的负异常为 –480 mGal，正异常主要集中在海域，大陆显示出负异常。计算的与观测的布格重力异常的最大差值为 4 mGal，研究区域的标准差为 0.6。

对比发现，密度结构的莫霍面深度与深地震测深结果有很好的一致性。

东大别地壳具有相对较高的密度结构特征。

三维密度结构提供了一种整体视野，弥补了以前的单条地球物理测线的缺陷，为以后将要进行的地球物理探测提供了指导。

### 参 考 文 献

[1] 邓阳凡，李守林，范蔚茗等. 深地震测深揭示的华南地区地壳结构及其动力学意义[J]. 地球物理学报，2011，54(10): 2560~2574.

[2] 冯锐，严惠芬，张若水. 三维位场的快速反演方法及程序设计[J]. 地质学报, 1986, 4(3): 390~403.

[3] Li Y, D W Oldenburg, 3-D inversion of gravity data[J]. Geophysics, 1983, 63(1): 109~119.

（22）地球重力场变化与在地学中应用

# 地转流空域频域计算方法比较

# A Comparation of Spectral and Spatial Methods in Geostrophic Current Calculation

白希选[1,2] 闫昊明[1] 朱耀仲[1]

Bai X X[1,2] Yan H M[1] Zhu Y Z[1]

1. 中国科学院测量与地球物理研究所 大地测量与地球动力学国家重点实验室 武汉 430077;
2. 中国科学院研究生院 北京 100049

洋流是地球系统水循环的重要组成部分，对全球的气候和人类的生存环境有着重要影响。随着近代卫星大地测量技术的迅猛发展，尤其是 GOCE(Gravity field and steady-state Ocean Circulation Explorer)卫星发射以后，利用卫星数据探测大中尺度洋流的条件已经成熟。大中尺度的洋流是海水大规模相对稳定的运动，其运动规律通常满足地转近似和流体静力学平衡，故称之为地转流。地转流可基于稳态海面动力地形通过地转平衡方程计算得出，其中稳态海面动力地形是指平均海面高和大地水准面的差异，起伏约为 1 米。平均海面高的数据为由卫星测高数据确定的网格形式，而大地水准面是重力数据解算的球谐系数形式。由于这两种数据分别表现为空域和频域的形式，相应地产生了两种不同求解海面动力地形的方法。①空域法。将重力场系数转换为空域的大地水准面网格，然后将平均海面高减去大地水准面后，即得到初始海面动力地形。②频域法。由于平均海平面高只在大部分的海洋区域有观测值，为将其在频域展开，需要全球数据，因此必须考虑陆地和极区海洋。为此，在陆地和极区采用大地水准面网格值，海洋上采用平均海面高网格值，并在海洋和陆地的交界处进行平滑，抑制假频信号的产生，由此首先产生一个平均海平面和大地水准面组成的混合表面。然后，将混合表面转换为球谐系数，并与大地水准面的球谐系数相减，得到海面动力地形的球谐系数。最后将海面动力地形的球谐系数再反演为空间网格，即可得到初始的海面动力地形。

我们利用 CNES(Centre National d’ Etudes Spatiales)公布的 CLS09 的平均海面高数据，和 GFZ(German Research Centre for Geosciences)公布的 250 阶 GOCE 重力场系数(GOCO-TIM3)，采用频域法和空域法分别计算了海面动力地形，并结合 NOAA(National Oceanic and Atmospheric Administration )提供的全球表层浮标流速观测结果进行对比，分析了频域法和空域法的特点。

我们采用空域高斯滤波滤去初始海面动力地形中的高频噪声，首先分别对初始海面动力地形进行不同滤波半径的空间滤波，然后将滤波后海面动力地形对应的地转流分别与 NOAA 实测地转流场做对比，将其差异的均方根最小时的滤波半径作为最终滤波半径。为了减弱高斯滤波对海面动力地形的削峰作用，我们在滤波后做了移去恢复改正。结果表明，利用频域法，对初始海面动力地形进行 150km 的高斯滤波后，对应的地转流与表层浮标观测结果的差异的均方根达到最小值，为 5.8cm/s，相关系数为 0.57；采用空域法计算的结果经过 200km 的空域高斯滤波后，与浮标观测结果的均方根达到最小值，为 6.3cm/s，二者的相关系数为 0.53。这说明，采用频域法可以有效地减小滤波半径，抑制滤波造成的信号衰减从而获得更精细的地转流信息。为了区分空域法和频域法在不同区域的适用性，我们将全球分为 5°×5°的网格，分别计算每个网格内由频域法和空域法得到的地转流与 NOAA 地转流场差异的均方根。在开阔大洋处以及边界强流区，频域法计算结果与实测数据差异的均方根较小；在不规则的岛屿附近和靠近赤道的海域，利用空域法的结果与实测数据差异的均方根更小。这表明在开阔大洋和强流海域，频域法计算地转流具有独特的优势。而在岛屿较多且起伏不规则的地区，频域法地转流的精度较低，主要原因是在确定海面高的全球覆盖时，小面积的岛屿采用的大地水准面网格与周围的海面高网格不一致，数据的急剧起伏在计算中导致了假频信号的产生。此外，在临近赤道地区，由于洋流的地转特征不明显，不能作为评价上述两种计算方法的依据。

总之，在利用卫星数据计算地转流时，在开阔大洋和强地转流区域，采用频域法可以应用较小的滤波半径，提取到更精细的地转流信息；而在岛屿分布复杂且大地水准面起伏较大的海域，空域法更为有效。

（22）地球重力场变化与在地学中应用

# 青藏高原粘弹地球模型空间的简正模分析结果

# Normal mode analysis and the results for the viscoelastic Earth model space of Tibet Plateau

相龙伟[1,2]　汪汉胜[1]　贾路路[1,2]　江利明[1]　胡　波[1,2]　高　鹏[1,2]

Xiang LongWei[1,2]　Wang HanSheng[2]　Jia LuLu[1,2]　Jiang LiMing[2]　Hu Bo[1,2]　Gao Peng[1,2]

1. 中国科学院测量与地球物理研究所大地测量与地球动力学国家重点实验室　武汉 430077;

2. 中国科学院研究生院　北京 100049

**1．引言**

青藏高原冰川均衡调整 GIA 是指青藏高原对末次冰期盛冰期以来冰川消退的负荷响应，现在主要表现为对地壳运动、地球重力场变化和全球海平面变化的影响，因此，青藏高原 GIA 研究对末次冰期规模和全球变化研究具有重要意义。本文围绕青藏高原 GIA 研究的关键问题即黏弹地球简正模开展工作，先对地球内部的地幔和软流层的流变特性进行估计，得到粘滞度的可能范围，建立了高原黏弹地球模型空间，然后进行简正模分析，最后对分析结果进行了验证。

**2．模型空间**

根据地震波在地下不同深度传播速度的变化，将地球模型内部分为不同的同心球层，包含岩石圈(Lith)、软流层(Asth)、上地幔(UM)、下地幔浅部(LM1)、下地幔深部(LM2)和地核(Core) 6 个物性均匀层。鉴于估计青藏高原地区冰盖规模范围可能较小，参考相关文献（汪汉胜等，2009）取下地幔深部（$r$ 为 3480~5200km）的粘滞度为 $6\times10^{21}$pa．s；下地幔浅部（$r$ 为 5200~5701km）的粘滞度为 $3\times10^{21}$pa．s；上地幔（$r$ 为 5701~6041km）粘滞度的可能范围$[1\times10^{20}, 1\times10^{21}]$ pa．s；软流层（$r$ 为 6041~6221km）的粘滞度的可能范围$[1\times10^{18}, 1\times10^{20}]$ pa．s；岩石圈视为完全弹性体。将上地幔和软流层的粘滞度空间分别按等对数间隔取 14 个值，得到 14×14=196 个地球模型。并计算了每一个地球模型前 60 阶的简正模。

**3．简正模的计算与结果验证方法**

Laplace 域的勒夫谱在地球表面取值时，可写成：

$$h_n(s)=h_n^E+\frac{Q_n(s)}{\det M_n(s)} \tag{1}$$

其中，$h_n^E$-弹性负荷勒夫数；$M_n$-场方程的解用三组独立解 $T_i$（$i$ =1…3）表示时对应的系数矩阵；$Q_n=\sum_{ij}M_{ij}^*b_jT_i$，$M_{ij}$-矩阵元素；$M^*$-伴随矩阵；$b_j$-边界条件；$\det M_n(s)$-行列式的值。

根据 Peltier（1976）（1）式又可写成一级极点的 Laurent 级数：

$$h_n(s)=h_n^E+\sum_{k=1}^{m}\frac{r_{hk}^n}{s+s_k^n} \tag{2}$$

其中，简正模的特征值$\{-s_k^n\}$为$\det M_n(s)=0$的根，特征函数$r_{hk}^n=\dfrac{Q_n(-s_k^n)}{\frac{d}{ds}\left[\det M_n(s)\right]\Big|_{s=-s_k^n}}$。

简正模的正确性我们可以通过所谓的 Heaviside 渐近解进行检验：即

$$h_n(s=0)=h_n^E\delta(t)+\sum_{k=1}^{m}\frac{r_k^n}{s_k^n} \tag{3}$$

上式右端正是 Heaviside 负荷勒夫数: $h_n^H(t)=h_n^E+\sum_{k=1}^{m}\frac{r_k^n}{s_k^n}[1-\exp(-s_k^n t)]$ 当 $t\to\infty$ 时的渐近解；左端 $s$ =0 的勒夫数谱相当于整个地幔为液态的情形可独立进行求解，因此可通过（3）式所分解的简正模参数进行检验。

**4．结论**

在可能的粘弹地球模型空间里，我们对青藏高原地区进行了粘弹简正模的分析求解，也进行了评估，并且得到了可靠的结果。下一步工作计划是利用 GRACE 观测数据得到最佳的末次冰期青藏高原粘滞度模型及冰盖分布情况。

本研究由国家杰出青年基金项目(40825012)、国家基金创新研究群体科学基金项目 (41021003)资助。

**参 考 文 献**

[1] W R Peltier. Glacial-Isostatic Adjustment—II. The Inverse Problem[J]. Geophys. J. R. astr. Soc., 1976, 46: 669~705.
[2] 汪汉胜，等. SNRVEI 地球模型连续分布的简正模及其意义[J]. 地球物理学报，1997，40: 78~84.
[3] 汪汉胜，等. 大地测量观测和相对海平面联合约束的冰川均衡调整模型[J]. 地球物理学报，2009，52: 2450~2460.

（22）地球重力场变化与在地学中应用

# 用加权振幅因子传递法计算相对重力仪的格值

# Computation of the scale value of a relative gravimeter using the method of weighted amplitude factors

陈晓东 [1] 孙和平 [1] 徐建桥 [1] 郝兴华 [1] 刘 明 [1]

Chen Xiaodong[1] Sun Heping[1] Xu Jianqiao[1] Hao Xinghua[1] Liu Ming[1]

中国科学院测量与地球物理研究所动力大地测量学重点实验室 武汉 430077

在相对重力仪的格值计算中，大都采用线性回归法计算相对重力仪的格值（孙和平，等. 2001; Kim, 等. 2009; 邢乐林，等. 2010; 张锐，等. 2011)。但是线性回归的方法有其致命的局限性，就是重力仪的漂移会影响到计算的格值，在某些情况下是不能采用的，例如，Riccardi 最近的研究结果表明用该方法和 LCR-ET 弹簧重力仪的同址观测数据计算超导重力仪的格值是不能满足精度要求的（Riccardi, 等. 2011)。为此，在利用不同漂移的相对重力仪进行同址观测标定时，采用振幅因子传递法就可以避免仪器漂移对计算结果的影响，考虑到估算振幅因子的不同精度，以振幅因子估算精度的平方倒数为权是合理的，本文称之为加权振幅因子传递法。下面以拉萨台用 LCR-ET20 弹簧重力仪对超导重力仪 SG057 的标定为例说明加权振幅因子计算相对重力仪格值的计算过程及结果讨论。

采用的数据分别为 LCR-ET20 弹簧重力仪 2009 年 11 月 27 日至 2010 年 11 月 1 日（321 天）和超导重力仪 2009 年 12 月 8 日至 2011 年 2 月 27 日（447 天）1 小时修正后的同址观测数据，时间段并不完全相同，原则上应采用时间段完全相同的观测数据，但是为了估算稳定的高精度振幅因子，采用越长时间的数据越好，因此此处采用了观测数据时间段并不完全相同，但大部分是相同的。由于弹簧重力仪每年有几十到几百微伽的漂移，而且是非线性性；相反，超导重力仪的漂移非常小，每年只有几个微伽，所以线性回归法是不能用的，除非完全各自去掉两台仪器的漂移。采用加权振幅因子法时，首先要根据观测数据进行调和分析计算振幅因子及其精度，注意调和分析时采用的参数要一致。得到振幅因子后，也不能将所有的振幅因子都进行计算，要采用振幅较大的几个主要潮汐波，如 O1、K1 和 M2 波，S2 波受太阳的影响较大，一般分析不是非常准确，所以一般不采用。本文仅用了 O1、K1 和 M2 波，LCR-ET20 弹簧重力仪获得的振幅因子及其精度分别为：O1：1.17138±0.00294；K1：1.13560±0.00206；M2：1.17209±0.00050；SG057 获得的振幅因子及其精度分别为：O1：1.19707±0.00061；K1：1.16947±0.00044；M2：1.19891±0.00010。最终的标定结果为 −777.358 ± 0.136 nm/s2/V，比厂家给定的格值（−795 nm/s2/V）约小 2.2%。可以看出，为了获得精确的振幅因子，需要较长的观测数据。我们对观测数据的长度进行了测试，结果表明 LCR-ET20 弹簧重力仪需要 6 个月的数据才能得到 O1、K1 和 M2 波稳定振幅因子；而 SG057 大约仅要 3 个月的数据就能得到三个主波的稳定估计。该方法的优点是，通过调和分析，避开了仪器漂移的影响，计算精度高，缺点是需要较长时间的观测资料。

本研究由国家自然科学青年科学基金项目（No. 40904019）和中国科学院测量与地球物理研究所领域前沿项目（No. L10-09）资助。

## 参 考 文 献

[1] 孙和平，陈晓东，许厚泽，等. GWR 超导重力仪潮汐观测标定因子的精密测定[J]. 地震学报, 2001, 23(6): 651~658.

[2] Ki-Dong Kim, Jeong Woo Kim, Juergen Neumeyer, et al. Determination of gravity at MunGyung (Mungyeong) superconducting gravity observatory[J]. Korea. Geosciences Journal, 2009, 13(2): 141~150.

[3] 邢乐林，李辉，刘子维，等. 利用绝对重力测量精密测定超导重力仪的格值因子[J]. 大地测量与地球动力学, 2010, 30(1): 48~50.

[4] 张锐，韦进，刘子维，等. 用 SGC053 超导重力仪观测资料对 gPh058 重力仪格值的精密测定[J]. 大地测量与地球动力学, 2011, 31(5): 151~155.

[5] Riccardi U, Rosat S, Hinderer J. On the Accuracy of the Calibration of Superconducting Gravimeters Using Absolute and Spring Sensors: a Critical Comparison[M]. Pure and Applied Geophysics, 2011.

（22）地球重力场变化与在地学中应用

# GOCE 卫星轨道插值方法比较

## Comparison of GPS Orbit Interpolation Method

周 睿[*1] 高新兵[1] 李新星[1]

Zhou Rui Gao Xinbing Li Xinxing

信息工程大学测绘学院 郑州 450052

在 GOCE 卫星的重力梯度测量中，要求卫星的轨道数据和卫星梯度测量数据是同时刻的。但在 L2 的数据中 GOCE 的精密轨道数据与重力梯度数据的观测时刻并不完全同步。这就需要对卫星的轨道进行内插已得到梯度观测时刻的卫星位置。本文对拉格朗日插值法，切贝雪夫插值法的效果进行了仔细的比较。并给出了适合于 GOCE 卫星轨道内插的方法。

**1. 内插模型**

**1）拉格朗日插值法**

拉格朗日多项式内插的方法为：若已知函数 $y=f(x)$的 $n+1$ 个节点 $x_0, x_1, x_2, \ldots, x_n$ 以及对应的函数值 $y_0, y_1, y_2, \ldots, y_n$，对于插值区间内任一点，可根据（1）拉格朗日多项式来计算函数值：

$$f(x)=\sum_{k=0}^{n}\prod_{\substack{i=0\\i\neq k}}^{n}\left(\frac{x-x_i}{x_k-x_i}\right)-y_k \tag{1}$$

点 $x_i(i=0, 1, \ldots, n)$ 称为插值节点,包含插值节点的区间$[a,b]$称为插值区间。利用（1）式内插观测瞬间 GOCE 卫星的位置，$x$ 即为观测时刻，$y_i$ 为 SST 数据给出的 $x_i$ 时刻卫星的三维位置。

**2）切贝雪夫插值法**

实际中往往通过观测得到的数据都是有一定的误差的。此时如果要求近似函数过全部已知点，相当于保留了全部数据误差，这是不合理的。数据拟合的最小二乘问题是：根据给定的数据组$(x_i, y_i)(i=1, 2, \ldots, n)$，选取近似多项式$\varphi(x)\in H$ 使得

$$\sum_{i=1}^{n}\delta_i^2=\sum_{i=1}^{n}[y_i-\varphi(x_i)]^2 \tag{2}$$

为最小，再将 $t$ 带入$\varphi(t)$中求出 $t$ 时刻的卫星的三维位置

**2. 数值分析与结论**

本文采用 2010 年 11 月 1 日 0 时 49 分 15 秒开始向后 200 个历元 GOCE 卫星 L2 高低卫-卫跟踪（SST-hl）测量数据。其星历数据采样间隔为 1s，精度为 5cm。并将这 200 个历元稀疏成 100 个历元作为已知点，内插其余 100 个数据，并与 GOCE 卫星的 SST 原始数据进行比较。

为了研究不同方法，不同阶次中点插值的精度。计算了拉格朗日插值法和切贝雪夫插值法 1 到 30 阶插值多项式中点内插精度。其中切贝雪夫插值法节点数满足 $m>n+1$ 和 $m$ 为偶数。表 1 给出了 50 个点的内插计算结果。

**表 1**

| 插值阶数 | 拉格朗日插值法均方差(mm) | | | | 切贝雪夫插值法均方差(mm) | | | |
|---|---|---|---|---|---|---|---|---|
| | *X* | *Y* | *Z* | *R* | *X* | *Y* | *Z* | *R* |
| 2 | 2.44569 | 3.11141 | 4.20021 | 6.65372 | 1.68037 | 2.06142 | 2.07608 | 3.82087 |
| 3 | 1.68037 | 2.06142 | 2.07608 | 3.82087 | 1.29495 | 1.79825 | 2.12816 | 3.50291 |
| 4 | 1.73695 | 2.19765 | 2.18264 | 4.07449 | 1.74443 | 2.14111 | 2.08936 | 3.91517 |
| 5 | 1.74443 | 2.14111 | 2.08936 | 3.91517 | 1.28883 | 1.83378 | 2.13005 | 3.50856 |
| 6 | 1.78068 | 2.21395 | 2.1522 | 4.07451 | 1.78675 | 2.18228 | 2.09392 | 3.97146 |
| 7 | 1.78675 | 2.18228 | 2.09392 | 3.97145 | 1.30926 | 1.88216 | 2.13516 | 3.57622 |
| 8 | 1.81341 | 2.2247 | 2.13605 | 4.08243 | 1.81763 | 2.20591 | 2.09488 | 4.00813 |
| 9 | 1.81763 | 2.20591 | 2.09488 | 4.00813 | 1.3502 | 1.95307 | 2.14385 | 3.65238 |
| 10 | 1.83873 | 2.23082 | 2.12526 | 4.09066 | 1.84142 | 2.22045 | 2.09426 | 4.03369 |

由计算结果可以看出：①无论是拉格朗日插值法还是切贝雪夫插值法，奇数阶次多项式插值精度较高。②阶次相同时，切贝雪夫插值法精度高于拉格朗日插值法。③切贝雪夫 3 阶多项式达到最高精度。

本研究由“测绘学院学科基础理论研究基金项目（T1104）”资助！

（22）地球重力场变化与在地学中的应用

# Poisson 积分网格直接离散求和误差分析

## Analysis of the poisson integration error for discrete grid data

李新星*1　郭北辰 2　崔志伟 2

Li Xinxing　Guo Beichen　Cui Zhiwei

1. 信息工程大学测绘学院 郑州 450052；2. 66240 部队　北京

在利用 poisson 积分直接离散求和将地面格网重力异常数据延拓至空中，发现结果与空中模拟数据有很大的偏差，甚至计算结果是错误的。经过分析，发现离散求和过程中，将积分核函数网格化，即在同一格网内近似核函数为常数，是不当的，尤其是在积分点所在网格处。通过极坐标法对中间网格进行积分的模拟实验，验证了该结论，结果精度大幅提高。

**1. Poisson 积分离散求和方法**

**1）直接积分求和**

对于重力异常向上延拓问题，采用 poisson 积分：

$$\Delta g(r,\varphi,\lambda)=\frac{1}{4\pi r}\iint_{\omega} R\Delta g^{*}(R,\varphi',\lambda')\frac{R(r^{2}-R^{2})}{l^{3}}\mathrm{d}\sigma \tag{1}$$

将其离散化后为

$$\Delta g_{j}=\sum_{k=1}^{m}a_{jk}\Delta g_{k}^{*},\quad 其中，a_{jk}=\frac{R^{2}}{4\pi r}\cdot\frac{(r^{2}-R^{2})}{l_{jk}^{3}}\cdot\cos\varphi_{k}\Delta\varphi_{k}\Delta\lambda_{k} \tag{2}$$

式中，$l^{2}=r^{2}+R^{2}-2rR\cos\psi$，$r=R+h$，其中 $h$ 是延拓高度。

**2）计算点近区的极坐标积分**

计算点为中心的$3\times3$网格，采用极坐标算法，而周边网格仍采用直接离散求和。积分区域用极坐标表示形式

$$\Delta g=\frac{H}{2\pi}\iint_{\omega}\frac{\Delta g^{*}}{(x^{2}+y^{2}+H^{2})^{3/2}}\mathrm{d}x\mathrm{d}y=\frac{H}{2\pi}\iint_{\omega}\frac{\Delta g^{*}s\,\mathrm{d}s\,\mathrm{d}\alpha}{(s^{2}+H^{2})^{3/2}} \tag{3}$$

其中,$s=\sqrt{x^{2}+y^{2}}$ 。

**2. 数值分析与结论**

本文采用 EGM2008 重力场模型模拟$5'\times5'$地面重力异常数据，北纬$30^{\circ}\sim40^{\circ}$，东经$110^{\circ}\sim120^{\circ}$；空中重力异常数据范围：北纬$32^{\circ}30'\sim37^{\circ}30'$，东经$112^{\circ}30'\sim117^{\circ}30'$，延拓 poisson 积分半径$2^{\circ}30'$，延拓高度 3000m。

用直接积分方法和中央区采用极坐标的积分延拓值，分别与空中模型的模拟值比较，结果见下表：

**延拓精度统计/单位：$10^{-5}\mathrm{ms}^{-2}$(mGal)**

| 计算方法 | 差值最大值 | 差值最小值 | 差值平均值 | 均方根误差 |
|---|---|---|---|---|
| 直接积分求和 | 47.7822 | −35.0002 | −9.1195 | 12.7914 |
| 极坐标改进 | 1.0307 | −0.4987 | −0.1126 | 0.2549 |

由上表，我们得出以下结论：本文采用直接积分求和计算 Poisson 积分的结果误差很大。分析其原因是，在计算点附近，Poisson 积分核函数值大而且变化剧烈，直接计算是将格网中核函数近似为常数乘以该网格面积，引入了相当大的近似误差，在计算点远的网格，核函数变化很缓慢而且值很小，近似为常数不影响结果。计算点附近采用极坐标方法解决了这一近似带来的大的误差，精度有了很大改善，验证了误差来自于计算点附近的结论。

**参 考 文 献**

[1] 陆仲连. 地球引力场理论和方法[M]. 北京：解放军出版社，1996.
[2] 李建成，等. 地球重力场逼近理论与中国 2000 似大地水准面的确定[M].武汉大学出版社，2006.
[3] Hofmann-Wellenhof B, Moritz H. Physical Geodesy[M]. SpringerWienNewYork, 2005.

（22）地球重力场变化与在地学中应用

# 非球形引力位中 $J_3$ 项对轨道的影响及应用

# The Influence and Application of $J_3$ Items In the Nonspherical Gravitational Potential to Obit

田家磊 孙 文 王 凯

Tian Jialei Sun Wen Wang Kai

解放军信息工程大学测绘学院 郑州 450052

## 1. $J_3$ 项影响的分析

对于地球来说，$J_2=O\left(10^{-3}\right)$，$J_3$、$J_4$ 的量级要更小，由于 $J_4$ 以及之后的项不会引起与 $J_2$、$J_3$ 影响不同的变化，而且量级很小，所以分析只考虑 $J_2$、$J_3$ 项。那么摄动函数可展开整理为：

$$\begin{aligned} F=&\frac{3\mu}{2}\frac{J_2R^2}{a^3}\left(\frac{a}{r}\right)^3\left[\frac{1}{3}-\frac{1}{2}\sin^2 i+\frac{1}{2}\sin^2 i\cos 2(f+\omega)\right] \\ &-\mu\frac{J_3R^3}{a^4}\left(\frac{a}{r}\right)^4\left[\left(\frac{15}{8}\sin^2 i-\frac{3}{2}\right)\sin(f+\omega)-\frac{5}{8}\sin^2 i\sin 3(f+\omega)\right]\sin i \end{aligned} \tag{1}$$

根据长期项，长周期项，短周期项分为 $F_1$、$F_2$、$F_3$：

$$\begin{cases} F_1=\dfrac{3}{2}\dfrac{\mu J_2R^2}{a^3}\left(\dfrac{1}{3}-\dfrac{1}{2}\sin^2 i\right)\left(1-e^2\right)^{-3/2} \\ F_2=\dfrac{3}{2}\dfrac{\mu J_3R^3}{a^4}\left(1-\dfrac{5}{4}\sin^2 i\right)e\left(1-e^2\right)^{-5/2}\sin\omega \\ F_3=\dfrac{3}{2}\dfrac{\mu J_2R^2}{a^3}\left(\dfrac{a}{r}\right)^3\left(\dfrac{1}{3}-\dfrac{1}{2}\sin^2 i\right)\left[1-\left(\dfrac{r}{a}\right)^3\left(1-e^2\right)^{-3/2}\right]+\dfrac{1}{2}\sin^2 i\cos 2(f+\omega) \end{cases} \tag{2}$$

从式（2）中 $F_2$ 可以看出，$J_3$ 项引起长周期变化。对于地球来说，$J_3=J_2\left(10^{-3}\right)$ 量级比较小，所引起短周期摄动的振幅很小。另一方面，长周期摄动的振幅是依赖于 $\omega$ 的长期变化，这有可能会导致振幅相对比较大。

## 2. 应用

冻结轨道是在 1978 年 Orbit Analysis for SEASAT-A 文章中第一次提出的，冻结轨道的构造是通过选择轨道倾角 $i$、偏心率 $e$ 和近点经度 $\omega$，使得 $e$、$\omega$ 随着时间变化保持为常数，因此也被称为拱线静止轨道。

经过推导可以得到由 $J_3$ 项引起的对 $i$ 的长周期摄动：

$$\Delta i=\frac{1}{2}\frac{J_3}{J_2}\left(\frac{R}{a}\right)\frac{e}{1-e^2}\cos i\sin\omega \tag{3}$$

同样的方法可计算出由 $J_3$ 项引起的对 $e$ 的长周期摄动：

$$\Delta e=-\frac{1}{2}\frac{J_3}{J_2}\left(\frac{R}{a}\right)\sin i\sin\omega \tag{4}$$

式（3）、（4）可以清楚地证明，可以通过对轨道倾角 $i$、偏心率 $e$ 和近点经度 $\omega$ 的初始值进行特定组合的选择，能够使得 $e$、$\omega$ 随着时间变化保持为常数，以成为冻结轨道。

## 3. 小结

对于地球来说，虽然 $J_3=J_2(10^{-3})$ 量级比较小，但是 $J_3$ 项引起的长周期变化是比较显著的。同时 $J_3$ 项可以用来控制冻结轨道的形成。综上所述研究 $J_3$ 项是非常有意义的。

### 参 考 文 献

[1] 陆仲连. 地球重力场理论和方法[M]. 北京：解放军出版社, 1996.

[2] 马剑波，刘林，王歆. 地球非球形引力位中田谐项摄动的有关问题[J]. 天文学报，2001.

（22）地球重力场变化与在地学中的应用

# 地壳模型在凝聚均衡位模型构制中的应用

# The Application of CRUST 2.0 in the Construction of Isostatic Potential Model

王 凯[1] 侯 强[2] 孙 文[1] 张 鹤[1]

Wang kai Hou Qiang Sun Wen Zhang He

1. 信息工程大学 测绘学院 郑州 450052; 2. 78155 部队 成都 610036

地壳均衡理论备受大地测量学家和地球物理学家的关注，并已被越来越多的地球物理资料证实。为了研究地球内部密度分布的在均衡理论应用中的贡献，国内外的学者开展了大量研究。Tsoulis (2004)[1]对 CRUST 2.0 模型的各层地壳数据进行了调和分析，得到了完全至 90 阶次的级数展开模型，分析了模型中的 Moho 面以及不同层地壳信息对构建重力位模型的贡献。本文尝试在 SRTM 地形数据和 CRUST 2.0 全球地壳模型的支撑下，研究地球物理信息在不同均衡补偿机制中的贡献，并分析补偿深度对均衡位模型的影响。

**1. 顾及地球物理信息的面凝聚模型**

理想均衡模型提出背景和参数定义主要参考文献[2]，补偿质量是根据均衡“双极”原理进行密度模型假设的，其与实际地壳密度的分布有一定的出入，鉴于国际上公开发布的 CRUST 2.0 地壳模型的可用性，下面考虑将其模型数据融入到均衡面凝聚模型的构建中。

综合两部分贡献，即可得均衡位系数模型：

$$\left.\begin{matrix}\overline{C}_{nm}^{I}\\ \overline{S}_{nm}^{I}\end{matrix}\right\}=\frac{R_e^{n+2}-\left(R_e-T_0\right)^{n+2}}{\left(2n+1\right)M_eR_e^{\,n}}\iint_s \mu^{\mathrm{T}}\left(\theta_Q,\lambda_Q\right)\left\{\begin{matrix}\cos m\lambda_Q\\ \sin m\lambda_Q\end{matrix}\right\}\overline{P}_{nm}\left(\cos\theta_Q\right)\mathrm{d}s_Q \tag{1}$$

式中，$\overline{C}_{nm}^{I}$、$\overline{S}_{nm}^{I}$ 为 $n$ 次 $m$ 阶正常化的均衡位系数，$M_e=4/3\pi\bar{\rho}_eR_e^3$ 为地球平均质量，$\bar{\rho}_e$ 和 $R_e$ 分别为地球平均密度和半径，$T_0$ 为补偿深度，$\mu^{\mathrm{T}}(\theta_Q,\lambda_Q)$ 为 $Q$ 点处地形质量的面密度，$\overline{P}_{nm}(\cos\theta_Q)$ 为正常化勒让德多项式，且有

$$\begin{aligned}\mu_L^{\mathrm{T}}\left(\theta_Q,\lambda_Q\right)&=\left(\sum_{k=1}^{k=4}\rho_k\left(Q\right)\left(T_{k-1}\left(Q\right)-T_k\left(Q\right)\right)+\rho_5\left(Q\right)\left(T_4'\left(Q\right)\right)\right)\\ \mu_O^{\mathrm{T}}\left(\theta_Q,\lambda_Q\right)&=\left(\sum_{k=1}^{k=4}\left(\rho_c-\rho_k\left(Q\right)\right)\left(T_k\left(Q\right)-T_{k-1}\left(Q\right)\right)\right)\end{aligned} \tag{2}$$

**2. 模型评估**

实验中，地球平均密度和平均半径分别取 $\bar{\rho}_e=5\,500\ \mathrm{kg\cdot m^{-3}}$ 和 $R_e=6\,371\ \mathrm{km}$，地壳平均密度取 $\rho_c=2\,670\,\mathrm{kg\cdot m^{-3}}$，地幔平均密度取 $\rho_m=3\,270\ \mathrm{kg\cdot m^{-3}}$，海水平均密度取 $\rho_w=1\,025\ \mathrm{kg\cdot m^{-3}}$，在 5′分辨率的 SRTM 30 Plus 格网地形数据和 CRUST 2.0 地壳模型的支持下，构造相应的面积分被积函数，应用轮胎调和分析技术，得到完全至 2160 阶次的位系数模型。从模型阶方差、大地水准面阶误差和重力异常阶误差的角度分析 CRUST 2.0 在构建均衡位模型中的贡献。以面凝聚模型为例，分析补偿深度 $T_0$ 在模型构建中的影响。

以模型阶方差、大地水准面阶误差和重力异常阶误差等作为评价标准，对模型进行评估。

**3. 结论**

通过数值分析，得到如下结论：

（1）面凝聚模型机制下，考虑可见地壳模型后，模型在超高阶部分（如 400-1800 阶）的阶方差要比原模型更加接近 EGM2008 模型，由此可见地壳模型中的分层密度和厚度信息能够改善位模型的高频部分；而在 2000 阶以上的部分，由于分辨率等原因，地壳信息对原模型没有改善；

（2）从 500 阶次之内的两种模型与 EGM2008 模型阶方差曲线对比，可以看出加入地壳模型后的位模型在低阶部分的补偿强度要弱于加入地壳模型之前的位模型，而在中高阶部分，顾及地壳模型的位模型补偿效果要更明显，这是因为地壳模型中包含了较为丰富的重力场高频信息。

本研究由“国家自然科学基金（41174026，41104047）”资助

**参 考 文 献**

[1] Tsoulis D. Spherical harmonic analysis of the CRUST 2.0 global crustal model[J]. J Geod. 2004(78): 7~11.

[2] Hofmann-Wellenhof B, Moritz H. Physical Geodesy[M]. Graz: SpringerWienNewYork, 2005.

（22）地球重力场变化与在地学中应用

# 局部重力场贝亚哈马解的配置意义

# The Collocation Meaning of Bjerhammar Solution in local Gravity Field

孙 文* 王 凯 朱志大

Sun Wen Wang Kai Zhu Zhidas

信息工程大学测绘学院 郑州 450052

## 1. 引言

边值问题以及局部重力场的研究是物理大地测量研究的基础，相继提出的 Stokes 理论、Molodensky 理论在一定程度上解决了地球形状及外部重力场的逼近问题。在局部重力场的研究方面，点质量模型能够较好地逼近地球外部重力场 0，其理论与方法成熟，应用较为广泛。而贝亚哈马理论作为一个理论模型为局部重力场的逼近提供了另一个有效思路。这些方法本文暂且称之为模型法。最小二乘配置方法经过 Krarup、Tscherning 等人的研究和改进，现已广泛应用于局部重力场研究，其主要优势在于能够联合不同类型的数据进行统一处理，如重力异常、垂线偏差等；关键和难点在于各分量之间协方差的确定。文献[1]已经证明了点质量方法与配置法的等值性，本文给出贝亚哈马理论与配置法等值性的证明。

## 2. 贝亚哈马理论

瑞典学者贝亚哈马(A. Bjerhammar)提出将地球对外部点的扰动位等价于一个完全处于地球内部的虚拟球的扰动位。如果已知球面上的重力异常，则由第三边值问题可解得球外部点的扰动位为：

$$T=\frac{1}{4\pi}\int_{\sigma}\Delta g^{*}[\sum_{n=2}^{\infty}\frac{2n+1}{n-1}\frac{R_{B}^{n}}{\rho^{n+1}}P_{n}(\cos\psi)]\mathrm{d}\sigma \tag{1}$$

实际情况下，重力异常的布测均在地面进行，即 $\Delta g$ 已知。此时只要求出 $\Delta g$ 与 $\Delta g^{*}$ 的关系，则由式(6)可以求出外部点的扰动位。其详细推导过程参见文献[1]，最终得到：

$$\Delta g_{k}^{*}=\sum_{k}(\frac{\rho_{i}^{2}-R_{B}^{2}}{4\pi\rho_{i}}\frac{\Delta\sigma_{k}}{r_{ik}^{3}})^{-1}\Delta g_{i} \tag{2}$$

式中，$\Delta g_{k}^{*}$ 是第 $k$ 个格网 $\Delta g^{*}$ 的平均值。$\Delta\sigma_{k}$ 为第 $k$ 个格网的面积，$r_{ik}$ 为第 $k$ 个格网中点与地面重力点之间的距离，$\rho_{i}$ 为地心向径。

## 3. 配置意义

根据文献[3]，$P$、$Q$ 两点之间重力异常的协方差函数可以表示为：

$$C(P,Q)=\sum_{n=0}^{\infty}\gamma_{n}\sigma^{n+2}P_{n}(\cos\psi) \tag{3}$$

令 $\gamma_{n}=2n+1$，则 $C(P,Q)=\sum_{n=0}^{\infty}(2n+1)\sigma^{n+2}P_{n}(\cos\varphi)$。将距离倒数 $\frac{1}{L}=\frac{1}{\sqrt{1-2\sigma\cos\psi+\sigma^{2}}}=\sum_{n=0}^{\infty}\sigma^{n}P_{n}(\cos\psi)$ 代入协方差公式并整理得：

$$C(P,Q)=2\sigma^{3}\frac{\partial}{\partial\sigma}(\frac{1}{L})+\frac{\sigma^{2}}{L}=\frac{\sigma^{2}(1-\sigma^{2})}{L^{3}} \tag{4}$$

令 $\frac{R_B^2}{r_Q}=R_S$，(4)式可以化简为 $C(P,Q)=\frac{(r_P^2-R_S^2)R_S^2}{r_P l_{PQ'}^3}$，此时利用配置法求解重力异常的结果为：

$$\Delta g_i=\sum_k \frac{1}{R_S^2}(\frac{r_P^2-R_S^2}{r_P l_{PQ'}^3})^{-1}\Delta g \tag{5}$$

比较(2)式与(5)式可以发现，当 $\gamma_n=2n+1$ 时，利用配置法求解重力异常的结果与利用贝亚哈马理论推导得出的地面重力异常解在形式上是等效的。

## 4. 结论

局部重力场逼近中的配置法与模型法分别在实际应用中取得了较好的效果。由上述的推导过程可以看出，配置法在一定程度上具有物理意义，即当选择合适的协方差函数模型时，其对应不同的模型法，而模型法分别具有各自的物理意义，这就给了配置法以直观上的物理意义解释；另一方面，采用点质量法和贝亚哈马方法求解局部重力场时，其所隐含的配置意义也由两者与配置法的等值性而充分得到展现。这充分说明了配置法与模型法的共通之处，即在使用不同的方法逼近重力场时，各方法已经包含了对局部重力场物理意义解释，同时也包含了配置意义上的数学解释。

## 参 考 文 献

[1] 吴晓平. 局部重力场的点质量模型[J]. 测绘学报, 1984, 13(4): 249~258.
[2] 陆仲连. 地球重力场理论与方法[M]. 北京: 解放军出版社, 1996.
[3] 宁津生, 等. 高等物理大地测量[M]. 北京: 测绘出版社, 1984.

（22）地球重力场变化与在地学中的应用

# 基于抗差估计的北斗系统 GEO 卫星钟参数短期预报

# The Short Report of Compass GEO Satellite Clock Parameters Based on Robust Estimation Theory

王 琰 黄令勇

Wang Yan Huang Lingyong

信息工程大学测绘学院 郑州 450052

时间同步是卫星导航定位的基础，时间同步的精度决定了导航定位的精度。为了提高 Compass 系统导航定位的精度，必须向用户提供精确的卫星钟时间参数，因此也就需要对卫星钟的星钟参数进行估计和预报。目前 Compass 系统卫星钟差模型采用线性模型，2h 拟合数据+ 0.5h 计算 +2h 预报，用最小二乘估计多项式系数，1h 进行星钟参数的更新，这可以满足短期预报精度的要求。但是现在 Compass 钟差数据本身又往往含有粗差和钟跳，以及 GEO 钟参数线性模型的频繁更新，这导致了预报精度不高。针对这种问题，为了提高预报的精度，本文采用抗差估计的方法进行钟差拟合，以进行卫星钟参数的短期预报。最后通过实例分析，验证了用抗差估计可以提高 GEO 卫星钟参数短期预报精度。

## 1. 基本原理

与一般的二次多项式钟差模型相比，由于进行超短期预报，线性模型已经能够满足精度要求，即将钟漂（频漂）作为固定值。因此 GEO 钟参数线性模型如下：

$$\Delta t_i = a_0 + a_1(t - t_0) + v_i \tag{1}$$

与最小二乘相比，抗差估计通过引入等价权来调节观测值对估计结果的影响，设误差方程为

$$V = A\hat{X} - L \tag{2}$$

由抗差最小二乘估计原理，参数的抗差解为：

$$\hat{X} = (A^T\overline{P}A)^{-1}A^T\overline{P}L \tag{3}$$

权因子函数，有 Huber 函数、IGG1、IGG3 函数等。

## 2. 数据实验

本文算例所采用的数据为一组 3 天 Compass 的 GEO 卫星的钟差数据，数据采集于 2011-8-1 至 8-3。

将数据分为 66 段，2h 拟合数据+0.5h 计算+2h 预报，用最小二乘和抗差估计最小二乘估计多项式系数，1h 进行星钟参数的更新。将用最小二乘预报的结果与用抗差估计预报的结果进行比较，以预报末点的不符值作为最佳判断标准。

下表为两种方案下选取的 9 段预报末点不符值的比较：

| 段数 | 1 | 10 | 20 | 30 | 40 | 50 | 60 | 66 |
|---|---|---|---|---|---|---|---|---|
| 最小二乘（ns） | 0.149 | 0.198 | 0.245 | 0.075 | 0.095 | 0.101 | 0.242 | 0.153 |
| 抗差估计（ns） | 0.116 | 0.124 | 0.147 | 0.084 | 0.099 | 0.096 | 0.132 | 0.063 |

## 3. 结论

由上表可以看出，抗差估计剔除了观测段中存在粗差的数据，与最小二乘的方法相比，采用抗差估计的方法进行钟差拟合，以进行卫星钟参数的短期预报，明显提高了预报精度，达到了预期的目的。

## 参 考 文 献

[1] Xu G C.Gps-Theory ,algorithms and application[M].Heidelberg: Springer~Verlag，2003.

[2] 杨元喜. 抗差估计理论及应用[M]. 北京：八一出版社, 1993.

[3] 崔先强, 焦文海. 灰色系统模型在卫星钟差预报中的应用[J]. 武汉大学学报，信息科学版, 2005，30(5): 447~450.

[4] 朱祥维，等. 卫星钟差预报的 Kalman 算法及其性能分析[J]. 宇航学报. 2008, 29(3).

（22）地球重力场变化与在地学中的应用

# 卫星轨道确定的并行方法研究

# Research of Satellite Orbit Determination with Parallel Method

闫志闯[1,2]　李　婧[1,2]　蒲亭汀[3]

Yan zhichuang　Li Jing　Pu Tingting

1. 信息工程大学测绘学院　郑州 450052；2. 61363部队　西安 710054；3. 78155部队　成都 610036

卫星的运动处于地球的引力场空间中，因此，它受到地球引力的作用。此外，卫星还受到太阳光压、大气阻力、行星摄动等作用力，因此，运动非常复杂，但是仍然遵循牛顿运动定律，这为研究卫星的运动奠定了基础。一方面卫星受力复杂，轨道积分计算量大；另一方面，多核处理器计算机的普及，为并行计算卫星轨道提供了可能。以观测弧段中间时刻作为卫星的初轨，基于 VS2010 提供的 PPL 并行地分别向两端积分并建立观测方程，最终组合所有观测方程，解算未知参数，这就是并行定轨的基本原理。

## 1. 基本原理

根据牛顿第二定律，建立卫星动力学方程：

$$\begin{cases}\dot{\mathbf{y}} = \mathbf{F}(\mathbf{y},t) \\ \mathbf{y}(t_0) = \mathbf{y}_0\end{cases} \tag{1}$$

根据状态转移矩阵的定义，改变求导次序，建立状态转移微分方程：

$$\begin{cases}\dot{\mathbf{\Phi}}(t,t_0) = \dfrac{\partial \mathbf{F}}{\partial \mathbf{y}}\mathbf{\Phi}(t,t_0) = \mathbf{G}(\mathbf{y},t)\mathbf{\Phi}(t,t_0) \\ \mathbf{\Phi}(t_0,t_0) = \mathbf{I}\end{cases} \tag{2}$$

观测方程线性化，代入状态转移矩阵，得到

$$\mathbf{V}_i = \left(\frac{\partial \boldsymbol{\rho}}{\partial \mathbf{y}_i}\right)_i^* \mathbf{\Phi}_i \delta \mathbf{y}_0 + \boldsymbol{\rho}(\mathbf{y}_i^*) - \boldsymbol{\rho}_{i,n_i} \tag{3}$$

其中，$i$ 为观测历元，多历元误差方程联立，则

$$\mathbf{V} = \mathbf{H}\delta\mathbf{y}_0 - \mathbf{L} \tag{4}$$

对式（4）平差得到初轨改正数 $\delta y_0$，达到轨道改进的目的，如果精度不够，可以重复进行迭代。

## 2. 数据实验

基于 EGM96 模型建立卫星引力模型，不考虑其它摄动力作用，通过该模型模拟一条轨道，即卫星的位置和速度向量作为真实轨道；对真实轨道添加期望为 0，位置方差在三个方向均为 100 米，速度方差在三个方向均为 10 米/秒的高斯白噪声，作为观测数据；初始轨道为弧段中点时刻的真实轨道基础上分别对位置三个方向增加 200 米偏差、速度增加 20 米偏差。整个观测量采用间隔为 1 分钟，共 1 天的数据。表 1 为定轨结果及效率比较情况。

表 1　计算结果及效率比较

| 轨道 | 位置(m) | | | 速度(m/s) | | | 次数 | 耗时（s） |
|---|---|---|---|---|---|---|---|---|
| | X | Y | Z | X' | Y' | Z' | | |
| 精轨 | 6569361.00 | −1137832.00 | −374767.52 | 1365.11 | 6665.70 | 3660.43 | | |
| 初轨 | 6569561.00 | −1138032.00 | −374967.52 | 1385.11 | 6685.70 | 3680.43 | | |
| 并行 | 6569361.20 | −1137837.77 | −374766.80 | 1365.12 | 6665.70 | 3660.43 | 5 | 74 |
| 串行 | 6569361.20 | −1137837.77 | −374766.80 | 1365.12 | 6665.70 | 3660.43 | 5 | 176 |

## 3. 结论

由上表可以看出，无论是采用并行定轨还是采用传统的串行定轨，最终结果都是一样，并且采用并行方法可以提高一半以上的计算效率，分析其中原因应该是在矩阵运算中加入了并行计算的缘故。因此，本文提出的并行定轨方法具有重要的应用价值。

（22）地球重力场变化与在地学中的应用

# 位置偏差对地球外空引力计算精度的影响

# The Influence of Location Deviation to Calculation Accuracy

江 东[1] 王 贺[2] 高新兵[1,3]

Jing Dong Wang He Gao Xinbing

1. 郑州测绘学院 郑州 450052；2. 65015 部队 大连 116023；3. 61365 部队 天津 300140

本文定量的研究了位置偏差产生的地球引力计算误差，根据误差传播定律推导了正常引力和扰动引力关于位置分量的误差方程；然后，计算不同高度上引力的赋值误差。通过分析它们随高度的变化情况，得到定量的结论。

地球引力由两部分构成：正常引力和扰动引力。它们分别代表实际地球的规则质量（水准椭球）和异常质量所产生的引力效应[1]。正常重力 $\bar{\mathbf{F}}$ 的三个分量 $(F_\rho,F_\varphi,F_\lambda)$ 可按(3)式求取：

$$\mathbf{F}_\rho=\frac{\partial U}{\partial\rho},\mathbf{F}_\varphi=\frac{1}{\rho}\frac{\partial U}{\partial\varphi},\mathbf{F}_\lambda=\frac{1}{\rho\cos\varphi}\frac{\partial U}{\partial\lambda} \tag{3}$$

式中，**U** 为正常引力位，$(\rho,\theta,\lambda)$ 为空间点的球坐标，$\rho=R+H$ 是地心向径，$H$ 是点在地面上的高度，$\theta=90^\circ-\varphi$ 是地心余纬，$\lambda$ 是地心经度；同理，也可根据扰动位 **T** 求取扰动引力 $\bar{\boldsymbol{\delta}}$ 的三个分量[2]。

根据误差传播定律，当空间位置分量 $(\rho,\theta,\lambda)$ 相互独立时，可得到任一引力分量 $\mathbf{S}_i$ 的中误差：

$$\mathrm{m}_{S_i}^2=\left(\frac{\partial S_i}{\partial\rho}\right)^2\mathrm{m}_\rho^2+\left(\frac{\partial S_i}{\partial\varphi}\right)^2\mathrm{m}_\varphi^2+\left(\frac{\partial S_i}{\partial\lambda}\right)^2\mathrm{m}_\lambda^2 \tag{4}$$

式中，$(\mathrm{m}_\rho,\mathrm{m}_\varphi,\mathrm{m}_\lambda)$ 表示计算点的位置中误差。

假定计算点的地心经纬度为（100°E，20°N），向径 $\rho$ 的分布为地面上 10~100km，计算点位置的中误差 $(\mathrm{m}_\rho,\mathrm{m}_\varphi,\mathrm{m}_\lambda)$ 分别为：$(\pm30\,\mathrm{m},\pm10'',\pm10'')$；采用 EGM2008 重力场模型的地球参数和前 360 阶扰动位系数进行实验计算，可得正常引力和扰动引力分量在不同高度上的误差变化情况，如表 1 所示：

**表 1 引力计算误差随高度变化表**

| (km) / (mGal) | 10 | 20 | 30 | 40 | 50 | 60 | 70 | 80 | 90 | 100 |
|---|---|---|---|---|---|---|---|---|---|---|
| $F_\lambda$ | 0 | 0 | 0 | 0 | 0 | 0 | 0 | 0 | 0 | 0 |
| $F_\varphi$ | 0.0532 | 0.0529 | 0.0526 | 0.0522 | 0.0519 | 0.0516 | 0.0513 | 0.0510 | 0.0506 | 0.0503 |
| $F_\rho$ | 9.1830 | 9.1400 | 9.0973 | 9.0548 | 9.0126 | 8.9706 | 8.9289 | 8.8875 | 8.8463 | 8.8053 |
| $\delta_\lambda$ | 0.0083 | 0.0143 | 0.0158 | 0.0150 | 0.0133 | 0.0114 | 0.0096 | 0.0080 | 0.0067 | 0.0055 |
| $\delta_\varphi$ | 0.0570 | 0.0388 | 0.0270 | 0.0191 | 0.0139 | 0.0104 | 0.0080 | 0.0064 | 0.0053 | 0.0046 |
| $\delta_\rho$ | 0.0487 | 0.0348 | 0.0253 | 0.0186 | 0.0138 | 0.0102 | 0.0076 | 0.0057 | 0.0042 | 0.0031 |

根据计算结果可知道：①正常引力分量的计算误差随高度的增加，变化有所差别，分量 $\mathbf{F}_\lambda$ 本身为零，未产生误差，分量 $\mathbf{F}_\varphi$ 和 $\mathbf{F}_\rho$ 随高度的增加，计算误差变小；②扰动引力分量的计算误差随高度的增加迅速减小，在 70km 高度上都小于 0.01mGal；③正常引力的计算误差明显要大于扰动引力的计算误差，其径向分量 $\mathbf{F}_\rho$ 的误差达到 9mGal，是位置偏差造成引力计算误差的主要部分。

## 参 考 文 献

[1] 陆仲连. 地球重力场理论与方法[M]. 北京：解放军出版社, 1996.

[2] 空中扰动引力快速赋值算法的效能分析[J]. 测绘科学技术学报，2011, 28(6): 411~415.

# 专题二十三：InSAR技术、卫星热红外与地壳运动

# InSAR,IR Technique and Crustal Movement

（23） InSAR 技术、卫星热红外与地壳运动

# 基于多级构网的永久散射体雷达干涉形变速率计算模型与方法

# A Hierarchical Approach of Persistent Scatterer SAR Interferometry for Estimating Deformation Rates

刘国祥　张　瑞　于　冰

Liu Guoxiang　Zhang Rui　Yu Bing

西南交通大学地球科学与环境工程学院　成都 610031

永久散射体(Persistent Scatterer, PS)合成孔径雷达干涉(Interferometric Synthetic Aperture Radar, InSAR)是近十年发展起来的新型空间对地观测技术[1,2]，已在区域地表形变监测方面展现出良好的应用前景。目前，卫星 SAR 成像系统正向高空间分辨率方向发展，自 2006 年以来，国际上已有多个卫星 SAR 系统发射升空，如日本 ALOS 卫星的长波段 PALSAR 系统(L 波段，分辨率为 8 米)、加拿大 RADARSAT-2 卫星的中波段系统(C 波段，分辨率为 3 米)、德国 TerraSAR-X 卫星的短波段系统(X 波段，分辨率高达 1 米)、以及意大利四星座 COSMOSkyMed 短波段系统(X 波段，分辨率高达 1 米)等等，所有这些高分辨率卫星 SAR 成像系统的出现为区域形变监测应用的扩展提供了前所未有的机会。

永久散射体雷达干涉(PS-InSAR, PSI)基于时空维的统计与建模，能有效地提高 InSAR 测量精度和可靠性[3, 4]。然而，相对较为复杂的数学模型和解算方法导致 PSI 时序分析很难在大范围研究区域和较长时序上开展，在常规硬件资源条件下极易因数据溢出导致解算失败。特别是随着新型高分辨率 SAR 成像系统的出现，海量数据导致的计算瓶颈问题凸显。在基于最小二乘平差求解线性形变速率和高程误差的过程中，弧段观测量的增多将使得运算量呈几何级数膨胀，尽管采用稀疏矩阵处理可以在较大程度上缓解对计算机内存需求的过度扩张，但计算效率相对较低。为了在更大的研究区域和更长的时间跨度上实现准确、高效的 PSI 时序形变分析，有必要对传统的观测模型及处理方法进行优化和改进。

为解决形变参数计算精度和计算效率之间的矛盾，本文提出了一种多级 PS 点邻域差分构网模型，并给出了相应的分步解算方法。该算法对 PS 目标采取分级构网与分步解算的基本策略，首先对测区内所有 PS 目标进行分块，然后在各块内挑选特征 PS 目标(即主控点和过渡点)，以构成全局控制网，并基于最小二乘方法计算特征 PS 目标的形变速率，最后对各块的 PS 目标构建局部不规则三角网(TIN)，并以特征 PS 为基准进行最小二乘解算，从而得到 PS 的形变速率。具体处理流程包括：①PS 目标探测与 PS 目标分块；②选取 PS 主控点和过渡点；③使用 PS 主控点和过渡点构建全局控制网；④全局控制网最小二乘解算；⑤逐块对 PS 目标构建局部三角网；⑥局部三角网最小二乘解算。为验证该算法的有效性与可靠性，我们选取天津市西北部城乡结合处作为测试区域，以 2009~2010 年所获取的 40 幅高分辨率 TerraSAR-X 影像为数据源，分别使用分级构网模型和全局 TIN 模型进行 PSI 时序处理与分析。经地面水准观测结果验证，依据两种模型解算得到的沉降速率具有相同的精度水平，优于±3 mm/a；依据本文给出的模型和方法进行解算，用时仅为惯用方法的 22%(3.6 vs. 16.5 hours)，而计算内存占用则减少了 95%(1.4 vs. 30.2 GB)。研究结果表明，本文提出的多级网络化 PSI 方法不仅可以保证 PSI 时序分析的精度，而且能够有效地避免因使用高分辨率数据所导致的耗时过长和计算溢出的问题。通过分级构网和分步解算，有效地解决了 PSI 计算精度和计算效率之间的矛盾，从而保证了大范围、长时序的高分辨率 PSI 形变分析的顺利开展。

**参 考 文 献**

Ferretti A, Prati C, Rocca F. Nonlinear subsidence rate estimation using permanent scatterers in differential SAR interferometry[J]. IEEE Transactions on Geoscience and Remote Sensing, 2000, 38(4): 2202~2212.

（23）InSAR 技术、卫星热红外与地壳运动

# 基于时序 SAR 影像的青藏高原冻土形变监测研究

# Monitoring the Surface Deformation of the Permafrost in Qinghai-Tibet Plateau with Time Series SAR Images

李志伟 李珊珊 胡 俊

Li Zhiwei Li Shanshan Hu Jun

中南大学 地球科学与信息物理学院 测绘与国土信息工程系 长沙 410083

本文利用 2007 年至 2011 年间获取的 21 景时序 SAR 影像，对青藏高原从羊八井站至当雄站铁路段冻土区的地表形变展开研究。考虑到传统的 DInSAR 技术受到时空失相关和大气延迟的限制，在青藏高原地区的干涉效果不佳，本文采用现今广泛使用的一种多时域 InSAR 技术——短基线集（Small BAseline Subsets，SBAS）方法，对所获取的 SAR 影像进行时序分析，并且针对冻土形变的特性对传统的 SBAS 技术进行了改进。最后，本文利用当地的温度变化数据对青藏高原的形变特征进行了分析和验证。

本文的研究区域位于青藏高原的西北部，包含青藏铁路和青藏公路的部分路段。该地区主要由永久冻土层构成，植被茂密，地下水充足，冻土会随着季节的变化发生明显的冻胀和融沉。考虑到冻土的冻融过程会破坏当地的地质环境，并导致地面建筑和道路的倒塌和损害，以及泥石流、滑坡、洪水和冰川漂移等地质灾害，因此有必要对该冻土区展开长期、有效的地表形变监测[1]。本次研究利用了 ENVISAR 卫星获取的 21 景 ASAR 影像，时间跨度为 2007 年 2 月 20 日到 2010 年 9 月 7 日。该影像的入射角大约为 23°，影像的方位向和距离向分辨率大约分别为 4 米和 7 米，主要反映的是地面的抬升和沉降。此外，我们还使用了 ESA 提供的 DORIS 精轨数据，并利用了当地 90 m×90 m 分辨率的 SRTM 数据来消除地形相位的影响。

在过去几十年里，D-InSAR 凭借其大范围、高精度、高空间分辨率和无需地面配合等优势，已经成为了一项可靠的大地测量手段。但是，D-InSAR 的应用极大的受限于时空失相关和大气延迟。在本次研究中，我们利用 SBAS 技术对上述数据进行处理和分析。SBAS 技术不仅能够极大的减弱时空失相关和大气误差，还可以提供地表形变的序列图[2]。首先，我们利用 21 景 ASAR 影像生成 64 景垂直基线小于 150 米的干涉图，然后对干涉图进行多视和基于最小二乘的滤波，从而抑制干涉图中的噪声，并利用最小费用流（MCF）方法对干涉图进行解缠。为了避免低相干地区对解缠结果的影响，我们在解缠过程中将相干性低于 0.5 的地区进行掩膜。随后，我们利用迭代最小二乘方法对干涉图中的轨道误差进行剔除，并通过时空滤波去除大气误差的影响。值得注意的是，由于本次研究区域为以季节性变化的冻土为主，因此 SBAS 技术中线性形变模型已经不能满足监测的需要，基于此，本文发展了基于季节性形变模型的 SBAS 方法，并利用该方法最终得到了冻土研究区的形变序列和高程残差。

研究结果表明，青藏高原从羊八井站至当雄站铁路段冻土区呈现明显的季节性形变特征。由冻土融化引起的地表下沉和由冻胀引起的地表抬升的范围和位置都比较一致，最大幅度达到了几个厘米。此外，我们发现地表形变的幅度由唐古拉山的山坡至山脚逐渐变大，这可能是由于唐古拉山的山脚靠近拉萨河，地下水更为充足而造成的。而青藏铁路和青藏公路也受到地表季节性形变的影响。为了做进一步研究，我们选取了研究区域内四类典型地物点（山谷、山脊、铁路和公路），获取了它们地表形变序列。通过和当地温度的变化趋势联合分析，发现冻土形变同冻土区温度变化存在明显的联系，即所选地物点形变情况与温度成一定的逆向变化，在春夏季，随着温度升高冻土融化，地表下沉，在 8 月份左右融沉量达到最大，进入秋冬季，随着温度降低，冻土冻胀，地表上升，在 2 月份左右冻胀量达到最大。

本文得到国家自然科学基金项目（40974006，4074003）、湖南省高校创新平台开放基金项目（09K005，09K006）、教育部“新世纪优秀人才支持计划”（NECT-08-0570）、中央高校基本科研业务费专项资助（2011JQ001，2009QZZD004）等资助。

## 参 考 文 献

[1] 赵林. 青藏高原多年冻土活动层的冻融过程以及季节冻土的变化[D]. 北京：中国科学院，2004.

[2] Berardino P, Fornaro G, Lanari R, et al. A new algorithm for surface deformation monitoring based on small baseline differential SAR interferograms[J]. IEEE Transactions on Geoscience and Remote Sensing, 2002, 40(11): 2375 ~ 2383

（23）InSAR 技术、卫星热红外与地壳运动

# 玉树地震前的微波辐射异常特征与机理分析

# Feature and Mechanism of Microwave Radiation Anomaly before Yushu Earthquake

刘善军* 刘 鑫 吴立新 马云涛

Liu Shanjun　Liu Xin　Wu Lixin　Ma Yuntao

东北大学资源与土木工程学院　沈阳 110819

## 1. 引言

强震前出现卫星热红外异常现象已在世界多地发现[1]，然而，由于热红外遥感不能穿透云，当天空有云时不能进行地面有效观测，导致卫星热红外遥感方法缺陷。相反，微波遥感不仅能够穿透云雾、甚至小雨，而且还能穿透一定深度的土壤。为此，一些专家利用微波遥感手段进行了地震热异常现象的研究[2]，发现震前存在微波辐射异常现象。本文利用 AMER-E 微波遥感数据，结合新近提出的异常提取方法——两步法，对 2010 年 4 月 14 日玉树地震前的微波异常进行了研究，试图探索地震前的微波辐射异常现象。

## 2. 数据来源与数据处理方法

采用美国 Aqua 卫星 AMER-E 传感器频率为 18.7GHz 的水平极化微波数据，时间范围为 2003 年~2010 年的每年 1 月 1 日~5 月 31 日，空间范围(28°N～38°N, 90°E～102°E)。为避免太阳辐射的干扰，选择夜间 01:30(LT)数据进行异常分析。时间分辨率 1d，空间分辨率 25km×25km。采用“两步法”提取地震前微波异常[2]。第一步，对无震年（2003～2009 年）1 月 1 日~5 月 31 日同一天的微波数据进行均值处理，以此代表正常年份的微波辐射水平，作为异常提取的背景值。然后，利用地震年（2010 年）1 月 1 日~5 月 31 日每天的数据减去同一天的背景值，作为“一步差”的结果。这样处理的结果可以消除由地形地貌以及季节变化引起的温度变化影响；第二步，在“一步差”处理结果的基础上，计算 2010 年 1 月 1 日~5 月 31 日每天“一步差”数据区域四个角顶像素的微波亮度温度的平均值，以其作为天气变化引起的微波辐射变化。然后，用“一步差”的结果减去这个平均值，得到“两步差”结果，这样就把天气变化影响去掉了，剩余部分则体现了构造活动的影响。

## 3. 结果分析

通过上述数据处理方法，并对结果进行分析，发现在震前 45 天，在玉树震中西南侧出现一微波辐射高温异常条带，呈北东—南西方向，异常幅度达到+12K。此后，异常逐渐向震中方向发展，且宽度逐渐增加。在震前 9 天时，沿震中北西—南东方向又出现另一高温异常条带，该条带与发震断层玉树—甘孜断裂带相吻合，而震中恰位于这两个异常带的交叉部位。震前 4 天，异常减弱，沿北西向断裂带的异常几乎消失。但在震前 1 天，异常再次增强。在主震发生后，北东—南西向的异常继续存在达 20 天，最终消失。

为定量分析异常的时序变化特征，对震前北西向异常圈定区域，然后对该区域微波亮温的“两步差”结果进行随时间变化曲线分析，发现在 2010 年全年中，只有 3 月 1 日～5 月 10 日间存在一明显的微波辐射高值，且峰值出现在 4 月 5 日。进一步的微波极化差异指数（MPDI）分析结果表明，微波异常期间 MPDI 呈较无震年偏低的水平。由于 MPDI 主要受水分和植被影响，而在 2010 年地震前植被较往年显著变化的可能性较小，所以造成该现象应该是由于温度升高导致了土壤湿度减小，从而引起 MPDI 减小。结合地面的气温数据调查、MODIS 热红外遥感分析结果以及地热调查，最终认为，玉树地震前的微波遥感异常现象实际是一种热异常现象，而导致这种热异常产生可能与地震前构造热活动加剧有关。

本研究由“973 计划”项目（2011CB707102）和国家自然科学基金项目（41074127）资助。

## 参考文献

[1] Gorny V I, Salman A G, Tronin A A, Shilin B B. The earth's outgoing IR radiation as an indicator of seismic activity[J]. Proc. Acad. Sci. USSR, 1988, 301: 67~69.

[2] Maeda T, et al. Detection algorithm of earthquake-related rock failures from satelliteborne microwave radiometer data[J]. IEEE transactions on Geoscience and Remote Sensing, 2010,48(4): 1768~1776.

[3] Yuntao Ma, et al. Two-step method to extract seismic microwave radiation anomaly: Case study of $M_S$8.0 Wenchuan earthquake[J]. Earthq Sci., 2011, 24: 577~582.

（23）InSAR 技术、卫星热红外与地壳运动

# 鹤壁矿区 InSAR 开采沉陷的时序分析

## A Timing Analysis on Mining Subsidence of HEBI Mining Area Based on InSAR Technology

马 超[1] 潘进波[1] 徐小波[1,2] 孟秀军[1,2] 卢小平[1]

Ma Chao Pan Jinbo Xu Xiaobo Meng Xiujun Lu Xiaoping

1. 河南理工大学矿山空间信息国家测绘地理信息局重点实验室 焦作 454000;

2. 中国地震局地质研究所地震动力学国家重点实验室 北京 100029

利用合成孔径雷达干涉测量（InSAR）进行开采沉陷地表形变场的提取已有较多研究[1~2]。矿区开采沉陷引起的形变周期更长，变形量更小，失相关的影响也就更大一些，给 InSAR 处理与分析带来一定的难度。国外一些研究采用大数据集的干涉测量技术进行开采沉陷监测取得了突出的成就，并进入改进算法的 PS InSAR 数据处理[3~4]，但由于缺乏自主雷达卫星，大量采购国外卫星数据成本较高，国内有研究试验研究为主，今后基于有限数据条件下的时间序列干涉测量仍是我国 InSAR 研究的主流技术。

虽然常规 D-InSAR 难以有效分离和剔除轨道残余、地形残余和大气延迟等各类相位误差，但如选择适当的干涉策略方法，可以节省数据开销，提高观测效率，获得丰富的相位变化结果，能够充分挖掘有限数据的应用潜力；结合开采沉陷地表移动规律通过多时相比较分析，可以获得多期开采沉陷动态演化规律，对于确定采动损害边界，地表移动分类分级，求取地表移动参数应用前景较好。

本文以河南省鹤壁市鹤壁一至十矿为实验区，井田面积分别为，一矿 3.3km$^2$，二矿 5.4 km$^2$，三矿 15.08 km$^2$，四矿 8.5 km$^2$，五矿 4.45 km$^2$，六矿 18.96 km$^2$，七矿 11.7 km$^2$，八矿 7.9 km$^2$，九矿 10 km$^2$，十矿 6.54 km$^2$。鹤壁矿区井田总面积为 91.83 km$^2$。利用 2008-2009 共十一景 ENVISAT ASAR 雷达数据，经过对数据的时相、基线距等的参数分析，选择了最优的像对组合，优化了处理方案，采用二通加外部 DEM 数据的 D-InSAR 技术，获得了研究区八个时间段的差分形变相位图像，通过分析获得了不同时期采矿造成的地面沉降分布及幅度信息。

主要工作与结论：

（1）获得实验矿区 2009 年八个时间段各类开采、非开采形变区的类型相位变化区 73 处、其中处于矿区内部的有 66 处，矿区内部的 7 处归入非开采导致的相位变化，累积重复变化总面积达到 150.03km$^2$，占鹤壁矿区总面积（91.83 km$^2$）的 163%。由于 SAR 数据空间分辨率较低，小规模的形变区无法解译、获得的形变区尺度都较大，形变区形状变化较大，形变中心相对稳定。

（2）经过分析，总计形成 12 个相位变化系列，认为是此研究获得的干涉形变场时间序列。分别为一矿(1 处)：相位变化趋势为+4.2→−28.0→−10.0→−32.4(累积视线向相位变化量−66.2mm)；二矿(1 处)：相位变化趋势为−10.3→−28.0→−26.2→−36.2→11.4(−100.7mm)；三矿(2 处)：相位变化趋势为+7.9→−20.6→−2.83→−51.6(−167.83mm)，−10.1→−12.1→−85.8→−22.1(−130.1mm)；五矿(1 处)：相位变化趋势为−3.0→−2.6→−8.0→−43.6(−57.2mm)；六矿(3 处)：相位变化趋势为−10.7→−6.7→−11.7→−43.8→−17.6(−90.5mm),−2.6→−31.8(34.4mm)和−14.7→−23.0→−35.3→−5.6→−95.1→−5.8(−179.5mm)；七矿(2 处)：相位变化趋势为−2.0→−28.0→−10.0→−33.9(−73.9mm)，−14.0→−28.0→−10.0→−33.6(−85.6mm)；八矿(1 处)：相位变化趋势为−5.3→−18.5→−13.6→−27.1→−24.7(−89.2mm)；十矿(1 处)：相位变化趋势为−7.0→0→−11.0→−17.1(−35.1mm)。

（3）结果表明三矿、六矿形变破坏较为严重，这些矿区在监测全周期都有形变活动，可推定这些矿区采矿活动较为活跃。其余各矿形变区较少，形变活动也缺乏连续性，可视为生产活动不活跃。上述相位变化区的空间位置相对吻合，时间上具有延续性，变化量与变化规模逐步扩大。实验矿区地表大部分受到采矿活动影响，地表活化较为普遍，崩、滑、流发生危险性高于矿区外部。

### 参 考 文 献

[1] 吴立新, 高均海, 葛大庆, 等. 工矿区地表沉陷 D-InSAR 监测实验研究[J]. 东北大学学报: 自然科学版, 2005(8): 778~781.
[2] 葛大庆, 王艳, 范景辉, 刘圣伟, 郭小方, 王毅. 地表形变 D-InSAR 监测方法及关键问题分析[J]. 国土资源遥感, 2007, (74)4: 15~22.
[3] Daniel Raucoules, Carlo Colesanti, Claudie Carnec. Use of SAR interferometry for detecting and assessing ground subsidence [J].C. R. Geoscience, 2007, 339: 289~302.
[4] Zbigniew Perski, Ramon Hanssen, Antoni Wojcik, et al., InSAR analyses of terrain deformation near the Wieliczka Salt Mine, Poland [J].Engineering Geology, 2009, 106: 58~67.

（23）InSAR 技术、卫星热红外与地壳运动

# 基于 MODIS 地表温度数据的地震热异常若干现象的研究

# Study on some phenomenon of the earthquake thermal anomaly based on the land surface temperature data of MODIS

宋冬梅[1]　单新建[2]　沈　晨[3]　王一博[1]　刘雪梅[1]

Song Dongmei[1]　Shan Xinjian[2]　Shen Chen[3]　Wang Yibo[1]　Liu Xuemei[1]

1.中国石油大学（华东）地球科学与技术学院　青岛 266580;

2. 中国地震局地质研究所空间对地观测与地壳形变研究室　北京 100029;

3. 中国石油大学（华东）理学院　青岛 266580

大地震发生之前存在热辐射异常，它是地震孕育过程中伴生的一种自然现象。由于卫星遥感技术具有覆盖范围广、信息量大，可实时监测以及高精度等优点，利用遥感技术研究地震热红外异常已引起各国地震科学家的高度关注和浓厚兴趣。随着卫星遥感技术的发展，其大视域、大信息量、动态性、高精度和高分辨率等优点愈加凸显，将其应用于大范围地震前兆信息的获取拥有其他观测手段所不可比拟的优势。地震热异常正是卫星遥感技术与地震研究十分理想的结合点之一。

本文利用 TERRA 卫星上 8 天合成的 MODIS 夜间地表温度遥感数据（LST），通过改进的 RST 时域分析算法提取了青海玉树地震、新疆于田地震、新疆维吾尔自治区克孜勒苏柯尔克孜自治州乌恰县地震、西藏自治区日喀则地区仲巴县地震、西藏自治区拉萨市当雄县地震、印度、巴基斯坦等 13 个 6.5 级以上震例的热异常信息。对于每个震例，均提取出震前 2 个月至震后 1 个月共计 12 景影像(12 个时间段)的热异常信息，详细分析、研究其时空变化规律。此外，在热异常信息提取的基础上，通过将数学中几何质心概念的内涵延伸，首次提出了地震热异常信息的“能量质心”概念，探索一种能够表达热异常信息空间位置的定量度量方法，并利用 MATLAB 编程实现了“能量质心”空间位置的提取，对 13 个震例的“能量质心”位置与地震震中位置及我国三级断裂带的空间关系进行了分析，研究结果如下：

（1）改进的 RST 时域分析算法对热异常信息的提取效果较好，其中，半数以上震例中的地震热异常能量、最大面积随时间的变化关系与前人研究结果基本吻合。一般规律是在震前 8～33 天，热异常的能量、面积达到最大值。在震前一段时间内能量累积，发震时达到最大，震后能量有所下降。但在个别震例中，震后能量下降后又随之上升，气温数据分析显示这主要是受气温回升影响所致。仅有两个震例未能完全反应出以上规律，这可能是由于此二震例发生于地震多发地带，受余震干扰或其他因素的影响较为严重，有待进一步探讨。

（2）首次提出了地震热异常信息的“能量质心”的概念。公式如下：

$$X=\frac{\sum_{i=1}^{n} x_i m_i}{\sum_{i=1}^{n} m_i}, \quad Y=\frac{\sum_{i=1}^{n} y_i m_i}{\sum_{i=1}^{n} m_i};$$

式中，$x_i$ 是每个热异常像素点的横坐标，$y_i$ 是每个热异常像素点的纵坐标，$m_i$ 是热异常像素点的热异常值。通过 MATLAB 编程实现了地震热异常“能量质心”位置的提取，结合中国三级断裂带分布图及震中位置的研究，结果表明：热异常“能量质心”位置的时空变化呈现一定的规律，即 12 个时间段影像的“能量质心”位置变化表现为总体上垂直或斜交于断裂带。震中位置均位于断裂带附近。13 个震例的震中位置大多分布于 12 个时间段热异常“能量质心”所围合的范围，即“能量质心”包围着震中位置，且多数震中位置位于这些“能量质心”的中央，只有个别震例的震中位置位于“能量质心”集中聚集之处，而非其中央。

（3）本研究为地震震中位置的预测提供了一种可能途径。但此次研究仅限于 13 个震例，这对于探讨热异常与地震的关系显然是远远不够的。今后应在震例的选择以及断裂带类型选择的基础上，充分应用 GIS 等技术，对热异常“能量质心”—断裂带—震中位置之间的空间关系借助 GIS 等技术进行更为深入的研究，藉此挖掘更加深刻的规律。

（23）InSAR 技术、卫星热红外与地壳运动

# 利用 SAR 图象偏移量估计汶川地震地表破裂特征及近断层形变

# Ground surface ruptures and near-fault large-scale displacements caused by the Wenchuan Ms8.0 earthquake derived from pixel offset tracking on SAR images

屈春燕 刘云华 单新建 张国宏 宋小刚 张桂芳 郭利民 徐小波

Qu Chunyan Liu Yunhua Shan Xinjian Zhang Guohong
Song Xiaogang Zhang Guifang Xu Xiaobo

中国地震局地质研究所地震动力学国家重点实验室 北京 100029

InSAR 技术具有获取高精度连续形变场的优势。汶川地震后，我们利用 InSAR 技术获得了此次地震形变场的整体形态、主要形变范围及发震断层的位置等重要信息。但在汶川地震断层附近由于形变梯度过大而导致了严重的干涉相位失相干，形成了非相干带，其在空间上与映秀-北川断裂良好吻合，说明此断裂是汶川地震的发震断层，同时也揭示出地震地表破裂带的空间位置和主要形变范围。但在发震断层沿线破裂迹线到底是怎样延续的，是波状起伏还是平直延伸，240km 有余的地表破裂带是整体贯通，还是断续出现，破裂断层附近的形变量到底有多大等一系列问题均因失相干而无法用 InSAR 技术来解决。而断层破裂迹线的真实形态和近场形变数据对于断层滑动参数和震源破裂模型的反演，以及对汶川地震复杂破裂过程的深入认识都是非常重要的。

象元偏移量追踪方法不受相干性的制约，可为 InSAR 技术提供有益补充。该方法利用 SAR 图象的强度信息，通过震前震后象元偏移量的精确计算来估计距离向和方位向位移。其优势在于能够客观揭示断层破裂迹线的真实形态和分段特征，并获取断层附近几米量级的大位移量。该方法的基本原理是震前震后两幅图象上对应象元的距离向、方位向偏移量与两幅图象的不同卫星轨道位置、两次成象期间地表发生的变化及潜在的对流层和电离层效应有关。要计算与地表形变有关的偏移量，就必须将各因素引起的偏移量加以区分。其中，卫星轨道偏移量可以通过多项式模型拟合来去除，而出现在方位向偏移量图上的电离层趋势性条纹在距离向上往往是高通滤波的。因此，通过精确的象元匹配处理可以得到局部地表形变引起的偏移量残余。

我们采用象元偏移量跟踪方法和 6 个条带的日本 ALOS PALSAR 雷达数据，获得了汶川地震地表破裂带的几何形态、分段特征及非相干带内的大形变量等详细信息。整个映秀—北川地表破裂带全长约 238km，近直线状 NE 向延伸。形变主要发生在破裂迹线以北，破裂迹线北侧平均位移幅度约 2.95m，优势位移在 2m～3.5m 之间，少数位移在 4m～6m 之间，最大可达 7m～9m。北川附近和都江堰北侧是形变幅度大、形变过程变化复杂的段落，6m 以上的大位移量主要出现在北川附近。破裂迹线南侧平均位移约 1.75m，优势位移为 1m～2m，极少数点的位移达到 3m～4m。在破裂迹线南侧形变相对均匀，形变幅度也比较小，而在破裂迹线北侧形变非均匀性突出，而且形变量大。按破裂迹线形态及两侧形变宽度可将映秀—北川断裂分成 5 段。其中，映秀以东的四段破裂迹线清晰，连续，映秀以西的一段落破裂迹线不明显。在高川处破裂迹线发生转折，高川以东整体南移约 5km。在灌县—江邮断层上，我们发现了长度约 66km，宽度约 1.5～6km，位移幅度约 2m 的形变带，但破裂迹线不明显。在小鱼洞，有一长宽约 8km×5km，形变幅度达 3m 的 NW 破裂，将映秀—北川破裂带左旋断错。

利用象元偏移量追踪的图像处理方法，通过精确估计震前震后两次观测图像的象元偏移量，可以获得发震断层附近强烈变形区域内地表破裂和位移的详细信息，为 InSAR 观测的干涉失相干和野外考察的离散局部性提供良好的补充，为深部断层滑动参数的反演提供足够精度和采样密度的断层近场形变观测数据。因此，这是一种很值得推广应用的方法。

## 参 考 文 献

[1] Shen Z K, et al. Slip maxima at fault junctions and rupturing of barriers during the 2008 Wenchuan earthquake[J]. Nature Geoscience，2009, 2: 718~724.

[2] Ken X H, et al. Coseismic surface-ruptures and crustal deformations of he 2008 Wenchuan earthquake Mw7.9, China[J]. Geophys. Res. Lett., 2009, 36: L11303.

[3] Fukahata Y, et al. A non-linear geodetic data inversion using ABIC for slip distribution on a fault with an unknown dip angle[J]. Geophys. J.Int，2008, 173: 353~364.

（23）InSAR 技术、卫星热红外与地壳运动

# 中国大陆及近海中强地震热红外异常提取

# Thermal Infrared Anomaly Extraction of Moderately Strong Earthquake Occurred in Mainland China and Adjacent Sea Areas

魏从信 [1,2,*] 张元生 [1,2,] 郭 晓 [1,2]

Wei Congxin[1,2*] Zhang Yuansheng[1,2] Guo Xiao[1,2]

1. 中国地震局兰州地震研究所 兰州 730000；2. 中国地震局地震预测研究所兰州创新基地 兰州 730000

大地震发生前后震中附近区域都会出现不同程度的热红外异常现象，由于地震热红外信息的微弱和背景噪声的干扰，其信息提取是研究地震热红外异常的难点。本论文应用中国静止气象卫星 FY-2C/2E 的相当黑体辐射亮温（TBB）资料，通过小波变换和相对功率谱估计处理获得带有优势频率和幅值的时频空间数据，并利用时频图法进行全时空和全频段扫描，提取中国大陆及邻近海域 14 次中强地震热红外异常信息，获得该类地震热红外异常特征，为进一步研究地震热红外异常弱信息具有重要意义。

**1. 方法介绍：**

小波变换对卫星热红外日值多年数据进行处理，可以分离出基本温度场（直流部分）、年变温度场和其他因素引起的变化温度场。应用相对功率谱估计可以获得具有优势频率和幅值的时频空间数据。海量数据我们难以进行全时空分析，所以我们采用了波形数据处理常用的数学方法，即相对功率谱法。通过计算可获得时频空间数据，并利用时频剖面图法进行全时空和全频段扫描，易于提取信息。

通过对所有不同特征周期（周期分别为 11 天、13 天、16 天、21 天、32 天和 64 天）功率谱信息文件进行平面图像扫描对比分析，我们很好的提取了中国大陆及邻近海域 14 次中强地震热红外异常信息，地震热红外时空演化图表明，异常总体特征为出现—最大—消失的过程，异常都出现在震中附近区域，大陆地震热红外异常形态与断层走向基本一致；地震热红外异常时序曲线基本上很好的对应了地震的发生时段且对应明显，异常最大幅度都在 8 倍以上，更有甚者达到 20 倍左右；不同地震具有不同的特征周期。

**2. 结果及讨论**

本文初次尝试提取分析中国大陆及邻近海域 14 次地震热红外异常特征，该系列中强地震热红外异常信息具有以下特征。

（1）地震异常持续时间在一个月至半年之间，不同区域持续时间不尽相同，海洋与大陆地震差异较大。地震热红外异常范围面积范围从 500 平方千米至 5 000 平方千米之间，并且与地震震级大小无明显的对应关系。大陆地震热红外异常区域相对集中，并且热异常区域与局部构造形态一致；海洋地震热红外异常形态复杂，与构造相关性不足用文中震例阐述明确。

（2）地震多发生在异常区域内部及其边缘，震中位置多位于异常出现及消失的过渡区域，多数震例反复多次出现热红外异常。

（3）地震热红外特征周期受地理环境和气候环境影响最大，对于大陆地震而言，干旱地区周期较长，而潮湿地区较短；海洋地震特征周期大多集中在 30 天以下。

震中级附近区域热红外变化与正常气候变化不相符，属地震引起的热异常变化。热异常变化整体表现为先扩大后缩小过程，这可能是由于该区区域应力积累快速增加、地震引发地下温室气体排放导致底层大气升温，地面（海面）大气升温后在大气作用下又伴随着降温过程，二者联合作用的结果。

综上所述，地震热红外异常对于发震时间和地点预测指标具有较高的信度，但对地震强度问题的研究还存在很大困难，且不同地区震例显示的异常信息特征也存在较大差异。本文对于海洋地震的研究还有很多不足之处，需要进一步总结海洋地震震例，逐步弄清环境因素的影响程度，更真实明确提取地震热红外异常信息。

本研究由中国地震局兰州地震研究所青年基金（2011Q04）和国家自然基金（40874029）共同资助。

**参 考 文 献**

[1] 魏从信，张元生，惠少兴. 2009 年 8 月 11 日安达曼群岛 Ms7.5 级地震热红外变化[J]. 地震研究, 2011,34(2): 41~45.
[2] 张元生，郭晓，魏从信，等. 日本 9 级和缅甸 7.2 级地震热红外表现特征[J]. 地球物理学报, 2011, 54(10): 2575~2580.

（23）InSAR 技术、卫星热红外与地壳运动

# 基于 Kalman 滤波的多平台 InSAR 三维形变监测技术

# The Multi-Platform InSAR for 3-D Displacement Measurement Based on Kalman Filter

胡 俊 丁晓利 李志伟 朱建军 张 磊 孙 倩

Hu Jun Ding Xiaoli Li Zhiwei Zhu Jianjun Sun Qian

中南大学地球科学与信息物理学院测绘与国土信息工程系 长沙 410083

近年来，InSAR（Interferometric Synthetic Aperture Radar，干涉合成孔径雷达）技术被广泛应用于各种地质灾害引起的地表形变监测中。与传统的大地测量手段相比，InSAR 具有全天候、高精度、大范围、高空间分辨率、无需地面控制点、无需人员进入灾害地区等优势，因此已经发展成为一项炙手可热的变形监测新技术。但是，InSAR 技术仅对地表一维（雷达视线方向）形变敏感，而我们关心的是发生在三维空间框架下的真实形变，这一缺陷使得 InSAR 形变监测的广泛应用受到了极大的限制[1]。

目前已经有一些国内外学者进行了一些探索性的研究。2004 年，Wright 等人提出多方向观测法，利用 Radarsar-1 卫星获取的 Alaska 地震的升轨左视、升轨右视、降轨左视和降轨右视共四对干涉影像对和最小二乘算法计算出了该地震的同震三维形变场。2002 年，Gudmundsson 融合了 InSAR 干涉数据对和 GPS 资料，利用模拟退火法则构建了冰岛地区的地表三维形变速度场。Fialko 等人则在升降轨 SAR 干涉数据对的基础上，引入了灰度匹配的方法，分别计算出了 Hector Mine 和 Bam 地震的同震三维形变场。2011 年，Gourmelen 等融合 D-InSAR 和 MAI 观测量计算出来冰岛 Langjokull 和 Hofsjokull 冰盖的三维运动速率场。Gray 从 RADARSAT-2 获取三个不同 LOS 方向的 D-InSAR 观测量获取了 Henrietta Nesmith 冰川的三维运动（等效于形变）场。虽然这些方法已经引起了国内外的研究热潮，但仍有一些局限性和不足之处，特别是目前的研究大多只利用了单一平台、单一轨道的 SAR 数据，而且只能对单次形变、或持续形变的速率进行监测，极大的损失了地表三维形变的时间分辨率。

随着雷达卫星的不断发射升空，如 ENVISAT、ALOS、RADARSAT-2、COSMO-SkyMed 和 TerraSAR 等，我们可以在同一地区获取不同卫星影像提供的多个方向上的形变监测结果，这给我们还原地表的真实三维形变提供了一个良好的契机。因此，本文提出一种基于 Kalman 滤波技术的融合多平台、多轨道和多时相 InSAR 资料监测地表三维形变的方法。Kalman 滤波是一种动态数据处理方法，顾及了数据在时间域上的状态和关联性，不需要存储大量的历史数据，是一个不断预测和修正的过程[2]。目前，该方法已经被广泛的应用在 GPS 导航和卫星定轨等领域。在 InSAR 数据处理中，Kalman 滤波可以将 SAR 影像组成一组反映地表形变的动态数据，通过建立观测方程和状态方程，可以将不同平台、不同轨道和不同时相的 InSAR 观测量进行融合，再利用 Kalman 滤波方程组对这些资料进行逐次处理，最后得到地表在所有卫星影像获取时刻的三维形变序列场。与已有的方法相比，新方法不仅可以获取地表三维形变，而且可以增加其时间分辨率，达到实时或准实时监测的目的。

本文利用模拟数据和真实数据来分别验证新算法的可靠性和精度。其中模拟数据结果表明，该方法在噪声较小的情况下，可以得到可靠的地表三维形变序列结果。但在噪声较大的情况下，南北向形变结果精度较差，特别是在只有右视数据的配置下。而真实数据采用的是在美国南加州地区获取的 ALOS/PALSAR 升轨数据和 ENVISAR/ASAR 升、降轨数据。南加州地区地表形变复杂，不仅受到震间应力累计的影响，还受到地下水抽取和灌溉的影响，因此一直是国内外学者的研究热点。本次研究的结果精度也得到了当地 GPS 数据的验证。

本文受到国家自然科学基金项目（40974006，4074003）、湖南省高校创新平台开放基金项目（09K005，09K006）、教育部“新世纪优秀人才支持计划”（NECT-08-0570）、中央高校基本科研业务费专项资助（2011JQ001，2009QZZD004）、教育部首批博士研究生学术新人奖（085201001）等资助。

## 参 考 文 献

[1] Wright T J, Parsons B E, Lu Z. Toward mapping surface deformation in three dimensions using InSAR[J]. Geophysical Research Letter, 2004, 31: L01607.

[2] 崔希璋，於宗俦，陶本藻，等. 广义测量平差[M]. 2 版. 武汉：武汉大学出版社，2007.

（23）InSAR 技术、卫星热红外与地壳运动

# 基于 InSAR 和 offset 反演玉树 Ms7.1 地震断层滑动分布

# Joint inversion of fault slip distribution of Yushu Ms7.1 earthquake based on InSAR and offset

宋小刚 1* 单新建 1 汪荣江 2 张桂芳 1 刘云华 1

Song Xiaogang Shan Xinjian Wang Rongjiang Zhang Guifang Liu Yunhua

1. 中国地震局地质研究所 北京 100029; 2. 德国 GFZ

2010 年 4 月 14 日在我国青海省玉树藏族自治州玉树县发生 Ms7.1 级地震，震中位于 N33.2°/E96.6°，震源深度 14km，地震发生在甘孜—玉树断裂带上[1]。该断裂带位于巴颜喀拉地块边界，南边川滇菱形地块持续快速向东南逃逸运动[2]，造成块体沿东北部边界的玉树—甘孜—鲜水河断层强烈的左旋走滑。该断裂构造活动强烈，与许多强震和大地震的发生有密切关系。最近 200 余年中有正式历史记载的强震共 3 次：1738 年玉树西北 6.5 级地震、1845 年甘孜 7.1 级地震和 1896 年邓柯 7.5 级地震，分别发生在甘孜—玉树断裂的当江段、甘孜段和邓柯段[3]，此次地震发生在玉树段。

为研究玉树地震地表形变的大小、空间分布以及震源机制，我们利用日本 ALOS PALSAR 数据，获取了玉树地震的 InSAR 同震形变场[1]和同震 offset 场[4]。同震 offset 场可以清晰地显示出断层的位置及走向，基于此我们先构建了两段模型，两段断层的总长度为 80 多千米，根据各个机构发表的震源机制解，我们设定断层倾角 90°，然后基于此断层模型的约束和不同的形变观测数据集（InSAR、offset 和野外现场调查数据[5]）分别反演断层滑动分布。反演中沿断层走向与倾向方向均分割为 1km×1km 的分段。利用数据相对权重和数据拟合度之间的折衷曲线确定了各种数据的权重。

InSAR 数据的反演结果显示，在整个断层面上，存在 3 个主要的滑动分布集中区，分别位于距设计断层的东南端点 25 千米、50 千米及 65 千米附近。滑动分布几乎都集中在地下 10km 以上，为浅源地震，与 USGS 发布的震源深度相吻合。最大滑动量出现在 25 千米处，深度约 5km 的地方，接近 2m。震级约 Mw=6.9，小于各机构发表的震级 6.9～7.1。分析原因，因为浅源地震造成的面波比深源大，而利用远程地震波确定震级时，浅源地震一般用 10km 来计算。从滑动分布图中还可以看出，在两段断层连接处，滑动分布是连续的，说明断层本身虽然在地表的破裂时不连续的，但在地下深层是连续的。模拟干涉形变场与实际 InSAR 观测干涉纹图在几个主要的形变区域非常吻合，残差水平较低，范围为 0～6cm 反演的整体数据拟合度为 95.8%,效果较佳。另外在断层西北段深度 10km 以下的地方出现了一个孤立的滑动分布区域，滑动量较小，约 0.5m。我们进行了误差敏感性测试实验，发现该区域对数据误差很敏感，反演所呈现出的滑动分布不可靠。而几种数据联合反演的三种结果显示，主要滑动分布、反演结果参数基本相似，只是在加入了 offset 数据和野外实测数据后，断层西北段深度 10km 以下地方的孤立滑动分布区域消失不见，这进一步说明了该区域对数据误差的敏感性很高，结果不可靠。

一些科学家认为，地震中产生的两条相邻的地表破裂带，由于地形因素的影响，使得断层地表破裂不再连续，但一般在地下是连续的，所以我们构建了另一弧形断层模型，总长度基本也是 80km 多。倾角为 90°。基于构建的弧线模型，利用不同数据源的结合，再一次进行了断层滑动分布反演，反演结果显示，整体滑动分布与两段模型基本相同，只是在局部略有差别，说明如果在假设倾角为 90 度的情况下，两种模型都可以很好的拟合真实断层，同时说明断层在地下可能是连续的。

## 参 考 文 献

[1] 张桂芳，屈春燕，单新建，等. 2010 年青海玉树 7.1 级地震地表破裂带和形变特征分析[J]. 地球物理学报，2011, 54(1): 121~127.

[2] 唐荣昌，韩渭宾. 四川活动断裂与地震[M]. 北京: 地震出版社，1993

[3] 周荣军，闻学泽，蔡长星，等. 甘孜—玉树断裂带的近代地震与未来地震趋势估计[J]. 地震地质，1997, 19(2): 115~124.

[4] Liu Y, Shan X, Qu C, et al. Earthquake deformation field characteristics associated with the 2010 Yushu Ms7.1 earthquake[J]. Sci China Earth Sci, 2011, 54(4): 571~580.

[5] 陈立春，王虎，冉永康，等. 玉树 MS7.1 级地震地表破裂与历史大地震[J]. 科学通报, 2010, 55: 1200~1205.

（23）InSAR 技术、卫星热红外与地壳运动

# 利用 InSAR 数据反演 2011 Tohoku-Oki 地震的余震滑动分布研究

# Study of Aftershock Slip Distribution of 2011 Tohoku-Oki Earthquake by InSAR

何 平 许才军 温扬茂 刘 洋

He Ping Xu Caijun Wen yangmao Liu Yang

武汉大学测绘学院 武汉 430079

## 1. 引言

余震的精确定位和滑动分布对于分析主震的发震构造、区域应力转移和余震触发有着重要的意义，是研究区域地球动力的基础。2011 年 3 月 11 日日本本州东海岸附近海域发生 Mw 9.0 级大地震(USGS：38.322°N，142.369°E)，此次地震由一系列的前震和余震构成。基于丰富的大地测量和地震波资料，研究学者分别给出了此次地震的同震滑动分布，但是对于余震，由于震级小、数量大，已有的震源机制解都是基于地震波资料给出。InSAR 技术作为新兴的空间大地测量手段，能够给出高空间分辨率的静态位移资料，可以更准确的确定地震断层的几何结构和滑动分布。本文利用 ALOS 卫星的 PALSAR 数据，分别对 Iwaki 和 Kita-Ibarake 两个大的余震形变区的机制解进行了研究。

## 2. InSAR 数据处理

本文的 PALSAR 数据来源于 Supersite 网站公布的免费数据。首先采用二通法对获取到的 PALSAR 影像进行差分干涉处理来获取地震的地表同震形变场。对同震形变场的相位组成：大气延迟误差，电离层扰动不考虑；轨道误差利用多项式进行去除；DEM 误差，通过干涉基线分析，量级较小可以忽略；除以上部分外，还包含 Tohoku-Oki Mw9.0 级地震的同震形变和本文研究的余震形变。对于 InSAR 观测值中的 Tohoku-Oki 同震相位，本文利用高密度的 GPS 同震位移观测插值获得去除，从而获取本文研究需要的余震静态位移形变资料。

## 3. 模型反演

本文采用弹性半空间矩形位错模型来进行发震断层的几何结构和滑动量反演。由干涉结果可知，Iwaki 和 Kita-Ibarake 地区的余震破裂分别由多断层和单断层决定的：对于单断层，反演参数较少，几何结构较为容易确定；对于多断层，本文根据干涉图中破裂情况和地震波形资料，对其中部分参数进行固定，能有效的减少模型参数，提高反演结果的可靠性。

## 4. 结果与讨论

通过上述的研究，本文获取了 Iwaki 和 Kita-Ibarake 余震的静态位移资料，其中 Iwaki 的最大余震形变~2m，Kita-Ibarake 的最大余震形变~0.6m，在地表形成密集的干涉条纹。由日本气象局（JMA）的历史地震目录可知，Iwaki 余震区在研究时间段内发生多个~6 级余震，从干涉图中的形变分布也可看出该地区余震形变由三个断层共同作用，而 Kita-Ibarake 余震形变则是由 $M_{jma}$6.1 级地震作用的。基于 okada 矩形位错模型，反演获取了 Iwaki 和 Kita-Ibarake 发震断层机制解，结果表明如下：①Iwaki 三个断层的倾角分别为 42°、31°、26°，滑动角为−105°、−61°、−158°，深度为 5km、9km、10km，表明该地区余震为近正断层的小倾角浅源地震，总震级能量与 Mw6.8 相当；②Kita-Ibarake 地震断层走向、倾角、滑动角分别为 105°、32°、-114°，而 JMA 给出的该地区 $M_{jma}$6.1 级地震的机制解参数为 141°、48°、−94°。对比 InSAR 反演结果与地震目录资料可以看出，两者相同之处在于确定余震区的发震断层均正断层浅源地震，不同在于 InSAR 数据反演较地震波资料获取的震级更大。由于 InSAR 形变数据更为密集，能够有效的对断层走向和位置进行约束（破裂走向），反演获取的 Iwaki 和 Kita-Ibarake 两个余震的几何结构和滑动布更为精确。

本研究由国家自然科学基金项目（41074007），高等学校博士学科点专项科研基金项目（20110141130010，20090141110055）资助。

### 参 考 文 献

[1] Imanishi K, R Ando, Y Kuwahara. Unusual shallow normal-faulting earthquake sequence in compressional northeast Japan activated after the 2011 off the Pacific coast of Tohoku earthquake[J]. Geophys. Res. Lett., 2012, 39: L09306.

[2] Feng G, X Ding, Z Li, et al. Calibration of InSAR-derived coseimic deformation map associated with the 2011 Mw 9.0 Tohoku-Oki earthquake[J]. IEEE Geosci. Remote Sens., 2011，9(2): 302~306.

[3] Okada Y. Surface deformation due to shear and tensile faults in a half-space[J]. Bull Seismol. Soc. Am., 1985, 75(4): 1135~1154.

（23）InSAR 技术、卫星热红外与地壳运动

# 延怀盆地时序差分干涉技术形变监测研究

# Deformation monitoring of the Yanhuai basin from time series interferometric synthetic aperture radar, CR-InSAR and staching

张桂芳　单新建　屈春燕　宋小刚

Zhang Guifang　Shan Xinjian　Qu chunyan　Song Xiaogang

中国地震局地质研究所　北京 100029

本文利用 CR-InSAR 和干涉图叠加（Interferogram Stacking）两种形变监测技术[1,2]分别获取了研究区的形变速率。CR-InSAR 技术的实现过程是，首先利用 R-D 模型和邻域搜索算法自动定位角反射器在 SLC 图像中的行列值位置，然后利用邻域平均法计算角反射器点位的差分干涉相位，相位解缠后用奇异值分解方法计算形变速率。干涉图叠加技术是选用垂直基线小于 100m 的干涉对进行常规的差分干涉处理，然后从中选用解缠正确的干涉对进行叠加，用以减弱大气的影响来获取高精度的形变速率。结果表明延怀盆地及周边地区形变很小，盆地内部表现出沉降趋势，其视线向形变速率为 2mm/a。

## 1. 研究区域和数据概况

研究区选在位于京西北的延怀盆地。依地震构造而论，延怀盆地位于 NW-NWW 向张家口—蓬莱地震构造带和 NE-NNE 向山西地震构造地交汇部分，近年来 GPS 观测网给出了山西断陷盆地具有（4±2）mm/a 的拉张速率。研究区内植被、水体和山体的几乎全覆盖式分布，使得成像期间同一目标区域的散射体特性发生很大变化，导致极强的去相干性，即使时间间隔很短的情况下，也很难获取整体区域的高质量干涉图。

本论文实验数据选用的是 ENVISAR ASAR 的升轨数据，时间覆盖从 2004 年 1 月至 2008 年 12 月，共有 15 景 ASAR 数据。该数据集的基本特点是数据量少，而且时间分布不均匀。空间基线估计使用的精密轨道数据是由 ESA 提供的 Doris 数据，其径向误差是 8-10cm。使用 SRTM 数据去除地形分量，该数据垂直精度小于 7m，空间分辨率为 90m，用内插的方法填补数据漏洞。

## 2. 基本原理和方法

统计分析表明人工角反射器虽然起到了强反射的效果（辐射强度增大），但并不能抑制随机相位噪声的影响而保持相位的稳定，为了减弱噪声相位的影响，采用邻域平均算法进行相位分析，即通过计算角反射器所在像素点及其周围 8 邻域像素点的实部和需部的平均值，然后计算该需部和实部的反正切作为角反射器点的干涉。从干涉相位中减去参考相位和地形相位，就可得到差分干涉相位。利用最小费用流方法进行相位解缠，用奇异值分解方法计算形变速率。

干涉图叠加方法的基本假设是：在独立的干涉图中(即构成某一干涉图的 SAR 影像不再参与生成其他干涉图)，大气扰动的误差相位是随机的、相等的；而区域上的形变为线性速率。基于这种假设，将多幅独立干涉图对应的解缠相位叠加起来，所得的形变相位信息对应着累加时间基线内的变形量；叠加后的大气误差相位，却不是单幅干涉图中大气相位误差随干涉图数量倍数增长的结果，而只是干涉图数量的平方根倍增长的结果。这样，叠加相位图中形变信息和大气误差项之间的信噪比就得到了提高。

## 3. 结果和讨论

反射强度和相位的统计分析表明：角反射器像素反射强度随角反射器尺寸增大而提高，强度离散指数随角反射器尺寸增大而减小，这说明角反射器的散射特性能长时间保持稳定；但由于受背景信息和大气等的影响，角反射器像素的相位没有表现出某种趋势性变化。CR-InSAR 和干涉图叠加两种形变观测技术的结果表明：延怀盆地及周边地区形变很小；盆地内部呈现下沉趋势，其视线向形变速率为 2mm/a；盆地边缘区域基本稳定，其视线向形变速率基本为零。尽管受地表覆盖相干性差和数据量少的限制，但本文获得的形变速率与其他大地测量方法获取的结果基本一致。

## 参 考 文 献

[1] Xia Y, et al. Landslide monitoring in the Three Gorges area using D-InSAR and corner reflectors[J]. Photogrammetric Engineering and Remote Sensing,2004, 70(10): 1167~1172.

[2] Yuri Fialko. Interseismic strain accumulation and the earthquake potential on the southern San Andreas fault system[J]. Nature, 2006, 10: 968~971.

（23）InSAR 技术、卫星热红外与地壳运动

# 2003～2004 年青海德令哈系列地震过程的地壳应力场变化

# The change of stress in Crust during 2003-2004 Qinghai Delingha earthquake sequence

查显杰* 翁辉辉 戴志阳

Zha Xianjie Wen Huihui Dai Zhiyang

中国科学技术大学地球和空间科学学院 合肥 230026

青海德令哈地区位于青藏高原东北缘、祁连山脉的西南面、柴达木盆地东北侧。相对于稳定的塔里木地块、阿拉善地块和鄂尔多斯地块及强烈变形的中南部青藏地块构成了该地区的大构造背景[1]。该地区 GPS 长期观测数据表明地壳存在约 20mm/yr 的北东向运动[2]。2003 年 11 月 28 日青海省德令哈市以西 100km 左右、柴达木盆地东北缘发生了 Ms6.6 地震，地震仪可记的此次地震的余震一直持续到 2006 年初。这些地震发生在以东经 96.5 度、北纬 37.6 度为中心，半径不到 20km 的范围内，震源深度基本在 10～20km 之间。震后地质考察表明此次地震了发生在柴达木盆地与祁连山相邻的边缘地区，地形起伏接近 1000m 量级，地震导致山体崩塌，造成了附近居民的大量财产损失。中国地震局地震台网中心 2003～2004 年地震目录中共记录了该地区 180 个地震，震级达到 Ms5.0 级以上的地震多达 7 个，地震活动频次衰减非常缓慢。Global CMT 提供 7 个 5 级以上地震的震源机制解中含 4 个逆冲型地震和 3 个走滑型地震，表明该地区在此次地震过程中构造应力场经历了复杂变化[3]。本文主要利用远震体波资料、InSAR 以及 GPS 数据，采用正反演方法研究了此次地震过程中地壳应力场变化，分析了 2003～2004 年德令哈系列地震的成因。

2003 年青海德哈 Ms6.6 级地震之前遥感卫星未收集到震中区域的 SAR 数据，2003 年 11 月 28 日至 2004 年 6 月 30 日欧空局 Envisat 卫星获取了该地区 4 幅可生成干涉图的降轨数据集。中国地壳观测网在德令哈市以南布设了一个永久性观测站点，记录了此次地震过程的三分量位移信息。分布于全球的地震观测网络能够记录到全球 5 级以上强震的地震波信号，为采用地震波方法研究全球地震提供了大量的公开数据。对于 2003 年 Ms6.6 级主震，本文收集并处理了震中距为 30°～90°、分布于全球 120 多个台站的体波数据，在 Global CMT 解的基础上，采用模拟退火算法[4]反演了体波数据，计算出了同震形变滑移分布。除去部分数据质量较差的地震台站数据，最终所选取的地震数据 90%以上均能很好的被拟合。同震滑移分布主要集中于震中下方 8－10km，最大滑移量达到 80cm。我们将 4 幅 SAR 数据组成了 3 个像对，采用 Doris 软件生成了 2003 年 11 月 28 日～2004 年 3 月 12 日、2004 年 3 月 12 日～2004 年 4 月 16 日、2004 年 4 月 16 日～2004 年 6 月 25 日三幅形变干涉图。由于研究区发生了山体崩塌，大部分区域均不能形成干涉图，只有东南角平坦地带较小区域有较好的干涉条纹分布。德令哈 GPS 站记录了此次地震过程的位移三分量，根据 GPS 数据我们计算出了德令哈站点处的与 InSAR 干涉像对相同时段的三分量形变位移。由于 InSAR 和 GPS 数据信息有限，不足以反演地震形变的滑移分布，本文主要采用正演方法来拟合分析 InSAR 和 GPS 数据。

本文在分析 Global CMT 震源机制解的基础上，构建了地震断层区域的三维有限元模型。以 2003 年 Ms6.6 地震的同震滑移分布作为位移边界条件，采用 PyLith 有限元软件模拟了 2003 年 Ms6.6 地震前后研究区的地壳应力场分布。对于余震过程形变过程，本文主要利用 GPS 和 InSAR 资料为约束进行模拟研究，并对余震过程中地壳应力场进行了重点分析。最后本文对 2003～2004 年青海德令哈系列地震过程的物理机制进行了分析，对余震频次缓慢衰减、震源机制多变进行了给出了合理解释。

本研究得到国家自然科学基金项目 NSF40804006 和 NSF40904008 的共同资助。

## 参 考 文 献

[1] 张培震，王琪，马宗晋. 中国大陆现今构造运动的 GPS 速度场与活动地块[J]. 地学前缘，9(2): 430~440.

[2] 王琪. 用 GPS 监测中国大陆现今地壳运动：变形速度场与构造解释[D]. 武汉大学博士学位论文，2004: 1~164.

[3] Yoshida K, A Hasegawa, T Okada, et al. Stress before and after the 2011 greate Tohoku-oki earthquake and induced earthquakes in inland areas of eastern Japan[J]. GRL, 39:L03302.

[4] Chen Ji David J. Wald, Donald V. Helmberger. Source description of the 1999 Hector Mine, California,Earthquake, Part I: Wavelet domain inversion theory and resolution analysis[J]. BSSA, 1999, 92(4): 1192~1207.

（23）InSAR 技术、卫星热红外与地壳运动

# 地震热异常多参数方法与震例分析

# Multi-parameters Analysis for Earthquake Thermal Anomaly: Method and Cases

秦　凯[1]　吴立新[1]　孟　佳[1]　仲小红[1]

Qin Kai　Wu Lixiin　Meng Jia　Zhong Xiaohong

1. 中国矿业大学（北京）　北京 100083; 2. 北京师范大学　北京 100875

地面气象站观测到的地震前温度异常现象早有记载。1988 年，前苏联学者在研究中亚地区的地震时，发现许多中强地震前出现大面积卫星热红外异常现象。此后 20 多年，地震热红外异常引起了科学界的广泛关注，国内外学者通过分析大量 5 级以上典型震例发震前后的卫星热红外图像，发现了明显的热红外异常短临前兆。由于热红外传感器受制于工作波长，云雨天气下无法连续获得地表热信息。一些研究者将美国国家环境预报中心（NCEP）的气象同化资料引入到地震热异常研究中，提供了一种长时序、连续的数据源。此外，震前的长波辐射（OLR）、潜热通量(SLHF)及微波辐射异常现象也被广泛报道。同时，许多学者通过岩石加载实验，证实了岩石破裂过程中的热红外辐射增温现象，探讨了其物理力学机制，揭示热红外辐射异常与岩石应力、岩石破裂及摩擦活动密切相关的基本规律；并从不同角度探索了震前热异常形成的物理机制，提出了地球排气、“P-hole”、地下流体溢出效应、岩石圈—大气层—电离层耦合效应等各种假说。地震热异常的多参数信息（地面温度、大气温度、热红外亮温、OLR、SLHF 等）并非孤立和杂乱无章，而是相互关联和有秩序的，并且多参数的观测手段（地/海基、空基和天基）、时空分辨率、数据精度等均不相同。若将多参数有机结合、优势互补进行卫星遥感协同观测，有望从总体上把握孕震活动过程、孕震构造及未来震中的空间位置。

首先，需要对不同时空分辨率、不同观测模式的多源数据进行选择。地面温度、大气温度、热红外亮温、OLR、SLHF 等多参数主要来自三种数据源，即地面/海洋观测数据(气象站、浮标等)、卫星遥感数据（NOAA-AVHRR, FY-VISSR, AUAQ-AIRS, AUQA/TERRA-MODIS 等）、同化数据（NCEP-NCAR Reanalysis, NCEP-FNL, GLDAS, MERRA 等）。卫星遥感反演产品具有时空分辨率高的优点，但易受云雨等天气情况的影响，数据连续性较差。同化数据是融合各种观测(包括常规观测和遥感非常规观测)和内在物理模式，使不同时刻的离散观测值不断修正模式，提高模式中参数的精度，从而输出具有物理和时空一致性的连续数据集。尽管地面/海洋观测数据是点观测模式无法获取大面积的信息，但较之卫星遥感数据更真实地记录了地表、大气及海洋参数信息。因此，在基于多参数识别地震异常，先使用连续性较好的同化数据进行常态分析，再使用卫星遥感反演产品进行聚焦分析，最后使用地面/海洋观测数据进行检验分析。其次，基于统计学知识建立一个统一的数据挖掘方法对各参数进行一致的时间序列与异常指数时空演化分析，以提取与构造活动与孕震过程有关的异常信息。最后，对统计方法得到的各参数异常指标进行多参数交叉检验。分析多参数物理内涵可知，地面温度、大气温度代表了不同高度的下垫面物理温度，热红外亮温与 OLR 是下垫面物理温度在不同波段的反映，SLHF 反映了地气之间水汽相变的能量，是地面温度与大气温度联系的中间参数。可见，多个热参数之间存在复杂的相互伴生及因果关系，需综合分析其时间、空间、强度变化与孕震过程的关系。

基于上述多参数方法分析了 2008 年 3 月 21 日于田 7.3 级地震、2008 年 5 月 12 日汶川 7.9 级地震及 2010 年 9 月 3 日新西兰 7.1 级地震前的热异常时空特征。震例分析结果表明，于田地震前一个月左右多个参数（地面温度、大气温度、热红外亮温、OLR、SLHF）在震区构造线及震中附近出现了准同步的异常；汶川地震前一周左右多个参数（地面温度、大气温度、OLR）在震区构造线及震中附近出现了准同步的异常；新西兰地震前一个月左右多个参数（地面温度、大气温度、SLHF）在震区构造线及震中附近出现了准同步的异常。总之，多参数方法得到的震前热异常信息对未来震中的位置及发震时间具有较好的指示意义。进一步深入研究多参数异常背后的地球物理学过程，有望发展一套基于全球对地观测系统（GEOSS）的热异常监测预警体系，为地震防灾减灾提供方法与技术支撑。

## 参 考 文 献

[1] Tronin. Satellite thermal survey-a new tool for the study of seismoactive regions[J]. Int. J. Remote Sens., 1996, 41(8): 1439~1455.
[2] 秦凯，等. 2010 年新西兰 MS7.1 级地震地表潜热异常[J]. 科学通报, 2011, 28(56): 2373~2379.

（23）InSAR 技术、卫星热红外与地壳运动

# 利用 ERS-1/2 SAR Tandem 数据探测青藏高原普若岗日冰原运动

# Detection of glacial motion of Puruogangri ice field with ERS-1/2 SAR Tandem data

柳 林 江利明* 汪汉胜

Liu Lin Jiang Liming Wang Hansheng

中国科学院测量与地球物理研究所 武汉 430077

## 1. 引言

青藏高原是全球气候变化的敏感区，全球平均气候变化信号在青藏高原被强烈地放大。青藏高原的气候变化对周围及全球气候变化起着重要的驱动作用，从而对周边地区特别是中国东部地区气候产生重大影响[1,2]。普若岗日冰原位于藏北高原腹地无人区，不仅是青藏高原腹地最大的现代冰川，也是中低纬度地区少有的冰原，其面积大约为 423 平方千米，冰川分布范围介于 33º 44′～34º 04′N，89º 20′～89º 50′E 之间，冰川雪线高度 5620～5860 米[3]。普若岗日冰原存在着冰川与沙漠伴生的奇特现象，沙漠前端紧靠冰川前缘，这种沙漠的形成是融冻荒漠化过程的产物。探测该地区冰川的运动，将为判断该地区是否长期存在融冻荒漠化过程以及有无大的古冰盖提供有力证据。

## 2. 数据和方法

### 1）数据

本次研究，利用一对 ERS-1/2 SAR Tandem 单视复数数据（SLC）探测普若岗日冰原的冰川流动，数据获取时间分别为 1998 年 9 月 16 日和 1998 年 9 月 17 日，分辨率大约为 20 米，该数据由欧洲空间局（ESA）CAT-1 项目提供（项目编号：CIP.8289）。

本研究采用的外部 DEM 数据为 SRTM-C DEM，其空间分辨率为 90 米，相对高程精度约为 10 米，绝对高程精度约为 16 米，该数据通过 http://srtm.csi.cgiar.org/网站免费下载获得。

### 2）方法

SAR 干涉测量（Interferometric Synthetic Aperture Radar, InSAR）技术成功地综合了 SAR 成像技术与干涉测量技术，利用传感器高度、雷达波长、波束视向及轨道之间的几何关系，精确测量地表某一点的三维空间位置和形变信息，是一种高精度探测地表形变和位移的方法。虽然 InSAR 技术受到相干性的约束（两景数据的相干性较低时，无法获取地表形变信息），但是 ERS-1/2 SAR Tandem 数据获取的时间间隔较短（仅为一天），数据的相干性较好，因此，本研究采用 InSAR 技术提取普若岗日冰原的冰流速度，其主要处理步骤如下：主从影像的精确配准；生成干涉图；去除干涉图的平地效应；利用 SRTM-C DEM 模拟地形相位；去除干涉图的地形相位；利用 MCF 方法进行干涉图解缠；生成冰流速度图。

当雷达波穿透大气层时，由于大气中各种因素的影响，会产生相位延迟，从而降低 InSAR 的测量精度。本研究采用 MODIS 数据，进行大气相位改正，抑制干涉图中大气效应的影响，从而提高探测普若岗日冰原流动速度的精度。

## 3. 结果与分析

基于上述数据和方法，我们提取了普若岗日冰原的冰流速度，对其进行了分析，并和其他已有研究成果进行了比较，初步结果表明：

（1）普若岗日冰原的冰流速度存在明显的空间差异，其东部区域存在着较为明显的冰川运动，冰流速度较大，而西部和中部地区的冰川流动速度，则较为缓慢；

（2）普若岗日冰原的平均冰流速度约为 0.07 米/天，东部地区的最大冰流速度为 0.12 米/天；

（3）本研究探测的冰流速度和蒲健辰等人 2002 年的研究结果[3]基本相似，因此，普若岗日冰原的冰流速度在 1998 年到 2002 年之间处于相对稳定的状态。

## 参 考 文 献

[1] 井哲帆，等. 普若岗日冰原表明运动特征观测研究进展[J]. 冰川冻土，2003，25(3): 288~290.
[2] 刘时银，等. 20 世纪初以来青藏高原东南部岗日嘎布山的冰川变化[J]. 冰川冻土，2005，27(1): 55~63.
[3] 蒲健辰，等. 普若岗日冰原及其小冰期以来的冰川变化[J]. 冰川冻土，2002，24(1): 87~92.

（23）InSAR 技术、卫星热红外与地壳运动

# 基于曲面断层结构的 2003 年 Bam 地震同震滑动分布反演

# Inverting 2003 Bam(Iran) earthquake coseismic slip distribution based on curved fault surface model

尹　智*　许才军　温扬茂　江国焰

Yin Zhi*　Xu Caijun　Wen Yangmao　Jiang Guoyan

武汉大学测绘学院　武汉 430079

利用 GPS、InSAR 和水准测量等大地测量资料反演断层同震滑动分布是定量研究精细震源机制的有效手段。通常的做法是首先根据地震目录数据拟合断层几何结构，再利用位错模型反演断层面上的同震滑动分布。位错模型包括矩形位错模型和角位错模型(Comninou and Dundurs, 1975)，能够联系断层破裂面上的位错量和地表形变场，其中，角位错模型采用三角元构建断层破裂面，能够克服矩形位错元在构建断层曲面时产生的不符合实际的重叠和空区，相比于矩形位错模型更具有优越性。

2003 年 12 月 26 日，伊朗东南部的 Bam 古城遭受了矩震级为 6.5 级（29.010° N，58.266° E）的强烈地震袭击。根据古城 2000 年的历史，此次地震之前还没有发生过破坏性的地震，不是地震活动的重点监视区域，因此缺乏 GPS、水准观测资料。然而该地区植被稀少，气候干旱，非常适合干涉雷达的相干观测，欧空局的 ENVISAT 记录了升降两条不同轨道的同震干涉雷达数据，为此次地震记录了宝贵的地表同震形变场。本文用两幅升、降轨的 InSAR 数据来反演 Bam 断层上的同震滑动分布。

目前，已有许多关于此次地震的研究，其中利用大地测量资料反演 Bam 断层同震滑动分布的研究主要都是基于 Okada 的矩形位错模型，并且都将 Bam 断层的几何结构简化为一个平面。对于这种平面断层的假设，如果 Bam 断层的真实几何结构是曲面的，那么这种简化的平面断层模型必然会引入系统误差，且会被吸收到断层的同震滑动分布反演结果中，影响同震滑动分布反演结果的精度，因此，在反演断层同震滑动分布的过程中，构造合理精细的断层几何结构是必要的。本文利用六个控制点构建一个样条曲面作为 Bam 断层的几何结构，然后基于角位错模型反演其上的同震滑动分布。

Bam 地震震前发现的只有一条 Bam 断层，以右旋走滑为主，兼具由西向东的逆冲分量。该断层是隐伏的，没有破裂至地表的迹线，地表看到的只是由于挤压作用而相对抬升的南北向陡坎，其东部比西部低 20～25m。而从采用的 InSAR 升、降轨数据中观察到，破裂区域的分割线呈一条曲线，因此本文从这两幅 InSAR 图像中提取出一条具有三个控制点的样条曲线作为断层上部边缘。另外，在 Bam 断层的下部设定其它三个控制点，反演断层面上同震滑动分布时不断调整这三个控制点的位置，最后以同震滑动分布反演结果的预测形变场与观测形变场的残差平方和最小为原则，挑选合适的断层曲面结构。

Funning 等人基于 Okada 矩形位错模型反演了 Bam 平面断层的同震滑动分布，在他们的单断层一致滑动分布的反演结果中，最大滑动量为 2.6m，发生在地下 5km 深度，地表形变场的拟合均方根误差为 2.5cm；而在本文的反演结果中，最大滑动量为 2.3m，比 Funning 等人的研究结果略小，也发生在地下 5km 深度，地表形变场的拟合均方根误差为 2.4cm，并且本文反演的同震滑动分布模式与 Funning 等人的结果一致。值得注意的是，Funning 等人的研究中除了采用 InSAR 升、降轨数据以外，还采用了 InSAR 方位向干涉数据，构造出地表三维形变场以后再反演平面断层上的同震滑动分布，这能够有效约束反演结果中的同震滑动分布模式；而在本文的研究中，只采用了两幅升、降轨 InSAR 数据，仍然得到与 Funning 等人研究一致的结果。研究结果说明，在同震滑动分布反演前构造合理的断层几何结构是十分必要的，而本文构建的 Bam 断层曲面几何结构是合理的。

本研究由国家自然科学基金项目（41074007），高等学校博士学科点专项科研基金项目（20110141130010，20090141110055）资助。

## 参考文献

[1] Funning G J, et al. Surface displacements and source parameters of the 2003 Bam (Iran) earthquake from Envisat advanced synthetic aperture radar imagery[J]. J. geophys. Res, 2005. 110(B9): B09406.

[2] Meade B J. Algorithms for the calculation of exact displacements, strains, and stresses for triangular dislocation elements in a uniform elastic half space[J]. Computers & geosciences, 2007. 33(8): 1064~1075.

（23）InSAR 技术、卫星热红外与地壳运动

# 利用 GPS 和 PS-InSAR 联合监测西秦岭断裂北缘地表运动

# Mapping ground displacement with GPS and PSInSAR networking in north of Xiqinling Fault

郭利民[1,2] 单新建[1] 乔学军[2]

Guo Liming ShanXinjian Qiao Xuejun

1. 中国地震局地质研究所 北京 100029; 2. 中国地震局地震研究所 武汉 430071

西秦岭北缘断裂是甘青块体的一条规模较大的活断层，是中国内陆主要的超壳断裂之一。断裂东起宝鸡，向西经天水、武山、漳县，西至临夏以西的青海同仁一带，全长约 420km，总体走向 280°～310°。该断裂大致由 6 条次级断裂段左阶斜列组成，从东往西分别为宝鸡、天水、武山、漳县、黄香沟和锅麻滩等断裂段。其中天水断裂段，东起天水北道的渭河谷地，经天水市北的牛家山，过吊沟门，西至甘谷东南，走向 290°，倾向 NE，倾角 50°～70°，长约 50km。武山断裂段东起凤凰山南麓的胡家沟，经武家河、洛门、武山止于鸳鸯镇西，长约 75km，走向 280°～290°，倾向 NE，倾角 6°～70°，呈正左旋走滑特点。这两个断裂段，历史上曾多次发生 6.5 级以上地震。这段断裂是一条强震孕育带。而且在 2008 年 5 月 12 日的汶川地震中，这一断裂带附近很多区域受到极大的波及。汶川地震发生在四川盆地西北部的龙门山逆冲断裂带上，现在多认为是青藏高原地壳物质运动与四川和华南块体碰撞的构造过程引发的。这次龙门山断裂的应力释放到底对周边的断裂带有什么样的影响，是研究地壳运动的研究者最关心的问题。

GPS 和 InSAR 进行联合监测地表运动主要有：

**1. GPS 测站和 InSAR 像素/PS 点坐标转换**

根据与人工角反射器并置的 GPS 测站观测进行比较，可以发现角反射器在 SAR 地理编码后的坐标与并置 GPS 坐标间存在一个相对固定的偏差，在研究区处理中这个偏差是 8～10 个像素。在利用 Delaunay 方法构建 PS 点与 GPS 点的三角观测网络是必须先进行 PS 点的坐标归化，使其与并置 GPS 站同一。

**2. GPS 和 InSAR 观测结果的转换**

GPS 观测得到的地表形变通常是沿东（E）、北（N）和垂直（H）三个方向，而 InSAR 测量所获得的却是沿雷达视线方向的形变，为了能联合这两种方法需要借助数学模型进行形变观测量的转换。这个在很多文献中都有推导和说明，这里就不再给出具体公式。

**3. PS-InSAR 与 GPS 数据的联合处理**

对满足阈值的 PS 点和 GPS 站点构建 Delaunay 三角网，在此基础上对邻近两个“测点”的距离进行约束，提高三角网的形变参数估算精度。

本研究的研究区选择的是西秦岭北缘断裂天水，武山段，在此区域同时架设了人工角反射器，并进行了 GPS 并置观测，以便于进行坐标归化处理。

利用 GAMMA 软件对这一区域的 ENVISAR ASAR 数据进行 PS 处理获得了 13 692 个 PS 点，与并置的 6 个 GPS 点进行联合处理，构建三角监测网，求解网络中每条基线形变，利用大量观测值，采用参数平差法进行整网的联合解算。从获取的形变场空间看，在天水附近水平运动大致方向为东偏南，量级大约为 8～18mm，形变速率大致为 5～8mm/a，反映的是西秦岭断裂北缘近似左旋挤压。

根据其他研究资料，比如张希研究院利用 2004～2009 年间 GPS 观测值进行的青藏块体东北缘水平运动特征研究中发现汶川地震对西秦岭构造去中东部，六盘山断裂中南段，秦岭北缘与渭河断裂西段有相对显著的影响，西秦岭北缘错动量为 3.2 ± 0.6mm/a，运动方向为 62.2°。万永革利用库伦破裂应力研究了汶川地震对周围断层的影响，认为库伦应力在西秦岭北缘断裂的天水—宝鸡段为 0.004MPa，并且地震还使得海原断裂、庄浪河断裂应力减少。可以通过和其他研究资料比较，西秦岭受汶川地震的影响很小，现在活动主要原因还需要进一步研究。

## 参 考 文 献

[1] 邢学敏，丁晓利，刘国祥，等. 雷达干涉 PS 网络的基线识别与解算方法[J]. 地球物理学报, 2009.52(9): 2229~2236.

[2] 万永革，沈正康，盛书中，徐晓枫. 2008 年汶川大地震对周围断层的影响[J]. 地震学报, 2009.31(2): 128~139.

[3] 张希，蒋锋云，崔笃信，等. 四川及临区 GPS 观测揭示的应变积累与大震影响分析[J]. 大地测量与地球动力学, 2011. 31(5): 9~13.

（23）InSAR 技术、卫星热红外与地壳运动

# 基于强震动数据反演的汶川地震破裂模式研究

# Brutal slip release during the 2008 Mw7.9 Wenchuan earthquake evidenced by strong motion analysis

张国宏[1] Martin Vallée[2] 单新建[1] Bertrand Delouis[2]

Zhang Guohong[1] Vallée Martin[2] Shan Xinjian[1] Delouis Bertrand[2]

1. 地震动力学国家重点实验室 中国地震局地质研究所 北京 100029;

2. GeoAzur, University of Nice Sophia-Antipolis, IRD, OCA, 250 Rue Albert Einstein, 06560 Valbonne, France

**1. 反演算法简介**

中国强震动台网中心在汶川地震前约两个月投入使用，从而获取了大量汶川地震的强震动数据。利用其中距离震中 20～120km 的 26 个台站、共计 72 个分量加速度数据，我们反演研究了汶川地震的震源破裂过程。反演基于模拟退火及多时间窗算法，采用标量地震矩最小约束下模拟退火算法收敛的策略，其表达式为：

$$F_{\min M0} = \exp(M_{0-cal} / M_0 - 1).C_{\min M0}$$

式中，$F_{\cos t}$ 为目标函数；$F_{\min M0}$、$C_{\min M0}$ 则分别为标量地震矩最小约束函数及其权重因子，$M_{0-cal}$、$M_0$ 则分别为本研究反演获得的地震矩和 Harvard 矩张量反演的地震矩，$C_{\min M0}$ 的取值范围为 0 – 1，$C_{\min M0}$ 越大对 $M_{0-cal}$ 的约束就越强。

**2. 反演结果及讨论**

首先是地壳介质模型验证及震中位置重定位。强震动数据对地壳介质较为敏感；因而我们对两次最大的余震强震动记录进行了前向模拟分析，从而验证地壳分层模型的有效性。我们发现，在四川盆地介质模型中引入一个 4km 厚度的弹性盖层后，能更好地对观测到的强余震波形进行模拟；从而确定了主震反演的介质模型及其有效性。另外，由于震源是破裂起始的位置，因而对反演能造成一定的不确定影响。我们利用 P 波到时极化方法，将震中位置重新定位于（31.06°N, 103.4°E），并利用断层几何位置关系，确定震源深度为 13km；从而消除或降低此一因素造成的反演不确定影响。

其次，利用近场强震动数据反演获得的断层滑动分布、滑动角运动方向及平均滑动速率等均与之前的类似研究成果较为一致。如主要滑动分布集中区位于震中映秀镇附近及北川、青川等处，最大滑动量达 12.5m，且主要滑动均位于 0～20km 深度范围内；滑动角方向从断层西南端以逆冲为主兼有少量右旋走滑分量，沿北东向逐渐变为逆冲与右旋走滑、甚至纯右旋走滑运动；地震从震源开始破裂，主要沿北东方向单向破裂，平均破裂速度约为 3km/s。

最后，利用此次地震获得的丰富近场强震动数据，我们获得了更为详细和可靠的滑动分布集中区破裂和形成过程。最为主要的滑动分布集中区位于震中映秀镇北东向 20～50km 范围内。在地震破裂开始后的 20 秒内，该滑动分布区域外围发生中等破裂，而内部却几乎没有产生任何破裂；而在 20～35 内短短十几秒内迅速破裂，并达到破裂最大值。经过一系列的反演测试，如刻意限制这一结果的出现，反演的波形拟合效果将极差，尤其是位于这一滑动分布集中区附近的台站；最终确认了这一现象的真实存在。

综合以上的反演结果及分析，我们可进行如下讨论：一般认为，震源破裂是沿破裂前缘而逐渐发展的，而汶川地震似乎并不符合这一经典的破裂模式；由于近场强震动数据提供了第一手的观测与反演证据，能有助于厘清一直存在的震源破裂模式凹凸体(asperity)模型与障碍体(barrier)模型之争；凹凸体模型认为，地震破裂发生在高应力集中区，这些区域具有较强的介质属性，阻碍破裂的发展，因而一般破裂周期也较长，在应力积累期间至其破裂发生前，凹凸体可以看作为障碍体；我们的研究结果表明，汶川地震是一次典型的凹凸体破裂模式，即由于一个高强度凹凸体的存在，阻碍了滑动在沿破裂前缘发展，而是在这个不规则的凹凸体周围产生中等的滑动量，直到应力积累达到这一高强度凹凸体的破裂极限，主要的滑动分布才迅速在凹凸体内部形成，并发展成为地震能量释放的主要来源；这几乎是一次教科书式的凹凸体破裂模式。

**参 考 文 献**

Bouchon M. A simple method to calculate Green's functions for elastic layered media[J]. Bull. Seism. Soc. Am., 1981, 71: 959~971.

（23）InSAR 技术、卫星热红外与地壳运动

# PS-InSAR 在鹤壁矿区地表形变监测中的应用

# The Application of PS-InSAR technique in the deformation monitoring in mining surface in Hebi

孟秀军 [1,2] 马 超 [1] 屈春燕 [2] 徐小波 [1,2]

Meng Xiujun Ma Chao Qu Chunyan Xu Xiaobo

1. 河南理工大学矿山空间信息国家测绘地理信息局重点实验室 焦作 454000;

2. 中国地震局地质研究所地震动力学国家重点实验室 北京 100029

煤炭开采和加工利用在产生巨大的经济效益的同时，也造成了严重地表形变，极大的破坏了土地资源和矿区环境，威胁着人类的生存空间。为了最大限度地控制环境过度影响和增加土地资源的有效利用，以及采动区的安全提供有效的预警，并为开采沉陷控制和沉陷区综合治理提供理论参考，需要及时对矿区地表形变情况进行监测，建立更加详细的调查、监测、预测、防治矿区地表形变的预测体系。

对于采煤引起的地表沉陷变形监测，常用的方法主要有常规大地测量、GPS 测量、近景摄影测量等。所用的仪器主要有水准仪、经纬仪、全站仪等常规测量仪器。传统的测量手段和测量方法，尽管观测精度较高，但也存在沉陷范围难以准确划分、基于点观测而得到的参数具有一定的片面性和无法实现大面积观测等问题。近十几年来，D-InSAR 已经被证明是一种高效的、极具潜力的微波遥感新技术，而基于永久散射体的时序差分雷达干涉技术 PS-InSAR 可以有效地解决 D-InSAR 中的失相关和大气效应问题，获得更可靠的形变测量结果[1~3]。

本文所选实验区为河南省鹤壁市的鹤壁矿区，地理位置处于东经 113°59′23″～114°45′12″,北纬 35°26′00″～36°02′54″。鹤壁矿区井田总面积为 91.83 $km^2$。本文选择了部分井田作为实验区，实验井田分别为：二矿 5.4 $km^2$，三矿 15.08 $km^2$，五矿 4.45 $km^2$，六矿 18.96 $km^2$。鹤壁矿区地势总体南高北低，在丘岗之间发育了冲沟坳地和平坦谷地。此外，实验区包含鹤山区和山城区，这些城镇和村落的建筑物提供了良好的 PS 点目标源。

本次实验共有 19 景 ENVISAT ASAR 数据，2008 年 2 景，2009 年 9 景，2010 年 8 景。2008 年与 2009 年数据相隔时间较长，为 210 天。2009 年、2010 年数据较丰富，呈等时间间隔分布。根据数据质量本文选取了从 2008 年～2009 年 12 景数据，外部 DEM 数据采用的是 SRTM 数据。PS-InSAR 技术利用的是稀疏的点目标，在解缠过程中随着点目标向周围区域扩展，必然会逐步引入误差，造成 PS 点差分相位的失真，因此，本次实验选取的范围约为 10km×12km。依据 PS-InSAR 的技术原理，采用 GAMMA 软件的 IPTA 模块对实验区 2008～2010 年共 12 景 ENVISAT ASAR 数据时序 SAR 影像进行处理。

实验结果得到：实验区出现 6 个形变较大的区域，形变区的空间位置与实际矿区分布有良好的吻合。实验区的形变速率在空间上有较好的趋势性，时间上具有延续性，变化量与范围逐步扩大。实验区整体 PS 点的形变速率值大致分布在–25～9mm/a。在城镇和村落以及丘陵地区，其形变速率值在–4～5mm/a，一般可以认为这些地区是稳定的。在矿区和矿区的附近，形变速率值在–25～-11mm/a。并得出由鹤壁二矿造成的形变区域在 2.3 年内的最大累积沉降量为 60mm，在 2010 年的 6 个月期间沉降量就达 32mm。五矿和六矿及其周边的下沉区域已形成凹型的条带状的下沉盆地。这些下沉盆地的沉降量大都在 45mm 左右。山城区和一些村落地表也有下沉，沉降量在 2～3mm，但在山城区的东北部的地区下沉较为严重，在这期间累计沉降量达 40mm，原因还是由于周边的鹤壁五矿、和六矿的煤炭开采而导致的下沉，其中也有可能是地下水抽取导致的地表下沉。实验区 PS 点目标的形变都很好地反映了矿区生产情况的活跃程度，但还需结合矿区实际工作面的开采情况综合进行解译。

综合矿区地表形变区域分布和 PS 点形变速率及沉降量和时间序列结果分析，符合矿区采矿扰动地表形变相位形成、演化及分布的一般规律，对分析开采沉陷的规律与破坏机理有着很重要的现实意义。

## 参 考 文 献

[1] Ferretti A,et.al. Permanent scatterers in SAR interferometry[J]. IEEE Transactions on Geoscience and Remote Sensing, 2001, 39(1): 8~19.

[2] 屈春燕, 等. 基于 PSInSAR 技术的海原断裂带地壳形变初步研究[J].地球物理学报,2011,54(4): 984~993.

[3] 宫辉力, 等. 基于永久散射体雷达干涉测量技术的北京市地面沉降研究[J].自然科学进展, 2009, 19(11): 1261~1267.

（23）InSAR 技术、卫星热红外与地壳运动

# 卫星红外与微波亮温对比研究

# Comparison of brightness temperature images of satellite infrared and microwave

闫丽莉　单新建　屈春燕

Yan Lili　Shan Xinjian　Qu Chunyan

中国地震局地质研究所　北京 100029

卫星遥感技术已经被越来越广泛的应用到地震监测研究中，特别是卫星热红外遥感，在 90 年代初就有学者应用热红外遥感技术监测地震前的热异常信息，这是地震研究的新探索。与传统地面定点台网观测相比，热红外遥感具有精度高、覆盖范围广，准实时获取数据的优势。近年来利用卫星热红外遥感探测地震活动引起的红外辐射异常成为一种很有应用前景的技术手段，在地震领域中被广泛应用。但在实际的应用中，热红外遥感受云雾的影响严重，具有一定的局限性。而被动微波遥感具有穿透云雾的能力，可以获取云雾覆盖下地表的辐射信息，因此，可以为红外遥感提供补充，将两种数据的优势互补，可更好的为地震监测服务。

本文选取川滇重点地震监测防御区作为实验区，应用两种遥感数据，分别是搭载于 NASA 对地观测系统（EOS）Aqua 卫星上的中分辨率光谱成像仪（MODIS）31 通道热红外数据和改进型多频率、双极化微波辐射计（AMSR-E）36.5GHz 的垂直极化数据作为研究对象。为了避免太阳辐射的影响，都选取 2004-2011 年共 8 年的夜间数据。MODIS 探测到的辐射值需经过辐射定标（定标方程是线性关系式）得到对应的表观辐射亮度值，然后根据普朗克公式可计算得到 MODIS 的红外亮温。而本文使用的微波数据是美国国家冰雪中心提供的二级产品，直接获得的是对地观测亮温产品，这里只需通过通道空间分辨率匹配得到我们需要的地面分辨率亮温数据。由于两种探测器位于同一颗卫星，故两者数据的成像时间一致，因此，可以利用 MODIS 的红外亮温数据与 AMSR-E 的微波亮温数据对川滇实验区进行对比分析。

分别求取了红外亮温与微波亮温的多年月均值，结果表明，二者具有相似的特征，时间上表现出夏高冬低的年变特征，空间上都与海拔高度呈不同程度的负相关。 这里对红外与微波亮温的对比研究主要是用两者的月均值数据，主要是因为多年（2004～2011 年共 8 年）的亮温月均值反映的是川滇实验区红外/微波亮温正常的变化情况，而且可以避免日观测值受到多种因素的影响，特别是云的影响。求得了川滇实验区红外亮温与微波亮温多年月均值的对比曲线，两者都呈现出夏高冬低年变特征，在 7 月份最高，1 月份最低，符合季节的变化规律。但是微波亮温低于红外亮温，其主要原因是：根据维恩位移定律，黑体辐射的峰值波长和温度成反比，随着黑体温度的降低，黑体最大辐射峰值波长$\lambda_{max}$向长波方向移动。由于微波的波长要远远大于热红外的波长，因此，对于黑体，在微波波段的黑体温度低于在热红外波段的黑体温度。而亮温是指与地表物体具有相同辐射能量的等效黑体温度，因此微波亮温低于红外亮温。

在川滇实验区选取了三类地形区域（平原区、丘陵区、山区）分别研究红外与微波亮温的关系，结果表明，在三类地形区域都是红外亮温高于微波亮温，但是在不同的地形区红外亮温与微波亮温的差值不同，其主要是由地形地貌及地表粗糙度引起，其中地形是主因。

红外亮温与微波亮温分别都受到地形的影响，在三类地形区域这两者之间的差别比较大，因此不能笼统的用整个川滇实验区的均值来研究红外亮温与微波亮温间的定量关系，应考虑地形因素的影响。针对选取的三类典型的地形区域（平原区、丘陵区、山区），分别利用统计方法分析红外亮温与微波亮温之间的定量关系。结果表明，在考虑地形的差异后，获得的三类地形区域红外亮温与微波亮温的定量线性关系，两者都显示出很高的相关性，相关系数达到 0.95 以上。由微波亮温拟合得到的红外亮温与观测红外亮温之间的残差很小，60%以上的残差在 1K 以内。因此，若已知微波亮温月均值，而由于云、雨等干扰无法获得所需要的红外亮温月均值的情况下，可以利用求得的三个公式分别求不同地形研究区的拟合红外亮温。可以实现红外亮温与微波亮温的有机结合，为地震研究提供可靠的基础数据。

**参 考 文 献**

[1] McFarland M J, R J Miller, C M U Neale. Land surface temperature derived from the SSM / I passive microwave brightness temperatures[J]. IEEE Trans．Geosei．Rem．Sens.，1990(28): 839~845.

[2] 陈修治，陈水森，李丹，等. 被动微波遥感反演地表温度研究进展[J]. 地球科学进展，2010, 25(8): 915~923.

（23）InSAR 技术、卫星热红外与地壳运动

# 汶川 8.0 级地震热辐射现象

# The characteristics of seismic thermal radiation of Wenchuan $M_S$8.0 earthquake

郭 晓[1,2] 张元生[1,2] 魏从信[1] 钟美娇[1]

Guo Xiao Zhang Yaunsheng Wei Congxin Zhong Meijiao

1. 中国地震局兰州地震研究所 兰州 730000;

2. 中国地震局地震预测研究所兰州创新基地 兰州 730000

以静止卫星 FY-2C 和 FY-2E 的中波红外为数据源，应用功率谱相对变化法对汶川 8.0 级地震进行了分析研究。使用的有效数据的起止时间为 2006 年 1 月 1 日到 2011 年 12 月 31 日，其中 2009 年 11 月 25 日到 2011 年 12 月 31 日为 FY2-E 卫星数据(FY2-E 为 FY2-C 替代星)，中波红外通道波段范围为 3.5～4.0 微米。由于数据处理量大，我们只选择了地理范围为 5ºN～50ºS、55º～150ºE 内的数据进行了处理。

功率谱相对变化法首先是采用 Daubechies(dbN)小波系中的 db8 小波基对中波红外资料进行了小波变换处理。应用小波变换可以去除地球基本温度场和地形（直流部分）及年变温度场等长周期引起的中波红外辐射，即舍去小波 7 阶的低通部分。用小波 2 阶的低通部分减去小波 7 阶的低通部分，即保留了中间频带部分信息，舍去了高频和低频信息，此步骤相当于一个带通滤波。由于雨云和寒热气流引起的温度变化时间较短，一般为几小时至数天，这种信息经小波变换可基本去除，即舍去小波 2 阶的高通部分。对每个像元而言，经小波变换处理后的数据在时间域里是正负相间的长波辐射相对变化波形数据(单位为 K)，它的时间周期范围包含着地震信息的短临异常周期范围。其次，功率谱相对变化法对这样海量的长波辐射相对变化波形数据进行功率谱估计。考虑短临地震异常出现的时间一般在 10～90 天内，以 64 天为窗长，1 天为滑动窗长作傅里叶变换，计算其功率谱，对每个像元的时程数据滑动一次可获得一组功率谱，时间约定为窗内数据的起始时间，这样就获得了时频空间数据。为了更好地反映地震前后长波辐射变化的功率谱与其他时段的功率谱有何不同，我们对每一像元的所有频率的功率谱作相对幅值处理，生成功率谱时频相对变化空间数据。最后，功率谱相对变化法运用图像处理技术对时频相对功率谱进行时空扫描，易于提取有用信息和进行震例分析，寻找到幅值变化较大的对应频率(即特征周期)、时间和区域位置参数。

汶川 8.0 级地震分析结果表明，地震前后中波红外功率谱信息异常主要分布于破裂带及其以南含天然气较丰富的盆地，特征周期约为 13 天，震前特征功率谱幅值达到近 3 年来的相对最大值，约为平均值的 9 倍，最大幅值出现在地震发生后的第 3 天(5 月 15 日)，地震前后特征功率谱幅值大于 2 倍的持续时间近 60 天。汶川地震前后一个多月的中波红外特征功率谱时空变化特征显示，从 4 月中旬开始，震中区东北部地区开始出现功率谱信息增强现象，在 4 月下旬功率谱信息增强现象达到相对峰值，相对变化率达到 8 倍多，震后 3 天(即 5 月 15 日)功率谱信息增强现象达到峰值，相对变化率达到近 18 倍，随后震中区东北部地区功率谱信息逐渐开始出现减弱，并转移到震中区西部地区，到 6 月下旬震中区及其附近功率谱信息异常现象基本消失。

汶川地震热红外功率谱异常主要分布于破裂带及其以南含天然气较丰富的盆地，在断裂带的中北段更加明显，特征周期约为 13 天，震前 4 天(5 月 8)特征功率谱幅值是近 3 年来的最大值，为平均值的 8 倍多，地震前后特征功率谱幅值大于 2 倍的持续时间近 65 天。汶川地震长波辐射功率谱信息异常主要分布于破裂带及其附近，在断裂带的中北段更加明显，特征周期约为 13 天，震前特征功率谱幅值达到近 3 年来的相对最大值，约为平均值的 6 倍，最大幅值出现在地震发生(5 月 17 日)后的第 5 天，地震前后特征功率谱幅值大于 2 倍的持续时间近 45 天。汶川地震中波红外功率谱信息异常与热红外、长波辐射功率谱异常分布总体上较为相似。但在有丰富天然气的盆地内部汶川地震长波辐射功率谱信息没有出现热红外和中波红外那么明显的异常信息。

## 参 考 文 献

[1] 强祖基，赁常恭，李玲芝，等. 卫星热红外图像亮温异常—短临震兆[J]. 中国科学(D 辑)，1998，28：564~573.

[2] 张元生，郭晓，钟美娇，等. 汶川地震卫星热红外亮温变化[J]. 科学通报，2010，55(3)：904~910.

[3] 郭晓，张元生，钟美娇，等. 地震热异常信息的功率谱相对变化法及震例分析[J]. 地球物理学报，2010，53(11)：2688~2695.

[4] 马瑾，陈顺云，刘培洵，等. 用卫星热红外信息研究关联断层活动的时空变化：以南北地震构造带为例[J]. 地球物理学报，2006，49(3)：816~826.

（23）InSAR 技术、卫星热红外与地壳运动

# 基于 INSAR 与 GPS 获取汶川地震同震地表三维形变场

# Based on INSAR and GPS for the Wenchuan coseismic 3-dimensional with the surface deformation field

申　星[*1,2]　宋小刚[1]　单新建[1]

Shen Xing　Song Xiaogang　Shan Xinjian

1. 中国地震局地质研究所地震动力学国家重点实验室　北京 100029;

2. 中国石油大学（华东）地球科学与技术学院　青岛 266555

合成孔径雷达干涉测量（INSAR）具有大范围、高空间分辨率、高精度且不受自然条件限制等优点，已经成为研究地震等自然灾害中不可或缺的手段；但 INSAR 的观测结果是地表各个方向的形变在雷达视线（LOS）方向的投影，是一维形变量不能真实的反应地表形变信息；全球定位系统（GPS）技术可以实时监测地表三维形变量，水平精度可以达到 mm 级甚至亚 mm 级，但是 GPS 观测点分布比较稀疏且受到昂贵的安置费用的限制反映地表空间分辨率有限，只能得到地面少量离散点的形变量，因此 INSAR 与 GPS 在技术特点上可以相互补充。

目前在融合 INSAR 和 GPS 数据主要应用在地震断层滑动分布的反演（张国宏，2010）；联合监测地表三维形变量（Guglielmino，2011）等。然而在融合 INSAR 与 GPS 两类观测值时都需要精确确定二者的先验方差，但在目前而言两者的方差在没有任何假设的情况下难以确定；胡俊（2011）提出了方差分量估计的方法（VCE）来融合 INSAR 与 GPS 数据，避免了繁琐且不可靠的先验方差估计，并成功应用于美国南加州地区的地表三维形变监测中。本为以汶川地震震中区为例（经度 103°～105°，纬度 30.5°～32.5°）借助于广义测量平差中方差分量估计的方法来获取汶川地震同震三维形变场。

根据 LOS 向投影几何给出了地面点形变矢量与 LOS 向形变关系，接着在研究区内利用 GPS 数据对 INSAR 观测结果中含有的误差项（失相关噪声、大气延迟误差等）进行了多项式回归校正，点位中误差 v 为 6.423cm，剔除掉大于两倍中误差的点，残差控制在 5cm 以内。方差分量估计是一种平差随机模型的验后估计定权方法，对 INSAR 与 GPS 两类互不相关的观测量，为了合理确定各类不同观测量的权，先对观测量定初权，然后进行平差处理，利用平差处理后的改正数加权平方和来估计观测量的方差，再依据观测量的方差重新定权，如此重复计算直到不同类观测值的权趋于合理，迭代停止进而得到最优三维形变估计值。汶川地震研究较多的 INSAR 数据是利用日本的 ALOS/PALSAR 数据，GPS 数据（WangQi2011）内插至 INSAR 分辨率下。计算结果表明东西向断层上盘向东移动，断层下盘向西移动，但明显下盘偏移量大于上盘；南北向断层上盘向南移动，下盘向北移动断层西南方向出现南北极移的现象，这与震中区 ALOS 卫星轨道方位角 349° 近南北向飞行有关；垂直向形变断层上下盘靠近断裂带附近都有下沉，下盘沉降量大于上盘沉降量，靠近主震发生区域有隆起趋势；说明本次地震为右旋逆冲运动为主，与已有的研究成果具有一致性。由于地震破裂带受失相关影响，造成地震破裂带无法获取准确的形变信息，这些形变特征反映了发震断层附近形变的复杂性和非均匀性。

本文借助于广义测量平差中方差分量估计的方式来融合 INSAR 和 GPS 数据，通过初定权再平差，再定权的方式获得两种数据的相对权重值，从而将 LOS 向形变量估算到三维方向，实现了利用辅助数据求解地表真实三维形变的计算方法，为我们分析地震的水平位移场，垂直位移场，以及为地震滑动断层分布的反演提供了参考。

## 参 考 文 献

[1] Gudmundsson S, et al. Three-dimensional surface motion maps estimated from combined interfermetrick synthetic aperture radar and GPS data[J]. J. Geophys. Res, 2002: 107.

[2] Guglielmino F, et al.Simultaneous and integrated strain tensor estimation from geodetic and satellite defrormation measurements to obtain three-dimensional displacement maps[J].IEEE Trans.Geosci.Remote Sensing, 2011, 49(6): 1815~1826.

[3] 胡俊，等. 融合升降轨 SAR 干涉相位和幅度信息揭示地表三维形变场的研究[J]. 地球科学，2010，40(3): 307~318.

（23）InSAR 技术、卫星热红外与地壳运动

# InSAR 技术在矿区开采沉陷预计中的应用

# The application of InSAR technology to mining subsidence prediction

杨泽发[1*] 李志伟[1] 朱建军[1] 汪云甲[2] 陈国良[2]

Yang Zefa Li Zhiwei Zhu Jianjun Wang Yunjia Chen Guoliang

1. 中南大学地球科学与信息物理学院 长沙 410083；2. 中国矿业大学环境与测绘学院 徐州 221000

矿产资源的开采和利用给人类带来经济和社会效益的同时，也给人类的生产和生活带来一系列的问题。特别是矿区地表水平移动变形及不均匀沉降导致的地表建筑物、交通设施的损坏，从而严重威胁到人类的生产安全。因此，如何精确的预计由于地下开采导致的地表水平移动变形和沉降一直为各国学者研究的热点，同时也提出了许多预计模型。在我国，由刘宝琛[1]等提出的概率积分法以其理论基础坚实、易于计算机实现、应用效果好而成为我国开采沉陷预计的主要方法。

概率积分法中，需要计算的参数主要有：下沉系数 $q$；主要影响角正切 $\tan\beta$；水平移动系数 $b$；上下山、走向拐点偏移距 $s_1$、$s_2$、$s_3$；开采影响传播角 $\theta$。在进行开采沉陷预计时，预计精度主要取决于模型参数的计算精度，传统计算参数的方法主要利用矿区的实测下沉和水平移动数据利用最小二乘法[2]、模矢法[3]、人工神经网络法[4]等方法计算，但是这些方法各有局限性：最小二乘法由于预计模型本身为非线性，使得求解参数必须线性化，从而影响计算精度，另外由于方程组本身的条件数大且方程多，求解时由于方程组的病态导致结果不准确；模矢法对于初始值选取要求较高，一般的情况下初始值参考矿区周围的矿井资料，由于各个矿区的地质采矿条件不同，尤其是采深和松散层差别较大时模型参数相差较大，因此，利用周边矿区参数作为初始值存在一定的局限性；人工神经网络法需要大量的学习样本才能得到可靠的训练结果，另外因其学习样本主要来自于其他矿区，所以训练结果不一定能完全满足特定的矿区；

在参数计算采用的数据方面，传统的参数计算方法一般选取矿区的实测点状数据，且由于各种制约不能完全概括整个矿区的形变，另外模型参数反演时需要测量水平移动，因此预计成本较高。而合成孔径雷达干涉测量（InSAR）将地表东西、南北、垂直三个方向的形变按照一定的规则合成到雷达视线向，因此，直接利用雷达视线向进行模型参数反演并进行开采沉陷预计不仅能够充分利用水平和垂直形变信息，而且监测成本较低。

鉴于以上算法的局限性和不足，以及 InSAR 技术的优势，本文提出了一种基于 InSAR 技术获取的形变场，利用遗传算法提供参数初始值，再利用模式搜索法精化参数的概率积分法模型参数计算方法。为了验证算法精度，本文将利用概率积分法模型模拟的形变场转换为相位值加入真实的 InSAR 干涉图中进行"二轨法"D-InSAR 处理，得出解缠后的矿区视线向形变场。然后利用遗传算法直接进行参数计算，选取遗传代数为 200 代，分别计算 5 次，由计算结果表明：①利用遗传算法计算结果中误差较大，但将该结果作为模式搜索法的初始值重新搜索计算，其结果明显能向真值趋近，且中误差减小明显；②传统的模矢法对于初始值的选取要求较高，初始值偏离真值越大结果精度就越低，而利用遗传算法与模式搜索法串行精度明显高于传统的模矢法，且计算时不需要初始值；③利用模式搜索法可以将遗传算法每次得出的有差别的结果向真值收敛，在时间花费方面基本相同。最后本文选取了两景覆盖钱营孜矿区的 ALOS/PALSAR 数据，利用本文的算法对得出的参数结果与该矿区的实测结果对比分析，并利用得出的参数结果预计了该矿区的最大下沉值、最大水平形变值及出现的方位。

本研究由国家自然科学基金项目（40974006，4074003）、中央高校基本科研业务费专项资助（2011JQ001，2009QZZD004）、国土资源部公益基金（201211011）等资助。

## 参 考 文 献

[1] 刘宝琛，等. 煤矿地表移动的基本规律[M]. 北京：中国工业出版社，1965.
[2] ZhongW L. Least Square Method for Determining the Surface Movement Paremeters[J]. Coal Science and Technology，1981: 14~18.
[3] 吴侃，等. 开采沉陷预计一体化方法[M]. 徐州：中国矿业大学出版社, 1998.
[4] 郭文兵，等. 概率积分法预计参数选取的神经网络模型[J]. 中国矿业大学学报，2004, 33(3): 322~326.

（23）InSAR 技术、卫星热红外与地壳运动

# 基于 InSAR 技术的缅甸 Mw6.8 地震断层参数反演

# Fault parameters of the Mw6.8 Burma earthquake inferring from InSAR measurements

周 辉* 李志伟

Zhou Hui* Li Zhiwei

中南大学地球科学与信息物理学院 长沙 410083

北京时间 2011 年 3 月 24 日 21 时 55 分缅甸东北部地区（20.8N，99.8E）发生了 Mw6.8 级地震，震源深度约为 8 千米，在不到一分钟时间内，同一地区第二次 Mw7.0 强震也接踵而至，震源深度约为 230 千米。与缅甸相邻的泰国清莱地区震感强烈，我国广西、云南地区都有震感，多处房屋受到破坏。地震引发了滑坡、泥石流等地质灾害，造成大量的人员伤亡和财产损失。缅甸板块位于欧亚板块和印度洋板块的交界地带，受印度板块北向运动与欧亚板块相互碰撞与挤压作用的影响，地震活动比较活跃，是中源地震集中的地区之一，历史上曾发生过多次 6 级以上地震。这次地震就发生在南玛断裂带上，它是印度板块向东北推挤东南亚板块碰撞的结果。由于缅甸东北部与中国西南部接壤，中国云南滇西地区地震活动都可能与缅甸地震带有密切的关联，因此，确定缅甸地震的同震形变场，并反演其断层滑动分布，不仅有助于进一步理解该地震的发震机理和断层破裂分布特征，而且对于认识中国西南部板块的运动特征具有非常重要的意义。

这次地震发生在人烟稀少的金三角地区，地形起伏较大，植被覆盖茂密，气候比较湿润，自然环境非常恶劣，野外变形监测比较困难。另外由于可以使用的地面数据很少，也为全面了解缅甸地震的同震形变带来一定的难度。而近年来迅速发展的差分干涉雷达技术，由于其具有全天时、全天候、高精度以及不需要建立地面观测站等优势，被广泛应用于地震和火山的研究。本文利用日本 JAXA 提供的 ALOS PALSAR 升降轨数据，应用二轨差分干涉处理和像素配准的方法，获得了覆盖整个发震区域的同震形变场和地震破裂位移。由于 PALSAR 数据轨道信息不够精确，干涉处理的结果中存在非常显著的轨道误差，本文采用二次多项式拟合法去除了长波段的轨道误差，另外我们也通过回归分析去除了跟地形相关的大气延迟相位，获得了精确的同震形变场。我们对 InSAR 地表形变场进行分析，可以清晰的看到断层总体走向呈 NEE 走向，并具有左旋走滑性质。降轨影像对完全覆盖了缅甸地震同震形变场，形变主要集中在影像的中间部分。根据降轨影像干涉条纹的分布格局来看，左上部条纹向北西向散射，右下部条纹向南东向散射，呈现非常明显的左旋走滑特征，且离断层越近，干涉条纹分布越密集，形变越大。升轨影像对形变主要集中在影像的右边部分。其中降轨影像视线向形变量最大达到 90cm，升轨影像视线向最大形变量达到 78cm。

利用 InSAR 资料获得同震形变场后，我们根据像素配准的结果和 USGS 的震源机制构建断层几何。由于 InSAR 数据点个数非常大，全部使用会大大增加反演的时间，所以有必要对形变场进行重采样。本文采用四叉树算法减少数据量，既提高反演的效率，同时也不会损失重要的形变信息。文中采用常用的 Okada 线弹性位错模型，结合 InSAR 资料确定的断层位置，反演断层面上的滑动分布。反演结果显示，此次缅甸地震断层破裂接近地面，滑动主要集中在断层面 16km 以上的范围内。断层走向滑动最大达到 5m，位于地表以下大约 5km 深处，在倾向方向上，最大滑动量仅达 0.8m，远远小于最大走滑量，由此可以看出，该次地震断层具有左旋走滑性质，滑动量以走向滑动为主，同时兼具少量的倾滑运动。本文根据滑动量计算得到标量地震矩为 2.49×1019N · m，震级为 Mw6.86 级，与哈佛大学以及 USGS 给出的矩震级结果相当。

利用 InSAR 资料获取该地震的同震形变以及断层滑动分布，反演地震震源参数，对于认识研究缅甸地震具有很重要的意义，也为该地震和该区域的地壳应力变化和地震灾害评估提供重要依据。

## 参 考 文 献

[1] 李鸿吉,秦建业.缅甸弧及周边地区的震源机制和现代应力场[J].地震学报, 1994, 16(4): 463~ 471.

[2] Jonsson S, Zebker H, Segall P, et al. Fault slip distribution of the 1999 Mw7.1 Hector Mine, California Earthquake,estimated from satellite radar and GPS measurements[J]. Bull.Seism.Soc.Am., 2002, 92(4): 1377~1389.

[3] Okada Y. Internal deformation due to shear and tensile faults in a half-space [J]. Bulletin of the Seismological Society of America, 1992,82(2): 1018~1040.

[4] GuangCai F, Eric A Hetland, et al. Coseismic fault slip of the 2008 Mw7.9 Wenchuan earthquake estimated from InSAR and GPS measurements[J]. Geophysical Research Letters,2010,37:L01302.

# 专题二十四：地磁与高空物理

# Geomagnetism and Aeronomy

（24）地磁与高空物理

# 利用无线电探空资料分析新疆地区下平流层重力波特性

# A statistical study of gravity waves in the lower stratosphere from radiosonde observations at Xinjiang

胡　雄*1　王　博1,2　肖存英1

Xiong Hu*1　Bo Wang1,2　Cunying Xiao1

1. 中国科学院空间科学与应用研究中心　北京 100190;
2. 中国科学院研究生院　北京 100049

重力波是中高层大气中普遍存在的现象。研究表明，重力波产生、传播、饱和、破碎过程，伴随着能量和动量的转移，在上下大气层耦合中有重要作用，对全球大气环流和热结构有重要影响。为了计入重力波对中高层大气结构的影响，在大气模式中对中小尺度的重力波活动进行参数化是很必要的，这需要对重力波活动的分布特点有全面的认识。因此，研究重力波的时空分布特性成为一个重要前沿课题。

目前，国内对西北地区重力波活动研究较少。本文利用 2011 年秋季（9 月至 11 月）新疆地区（42°N，87°E）的无线电探空资料，分析新疆上空下平流层惯性重力波的基本参量（垂直波长、水平波长、固有频率、传播方向等）。

使用的无线电探空数据包括风速和温度廓线，垂直分辨率 100m。从温度廓线分析可见新疆上空秋季对流层顶高度约为 12km。选 13km 到气球的探空高度作为分析重力波活动的高度区间。对风场和温度廓线分别作一阶和二阶多项式拟合作为背景廓线。原始廓线减去背景廓线就得到扰动廓线。从 39 次观测中筛选出单色重力波活动明显可见的 36 组扰动廓线，并基于这 36 组廓线分析讨论。

扰动廓线包含很多波动成分，认为主要的单色重力波在波动能量中占最大比例。通过功率谱分析，可以确定单色波的垂直波数。根据低频惯性重力波线性理论，单色重力波水平扰动风矢量端点连线在水平面上的投影大致为椭圆。对扰动廓线利用矢端曲线法（Hodograph Method）提取出单色重力波，结合偏振关系和色散关系计算固有频率、波长和传播方向[1]。

计算结果表明，新疆上空秋季下平流层重力波统计特点为：

(1)垂直波长 83%集中在 2km～4km，平均值为 2.8km，其中上传（下传）重力波平均值为 2.7 km(3.0km)；水平波长 75%集中在 300km～800km，平均值为 580km，其中上传（下传）重力波平均值为 638km（376km）。

（2）固有频率 83%集中在 1.1$f$～1.9$f$,平均值为 1.74$f$（对应的周期为 9.1h），其中上传（下传）重力波平均值为 1.51$f$（2.53$f$）。

（3）78%的重力波能量向上传播；水平传播方向以西北和东南为主，几乎各占 1/3。其中上传（下传）重力波水平传播方向主要为西北（东南）。

可见，上传和下传重力波在水平波长和固有频率的平均值方面有较大差别，在水平传播方向的分布上也有不同特点。

与北京（39°48′N，116°28′E）、武汉（30°N，114°E）[4]、韩国浦项（Pohang,Korea（36°2′N，129°23′E））[2]、美国盐湖城（Salt Lake City,Utah（40.8°N，248.0°E））[3]等地重力波特性比较：垂直波长平均值与浦项相近，比北京和盐湖城大，比武汉小；水平波长平均值比武汉小，比其它三个地区大；固有频率与惯性频率之比平均值最小。

本文工作基于新疆地区 2011 年秋季的 36 组观测数据，为认识我国西北地区重力波活动提供了参考。重力波活动的季节和年际变化特点等更深入的工作有待于进一步探讨。

本研究得到国家自然科学基金（41104099,40774087）课题资助。

## 参 考 文 献

[1] Hu X, et al. Geophysical Research Letters ,2002,29(24): 2169.
[2] H.-Y. Chun,et.al. Meteorology and Atmospheric Physics, 2006, 93(3): 255~273.
[3] L Wang, et al. Journal of the Atmospheric Sciences, 2005, 62(1): 125~142.
[4] S D Zhang, et al. Annales Geophysicae, 2005, 23: 665~673.

（24）地磁与高空物理

# 中纬度 MLT 风场和波动对平流层爆发性增温的响应

# Variability of MLT winds and waves over mid-latitude during the 2000/2001 and 2009/2010 winter stratospheric sudden warming

陈旭杏*[1,2] 胡 雄[1] 肖存英[1]

Chen Xuxing[1,2] Hu Xiong[1] Xiao Cunying[1]

1. 中国科学院空间科学与应用研究中心 北京 100190;
2. 中国科学院研究生院 北京 100049

平流层爆发性增温现象（stratospheric sudden warming，简称 SSW）于 1952 年被 Scherhag R.所发现，是冬春季发生在高纬度地区平流层的特殊现象，特征为极区平流层温度在短期内（几天～十几天内）突然增高、纬向风从西风反转为东风，对全球大气有深远的影响。目前普遍以 60°N 、10hPa 高度上的纬向风反转为西风、极区温度梯度变为北暖南冷为判断是否发生了主增温的依据。SSW 现象的发生目前普遍认为是由于对流层的静态行星波向上传播并且在中高层大气中与平均流相互作用的结果。许多的研究表明高纬度中间层和低热层（mesosphere and lower thermosphere， 简称 MLT）大气风场在 SSW 发生前先发生反转或者与平流层纬向风反转时间同时(Jacobi et al., 2003;Dowdy et al., 2007；Bhattacharya et al., 2004)，高纬度 MLT 的温度在 SSW 发生前增温、在 SSW 发生时降温等。但中低纬度 MLT 的风场、温度、波动等大气参量对发生在高纬度平流层的 SSW 事件是否有响应，目前仍然较少研究结果。

为了研究高纬度平流层 SSW 现象对中低纬度 MLT 区域大气风场和波动的影响，我们利用 2000/2001 年冬春季武汉(30°N, 114°E)上空和 2009/2010 年冬春季廊坊(39.4°N, 116.6°E)上空的中频雷达风场数据，分析风场和 2 天行星波、大气潮汐、重力波的变化。对于 2009/2010 年冬春季的 SSW 事件，我们还利用 AURA 卫星的 MLS 温度数据计算梯度风，以获得北半球 20～70km 的梯度风变化特性。为了对照，我们还分析了同期的 NCEP 再分析资料，以获得这两次增温事件的演变特性。

NCEP 再分析资料的风场和温度数据显示，2001 年 2 月和 2010 年 2 月北半球极区平流层均发生了爆发性增温事件，两次增温事件特征相似，在 10hPa 高度上均有温度的急剧上升以及 60° N 的纬圈平均纬向风从西风反转为东风，为两次主增温事件。2001 年武汉中频雷达风场数据显示，武汉上空 80～98km 的纬向风在极区平流层 10hPa 高度上的纬圈平均纬向风发生反转前 10 天左右就已经发生了反转，此高度范围内的纬向风从冬季盛行的西风反转为东风，持续几天后恢复为西风，并且在 3 月初高纬度平流层发生次增温期间武汉地区 MLT 区域的纬向风也发生了反转；经向风逐日变化明显，但相对来说在 SSW 发生期间北风占主导地位。24 小时潮汐在 MLT 纬向风急剧减弱、极区平流层 SSW 开始发生的阶段存在着一个显著的峰值，而 2 天行星波在平流层 SSW 发生后活动减弱，与此同时重力波活动增强。2010 年 SSW 发生期间廊坊 MLT 区域风场呈现了同样的变化趋势：在极区平流层纬圈平均纬向风发生反转的前几天，廊坊 MLT 的纬向风从西风反转为东风，与 2001 年武汉 MLT 风场对 SSW 的响应一致。从 40°N 上空 Aura 卫星的 MLS 温度数据计算所得的纬圈平均纬向风结果来看，纬向风首先在 40～70km 的高度上发生反转，与 MF 雷达观测结果一致，同时纬向风的反转向下传播，最终到达 30km 附近，此时高纬度的平流层 10hPa 高度上的纬向风也发生反转。12 小时潮汐和 2 天行星波振幅均在平流层 10hPa 高度上的极区纬向风发生反转前两天存在着一个峰值。通过对中纬度 MLT 区域风场中的潮汐、行星波和重力波的分析，认为中纬度 MLT 纬向风的反转可能与 SSW 发生期间重力波和行星波的相互作用有关，但两次 SSW 期间，中纬度 MLT 区域的波动变化并不完全一致。

结果表明，中低纬度 MLT 区域大气风场对高纬度平流层的 SSW 事件有响应，而此前的仿真模拟研究并没有在中低纬度上呈现与 SSW 相关的大气变化，这说明需要进一步改进大气物理模型的相关过程和参量。

本研究得到国家自然科学基金（41104099,40774087）课题资助。

**参 考 文 献**

[1] Bhattacharya Y, et al. Variability of atmospheric winds and waves in the Arctic polar mesosphere during a stratospheric sudden warming[J]. Geophys. Res. Lett., 2004, 31, doi:10.1029/2004gl020389.

[2] Dowdy A J, et al. Polar mesosphere and lower thermosphere dynamics: 2. Response to sudden stratospheric warmings[J]. J. Geophys. Res., 2007,112, doi:10.1029/2006jd008127.

（24）地磁与高空物理

# Observations of quasi-16-day waves in the mesosphere and lower thermosphere over LangFang, China

Xiao Cunying[1*]　Hu Xiong　Xu Qingchen　Chen Xuxing　Wang Bo

1. Center for Space Science and Applied Research, Chinese Academy of Sciences, Beijing, China 100190;

2. Graduate University of Chinese Academy of Sciences, Beijing, China 100049

## 1. Introduction

The quasi-16-day wave, with periods between 12 and 20 days, in the mesosphere and lower thermosphere (MLT) region has been the subject of interest for couple of decades (Kingsley et al., 1978). Its observations are based upon a variety of ground-based and satellite-borne instruments, which often gave different pictures on the seasonal trends, wave amplitudes and heights of occurrence. There are still so many suppositions about the 16-day waves that more advanced observations and studies need to be carried on. We study the observations of the quasi-16-day oscillation by the newly installed all-sky meteor radar over LangFang (39.4°N, 116.7°E) in China.

## 2. Data and analysis

LangFang meteor radar uses an antenna that transmits pulses at 35 MHz and five receiver antennae form an interferometric array. It detects winds over an altitude range of 70～110 km with a maximum data rate around 90 km. From the radial wind velocity for individual meteor echoes the zonal and meridional wind velocities are calculated in 1-hour and 2-km time-height bins. Continuous observations are in progress since July 2010.

In the present study the wind data we used are from July 2010 to July 2011. The daily means are calculated by at least 3 hourly mean wind values. Long-term trends are reduced by a polynomial fitting of order 2. A band-pass filter with cut-off from 12 to 20 days is used to show the quasi-16-day waves in the time domain. In order to analyze the spectrum of the 16-day waves, Lomb–Scargle periodogram method is used with sliding window of 48 days, and shifted by 5 days. Harmonic fitting analysis at 16 days is applied to get the height profiles of the amplitudes and phases of the 16-day waves.

## 3. Results

Results show that the background wind is featured with annual variation, especially below 85 km. The band-pass filtered zonal component varies in the range of -12 m/s~12 m/s throughout the MLT region while the meridional component varies from about -6 m/s to 6 m/s. The dominant periods are about 15-18 days. The wave amplitudes clearly show seasonal and height variations. The period of late summer-winter is marked with larger wave activity, with the strongest waves being observed in January. The maximum amplitude observed at Langfang is about 12 m/s for the zonal component. Smaller wave activity is found in spring to mid-summer, with the weakest in June. The amplitudes of zonal components are almost twice than that of meridional components. The height dependence of the 16-day wave suggests that the maximum amplitude is observed at altitudes 86 km. The vertical wavelength appears to be larger in the winter months and shorter in the summer months. The present results indicate that the 16-day wave is highly sensitive to the background mean winds. Eastward motion of the background winds is more favourable for the 16-day wave penetration to the MLT heights, which is consistent with the previous numerical simulations.

Comparing with other mid-latitude sites, such as Yamagawa in Janpan, Wuhan in China, and Adelaide in Australia, the observed characteristics of the quasi-16-wave are similar while differences for the wave amplitudes, heights of occurrence, and periods are also found, which are probably due to the longitudinal and latitudinal differences or year-to-year differences or localized wave activity.

This work was supported by the National Natural Science Foundation of China under Grant No. 41104099 and No. 40774087.

**Reference**

[1] Kingsley S P, et al. Meteor winds over Sheffield (53°N, 2°W)[J]. J. Atmos. Terr. Phys., 1978, 40: 917~922.

（24）地磁与高空物理

# 利用多系统探测数据开展电离层层析和三维建模

# Ionospheric Tomograph and 3-D Model based on data observed by Multi-system instruments

史建魁　王国军　王　铮

Shi Jiankui　Wang Guojun　Wang Zheng

中国科学院国家空间科学中心　北京 100190

卫星导航/定位和通讯系统在人们的日常生活、国民经济发展和国家安全中发挥着越来越大的作用。电离层是影响卫星导航/定位和通讯系统的主要因素之一。我国低纬度地区是电离层扰动和闪烁的高发区，导航定位和通讯系统在该地区所受影响尤为严重。而该地区又是国民经济和国家安全事业的重要区域，同时也是众多电离层模式性能差且精度低的区域。进一步开展低纬度地区电离层三维模型研究，不仅有着重要的科学意义，同时对于保障空间通讯链路、提高我国导航定位精度以及为国民经济和国家安全服务，也尤为重要。

电离层地基探测虽然取得了很好的探测结果，但往往具有严重的局限性。电离层垂直测高仪虽然能够取得很好的电子密度剖面，但却只能探测底部电离层，并且在地理布局上受到很大的限制。包括非相干散射雷达在内的其他各种雷达虽能取得很好的有关探测结果，但由于采用遥测方法，在数据标定方面还往往不够，并由于各种条件的限制，其探测的时空分布对于建立三维电离层模型也远远不够。利用导航定位卫星信号接收开展的电离层 TEC 研究，虽然可以低廉的价位取得很好的研究结果，但单靠其探测也不能满足三维电离层模型建立的需要。当然，探空火箭也能取得一些短时间的实地探测数据。

可探测电离层的卫星已有很多，其对电离层的探测可分为两类，一类是局地探测，一类是掩星探测。卫星携带的局地探测仪器，只能够获取宏大空间中卫星轨道上的实测数据，掩星探测尽管可获取大范围的电离层数据，但精度较差。由于可探测电离层的卫星轨道往往较低，寿命都相对较短，除了难以获取连续的大区域空间里的电离层数据外，也难以开展时间上连续不断的探测。

目前地面上有诸多的电离层地基探测设备，如全球的电离层测高仪系统，非相干散射雷达系统，各种频率的其它雷达系统，以及布局满全球陆地上的导航/定位接收机等，都在进行着电离层探测。在天上，也已有诸多卫星开展了电离层探测。其中有许多局地探测，还有掩星探测。许多低地球轨道卫星均配置了 GPS 掩星探测仪器，如 COMPASS-I/II、CHAMP、COSMIC、C/NOFS 和 NPOESS 等卫星。掩星技术虽然存在着不足。但目前仍为一种较好的探测手段。

如何以全球卫星导航定位系统，包括美国的 GPS 系统，欧洲的伽利略系统，以及我国即将建立的全球导航定位系统的 TEC 监测为基础，并利用地面和卫星的电离层探测数据，来开展电离层层析和三维电离层建模研究，是我们应该认真考虑的一个问题。

电离层层析成像是 CT 技术与卫星无线电信标相结合的一种电离层探测技术。自从该技术提出以来，国内外就开展了一系列实验研究。早期的电离层层析成像主要是利用美国导航卫星 NNSS 进行，近年来，由于 GPS 接收机的广泛利用，TEC 获取精度高等诸多优势，基于地基 GPS 数据的电离层层析成像开始被广泛用于重构区域电离层电子密度分布研究。

利用上述资源和技术，建立能够反映低纬度地区电离层扰动变化的模型，需要开展数据同化技术研究，使得各种探测数据能够被有效利用。地面的台站分布是不均匀的，且数量有限、观测视角有限等将导致观测数据不完备，在进行电离层层析成像时往往还需要外在的电离层模型加以约束。改善模型输出的电子密度分布垂直分辨率是提高层析质量的关键。需要配合观测来解决。

本研究拟从电离层层析成像的函数模型出发，通过研究电离层的电子密度分布特性，建立以球谐函数为基础的正交函数基来开展研究。本文提出了具体的研究方法，分析了利用现有地基和天基探测术开展研究所系的条件，并进行了可行性分析，为进一步开展电离层层析和建立低纬度地区三维电离层模型打下基础。

## 参 考 文 献

[1] Austen J R, et al. Ionospheric imaging using computerized tomography[J]. Radio Science, 1988, 23(3): 299~307.
[2] Pallares J M, et al. Ionospheric tomography using GNSS reflections[J]. Geoscience and Remote Sensing, 2005, 43: 312~326.

（24）地磁与高空物理

# 高纬地区电离层扩展 F 发生时间的研究

# The occurrence time study of Spread F observed over high latitude stations

陶　伟　史建魁　王国军

Tao Wei　Shi Jiankui　Wang Guojun

中国科学院空间科学与应用研究中心　北京 100190

高纬地区是 SF 现象频繁出现的区域之一。关于高纬电离层 SF 出现时间的研究已经有人开展了一些工作并取得了一些结果。但自 1957～1958 国际地球物理年(IGY)以后的这几十年，关于东亚高纬地区 SF 发生时间的研究未看到有新的论文发表；并且之前的研究工作都未对 SF 进行分类，从而无法得到不同类型 SF 发生时间的差异。因此本文利用处于东亚高纬地区的 Zhigansk 和 Yakutsk 两台站 2006 年的电离层频高图数据，对两台站不同类型的 SF 在各个季节的发生时间进行了统计分析，得到一些有意义的结果：

（1）高纬的 Zhigansk 和 Yakutsk 台站都能观测到四种类型的 SF 现象，其中两个台站观测到的主要都是 FSF，这与熊年禄等人给出的高纬地区最常观测到的类型是频率型扩展的结论相同。两台站 FSF 的出现率在冬季期间最高，这与低纬地区夏季 FSF 出现率最高的统计结果明显不同。

（2）两个台站白天 FSF 的活跃程度都随着白天变长而降低：冬季白天最短而两台站 FSF 的发生最为活跃，分季次之，夏季白天时间最长而两台站都几乎没有观测到 FSF 现象。

（3）MSF 也是高纬两台站经常观测到的一类 SF 现象，在各个季节两台站观测到 MSF 均主要出现在 18:00～06:00LT 时段。

（4）RSF 和 BSF 在两个台站出现时间范围最小，出现率最低。在 Zhigansk 台站 RSF 只在冬季和分季期间某些日子里出现，而 Yakutsk 几乎在各个季节都有发生，并且两台站 RSF 大致都只在日出和日落附近出现。两个台站 BSF 只在分季以及冬末和夏末的一些日子出现，其出现的时间都在午夜前后。

本文中 Yakutsk 地区的 L 值为 2.51，通常位于电离槽赤道向边缘的外侧，Zhigansk 台站的 L 值为 3.05，通常处于电离槽赤道向边缘内侧。从两个台站 FSF 发生时间的统计结果来看，两个台站的 FSF 都主要发生在夜间，并且冬季 FSF 的发生时间范围和发生率都大于夏季。通过与电离槽出现时间的对比分析后得出，高纬地区两台站 FSF 与主电离槽的季节变化趋势非常相近。这与. Nichol 得出的高纬地区 SF 的产生与电离槽活动有关的结论相符，而本文两台站冬季期间白天 FSF 出现率较高则说明在 Zhigansk 和 Yakutsk 地区，电离层 FSF 的产生还受其他因素作用。

两个台站观测到的 MSF 出现时间范围在所有季节大致都稳定在 18:00～06:00LT 附近，与季节并没有明显关系，这可能是因为在夜侧存在一个稳定的导致 MSF 产生的扰动源。Akasofu 指出太阳风能量输入的一部分储存在地球磁尾，然后在亚暴时通过等离子体团的形式向地球夜侧爆发性的释放，从而对夜侧高纬电离层局部地区产生粒子沉降和焦耳加热。由于电子沉降会使电离层电导率显著增大，继而引起高纬电离层电场的变化；另一方面，焦耳加热对高纬尤其是极光卵区域的电离层将产生扰动作用，因此这些过程都可能造成了 MSF 的产生。

Rastogi 和 Woodman 指出 RSF 的产生是由于电离层 F 层底部出现大尺度的不规则体所造成的。因此在高纬地区，RSF 出现率非常小可能是由于高纬地区电离层扰动主要源自顶部，而来自底部的扰动相对较少。高纬两台站 BSF 的出现时常伴随着电离图空缺现象，这说明此时电离层对电波的吸收作用非常强烈。有文献报道高纬空缺现象可能与极光椭圆带有密切关系，因此 BSF 的发生可能也与极光椭圆带的运动有密切关系。

高纬电离层扩展 F 是一个复杂的物理现象，影响其发生的因素有许多，因此对其发生时间的研究还需要进行大量的统计和事件分析。

本研究工作得到了国家自然科学基金项目（40904039）和国家重点实验室专项基金的支持。

## 参 考 文 献

[1] Nichol D G. Spread-F in the midlatitude ionospheric trough zone[J]. Journal of Atmospheric and Terrestrial Physics, 1973, 35(10): 1869~1879.

[2] Shi J K, Wang G J, Reinisch B W, Shang S P, Wang X, Zherebotsov G, Potekhin A. Relationship between strong range spread F and ionospheric scintillations observed in Hainan from 2003 to 2007[J]. J. Geophys. Res., 2011, 116(A08): 306~312.

（24）地磁与高空物理

# 中纬电离层不规则结构与波状扰动的关系研究

# A study of the relationship between mid-latitude ionospheric irregularities and wavelike disturbances

肖赛冠[1] 肖 佐[2] 史建魁[1] 张东和[2] 等

Xiao Saiguan Xiao Zuo Shi Jiankui Zhang Donghe et al.

1. 空间天气学国家重点实验室 中国科学院空间科学与应用研究中心 北京 100190;
2. 北京大学地球与空间科学学院地球物理系 北京 100871

扩展F是根据观测形态命名的，起初，人们用测高仪观测电离层时发现频高图上的回波描迹不是一条线而是散开的一片，表明该高度范围内电离层结构是不稳定的层状，定义这种扩散的描迹为电离层扩展F（Booker and Well，1938）。夜间的电离层背景特性更利于扩展F的产生，因而，很长一段时间以来人们基本上把扩展F现象看作是纯粹的夜间现象。随着研究的深入，在白天的电离层观测中出现了类似夜间扩展F的现象，并被称为类扩展F现象（Woodman，1985）；此后又有观测研究也发现了类似的现象（Bowman, 1992）。在中、低纬区域，高频多普勒记录到的弥散回波（扩展F）情况绝大部分出现在日落后，发生在白天的回波弥散也不常见，相对的研究较少。

从观测角度，一般而言，扩展F的观测研究多集中于测高仪资料的统计或频高图基础上的形态分析，但由于测高仪观测只有小时值，缺乏时间连续性，因而不能进行时间演化方面的研究；高频多普勒是一种典型、有效的电离层探测手段，对多种电离层扰动响应明显，能够很好地反映有效反射面附近等离子体团状态随时间的变化，可用于研究太阳活动现象（如太阳耀斑）、地磁暴的扰动、行进电离层扰动、地震、极端天气现象以及火山爆发等（Ogawa and Ichinose，2009），从而可以很好的弥补这一缺憾，对于研究电离层扰动的时间演化及不同扰动之间的关系都是非常有利的。Xiao等（2009）报导了夜间扩展F与较大幅度的中尺度声重波之间存在密切的关系，从而提供了声重波作为触发夜间扩展F种子因素的重要观测证据。中纬扩展F的统计研究也得到了一定的发展。Bowman（1960）从观测角度，研究了中纬度地区扩展F的特征，并首先从统计角度分析了Brisbane (lat. 27.5°S, long. 152.9°E)扩展F发生率的日变化、季节变化、太阳活动周变化以及与大气中中性粒子密度的关系等。但是，综合白天与夜间发生的电离层不规则结构进行白天与夜间电离层不规则结构特性的比较分析、以及电离层不规则结构与波状扰动之间是否存在关联及其相关程度如何等方面的统计研究却很少。

本文在大量连续多普勒观测资料的基础上统计研究了中纬地区白天与夜间电离层不规则结构的表现特性，结果表明白天与夜间的电离层不规则结构与波状扰动的关系及时变特性（年变化和季节变化）等方面有着明显不同的体现。主要体现在:白天和夜间弥散回波与波状扰动的相关情况明显不同，夜间的扩展F与波状扰动的相关度（88.9%）明显的高于白天的弥散回波事件（58%）。夜间扩展F与较大幅度的波状扰动密切相关，白天弥散回波与较小幅度的波状扰动的相关度较高。有趣的是与较大幅度波动有关的夜间扩展F事件在所有与波动有关的夜间扩展F事件中所占的百分比与白天和较小幅度波动有关的弥散回波事件在所有白天与波动有关的事件中所占的百分比也相近，均在80%以上。值得注意的是有超过40%的白天弥散回波出现之前没有波状扰动存在。无论是白天的弥散回波还是夜间的扩展F都存在与不同幅度的波状扰动相伴随或叠加的情况。

系统展开白天弥散回波事件的统计特性及其与波状扰动的关系研究，并与夜间扩展F的特性进行了比较，对于系统分析和全面认识中纬电离层不规则结构特性是十分重要的。

本研究得到了国家自然科学基金项目（41174135，40974091）及国家重点实验室专项基金的资助，并得到了北京大学电离层组的密切合作及大量连续优质的电离层高频多普勒观测数据的支持。

## 参 考 文 献

[1] Bhaneja P, G D Earle, R L Bishop, T W Bullett, J Mabie, R Redmon. A statistical study of midlatitude spread F at Wallops Island, Virginia[J]. J. Geophys. Res., 2008, 114(A04): 301~312.

（24）地磁与高空物理

# 在太阳活动高年（2002）期间低纬（海南）地区电离层偶发 E 层的周期变化研究

# The study of tidal and planetary wave periodicities of sporadic E layers in low latitude (Hainan) in 2002

王国军　史建魁　王　霄　尚社平

Wang Guojun　Shi Jiankui　Wang Xiao　Shang Sheping

中国科学院空间科学与应用研究中心　北京 100190

在电离层 E 层高度上时常出现一种高电子密度区，其厚度只有数千米，它有时会完全遮蔽上层回波，这种强电离薄层称偶发 E 层（Es）。Es 层的形成与大气波动存在着密切关系，它是大气和电离层紧密耦合的产物。通常认为，各式各样的对流层、平流层和中间层过程以及周期性的太阳加热冷却效应都会使中性大气产生各种波动。而这些波动（包括行星波、潮汐波、重力波和次声波）的向上传播及其相互作用将对电离层造成影响。大气潮汐波是中性大气以太阳日或太阴日的子谐波为周期的东向或西向传播的全球震荡，其典型的震荡周期为 6,8,12 和 24 小时。其中日潮（也称热潮）则是因地球自传引起中性大气周期性加热所致[Forbes, 1994]。通过长期存在于低热层中的金属离子的垂直风剪切，周日潮和半日潮能在中纬度 Es 层的形成过程发挥重要作用[Whitehead,1989]。Haldoupis 等人(2006)给出了 Es 层临界频率（foEs）周日潮和半日潮模。在 foEs 谱中，他们也发现了较弱的三分之一日（8 小时）震荡。行星波（其周期为 2～30 天）是起源于对流层，并能直接渗透到略微高于 100km 的高度以上。典型的行星波周期具有约 2、5、10 和 16 日的宽谱峰值。行星波对电离层 E 区具有特殊的重要性。Tsunoda 等人（1998）就给出了具有正弦变化特征的中纬 Es 层的准 5 天周期雷达回声。基于在中性风场观测中也出现类似震荡的事实，他们认为这种回声是行星波调制所致，并且受到了风生发电机电场以及中性风场的直接影响。Pancheva 等人（2003）利用两台中纬台站测高仪观测得到的 foEs 数据发现 Es 具有 7 天周期，与此同时利用两台中纬大气雷达得到的经向风场发现在低热层区存在着西向传播的 7 天行星波，由此他们确认 Es 层 7 天周期正是由于 100km 以下 7 天行星波通过对周日和半日潮汐波的非线性相互作用所调制造成的。

就低纬地区而言，Phanikumar 等人（2009）观测到了相干后向散射雷达回声和同时期温度场的 5～8 天震荡。Li 等人（2010）利用海南三亚的 VHF 雷达和测高仪观测得到了 E 区附件的 FAI 准两天行星尺度震荡。但是，总体上，低纬地区 Es 周期波动研究比较少，尤其是潮汐波和行星波对 Es 的影响问题还需要进一步研究。

本文将利用海南站（19.5°N, 109.1°E, DIP lat. 9°N）数字测高仪在 2002 年太阳活动高年的 Es 层临界频率（foEs）和最小虚高（h'Es）数据，利用小波分析和“相关图谱法”统计分析偶发 E 层的周期震荡特征。其主要结果为：①从全年小波系数看，Es 在 7～8 月的周期变化最为显著，主要表现为 1、4、7 天左右周期，而其他月份相对较弱。②从两个月左右的相关图谱幅度系数看，Es 在不同月份都具有很强的 24 小时周期；但是具有较高可信度水平的 12 小时和 8 小时周期则随着月份变化而不同，其主要特性为 foEs 在 2～6 月具有明显的 12 小时周期，在春季具有 8 小时周期；而 h'Es 在 2～10 月具有明显的 12 小时周期，在春季和冬季存在 8 小时周期。③在不同月份里 Es 还具有不同的行星尺度周期，主要特性为，在春季里以 5.4 和 7.5 天为主，在 5～6 月和 7～10 月里分别以 3 和 7 天为主，冬季的行星尺度周期不显著。进一步分析表明，Es 层 8 小时周期主要发生在春、秋、冬季，而不是发生在 Es 发生率较高的夏季，它很可能是由局地的 8 小时潮汐造成的。而 Es 层行星尺度周期是否与局地风场的行星波有关，还需要结合其他资料进行分析。

本研究工作得到了国家自然科学基金项目（40904039）和国家重点实验室专项基金的支持。

## 参 考 文 献

[1] Whitehead J D. Recent work on mid-altitude and equatorial sporadic-E[J]. J. Atmos. Terr. Phys., 1989, 5: 401~424.

[2] Haldoupis C, Pancheva D. Terdiurnal tidelike variability in sporadic E layers[J]. J. Geophys. Res., 2006, 111(A07): 303~315.

（24）地磁与高空物理

# 2011 年探空火箭探测到的低纬地区海南的电离层 E-F 谷区现象探讨

# Discussion of the ionospheric E-F Valley in low latitude region Hainan with sounding rocket in 2011

王 铮 史建魁 王国军

Wang Zheng Shi Jiankui Wang Guojun

中国科学院空间科学与应用研究中心 北京 100190

根据电离层的 Chapman 层理论，在电离层电子密度剖面的 E 层和 F 层之间可能存在电子密度下降的区域，这种现象称为电离层 E-F 谷区（E-F valley）。探空火箭是对电离层 E-F 谷区进行当地测量的唯一手段。在过去的六十多年里，美洲、欧洲、大洋洲曾多次利用探空火箭对电离层 E-F 谷区进行探测。在东亚地区，日本也曾在中纬度台站使用探空火箭探测到 E-F 谷区。不仅如此，非相干散射雷达也能提供谷区信息，如 Mahajan 等曾利用位于波多黎各的非相干散射雷达的数据研究电离层 E-F 谷区参量。至于电离层测高仪探测，尽管这种方法能确定谷区的存在和位置，但无法给出详细的谷区参量。电离层有很强的局地特性，然而在东亚低纬地区，还没有使用探空火箭或非相干散射雷达探测到 E-F 谷区的报道。2011 年 5 月 7 日早上 7 点在海南电离层观测台站发射的探空火箭是该地区第一次实地探测电离层 E-F 谷区的火箭实验。

以往已经有一些关于电离层 E-F 谷区特征的研究。谷区的宽度（Width）、深度（Depth）和高度（hV）是三个能够描述谷区特征的参量。电离层 E-F 谷区的宽度是 E 层峰上方电子密度低于 E 层峰值密度的高度范围，深度是 E-F 谷区电子密度最小值低于 E 层峰电子密度的程度，高度是 E-F 谷区电子密度最小值所处的海拔高度。以往的研究主要包括电离层 E-F 谷区参量变化与地方时、太阳天顶角和太阳活动 F10.7 指数等的关系。基于这些研究，Titheridge、Gulyaeva 和 Mahajan 等都建立了关于电离层 E-F 谷区参量的经验模型，国际参考电离层模型 IRI 也包含 E-F 谷区参量（谷区宽度和深度）。

本次探空火箭于 2011 年 5 月 7 日早晨（地方时 LT0615）在海南电离层观测站（19.5° N，109.1° E）发射。火箭飞行过程中，太阳活动 F10.7 指数为 102，地磁活动平静，太阳天顶角约为 79° 。探空火箭飞行到海拔约 6.448 km 高度处，搭载的朗缪尔探针（Langmuir probe）开始工作，探空火箭在到达海拔约 196.551 km 的最高点后转而下落，在下落到海拔约 4.107 km 处时朗缪尔探针停止工作，期间朗缪尔探针对飞行路径上的电子密度进行了探测，探测结果的时间分辨率约 0.037s，空间分辨率优于 5m。在分析由这些数据给出的电离层电子密度剖面之后，可以得到以下一些主要结果：

（1）在探空火箭下降段电离层电子密度剖面中，在约 90 到 150 km 高度范围区域内存在电离层 E-F 谷区，谷区宽度约 42.2 km，深度约 47%，高度约 123.5 km。探空火箭飞行探测同时，海南电离层观测站的 DPS-4 数字测高仪探测的电离层电子密度剖面与火箭探测的剖面有很好的一致性，不过数字测高仪无法探测详细的谷区信息。

（2）探空火箭探测到的电离层 E-F 谷区的宽度和深度属于谷区探测结果中比较大的。对于这样的谷区特征，主要的原因可能是探测时较大的太阳天顶角（约 79° ），同时，海南电离层观测站所处的较低纬度以及晨昏交替时谷区参量的过渡也是可能的原因。另一方面，相比中纬度探空火箭探测的电离层 E-F 谷区的平均高度，海南电离层观测站进行的本次探空火箭探测的电离层 E-F 谷区高度较高，与同一太阳天顶角时波多黎各低纬台站 Arecibo (18.3° N, 66.7° W)的非相干散射雷达探测的电离层 E-F 谷区高度结果比较接近，说明可能在较低纬度，电离层 E-F 谷区的高度较高，对这一点需要进一步的研究。

本次探空火箭进行的电离层电子密度剖面探测是东亚低纬地区第一次实地探测到电离层 E-F 谷区的探空火箭实验。要对这一地理区域的电离层 E-F 谷区进行研究还需要更多的探测结果。

本研究工作得到了国家自然科学基金项目（40904039）和国家重点实验室专项基金的支持。

## 参 考 文 献

[1] R J Lobb, J E Titheridge. The valley problem in bottomside ionogram analysis[J]. Journal of Atmospheric and Terrestrial Physics, 1977, 39: 35~42.

[2] K K Mahajan, R Kohli, V K Pandey, N K Sethi. Information about the E-region valley from incoherent scatter measurements[J]. Adv. Space Res., 1990, 10(8):17~20.

（24）地磁与高空物理

# 行星际磁场时钟角和锥角对磁尾场向电流的作用

# Effect of the interplanetary magnetic field clock angle and cone angle on the field-aligned currents in the magnetotail

程征伟　史建魁　刘振兴

Cheng Zhengwei　Shi Jiankui　Liu Zhenxing

中国科学院空间科学与应用研究中心 空间天气学国家重点实验室　北京 100190

场向电流（FACs）首次被卫星观测证实是在 20 世纪 60 年代中期。通过对 Traid 卫星探测数据的分析，Iijima 和 Potemra（1976）分辨出极区上空两种极性相反的场向电流，即 I 区和 II 区场向电流。随后一些学者对 I 区和 II 区场向电流的位置、强度大小，季节变化规律等进行了详细的分析研究，确定了场向电流自身的一些变化特性。之后，人们开始关注场向电流变化与地磁活动的关系。Iijima 和 Potemra（1978）研究给出了根据 AL 指数划分的不同地磁活动水平下，I 区和 II 区场向电流密度随地方时的分布特性。Robinson 等（1984）研究了极光区场向电流强度与 Kp 指数的关系，并通过数据拟合的方法给出它们之间的关系。

如今人们已经了解，场向电流存在于地球空间的不同区域，在太阳风—磁层—电离层耦合过程中起着十分重要的作用。场向电流的变化会受行星际磁场（IMF）和太阳风的调控。Iijima 等（1984, 1987）研究发现当行星际磁场具有很强的北向分量时，极盖区会出现一个新的电流系。Zhou 和 Russell 等（1997）研究显示极区高高度范围的场向电流与行星际磁场 By 分量有着密切的关系。焦维新等（2000）的分析研究表明场向电流的产生是由行星际磁场所控制的。王慧、马淑英等（2006）利用卫星探测数据研究了超强磁暴期间顶部电离层全球尺度场向电流分布特征，结果表明场向电流密度受到太阳风动压而非行星际磁场的控制。

行星际磁场对场向电流的控制作用是非常复杂的，是各个分量联合作用的结果。有研究表明 IMF 时钟角 $\Phi$ 与场向电流有着密切的关系。Weimer 等（2001）利用 DE2 卫星的探测数据，给出了高纬电离层中高度场向电流分布随 IMF 时钟角的变化关系，其结果表明场向电流的分布明显受到 IMF 时钟角变化的影响。由于场向电流与亚暴和极光等现象密切相关，Østgaard 等[2004]对 IMAGE 卫星探测数据分析结果表明，当行星际磁场南向时亚暴膨胀相突发位置的变化与 IMF 时钟角有密切的关系。Hu（2002）等利用南极中山站的观测数据，对午后高纬极光强度与 IMF 时钟角的关系进行了研究，结果显示极光强度随 IMF 时钟角的变化曲线为一倒“V”结构。实际上，目前关于场向电流与行星际磁场时钟角 $\Phi$ 和锥角 $\theta$ 的研究相对较少，而基本上这些研究都集中在低高度电离层场向电流的研究上。还没有研究给出磁尾处场向电流与行星际磁场时钟角和锥角的变化关系。

本文主要利用 ClusterII 四颗卫星 2001 年和 2004 年 7 月～10 月期间的探测数据（ClusterII 卫星在每年的 7 月～10 月会穿越磁尾等离子体片边界层），由于在 2001 年和 2004 年，ClusterII 卫星穿越磁尾等离子体片边界层期间四颗卫星相互间的距离分别为 2000km 和 1000km 左右，且四颗卫星的位形保持较好，因而利用 curlometer 方法（Dunlop, et al. 2002）计算电流密度具有很好的准确性。我们总共选取了 1839 个场向电流事件，结合 ACE 卫星的行星际磁场数据，研究了行星际磁场时钟角和锥角对磁尾等离子体片边界层场向电流作用。结果显示：IMF 的锥角 $\theta$ 越大，场向电流的发生率越高。当 IMF 的锥角 $\theta<10°$时，即 IMF 基本沿着日地连线的方向时，场向电流的发生率非常低。绝大部分的场向电流发生在 $\theta>40°$的条件下。场向电流与 IMF 时钟角 $\Phi$ 有着密切而复杂的关系，当 $0<|\Phi|<90°$时，场线电流的发生率随 $\Phi$ 的变化曲线为一“V”形结构，最小值出现在 30°附近。也就是当$-90°<\Phi<30°$时，场向电流的发生率随 $\Phi$ 递减，当 $30°<\Phi<90°$时，场向电流的发生率随 $\Phi$ 递增。当 $30°<\Phi<90°$时场向电流发生率的变化幅度比$-90°<\Phi<30°$时更大，这表明 $30°<\Phi<90°$时场向电流的发生率受 IMF 时钟角的控制更加明显。当 $90°<\Phi<180°$时，场向电流的发生率都很高。当$-180°<\Phi<-90°$时，场向电流的发生率先减小后增大，其拐点在$-130°$附近。最后，我们还给出了在不同的 IMF 时钟角和锥角情况下磁尾等离子体片边界层场向电流发生率的分布。

本文受到国家自然科学基金青年科学基金项目（40804031）的支持。

参考文献

[1] Weimer D R. Maps of ionospheric field-aligned currents as a function of the interplanetary magnetic field derived from Dynamics Explorer 2 data[J]. J. Geophys. Res., 2001, 106: 12889~12902.

[2] Dunlop M W, Balogh A, lassmeier K H. Four-point Cluster application of magnetic field analysis tools: The Curlometer[J]. J Geophys Res, 2002, 107(A11): 1384~1397.

（24）地磁与高空物理

# 地球磁层极尖区场向电子事件的研究

# The study on field-aligned electrons in the cusp of the magnetosphere

张子迎　史建魁　程征伟

Zhang Ziying　Shi Jiankui　Cheng Zhengwei

中国科学院空间科学与应用研究中心　北京 100190

极尖区在太阳风—磁层—电离层耦合的过程中起着重要的作用，对极尖区粒子的研究有助于了解这一耦合过程中质量和能量的输运与耗散。最早卫星在极光带区被观测到了场向电子，之后在极尖区以及极尖区的高纬边界层和低纬边界层也被观测到了上行电子和下行电子。对场向电子的研究主要包括场向电子的观测、上行电子加速机制以及与场向电流（FAC）的关系等。

以往研究的统计结果显示场向电子在极尖区普遍存在，并且在300km-2Re的高度范围都能观测到。利用DE-1卫星的数据研究得到，大量场向电子在1Re高度的极尖区的低纬边界和高纬边界被观测到，但是极尖区中心的场向电子相对较少。以前在场向电流区域观测到横向运动的离子，便认为离子是场向电流的载体，后来在场向电流区域同样观测到了场向电子，于是场向电子也成为场向电流的重要载体。通过计算电子携带的场向电流，与磁场计算得到的场向电流相比较，发现结果吻合的很好。因此得到上行电子是向下的场向电流的主要载体，下行电子是向上的场向电流的主要载体。电离层中电子的能量一般只有几个eV，而在极尖区内观测到的场向电子的可以达到几十个keV。许多研究认为极尖区内的电位降是电离层起源的电子加速并成为载流子的主要原因，另外还有一些可能的加速机制，包括共振加速和波粒相互作用。一些研究指出极尖区内观测到下行电子一般来源于太阳风能量电子注入，并与磁层顶重联有关。另外还有研究指出场向电子事件同时伴随着磁场的衰减。

为了进一步研究极尖区场向电子，我们对2001年9月30日Cluster卫星在极尖区观测到的场向电子事件进行研究，并分析上行/下行电子的起源以及与场向电流的关系。然后对2001年9～10月的一次连续磁暴期间的极尖区的场向电子事件进行分析，研究场向电子与地磁活动的关系。

2001年9月30日C3卫星在极尖区低纬边界层观测到一次下行电子事件和紧接着在高纬边界层观测到的一次上行电子事件，事件的分析结果如下：

（1）极尖区低纬边界观测到的下行电子可能来源于太阳风粒子的注入。观测期间的行星际磁场南向（Bz～−7nT），太阳风速度和动压都很大，磁层顶重联的发生使太阳风粒子大量进入极尖区。

（2）极尖区高纬边界观测到的上行电子有很高的速度和通量，其来源可能有两个。其一是进入极尖区的太阳风粒子在磁镜力的作用下反射上行的，其二可能是低能的电离层电子上行的，并且在上行的过程中经过了加速。

（3）场向电子是场向电流的主要载体。经过计算，下行电子携带的场向电流约为 $3.2\times10^3$ $nAm^{-2}$，上行电子携带的场向电流约为 $7.2\times10^3$ $nAm^{-2}$，而一般情况下极尖区4.5Re高度处的场向电流的数量级是 $10^3$ $nAm^{-2}$，因此极尖区的场向电子是场向电流的主要载体。

在2001年9月22日到10月6日的磁暴期间，Cluster卫星共穿越南北极尖区12次，并且对应磁暴的不同阶段。卫星共观测到场向电子事件76个，其中逆流电子事件26个，这些场向电子事件的持续时间大部分集中在 20～30s。分析结果得出：磁暴急始时，电子场向通量急剧增加；磁暴的初相和主相，电子最大场向通量缓慢增加；磁暴的恢复相，电子场向通量持续减小，并且在发生连续磁暴的情况下，可以根据极尖区电子的最大场向通量的变化对磁暴的开始进行判断。

本研究工作得到了国家自然科学基金项目（41074114）支持。

## 参 考 文 献

[1] Zanetti L J, T A Potemra, J P Doering, J S Lee, R A Hoffman. Magnetic field-aligned electron distributions in the dayside cusp[J]. J. Geophys. Res., 1981, 86: 8957.

[2] Carlson C W, J P McFadden, R E Ergun, et al. FSAT observations in the downward auroral current region: Energetic upgoing electron beams, parallel potential drops, and ion heating[J]. Geophys. Res. Lett., 1998, 25: 2017.

# 地球磁层极尖区场向电子事件的研究

## The study on field-aligned electrons in the cusp of the magnetosphere

[illegible]

# 专题二十五：空间天气与人类活动

# Space Weather and its effects on human activities

（25）空间天气与人类活动

# CME-冕流相互作用的白光与射电特征

# White-light and radio manifestations of CME-streamer interactions

陈　耀

Chen Yao

山东大学(威海)空间科学与物理学院　威海 264209

日冕中存在着不同尺度的爆发过程。其中，尺度最大的当属日冕物质抛射 (Coronal Mass Ejection: CME)，它甚至是整个太阳系中尺度最大、能量释放最多和最剧烈的一类现象，所释放的能量主要来自于日冕的磁场。太阳爆发所产生的高能粒子、电磁辐射和大尺度的磁化等离子体结构可以对地球的电磁和粒子辐射环境产生剧烈骚扰，对人类社会与经济可产生重要影响，因而是当前非常热门的前沿学科—空间天气学 (Space Weather)的主要研究对象。

作为日冕中大尺度的物质和磁场结构的喷发，CME 过程常可引起周围或邻近日冕结构的强烈扰动。特别，观测表明 CME 与明亮的冕流结构之间常存在强烈的相互作用。除了胀爆式(Blowout) CME 和烟缕状(puff)CME 等由冕流结构内部爆发而导致冕流整体或部分解体的事件外，在日冕仪白光观测数据中，还可看到多种不同形式的 CME-邻近冕流的相互作用事件；而在射电波段的观测研究方面，CME 侧翼及其与邻近冕流结构的相互作用常被视为与激波有关的Ⅱ型射电暴辐射的一个源区。本报告将分别从日冕仪的白光观测以及射电频谱仪的射电观测两个方面综述我们近期在 CME 与冕流相互作用方面取得的进展。

最近，在白光和射电波段的观测数据分析中，我们发现了由 CME 过程和冕流结构相互作用所产生的几个非常有意思的观测现象，包括由 CME 碰撞冕流结构所激发的波状摆动，即冕流波现象 (Chen, et al. 2010; Chen, et al. 2011; Feng, et al. 2011)，以及 CME 激波射电辐射区分别由冕流一侧和内部穿越冕流结构所产生的Ⅱ型射电暴的隆起谱形 (Feng, et al. 2012)和断谱特征 (Kong, et al. 2012)。冕流波是 CME 与冕流碰撞所激发的、沿冕流等离子体片向外传播的长周期日冕波动，被解释为等离子体片位形下的快体积腊肠模，是迄今发现的最大尺度的日冕波动现象；Ⅱ型射电暴的隆起谱形和断谱特征分别是 CME 激波射电辐射区从一侧穿越冕流结构以及从冕流内部穿出冕流结构的射电表现。基于所发现的冕流波现象，我们发展了一种新的冕震学方法，可推断冕流等离子体片区域在 3～10 Rs 范围的阿尔芬速度和磁场强度的径向剖面；而基于所发现的Ⅱ型射电暴特殊谱形特征与 CME 冕流相互作用过程之间的物理关联，我们对有关的Ⅱ型射电暴的辐射源区位置进行了诊断。需要指出的是，日冕Ⅱ型暴的源区位置是一个长期得不到解决、困扰科研人员的问题。我们的进展为推动这一问题的解决提供了新的研究思路。

这些 CME 与冕流相互作用方面有关的最新进展使得本课题方向正在逐渐形成一个能同时在深度和广度两方面逐步拓展的学科生长点。深入的思考表明这一 CME 与冕流相互作用的物理过程还包含着更多、更加细致的、需要探索的物理问题。本报告将回顾和综述所取得的研究进展以及进一步的研究计划。

## 参 考 文 献

[1] Chen Y, Song H Q, Li B, Xia L D, Wu Z, Fu H, Li X. Streamer waves driven by coronal mass ejections[J]. the Astrophysical Journal , 2010, 714(1): 644~651.

[2] Chen Y, Feng S W, Li B, Song H Q, Xia L D, Kong X L, Li X. A coronalseismological study with streamer waves[J]. the Astrophysical Journal, 2011, 728(2): 147~153.

[3] Feng S W, Chen Y, Li B, Song H Q, Kong X L, Xia L D, Feng X S. Streamer wave events observed in solar cycle 23[J]. Solar Physics, 2011, 272: 119~136.

[4] Feng S W, Chen Y, Kong X L, Li G, Song H Q, Feng X S, Liu Y. Radio signatures of CME-streamer interactions and source diagnostics of type Ⅱ radio bursts[M]. ApJ, in press, 2012.

[5] Kong X L, Chen Y, Feng S W, Song H Q, Li G, Guo F, Jiao F R. A broken dynamic spectrum of solar type Ⅱ radio burst induced by a failed eruption[J]. ApJ, 2012, 750: 158~164.

（25）空间天气与人类活动

# 离子声波电双层的粒子模拟研究

## The ion-acoustic double layers with particle-in-cell simulation

郭　俊* 于　彬　朱国全

Guo Jun　Yu Bin　Zhou Guoquan

山东科技大学数理学院　青岛 266061

Double layers has long been an important subject in both laboratory and space plasmas. [1-2] Double layers are found in a wide variety of plasmas, from discharge tubes to space plasmas, and are especially common in current-carrying plasmas. Ions and electrons which enter the double layer are accelerated, decelerated or reflected by the electric field. The necessary condition for the formation of double layers obtained from the previous work is that the electron drift velocity exceeds the electron thermal velocity, or double layers are a result of Buneman instability. Ions and electrons which enter the double layer are accelerated, decelerated or reflected by the electric field. In this paper, we will present the results of new kinetic simulations designed to study the development and evolution of a double layer and associated turbulence in an initially field-free current-carrying plasma.

We have performed one-dimensional electrostatic particle simulation. We use $u_0/v_{the}$ =0.6 in the simulation, which means the relative streaming velocity between the ions and electrons is less than the electron thermal speed. The density depression, $\Delta n/n_0 \sim 0.9$, are generated for both electrons and ions at $\omega_{pe}t$ =5200 when the double layer has fully developed. The formation of ion phase-space vortices (or whirls) are obvious. The value of electron $f(v)$ decreases for lower positive phase velocities and increases for lower negative phase velocities. This phenomenon means that a part of the electrons with a small positive velocity are trapped by the ion-acoustic instability. The modulation of ion distribution shows that ions are accelerated and heated during the simulation period. The electron density shows a maximum 55% density depression and 35% over density. The ion density also shows large perturbations, with a maximum 55% density depression and 45% over density. An obvious double layer, although it, strictly speaking, consistent of several double layers can be seen. The maximum and minimum values of electric field are 0.33 and −0.22, respectively. This localized structure propagates to the right and it is about thirty Debye lengths, which is consistent with previous work. As we can see, the most obvious electron and ion density depression and double layer appear at the time when electric field energy reaches its maximum value.

A value of ion-to-electron mass ratio which is close to the real value is used in our simulation. The simulation results show that, the formation of double layers can be seen even if the drift velocity between electron and ion is less than the electron thermal velocity, which is consistent with the previous result. Especially, the ion phase-space vortices are formed. These whirls trap not only the ions with low velocity but also the ions with high velocity. And the trapped ions will be accelerated and heated by the electric field.

### 参考文献

[1] Sato T, Okuda H. Ion-acoustic double layers[J]. Phys. Rev. Lett., 1980, 44: 740~743.

[2] Watt C E J, et al. Ion-acoustic resistivity in plasmas with similar ion and electron temperatures[J]. Geophys. Res. Lett., 2002, 29, 1: 1004.

（25）空间天气与人类活动

# 武汉 MST 雷达

# Wuhan MST Radar

青海银* 朱 鹏 杨国斌 赵正予

Qing Haiyin* Zhu Peng Yang Guobin Zhao Zhengyu

武汉大学电子信息学院电离层实验室 武汉 430072

武汉 MST（mesosphere-stratosphere-troposphere）雷达是中国大陆第一部 MST 雷达，坐落于湖北省崇阳县（地理坐标: 114°8′8″E, 29°31′58″N；地磁纬度约为: 23°），总占地 10000m$^2$。武汉 MST 雷达始建于 2008 年，2011 年初完工，2011 年 3 月进入试运行，2011 年 5 月正式进入运行阶段，至今运行良好。

**1. 雷达主要系统**

武汉 MST 雷达子系统主要包括：天线系统、馈电系统、全固态雷达发射系统、波控系统、数字接收系统、信号处理系统、数据处理系统、产品生成系统和用户终端控制系统。其中，天线系统由 24×24 的三单元八木天线组成，信号发收系统由 576 个 T/R 模块、24 组 T/R 开关、24 路行和 24 路列功分/合成器及 24 通道的数字接收机构成，系统采用纯数字波束发射、切换和接收，以及后期数据的自动处理。

**2. 主要技术指标**

MST 雷达是一种晴空探测雷达，主要是基于布拉格散射对一定尺度的湍流进行探测，从而获得大气的三维运动状态及相关参数。武汉 MST 雷达的工作频率是 53.8MHz，峰值功率大于 170kW，功率口径积为 2.0×10$^8$ Wm$^2$，可以进行东、西、南、北、天顶五波数扫描探测，扫描范围：20° E～20° W，20° N～20° S。根据探测高度，主要分为三个模式，包括低模式：3.5～10km，距离分辨率为 150m，速度分别率为 0.5s/m；中模式：11～25km，距离分辨率为 600m，速度分别率为 0.5s/m；高模式：60~90km，距离分辨率为 1 200m，速度分别率为 0.5s/m；单波数径向速度分别率可达 0.2s/m。系统单模式单波数的最小时间分别率为 1min，三模式五波数高参数运行时间分别率不超过 30min，探测的大气水平风速值可以大于等于 35m/s，风向范围：0°～360°（以正北方向为 0°，顺时针旋转）。

**3. 主要输出产品**

MST 雷达在一个探测周期内分别向 3~5 个波束方向发射高频电磁脉冲，一般次数在几千到几万次，根据回波返回的时间先后顺序划分为 N 个连续排列的"距离库"。MST 雷达数据处理系统对回波信号进行相干积分、谱平均、滤波及谱线分离与识别后得到相应的输出产品数据，主要获取参数：3D 大气风场、SNR、后向散射功率和功率谱密度。武汉 MST 雷达的主要输出产品有：①各高度层的水平风速、风向、垂直气流信号信噪比数据；②各高度层的水平风速、风向、垂直气流廓线；③水平风速、风向、垂直气流廓线的时空变化图；④水平风速、风向、垂直气流数值曲线图；⑤探测数据气象报表文件；⑥风廓线图、风矢图、信噪比图、CN2 图。

**4. 科学应用**

武汉 MST 雷达具有很高的时间和空间分辨率，能够对 3.5～25km 和 60～90km 的大气三维风场进行长期连续观测，为崇阳地区的大气风场积累长期有效的数据。同时，根据武汉 MST 雷达回波原始数据及产品数据可以研究如下内容：①3D 风场、雷达回波功率、SNR 及 CN2 的时空统计规律；②一些常见的特殊风场现象特性，比如低空急流、冷锋、风切变等；③对流层顶的位置波动以及双对流层顶现象；④大气重力波研究；⑤晴空大气湍流强度研究；⑥场向不均匀体研究；⑦回波方向敏感性研究等。

**5. 总结**

武汉 MST 雷达将为对流层—平流层—中间层的大气风场研究提供长时间的连续观测数据，为该地区的大气风场结构及大气运动研究提供详实的数据保障。

**参 考 文 献**

[1] J Forbes. MST radar detection of middle atmosphere tides[J]. Radio Sci., 1985, 20(6): 1435~1440.

[2] Siddarth Shankar Das. A new perspective on MST radar observations of stratospheric intrusions into-troposphere associated with tropical cyclone[J]. Geophysical Research Letters, 2009, 36: L15821.

[3] W L Ecklund. Long-Term Observations of the Arctic Mesosphere with the MST Radar at Poker Flat, Alaska[J]. Journal of Geophysical Research, 1981, 86: 7775~7780.

（25）空间天气与人类活动

# 准垂直弓激波附近场向回流离子的观测研究

# Field Aligned Beams nearby the Earth's Bow Shock: THEMIS Observations

汤朝灵 宋尚权

Tang Chaoling Song Shangquan

山东大学（威海）空间科学与物理学院 威海 264209

## 1. 引言

场向回流离子通常在弓激波表面附近或其上游的太阳风中被观测到，其能量在几 keV 左右，它们绕磁力线做旋转运动的同时沿着磁力线向弓激波上游传播。一般认为，场向回流离子起源于θBn 在 45°～70°的弓激波区域，也就是偏向于准垂直弓激波的一侧。过去的研究表明，在场向回流离子的来源问题上主要存在以下两种物理模型，分别是：一是由弓激波反射并加速太阳风离子的模型。Sonnerup 等人认为，部分太阳风离子在流经弓激波的时候会被重新反射回太阳风中，在此过程中这部分太阳风离子很容易获得很高的能量，并能沿着磁力线向上游传播。后来，Kucharek 等[1]人又发现，它们是由准垂直弓激波 ramp 处的回旋离子在投掷角散射作用下形成的，但其具体物理过程还不清楚。 二是磁鞘热离子渗漏模型。Tanaka 等[2]人提出，下游磁鞘中的部分热离子因其本身具备足够高的能量而可以进入弓激波的势阱中并且被加速。能量增加的这部分热离子会沿着磁力线向上游太阳风中传播，从而形成了场向回流离子。这种观点已经被一些观测所证实。同时，一些模拟也证实了有相当一部分的场向回流离子源于下游的磁鞘，并且不限于只在准平行弓激波区。Burgess 等人对上述模型进行了验证并得出结论，渗漏模型是 θBn 的函数，且在弓激波θBn>60°的地方，局部渗漏机制会变得很重要。由此看来，如果下游磁鞘作为部分场向回流离子来源的话，在弓激波内部甚至是下游一定有场向回流离子存在。

## 2. 观测与研究

我们利用了 THEMIS 卫星计划中的 P2 卫星数据对准垂直弓激波附近场向回流离子进行了观测研究，发现在弓激波 ramp 处同时观测到了回旋离子和场向回流离子的存在。这和 Kucharek 等人的观测结果很一致，也再次证明两种离子可能有着相同的源区。但是，Kucharek 等人在弓激波下游的磁鞘中没有观测到场向回流离子。然而，在我们的事件中 P2 卫星的观测进一步表明在磁鞘中有场向回流离子存在。位于磁鞘中的离子速度分布图，清楚地表明场向回流离子存在。而且可以看到，场向回流离子非常均匀地分布在平行于磁场的方向周围，且速度范围在 1000～1500 km/s，与太阳风的方向相反。不论是速度分布范围还是离子的数量，磁鞘中不同位置的场向回流离子的分布情况都非常相似。

## 3. 讨论和总结

在 2007 年 10 月 25 日事件中，P2 卫星在弓激波的 ramp 处同时观测到了回旋离子和场向回流离子，这与 Kucharek 等的观测结果是一致的。而且事件发生的背景条件也很相似，都有着较大的 θBn 和较高的 Alfven 马赫数。这也进一步表明，ramp 处的场向回流离子可能是上游太阳风中场向回流离子的来源之一。同时，我们的观测还进一步表明，磁鞘中的场向回流离子很可能是弓激波上游太阳风中场向回流离子的主要来源。

基于以上的观测和讨论我们认为，在较高的 beta 值和 Alfven 马赫数的背景条件下，弓激波上游太阳风中的场向回流离子是在两种模型（弓激波反射并加速太阳风离子的模型、磁鞘热离子渗漏模型）的共同作用下产生的。

### 参考文献

[1] Kucharek H, et al. On the origin of field-aligned beams at the quasi-perpendicular bow shock: multi-spacecraft observations by Cluster[J]. Ann. Geophys, 2004, 22(7): 2301~2308.

[2] Tanaka M, et al. A source of the backstreaming ion beams in the foreshock region[J]. J. Geophys. Res., 1983, 88(A4): 3046~3054.

（25）空间天气与人类活动

# CIR-CIR 对结构的粒子加速效应研究

## Particle Acceleration associated with a CIR - CIR Pair Structure

武 昭[1] 李 刚[1,2] 陈 耀[1] 汤朝灵[1] 刘 勇[3]

Wu Zhao[1] Li Gang[1,2] Chen Yao[1] Tang Chaoling[1] Liu Yong[3]

1. 山东大学威海分校 威海 264209; 2. 阿拉巴马大学 美国; 3. 空间中心 北京 100190

共转相互作用区（CIR）是起源于太阳不同源区的高、低速太阳风随太阳自转而相互作用所形成的大尺度行星际结构。在太阳活动低年，CIR 是行星际空间最主要的粒子加速源。CIR 加速的离子主要分布在几 Kev 到数 Mev 之间，最高不超过 20 Mev/n；高能电子能量范围为 40keV 至几百 kev。CIR 伴随的高能粒子通量峰值通常出现在前、后向激波处，后向激波的粒子加速效应强于前向激波，Bucik（2009）对 2007 年 2 月～2008 年 9 月期间的 50 次 CIR 进行统计发现 90%的事件所伴随的高能 He 通量峰值位于 CIR 的压缩区或后边缘，10%事件的峰值出现在 CIR 后一天之内。自从 CIR 伴随高能粒子现象被发现，CIR 的粒子加速机制就被广泛地研究。一般认为在 CIR 中激波是主要的粒子加速器，粒子在激波与上游磁场波动间散射加速，此外其他加速机制如粒子随机加速、太阳风速度梯度加速也可能对 CIR 伴随高能粒子具有较大贡献（Richardson，2004）。2007～2008 年为太阳活动低年，STEREO 的发射为 CIR 粒子加速效应的研究提供了非常好的条件。

之前的研究工作均针对单个 CIR 的粒子加速效应进行讨论，但对于多 CIR 结构的粒子加速效应却鲜有研究。我们对 2007～2010 年间的 CIR 事件进行统计发现 CIR – CIR 结构（CIR 对）是常见的。由于行星际空间磁场结构可能存在复杂结构，以及 CIR 对结构在发展过程中可能出现并合，因此存在高能粒子被两个 CIR 共同作用的情形，高能粒子通量的分布与单 CIR 将存在较大差异。Dresing（2009）认为两 CIR 若距离太近可能会导致前一个 CIR 扰乱其后的太阳风使后一个 CIR 无法产生粒子加速，所以若寻找 CIR 对具有粒子加速效应的证据需寻找距离较近但又不会太近的事件。

我们分析了 CR2060 期间 STEREO B 所观测到的一个 CIR 对结构，该结构由间隔 4～5 天的两个相邻 CIR 构成。我们研究了在此期间能量粒子的特征，发现 CIR 对的中间区域存在几 Mev 离子能段和几百 kev 电子能段上的能量粒子通量增强。进一步分析表明在 CIR 对的中间区域，①径向磁场反向；②4～6Mev 能量的质子同时存在着显著的日向流和背日流分量：在靠近较早(晚)CIR 的区域，日(背)向流较为显著，在中间区域则两个分量相当；③ <1Mev 的 He/H 与以往观测的典型 CIR 数值一致；④246.6ev 的热电子存在大尺度的双向流（CSE）；⑤在事件持续期间 He 离子能谱介于 1～2 之间，较 CIR 期间观测到的能谱稍硬。

根据观测结果，我们认为该事件所伴随的能量粒子通量增强是 CIR 对共同作用的结果：CIR I（II）源区间的冕流结构发生重联而在行星际空间形成 U 型磁力线结构，该结构将 CIR I 和 II 连通，粒子可以在两个 CIR 之间输运，同时 U 形管的存在，使得粒子被约束在可能连通两个激波结构的同一根磁力线上，从而有机会再激波结构之间反弹而被多次加速。在该图景下可产生如下现象：①起源于太阳的热电子(246.6ev)被 CIR I（II）的后（前）向激波束缚在该磁场结构中呈现大尺度 CSE；②能量粒子主要起源于 CIR I 的后边缘，粒子在沿磁力线在 CIR 对中间区域输运过程中表现出各向异性；③不同能量粒子之间输运的差异以及 CIR 对结构的加速效应导致能谱的变硬。针对该 CIR 对结构的 MHD 数值模拟表明随日心距增大，相邻磁力线的角差距逐渐变大，因此冕流重联产生的 U 型磁场结构在 1AU 处可以达到 2 天（25°）以上。此外我们还发现沿径向方向两个 CIR 结构相互逼近，并最终在较远处并合，也可能导致某种加速效应。

上述分析表明，冕流的重联导致 1AU 处出现连通两个 CIR 的 U 形磁场位型；CIR 产生的高能粒子沿磁力线进入 CIR 对中间区域导致了通量升高；磁力线越靠近中间位置，所连接的粒子源区越远（加速效应越强），因此通量峰值出现在中间区域；粒子沿 U 形管传输可呈现显著各向异性。

### 参 考 文 献

[1] Bucik, et al. On acceleration of <1 MeV/n He ions in the corotating compression regions near 1 AU: STEREO observations[J]. Ann. Geophys, 2009, 27: 3677~3690.

[2] Richardson. Energetic particles and corotating interaction regions in the solar wind[J]. Space Sci. Rev, 2004, 111: 267.

[3] Dresing, et al. Multi-spacecraft observations of CIR-associated ion increases during the Ulysses 2007 ecliptic crossing[J]. Solar Phys, 2009, 256: 409~425.

（25）空间天气与人类活动

# 太阳爆发中的磁岛并合与电子加速

# Coalescence of macroscopic magnetic islands and electron acceleration from STEREO observation

宋红强

Song HongQiang

山东大学(威海)空间科学与物理学院　威海　264209

在太阳大气中，磁场能量常在各能量形式中占有主要份额。不同能量形式之间可以互相转化，磁场重联就是一种可以实现这种能量转化的有效方式，它描述的是当不同极性的磁力线挤靠在一起所发生的类似于电路短路的磁场“短路”或“湮灭”的现象。“湮灭”过程将快速释放出磁场能量，转为粒子的热能和动能。

重联中电子加速问题的研究既具有基本的科学意义，又具有现实的应用价值。这是因为高能电子可以引起太阳辐射增强，如产生耀斑和射电爆发，进而影响电离层的状态和依赖这些状态的通讯导航等业务；高能电子也可以击毁卫星设备或造成各类损伤，甚至可穿透宇航服，威胁宇航员身体健康等。

重联中的电子加速机制可以分为两类，一是 X 型加速，一是 O 型加速。前者是电子在重联区被磁场剧烈变化所诱发的感生电场直接加速，重联点多具字母“X”形，故得此名；后者是最近通过数值研究提出的 (如 Drake, et al. 2006)，主要是指电子在重联磁岛两端被磁岛的收缩反弹而得到加速。由于发生于“O”形磁岛内部，而被称为 O 型加速。最近的理论研究还发现，邻近磁岛靠拢并融合的并合过程 (又称为反重联)可以同时具有上述两种加速机制的一些特点，很可能是各类重联电子加速机制中最为重要和有效的(Oka, et al. 2010)。

在 2006 年之后，利用 NASA 和 ESA 的 CLUSTER 等空间探测器，研究人员在地球磁层中发现了重联磁岛和与之有关的电子加速现象(Chen, et al. 2006; Wang, et al. 2010)。然而，在世界上还没有哪个研究组在空间中观测到磁岛并合过程及其关联的高能电子。

2010 年 5 月 23 日爆发的一次日冕物质抛射(CME)事件为我们提供了一次罕有的在太阳附近研究磁岛并合与电子加速的机会。用于观测 CME 三维形态的 STEREO 双子卫星拍摄到了整个过程：CME 爆发后，在下方拉扯出一条很长的电流片—射线状结构，并观测到两个非常明显的磁岛，由于二者之间的速度差异，后面的磁岛追上前者，并随后融为一体向外运动。这是非常典型的重联磁岛的并合过程。STEREO-A 在恰当的时间、合适的频段上观测到了一支快速漂移的射电信号。这种漂移是由高能电子远离太阳的快速运动引起的。从而证实磁岛并合过程中存在电子加速。

还有两个非常重要且有趣的物理细节。一是在射电信号被捕捉到之前，我们观测到磁岛上方出现裂口，这可能是由于磁岛并合后运动加快而与上方磁场发生了重联。二是在并合之前，第一个磁岛看上去发生了分裂，裂成“花生”状结构。我们认为，这里也发生了一次重联：磁岛的拉长变形使其中部方向相反的磁场靠在一起而发生重联和分裂。这样，整个事件中至少有三处发生了磁场重联，这是非常难得的。而针对加速电子能量的估算表明：产生射电信号的高能电子主要是在磁岛并合过程中得到加速的。

## 参 考 文 献

[1] Drake J F, Swisdak M, Che H, Shay M A. Electron acceleration from contracting magnetic islands during reconnection[J]. Nature, 2006, 443: 553.

[2] Oka M, Phan T D, Krucker S, Fujimoto M, Shinohara I. Electron acceleration by multi-island coalescence[J]. the Astrophysical Journal, 2010, 714: 915.

[3] Chen L J, Bhattacharjee A, Puhl-Quinn P A., Yang H, Bessho N, Imada S, Muhlbachler S, Daly P W, Lefebvre B Khotyaintsev Y. Observation of energetic electrons within magnetic islands[M]. Nature Phys., 2007, 4: 19.

[4] Wang R S, Lu Q M, Du A M, Wang S. In situ observations of a secondary magnetic island in an ion diffusion region and associated energetic electrons[J]. Phys. Rev. Lett., 2010, 104: 175003.

（25）空间天气与人类活动

# GPS 监测 2011 年日本 Tohoku 地震电离层异常

# Ionospheric anomalies following the 2011 Japan Tohoku Earthquakes observed by GPS measurements

金　锐[1,2]　金双根[1]

Jin Rui[1,2]　Jin Shuanggen[1]

1. 中国科学院上海天文台　上海 200030；2. 中国科学院研究生院　北京 100049

## 1. 引言

地震是人类面临的破坏性最大的自然灾害之一。地震的发生往往会给人类造成巨大的损失。因此人们对于地震的研究一直是众多学着讨论的热点。地震前后电离层的变化是其中一个重要的课题。通过地震前后电离层扰动来探究地震能量传播机理是我们认识地震的一个重要途径。随着 GPS 技术的迅速发展与广泛应用，众多稠密的 GPS 网的建立，高空间分辨率与时间分辨率的电离层实时监测成为可能[1~5]。2011 年 3 月 11 日的日本 TOHOKU-Oki 大地震震级高达 9 级，是近几年最大的一次地震。日本稠密的 GPS 网提供了此次地震大量信息，包括地震形变等动态信息。本文用日本 GPS 网观测资料，计算电离层扰动，并进一步研究了电离层扰动传播速度与方向。由于 3 月 11 日地磁并不平静，本文同时考虑了 2011 年 3 月 9 日和 2011 年 7 月 10 日发生在 TOHOKU 海岸另外两次地震，对其相应的电离层扰动进行了分析。

## 2. 方法

本文以 2011 年 3 月 9 日，2011 年 3 月 11 日及 2011 年 7 月 10 日发生在日本 Tohoku 海岸三次地震为例。以日本稠密 GPS 网的双频相位观测值为原始资料，计算出电离层电子总含量 TEC 的扰动。由 USGS 发布的 TOHOKU 地震的相关参数，我们可以得知地震的发生时刻和震中位置，判断出电离层扰动的时刻后，即可求出相应穿刺点的电离层扰动相对于主震时刻的时延。同时利用 IGS 发布的精密星历和台站坐标可以算出电离层扰动相应的电离层穿刺点位置。由以上参数即可推求电离层扰动的传播速度。通过不同站观测到的不同穿刺点位置的电离层扰动，分析地震前后电离层扰动的方向特性。

## 3. 结果与分析

通过对日本 GPS 网双频相位观测值解算的电离层电子总含量 TEC 的变化的残差分析，3 次地震主震几十分钟尺度内发现多个 GPS 台站，出现有明显的电离层扰动。通过扰动传播速度的求解分析，震后引起的电离层扰动传播速度存在各向异性。对于扰动传播各向异性的机理还有待进一步研究。GPS 网探测到的震前电离层扰动的信号相对较少，主要集中在主震前一个小时。三次地震中，3 月 11 日地震震级最大，探测到的电离层扰动也是最多的，但是 2011 年 3 月 11 日伴随着地磁风暴，Dst 指数达−100nT。所探测到的震前信号是地震还是地磁风暴引起需要进一步证实。

## 参 考 文 献

[1] Afraimovich, E L Ding, FengKiryushkin, V V Astafyeva, E I Jin, Shuanggenand Sankov V A. TEC response to the 2008 Wenchuan Earthquake in comparison with other strong earthquakes[J]. International Journal of Remote Sensing, 2012, 31(13): 3601~3613.

[2] Calais Eric, Minster J Bernard. GPS detection of ionospheric perturbations following the January 17, 1994, Northridge Earthquake.Geophys[J]. Res. Lett., 1995 22(9): 1045~1048.

[3] Heki K Otsuka, Y Choosakul, N Hemmakorn, N Komolmis T, Maruyama T.　Detection of ruptures of Andaman fault segments in the 2004 great Sumatra earthquake with coseismic ionospheric disturbances[J]. Journal of Geophysical Research-Solid Earth, 2006, 111(B9): B09313.

[4] Tsugawa T Saito, A Otsuka, Y Nishioka, M Maruyama, T Kato, H.Nagatsuma T, Murata K T. Ionospheric disturbances detected by GPS total electron content observation after the 2011 off the Pacific coast of Tohoku Earthquake[J]. Earth Planets and Space, 2011, 63(7): 875~879.

[5] Jin S G, Zhu W, Afraimovich E. Co-seismic ionospheric and deformation signals on the 2008 magnitude 8.0 Wenchuan Earthquake from GPS observations[J]. Int. J. Remote Sens., 2010, 31(13): 3535~3543.

# 专题二十六：海洋地球物理

# Marine Geophysics

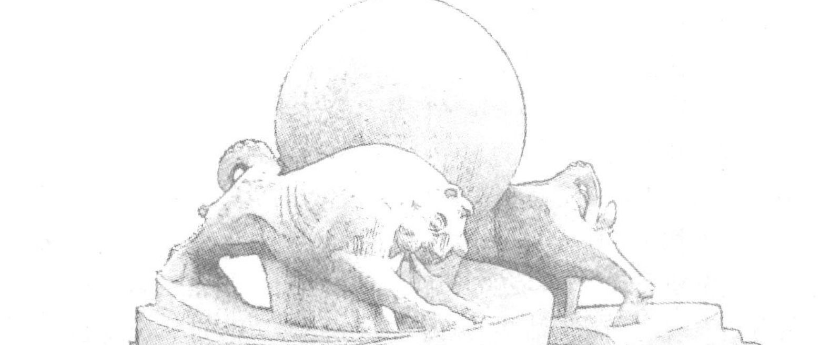

（26）海洋地球物理

# 地中海涡旋与内波的相互关系

# Research on the relationship between Mediterranean eddies and internal waves

拜　阳[1,2*]　宋海斌[1]

Bai Yang[1, 2]　Song Haibin[1]

1. 中国科学院地质与地球物理研究所 中国科学院油气资源研究重点实验室　北京 100029;
2. 中国科学院研究生院　北京 100049

地中海涡旋（Meddy，Mediterranean eddy）最早是由 McDowell 和 Rossby（1978）所发现。他们于巴哈马群岛附近在海表以下 700m～1300m 发现一高盐的透镜状反气旋（顺时针）涡，经研究推测组成这个反气旋涡的异常水体来自于地中海，因此定名其为地中海涡旋。1984 年，在 Armi 的组织下多个国家的物理海洋学家联合起来对地中海涡旋"Sharon"进行了为期长达两年的追踪观测，获得了截至到目前为止对地中海涡旋物理性质及演化方面一些最重要的认识。随后 Amy 等（1994）通过在葡萄牙南岸的 Cadiz 湾进行观测，直观地了解了地中海涡旋的产生机制。但是由于传统物理海洋学在横向分辨率上的不足，对于地中海涡旋动力学方面的诸多认识仍处于推测阶段，尚不能形成定论。2006 年，欧盟启动了名为 GO 的地中海涡旋调查项目，通过传统物理海洋学与地球物理学（主要为地震海洋学）的联合观测，增强了对地中海涡旋，尤其是在空间结构上的一些认识。

地中海涡旋通常是由地中海高温高盐潜流经直布罗陀海峡流出，在圣文森特海角或特茹河高原附近绕射之后形成的反气旋涡，其特征半径为 40～150km，所处深度通常为 500～1500m，从结构上大体可以分为涡旋核心和涡旋边界。地中海涡旋之所以在近 30 年的时间里受到如此多的瞩目，因为其对于大西洋海水的物理性质有着重要的影响，其中最重要的影响之一即是大西洋"盐舌"的形成，也正因如此对于欧美多个国家的环境、气候、生态以及对于大洋环流理论中的"混合赤字"都有着深远的意义。科学家很早就发现在地中海以西的大西洋中存在着一个盐度较高的舌状异常，而直到对地中海涡旋进行了深入的研究后，人们才对此盐舌的形成有了较为清晰的认识。地中海涡旋在形成之后通常会自东向西传播，在传播过程中通过与背景水不断地混合而将地中海的高温高盐水散播在其传播路径中。因为地中海涡旋的生命周期有长有短，从几个月到几年不等，最长可达 5 年；传播距离也各不相同，从数百至数千千米不等，最远可达中美洲东岸，因此而形成了独特的大西洋盐舌结构。

海洋内波是发生在密度稳定层化的海水内部的一种波动，它的波动频率介于惯性频率和浮频率之间。内波是海洋能量级联中最重要的组成部分之一，其生成、传播和耗散过程所引起的能量交换对海洋动力学过程有着至关重要的影响。关于海洋内波的研究，不论是观测还是模拟，运动学或是动力学，产生、演化及分布等等都要比涡旋研究成熟得多，如果可以将内波的相关理论结合起来，势必给对涡旋的研究带来很大的推动作用。地中海涡旋由于物理性质与背景海水有着巨大的差异，存在密度界面，因此不难联想在其上、下边界可能具备内波形成的条件，而通过地震观测数据也确实可以清楚地看到地中海涡旋的上、下边界有清晰的反射，通过计算反射同相轴的波数谱，并与内波 GM 模型谱的对比可以确认，这些反射所揭示的正是内波的结构。由于涡旋核心并不直接与背景海水接触，因此对涡旋的研究主要聚焦在涡旋边界水，而通过我们的分析发现涡旋的边界事实上就是内波，因此通过对内波的计算可以帮助分析涡旋的性质。通过初步的分析发现，涡旋侧边界的内波在波长大于 $10^{-2}$m 部分能量要大于上下边界，混合率也是侧边界大于上、下边界，而这个结果也恰恰证实了 Armi（1984）等关于内波耗散的推测。

### 参 考 文 献

[1] Armi L, Hebert D, Oakey N, Price J, Richardson P, Rossby T, Ruddick B. Two years in the life of a Mediterranean salt lens[J]. J. Phys. Oceanogr., 1989, 19, 354~370.
[2] Richardson P L, Bower A S, Zenk W. A census of Meddies tracked by floats[J]. Prog.Oceanogr., 2000, 45 (2): 209~250.

（26）海洋地球物理

# 西南日本地壳上地幔精细速度结构研究

# Detail velocity structure of crust and upper mantle beneath the southwest Japan

曹令敏

Cao Lingmin

中国科学院海洋研究所　青岛 266071

岩石圈板块之间的接触边界，可分为以洋中脊为代表的离散边界，以岛弧海沟系为代表的汇聚边界和以转换断层为代表的转换边界。日本列岛位于活跃的亚洲大陆边缘，受到太平洋板块与菲律宾海板块俯冲作用的控制，分布有一系列的火山，常年火山地震频发。该处为大洋板块向大陆板块以及大洋板块向大洋板块下方俯冲的典型的汇聚边界研究区。在西南日本，菲律宾海板块以每年 3～5cm 的速度沿南海海槽向欧亚大陆板块下方俯冲，九州岛弧活跃的活火山的形成与该板块的俯冲作用密切相关[1]；太平洋板块以每年约 8cm 的速度沿日本海沟以及伊豆—小笠原海沟向菲律宾海板块以及欧亚板块下方俯冲，Obayashi 等通过地震层析成像结果得出，由于太平洋板块沿日本海沟与伊豆—小笠原海沟俯冲的速度和方向不同，致使在日本本州下方随着俯冲深度的增大太平洋板块发生撕裂现象[2]。

近年来，利用地震层析成像研究俯冲带构造及演化等科学难题取得了很大的进展。本研究使用了 EHB 目录 1960～2006 年 P 波到时记录，参考 ak135 模型，利用日本西南 128°E～140°E，30°N～39°N 范围内 265 个地震台站记录到的 2 076 个地震事件，共计 105 852 条 P 波初至到时，反演了西南日本地壳上地幔三维精细 P 波速度结构。

层析成像结果表明，九州地区俯冲的菲律宾海板块以高速体为主大角度（大于 60°）俯冲至九州岛弧下深度 150～200km。高速的菲律宾海板块内部物质横向不均匀性十分明显，局部有高速异常间断现象，且对应其上方有低速异常体分布，很可能是熔融的地幔物质通过薄弱的菲律宾海板块上升导致。九州岛弧火山的地壳和上地幔中存在明显的低速异常。60～120km，菲律宾海板块在俯冲过程中，海洋地壳以及沉积层脱水作用引起地幔物质的部分熔融，形成低速体，上升的富含水流体使得上地幔中的部分橄榄岩蛇纹石化，是地震波速度下降的另一主要原因。雾岛和云仙岳火山下方的低速异常十分显著，同时在莫霍面深度附近还伴有大量低频地震活动，说明该火山比较活跃，有喷发的可能。

四国地区，P 波成像结果中高速体的菲律宾海板块厚度在 30km 左右，以较平缓的角度沿南海海槽向四国、本州下方俯冲，至 40～80km 深度。俯冲的菲律宾海板块下方存在明显的低速区，向下延伸至 300km，该低速体很可能代表太平洋板块俯冲过程中大量脱水引起的上地幔物质部分熔融。该熔融体在菲律宾海板块局部薄弱地区穿透上涌。纪伊半岛下方较浅的地幔熔融体来源于此，上升的熔融体又进一步促进了菲律宾海板块的脱水作用；从而，板块中含水物质的脱水作用使大量流体进入地幔楔中，并伴随有频繁的板内地震发生。80km 深度切片中，本州西部近日本海沿岸火山下方分布明显的低速条带，与 Nakajima 等成像结果较为一致，分析为深部熔融体沿俯冲的菲律宾海板块北部边缘上升至火山下方[3]。

俯冲带模型中存在一种地质现象称为板块撕裂。俯冲入海沟的大洋板块物质并非均匀，由于板块内岩石圈形成年龄的差异以及海山链等地质结构使俯冲角度和速度存在一定的差异；该差异使沿日本海沟和伊豆-小笠原海沟俯冲的太平洋板块在本州中部形成尖状形态；板块俯冲至 660km 间断面时弯曲板块转为平直，板块在日本海沟与伊豆-小笠原海沟接触区域发生撕裂现象。180km 深度以下的切片中清晰显示出俯冲的太平洋板块高速特征的间断，该深度上的异常反映要相对于其他研究者的成像结果较浅，说明板块撕裂的发生很可能是从这里开始。除此之外，转换震相以及震源机制方面的证据也都进一步证实了本州中部撕裂的存在。

## 参 考 文 献

[1] Zhao D, Ochi F, Hasegawa A. Evidence for the location and cause of large crustal earthquakes in Japan[J]. Journal of Geophysical Research, 2000, 105: 13579~13594.

[2] Obayashi M, Yoshimitsu J, Fukao Y. Tearing of stagnant slab[J]. Science, 2009, 324: 1173~1175.

[3] Nakajima J, Hasegawa A. Tomographic evidence for the mantle upwelling beneath southwestern Japan and its implications for arc magmatism[J]. Earth and Planetary Science Letters, 2007, 254: 90~105.

（26）海洋地球物理

# 海水密度的地震海洋学反演

## Inverting Seawater Density by Seismic Oceanography

陈江欣[1,2*]　宋海斌[1]　拜　阳[1,2]　Luis Pinheiro[3]

Chen Jiangxin　Song Haibin　Bai Yang　Luis Pinheiro

1. 中国科学院地质与地球物理研究所，中国科学院油气资源研究重点实验室　北京 100029;

2. 中国科学院研究生院　北京 100049;

3. Departamento de Geociências and CESAM, Universidade de Aveiro, 3800 Aveiro, Portugal.

海洋多道反射地震方法在过去的几十年里被广泛应用于海底油气资源与地壳结构演化的研究。2003年，Holbrook 在 Science 上发表了应用海洋反射地震方法研究海水温盐细结构的论文，提出了利用海洋多道反射地震方法研究海洋学现象的一种新方法——地震海洋学。迄今，地震海洋学家已经利用该方法研究刻画水团边界、海洋锋、黑潮、中尺度涡和热盐阶梯结构等，以及利用该方法计算内波谱、海洋结构的耗散率和海洋地转流速等。

海水物理性质参数的反演是利用地震海洋学方法研究海洋学现象的关键，是进行地震海洋学定量研究的重要桥梁。海水的密度是研究海洋动力学重要的物理性质，海水密度控制海洋中地转流、环流等很多动力学过程。由于海水的流动性以及海水密度的变化范围较小，很长时间以来并没有比较好的精确地从地震剖面反演得到海水密度的方法。在分析波阻抗、密度、声速、温度、盐度和压强之间关系的基础上，我们发现波阻抗与海水密度具有单调的变化关系，通过给定背景盐度场与压强场，利用波阻抗信息可以直接反演得到海水密度。

利用波阻抗、背景盐度场和压强场计算海水密度的基本前提是：①通过合理的地震处理与反演方法能够得到质量比较高的波阻抗剖面，波阻抗能够基本反映海水密度与声速的共同作用；②对于某一研究海域，海水盐度的分布变化不大，并且可以通过历史数据或者实测数据获得；③海水压强与海水深度成近似线性关系，并且通过一定的计算方法能够得到正确的压强随深度变化的数据。

我们用 2007 年 GO(Geophysical Oceanography)项目中在 Cadiz 湾采集得到的 GO-LR-12 测线经过保幅处理以后的叠加剖面进行计算分析。XBT 测量的数据为温度数据，缺少盐度数据。为了解决这个问题，GO 项目组利用整个观测区域的 CTD 资料拟合出温盐关系，由此得到每个 XBT 处相应的盐度数据。测线上共有 24 个 XBT 剖面，我们按照顺序对其编号，利用 12 口奇数井进行基于模型的联合反演，得到波阻抗与海水密度等数据；另外 12 口偶数井作为对比井，用于进行计算结果的对比，反演使用的工具为 Geoview 中的 STRATA 模块。为了得到背景盐度和压强场，我们利用 12 口奇数井线性插值得到整个剖面的背景盐度场。利用海洋学深度—压强转换公式以及地震剖面时深转换方法，我们通过给定初始深度进行迭代，计算得到准确的背景压强场。利用插值得到的盐度场、迭代计算得到的压强场和反演得到的波阻抗数据，我们进行迭代反演计算，通过不断减小误差最终得到深度域的海水密度剖面。通过约束数据与对比数据的对比分析，反演得到的海水密度与实际海水密度的绝对误差能够控制在 0.05kg/m$^3$。

地震海洋学方法能够提供更高横向分辨率以及更多的海水物理性质信息。由于新的地震海洋学联合反演方法能够得到海水密度等数据，这对于海洋的运动学以及动力学研究提供了更进一步的研究方法和研究方向。

### 参 考 文 献

[1] 宋海斌，等. 用反射地震方法研究物理海洋—地震海洋学简介[J]. 地球物理学进展, 2008, 23(4): 1156～1164.

[2] Ruddick B, et al. Water Column Seismic Images as Maps of Temperature Gradient[J]. Oceanography, 2009, 22(1): 192~205.

[3] Papenberg C, Klaeschen D, Krahmann G, et al. Ocean temperature and salinity inverted from combined hydrographic and seismic data[J]. Geophys. Res. Lett., 2010, 37: L04601.

（26）海洋地球物理

# 论菲律宾海板块的大地构造单元划分

# Discussion on the tectonic partition of the Philippine Sea Plate

范建柯[1,2*] 吴时国[1] 董冬冬[1]

Fan Jianke[1,2] Wu Shiguo[1] Dong Dongdong[1]

1. 中国科学院海洋研究所，海洋地质与环境重点实验室 青岛 266071; 2. 中国科学院研究生院 北京 100049

菲律宾海板块地处欧亚板块、太平洋板块和印澳板块的汇聚地带，覆盖面积约为 $5.4\times10^6km^2$，周围几乎全被深海沟所围绕。菲律宾海板块的东部边界由北向南依次为伊豆—博宁—马里亚纳海沟、雅浦海沟、帕劳海沟和阿玉海槽。西部边界由北向南主要是日本南海海槽、琉球海沟、马尼拉海沟和菲律宾海沟。由于周边俯冲带的发育，菲律宾海板块内部的地质构造非常复杂，而海底构造探测的局限性，使得对海底构造的研究大部分依赖于地球物理学的理论与方法技术。本文依据刘光鼎院士的块体构造理论，结合国内外对西太平洋海区的最新研究成果，在对海底地形地貌、地球物理场、构造演化、地壳年龄等资料的综合分析的基础上对菲律宾海板块进行了初步的大地构造单元划分。

根据地球物理、地质构造等方面的差异，我们将菲律宾海板块划分为三大块体：西菲律宾海块体、四国—帕里西维拉块体和伊豆—博宁—马里亚纳（IBM）块体。首先讨论重力异常差异。菲律宾海板块重力异常差异，特别是布格重力异常差异明显。九州—帕劳海脊表现为横向上狭窄而且纵向上不连续的重力低值，其两侧重力异常差异较大，形成了一条明显的界线，地形上也表现出类似的特征。海脊西侧的菲律宾海板块部分重力异常较为复杂：西菲律宾海盆具有最高的布格重力异常（其南部异常值已超过 550 mGal），而大东脊省与本哈姆海台是海盆内布格重力异常最低的地方。海脊东侧的四国—帕里西维拉海盆布格重力异常小于西菲律宾海盆，但仍具有比较均匀的较大绝对值。而伊豆—博宁—马里亚纳岛弧表现为较宽的连续重力低值，与板块的其余部分形成强烈对比。其次各部分的岩石圈结构、形成年代具有较大的差异。九州—帕劳海脊被认为是古伊豆—博宁—马里亚纳弧盆系统的残留岛弧。九州—帕劳海脊以西是西菲律宾海盆、大东脊省、帕劳海盆等，演化较为复杂，年龄也较老，西菲律宾海盆年龄在 55～33Ma，大东脊省和帕劳海盆年龄都在中生代；而九州—帕劳海脊以东是四国—帕里西维拉海盆，形成于 30～15Ma，属于典型的弧后扩张盆地，已停止扩张。四国—帕里西维拉海盆东部是伊豆—博宁—马里亚纳弧盆系统，两者的分界线是南本州—西马里亚纳岛弧西边缘，从 10Ma 开始出现岛弧裂张，马里亚纳海槽已形成了真正意义上的洋壳。

依据年龄、地壳性质及其它地质地球物理证据，西菲律宾海块体进一步划分为五个次级构造单元：西菲律宾海盆、大东盆岭、帕劳海盆、花东海盆和吕宋岛弧。加瓜海脊是花东海盆与西菲律宾海盆的分界线。西菲律宾海盆和帕劳海盆的分界线为棉兰老断裂。大东盆岭与西菲律宾海盆的分界线为冲大东脊南缘。吕宋岛弧与花东海盆和西菲律宾海盆的分界线为北吕宋岛弧东缘和东吕宋海槽。西菲律宾海盆年龄为新生代，大东盆岭、帕劳海盆、花东海盆洋壳年代为白垩纪。大东盆岭被认为是残留弧或大陆残片，吕宋岛弧具有明显的陆壳性质。大东盆岭、帕劳海盆和花东海盆可能是中生代特提斯构造演化的东延部分。四国—帕里西维拉块体分为两部分：四国海盆和帕里西维拉海盆，两者以索夫干断裂为界。四国海盆的扩张开始于北部，然后向南迁移。最初的扩张为晚渐新世约 30Ma，方向为 ENE-WSW，在 19Ma 扩张方向变化到 NE-SW 向。帕里西维拉海盆的扩张开始于南端，然后向北迁移。最初的扩张方向为 E-W，在 20Ma，扩张方向变化到 NE-SW。伊豆—博宁—马里亚纳块体分为北部的伊豆—博宁岛弧和南部的马里亚纳岛弧，两者的分界线为博宁高原的南缘沿线。伊豆—博宁岛弧处于岛弧张裂的初始阶段，而马里亚纳岛弧已出现了真正的洋壳——马里亚纳海槽，年龄约为 6Ma。根据地震活动性的分布及层析成像的结果，太平洋板块沿伊豆—博宁海沟的俯冲板片角度约为 60°，而且在地幔转换带发生弯折并向前水平延伸约 2000km。而太平洋板块沿马里亚纳海沟的俯冲板片以近于直角的形态下插到下地幔，并在下地幔堆积。

本文的研究内容受资料所限，划分方案仍有不完善之处，下一步需扩展并深入分析已掌握的文献资料，进行其它地质地球物理方向的研究，进一步改进菲律宾海板块的大地构造单元划分方案。

## 参考文献

[1] 刘光鼎. 中国海区及邻域地质地球物理场特征[M]. 北京:科学出版社, 1992.

[2] 张训华, 孟祥君, 韩波.块体与块体构造学说[J]. 海洋地质与第四纪地质, 2009，29(5): 59~64.

（26）海洋地球物理

# 东海及邻区居里面分析

# Analysis of Curie Interface in the East Sea and Adjacent Regions

高德章*

Gao dezhang

中国石油化工股份有限公司上海海洋油气分公司研究院 上海 200120

**1. 前言**

居里面是铁磁性物质到达居里点温度时的一个温度界面。居里面以上，含铁磁性物质的岩石表现有磁性，产生磁场；居里面以下，含铁磁性物质的岩石则表现为无磁性，不产生磁场。基于此特征，居里面也是一个具磁性岩石的底界面，可以通过对磁场的处理、解释求取居里面的埋深和起伏。

居里面的展布特征研究，有助于认识地壳的深部结构、地热场的分布特征、油气成藏的作用等。

**2. 东海及邻区地学成果**

东海及邻区，开展过多次地球物理调查工作，重、磁成果基本全覆盖，二维地震在东海陆架地区也基本全覆盖。基于这些成果，前人做过相当多的研究工作，取得很多研究成果。东海地区岩石圈三维结构研究，作为一项基础性的地学研究，综合应用了重、磁、地震、地热等成果，在该区建立了沉积基底面、莫霍面、岩石圈底界面等三个地学界面；D270、D656 二条深达岩石圈底界面的地学断面；一幅岩石圈三维结构分区图。该项研究成果论述的分区：

一级单元：欧亚板块、菲律宾板块。

二级单元：欧亚板块内自西向东划分出五个：浙闽隆起、东海陆架盆地、钓鱼岛岩浆岩带、冲绳海槽大陆裂谷、琉球隆褶区。

三级单元：东海陆架盆地划分了五个凹陷、琉球隆褶区划分了二个坳陷。

**3. 居里面求取**

采用全覆盖的航空磁力 $\Delta T$ 异常成果作为数据基础，选用全磁纬变倾角化极技术，将磁力 $\Delta$T 异常转换为垂直磁化磁场垂直分量，表示为磁力 $\Delta Z_{\perp}$ 异常。选用小波分解技术对磁力 $\Delta Z_{\perp}$ 异常进行位场分解，依据已有的认识，对分解结果进行分析对比，认为三阶逼近场的结果主要与居里面的埋深和起伏相关。在此认识的基础上，采用单一界面反演技术求取居里面的埋深和起伏。反演参数：平均深度 17km，磁化强度 $334\times10^{-3}$ A/m。

**4. 居里面初析**

（1）居里面埋深 13km 至 22km，等深线圈闭的长轴方向、等深线密集带延伸方向表现为北北东向。

（2）岩石圈三维结构二级单元的分区界线与居里面等深线密集带对应，表明居里面对二级单元有一定的控制作用。

（3）浙闽隆起区、钓鱼岛岩浆岩带整体与居里面下凹对应，最深可达 22km 左右。表明这二个二级单元，磁性地层发育，地温梯度 3℃/100 米±。

（4）冲绳海槽大陆裂谷大部分区域与居里面上凸对应，最浅 15km 左右，表明此区地温梯度较大，达 4.3℃/100 米±，佐证了对其大陆裂谷的命名。

（5）东海陆架盆地南部，除瓯江凹陷与居里面上隆对应外，其余部分均与居里面下凹对应。瓯江凹陷处于地温较高的位置，有利于提高油气藏的成熟度。

（6）东海陆架盆地北部，居里面起伏相对较小，埋深 13km 至 18km，地温梯度大于 3℃/100 米，有利于提高油气藏的成熟度，西湖凹陷油气开发的成功可以证实此推测的准确度。

**参考文献**

[1] 高德章，赵金海，薄玉玲，等. 东海重磁地震综合探测剖面研究[J]. 地球物理学报，2004，47（5）：853~861.
[2] 高德章，赵金海，薄玉玲，等. 东海及邻近地区岩石圈三维结构研究[J]. 地质科学，2006，41（1）：10~26.
[3] 赵百民，郝天珧. 反演磁性地质界面的意义与方法[J]. 地球物理学进展，2006，21（2）:353~359.

（26）海洋地球物理

# 台湾—吕宋巴士段双岛弧形成机制的热模拟研究

# Thermal Simulation Study on Mechanism of Double Island Arc along Bashi Segment of Taiwan-Luzon

高 翔[1,2] 张 健[2] 吴时国[1*]

Gao Xiang[1,2] Zhang Jian[2] Wu Shiguo[1*]

1. 中国科学院海洋研究所海洋地质与环境重点实验室 青岛 266071;
2. 中国科学院研究生院计算地球动力学重点实验室 北京 100049

俯冲带岛弧形成机制的热模拟研究是俯冲带构造热演化研究的重要方面，也是验证地表观测结果的重要方法。研究发现，岛弧火山形成的位置与俯冲带内水的运输和俯冲板块的运动参数（俯冲角度、速度等）密切相关[1]。火山学研究表明，台湾—吕宋火山岛弧由北向南在巴士海峡内分叉为西火山链（WVC）和东火山链（EVC），WVC 岩浆活动停息于 4～2Ma，EVC 岩浆活动完全在第四纪，双岛弧时空上的差异被认为是南海俯冲板块在深处撕裂后上浮而引起的特殊构造现象[2]。本文运用有限元数值模拟方法，根据台湾—吕宋巴士段岛弧之下俯冲带的地质构造状况和运动学等因素建立计算模型，求解本区的热演化过程，并结合岩石学实验结果，从热力学的角度分析双火山链的形成机理。

台湾—吕宋巴士段双岛弧是菲律宾海板块向南海板块仰冲形成的俯冲带型火山弧。在巴士海峡内，火山弧由大约 20 个火山组成，火山中心分布在 18°～22°N 之间的三角形区域内，在空间分布上，火山弧在巴坦岛附近（20°N）分叉为 EVC 和 WVC，二者在地貌特征、喷发年龄和岩石地球化学特征等方面都存在明显差异。EVC 向南终止于卡爪山，WVC 则一直向北吕宋方向延伸。EVC 和 WVC 在 18°N 附近的间距约为 50 km，在这一区域内没有出现明显的地震和火山活动。

岛弧火山活动与俯冲带的热结构密切相关。俯冲带的热结构决定俯冲板块内含水矿物的脱水位置及地幔岩石发生部分熔融的位置。实验研究表明俯冲板内绝大多数的含水矿物（如：蛇纹石、角闪石和滑石等）在相对较浅的位置即会脱水，而含水约 13 wt%的绿泥石在较高温度下依然可以保持稳定。在俯冲带内，俯冲板块在较浅位置脱掉的水进入上覆地幔并与地幔岩石发生反应生成绿泥石，绿泥石随着因俯冲产生的地幔楔角落流沿着俯冲板块向下运动，当富含绿泥石的岩石内温度达到脱水温度，并且脱掉的水进入温度高于水饱和固相线的岩石时，即会产生岩浆活动，从而形成岛弧火山。

计算采用的粘性流方程为：

$$\nabla \bullet \vec{v} = 0 \tag{1}$$

$$\nabla \bullet \sigma' - \nabla P + \rho_0 \alpha (T_0 - T) g = 0 \tag{2}$$

其中，$\vec{v}$ 为流速度，$\sigma'$ 为偏应力张量，$P$ 为压力，$\rho_0$ 是在参考温度 $T_0$ 时的参考密度，$T$ 为温度，$\alpha$ 为热膨胀系数，$g$ 为重力加速度。

计算采用的热传导方程为：

$$c\rho \frac{\partial T(t)}{\partial t} + c\rho \vec{v} \cdot \nabla T(t) = k \nabla^2 T(t) + Q_f(T) + Q_r \tag{3}$$

其中，$c$ 为比热，$\rho$ 为密度，$t$ 为时间，$\vec{v}$ 为板块相对运动速率，$K$ 为热导率，$Q_f(T)$ 为摩擦剪切热，$Q_r$ 为放射性产热。

通过对计算结果的分析，我们发现台湾—吕宋巴士段岛弧之下俯冲带洋壳内的含水矿物在很浅深度（约 30km）即开始脱水，绝大多数含水矿物在深度 60km 深处已完全脱水。地幔岩石与水反应生成的绿泥石随着地幔楔角落流向下运动，在深度 90～120km 范围内发生脱水反应，致使上覆高温地幔岩石发生部分熔融，形成岛弧火山活动。结合台湾—吕宋岛弧火上的整体分布，我们认为双岛弧之下的俯冲板块在没有上浮之前，板块的俯冲角度应与其两侧的俯冲角度保持一致（俯冲角度较陡，>60°），因此，火山位置更接近海沟。而在板块撕裂之后，由于俯冲角度的快速变小，同时俯冲带内形成岩浆的深度变化不大，因此，火山的位置会远离海沟，最终，导致双岛弧的产生。

（26）海洋地球物理

# 用高频声学影像观测海底冷泉

# To Find Cold Seepage Using High-frequency Acoustics Image

关永贤[1]　刘胜旋[1]　宋海斌[2]

Guan Yongxian　Liu Shengxuan　Song Haibin

1. 广州海洋地质调查局　广州 510760; 2. 中科院地质与地球物理研究所　北京 100029

近年来，利用高频声学设备如多波束测深系统、侧扫声纳、浅层剖面仪等进行水体声学影像测量，应用于探测渗漏型水合物喷泉、海洋内波和涡旋，甚至渔群分布情况，成为一个新兴的手段，取得了一定的成果。其原理是上述现象能够使声波在海水层中产生散射，利用声学设备记录其声波散射信息，形成二维或三维的影像图，可在航迹的纵、横方向上进行切片显示，其分辨率可达到15cm甚至更小，可直观、详细观察水体的物理特性。

2005年，德国基尔大学海洋科学研究所的Schneider von Deimling等，利用SEABEAM 1000型多波束测深系统在北海气田（50m水深）测量到了天然气泄漏气泡柱（海底火焰），在黑海（400m水深）测量到了强度更弱的海底冷泉气柱。

加拿大新布伦斯维克大学（UNB）海洋制图小组（OMG）的John E. Hughes Clarke博士等在水体影像应用方面的研究一直处于世界领先位置，并率先推出商用软件产品。其2006就开始了利用水体影像进行水下障碍物最浅点的研究，曾利用EM3002多波束系统得到水体声学影像图，发现沉船桅杆的最浅点。2009年在加利福尼亚北部沿海2500m水深处观测到1400m高的天然气泄漏气泡柱（海底火焰）。此外，OMG还利用多波束的水体观测功能研究物理海洋现象，观测到水体声速梯度层、涡旋、内波等物理海洋现象，分辨率足够时可观测到海底喷泉，甚至可观测到海洋鱼群的影像。

2010年，栾锡武等利用俄罗斯调查船“Akdemik Lavrentiev”于2006年在鄂霍次克海取得的调查资料，对海底冷泉喷口分布及冷泉与水合物成藏关系进行研究，该区水深200m～1300m，从多波束水体声学影像剖面图发现数个冷泉气柱，气柱高度200～400m，宽度100～150m，并使用侧扫声纳进行了冷泉喷口的确认。

从上述的例子可以看到，高频水体声学影像，是观测和研究水体的有效手段，声纳、浅剖、多波束基本都具备这个选项功能。相对而言，多波束具有更大的优势，可进行三维甚至四维观测，可在横向和纵向甚至任意方向上切片显示，可直观地观察大型的异常水体，与物理海洋学方法相比，实现了从分散的点状观测到大范围的立体观测，更具有革命性的进步。

水体声学影像对海洋测绘是一个增强功能，在以前，受计算机技术的限制，此类数据处理工具非常有限。目前使用较多的软件是来自加拿大的CARIS HIPS/SIPS、Fledermaus等，其中HIPS&SIPS是通用的多波束处理软件，拥有大量的用户，应用基础较好，从7.1.1版起开始支持Kongsberg系列和Reson的水体观测影像数据，可进行编辑、滤波、成像等工作。同样来自加拿大的Fledermaus & IVS 3D，是一款专注于海洋成图、海道测量和地球科学领域前沿的3D可视化、分析和处理系统，从7.2版开始，增加了独立的水体声学图像处理软件FM Midwater，是一个四维的水体数据特征提取和三维可视化工具，支持的文件格式更加广泛，包括单波束和多波束、浅剖、声纳等，简单易用，从原始数据到成果输出，处理流程无缝实现，在测量、调查、勘探、渔业等领域均有应用。

我国目前已经引进的多波束系统基本属于主流的产品，如Kongsberg Simrad的EM系列、Elec的SeaBeam系列、Reson的Seabat系列等，基本上具备水体声学影像数据记录功能，不需要进行硬件改造，只需要较低的成本购买软件许可，即可实现水体影像数据的采集。遗憾的是，这一优秀功能长期被国内的用户忽略，代理商和厂家也很少推荐购买该模块。在过去的十多年里，我国已经实施的中深水多波束勘测中，绝大部分没有进行水体影像资料的采集，可以说是错失了大规模观测水体的良好机会，这是十分遗憾的事情。随着大家对水体观测的重视，目前国家海洋局和地调局的有关单位已经或正在引进观测模块，在今后的多波束测量作业中，水体观测将成为常规的手段。

## 参 考 文 献

[1] 栾锡武, 等. 海底冷泉在旁侧声纳图像上的识别[J]. 现代地质，2010，24(3):16~23.

[2] John E. Hughes Clarke. Applications of multibeam water column imaging for hydrographic survey[M]. The Hydrographic Journal, 2006.

（26）海洋地球物理

# 基于主成分分析的自组织竞争神经网络实现海底底质分类

# Self-Organization Competition Neural Network Based on Principle Component Analysis in Seafloor Classification

郭 军

Guo jun

国土资源部广州海洋地质调查局 广州 510760

目前针对海底底质的分类方法大致分为两类：一类是基于数理统计学的识别；一类是基于人工智能分类器（如神经网络）[1]。前者预先假定海底底质的类别，该方法取决于所选的数理统计模型如何反映真实的海底底质，在复杂海底区域实施较为困难。后者则不需要预先假定底质的类别，能够整合多源数据，提高分类效率，且抗噪声能力强。

自组织神经网络是一种没有导师监督学习方式的神经网络，该网络与人脑中生物神经网络的学习模式类似，即可以通过自动寻找样本中的内在规律和本质属性，自组织、自适应地改变网络参数与结构，自行分析、比较样本的内在规律，并对具有共同特征的样本进行分类。鉴于该网络的优点，可采用其来进行海底底质的自动分类：提取特征矢量，构建神经网络，训练网络，输出分类结果。

**1. 特征矢量提取**

不同类型的底质在声图上构成的纹理结构是不同的[2]，为此可利用纹理来进行海底底质的分类。灰度共生矩阵可用来描述纹理特征，其反映了图像灰度关于方向、相邻间隔及变换幅度的综合信息，描述了矩阵元素等于在角度的方向上相距的灰度级为和的像素对出现的概率。采用 7 个纹理统计特征来构建灰度共生矩阵：反差、方差、熵、逆差距、角二阶距、灰度相关和灰度均值。

**2. 主成分分析**

由于不同类别的底质在上述纹理统计特征量上存在着不同程度的交叉，若直接利用其作为海底底质的特征矢量进行分类，会引起数据的冗余，降低分类的效率，导致出现错分现象。为此，对上述纹理特征有必要进行主成分分析，已达到降维和减少冗余信息的目的。

设 $\lambda_i$ 为变换矩阵 $U$ 的特征值，将其按 $\lambda_1 \geq \lambda_2 \geq \cdots \lambda_n$ 排列，令 $V = \sum_{i=1}^{d} \lambda_i / \sum_{i=1}^{n} \lambda_i$ 为前 $d$ 个主成分的累积贡献率，$V$ 可作为对声图特征信息进行主成分分析后保留多少主分量的衡量准则。究竟采用几个主成分来代替原始的 7 个特征矢量才合适呢？通常的做法是取较小的 $d$，使得前 $d$ 个主成份的累积贡献率不低于某一个水平（通常为 85%）。

**3. 自组织竞争神经网络**

自组织竞争神经网络的基本思想是网络竞争层的各个神经元通过竞争来获得对输入模式的响应机会，最后仅有一个神经元成为竞争的胜利者，并将于获胜神经元有关的各连接权值向着更有利于竞争的方向调整。该网络具有自组织、自竞争的能力。

**4. 实例分析与结论**

以侧扫声纳图像为例，提取泥土、沙地、岩石、沙砾、泥沙五类底质样本图像，分为训练集和测试集两组，每组 40 个样本。第一组用于神经网络的学习和训练，第二组用于神经网络的测试。分类结果显示，训练集仅出现一个错分现象，测试集未出现错分现象。整体分类精度达到了预期的分类要求，取得了较好的分类效果。为了验证该方法的有效性，采用传统的最大似然法和基于 BP 神经网络法与之进行比较。结果显示，该方法的分类精度均高于传统的分类方法，错分现象显著减小，验证了该算法在海底底质分类中的有效性和可行性。

**参 考 文 献**

[1] Hurst S D，Karson J A. Side-scan sonar along the north wall of the Hess Deep Rift：processing，texture analysis，and geologic ground truth on an oceanic escarpment[J]. Geophys Res., 2004，109(10): 1029~1030.

[2] Carmichael D R，Linnett L M，Clarke S J，et al. Seabed Classification Through Multifractal Analysis of Sidescan Sonar Imagery. Radar，Sonar and Navigation[J]. IEEE Proceeding，1996，143(3): 140~148.

（26）海洋地球物理

# 南海西沙地块深部地壳结构的地震学研究

# Seismological study of the deep crustal structure on Xisha Block in the South China Sea

黄海波[1*] 丘学林[1] 徐辉龙[1] 赵明辉[1] 胥 颐[2] 郝天珧[2]

Huang Haibo[1*] Qiu Xuelin[1] Xu Huilong[1] Zhao Minghui[1] Xu Yi[2] Hao Tianyao[2]

1. 中国科学院南海海洋研究所 广州 510301；2. 中国科学院地质与地球物理研究所 北京 100029

西沙地块发育在南海西北部大陆坡之上，位于印支板块、欧亚板块和南海的交汇处，其北临西沙海槽，东部是西北次海盆，东南为中沙海槽和中沙群岛，南面是西南次海盆，西面与中建海台相望。该区的形成与发展主要受断裂构造控制，其形成与发展主要与南海的多期扩张活动有关，记录了许多南海演化历史的重要信息。对该区进行地震探测，了解其地壳和上地幔结构对研究南海动力学及演化过程具有十分重要的作用。

由于南海西北部海域缺少地震和台站分布，使得利用天然地震进行深部构造研究受到限制。因此在西沙地块岛礁区布设流动地震台和固定地震台，能够在一定程度上弥补南海西北部天然地震观测的不足。西沙地块目前有一个固定地震台站永兴台，该台站自 2001 年开始运行，至今仍正常工作；另外有两个流动地震台石岛台和琛航台，分别架设于 2001 年和 2008 年，记录周期均为一年左右。丘学林等人[1]和阮爱国等人[2]分别根据石岛台记录到的远震数据对台站下方地壳结构和各向异性做了初步研究，结果显示石岛下方地壳结构分为上下两层：上地壳为一速度梯度带，厚度 8km，顶部存在 2km 厚的碳酸岩沉积；下地壳存在明显低速层，横波速度仅为 3.6km/s；SKS 震相的快波方向为近 EW 向，推断其与地幔东西向流动有关。黄海波等人[3]利用接收函数方法对琛航台和永兴台下方地壳结构也做了详细探讨，获得了台站下方的地壳结构信息。西沙地块的天然地震研究表明：西沙地块顶部存在 2km 厚的低速层，为新生代碳酸盐沉积；上地壳为一速度梯度带，厚度 8～10km，横波速度由 3.4km/s 增加到 3.8km/s；下地壳为一明显低速层，厚度达到 12km，平均横波速度只有 3.5km/s；莫霍面埋深 26～28km，也表现为一速度梯度带，横波速度从 3.8km/s 变化到 4.6km/s。西沙地块的天然地震观测使我们得到了该地区较为详细的地壳、上地幔一维横波速度结构，积累了岛礁区流动台站架设和数据处理方面的经验。然而，西沙地块分布的地震台站仍相对较少，因此无法研究地壳结构在水平方向上的变化特征。

为了弥补西沙地块天然地震研究在水平方向上的不足，我们于 2011 年 4 月份和 6 月份分别在西沙地块的东南和西北两侧实施了两条海陆联测测线。其中，西北侧测线北起海南岛陆架区，向南穿过琼东南盆地与西沙地块相接；东南侧测线起始于西沙地块南部陆坡区并到达西南次海盆；沿两条测线各投放 20 台海底地震仪(OBS)，其中离琛航岛最近的 OBS 其距离只有 33 千米左右。在海底布设 OBS 的同时，我们还在琛航岛上架设了两台流动台站进行同步观测，岛上台站能够有效地约束岛礁附近的深部结构。本文对靠近琛航台的 8 个 OBS 记录震相进行了拾取，这些震相包括来自于沉积层的折射震相 Ps、地壳中的折射震相 Pg、莫霍面反射震相 PmP 和地幔顶部折射震相 Pn，部分台站还拾取到来自于康拉德界面的反射震相 PcP。通过建立初始模型，利用射线追踪方法对这些震相进行了正演拟合，最终获得了测线下方的二维纵波速度结构。结果表明：西沙地块的地壳结构表现出不同程度的减薄特征；地壳厚度在岛屿下方达到最大，莫霍面埋深 24～25km，向外阶梯状减薄，其 NW 侧沉积基底在 120～180km 段埋深较大，莫霍面强烈抬升至 18km 左右，说明该段的基底地壳受拉张减薄作用最为强烈，可能具有与西沙海槽类似的裂谷特征；SE 侧测线下方地壳结构具有由陆向洋转换的特征，地壳最薄处其莫霍面埋深仅为 17km；对于琛航台下方无人工地震数据约束地区，天然地震结果可以做其补充，两种方法的模拟结果较为吻合。

西沙地块地震学研究提供了该地区地壳岩石层的地震波速度和地壳厚度等信息，为探讨该地区的构造属性、演化历史及其与华南陆块的成因联系提供了重要的科学依据，也为南海其它岛礁区的深部结构研究提供了参考。将人工地震探测同天然地震观测相结合，能够更为全面地揭示西沙地块的深部地壳结构特征，是研究南海岛屿和岛礁地区深部结构的有效方法之一。

## 参 考 文 献

[1] 丘学林, 等，南海西沙石岛地震台下的地壳结构研究[J]. 地球物理学报，2006，49(6): 1720~1728.
[2] 阮爱国, 等. 石岛地震台远震记录反演研究[J]. 海洋学报，2006，28(2): 87~91.
[3] 黄海波, 等. 利用远震接收函数方法研究南海西沙群岛下方地壳结构[J]. 地球物理学报，2011，54(11): 2788~2798.

（26）海洋地球物理

# 利用地震海洋学方法估算南海中尺度涡的地转剪切

# Estimation of geostrophic shear from seismic image of mesoscale eddy from South China Sea

黄兴辉[1,2*] 宋海斌[1]

Huang Xinghui Song Haibin

1. 中国科学院地质与地球物理研究所，中国科学院油气资源研究重点实验室 北京 100029;
2. 中国科学院研究生院 北京 100049

中尺度涡在海洋中广泛分布、大量存在。其生成、演化及消亡过程无不伴随有能量的吸收与耗散，因而对它的观测与研究是认识海洋内部能量传递机制的关键。由于传统的海洋学观测手段多为定点观测，横向分辨率一般较低且观测一个站位需要的时间较长，很难看到涡旋的空间结构。海流速度是描述涡旋的重要参量，物理海洋学家经常在‘地转平衡’的假设前提之下，利用易于直接测量的海洋学数据（温度、盐度等）计算水平速度的斜压分量，比较常用的方法有 Helland-Hansen 公式方法和 β 螺旋方法等。当然，计算结果的空间分辨率比较低，海流速度的空间分布是难以企及的。随着卫星遥感技术的发展及其在海洋学研究中日渐广泛的应用，海面高度数据也经常被用于识别中尺度涡和计算海表面地转流速度。卫星遥感观测可以实现连续观测和全球覆盖，但是其时空分辨率都较低，且只能得到涡旋和地转流速度的海表面数据，在中尺度涡的研究中只能起到辅助的作用。

地震海洋学的诞生与发展为海洋学研究提供了一个全新的观测手段，其高横向分辨率和对观测海域快速全深度成像的优势打开了海洋学研究的新局面。地震海洋学方法估算地转剪切基于以下两点假设：①‘地转平衡’假设。其成立的程度依赖于罗斯贝数（*Ro*）的大小，在 $Ro<<1$ 的情况下可认为近似成立；②反射同相轴与等密线是平行或重合的。这个假设在地震海洋学计算中的应用比较广泛，虽然没有经过充分的验证。Krahmann 等利用反射地震数据和 Yoyo-CTD 数据研究表明：当反射体的波长小于 800~2 800m 时可以近似认为反射同相轴与等密线是吻合的，这可以作为假设成立的佐证。这个假设的理论基础在于反射同相轴表征波阻抗的高梯度带或界面，而波阻抗为声速和密度的乘积，那么认为反射同相轴表征密度界面显然是具有一定合理性的。另外，我们的方法实际上利用的是等密线的倾角而并不拘泥于其空间形态，因而这个假设的成立程度是更高的。

地转流是流体的水平压力梯度与地球自转共同作用的结果，其大小只与等压面倾角、重力加速度和地转参量有关。在目前的观测水平之下几乎不可能得到精确的等压面倾角，因此，人们通常对地转方程稍作简化后将地转流的 $z$ 向梯度表示为密度的水平梯度或等密度面倾角的函数。传统海洋学研究中坐标系的定义方式一般为以东向、北向和垂直向上为 $x$ 轴、$y$ 轴和 $z$ 轴的正方向。由于一般情况下地震测线方向并非沿着坐标轴布设，利用地震海洋学方法进行地转剪切的计算和表示过程中存在一定的困难。为此，定义坐标系如下：以地震测线方向为 $x$ 轴正方向，在水平面上逆时针旋转 90°为 $y$ 轴正方向，$z$ 轴正方向定义为垂直向上。新的坐标系之下地转方程同样成立，在实际计算过程中以反射同相轴的倾角替代等密度面的倾角。‘地转平衡’的假设在 $Ro<<1$ 的情况下成立，这要求用于计算的反射同相轴的长度和数据窗的宽度满足一定的条件，需要根据具体情况，比如计算区域的纬度、海水流速的量级等计算得出。

南海是西太平洋最大的边缘海。受地形、季风以及黑潮的影响，南海呈现出复杂的多涡结构。对南海的历史地震数据重新处理后，我们首次在本研究海域的地震剖面上看到了透镜状结构。它位于南海西南次海盆（~113.6°E，11.4°N），中心深度约为 450m，中心厚度约为 300m，半径约为 55~65km，具有典型的中尺度涡特征，综合解释为反气旋。我们利用地震海洋学方法估算了地转剪切，结合来自于卫星高度数据的海表面地转流速度进一步得到了绝对流速的垂向剖面。结果显示，流速的最大值约为 0.7m/s，出现在 400~450m 处，对应于涡旋的中心深度；整体呈现出顺时针的转动方向，说明它是一个反气旋结构。我们的研究表明地震海洋学是研究中尺度涡的有力工具，它将在中尺度涡的研究中发挥越来越重要的作用。

## 参 考 文 献

[1] Sheen K L, et al. Estimating Geostrophic Shear from Seismic Images of Oceanic Structure[J]. Journal of Atmospheric and Oceanic Technology, 2011, 28: 1149~1154.

[2] Krahmann G, et al. Evaluation of seismic reflector slopes with a Yoyo-CTD[J]. Geophys. Res. Lett., 2009, 36, L00D02.

（26）海洋地球物理

# 多波 AVO 数值模拟及其在南海北部储层地震识别中的应用初探

# Multi-wave AVO numerical simulation and its tentative application of reservoir seismic recognition in northern South China Sea

黄昱丞

Huang Yucheng

中科院海洋研究所　青岛 266071

**1. 引言**

南海北部边缘分布有众多沉积盆地。油气勘探表明，南海北部边缘盆地具有巨大的油气资源潜力及勘探前景。近几年相关研究证实，南海北部主要油气储层包括滨海相砂岩和台地碳酸盐岩。但火成岩的存在常常成为生物礁储层识别的严重干扰，本文探寻通过多波 AVO 属性分析技术将两者区分开来，以精确圈定油气分布。

**2. 火成岩地震属性**

南海北部陆缘在裂谷拉张和海底扩张期间岩浆活动平静，表明南海北部陆缘为非火山型陆缘。故南海北部分布的火成岩推测不是主要的油气储层。在常规剖面上致密高速火成岩（侵入岩和玄武岩）为强振幅反射；在波阻抗剖面上为高速度亮点的特征；在瞬时振幅剖面上为强包络面。具有一定储集层的火成岩速度较致密火成岩速度低，但仍然高于围岩速度，在常规剖面上的表现仍为中强反射，而在瞬时振幅剖面上表现为其强振幅包络面的能量有强弱变化的特征。

**3. 碳酸盐岩生物礁储层地震属性**

南海北部陆缘广泛发育碳酸盐岩台地，高孔隙度和多裂缝使得该地区成为油气聚集的优良场所，是除了海相砂岩之外最主要的储集层。陆架边缘的碳酸盐台地远离物源，陆源碎屑较少，是有利于生物礁发育的环境。南海生物礁及碳酸盐岩的发育具有南早、北晚和东早、西晚的发育规律，从整体上看中新世以后为发育繁盛期。南海北部生物礁在地震剖面上表现为丘状反射、强振幅、中频、中连和杂乱地震相。

**4. 多波 AVO 分析**

根据 Aki&Richards 和 Shuey 对 Zoeppritz 方程的简化，分别得到 P 波和 P-SV 波反射系数近似表达式：

$$R_{pp}(\alpha)=R_0+\left[A_0R_0+\frac{\Delta\sigma}{(1-\sigma)^2}\right]\sin^2\alpha+\frac{1}{2}\frac{\Delta v_p}{v_p}\left(\tan^2\alpha-\sin^2\alpha\right)$$

$$R_{ps}(\alpha,\beta)=-\frac{v_p\tan\beta}{2v_s}\left[\left(1-\frac{2v_s^2}{v_p^2}\sin^2\alpha+\frac{2v_s}{v_p}\cos\alpha\cos\beta\right)\frac{\Delta\rho}{\rho}-\left(\frac{4v_s^2}{v_p^2}\sin^2\alpha-\frac{4v_s}{v_p}\cos\alpha\cos\beta\right)\frac{\Delta v_s}{v_s}\right]$$

其中，$\alpha$、$\beta$、$\sigma$、$R_0$ 分别为纵波、横波入射角，泊松比均值和纵波法向反射系数。在 AVO 分析有效的小角度（小于 30°）情况下，通过进一步的简化，可将两个表达式分别表示成入射角 α 的简单函数：

$$R_{pp}(\alpha)=P+G\sin^2\alpha$$

$$R_{ps}(\alpha)=A\sin\alpha+B\sin^3\alpha$$

利用 $P$ 和 $G$ 以及 $A$ 和 $B$ 不同的线性组合，就可以得到不同地震属性剖面。对 Zoeppritz 解析方程及两种近似方法进行正演模拟，分析不同岩性参数下振幅系数的变化情况并用于实际地震剖面岩性标定与储层预测。利用纵波与转换波 AVO 属性进行综合解释可以减少单一波场 AVO 属性在解释应用中的不确定性，从而提高解释的精度和效率。

**5. 结论**

多波 AVO 分析在储层地震识别与含油气预测方面的应用对确立南海北部深水油气远景区及相关资源评价方面具有重要的参考价值。

参 考 文 献

[1] 陆基孟，王永刚．地震勘探原理[M]. 北京：地震出版社，2009.

[2] 崔世凌，杨泽蓉．火成岩储层的综合预测研究[J]. 石油物探, 2007，46(1):12~16.

（26）海洋地球物理

# 海上地震资料多次波压制方法综述及应用举例

# Reviews of Methods of Antimultiple in Marine Seismic Data Processing and its Examples of Application

贾连凯*

Jia Liankai*

中国科学院海洋研究所　青岛 266071

海上地震资料中广泛存在着各类多次波，严重影响了速度分析、叠加、偏移等资料处理过程，为后续的地质解释带来了困难，是海上资料处理的难点和重点之一。海上多次波种类较多，产生原因各样，必须对海上多次波特征进行调研后，有针对性地对不同类型多次波采用相应的有效压制方法。

海洋地震发育的多次波归纳起来主要分为两类：①由平缓海底或者平缓强波阻抗界面与海水面之间产生的多次波；②由崎岖海底或者起伏大的强波阻抗界面产生的多次波。当然从形成机理角度考虑，多次波大致也可分为以下几种[1]：①与海底有关的多次波，主要由于海底的影响，可以形成二次，甚至多次反射多次波，是全程多次波，在单跑记录上比较容易区分，另外，这类多次波在时间上基本上是水底双程旅行时的倍数；②与虚反射有关的多次波，地震波在水下激发时，除了往下传播产生一次反射波外，还直接向上传播，再经水面向下传播产生虚反射，这类多次波的极性与一次反射的极性相反，并有时间为 $\tau$ 的延迟，这里 $\tau$ 为震源到水面垂直双程旅行时；③主要是由于地层内部形成的多次波以及海底、地层形成的多次波的组合，很难从周期上进行区分。

多次波的识别很重要，它引导着我们在处理过程中衰减多次波与多次波处理过程中去掉一些参数的设置。识别多次波主要依据有：①叠加剖面上产生二次或多次波反射的反射界面；②道集动校正后同相轴向下弯曲，近道一阶多次波出现的时间约为同一界面一次波时间的两倍；③速度谱上，速度与一次波速度大致相同。

不同类型的多次波应用相应的压制方法效果才会明显。另外，单一方法往往不能有效压制所有多次波，综合压制法能够取得较好的效果。本文对几种典型的压制多次波方法进行了详细总结、分析并加以对比，同时对南海某工区地震资料进行了试验，最后对多次波压制方法给出了自己的认识和建议。

总体说来，压制多次波的方法也分为两类[2]：①几何地震学方法或几何滤波类方法，基于有效波和多次波之间的可分离性和其他差异性（如时差差异）预测与压制多次波，典型方法有预测反褶积、CMP 叠加、$f$-$k$ 滤波、 $\tau$-$p$ 变换、抛物线 Randon 变换等；②波动方程预测减去法，基于弹性波动理论，通过模拟或反演方法预测原始数据中的多次波，继而从原始数据中通过匹配法减去所预测的多次波。

在衰减多次波领域中，叠前衰减多次波的方法是近年来的研究重点[3]。在偏移后成像空间中的共成像点道集中对多次波进行衰减，对于给定的偏移速度模型，一次波与多次波在叠前偏移后的共成像点道集中具有不同的动校时差，这样我们就可以使用类似于偏移前衰减多次波的方法将一次波和多次波进行分离。这种方法更具有优势，由于每个共成像点道集都包含了复杂三维波场传播效应，因此这种方法具有处理三维数据和复杂地下构造的能力，同时，本方法在保持较小计算量的同时亦保持了衰减多次波的准确性，将给予深入探讨。

本文试算的数据来自南海某工区采集的海上地震资料，多次波十分发育，运用 CGG 及 ProMAX 处理软件进行处理的过程中，综合试验了几种多次波压制方法，得出了比较有成效的叠加剖面或偏移成像剖面，尽管遇到了不少难题，但也得出了很多自己的新的认识和建议。

另外，在本摘要撰写过程中有了一个新的想法，计划在实验室进行海洋地震模拟，采集模型数据，进而进行数字处理，也应用上述的去除多次波的方法进行试算。目的是将处理过程和结果与实际南海地震数据进行对比分析，可能得出新的突破或认识。这一工作计划在投摘要后的几个月里进行。

## 参 考 文 献

[1] 王建立，王真理，张洪宙，等. 海上多次波的联合衰减法[J]. 地球物理学进展，2009，24(6)：2070~2078.
[2] 张兴岩，朱江梅，杨薇，等. 海洋资料多次波组合衰减技术及应用[J]. 物探与化探，2011，35(4)：511~515.
[3] 井涌泉. 在成像空间中衰减多次波方法研究[J]. 地球物理学进展，2009，24(5)：1710~1716.

（26）海洋地球物理

# 南海北部神狐海域天然气水合物声波特性实验研究

# Experimental research of acoustic characteristics of gas hydrates of Shenhu area in South China Sea

李栋梁[1,2]　梁德青[1,2*]

Li Dongliang[1,2]　Liang Deqing[1,2*]

1. 中国科学院广州能源研究所　中国科学院可再生能源与天然气水合物重点实验室　广州 510640;
2. 中国科学院广州天然气水合物研究中心　广州 510640

## 1. 前言

天然气水合物是一种在特定的温度和压力条件下形成的，类似冰的固体，其主要分布在大陆的冻土带和海底沉积物中，它的储藏量巨大[1]。我国南海北部陆坡水合物钻探区位于神狐暗沙东南海域附近，即西沙海槽与东沙群岛之间的海域，区内平均热流值为 76.2 mW /m$^2$，地温梯度为 (45~ 67.7) ℃/km。沉积物以粉砂和粘土质粉砂为主，富含有孔虫和钙质超微化石，硅质生物贫乏，孔隙度为 40%～60%。钻探站位 8 个，取心孔 5 个，其中在 3 个站位 (SH2、SH3、SH 7) 取得天然气水合物实物样品。[2]

本文通过南海北部陆坡水合物钻探区 SH1（编号 SH1B-19P，孔隙率 36%），SH2（编号 SH2B-22C-CC，孔隙率约为 37%），SH5（编号 SH5C-7R-1d，孔隙率 44%）和 SH7（编号 SH7B-23R-1c，孔隙率 33%）等 4 个沉积物样品的声学特性测试分析，研究天然气水合物在这些沉积物中形成过程中声学特性的变化，探讨温度、压力、水合物饱和度以及沉积物类型对声学特性的影响，为南海北部天然气水合物的成藏机理研究和资源调查、评价及其以后的开发利用奠定基础。

## 2. 天然气水合物声学实验

试验包括两个阶段，第一阶段为沉积物声学测试及水合物合成阶段，实验前先把沉积物填入模具，确实后装入反应釜，使装有超声换能器的活塞和端盖紧贴沉积物样品，并通过活塞调节围压，孔隙压力则由气压决定。在不同的温度和压力条件下，测量和分析了声纵波在沉积物的传播速度。第二阶段为水合物持续生长阶段，在一定温度下测量不同水合物饱和度沉积物的声纵波传播速度和幅度，分析影响因素，给出天然气水合物在沉积物中的声学特性，并讨论不同样品在不同条件下测量结果的差异。

## 3. 结果与讨论

### 1）温度对沉积物声学特性的影响

通过对 SH1，SH2，SH5 和 SH7 等四个沉积物样品的纵波声速测试发现，SH1，SH2，SH5 和 SH7 等四个沉积物样品的纵波声速在 1630～1750m/s 之间，但不同沉积物的变化规律有差异。SH1 和 SH2 的沉积物样品的纵波声速随温度变化无明显变化。SH5 和 SH7 的沉积物样品的纵波声速随温度下降而减小，其该沉积物纵波速度随温度压力的变化与同盐度海水一致，变化较明显。而当有水合物生成时，其纵波速度也开始上升。

### 2）水合物饱和度对沉积物声学特性的影响

水合物生成过程中水合物饱和度对沉积物纵波速度的影响较大，有水合物生成时，沉积物的纵波速度稍有增大，其后随着水合物饱和度的增大而增大。

## 4. 结论

研究得到如下结论：①SH1，SH2，SH5 和 SH7 等四个沉积物样品的纵波声速在 1630～1750m/s 之间，孔隙度、温度等影响声速大小。SH5 和 SH7 的沉积物样品的纵波声速随温度下降而减小，变化较明显，但 SH1 和 SH2 的沉积物样品的纵波声速随温度变化无明显变化。②水合物生成过程中水合物饱和度对沉积物纵波速度的影响较大。

本研究由国家重点基础研究发展计划项目项目（No.2009CB219504）和国家高技术研究发展计划项目（No. 2009AA09A202；No.2012AA061403）资助。

### 参 考 文 献

[1] Sloan E D; Koh C A. Clathrate Hydrates of Natural Gases[C]//3rd ed: Taylor & Francis - CRC Press:Boca Raton, FL, 2008.
[2] 吴能友, 梁金强, 王宏斌, 等. 海洋天然气水合物成藏系统研究进展[J]. 现代地质, 2008, 22 (3): 62~63.

（26）海洋地球物理

# 琼东南盆地西北陆坡块体搬运沉积体系的地震响应及成因机制

# Seismic characteristics and triggering mechanisms analysis of mass-transport deposits on the northwestern slope of Qiongdongnan Basin, South China Sea

李 伟*[1,2] 吴时国[1] 王秀娟[1] 王大伟[1]

Li Wei*[1,2] Wu Shiguo[1] Wang Xiujuan[1] Wang Dawei[1]

1. 中国科学院海洋研究所 海洋地质与环境重点实验室 青岛 266071; 2. 中国科学院研究生院 北京 100049

近年来的地质地球物理调查发现，在琼东南盆地西北陆坡第四系地层中发育有大规模块体搬运沉积体系（也称海底滑坡）。块体搬运沉积体系是大陆坡常见的一种沉积体系，主要包括滑动（Slides）、滑塌（Slumps）和碎屑流（Debris flows）等重力流沉积作用。在深水环境中，块状搬运体系（Mass Transport Depositions，简称 MTDs）构成了深水沉积物的重要部分。无论是在被动大陆边缘还是主动大陆边缘，MTDs 都经常发生。尽管陆坡坡度一般很小，这些地区仍然较陆架地区有着较大的坡度和强烈地质作用，如地震、水合物分解和超压异常等。MTDs 作为大陆边缘深水区的一种特殊地质现象，在全球深水环境中是一种常见的深水沉积，在许多盆地中 MTDs 占沉积层序的一半甚至更多。MTDs 在全球“从源到汇”及海底不稳定性研究中占有举足轻重的重要地位。在深水沉积环境中，MTDs 一般以泥岩沉积为主，很少成为储层，不作为主要的勘探目标，但可作为重要的区域性盖层，控制油气资源在地层中的分布[2]。MTDs 的发育及其产生的超压会对海底管线等设施造成破坏，造成严重的地质工程风险。陆架边缘和大陆斜坡地区高沉积速率、超压在海底滑坡起着重要的作用。因此，MTDs 不仅涉及深水油气开发的商业利益，而且还对沿海地区的社会、海洋工程环境影响巨大。MTDs 的形成是一个多期复合的过程。鉴于海底的特殊环境及 MTDs 形成的漫长过程，MTDs 的形成时间和形成方式我们无法观察，利用高分辨率 2D、3D 资料可以很好地识别出 MTDs 的发育规模和形态特征。

MTDs 根据搬运过程和受力特征可划分为三个单元：①拉张断块，在 MTDs 的上端，岩体受拉张作用而发生崩塌或翻落，一般发育上倾陡崖或犁式正断层。上端失稳的物质在重力作用下沿陆坡向下坡方向搬运，搬运的过程中会对周围地层进行侵蚀，发育侧壁陡崖。在振幅切片上可以清楚看到后壁的弧形形态。MTDS 的发育具有多期次复合的特点，前期发育的 MTDs 可能会被后来发育的 MTDs 物质改造，对 MTDs 的形态识别造成困难，通过剖面和切片对后壁的识别有助于划分 MTDs 的发育期次。②滑塌块体，随着重力势能的逐渐减小，转化为物质搬运的动能也逐渐减小，沉积物的搬运速度也越来越慢，沉积物逐渐在下端发生沉积。3）褶皱逆冲前锋带，在下端挤压作用是 MTDs 的主要特征，发育许多由旋转和挤压而形成的长条形滑塌沉积体，挤压的区域的明显标志就是挤压脊，挤压脊之间呈平行或亚平行，并与沉积物搬运方向垂直。MTDS 的发育具有多期次复合的特点，前期发育的 MTDs 可能会被后来发育的 MTDs 物质改造，对 MTDs 的形态识别造成困难，通过剖面和切片对后壁的识别有助于划分 MTDs 的发育期次。

MTDs 是重力流作用下的沉积体系，经历了滑动、滑塌和碎屑流沉积的作用过程。在滑动之前表现出一定的稳定性，当沉积体强度逐渐降低或斜坡内部剪应力不断增加时，海底稳定性受到破坏。首先在某一部分因抗剪强度小于剪应力而首先变形，产生微小的滑动，之后变形逐渐发展，直至斜坡面出现断续的拉张断裂。随着断裂规模的增大，其它因素所起的耦合作用越来越明显，致使变形加剧，最后造成沉积物体的整体破坏而形成 MTDs。MTDs 的形成因素可概括为以下几个方面：地震触发、天然气水合物的分解、构造引起的陆坡坡度增加、高沉积速率和海平面变化等。我们认为水合物分解、海平面变化和快速沉积物供给是重要的原因。对琼东南盆地北部陆坡区的海底地形分析可知，陆坡平均坡度>5°，该区域 MTDs 规模巨大且形态及结构相似，据国内学者的研究，第四纪琼东南盆地经历了多次大的海平面变化，Weimer 等学者认为一般大规模发育的 MTDs 与海平面的变化有关系。因此，海底坡度和沉积物供给速率可能是该区域 MTDs 的发育主要原因，断裂活动及海平面的变化也间接影响了 MTDs 的发育。

## 参 考 文 献

[1] Suzanne Bull, Joe Cartwright, Mads Huuse. A review of kinematic indicators from mass-transport complexes using 3D seismic data[J]. Marine and Petroleum Geology, 2009.

[2] Davide Gamboa, Tiago Alves, Joe Cartwright, Pedro Terrinha. MTD distribution on a “passive” continental margin: The Espírito Santo Basin (SE Brazil) during the Palaeogene[J]. Marine and Petroleum Geology, 2010.

（26）海洋地球物理

# 利用地震海洋学方法探测海底冷泉

# Detecting submarine spring with multi-channel seismic data

刘伯然 [1,2*]　宋海斌 [1]

Liu Boran　Song Haibin

1. 中国科学院地质与地球物理研究所　中国科学院油气资源研究重点实验室 北京 100029;
2. 中国科学院研究生院　北京 100049

海底冷泉是指来自海底沉积地层的气体以喷涌或渗漏的方式向海水中释放的一类海洋地质现象。海底冷泉释放的气体以甲烷为主，游离态甲烷的渗出通常对浅层气、天然气水合物的存在具有指示意义，海底冷泉的探测，可以为石油天然气、天然气水合物的勘查起参考作用。近年的调查研究显示，海底冷泉分布范围广泛，不仅存在于浅水区和陆架区，陆坡区和大陆边缘深水区也有分布。甲烷是一种温室气体，大量海底冷泉的存在，释放的甲烷总量对大气环境的影响值得注意。另外，海底冷泉有自己独特的细菌群落和生态系统，海底冷泉的探测和进一步研究，有利于海洋生物和海洋生态环境研究的发展。

目前，海底冷泉的探测手段主要有多波束测深，单束声纳，旁侧声纳，浅地层剖面仪，海底可视观测，地球化学分析等等。海底冷泉区域经常有麻坑、溢出口、海底凹陷等地形地貌特征,能够被多波束测深、旁侧声纳和浅地层剖面仪探测到。冷泉喷出时，大量甲烷气泡的喷出，能够形成明显异于周围的阻抗异常，能够在高频声学图像（单束声纳，旁侧声纳和高频浅地层剖面仪）上形成羽状、双曲状柱体等特征信号，喷出的甲烷也能被地球化学手段探测到。

以往对海底冷泉的地震学研究，主要是利用高频的浅地层剖面仪对海水内部和海底浅部地层进行成像。利用浅地层剖面仪不仅能够观察海水内部异常反射和海底地形地貌，还可以观察到海底以下的地层中的毯状反射、帘状反射、浑浊反射、增强反射等和浅层气相关的反射特征，另外通过对地层的成像，还可以观察到地层错动，泥火山等可作为游离气运移通道的地层构造。在海洋上，传统的反射地震主要用于工业生产，用气枪、电火花等震源产生相对低频的声信号，能够穿透较深的地层，获得海底的地层构造信息，用于勘测石油、天然气等资源。反射地震数据的处理技术较为成熟，对海底地层信息解释可靠，对天然气水合物的似海底反射（BSR）特征有良好的分辨能力。传统的反射地震学并不关注海水内部的信息，来自海水内部的反射通常被抛弃掉。

地震海洋学，用传统反射地震学的方法，应用于海水内部的反射研究。通过分析海水内部的反射信息，揭示海水内部温盐等物性变化和海水的运动特征。地震海洋学相比于传统物理海洋学方法，具有其高横向分辨率和对观测海域快速全深度成像的优点。来自海水内部的反射，是由于海水内部的阻抗差异，而冷泉喷涌或渗漏的甲烷气泡，能够形成明显的阻抗异常，理论上能够在反射地震剖面上被捕捉到。海底冷泉喷出的气泡会明显地改变该区域海水的声速，反射地震学对介质声速的研究深入，技术成熟，能够可靠地分析海水内声速变化，为冷泉的识别提供依据。虽然相较于高频的海洋声学探测仪器，地震海洋学方法分辨率较低，但是反射地震能够良好的获取海底地层信息，对于分析游离态甲烷的来源，运移路径有独特的优势。广泛分布于各大洋各地区的反射地震勘探大量历史资料，如果被应用海底冷泉的探测，能够为研究冷泉在海洋中的分布，提供广阔的前景。

利用多道反射地震数据的水体成像初步圈定异常反射区域，然后利用异常区域的多道地震反射数据对沉积地层进行分析，结合冷泉常伴生的海底麻坑、泥火山、地层内异常反射等特征，综合判断海底冷泉存在性，是探测海底冷泉的一种新思路。结合冷泉处甲烷泄露和天然气水合物及浅层气之间的关联，还可以拓展我国海域天然气水合物的探测思路，为海洋能源的勘探开发提供新的认识。

资助项目：国家自然科学基金（91028002）。

**参 考 文 献**

[1] 徐怀宁, 等. 利用多道地震反射数据探测神狐海域渗漏型水合物[J]. 中国地质大学学报，2012，37(增刊): 193~200.

[2] Baltze A, et al. Seistec seismic profiles: A tool to differentiate gas signatures[J]. Marine Geophysical Research, 2005, 26: 235~245.

（26）海洋地球物理

# 渤海湾地区海陆联合地震测线深部结构研究

# Deep Structure Research of Onshore-offshore Seismic Survey Line in Bohai Bay

刘丽华* 郝天珧 吕川川 游庆瑜

Liu Lihua Hao Tianyao Lv Chuanchuan You Qingyu

中国科学院油气资源研究重点实验室 中国科学院地质与地球物理研究所 北京 100029

## 1. 引言

渤海湾地区尤其是其海区被普遍认为是华北克拉通减薄的中心，但是由于海区地震测深难以实施，渤海海区深部地质结构仍然缺乏有力的地球物理证据。近年来，随着国内、外海底地震仪（OBS）的成功研制，中国科学院地质与地球物理研究所(IGGCAS)等单位在国家 863 计划“海陆联合深部地球物理探测关键技术研究”项目和自然科学基金“华北克拉通破坏”重大研究计划“渤海及邻域深部结构及其对华北克拉通破坏的响应”项目的共同资助下，先后于 2010 年和 2011 年利用 OBS 和陆地流动地震台站在渤海湾地区实施了两条十字交叉的海陆联合地震测深剖面，获得了丰富的地震测深资料，并最终反演了剖面的深部结构。同时，以往的 OBS 探测工作都是在水深超过 1000m 的深水区，在渤海（水深不超过 40m）实施 OBS 探测能为浅水区 OBS 探测积累经验。

## 2. 数据来源

20010 年 NW 测线全长 500km，陆上剖面长度 210km，使用流动地震台站 120 台，震源为远海的 1.8t 和近海的 0.8t 炸药爆破，海域全长 290km，投放 OBS 52 台，其中 IGGCAS 自主研发的 OBS 28 台，德国 Geopro 公司 OBS 21 台，法国 SERCEL 公司 OBS 3 台，三种仪器相间布设，间距 6km，海上震源分别为 9300in$^3$，6000in$^3$ 和 3300in$^3$，共计 6077 炮，炮间距 187.5m，时间间隔 85s；2011 年 NE 测线全长 450km，陆上长度 240km，使用流动地震台站 125 台，震源为远海的 2.5t 和近海的 2.8t 炸药爆破，海域全长 210km，投放 OBS 40 台，其中 IGGCAS 20 台，德国 Geopro 公司 20 台，两种仪器相间布设，间距 3km，海上震源分别为 9000in$^3$ 和 6000in$^3$，各 1118 炮，炮间距 187.5m，时间间隔 90s。两年的 OBS 回收情况良好，特别是 IGGCAS 的 OBS 实现了 100%回收。

## 3. 数据处理

陆上地震仪和 OBS 数据的处理流程是：经过格式转换、时间和位置校正、频谱分析、噪音分析，以及带通滤波、Tau-p 滤波、反褶积等提高信噪比处理，陆上数据形成共炮点时间剖面，OBS 数据则形成共接收点时间剖面；根据所获得时间剖面上的同相轴信息，拾取各震相的走时信息，两条测线陆上台站都能拾取到上地幔的折射震相 Pn，OBS 台站多数能拾取到 MOHO 的反射震相 PmP，少数能拾取到 Pn；对于拾取到的初至震相利用 W-H 反演方法获得各台站的一维速度结构，同时参考研究区已有的其它地质地球物理资料建立测线的初始二维速度模型；对各震相由近及远、由浅入深、由单台到多台，利用 Zelt 和 Smith 发展的一种同时反演速度和深度的方法，进行射线追踪和正、反演处理，获得测线最佳深部结构。

## 4. 结论

噪音分析发现渤海地区环境噪音水平相对南海要高两个数量级，且主要是低频的噪音（<20Hz），给 OBS 数据处理带来了巨大挑战；两条测线都在壳幔结合带的位置发现了不同尺度的速度扰动，证明存在着地幔物质对下地壳的底侵和改造；新生代隆起区与下地壳的变形区对应并控制了沉积基底的分布，是深部控制浅部的表现；郯庐断裂带、张家口—蓬莱断裂带附近莫霍面出现起伏或速度横向上明显的变化，表明其是深部物质上涌的通道，下地壳中出现的速度横向不均匀性有可能是克拉通破坏早期下地壳遭受底侵的证据；NW 向和 NE 向剖面均未能发现地幔柱上涌模式中的蘑菇云状异常存在，异常尺度也未能吻合（最大只有 20km 左右），推测区域速度异常是太平洋板块俯冲远程效应的表现。

本研究由国家高技术研究发展计划（863 计划）项目（2009AA093401）和自然科学基金项目（90814011，41074058）联合资助。

### 参 考 文 献

[1] Zelt C A, et al. Seismic traveltime inversion for 2-D crustal velocity structure[J]. Geophysical Journal International, 1992, 108(1): 16~34.

[2] 郝天珧, 等. 国产海底地震仪研制现状及其在海底结构探测中的应用[J]. 地球物理学报, 2011, 54(12): 3352~3361.

[3] 丘学林, 等. 南海西南次海盆与南沙地块的 OBS 探测和地壳结构[J]. 地球物理学报，2011, 54(12): 3117~3128.

（26）海洋地球物理

# 海洋地震勘探中特殊噪音的参数估计和变换域去噪

# The parameter estimation and transform domain denoise of special noise in marine seismic exploration

罗毅翔[1*]　庄祖垠[1]　屈超银[2]

Luo yixiang*　Zhuang zuyin　Qu chaoyin

1. 中海油田服务股份有限公司物探研究院　天津塘沽 300450;

2. 中海油田服务股份有限公司物探事业部数据处理解释中心　天津塘沽 300450

## 1. 方法介绍

海洋地震勘探，由于海洋环境的复杂多变，检波器采集的信号包含因施工环境、气候条件、设备状况及洋流变化等诸多因素产生的不同类型的噪音。噪声的存在导致数据处理解释时分辨率不高，可能带来假异常信息，所以在对数据处理之前必须先对采集的数据进行去噪。在海洋地震资料中,不同海域地震资料的噪音各不相同。在进行数据处理时，需要对噪声进行很好的压制。由于采集的信号中含有的噪声种类多，性质和分布规律各不一样，所以去噪工作要建立在对各种噪音充分认识的基础上进行[1,2]。因此，采用合适的去噪方法来压制各种噪音，提高信号的信噪比，是地震资料处理中的关键环节。本文针对海洋地震中随机变化最大的特殊噪音——大船机械噪音、鱼群噪音、雷电噪音和涌浪噪音利用统计方法对噪声进行参数估计，求取噪音的均值、方差、自相关、频谱、功率谱和高阶统计量。并在时域和频域、频域波数域、空间域和 $\tau$-p 域等变换域，对含噪信号进行局部化分析，总结特殊噪音在变化域的特定分布规律，对特殊噪声的形成机制和表现形式有一个正确的认识，以利于对滤波方法的选择和滤波参数的设计。

## 2. 参数估计的基本原理

选取特殊含噪信号的一段数据作为观测样本，利用统计的方法求取其均值、方差、自相关、频谱、功率谱和高阶统计量，来估计含噪信号的频率、相位、幅度和方向，以利于滤波方法和滤波器频率、门限值和相位等参数的选取。

## 3. 变换域分析的基本原理

在研究地球物理问题的时候，常常需要把信号从时域转换到频域、频域波数域、空间域和 $\tau$-$p$ 域等变换域中分析。时频转换通过傅里叶正反变换进行。在波传播的方向上单位长度内的波周数目称为波数，其倒数称为波长。将波数作为变数所进行的研究称为波数域。以空间坐标作为变量进行的研究就是空间域。在地球物理空间中以长度(距离)为自变量直接对地球物理问题进行处理称为空间域处理。在地震勘探中，采用时域频域滤波有时并不能完全消除各种干扰振动，从而需要在波数域和空间域内开展噪声的研究工作。$\tau$-$p$ 变换，是在共炮点记录或者是 CMP 道集记录上，沿着不同斜率 $\Delta t/\Delta x$ 的直线轨迹将数据叠加，从而把道集数据转换到 $\tau$-$p$ 域，然后在 $\tau$-$p$ 域内对各种波进行波场分离，去除噪音。

## 4. 对海洋地震含噪数据的处理结果及分析

对针海洋地震中随机变化最大的特殊噪音——大船机械噪音、鱼群噪音、雷电噪音和涌浪噪音进行参数估计和变换域分析，总结其分布规律，选择合适的滤波方法和滤波参数，在多个变换域对采集信号进行联合去噪处理取得了良好的效果。

## 5. 结论

本文所采用的对海洋地震特殊噪音进行参数估计和变换域分析的方法在滤波器的选择和滤波参数的确定中成功应用，并在多种变换域进行联合去噪，提高了采集信号的信噪比，在针对海洋特殊噪音去噪后，处理结果具有较高的保真度。该方法针对随机变化很大的特殊噪音是一项具有明显技术优势、应用前途广阔的降噪技术，为进行高精度勘探、搞清地下地层和真假异常体识别提供了可靠的海洋采集资料，并在后续的处理中改善了地震数据振幅恢复、反褶积和速度分析的质量和精度，提供了数据质量上的保证。

本研究由中国海洋石油“WTB11YF002”项目资助。

### 参 考 文 献

[1] 何汉漪. 海上高分辨率地震技术及其应用[M]. 北京：地质出版社，2001.

[2] 万欢，等. 海上地震采集脚印噪声分析及压制[C]//中国石油学会 2010 年物探技术研讨会, 2010，ID4: 851~856.

（26）海洋地球物理

# 南沙地块中部的 OBS 探测与深部地壳结构特征

# OBS survey and deep crustal structure of the middle Nansha Block, South China Sea

丘学林[1] 赵明辉[1] 叶三余[2] 阮爱国[3] 李家彪[3]

Qiu Xuelin Zhao Minghui Ye Sanyu et al.

1. 中国科学院南海海洋研究所 广州 510301； 2. READ Well Services, Oslo, Norway;
3. 国家海洋局第二海洋研究所 杭州 310012

南沙地块位于南海的南部，是南海海盆扩张形成的南部陆缘，具有十分重要的构造位置和战略地位。我们承担的 973 项目率先在这一海域开展海底地震仪（OBS）探测，完成 OBS2009-1 和 OBS2009-2 两条测线，获得了宝贵的实测数据。其中的 OBS2009-1 位于南沙地块中部，记录了地块内部结构的丰富信息。

OBS2009-1 测线长 450km，按 20km 站位间隔投放 20 台 4 分量 OBS，最终回收 19 台，丢失 1 台，另有一台仪器没有记录。激发震源由 4 支 BOLT 大容量气枪组成，总容量 $6000in^3$（约 100 L），工作压力 11~12MPa，每 2 分钟激发一次，航速约 5 节，炮间距约 300 m，放炮期间利用近海面地震电缆，同步进行单道反射地震记录。OBS 数据经格式转换、时间校正、位置校正、滤波压噪等初步处理，在折合时间/偏移距剖面上进行震相识别和震相到时拾取，最终获得不同震相类型的实测时距曲线。数据处理和分析结果表明，沿测线 18 个台站的数据质量良好，深部震相清晰，大部份 OBS 记录剖面可以识别出 Pg、PmP 和 Pn 震相，最远震相可以追踪到 140km 以外。

参考同步采集的单道地震剖面、测线附近的多道地震剖面、区域地质地球物理资料，以及 OBS 数据本身的震相特征建立初始模型，利用 RayInvr 软件进行二维射线追踪和理论走时计算。利用正演模拟方法获得了沿测线的二维纵波速度结构模型。模拟结果显示表层沉积物速度 2.5~4.5km/s，厚度 1000~3000m，局部基底面起伏较大。结晶基底的速度从顶部的 4.5~5.5km/s 增加到地壳底部的 6.8~6.9km/s，中地壳有一个小的速度不连续面（0.1~0.2km/s），而地壳底部的莫霍面有较大的速度反差（1.2km/s），上地幔顶部的速度为 8.0~8.1km/s。莫霍面埋深和地壳厚度在测线的北段和南段有很大的不同，在测线北段的海盆区，莫霍面埋深约 11km，结晶地壳的厚度仅为 5~6 km，表现为典型洋壳的特征，而在测线南段的陆块区，莫霍面埋深最大达 24km，地壳厚度可达 20 km，表现为减薄陆壳的特征，从海盆区到陆块区莫霍面埋深和地壳厚度迅速增加。陆块区上下地壳的厚度和变化趋势相似，下地壳没有看到高速层（HVL），可能说明地壳内部是以纯剪拉张的均匀减薄为主，地壳下部的岩浆底侵不发育。对比 OBS2009-2 测线的结构模型，可以推测南沙地块的中部和东部具有相似的构造性质，可能是属于非火山型的被动大陆边缘。

目前的研究只进行了 P 波震相走时曲线的正演拟合，初步获得了沿测线的 P 波速度结构的正演模型，许多研究工作还没有深入开展，如震源气泡和多次波干扰的压制，P 波震相的反演模拟、P 波速度结构反演模型的获取和分辨率测试，OBS 水平分量数据的处理和转换 S 波震相的识别，以及 S 波速度结构和 Vp/Vs 波速比结构的获取等。今后的研究重点有：①后至震相的特殊处理和可靠识别，通过震源子波反褶积滤波、PZ 波场叠加等特殊处理方法，压制后续波列和多次波干扰，增加 PmP、PcP 等后至震相的信噪比和时间分辨率；②初至和后至震相联合的 P 波速度结构反演，增加交叉射线的覆盖率和反演精度，最后获得一个具有最佳走时拟合和更加详细的最终反演模型，同时进行结果模型的分辨率测试和可信度分析；③转换横波震相识别和横波速度结构模拟，多分量 OBS 数据中蕴藏有丰富的横波信息，通过 2 个水平分量的 RT 转换，在径向分量折合时间地震剖面上识别各种转换横波震相，并通过质点运动轨迹和走时试算加以确认，利用射线追踪和走时模拟正反演方法获得沿测线的横波速度结构模型，结合纵波速度模型结果计算 Vp/Vs 波速比及泊松比结构剖面；④地壳结构剖面综合地质地球物理解释，对获得的精细的地壳结构剖面进行合理的地质解释，分析基底面、康氏面、莫霍面等不同速度界面的起伏情况，研究上地壳、下地壳和上地幔顶部速度展布特征，推测地壳深部的岩性参数和物质组成，追踪从地块内部到洋盆边缘地壳结构的变化规律，结合南海北部已有的测线结果，界定南沙地块及其洋陆边缘的构造性质，并开展南海共轭陆缘的对比研究，为南海形成演化和油气资源潜力的研究提供科学依据。

（26）海洋地球物理

# 基于不同深度气枪震源的分频匹配滤波技术

# Partial frequency band matched filtering technique based on different depth air-gun sources

沈洪垒* 田 钢 石战结

Shen Honglei* Tian Gang Shi Zhanjie

浙江大学地球科学系地球物理研究室 杭州 310027

## 1. 引言

Ziolkowski 理论模型和实际资料都表明气枪震源在浅部激发得到的远场子波高频成分丰富，深部激发得到的远场子波低频优势明显，基于上述现象，提出分频段匹配滤波技术，利用求得的滤波器对原始数据处理，从而实现了不同深度处震源子波的优势组合，并从理论上系统论证了分频匹配滤波技术的可行性，为实际应用奠定了基础。

## 2. 理论模型的建立

为了构造满足不同深度处激发得到的远场子波性能差异的地震波形，引入了不同主频和振幅的雷克子波，深部激发得到的远场子波以主频为 12Hz 和 60Hz 的雷克子波合成的地震波形，浅部激发得到的远场子波为主频为 10Hz 和 70Hz 的雷克子波合成的地震波形。对比两种波形的振幅谱曲线，可以看出，两套数据的频谱存在优势分界点，以 优势分界点为界，12Hz 和 60Hz 主频雷克子波的合成波在低频端占有优势，而主频为 10Hz 和 70Hz 的雷克子波的合成波的振幅谱，它在高频端占有优势。所以通过不同主频和振幅的雷克子波合成得到的波形能够较好地反应出不同深度处激发得到的远场子波的性能差异。

如果能够将两子波进行优势互补，就可以得到频带更宽，分辨率更高的地震波形，它在低频端具备 12Hz 主频雷克子波的特征，而在高频端具备 70Hz 主频雷克子波的特征。

## 3. 理论论证

假定 10Hz 与 70Hz 主频雷克子波合成波为 $r_1(t)$，12Hz 和 60Hz 主频雷克子波合成波为 $r_2(t)$，根据原理部分得到最终的匹配滤波 $P_r(f)$ 算子：

$$\begin{cases} P_r(f)=1 & (0<f<f_1) \\ P_r(f)=\left|\dfrac{R_2(f)\overline{R_1(f)}}{R_1(f)\overline{R_1(f)}+\alpha^2}\right| & (f_1\le f) \end{cases}$$

其中，$R_1(f)$、$R_2(f)$ 分别为 $r_1(t)$ 和 $r_2(t)$ 的付氏变换。

由于在实际资料中，优势频带是截断的，因此在处理的过程中会出现吉布斯现象，提出采用镶边法加以解决，它从频率特性曲线的不连续点处镶上连续的边，使频率特性曲线变为连续的曲线。由于与带通滤波器不同，分频匹配滤波器在频率域并不一定是对称的，需要对两端的截止频率处分别求镶边函数。

通过将求得的分频段匹配滤波器应用于12Hz和60Hz主频雷克子波合成的子波中发现滤波后输出在低频端的 12Hz 主频雷克子波被完整的保留下来，高频端的 60Hz 雷克子波波形被压缩，振幅得到增强，与期望输出得到了很好的逼近。分析它们的振幅谱曲线，可以看出经过分频匹配滤波后，低频端的优势被保留，同时高频端被补偿，有效频带被拓宽。

## 4. 结论

理论研究表明分频段匹配滤波能够很好的保持理论模型的低频端优势，同时有效地压缩了高频端波形，拓宽了频带，提高了地震波形的分辨率。

### 参 考 文 献

[1] Tian Gang, et al. Geophone coupling match and attenuation compensation in near-seismic exploration[J]. Journal of Environmental and Engineering Geophysics, 2006 , 11(2): 111~122.

[2] 沈洪垒，田钢，石战结. 压电匹配滤波技术在塔巴庙地区的应用[J]. 浙江大学学报（工学版），2012, 46(3): 560~567.

（26）海洋地球物理

# 南海大陆边缘盆地构造—热演化模拟研究

# Research on tectono-thermal modeling in the South China Sea

宋 洋[1,2] 赵长煜[3] 宋海斌[1]

Yang Song[*1,2] Zhao Changyu[3] Haibin Song[1]

1. 中国科学院地质与地球物理研究所 北京 100029; 2. 中国科学院研究生院 北京 100049;
3. 中国地质大学（北京） 北京 100083

中国南海是西太平洋边缘海之一，处于欧亚板块、印度板块和太平洋板块的交汇处。南海海域发育有多个沉积盆地，是中国重要的油气勘探开发远景区。因此，南海大陆边缘构造-热演化模拟研究不但有助于了解南海不同单元的构造演化特征和认识沉积盆地类型和成因，还有助于研究南海海盆形成演化过程，对于了解深水区油气资源潜力具有重要意义。基于朱夏院士提出的 TSM 盆地模拟的思想，利用岩石圈拉张模型和有关张裂大陆边缘形成的认识，采用多期有限拉张应变速率方法，进行了南海南、北陆缘的沉积埋藏史、构造沉降史和热历史的研究工作。

构造—热模拟研究分为两个主要部分进行研究，首先进行剖面的沉积埋藏史、构造沉降史模拟。基于地震剖面通过速度分析做时深转换得到现今的地质构造特征。利用沉积压实原理和回剥技术得到剖面的沉积埋藏史。通过计算得到总沉降量完成剖面构造沉降史的模拟工作，从构造沉降量计算结果可以直观反映大陆边缘发生拉伸或增厚，沉降或抬升等与流变相关的实际情况。采用多期有限拉张应变速率法反演盆地基底热流，将得到的古热流数据与构造演化史结合得到古地温场。从模拟得到的热流数据可以分析大陆边缘的热状态，认识其张裂作用、岩浆作用等构造演化活动，揭示盆地新生代时期的地热背景及其热演化过程。

南海北部边缘琼东南盆地主要经历三期快速沉降和一期缓慢沉降，三期快速沉降时间分别为始新世、渐新世—早中新世以及上新世以来；珠江口盆地始新世以来都存在两期相对快速的沉降过程，即始新世和渐新世，渐新世以后盆地进入缓慢沉降阶段。从热史的模拟结构来看琼东南盆地具有多期的加热和冷却过程，存在三期加热过程和两期冷却过程，与构造运动及断裂活动、岩浆活动之间存在很好的对应关系；琼东南盆地第二期加热事件与南海运动和海底扩张相对应，琼东南西部和珠江口盆地结束于晚渐新世末，而琼东南东部结束于早中新世末；珠江口盆地始新世以来热演化史存在两次热流升高的过程，珠江口盆地自 23.3Ma 以来基底热流一直缓慢降低,整个盆地东西部热演化时间一致；特别是琼东南盆地晚期 5.4Ma 以来存在一期非常强烈的快速沉降，由西向东加热事件逐渐变弱。南海南部大陆边缘盆地的构造－热模拟结果表明：南部边缘的热历史具有明显的区域特征，不同盆地的热状态存在明显的差异，这可能与南海南部边缘不同盆地对西南次海盆海底扩张和随后南沙地区的一系列碰撞、走滑改造作用的不同响应。南部边缘热状态的区域展布特征，整体上可以划分为 SW-NE 走向条带和 NW-SE 向的两个区块，即自 SW 向 NE 逐渐变冷，南沙南部陆架陆坡地区自 NW 向 SE 逐渐升温，且深水区热流明显高于浅水区。其中南沙东部礼乐盆地的热流比较低，尤其是礼乐盆地中部热流非常低，变化剧烈。

整体上看南海南、北边缘新生代以来都经历了多期的拉张和伸展过程，明显的快速沉降后进入裂后的热沉降期，但热历史却各具异同：南海北部边缘珠江口盆地的基底热流自渐新世以后开始进入热衰减期，这与南部边缘南沙中、北部和礼乐盆地相似；而琼东南盆地经历了晚期的热异常，部分地区上新世热流才达到历史最大值，同样南部边缘的曾母盆地也存在热异常情况；渐新世末-早中新世南部边缘盆地热流平稳变化，北部却出现琼东南盆地的东部地区热衰减的延迟的情况。南部边缘自西南次海盆海底扩张结束后，受到明显碰撞挤压和走滑改造作用，而北部边缘晚期的断裂活动却以小规模的张性活动为主，正是这种构造活动背景的异同，造成了南、北边缘晚期构造、热演化历史的差异。

资助项目：国家基础研究发展规划项目（2007CB411704）；海底科学重点实验室开放基金（KLSG1103）

## 参 考 文 献

[1] 陈林. 南海张裂大陆边缘数值模拟研究[D]. 中国科学院地质与地球物理研究所博士论文, 2009.
[2] Allen P A, Allen J R. Basin analysis: principles and application[C]//2nd Edition. Blackwell Publishing, UK, 2005.
[3] Jarvis G T, McKenzie D. Sedimentary basin formation with finite extension rates[J]. Earth and Planetary Sciences Letters, 1980, 48: 42~52.

（26）海洋地球物理

# 环南极—30°S 区域古水深重构

# Paleobathymetry Reconstruction of the Circum-Antarctic to 30°S

孙运凡* 高金耀 张 涛

Sun Yunfan Gao Jinyao ZhangTao

国家海洋局第二海洋研究所 国家海洋局海底科学重点实验室 杭州 310012

## 1. 引言

南极洲是地球上最晚被发现的大陆，其中 98%的地区被厚厚的冰雪覆盖。而在大约 200 Ma 以前，南极大陆是冈瓦纳超级大陆的中间块体。冈瓦纳的裂解、南大洋通道的打开、南极洲的孤立与大洋环流、气候状态的变化相伴发生。南北半球之间存在着显著的互动关系，南大洋环流系统通过对盐、热和水分的输送，在很大程度上调节着南半球乃至全球气候，大洋通道的宽度和海底水深的变化影响环流的输送和循环。然而当前大多数海气耦合模式对南大洋气候态的模拟都存在较大偏差，结合大气和海洋环流的全球环流模型还没有考虑海底构造演化的因素或它们交互反馈过程的潜在影响（Hayes，2009）。为了将构造历史加入到古气候模型中，本文重建了 90 Ma 以来南极周边的古水深。

## 2. 板块历史的重构

模拟古水深和历史地质格局首先需要对研究区域进行板块重构，即在特定的时间点将洋壳和陆壳恢复到他们原来的地理位置上。

本文采用 Greiner（1999）阐述的欧拉旋转法进行板块重构。整个研究区域包含 30°S 以南的南极洲、澳大利亚、印度、非洲、南美洲、太平洋和纳斯卡七大板块。欧拉极参数主要参考 Muller 等（1993）基于大西洋-印度洋热点参考系的有限欧拉极；因其中缺少太平洋和纳斯卡板块的相关参数，故采用 Hayes 和 Zhang（2009）基于南极为不动点的阶段极数据加以补充，并将阶段极转换为有限极，再变换参考系。对于指定的重构年代，地壳年龄比重建年代年轻的区域需被移除。借助于 Matlab 等编程工具，本文利用以上方法和参考数据恢复了七大板块 90~0 Ma 期间共 12 个特定时间段的位置。

## 3. 古水深的重建

洋壳在形成后，其大区域水深的变化主要受到岩石圈热沉降、沉积物填充和压实的影响。岩石圈在向两侧扩张的过程中不断变冷变重，进而导致岩石圈和海底的不断沉降。由于填充与压实作用，沉积物的出现会导致水深变浅；同时沉积物的负载会使得岩石圈发生均衡调整，导致沉积基底变深，当沉积物被移除后会出现均衡反弹效应。故现代水深需要根据热驱动地壳沉降、沉积作用和均衡回跳的影响进行调整。在缺少研究区域实际沉降速率信息的情况下，本文假定在每个时间段内沉降速率为常数，再利用 Crough（1983）对沉积物效应改正的拟合值进行处理。改正之后的水深为：

$$PB = B - D + S \quad ，\quad 其中\ S = 0.22c + 0.00014c^2 - c$$

式中，$PB$ 为古水深，$B$ 为观测水深值，$D$ 为热沉降值，$S$ 为沉积改正值，$c$ 为沉积物厚度。

## 4. 结论

本文利用多种综合数据对环南极—30°S 区域古水深进行重构，绘制了不同年代的古地理位置及对应的古水深图，分析了南大洋自 90 Ma 以来的形成演化过程，并试图找寻海底水深变化与南极绕极流的关系，对于下一步进行南大洋环流模式的分析和气候效应的解释起到重要作用。

### 参 考 文 献

[1] Hayes D E, Zhang C. Modeling paleobathymetry in the Southern Ocean[J]. Eos, 2009, 90(19): 165~172.

[2] Greiner B. Euler rotations in plate-tectonic reconstructions[J]. Computers & Geosciences, 1999: 209~216.

[3] Müller R D, Royer J Y, Lawver L A. Revised plate motions relative to the hotspots from combined Atlantic and Indian Ocean hotspot tracks[J]. Geology, 1993, 21: 275~278.

[4]Crough S T. The correction for sediment loading on the seafloor[J]. J Geophys Res, 1983, 88: 6449~6454.

（26）海洋地球物理

# 琼东南盆地长昌凹陷火成岩侵入体的热模拟

# The thermal modeling of igneous intrusions in Changchang Sag, Qiong dong-nan Basin

唐晓音*1 杨树春 2 胡圣标 1

Tang Xiaoyin*1 Yang Shuchun2 Hu Shengbiao1

1. 中国科学院地质与地球物理研究所 北京 100029 2. 中海油研究总院 北京 100027

侵入体的存在会导致地层温度史的变化，影响烃类成熟度。长昌凹陷位于南海北部大陆边缘琼东南盆地深水区，西邻宝岛凹陷，北接神狐隆起、顺德凹陷，其所在构造带是深水凹陷群中唯一的中央背斜构造带。据王振峰[1]等分析认为，长昌凹陷很可能是油气兼生的凹陷，其潜在天然气资源量约数千亿方，为琼东南盆地深水区东部首要钻探有利区带。最新地球物理解释成果表明，长昌内部分布着多个锥状火成岩侵入体。至今，关于长昌凹陷尤其是火成岩侵入体对其影响的研究还处于空白。本文基于最新的地震解释成果和相关热物性资料，通过有限元计算方法评价了火成岩侵入体对区域温度场的影响，并进一步结合地层温度史及 Easy%Ro 模型探讨了其对烃源岩成熟度的影响。这一结果对评价侵入体对研究区内烃源岩生、排烃的影响，计算凹陷油气资源量等有重要意义。

## 1. 热传导基本方程

有限元法[2]是求解热传导方程常用的数值方法之一，早已被运用于解决热传导问题，评价区域构造形态、高温岩浆侵入和地形变化等对区域温度场的影响。其本质上是将计算区域内的连续温度场离散成有限数量的温度点，然后求出给定条件下这些温度点上的温度值来近似代表需要求解的温度场。由于侵入体和围岩的热力学性质及地质的复杂性，假设侵入是瞬间的，散热方式主要是热传导，侵入体和围岩的热扩散率相同。其基本方程为：

$$\frac{\partial}{\partial x}\left(K\frac{\partial T}{\partial x}\right)+\frac{\partial}{\partial y}\left(K\frac{\partial T}{\partial y}\right)+Q=\mu\frac{\partial T}{\partial t};\qquad(1)$$

式中，$T$-温度（℃）；$t$-时间（s）；$K$-热导率(W/(m•K))；$Q$-岩石的热产生值(μW/m$^3$)；$\mu$-热容量，$\mu=\rho c$，$\rho$-密度（kg/m$^3$），$c$-常压下的比热值（J/(kg•K))。

## 2. 计算模型

模型的建立基于凹陷内一条长度为 200km，高度为 14 km，穿越三个不同规模侵入体的地震测线。侵入体(1)、(2)、(3）为锥状体，在沉积基底面上的半径分别为 3km、6 km、5 km；高度分别为：9.2 km、10 km、3.7 km。剖面特征显示，凹陷总体上具有双层结构，上层表现为披盖式坳陷，下层则是断陷和断隆，具有典型的张性环境下断陷的构造特征。模型建成后，采用 0.5km×0.5km 网格，取时间步长为 0.05Ma 对其进行二维有限元热模拟。

## 3. 讨论与结论

本文在评价侵入体对温度场、热演化、烃源岩有机质成熟度影响的时候，重点在于考虑单个火成岩侵入体的影响。如果区域内侵入体分布密集，某特定点的等可能会受到多个侵入体的共同影响，在评价侵入体对整个区域的影响时则需根据具体的地质情况、侵入体的具体规模和位置等因素综合考虑。通过模拟计算，可以得出以下几点认识：①侵入后 1Ma 以内，侵入体温度迅速下降；2Ma 以后，侵入体对温度场的影响微弱，5Ma 以后几乎没有影响，10Ma 以后，侵入体温度与围岩温度一致。侵入体对热流的影响与对温度的影响一致，有明显影响的时限不超过 1Ma，距侵入体 2km 处人工井的热流值增加 5～25mW/m$^2$；②侵入体不同深度冷却速率不相同，随着深度的增加，侵入体对围岩温度的影响程度减小，但持续时间较长。③研究区内侵入体对烃源岩有机质成熟度的影响随侵入体的规模、距侵入体的距离不同而不同。当受热时间持续 1Ma，侵入体 1、2 短时间内对距其 2km 处崖城组烃源岩成熟度 Ro 的影响明显，最高可使 Ro 值增加 1.6 %，对距其 5km 处崖城组烃源岩成熟度 Ro 的影响为 0.4%。而侵入体 3 由于规模较小，对烃源岩成熟度的影响微弱。

### 参 考 文 献

[1] 王振峰, 李绪深, 孙志鹏, 等. 琼东南盆地深水区油气成藏条件和勘探潜力[J]. 中国海上油气, 2011, 23(01): 7~13.

[2] 张菊明, 熊亮萍. 有限单元法在地热研究中的应用[M]. 北京：科学出版社, 1986.

（26）海洋地球物理

# 东南极冰盖 Dome A 的浅层古积累率重建

# Reconstructing the past accumulation rate of shallow ice layers at Dome A, East Antarctica

唐学远* 孙 波 张占海 张向培 崔祥斌

Tang Xueyuan* Sun Bo Zhang Zhanhai Zhang Xiangpei Cui Xiangbin

中国极地研究中心 上海 200136

冰盖内部的等时层结构和浅层积累率是数值模拟末次冰期冰盖演化的必要参数和边界条件之一。通过对 2004/05 年度中国 21 次南极考察队在 Dome A 获取的高频雷达数据的分析，示踪出三条内部等时层，利用 Vostok 冰芯定年，得到层上相应的深度－年代关系。利用该关系作为参数，通过数值模拟的方式可以反推冰盖浅层的冰物质积累。

## 1. 估计积累率的方式

研究表明，冰盖近表面 20m 之内的平均积累率可通过相应深度上冰雪的形成年代除其冰当量深度近似得到；在深度大于 20m 之下的内部层,可利用垂向应变率在深度上是一致的假设，通过如下公式得到：积累率 $b(z)=-\log(1-\frac{z}{H})\frac{H}{A}$，这里 $H$，$z$ 和 $A$ 分别为冰厚，内部等时层所在的垂向位置（以冰岩界面为原点，方向向上）和对应的年代，称为局部层近似。在冰盖深部，Waddington 等发展了一个沿着稳定冰流带的热力学冰流模式去计算深部等时层上古积累率空间分布的地球物理反推方法（Waddington et al.，2007）。

本研究中，内部等时层上的古积累率由一维的 Dansgaard-Johnsen 断代模式(简称 D-J 模式)重建（Paterson,1994）。估计冰穹地区古积累率直接由雷达数据获得的内部等时层年代和相应的深度（冰盖表面以下）通过计算得到。考虑到这里示踪的 3 条内部等时层都位于距表面 1200m 左右以上的冰盖内部，这一计算方式本质上与 LLA 等价。另外，不同时间间隔上的平均积累率通过由 D－J 模式计算不同年代对应的内部等时层上的古积累率结果确定。

假定冰盖稳定，在冰穹位置，Dansgaard 和 Johnsen 提出两个假设：在冰盖冰穹附近，垂向剪切应变率变化以距离冰床以上 h 作为一个临界点（这里取冰岩界面为坐标原点，方向向上），在 h 以上直至 H 垂向剪切应变率设为常数；而在 h 以下至冰床，应变率则线性下降至 0；从而：

$$A(z)=\begin{cases}\frac{2H-h}{2b}\log(\frac{2H-h}{2b-h}) & h\le z\le H\\ \frac{2H-h}{b}(\frac{h-z}{z})+A(h) & 0<z<h\end{cases}$$

## 2. 结果

将深度－年代关系作为输入，使用上述一维冰流模式计算了 Dome A 过去 8.46 万年以来三个不同阶段的古积累率，揭示了 Dome A 地区在相应历史时期的古积累时间与空间变化。结果显示 Dome A 核心区域的古积累率有着一致的分布特征，且在过去 32.6kyr，44.6kyr, 84.6kyr 三个晚更新世的不同时期, Dome A 核心区域的平均积累率较低，分别为 0.020m/yr, 0.023m/yr, 0.018m/yr，发现在距今 3.5～4.5 万年间存在一个相对较为湿润的时期，且沿着雷达观测路线，指向冰盖内陆，积累率的空间分布呈现出递减的趋势，在冰穹位置达到最小。

本研究得到国家重点基础研究发展 973 计划（2012CB957702）、国家自然科学青年基金（40476005）和国家海洋局极地考察办公室对外合作项目(IC201214)资助。

## 参 考 文 献

[1] Paterson W S B, The physics of glaciers, third edition[M]. Oxford, etc.,Elsevier 1994: 273~285.

[2] Waddington E D，Neumann T A.; Koutnik M R，et al. Inference of accumulation-rate patterns from deep layers in glaciers and ice sheets[J]. Journal of Glaciology, 2007, 53(183): 694~712.

（26）海洋地球物理

# 基于层状介质模型的裂隙充填型天然气水合物饱和度估算研究

# Research on gas hydrate concentration of crack filling type

王吉亮[1,2*] 王秀娟[1] 钱 进[1] 吴时国[1]

Wang Jiliang Wang Xiujuan Qian Jin et al.

1. 中国科学院海洋研究所 青岛 266071; 2. 中国科学院研究生院 北京 100049

## 1. 引言

2006年，印度国家天然气水合物计划在克里希纳—戈达瓦里盆地钻获裂隙充填型天然气水合物。裂隙充填型的水合物并不占据孔隙体积，而是迫使沉积层张开形成裂隙产出层状、脉状和结核状的水合物，也即天然气水合物占据原来的颗粒空间，发生颗粒驱替。不同学者提出了多种理论和半经验模型，利用速度、电阻率测井资料来估算均匀各向同性的孔隙充填型天然气水合物的饱和度。Lee 等利用两端元的层状介质模型基于声波速度分别计算了墨西哥湾和印度 NGHP01-10D 井裂隙充填型水合物的饱和度。他们的方法考虑裂隙的各向异性，但假定裂隙沿固定方向，计算过程只利用纵波或者横波波速中的一种。本文中我们利用层状介质模型，考虑裂隙倾角变化，利用纵波和横波速度同时对水合物饱和度和裂隙倾角进行反演。

## 2. 水合物饱和度估算

超压流体和气体使泥质沉积物形成裂隙，可以利用两个端元的层状介质模型来模拟裂隙内的水合物和饱和水孔隙介质中的沉积物。模型由裂隙 I 和孔隙介质 II 两端元组成。端元 I 完全充填水合物。端元 II 中完全饱和水，弹性性质由 Biot-Gassman 孔隙介质理论计算。整体弹性性质利用 White（1965 年）给出的层状介质模型计算。为了分析层状介质模型的性质，分别计算了纵横波速度随水合物含量和裂隙倾角的变化趋势。随着水合物体积百分比的增大，纵波和水平极化横波速度都随着水合物体积百分比增加而增大。在一定的水合物体积百分比下，裂隙倾角越大，各向异性介质模型中的纵波横波速度越大。由模型计算得到的速度是各向异性介质中的相速度，然后利用 Thomson 给出的相速度与群速度之间的关系可以得到群速度。在反演水合物饱和度时，通常用到的是群速度。

印度 NGHP01-10 站位钻获高饱和度裂隙充填型天然气水合物，该站位有 A、B、C 和 D 四个孔，其中 NGHP01-10A 进行随钻测井，但没有测量横波速度；在 B、C 井孔进行了压力取心；D 孔先做压力取心，然后进行了纵波、横波、密度等电缆测井。由于 NGHP01-10D 井仅测量了深部含水合物层数据，无法确定饱和水的背景速度，而 A 孔测井资料从深度 20m 到 180m。在深度 30～150m 出现纵波速度增加，大于利用简化的三相介质理论计算的饱和水速度，表明地层含有水合物。我们利用层状介质模型对 10D 井进行了饱和度计算。反演过程不但可以得到天然气水合物饱和度还可以得到裂隙倾角。利用层状介质模型计算的水合物占孔隙空间的 15%～25%，裂隙的倾角在 60°～90°，多为高角度裂隙。同时利用有效介质模型计算 10D 井的水合物饱和度在 25%～60%之间。对两种方法的计算结果加上压力取心结果进行比较分析。

## 3. 结论

裂隙充填型天然气水合物层具有明显的各向异性，含水合物层纵波速度、横波速度与裂隙倾角和水合物含量有关。在低水合物含量和低裂隙倾角时，裂隙充填型水合物层的纵波速度变化不大，而孔隙充填型水合物层的纵波速度随水合物饱和度增加而增加。在一定的裂隙充填型水合物含量时，随着裂隙倾角的增大，纵波速度和水平极化横波波速增大。

基于不同速度，利用层状介质模型计算 NGHP01-10D 井天然气水合物饱和度不同，当裂隙为水平时，利用纵波速度估算的水合物饱和度与利用有效介质模型假设水合物充填在孔隙空间的饱和度相差不大，估算结果远大于压力取心计算的饱和度。假设为垂直裂隙时，利用纵波速度计算的水合物饱和度与压力取心相接近，但是利用纵波和横波速度联合计算的水合物饱和度与压力取心结果吻合相对较好，水合物饱和度为 10%～25%，平均为 24%，裂隙的倾角在 60°～90°，裂隙倾角较陡,而且与区域构造环境有关而呈现定向特性，表明裂隙充填型水合物与孔隙充填型水合物不同，含水合物层具有各向异性。

### 参 考 文 献

[1] Lee M W, et al. Gas hydrate saturations estimated from fractured reservoir at Site NGHP-01-10, Krishna-Godavari Basin[J]. India. J. Geophys. Res.，2009, 114: B07102.

[2] 王秀娟，吴时国，刘学伟. 天然气水合物和游离气饱和度估算的影响因素[J]. 地球物理学报，2006, 49(2): 504~511.

（26）海洋地球物理

# 白云海底滑坡地貌形态学研究新技术

# A New Technique for Geomorphological Characterization of Baiyun Submarine Slides

王　磊*

Wang Lei

中国科学院海洋研究所　青岛　266071

## 1. 引言

以往对海底地貌形态的描述大多是基于对多波束测深数据的人工识别和解释，这样既会因为人为因素的引入使解释结果带有主观片面性，另外多波束测深数据的空间分辨率不断变化，并且海底的地形地貌随空间差异很大，这些海底环境的特殊性又会限制传统的人工解释手段的应用。本文在前人研究的基础上，为了尽量减少人工解释带来的误差，引入了“地貌测量学”概念。“地貌测量学”是定量描述地貌的一门学科，它的难点在于怎样从海量的地貌属性中提取出有价值的信息。

## 2. 数据和方法

我们对白云海底滑坡地貌形态学研究的资料来源是白云凹陷地区的多波束测深数据。资料的覆盖区域从白云凹陷北部的陆架坡折带一直延伸到水深4000m的大洋盆地，这批数据的水平分辨率为100m×100m，随着水深变化，水平分辨率在100m～200m之间变化。在本文中，为了能克服“地貌测量学”中从属性中提取有价值信息这一难点，我们采用了一种全新的方法。该方法基于GIS技术，曾经是专门为陆上进行空间信息分析而开发的。自面世以来，GIS已经在灾害预警、土地资源利用、生态环境研究等方面被广泛应用。本论文主要利用了ARCGIS系统中的空间分析模块进行如下三方面的研究：①地貌属性及其属性分析；②基于特征的定量描述；③地貌自动分类。

## 3. 分析

多波束测深数据中包含大量没有被地学家发掘和利用的信息，以上三方面的研究恰恰可以使我们从多波束测深数据中提取更多有用的地貌信息。例如：提取地貌属性并对这些属性进行统计分析可以使我们了解白云海底滑坡概略的信息，然后利用这些属性信息可以对最终得到的地形地貌图进行校正；对多波束地形图中每个地貌特征体的边界都进行自动刻画，这样输出的结果可以作为后期地形地貌解释的依据；钜统计可以用来识别海底表面的崎岖度。我们选取了白云海底滑坡的头部来验证这套地貌研究新方法的准确性。之所以选择这块区域作为试验研究对象，是考虑到白云海底滑坡的头部位置大体与海底峡谷的位置相当，地形起伏大，地貌属性信息丰富，受后期滑坡等沉积事件的改造程度较轻，并且最重要的是该地区的多波束资料分辨率最高，这样能最大限度的减小定量分析的误差，从而保证解释结果的可信度。

## 4. 结论

应用海底地貌定量分析方法通过对白云海底滑坡的头部区域进行研究，将定量分析结果与人工解释的结果进行比对后发现，二者的吻合度非常高。

在应用中发现，新方法在克服了人工解释的主观性等弊端的同时，还有以下4方面特点：①较强的空间细节分辨能力；②定量的输出地形地貌信息；③在已知的地形限制条件下可以快速连续的输出符合条件的结果；④输出的结果可以和旁扫数据或者3D地震资料很好的比对。为了防止人们过于依赖新方法对海底环境进行研究，需要作如下说明：在应用该方法之前，应该对研究区域有宏观上的了解，以便可以评估结果的准确性。该方法基于高分辨率多波束测深数据，因为只有分辨率足够高才能从中提取出足够用来进行统计分析的数据量，以便得到令人信服的结果。由于不同尺度下地形的复杂性是不同的，所以对不同分辨率数据得出的结果进行比较是没有意义的。

本文受国家十二五重大专项“海洋深水油气田开发工程技术”子课题“南海北部陆坡深水区浅层水合物不稳定性评价技术”资助，子课题编号：2011ZX05026-004-06。

### 参 考 文 献

[1] Micallef A, Masson D G, et al. Morphology and mechanics of submarine spreading: A case study from the Storegga Slide[J]. Journal of Geophysical Research, 2007, 112(F3): F03023.

（26）海洋地球物理

# 南海北部神狐海域天然气水合物分布特征及其影响因素

# Gas hydrate distribution features in Shenhu area of northern South China Sea

王秀娟[1*] 吴时国[1] 郭依群[2] 杨胜雄[2]

Wang Xiujuan Wu Shiguo Guo Yiqun et al.

1. 中国科学院海洋地质与环境重点实验室 中国科学院海洋研究所 青岛 266071;
2. 广州海洋地质调查局 广州 510301

南海北部神狐海域白云凹陷 GMGS-1 钻探表明 SH2、SH3 和 SH7 井在 BSR 上的细粒沉积物中含天然气水合物，SH2 井氯离子异常计算的水合物饱和度高达 48%，同时，电缆测井具有高电阻率、高纵波速度和略微降低的密度测井异常，厚度为 25 米左右。SH7 井氯离子异常计算的水合物饱和度达 43%，厚度为 20 米；但是相邻几百米的 SH3 井声波测井资料显示多个层段出现低速异常，在 BSR 上位置，岩心 X 射线成像表明地层含有天然气水合物的位置，声波测井具有低纵波速度异常，电阻率具有高电阻率异常。由于天然气水合物和游离气都是电的绝缘体，具有高电阻率。因此，仅从测井异常分析看，该层段显示地层含有游离气，但是氯离子显示具有异常低值，表明地层含有水合物。水合物钻探中由于扰动和其它原因，可能导致地层水合物发生分解，产生的气体可能充填在孔隙中，出现该测井异常。仅从测井资料分析，很难确定造成该异常的气体是水合物分解产生游离气还是原位游离气。利用了地震资料，通过不同速度模型进行合成记录对比，假设孔隙空间充填水合物时，分别利用电阻率计算的饱和度、水合物饱和度为 30%和不同频率下地层含有游离气时与测井测量速度进行对比，在测井频带地层完全含有游离气，计算的速度小于测井测量的速度，表明假设游离气饱和度偏高，表明游离气部分分解。通过合成地震记录，尽管存在振幅差异，但是假设地层含有水合物时在低速异常段与地震资料相吻合，因此该低速异常是由于水合物部分发生分解造成的。基于不同 White 模型参数，计算出水合物分解了大约 20%[1]。

以钻井资料为约束，利用稀疏脉冲反演获得的声波阻抗剖面，在水合物稳定带上部存在高阻抗异常层，利用测井数据建立水合物饱和度与声波阻抗的关系，能够从地震资料上估算水合物饱和度。从地震数据计算的神狐海域天然气水合物饱和度看，天然气水合物横向具有明显的不均匀性，高饱和度层位于水合物稳定带上部[2]。从 SH2 井岩心看水合物层粒度组分主要为中粉砂、细粉砂和极细粉砂中，而且与水合物上下层位相比差别并不大；相邻 SH1 井，从测井资料分析，无论是声波、电阻率及密度测井都无明显异常。通过与其它相邻井位的速度、密度对比分析来看，SH1 井的速度与 SH2、SH3 井背景速度一致。从 SH1 井岩心的沉积物矿物组分分析看，SH3 井与 SH2 井从海底至水合物稳定带上部地层，岩性并没有明显变化，而且两口井矿物组分也相似。因此，岩性对控制神狐地区水合物形成作用也不是非常明显。

从钻探揭示的水合物层空间分布看，水合物位于 BSR 上部的地层中，不同位置厚度不同。从地震剖面看，在水合物稳定带下发育气烟囱构造，在地震剖面上形成强反射异常。利用三维地震资料，识别的强反射分布与水合物分布具有对应关系。白云凹陷水合物分布区发育了大量的峡谷，峡谷从中中新世以来发生了迁移，均方根振幅能够刻画砂体分布，发现水合物分布与峡谷强振幅有关。白云凹陷大量断裂、气烟囱沟通了下部油气储层与水合物稳定带底部，下部流体沿气烟囱向上运移并聚集在水合物稳定带下，流体聚集使孔隙内形成超压，流体释放[3]。释放的大量流体使水合物稳定带变薄，大量甲烷气体以气泡形式向上运移，在稳定带具有相对较高孔隙空间处（富含有孔虫和碳酸盐）形成高饱和度天然气水合物。

本研究由国际科技合作计划（2010DFA21740）和国土资源部海洋油气资源与环境地质重点实验室开放基金项目(MRE201105)资助。

**参 考 文 献**

[1] Wang X J, Lee M, Wu S G, et al. Identification of gas hydrate dissociation from wireline logs data in the Shenhu area, South China Sea[J]. Geophysics，2012，77(3): B125~B134

[2] Wang X J, Wu S G, Lee M, et al. Gas hydrate saturation from acoustic impedance and resistivity logs in the Shenhu area, South China Sea[J]. Marine and Petroleum Geology, 2011, 28: 1625~1633.

[3] Wang, X J, Hutchinson D R, Wu S, et al. Elevated gas hydrate saturation within silt and silty clay sediments in the Shenhu area, South China Sea[J]. J. Geophys. Res., 2011, 116: B05102.

（26）海洋地球物理

# 天然气水合物储层研究综述

# A summary of research on gas hydrate reservoir

王真真*

Wang Zhenzhen

中国科学院海洋研究所　青岛 266071

## 1. 引言

天然气水合物是天然气（主要是甲烷气）和水在中高压和低温条件下混合形成的类冰的、笼形结晶化合物。它是一种具有巨大潜在储量的新型清洁能源，如果得到合理开发应用，将有可能成为 21 世纪最重要的能源，对解决世界能源危机有重大意义。目前，在深海和极地冻土区都发现了储量可观的天然气水合物矿藏。

## 2. 天然气水合物勘探方法

目前对天然气水合物的研究方法主要有海底地震、地球化学及随钻测井方法等。大洋钻探计划（ODP）、深海钻探计划（DSDP）和综合大洋钻探计划（IODP）在水合物勘探方面取得了大量成果，但由于钻井资料非常有限，目前最主要的资料主要来自高分辨率多道地震资料。天然气水合物储层的地球物理响应有似海底反射（BSR）、地震振幅峰值增加、极性反转、伽马低值，电阻率高值，井径扩大，纵横波速度高，及密度低值等。由于水合物钻井取芯难度很大，很难直接测量水合物饱和度。现在一般根据地震、测井资料进行饱和度计算，比如根据电阻率测井的阿奇公式、基于 Gassmann 方程的地震资料计算方法等，饱和度计算方法越来越多，计算结果也越来越精确。

## 3. 天然气水合物成藏与储层特征

天然气水合物储层的沉积类型主要是沉积速率较高、沉积厚度较大砂泥比适中的三角洲水道—天然堤、重力流浊积扇、峡谷水道、斜坡扇及等深流等沉积的中—细砂岩体。在太平洋主动陆缘及边缘海、大西洋和印度洋的被动陆缘及极地和高原冻土区都发现了天然气水合物资源。天然气水合物主要赋存区大多是沉降速率较快、沉积厚度较大的地区，而且构造复杂，发育大量与盐底劈、泥底劈或泥火山、气烟囱等有关的构造，伴随发育大量的断褶构造、底劈构造、海底扇及滑塌扇等，比如墨西哥湾北部、南海北部陆坡、布莱克海台、加勒比海南部陆坡、亚马逊海底扇、印度西部陆坡、尼日利亚滨外三角洲前缘等。

印度东海岸的 KG 盆地，墨西哥湾盆地北部，尼日利亚海岸，均属于被动陆缘的裂谷盆地性质，沉积巨厚的三角洲、水下扇、大陆斜坡扇、深海水道及海底扇等沉积类型，大陆坡发育的大陆峡谷系统和补给水道将大量沉积物带入盆地，沉积了厚层的浊流水道—天然堤沉积体。

在太平洋活动大陆边缘，韩国东海（日本海）是地壳减薄形成的弧后拉张盆地，沉积物以碎屑流—浊流沉积为特征；日本东海岸南海海槽和加拿大西海岸卡斯卡迪亚海槽俯冲体系中发育厚层增生楔沉积，都发现了丰富的天然气水合物资源。

中国南海的水合物资源有两类赋存构造背景，一种是被动陆缘，如东沙隆起和西沙海槽，水合物矿藏主要与底劈构造、活动断层、滑塌构造和重力流沉积有关，与新生代很高的沉积速率密切相关，地震响应有似海底反射（BSR）、空白反射带和速度异常等。另一种是活动陆缘，如马尼拉俯冲带，尤其是在增生楔之上，与天然气水合物资源有关的地震响应有广泛分布的似海底反射，及与 BSR 之下的游离气有关的声阻抗反转等。

天然气水合物储层研究包括储层的沉积相研究、储层分布范围与储层厚度、孔隙度、渗透率及水合物饱和度计算等，这对资源量的计算和未来的勘探开发具有重要意义。

### 参 考 文 献

[1] McConnell, et al. Gulf of Mexico Gas Hydrate Joiont Industry Project Leg II: Walker Ridge 313 Site Summary[M]. United States Department of Energy Online Publication, 2003.

[2] Wu S G, et al. Gas hydrate occurrence on the continental slope of the northern South China Sea[J]. Marine and Petroleum Geology, 2005, 22: 403~412.

（26）海洋地球物理

# 台湾 TAIGER 计划中 T1 海底地震仪测线深部结构研究进展

# Research progress of the deep crustal structure from OBS profile T1 in the TAIGER Project

卫小冬[1,4] 赵明辉[1] 丘学林[1] 李昭兴[2] 阮爱国[3] 张佳政[1,4]

Wei Xiaodong[1,2] Zhao Minghui[1] Qiu Xuelin[1] Li Zhaoxing[2] Ruan Aiguo[3] Zhang Jiazheng[1,4]

1. 中国科学院边缘海地质重点实验室 南海海洋研究所 广州 510301; 2. 台湾海洋大学应用地球物理研究所 基隆 20224; 3. 国家海洋局第二海洋研究所 杭州 3100122; 4. 中国科学院研究生院 北京 100049

由于欧亚板块与菲律宾板块的相互作用，陆弧碰撞、造山运动以及板块俯冲成为形成台湾岛的主要地质活动。马尼拉海沟俯冲带是台湾周边重要的俯冲带之一，南部与民都洛深地震复杂构造带相连，北部和台湾碰撞构造带相接，被认为是一条正在活动的、具有特殊构造意义的重要会聚边界。沿马尼拉海沟，南海海盆向东俯冲，形成非火山弧（增生楔）—弧前盆地（北吕宋海槽和西吕宋海槽）—火山弧（吕宋火山岛弧）的构造组合（李家彪，等. 2004）。吕宋火山岛弧东边依次是华东海盆，南北走向的加瓜海脊和向西北俯冲的菲律宾海盆。前人对该区域研究较多，Chai（1972）较早提出台湾造山带是北吕宋岛弧与欧亚大陆边缘碰撞的结果；Suppe（1981）提出了斜向碰撞；Teng 等人（1996）提出了俯冲极转换，并解释这种现象是由一系列的碰撞和陆壳俯冲造成的欧亚板块的俯冲板片破裂引起的；王平等人（200）利用从南海跨越吕宋岛弧到菲律宾的反射剖面，分析了恒春海脊的构造特征；李春峰等人（2007）在该条剖面解释的基础上，结合重磁数据，分析了台湾南部海域区域构造的地球物理学特征；McIntosh 等人(2005)利用 TAICRUST 计划在台湾南部布设的横跨恒春半岛的 OBS 测线，揭示恒春半岛西侧外海地壳厚度为 11km，是欧亚板块的转换地壳，并向东隐没在增生楔之下，而介于华东海脊和北吕宋岛弧之间的速度不连续带可能是菲律宾板块和吕宋岛弧的边界。这些研究和解释加深了我们对该区域的俯冲机制和陆弧碰撞过程的认识和理解，然而这些研究都只是基于浅部的地质现象和上地壳的地球物理特征，缺乏地壳尺度的数据，对深部结构的研究还较少。为了研究台湾地区大尺度范围上的地质与地球物理特征，同时，为了得到关于台湾地区俯冲和碰撞更详细的信息，如：台湾下方陆壳俯冲的程度；陆壳俯冲怎样影响造山过程和深部结构；从俯冲到陆弧碰撞是怎样发生的等一系列问题。TAIGER 计划在台湾周边布设了一系列的深地震测线，其中 T1 测线位于台湾南部，依次经过马尼拉海沟、恒春海脊、北吕宋海槽、吕宋火山岛弧、华东海盆、加瓜海脊，到达西菲律宾海盆，对该测线的研究对于我们认识马尼拉海沟俯冲系统及加瓜海脊南侧的深部结构，揭示大陆边缘的深部动力学过程意义重大。

T1 测线长 438km，共布设 26 台海地地震仪（OBS），成功回收 25 台，分两次进行放炮，共激发 3 239 炮，进行 OBS 实验的同时，还布设了多道地震剖面。通过对 OBS 数据进行处理，结合多道地震剖面，采用 FAST 软件进行初至波成像，经过多次迭代计算后，获得 T1 测线较理想的二维速度结构模型。在整个模型中，除了北吕宋海槽和菲律宾海盆处，沉积层的厚度都较薄，不超过 2km；沿着测线，南海海盆地壳厚度约为 10km，莫霍面埋深约 18km，马尼拉海沟西侧地壳厚度约为 8km，莫霍面埋深约为 15km，经过马尼拉海沟之后，南海海盆开始逐渐向东俯冲到吕宋岛弧之下，莫霍面埋深逐渐增大到恒春海脊处的 22km，这与 T2 测线（吴浩维，2011）、MGL0905_27(陈鸿明，2011)揭示的马尼拉海沟在莫霍面厚约 16km 的南海海盆处俯冲到吕宋岛弧下面一致;加瓜海脊地壳厚约 11km，在海脊的两侧，地壳厚 6～8km，为典型的洋壳结构。该纵波速度结构模型的建立，对于我们认识俯冲带和陆弧碰撞的结构提供了信息，也为下一步进行马尼拉俯冲带的横波速度结构模拟提供了基础。

## 参 考 文 献

[1] 李家彪,金翔龙,阮爱国,等.马尼拉海沟增生楔中段的挤入构造[J]. 科学通报, 2004, 49(10): 1000~1008.

[2] Teng L. Extensional collapse of the northern Taiwan mountain belt[J]. Geology. 1996, 24: 949~952.

[3] Mclntosh K, Nakamura Y, Wang T K, et al. Crustal-scale seismic profiles across Taiwan and the western Philippine Sea[J]. Tectonophysics. 2005, 401: 23~54.

（26）海洋地球物理

# 北太平洋风浪激发的体波信号

# Body wave signal generated by wind-waves in north Pacific Ocean

夏英杰　倪四道

Xia Yingjie　Ni Sidao

中国科学院动力大地测量学重点实验室　武汉 430077

大量研究表明，地震台站记录的背景噪声信号主要来自海洋。因海陆相互作用的地脉动主要出现在两个频率段，即大约 0.05Hz 到 0.1Hz 之间的第一类地脉动和频率在 0.1Hz 至 0.25Hz 的第二类地脉动。海浪直接作用于大陆架将产生第一类地脉动信号，其频率与海浪频率一致；而第二类地脉动主要由于海洋中两波数相近的海浪相碰撞所激发，它们产生的驻波无衰减作用于洋底，激发频率为海浪频率两倍的第二类地脉动。按照激发源区的差异，我们又将第二类地脉动分为长周期第二类地脉动（LPDF, long period double frequency 的简称，频率主要在 0.1Hz～0.15Hz）和短周期第二类地脉动（SPDF, short period double frequency 的简称,频率主要在 0.17Hz～0.25Hz）两部分。长久以来，因为体波和面波信号几何衰减的差异，地球物理学家往往认为地震台站记录的地脉动为面波信号，并用面波的各种基本模型对其研究。

关于 SPDF 地脉动，大量研究表明其主要在深海中激发，但对于其激发机制仍存在较大疑问。两列频率相同相向运动的风浪在海洋中相互碰撞将激发 SPDF 地脉动，此时产生的 SPDF 地脉动强度正比于两列风浪强度的乘积；同时风浪在前进过程中也可以与背景场(主要为波浪)相互作用激发 SPDF 地脉动，考虑背景场在强度和峰值频率的相对稳定性，此时激发的地脉动强度将正比风浪强度。通过对 SPDF 地脉动激发机制的确定，我们能更好地通过台站记录的地脉动确定海浪中风浪强度。

我国濒临太平洋，与其它大洋都相距较远，台站记录的地脉动信号主要与太平洋活动有关。北太平洋地区是全球海洋活动最强烈的区域之一，从海洋学的研究我们知道，这块区域的海洋活动很较强的季节性变化。在冬季，西北太平洋激发的高能量风浪源源不断地向东北太平洋移动；在夏季，海洋活动主要发生在南大洋，这块区域变得相对平静。我们着重研究北大西洋海浪在冬季激发的强烈地脉动信号。

本文对 XG 台网 2007 年春季记录的地脉动进行了频率波数分析（简称为 F-K 分析）。F-K 方法根据入射波的慢度 $u$ 进行时间平移叠加：

$$y(t)=\frac{1}{N}\sum_{n=1}^{N}x_n(t+u\cdot r_n)=\frac{1}{N}\sum_{n=1}^{N}s\{t+[(u-u_0)\cdot r_n]\}$$

总能量记录通过振幅的平方对时间积分，根据帕斯维尔定理，可以变化到频率域：

$$E(k-k_0)=\int_{-\infty}^{+\infty}y^2(t)dt=\frac{1}{2\pi}\int_{-\infty}^{+\infty}|S(w)|^2\cdot|\frac{1}{N}\sum_{n=1}^{N}e^{2\pi i(k-k_0)\cdot r_n}|^2\,dw$$

其中

$$|A(k-k_0)|^2=|\frac{1}{N}\sum_{n=1}^{N}e^{2\pi i(k-k_0)\cdot r_n}|^2$$

称为台阵的响应函数。在给定频率后，搜索波数矢量，当$|A(k-k_0)|^2$达到最大值，对应的波数矢量为地震波传播到台阵的波数矢量。给定地球参考模型时，同一震相的不同慢度反映了震中距，所以根据 $u_s$ 和源方位角$\varphi$，确定源的位置，本文采用 PREM 模型。

研究结果表明亚洲东北部台站春季大部分时间记录的 SPDF 地脉动为体波信号。这些体波信号往往分布在很窄的频带，且其源大部分聚集在风浪的产生和前进区域，表明它们由于北大平洋的风浪在深海行进中与背景噪声场的相互碰撞产生。这些体波信号主要经地幔传播到达大陆各地震台站，因而其在亚洲东部甚至中亚各台站都保持一致变化。研究结果表明北大平洋的海洋活动和大陆地震台站记录的 SPDF 地脉动直接相关，通过 SPDF 地脉动的变化情况我们可以判断北太平洋的海浪运动。通过对这些噪声源的进一步认识，我们可以去掉这些台站春季记录的 SPDF 地脉动。

（26）海洋地球物理

# OBS 后至震相的特殊处理和可靠识别

# Reliable recognition and traveltime pick of OBS later arrivals by special processing

叶三余[1] 丘学林[2*]

Ye Sanyu Qiu Xuelin*

1. READ Well Services, Oslo, Norway; 2. 中国科学院南海海洋研究所 广州 510301

随着海底地震仪（OBS）在国内各海洋研究单位的大量装备，主动源 OBS 折射和广角反射记录已成为研究海洋地壳结构的主要手段。如何有效地处理 OBS 数据，最大限度地提取有用的信息，进而提高改善所获取的地壳速度结构的精度及可靠性，加深对地质结构的正确认识，是大家十分关心的共同课题。

目前 OBS 观测通常使用多条大容量相同型号气枪组成的枪阵。其优点是能产生很强的低频信号，达到所需的穿透深度和观测距离。但由于气枪型号单一，无法通过调制压制气泡效应，其震源特征并非理想的单一初至脉冲，而是由 3～4 个脉冲组成的的周期约为 0.2 秒长至 0.6 秒的波列，这个波列严重影响后至震相如基岩和地壳中间层甚至莫霍面反射的可靠识别和准确拾取。此问题在中浅水深区域由于海底反射多次波提前出现更加严重，整个地震记录表现为强震幅连续长波列，后至震相的可靠识别和准确拾取成为一大挑战。

虽然 OBS 水听器(hydrophone)记录的压力波（P）和检波器（geophone）记录的速度垂直分量（Z）都包含了丰富的纵波 P 的信息，在通常应用中只利用了其中的一个分量。这不仅是数据资源的浪费，更重要的没有利用 Z 分量记录对上下行波极性相反特性，通过与压力波（P）的叠加达到消除海底反射多次波，增强信噪比的效果。

众所周知，后至震相的可靠识别和其走时的准确拾取是 OBS 数据解释的关键所在。为此我们必须压制震源因气泡效应而产生的后续波列，将其压缩整形为接近理想震源子波单一初至脉冲，提高地震数据的时间分辨率，即使得后至震相与前至震相清楚地分离开来。在信号处理中，震源子波反褶积滤波(designature filter)是达到此目的的常用方法。此方法成功的关键之一是如何得到接近实际地震记录的震源子波波列。在勘探工业界多道反射地震包括海底电缆(OBC, Ocean Bottom Cable)数据处理中，震源子波正常情况下是已知的，即由勘探服务公司提供。通过反复试验摸索，我们发展了一个良好的取代方法，从实际地震数据里提取震源子波波列。本文介绍如何通过震源子波反褶积滤波(designature filter)、PZ 波场叠加等特殊处理方法，压制震源因气泡效应而产生的后续波列及海底反射多次波干扰，增加 PmP、PcP 等后至震相的信噪比和时间分辨率，进而保证后至震相的可靠识别和其走时的准确拾取。具体方法和步骤如下：

（1）提取实际震源子波波列。选择单个分量近偏移距直达水波震相进行因走时和入射角差别引起的震幅校正，水平排列后叠加，分别得到各台站 P 和 Z 分量的震源子波。

（2）Q 滤波实际震源子波波列，模拟地层介质对高频分量的吸收。

（3）构建理想震源子波。依据地震数据的实际频谱，构建相应的 Ricker 子波或低通滤波狄拉克脉冲作为理想震源子波。

（4）求取子波反褶积滤波算子(designature filter operator)。所用的方法是根据 Wiener optimum filter 理论。为求取最佳滤波算子以保证最佳压缩效果，需要反复的参数调试和质量检查。

（5）将所求子波反褶积滤波算子应用于相应 P 和 Z 分量，得到震源子波波列压缩后的地震数据。

（6）将 PZ 两分量叠加，消除海底反射多次波，增强信噪比。

对南海南沙 OBS2009-1 测线的部分台站数据应用结果表明，此特殊处理方法达到了预想效果。PmP、PcP 等后至震相的可靠识别和准确拾取，为初至和后至震相联合反演、增加交叉射线覆盖率和反演精度提供了必需的条件。

## 参 考 文 献

[1] Ozdogan Yilmaz. Seismic data processing[M]. SEG, USA, 1987.

[2] 叶三余. 海底多分量地震数据波场分解理论基础和实际应用[R]. 技术报告，2009.

[3] 丘学林, 赵明辉, 敖威, 等. 南海西南次海盆与南沙地块的 OBS 探测和地壳结构[J]. 地球物理学报, 2011, 54(12): 3117~3128.

（26）海洋地球物理

# 洋中脊处深部莫霍面震相的识别及其地球物理意义

# Geophysical Implication of Seismic Phase from Ridge's Moho

张佳政[1,3]　赵明辉[1*]　丘学林[1]　敖　威[1,3]　卫小冬[1,3]　阮爱国[2]

Zhang Jiazheng[1,3]　Zhao Minghui[1*]　Qiu Xuelin[1]　Ao Wei[1,3]
Wei Xiaodong[1,3]　Wang Jian[1,3]　Ruan Aiguo[2]

1. 中国科学院边缘海地质重点实验室　中国科学院南海海洋研究所　广州　510301;
2. 国家海洋局第二海洋研究所　杭州 310012; 3. 中国科学院研究生院　北京 100049

大洋中脊作为地球系统中最为重要的巨型活动构造带，不仅是海底热液活动、火山活动与地震活动的主要发生地，同时也是岩浆大规模上涌和洋壳形成与增生的地方，其热液喷口更是蕴藏着丰富的热液硫化物矿产和极端生物基因资源。可见，大洋中脊不仅是研究海底构造环境、热液活动、地幔深部过程及其动力学机制的重要区域，也是我们认识地球内部深部过程的重要窗口。目前，虽然在大洋中脊开展的研究活动数量很多，运用的研究手段也包罗万象，如水深调查、摄像、地质与地球化学采样、重磁数据采集、以及地震勘探等，但是其成果大多局限于洋壳表层的研究，或者是数据的垂向分辨率不高，均未能精确地揭示大洋中脊的深部构造特征。

与其它地球物理探测方法相比，地震勘探方法具有分层精度大和垂向分辨率高的优势，能够获得更精确的大洋中脊深部结构数据，对认识大洋中脊的深部动力学过程、洋壳增生理论及其深、浅部构造耦合关系具有十分重要的意义。地震勘探方法的基本原理是：由于地球内部存在速度界面和波阻抗界面，地震波在传播过程中遇到这些界面时将产生折射和反射，从而返回到地表被仪器接收，返回到地表的地震波携带了丰富的地球内部信息，通过对这些地震波信息的挖掘（如走时反演、波形反演等模拟手段）就可获得地球内部的速度结构，进一步分析还可获得地球内部的物质组成。在人工地震探测实验中，一般可识别出 Pg、PmP 和 Pn 震相。Pg 震相是指来自地壳内的折射波，PmP 震相是指来自壳幔分界面（Moho 面）的反射波；Pn 震相是指以临界角入射 Moho 面时形成的沿该界面滑行的界面波，或来自上地幔顶部弱速度梯度层的折射波。对于深部结构研究，PmP 和 Pn 震相比地壳内的 Pg 震相更为重要，因为它们不仅可以提供 Moho 面起伏信息及上地幔的速度分布情况，而且由于 PmP 与 Pn 震相路径经过地壳内部，同样可以约束地壳内部的速度分布。另外，深达 Moho 面的震相增加，可以扩大层析成像的范围，能够更加完善三维地震探测的实验结果，从而促进对地球深部结构及动力学过程的认识。

本文首先总结前人对大洋中脊的地震研究资料，建立简单的水平层状速度模型，然后利用 Zelt 和 Smith 在 1992 年编写的 RAYINVR 软件进行了数值模拟，从理论上确认了 PmP 和 Pn 震相出现的位置与范围。然后结合最新获得的西南印度洋洋中脊热液 A 区和中央次海盆扩张脊的三维地震数据，分别对其各自主测线上 OBS 台站的综合记录剖面进行了震相识别和拾取，在所有台站中都识别出大量 Pg 和 Pn 震相，但是 PmP 震相仅在个别台站能够识别，而且数量不多。最后根据最新的多波束水深数据建立主测线的初始洋壳速度模型，将洋壳简单划分为层 2 和层 3，每一层的界面起伏与海底面平行，然后利用 RAYINVR 软件对识别出的 Pg、PmP 和 Pn 震相进行射线追踪与走时模拟，并通过不断反复拾取震相和调整模型，从而获得一个适合于所有台站走时数据的最佳速度模型，同时也确认了来自西南印度洋洋中脊和中央次海盆扩张脊下 Moho 面的 PmP 与 Pn 震相，并对它们的出现位置与范围进行了讨论。本研究不仅为下一步西南印度洋洋中脊及中央次海盆上地幔结构的确定提供了坚实的数据基础，而且为今后扩张脊处洋壳增生过程及形成机制研究提供了重要依据。

## 参 考 文 献

[1] Zelt C A, Smith R B. Seismic traveltime inversion for 2-D crustal velocity structure. Geophys[J]. Geophysical Journal International, 1992(108): 16~34.

[2] Tao C H, Lin J, Guo S, et al. Discovery of the first active hydrothermal vent field at the ultraslow spreading Southwest Indian Ridge[J]. InterRidge News, 2007, 16: 25~26.

[3] 赵明辉, 等. 慢速、超慢速扩张洋中脊三维地震结构研究进展与展望[J]. 热带海洋学报, 2010, 29(6): 1~7.

[4] 敖威, 等. 西南印度洋中脊三维地震探测中炮点与海底地震仪的位置校正[J]. 地球物理学报, 2010, 53(12): 2982~2991.

（26）海洋地球物理

# 西沙海区火山岩分布及其发育模式

# The distribution and development mode of the xisha area of igneous rock

张 峤

Zhang Qiao

中国科学院海洋研究所 青岛 266071

火山是新构造运动的表现形式之一，它们是地幔物质沿岩石圈断裂在地壳表层以不同方式释放热能的结果。因此，火山是衡量一个地区大地构造活动与稳定的重要因素之一。

南海及邻区在新生代，随着南海陆缘扩张作用和洋壳俯冲消减作用，使局部地区抬升，遭受剥蚀，并伴有断裂和岩浆活动[1]。火山活动以基性喷发为主，兼有侵入体发育，火山喷发多为中心式喷发。喷发物堆积在海底形成火山锥，有些锥体顶部落陷于火山口处而形成火山湖，有些形成海山。新生代火山岩分布很广，从华南大陆到南海海区、从台湾到中南半岛都有，但多为零星分布，规模较小。西沙地区作为南海的一部分，也发生了相应的火山活动[2]。

火成岩在我国东部中新生代含油气盆地中广泛发育，并在这些火成岩中发现具有商业价值的油气藏 ，它们正成为我国中、新生代盆地勘探的新领域。西沙海区的火成岩发育与该地区的构造演化密切相关，是极为发育的[3]。

火山型被动大陆边缘具有非常普遍的独特特征：①巨大的火成岩地壳堆积；②窄的（“颈状的”）边缘；③有限地壳伸展的特殊几何形态（同岩浆期向海倾的反射层和向陆倾的断层）；④在拉伸过程中没有沉降；⑤熔融区和应变集中区的一致（Schnabel et al., 2008；Geoffroy, 2005）。其中岩浆地壳由被严重侵入且覆盖着溢流玄武岩和凝灰岩的陆壳组成，地震图像为强反射的向海倾的反射层序（SDR）。向海倾的反射层是识别火山型被动大陆边缘的典型特征。在被侵入的过渡壳下面，通常将高速地震带（Vp：7.2～7.7km/s）解释为基底铁镁质向超铁镁质岩浆的过渡体。

此外，还可以通过火成岩周缘地层的展布趋势（如地层向构造隆起部位的聚敛或发散），来判断火成岩的形成时代。A.R. Talukder 等（2007）通过分析认为，在火成岩和同生断裂共同控制的地区，由下至上早期地层向隆起部位发散，表明地层的沉积主要是受同生断层作用所控制，而后期地层向隆起部位收敛则表明受到了后期的物质侵入作用即火成岩的影响，T40 之前地层向隆起部位逐渐变厚，呈发散趋势，说明其主要是收到同生断层作用所控制。而在 T40 之后，地层向构造隆起部位逐渐减薄，呈现聚敛的趋势，表明此时是火山侵入作用控制着沉积。

根据火山活动的时期与生物礁发育时期、烃源岩生烃和排烃时期、油气成藏时期的先后关系，可以大体判断火山活动对生物礁及油气成藏的影响。早期的火山可能会为生物礁的发育提供有利的位置，但是晚期的火山可能会破坏早期生物礁 。同样，早于烃源岩生烃和排烃时间的火山活动，可能油气运移及成藏提供通道或储层。晚于烃源岩生烃和排烃时间及油气成藏的火山活动，对油气藏主要起破坏作用。

西沙地区的岩浆活动主要集中在东北部、东南部及中部区域，分别位于西北海盆中及周边、西沙东坳陷周边和中建南盆地的北部，西沙西北部及西南部岩浆活动较少或没有。

西沙地区的新生代岩浆活动分散，具有多期次、分地区的分布特点。

（1）根据新生代始新世以来南海 NE-SW 和南海 S-N 两次洋盆扩张开始至近代的岩浆活动特点，西沙地区的岩浆活动可分为三个时期：始新世—早中新世、中中新世—晚中新世及上新世-全新世；其中，第一期岩浆活动规模最大，主要受南海两次海底扩张控制；第三期活动规模居中，与上新世开始岩浆活动的再次活跃有关；第二期活动最小。

（2）西沙地区的岩浆活动主要集中在东北部、东南部和中部，分别位于西北海盆中及周边、西沙东坳陷周边、中建南盆地北部，西北部及西南部岩浆活动较少或没有。

## 参 考 文 献

[1] Yan Pin, Deng Hui, Liu Hailing, et al. The temporal and spatial distribution of volcanism in the South China Sea region[J]. Journal of Asia Earth Science, 2006, 27: 647~659.

[2] 鄢全树. 南海新生代碱性玄武岩地层的特征及其地球动力学意义[D]. 国家海洋局第一研究所博士论文，2008.

[3] 阎贫，刘海龄. 南海及其周缘中新生代火山活动时空特征与南海的形成模式[J]. 热带海洋学报, 2005, 24(2): 33~41.

（26）海洋地球物理

# 南海某工区复杂多次波衰减与中深层成像

# Complex multiple attenuation and middle-deep imaging in South China Sea

张如伟* 张宝金 文鹏飞 李福元

Zhang Ruwei Zhang Baojin Wen Pengfei Li Fuyuan

广州海洋地质调查局 广州 510760

2000 年以来，由于采用了长排列大容量震源地震勘探技术，勘探目标逐渐趋向中深部地层。长排列大容量震源地震勘探技术是目前研究南海深部构造的主要研究手段之一。复杂多次波干扰和中深层信噪比低已成为中深层成像与解释的瓶颈。本文针对南海中沙某工区的实际资料，采用多步衰减多次波方法来压制影响中深层成像的复杂多次波，首先采用了 SRME 技术压制与海底相关的多次波，然后利用多次波与有效波在时差上的差异，来衰减部分绕射多次波，最后基于多次波频率与振幅的差异压制剩余的绕射多次波能量，同时引入质量控制机制，层层检查有效能量是否被衰减。在多次波衰减完成的基础上，开展中深部高精度高密度沿层速度分析，并经过多次迭代收敛，使得该区域中深部的构造能够被较好成像。最后结果表明复杂的绕射多次波等到了较好压制，提高了中深层的信噪比，基底以下的深部构造得到了较好的展示。

## 1. 介绍

研究区位于南海东北部，除东南角极少一部分陆地外，其余均为海区，主要跨越了陆坡和深海盆两大地貌单元。其西北部为陆坡区，水深范围在 200m～3 500m 左右，坡度 1°～4°，水深变化大，水深等值线为 NE 走向。西南部中沙群岛区和东南部吕宋岛区为岛礁区，岛礁众多，岛礁四周的水深变化较大，是航行的危险区。东部的马尼拉海沟最大水深可达 5 000m。此外，调查区内分布有中沙北海岭、双峰海山、玳瑁海山、宪北海山、宪南海山、石星海山、尖峰海山等大型海山。其余区域都为海盆区，地形平坦，水深大于 3500m。野外采集震源容量为 5 080cu.in，接收道数为 480 道，电缆长度为 6km，原始地震资料整体上信噪比与分辨率较高，但中深层有效能量较弱，低频涌浪噪音与多次波影响严重，大部分中深层的有效能量被复杂的绕射多次覆盖。

## 2. 方法

由于在地震剖面上，中深层的有效能量基本被绕射多次波覆盖，致使信噪比极低。为了凸显出深部的有效能量，以衰减复杂的绕射多次波能量作为资料处理的关键之一，其次采用高密度沿层多次迭代速度分析的方法，获取准确的速度信息与清晰的成像结果。

SRME 技术一般作为衰减多次波的第一步，主要是压制与海底相关的多次波信息，然后针对其余剩余多次波能量可以依据与有效波时差上的差异来衰减，一般会在 Radon 变换中实现，但绕射多次波由于并不满足双曲线的特征，采用时差的差异来压制效果微乎其微，只能依赖于多次波与有效波能量与频率上的差异来去除，同时不能衰减本身能量就很弱的有效深层能量。依据于绕射多次波相对有效波而言，有着振幅能量强，频率低等特征，基于这些特点建立一套绕射多次波的识别标志与处理流程。经过多步衰减多次波的处理手段之后，中深层有效能量得以凸显，信噪比大大提高。

同时针对中深层信号振幅连续性差，不利于成像与解释，本文采用高精度高密度沿层的中深层速度分析手段，同时经过多次分析与不断迭代收敛，最后得到最为合适的速度模型，提高中深层的成像效果，利于以后的地层解释。

## 3. 结论

（1）复杂多次波是影响中深部地层的成像的关键因素之一，只有在较好压制多次波而不损失有效能量的基础上，才能获得较好的成像效果。绕射多次波又是其中最关键、最难压制的噪音，采用多步衰减技术与层层质量控制手段，可以获得最优化结果。

（2）采用高精度高密度沿层的中深层速度分析方法，同时经过多次分析与不断迭代收敛，从而获得最优的速度模型，也是影响中深部地层的成像的关键因素之一。

## 参考文献

[1] Verchuur D.J. Seismic multiple removal techniques past, present and future[M]. EAGE Publication BV, 2006.

[2] 胡天跃，王润秋，温书亮. 用聚束滤波方法消除南海深海地震资料的多次波[C]. 海上地震资料高分辨率处理技术论文集，2000: 23~30.

（26）海洋地球物理

# 南海北部深水盆地聚集流体逸散系统研究

# Deep-water focused fluid flow systems of the Northern South China Sea

赵 芳

Zhao Fang

中国科学院海洋研究所 青岛 266071

在过去几十年的研究历程中，深水油气勘探已成为世界油气勘探开发的热点，加之地震勘探技术的不断进步，聚集流体逸散系统受到广泛关注。聚集流体逸散系统的存在是沉积盆地中油气系统活跃的一种表现，一般发育在盖层性能良好的深水区。它的发育破坏了盖层的封盖性和完整性，并且有些流体逸散系统一旦形成可以活跃数百万年。这就可能造成原来油藏的破坏。世界上一些大型油田的破坏或天然气水合物带的发育都与聚集流体逸散系统有关，但是，它也可能为油气成藏提供运移通道，或为天然气水合物成藏提供气体运移通道。由此可见聚集流体逸散系统的研究可以为油气成藏提供重要依据，同时，流体系统的研究对于海底稳定性以及环境方面意义重大。

南海北部深水区蕴藏着丰富的油气及天然气水合物资源。许多重要的科学和生产问题都尚未解决。南海北部大陆边缘盆地形成主要与第二次扩张有关，经历了裂谷期、后裂谷热沉降期和新生代构造活动期三大阶段，形成现今的盆地构造格局。利用高精度的三维（3D）和二维（2D）地震资料、多波束资料，对南海北部深水区（包括琼东南盆地、中建南盆地、珠江口盆地深水区等）的不同的聚集流体逸散系统进行研究，研究不同类型的聚集流体逸散系统的特征和影响因素。

聚集流体逸散系统（focused fluid flow escape system）是指流体沿着局限的高渗带（如断层、砂岩侵入体等）发生运移/ 逃逸的过程及疏导体系, 例如多边形断层、泥火山、管道以及麻坑等。它一般发育在低孔低渗的性能良好的盖层中，在有限的范围内提供流体快速运移的通道。聚集流体逸散系统能够为流体垂直或亚垂直穿透盖层提供通道。多边形断层在细粒岩石中，如蒙脱石泥岩、硅质岩或钙质软泥等。 一般情况下，多边形断层的断层面可以作为流体运移的通道。任何一次断层活动/ 滑动都会有短暂的流体通量沿其运移另外，与多边形断层相关的麻坑的发现，也间接的说明多边形断层可以作为流体运移的通道。泥火山是一种重要的广泛分布的流体逸散系统，它往往发育在构造活跃的地方，如汇聚型大陆边缘、前陆盆地和走滑构造带等广泛发育的。泥火山是超高压地层或快速的埋藏（高沉积速率）地层一种很有效的排水机制。与泥质侵入有关的流体通量主要是与侵入事件过程本身相关，如泥质体上升过程中携带的水分。泥火山构造在许多大型的油藏之上都有发育，有些甚至是穿过储层。在泥火山的周围或其上往往发现许多与之相伴生的裂隙或者断层。它们是通过泥质侵入、顶蚀作用或者通道的垮塌作用形成。这些裂隙或者断层也可以作为流体运移的通道。管道在地震上表现为圆柱形的杂乱反射带，内部一般有叠加的强振幅异常。管道在平面上一般是圆形或者亚圆形的，利用 3D 地震切片技术和沿层属性提取技术可以把它们识别出来。虽然我们在地震上识别不出明显的地震轴断距（这种地震反射特征说明存在小断层），但是露头对比表明管道内确实存在密集的断裂，这些断裂可以使渗透率提高和造成盖层的破坏。麻坑是流体逸散在海底形成的最明显最普遍的构造。麻坑被认为是由于下部的超高压的孔隙水或者气体突然喷发出海底所形成的。形成以后，它们在缓慢的孔隙水和 / 或气体逸散的背景下被保存下来。底流也可能对麻坑的保存和形状的改造起着一定的影响的构造。

## 参 考 文 献

[1] Sun Qiliang, et al. Focused fluid flow systems of the Zhongjiannan Basin and Guangle Uplift, South China Sea[J]. Basin Research, 2012: 1~15

[2] Cartwright J A, James D, Bolton A J. The genesis of polygonal fault systems: A review, in P. van Rensbergen, R. Hillis, A. Maltman, and C. Morley, eds., Subsurface sediment mobilisation[J]. Geological Society (London) Special Publication, 2003, 216: 223~242.

[3] Sun Qiliang, Wu Shiguo, Yao Genshun, Lv fuliang. Characteristics and Formation Mechanism of Polygonal Faults in Qiongdongnan Basin, Northern South China Sea[J]. Journal of Earth Science. 2009, 20: 180~192.

[4] Sun Qiliang, at al. The morphologies and genesis of mega-pockmarks near the Xisha Uplift, South China Sea[J]. Marine and Petroleum Geology, 2011, 28: 1146~1156.

（26）海洋地球物理

# 南海中央次海盆三维地震探测最新研究进展

# Latest progresses of 3D deep seismic surveys in the central sub-basin of South China Sea

赵明辉[1*] 王 建[1,2] 贺恩远[1,2] 张 莉[1,2] 丘学林[1] 徐辉龙[1] 卫小冬[1,2] 张佳政[1,2]

Zhao Minghui[1*] Wang Jian[1,2] He Enyuan[1,2] Zhang Li[1,2] Qiu Xuelin[1] Xu Huilong[1] Wei Xiaodong[1,2] Zhang Jiazheng[1,2]

1. 中国科学院边缘海地质重点实验室 南海海洋研究所 广州 510301;

2. 中国科学院研究生院 北京 100049

海底扩张脊及大洋洋中脊是重要的板块构造边界之一，更是洋壳形成与增生的地方。国际上多个研究计划（RIDGE，InterRidge，ILP，IODP 等）都把洋中脊及洋壳增生过程作为研究重点。由于海底地震仪探测技术及三维层析成像方法成熟使用，极大地推动了全球三维深部地震结构研究。

南海是我国最大最完整的边缘海，是我国走向深海研究的重要突破口（汪品先 2009）。然而，关于南海的深地震研究多集中在南海北部陆缘，在南部陆缘带目前也具有了 2 条宝贵的 OBS 探测测线，但在南海深部海盆研究很少。沿中央海盆残留扩张脊方向上分布的珍贝-黄岩火山链，东西长 200 km，南北宽 40-60 km，山顶相对海底高差达 4000m。前人研究表明，这个海山链是在 16Ma 年前南海扩张停止后晚期的火山作用形成的（Taylor and Hayes, 1980; Briais, et al. 1993; Yan, et al. 2006），那么这个沿残余洋脊方向发育的火山链的形成机制如何？是否为扩张结束时剩余岩浆活动的产物？还是由于热点的作用？这些火山物质与岩浆物质在成分上是否发生变化？2011 年 5 月项目组实施完成的南海次中央海盆残留扩张脊上的海上探测实验（丘学林, 等. 2011），力求解决上述这些科学问题。在前期的数据处理过程中，已经取得了一些初步结果：

（1）已完成对新采集的原始 OBS 数据进行预处理和初步处理工作，主要进行了各种数据格式转换，分别在连续波形记录和折合时间剖面上识别气枪信号和小震信号。通过滤波参数、叠加、相关、反褶积等数据处理方法，在 OBS 折合时间/偏移距剖面上记录了明显的 Pg、PmP 等深部震相，震相可追踪偏移距超过 60km。这些震相为下一步的结构模拟和深部动力学研究提供了坚实的数据基础。

（2）完成了炮点与 OBS 台站的位置校正。由于受到海流与海风的影响，自由落体投放的 OBS 在海底实际落点位置会偏离投放设计点数百米，有时甚至超过 1 km，这将严重影响走时震相的正确拾取，特别是对于密集的三维地震探测，将严重影响三维地震结构的研究精度，因此，OBS 进行位置校正比炮点位置校正更为重要。对 OBS 在海底的实际位置反应最明显的是气枪信号经过水体直接传播至 OBS 的直达水波，目前主要应用直达水波的走时，结合蒙托卡罗（Monte Carlo）方法和最小二乘法方法，反演获取 OBS 的准确落点位置，进而根据直达水波曲线特征进行了位置校正精度分析。中央次海盆共 39 台有效 OBS 数据（部署的 42 台 OBS 中，OBS36 丢失，OBS32 与 OBS33 没有记录数据），及 8287 炮点，均已完成了炮点及 OBS 台站位置校正。通过对比校正前后 OBS 的落点位置、直达水波走时曲线特征，认为校正后的 OBS 记录剖面展示了真实的记录情况，校正误差控制在 1%左右。

（3）二维主剖面及三维空间的各地震波震相的拾取及初始模型的建立。目前已完成初始模型建立工作，正着手拾取各震相，并为三维地震结构模拟做好充分准备。

综上前期数据处理结果表明，此次海上探测实验，数据质量良好，射线覆盖密度高，是非常成功的一次海上探测。应用于 OBS 位置校正的蒙特卡罗方法，其计算结果是准确、稳定的。大部分 OBS 经过位置校正后得到的落点，其理论走时与观测数据的绝对走时之间的残差稳定在 2～15 ms 以内，水深数据误差小于 10 m。不仅为下一步三维层析成像研究提供了坚实数据基础，而且将为今后南海的形成演化理论提供最基本信息。

本研究由国家基金重大研究计划（91028002），和国家基金面上项目（41076029, 41176053）资助。并感谢“实验 2”号所有科考队员和全体船员付出了辛勤的劳动！

参 考 文 献

[1] 汪品先. 南海—我国深海研究的突破口[J]. 热带海洋学报, 2009, 28(3): 1~4.
[2] 丘学林，等. 南海深地震探测的重要科学进程：回顾和展望[J]. 热带海洋学报，2012，49(6): 1720~1728.
[3] Briais A, et al. Update interpretation of magnetic anomalies and seafloor spreading stages in the South China Sea: Implications for the Tertiary tectonics of southeast Asia[J]. J. Geophys. Res., 1993, 98 (B4): 6299~6328.

（26）海洋地球物理

# EAB 速度模型在南海深水低幅构造区域地震数据处理中的应用

# Exponential asymptotically bounded velocity model applied in the seismic data processing in the low amplitude and deep-water area

周洪生[1,2*] 王绪本[1,2] 程冰洁[1,2]

Zhou Hongsheng[1,2*] Wang Xuben[1,2] Cheng Bingjie[2]

1. 成都理工大学 地球探测教育部重点实验室 成都 610059;

2. 成都理工大学 油气藏地质及开发工程国家重点实验室 成都 610059

## 1. 前言

随着海洋油气勘探开发从浅海往深海发展，针对海底构造的新速度模型提出尤为重要。海底构造一般为厚的、沉积盆地，比如墨西哥湾、中国南海的低幅构造区域等。很多速度模型用于描述该类压实沉积岩地层，如分段常数速度模型，随深度而线性增加的速度模型；还有其它更高阶的速度模型，比如经典的指数模型，抛物线模型，Faust 模型。对于这些模型来说，都缺少深部加以速度限制的地质约束条件。我们采用的指数渐进边界速度模型[1-2]（简称 EAB 模型）是一种符合地质规律、随着深度指数增加并有着边界值约束的速度模型；其边界值一般从充分压实的沉积岩地质资料中获得，再结合另外两个参数即可进行精确地描述。

## 2.方法原理

### 1）指数渐进边界模型（EAB）

$$v_{0,n}(\tilde{z}) = v_{a,n} + \Delta v_n^{\infty} \cdot [1-\exp(\frac{k_{a,n}\tilde{z}}{\Delta v_n^{\infty}})], v_{\infty,n} = v_{a,n} + \Delta v_n^{\infty} \qquad (1)$$

$$1 \le n \le N$$

式中，$v_{0,n}(\tilde{z})$ 是相关深度域的瞬时速度，$n$ 是在两个垂直点之间的深度层位的下标，该速度模型由三个参数定义：$v_{a,n}$、$k_{a,n}$、$v_{\infty,n}$。其中 $v_{a,n}$ 为海底、地表等指定界面上的瞬时速度，参数 $\Delta v_n^{\infty}$ 是瞬时速度的分布一定义为边界速度值 $v_{\infty,n}$ 和指定界面速度 $v_{a,n}$ 之差。常数 $k_{a,n}$ 为在相同界面上的速度垂直梯度。相对的深度满足 $0 \le \tilde{z} \le \Delta z_n$，这里的 $\Delta z_n$ 为层位厚度。在经过时深转换后，可以计算对应相关深度的单程旅行时 $\tilde{t}$（$0 \le \tilde{t} \le \Delta t_n$）；经过相应的转换可以进一步计算层速度，平均速度。

### 2）基于 EAB 速度模型的层速度全局反演方法

$$F \equiv B + C + A \to \min \qquad (2)$$

式（2）为基于 EAB 速度模型的层速度反演函数[3]。其中，$B$ 为参与约束的 EAB 速度趋势部分；$C$ 是拾取的实际均方根速度进行约束的部分；$A$ 是为了压制反演速度的垂直震荡所引入的阻尼项；解构建的反演线性方程组，能得到给定 CDP 点下每个控制点的层速度值。

## 3. 实例应用效果

在南海 BD 勘探区低幅构造区域的实际地震资料的处理中，我们分别对单道利用基于 EAB 速度模型速度反演方法计算出的层速度和 DIX 转换得到的层速度、均方根拾取速度；以及新方法和 DIX 方法反演得到的、VSP 资料计算的平均速度进行了对比。在层速度的对比中，基于 EAB 速度模型的速度反演方法得到的层速度在深部明显比常规 DIX 转换得到的分层更细，更符合局部地质规律；在平均速度的对比中，新方法反演得到的平均速度与 VSP 转换得到平均速度出现了明显的剪刀差，显示了较常规转换方法的优越性和正确性。后期处理得到的层速度场亦较由常规层速度转换得到层速度场分层更加清晰，更贴切层位曲线。

## 4. 结论

基于 EAB 速度模型的速度转换方法可以转换得到多种速度，并且基于其建立的约束反演方法可以用于少井深水区低幅构造区域的地震资料处理，能克服传统 Dix 方法仅适用于水平层状及小排列的限制，在一定程度上控制横向变速和反演层速度的突变和震荡问题，在实际运用中取得了较好的效果，有助于后期的压力预测及储层预测等相关工作。

本研究由中海石油有限公司湛江分公司勘探开发研究院科技攻关项目（Z10FN485）资助。

# 作者文章索引

# 附录 1

## 中国地球物理学会第二十七届学术年会纪要

**一、会议概况**

中国地球物理学会第 27 届学术年会于 2011 年 10 月 17 日至 21 日在湖南省长沙市召开。

本次大会实际与会人员 960 多人，其中中国科学院和工程院院士 9 人。年刊《中国地球物理-2011》收录了 930 篇论文摘要。来自内地、台湾的学者和美国、日本等专家共 570 多人在大会上做了学术报告，其中大会报告 14 篇。

10 月 17 日召开了年会预备会议，到会的学术委员和各专题召集人商议了具体组织方案。

10 月 18 日上午中国地球物理学会理事长陈颙院士致开幕词，并主持了第一阶段的大会报告。中南大学何继善院士作了“广域电磁法研究”的报告；中国气象局秦大河院士作了“气候变化科学新进展”的报告。王平副理事长主持了第二阶段的大会报告。中国石油学会贾承造院士作了“我国石油天然气勘探开发的新成就与勘探地球物理学技术进步”的报告；测量与地球物理研究所许厚泽院士作了“精密重力测量新进展”的报告；2011 年度顾功叙奖候选人、中国石化油田部朱铉作了“物探技术在川东北油气勘探中的应用”的大会报告。

下午，分两个会场继续进行大会报告，分别由常旭副理事长、郭建秘书长、黄清华教授和倪四道教授主持。中国地质科学院董树文研究员作了“我国深部探测（Sinoprobe)新进展” 的报告；测量与地球物理研究所孙和平研究员作了“高精度超导重力仪器在地球内部动力学和结构的应用研究”的报告；中国科学院国家空间科学中心史建魁研究员作了“地球空间双星探测计划的科学技术成果”的报告；北京航空航天大学空间科学研究所曹晋滨教授作了“地球磁尾动力学观测研究”的报告；中国科学技术大学张捷教授作了“近地表问题的新挑战以及世界各地石油勘探的应对方案实例”的报告；中国石化石油物探技术研究院关达研究员作了“页岩气勘探开发中的地震技术”的报告；北京大学黄清华教授作了“地震电磁现象的物理学研究”的报告；国家海洋局第二海洋研究所陶春辉研究员作了“中国大洋中脊多金属硫化物资源调查现状与前景”的报告；Caltech 韦生吉博士作了“Sources of shaking and flooding by the Tohoku-Oki Earthquake, a case for thermal pressurization”报告。

同时 2011 年度傅承义青年科技奖候选人裴顺平、马坚伟、周义军、敖红和王彦飞也分别作了学术报告。

这些大会报告从不同的专业方向阐述了地球物理新技术、新理论、新方法在国家需求和基础研究领域中的重要作用。专家们对技术热点的精辟分析引起与会代表的极大的兴趣，报告之后的讨论互动非常热烈。

10 月 18 日晚召开了理事扩大会议，50 多人到会。会议由陈颙理事长主持。会议审议和通过了郭建秘书长作的工作报告；陈颙理事长代表两奖评审组汇报了 2011 年傅承义奖和顾功叙奖获奖的推荐经过和评审情况，到会理事用掌声对获奖人表示祝贺。到会理事就学会工作和学科进展发表了中肯的意见和积极的建议。

10 月 18 日晚举行了首届“Townhall meeting”，邀请了天津超算中心朱小谦作了“天河一号及其高性能计算应用”的报告，倪四道教授和薄万举研究员主持了会议。会议以 2010 年世界排名第一的天河一号超级计算机性能及其应用为主题，互动讨论气氛热烈。首届 Townhall meeting 吸引了会议 70 人左右学者、学生参加。

19 日晚 8 点 30 召开《地球物理学报》（以下简称《学报》）编辑委员会，主编刘光鼎院士主持了会议，编辑部主任、专职副主编刘少华编审做了 2010-2011 年度工作汇报。把编辑部在一年来的工作情况、期刊取得的成就和进展、存在问题和下年度工作计划向编委会做了详细汇报。

在编委会指导下，编辑部圆满完成了 2010 年度《学报》中英文版的编辑出版任务和 2011 年度计划内任务。执行并完成了本刊承担的中国科协、国家基金委和中国科学院出版委员会资助的中国精品期刊工程项目、国家重点期刊专项等期刊研究项目 2010-2011 年度任务。

在过去一年里，《学报》密切关注和追踪我国地球物理学及相关领域的重大研究成果和前沿课题，刊登了一大批代表我国地球物理学领域的创新性成果。《学报》的出版能力不断提高，出版时滞不断缩短，目前，已经使发表周期提高到8～10个月。《学报》持续注重学术质量，不断提高本刊的编辑质量和印刷质量。《学报》的文献计量指标继续保持高位，本刊在国内地球物理学及相关领域继续保持期刊领衔地位，在国际地学期刊界中的影响力也逐步扩大。《学报》把加快期刊的数字化、网络化、信息化建设工作，摆在重中之重的地位。2010～2011年度，完成了期刊网站（http://www.geophy.cn）系统升级，平台的多刊协同稿件远程处理系统、网刊发布系统和征订发行广告管理系统等均可在线使用，实现了作者、审者、编者的在线互动，极大提高工作效率和服务功能。完善了作者数据库、专家数据库，完成了1954年以来的本刊文献数字化整理工作，实现全文网上发布。预计到明年初，将实现本刊1948年以来的全部期刊全文上网。

在汇报成绩的同时，刘少华汇报了编委会有关增补新编委方面的进展情况，在年底之前，一批关心和支持学报工作的优秀中青年科学家将补充到编委会中。他也汇报了《学报》目前面临的巨大挑战和困难。与会编委们认真听取了工作汇报，肯定和赞扬了《学报》编辑部一年来的辛勤工作，并热烈讨论学报的发展和改进，提出许多切实可行的好建议，如可进一步发挥编委会的作用，由专门副主编或执行副主编负责组稿和审稿；在期刊的国际化方面编委们也提出了一些建议。

20日晚学术委员会委员和各专题负责人举行座谈，交流学术专题论文组织、大会办会经验。与会代表积极开拓思路，提出了许多中肯而富有建设性的修改意见和建议，会议气氛认真而热烈，体现了专家学者严谨的科学态度和强烈的责任感以及对学科发展研究工作的高度支持与肯定。为学会扩大学术影响范围，增强服务能力出谋献策。

大会期间，在16个会场进行了27个专题的学术交流会，其中包括一个国际专题。

通过学术研讨会的讨论和交流，在专题推荐出"学生优秀论文奖"候选人的基础上，最后经学术委员会审议评定，51位学生获本次学术大会的学生优秀论文奖。他们是：丁霞、程黎鹿、姚路、李超、潘小青、吴文芳、易治宇、李义曼、李展辉、詹林森、刘文劼、于英杰、乔彦超、王永明、郑亮、程旭、路珍、孟令媛、金笔凯、龚萱、卜玉菲、李智超、陈海潮、汪文帅、潘昱洁、公绪飞、罗先中、李志娜、黄光南、方刚、刘国昌、胡卫剑、谭尘青、鲁明文、刘志远、马啸、谢宋雷、陈卫营、魏文薪、徐贤胜、李琼、相龙伟、周新、陶伟、区家明、牛雄伟、拜阳、秦志亮、卫小冬、徐小波、胡俊。

按照《刘光鼎地球物理青年科学技术奖评选办法》，此奖评选工作委员会对第一轮评选出的有效候选人的申请和推荐材料进行了严肃认真的评审，经过无记名投票，最后遴选出5位申请人作为"刘光鼎地球物理青年科学技术奖"获奖者，他们是：郭良辉、刘洋、刘洋、杨挺、游庆瑜。

年会期间，开展了成果和新产品、新技术展览，包括地震观测仪器、地质地球物理仪器制造业、勘探部门研制的设备，与会代表对参展产品有浓厚兴趣，收到了良好的宣传效果。

经过四天的学术研讨，第27届年会于10月21日闭幕，闭幕式由秘书长郭建主持。27届大会学术委员会主任倪四道教授做了年会总结报告。郭建秘书长宣布了"2011年傅承义青年科技奖"和"第27届年会学生优秀论文奖"获奖人名单，王绪本教授代表刘光鼎基金会对"刘光鼎地球物理青年科学技术奖"获奖人作了介绍，刘光鼎院士、姚振兴院士以及中国地球物理学会常务理事赵国泽研究员为5位"2011年傅承义青年科技奖"和5位"刘光鼎地球物理青年科学技术奖"获奖人颁发了奖金和证书，为51位学术大会"学生优秀论文奖"获奖人颁发了证书，并合影留念。

**二、学术年会报告会交流情况**

（一）会议组织工作

第27届年会设27个专题，安排在16个会场进行学术交流。专题设置如下：①Advances in the Geophysics of Asia；②地壳流体与地震预报、成矿成藏及碳封存；③特大地震发震构造研究；④"深部探测技术与实验研究"专项/SinoProbe研究进展；⑤古地磁学与全球变化；⑥地热资源及其开发利用；⑦电磁方法研究与应用；⑧地球内部结构及其动力学；⑨岩石圈结构及大陆动力学；⑩地震学与地震构造学；⑪区域尺度重复震源探测；⑫计算地震学研究进展；⑬地球介质各向异性；⑭中国巨灾、灾害链综合预测与减灾对策；⑮信息技术与地球物理；⑯地球物理仪器与观测技术；⑰油气田与煤田地球物理勘探；⑱储层地球物理；⑲地质调查与矿产勘查地球物理；⑳地震波传播与成像探查；㉑工程地球物理；㉒空间大地测量、地壳运动与天文地球动力学；㉓地球重力场变化与在地学中应用；㉔地磁与高空物理；㉕空间天气与人类活动；㉖海洋地球物理学；㉗InSAR技术与地壳运动。

（二）学术成果

本届联合学术大会展示了许多高水平的科研成果，提出了许多新的学术观点，突显了新技术手段对地球物理研究的重要性。由于内容太多，按照科技成果、新的学术观点、新的学科生长点顺序在各专题讨论会纪要中给出，详细内容见各专题讨论会纪要（将在学会网站和2011-2012年《会讯》上陆续刊登）。

1. 在本届年会学术交流和讨论中有以下的特点：

（1）研究成果较多。今年年会上报告了许多国家重大科学工程，重大国际合作课题，国家和自然基金重大研究项目等各方面有出色的成果。与会代表展示了基础研究中的大量进展和新颖的观测及技术手段，办一流的学术会议，要靠我们的科研成果来争取；

（2）关注热点、前沿问题，本届年会部分参会代表来自我国台湾地区和美、日等国家，为大会带来了国际最前沿的新理念，会场讨论气氛热烈，在推动国际交流方面向前迈出了一步。

（3）各个专题学科交叉融合且规模宏大，开展跨学科、跨行业、跨部门的综合性交流，相近学科互相渗透、互相补充、互相启迪，是一种值得倡导的方式，分析了新形势下理论技术结合发展的新需求，共商合作机制。

2. 通过本届联合学术大会还看到以下不足或需要进一步发展的地方：

（1）学科创新方面还略显不足。

（2）适当规范专题邀请报告的设置，使其更好地发挥提高学术报告质量的作用。

**三、本届年会的特点和对今后年会组织工作的建议**

（一）今年会议的特点

中青年地球物理学家，特别是青年学生已经成为会议的主体，工作在各前沿领域；会议注册人数、现场报告数、学生报告数均创历届新高，是学科不断发展的希望。

（二）对年会组织工作的建议

今年联合学术大会反映相对比较集中的问题和建议：

（1）鼓励学科交叉与融合，进一步整合、优化专题的设置。

（2）进一步加强年会的国际学术交流，多邀请国外及港澳台专家参会，提升我国地球物理学会年会的国际影响力。

（3）如何进一步提高论文质量、到会报告比率及交流效果等。

（4）加快年会的网络化进程，实现在线投稿、审稿及报告日程安排等；逐步推动展板报告。

（5）会议期间组织中青年物理学家座谈讨论会，鼓励在各领域交流与合作。

**四、致谢**

中国地球物理学会第27届年会由学会承办，会务组以及近20名中国石油大学、中国科技大学、北京大学学生志愿者付出了辛勤的劳动，在此表示衷心的感谢。

衷心感谢多年来热心服务而精于专业的专题召集人。高水平的召集人队伍是学术会议成功的关键，感谢他们对学术大会的热情关怀与一贯支持，使会议的学术水平稳步提高，影响逐年扩大。

各专题总结将在学会网站（www.cgs.org.cn）和2011～2012年《会讯》上陆续刊登）。

（中国地球物理学会年会组织委员会）

# 附录 2

## Annual of the Chinese Geophysical Society 2012